U0211598

Joseph Needham

SCIENCE AND CIVILISATION IN CHINA

Volume 4

PHYSICS AND PHYSICAL TECHNOLOGY

Part 2

MECHANICAL ENGINEERING

Cambridge University Press, 1965

国家自然科学基金资助项目

李 约 瑟

中国科学技术史

第四卷 物理学及相关技术

第二分册 机械工程

李约瑟 著
王 铃 协助

科 学 出 版 社
上海古籍出版社
1999

内 容 简 介

著名英籍科学史家李约瑟花费近 50 年心血撰著的多卷本《中国科学技术史》（原名《中国的科学与文明》），通过丰富的史料、深入的分析和大量的东西方比较研究，全面、系统地论述了中国古代科学技术的辉煌成就及其对世界文明的伟大贡献，内容涉及哲学、历史、科学思想、数、理、化、天、地、生、农、医及工程技术等诸多领域。本书是这一巨著的第四卷第二分册，主要论述中国古代在基本机械原理、各种机械、各种车辆、原动力及其应用、时钟及航空工程史前阶段等方面的成就。

图书在版编目（CIP）数据

中国科学技术史 （第四卷）：物理学及相关技术 第二分册：机械工程/（英）李约瑟著；鲍国宝等译. -北京：科学出版社，1999.9
书名原文：Science and Civilisation in China
ISBN 978-7-03-007526-0

Ⅰ.中… Ⅱ.①李… ②鲍… Ⅲ.①自然科学史-中国②技术史-中国③机械工程-技术史-中国 Ⅳ.N092

中国版本图书馆 CIP 数据核字（1999）第 13252 号

责任编辑：姚平录 孔国平 才 磊
责任印制：赵 博／封面设计：卢秋红
编辑部电话：010-64035853
E-mail：houjunlin@mail.sciencep.com

科 学 出 版 社 出版
上海古籍出版社
北京东黄城根北街 16 号
邮政编码：100717
http://www.sciencep.com
三河市春园印刷有限公司印刷
科学出版社发行 各地新华书店经销

*

1999 年 9 月第 一 版 开本：787×1092 1/16
2024 年 1 月第七次印刷 印张：55 3/4
字数：1 260 000
定价：369.00 元
（如有印装质量问题，我社负责调换）

中國科學技術史

李約瑟 著

冀朝鼎

第四卷　物理学及相关技术
第二分册　机械工程

谨以本书献给以下两位朋友

就籍贯与国籍而言的新西兰人
就所选择生活道路和恩遇而言的中国人

"工合"运动的先驱
工程学教师
中国青年的深情挚友
作家和诗人

路易·艾黎

工程师，俄罗斯、中国、印度和以
色列等国工业化方面的前顾问

人文主义者和有远见卓识的人

"电气化！电气化！"
所罗门·阿布拉莫维奇·特朗

再者，鉴于本书中所述及的发明家们发明的工艺及其他类似技艺，每天都在英格兰这块土地上被运用着，从而使许多人获利，并使所有的人生活安适，因此依我之见，如果有人盗取原应对这些发明家的赞美和永久的纪念，既是可憎的非善之举，也是极端的野蛮行径，而他们正是给整个世界带来莫大好处的创造者。

　　　　　——波利多尔·弗吉尔 (Polydore Vergil)，
　　　　　《论事物的发明者》(*De Rerum Inventoribus*，1512)，
　　　　　托马斯·兰利英文版，1659 年

目　　录

插 图 目 录

列 表 目 录

凡　例

1. 本书悉按原著迻译,一般不加译注。第一卷卷首有本书翻译出版委员会主任卢嘉锡博士所作中译本序言、李约瑟博士为新中译本所作序言和鲁桂珍博士的一篇短文。

2. 本书各页边白处的数字系原著页码,页码以下为该页译文。正文中在援引(或参见)本书其他地方的内容时,使用的都是原著页码。由于中文版的篇幅与原文不一致,中文版中图表的安排不可能与原书一一对应,因此,在少数地方出现图表的边码与正文的边码颠倒的现象,请读者查阅时注意。

3. 为准确反映作者本意,原著中的中国古籍引文,除简短词语外,一律按作者引用原貌译成语体文,另附古籍原文,以备参阅。所附古籍原文,一般选自通行本,如中华书局出版的校点本二十四史、影印本《十三经注疏》等。原著标明的古籍卷次与通行本不同之处,如出于算法不同,本书一般不加改动;如系讹误,则直接予以更正。作者所使用的中文古籍版本情况,依原著附于本书第四卷第三分册。

4. 外国人名,一般依原著取舍按通行译法译出,并在第一次出现时括注原文或拉丁字母对音。日本、朝鲜和越南等国人名,复原为汉字原文;个别取译音者,则在文中注明。有汉名的西方人,一般取其汉名。

5. 外国的地名、民族名称、机构名称,外文书刊名称,名词术语等专名,一般按标准译法或通行译法译出,必要时括注原文。根据内容或行文需要,有些专名采用惯称和音译两种译法,如"Tokharestan"译作"吐火罗"或"托克哈里斯坦","Bactria"译作"大夏"或"巴克特里亚"。

6. 原著各卷册所附参考文献分 A(一般为公元 1800 年以前的中文书籍),B(一般为公元 1800 年以后的中文和日文书籍和论文),C(西文书籍和论文)三部分。对于参考文献 A 和 B,本书分别按书名和作者姓名的汉语拼音字母顺序重排,其中收录的文献均附有原著列出的英文译名,以供参考。参考文献 C 则按原著排印。文献作者姓名后面圆括号内的数字,是该作者论著的序号,在参考文献 B 中为斜体阿拉伯数码,在参考文献 C 中为正体阿拉伯数码。

7. 本书索引系据原著索引译出,按汉语拼音字母顺序重排。条目所列数字为原著页码。如该条目见于脚注,则以页码加 * 号表示。

8. 在本书个别部分中(如某些中国人姓名、中文文献的英文译名和缩略语表等),有些汉字的拉丁拼音,属于原著采用的汉语拼音系统。关于其具体拼写方法,请参阅本书第一卷第二章和附于第五卷第一分册的拉丁拼音对照表。

9. p. 或 pp. 之后的数字,表示原著或外文文献页码;如再加有 ff.,则表示所指原著或外文文献中可供参考部分的起始页码。

缩 略 语 表

以下为正文和脚注中使用的缩略语。对杂志及类似的出版物所用的缩略语收于参考文献部分。

B & M	Brunet & Mieli, *Historie des Sciences* (*Antiquité*)(布吕内和米里,《科学史(古代)》)。
BCFA	英中友好协会。
C	汤心豫编,《机工词典》,科学技术出版社,上海,1955 年。
CCTS	邓玉函、王徵,《奇器图说》,1627 年。
CPCRA	中国人民对外友好协会。
CSHK	严可均辑,《全上古三代秦汉三国六朝文》,1836 年。
CSS	冯云鹏、冯云鹓,《金石索》,1821 年。
D	《新订英汉词典》,商务印书馆,上海,1911 年。
G	Giles, H. A., *Chinese Biographical Dictionary*(翟理斯,《古今姓氏图谱》)。
HCCC	严杰编,《皇清经解》。
HF	熊三拔、徐光启,《泰西水法》,1612 年。
K	Karlgren, *Grammata Serica*(高本汉,《汉文典》,即《中日汉字形声论》,汉文古字和音韵字典)。
KCCY	陈元龙,《格致镜原》,1735 年的百科全书。
KCKW	王仁俊,《格致古微》,1896 年。
KCT	楼璹,《耕织图》,1145 年。见 Frank(11);Pelliot(4)。
KYCC	瞿昙悉达,《开元占经》,729 年。
LSCC	吕不韦,《吕氏春秋》,自然哲学概论,公元前 239 年。
MCPT	沈括,《梦溪笔谈》,1089 年。
NCCS	徐光启,《农政全书》,1639 年。
NCNA	新华社。
NS	王祯,《农书》,1313 年。
R	伊博恩等(Read, Bernard E. *et al.*)编,李时珍《本草纲目》的某些章节的索引、译文及摘要。如果查阅植物类,见 Read(1);如果查阅哺乳动物类,见 Read(2);如果查阅鸟类,见 Read(3);如果查阅爬行动物类,见 Read(4);如果查阅软体动物类,见 Read(5);如果查阅鱼类,见 Read(6);如果查阅昆虫类,见 Read(7)。
SCTS	《钦定书经图说》,1905 年。
SF	陶宗仪编,《说郛》,1368 年。

SSTK   鄂尔泰等编,《授时通考》,奉敕编撰的关于农业和乡村手工业的论文, 1742 年。

STTH   王圻,《三才图会》,1609 年。

T   敦煌文物研究所的千佛洞石窟编号。如果一个序号是根据谢稚柳《敦煌艺术叙录》(上海,1955 年)系统给出的,则一并给出研究所编号和伯希和 (Pelliot)编号;如果给出单个编号,则是研究所编号。一个有价值的三个系统的对照表已经在谢稚柳的书中给出,更完备的对照表见于 Chhen Tsu-Lung(1)。

TCKMB 朱熹等编,《通鉴纲目》,中国通史,1189 年,以及后来的续编。

TCTC   司马光,《资治通鉴》,1084 年。

TH   Wieger, L. (1), *Textes Historiques*(戴遂良,《历史文献》)。

TKKW   宋应星,《天工开物》,1637 年。

TPYL   李昉编,《太平御览》,983 年。

TSCC   陈梦雷等编,《图书集成》;1726 年的皇家百科全书。索引见 Giles, L. (2).

TT   Wieger, L. (6),《道藏目录》('Tao ïsme', vol. 1, Biliographie Générale)

TTC   《道德经》

TW   Takakusu, J. & Watanabe, K. , *Tables du Taishō Issaikyō (nouvelle édition (Japonaise) du Canon bouddhique chinoise)*, Index-catalogue of the Tripiṭaka.(高楠顺次郎和渡边海旭,《大正一切经目录》)。

WCTS   王徵,《诸器图说》,1627 年。

WCTY/CC 曾公亮,《武经总要》,1044 年。

WHTK   马端临,《文献通考》,1319 年。

WPC   茅元仪,《武备志》,1628 年。

YHSF   马国翰辑,《玉函山房辑佚书》,1853 年。

志　谢

承蒙热心审阅本册部分原稿的学者姓名录

下列名单仅适用于本册,其中第一卷 pp.15ff.,第二卷 p. xxiii,第三卷 pp. xxxixff. 和第四卷第一分册 p. xxi 所列与本册有关的学者。

罗伯特·布里顿(Robert Brittain)先生(威廉斯敦)	提水机械
伯福德(Alison Burford)女士(剑桥)	畜力牵引
伯斯塔尔(Aubrey Burstall)教授(纽卡斯尔)	本册各节
科尔斯(J. Coales)博士	指南车
康布里奇(J. H. Combridge)先生(伦敦)	本册各节
德拉克曼(A. G. Drachman)博士(哥本哈根)	基本机械,时钟机构,风车
叶利塞耶夫(V. Elisséeff)教授(巴黎)	本册各节
吉布斯-史密斯(C. H. Gibbs-Smith)先生(伦敦)	航空学
福尔克纳·亨利(Falconer Henry)博士(剑桥)	本册各节
琼斯(R. P. N. Jones)先生(剑桥)	指南车
罗荣邦博士(西雅图)	车辆,畜力牵引
贝内特·梅尔维尔·琼斯(F. R. S. Bennett Melvill Jones)爵士(剑桥)	航空学
莫里茨(L. A. Moritz)博士(阿奇莫托,Achimoto)	碾磨
李大斐(F. R. S. Dorothy M. Needham)博士(剑桥)	本册各节
卢恰诺·佩泰克(Luciano Petech)教授(罗马)	本册各节
雷蒂(Ladislao Reti)博士(圣保罗)	古技术的机械
拉斐尔·萨拉曼(Raphael Salaman)先生(哈彭登)	工具和材料
乔治·桑塞姆(George Sansom)爵士(伯克利,加利福尼亚)	独轮车和加帆车
希厄勒(Ing. Th. Schiøler)(哥本哈根)	提水机械
多萝西娅·辛格(Dorothea Singer)博士(帕)	本册各节
斯塔尼茨(John Stanitz)先生(克利夫兰,俄亥俄)	本册各节
斯特兰(E. G. Sterland)博士(布里斯托尔)	本册各节
雷克斯·韦尔斯(Rex Wailes)先生(比肯斯菲尔德)	风车
伍德(Michael Wood)博士(剑桥)	本册各节
武尔夫(Hans Wulff)先生(肯辛顿,新南威尔士)	本册各节

作 者 的 话

我们正在探索的中国科学史几乎是一个无底的洞穴,其中有那么多的情况从未为其他国家所了解和认识。我们现在已接近到物理学及相关技术这两条光芒闪烁的矿脉;这个主题作为一个整体,构成本书第四卷,虽然它被分成三册出版。首先讲述物理科学本身(第四卷第一分册),其次是物理学在机械工程各个分支中的应用(第四卷第二分册),以及在土木和水利工程及航海技术中的各种应用(第四卷第三分册)。

由于力学和动力学是近代科学最先取得的成就,所以开头的一章是我们目前研究的焦点。力学之所以成为起点是因为人在其所处的环境中得到的直接的物理经验主要是力学的,而把数学应用到力学量上去又是比较简单的。但是,上古和中古的中国却属于这样一个世界,在其中假说的数学化尚未产生出近代科学,而欧洲文艺复兴以前中国具有科学头脑的人所忽略的东西,可能与那些引起他们兴趣并由他们加以研究的东西几乎同样有启迪性。物理学有三个分支在中国是发展得很好的,这就是光学[第二十六章(g)]、声学[第二十六章(h)]和磁学[第二十六章(i)];但力学没有得到深入的研究和系统的阐述,动力学则几乎就没有。我们曾试图对这一情况提出某种解释,但并没有多大说服力。这种不平衡的情况还有待于进一步的研究,才能更好地了解。无论如何,中国与欧洲的对比是很明显的,因为欧洲存在着另一种片面性,拜占庭时期和中世纪后期在力学和动力学方面比较进步,而对磁学现象则几乎一无所知。

在光学方面,就经验而论,中世纪的中国人和阿拉伯人可以说不相上下,虽然由于缺少希腊的演绎几何学而大大地妨碍了理论的发展,而阿拉伯人却是这种几何学的继承者。另一方面,中国人从未接受过古希腊文化所特有的古怪的看法,根据这种看法,视觉涉及从眼睛射出的而不是射入的光线。在声学方面,由于中国古代音乐的独特性质,中国人沿着自己的路线前进,并提出了一整套非常有趣但难于和别的文明相比较的理论。中国人是钟以及多种西方所不知道的打击乐器的发明者,他们十分注意音色的理论和实践,发展了基于他们独特的十二音音阶而不是八音音阶的作曲理论。16世纪末,中国的数理声学成功地解决了平均律的问题,这要比西方早几十年[第二十六章(h),10]。最后,中国对磁学现象的研究及其实

际应用,构成了一首真正的史诗。在西方人知道磁针的指向性之前,中国人已在讨论磁偏角的原因并把磁针实际应用于航海了。

时间紧迫的读者们,无疑会欢迎这里再多提几点建议。在本卷的各章中,有可能了解到中国物理学思想和实践的一些显著的传统。正如中国数学无可辩驳地是代数的而不是几何学的,中国物理学也墨守一种雏形的波动说,总在设想一种差不多是斯多葛派的连续性,而长久地和原子的概念无缘;这可从第二十六章(b),以及此后的关于张力和断裂的章节[(c),3]和关于声振动的章节[(h),9]中见到。中国人的另一种经久不变的倾向是根据气的观念进行思考,忠实地发展了古代关于"气"(= *pneuma*, *prāṇa*)的概念。自然,这一点在声学方面表现得最突出[第二十六章(h),3,7等],但这也和技术方面的光辉成就有关,如双作用活塞

风箱和旋转风车的发明[第二十七章(b),8],以及水力冶炼鼓风机的发明[第二十七章(h),3,4;这是蒸汽机本身的直接祖先]。它对航空学史前史中的一些卓见和预言也有关系[第二十七章(m),4]。同欧洲的一样强烈但完全相反的传统,也出现在纯技术领域。例如,中国人总喜欢尽量在水平方向而不在竖直方向装置轮盘和各种机械,如第二十七章(h,k,l,m)中所述。

除此之外,由于各人的注意点五花八门,要进一步对读者有所引导是不切实际的。假如读者对陆路运输史感兴趣,可参看对车辆和挽具的讨论[第二十七章(e,f)];假如他像海中怪兽利维坦(Leviatha)那样以深水为乐,那么整个第二十九章都是叙说中国船只及其建造者的。航海者则可从指南针本身[第二十六章(i),5]再转到它在找寻避风港方面的更为充分的应用[第二十九章(f)];至于那些对超过"埃及金字塔"的宏大的水利工程有兴趣的土木工程师们,则会在第二十八章(f)中找到这方面的论述。研究民俗学和人种学的学者会提高对历史上那个所谓"蒙昧面"的评价,因为我们推测指南针这个构成近代科学的所有指针读数仪器中最古老的仪器在"蒙昧面"中,最初只不过是投到占卜盘上的一枚棋子[第二十六章(i),8]。社会学家也会很感兴趣,因为除讨论工匠和工程师在封建官僚社会中的地位[第二十七章(a),1,2,3]外,我们还冒昧地提出了一些有关节省劳力的发明中涉及的问题,例如人力及奴隶地位等,特别是关于牲畜的挽具[第二十七章(f),2],巨大的石建筑[第二十八章(d),1],用桨来推进[第二十九章(g),2],以及水力磨粉机和纺织机[第二十七章(h)]。

这几册在很多方面是和前几卷有关联的。我们将听任读者以慧眼来追索中国的"亘久常青的哲学"(*philosophia perennis*)是怎样在这里所提到的发现和发明中表现出来。然而,我们或许可以指出,数学、计量学和天文学上的内容在下列诸方面都有大量的体现:度量制的起源[第二十六章(c),6],透镜的发展[(g),5],律管容积的估计[(h),8]——或天文钟的兴起[第二十七章(j)],透视的各种概念[第二十八章(d),5],以及水利工程设计[(f),9]。同样,从本卷中的很多地方还可展望到此后各卷中的章节。金属在中世纪中国工程技术中的各种用途,都预示了我们今后在冶炼成就方面所必须要讲到的内容;同时,可参考以专著形式发表的《中国钢铁技术的发展》(*The Development of Iron and Steel Technology in China*)[①],这是 1958 年发表的纽科门讲座(*Newcomen Lecture*)的讲稿。在所有提到采矿和制盐工业的地方,必须了解这些主题以后还要全面讨论。一切扬水技术都使我们想到它们的基本农业用途——作物种植。

至于那些在人类生活上留下过永久标志的发现和发明,在此对中国人所作的贡献即便作一概述也是不可能的。也许最新和最使人惊奇的一点(就连我们自己也没料到,因此必须取消本书第一卷中的一段有关的陈述),是 14 世纪欧洲时钟发明之前默默无闻达 600 年之久的中国机械钟装置。第二十七章(*j*)是关于这个主题的一段崭新而扼要的论述,其中收入了一些新而陌生的资料,这些资料在 1957 年我们和我们的朋友普赖斯(*Derek J. de Solla Price*)教授(现在耶鲁大学)合写《天文钟》(*Heavenly Clockwork*)[②] 这本专著时还没有到手。至今看来仍然令人惊奇的是,擒纵机构这项重要发明竟然出现于一个工业出现以前的农业文明中,而且居然会是忙乱的 19 世纪西方人作为话柄的不重视时间的中国人作出的。中国

xlv

---

① Needham (32),参见 Needham (31)。
② Needham,Wang & Price (1),参见 Needham (38)。

人还有许多其他同等重要的对世界的贡献,如磁罗盘的发展[第二十六章(i),4,6],第一台控制论的机器的发明[第二十七章(e),5],两种类型的高效马挽具[第二十七章(f),1],运河的闸门[第二十八章(f),9,(v)]和铁索桥[第二十八章(e),4]。还有第一个真正的曲柄[第二十七章(b),4],船尾舵[第二十九章(h)],带人起飞的风筝[第二十七章(m)]——我们无法在此一一列举。

在这些情况下,似乎很难使人相信描写技术的作者们居然还会去到处寻找什么中国对理论科学和应用科学毫无贡献的原因。在一部不久前十分流行的技术史著作节编本中,一开头,人们便可发现一段出自 8 世纪道家著作《关尹子》的引文,作为一个例子来说明"东方的出世和厌弃世俗活动"。这句引语摘自一篇论述宗教和进步观念的有趣的文章,文章在 30 年代颇为人知,至今仍有激励作用。它的作者却被戴遂良(Wieger)神甫对《关尹子》的旧译文引入歧途而写道:"这种信念显然不能为社会活动提供依据,也不能鼓励物质进步。"自然,这位作者是一心想把基督教承认物质世界这一点与"东方的"出世思想对比,而道家则正被认为与出世思想有关。然而我们这里所提到的几乎每一项发明和发现,却偏偏都与道家和墨家有密切联系[参见第二十六章(c,g,h,i),第二十七章(a ,c,h,j),第二十八章(e)和第二十九章(f,h)等]。碰巧,我们自己也研究过《关尹子》的这些章节,并且已在本书前一卷发表了它的一部分译文①;由此可以看出,戴遂良的译文② 不过是一种严重曲解了的意译而已。《关尹子》决不能列入蒙昧主义者的著作,它毫不否认自然法则的存在(这是原作者完全没有听到过的一种概念)③,也决不混淆空想与现实;它是一首诗,对存在于宇宙万物之中的"道"——亦即空间和时间由之而起的自然秩序及物质藉之以各种常新的形式分散和复聚的永恒模式——加以赞美;它充满了道家的相对主义思想,它是神秘的,但决不是反科学的或反技术的;恰恰相反,它预示了对大自然所加的一种近乎神秘又近乎理性的支配,而这种对大自然支配,只有确实知道和了解"道"的人才能做到。因此,仔细考察一下就会发现这条旨在表明"东方思想"在哲学上无力的论据,不过是西方人想象中的虚构而已。

另一种办法是承认中国作出过某些贡献,但却找出令人满意的理由对它们只字不提。比如新近在巴黎出版的一本纲要式的科学史著作就认为,古代和中世纪中国和印度的科学与其特有的文化紧紧联系在一起,以致抛开它们的文化就无法了解它们的科学。而古代希腊世界的科学却是名副其实的科学,完全不受制于其文化母体,而能提供各种主题,以纯抽象的方式来从头记述人类所作出的各种努力。这样说也许更真诚些:虽然由于我们从学生时期就熟悉希腊化世界科学技术的社会背景,早已视此为不言而喻的事,但是我们对中国和印度科学的社会背景却仍知道得不多,正应努力去了解它们。当然,事实上古代和中世纪的科学和技术无不带有种族烙印④,而且虽然文艺复兴时期以后的科学和技术确实是世界性的,但从历史观点来说,如果不知道它们产生的环境,也就不可能更好地了解它们。

最后,许多人都很想了解一下各种文化之间的接触、传播和影响问题。这里,我们只能举出一些至今依然令人困惑的那些几乎同时发生在旧世界两端的发明的例子,如旋转磨[第二

---

① 本书第二卷 pp. 449 和 444。

② 最早见于 Wieger (4) ,p. 548。

③ 参见本书第二卷第十八章。

④ 参见本节第三卷 p. 448。

十七章(d),2]和水磨[(h),2]。在中国和古代亚历山大里亚之间经常出现相互类似的发明[例如第二十七章(b)中所记述的],而中国的技术对文艺复兴前的欧洲又一再产生强大的影响[第二十六章(c,h,i);第二十七章(b,d,e,f,g,j,m);第二十八章(e,f);第二十九章(j)]。水利工程中的一些重要发明向西传播过;而且尽管海员们具有想象中的守旧倾向,但在过去的 20 个世纪中,几乎没有一个世纪不见到西方对一些出自东方的航海技术的采用。

哈特纳(Willy Hartner)教授在 1959 年巴塞罗那第九届国际科学史会议上的一篇精彩的报告里,提出过一个难题,即一个人能领先于另一个人到什么程度?先驱或前辈又究竟是什么意思?对不同文化之间的传播有兴趣的人会认为这是一个关键问题。在欧洲历史上,自从迪昂(Duhem)学派把尼古拉斯·奥雷姆(Nicholas d'Oresme)和其他中世纪学者誉为哥白尼(Copernicus)、布鲁诺(Bruno)、培根(Francis Bacon)、伽利略(Galileo)、费马(Fermat) xlvii 和黑格尔(Hegel)的先驱以来,这个问题就变得尖锐了。这里的困难在于,每个有才智的人必然是他那个时代的整个有组织的知识环境中的一分子,那些可能看上去很相像的命题,在不同时代的有才智的人看来,决不会具有相同的意义。各种发现与发明,无疑是与产生它们的环境密切相关的。发明和发现的相似,也许纯属偶然。然而,在肯定伽利略和他同时代人的真正的独创性的同时,只要不把先驱理解为绝对的居先或领先,就并不非得要否定先驱者的存在;在这个意义上看来,就有不少曾经为后来得到承认的科学原理勾划出了轮廓的中国的先驱或前辈——在这些科学原理中,人们会立即想到赫顿(Hutton)的地质学(参见本书第三卷,p.604),彗尾指向的规律(参见第三卷 p.432)或磁偏角[参见本卷第二十六章(i)]。对于多少是理论性的科学,就说这么多;至于在应用科学方面,我们就不必多犹豫了。例如,靠水流和水的落差来转动水轮获得动力,其最初的实现总只能有一次。在此后的一段时间内,这项发明在别处可能又独立地出现过一两次,但这种事总不能一再发明。因而一切后来的成就必定导源于某个类似的事件。在所有这些情况下,不论理论科学或应用科学,如果可能的话,均有待于历史学家去阐明先驱者与后来的伟大人物之间究竟有多少渊源关系。后来人是否知道某些确凿的文字记载?他们是否只是根据传闻?他们是否先独自地有了某种想法然后才在无意中得到了证实?正如哈特纳所说,答案由完全肯定起至完全否定都有可能[①]。传说往往能引出一种新的不同的解决办法[参见第二十七章(j),1]。在我们这本著作中,读者将会看到我们常常不能确定渊源关系[例如,丁缓的常平架和卡丹(Jerome Gardan)的平衡环之间的关系,见第二十七章;马钧与达·芬奇(Leonardo)在回转式弩炮发明上的关系,第二十七章(a),2 及第三十章(i),4],但一般来说,我们认为,当两个发明间的时间间隔达若干世纪之久而解决办法又很接近时,那些坚持后来的发明是独立思考或创造的结果的人就必须担负提出证据的责任。另一方面,渊源关系有时可以根据极大的可能性而予以确定[例如平均律的问题,见第二十六章(h),10;加帆车的问题,见第二十七章(e),3;以及风筝、降落伞和直升旋翼机的问题,见第二十七章(m)]。在其他方面,则多所存疑,如水轮擒纵钟[第二十七章(j),6]。

---

① 仍然有许多使我们吃惊的事情。塔塔维(al-Ṭaṭāwī)于 1924 年发现伊本·奈菲斯(Ibn al-Nafis,1210—1288 年)已经清楚地描述了肺循环[参见 Meyerhof(1,2);Haddad & Khairallah(1)],其后的很长一段时期内大家都认为,此事绝不可能会对文艺复兴时期发现同一现象的塞尔韦图斯(Miguel Servetus)有过任何提示作用[参见 Temkin(2)]。但是,现在奥马利[O'Malley(1)]发现了 1547 年出版的伊本·奈菲斯一些著作的拉丁文译本。

虽然我们曾尽一切努力把这里所涉及的一些领域中最近的研究考虑进去,但遗憾的是,1962 年 5 月以后的论著一般都没有能够包括进去。

xlviii　我们没有印出一份从第一卷开始的全部计划的目录,现在感到有必要以简介的方式把它修订一下①。目前对以后各卷已经做了许多准备工作,因此有可能把它们的目录大纲列出来,内容比 7 年前能做到的要精确得多。也许,更重要的是如何分卷。为了前后参照,我们不变更原来的章节编号。原计划第四卷包括物理学、工程学的各个分支、军事和纺织技术,以及造纸术和印刷术。可以看到,现在第四卷的标题是"物理学及相关技术",第五卷是"化学及相关技术",第六卷是"生物学及相关技术"。这是一种合乎逻辑的划分,而第四卷结束于航海技术(第二十九章)也是合理的,因为在古代和中世纪,航运技术几乎完全以物理学为内容,与此类似,第五卷以军事技术开始(第三十章),因为当时在这方面情况恰恰相反,化学因素是主要的。我们不但发现需要把钢铁冶炼技术包括在内(因此对标题作了不大但很重要的变动),而且还发现如果不包括火药应用的史诗、最早的炸药的重大发现过程以及火药在传至西方前的 5 个世纪中的发展,则对中国的军事技术史就会无从写起。在纺织技术(第三十一章)和其他技术(第三十二章)方面,同样的论点也是适用的,因为有许多过程(浸解、浆洗、染色、制墨)都是与化学而不是与物理学有关的。当然,我们也不能总拘泥这个原则;例如,讨论透镜不可能没有一些玻璃工艺知识,因而这在本卷的开头部分就需要提到[第二十六章(g),5,ii]。至于其他如采矿(第三十六章),采盐(第三十七章)和陶瓷工艺(第三十五章)则都列入第五卷,这是完全自然的。唯一不对称的是,在第四卷和第六卷中,我们把基础科学放在第一部分的开头,而在第五卷中,化学这门基础科学及其前身炼丹术则放在第二部分。这一点也许比较起来不那么重要,因为曾有人提出批评,认为第三卷的份量太重,篇幅太大,不适于晚上舒舒服服地沉思阅读,因而剑桥大学出版社慨然接受了意见,决定把本卷分为三个分册,而每分册照例仍是独立完整的。还有一点,在本书第一卷(pp. 18ff.)中,我们介绍了本书的计划细节(惯例、书目、索引等),这是我们一向严格执行的,并且还答应在最后一卷列出所用的中文书籍的版本。现在看来等候那么久是不恰当的,于是为了通晓中文的读者的方便,我们在本卷附加了一个起过渡作用的迄今已用中文典籍的版本书目。

对欧洲人来说,中国像月球似的总是显露同样的一面——无数的农民、零星分散的艺术家和隐士、住在城市中的少数学者、官吏和商人。各种文明之间彼此获得的"印象"就是这样xlix　形成的。现在,乘上语言智识的空间飞船和技术理解的火箭(用一个阿拉伯的比喻),我们就要去看这轮明月的另一面了,去会一会中国 3000 年古老文化中的物理学家、工程师、船匠和冶炼师们。

在第三卷开头的作者的话中,我们曾乘便谈到古老科学著作以及其中专门术语的翻译原则②。由于本卷是大部分谈到应用科学的头一卷,我们想在这里插入对技术史目前地位的一些想法。由于通晓的人和写作的人,亦即实践者和记录者之间存在着可怕的分歧,技术史也许甚至比科学史本身受害更多。假如受过科学训练的人,尽管有他们的局限,但比专业史学家对科学史和医学史的贡献要大的话(事实也确乎如此),那么整个说来,技术专家在语言、鉴定原始资料以及运用文献等方面的史学素养就逊色得多了。然而,如果一个史学家对

---

① 与本卷有关的目录摘要,见本册 pp. 755—757。

② 参见 Needham(34)。

于他笔下的工艺和技术并没有真正的了解,则将彻底徒劳无功。和亲身操作的人相比,任何文人都难以获得对实物和材料有那样亲切的体会,对可能性和或然率有那样敏锐的感受,对大自然的现象有那样清晰的了解。事实上,也只有每个在实验点前或工厂车间内用自己的双手操作的人才能或多或少也得到这种体会、感受和了解。我永远记得,我曾一度研读有关透光鉴的中世纪中国典籍,透光鉴也就是具有从磨光面反射显示镜背后浮雕般花纹性能的青铜镜。一位不懂科学的朋友听了别人的话,确信宋代的工匠们发现了使金属透光的方法,但我则认为一定有别的解释,后来果然找到了[参见第二十六章(g),3]。昔日的伟大的人文学者们对本身在这些方面和局限都很有自知之明,总是尽可能去熟悉一下我的朋友和老师哈隆(Gustav Haloun)以半沉思半讽刺的口吻所说的"实际事物"(realia)。在一段我们已经引用过的文字中(第一卷 p.7),另一位著名汉学家夏德(Friedrich Hirth)竭力主张,西方人翻译中国古籍时,不仅要翻译,还必须鉴定,不仅要懂得语言,还必须搜集那种语言所谈到的实物。这种信念是正确的,但如果说搜集和研究瓷器或景泰蓝还是比较容易的话(无论如何在当时是这样),那么一个从未使用过车床、选配过齿轮或进行过蒸馏的人,要对机器、制革或烟火制造有所了解,就更困难得多了。

以上所说对西方当今人文学者适用的话,同样适用于中国古代的学者,后者的著作常常是我们研究古代技术仅有的依据。工匠和技工们很了解自己的工作,但他们往往是文盲,或者辞不达意[参见我们在第二十七章(a,2)译出的冗长而富有启发的那一大段]。在另一方面,官僚学者们很有表达能力,但过于看不起粗笨的技工,出于这个或那个原因,这些粗笨的技工的活动,却又偏偏是学者们不断从事写作的题材。因此,即使现在看来是很珍贵的著作的作者们,他们也是对自己文体的关注胜过对所述机械和操作细节的关注。这种高人一等的态度,在官衙雇用的艺术家、科学专家(像数学家)身上也有不少体现,因此当他们受命绘画时,他们时常对作成一幅美丽的画比表现机械装置的细节更感兴趣,我们现在有时只能把一幅图与另一幅图进行比较,才能确定技术的内容。另一方面,中国历史上曾经有许多伟大的身为官吏的学者,从汉代的张衡起直到宋代的沈括及清代的戴震,他们既精通古典文献又完全掌握当时的科学及其在工匠实践中的应用。

由于这一切的原因,我们在技术发展方面的知识仍然处于可怜的落后状态,尽管这种知识对经济史这块广阔而欣欣向荣的思索园地来说是至关重要的。怀特(Lynn White)教授在这方面作了不比任何人少的工作,他在最近一封信中写了一段我们完全赞同并令人难忘的话,他说:"整个技术史是如此地幼稚,以致一个人所能做的唯有刻苦工作并乐于看到别人纠正自己的错误。"[①]真是处处有陷阱。在最近的一篇最有权威和最值得称赞的合著的论文中,我们最好的技术史家中的一位在同一页上居然可以先假定赫伦(Heron)的玩具风车是阿拉伯人的增窜,虽然《气体力学》(Pneumatica)这本书从来没有通过阿拉伯文字流传到我们手中,稍后则又主张中国旅行家于公元 400 年在中亚见到过风动转经轮,这种说法却又是根据距今仅仅 125 年时的误译而产生的。这篇权威论文又说,公元前 1 世纪时凯尔特人(Celts)的运货车在轮壳内已装有滚柱轴承,我们最初也接受了这种意见。可是我们及时得知,对哥

---

① 其实,本卷的所有结论都应当看做是暂时性的。准确地说,虽然我们试图运用比较的方法,我们的最后评价常常仍只是在从淡雾中隐现出的相隔甚远且不牢固的桥墩上架的一座桥。一个新的和判决性的事实,会不时地改变样子上看似十分可靠的结论的全部细节。我们的后继者们无疑会看得更清楚些——但究竟如何只有真主最知道。

本哈根所保存的实际遗物的检验表明这是极不可能的,用丹麦文写的原始报告也证实了这种情况——轮壳出土时从中取出的木片是平条而根本不是滚柱。我们只是由于侥幸,才免于犯许多这类错误。我们这样说不是为了提出批评,而是要说明工作中的困难,以期引起注意。

　　某些防止犯错误的办法总是可以试着去找一下的。没有什么可以代替到全球各大博物馆和重要考古遗址去亲眼目睹;也没有什么可以代替同有实践经验的技工当面交谈。的确,任何特定工作的学术标准都必须视研究所涉及的范围而定。只有使用深入细致方法的专家——像搞清眼球晶状体中缠结根的罗森(Rosen)或研究罗马榨油机的德拉克曼

li (Drachmann)之类的人——才腾得出时间来实际深入问题并从深井中把真相完全发掘出来。我们只在少数几个领域内作了这样的尝试,如在中世纪中国的时钟机构方面,因为我们的目的主要说来是既广泛又力图创新。对许多事情必须信其为真,这是不可避免的。如果我们对西方考古学研究的事物的知识不足,那是因为我们以就地研究中国文化区的事物为首要的职责。假如我们那时能到哥本哈根藏有代比约(Dejbjerg)车的博物馆去访问,我们就会在接受有关它们的论述时更为谨慎些,但是——ōβιος βραχύς ἡ δεΤε΄χνη μακρη(技艺流长而生命短暂)。差堪自慰的是 1958 年我同鲁桂珍博士能在中国访问或重访了许多大博物馆和考古遗址,这要深深地感谢中国科学院院长和学部所给予我们的便利。

　　但人们不能只同考古学家打交道,应该仿效基兹学院(Caius College)的小哈维(Harvey)博士。在 17 世纪,约翰·奥布里(John Aubrey)谈到他同一位阉母猪的人的谈话,这是位乡下人,没有什么学问,但富有实际经验和智慧。这人对他说,他见过威廉·哈维(William Harvey)博士,并和他交谈了大约二三小时,并说道,"如果他像某些古板而拘谨的医生一样固执,他知道得就不会比他们多。"一位甘肃的马车夫不只给我们说明了现代的挽具,也间接说明了汉唐时代的挽具;四川的铁匠能很好地帮助我们了解公元 545 年綦毋怀文是怎样制得灌钢的;而一位北京的风筝制作者能用简单的材料揭示出近代航空科学的关键——翘曲翼和螺旋桨的秘密。同时也不可忽视属于自己文明的技师,一位萨里郡(Surrey)的传统轮匠能够解释 2000 多年前齐国的工匠是怎样把车轮"作成盘形"的。一位从事锌工业的朋友能告诉我们,现在世界各地大家熟知的旅馆餐具,主要是由中世纪的中国合金"白铜"制成的。一位格林尼治的航海学者说明了中国在纵帆航行中领先的意义,而只有专职水利工程师才能对汉代河水含沙量测量方法给予应有的评价。正如孔子说过的,"三人行,必有我师"①。

　　科学和技术的可以得到证明的连续性与普遍性,启示我们提出最后的一点看法。前些时候,我们前几卷的一位并非完全不友好的评论家事实上写过这样的话:由于以下理由,这部书基本上是不健全的。作者们相信:(1)人类的社会进化使人关于自然界的知识和对外界的控制逐渐增加;(2)这种科学有它自己的终极价值,并连同它的应用形成一个整体(并非作为不能相容和相互不能理解的有机体而彼此孤立存在的),不同文明的可相比拟的贡献过去和

lii 现在都像江河流入大海那样融入这个整体;(3)随着这一进程,人类社会向着更加统一、更加复杂和更有组织的形式发展。我们承认,这些不可信的论点确是我们自己的,假如我们早有一扇像维滕贝格(Wittenberg)的那样的门,我们会毫不踌躇地把这些论点钉在门上。没有一位评论家曾对我们的信念作过比这更加尖锐的分析,然而这恰好使我们想起了利玛窦

————————
　　① 《论语·述而第七》第二十一章。

(Matteo Ricci)于 1595 年写的一封家信,信中描述了中国人关于宇宙论问题所持的各种荒谬观念[①]:(其一)他说,中国人不相信固体水晶天球;(再者)他们说天是空的;(再有)他们以五行代替被普遍认为是与真实和理智相符的四元素,等等。可是我们却证明了自己的论点。

当 1957 年初王铃(王静宁)博士离开剑桥去堪培拉澳大利亚国立大学时(他现任该校高级研究所汉学教授级研究员),一段 10 年来富有成果的合作便宣告结束。我们永远都不会忘记早期的筹划年代,当时我们的组织刚刚站稳了脚,并且一迈步就碰到无数有待解决的问题(所用设备也比现在的差得多)。在整个这一册中,王铃博士与我们进行了合作,由于一位相识更早的朋友鲁桂珍博士于 1956 年末的到来,我们与中国学者的不间断的合作幸而赖以保持。鲁博士除其他职务外,曾任上海雷士德医学研究所副研究员,南京金陵女子文理学院营养学教授,后来主持巴黎联合国教科文组织科学部实地协作处的工作。她以营养生物化学和临床研究方面的广博经验为基础,现正担任我们计划中的生物和医学部分(第六卷)的创始工作。在我们的规划中,也许没有一个专题要比中国医学史更加困难的了。文献卷帙的浩繁,概念(与西方的很不相同)的体系化,普通词汇和哲学词汇在特定含义上的用法,这种用法以构成一套巧妙而准确的技术术语,再加上某些重要疗法的奇异性——这一切都要费大气力,才能得出结果,描绘出至今尚未描绘出的中国医学的真实图景。幸运的是,时间允许用我们的探究来勾划出真相。同时,鲁博士参与了本册出版的大量校订工作。并进入了超出她个人专业范围的初始研究。另一位朋友拉斐尔·萨拉曼(Raphael Salaman)先生也参与到轮匠技艺史和高效马挽具史这样的领域。

1 年之后(1958 年初),何丙郁博士加入了我们的工作,当时他在新加坡马来亚大学任物理学高级讲师。他受到的基本训练是天体物理学,他也是《晋书》天文志的译者。他很愿意从事炼丹术和古代化学的研究,以拓宽他在科学史方面的经验,这样便帮助我们为相关的一卷(第五卷)打下了基础。我们的另一位朋友曹天钦博士早几年已开始了这项工作,当时他是基兹学院的研究员,这是在他回到中国科学院上海生物化学研究所之前所做的工作。曹博士是我的战时伙伴之一,他在剑桥时曾对《道藏》中论及炼丹术的书籍进行过有价值的研究[②]。何丙郁博士成功地在许多方面扩展了这项工作。虽然何博士现在吉隆坡马来亚大学任中文教授职,但他能再度与我们在剑桥合作一个时期,为化学及相关技术那一卷作进一步的准备。

liii

值得一提的是,第五和第六两卷中的一些重要章节已经写成。有些已以初稿的形式发表,以便得到各个领域中专家们的批评和帮助。

最后,与我们同时出现在本卷第一分册扉页上的一位西方合作者是鲁滨逊(Kenneth Robinson)先生,他把汉学和音乐知识非常出色地结合起来。从职业上说,他是一位教育家,在马来亚受过师资训练,他曾时常以沙捞越(Sarawak)教育主任的身份出入于达雅克人(Dayaks)和其他民族的村庄和长屋,他们奇特的管弦乐似乎使他联想到周代和汉代的音乐。我们深感幸运的是,他愿意承担起草论述深奥而引人入胜的物理声学问题的那章,这部分是不可缺少的,因为它是中国中世纪有科学头脑的人的主要兴趣之一。这样,他是迄今唯一既提供现成的著述又助力研究活动的参与者。我们的另一位欧洲伙伴是邮政总局工程部的康布里奇(John Combridge)先生,特别是他用运转的模型所做的若干实验,大大地增加了

---

① 参见本书第三卷 p. 438。

② 参见本书第一卷 p. 12。

我们对中世纪中国时钟机构的理解。

我们乐于再一次向那些以各种方式帮助过我们的人公开致谢。首先是,我们在我们所不熟悉的语言与文化方面的顾问,特别是阿拉伯语方面的邓洛普(D. M. Dunlop)教授,梵语方面的贝利(Shackleton Bailey)博士,日语方面的谢尔登(Charles Sheldon)博士和朝鲜语方面的莱迪亚德(G. Ledyard)教授。再就是,在专题方面给予我们帮助和忠告的各位:机械工程方面是斯特兰(E. G. Sterland)先生,运输史方面是罗荣邦教授,水利工程方面是斯肯普顿(A. W. Skempton)教授及后来的查特利(Herbert Chatley)博士,导航方面是米尔斯(J. V. Mills)先生,航海方面则是海军中校奈什(George Naish)和沃特斯(D. W. Waters)。还有,看过我们的原稿和校样的读者和善意的批评者,他们的姓名都列在本文前的志谢表中。但是,只有皇家学会会员李大斐(Dorothy Needham)博士对本书各卷都逐字推敲过,我们对她的感谢是无法表达的。

我们再次最诚挚地感谢玛格丽特·安德森(Margaret Anderson)夫人对印刷工作必不可少和细致入微的帮助,感谢柯温(Charles Curwen)先生和麦克马斯特(Ian McMaster)先生在搜集、购置不断增加着的有关科学技术的新出的中文历史和考古学文献方面充当我们的总代理人。最近,谢林姆(Walter Sheringham)先生为我们的计划做了特别慷慨的服务工作,他在不收报酬的情况下对我们用于工作的图书室进行了专门的评估。缪里尔·莫伊尔(Muriel Moyle)女士继续做了非常详细的索引,其质量之优曾受到许多书评者的赞赏。在工作过程中,打字和秘书工作的工作量增加到我们始料不及的程度,这使我们一再体会到一位好的抄写员就像《圣经》中所说的配偶一样,比红宝石还可贵。因此,我们衷心地感谢他们的帮助,他们是:已故的贝蒂·梅(Betty May)夫人,玛格丽特·韦布(Margaret Webb)女士,珍妮·普兰特(Jennie Plant)女士,伊夫林·毕比(Evelyn Beebe)夫人,琼·刘易斯(June Lewis)女士,弗兰克·布兰德(Frank Brand)先生,米切尔(W. M. Mitchell)夫人,弗朗西丝·鲍顿(Frances Boughton)女士,吉利恩·里凯森(Gillian Rickaysen)夫人和安妮·斯科特·麦肯齐(Anne Scott McKenzie)夫人。

出版者和印刷者在像本书这样一部著作中所起的作用,不论是从财力或从技巧的角度考虑,其重要性并不下于研究、组织及写作本身。没有几个作者对他们的作品实现人及其管理者伙伴的了解能超过我们对剑桥大学出版社的理事会和职员们的了解。在职员中,以前也有我们的朋友弗兰克·肯登(Frank Kendon)他做了许多年助理秘书,在本书第三卷出版后去世了。他在许多文化圈子里以成就很高的诗人和文学家而为人所知,他善于洞察经由剑桥大学出版社出版的一些书中所蕴涵的诗情画意,而把他的理解化为无尽的心血以得到了与内容最为相称的装帧。我会永远记得,当《中国科学技术史》酝酿成现在这种形式的过程中,他是怎样与以不同风格和色彩制成的试验性卷本"相伴"达数星期之久,最后才作出了令作者和合作者都感到最满意的决定的——也许更为重要的是,这一决定也令全世界成千上万的读者感到同样的满意。

对我最亲近的同事们,亦即报喜堂——通常称作冈维尔和基兹学院——的院长和评议员们,我只能献上几句意犹未尽的谢辞。我真不知道还有什么别的地方能找到像这样的,对于进行一项事业来说是如此完美的环境了:一幢幽静的工作室,座落在大学及其所有图书馆的位置中心,介乎于校长的苹果树和荣誉门之间。学会中的各位日常对我们的赞赏和鼓励帮助我们克服了工作中的各种困难。我也不会忘记应该向生物化学系的系主任及教职员致谢,

liv

感谢他们对一个调出去仿佛在另一世界工作的同事所表示的宽容和理解。

　　为我们这项计划的研究工作筹措资金一直是困难的,现在仍然存在着很大的困难。然而我们深深感谢韦尔科姆财团(Wellcome Turst),它的格外慷慨的支持使我们消除了对于生物学和医学一卷的一切忧虑。为此,我们不能不深深感谢该财团已故的科学顾问戴尔(Henry Dale)爵士,他以前长期担任该财团的主席,他还是勋章获得者和皇家学会会员。博林根基金会(Bollingen Foundation)的一笔充裕的捐款(已另志谢)保证了相继问世的各卷册都有足够的插图。对于新加坡的李康健先生(音译,Dato Lee Kong Chian)我们感谢他为化学卷的研究提供了大笔捐款,而且何丙郁教授离开马来亚大学来休假也已使这项研究工作成为可能。在此,我们想献辞纪念一位大医学家和中国的忠诚公仆伍连德博士,他毕业于伊曼纽尔学院(Emmanuel College),早在清末就已是中国陆军医护队的少校,若干年前还是东三 lv省防疫服务队的创始人,以及中国公共卫生工作的最早组织者。在他去世的那年,伍博士竭力帮助我们为研究工作筹措经费,他的这种恩善我们会永远铭感在心。另一些希望我们事业成功的好心人,前些时组成了一个"写作计划之友"委员会,其目的是赢得日后必需的资金支持,而且我们已故的老朋友珀塞尔(Victor Purcell)博士还慷允担任这个委员会的名誉秘书,我们谨对这一切表示衷心的感谢。在本书这些卷册的研究工作现出曙光的各个时期,我们也从大学中国委员会(Universities' China Committee)和作为霍尔特(Holt)家族成员遗赠基金托管人的海洋轮船公司管理会(Managers of the Ocean Steamship Company)接受了资助;对这一切,我们都致以最诚挚的谢意。

第二十七章　　机械工程

（a）　引　　论

本书现在开始讨论物理原理在控制各种力和利用动力资源中的更广泛的应用。初看起来，讨论这个问题之前不先叙述古代中国的采矿和冶金学，可能使人感到意外。但是，各种金属在文艺复兴后的工程中虽然起了非常突出的作用，但它们在中世纪的作用，无论在东方或西方都不是这样。根据芒福德（Mumford）的分类法，我们目前以电、原子能、合金和塑料为特征的"新技术"阶段，是跟在以煤、铁为重点的"旧技术"阶段之后的，而在这之前还有一个更长得多的"古技术"阶段[①]。这个阶段在中国表现为木、竹和水的时代，它一直持续到文艺复兴的技术传遍亚洲大陆时才告结束。当然，这种分期法并不意味着，金属在古代中国不是很重要的，人们可以举出许多例子，如：周代采用青铜制兵器的社会意义，汉代青铜在制齿轮和弩机中的精细的应用[②]，汉代和汉代以后的时代是广泛使用生铁犁铧及制造钢工具的时代。在某些方面，如铸铁工艺的掌握[③]，锌的第一次应用和关于锌的知识[④]，中国人远远走在欧洲人的前面。但是大部分古代大型工程仍然主要是由木石构成的。

本书把主要的中国工程书籍的叙述，放到研究各种基本类型机器之后[⑤]，这将是方便的。可是工程文献的数量显然很少，也许主要是因为工匠的创作虽然精巧，但常常被儒生认为不值得注意。尽管如此，大量插图从11世纪（这是印刷的春天）开始留传到现在，其中有着可以称为工程图的特种画像传统，虽然绘图者或画家显然未必总是清楚地了解他们所画的是什么，而又可能认为询问得太详细有损尊严。另一方面，很多文字记载，其中不少是在各朝代的史书内，也留传下来。

对待这些图画的困难是（当学术上了解不深的借口并非难以理解时），我们可以知道当时工艺的情况，但常常不容易确定作图的原来年代。为了改进这种情况，由熟悉汉学的工程人员对宋代各版本进行广泛的研究，将是必要的，即使这样做，已保存下来的全部有关文献可能很快就被查遍。但是，较晚的图画可以把古老的正确的技术传统长期保存下来，一个显

[①]　Mumford（1）p.109。这些词中的两个是由帕特里克·格迪斯（Patrick Geddes）第一次提出的。当然还有其他分类法，例如勒鲁瓦-古尔亨（Leroi-Gourhan）把它们分为"朴素的"、"半工业化的"等等[Leroi-Gourhan（1），vol.1，p.41]芒福德[Munford（4）]在重新评价自己的作品时对于某些分类法的评价，是值得一读的。

[②]　见本册p.86和本书第三十章（e）。

[③]　见本书第三十章（d）和Needham（32）。

[④]　见本书第三十三章和第三十六章。

[⑤]　见本册pp.165 ff.，168。

著地说明这一点的事例,是在一本17世纪关于养蚕的书籍中,有些图画把11世纪一本书所叙述的每个细节都描绘出来了[①]。相反,单独依靠文字记载的困难在于我们可以有确定的年代,这个年代可能是很早的,但是我们不一定能确定当时的工艺情况,或者因为对于机械结构的描写不充分[②],或者因为有理由怀疑所用专门技术名词的意义时有改变[③]。解决这种困难的唯一办法,可能是发现和分析更多的文献。

中国技术文献有时被指责为不很明确或模棱两可。这是因为儒家学者有时需要写一些他们并不真正有兴趣的东西,而真正能够说明事情的技术人员自己又完全不写作。但是劳弗(Laufer)在四十多年前所写下的意见,是值得参考的,他说:

> 当我从中国文献和欧洲文献研究同一问题时,我越来越觉得中国文献并不像被说成的那样坏,尽管这是汉学家们说的;而欧洲文献同中国和其他国家的文献比较起来,也不像我们喜欢夸耀的那样好。当调查研究中国事物时,在每一件事情上参看中国的记载是稳妥的。虽然它们有很多缺点(我承认这些缺点),但它们是简单、平易、实事求是和中肯的,而相应的欧洲的笔记,在很多情况下却是肤浅的,容易使人误解的或完全错误的。[④]

3 关于中国文化地区的工程历史,已进行的研究是极少的,因此张荫麟(*2,8*)、刘仙洲(*1,4,5*)和查特利[Chatley(2,36)]等的研究著作应得到特别的感谢。已经提及的霍维茨[Horwitz(1)][⑤]的书,认为1726年的《图书集成》的某些插图来源于以前欧洲的资料,这给人很片面的印象,这种缺点已被作者在以后的论文[Horwitz(6,7)]里弥补了。这个著名奥地利技术史家的这些论文以及其他著作,本书将在适当地方引证。对于工具而不是机器,霍梅尔[Hommel(1)]关于当代传统的中国实践的书是独特和有价值的。唯一可与霍梅尔相比的书(就我们所知)是近代的谭旦冏(*1*)关于中国传统技术的有趣的论文,其中有很多按比例尺绘制的插图[⑥]。这些第二手材料都有真实价值。儒莲和商毕昂(Julien & Champion)的书虽仍然

---

① 这里所指的机器是缫车(缫丝机),即从蚕茧缫丝的设备。秦观于1090年左右写的《蚕书》,对它作了经典的描写,但是如果没有徐光启于1639年所写的《农政全书》,特别是卷三十三里的说明和插图,这种描写是不容易明白的。二百多年之后,佚名作者在一本出版物(Anon.,39)里把徐光启书的主要部分译成英文,所附的图比17世纪原书的图好得多。这些图很可能是采自沙式蕃等在1843年写的《蚕桑合编》[参见Liu Ho & Roux(1),p.23]。沈秉成于1869年写的《蚕桑辑要》也有相类似的图,但其质量没有这样好。这两本关于蚕桑的专门著作不但表示机器本身,而且也表示总装前的各组成部分,包括传动带、偏心凸耳以及锭翼的前端部件。虽然是属于19世纪的著作,但是因为中国古老技术的实践对于连续的传统是如此忠实,这些图画可以很完善地看作11世纪的书的插图。本书将在第三十一章里详细论述纺织机械的全部内容。在此之前,本册在后面讨论传动带(p.107)及其他事物的历史时(pp.116,301,382,404,601),也会再谈及缫丝机。鉴于丝业在中国是很古老的工业,很可能在秦观于1090年描写缫车时,它已经存在很久了,但是西方历史学者,例如福蒂 Forti(1),p.111,然后是吉勒[Gille(11)],毫不犹豫地把它在意大利的发明[一般归之波洛尼亚(Bologna)]年代定为接近13世纪末。当谈到纺织机械时,把任何发展归功于文艺复兴之前的欧洲,必须特别谨慎。

② 一个特别令人费心的例子是马钧在3世纪改进织机的事件,参见下文及第三十一章。

③ 参见本书第二十九章关于操纵方向的橹和舵的例子。伟烈亚力[Wylie(12)]和日意格[Giquel(1)]所编的机械名词汇编已被人忘记了,但是他们只收集中国受到西方技术影响的早期的流行名词,而对于古代和中世纪的中国名词则一无所知。

④ Laufer(3)p.26.

⑤ Horwitz(1),vol.1,p,152.

⑥ 这些特点使它可以作为霍梅尔的书的补充,并使他与夏士德[Worcester(1,2,3)]对于中国造船技术的详尽研究并列。夏士德的书将在第二十九章引用。

是经典著作,但是它主要属于冶金和化学技术的领域①。劳弗关于汉代陶器的书[Laufer
(3)],对于中国工程史上某些问题有着丰富得出乎意外的讨论。本书将时常提及中文和西方
文字的其他辅助资料,但值得指出,在我们开始工作之前,这个领域的原版书的译文是非常
少的。

对于工具和较简单机器的研究,当然是接近人类学的领域,所提出的各种问题,只有对
各民族在古技术阶段的各种技术进行比较性的研究,才能得到解答。勒鲁瓦-古尔亨关于比
较技术的书[Leroi-Gourhan(1)],是我们见到的这类书中最有意思的②,他指出:习惯的分类
法是怎样地不合逻辑和不自觉地以欧洲为中心的,例如把传统的中国医学作为人种学的一
部分看待,而欧洲中世纪的类似材料则被承认为真正的医学历史的一部分③;欧洲的音乐不
论如何原始,都是音乐,而所有其他音乐都属于人类学。事实上,像中国这样一个民族的技术
工艺,非但融合在其他处于更古老发展阶段的邻近民族的工艺中,并且也像西方技术那样,
从时间上回溯起来,与史前人的工具和习惯操作方法可相联系④。因此,如梅森[Mason(2)]
和塞西[Sayce(1)]的经典著作所讨论的,引起了发明和传播的一切问题。关于发明的过程和
发明的被采用或被忽视,特别是与社会环境的关系等问题,本书将在第四十九章内谈到限制
因素时再讨论。此时着重地推荐舒尔[Schuh1(1)]关于工程的社会哲学的有趣著作作为本
章下文的同时阅读材料。

在传记方面,中国已进行了很多艰巨的工作。由于中国营造学社的活动,出版了一系列
有价值的各种技术家(不仅是建筑家)的简短传记汇编。这应归功于朱启钤及其共同研究者
的工作⑤。最近燕羽(1)的小册子,叙述了从古代起的 15 位工程师和技师以及 11 位科学家
的事迹,把这些知识普及化了。一本类似的通俗作品是钱伟长(1)写的关于中国科学和工程
的历史,其中有五章专述技术人员的传记⑥。虽然这些作品的性质是比较初步的,传统汉学
领域内的专家阅读这些书还是有益的。

因为有关科学史的一些最巨大的著作,如萨顿[Sarton(1)]和桑戴克[Thorndike(1)]的
著作,在工程和技术方面是比较弱的,我们只有依靠其他更专业化的书籍作为中国机械学的
比较背景。当编写本章的初稿时,我们不能利用英国科学史老前辈、已故的查尔斯・辛格
(Charles Singer)和一组合作者所编的,由许多作者分别写的《技术史》(*History of Technol-*

---

① 见本书第三十、第三十三、第三十四和第三十六章。虽然这本书是根据像《天工开物》这样权威性的中国文献撰
写的,有时用起来却稍有困难,因为释义和译文不总是清楚地与作者本人的陈述相区别的。

② 虽然不幸缺少一切文献目录的参考资料。

③ Leroi-Gourhan(1),vol. 1,p. 20.

④ 关于这一点,只要很少数几个引证就足够了:Furon(1);Montandon(1);Kroeber(1);Burkitt(1,2,3);McCurdy
(1);Childe(1)。从实用工程和生理学的观点看,弗雷蒙[Fremont(6,20)]是研究史前工具(刮刀、凿子、小斧、圆凿、钻等
等)的最好的、如果不是唯一的书。勒鲁瓦-古尔亨曾对原始武器作类似的尝试[Leroi-Gourhan(1,2)];关于此问题,见后
面本书第三十章。

⑤ 他们从多种文献取材,当然包括各朝代的官方史书所载的技术专家传记,以及这些传记在《图书集成・考工典》
卷五中的节略。《哲匠录》的第一至第六部分由朱启钤和梁启雄(1—6)编写,第七部分加入了刘儒林。以后各部分由朱启
钤和刘敦桢(1,2)具名。

⑥ 在 1953 年这些书的发行总额达到 10 万册,这是很可注意的。最通俗的书,如有插图的何奇梅、芮光庭的《工具的
故事》,拥有更多的读者,这本书以最简单的文字概述全部技术史,全书把中国人的发明和发现放在适当的地位,并对其
作用做适当的评价,也从欧洲各时代的经典技术著作中大量取材。这种著作对于教育中国农村群众在现代世界中发挥他
们的作用,一定有很大的价值。

ogy)①。它是很扼要的,但在结构上它局限于欧洲的技术史和近东的古代文化,辛格[Singer (10)]在第二卷末的一篇专论中承认并说明这一点的含义。在编写本章的较后期,我们很幸运能够利用这套著作的丰富内容。我们也得以利用全部由福布斯[Forbes(10—15)]② 一个人写的类似的系列书籍。这些书有时谈到东亚的发展和传播,也有时忽略了它们,但都不一定是中肯的。写得较早的、由乌切利[Uccelli(1)]主编的一本集体著作是大规模的,并有极好的插图,但是十分缺乏文献目录和资料来源的说明。同样的意见也适用于费尔德豪斯[Feldhaus(2)]的重要著作,他的其他著作(7,8,9)是这本书的预备资料或节本。在篇幅方面的另一极端是迪卡塞[Ducassé(1)]和利利[Lilley(3)]的小书,它们虽然提供一些有趣的观点,但只能起初步指导作用。另一著名的现代书籍是福布斯[Forbes(2)]的书;它包括很多有趣的材料,但关于非欧洲来源的资料都缺乏可靠性,事实上该书似乎慎重地把这方面的资料减至最少。但是我们很感谢他所编有用的西欧文字的技术史文献目录[Forbes(1)]。西方世界最好的单卷工程史也许仍然是厄舍[Usher(1)]③ 所写的,但是贝克曼[Beckmann(1)]关于发明的较早著作决不是无用的。贝克[T.Beck(1)]的有系统的机器通史,包括从亚历山大里亚人开始到文艺复兴结束的整个时代,它提供了大量很清晰的图画,也许是我们所知道的最突出的并能满足求知欲的著作。这种著作不幸很稀少,但是非常有价值,在过去50年间还没有出现能代替它的著作。

关于欧洲古代工程的主要参考资料是众所周知的,包括由伟大学者迪尔斯[Diels(1)]写的篇幅不多但很卓越的作品,布卢姆纳[Blümner(1)]的四卷巨著,以及诺伊堡尔[Neuburger(1)]的篇幅中等、生动但不太可靠的书④。此外还有所有编辑者对于例如赫伦(Heron)⑤ 或维特鲁威(Vitruvius)⑥ 等作家的评论,以及很多有价值的次要文献⑦。关于古代埃及的工业,可以借助于卢卡斯[Lucas(1)]的有用的书。在较老的书中,埃斯皮纳斯[A. Espinas(1)]的书是社会学和纯理论的,而菲伦代尔[Vierendeel(1)]的书试图把近代和古代都包罗进去,但不成功。克莱姆[F. Klemm(1)]的新书要好得多;它与所有其他书的区别在于,它是从西方古代起到文艺复兴之后这段时期有关引文的精华。

为了和中国的古技术发展作比较,以及研究西方从东方接受的各种发明,了解中世纪欧洲的工程和技术历史是重要的,在这方面有四本突出的论文集;即布洛克[Bloch(3)]、德诺埃特[des Noëttes (3)]、林恩·怀特[Lynn White(1)]⑧ 和斯蒂芬森[Stephenson(1)]的著作。斯蒂芬森的书,像霍维茨[Horwitz(3)]的书一样,是根据1023年的一部著名手稿的插图

---

① Singer,Holmyard,Hall & Williams(1)。

② 其评论见 Leemans(1)。

③ 修正和增订的新版已在1954年出版。现在我们也有 Burstall(1)。

④ 此书的英文译本出版者把索引大大删节,并把附在每章后面的和总的文献目录以及插图来源表全部删掉,应受学术界的指责。

⑤ 例如 Woodcroft(1)。

⑥ 例如 Morgan(1);Granger(1)。

⑦ 例如 T.Beck(2,4,5),Gille(5),特别是 Drachmann(2,7,9)。

⑧ 我们很遗憾,林恩·怀特教授的《中世纪技术和社会变化》[*Mediaeval Technology and Social Change*(7)]连同它所有的宝贵新见解和资料出现得太晚,未能有助于我们的研究工作。但是他对于亚洲的贡献的公正态度是令人高度满意的[Whitel(8,9)也是如此]。由于同一原因,我也未能考虑刘仙洲教授的《中国机械工程发明史》,其中有一些以前没有发表过的有趣的材料。

写的[参见 Amelli(1)],这部手稿就是德国富尔达著名学校的创立人赫刺巴努斯·毛汝斯(Hrabanus Maurus,776—856 年)的《论事物的特性》(*De Rerum Naturis*)①。吉勒[Gille(4, 11)]尝试对欧洲在 1100—1400 年间的技术发展作出总的评论,并就德国 15 世纪的军事工程师写了一篇很好的论文[Gille(12)]②,这样就补充了贝特洛[(Berthelot(4,5,6))]的经典叙述。关于达·芬奇(Leonardo da Vinci)和他的时代,乌切利[Ucceli(2)]、吉勒[Gille(3)]和哈特[Hart(1,2,3,4)]的研究已表明是有帮助的。关于伟大的文艺复兴时代在机械方面的书籍,钻研者可以求助于泰恩茨勒[Taenzler(1)],戴维森[Davison(1)]、吉勒[Gille(6)]和柏生士[Parsons(2)]的著作,以及贝克[T. Beck(1)]的基本的和系统的叙述。中世纪后期和文艺复兴时代的有用的技术图册正在出版中[例如 Schmithals & Klemm(1)]。吉勒的另一本评论[Gille(13)]研究 17 世纪特有的工程问题。关于建筑及其他技术部门中的木工的历史,则没有胜过莫莱斯[Moles(1)]的论文的了③。

6

关于近代工程史,可利用的著作更为丰富④,虽则学术水平有降低的倾向。有时从这些书上充分探索已经发觉起源于中国古老技术的原理是很有意思的。但是为了追溯较晚的工程和技术历史,陈旧的课本往往比最新的书籍更有用,因为前者含有后来删去的一些资料。因此,约翰·哈里斯(John Harris)1708 年的《技术词典》(*Lexicon Technicum*)或安德鲁·尤尔(Andrew Ure)19 世纪早期的《工艺、制造和矿业词典》(*Dictionary of Arts, Manufactures and Mines*)是有价值的。我们很早就已在本书内引用了费尔德豪斯所编的技术史百科全书[Feldhaus(1)],这本独特的作品也许是由于它的优美和丰富的插图而不是由于文字的正确性而有更大的价值。费尔德豪斯的宝库已为乌切利的百科全书[Uccelli(3)]所扩充,但决不是取代了。手边有达姆斯达德特所编辑的按年代记载的发明和发现的书[Darmstädter(1)],也是很有帮助的。

曾经在中国工作和旅行过的西方工程师所写的书,属于很不同于上述任何书的类型,但对我们的工作是不能忽视的。它们构成大量的文献,但是我们在这里只需提及一些例子,如包括有趣的插图的柏生士的书[Parsons(1)],以及埃斯特雷尔的更有思想性的叙述[Esterer(1)]。其他书籍将在需要时加以引用。与这些书有联系而不是与现在的题目毫不相关的,是关于日本⑤、朝鲜、印度支那⑥和其他邻近文化的工业的论文,其中大部分似乎是西方学者所写的。

我在这里结束关于在研究中国工程和技术历史作比较时有帮助的文献的说明,引进这些说明作为绪论似乎是合乎需要的。

如果我们追溯得足够远,可以了解技术史起源于 16 和 17 世纪中著名的"古代派"和"现代派"的支持者之间的书面争论。在中世纪,几乎没有人注意到技术是有历史的,但是在

---

① 参见 Sarton(1),vol. 1,p. 555。其他中世纪的西方大人物,也有他们现代相应的继承人,例如,对于 11 世纪的特奥菲卢斯(Theophilus),有 Theobald(1),Dodwell(1)和 Hawthorne & Smith(1);对于 13 世纪的奥恩库尔(Villard de Honnecourt),有 Lassus & Darcel(1),Hahnloser(1)。

② 见本册 pp. 91,110,113。关于基多·达·维格伐诺(Guido de Vigevano),见 Hall(3)。

③ 又见 Latham(1)。

④ 例如 Fleming & Brocklehurst (1);Burlingame (1,2,3);Leonard(1);Giedion(1);Burstall(1)。

⑤ 例如 Ninagawa(1),Rein(1),Brinckmann(1)等论文。

⑥ 这些论文有时和初级技术说明在一起,如 Barbotin(1)一书。

文艺复兴时代,历史学家逐渐明白,古代罗马人并不在纸上写字,一点也不知道有印刷的书
籍,并不使用颈圈挽具、眼镜、爆炸武器或磁罗盘。这个认识所引起的不安是争论的近因的一
7 部分①,而这个争论是人文主义的博学者和实验哲学家之间的不可避免的冲突的一个重要
方面。在现代派的积极支持者中,杰罗姆·卡丹(Jerome Cardan)于1550年提出,磁罗盘、印
刷术和火药三大发明是全部古代没有与之相匹敌的发明②。16年以后,博丹(Jean Bodin)在
排斥"黄金时代"的理论和人类退化的信念时,强调了同一论据③。弗朗西斯·培根(Francis
Bacon)在1620年对这个论据发表了最雄辩的言论④。那时候很少作家,以后也很少历史学
家⑤认识清楚这三大发明并非起源于欧洲,或了解这个事实的全部含意。但是,争论的结果,
产生了寻找这些激动人心的新发明的起源的一门新学问,以及直到现在读起来还饶有兴趣
的著作。

在这里我们的篇幅只够提出三本书作为许多著作的代表:第一本是波利多尔·弗吉尔
(Polydore Vergil)⑥的《论事物的发明者》(De Rerum Inventoribus),1499年初版,但再版了
多次;其次是圭多·潘奇罗利(Guido Panciroli)⑦的庞大的《难忘的事迹》(Rerum Memora-
bilium),1599年出版,英文译本在1715年出版;最后是托马斯·鲍威尔(Thomas Powell)⑧
的短小而有趣味的《多数手工技艺的人文历史》(Humane History of most Manual Arts,
1661年)。贝克曼似乎是这个传统的最后一个,同时又是最早的现代技术史家。为了能想象
这些人所尊重的人类知识的新方面,可以看一看潘奇罗利著作的内封之一(图351)。这张图
的左边表示希腊和罗马的成就,下边有一个小插图表示一盏灯在黑暗中照耀着,但是右边一
个长辫子的印第安人,他代表新的繁盛的远东和美国西部地区,在他后面,我们看到棕榈树
和三角帆船。在图的下方,印刷机和炮击意义深长地占据重要的位置。但是,在这个时代的
所有象征性图画之中,最惊人的也许是约翰内斯·施特拉丹乌斯(Johannes Stradanus)⑨的
雕刻集《新著》(Nova Reperta)的内封,此集于1585年第一次出版,1638年完成。图352是这
个图画的复制,它把巨大的发现和发明按下列次序排列:(1)美洲大陆,(2)磁罗盘,(3)火器,
(4)印刷机,(5)机械钟,(6)愈疮木⑩,(7)蒸馏,(8)丝,(9)马镫。我们现在知道,这些项目中

---

① 这方面有一篇很详细的叙述。[Rigault(1)]。伯里[Bury(1)]是比较简略的,把这件事情放在关于进步概念历史
的较广阔的范围来讨论。

② De Subtilitate,bk. 3.

③ Methodus ad facilem Historiarum Cognitionem,ch. 7,pp. 359 ff.

④ Novum Organum,bk. 1,aphorism 129;Ellis & Spedding ed. p. 300。这一段已在本书第一卷 p. 19 全部引录。

⑤ 甚至连伯里[Bury(1)]也默默地忽视了这个事实:卡丹、博丹、培根和很多其他的人所举出的主要发明,都起源
于中国。

⑥ 约1470—1555年;在英国从1501年以后。他是利纳克尔(Linacre)、莫尔(More)、科利特(Colet)和拉蒂默(La-
timer)的一个朋友,曾替亨利七世(Henry Ⅶ)写了一本英国史。他所写的关于发明的书的文献目录,可以在 John Ferguson
(2),vol. 1,pt. 2,vol. 2,pt. 2 中找到。

⑦ 意大利法学家,1523—1599年。文献目录见 John Ferguson(2),vol. 1,pt. 2,vol. 2,pt. 1.

⑧ 威尔士作家,约1572—1635年(?)。文献目录见 John Ferguson(2),vol. 1,pt. 3.

⑨ 简·范·德·施特雷特(Jan Van der Straet)是从布鲁日来的佛兰德人(1523—1605年),他一生的大部分时间
住在佛罗伦萨。迪布纳[Dibner(2)]重新出版和编辑了他的技术插图。

⑩ 一种美国树(Guaiacum officinale)的树脂质的蜡似的木材,在16世纪中颇著名,称为铁梨木或愈疮木
(Lignumvitae),或称为医治梅毒的圣木[参见 da Orta(1),ed. Markham,pp. 380 ff.]。一般效果也许是由于它的刺激性利
尿和通便作用[Sollmann(1),p. 692]。但是,它可以用来制造齿轮和轴承(参见本册 p. 499)。

图版 一二四

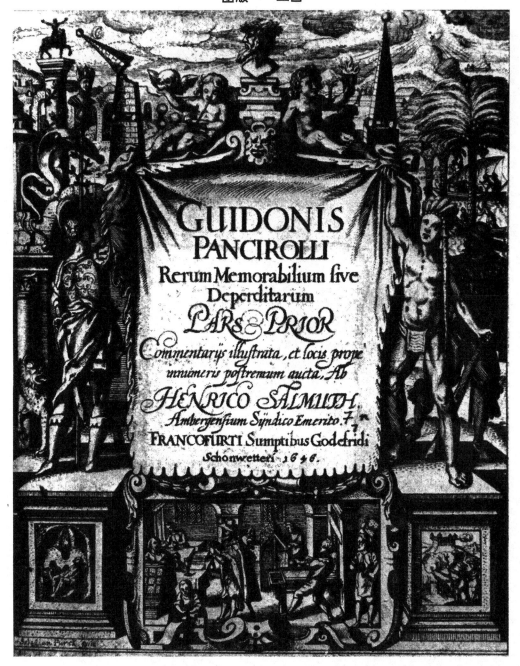

图 351 圭多·潘奇罗利关于发明史的著作(1646 年版)的内封。这个寓意图画的左边代表古代西方的成就，但是放在月亮符号的下面。代表罗马法律的倒塌中的方尖碑旁边，一个小天使手持着代表古典学问的带翼的头盖骨，并吹着空虚的希腊式的或烦琐哲学的泡泡。与左边成对比，右边是太阳光辉地照耀着现代世界的成就，有着奇异的、陌生的民族的发现和新奇的工艺品。顶部的小天使，露着罗马门神雅努斯般的年轻的脸，高持新灵感的发火焰的心，在下面的镶板中，展示着火药和印刷术的非欧技艺。

图版　一二五

图352　简·范·德·施特雷特的雕刻集的内封,这些雕刻描写他那时代的(1585—1638)认为是新的各种发现和技术。图中用罗马数字标出各象征性的物体如下:(i)美洲大陆,(ii)磁罗盘,(iii)火器,(iv)印刷术,(v)机械钟,(vi)蒸馏,(vii)愈伤木,(viii)丝,(ix)马镫。其中六种直接从中国文化得来,并有二种间接得来。不断变老的时间之神,拿着围绕宇宙的蛇,从左到右地经过舞台。

至少有六项(2,3,4,5,8,9)是直接起源于中国,起码是通过激发性传播取得的①。而且,作为船尾舵②和磁罗盘的故乡,中国对于地理上的发现(1)(即美洲大陆的发现)及其自然的结果(愈疮木)也有关系。第 7 项蒸馏事实上是希腊和中国古代共有的③,而中国的这种技术很可能在亚洲游牧民族中很快地传播④。

　　由于记录的模糊,对于东方的研究工作的不发展状态,以及 16 和 17 世纪可利用的历史研究工作方法的比较原始,大部分所谓"现代发明"的真正家乡是在东方这一事实,虽然被某些人臆测到,却久久未被确认。事实上,欧洲在中世纪接受了很多印度的、阿拉伯的、波斯的和特别是中国的技术,但一般不知其起源的地方。也许就是这些新事物的神秘性,基本上促进了技术史的诞生⑤。所有这一切主要发生在伽利略(Galileo)向近代科学突破之前,发生在与皇家学会和各科学院有联系的发现和理论的爆发之前,可是约瑟夫·格兰维尔(Joseph Glanvill)于 1661 年所说的话,对于还没有被承认的早期的亚洲贡献还是同样适当的⑥,他说:"对于那条令人泄气的格言'别人没有说过的话,不要说',我是不尊重的,我也不能让我的信念被所罗门(Solomon)的格言所束缚;我不相信所有科学都是同义反复:最近的年代展示给我们古代没有看见过、甚至没有梦见过的东西。"

(1) 工程师的名称和概念

　　在这里说几句关于西方语言和汉语中用于工程师的名词的起源,可能是适当的。按照我们的想法,"engine"这个字已经具有如此生动和明确的意义,以致乍看起来难于想起它来源于拉丁字"ingenium"——意思是天生(或认为是天生)在某些人身上的聪明或创造性的品

① 见本书第一卷,pp. 244 ff.。对于各个专题,见本书第二十六章(i)、第三十章、第三十二章、第二十七章(j)(本册 pp. 440 ff.),以及第三十一章。

② 见本书第二十九章(h)。

③ 见本书第三十三章。

④ 施特拉丹乌斯(Stradanus)自己对于发明归属问题的意见是有趣的。他按照习惯作法,把罗盘的发明归功于意大利,印刷机和火药的发明归功于德国。丝则来自赛林达城(参见本书第一卷,p.185 第三十一章),而且他认为丝是如此重要,所以他加上六幅雕刻的图版,标题为《丝蚕》(Vermis Sericus)。他奇怪地否认水磨和风车起源于古代西方(对于风车是公正的),虽然他不知道风车的家乡是波斯。他否认其来源于西方古代的另一技术是用由动力驱动的轮子抛光铠甲。在这个问题上他当然是对的,正如我们可在施罗德[Schroeder(1)]和伍德伯里[Woodbury(3)]关于磨床历史的专著中看到的。除了我们将在后面(p.183 ff.)详细讨论的粉碎技术外,我们将多次谈到磨床本身,例如关于通常承认的曲柄最早出现(9 世纪)在欧洲(p.112),或最老的传动带插图(15 世纪)也出现在欧洲(p.102)。但是在这些专著中,没有一个字提到机械磨削方面古代和中世纪成就的突出范例——中国古代的琢玉钢盘(参见本书 vol.3,pp.667 ff.),这也许是技术史家欧洲中心偏见的特征。一般认为,伊斯拉埃尔·范梅克内姆(Israel van Meckenem)的一件雕刻(约 1485 年)是一部具有踏板和曲柄的立式磨轮的第一个清楚的证据,但这多半只对欧洲能成立,因为我们将见到,所有的部件在中国是同样的古老,或者更古。达·芬奇描绘了第一部用动力驱动的磨轮,但不知在他的时代是否实际上制造出来和使用;无论如何,从 1568 年起磨轮在图中变得常见。在宗卡(Zonca,1621 年)的著作的 pp.33,36,39 上有很好的图画。磨床的历史有特殊的意义,因为它与对着磨轮紧握工作物方法的发展以及机械地控制磨轮与工作物的相对运动方法的发展都有密切的联系。现代磨床是打算供获得精密形状而不是大量磨去金属、磨快或抛光用的,当它在 19 世纪发展起来的时候,可以利用过去已经对车床做过的一切研究工作,即具有坚固的床身、顶针座、夹盘、转台和丝杠。

⑤ 很自然,其他潮流也汇合起来以形成这种学问,例如希腊和罗马关于传奇的发明家和文化英雄的传说。关于这个问题,可参见专著[Kleingunther(1)]。也见本书第一卷 pp.51 ff. 和本册 pp.42 ff.。

⑥ Scepsis Scientifica, ed. Owen, ch.22.

质,即内在的、内部产生的才华。既然这个字根的派生词已经被罗马人通常用来表达才智、工艺和技能的品质,所以从 12 世纪开始,"ingeniarius"("要制作的东西")一词在更限定的意义上,越来越频繁地在欧洲见到①。直到 18 世纪,这个名词才摆脱了它最初的军事涵义。在中国,事情的发展与这个情况不很类似。

从最早的时代开始,"工"字指手艺性质的工作,是工艺性而不是农艺性的。这个意义在现代名词"工程"中保留下来,其中的"程"字原来的意义是量度、尺寸、数量、规程、检验、计算等等②。其他的旧词如"机"(原意是织机,卓越的机器)和"电"(原意是闪电)终于分别用作机械和电气设备的名称③。但是,甚至到了中世纪,这些字也还没有结合起来以表示人的身份。代表工匠——工程师——的真正古老的名词是"匠"或"匠",其中"匚"可能是一个匣子(K741),但更可能是木匠用的矩尺("巨"或"矩"),匚的里面是表示斧头的"斤"字或表示技术工作的"工"字。这个字的甲骨文(K95d)实际上表示一个人拿着木匠用的矩尺。"工"字本身也起源于这工具的图画。可以稳当地推断,在原始的中国文化里,最出色的工程操作是木工。《周礼》④ 把工长叫做"国工"。

但这还不是事情的全部。特别熟练和令人赞美的技能叫做"巧"(K1041)⑤。右边的偏旁是有意思的,因为它与有着"呼出"的共同意义的一些字有关系。单独作为"丂"字,根据《说文》是指啜泣;但更常见得多的是周代和汉初韵文中的句末常用的呼气感叹词"兮"字一些相关的词,如"号"或"號",意义是"呼喊",现在仍常用。因此汉文中表示工程才华的名词的语义学意义与拉丁文的相同,但以相反的方法表示,它不着重"内"蕴的才华,而着重表现出的和呼"出"的才华。

有时工匠和工程师只是称为"造者"或"作者"。前者的动词"造"用于浑天仪或地震仪的制造者,例如张衡(参见本书第三卷 p.627);而"将作"的称号(字面上是造者或作者)早在秦代就出现,用于主管工匠和工场的官吏⑥。"造"字有强烈的创作含意,意味着发明或革新。"作"字更有行政和组织的意义,如以后常用的"将作大匠"是最高工匠和建造工人的指挥者。

因此,除了上面指出的语义学的对比之外,与工程师和工匠联系的汉文名词,比之西方所用的名词"ingeniaril","angigneors"和"engynours",似乎总是有更多民用和更少军事的意义⑦。

(2) 封建官僚社会的工匠和工程师

在天学一章的开始,曾经需要讲很多关于这门科学在中国的官方性质⑧。天文学家(也

---

① 希曼克[Schimank(1)]作了精心的论述。参见 Straub(1),pp.131,133;Lynn White(7),p.160;"Ailnoth ingeniator",London,1157 年;Salzman(1),p.11。

② 参见《九章算术》中讨论某种计算方式的《方程》一章;参见本书第三卷,p.26。

③ 表示机器的最经典名词是"奇器"。另一老名词是"机械",有时也用"器械"。后面这两个名词有重要的社会背景,关于此问题见本书第二卷,p.125。

④ 卷十一,第十二页。

⑤ 例如《西京杂记》说丁缓(见本册 p.233)是"巧工";《三国志》说马钧(见本册 p.39)是"名巧"。

⑥ 《事物纪原》,卷二十六,第三十一页起。

⑦ 关于这个问题联系到封建官僚制度与城邦商业文化之间的社会学上对比的意义,我们不在这里详述了。

⑧ 本书第三卷,pp.186 ff.。

是国家的占星学者)居住在皇宫的一部分,他所属的机关也是整个行政部门的必要部分。工匠和工程师在某种程度上,并在较低一层上,也带有这种官僚性质,部分地因为几乎在所有朝代都有很完备的皇家工场和兵工场,也部分地因为至少是在某些时期内,拥有最先进技术的行业是由官方经营的,如西汉的盐铁业①。不久我们将看到(p.32),技术人员曾有集结在这个或那个鼓励他们的卓越的官吏周围,作为他个人的随从者的一种趋势。

本书前面所讨论的一切,主要是关于哲学家、王子、天文学家或数学家的,只论及中国人口的受教育部分②。但是我们现在达到研究的转折点,因为必须进入各种行业和农业的广大领域,事实上就是科学原理(不一定完全系统化的)在多种不同的实际技术工作中的应用。因此,我们对广大劳动者和他们的劳动条件不能再不加考虑。他们是人类的物质财富,没有这种财富,灌溉工程、桥梁或车辆工场的计划者以至天文仪器的设计者都不能做成什么事情;而且有创造才能的发明家和有技能的工程师,往往是从这些人类物质财富发家而在历史上留下个人特殊功名。因此在这里对于技术工人在封建官僚社会的作用作简略的讨论,似乎是不可少的。这的确是属于第四十八章将要研究的"社会背景",但是我们不得不把这个问题插入这里作为前景的一部分。

通常认为,研究古代中国技术的最重要文献是《周礼》的《考工记》部分。虽然这本书一般说来是汉代编纂的,假定它是记录战国时期(例如公元前 4 世纪)流传下来的传统,但是这对《考工记》是否也适用,就更难断定了。所有古代注释家都同意,《周礼》原文中叙述在冬季工作的"司空"③ 的活动那部分,在汉初失去了。现在代替它的《考工记》的内容,是由河间献王刘德(卒于公元前 130 年)④ 收集的,这项工作必定需要一班比淮南王周围的近侍多少更有实际经验的技术人员。虽然有些人认为,现在的版本是由刘歆在公元前 1 世纪后叶写的,但内部证据却不符合这种断定。郭沫若(1)提出,《考工记》提及当时齐国以外的各重要国家的产品或工艺,而且所用的度量衡的一部分是齐国所特有的。杨联陞〔(Yang Lien-Shêng(7))〕发现《考工记》有三处出现齐国方言的措词,因此引起了这个文献起源于战国时期齐国官书的意见,这与齐国在各种技术和科学上的盛名是很符合的⑤。这也引起了与《管子》一书有趣的比较,因为现在认为这部书是由齐国稷下学士编辑的⑥。

无论如何,虽然《考工记》的文字在汉初形成现在的形式,它无疑地收录了很多更早时代的材料。在以后各时代里,写了很多注解,其中郑众约在公元 75 年、郑玄约在公元 180 年和贾公彦在 8 世纪所写的无疑是最重要的。这些注解都收集在 1748 年出版的《钦定周官义疏》里。主持编辑者之一的方苞致力研究此书,写了一本《考工析疑》。孙诒让(3)对于原文作了优秀的校勘。戴震于 1746 年对于《周礼》中的技术作了卓越的考古学的分析⑦,写了一本《考工记图》。程瑶田跟着写了《考工创物小记》和《通艺录》。其他作者对于《考工记》的个别

---

① 从公元前 119 年起。参见本书第三十章(d)、第三十七和第四十八章。

② 这里所说的"受教育"是在传统的意义上,即指受过文学和古典学问的教育。

③ 在这里"空"字的原来意义是空闲时间,就是人民有闲暇即农闲时间,他们在这个时间内被动员来做其他工作。

④ 参见本书第一卷,p.111。

⑤ 参见本书第一卷,pp.91ff.;第二卷 pp.232ff.和许多其他地方。

⑥ 参见本书第一卷,p.95.重要的类似事件当然是秦国的学者和技术人员在公元前 3 世纪编纂《吕氏春秋》(参见本书第三卷,p.196)。

⑦ 见近藤光男〔(Kondō Mitsuo(1)〕关于这本书的研究。

章节作了研究,例如阮元的《考工记车制图解》。

《考工记》中开始一些段落很有意思,值得全文介绍①。

国家有六类工作者,百(种)工(人)组成其中的一类。

有些人坐而论道,有些人采取行动贯彻执行。有些人检验自然材料的曲直、形状、质量,为的是准备五种原材料②,并分配这些材料,以便制成对人们有用的器具。另一些人从各地区运来对本地区是稀少特殊的物品,以制成有价值的东西。再有一些人致力于增加土地的出产,或用丝麻织成布帛。

原来,他们坐而论道的是王子、贵族(王公),而贯彻执行乃是大臣、官吏(士大夫)的职责。检验原材料并制成有用的器具是百工的业务。运输是商旅的事情,耕种土地属于农民,而编织则是女工的任务。

粤地没有专造农具(镈)的人,但是人人都知如何制作。燕国没有专造皮革护身铠甲(函)的人,但是人人都会制作。秦国没有专造武器柄(庐)的,但是人人都能造。对于北方的胡族,弓和车是必需品,所有的人都精通制造。

有智慧的人(知者)发明工具和机器,有技巧的人(巧者)维持这些传统;一代代地继续从事这种职业的就叫做工人(工)。所以百工所做的一切原来都是智慧高超的人的事业。熔化(烁)金属以制成刀剑,把粘土硬化制成器皿,造车以便于陆地交通,造船以便于渡越水面,这些都是智慧高超的人的工作。

可是天有各种季节,地有各种地方影响(气),有的材料具有优良品质(美),有的工人具有高超的技巧;如果把四种条件组合在一起,就能得出优良的产品。但是有了好的材料和好的工人,产品仍然可能碰巧不好;在这种情况下是没有适合气节,或没有得到地气。

13　　　举例来说,甜味的橘移植到淮河以北,会变成苦味的枳③。鹳鹆④从来不过济水向北去,而貉(即貉)越过汶水就会死亡。这是自然的,因为地气的关系。

人们珍视郑国的刀、宋国的斧、鲁国的小刀、吴国和粤地的双刃剑。没有别的地区能把这些东西造得那样好。这也是自然的,由于地气的关系。所以同样地,最好的牛角来自燕国,最好的硬木来自荆,最好的弓木来自汾胡*,而最好的金和锡来自吴国和粤地。这是材料的天然的优良品质使然。

天时有生产的季节和毁坏的季节;树木和作物有时生长,有时枯萎。甚至石块崩解(泐),水会结冰或流动。这都与天时的自然季节相对应。

一般说来,木工包括七种作业,金工六种,皮和毛皮加工五种,染色五种,刮磨五种,制陶二种。木工包括做车轮、车身、弓、武器柄、房屋、货车、贵重木料制成的器具。金工

---

① 译文见 Biot(1),vol.2,pp.457 ff,由作者译成英文,经修改。关于《周礼》对国家、社会和工业的主要观念,已由重泽俊郎[(Shigezawa Toshio(1)]作了评论。

② 所谓五材,推测是金属、玉、皮革、木和土。

③ 这句话将在下文(第四十二章)关于嫁接法历史时再引证。

④ *Aethiopsar cristatellus*,R296。

* 在楚国旁边的一个国家。郭沫若"怀疑纷即汾,指晋国,胡仍是胡无弓车之胡。"——译者

包括锻工(筑)①、熔炼(冶)、铸钟、计量器具、容器、农具、刀剑。皮工包括干燥、制皮铠甲、制鼓、鞣革、鞣毛皮。染色包括单色或多色刺绣、染羽毛、编篮、净丝。刮磨包括琢玉、制箭和试箭、雕刻(塑)、制玉石的磬。制陶包括陶器技艺和瓦工技艺。

虞代最重视制陶技艺。夏代把造房技艺放在首位,商代则更喜欢制容器的技艺。但是周代把车身制造者的工作看得最高。

[此书从这里开始讨论车辆。]

〈国有六职,百工与居一焉。或坐而论道,或作而行之,或审面曲势,以饬五材,以辨民器,或通四方之珍异以资之,或饬力以长地财,或治丝麻以成之。坐而论道,谓之王公。作而行之,谓之士大夫。审面曲势,以饬五材,以辨民器,谓之百工。通四方之珍异以资之,谓之商旅。饬力以长地财,谓之农夫。治丝麻以成之,谓之妇功。

粤无镈,燕无函,秦无庐,胡无弓车。粤之无镈也,非无镈也,夫人而能为镈也。燕之无函也,非无函也,夫人而能为函也。秦之无庐也,非无庐也,夫人而能为庐也。胡之无弓车也,非无弓车也,夫人而能为弓车也。

知者创物,巧者述之守之,世谓之工。百工之事,皆圣人之作也。烁金以为刃,凝土以为器,作车以行陆,作舟以行水,此皆圣人之所作也。天有时,地有气,材有美,工有巧;有此四者,然后可以为良。材美工巧,然而不良,则不时,不得地气也。橘逾淮而北为枳,鸜鹆不逾济,貉逾汶则死,此地气然也。郑之刀,宋之斤,鲁之削,吴粤之剑,迁乎其地,而弗能为良,地气然也。燕之角,荆之斡,妢胡之笴,吴粤之金锡,此材之美者也。天有时以生,有时以杀,草木有时以生,有时以死,石有时以泐,水有时以凝,有时以泽,此天时也。

凡攻木之工七,攻金之工六,攻皮之工六,设色之工五,刮摩之工五,搏埴之工二。攻木之工,轮舆弓庐匠车梓。攻金之工,筑冶凫㮚叚桃。攻皮之工,函鲍韗韦裘。设色之工,画缋钟筐慌。刮摩之工,玉楖彫矢磬。搏埴之工,陶瓬。

有虞氏上陶,夏后氏上匠,殷人上梓,周人上舆。〉

这个文献也许是在公元前 2 世纪某些时候写的,故意写成古文体,但是谈到公元前 3 世纪初叶的情况,并包括能够收集到的对于更早时代的回忆。公元前 3 世纪的上半叶是欧几里得 (Euclid)活动的时期和亚历山大里亚城的博物馆的开始;麦加斯梯尼(Megasthenes) 正在印度执行他的外交使命,而贝洛索斯(Berossos)正在向希腊人传播尽可能多的巴比伦天文学。在工程方面,索斯特拉图斯 (Sostratus) 的灯塔大约与秦始皇的长城同时代②。

这些段落表示中国人喜爱随意系统化的某些特点,但是显然基本上根据事实,相关的思　14

---

① "筑"字不是表示锻工的常用词。它的意义只是"打",如将土夯实,因此在这里也许应当了解为制作用于浇铁水的粘土模或砂模。"冶"字的意思是液态金属,即涉及冶炼而不是铸造。关于这些问题,见本书第三十章(d)。在那里我们将看到,战国时代有些铁工具似乎不是用熟铁锻成,也不是用生铁铸成,而是用凹式锻模把半流态的低碳钢模锻成的。这里的"筑"字难道不可能指这种工艺吗?

② 与《周礼》的资料可以比拟的关于印度技工的资料,见 Foley (2),它主要取材于佛教时代早期(公元前 6—前 3 世纪)的 Jātaka 故事。锡兰有一本叫做《阇都伐姆沙》(*Janavaṃsa*)的书,详细叙述王家工场工匠的任务和工艺过程,它与《考工记》特别类似。现有的书认为属于吉舍勒那的僧诃(Simha of Kessellena),用僧伽罗语写的,年代不早于 15世纪,但据说有梵文写的原文。库马拉斯瓦米 [Coomaraswamy (5), pp. 21, 54 ff.] 对这部书有很好的叙述。在这本书中,种性制度是突出的,这种制度见于佛教国家是可怪的,但仍持续保留着。库马拉斯瓦米 [Coomaraswamy (5), pp.150 ff., 161.] 对于另一本类似的由它的作者命名为《舍利弗》(*Śāriputra*)的书也谈得很多,著作年代是 12 世纪。此书主要是关于佛像的制作,原文是梵文,有僧伽罗语的注解,据信是取材于 5 世纪编写的名为《建筑论》(*Silpaśāstra*)的关于建筑和技术的全集。

维①只在提到各代所重视的技术的第十一段里出现②。这些段落一开始就对体力劳动（"术"）和脑力劳动（"学"）的区别，作值得注意的陈述，并在第四段里继续暗示有一个时候齐国没有专业的手艺工匠。在第六段里提出工业生产的四个条件：季节（"时"），地方因素（"气"），材料的优质（"美"）和技巧（"巧"），并对这些条件（除了技巧之外）提出一些例子。在举例时作了关于植物和动物的生态学上的有趣陈述，说明地方因素是自然的。这些因素在工业选点，有无矿砂或煤或森林，水的特性③等等方面当然是重要的。第十段里对各种技术力求进行分类时所采用的术语，严格地按照《考工记》正文所提到的各种手艺工匠的名称。这些名称似乎很不完全（例如，提到刺绣工而不提各种织工，提到特种染羽毛工而不提染布工）④；可是考虑到我们所知道的这个文献的历史，这也许是自然的。表 54 列出《考工记》所提到的所有手艺的工种，作为参考⑤。

　　如果对于工部（"冬官"）的官员表以及他们的等级和助理人的分类也保存下来，好像《周礼》所提供的其他部的情况那样，我们对于皇家工场的组织，至少对于汉代的情况也许会知道得比现在多一些。不幸，这些材料包括在遗失的部分里，而填补者未能提供这方面的情况。因此而发生的问题是很重要的，即古代最先进的技术和工业为官僚政治集中控制到什么程度。皇家工场必定制作皇帝和王子的宫廷所需要的礼仪用品、日常生活用品、车辆和机械；这种工作与皇室军队的武器和装备的制造之间，不能有明晰的区别。当盐铁业收归官方经营时，有关这些工业的全部工匠一定也置于政府直接控制之下⑥。在其他时候，以及在这个时候的其他工业内，由普通百姓独立经营的并为他们使用的手工业生产，无疑起了最大部分的作用。但是可以设想，当制作较大型的或异常复杂的机械（例如早期的水磨），就要或者在皇家工场里，或者在重要的地方官吏的严密监督下进行⑦。编写一本详尽的专题论文，从头到尾地叙述中国的工场、皇家工场和官方工场的历史，是最迫切的汉学任务之一（参见图353）。

---

① 参见本书第二卷,pp. 261 ff.。

② 人们怀疑各代所重视的技术,与五行学说以及五行与相接续的朝代的关系,有某些联系(参见本书第二卷,p. 263)。

③ 明代《表异录》(卷二,第七页)有关于各种天然水的有趣叙述:使人麻木的,含铁的,含硫的,沉淀铜的等等,这暗示了与确定工业地点的关系。参见 Vitruvius,Ⅷ,iii.

④ 《周礼》卷一第九页和卷二第三十五页[Biot(1),vol,1,pp. 19,166]提到其他工匠时,也提到染工(染人)。他们和纺织工一起同属于宫廷内部。

⑤ 这些名称当然可能是监工或工长的官名,而不是行业本身的名称。吉田光邦[Yoshida Mitsukuni(3)]曾对这些名字进行过专门研究。

⑥ 鞠清远(1)收集了关于汉代官方经营工场的最重要的文献。

⑦ 汉初在主管商品生产和税收的十个指挥部中,设立工业的监督员("工官")。这可能意味着仅仅对于为数众多的家庭或小型工场的手工业生产的一般控制,但它一定牵涉到市场营业税的征收。纺织业的监督者(服官)在山东特别重要,他所实行的控制程度也是不明确的。但是没有疑问,46 个铁务局的监督(铁官)和 36 个盐务局的监督(盐官)对生产本身的技术组织直接负责,因为这些都是官方工业。铁官对农业特别重要,因为它的工场锻制和铸造必要的农具。在东汉时期,除了这些官吏外,在四川增设了柑橘园艺监督(橘官)和木材工业的监督(木官)。关于整个问题,见劳榦(4)的研究。

图 353　清末图画,表示皇家工场("尚方")的工匠在工作。采自《钦定书经图说》卷十七,《说命》
　　　　章[Medhurst(1),p.172;Legge,(1),p.116],其标题是"有备无患图"。

表 54 《周礼·考工记》所载的行业和工种

(加有星号的表示该节已佚失)

英文书的译名	《考工记》原名	《周礼》		Biot(1),vol.2	
		卷	页	ch.	p.
(A) 玉石工					
玉　工[1]	玉人	十二	一	42	519
雕刻工	雕人		三*		530
制磬工	磬氏		五		530
(B) 陶瓷工					
陶　工	陶人		七		536
砖瓦制模工	旊人		七		538
(C) 木　工					
制箭工	矤人		四		530
制弓工[2]	矢人		五	44	532
	弓人		二十四		580
细木工[3]	梓人		八	43	540
武器柄工	庐人		十三		548
测工、营造工、木匠	匠人		十五		553
制农具柄工,见"车匠"					
(D) 修建渠道和灌溉沟工(以及一般水利技术人员)					
水　工[4]	匠人		十八		565
(E) 金属工	攻金之工				
低合金铸工[5]	築氏	十一	二十,二十一	41	490
高合金铸工[6]	冶氏		二十,二十一		490,492
制钟铸工	凫氏		二十,二十三		490,498
制量具工	栗氏		二十,二十五		491,503
制犁工	段氏[7]		二十*		491
刀剑工	桃氏		二十,二十二		491,496
(F) 车辆工[8]		十一	五	40	463
轮　匠	轮人	十一	七		466
制轮工长	国工		十二		475
制车身工	舆人		十四		479
制车辕和车轴工	辀人		十六		482
	轴人				
车匠[9]	车人	十二	二十一	44	573
(G) 制甲(皮革的,不是金属的)工					
制胸甲工	函氏	十一	二十六	41	506
(H) 鞣革工					
鞣革工	韦人		三十*		514
生革工	鲍人		二十八		509
皮货工	裘人		三十		514
(I) 制鼓工	韗人		二十九		511

续表

英文书的译名	《考工记》原名	《周礼》		Biot(1), vol. 2	
		卷	页	ch.	p.
(J) 纺织、染色和刺绣工	画缋之事		三十	42	514
染羽毛工	钟氏		三十一		516
制筐工	筐人		三十二 *		517
清丝工[10]	幌氏		三十三		517

1) 有很多关于礼仪用器具形状的资料,但几乎没有提及操作的技术。

2) 这是很长和精心编写的一节,但没有提及"弩",虽然在别处提到(pp. 239, 241, 246)。

3) 主要是乐器(钟磬的架子)和饮器。领导梓人的工长或管理员叫做"梓师"。

4) 这一节包括关于灌溉渠道的有价值资料,参见第四卷,第三分册。

5) 低合金青铜是三分铜和二分锡的合金,在这里指的是用来制造刻字的刀。

6) 高合金青铜是三分铜和一分锡的合金,在这里指的是用来制造箭头、矛头等的。

7) "段"就是"煅"的古体字。

8) 车辆的大小和尺寸与标准兵器的长度有关。

9) 也制造农具的柄。

10) 从天然丝除掉胶质的工人。

　　皇家工场曾经采用过许多种名称,其中最常用之一是"尚方"。本书前面(第四卷第一分册, p. 315)在幻术家栾大传里,已提到他的职称是"胶东王尚方",我们把它译为"胶东王的幻术师和药剂师"[①],但"方"字广泛适用于各种技术。这是公元前 2 世纪的情况,但到公元前 1 世纪末叶,这个词的意义变成皇家工场,这在王吉[②](卒于公元前 48 年)和蔡邕[③](卒于 192 年)的传记里已明确地提出。大约在那个时代,出现像"主禁器物"之类的词,表示有些设备和机械(例如弩机、记里鼓车、指南车等等)是在这种"秘密"的或"受限制"的工场里制造和保管的[④]。有时手艺工人的名字流传到现在。斯旺[Swann(1)]曾经复制一张黑漆盖子的图片,带有下列铭刻:

　　　　建平三年(公元前 4 年),此容器(容量 3 升)和盖,按御用车(的技艺风格)制于四川西厂;麻布制的漆座,刻花,饰以图画,镀金柄。"有"匠制漆;"宜"匠涂漆;"古"匠做青铜和镀金;"丰"匠绘画;"戎"匠雕刻;"宝"匠清刷;"宗"匠修整。监制官"嘉",主管工匠和劳动;知县"鬼",县承"县",主簿"广";群守"癸"。[⑤]

七个技术工人而需要五个行政人员监督,这一点也许是有意义的,但是得到一些工人的名字毕竟是令人高兴的[⑥]。

---

① 《前汉书》卷二十五,第二十三页。这个译法是根据颜师古的注。

② 《前汉书》卷七十二,第八页,《王吉传》。

③ 《后汉书》卷九十,第十七页;参见《书叙指南》卷六,第一页。

④ 约公元前 50 年,汉宣帝令刘向在尚方工场试验淮南王刘安的炼金术方法。本书将在第三十三章里充分叙述这个有趣事件。参见《前汉书》卷三十六,第六页,在那里也提及尚方的冶金和铸币的任务。

⑤ 译文见 Swann(1)。

⑥ 在这方面有趣的是,近代中国历史中也可看到同样的官僚主义倾向,当福州船政局于 1866 年建立时,由两个法国工程师和几个中国技术人员负责(参见下文 p. 390),但加上作为管理人员的下级官员不少于 100 人[Chhen Chhi-Thien(3), p. 30]。见工程师之一日意格[Giquel(2)]的叙述。

19 各个朝代似乎都有皇家工场[1];在 4 世纪,特别是在外族统治者比如匈奴的后赵的统治下,也有这种工场,后赵有象解飞和魏猛变等杰出人物为之服务(参见下文 p.257)。也许这些政府比之完全由汉人统治的政府,受到儒家正统观念的影响较少。当谈到唐代的情况时,有戴何都(des Rotours)[2]收集的很多资料。这些工场置于一个总局(少府监)的管理之下,这个总局包括八个部门:三个工场(中尚署、左尚署、右尚署),一个编织和染色部门(织染署),三个铸工部门包括一个铸钱部门(掌冶署、诸冶监、铸钱监),以及一个主管与外国互易货物的局(互市监),实际上是一个营业部。按照《新唐书》[3]的记载,在 8 世纪已知道的各种技术,从纯粹的冶金和工程直到纯粹的艺术作品,显然都在这些单位内进行。这些单位还定时就工艺技巧进行考试,每件产品都刻有制造它的工匠的名字。总人数一度曾达到六七千。不幸,唐代历史只叙述产品,而不叙述所用的技术。此外,还有同样重要的官署:将作监,主要涉及房屋建筑和陶瓷工艺;军器监,管理弩、弩炮和所有军事装备的制作;以及都水监,主管灌溉工程、渠道、桥梁之类的事宜。

这里也许不是进一步讨论这个有趣题目的地方,它需要比过去所受到的更多的注意。无疑,有丰富的资料可以利用,例如,宋代的《事物纪原》叙述[4] 五代和宋代的皇家工场(其时"作坊"的名称变得更通用),并提供关于官办的金匠和银匠工场的细节。元代的资料载在《元经世大典》里,虽然该书已经遗失,但有关部分已由文廷式从《永乐大典》抄下来,因此得到保存。现存有《元代画塑记》和《大元氊罽工物记》等书[5] 可资利用。

明清时代工部的活动就可以构成一本书。能够在所收集的物品册和申请单中体会言外之意的读者,可以从何士晋在 1615 年编的《工部厂库须知》里找到一个关于工部工厂、工场
20 和仓库的资料的宝库。该书篇幅相当大,本书以后将不止一次引证它[6]。现再从耶稣会士安文思(Gabriel de Magalhaens)约于 17 世纪中叶,在明代制度改革以前所写的书中抄录一段,可能是有意思的。他写道[7]:

第六个和最后的高级官署叫做工部。其职掌是建筑和修缮国王的宫殿、陵墓和尊敬祖先或崇拜神灵(如日、月、天、地等等)的庙宇,以及全国所有的官署和高级贵族的官殿。他们也勘测、检查和监督所有楼台、桥梁、水坝、河、湖以及使河道能通航所需要的一切东西,如驿道、车辆、帆船、木船等等。属于工部的四个较低的部门是:(1)营缮司,审查和设计一切需要做的工程;(2)虞衡司,命令全国各城市的工厂和工场制造军事武器;(3)都水司,采取措施使河道和湖可通航,平整驿道,建筑和修理桥梁,制造车、船和便利商业所需要的其他物品;(4)屯田司,管理国王出租的房屋和土地并收取租税和收获物[8]。

---

① 关于汉宫的纺织工场,参看米泽嘉圃[Yonezawa(1)],他在另一文章[Yonezawa(2)]内对于魏、晋和南北朝时期的尚方,也作了较长时间的研究。许多汉镜刻有铭文,表示是由尚方造的(见《金石索》,晋部分,卷六,第四页起)。康德谟[Kaltenmark(2),p.11]曾经译了一篇关于汉镜(第十页)后面所绘的仙人的典型铭文。

② des Rotours(1),vol.1,pp.458 ff.

③ 卷四十八(译文见 des Rotours)。

④ 《事物纪原》,卷二十八,第十、十二页;卷三十四,第三页。

⑤ 这两本书都由王国维付印;见 Hummel(2),vol.2,p.855。

⑥ 例如,在第三十章中,谈到火药的成分时。

⑦ Gabriel de Magalhaens(1) p.213。但是耶稣会士关于工部的所有研究中,韩国英[Cibot(4)]的是最完全的。

⑧ 各官署的名称,在《图书集成·考工典》卷三,"会考"第三、第十四页起可找到。

一般说来,有理由认为在中国所有时代中,最高级技术人员的很大部分,或者是由作为中央官僚政府一部分的行政机关直接雇用,或者在他们密切管理之下进行工作。

但是,当然不是所有技术人员都是这样。实际上,大多数工匠和手艺人总是必须同小规模的家庭工场生产和商业联系起来。个别地区由于某种技能倾向于集中该处而得名,例如福州的漆匠,景德镇的陶工,或四川自流井的钻井工。但是,中国的专门技术人员有向遥远和广阔的地区漫游的倾向。在本书第一卷中已注意到公元前 2 世纪在帕提亚(即安息)和费尔干纳(即大宛)有懂得冶金的钻井的中国人①,以及 8 世纪在撒马尔罕和库费有中国的纺织技术人员、造纸工、金匠和画匠②。我们将一再看到近邻中国的民族对中国工匠的重视。在情况许可时,他们毫不犹豫地要求得到中国工匠;例如 1126 年金人围困宋京开封时,要求从城中送出各种手艺人,包括金匠、银匠、铁匠、织工、缝纫工以至道士③。当道士邱长春于 1221 年受到成吉思汗的聘请,作山东到撒马尔罕的著名旅行时,在途中处处都遇到中国工匠。在外蒙古的巴拉沙衮(Chinkhai Balāsāghūn)④,他们全体带着旗帜和花束来迎接他。当到达撒马尔罕时,他见到更多的中国工匠。二年后回来时,他说很多中国工匠⑤ 定居在北方地区叶尼塞河流域上游⑥。迟至 1675 年,俄罗斯外交代表团正式要求中国派桥梁建造者去俄罗斯⑦。本章将说明所有这些工匠代表什么技术传统。

再谈下去,不涉及社会地位的困难问题,就不能进一步分析他们的社会关系。循着这条途径走到底,就会进入本书第四十八章试图充分讨论的专题(关于古代和中世纪中国科学技术的社会和经济背景)。但是这里至少必须说几句话,即使仅仅略述这样一个问题的背景,即:这些发明家和工程师来自社会的哪一阶层?到目前为止,本书所谈的技术工作者都是"自由"⑧平民。一个轮匠或漆匠是一个"家庭清白的""庶人"或"自由民";或是一个"良人",字义上是"好人"。他属于平民(小民)阶层,对于古代的哲学家来说,这些人必定是"小人"(卑贱的人),以与"君子"(高尚的半贵族的博学公职人员)⑨ 区别开来。既然他有姓,他便是"百姓"("古老的百家")之一,并属于"编民"(登记过的人民)⑩。仅在极少的情况下,在叙述秦汉时

① 本书第一卷,p.234[第七章(1)]。
② 本书第一卷,p.236[第七章(1)]。
③ 《宋史纪事本末》卷五十六。我们感谢吴世昌博士提出这个引证。参考《宋史》卷二十三,第十九页。
④ 靠近现代的乌里雅苏台。
⑤ 他们是织绫罗锦绮的人。
⑥ 《长春真人西游记》上卷,第十三页,第二十一页;下卷,第九页;译文见 Waley(10),pp.73,93,124。
⑦ 这就是尼古拉·米列斯库(Nicolaie Milescu)的外交代表团[特使是斯帕塔鲁尔(Spătarul),以后是斯帕萨里(Spathary)];关于他的事迹,见 Panikkar(1),p.235;Cahen(1),p.2;特别是 Baddeley(2),vol.2,pp.351,385。
⑧ 这个词是这样被加以引号的,因为不能用西方的相同标准或相同的字眼来判断古代和中世纪的中国社会。最近在一个对于奴隶制度比较研究的座谈会上作出结论,认为中国的奴隶阶级"缺乏两头"。按最完全的希腊语的意义,没有人是"自由的",也没有人生活贫苦得像古代西方文化的不自由人那样。正如浦立本(Pulleyblank)所写的:"在中国这样一个有机社会里,每个人的地位是由他的社会关系规定的,而这种关系不给人以界线清楚的权利和有限的相应的义务,但对尊者(统治者、父、兄、夫)的道德上义务,就其基本性而言则是绝对的和无限的。在这种社会里,就不可能存在绝对自由的概念。"[Pulleyblank(6),p.205]。亚里士多德把财产分为物和人的定义,不是中国人所赞成的那种定义。中国人承认奴隶有不可分割的人类品质,并认为他们像其他人一样,受到五种基本社会关系的约束。事实上,正如浦立本所说[Pulleyblank(6),p.217],奴隶在中国与其说是一种合法的私产,不如说是社会等级的最低层。这些论点对于以后的讨论是重要的。关于现代一种绝对的和否定的自由的概念,参见 Berlin(1)。
⑨ 参见本书第一卷,p.93;第二卷,p.6。
⑩ 参见 Pulleyblank(6),p.216。

代著名富有工业家的业务时,才把奴隶或半奴隶作为财富的生产者来提出①。事实上,公元前 80 年《盐铁论》的一段经典的话就说明了自由劳动者的情况②。

22　　　　以前专横有势力的大户控制了矿山和湖海的利益,开采铁矿砂,用大风箱冶炼,并煮盐水产盐。一家就会聚集多至一千余人,大多数是流浪的自由平民,他们远远离开家乡,抛弃祖宗的坟墓。这样他们依附于大户,会合在山梁和荒芜的沼泽里,从而促使基于利己阴谋(谋利)并预期扩大个别商号和帮派势力的事业得以实现。③

　　　　〈往者豪强大家得管山海之利,采铁石鼓铸煮盐。一家聚众或至千余人,大抵尽收放流人民也。远去乡里,弃坟墓,依倚大家,聚深山穷泽中,成奸伪之业,遂朋党之权,其轻为非亦大矣。〉

不用说,发言的人是替盐铁工业官营原则辩护的御史大夫。

　　　　但是,不管各个时期政府组织的生产范围怎样,国家总是依靠取之无尽的以"徭役"("徭"、"繇"、"役"、"公役")形式出现的无偿义务劳动。在汉代,每个 20(或 23)至 56 岁的男性平民,除非属于某些特殊免役的集团,都有义务每年服役一个月④。技术匠必定是在都城或各省的官府工场里,或者在像盐铁局之类企业的工场里履行这种义务。这些机关的人员从来不是主要地由奴隶组成,而随着时间的进展,自然地逐渐形成以付款代替人身劳动的习惯作法,结果是大批工匠永久地从事某项职业工作(叫做"常尚")。中国历史学家现在正对管理各种技术工作者的规程进行大量的研究,不过主要还是限于较近的时代。鞠清远(2)说明元代官方工匠("系官匠户")与军队工匠("军匠")的区别,虽然他们都得到工资和配给品,但这两种人又与民间工匠("民匠")不同,而"民匠"则时时可以征用。蒙古征服者总是不伤害工匠,而把他们集中在官方工场里,例如在 1279 年用以制造军用抛石机,和晚些时候织丝、毛织品。在宋代,工匠不能被征募做他们自己行业以外的工作。在明代,根据"匠籍"编制在官方工场轮流服徭役的工匠名单,又变得很重要⑤。很多有兴趣的资料,正在从元、明、清关于技术行业组织的文献⑥ 和石碑铭刻⑦ 中揭示出来。

23　　　　关于工匠在政治史上所起的作用,几乎全部还需要有人去写出来。但是,可以举出王小波和李顺领导的 993—995 年间的四川起义⑧作为例证。这个起义曾被认为是一种分裂主义运动,企图把四川在五代时所享受的独立性永久继续下去,也有人认为是受到自觉的社会主义者或共产主义者的妙想所鼓动的,但它必定与宋代政府对四川丝业的处理很有关系。从秦代起,织锦业在四川有突出的重要性⑨,除自流井的巨大产盐中心以及木材业、柑橘培植业

---

①　参见 Wilbur(1),p.218。

②　关于这段的上下文,参见本书第一卷,p.105;第二卷,pp.251 ff。

③　《盐铁论》卷六,第十七页,作者译,借助于 Wilbur(1),p.218;Gale(1),p.35。

④　见 Wibur(1),p. 223。

⑤　见陈诗启(1)。

⑥　例如郑天挺(1)关于学者徐一夔在元代末叶(约 1361 年)与杭州丝织工的谈话。参看曾昭燏(1)及其合作者收集的关于清代南京和苏州的时钟制造业的资料。关于宋代手工业,见王方中(1)。

⑦　例如刘永成(1,2,3)关于清代江苏省的造纸工场、丝织工场和手工业行会条件的论文。

⑧　详细资料见张荫麟(7),蒋逸人(1)和 Eichhorn(4)。

⑨　这可以从《华阳国志》卷三见到,这卷书(在 347 年)把织锦业看作已经很古老的行业。元代费著写的关于织锦业的专著《蜀锦谱》现尚存在。

外,它曾经是保持这个地区独立的经济支柱之一①。但是宋代最早的措施是在东部,即在新都开封附近,建立竞争性的丝厂和织锦工场("锦官")②,同时在四川严禁私营丝商的贸易。似乎非常有可能,这些措施给四川丝业以毁灭性打击,因而无庸置疑,被弄得穷困的丝业工匠构成王小波和李顺起义军的主要人力来源之一。虽然起义被镇压下去,经过相当时间,以成都为中心的织锦业逐渐恢复③,而它在中国历史上多次农民和工人起义之一中所起的作用④ 已被遗忘。

到目前为止,本书只想到本身是普通平民的工匠。但这决不是古代和中世纪中国的最低社会阶层,因为在它下面还有若干集团,几乎可以叫做"颓丧阶级",而他们当中一定包括有工匠,有时确实是有技巧和才能的人。用于这些人的概括的名词是"贱民",即卑贱的人,与"良人"截然形成对比。这就引起有没有奴隶工匠及其重要程度的问题⑤。大多数汉学家同意,中国古代和中世纪的奴隶制度主要是家庭性质的,最初本质上是使人受刑罚⑥。那么,在什么程度上把比较不自由的人使用在技术性行业中的呢?可以妥当地说,工匠中的某一部分总是属于这一类,但是在各行业和各技术的全部工作人员中,也许一般只占很小的部分(少于 10%)⑦。此外,某些类型比较不自由人的身份是相当难于定义的。

对于奴隶本身是没有疑问的,男性称为"奴",女性称为"婢"。汉代仿效周代,把奴定义为被判处惩役的人或"罪隶",婢定义为捣掉谷类的壳的人或"舂橐"⑧。虽然战争中的"俘""虏"有时经受此种遭遇⑨,古代奴隶补充的主要来源无疑是犯罪者(或被认为是犯罪的)和他们的全家(按照公元前 4 世纪秦国的著名的"收奴"法律)⑩。大量的奴隶由皇室直接拥有(称为"官奴婢")⑪,但是界限很难划分,因为奴隶常常被赐给大官和贵族,作为立功的酬劳或奖赏。他们作为财产的身份,是他们这一类所独有的,但是在住所固定、限制与其他种人通婚、禁止改变职业等方面他们的无能为力,也适用于其他类的贱民。《左传》在描写公元前 563 年晋国的良好政府时说:工匠和奴仆("皂隶")不想改变他们的职业⑫。奴隶身份的系统化似乎宁可说是战国时期的现象,《左传》所说的情况比较早些,但是技术行业稳定性的一般概念则

---

① 各时代的赋税表证明四川织锦业的重要性。据现存的片段文字所载,诸葛亮曾提到织锦业是三国时代蜀国军队的主要财政来源(《太平御览》卷八一五,第八页)。

② 织锦工场之一叫做"绫锦院",由宋太祖于 967 年建立,宋太宗曾亲往视察二次。费著记载的另一工场,在 1083 年的全体人员有准备工 164 人,织工 54 人,染工 11 人和缫丝工 110 人,机器共计 154 部。

③ 作者于 1943 年在成都时曾亲往调查。

④ 参见 Anon.(41)和弗兰克[H. Franke(3)]的最近总述。

⑤ 据作者所知,西方汉学家对这个问题所作的唯一专门现代研究是韦慕庭[(Wilbur(3)]的有趣的评述。毕瓯[Biot(20)]像往常一样,是先驱者。

⑥ 参见 Wilbur(1);Erkes(20,21);H. Franke(13)。

⑦ 这里碰到一个问题(它还不是我们即时兴趣的焦点),即距今多远的时代,中国社会本质上还是以奴隶制为基础的。目前这是中国学者之间热烈辩论的问题,大多数人倾向于认为商代和周代早期是这样。因为这个问题主要是数量问题,解决这样古代的问题是特别困难的。读者可参考 Anon.(14)和王仲犖(1)的书。

⑧ 《前汉书》卷二十三,第六页;《周礼》卷九,第三十页[Wilbur(1),p.258;Biot(1),vol.2,p.363;Pulleyblank(6),p.199]。

⑨ 参见《墨子》第二十八篇,第十六页的一个名句。

⑩ 在中国各历史时期,有各种强迫为奴隶的途径,例如,贩卖妇女儿童,卖身,欠债者被奴役,被救的遗弃婴儿,拐骗等,但这些都是次要的。按照语源学,"奴"字无疑是由从属的妇女和儿童这概念引申出的(参看"帑""孥")。

⑪ 也有"官户"和"杂户"两个较高的阶级,但其地位仍然低于了脱了奴籍的人或平民。

⑫ 《左传》襄公九年[Couvreur(1),vol.2,pp.238 ff]。

是一个持久的概念。关于罪犯("徒人")[①] —— 被迫在若干年内或终身充当奴隶的男女——
的地位[②],是没有疑问的。如同西方古代一样,他们被遣送到矿上。贡禹在公元前44年的奏
议上说,在山中采铜或铁砂的在10万人以上(包括官员和徭役劳动者,但大多数是罪犯)[③]。
我们很可以料想,在奴隶和罪犯的后代中有工匠,因为终生受奴役的人当中具有特殊训练和
长期经验是比较自然的,而且确实似乎很有可能,政府的奴隶工匠的生活,常常比自由的庶
人工匠舒服得多,而且肯定更安定[④]。

25

　　现在我们可以开始提出对我们有兴趣的工艺问题了。奴婢有什么技能?从汉代留下来
一个文件,日期为公元前59年,写明是王褒和名叫"便了"的髯奴之间的购买契约[⑤]。除了在
菜园和果园中从事奴隶劳动获得产品外,他还要能够织草鞋,削成车轴,制造各种家具和木
屐,削成书写用的竹简,捻绳,织席;此外,还要制造准备在附近市场出售的小刀和弓。文件中
所列举奴隶的责任部分有显著的讽刺性,但是所要求的专门技能是很清楚的。另一故事记载
皇后之弟窦广国[⑥],幼年被人拐卖为奴,约在公元前185年同其他百来人从事烧炭工作。此
外,当大农业家赵过在公元前87年被任为军需官员时,他让熟练而精巧的男奴("工巧奴")
与其助手在铁官的工场里制造改进型农具[⑦]。一般的结论是(也适用于以后各世纪):在"奴"
当中总是有一些有技巧的手艺人,但是从来没有像服徭役的平民中那么多[⑧]。

　　一个特别逗人的名词是"僮"(或"童"),它有青年的涵义,也许最好是译为童仆[⑨]。它有
这样强烈的工业色彩,几乎引人把它看成某种形式的有契约的学徒身份[⑩]。虽然《说文》和其
他资料[⑪]中"僮"和"奴"的区别很小,但"僮"可能是在较长时间内带受教育性质的奴隶。约公
元前100年,有一段有趣的文字[⑫]说起在租雇市场上用"手"的数目来代替"僮",它说:在一

26 个省会里每年有1000只手指的童仆的成交额("童手指千")[⑬]。在许多重要文献中,"僮"是
和工业生产有关的,这在前面已经提及的[⑭]关于秦代和汉初(公元前3—前2世纪)工业家或

---

　　① 单独一个"徒"字的意义是含糊的,可以指征募的徭役或甚至哲学家的门徒;按照语义学,它暗示穿得单薄的或
赤脚的随从者。
　　② 一个有联系的字"徙",意义是被流放去保护边疆的充军者。有些著名的学者曾受到不同年限的这种遭遇。
　　③ 《前汉书》卷七十二,第十五页。
　　④ 一个显著的事实是:在罪人中时常发生起义事件,一般发生在铁官工场里工作的人当中,在那里较易取得武器;
而在奴隶中却很少有起义的事件[参见 Wilbur(1),p.224]。汉代分布在北方和西部国境的36个大牧场边郡,主要是由官
奴配备的,但是没有起义的记载留下来,也没有骑马逃到匈奴去的情况[参见 Wilbur(1),pp.227,223,405]。
　　⑤ 这个文件保存在《初学记》卷十九,第十八页起,全部译文见 Wilbur(1),pp.383ff。王褒主要是文学官员(西汉辞
赋家),但是他的传(《前汉书》卷六十四,第八页起提供了一些关于炼钢的资料。参见 Hawkes(1),pp.141ff。
　　⑥ 《前汉书》卷九十七,第七页,译文见 Wilbur(1),pp.275ff。
　　⑦ 《前汉书》卷二十四,第十六页,译文见 Wilbur(1),pp.343ff。
　　⑧ 在公元前2世纪的前半叶,一个名叫刁闲的非凡的人,善于让勇敢能干的奴隶(豪奴)从事渔业、盐业和做行商及
住商。他们与骑将和郡守们联络。因而有"如能作刁闲的一奴,谁还需要爵位?"之说。见《前汉书》卷九十一,第九页。[译
文见 Wilbur(1),p.281;Swann(1),p.455]。
　　⑨ 参考中国通的英语方言中关于"boys"一词的用法。
　　⑩ 在斯旺[Swann(1),p.453]的译文中,也不言自喻地同意这种想法。
　　⑪ 关于各种引证和讨论,参见 Wilbur(1),p.67 和 Pulley blank (6),p.205。
　　⑫ 《前汉书》卷九十一,第七页,译文见 Wilbur(1),p.336。
　　⑬ 我们将看到,例如在本书第二十九章内,包括按抽象意义使用的"手"和"指"字的词句,成为中国劳动用语的自
然部分。这里千"指"的意义是一百"人"。
　　⑭ 本书第二卷,p.56。

"资本家"的有趣叙述中可以看出。例如公元前 228 年,赵国被秦国击破之后,出身于久已因冶铁致富的家庭的卓氏变得贫穷,被驱逐去四川,只由其妻伴随,推着一辆装着他们全部财产的小车。但是到四川不久之后,他在山中发现铁矿,很快又重新致富,拥有 800 个"僮"[1]。约一百年以后,住在同一城市的卓王孙大概是上述卓氏的子孙,也是冶铁专家,几乎也有一样多的僮[2]。设想这些青年在工场里而不是在富人家里工作,曾经有些踌躇,但是东汉《吴越春秋》的作者,在叙述[3] 300 个青年男女("童男童女")在著名的(如果是半传说的)造剑专家干将的鼓风器和锻铁炉边工作时,对于他们的职务是没有怀疑的。

在贵族和高级官员的大宅中成长起来的生产单位,其规模有时几乎等于工场,许多具有"童仆"身份的青年也和它们有密切关系。例如:[4]

张安世获得公侯的爵位,可以从一万户人家征敛赋税,可是他穿粗糙的黑色衣服,其妻亲自绕丝(或纺麻),捻线(并编织)。家里有 700 个童仆,精通制作,在家内搞生产,把微小的东西都节约积累起来;所以他能储存货物(供出售、易货、赠授),比大将军霍光还富裕。皇帝害怕霍光,非常礼遇,但实际上对张安世更喜欢得多。

〈安世为公侯,食邑万户,然身衣弋绨,夫人自纺织。家童七百人,皆有手技作事。内治产业,累积纤微,是以能殖其货,富于大将军光。天子甚惮大将军,然内亲安世,心密于光焉。〉

这是公元前 74—前 62 年的事情。文中提到有权力的霍光是有趣的,因为在他的家里也有纺织工场,它在历史上与改良提花织机有联系[5]。《西京杂记》载:[6]

霍光妻霍显送给淳于衍[7] (一女医士)二十四匹有葡萄花纹的锦缎和二十五匹散花的薄绫。绫是钜鹿县陈宝光家的产品。宝光妻传留下这种技术。霍显邀她到家中安排织机并操作。织绫的机械用一百二十个镊[8],六十天做成一匹绫,每匹价值一万钱。

〈霍光妻遗淳于衍蒲桃挑锦二十四匹,散花绫二十五匹。绫出钜鹿陈宝光家,宝光妻传其法。霍显召入其第使作之,机用一百二十镊,六十日成一匹,匹直万钱。〉

从这段文字里我们瞥见汉代像精美织品这类商品的相当大的家庭生产,类似的组织形式至少保持到唐代末叶。如果人们认识到,古代和中世纪皇宫中以及贵族、大官家里的大批"妾"、"僮"和"婢"当中,大部分很可能基本上是这种或那种技术工人时,这种情况就会呈现较少的浪漫色彩[9]。

27

---

① 《前汉书》卷九十一,第八页;《史记》卷一二九,第十七页。全文的译文将在本书第四十八章内给出;在四十八章出版之前,见 Swann(1),p.452;Wilbur(1),p.259。

② 他是汉代著名作家司马相如(卒于公元前 117 年)的丈人。见《前汉书》卷五十七,第一页和 Wilbur(1),p.300。

③ 《吴越春秋·阖闾内传第四》,全部译文见后面第三十章(d)。

④ 《前汉书》,卷五十九,第十一页,译文见 Wilbur(1),p.365,经修改。张安世是张汤的儿子,本书第二十八章将叙述张汤作为筑路者的事迹。

⑤ 考古的证据早已断定,开始用提花织机织有花样的丝织品的年代是在公元前 100 年左右,但是由于新近发掘公元前 4 世纪的楚国王室墓穴而把这个起点的年代定得更早了。在欧洲,它最早要到 4 世纪才出现(见第三十一章)。

⑥ 《西京杂记》卷一,第四页,作者译。参见 Wilbur(1),p.364.

⑦ 她是乳医,就是产科和儿科医生。公元前 71 年,霍显劝诱她毒死皇后。我们感兴趣的贵重丝织品,是她从富有的霍家得到的丰厚酬劳的一部分。霍光在公元前 86 年以后实际上是"国王拥立者"。

⑧ 本书第三十一章将讨论,这个发明究竟是什么。它可能是 120 个足踏动作的设计,可能有六条或更多的经线穿过综束(提花机上连于同一根颈线下的若干综线)的每个综眼。关于陈宝光夫妇,我们不知道更多的事情。

⑨ 艾希霍恩[Eichhorn(4)]一定是对的,他说:"纺织工场很可能是从作为皇宫的一部分的成衣和缝纫室发展起来的。这些成衣和缝纫室的人员,则是从全国灵巧的缝衣女工和女裁缝中雇用,或更恰当地说,征用的。……许多宫女被选入宫中,与其说是由于她们的女性美,不如说是由于灵巧熟练。"可以取魏文帝妃子之一薛灵芸(针仙)为例[Eichhorn(5)]。

　　"僮"这个名词逐渐和另外两个人名词——"部曲"和"客人"（或"客女"）——相联系，前者较多用于北方，后者较多用于南方[①]。他们不是被蔑视的而是半奴隶性质的人，是可以从一个主人转移到另一主人、但不能被买卖的家臣或随从。这种依赖者或"食客"在任何时代都包括一些工匠和文书在内，他们被规定为"良人"，即有自己的姓，但仍然是隶属于一个主人的自由民。

　　最初，他们的任务常常大部分是军事方面的，即作为家族的士兵；较后，他们即较多地从事农业；更后，在唐代以后又变得具有更多的军事性质[②]。但是，中国工业生产总是保持浓厚的家庭性质[③]。

28　　这里说过的关于奴隶、各类半奴隶、自由劳动和徭役制度的情况，以后将迫切要求联系中国技术发展史作一般的讨论。既然这个历史还没有展开，在这里进行这种讨论是不适当的。但是如果不注意不论古代和中世纪中国劳动条件可能具有哪些特点，而这些特点并不妨碍中国完全先于欧洲和伊斯兰世界的一长串节省劳动的发明，那末似乎不可能再前进一步。无论人们想起高效率的马挽绳（从公元前 4 世纪以来），或 5 世纪出现的更优越的颈圈挽具，或 3 世纪的独轮车（一千年后才在欧洲出现），他们经常感到，中国虽然似乎有无穷的人力，但还是尽可能避免人力牵引拖运。中国的水道大多数为陆地所包围，但在全部中国历史里没有像地中海那样由奴隶驾驶的摇桨的战船，而帆则是各时代独特的原动力，这是惊人的事实，在桑给巴尔或堪察加出现的大帆船只是长江或洞庭湖技术的发展。1 世纪初开始用水轮于冶炼鼓风机时，各种记载明白地说，因为这比人力或畜力更人道更廉价，所以认为重要。约在 1280 年，纺织机械已广泛采用水力，比欧洲类似的发展早三四百年，这是令人深思的资料。显然，缺乏劳动力不是每一文化中节省劳动的发明的唯一促进因素。但是，所牵涉的问题当然是很复杂的，我们必须最后把我们调查研究所揭露的事实，留给社会学和经济学历史家去解释。

　　但是，仅仅本卷的内容就足够说明，在中国文化中，从来不因为害怕技术发展引起失业而放弃各种发明。在我们所有的研究中，迄今还没有遇到这种例子。而在欧洲这种害怕似乎曾经是长期的，工业化必须在克服这种阻力中前进。可以提出如下一些例子：罗马皇帝韦斯巴芗（Vespasian）约在 75 年拒绝利用一种新设备[④]把重柱子运至神殿；纽伦堡的市参议会在 16 世纪后叶压制发明和发明在各行业间的转移[⑤]；英国伊丽莎白（Elizabeth）女王拒绝赞助第一台纬编针织机的发明人威廉·李（William Lee）[⑥]；威尼斯市议会"由于照顾贫穷妇女及其子女的生活"而禁用多锭纺机[⑦]。当进一步探索这些对比时，可能使林恩·怀特[Lynn White(1,8)]尖锐地对于西方中世纪提出的某种估计成为谬论，尽管这种论点作者自己一度曾受其蛊惑。据说，人道主义的技术不是出于经济上的需要，并且仅在西方才表现为发明。他写道：

----

① 参见 Pulleyblank(6)，pp. 215ff.。
② 见杨中一(1,2)的两项研究。
③ 参看兰[Lang(1)]著名的书。
④ Suetonius，*De vita Caesarum*，ch. 18.
⑤ 参见 Klemm(1)，pp. 153ff。
⑥ 参见 Norbury(1)。李死于 1610 年。
⑦ Cardan，*De Subtilitate*，约 1560 年，转述于 Thorndike(1)，vol. 7，p. 613。

　　(西方)在中世纪晚期,节省劳动的动力机器之所以产生,是由于这样一种暗示的神　29
学假定:即使是最堕落的人格,也有无限价值,也是由于对任何人被迫做单调的苦工的
本能上的厌恶,这种苦工不需要运用智力或选择力,因而显得不人道。人们时常说:拉丁
的中世纪第一次发现劳动的尊严和精神价值——劳动就是祈祷。但是中世纪更加前进;
它逐渐地和缓慢地开始探索如下的、主要是基督教奇论的实际含意:正如天上的耶路撒
冷没有圣殿,劳动的目标是结束劳动。

这是高尚的词句,但是我们能不能这样确信,在人道主义对于发明的推动方面,只有基督教
世界才拥有专利权?既然中国事实上常常是节省劳动的设备的首创者,儒家的仁爱和佛教的
慈悲同它毫无关系吗?也许更好的是在任何时间和地点都相信人人都具有孟轲的"人性";为
了明白某种特殊文化能不能最后有所成就,不如去注意社会和经济情况。

　　完成了上面初步讨论之后,我们现在可以集中精力很简要地研究一下发明家和工程师
所出身的社会集团①。如果说在下面的各段里我们大胆地勾划古代和中世纪中国的机械天
才似乎隶属于某些暂定的社会集团,那么,我们在这样做时是完全有保留的。阐明发明家、工
程师和有科学创造能力的人在他们那个时代的社会中的地位,这本身就是一种专门的研究,
我们现在还不能系统地进行,部分地因为它在某种意义上是次要的,首要任务是证明他们的
身份和他们实际上做了什么。我们确实离开按学科或按世纪排列的统计性论述的理想还很
远,即使在第四十八章内也未必能为这样的分析提供很多材料。困难是这么多,例如,汉学家
还没有把政府官僚等级制度的官衔(职称)、等级表示、职权和职务的解释和翻译系统化,即
使有一致的意见,在能说出一个特定职称或地位究竟有多少含意之前,可能需要对于有关的
几十年的政治历史有彻底的认识。当官方的各朝史书里没有载入列传时,就需要在该时代文
献中进行很多特定的研究,以确定某些已足够清楚地知道姓名和事迹的工程师的生活传记,
如果研究的对象恰好是平民工匠而不是出身于学者门阀的,对这种有趣的事例的调查研究
可能收获较少。但是考虑到所有这些局限性之后,可能值得看一看技术专家的一些主要生活
典型②,我们从本书各章(本书第四、第五卷)随便选一些例子,并用 3 世纪的特别中肯的一
篇论文来说明。

　　我们把发明家和工程师的生活历史分为五类:(1)高级官员,即有着成功的和丰富成果　30
的经历的学者;(2)平民;(3)半奴隶集团的成员;(4)被奴役的人;(5)相当重要的小官吏,就
是在官僚队伍里未能爬上去的学者③。大家将要看到,我们能在各类中找到的例子,数目有
很大的不同。

　　第一类,高级官员。我们可以取张衡(鼎盛于 120 年)和郭守敬(鼎盛于 1280 年)作为这

---

　　① 在这里,强调古代中国社会的流动性是重要的。广大的平民经常从上面的绅士和贵族等级以及下面的奴隶等级
得到补充,也有些人转变到这些等级里去。有无数家庭像流星似地升降的例子。判刑的期限一般仅六年,而大赦是常有
的。奴隶可以也曾经通过各种途径获得解放。生活可能是相当不确定和意想不到的,但是它有显赫的酬报,也有可怕的危
险,在各阶级或种性之间并没有严格的壁垒。

　　② 在后面各段里,本书为了简单起见,只提供所述的人的鼎盛期。他们的详尽传记年代如果是知道的,将在详细叙
述他们工作处找到,当然也可在第七卷传记汇编中找到。

　　③ 在文艺复兴前的所有文化中,一定都存在着这类"失意者",但是原因不同。一个典型的欧洲例子是罗杰·培根
(Roger Bacon)的遭遇,对于他来说,只有在方济各会教派内才可能生活和科学工作,但他在那里完全受到挫折。甚至现
在我们也还不能自庆,认为所有对人类能有贡献的人都已被提供有利的生活和工作条件。

一类的杰出代表。对于他们两人，我们都很熟悉①，但是可用几句话来回忆他们的成就。张衡是各种文化中第一具地震仪的发明者，首先应用动力来转动天文仪器，也是卓越的数学家和浑天仪的设计者。郭守敬生于张衡之后一千多年，他是同样优秀的数学家和天文学家，还是建设通惠渠和规划元代大运河的最杰出的土木工程师。这两人都曾任太史令，并且张衡曾任尚书，而郭守敬则任都水监和昭文馆大学士。另外两个完全可与之相比的人物，是我们立刻要提到的苏颂和沈括。所有这些人都很幸运，他们的科学技术才能都在他们的时代得到赏识，其他人就没有这样幸运了。

有时，这样的才能伴随着军事上的天赋和职位。首先可想起秦代将军蒙恬（鼎盛于公元前 221 年）②。他把以前几个北方国家已经存在的防御墙加以连接和扩充，成为万里长城，并修建一条从宁夏到山西的道路。杜预（鼎盛于 270 年）是替晋朝灭亡吴国的大将之一，他的名字同水碓的推广，多齿轮传动的磨谷物水磨的建立，以及跨过大河（例如黄河）的浮桥的架设，突出地联系在一起③。女真金国军队的英雄指挥官强伸（鼎盛于 1232 年），发明了一种滑弓和某种有平衡重量的炮，这些发明都出现在阿拉伯专家制造这种强力重武器之前④。在发展火药武器的长期历史中，许多军官作为发明家出现⑤，但是有时很难按照可与文职行政人员相比较的名词来确定他们的军阶。

有时，有些重要的技术发展归功于地方官员。例如，水排⑥的创造归功于公元 31 年任南阳太守的杜诗；水排的进一步推广对于在技术上掌握早期铸铁生产是非常重要的，这应归功于 238 年任乐陵太守的韩暨。有时宦官在推进技术发展上起着突出的作用。最明显的例子是蔡伦，他开始任汉和帝的机要秘书（"中常侍"），于 97 年加位尚书令，主管皇家各工场，于 105 年宣布纸的发明⑦，以后受封为侯。

关于中国王子和皇室的较远亲戚在科学上的贡献，可以写一个有趣的专论。他们一般受过很好的教育，但在大多数朝代内他们没有担任文官的资格，因而拥有空间时间这个特别优越的条件，又有可利用的大量财富。无疑，在各世纪中他们当中的大部分人对于后世做了很少或根本没有做什么好事，但是有些值得纪念的人则把时间和财富贡献给科学工作。在这里我们只提及一两个人，因为由于各种原因，他们倾向于对天文学、生物学或医学而不是对技术或工程问题发生兴趣。罗织了博物学家、炼丹家和天文学家在他周围的淮南王刘安（鼎盛于公元前 130 年），我们已经是很熟悉的⑧，但是另一汉代贵族陈王刘宠（鼎盛于 173 年）在这里更有直接的关系，因为他发明装在弩上的望山，而且是弩的著名射手⑨。在唐代我们遇到关心声学和物理学的曹王李皋⑩（鼎盛于 784 年），在这里突出地把他提出来，是因为他成

---

① 参见第十九章(h)，第二十章(f)、(g)、(h)和第二十四章。

② 参见二十八章(b)、(c)。

③ 参见本册(h)和第二十八章(e)。

④ 参见本书第三十章(h)。

⑤ 参见本书第三十章。

⑥ 参见本册(h)。

⑦ 见第三十二章的叙述。

⑧ 参见第十、第二十章和编入索引的很多其他参考文献。

⑨ 见本书第三十章(e)。

⑩ 参见第二十六章(c)，(h)(7)等。

功地使用靠脚踏轮操作的明轮战船①。对于这种船只,西方拜占庭时代之初已经有人建议,但未付诸实行;李皋大概不知道这种建议,中国在 5 世纪如果没有造过类似的船(这也是不确知的问题),则李皋的战船是这方面的第一个实际成就。我们可以加上明代郑世子朱载堉(鼎盛于 1590 年)和北魏安丰王拓跋延明(鼎盛于 515 年),对于前者在数学、声学的著作,大家已是熟悉的②;对于后者,我们将在另一处谈到。

很奇怪,虽然工部在中国官制内是很古老的机关,但重要的工程师在这个机关内达到高的位置似乎是很例外的。这也许是因为实际工作总是由文盲或半文盲的工匠和工长担任,而他们从来不能越过把他们和工部的上层"白领"学者隔开的鸿沟。也许有时他们感觉到,如果上层的行政人员是对于行业中的工具、材料和奥妙不太熟识的诗人或朝臣,他们能把作业搞得更好。但也可能有其他原因。

32

现引录一首诗:

"我没有得到国王的许可,
就拿了木板、钉子和绳;
但是按照朴次茅斯的习俗,
我不会作为偷窃犯受到严惩。
不,不要对我扬起拳头!
在这个行业里没有哪只手完全干净——
只有偷窃有分寸,"布赖甘达说,
"一切做成的东西都有分寸!"③

然而鸿沟的严峻性也有例外,如当过隋朝总工程师 30 年的宇文恺(鼎盛于 600 年)所显示的。他实施了灌溉和水土保持工程,监督了通济渠(大运河的一部分)的施工④,造成了大型加帆车⑤,并和耿询(下面将谈到)一起设计了整个唐、宋时代所采用的标准秤漏⑥。他在 583 年营建了新都长安,606 年营建了东都洛阳,并制成了明堂的木模型⑦。他任过多年工部尚书,他的早年官职是皇宫的建筑和工程部门的主持人("将作大匠")。他一定是当时一切机械和建筑技术的真正专家。

在明代,工匠进入工部行政级的道路似乎是较敞开的,弗里泽[Friese(1)]叙述了这类人的经历。几个木匠和细木工,特别是蒯祥(鼎盛于 1390—1460 年)、蔡信(鼎盛于 1420 年)和徐杲(鼎盛于 1522—1566 年),他们都作为营造师和建筑师显示了成绩,在这方面很成功,其中徐杲被提升为工部尚书。另一个例子是石匠出身的陆祥(鼎盛于 1380—1460 年)。

如果进一步扩大这个调查,大概会包括更多高级官员的名字。这个较大的比重,部分地由于水利工程在中国的巨大的社会重要性,在这个领域中显示才能的学者和行政人员总是

① 见本册(i)。
② 见本书第二十六章(h)(10)。
③ 选自吉卜林(Rudyard Kipling)《英王亨利七世和船匠》(*King Henry Ⅶ and the Shipwrights*),载于《奖赏与仙女》(*Rewards and Fairies*)一书。
④ 见本书第二十八章(f)。
⑤ 见本册 pp. 253,279。
⑥ 参见本册 p. 480,第三卷,p. 327,以及 Needham Wang & Price(1)pp. 89 ff。
⑦ 参见第二卷,p. 287 和其他地方。

得到高度荣誉,否则这些人是倾向于纯文学方面的成就的。但是也由于技术人员有明显倾向,集结在作为他们的庇护人的著名文官的周围。非常有可能,第一台水磨和水排是替杜诗和韩暨工作的技术人员的作品,而这些技术人员的名字没有留传下来。在这里我们觉得苏颂和沈括的例子是有启发性的。苏颂(鼎盛于 1090 年)是具有最卓越品质的官员,曾经担任外

33　交使节,又任吏部尚书,我们将看到①,他负责建造开封的巨大天文钟和完成中国中世纪最伟大的计时著作,但是为了完成这个工作,他罗织了值得注意的一班工程师和天文学家在他的周围,并使他们的名字留传下来②。同样有才华和有成就的沈括(鼎盛于 1080 年)也曾担任外交使节,并任礼宾部门的副主管人("光禄寺少卿"),但是我们主要把他看作宋代最有兴趣和多方面的科学著作③的作者。在这本著作内,我们见到了关于中国印刷早期阶段最有权威性的叙述④。它向我们介绍伟大的创造天才毕昇,他是约在 1045 年第一个设计出活字印刷术⑤的"穿大麻衣服"的人("布衣",就是不穿丝绸的平民)。沈括说:"毕昇死后,和我一起工作的人获得他的一套活字,当作宝贵的物品一直保存到现在。"⑥这个例子使我们对于一个开明的官员能够收集一班技术人员在他周围的情况,得到很好的一瞥。最后,在任何调查中,很多著名官员都很可能以重要的角色出现,因为总有其他理由使他们的传记载入各朝的史书里。确实,我们最感兴趣的事情,往往由史学家插入传记的末尾,几乎是事后才想起的事情。

　　从毕昇起,我们开始谈到平民,即"良人"。对于那些只有姓名留给我们的人,大概可以稳当地放在这类里。丁缓(鼎盛于 180 年)由于首先采用平衡环以及创制旋转风扇和奇巧的灯而闻名⑦,他只是被称为"巧工"。与他同时的铸工工长毕岚(鼎盛于 186 年),装置了向洛阳宫殿和城市的给水系统供水的提水机器(翻车和渴乌水车)⑧,他没有称号(名义),仅仅是奉大常侍张让之命做这些和许多其他事情。卓越的宝塔设计和建造者喻皓(鼎盛于 970 年)⑨不过是木工工长("都料匠"),而他的著名的《木经》确实是向抄写员口授的⑩。李春(鼎盛于 610年)是弓形拱桥的伟大建筑者,直到他的时代以后七百年,世界上其他地方才懂得这种拱桥;对于他的事情我们几乎一无所知,可以推测他是一个平民⑪。有时出现一个水利副工程师或水工的姓名,例如高超(鼎盛于 1047 年),他提出了停止堤防决口的正确方法,而所有其他人

34　的方法都是错误的⑫。有时我们只知道受重视者的姓,例如平江漆匠王,他约在 1345 年为皇帝宫廷设计出可拆卸为数节的牛皮船和可折叠的浑天仪⑬。约在 1360 年他被提升为皇家工

---

① 参见本册(j),特别是 pp.445ff。

② 参见本册 pp.448,464。为了知道更详细的情况,参见 Needham,Wang & Price(1),pp.16 ff.。

③ 见本书第一卷 pp.135 ff.。

④ 《梦溪笔谈》卷十八,第七页;参见胡道静(1),第二册,第 597 页。

⑤ 毕昇用泥制治字,但到了公元 13 世纪用锡制,14 世纪用青铜制。

⑥ 原文是:"昇死,其印为予群从所得,至今宝藏。"

⑦ 参见本册 p.233。

⑧ 见本册(g),p.345。

⑨ 见本书第二十八章(d)。

⑩ 第三卷(p.153)已提到这一点。

⑪ 他的工作将在本书第二十八章(e)(8)详细叙述。

⑫ 故事将在本书第二十八章(f)(8)见到。

⑬ 《山居新话》第三十九页;译文见 H. Franke(2),no.107;参见本册 p.71。

场之一的管理员("管匠提举")。有时甚至连姓也不知道,这样的省略使人很想知道,这种人是不是这个或那个奴隶或半奴隶集团中的成员,在那里习惯上是不称呼姓的。我们想起两个例子:一个是"老工",他制作天文仪器,但(如他约于公元前 10 年向杨雄说的)不能把他的技巧和知识传给他的儿子[①];另一个是"海州匠人",他在 692 年献给皇后的很可能是一个水日晷[②],他也造平衡环和其他巧妙器具[③]。

我们大概也应当把小军官、某些道士及和尚放在这个正规平民类里。在小军官当中,可以提出刀剑匠道士綦母怀文,他在"国王拥立者"、北齐创立人高欢的军队里工作,向高欢建议用五行理论,以后主管他的兵工工场(约 543—550 年)。如果綦母怀文不是灌钢冶炼法(平炉炼钢法的祖先)的发明人,也必定是这种方法最早的积极推行者之一,他也是锻接刀剑的著名实践者[④]。另一个由于其技术革新的重要性而可引以为例的小军官是汤璹,当女真金兵于 1127—1132 年多次攻击湖北德安城时,他是勇敢的守城者。他和显然有着同样创造性头脑的县令陈规在一起,第一次成功地使用叫做火枪的新武器,这就是一种手持的用火药的火箭,作为守御突击武器应用。虽然枪管不是金属制的,而且在发挥作用时管内物质是向外溅出而不是向前推进的,但是无疑是一切筒枪炮的真正起源[⑤]。

鉴于古代中国道教与专门技术的密切关系[⑥],人们预料会在中世纪发现很多道士发明家,比到目前为止出现的更多[⑦]。这里不难提出一些名字。关于谭峭约于 940 年用透镜进行 35 的实验,我们已经讲过了[⑧];可以与谭峭比拟的是李兰(鼎盛于公元 450 年),他利用玉容器和水银,制成了停表刻漏,并依靠杆秤指针读数的特性,制成了较大的秤漏,这些仪器的很长的一系列发展应归功于他[⑨]。在道士当中,我们一定不要忘记约 1315 年在福建主持山中道路工程的妇女夹谷山寿(the Valley-Loving Mountain Immortal)[⑩]。但是从整体来说,在那个时代佛教徒作为技术人员是更突出的。人们不能不提起一行,他是他那个时代最伟大的天文学家,数学家和仪器设计者[⑪]。他虽然不能担任一切官职,但却是集贤院的成员,在将近二十年中他是宫廷中最受信任的科学人员。具有更大工程意义的也许是几个和尚,特别是道询(鼎盛于 1260 年)和法超(鼎盛于 1050 年),他们在福建省建筑了许多跨过河流和河口的极好的巨石做成的桥[⑫]。这些桥上的梁的长度,常常是刚刚小于所用石条由于其重量而断裂的长度,这说明在那时侯似乎曾经做过材料强度试验。最后,怀丙(鼎盛于 1065 年)提供寺院技

---

① 参见本书第三卷,p.358。

② 参见本册(j)p.469。

③ 正如弗兰克[Franke(15)]所指出的,这个通行的佚名的习惯有一个例外,这就是制墨业。由于一组学者虔诚的关心,从汉代起不少于 325 个名匠的姓名和传记得以保留到后世。这确实是可敬的行业。但是这个记载姓名的办法没有推广到造纸者。

④ 这种生铁和熟铁合熔的灌钢方法,将在第三十章(d)内充分讨论。在第三十章未出版之前,见 Needham(32)。

⑤ 第三十章内也要充分讨论火枪的起源、发展和继承。

⑥ 见第二卷,pp.53 ff.,71ff.,86ff.,121ff.。

⑦ 到那个时候,道教已变质成为拘泥教规的宗教,但是在炼丹术和自然药物学方面还是特别强的,这两种学问同此处所谈的都没有直接关系。

⑧ 参见本书第四卷,第一分册,pp.116ff.。

⑨ 参见第三卷 pp.326;Needham,Wang & Price(1),p.89。

⑩ 关于她的更多的资料,将在第二十八章(b)提供。

⑪ 见第三卷,pp.202 ff.和索引指出的其他地方,特别是本册 pp.471ff.。

⑫ 完全的叙述,将在第二十八章(e)提供。

术人员的另一例,我们已经知道他是打捞沉没船只的专家了[1]。

现在谈谈一些特殊的例子。有些人作为杰出技术家在历史上留名,可是他们在当时的社会地位确实是很低的。在我们的记录里,唯一明显地属于半奴隶身份的是信都芳(鼎盛于525年)。他在少年时,北魏安丰王[2]拓跋延明邀请他入宾馆,作为"扈从"或"家臣"("馆客")。从516年起,安丰王收集了很多科学设备——浑天仪、浑天象、游戏用的流体静力仪器("欹器")、地震仪、漏壶、候风仪等。他还继承了一个很大的图书馆。作为有名的具有科学技巧的馆客,信都芳与拓跋延明的相对地位,一定有些像托马斯·哈里奥特(Thomas Hariot,死于1621年)与他的赞助人第九代诺森伯兰(Northumberland)伯爵第九亨利·珀西(Henry Percy)的关系[3]。安丰王似乎想得到信都芳的帮助,写些科学书籍,但由于政治和军事事件的发生,不得不在公元528年逃奔南方梁皇处,因此信都芳必须自己写这些书[4]。此后,他一直隐居,大概是生活在贫穷中,直到另一当权者东山太守慕容保乐邀请他,太守之弟慕容绍宗才把他推荐给高欢(刚才提及的"国王拥立者")[5]。他被任为中外府田曹参军,在这个岗位上他可能发挥测量和建筑方面的才能[6]。但是他仍然是"馆客"。我们从他的传记[7] 获悉,他具有非常谦逊和超脱的性情。慕容绍宗送给他骡马,他不肯乘骑,晚上派婢侍来考验他,被他从房子里赶出去。他的颇低的社会地位似乎并不阻止较高级官员,例如承相仓曹诗人祖珽向他请教(大概是在东魏,但是也许在北齐宣布成立以前的高欢宫廷中)。在这个事件中,祖珽征求信都芳关于"候气"技术失败的意见[8],读者会想起,他曾为此设计了奇异的旋转风扇。除了这些工作外,他写了几本其他书籍[9]。约在550年即他去世的那一年,他正在主动设计一种名为"灵宪历"的历法,可能是作为对他的保护人即将建立的朝代的献礼[10]。这样,这个出身微贱而有创造才能的人,在动乱的时代里,在两个不平常的贵族家里作为馆客而得到庇护,虽然没有获得正式的承认或高的地位。

确实是奴隶的技术家的例子也是很少的,但是有耿询(鼎盛于593年)[11]。开始时他追随岭南东衡州刺史作为馆客,但当他的赞助人去世时,耿没有回家而参加并领导南方一个少数民族的起义。当起义失败而耿询被擒时,将军王世积认识到他的技术才能,免他死罪,让他充作自己的家奴。这时他的地位还没有低到跟从当时任太史的老友高智宝学习,结果耿询造成

---

① 本书第四卷,第一分册,p.40。

② 相应地改正第三卷,pp.358,633。

③ 见雪莉[Shirley(1)]的有趣的叙述。

④ 《魏书》卷二十,第七页列出:《古今乐事》、《九章十二图》、《集器准》。《古今乐事》可能是以片断的形式留下来的两本书——《乐书》和《乐书注图法》——的别名,(参见本书第四卷,第一分册,p.189)。《集器准》可能是他的最重要著作,但很遗憾完全遗失了。

⑤ 这是列传中的高祖;应相应地改正第三卷,p.633。

⑥ 在那里他很可能和綦母怀文认识。

⑦ 主要的材料是:《魏书》卷二十,第七页,卷九十一,第十三页;《北史》卷八十九,第十三页;《北齐书》卷四十九,第三页;《隋书》卷十六,第九页。对于信都芳的生平和时代作专门研究,包括这些材料的综合工作,将是有价值的贡献。

⑧ 参见本书第四卷,第一分册 pp.187ff.,Bodde(17)。

⑨ 值得注意的是《潯甲经》和《四术周髀宗》。他也写了关于流体静力的"劝戒"容器(即"欹器")的书(参见本书第四卷,第一分册,p.34),但是这本书可能包括在已佚失的《集器准》内。

⑩ 他同时代的人认为他和赵畋、何承天、祖冲之、李业兴,是南北朝(3至6世纪)的五个第一流天文学家和数学家。

⑪ 他的传记(《隋书》卷七十八,第七页和《北史》卷八十九,第三十一页)已由李约瑟、王铃和普赖斯[Needham, Wang & Price(1),p.83]全部译出。

用水力连续转动的浑天仪或浑天象。很有意思的是看到隋文帝奖励他这个成就,分配他为官 37
奴,隶属于天文历法局("太史局")。他的故事的其余部分与我们关系较少,但后一皇帝(隋炀
帝)解放了他("免其奴"或"放为良民"),以后任他为皇家右工场的代理场长("右尚方署监
事")和代理天文局行政助理("守太史丞")。关于他在计时工程①历史上所起的作用,我们将
在适当的时候理解得更好,但是毕竟很清楚,长期的奴隶身份并不阻碍他取得官职,即使不
是很高的官职②。

现在我们查明最后一类技术人员,即小官员,也是人数最多的一类,他们(即使出身低
微)但所受教育足够使他们进入官僚队伍,但是他们的特殊才能或个性妨碍了辉煌事业的一
切希望。这种人如果生在文艺复兴以后的世界上,可能在科学或技术上闻名。举李诫(鼎盛
于 1100 年)为例,他在喻皓和其他人的较早著作的基础上,写出了关于中国建筑学千年传统
的任何时代中最伟大的权威性著作③;他当时只是建筑和施工局的助理("将作监丞")④。最
后他曾任该局的首长("将作监"),但只任职一年左右,便由于他父亲去世而被迫退职回乡。
后来,虽然李诫作为有实践经验的建筑师和作家是有突出成就的,但是他却被任为河南虢州
的地方管("知虢州"),1110 年皇帝召他回京,但诏令到时他已去世。

在这个例子上,幸有他的同时代人(大概是曾在他领导下工作的)程俱替他写的详细传
记。但在其他成百的例子中,则没有这样的记载。卢道隆于 1027 年精心编写的记里鼓车详
细说明留传到现代⑤,但是关于这个工程师一生的资料却一点也没有。关于李诫的同时代人
吴德仁的详细事迹将会更有意思,因为他在 1107 年对更复杂的指南车的详细说明⑥曾经在 38
近代引起了很多复原的努力。四川人张思训于 976 年制成用汞代替水来运转的宏伟的擒纵
轮时钟,含有大概是历史上所知道的第一个传送动力的链传动⑦,他只是那时候天文台的学
生,没有资料可证明他曾否升到高于主管浑天仪和时钟的助理员("司天浑仪丞")的位置。有
时中国工程师感觉他们在外族朝廷内服务可能得到更好的发展,因为在那里传统的文学修
养的压力较小,而创造性则能够获得自然的虽然是质朴的赞赏和支持。关于这个现象可以举
许多例子。解飞和魏猛变约于公元 340 年都替匈奴后赵统治者石虎工作。魏猛变确实是工
场("尚方")的主管人,和解飞一起制成指南车、有复杂机械木人的檀车、磨车、旋转座位、喷
泉,等等⑧,石虎特别爱好所有这些东西。另一游牧民族(鲜卑)的王朝燕的统治者慕容超,得
到这个时代(约 410 年)最著名的军事工程师张纲替他服务。他是弩方面的大专家,也许是多

----

① 见本册 p. 482。
② 在其他例子中有些与奴隶制度密切接触的著名科学家和技术人员。例如,现存关于天文台方面最老的全集之一
——《灵台秘苑》——的作者庚季才,为了赎回在梁、陈、北周和隋朝之间的战争中被奴役的亲友,而把全部家财耗尽。北
周太祖曾令他参掌太史,但他在 580 年后受到隋文帝的宠遇,被任为麟趾学士之一,后为通直散骑常侍。
③ 《营造法式》。
④ "将作"是和工部不同而小得多的机关,主要是主管皇宫和祠庙的工程。颜慈[Yetts(8)]曾经仔细地研究了李诫
的传记。他开始任承奉郎,一个很小的官,但一生的时间大部分在"将作"任职,开始时任主簿,继升任监丞,在《营造法式》
完成后才任少监。
⑤ 见本册 p. 283。
⑥ 全部译文见本册 p. 292。
⑦ 参见本册 pp. 111,457,471 的讨论。
⑧ 本书将在后面适当地方叙述这些贡献;见 pp. 159,256,287,552。

弹簧连弩的第一个发明者,这种武器直到宋末还是中国使用火药以前独特的远程射击重武器①;他也以丰富的守城和攻城知识而闻名。最后,他仍效忠于汉族,替刘裕的宋朝工作。八个世纪后出现另一军事工程师张荣,他是成吉思汗儿子,即察合台(Chagatai)的军事工匠首领("领军匠"),于 1220 年在阿姆河上修建有平底船百艘的浮桥。他也是蒙古炮队的将军,曾经建造一条通过新疆伊宁东面的松树头隘口的道路,道路上有可以容两辆车并肩通过的四十八条栈桥②。这些例子并不意味着游牧民族自己不产生杰出的工匠和工程师,例如曾经当夏王(约 412 年)赫连勃勃的总工程师("将作大匠")的可憎的叱干阿利,我们将在讨论制砖③ 和兵工工场④ 时再谈及他。

在这里叙述的最后四个有创造才能的名字,是工作岗位和职业似乎与他们的才能很不相称的特别好的例子。燕肃(鼎盛于 1030 年)是类似于达·芬奇的人物,他是宋仁宗时代的学者、画家、工艺家和工程师。他设计了在很久以后仍保持作为标准的、具有溢流槽的一种漏壶⑤,发明了特殊的锁和钥匙⑥,留下了关于应用流体静力学原理的容器⑦、记里鼓车⑧ 和指南车⑨ 的详细说明。他的著作包括计时和海潮的论文⑩。但是他一生的大部分时间是在各州的行政职位上度过的,虽然曾任龙图阁直学士制,但官职只达到礼部侍郎,并没有同工部或其他专门技术部门发生关系。更是惊人的是欧洲时钟历史以前的两个最伟大的有实际经验者的例子。梁令瓒(鼎盛于 725 年)和一行是一切擒纵机构的祖先的发明者⑪,但是梁令瓒只任左卫长史,这是很低的军职。虽然他的创造才能在朝廷上得到充分承认,但是没有证据说明他曾取得更重要或更适合的位置。韩公廉(鼎盛于 1090 年)是苏颂建造中国历史上最巨大的天文钟时在应用数学方面的主要合作者⑫,当苏颂发现他时,他任吏部守堂官,据我们所知,他一直留在这个职位上。

为了结束这部分历史简述,我们可以做的最适当的事情,是把哲学家和诗人傅玄在 3 世纪为他的朋友工程师马钧(鼎盛于 260 年)写的一篇文章的译文引录在下面,这也许是我们所看到的关于中国古代和中世纪技术的社会史方面最有趣文献之一⑬。

马钧,字德衡,三国时代人,生于扶风(今陕西省扶风县,在渭水流域武功和宝鸡之间),是一个技术熟练、名声颇大的人("名巧")。年轻时他到河南,其时还不了解自己的才能。甚至那时他的表达能力远远落后于他在机械方面的创造性,我怀疑他能否表达他

---

① 见第三十章(h)。
② 关于他的生平和工作,见第二十八(e)。
③ 见本书第二十八章(c)。
④ 见本书第三十章(d)(7)。
⑤ 参见第三卷,pp.324ff.。
⑥ 关于此问题,见本册 pp.236ff.。
⑦ 见第四卷,第一分册,pp.34ff.。
⑧ 此问题将在本册(e),pp.281 ff.讨论。
⑨ 参见本册,pp.286ff.。
⑩ 该书已在本书第三卷 p.491 中讨论过。
⑪ 见本册(j),pp.471 ff.。
⑫ 见本册(j),pp.448ff.。
⑬ 全文见严可均,《全上古三代秦汉三国六朝文》,晋文,卷五十,第十页起;《三国志·魏书》,卷二十九,第九页起,(注);《图书集成·考工典》,卷五,第四页起。傅子:《汉魏丛书》的附录;以及《太平御览》,卷七五二,第七页起,都有摘要。西译文是根据各本综合的。

所知的一半。他虽然被选为博士，但仍很贫穷。因此他想改进丝织机（"绫机"），这样终于使当时的人不需解释就公认他杰出的技艺。当时的旧织机具有 50 个综和 50 个蹑*。有的甚至各有 60 个。马钧担心因浪费时间而失去当时的价值，他按这样的方法改变织机的设计，使其只具有 12 个蹑。于是在这位发明家受到鼓励而顺利地自然兴起的构思之下，做成许多通过精彩组合而形成的新奇花样；确实不可能在梭子往复运动时描述经线纬线为何无穷尽地变换着①。但是，马钧又怎能希望向人们阐明他所完成的改进的原理呢？

马钧任给事中时，某日他与常侍高堂隆和骁骑将军秦朗在朝房中谈到指南车②而起争论。后两个人都坚持说：从来就没有过这种东西，有关的记载无意义。马钧说："在古代，是有的。不过你们没有发现，其实离事实不远。"他们讥笑他说："先生名钧，钧的意义是重量，字德衡，意义是德的权衡。但是（如果你继续这样说），你的名钧将解释为陶器匠的转轮，用来模塑（空）皿，而衡则指不须过称而判断重量，这样你就没有什么不可任意模制的了！"马钧回答说："空口争论，不如做能给出实际效果的实验。"③高堂隆和秦朗把这个争论情况向魏明帝④汇报，于是明帝命马钧制造指南车。他按时造成一部指南车⑤。这是他的许多异常成就的第一个。但这同样是几乎不可能以言语来描述其原理的成就。可是，从此人们都佩服他的技术熟练。 40

都城内有地可以做成园圃，但是没有水来灌溉。马钧为此创造了翻车⑥。由童儿运转之（踏板），灌水自覆，更入更出。这种装置的精巧百倍于通常办法。这是他的异常成就之二。

〈马先生钧，字德衡，天下之名巧也。少而游豫，不自知其为巧也。当此之时，言不及巧，焉可以言知乎。为博士，居贫，乃思绫机之变，不言而世人知其巧矣。旧绫机五十综者五十蹑，六十综者六十蹑。先生患其丧功费日，乃皆易以十二蹑。其奇文异变，因感而作者，犹自然之成形，阴阳之无穷。此轮扁之对，不可以言言者，又焉可以言校也。先生为给事中，与常待高堂隆、骁骑将军秦朗争论于朝，言及指南车。二子谓古无指南车，记言之虚也。先生言："古有之，未之思耳，夫何远之有。"二子哂之曰："先生名钧，字德衡。均者，器之模，而衡者所以定物之轻重。轻重无准，而莫不模哉。"先生曰："虚争空名，不如试之易效也。"于是二子遂以白明帝。诏先生作之，而指南车成。此一异也，又不可言者也。从是天下服其巧矣。

居京师，都城内有地可以为园，患无水以溉。先生乃作翻车，令童儿转之，而灌水自覆，更入更出，其功百倍于常。此二异也。〉

傅玄接着叙述马钧的第三和第四个成就，这就是机械傀儡剧场和旋转发石机。关于前者的叙述将保留到本章后面 p.158。后者将在第三十章(h)叙述。傅玄继续说：

---

* 综是织机上带着经线上下分开形成梭口，以便梭能够在开口上往来穿织的装置。蹑是踏具，通过综片管着经线的开合。——译者

① 本书将在第三十一章内试图分析这些发明的意义，它们一定与在丝织品上织花样的提花织机有关。

② 高堂隆是天文学家和历法专家，本书谈到反射光学时已提及他（第四卷，第一分册，p.88）。关于秦朗，除了此处所谈者外，我们不知道更多的事迹。

③ 这个回答，显著地使人回忆起已在本书第二卷 p.72 引证的刀剑匠与诡辩学者的谈话。

④ 在位于公元 227—239 年。

⑤ 全部讨论见本册 pp.286ff。

⑥ 这个设备的重要性，见本册(g)，pp.339 ff.。

　　(当时)京城有个著名学者裴秀,听到马钧的发明就讥笑他,向他提出难题来嘲弄。马钧口才拙劣,不能很好地答辩。裴秀不能从马的辩解得到要领,因而谈论不停。有一次我对裴秀说:"您长于辩才,而短于技术。然而技术是马钧的长处,但他不善于言谈。您对他在表达自己方面的无能进行攻击,实在是不公正的。反之,如果您就他所擅长的技术细节同他辩论,那么一定有我们不可能期望理解的地方。他的特殊才能是世上很稀少的一例。您如果对难于解释的问题坚持异议,您将远离真理。马钧的才能全在于心(指思维),而不在于舌(指口才)。他决不能回答(您所有的问题)。"

41　　后来我向安乡侯曹羲叙述了与裴秀的谈话。(不幸)曹羲的意见与裴秀相同。因此我对曹羲说:"智慧最高超的人根据能力选拔人才,而不是轻率地委任人们管理事务。有些人由于他们的心灵而获得名声,另一些人则由于辩才。对前者不须听其言论,因为他们的品质由真诚和有效的事绩来显示;而后者则必须争论是非,以表示其伟大。可以用子贡① 为例。还有那些由于他们的政治才能(而著名的),像冉有② 或季路③,以及显示了文学光辉的,像子游④ 和子夏⑤。这样,即使智慧最高超的人在选用重要人员时,也要采取试用和试验的办法。所以用政治工作来试验冉有,用文学工作来试验子游、子夏。为什么不对比他们不如的人也这样试验呢?事物的原理是不能用语言来完全弄清楚的,关于宇宙万物的讨论没有个尽头,而事情的真实却容易由试验来证明,这样说的要领是什么?("而试之易知也。")现在马钧申请为国家和军队建造精巧的装备(精器)。您需做的只是给他十寻(古代的长度单位,等于八尺)木材和两个工人,您很快就可以知道谁是正确的。试验是容易做的,那么,为何这样难于获得批准进行正式试验?("难试易验")。以轻率的语言怀疑人家的特殊才能,这就像把个人的智慧强加于全国的事情,而不是根据道理来处理无穷尽的异议。这是走向毁灭的道路。凡是马钧所完成的东西,都是多次修改的结果,因此他最初所说的未必仍然正确。是不是因为并非他所说过的一切都已经证明是正确的,您就必须拒绝使用马钧?那么,您怎样能希望不太著名的技术人员能出现呢?在广大的人们当中,竞争者之间互相妒忌,同事者之间互相为害,这都是难免的。所以(英明的)治国者不注意这些事情,而根据试验来进行评价。抛弃(真实的)标准而拒绝使用马钧,就像把完美的玉说成寻常的石头那样错误的衡量。这就是卞和为什么抱着没有雕琢过的玉石而哭(在十字路口)的道理⑥。

　　此后安乡侯领会了我的论点,并与武安侯曹爽议论此事。但是(正式)试验从未安排。(哀哉!)(政府)忽略为像马钧这样技艺为众所周知的人安排一次如此简单的试验,还有什么希望发掘稍次一些的人才呢?(我希望)后来的治国者会引此为鉴戒。马钧的创造才能,就是古代的公输般和墨翟或近(汉)代的张衡,都不能超过。但公输般和墨翟

① 即端木赐,他与这里所提及的其他人都是孔子的弟子。他原是商人,以辩才和风度著名。
② 即冉求,在鲁国取得较高的官职。
③ 即仲由,以勇敢著名。
④ 即言偃,教育家。
⑤ 即卜商,他是这个学派的社会学和哲学教义的传播者。
⑥ 这引自公元前7世纪一个宝石匠卞和献玉给两个赵王的故事。二王都听了错误意见,拒绝接受,并每次砍去他的一足。但是在第三次献玉时,玉的价值得到承认,卞和的冤得以辩白。见《史记》,卷八三,第十页;以及古书中的许多引证,例如《韩非子》,卷十三,《论衡》,卷八,第十五、第二九、第三十页等。

都保持显著的职位①,他们的才能就有益于世。虽然张衡任侍中,马钧任给事中,但都不 42
曾是工部的官员,他们的创造才能就无益于世。(当局)任用人员不考虑专长,听到杰出
人才不试之以事,这不是可恨而且灾害性的吗?②

〈有裴子者,上国之士也,精通见理,闻而晒子。乃难先生,先生口屈不能对。裴子自为难得其要,言
之不已。傅子谓裴子曰:"子所长者言也,所短者巧也。马氏所长者巧也,所短者言也。以子所长,击彼
所短,则不得不屈。以子所短,难彼所长,则必有所不解者。夫巧者,天下之微事也。有所不解,而难之
不已,其相击刺,必已远矣。心乖于内,口屈于外,此马氏所以不对也。"

傅子见安乡侯,言及裴子之论。安乡侯又与裴子同。傅子曰:"圣人具体备物,取人不以一揆也。有
以神取之者,有以言取之者,有以事取之者。以神取之者,不言而诚心先达,德行颜渊之伦是也。以言取
之者,以变辩是非,言语宰我子贡是也。以事取之者,若政事冉有、季路,文学子游、子夏。虽圣人之明尽
物,如有不同,必要所试,然则试冉有以政,试游夏以学矣。游夏犹然,况自此而降者乎?何者?县言物
理,不可以言尽也。施之于事,言之难尽,而试之易知也。今若马氏所欲作者,国之精器,军之要用。费
十寻之木,劳二人之力,不经时而是非定。难试易验之事,而轻以言抑人异能,此犹以智任天下之事,不
易其道以御难尽之物,此所以多废也。马氏所作,因变而得,是则初所言者,不皆是矣。其不皆是,因不
用之,是不世之巧,无由出也。夫同情者相妒,同事者相害,中人所不能免也。故君子不以人害人,必以
考试为衡石。废衡石而不用,此美玉所以见诬为石,荆和所以抱璞而哭也"。于是安乡侯悟,遂言之武
安侯。武安侯忽之,不果试也。此既易试之事,又马氏巧名已定,犹忽而不察,况幽深之才,无名之璞乎?
后之君子其鉴之哉。马先生之巧,虽古公输般、墨翟、王尔、近汉世张平子,不能过也。公输般、墨翟皆见
用于时,乃有益于世。平子虽为侍中,马先生虽给事省中,俱不典工官,巧无益于世。用人不当其才,闻
贤不试以事,良可恨也!〉

转述了傅玄在3世纪发出的关于科学和实验的非常的呼吁之后,更多的评论将是多余的了,
就让他的话作为这一小节的结束。

(3) 工匠界的传说

在我们开始讨论工作台架、铸造场所和野外工作之前,还有一件事情需要谈一谈。对于
古技术时代工匠界的任何描写将是不完全的,如果不谈一些它本身的传说。关于这些传说已
经谈了许多。在第三章,由于谈到一般的参考文献,我们讨论了传说中的发明家(有些无疑原
来是技术神灵)和有关他们的书籍③。在第十三章(g),因为研究《易经》,对于该书《系辞下》
(约公元前2世纪的著作)所载的主要发明家也提供了叙述④。这些智慧最高超的人,即犁、

① 这可能说得夸张些。公输般是古代最有名的工匠和工程师,但是在世的时代(公元前470—前380年)很早,关于
他的生平和工作,我们知道得很少,但确实没有他在鲁国或其他地方任高官职的证据。墨翟是主张兼爱的著名哲学家,本
书第二卷第十一章对于他已谈了很多。他的学派确定是与狭义的军事技术特别是攻、守城的技术有关系(参见本书第三
十章,以及关于数学和光学的第十九章和第二十六章),而且他被吸收在炼丹术的传说中(参见第三十三章);但是他有没
有做过宋国的大臣,还是疑问。

② 由作者和鲁桂珍译。傅玄的文章以一个注结束(也许是他自己加的,因为它是作为正文的一部分印刷的),说裴
子就是裴秀。这是奇怪的,因为裴秀是中国历史上最伟大地理学家和制图学家之一,是在纵横线网上绘制地图的奠基人
(见第三卷,pp.538 ff.)。怀疑派哲学家裴頠对于这顶帽子可能更合适一些(如果这个注是错误的),但是他在世的年代对
于扮演这个角色又是太年轻。这个注也说武安侯是曹爽,安乡侯是他的弟弟曹羲。他们所属的魏国统治家族对于经验的
事实发生怀疑,似乎很是一个传统了(参见第三卷,p.659)。

③ 见第一卷 pp.51ff.

④ 见第二卷 p.327。

车、船、门等等的创造者,无疑是孔子在他的著名警句"伟大的发明家有七个"("子曰:作者七人矣")[1]所说的人。在这里,我们只需要再加入《列仙传》所奉为神圣的专属于道家的传说[2]。具有这个书名的一本书一定是在东汉(1 世纪)存在,并在《抱朴子》中说起。据传说,这本书是刘向(公元前 77—前 6 年)根据秦代阮仓所作的《列仙图》写的。虽然现有的《列仙传》的版本,确定是晚至 1019 年在道家的历史神学最初付印时才固定,但是内部证据指出,某些部分可回溯到例如公元前 35 年和公元 167 年的时代。有些百科全书上的引证进一步指出,梁代(6 世纪)江禄写的不同版本流传一些时候。这本书中的许多神仙(如我们从古代道教性质所预料的)[3] 与机械行业有密切关系。在赤松子和宁封子的传里,我们看到冶金和陶瓷业中牵涉到掌握火的传说[4],陶安公是铸铁的保护神,而负局先生则是涂有水银的磨镜的保护神。机械玩具制造者的道教保护神一定是葛由,他使一只木羊能活动,并骑之入西蜀,鹿皮公则是桥梁、梯道和悬阁的大魔术家。甚至钓杆上小绕线轮也有窦子明(陵阳子明)的灵魂。在以后讨论化学工业、制药、染料和化妆品的各章内,我们将遇到更多这类道家的保护神[5]。

44

刚才我们读到傅玄引证的,最伟大的工匠保护神公输般(图 354)。虽然流传下来关于他的故事大部分很清楚是传说,但没有理由怀疑他实际存在于公元前 5 世纪[6]的鲁国(所以也叫鲁班),我们谈到风筝和其他设备时将一再遇到他[7]。他在谚语中活着,例如:"鲁班门前弄斧子",这等于说一句不那样雅致的西方成语:"教祖母吮鸡蛋"。在中国文化中,时常把事物配对,好像一副平行悬挂的对联一样。公输般有一个同伴王尔,他是曲凿和雕刻工具的半传奇式的发明者[8],很可能是与公输般同时代的有名木雕刻师。

在这里谈一谈一本叫做《鲁班经》的希奇的小书,它在过去不久的时代内,在中国工匠中广泛流传[9]。似乎没有任何汉学家对它研究过,因此描述一下可能是适当的。它是由司正午荣汇编,章严同集,周言校正,这些人的年代没有记载[10],但是书中很多内容都很古老,使人觉得它所讨论的某些材料至少可以回溯到宋代。任何这样传统的东西总是难于确定年代的。

46

这本书以一系列的插图开始(例如图 355),表示建筑中的细木工技术,锯工在工作,以及部分完成或全部完成的各种类型的房屋、桥梁和亭阁。这里可以同描写施工中的瞭望台的著名敦煌壁画(图 356)[11] 作比较。插图中有一张是准备用作天文台("司天台")的一种楼[12]。接着就是一篇鲁班的传奇式传记,以后就是关于各种操作的细节,包括入山伐木,竖立柱子

---

① 《论语·宪问第十四》;参见 Waley(5),p. 190。

② 译文见 Kaltenmark(2)。

③ 参见本书第十章(c)、(d)、(e)、(g)和(j)。

④ 在啸父、师门、介子推的传里也有类似性质的传说。这些神仙的名字大多数是假造的,不像是活在世上的人具有的名字。

⑤ 参见本书第三十一、第三十四、第四十五等各章。

⑥ 参见李俨(7)中,刘汝霖对他的叙述。

⑦ 例如本册 pp. 96,189,238,313,573,也可以回忆本书第二卷 p. 53。

⑧ 见《文选》卷二,第五页,张衡:《西京赋》[译文见 von Zach(6),p. 5,参见 Hughes(9),p. 117];以及《淮南子》卷八,第二页[译文见 Morgan (1),p. 82]。

⑨ 它的全文是《工师雕斫正式鲁班木经匠家镜》。

⑩ 汇编者的职名是"北京提督工部御匠司"。

⑪ 第 445 窟,属于唐代。

⑫ 关于这些楼的讨论,参见第三卷,pp. 297 ff.。

图354 所有技工和技师的保护神公输般的木板印刷肖像。用黑色印在黄纸上,有粉红、绿、淡紫和红色的装
饰带条。这种肖像一般贴在工场的墙上,前面烧着线香。前景中的侍从者携着行业的工具,站在后面
者捧着专门书籍。按照中国文化的官僚政治的性质,公输般像其他保护神一样,是作为知县或太守受
到尊崇的。在肖像上面的题铭写着:"鲁公输子先师"。

和独特的中柱及内柱框架[①],制作谷仓,钟楼,凉亭,家俱,独轮车,翻车,活塞风箱,算盘以及
多种其他器物。在精确的规格和尺寸的叙述中,随处散置着关于吉凶日期的知识[②]、符咒和
适宜的祝告神灵的文告等等。随着书的进展,迷信成份比技术成份越来越占优势。最后的部

① 在本书第二十八章(d)可以找到充分的说明。
② 鲁桂珍博士对我们指出,吉凶日期的传说(参见第二卷,p.357)虽然是迷信的,在没有从古代以色列借用每星期
有一天作为劳动者休息日的制度的文化里,它有着有用的社会作用。

45

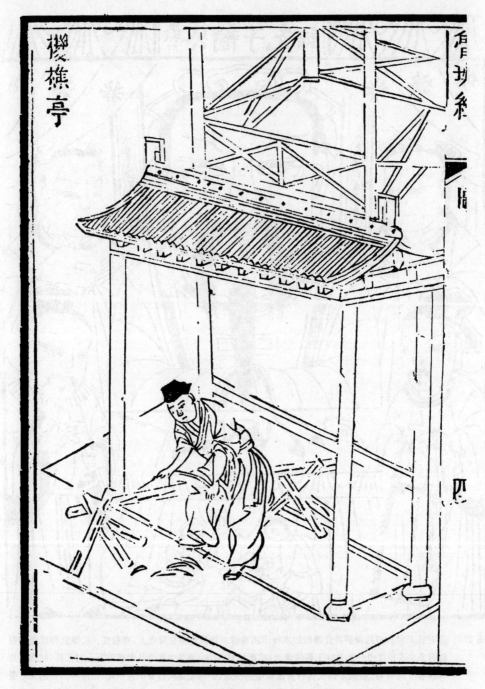

图 355 《鲁班经》的插图之一。瞭望台在施工,木匠使用双柄刮刀做木工[参见 Hommel(1),p.356; Mercer(1),pp.97ff.]。

分载有"相宅术"①,关于驱邪和祈福咒语的指示② 和永久保护咒语③。这部值得认真研究的

① 题目是《相宅秘诀》,关于一般采用的相法,见第二卷,pp.363 ff.。
② 题目是《灵驱解法洞明真言秘书》。
③ 题目是《秘诀仙机》,曾在中国乡村居住的人们,会怀念到很熟悉的上面刻着"泰山石敢当"的石碑。

图版　一二六

图 356　亭阁或瞭望台的施工；采自敦煌附近千佛洞第 445 窟内。8 世纪的壁画。

图版 一二七

图 357 穿着礼服的日本造剑匠在锻工车间内工作(Anon. 36)。

整本书构成传统工艺和民间故事的独特作品。

非常类似《鲁班经》的一本书,是锡兰的僧伽罗文写的工匠和建筑工人工艺手册,名为《摩耶摩多耶》(Māyāmataya)[1],其中也同样突出地掺和了占卜和保护性魔术。但是同中国的作品一样,它含有精明的实用指示,并提供很多过去的技术知识。另外可以提出一本类似的书,说明当某些文献普及到群众并被接受作为传统知识时,他们能保持得多久,它就是西欧的《亚里士多德的杰作》(Aristotle's Masterpiece)。这本今天还能购到的书在过去若干世纪中,曾经是劳动人民关于性和胚胎学知识的主要来源[2]。但是它起源于大阿尔伯特(Albertus Magnus,1206—1280 年)关于生殖的意见的摘要,书的名称是《妇女的秘密》(De Secretis Mulierum),在 16、17 世纪中还流行着。《亚里士多德的杰作》的另一来源是福尔图尼乌斯·利刻图斯(Fortunius Licetus)的《奇异现象的自然原因和区别》(De Monstrorum Causis Natura et Differentiis,1616 年),它的插图仍然以隐藏的形式出版。整个来说,虽然在各朝历史的文献目录中不能认出《鲁班经》的迹象,可以推测它有很久的历史。

直到现代,鲁班门徒的最突出的特点,也许是他们凭窍门、经验法则和继承的缓慢发展的传统来工作。当讨论古代中国的工匠界时,本书已经很详细地谈及了[3]。对于不能用言语传达的技术特别有兴趣的道教哲学家,时常提出这种不能言传而可以学会的技巧的例子,如刀剑匠、钟架雕刻匠、制箭匠、制带扣匠和轮匠。两个不朽的故事留传下来:庖丁按照道的结构和模型割开牛体[4];扁轮匠告诉齐桓公,与其钻研圣人的书来学习治民之道,不如向人民学习更有效[5]。

认为尊崇窍门和个人技巧或鉴别力是合理的,这主要是材料和工艺过程不能确实充分控制的那些漫长时代的现象。在我们这样的时代,几乎整个化学工厂可以自动运行,反应剂的变化为感受装置所感知,由反馈过程来连续调整,甚至难于设想必须凭经验来进行尚未科学地理解的工艺过程的那些技术人员的命运。只有观察能力非常敏锐的人,才能觉察出来会损坏预期成果的离开正常的各种偏差。只有记忆力特别强,常常善于处理困难情况的一些人,才能重复曾经一度被发现能成功的操作过程。只有经过几十年的经验,学会认识适合于他之目的的材料的迹象、气味、外貌的一些人,才能对像木材、陶工的粘土、未理解的原金属等性质常变的材料进行工作。曾经有过许多失败和失望,但从神话和传说中找到某些心理上的帮助,很多古代道家冶金学者在开始操作之前,举行洁净和斋戒的仪式[6]。这种直觉的和沉思的技巧的培养,仍在禅宗佛教中继续进行,如在射箭和类似的技术中直到现在仍然存在[7]。手艺人不能用合乎逻辑的词句表示他的操作程序。事实上他完全不能说明,只能表演。

这样,把手艺一代代地传下去,自然牵涉到学习者的肉体和精神的整体教育。学徒的训

---

① 充分的叙述见于 Coomaraswamy(5),pp. 120ff.。它的现代版本声称,是在 1837 年从梵文本(没有证实)译出。但是书中的材料是这样的古旧,其来源一定最少在几世纪之前,它实际是古旧传统知识的一部分。

② 参见 Needham(2),pp. 73 ff. 和 Ferckel(1)的文献目录的研究。

③ 参见本书第二卷,pp. 121 ff。

④ 参见本书第二卷,p. 45。

⑤ 参见本书第二卷,p. 122 。

⑥ 本书将在后面第三十章(d)关于古代铸铁的引文里,提供一个突出的例子。宗教仪式的传统,在日本一直保持到我们的时代,如图 357 所示。这幅图表示穿着奇怪礼服的造剑匠,在祈祷和斋戒之后开始冶炼工作。

⑦ 见赫里盖尔[Herrigel(1)]。

练是主观的和个人的,不是让他们理智地了解,并不是把经过深刻分析的物理化学的实体的
性能制成数学函数,使他们体会。但是,在某种程度上,手艺人的技巧通过普遍的和不变的,
用歌诀死记的机械学习方法口头传下去。这非但在比较少的工程和建筑文献中是显著的,而
且在非常多的炼丹家和医生的文献中也是这样①。对于中世纪化学家的微妙的经验性的工
艺过程来说,没有比这个方法更自然的了。甚至对于能够作出正确的天体图感到失望的某些
学者,也推荐用默记的方法来学习星体的知识②,郑樵于 1150 年写着③:

> 天文资料收集在天体图中而不在书上。但是,书经过百代流传不致重复错误,即使
> 有错误也容易校核改正。图一经翻印,每易造成错误,这样一直继续下去直至难于寻找
> 所求的星,所以不容易得到正确的图,而学者就不能认识星和星座。无论如何敏锐地搜
> 索书本,也不能得到正确的形象,无论如何多地学习图表,也不能信赖其所展示。所以最
> 好是每天吟诵《步天歌》④。可以在没有月亮的一个秋夜开始,那时天空像水那样清澈,
> 每诵读《步天歌》一句,就仰视天空研究这个或那个星。这样过了几个夜晚便把整个天象
> 都熟记在脑子里了。

> 〈天文笺图不笺书,然书经百传不复讹谬,纵有讹谬,易为考正。图一再传,便成颠错,一错愈错,不
> 复稽寻,所以信图难得,故学者不复识星。臣向尝尽求其书,不得其象。又尽求其图,不得其信。一日,
> 得《步天歌》而诵之,时素秋无月,清天如水,长诵一句,凝目一星,不三数夜,一天星斗尽在胸中矣。〉

上述关于《步天歌》的建议以及名木匠或铸铁工的歌诀,都是同一文化的一部分,当然在
中国文化中,学习古典文学的正常方法,是在未得到任何解释之前,先在学校中把它们默
记。⑤

但是,必须记住,在古代和中世纪时代(实际上是直到 19 世纪),大多数手艺人是文盲。
因此,非但创作新的专门名词有智力上的基本困难⑥,而且这些名词被采用之后,把他们写
下来也会遇到很大的障碍。造船是最复杂的机械工艺之一,可是一个还活着的对于中国这种
工艺的最深入的学者,从 30 年的经验中发现,他所遇到的最好造船工人中很少能写字⑦。我
们将看到,很多航海方面的专门术语是完全写不出来的⑧。当然,所有这些并不意味着中国
传统中没有技术手册,在这一卷里我们不久就要叙述一本有很大兴趣的工程文献⑨。就造船
来说,我们知道的只有一本有适当图表的专书,而它并没有付印,它也并不是很古。⑩ 但是建
筑师常常绘制轮廓图、图表和模型,甚至按比例尺制作,例如刚才提到的李诫的伟大著作里
就是这样,也有很多其他知道的例子⑪。而且,当人们达到中世纪技术的更高水平,如制造天

---

① 第三十三和第三十四章将载有很多例子。
② 参见第三卷,p. 281。
③ 《通志略》卷十四,第一页(《通志》,卷三八),作者和鲁桂珍译。
④ 一首隋代的诗歌,参见第三卷,p. 201。
⑤ 甚至在 20 年前,小学生们像蜜蜂似地哼着古典著作,是作者清楚地记忆的中国乡村的愉快声音之一。
⑥ 参见第二卷,pp. 43,260,491 和其他地方。
⑦ 夏士德先生,在私人谈话中说的。
⑧ 本书第二十九章。
⑨ 参见本册 p. 116ff. 。
⑩ 很有趣地想起,在现代工程语汇中,"中国式的复制品"指没有先绘简图或图画,而凭目测、量度或传统仿造的一
部机器或某一组成部分。
⑪ 见本书第二十八章(d)和第二十九章。

文仪器时,一定要先做很多纸面上的工作,在一个关系重大的例子,即1090年开封天文钟楼的例子,我们知道,在最初阶段中,韩公廉曾编写了一本关于时钟机构的数学和几何的专门论文①。虽然如此,人们可以看到,古代有创造能力的机械天才必须克服的困难是如何的巨大。与许多年代所造成的习惯道路密切结合的工匠界,必然不信任革新,几乎达到儒家学者的程度,虽然由于不同的原因②。在每一世纪中,只有很少机会,适当的人聚在一起进行创造,以实现手和脑的适当配合。可是,中世纪的中国社会,比起欧洲来似乎是很稳定的,这种适当配合的发生至少是同样的频繁。

谁想了解古老技术行业的实践,最好阅读斯特尔特(Sturt)约100年前写的,描写他的家族经营的萨里(Surrey)轮匠和制车者的著作。这本细心撰写的自传,对于刚在现代技术到来之前的熟练技工的生活方式,提供了大量的情况。它写着:

> 我下定决心对一切事情从头学起,因而很积极地干儿童的各种活,但是一点也没有想到,过了20岁的人,神经和肌肉的增长,都不可能使自己获得应当在15岁就开始的领会和干活的习惯。不能依靠智力来获得它吗?实际上,智力只能做到真知识的摸索性的模仿,但是不愿意承认,它事实上是如此笨拙的。我现在知道,开始得这样迟,我是不能作为熟练的技工来挣到生活费的。但是,具有从头学起的雄心壮志,对于可能需要儿童助手的任何人,我都愿意帮他做儿童的工作……。③

让我们举传统的英国农村用的四轮车为例④。两个前轮直径的标准尺寸是4英尺2英寸(大概是几百年的老尺寸)。需要这样的可迴转的而又有很大稳定性⑤的前车盘,以使大车以最小可能的半径作环形转向。因此:(1)车身的底部木梁不太陡地向前向上略弯,好像小船那样;(2)车腰部做得稍窄些;(3)铁护罩放在前车盘的后杆上;(4)在车腰部分有铁条保护边上的木条。但是为什么前轮不做得小到可以放在车身下面呢?因为照原来的尺寸,车轴离地的净空只有约2英尺,更小的净空对于公路是可以的,但是对于崎岖的农村辙路和田野就不行了。那末,为什么车身不做得更高一些?因为那样做,装卸都会很不方便,并且有易于倾倒的危险。还有另一个为什么车轮不造得更小的理由,这就是轮辋各段[即轮牙]装在辐条上的困难。很自然,装置辐条的各孔的相互间的距离,在轮辋外侧要比在内侧略大一些,但这样使轮辋各段难装上去。要完成这个操作,只能采用一个名为"辐条轧头"的工具把辐条拉紧,以便轮辋各段可以套在辐条的端头上。

斯特尔特说,应当注意这种知识的性质。对于其所以然并没有自觉的了解,只是传统的见识在萨里的造车者中一代代地传下去。这种知识

> 不在任何书本上写着。它不是科学的。我还没遇到过这样一个人,他承认他所知道的不只是对于造车者知识的感性熟悉。我自己的例子是典型的。我知道后轮必须是5英尺2英寸高,前轮必须是4英尺2英寸高;车的两侧必须从最好的4英寸橡树心切割出来等等。这种事情我懂得,而且经过长时间后懂得很详细;但是我很少懂得为什么。大

50

---

① 见本书 p.464。

② 另一方面,当一个有创造能力的人成功地把合适的工匠罗致在他的身边时,如马钧、宇文恺或苏颂必定是这样做的,这些人大概是高明的工匠。

③ Sturt(1),p.83。

④ 参见 Fox(1);Lane(1)。

⑤ 关于转向架或转向车(即置于火车引擎或货车底下,用以帮助转弯的四轮车盘——译者)的历史,见 Boyer(2)。

多数其他的人,也是这样懂得的。这种知识是各种乡村偏见缠结起来的网,其理由这里知道一些,那里知道另一些等等……。知识的整体是神秘的,是一件民间知识,为人们集体所有,但是从来不完全为每个人所有。老人贝特斯沃思(Bettesworth)常说:"无论一个人知道怎样多,肯定有另一个人知道得更多些。"①

这就是中世纪精巧技艺的真实背景,在东方和西方都是这样。文艺复兴的突破以前的一切重大发明和革新,都从这个背景生长出来,直到文艺复兴时代,发明和发现的技术本身才被发现。现在就要开始演出的戏剧,就是在这个舞台场面上进行的。

(4) 工具和材料

在开始叙述目前这个题目的时候,必须简单地谈谈中国技工的工具箱(图 353)。没有人,不论是中国人或欧洲人,曾经汇总各时代的亚洲工具作批判性的叙述,考虑了人种学的关系并把考古学的实物和有关的文献作对照,这个事实使目前的任务变得困难。实际上对于西方文化也没有真正做到这样,现有的文献主要是由如下几种书籍组成:较老的理论性的书②;少数卓越的关于工具类型学的现代著作③;以及某些边界性的研究,如莫莱斯[Moles(1)]关于建筑木工的历史。对于中国,已经提及的霍梅尔的叙述,它的缺点是对中国文献完全不熟悉,更使人遗憾的是他对于各种工具和设备,没有提供任何现代技术名词(和特点),虽然他一定是很熟悉的④。高本汉(Karlgren)对于商代工具和武器的叙述完全是考古学的精神,没有任何实际的工程探讨。很奇怪,对于最伟大和最有帮助的人物夏尔·弗雷蒙(Charles Frémont),很少人知道⑤,他采用在他以前或直到现在还没有使用过的方式,把历史方法和资料的应用与对某些问题如工作的生理学和材料强度做实际试验联合起来。本书将经常引证他。如果把这些不同的方法和像勒鲁瓦·古尔亨的人种学的丰富知识结合起来,某些有价值的作品将会开始出现,但是结合的工作还没有进行,作者能在这里贡献的只是可能帮助我们获得一些概念的很少笔记和一些引证⑥。

据以出发的最有用的观点是普劳斯[Praus(1)]的观点,他没有困难地指出,除了铰和(也许)冲之外,新石器时代人已经发现了目前用于改变物质体积和形状的强力机械所包括的一切机械原理。

现在和遥远过去的区别,主要是应用力量大大超过人的肌肉的机械动力,并用越来越精密的机械方法来加以控制。必须提出的很少的叙述,可以按照表 55 的机械操作分类方便地排列。

很奇怪,不管工具和机器的社会意义是如何重大,汉文 214 个部首中只有 10 个代表它

---

① Sturt(1),p. 74。

② 例如 Noiré,(1)和 Kapp(1)附有关于"器官——投影"(organ-projection)理论的争论,关于它见 Horwitz(6)。

③ 例如 Flinders Petrie(1,2);Curwen(1);Mercer(1)。热切地等待萨拉曼(R. A. Salaman)先生的著作的发表。

④ 关于日本和中国的技术和行业的其他叙述,如 Kämmerer(1),Yanagi(1),Woltz(1),并不提供更多的知识,虽然它们中某些复制的图可能是有用的。

⑤ 部分地因为他的许多著作是由他私人出版,或在不大有名的杂志上发表。

⑥ 我们还没有见到冈珀茨[Gompertz(1)]关于工具的发展的书。

们①,再有三个代表武器②。也许这个情况揭露儒家编辑者和词典学者缺乏技术兴趣。

各种锤的历史已经在弗雷蒙 [Fremont (13)]、科格伦 [Coglan (2)] 和菲舍尔 [Fischer (3)] 的著作中讨论。霍梅尔书中,包括很多关于中国手艺人传统使用的各种铁锤、木锤、大锤等的资料③。他们在使用重锤时充分利用挠性柄的原理,以增加冲击力和减少对于手的

表 55 改变物质体积和形状的机械操作分类

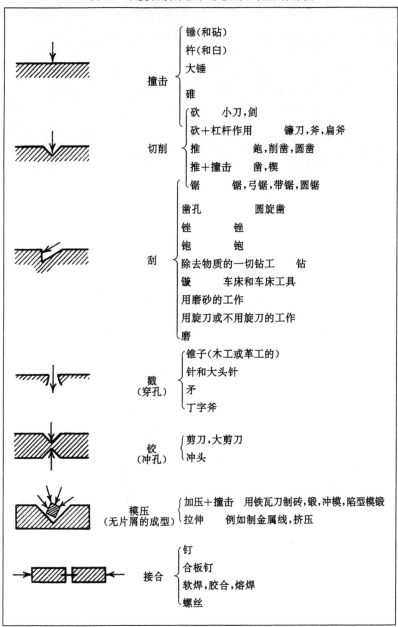

撞击
- 锤(和砧)
- 杵(和臼)
- 大锤
- 碓

切削
- 砍　　小刀,剑
- 砍+杠杆作用　　镰刀,斧,扁斧
- 推　　鉋,削凿,圆凿
- 推+撞击　凿,楔

刮
- 锯　　锯,弓锯,带锯,圆锯
- 凿孔　　圆旋凿
- 锉　　锉
- 鉋　　鉋
- 除去物质的一切钻工　　钻
- 镟　　车床和车床工具
- 用磨砂的工作
- 用旋刀或不用旋刀的工作
- 磨

戳
(穿孔)
- 锥子(木工或革工的)
- 针和大头针
- 矛
- 丁字斧

铰
(冲孔)
- 剪刀,大剪刀
- 冲头

模压
(无片屑的成型)
- 加压+撞击　用铁瓦刀制砖,锻,冲模,陷型模锻
- 拉伸　　例如制金属线,挤压

接合
- 钉
- 合板钉
- 软焊,胶合,熔焊
- 螺丝

---

① 第 6,亅(钩);17,凵(受物之器);18,刀(刀);21,匕(匙或勺);69,斤(斧);79,殳(长柄斧);127,耒(犁);134,臼(舂米的器具);137,舟(船);159,车(车辆)。

② 第 62,戈(枪);110,矛(长枪);111,矢(箭)。

③ Hommel (1) pp. 6, 24, 119, 217, 220, 233, 282。

图版 一二八

图 358 汉代有光泽的绿釉陶制脚踏碓模型，10$\frac{3}{4}$英寸×3$\frac{1}{2}$英寸×3$\frac{1}{2}$英寸(27.3厘米×8.9厘米×8.9厘米)[美国堪萨斯城纳尔逊艺术馆(Neslon Art Gallery, Kansas City)]。

图 359 现存最古老的碓的图画，采自 1210 年的《耕织图》，1462年版。

图版 一二九

图 360 传统的绳索悬吊打桩机,在古代丝绸之路上使用(原照片,1943)。

震痛①。如果沿着锤柄长度选择一点，把它连接在支点上，并在锤尾施加人力或水力，更迭地升起锤头和让它坠下，则这个工具（"碓"）已经达到机器的水平，本书将在不多几页之后作为机器来讨论它。弗雷蒙不能提出任何证据来证明欧洲在 15 世纪以前就有这种设备，可是在汉墓中发现的用人的体重来操作的许多碓模型（图 358），表示中国早在汉代就已有碓。这种模型可以与我们看到的中国脚踏碓的最早的图画，1210 年《耕织图》的插图（图 359）② 作比较，可以看到，它是用来捣去水稻谷壳的③。一种类似的机器是用绳索悬吊的打桩机。图 360 表示中国还常用的人工操作的类型，于 1943 年在甘肃古代丝绸之路上修理一个冲溃处使用。弗雷蒙和普德罗延[Pouderoyen(1)]图示出欧洲文艺复兴时代的相似的工具。公元前 1 世纪在中国发展起来的钻深井技术是同样技术的重要推广（见本书第 37 章）。据推测，锤击动作的基础支持物，砧④，远在古代就已使用，中国所用的型式直到现代才有方柄凿的孔。杵和臼在逻辑上与锤相类似，它们可回溯到商代或更早。金璋[Hopkins (11)]提出，动词"舂"(k1192)，即在臼内捣击，最初就是这个动作的象形字⑤。

K1192

中国切削刃的历史和它们的多种用途，还有待编写⑥。如果篇幅和时间许可，对于部首"刀"的所有派生词作分析将是真正有意义的工作。除了木工和金属工的切削刃工具外⑦，当然还有农具和兵器等大类，前者如镰刀，有利锋的铁锹（"锋"），犁铧（"铧"或"镵"），带铰链的切草器（"铡"）等等⑧，后者如剑，有月牙刃的戟（钺）等等⑨。虽然"斤"是斧的古代名词，它早就由"斧"字代替，从而派生了更多的专门名词，如扁斧（也叫手斧）⑩等。木工用以刨平木料的工具叫做"鉋"（刨），这个字形也许指出一把刀被包在匣子形的支持物里⑪。虽然德诺埃特[des Noëttes(3)]认为这个工具在欧洲直到 14 世纪才知道或使用，费尔德豪斯[Feldhaus(1)]则认为它在古希腊时代已存在⑫，对于这个工具的实物和名字在中国的起源时代作专门的调查，将是值得的，它很可能是更早一些，但是，"鉋"字没有在汉代或汉以前的书中出现，这就是说，约 2 世纪前未出现。使用中国的刨时（图 361），总是从工作者的身体

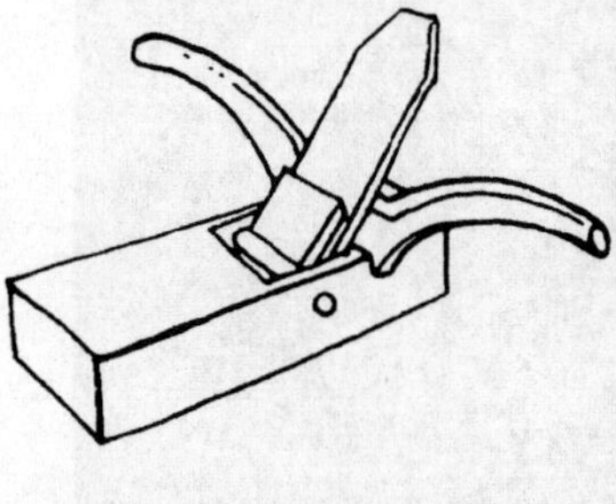

图 361 中国木匠用的刨（采自萨拉曼先生所收藏的图画）

---

① 作者自己常注视四川石匠凿开该省很丰富的岩石和石级时的惊人技艺。

② 这个重要著作的详细情况将在本册 p. 166 提供。

③ 这个技术传播遍及中国影响所及的文化地区，例如印度支那，也很早在印度出现[参见 Grierson (1)，p. 195]。

④ Hommel(1)，p. 15。

⑤ 舂在易经"坎"卦下出现，这个事实指出它在原始时代中国人生活中的重要性（本书第二卷，p. 313）。

⑥ 本书已提及安德森[Anderson(3)]所注意到的奇怪事实：串街的磨刀工人手中用以招徕生意的一串嘎嘎作响的铁片，就是新石器时代的长方形石刀仍然存在的表现（第一卷，p. 81）

⑦ 它的提倡者或技术神灵是王尔，参见上文 p. 43。

⑧ 参见本书第四十一章，但在这里可以提出江亢虎[Chiang Kang-Hu(1)]的描述。

⑨ 参见本书第三十章，但在这里可以提出倭讷[Werner(3)]的描述。

⑩ 《周礼·考工记》卷十二，第二十二页所提出的很少几种工具中，有大斧的柄（"柯"）和小斧的柄（"欘"）。

⑪ 参见 Hommel(1)，p. 241。

⑫ 古代埃及不知道刨[Lucas(1)，p. 510]。在锡尔切斯特(Silchester)发现的铁刨可能晚到 4 世纪，但是庞培[Pompeii]的青铜刨一定是 1 世纪的 [Mercer (1)，p. 115.]在萨尔堡(Saalburg)发现的匣式刨，推测早于公元 260 年[Schönberger(1)]。

向前推①。把刨的刀刃从匣子里拿出来,并用木槌来操作,刀刃就成为"凿"② 或圆凿("曲凿")。

在锯的技术中,切削和刮是结合起来的。这个工具可回溯到新石器时代,并在所有古代文化中使用③。在中国,"锯"多次获得巧妙的发展,一种常见的形式是用以把树杆锯成木板的弓锯或框式坑锯。在这种锯中,从锯片中心起,锯齿的方向是向锯片两头倾斜的;这样,木材上面和在下面的锯工,作等量的工作④。有时木材在水平方向锯开,两侧的锯工各从一头缓慢地走到另一头(图363)。图362所示的弓锯,在中柱的一侧装锯片,另一侧绷一条双股绳,用一根短木栓把绳绞紧就可以把锯片充分拉紧⑤。伐树则用横割锯。古希腊时代也使用框锯或弓锯[Neuburger(1)],它们是克服厚薄锯片之间的矛盾的一种巧妙办法,因为太厚的锯片力量虽然较强,但锯成的截口太宽,而较薄的锯片又比较弱。中国工匠采用多种多样的锯,而且熟悉多种锉锯齿和调整其偏侧度的方法。

金属在热可塑的状态下可以改变形状和切削,所以在金属加工中,锯所起的作用比在木工中小,而在某种意义上相当于刨的锉刀则相应地起较大的作用。弗雷蒙[Frémont(9,23)]已写了锉刀的历史,他从原始时代能利用的自然物体,如一般的鱼骨和特别是板鳃类鱼(如魟鱼)的粗皮,引伸出锉刀来。霍梅尔⑥对中国锉刀作了很好的描写,它和西方普通的锉刀略有不同。它在两头都有柄舌,一头装木柄,另一头装很长的木棒,木棒插入环状大钉或有眼螺栓的孔内(图364),在里面滑动。这个导向木棒提供有帮助的向下杠杆作用。西方工匠把须锉的物件牢固地夹紧在虎钳内,用锉刀环绕着它加工;而中国人的方法则让锉刀在差不多固定的路线上来回摆动,而物件则根据锉工的需要在锉下面转动。图365表示17世纪的一个工场内使用锉刀情况。

一切磨轮、磨刀石("砥"、"砺")属于锉刀的同一类。由于玉工在古代中国的重要性,在那时代研、磨工作一定已经达到很高的技巧水平⑦。霍梅尔没有找到使用旋转磨轮的证据⑧,他

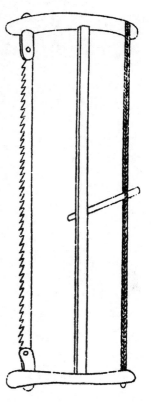

54

图362 具有短木栓的框锯或弓锯,采自《图书集成·艺术典》卷八,第二十七下。参见 Mercer (1),p.151.

55

---

① 日本和朝鲜的刨是反方向应用的,即向后拉而不是向前推,也许是因为他们的使用者是在地上工作,而中国人则是在工作台前工作。

② "凿"字也在《周礼·考工记》卷十一,第十二页出现。

③ Frémont(21);Lucas(1);Feldhaus(3)。

④ Hommel(1),p.224;Parsons(1),p.177.这个双作用的锯是古代埃及独特的拉锯和像欧洲现用的推锯的结合。木材是支持在支架上的。在比萨(Pisa)的圣多宫(Campo Santo)的壁画中,有一幅表示完全按照中国的方式(虽然用的是单作用锯)把木材锯成木板[Lasinio(1);Mercer(1),p.24]。这幅画的年代约为1350年。

⑤ 或者可以用巧妙的竹弹簧。关于这种锯出现的时代,见上野舒(1)。

⑥ Hommel(1),pp.17,38。

⑦ 参见第三卷,pp.666 ff. 和本册 p.16。

⑧ Hommel(1),p.258.

图版 一三〇

图 363 1944 年在重庆造船厂工作的锯工(Beaton,1)。

图版 —三—

图 364 艺徒在使用中国式的双柄舌锉刀

图版 一三二

图 365 17 世纪制钱工场内工匠在使用双柄舌锉刀(《天工开物》卷八,第十页)。

图版　一三三

图 366　造船工在使用带钻(Hommel,1)。

所看见的都是上表面已磨损成凹形的长方石块①,但是很难相信中国古代完全没有旋转磨轮。如我们已经了解的②,在玉工中旋转工具(圆盘刀,"锄铊")似乎至少可以上推到公元前 3 世纪,两种形式的轮碾③ 的出现也不大可能更晚。圆盘刀和碾之间在心理上的关系(下文 p. 195),可以从这个事实看出来,即流传下来的圆盘刀的最老名词④ 和轮碾的最老名词是相同的,碾字上加了砂字作形容词,就变成"砂碾"。磨轮的一个特殊例子是墨砚(参见本书第三卷,pp. 645ff.)。

必须认为钻是刮或磨的一个分支,因为它实际上是从所钻的孔内去掉物质,已经有很多关于钻的文献⑤。这个技术引起传动带的起源问题,因而立即把我们带到一个根本的工程问题上。连续旋转运动只有依靠曲柄(一种或另一种形式的)或传动带才能获得,但是对于很多用途,钻是其中之一,往复的旋转运动就足够了。曾经有人说⑥,中国人过去没有使用连续旋转运动,但这是一种错误的说法,因为中国早就有曲柄(下文 p. 118 页)和像方板链式泵(下文 p. 339)的机器。如果中国人不充分掌握连续旋转运动的技术,用水力带动的浑天仪就不可能获得连续地和细致地调整的旋转(下文 pp. 481 ff.)。虽然如此,似乎工匠没有把连续传动应用到他们的钻上,因为甚至在现代,往复的传动仍然是流行的,并在所有古技术的文化和文明里广泛使用⑦。

往复旋转运动的最简单形式可以在轴钻中看到,这种钻的轴只是放在两个手掌之间来回地搓动⑧。把一条带或皮条绕在轴上,由一个人更迭地牵拉它的两端(类似转动陀螺的单一动作),另一人稳固地拿住钻,这就出现传动带的祖先(图 366)⑨。在这里传动带还不是连续的,但是如果用一根木条把带的两端连接起来,就像弓与其弦那样,这在某种意义上就成为连续的传动带。如果把弓弦在钻轴上缠绕一次,则每次把弓来回拉动时,就会给钻一个强有力的往复运动,这就是弓钻。顺便说一句,可以注意这个工具与小提琴的弓之间可能有的联系。弓钻很可能是旧石器时代的工具⑩,但在许多古技术的人民中仍然可以见到,在古代埃及是众所周知的工具⑪。现在英国某些行业例如制钢琴和制钟工业中仍然使用它。图 367 表示一个中国木匠用的弓钻⑫。很久以前在某地(没有人知道何地或何时),有人首创在弓的中央作一个孔,并用操作手动活塞水泵的动作,使弓在与钻轴成直角的关系下更迭地升降,从而使钻往复地旋转,因此有"泵钻"的名称⑬。图 368 表示现代中国铜匠用的泵钻⑭。17 世

---

① 见他的图 381。参见本书第四卷第一分册,p. 117。

② 本书第二十五章(f)。

③ 就是沿着圆周路线运动的和沿着直线来回运动的碾。

④ 除了"锟语刀"之外;参见第三卷,p. 667。

⑤ Fischer(1);McGuire(1);Hough(1),等等。

⑥ Hommel(1),p. 247。

⑦ Leroi-Gourhan(1) vol. 1,pp. 55,70,101,170.

⑧ McGuire(1),p. 693。

⑨ Hommel(1),pp. 331,322,338,描写中国造船工人的钻。McGuire(1),pp. 706 ff.,716。带钻或皮带钻常被使用于其他用途,例如车床,或在印度用于摇转搅拌筒。麦圭尔[McGuire(1),p. 742]在某些古代象征性的图画中发现它,在未被指出之前是不明显的。

⑩ Childe(11)。

⑪ Klebs(3),fig. 73,p. 103。

⑫ McGuire(1),pp. 719,730;Hommel(1),pp. 246,247。

⑬ Holtzapfel & Holtzapfel(1),vol. 4,p. 4;McGuire(1),pp. 733,735;Hommel(1),pp. 37,39,199。

⑭ 这种钻在新技术的欧洲继续存在着,特别是在石工和补瓷工匠中。作者记忆,其父在他的工场内教作者使用这种工具。应当注意,完善的钻包括一个飞轮。

图版　一三四

图 367　木匠用的弓钻(Hommel,1)。

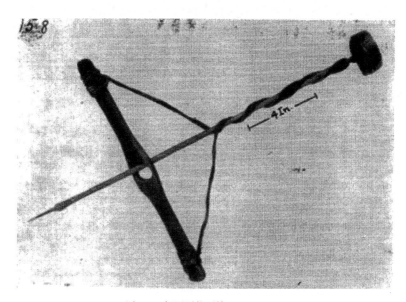

图 368　铜匠用的泵钻(Hommel,1)。

纪工匠使用这种钻的情况,可以在几个同时代的插图中看到[1]。

众所周知,钻在很古老的"新火"仪式中起突出的作用[2]。本书前面已提及,《周礼》上载,专设"司爟"之官主管这种仪式[3]。《论语》证明它在公元前 5 世纪已实行[4],并指出适合于各季节使用的木材[5]。很遗憾,虽然好几个朝代的学者都对它进行讨论[6],但是关于用作钻燧工具的确切类型,并没有记载留下来。

钻的过程在中国文化中最壮观的应用,是深钻技术,这种技术特别是在蕴藏大量盐水和天然气的四川省内使用。并于盐业的第三十七章内,将提出证据来说明,到汉初,中国人已完全掌握深度达到 2000 英尺(600 米)的钻井技术,因而也发展了与它有联系的一切技术。这个故事也许组成石油工程史前史的最重要部分,但是我们一定不在这里提前讨论它。

57　如果把钻水平地装在一个架上,在它的工作端不装置钻孔工具,而装置被凿或刀加工的工作物,这样就出现了车床[7]。用脚操作的踏板可以容易地代替副手的两只手,这种车床("镟床")的简单形式在中国工匠中仍然是常用的(图 369)[8]。经过简单的改进,把传动带的一端系在车床上面一根有弹性的杆子上,这就解除了工作者一只脚的劳动,使有可能更集中注意力在工作上。这种杆式脚踏车床直到 18 世纪的很长一段时间内,还在欧洲继续通用[9],在许多文化中,如在阿尔及利亚(Algerian)的卡比尔人(Kabyles)也有这种车床[10]。对于这种车床没有在中国发展的说法[11],应当慎重地赞同,因为利用有弹性的竹板条总是中国技术的特点,例如两种基本类型的织机之一就有这种装置(本书第三十一章)。关于车床在中国最初出现的时代,知

58　道得很少,但是不会比埃及人从希腊得到这种车床的时代(古希腊时代)更晚[12]。

戳,或从孔中不去掉物质的冲孔,在人们对物质加工中起很大的作用,但在原始技术中比在发展的技术中更为典型。木工中有锥子,农业和建筑中有丁字斧,缝纫中有针(或"鍼","箴")和大头针,作战中有戈和矛。戳在织物上的使用,更适宜在讨论接合技术时讨论,其性质与钉子和销钉相类似。

---

① 例如《天工开物》卷十,第七页。

② Hough(1),pp.85ff.和别处的人种学。约 1250 年,杭州在每年 4 月清明节举行"新火"仪式,它具有基督教世界礼拜仪式同样的戏剧性,见 Gernet(2),p.208,根据《梦梁录》卷二,第一四八页。

③ 第四卷,第一分册,p.87;参见 de Visser(1)。

④《论语·阳货第十七》第二十一章,三。

⑤ 有很多汉代和汉前的其他参考文献,如《礼记》卷十二[Legge(7),vol,1,p.449];《管子》卷五十三;等等。

⑥ 值得注意的是明代的宋濂:《明文在》卷三十七,和揭暄:《璇玑遗述》(古代艺术和技术记载)。《故事古微》卷四,第三十一页说,10 世纪的《中华古今注》讨论钻燧,这是错误的。

⑦ Leroi-Gourhan(1),vol.1,pp.173,184,187;Fischer(2);Montandon(1),p.488。最近时代的最好的车床通史是维特曼[Wittmann(1)]所写的;现在有伍德伯里[Woodbury(4,5)]关于较早期车床的历史。

⑧ Hommel(1),pp.252,347.关于印度的例子,见 Grierson(1),p.85。用连杆、曲柄或曲轴和飞轮代替传动带,就成为缝纫机的传动方式。达·芬奇在车床上利用这种传动方式[参见 Burstall(1),pp.122,141],但是在更早的时代,已在中国的绕丝机(图 409)上流行地使用,大概也用在轧棉机(图 420)上。旋转和直线运动的相互变换是向"蒸汽机"机组发展的步骤之一(见下文 pp.380 ff.)。

⑨ 最早的欧洲图画大概是在不列颠博物馆的 13 世纪的原稿 Lat.11560,f.84a。

⑩ Holtzapfel & Holtzapfel(1),vol,4.杆式脚踏车床仍然在英国威尔士(Wales)用以制木碗,和在英国白金汉郡(Buckinghamshire)用以制椅子脚。

⑪ Hommel(1),p.253。

⑫ Lucas(1),p.510.维特鲁威(公元前 30 年)时常提及它,称为"tornus"(Ⅸ,Ⅰ,2 和Ⅷ 6;以及 Ⅹ,i,5;vii,3 和 viii,1)。

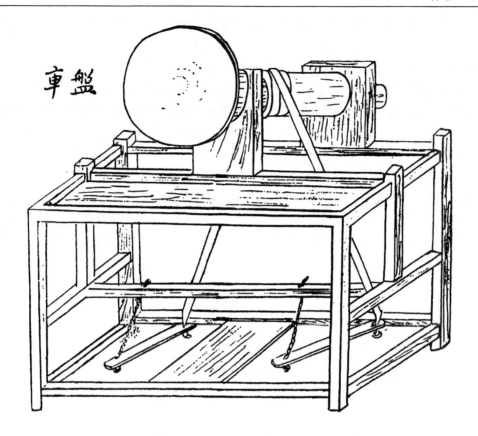

图 369　更迭运动的脚踏车床——"盘车"(Frémont,5)。

弗雷蒙[Frémont(22)]读到了铰、剪(或"剪")和冲("撞");它们成为独立的一类,因为它们在材料的两方面同时加工[1]。铰是把两个刀刃的柄连接起来成为连续弹簧的工具,在罗马帝国中到处都常见,但是现在似乎没有理由推测汉代人民从西方的同时代人获得它[2]。在新近发现的河南禹县宋墓壁画中,可以看到一把这样的铰(1952 年在北京故宫博物院里展览)。孙次舟(1)由于从唐墓中出土的一把铁剪,写了一篇关于中国铰和剪历史的专门论文[3]。"剪"字原来是动词,意义是切开,《诗经》(约公元前 7 世纪)和《左传》内都有这个词,但是似乎到汉代才用作代表工具的名词[4]。唐剪的形状暗示,它是从汉代普通形式的两把刀在同一枢轴上连接起来而引伸出来的,所以有"金"字和"交"字两个字根组成的"铰"字,意义是交叉的刀。在剪和用以夹持小物件的一切工具如钳子和镊子之间,有明显的内在联系[5];既然筷子(这是现代名词,以前叫"箸")在中国文化中已有悠久的历史[至少从公元前 4 世纪已有;Forke(15)],如果有任何传播发生,传播的方向有更大的可能是从东到西。这确实是霍

---

① Hommel(1),pp.17,21,38,200,217 叙述了中国工具的传统类型。《尔雅》说:南方人呼剪刀为剂刀,即修整用的刀。

② 如 Leroi-Gourhan(1),vol.1,p.276 所提出的。

③ 以前曾经发现一把铜制的,也是唐代的。

④ 《释名》约公元 100 年。

⑤ 默勒-克里斯滕森[MΦller-Christensen(1)]曾经扼要地写成镊子的历史(虽然没有引证中国的资料)。埃及第一个朝代(约公元前 3300 年)和美索不达米亚(Mesopotamia)的乌尔(Ur)已有镊子;前者似乎是外科手术用的,后者是化妆用的。作者很高兴,也有一把周末或汉代的青铜拔毛小镊子,长 3.8 厘米,两脚到镊口为止,宽度不变,刻有云形图案。

梅尔的结论[1],他举出证据说明,由两个可以围绕一个共同中心点运动的独立元件组成的剪子,欧洲在 10 世纪以前是不知道的。这个说法不可能很正确,因为史密斯(A. H. Smith)在不列颠博物馆内图示从普里涅(Priene)发现的一把罗马剪子,但是这种剪子在中世纪后期以前大概是不常用的。它一定是从中东进口到威尼斯(Venetian)的。

59　　最后一种基本类型的技术是模压。用以填满模子的方法,根据所用材料的粘度而不同。关于青铜、生铁及其他金属的铸造[2],本书讨论冶金的两章(第三十和三十六章)内将有很多要说的。很显然,如果金属已经熔(或"镕")化,则在铸工工场内,除了把它注入已准备好的模内,不需要做其他工作。可是,如果材料是粘性的,如制陶瓷或制砖过程中的粘土[3],就需要加压,或者还要用撞击或者不用。有些工具如镘子,它本身就可以使所加工的材料成形。采用模子的一种突出的中国技术是用捣紧的土墙[4]建筑房屋,这种方法早到商代(公元前 1000余年)就已使用,它将在讨论建筑技术的第二十八章(d)内讨论。在拔金属丝的过程中,依靠

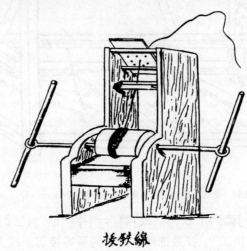

图 370　拔铁丝的设备(Frémont,18)

塑性金属的牵引使线成形。很容易证明,这种技术从古希腊时代以来,就没有本质上的改变[5]。图 370 表示中国的拔丝设备。霍梅尔按照他所看到的情况,对此技术作了很好的叙述[6],并提出他认为中国人直到现代才能在拔铁丝方面应用这种方法的原因[7]。但是,1637年的《天工开物》对这种工艺过程有很清楚的描写[8],并附一个拔丝工场的插图(见第四卷,第一份册,图 332)。

---

[1]　Hommel(1),p. 201。

[2]　与锻或制造熟铁(煅或锻铁)的过程不同。参见第五卷。

[3]　Hommel(1),pp. 259ff.。

[4]　Hommel(1),pp. 293ff. 技术专门名词是:"填泥","砌泥墙","筑泥墙"。这种过程(在某种意义上)是就地造砖。参见 Boehling(1)。

[5]　Frémont(18);Feldhaus(26)。后者发现约 1100 年在德国纽伦堡制造铁丝的第一个证据。

[6]　Hommel(1),pp. 25ff.

[7]　铁在每两次或三次拔细后需要退火。

[8]　《天工开物》卷十,第四页,关于制针。怀疑在拔铁丝的起源和指南针的起源之间有联系;参见本书第四卷,第一分册,pp. 282ff. 对于宋代针的讨论。

把材料连接起来是一个技术分支,它可能牵涉到上述基本技术的几种。在木工中,钉、合 60
板钉①、榫眼和雄榫("笋眼"、"榫")等等凸出的结构起最大的作用,但是也用胶接合;在金属
加工中,类似胶接的技术,如软焊("镤"、"钎"、"锌")②和熔焊③,有更大的重要性。在缝纫和
成衣的技术中,同基础件分开的凸出结构是最重要的,据推测,针④和大头针是从原始时代
和原始民族的荆棘和鱼骨演变而来的。弗雷蒙[Frémont(4)]写了钉的历史,附有采自清代
画的中国制钉工锻铁炉的插图。霍梅尔讨论陷型模(制钉的模型或样板)⑤。中国木工大概总
是节约地使用锻铁钉,他们制造木或竹的销或销钉以达到同一目的。但是在中国造船业中,
认为锻铁钉是必要的⑥。

最后的但对于工匠不是最不重要的一类工具是测量工具⑦。最老的和最简单的测量工
具是拉紧的绳或铅垂线("绳")、水准仪("准")⑧、量尺("尺")、圆规("规")、矩尺("矩")和天
平("权衡")或杆秤("称")。这些量具在本书关于量法一节的序言(第四卷第一分册,pp.
15ff)内已检阅了。在最纯粹的神话资料中,矩和规就出现了,他们组成被神化为太初英雄伏
羲和他的姊妹(或配偶)女娲建设和治理天下的传统象征⑨。表示这些标志的一个石刻浮雕,
已在本书内复制了(第一卷,图28)。量具是这样为人们所熟悉,甚至儒家学者都利用它们作
比喻。例如,《荀子》说⑩:

> 如果把绳墨⑪正确地陈设起来,对于物体的曲直,就不能欺骗人。如果把杆秤正确 61
> 地悬挂起来,对于物体的轻重,就不能受骗;如果正确地使用角尺和圆规,对于物体的方
> 圆,就不会弄错。因此,当品行好的人知道正确的道理时,就不会为虚伪错误的东西所欺
> 骗。
>
> 〈故绳墨诚陈矣,则不可欺以曲直;衡诚县矣,则不可欺以轻重;规矩诚设矣,则不可欺以方圆;君
> 子审于礼,则不可欺以诈伪。〉

其他这类的词句是很多的⑫。

较复杂的测量的例子常在插图和早期的叙述中看到,例如:弩的强度的试验⑬,用漂浮

---

① Hommel(1),p.257。

② Hommel(1),pp.23ff.。

③ 熔焊是中东的古代技术[Maryon & Plenderleith(1) p.654]。但是似乎在汉文中,除了"较大锌"或"连接"之外,没
有别的名词。

④ Leroi-Gourhan(1),vol,l,p.276;Hommel(1),p.199。

⑤ Hommel,(1),pp.21 ff.。

⑥ Hommel(1),p.255。

⑦ 关于此问题,参见本书关于测量方法的一节,第三卷,pp.569 ff.。

⑧ 梅基塞代克·泰弗诺(Melchisedech Thévenot)于1661年用酒精改进水准仪。

⑨ 参见 Granet(1),p.498,他指出:很奇怪,虽然圆的东西,圆规,是与阳性的天的圆形联系的,但它是女神的象征;
而男神却了方的东西,虽然它是和阴性的地的方形联系的。这可能隐蔽着另一种符号制,比支配中国古典思想的符号
制还要早的符号制的存在。

⑩ 第十九篇,第八页;译文见Dubs(8),p.224,经作者修改。

⑪ 这指现代中国木工仍在使用的墨线,当把墨线拉紧并快弹一下时,就在木料上划成一条直线,墨线通过墨斗,斗
内充满丝头,浸透墨汁[Hommel(1),p.250]。本书第二卷,p.126已提及。现代机械制造厂中,用涂白垩的绳在大块钢板上
划线,与用墨线的方法相类似。

⑫ 例如《吕氏春秋》第一四五篇,译文见 R. Wilhelm(3),p.422。

⑬ 见本书第三十章(e)。

法试验箭(第四卷第一分册,p.39),或用种子的下沉试验比重(前面第四卷第一分册,p. 39),以及《周礼·考工记》所叙述的几种特殊校验程序(例如车轮正确度的校验)①。但是从古代中国留下来的最引人注意的量具,也许是具有槽和销子的可调整的外卡规,看来很像一把不带蜗杆的现代活络扳手。吴承洛曾经叙述并描绘一个值得注意的例子②,其制造年代为新朝始建国元年,即公元9年。这把卡规见图371。有精细的刻度,计长6寸,1寸刻成10分,而规的背面则有篆文的题词:"始建国元年正月癸酉朔日制"。在欧洲,达·芬奇描绘过一些类似的东西③,但在他的时代以前则似乎不知道这种工程量具。

在离开工具及其工作这问题之前,不能不谈谈某些独特的中国材料。但是合乎逻辑地讨论它们将牵涉到更适宜在后面各章讨论的许多问题,例如专门研究建筑技术(第二十八章(d))、植物学(第三十八章)、农业技术(第四十二章)等等。无论如何,关于像中国经济木材等问题的资料,还没有方便地收集在一起④。但是,竹⑤是中国最普遍利用的材料之一,而在其他文化中不是这样容易得到的,对于它可以谈几句。

很多种类的竹是中国土生的,其中最普通的是毛竹(Phyllostachys)属⑥的各类。人们会想,利用这种奇异材料的多种方法,一定会受到很大的注意,可是现有的文献似乎是很稀少的⑦。图372显示⑧一顶竹轿("滑杆")的详细结构以说明利用竹的某些技术。这种结构很少利用木钉或捆绑,而是在一根竹竿的转弯处削去竹材的一部分,只留竹皮,把它弯成直角或甚至向后折叠,以紧紧夹住另一竹竿。指出如下事实并不是幻想的。即用钢管制成的家俱、脚手架及其他结构物,是在更高的现代技术水平上使用与古代竹管的各种应用相同的结构强度原理⑨。此外,文献上还常描写优美的竹制艺术品;1360年的《山居新话》⑩ 提及乌龟模型的连接物,使人想起螺栓或铆钉。竹条的弹性也在各种弓和弓弦装置上充分利用⑪。竹的

───────────────

① 见本册 p.75。

② 吴承洛(1),第一版,第179页;第二版(程理溎修订),第94页。照片见于Ferguson(3)。

③ Feldhaus(1),col,1372;但是它是带螺丝调整的长杆圆规。也见Feldhaus(24)和Neduloha(1)。根据Davison(8),滑动标尺的卡规是韦尼埃(Vernier)在1631年发明的,螺旋千分尺则是加斯科因(Gascoigne)在1638年发明的,都是为了天文方面的用途。至于与新莽卡规相类似的欧洲第一把测径卡规的发明时间和地点,则需要进一步研究才能确定。

④ 这样说并不是否认陈嵘(1)和李顺卿[Li Shun-Chhing(1)]的功绩,但是这里我们需要的是木材技术而不是木材分类学。

⑤ 参见Sowerby(1)。最近进行的关于两相材料(例如玻璃纤维)的研究工作,才揭露了竹的异常性能的主要基础。复合的材料把不同抗拉强度和不同弹性模数的物质联合起来,因而能吸收足以使较弱部分断裂的负荷应力,同时把较强部分的各单元中的缺点隔离开来。竹的情况就是这样,因为在竹里,高强度、高弹性模数的纤维素和低弹性模数的可塑基体木质素联合在一起。所以,在中国文化里,竹有多种用途,并且竹也可经过浸渍来分解其两相结构,只由高抗拉强度的纤维单独起作用。本书以后(第三十章)将讨论在锻制军刀中,把熟铁和钢合锻的过程[参见Needham(32)],这与竹的情况相类似。现今我们把高抗拉强度的玻璃纤维埋置在可塑树脂的基体内,如斯莱特[Slayter(1)]所叙述的,对于现代技术的这种成就的历史背景有清楚的认识。

⑥ R755。

⑦ 作者只能引证Rundakov(1)和Spörry(1),以及只谈及日本的情况的希奇专门论文(Spörry & Schröter)。

⑧ 采自Mason(1)。

⑨ 1793年丁威迪(Dinwiddie)博士对于中国工匠用竹子搭成蓆棚和棚厂的技巧,感觉很惊异,Dinwiddie(1),p.49. 作者在第二次世界大战时也感觉这样。

⑩ 第十三页上,译文见H.Franke(2),no.29。

⑪ 作者回忆,在第二次世界大战时,和作者在一起工作的一些工作人员,得到瞬刻的通知后,很快就把重庆办公房屋的一些房门的自动关门弹簧装配起来,使作者非常惊异。

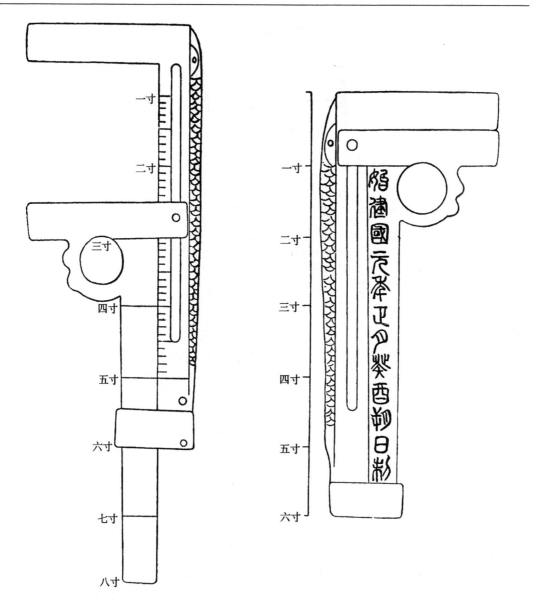

图 371 具有槽和销子的可调整的外卡规,青铜制。规上的铭词是:"始建国元年正月癸酉朔日制"。这把异常
的量具是西汉和东汉之间短暂的新朝的产品,资料来源:吴承洛(1);也载在 Ferguson(3)。

异常的抗拉强度,直到最近成都的中国空军研究机关进行实验时才充分认识;从这试验发现,用飞机胶把若干层编织的竹片连合在一起,可以制成性能优异的胶合竹板。但是很多世纪以来,这种特性已经凭经验在多种用途的竹缆索中充分利用了[1]。

另一使用的方法是把竹子里面的隔片去掉,它就成为天然的管子,这种事实,为我们将

① 用以建造吊桥的坚强缆索的竹纤维,其价值久已获得承认;参见本书第二十八章(e)。埃斯特雷尔[Esterer(1)]于 1908 年沿长江向上游航行时,他对木船的背缆工人所用的竹缆作了一些测量。计算得平均拉力每平方英寸 7362 磅(519 公斤/厘米[2]),与钢丝绳所受的正常负荷等级约相等,但是很少破断。相似的估计见 Fugl-Meyer(1)。非但如此,麻绳在湿的状态损失强度的 25%,而饱和了水的编制竹缆的抗拉强度则增加约 20%[Worcester(1,2)]。竹在浸渍的状态下,对于纸的发现和传播起了它的作用(参见本书第三十二章)。它也是烛心的很好材料(参见第四卷,第一分册,p.80)。

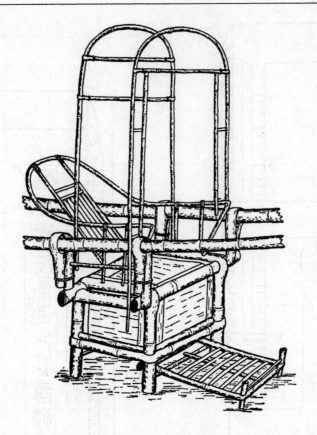

图 372 轿子(滑杆),中国工匠聪明地利用竹的传统方法之一例
[采自 Mason(1)]。

在全书中常常谈及的,对于东亚的发明起了主要的影响。竹在最早的时代提供了做笛子和其他管乐器的材料,这种乐器深深地影响各时代中国声学的发展,如我们已在第二十六章(h)所见到的。此外,从汉代以来,把盐水从深井输送到煮盐处的过程中,竹管起很大的作用(参见第三十七章)。还用在供水管道系统中(见图 373 和下文 p.129)。把竹纵向地切开来,它可以充作屋顶上的轻型瓦片和各种简单的水道。在炼丹术和初期化学技术中,竹管也用作蒸馏水银和溶解矿物的容器[1]。它产生了中国中世纪天文仪器的独特的望筒[2],并完成它的最重要的任务,即在 12 世纪初成为一切管形枪炮的祖先(参见第三十章)。最后,不要忘记竹笋是很可口的。约翰·巴罗(John Barrow)于 1793 年在结束关于这个题目的抒情文里说:"竹子装饰亲王的花园,也遮盖农民的村舍",他还讥讽地说:"在权威者的手中,它是使整个帝国都受敬畏的工具"[3]。

65   在本章的其余部分和其他几章(例如关于纺织技术的第三十一章)内,木和竹作为古代和中世纪中国制造机器的材料,显得十分重要,只在某些主要机件采用青铜或铁。这样也许似乎是似非而是的就在于机械工程这一章内我们不是必须考虑到冶金学的基本原理,而是直到要研究军事技术时才去考虑。但是这并不意味着中国文化特别好战;中国的民族精神恰

① 见本书第三十三章,在该章未出版前见 Ho & Needham(3,4)。
② 参见第三卷,p.333。
③ Barrow(1),p.309。

恰相反。有很好的理由认为,铁用于犁铧和锄的年代,大大早于最初的钢制武器(参见第三十章和第四十一章)。事实上世界上没有任何地方,在工业时代开始要求大量经久耐用的机器之前,就用铁来制造机械。更加似非而是的在于作为欧洲工业时代特征的钢铁冶金的各种过程(如用煤冶炼铁,成功地大规模生产铸铁,以及平炉炼钢的原始形式),在欧洲使用之前1000至1500年,中国就已知道并使用了。但是这方面我们不能在这里谈得更多了。

　　读过前面各段之后,人们会得到未解决的问题还是很多的印象。正是工程设备中最简单的组成部分,基本工具,获得著作家、学者最少的注意。还没有人尝试分析汉代和汉以前的书中关于工具的引证。也没有人调查研究像车床这样基本工具机的出现年代,虽然一定有某些考古学的和文献上的资料可供利用。关于中国技术史要做的头一件事,也许是对于工程成就和工业生产的最小的操作单位的起源和发展,作更多的了解。

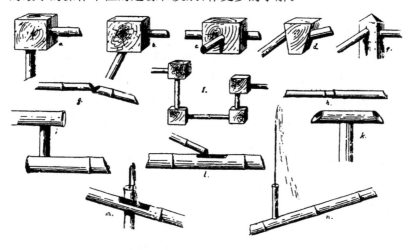

图373　竹子用作管道和导管时的使用和连接方式(Spörry & Schröter)。

(b) 基本机械原理

　　本书现正越过工具到机器的交界地区。建议按下列步骤来处理这个广大题目;首先,对组成一切机器的基本要素作一般性的讨论,包括它们在各种文化中发展先后的大致情况。其次(pp. 165ff),必须讨论中国传统图画中所描写的基本机器类型,这将牵涉到必要的文献目录资料,以及对于耶稣会士来中国的影响的简述。其三(pp. 243 ff),我们在研究了文字上的证据之后,对中国机械工程有更多的了解,将对各种工程技术的起源的大概年代和地点,采取比最初暂时接受的更为坚定的意见。在第一和第二阶段之间,将对机械玩具和自动器械作一些叙述,一方面因为它们体现几乎所有基本机械原理,另一方面也因为在中国只有很少或没有关于它们的图象资料。在第三阶段的开始,将对车辆作一些叙述,它们与固定的机器是可以明显地区别开来的。然后,我们将按照动力来源的分类——动物牵引、水的下降、风力——来安排第三阶段,这将是方便的。在结束第三阶段时,我们将达到所谓机械工程一章的结束,而转移到土木工程这一个大的领域(第二十八章),包括水力学和水利、防御工事、道路和桥梁。本章将以讨论航空工程史前的一些摘记作为结束。

现在我们先以漫谈方式叙述一切机器的基本原理和组成部分作为开端,随时举一些足以把读者引入中国技术领域的例子来加以说明。

居维叶(Cuvier)在 1816 年说:"机器是被活跃了的几何学。"在下面我们将看到,中国文化有巨大的工程成就值得赞扬。更不平常的在于这些成就发生在一个包括很少或没有演绎几何学的知识环境,正如我们已经充分看到的(前面第十九章(h)里)。唯一可能的结论是,依靠经验的方法可以克服缺少理论的困难,我们唯一的诧异就是这种方法遭到不可避免的限制之前持续了多么久。此外,我们一定不要忘记社会环境的因素。在一个不可能自发地产生伽利略的文艺复兴的中国社会里,有某些东西在起作用,以鼓励工匠和工程师取得辉煌的实际成就,这些成就是拥有他们的欧几里得和阿波罗尼乌斯(Apollonius)的古希腊世界的人们,以及达·芬奇时代之前的中世纪欧洲居民都没有尝试或达到的。这样的对比要求一个说明,但这里还不是说明的地方。

逻辑地讨论这个题目的很大困难是,所有各种设备是这样互相联系的。加之,虽然看出它们可能的发展的关系是容易的,但是它们发明和应用的次序是完全不清楚的。在英文文献中,有两本讨论简单机器的原理和运动学的经典著作,这就是罗伯特·威利斯(Robert Willis)和勒洛(F. Reuleaux)的著作;这些书对于技术史家和他的读者是必要的(对于缺乏亲身的工程经验者更是如此)[1],并不因为它们是约 100 年前写的而有所逊色。勒洛的定义是更通用的,它是"机器是这样布置的抵抗体的组合,通过这些抵抗体可以强迫自然界的机械力进行工作,同时有某些确定的运动伴随着。"威利斯的定义扩大了勒洛的定义的第一部分,它是"每个机器都是由一系列按各种方式连接起来的机件所组成,如果使一机件运动,所有其他机件都跟着运动,这种运动与第一个机件的运动的关系是由连接的性质决定的。"

人们不会预期,乍看就在古代中国找到这种思想,但是实际上这是很老的思想,是中国人和希腊人共有的。前苏格拉底(pre-Socratics)哲学家和其他自然主义者时常从人造机械中找寻世界机器的类似品;维特鲁威(公元前 30 年)把一切星体绕着旋转的极轴线比作车床[2],卢克莱修(Lucretius)则比作戽水车[3],而王充(公元 80 年)则比成轮碾或陶轮。"不动的

---

① 厄舍[Usher(1)]相当大量地利用这些书(参见第一版,pp. 66ff.)。奥古斯坦·德·贝唐库尔特(Augustin de Bétancourt)的作品(1808 年)是这两本书的有趣的前辈,但是这些研究的实际先驱者是站在现代技术的黎明的约翰·威尔金斯(John Wilkins),他写了《数学的魔力》(Mathematicall Magick)或《利用机械几何学能取得的奇迹,关于机械动力和运动》(*Wonders that may be performed by Mechamicall Geometry, Concerning Mechanicall Powers and Motions*…)(1648 年)。约翰·威尔金斯大概是曾经兼任沃德姆(Wadham)州长和三一学院院长的唯一一个人;当然也是和英国摄政大臣的姊妹结婚,而仍然在英王查理二世(Charles the Second)的统治下升任主教的唯一一个人。他是"无形学院"(Invisible College)的重要成员,当英国皇家学会于 1663 年组成时,他担任学会的首任秘书。他对于中国的文化和文学有强烈的兴趣,为了详尽描述一种具有代数——表意的手写体的通用语言,而献出了很大的劳动,并努力给予精密详细的说明。他所著的《数学的魔力》分为两部分:第一部分的标题为"阿基米德"(Archimedes),讨论最简单的基本机器的性质;第二部分的标题为"代达罗斯"(Daedalus),研究它们的某些更详细的应用。这种写书方式对于那时代的一些书是很普通的,我们将在旧世界的另一端,在邓玉函(Johann Schreck)和王徵于 1627 年写的《奇器图说》中,再一次看到(参见下文 p.170)。

对于研究古代和中世纪机器的人来说,像威利斯[希尔肯(Hilkin,1)曾为之作传]和勒洛的书有时比现时的当代作品更有用。虽然如此,有些很近代的书也是非常有价值的,我们可以提到如下的一些书:Hiscox(1,2);F. D. Jones(1);Klein (1);Dunkerley(1);Steeds(1);Rosenauer & Willis(1)。

② IX, i, 2.

③ V, 516.

发动机"的整个逍遥派哲学意味着宇宙旋转机器的概念①。《鹖冠子》②书中有一节,说明良好的政府需要统治者和人民密切结合,前者必须是后者的"原动力"。在这一节的末尾有一段有趣的文章③说:"当代表国家的棺架的绣花覆盖移动和抖动时,并不是自己要这样做,而是按照主杠杆的运动进行的;其根源只有一个"④。在较后的几世纪中,在各种专门科学例如在生物学内,机器分析所起的作用并不小于在宇宙学中;例如,威廉·哈维(William Harvey)说明心脏的瓣膜时,就拿水泵的阀门来作比喻("如同水泵作瓣啪声二次使水上升")。这种比喻,也早已在中国有它的祖先,正如我们已经见到的⑤,在道家的信念中,活的人体是有机体的自动装置,有时由一部分主管,有时又由另一部分主管。但是在中国,没有象伽利略的力学革命使生理学从神秘的睡眠中觉醒。

亚历山大里亚城的赫伦⑥显然是把机器要素分类的第一个人;他认为机器要素有五类:轮和轴,杠杆,滑车,楔,连续的螺旋或蜗杆。这种分类不能令人满意但是可以解释的,因为作 68 这种分类的论文⑦只是关系到提升重量⑧。其他较早的分类法是印度人提出的⑨。檀丁(Daṇḍin)在 7 世纪列举六种类型,其中有运动的、固定的、水工、热机和混合设备。波阇王子(Bhōja)⑩在他写的《建筑论与建筑》(Samarāṅganā-sūtradhāra)上,按机器的原理(例如旋转的或其他的)、材料、用途和形式来区分。他对于机器的优点的看法是有趣的,它们包括:(a)各部分均衡相称;(b)精美;(c)对于预期作用有高的效率;(d)根据需要的情况,轻巧、稳固或坚硬;(e)无声,如果不想要噪声;(f)避免松弛和坚硬;(g)运动平稳而有节奏;(h)开、停可以控制;(i)耐用。从阿拉伯的书上可以收集到其他的分类法(虽然我们没有在中文中遇到),但是在文艺复兴以前,没有关于此问题的真正的分析性讨论。

威利斯[Willis(1)]根据机器的相对方向和速比是恒定的还是变化的来分类⑪。在三个主要分类的每一个中,他考虑了滚动接触、滑动接触、卷缠连结、链系和重复。例如在第一类

① 在 10 世纪和 11 世纪的印度文献(Somadeva Sūri and Prince Bhōja)中又要遇见这个概念,见 Raghavan(1)。

② 很难确定这本书写作的年代。这里引用的一段文字,大概不会晚于 2 世纪,也不会早于公元前 3 世纪。

③ 《鹖冠子》第四篇(《天则》),第十页;作者译。

④ 《鹖冠子》的原文是:"盖毋锦杠悉动者,其要在一也。"

⑤ 第二卷,第 52 页。

⑥ 在这里应当提醒读者,关于赫伦的生卒年代有很大分歧。对于他的鼎盛期,萨顿[(Sarton(1))]和布吕内和米里[Brunet & Mieli(1)]倾向于认为是公元前 100 年左右,而另一重要的意见[Diels(1),Heath(6),vol,2,p. 306,Heiberg(1),得到查尔斯·辛格博士在谈话中的支持]则认为是在公元 200 年左右。当在本书其他地方进行与中国比较时,可以想到这个情况。我们比较赞成诺伊格鲍尔[Neugebauer(6)]所建议的居中的年代,他证明公元 62 年的日食是在赫伦的工作时期内发生的。因此,我们认为赫伦是王充的而不是落下闳或马钧的同时代人。至于菲隆(Philon)和提西比乌斯(Ctesibius)的鼎盛期,则有较一致的看法,都认为分别是公元前 220 年和公元前 250 年。在整个问题上,德拉克曼的论著[Drachmann(2,9)]是必不可少的。

⑦ 译文见 Carra de Vaux(1),译自阿拉伯文版的 Qustā ibn Lūqā。

⑧ 马克思的著名定义(pt,Ⅳ,xiii 1;Paul ed.,p. 393)也是部分的,因为它设想每一机器必须包括一个用以生产物品的工具。这在最广泛的意义上可能是正确的,如果知识也包括在内。(马克思:《资本论》,448 页:"一切发展了的机器,都由三个不同的部分——发动机,配力机与工具机(即工作机)——构成。"——译者)

⑨ 参见 Raghavan(1)。

⑩ 他从 1018 到 1060 年是达尔(Dhār)[即马尔瓦(Malwa)]的统治者;见 V. Smith(1),p. 189.

⑪ 如果当一个机械组成部分向着某一方向运动,而其他部分也保持它自己的运动方向(例如一对齿轮),则相对方向是恒定的。像锯的摇动或早期蒸汽机的横杆动作的那种情况,则相对方向是变化的。速比的恒定性,当然与两个部分的实际速度在一定时间由可能经历的改变无关,因为它们以相同的比率来变化。

（相对方向和速比都是恒定的）中，齿轮、伞齿轮、蜗杆、齿条和小齿轮是滚动接触的例子；凸轮和槽则表现滑动接触；滑车、皮带和链传动表现卷缠连结；曲柄、杠杆和连杆表现链系；而滑车组则表示重复。对于我们的目的来说，没有必要作很细致的分类，作者建议在讨论机器要素时分为如下几个项目：(a)杠杆、铰链和链系；(b)轮、齿轮、踏板和桨轮；(c)滑车、传动带和链传动；(d)曲柄和偏心运动；(e)螺旋、蜗杆和螺旋面形叶片；(f)弹簧和弹簧机构；(g)导管、管子和虹吸管；(h)阀、鼓风器、泵和风扇。

　　勒洛[Reuleaux(1)]认为机器逐渐完善的主要准则，是运动受约束的完全程度，这个意见大概是正确的。过大的机器部件自由活动的裕度一定是所有原始机器的主要困难。但是根据可利用的材料、工具和润滑剂的情况，没有其他方法可使机器当真能转动。勒洛又指出，机械改进的一个非常重要的因素是用成对闭合或链闭合来代替力闭合。力闭合的一个例子是一个重磨轮仅仅靠重力支承在没有上盖的轴承上，在一切可能的情况下保持固定的位置，或者仅依靠操作者肌肉的力量，握着车刀对工作件加工。这些一定就是在评价任何文化的工程成就时必须应用的概念。

（1）杠杆、铰链和链系

　　在本书的物理学一章（第四卷，第一分册，pp. 22ff）内，对于杠杆及其早期的应用——秤，已经谈了一些。在那里我们看到，墨家工程师在公元前 3 世纪一定已经很熟悉阿基米德所提出的平衡原理的大部分，如果不是全部。在紧接着以后的若干世纪中，在中国曾经很好地应用杠杆平衡的知识于（几乎是大量生产的规模）制造弩机上。这种包括错综复杂的曲杆和抓爪的机构，是优美精致的青铜铸件，值得在后面关于军事技术的一章内[1]详细描述。杠杆还以大得多的规模从更早的年代已用在由配重来平衡的木制的戽斗（"桔槔"）上，这在后面在联系到提水机械时将加以讨论（下文 p. 331）。杠杆梁式压力机[2]在中国并不占优势，而碓则成为重要的应用[3]，至于提升重件则倾向于采用杠杆的组合而不是用滑车组[4]。但是杠杆在中国较早年代的最精巧的利用，无疑是在纺织机上，在这方面，杠杆和连杆与踏板联合起来，组成复杂的链系。本书在适当的地方（后面第三十一章）将提供证据，说明中国人对于织机的结构，远远走在西方的前面，例如在公元前 1 世纪，如果不是公元前 4 世纪的话，在欧洲或也许任何其他文化中从原始的立式经线织机进步到卧式织机，并掌握了综装置之前，中国人已拥有提花织机（"花机"）的要点。汉语用"机"字代替织机，暗示着它是卓越的机器[5]，这也许是这种早熟性的象征。

　　可是，这种链系或连杆装置的组合包括铰链或活动关节的应用。铰链本质上是一个销

---

① 在地震仪中（第三卷，pp. 628. ff.），根据王振铎(1)的复原，已有复杂的连杆和曲柄运动的例子。他对于中国古代在这个技术上的水平的讨论，与这里所讨论的是很有关系的。

② Beck(1), p. 79；Usher(1), 1st ed. pp. 76, 77. 也见本册 pp. 209 ff. 。

③ 参见本册 pp. 183, 390。

④ 参见本册 p. 99。

⑤ 为了体会链系在现代机械的作用，见 Jones & Horton(1)，vol. 1, pp. 391ff.，418ff.；卷 2, pp. 385ff.；卷 3, pp. 109ff.，162ff.，200ff.，240ff.。

("铰钉")和两个钩结合在一起,而这两种构件在所有古代文化中是容易获得的①。门窗上所用的铰钉偏于长的,所用的合页则是宽而扁的②;而在连杆的链节中,铰钉是短的,钩尾则是伸长的。怀特[White(1)]所描写的杆头上的奇怪青铜钩,与现在所谈的问题有关系,是从公元前6世纪的洛阳墓内出土,似乎用来竖起易拆卸的摊棚或帐篷的③。元④、明⑤书上讨论铰链的古代名称,特别是"金铺",说金铺就是铰钉,而圆柱形的套节则名为"环纽"⑥。整个铰链的一个古名则是"屈膝"或"屈戍"。

连杆在农业、战争和纺织技术上,有很多突出的应用:首先是"连耞"⑦(图374a;参见本书第四十一章)和"铁链夹棒"(图374b);其次是高效马挽具的组成部分(胸带挽具),它们因为是皮革制的,在连接点处不采用铰钉,但仍然起了连杆装置的作用(参见下文 p.304)。这种挽具在汉初就充分利用,这就是说,在欧洲拥有高级马挽具之前至少约10个世纪。

中国文化中更具有欧洲人想法的特征的,大概是利用滑动杆操作的可折叠的伞(或"繖"),它在日常生活中仍然是熟悉的。虽然阳伞在希腊和罗马的日常生活中也是常见的,并且一定可以回溯到巴比伦时代,但是它们一般是不能折叠的⑧。可是,我们有迹象表明,可折叠的中国伞的原理在公元21年已经应用,因为在那一年王莽令人造了一个华盖,装在用于典礼的四轮车上⑨。据说它装有秘密机构("秘机")*,2世纪的注释家服虔说,支持华盖的各杠杆都装有可以屈曲的关节,使它们可以伸开或缩回("其杠皆有屈膝可上下屈伸也")。实际上曾经从朝鲜乐浪

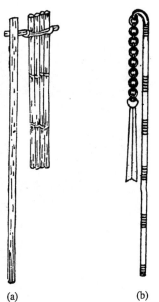

图 374　连杆装置和链连接的例子:(a)农用打谷器具,称为"连耞",采自 1313 年的《农书》。(b)军用的"铁链夹棒",采自 1044 年的《武经总要》。它的另一名词"铁鹤膝"在 11 世纪的机械工程中,成为链系里一切杆和链的组合的专门技术名词。

---

① 一些周代实物的照片见于 Sirén(1),vol.1,pl.78。

② 现代传统例子的叙述见于 Hommel(1),pp.292,300。关于周代初期有装饰的、扁平青铜板刻成的铰链,见 White(3),pl.LXXXIX,或唐兰(1),图版58,图4。唐兰(1)的照片集也表示战国时期的一些有美丽空心合页的青铜铰链(图版64,图4)。高至喜和刘廉银(1),第651页绘 有一些汉代早期的实物。周代和汉代的某些器皿也有铰链。在南京和广州博物馆中,可以见到一些青铜酒壶,在盖上和鸟嘴形壶嘴上都有很精致的铰链。图375表示公元前10世纪的链节或铰链的样品。

③ 唐兰(1),图版63,图3表示战国时期的一个青铜帐篷中心支撑物,它有若干自由环子围绕着一个中心轮毂。

④ 例如《辍耕录》。

⑤ 例如《山堂肆考》和《留青日记》。

⑥ "纽"是一个结或扣子,要点是中国衣服的纽孔不是在织品本身,而是把丝线编的绳[或用小条织品]卷成圆环,缝在织品表面上。

⑦ 另名"架"和"挞稽"。

⑧ 阿里斯托芬(Aristophanes)在他的书《骑士》(Knights)中,提出一个可能暗示可折叠性的引证[Feldhaus(1),col,945]。但是,另一意见是,西方现用的常见的杠杆系统是中国的发明,以后传到西方[Feldhaus(2),pp.45,46]。

⑨ 《前汉书》卷九九下,第十五页,译文见 Dubs(2)vol.3,p.413;《太平御览》卷七○二,第七页(Pfizmaier,91,p.288)。

* 《前汉书》原文:"或言黄帝时建华盖以登仙。莽乃造华盖九重,高八丈一尺,……载以秘机四轮车。(服虔曰:盖高八丈,其杠皆有屈膝,可上下屈伸也。师古曰,言潜为机关,不使外见,故曰秘机也)。架六马,力士三百人,黄衣帻,车上人击鼓,挽者皆呼登仙。莽出,令在前。"——译者

图版 一三五

图 375 长白盉。公元前 10 世纪的有链节式铰链的青铜煮酒壶,盉上的铭刻确定它是周穆王时代的。(中国人民对外
友好协会和英中友好协会照片,参看唐兰(1),图版 28)。高 11 英寸(27.9 厘米),上口径 $7\frac{1}{2}$ 英寸(18.95 厘
米)。从陕西西安普渡村古墓中发现。参见 Watson(1),p. 24,图版 69。

图版　一三六

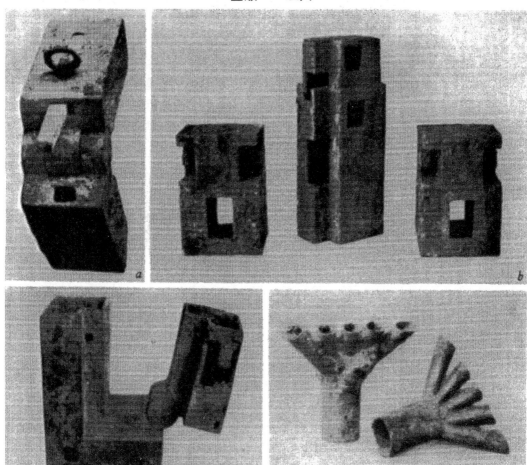

图376　洛阳出土的设计复杂的青铜铸件,公元前6世纪(周代)[White(1)]:(a)有防松滑动栓锁的青铜套管铰链(图
　　　版13);(b)青铜榫接套筒铰链,具有空洞以备装榫头和支柱销子,有些利用刺刀抓爪的原理(图版34);(c)有
　　　套筒以紧握木构件的青铜榫接铰链弯头(图版11)。(d)公元前4世纪的,青铜铸的六路分叉套管,用以组装中
　　　国古代车盖的支柱[唐兰(1),图版64,图2]

(Lo-Lang)的王光(Wang Kuang)墓掘出了王莽或略晚一些的时代的可折叠伞的支撑条,并由春田和古米(Harada & Komai)[1]给以图示。这种系统一定可以上推到更早的时代,因为怀特[2]曾图示从洛阳出土的周代(公元前6世纪)的类似物品。怀特所描写的其他青铜物品[3]是设计很复杂的美丽铸件(图376b),他称之为"套节式联接器",虽然初见时它们很像锁。布林[Bulling(4,7,8)]认为,周、汉青铜镜背面的一些图案,只能认为是华盖顶的压平的图画[4],但是她的意见获得很少的支持。无论如何,人们了解这些情况之后,在一本约1270年印刷,谈论占卜但也包括许多日常生活实况的书[5]上的木刻画中,看到与现代中国的折叠伞完全类似的伞,就不会觉得惊奇,这个发现是令人高兴的。

起源问题不像有些人会想像的那样,是很有意义的,在东汉的末期,约公元160年,折椅或折櫈在中国很流行[6]。我们将在后面看到,它的最初名称是"胡床",一定是来自西方,也许是来自希腊的巴克特里亚(Bactria)。但是,刚才所提供的证据指出,它对于有支枢的杆和连杆装置在中国技术中的出现,并无关系。

元代在掌握折叠技术方面取得了某些值得注意的成就,《山居新话》中把这些成就作为奇巧提出。作者杨瑀说:

> 苏州姓王的漆匠,在至正年间(1341年以后)用牛皮造一只船,里外涂漆,拆成数段,带到上都(元朝皇帝在东北的夏都)放在滦河中泛行。上都的人从来未见过这种东西,没有赞美的。

> 他又奉皇帝命令造浑天仪。这也是可以折叠的,便于收藏。这个仪器设计的巧妙是别人料想不到的。他确实可以说是有才能的人。现在(1360年)他是负责一个(皇家)工场的总管[7]。

> 〈平江漆匠王者,至正间以牛皮制一舟,内外饰以漆,拆卸作数节,载至上都,游漾于河中,可容二十人。上都之人,未尝识船,观者无不叹尝。

> 又尝奉旨造浑天仪,可以折叠,便于收藏。巧思出人意外,可谓智能之人。今为管匠提举。〉

在17世纪又有折叠船的记载。刘献廷约在1640年叙述,工匠朱雅零制造具有桅杆和帆的

---

① Harada & Komai(1),vol,2,pls,XIX,XX.

② White(1),pls.XIV,XVII.有一个古代传说,认为折叠伞的发明者是公元前5世纪名匠公输般的半传奇配偶云氏。怀特所描述的发现,使这个传说大为生色[参见李俨(27),第2页]。

③ White(1),pls.XI,XIII,XXXIV.其中有些有内装的滑动栓,必须先拉开栓,才能使铰链活动。这里也许是适当的地方谈一谈组装中国古代车盖支柱所用的铸青铜套管接头(参见图376c)。1958年作者参观郑州考古研究所时,见到一些新近从小刘庄附近战国时代楚国王族墓里出土的六路式套管接头,非常欣赏。在博物馆中,用以连接四根支杆的四路和五路接头,数量更多。畅文斋(2)曾为这些有趣的物品写了专论。到三国时期(3世纪),这些接头是用生铁制成的很复杂的铸件(见Anon,16)。参见Anon,(17),pl.27。这种套管接头的较简单形式(三路的和很多四路十字形的)也在草原文化中出现,这在加卢斯和霍瓦特[Gallus & Horváth(1)]关于匈牙利的前斯基泰(Pre-Scythic)民族的杰出作品中可以见到,例如图版LII,LIV,LIX,LX。关于类似的哈尔希塔特(HallStatt)的实物,见Kossack(1),fig.3。这些文化中的接头很可能是马具的部件,而不是战车或马车的部件。

④ 当然,华盖的宇宙意义是不难找到的。本书第二十章(d)叙述了古代广泛接受的"盖天说"。如果皇帝相当于北极星,则没有一个装饰比华盖对于他更合适的了。在《周礼》上这种象征主义是很明确的[参见Biot(1),vol.2.pp.475,488]。

⑤ 《演禽斗数三世相书》(见本册p.143),卷二,第五页,第十二页,第十四页,第二十四页,第二十九页。参见杨仁恺和董彦明(1),第一卷,图版4,7,11。

⑥ 见Stone(1);Ecke(2)。

⑦ 第三十九页起,译文见H.Franke(2),no,107,由作者译成英文。

船,但能折叠放在竹器中以便于运输①。这个问题可以在《图书集成》② 中进一步研究。

不论王漆匠所造的船是如何新颖,在还早得多的时候,可折叠的或可拆开的天文仪器③方面即已取得了若干成就。《玉海》④ 载:

> 绍兴七年(1137 年)六月八日,四川将军献给皇帝新式快速法盖天图("捷法盖天图新式")。这是资州翠微洞隐士张大槼利用唐代旧设计而发明的。他又献翠微洞隐书:《宝轴司天玉匣秘书》和《金键要诀》。皇帝命令把这些东西经过水道送去临时都城(杭州)。
>
> [注]⑤:《日历》记载,(张)大槼根据唐代旧设计创制新式快速法盖天图,以便坐着看天象。这是准备皇帝可彻夜观赏,或在行军幕中候验。不必有仰观的劳累,因为它放在桌上。对着图看,则天象虽然很远,好像就在眼前。现用四幅大小不同的木板制成《捷法盖天画图》和《四正地规》。这些也献给了皇帝,皇帝命把这些东西经过水道运去临时都城(杭州),交给天文局按照正式手续进献。
>
> 〈绍兴七年六月六日,四川帅司进资州翠微洞隐士张大槼用唐制创《捷法盖天图新式》,又进翠微洞隐书《宝轴司天玉匣秘书》、《金键要诀》等。诏津遣诣行在所。
>
> [注]:《日历》载,大槼状用唐旧制创为《捷法盖天图新式》,亦欲以坐观天道,备上圣乙夜清览,行军幕中候验,不劳仰观,陈于几案,覆视乎上,则乾象虽远,如在目前。今造《捷法盖天画图》及《四正地规》,为板图大小四面缴进。旨津遣赴行在,仍责天文秘书前来进呈。〉

这个描述是不很清楚的,但是它大概表示发明了某种可折叠或可拆卸的半球式星象图;实际上可以包括在辎重内的轻便式设备,适合于皇帝在战场上和他的军队在一起时使用。张大槼的器具可能是一个可拆开的,标志着天体经纬线的倒装半球形反射镜。无论如何,可折叠原理似乎已经处于最显著地位。

(2) 轮和齿轮,踏板和桨

轮的最初起源,与本书没有直接关系,因为在我们能开始谈及中国技术历史的时代,即商代(约公元前 1500 年),双轮车和它的轮已经从美索不达米亚地区引进了。出自毕安祺[Bishop(2)]的图 377,表示古代战车的分布情况。对战车的起源地点似乎是有疑问的;传统的看法⑥ 是,车轮约在公元前 3000 年首先在苏美尔(Sumeria)出现,但是马歇尔[Marshall(2)]在莫亨朱达罗(Mohenjo-daro)文明(印度河流域)的哈拉帕(Harappa)看到相同时代的轮模型⑦。最古的苏美尔和迦勒底(Chaldea)的战车,是装在两个轮上,准备人骑在上面的奇怪马鞍形结构,平台式的双轮车直到公元前 2500 年以后才出现⑧。这是传播到埃及和商代中国的形式,我们可以从甲骨上代表它的字推测它的一些性质(参见下文 p.246)。由于在墨

① 《广阳杂记》卷三。(原文:"又有折叠船,可藏中笥,有急欲渡,即凑合而成篷槕云。"——译者)

② 《考工典》,卷一六五。杨珛的这段文字,在《苏州府志》中复述,刘仙洲(1)从它引用。

③ 可以回忆,5 世纪开始采用由木板拼成的地图(第三卷,p.582)。

④ 卷一,第三十五页,作者译。《畴人传》里的节略,《续编》卷五,(第五十五页起)似乎有很多窜改。

⑤ 王应麟在这里引用的《日历》的作者是朱朴,他的鼎盛期大概是在 1150 年。

⑥ Breasted(1);des Noëttes(1);Furon(1)。

⑦ 有辐条的车轮的最早例子是北美索不达米亚的,它们的年代可以定为公元前约 2000 年。

⑧ 但是,见 Childe(10)。

西哥(Mexico)发现了有轮的玩具①,我们对于轮的最初起源的想法一定会有些动摇,尽管似乎很确定,在任何中美洲印第安(Central Amerindian)文化内都不使用有轮的车辆。如果能进一步进行探索,则对于实际上应用各种发明所受到的社会障碍,可以导致一些惊人的结论。

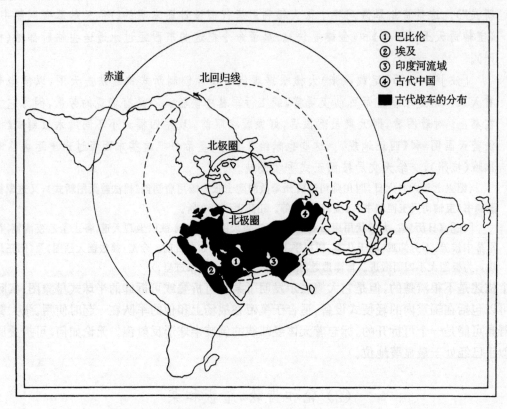

① 巴比伦
② 埃及
③ 印度河流域
④ 古代中国
■ 古代战车的分布

图 377 说明古代战车分布的极圈投影图[采自 Bishop(2)]。

车轮在结构发展上的起源曾引起了不少的争论②,提出过各种考古学上的论据,但是问题并未解决。对于说它是从移动笨重雕像所用的辊子发展而来的这种见解的困难在于:表示美索不达米亚辊子的最早图画是公元前 8 世纪的,比战车轮的图画要晚得多。虽然如此,在奥蒂斯·梅森(Otis Mason)书上③,很久就习惯地假定辊子必定是较早的发明。但是这个假定的更大缺点是,古代并不使用辊子来移动重的雕像;原来的假定基本上起源于莱亚德(Layard)④ 对于尼尼微(Nineveh)辛那赫里布(Sennacherib)宫殿里浮雕(公元前 705—前 681年)⑤ 作了错误的解释。正如戴维森[Davison(3、4、7、9)]指出的,尼尼微的浮雕上以及在埃及的类似图画上所表示的撬的下面,看起来好像放着横向的(即与移动方向成直角的)辊子,

---

① Ekholm(1).作者本人曾在墨西哥城国立博物馆中看到这些样品之一。在没有马时,这种车辆需要人作为动力,至少在墨西哥是如此。

② Forestier(1);Frémont(12);des Noëttes(1);Usher(1)等。

③ (2),p.63。

④ Layard(1),pp.24,26。

⑤ 不列颠博物馆雕刻品 124820,124822,124823。在 66 和 67 号板上,各辊子仍然保留着未经修整的粗而短的树枝。在 63 和 64 号板上,这些滑道头尾连接地放在撬下面。

实际上是放着纵向的(即顺着移动方向的)上面加润滑剂的滑条或滑道,他们不是车轮的原型,而是铁道轨条和加过油的车床和其他机器的滑床的原型[①]。在码头边上和建筑工地上,无疑地使用单个辊子移动重件,但是使用若干辊子的任何尝试,特别是在粗糙的地面上,只能引起粘滞。它们对于车轮起源的了解是没有帮助的,必须把车轮看成是独立的一项发明。附带地说,在任何古代中国的图画或雕刻中,没有见到大批奴隶身份或非奴隶身份的人在拖拉巨大的雕像,这一事实本身就值得人们沉思。

　　虽然福雷斯捷(Forestier)的书包括各种类型车轮的丰富资料。但是它没有利用中国的资料。可是本书在前面已说过,《周礼·考工记》包括很多关于轮匠("轮人")及其工作的资料[②]。新近鲁桂珍、萨拉曼和李约瑟[Lu,Salaman & Needham(1)]考虑了前面已经引证的清代学者的技术研究,对于有关部分作了新的译文[③]。到战国时期(公元前4世纪),原始的实 75 心轮早已让位于结构优美的组合轮,这种轮由毂(轮的中心部分)、辐(连结毂和辋的木条)和辋(轮周围的框)三部分组成,辋又由轮牙(或"輮")[④] 合成。轮要做到正确得像一幅美丽平滑地弯曲下垂的帷幕("帪")。在汉代,毂用榆木[⑤],辐用檀木[⑥],牙用檍木[⑦] 制成。书中叙述单面干燥制毂木材的希奇过程("火养")。把毂钻通以形成空洞("薮"),将锥形轴端装入洞内,然后在轴端和毂的中间插入锥形青铜轴承("金")[⑧],外端面加一个皮盖("帱")以保持润滑剂。对于各辐条的厚度,对于毂周围用以接纳辐条里端"倨"的各孔的深度,对于辋内边用以接纳辐条外端雄榫("菑")的各榫眼("凿")的深度,都经过仔细调整,使不太大也不太小。并把辐条的近辋部分("骹")逐渐减薄,作为克服深泥阻碍的流线型措施[⑨]。辐的条数变化很大。大概属于公元前4世纪的一本有名书上,谈起有30个辐的双轮车轮,而在1952年的发掘中,实际出土的这个时代的双轮车轮残余物,确有这样多的辐条[⑩]。对于已完成的车轮的试验是精细地进行的,包括几何工具的使用,漂浮试验,称重,以及用谷粒测量组成件的空间[⑪]。车轮是文学官员最有兴趣的,因而在《周礼》中占重要的位置,所表现出来的齐国和汉代的工艺水平是如此的高,因此,制作齿轮(例如水磨所用的)决不会给工匠带来很大困难[⑫],当我们

---

　　① 戴维森[Davison(4)]计算了拜尔舍赫(al-Bersheh)的壁画里所需要的人数,假定利用了加油的滑道,结果是需要179人。画里表示的实际人数是172。关于与滑动摩擦联系的润滑历史,可以查阅 Forbes(21),pp.159ff,169ff.。

　　② 卷十一,第七页。毕瓯[Biot(1),vol,2,pp.466 ff.]根据《钦定周官义疏》卷四十,第二十一页的译文是经典的。

　　③ 本册第12页。

　　④ 轮辋的较现代化名词是"郭"(从"市郊"这个意义上导出来)。"牙"字的原义是"牙齿",这个名词也许是从轮辋抓紧或咬紧地面(如车轮在车辙中)的意义导出来。有了这个名词,在思想上转变到实际的轮周上的牙齿,如齿轮上的齿,就觉得特别容易。我们将见到,齿轮的最初迹象是在周代出现。

　　⑤ 如同在欧洲一样。在西方,习惯上也是用不同的木材来做轮的不同部分。

　　⑥ 专门研究见于 Schafer(8),对于中东则见 Gershevitch(1)。

　　⑦ 欧洲在最近的1500年内,利用较有弹性的槐木作为轮辋的材料,中国虽然并不缺乏各种槐树,但不这样地利用它们,这是奇怪的。

　　⑧ 在古代《周礼》里,假定用青铜作轴承,但是我们从公元前40年的《急就篇》(卷三,第四十页)了解到,铁轴承在那时代久已是标准的。

　　⑨ 关于独轮车的轮,参见本册 p.259。

　　⑩ 这本书就是《道德经》第十一章。戴闻达[Duyvendak(18),p.40]从夏鼐(1)的照片中,立即注意到与《道德经》相符合的情况。(《道德经》原文是"三十辐共一毂"——译者)

　　⑪ 在光学中利用这个有趣的统计学容量方法,已在本书第四卷第一分册 pp.199 ff. 中描述。

　　⑫ 关于各种传统中国提水机器所用的木齿轮的详细情况,见本册 pp.339 ff.。也参见本册 p.11。

考虑这个情况时，我们对于上面这些叙述的兴趣也许会增加①。

76　　乔普(Jope)②写着："轮匠技术的最后发展，是造成不是平面体的，而是扁平锥体的轮"。这种技术名为"成碟形"。当车辆在不平整或有车辙的路上运载重负荷，因而在车轮上引起侧向推力时，这种结构能提供抵抗侧向推力的强度。这种轮在 15 世纪以后，在欧洲的图画中出现，约斯特·阿曼(Jost Amman)描写 1568 年的制车工场的木刻画中，表示这样的轮在加工。斯特尔特[Sturt(1)]有一张很好的英国传统的碟形车轮图，现复制在图 378 中。人们往往因为常见到这种轮而不觉察其形式。可是，鲁桂珍、萨拉曼和李约瑟[Lu, Salaman & Needham(1)]能断定，车轮成碟形远不是 16 世纪西方的成就，而是周、汉轮匠系统地使用的方法③。《考工记》上有几段文字证明这一点④。正文上提出"像饼样的凸出"("绠")。公元 1 世纪郑众的注说明这个词的来源，并提供当时用来表示成碟形的专门名词"轮箪"。较晚的注

77　　详述这个形式是如何做成的⑤，而 1748 年钦定版的主编方苞特别指出，汉代轮匠有这种操作方法和这个名词。他的注把"箪"解释为"甗"形。甗是蒸饭的器具，其底部用竹制，边为圆角的锥形⑥。

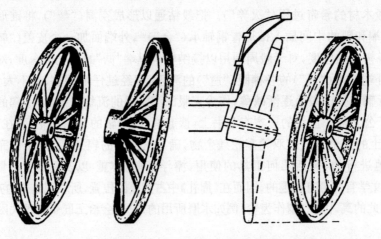

图 378　碟形车轮：英国传统实例的图样(Sturt,1)。

　　在我们这个时代，考古的发掘对这种文字上的资料，提供了丰富的证明，而且指出在战

---

① 它们可以与金茨罗特[Ginzrot(1)]在一本技术史中，从希腊和罗马文献上收集的资料比较，这本书在编写的时候(1817 年)是很不平常的。也参见 Mahr(1).

② Jope(1),p.552.

③ 毕瓯[Biot(1)vol.2,p.468]体会到，这种轮是"里面微凸出的"，但是他没有把它和文艺复兴后欧洲实践的碟形技术联系起来。

④ 《周礼》卷十一，第八、第十一页。

⑤ 各注家在他们的说明中有很大的分歧。有些人认为辐条只在一侧逐渐削斜，而另一些人则认为辐条是斜插入毂或牙中。现代欧洲的标准操作法，是把微尖的辐条削得与插入辋内缘各孔内的辐舌头和插入毂外缘各榫眼的辐雄榫都成微小的角度。这样，虽然两端都以直角插入，而在全轮的剖面图中看起来，辐条本身与轮中心和轮周边都是成斜角的。有些古代中国的车轮可能也是这样做的。但是，既然《考工记》提及(第十一页)用热或蒸汽处理("揉"或"𢯽")辐条(以及轮牙，第十二页)，它们几乎肯定是做成曲线的，以便两头都可以直角插入孔眼和榫眼内。参见林巳奈夫[Hayashi Minao(1), p.217]的复原。

⑥ 这个定义在公元前约 40 年的《急就篇》(卷三，第六页)内，已经可以找到。宋代王应麟的注，把这个形状比成扁锥形的鱼篮。

图版 一三七

图 379 1950 年河南省辉县(原文误写成山东辉县——译者)发掘的王室墓葬中发现的战国时期 (公元前 4 至前 3 世纪)车马坑全图。[Anon.(4),图版 25,图 1]

图 380 辉县车马坑内两个大型车的详图,表示从坚实的土壤中能恢复的部分。[Anon,(4),图版 29,图 4]

国和汉代,使车轮成碟形的方法不止一种。关于河南北部辉县王墓的发掘报告,已经全部发表①,掘出的车马坑内共有公元前4—前3世纪的车19辆②。虽然木材部分已腐烂掉,但他们留在坚实的土壤中的痕迹是很清楚的,因而有可能把车辆解剖为比较小的部件(图379和图380)。夏鼐、郭宝钧等在这个报告的复原图(图381)中表示辐条是笔直的,考古学家认为它们都向毂斜插入(参见图382和383的模型)。但是从公元前1世纪湖南长沙墓中发掘出来的西汉轺车的模型(图384)③,则有很不同的形式,辐条是曲线形的,符合《周礼》的描写,轮的形式很像农民的笠,凹入的一侧是朝里而不是朝外的。按比例绘成的图386清楚地表示出这个特点。更值得注意的是,凹入侧朝里的习惯,在传统的中国车辆上一直保持到现代(图385)④。

78　　事实上车轮的凹入侧向内或向外是没有多大关系的。左侧的插图表示西方文艺复兴后的车轮型式,凹入面是朝外的,而且车轮的轴承是向下倾斜的,右轮对于由颠簸所引起的向右推力有特别强的抵抗力,因为这种推力迫使各辐条更牢固地压入车辋。这同样适用于辉县型的车轮。但是右侧插图所示的长沙型车轮,则右轮对于由颠簸所引起向左推力,有较强的抵抗力,其理由是相同的。在每种情况下,无论推力向哪一方向,较强的轮总是倾向于保护较弱的轮。对于外伸的车身来说,凹入面朝外的辉县型或欧洲型,比凹入面朝里的长沙型较为便利,它也有把泥土甩清的优点。

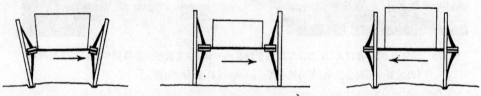

就我们所知,所有古代和中世纪中国车辆的轴承都是水平的。从狄德罗[Diderot(3)]的《百科全书》(Encyclopédie)⑤中所附的车辆图看起来,欧洲较晚期的车辆也是这样的。这种车轮比起辐条和地面成直角的车轮,如欧洲更晚期的车轮和很优美的长沙型车轮⑥,在负荷下的耐用寿命一定要短一些。某些辉县车轮有《周礼》上没有提及的一种古怪的结构,显得好像有薄弱的倾向,这就是在毂的两侧,从辋的一边到另一边装有两根长度接近直径的撑条("夹辅")(参看图381b)。这两个撑条几乎一定是插入不同的轮牙内,因而大大增加了轮的

① Anon.,(4),第47页起,图版24—31。
② 发掘出来的商代车轮,没有达到这样的完整程度,因而不可能由之作出是否成碟形的结论。但它们似乎不是碟形的,因为不久前北部虢国墓地的发掘(Anon. 27)又发现3个车马坑。虢国于公元前654年被晋国灭亡(参见第一卷 p.94),因此,这些遗物是属于公元前7世纪前半期的。这些车轮都没有显出碟形的迹象,但是有趣的是,车毂已经是很长的(参见p.249)。因此,我们必须肯定地作出结论说,碟形的发明,仍然是战国时代的另一技术进步。可以期望将来的发现会缩小这个发明时期的范围。不必预期只在传统的中国领土内发现,因为在帕齐里克古墓发现的公元前5世纪的不寻常车轮[见 Rudenko(1)],很可能来源于中国。因为阿尔泰山高地不是很适宜于使用这种车辆的地区,鲁坚科(Rudenko)怀疑它们可能是与游牧民族首领结婚的中国公主的随嫁礼品。
③ Anon.(11),第139页起,图版99—102。这些资料的主要图片复制在 Lu,Salaman & Needham (1,2)。
④ 中国碟形车轮怎样以及在什么时候传播到世界的其他地区这一问题,仍然需要进一步调查研究。
⑤ 见"图版"部分第三卷(全书的第二十卷),"造车工人"项目下。图版3表示一辆装木材拖车,图版5表示一辆装干草的车,图版6表示一辆小粪车,都是应用同一原理。有些人怀疑,画家把这些轴承绘成水平的,会不会是错误的。
⑥ 必须记住,辉县的车轮比长沙车轮约早3个世纪,并且辉县是在魏国,而不是在有先进技术文化的、很可能是编写《考工记》各种技术规范的齐国。

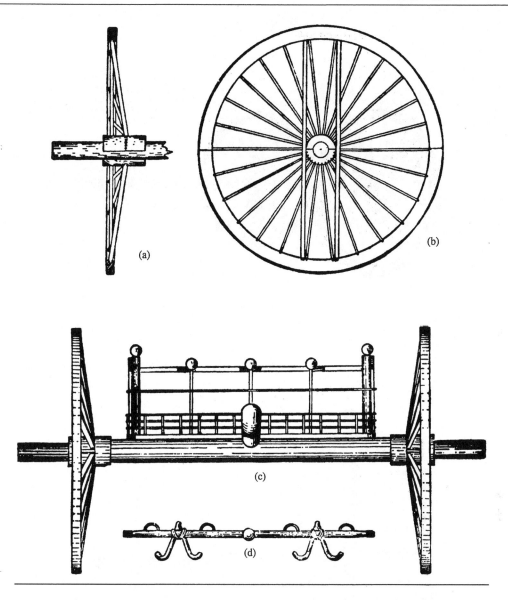

图 381　辉县型车按比例的复原图(Anon. 4)。(a)车轮剖面图,表示碟形;(b)车轮正面,表示一对夹辅;(c)
　　　　车的前视图;(d)衡轭的结构。比例尺为 2.26 : 50 厘米。

强度,保持它的碟形,确实是一种很早的构架结构例子。关于这种结构,在中国本土找不到
更多的证据,不论是书本上或碑铭上的,但是在现代柬埔寨的乡村车辆中还可以找到(图 387)。

图版 一三八

图 382 辉县型车的复原模型(右视)[Anon.(4)]。

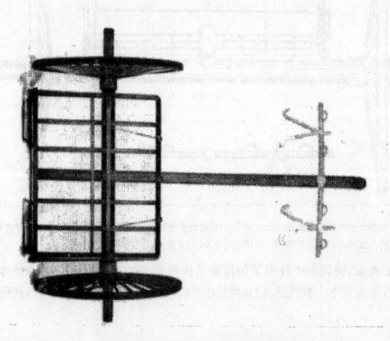

图 383 辉县型车的模型(俯视),表示车轮成碟形[Anon.(4)]。

图版 一三九

图 384 长沙西汉墓（公元前 1 世纪）出土辎车（经修复和组装的辎车模型，未加上绢制盖衣）[Anon. (11)，图版 99，图 2]。

图 385 两个钉满钉子的、凹入面朝里的车轮，用作人工操作的念珠式水泵的飞轮（1958 年北京农机展览会的原照片）。

只是形式上略有变质①。

79

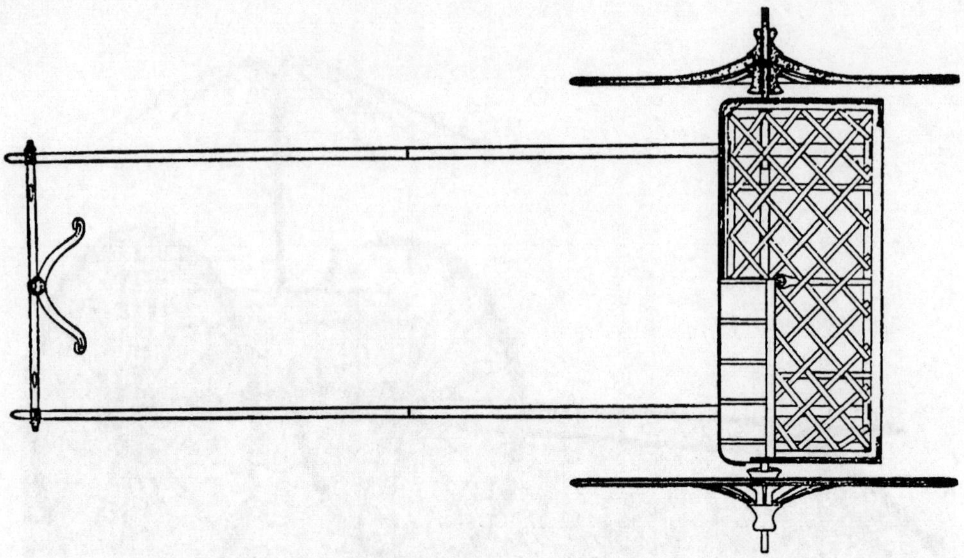

图 386 长沙墓出土轺车按比例尺的复原图(俯视)(Anon. *11*),所示碟形车轮的凹入面朝里。比例尺为 1：
　　　10 厘米。

80　　鲁桂珍、萨拉曼和李约瑟[Lu, Salaman & Needham (2)]讨论了两幅表示造车工场情景
的汉代浮雕。这些图画也许是说明齐桓公和道家扁轮匠的故事②。在这里复制了其中的一幅
(图 388)。图中轮匠正在加工一段弧形的轮牙,似乎是在它里边凿孔。整个轮辋是由三个或

---

①　参见 Groslier(1),pp. 98ff. 。这些平行的长度接近直径的撑条,似乎与古怪的"六辐"轮 ⊕ 有联系,后者直到现代
仍继续在各地制造,它们很可能起源于公元前一千多年的极原始型式的轮。这种六辐轮有一根长度等于直径的和两根长
度接近直径的撑条。芒罗[Munro(1),p. 208]和柴尔德[Childe(11),p. 214]图示了一个属于青铜时代后期(约公元前1200
年,与商代同时)的、从意大利梅尔库拉戈(Mercurago)找到的优美样品;希尔德布兰德[Hildebrand(1)]拍摄了另一个较
粗糙的、至少直到最近新疆的中国轮匠仍然使用的车轮的照片,复制品见 Harrison(3),p. 72。在公元前 4 世纪的希腊花瓶
画上常见到六辐的车轮[Jope(1),pp. 545,549;Lorimer]。在六辐轮中,长度等于直径的横撑与毂连接在一起,而两根接近
直径的撑条或轮辋则经过榫头联接在主横撑上。这种结构显然起源于我们所知最古老的三圆盘或实心无辐型的车轮,它
由三块木板连接在一起组成,并削成圆饼形,在毂的两侧开有半月形的孔或不开孔。三块板连接在一起的方法,或者用外
面的板条[如从德国布考(Buchau)发现的公元前约 900 年的哈尔希塔特(Hallstatt)轮],或者用内部的杆或销子横穿过三
块板的宽度[如从苏格兰杜恩(Doune)附近的泥煤沼泽中发现的公元前一千纪的轮]。皮戈特[Piggott(1)]详细描写过这
两种方法,并提到一些当代传统车辆仍然采用这种实心轮。对于我们最有兴趣的大概是江西鄱阳湖边上收集水草的一些
车辆所用的、外面钉着长度接近直径的板条的五板车轮[Hommel(1),p. 323]。它们同新疆的车辆一样,车轴和车轮一起
旋转。在旧大陆的另一头,葡萄牙的埃什特雷马杜拉(Estremadura)的牛车上仍然采用类似的车轮,作者在 1960 年看到并
拍了照片。这种接近直径撑条的另一明显的发展,是用四根这种撑条把轮毂紧固在其位置上,如 ⊕ 。这种轮出现在埃及
的链泵齿轮上[参见 Matchoss & Kutzbach(1),p. 5],以及葡萄牙北部阿威罗(Aveiro)的鱼车的在湿沙上行走的宽胎鼓形
轮上。这样,人们可以从公元前四千纪末或三千纪初,从美索不达米亚古代的三板圆盘轮跟踪一个连续的发展,而得到这
样一个结论:径向辐条的发明(恰在公元前 2000 年之后出现)是轮匠技术发展的一个主要转折点,其重要性并不次于车
轮成碟形的发明。确实也需要发明车毂本身,它先作为各辐条的稳定装置然后作为它们的归宿处。莫亨朱达罗文明的象
形文字中包括一个六辐轮的象形字[Wheeler(5),pl. XXIII;Mckay(1),pl. XVII],这是很有趣的。这个事实使贝尔纳(J.
D. Bernal)教授得到深刻印象,我们感谢他引起了我们对六辐轮的兴趣。
②　一幅是 70 年前沙畹[Chavannes(11)]作为"刘村石碑"发表的;另一幅保存在济南山东省博物馆内。两幅都是在
山东省嘉祥附近发现的,这个地方一定是在春秋时期鲁国境内。参见本书第二卷,p. 122。

图版　一四〇

图 387　柬埔寨农村大车轮上的"夹辅"和外置轴承（原照片，Siem-reap，1958）。

图版 一四一

图 388 汉代的造车工场,山东嘉祥(近兖州)的画像石,1954年发现。现保存在济南博物馆内。图的左侧,车轮匠正在加工一段弧形轮牙,其妻手持另一段。图的右侧一个助手正在过滤真漆、油漆或胶,一个封建贵族站在他的后面。这幅浮雕也许是说明齐桓公和造家扁轮匠的故事(参见本书第二卷,p. 122)。Lu, Salaman & Needham (2)。

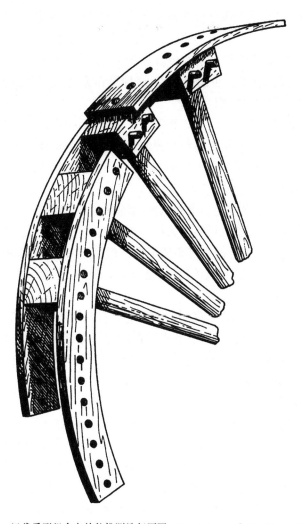

图 389　汉代重型组合车轮的推测性复原图。Lu，Salaman & Needham (2)。

四个段轮牙组成，其他的牙靠近轮匠放着，其中之一由他的妻子拿在手里准备着。他的助手在三个容器组成的设备旁边忙着，很可能是在过滤修饰车轮所需要的真漆、油漆或胶[1]。这个在加工过程中的车轮是很古怪的，不容易根据《周礼》的文字来说明。它确实是更像重型车轮，而不像书中所描写的精致的双轮车车轮[2]。它最古怪的特点是在每根辐条头上有一木块[3]，既然轮辋的一些牙已经装好，但没有部分重叠在木块的外边，似乎它们是从侧边遮盖木块的弧形板，因而可以称为"帘牙"。假定在另一侧也装上同样的弧形板，再在整个组合件

---

① 关于胶的过滤过程，在 6 世纪的农业百科全书《齐民要术》卷九十中有详细的叙述，参看石声汉(1)，第 97 页。在沙畹[Chavannes(9)]复制的浮雕图中，时常可以见到类似图 388 的布置，利用装在架上重叠起来的容器，进行过滤过程，特别是在厨房的场景中。

② 刘村石碑的车轮，尤其是这样。

③ 因为辐条头上的木块是如此不寻常，我在第一次认识刘村石碑之后，很久都认为图上所绘是纺织机器的部件。在某种类型的中国纺车中，用柄或踏板操作的主动轮是没有轮辋的，传动带就放在辐条头上的有槽木块上。它带动装在半月形架上的一些小锭子。关于这些设备，见本章 pp. 91，104 和第三十一章。但是，因为更清楚的济南浮雕终于补充了刘村石碑，就不可能再怀疑它代表什么了。我们仍然想知道，车辆和固定机器之间，有没有互相模仿的情况，如果有，是谁模仿谁的。

外面包上木箍或铁箍,然后用木块把各辐条头上的木块间的空隙填满,并用销钉把各个部分牢固地连接在一起(图 389)。直到目前为止,还没有在书本上找到中国在中世纪早期制造这种高度组合轮的证据①,但是现代山东的传统大车的轮上满布着钉子,加上铁垫圈,并把钉头在垫圈上敲弯(图 386),这使人可能想知道,这种操作方法会不会起源于公元 1 世纪或公元前 1 世纪浮雕上的满布销钉的组合轮。

当把轮子看作运载工具时,在两轮车和四轮车之外,不要忘记独轮车。人们早就怀疑它是中国的发明,直到中世纪后期才传播到欧洲的。这种用一个轮来代替一头驮兽或一二个搬运工的简单措施,本章下文(pp. 258 ff.)将说明,它肯定起源于中国,至迟是公元 3 世纪,很可能上推到公元 1 世纪。

当人们的兴趣集中于放置在轮轴上的东西,而轴则由适当的轴承框架(古代中国车辆的"槷")支持时,这种轮就是运载的机器;但如果主要是关心轮子下面的东西,则轮是碾压的机器。这在轮和辊子之间的一切情况下都是明显的。但是,在讨论第二种作用之前,先研究第三种作用,即轮子作为传送旋转能量的机器,是较为方便的,因为掌握和控制转矩曾经是机器逐渐发展中的最根本特征之一。

让我们借助于一个简单的图,来说明轴和轮的各种变化和组合(图 390)。图(a)表示组合中的最简单元件:在轴上旋转的轮,以及使轴保持在一定位置上的任何形式的轴承。既然附着力是使轮子沿着道路(或轨道)行走的主要因素,完全合乎逻辑的是实行进一步利用附着力来导致一切滑车、辘轳和传动带的发展道路,但是让我们走另一条途径,看看当对轮子加上各种凸出物时,将获得什么结果。

凸出物可能采取的最简单形式是凸耳的出现,往往不超过 4 至 6 个(如图 390 b),并且常常不装在轮上,而沿着垂直于轴线的方向配置在轴本身上(图 390 b')。如果有足够的动力源使轴旋转,各凸耳就交替地使装在便利位置上的一组杠杆或棒条下降或上升,然后把它们释放②:如果杠杆的头上装有重锤,这种装置就成为机动杆、碓或舂磨。在 12 世纪初期以前,似乎欧洲没有这种机器的证据(在无名氏胡斯派工程师的手稿中,有一幅很好的立式舂磨图画③,但是在中国确是很普遍而古老的,在汉代已经利用水力来带动。这似乎显然是利用旋转运动的最简单方法之一④,除了原来用以去水稻壳之外,还容易适应多种其他用途⑤。

①　可以提出两种线索:第一,《后汉书》卷三十九,第七页,在描写汉代御用车辆时说:大的猎车有"重辋"。较早一些,宫廷的其他四轮大车采用同样的结构,但用另一名词"重牙"。这是谈到公元 1 世纪和 2 世纪的情况。第二,关于在阿尔泰山脉帕齐里克第五号古墓里发现的四轮货车(可能是中国公元前 5 世纪的赠品)的描写上说,轮辋的牙由两半组成,用木销钉在纵向上连结在一起[Rudenko(1)]。这是可疑地接近"帘牙"。

②　亚历山大里亚的机械师所知道的装置的一种,例如在赫伦的《气体力学》(*Pneumatica*)一书中叫做"风车"的风琴鼓风空气泵;参见 Woodcroft (1), p. 108; Usher (1),1st ed. p. 92,2nd ed. p. 140。在赫伦的傀儡剧场中,也用它来使人物活动。厄舍[Usher(1)]说,这些装置在这种应用上仅是产生运动,而不是产生动力;但是在中国古代,确主要是用于实际工作上,作为传送动力的机器。参见 pp. 381,493。

③　Sarton (1), vol. 3, p. 1550; Feldhaus (1), col. 915; Berthelot (4); Usher (1), lst ed. p. 93,2nd ed. p. 140,胡斯派成员表示它使用人力(图 619)。又见下文 pp. 113, 394 ff.。

④　在立式舂磨的例子中,凸耳起擦板式或逗号式凸轮的作用,因而也是将旋转运动转变为直线运动的最简单的方法之一。关于这个问题,特别要参见下文 pp.380 ff.。

⑤　不久我们将看到很多利用凸耳的例子,例如在记里鼓车机构(p. 281)和机械钟的报时机构中,以"单齿、双齿或三齿的小齿轮"的形式出现(pp. 455,462,485)。关于现代机器的脱扣机构,可以阅读 Jones & Horton (1), vol. 1, pp. 118 ff. , 148 ff.; vol. 2, pp. 189 ff.; vol. 3, pp. 86 ff. 。

　　根据理想技术形态学词法来说,单一拨动凸耳可以胀大体积或增加数量。如果体积胀大,它就成为像轮子的旋转板,但可以具有无限多种不规则的非圆形轮廓,换句话说,就是凸轮[1]。图 390 u 表示球茎形凸轮的例子。这种装置在机器构造中很有用,因为当凸轮旋转时,它的边缘来回地推动随动件,使其获得所要求的几乎任何运动、速度和停顿的组合[2]。据我们所知,传统中国技术很少利用连续旋转的凸轮,但在很早的时代(汉代,约公元前 2 世纪)研制了复杂型式的凸轮形摇动杠杆,以用于"弩机"上[3]。在宋、元时代(13 和 14 世纪)由立式水轮带动的冶炼鼓风机上[4],好像几乎可以确定(如果复原是正确的),拨动用的凸耳是做成凸轮形的。后来在达·芬奇时代(即 15 世纪末)之前不很久,欧洲出现了立体凸轮,例如旋转斜盘和有螺纹槽的圆筒[5]。

　　如果用以拨动的凸耳的数目大大增加,可以成为叶片形或栓钉形,后者导致齿轮齿的出现[6]。因为齿的长度比起支持它的轮的直径一般是较短的,轮齿或者装在轮缘(辋)上,或成为实心轮的锯齿形边缘。

　　如果凸耳取叶片形,就产生出水轮。在图 390 c 上,先示出立式水轮,但在技术史上,卧式水轮("卧轮")(图 390 c′)至少是同样常见的,以后我们将比较两者的分配情况(下文 p. 368)。从汉到唐,卧轮好像是中国文化的特点,以后立轮也出现了。我们将看到,水轮作为动力来源在中国和西方出现的年代相差很少,因此其起源的问题仍未解决。在这里我们碰到一种基本而有用的、依动力传递方向而定的区别方法。当利用水的下降作为原动力时,水加力于水轮的叶片上而传递到机器上;但是也可以加力于轮轴上而传递到水,结果是整个机器在介质中向前运动,这就成为桨轮船,它是中世纪初期中国最值得注意的发展之一,本书以后将提及(下文 p. 433)。我没有在文献中找到任何适合的名词,因此,建议在以后把它们区分为"水激轮"和"激水轮"。在某种意义上,这种区别类似已经提及的用以运载和用以研磨的轮子的区别;前者可以叫做"陆地承载的",后者可以叫做"加压于陆地的"轮*,虽然对于前者陆地是不动的,而对于后者机器不必向前进。空气与水的类似更密切,因为风车正是"风激轮",

85

---

　　① 吉勒[Gille (7)]已开始写出凸耳和凸轮的历史。

　　② 为了获得凸轮在现代机械中应用的一些概念,可以研究琼斯和霍顿[Jones & Horton (1)]三卷书的每一卷的第一章。把凸轮偏心地安装或装在轭中,可以进一步增大它们的适用范围(同上书 vol. 3,p. 187)。也见 Willis (1),p. 324。

　　③ 参见本书第三十章(e)。

　　④ 见下文 p. 377。

　　⑤ 本书在下文 pp. 384,386,联系到刚才提到的基本转换时,将再讨论这些装置。

　　⑥ 舒尔[Schuhl (1),p. 7]强调水轮和齿轮的密切联系。如柴尔德[Childe (10)]已经指出的,某些最古老的苏美尔车轮被描写成好像嵌了齿的,这也可以在模型中见到,这些"嵌齿"就是布满轮牙上面的铜钉头。这样就开辟了两轮啮合的道路。

　　*　根据作者本段最后一句的建议,如果从机器传递能量给介质,则在介质之前加一个字头"ad";如果从介质传递能量给机器,则在介质的前面加一个字头"ex"。例如,如果介质是水(aqueous),桨轮就是"ad-aqueous"轮,水轮就是"ex-aqueous"轮。此种办法不适合于汉文的习惯,因此,译者根据古书用字习惯,分别译为"激水轮"和"水激轮"。[《宋史·岳飞传》:"杨幺浮舟湖中,以轮激水行";《农书》:"杜预作连机碓……水激轮转"]。如果介质是空气(aerial),则飞机的螺旋桨就是"ad-aerial"轮,风车就是"ex-aerial"轮。译者分别译为"激风轮"和"风激轮"。如果介质是陆地(terrestrial),作者把碾压轮称为"ad-terrestrial"轮,把车轮称为"ex-terrestrial"轮。译者认为,根据作者的定义这是不很恰当的。碾压轮还可以被认为是传递能量给被碾压的东西,使其变形;而车轮的作用则主要是减少摩擦。在译文中,译者勉强根据原书的说法,分别译为"对陆地加压的"和"被陆地承载的"轮。事实上,译者认为分别称为"碾压轮"和"减摩轮"较妥。或者对于介质是"陆地"的轮,不必根据"ad"和"ex"的原则分类。——译者

83

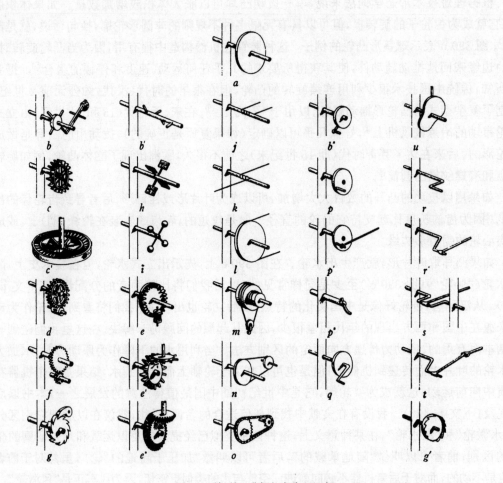

图 390　轴、轮和曲柄的变化和组合。

a　轮、轴和轴承
b　轮上装凸耳
b′　轴上装凸耳
b″　凸耳上装柄，形成曲柄
c　立式水轮的叶片
c′　卧式水轮的叶片
d　两个啮合齿轮上的扁齿
e　正交轴齿轮装置；针轮和针鼓轮或灯笼齿轮
e′　正交轴齿轮装置；啮合的木钉齿轮
e″　正交轴齿轮装置；伞齿轮
f　两个啮合齿轮上的成形齿
g　棘轮和棘爪
g′　晃状轮
h　辐上的叶板或踏板
i　辐上的重块或重锤
j　不连续的传动带；带钻或脚踏车床

k　不连续的传动带；弓钻或杆式脚踏车床
l　滑车或辘轳
m　差动滑车
n　连续或循环传动带（具有机械增益）
o　连续或循环传动链（具有机械增益）
p　轮缘上装柄，形成曲柄
p′　轮缘上装柄，与连杆连接
p″　斜摇手柄
q　轮和曲柄臂
r　曲柄臂或偏心凸耳
r′　和连杆连接的曲柄
s　曲轴和连杆
t　曲柄或偏心凸耳、连杆和活塞杆的组合，用以实现旋转运动和直线往复运动的相互转换
u　凸轮和凸轮的随动件

而飞机的螺旋桨可以看作"激风轮",虽然螺旋桨的牵引力及其给予飞机翼面的足够大的前进运动,与桨轮在水中的运动是根据不同的原理。在所有这些情况下,如果从机器传递能量给介质(水或风),"激"字就放在介质之前;如果从介质传递能量给机器,"激"字就放在介质之后。

现在我们从叶片转到栓钉和齿(图 390 d 和 f),面对着齿轮("牙轮")的历史,这个历史是经常在研究的[1]。在西方,齿轮的发展主要是在希腊。亚里士多德(Aristotle)真伪不明的《力学问题》(*Problemata Mechanica*)一书上提及齿轮[2],这些齿轮不会比西比乌斯(约公元前 250 年)、拜占庭的菲隆(约公元前 220 年)和亚历山大里亚的赫伦(约公元 60 年)的时代更早,这些人在多种机器中都使用或计划使用齿轮[3]。他们是蒙恬、刘安和王充的同时代人。我们对于秦和西汉时代包含有齿轮系的机器的性质知道得很少;但是,既然那个时代的一些齿轮实物已经幸存下来,又在东汉、三国、晋代的文献中找到了很多采用带有齿轮的机器的资料,我们只能推测那个时代一定有很多关于齿轮的工作在进行。水磨、记里鼓车、引弩待发的机构、指南车、链泵、机动浑天仪等都需要齿轮。杜诗[4] 在公元 30 年和张衡[5] 在公元 130 年,对齿轮的熟悉程度并不次于在公元前 30 年的维特鲁威[6]。张衡是以"能令三轮独转也"[7] 闻名的。他的同时代人刘熙(卒于公元 120 年)在他的同义词字典《释名》[8] 内说,人的嘴巴("颐")常称为"合作的轮"("辅车")或"有齿的轮"("牙车"),这可能是因为碾磨机装有两个辊子,由齿轮装置联系起来,向相反方向旋转,类似人的嘴巴,有引物入内的倾向。同样,杜预给《左传》作注时说[9],意思是指齿轮(字面上是"带齿之物")。这段话是隐喻的;有人引证一句谚语:"上下颌互相依靠着,如果嘴唇没有了,牙齿就会受寒",但是注中的措词却用"辅车相依",就是互相支持的两个轮。这里的要害,不是说《左传》的作者提到公元前 654 年的事迹时记住了齿轮;而是说齿轮在东汉时代是如此常见,使它成为注释者心理背景的一部分。

在过去几十年中,从秦、汉的墓里(从公元前约 230 年起)发掘出很多齿轮。在最近的十多年内,由于中国考古研究工作的大大扩展,这些发现增加了多倍。至少有一个青铜齿轮的模子从东汉时代未受损伤地留下来[10]。罗振玉(3)第一次叙述了它,从王振铎(3)和刘仙洲(5,6)对它的叙述更容易看到,这件有趣的物品是陶器制的,在三处印了两个字,其中只有一个可以确认出来是"东"字,很清楚是汉代的字体。预备装轴的孔是方的,轮子是有 16 个斜齿的棘轮,用以和棘爪配合[11]。这样的布置(图 390 g)是使轮或辊子只向一个方向旋转而不往回转所需的,是齿轮装置的特殊例子;这个模子一定是公元前约 100 年曾经用来制造棘轮

86

---

① Frèmont(12); Matschoss & Kutzbach (1); Kammerer (1); Feldhaus (4); Woodbury (1,2); Davison (5)。

② Feldhaus (1), col. 1339; Neuburger (1), p. 215。

③ Beck (2); Diels (1); etc.

④ 见本章 p.370。

⑤ 参看张衡的《应间》(严可均《全上古三代秦汉三国六朝文》,东汉部分,卷五十四,第八页)。他在文中说:"参轮可使自转"。

⑥ *De Architectura.* IX, viii, 4; X, V, ix, esp.5。

⑦ 这个关于齿轮系的有趣的引证,是 7 世纪替《后汉书》作注的唐世子李贤根据傅玄遗失的文章(3 世纪)引用的。见《后汉书》卷八十九,第三页;百衲本,卷五十九,第四页。

⑧ 卷八,第一〇七页。

⑨ 僖公五年[译文见 Couvreur (1), p.253]。

⑩ 不幸在第二次世界大战时损坏了,现只有四分之一保存在沈阳博物馆中。

⑪ 根据齿数来看,相当清楚,这种齿轮的用途是技术性的,例如用于天文仪器中,而不是科学性的。

作为绞车、起重机或弩的引机待发机构的一部分①。亚历山大里亚人很可能也想到这种型式的齿轮，但是西方对它的最早的描写，似乎是在奥里巴西乌斯(Oribasius，325—400 年)关于外科手术器械的著作中②。

87 另一个棘轮是真正的青铜齿轮，由畅文斋(1)在山西省永济县薛家崖村充满铜器的墓中发掘出来③，可能是在战国后期埋入墓中，但也许更可能是在秦或汉初(公元前约 200 年)埋入。它的直径略大于一英寸(2.54 厘米)(图 391 b)，有 40 个齿，装方柄的孔是非常大的。此棘轮的最可能的用途是装在引弩待发机构上。从同一发掘中出土的还有两三个普通青铜齿轮，也有 40 个齿和尺寸几乎相等的方孔(图 391 d)④。此外，还有一个有圆孔的小轮(图 391 c)，它如果不仅仅是装饰品，就可能是 5 个棘齿的小齿轮。既然具有一个或略多些(无论如何是很少的)齿的棘轮，是记里鼓车必需的(参见下文 p. 281)，假定这个小齿轮就是这类物件，可能是合理的。但是在这次丰富的发现中，对于技术史有价值的不止这些物品；还有像管子的、一端或两端有齿轮的青铜短轴。此外，还有几段青铜条，其中一条在一侧有小齿，另一条在两侧分别有大小齿。畅文斋认为它们是锯条，但是，既然那个时代早已知道和使用钢铁⑤，可能值得建议它们也许是某个青铜机器所需要的纵向齿条。

最值得注意的和意外的发现是成对的带人字形齿的齿轮("人字齿轮")，它们很类似 20 世纪的双斜齿轮，例如戴维森[Davison (5)]所图示的⑥。这种青铜物品首先在 1953 年发现于陕西西安附近洪庆村东汉早期的墓中(图 392 a,b)⑦，刘仙洲(6)断定其年代为公元 50 年左右⑧。已摄成照片的一对齿轮中，一个有方孔，另一个有圆孔。5 年后，湖南衡阳附近蒋家山墓中又发现了一些圆孔和方孔的齿轮。史树青(1)图示了 9 个完整程度不同的齿轮；它们是青铜制成的，直径是 1.5 厘米，宽 1 厘米，因而工作是很细致的(图 392 c)。据李文信(1)说，有同类型的齿轮从湖南省更北部长沙汉墓中出土。直到现在，还没有准确鉴定这些物品的年代，但是如果它们不是秦代的，必定是汉代的⑨。

88 近年来在汉墓中发掘出若干铁齿轮⑩，知道这个事实的人更少，在全部报告发表之前，

---

① 参看本书第三十章(h)。

② Bk. 49, ch. 346；参见 Feldhaus (1), col. 1043。这种齿轮发展为齿的一边直、一边斜的冕状轮(图 390 g')，据我们所知，这不是在中国自发地发生的。它是 14 世纪欧洲钟擒纵机构的主要部件(参见本章 pp. 441 ff.)。

③ 棉农谢纯孝和谢伯孝首先发现这批青铜物品，并立即感觉到他们偶然发现的东西是属于古代青铜文物，有希望在附近地点找到更大的数量。这个事件说明，1955 年的中国农村人充分意识到他们的古代遗产的重要性。这个棘轮也在刘仙洲(6)中图示。

④ 还有一些齿轮的碎块。轮齿的数目是偶数，这使它们不能用于历算、天文仪器中。

⑤ 参见本书第三十章 (d)，同时见 Needham (32)。

⑥ 或 Matchoss & Kutzbach (1) pp. 86 ff.。据迪金森[Dickinson (5)]说，单斜齿轮和双斜齿轮是詹姆斯·怀特(James White)约于 1793 年在巴黎发明的。他图示了怀特自己的一个模型(图版 XXXVIII，图 1)。

⑦ 见闫磊等(1)，第 666 页和图版 4，图 4,5。

⑧ 但是发现者倾向于认为是公元前约 50 年的物品，见吴汝祚和胡谦益(1)；Anon. (44)。参见 Anon. (43)，第 79 页。

⑨ 必须指出，某些西方技术史家不愿意承认这些物品是人字齿轮。马萨诸塞州坎布里奇(Cambridge)的伍德伯里教授(在私人通信中)甚至提出，这些物品"只是用以在粘土上印图案，或在纸或纺织品上印花样的辊子"。但是如果是这样，就很难理解为什么它们要这样仔细地用青铜制成。如果把它们装在平行的轴上进行试验，所获得的实验成果将是有很大意义的；同时可以指出，非但中国考古学家，而且连第一流的工程师，特别是刘仙洲教授，都承认它们是齿轮。

⑩ 见唐云明(1)；孟浩、陈慧、刘来城(1)；Anon. (45)；Anon. (46)。

图版 一四二

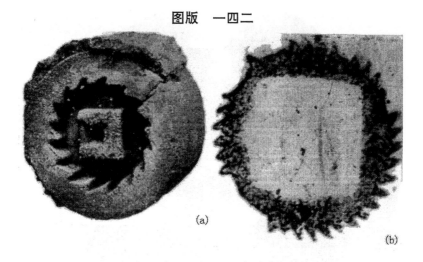

(a)

(b)

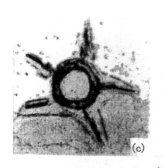

(c)

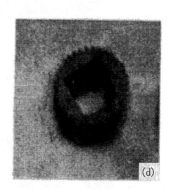

(d)

图 391 秦、汉时代(公元前 3 世纪至公元 3 世纪)的齿轮。(a)硬陶质的 16 齿棘轮的模子,公元前约 100 年[王振铎(3)];(b)有大方孔的 40 齿青铜棘轮,直径约 1 英寸(2.54 厘米),公元前约 200 年[畅文斋(1)];(c)小青铜件,也许是 5 个棘齿的小齿轮,公元前约 200 年[畅文斋(1)];(d)具有大方孔的 40 齿青铜齿轮,公元前约 200 年[畅文斋(1)]。

图版 一四三

图 392 被认为是人字形齿的齿轮(双斜齿轮)。(a,b)从陕西
一个墓中出土的,具有圆孔和方孔的 24 齿青铜啮合
齿轮,直径 1.5 厘米,宽 1 厘米,约公元 50 年[刘仙
洲(6)]。(c)从湖南汉墓出土的 9 个同型的齿轮[史
树青(1)]。

还不能确知它们是不是铸铁的,但是推测是这样。在最近发表的重要考古发现报告中,有一个 16 齿、直径约 $2\frac{3}{4}$ 英寸(2.54 厘米)的棘轮的图[①]。

由此可见,在张衡时代之前的三个多世纪内,为了多种实际用途,中国已制出各种大小的齿轮。这个年代的范围,与亚历山大里亚工程师们发展齿轮的年代大致相同,这样的比较是有启发性的;但是我们也应当注意,在中国,除了极南和极北的地方还没有发现外,发现的地点是非常广阔的。因此,对于齿轮和它们的实际应用的注意,并不局限于汉文化的小地区内。至于齿形,所有已发现的中国古代轮齿(如果不是棘轮那样斜的)似乎都接近等边三角形,完全像在安提-库式刺(Anti-Kythera)的天象仪[②]中所看到的,后者大概是公元前 1 世纪的齿轮。圆角的齿首先出现在 1027 年一个中国记里鼓车的规范里(见下文 p.284),欧洲则约在 1300 年出现了约成 30 度的圆角齿[③]。圆角的"辐齿"发现在 14 和 15 世纪的西方早期机械时钟中[④]。

幸而某些汉代齿轮是青铜和铁制的,因为如果都是木制的,就没有一个会保存到现在,以证明有关的知识和用途。制齿轮的材料在古代和中世纪的中国似乎是随着大小和用途而异的;水磨和提水机械的齿轮必定是用木制的,形状像大车轮[⑤],但在较精细的机器,如记里鼓车和指南车[⑥]上则用青铜和铁制成。如厄舍所指出的[⑦],在西方古代与轻载荷运动不同的动力传动齿轮的唯一实例就是维特鲁威水磨上用的[⑧]。在那个装置内,下射式水平轴的立式水轮,通过由针轮和针鼓轮组成的正交轴齿轮装置(如图 390 e)驱动磨粉机[⑨]。在中国,汉代最早的水磨似乎是用卧式水轮带动的[⑩],因此并不需要正交轴齿轮装置,但是后者在晋代及以后就大量出现。另一方面,如果我们更多地了解张衡在公元 120 年以及他的许多后继者在 8 世纪初期发明时钟擒纵机构以前为了利用水力转动浑天仪或浑天象所用的机构[⑪],我们很可能把这些机构包括在传动动力的齿轮装置的最早例子之内。在公元 725 年发明擒纵机构以后,在时钟机构和报时机构中大量使用齿轮,苏颂 1088 年的精心杰作[⑫] 中采用青铜和铁齿轮的数量达到了最高峰,但是有趣的是,也有些人(如在 18 世纪中)赞赏硬木有特殊的润

89

---

① Anon.(43),第 76 页,图 38。这个作品的第 79 页上,对于到 1961 年为止,从战国、秦、汉墓和住所中发现的青铜和铁齿轮,编了一个有用的一览表。

② 普赖斯(D.J.de S. Price)教授现正研究这个不平常的机构,他有关这个机构的专题论文是大家所关心和期待的。见 Price (8,9)。

③ 有齿轮的星盘中的圆角等边三角形轮齿;参见 Price (8)。

④ 在更早得多的时代,磨匠已在木制齿轮装置中使用这种齿轮。关于齿形,进一步的讨论见下文 pp.284,456,473,499。

⑤ 某些例子将在下文 p.354 上图示和讨论。

⑥ 参见下文 pp.286。

⑦ Usher (1),1st ed, pp. 98,124;2nd ed, pp.146,168。

⑧ X,V. 2. 也见 Beck (1),p.49。

⑨ 基本上是两个针轮熔接在一起。一个罗马的实物仍存在;图示在 Feldhaus (2). p. 203。可以注意,直角针轮不仅产生了一切正交轴齿轮,而且也产生了时钟机构摆轮的立轴和摆杆式擒纵机构中的冕状轮(参见本章 p. 441)。1590 年莫卧儿(Mogul)皇帝阿克巴(Akbar)在他所发明的用于镗孔和光制枪管的机器中,用一个针轮带动十六个针鼓轮[参见 Blochmann (1),p. 115 and pl. XV]。

⑩ 在下文 pp.369,392,405 ff.,我们在这个题目上将有许多要说的。

⑪ 见下文 pp.481 ff.。

⑫ 在李约瑟等[Needham,Wang & Price (1)]的著作中,有充分的描述,但其要点在下文 pp.446 ff. 综述。

滑性和不会生锈而提倡用它制齿轮①。维特鲁威的水磨所用的针鼓轮或灯笼齿轮大概是正交轴齿轮装置的最原始型式,在它们的后继者之中,是有啮合齿的两个针轮(图 390 e′)和伞齿轮(图 390 e″)。一般认为,当达·芬奇速写伞齿轮时②,它们还是很新鲜的,但是在四百年之前,这样或那样的斜齿轮在苏颂的时钟机构中已占有突出地位了③。

从一种观点看,齿轮是仅由一个毂和若干短辐条组成的没有辋的轮。但是这些辐条的外端也可以装各种物件。前面我们只谈到叶片和桨装在辋上(如在水轮上),但是它们也可以装在没有辋的辐条外端。确的凸耳常常直接装在轴上(图 390 b,b′),但可转变为外端装叶片(图 h)或重锤(图 i)。如果装叶片,就成径向踏板④,这是发挥人力的极重要的装置,是中国特有的。它是方板链式泵("水车"、"龙骨车"、"翻车")的主要原动件,大概是东汉时代的发明。正如奥德里库尔[Haudricourt (1,2)]和费夫尔[Febvre (2)]所强调的,这种简单形式的脚踏机,古代地中海人几乎是不知道的,实际上从来没有为西方人所采用过⑤。自行车上那样普通的曲柄式踏板,在 19 世纪中叶才出现。在希腊和罗马文化中一定有脚踏机,但它们是

90 一个人或更多人能进入并从里面加力的大圆筒⑥。一个著名的例子是拉特兰(Lateran)博物馆内的浮雕所表示的、用以操作巨型起重机的圆筒式脚踏机⑦。维特鲁威将他的鼓形水车(*tympanum*)⑧ 和戽水车⑨(约公元前 30 年)联系起来描写这些设备。它们一定在整个中世

91 纪中继续使用,因为无名氏胡斯派工程师(1430 年)的手稿中出现了一个脚踏机⑩,而且它们在 16 世纪的图中是常见的⑪。1627 年初次在一本中国书中描写它们⑫。重要的是认识到这些巨大而笨重的结构完全不适合数以百万计的中国农民的使用,他们的问题是利用小型机

---

① 特别是 1124 年的王黼(见下文 p.499)。

② 见 Beck (1), p.100; Matchoss & Kutzbach (1), p.18。

③ 参见下文 p. 456。

④ 必须注意,这不是曲柄式踏板,也不是装在带钻或车床的皮带头上,使操作者的脚代替另一个人的手的简单杠杆。装在车床皮带头上的杠杆,基本上与织机的脚踏杠杆相似(参见图 393)。本书很快就要谈到一种不需要采用曲柄而能引起旋转运动的很奇怪的踏板型式(下文 p. 103,115,236)。

⑤ 这个提法必须用如下的事实加以限制:在某种情况下,罗马矿里的阿基米德螺旋式水车可能是奴隶在其周边的凸耳上行走,使它旋转[Bromehead (7)]。从艺术图画中也可得到一个小证据。Hudson (1); Treue (1), p.27;和 Forbes (17), p.677 都图示庞培的壁画和晚期埃及浮雕,它们表示人们用这种方式踏在阿基米德螺旋式水车上。托勒密时代埃及晚期的一个玻璃瓦模型[Price (1)]证明了这个解释。胡斯派工程师(1430 年)的手稿上,也有人在有踏板的轮外面向磨供给动力的图画[参见例如 Matschoss & Kutzbach (1), p. 17]。我们将看到,曲柄在中世纪早期之前是未出现的,很难理解在没有曲柄的情况下,如果不用脚踏,古代西方是怎样使轮旋转的。总之,对于脚踏运动的应用在中国文化中比在西方文化中流传更广,适应更多方面,我们还是有很深刻的印象。

⑥ Feldhaus (1),col. 1186。

⑦ Feldhaus (1), col. 520;Feldhaus (2),pl. VI;Blümner (1),vol. 3, p. 119。

⑧ X. iv. 1(将在下文 p. 360 说明)。维特鲁威的 16 世纪插图,表示它有一个曲柄,但是事实上并没有曲柄,文字上说"有一个圆筒形脚踏机"。参见 Beck (1), p.47。

⑨ 将在下文 p. 356 说明。他把人力转动的戽水车描写成为"脚踏转动的轮";水转戽水车则描写为"带踏动机构的轮"。参看 Beck (1), p.48。

⑩ 参见例如:Berthelot (4);Matchoss & Kutzbach (1), p.17。这个时代或更早的一个脚踏机,至今仍然在英国温切斯特(Winchester)和西米恩(West Meon)之间的一个旅店内用于提水。参看 Sandford (1). [Salzman (1), pp. 323 ff.] 图示另一些例子。

⑪ 参见 Feldhaus (2), pl. XIII;和卡林西亚的古尔克(Gurk in Casinthia)大教堂的浮雕。

⑫ 《奇器图说》,卷三,第十页(见下文 p.170)。

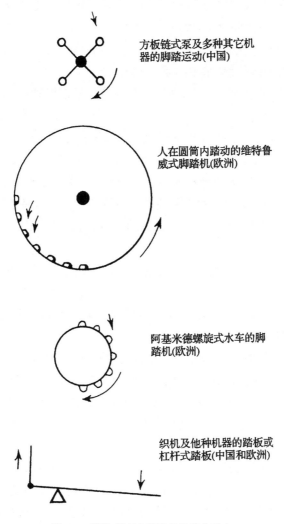

方板链式泵及多种其它机器的脚踏运动(中国)

人在圆筒内踏动的维特鲁威式脚踏机(欧洲)

阿基米德螺旋式水车的脚踏机(欧洲)

织机及他种机器的踏板或杠杆式踏板(中国和欧洲)

图 393　脚踏、踏板和脚踏机的基本形式。

器和人力来灌溉他们的田地[①]。

　　装在凸耳上或直接装在轴上的板,是能胜任比人足的压力更强或更陌生的应用;它们可以转变为由风吹击的叶片或帆,在早期的伊斯兰教的波斯第一次这样做,后来传播到西方和东方(参见下文 pp.556 ff.)。这就是与水轮相类似的"风激"式的发展,但是其相反的方式也同样重要,因为这导致一切旋转式风扇和空气压缩机,中国文化地区对于这些"激风"式装置处于领先地位(参见下文 pp. 150 ff.)。除了这些著名的用途外,我们将在后面看到,把木块装在轮辐头上可以发挥某些更不寻常的作用;它们可以作为重型组合式车轮的组成部分,或在没有整体轮辋时承载传动带(pp. 80, 104)。

　　当径向凸耳带着重物时,它就成为重锤式飞轮。最古老的飞轮大概是新石器时代纺锤上的小轮[Frémont (12)],但是它在旧技术时代以前没有得到很大的应用。陶轮("均")是飞轮的另一个实例。其次,古老的飞轮是被许多文化证明的装在弓钻和泵钻上的重圆盘,也装在

────────────

　　① 奥德里库尔[Haudricourt (1)]强调这种装置对于提高生活水平的重要性。为了充分发挥劳动的效率,人们或者需要从同样工作中取得更丰富和更有营养的产品,或者以较少的体力消耗完成同样的工作,如同中国所做的。

古代埃及曲柄钻上①。在 11 世纪中,用来研磨的杵上装有这种飞轮②。从罗马时代到印刷机时代,径向重块(图 390 i)的主要应用,大概是装在螺旋压力机的螺杆上③,无疑,这种飞轮和螺旋的结合,使它们没有在中国得到大量的应用。真正的飞轮在 15 世纪出现(无名氏胡斯派),以后稳固地获得它们在现代技术中的重要地位。

当圆球或重锤不直接装在辐条头上,而经过短链与辐条连接时,由于旋转而引起的离心力把链拉紧,这样的布置也可以起飞轮的作用。这种设备在西藏可能是最古老的,那里自古以来习惯使用手转的转经轮。约 1490 年,弗朗切斯科,迪乔治(Francesco di Giorgio)草描了这样的飞轮④,而在他之前六十年,无名氏胡斯派成员已在辐条头上系结摆动的重块⑤。这个

92　时候正是西方工程师无疑是因为曲柄和曲轴的使用不断增加,而寻求克服冲程"死点"的方法之时(参见 pp. 112,113)。把这种类型的飞轮的发展和中亚的家庭奴隶联系起来,决不是幻想,这种奴隶在 14 和 15 世纪的意大利是如此的众多,他们对于很多技术的传播可能起了作用⑥。

这里可以想起,正如只用简单的凸耳,通过拨动和释放过程,可以转变旋转运动为摆动运动一样,也可以利用凸耳作为推杆,以施加人力或兽的牵引力来产生旋转运动⑦。于是我们得出绞盘(如果转轴是垂直的),或辘轳(如果它是水平的)。但因为这些装置一般牵涉到绳索或皮带,必须留在下节讨论。

前面已经提到利用轮或辊子来压碎或研磨。这些技术在中国是广泛传播的,几乎肯定可以回溯到周代。以后将讨论它们的各种型式:直行的轮碾("研器");环行的轮碾("碾","辗")⑧。类似的机器有滚耙("赶"),手推辊碾和环行的辊碾。把两个辊子联合起来,带或不带齿轮装置,就成为轧棉机("搅车")和轧蔗机("轧蔗");它们是一切滚轧机、辗压机和造纸或纺织机械的祖先⑨。

这个讨论从辊子开始,也必须以辊子结束。所有装有轮子的轴必须由轴承支持,轴端就构成一个滚柱。如果轴承是固定的,由于滑动摩擦,就不可避免地要引起发热、阻滞和磨损⑩,因此自从比一般想象的还早得多的时候,工程师们就已试图在轴和轴承之间加入额外的滚动件,以把摩擦阻力的不良影响减少到最低限度。无疑,轴承从新石器时代钻工所用的兽骨或鹿角制成的手把开始,在公元前二千纪,埃及手艺人用滑石碗来压紧弓钻⑪。陶轮的

① 下文 p. 114。
② 下文 p. 103。
③ 参见 Frémont (8) 和 Drachmann (7)。本书将在下文(p. 534)提出这种机构与西方早期时钟机构的摆轮的立轴和摆杆式擒纵机构在发展上的联系。
④ Lynn White (5), p. 520, (7) p. 116, fig. 9。
⑤ Gille (12)。
⑥ 本书在第一卷 p. 189 中即希望对此加以注意,林恩·怀特的较晚著作[Lynn White (5, 7)]大大加强了这个证据。
⑦ 这个区别又使人想起激水轮与水激轮的区别。
⑧ 本书已讨论了(前面第二卷,p. 667)用于雕刻玉石的旋转圆盘刀或石轮("琢玉轮");亦可参见上文 p. 55 关于旋转磨轮的叙述。
⑨ 费尔德豪斯[Feldhaus (6)]提出了一般性的历史叙述。参见下文 pp. 122, 204 ff. 。
⑩ 见鲍登[Bowden (1)]的极好讲稿。
⑪ 参见 Davison (3,4)。

轴承也是非常古老的(在美索不达米亚,公元前四千纪);中国用硬瓷小杯作为承座,印度则用小型中凹的火石块[①]。润滑剂并不比较年轻;在拜尔舍赫的公元前约 1880 年的著名埃及壁画里,有表示 172 人正在从采石场运输装在橇上的巨大雕像,其中一人乘在巨像的基座上,正在向基座的前方加油[②]。如我们已经见到的,中国在周、汉代正如欧洲古代一样,车轴 93 的轴颈和轴承是用青铜或铁制成的[③]。有人说,在罗马帝国崩溃之后,直到 14 世纪时钟机构出现时,再没有金属轴承面出现[④],这种说法对于欧洲也许是对的,但对中国来说肯定是错误的。如果没有金属轴承,2 世纪和 8 世纪之间的机动浑天仪就完全不能运行,即使不太完善也不可能;而我们甚至听到约 720 年,一行和梁令瓒所造的按黄道装置的观测用浑天仪使用了钢制轴承[⑤]。谈到苏颂在 1088 年所建的钟楼,构造细节是特别清楚的。铁制主动轴("铁枢轴")的圆柱形轴颈("圆项")由朝上的月牙形铁轴承("铁仰月")支持。载着沉重的多排报时轮的包铁尖头支枢("镤"),则由白形铁端轴承("铁枢白")支持。对于链系式擒纵机构的主杠杆的安装,也描写得很好。在主杠杆的支点处有一根形成水平横轴("横桄")的"铁关轴",在上轴承("驼峰")盖中摇动,两侧有端板("铁颊")封住[⑥]。所有这一切决不是一朝一夕的创造,而是已经有三四世纪的传统,更不必回溯到张衡时代的"原型时钟"了[⑦]。

虽然在这些值得注意的机器中,还没有利用中间滚动的物体来减少摩擦的,但是中国与滚珠轴承的史前阶段可能有密切的关系。在远古代的石匠之后,首先系统地利用滚柱的机器是狄阿提(Diades)发明的破门槌和城门钻孔器,他是亚历山大大帝的工程师之一,并在这个统治者的各战役(公元前 334—前 323 年)中伴随他[⑧],但是这些机器的滚柱仍然是布置在一条直线上,而不是装在轴的周围。彼得森[Petersen (1)]和克林德特-延森[Klindt-Jensen (1)]所叙述的、1883 年在丹麦代比约(Dejbʒerg)沼泽中发现的凯尔特四轮货车的毂,被声称是真正的滚柱轴承。每个毂里面约有 32 条横向槽。他们对从其他地方发现的、里面有类似波纹的车毂也作了描述,并认为是属于公元前 1 世纪的物品,与拉登文化的第三期(La Tène Age Ⅲ)结合,据推测起源于埃特鲁斯坎人(Etruscan),并通过哈尔希塔特文化传播的[⑨]。但是,问题在于车毂里面的槽中装的是什么。虽然某些考古学家接受了滚柱轴承的解释[⑩],但是彼得森的丹麦文原著指出,掘出时从毂里面取出来的木料是狭扁条,而完全不是 94

---

① 见 Childe (11),特别是 p.198。

② Wilkinson (1), vol.2,封面和 pp.307 ff.。戴维森[Davison (4)]作了一个有趣的计算,并指出壁画上表示的拖运人数,约等于计算出来所需要的人数。

③ 我们已经看到,在古代中国车辆的毂中有保持润滑剂的皮盖。维特鲁威(Vitruvius, X, iv,1)描述了鼓形水车式提水器所用的铁轴颈和轴承(参见下文 p.360)。我们现在就要在古代希腊的球面式橄榄碾(*trapetum*)中遇到一个特别复杂的铁轴承的组合件[下文 p.202;参见 Drachmann (7)]。

④ Davison (4)。

⑤ 本书第三卷,p.350。

⑥ 中世纪中国人关于机器的著作中,没有揭露出所用润滑剂的种类。我们已经看到(第三卷,pp.608 ff.),从很早的时代就使用自然渗漏出来的矿物油作为润滑剂。但是没有疑问,主要是依靠轻、重植物油[参见 Hommel (1), p.328;等等]。

⑦ 关于这些时钟,见下文 pp.481 ff.。

⑧ 维特鲁威(Vitruvius, X, xiii, 3—8)提供了很充分的叙述。

⑨ 例如在下列地方的发现:丹麦的朗奥(Langå)和克拉格德(Kraghede),德国布考附近的卡珀尔(Kappel),特兰西瓦尼亚(Transylvania)的武尔珀尔(Vurpǎr)。

⑩ 例如 Jope (1), p.551。

滚柱。因此,完全不可能认为这些凯尔特货车装有滚柱轴承[1]。

最早的滚柱轴承,可能要从中国寻找。根据畅文斋(1)的叙述,在山西薛家崖村的掘获物中有几件值得注意的、里面带槽的环状青铜物。这些槽为横向的小隔板,分为 4 或 8 格,每一格中都装满一堆粒状铁锈。发现了几个这样的尺寸不同的可能是滚珠架或滚柱轴承。既然这个墓里的物品所属的年代至少早到公元前 2 世纪,那么,关心某些机轴或车轴灵活而平稳地运行的似乎是中国人,如果不是凯尔特人(Celts)的话[2]。

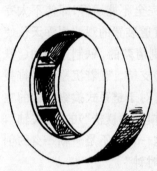

如果这些铁锈来自滚珠或滚柱,那么这些物品一定是所知道的最早的滚动轴承[3]。如果不是,则第一个滚动轴承的荣誉仍然属于公元 44 至 45 年间造的罗马船上绞盘的奇怪耳轴轴承,这些船是在我们这个时代从罗马南面内米湖 (Lake of Nemi) 中找到的[4]。轴承中的球在两极上各伸出一个短轴,由压板保持一定的位置,使其能自由滚动。绞盘的下表面由圆球支承,因为保存下来的部分只有两个球,推测每个绞盘有八个球。严格地说,因为球只能在一个平面中转动,这个设备是滚柱轴承而不是真正的滚珠轴承,但是它起滚动轴承祖先的作用。在加扎里 (al-Jazarī, 1206 年) 的书上,也出现了耳轴[5]。如果进一步探索滚柱轴承的发展,就可以发现,类似达·芬奇[6] 在 15 世纪末所描95 绘的平滚柱在 16 世纪曾应用过,如阿格里科拉 (Agricola) 所证实的[7]。但是,我们以后将看到[8],中国在 7 世纪和 11 世纪之间所造的一些御用车辆是如此平稳,除非它们装有滚动轴承,否则是难以解释的。到 17 世纪,滚柱轴承在欧洲显得很平常,拉梅利 (Ramelli) 就曾随意地描写了它们[9],不久,荷兰的风车也安装了它们[10]。在内米湖的绞盘之后很长时间,约翰·加尼特(John Garnett)于 1787 年居然取得滚柱轴承的专利[11]。至于真正的滚珠轴承,据记载,切利尼 (Cellini) 在 16 世纪把旋转的雕像放在有圆球装置的底座上[12];另外约在

---

① 1959 年在巴塞罗那举行的国际科学史会议上,我同德拉克曼博士和伍德伯里教授的讨论,导致这样的建议:毂内半圆柱形槽的实际作用是保持住槽内加过油脂的皮革、破布或羊毛的填料。德拉克曼博士让我们知道他研究哥本哈根国立博物馆保存的实物的结果,我们表示感谢。我只在 1962 年看到它们。

② 把这个古代的物证与中国在 1958 年发动的在每个县城内设立滚珠轴承厂的大运动比较,这是很惊人的。处处都可以看到农村人把滚珠轴承装在传统型式的大车轮的轮毂内。

③ 伍德伯里教授继续扮演“以持反对论为职业者”的有用角色,对于这些物品作为滚珠或滚柱轴承的想法,提出应有的怀疑。但是,甚至他也愿意冒险猜测 (在私人谈话中),这个青铜环是一个轴承罩,在它里面装小铁块,以避免在铁板内准确地镗这样大的孔的困难。我们希望从今后的发现中得到更多的知识。

④ 见 Ucelli di Nemi (1, 2); Dionisi (1); Moretl; (1)。作者有幸于 1955 年参观了内米湖边的海军博物馆。

⑤ Coomaras wamy (2), p. 19。

⑥ 参见 Feldhaus (1), col. 600; Beck (1), pp. 324 ff.。

⑦ Hoover & Hoover ed., p. 173。艾伯哈德·巴尔德魏因 (Eberhardt Baldewin) 于 1561 年曾在时钟机构中放置某一种形式的滚柱轴承 [见 Lloyd (5), pp. 658, 660]。

⑧ 下文 p. 254。

⑨ 参见 Matchoss & Kutzbach (1), p. 24; Feldhaus (1), col. 601。这个设备是装在滚柱上的井头设备,用人力转动以提升水井的吊桶。

⑩ Van Natrus, Polly, van Vuuren & Linperch (1)。

⑪ 见 Davison (3)。以后我们将看到,从已存在了很多年代的老设备取得专利权的更不平常的例子。参见第三卷,p. 315 (a) 和本章 p. 386。

⑫ Davison (3)。

图版　一四四

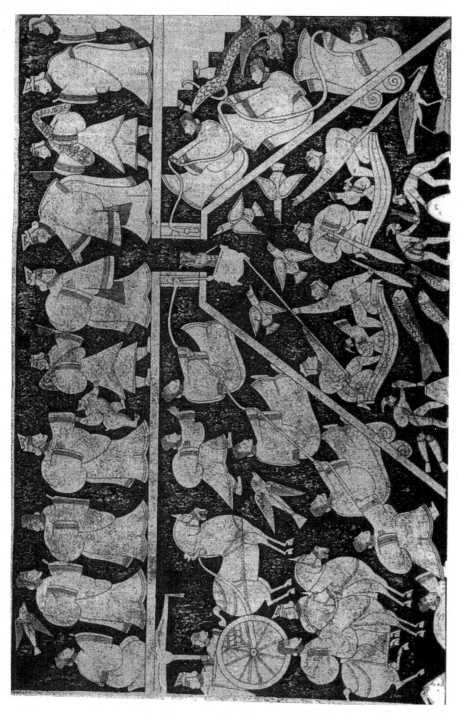

图 394　武梁祠画像石浮雕中的起重滑车，由费尔班克[W．Fairbank（1）]复原。秦始皇试图捞回周鼎，未成功。

1770 年,俄罗斯皇后的工程师们把大石块放到在铁条之间滚动的大炮弹丸上面,搬运相当远的距离[①]。这也许是引导瓦洛(Varlo)在 1772 年发明并在车辆上试验真正环状滚珠座的促进因素之一[②]。这样,经过将近两千年的时间,在很多辉煌的但是孤立的发明之后,我们今天旋转的机轴和车轴才永久地获得了能减少摩擦力的桂冠。

(3) 滑车、传动带和链传动

我们现在回到前面已经提起过的出发点,这就是研究纤维物体(腱、线、革带、绳等)或链缠绕着旋转的轴和轮时所发生的情况。图 390 j 表示带钻(见前文 p.55)或脚踏车床的简单布置,图 390 k 表示弓钻或杆式脚踏车床(前文 p.57)的布置,所有这些方法都只能发生方向交替的旋转运动。要发生连续的旋转运动,必有无端的、循环的传动带(图 390 n)[③],因此它是头等重要的发明[④]。在讨论循环传动带之前,我们先谈谈简单的滑车(图 390 l),这就是在辋外边开槽以保持跑过它上面的绳或线的轮子。不可能确定是哪个民族首先认识到当绳索通过隆起物时,中间加一个轮会大大减少摩擦阻力的现象,但是这个方法在巴比伦和古代埃及都是很熟悉的[⑤]。

96 因此可以料到,中国在很早的时代就会有滑车("辘轳"),实际上也确是如此。图 394 表示武梁祠的一个著名浮雕(公元 147 年),描写试图从河中捞出周代大鼎的情况[⑥],从图中可以推断有两个起重的滑车。图 395 表示汉代装有滑车的井口设备的罐子模型[Laufer (3)]。《礼记》[⑦] 记载在重要葬礼中用以降下重棺材盖的滑车装置的有趣的心得,同时叙述公输般(公元前 5 世纪)关于这个问题的故事。本文所用"丰碑"这个名词,根据各注家和刘熙《释名》[⑧] 的解释,似乎指有四个滑车的四柱架式起重机;在这方面有趣的是,四川盐井上架式起重机的最老的(汉代的)图画(参见图 396 和本书第三十七章),也表示四柱的而不是角锯形的结构。在汉代,滑车(辘轳)是这样常见,以致其他物品也用它来命名,例如:具有滑车形护手的剑,名为"辘轳剑"[⑨];中腰缩小的枣,名为"辘轳枣"[⑩]。有一个故事说,著名书法家韦仲将在公元 230 年依靠滑车在塔上离地 25 丈高处题字[⑪];又公元 336 年,滑车的另一布置是用 100 头牛,从河里把一

---

① Varlo (1), p.3; Schmithals & Klemm (1), fig. 99.

② 真正的先驱者是瓦洛,而不是通常承认的 1794 年的菲利普·沃恩(Philip Vaughan)。但是,在 1734 年,罗(Rowe)已将轮形的滚子应用于车轴上。

③ 除非使用直接传动的装置。

④ 人类学家关于它的辩论,只能引起热烈的气氛,而不能使情况弄得更清楚。参见 Lechler (1);Harrison (1)。

⑤ 有几幅滑车的图画是来自亚述(Assyria)时代,在公元前 880 年和公元前 850 年之间。

⑥ 本书提供费尔班克[W. Fairbank (1)]的复原图;参看《金石索》,卷四(第六、七页)。这些鼎与本书地理一章(第三卷,p. 503)内所提及的是相同的。一般假定这些鼎是周代从很古的夏代继承下来的,但是按照传说,它们在公元前 335 年在泗水失去了。秦始皇于公元前 219 年出巡时,"不过彭城,斋戒祷祠,欲出周鼎泗水,使千人没水求之,弗得。"[《史记》卷六,第十八页;Chavannes (1), vol.2, p. 154]。关于整个问题,见江绍原(1),第 130 页起,特别是第 136 页。

⑦ 卷四,《檀弓》,第七十四页[译文见 Legge(7),vol.1, p.184]。

⑧ 卷二十(第三一七页)。

⑨ 参见《前汉书》,卷七十一,第一页,《隽不疑传》;以及隋以前的《古乐府》的原文。

⑩ 《尔雅》,卷十四,第十四页,"边腰枣"条下。

⑪ 《世说新语》,第二十一篇,第三十三页。

图版　一四五

图 395　汉代陶罐,表现有滑车和吊桶的井口设备[Laufer (3), pl. 4]。

图版　一四六

图 396　东汉时期四川邛崃模制砖上表示盐业情况的图画,现保存在成都西城博物馆内[Rudolph & Wên (1), pl. 91]。图的左侧表示盐水井眼上面的四柱架式起重机,顶上有提升装置。在最高层的右侧,有一个接受盐水的箱,盐水从此处经过弯曲的竹管道,流至装在图的右侧棚底下的一排蒸发锅。同时发现的损坏处与上述砖不同的另一块砖(pl. 92)上,更清楚地表明下降的管道,而且另外有输送天然气至锅底下燃烧器的三四条管道。最好的画像砖[见 Anon. (22),第一卷,第 6,第 7 页]表示管道中的倒虹吸(参见下文 p.128),两块画像砖的右上角都是用弓打猎的情景。参见下文图 422 和图 432。四川的盐业在公元前 130 年已很发达,有可能上推到公元前 3 世纪;参见 Rudolph (4)。

个钟拉出来①。在宫廷娱乐中，滑车是时常需要的，例如约在公元 915 年，由 220 个女子组成的舞队坐在船中，从湖中沿着斜坡被拉上来②。不需要提出更多的例子了③，

这些负荷较重的用途，使滑车的功用接近绞车、辘轳或绞盘。从 1313 年起，几乎一切有机器插图的中国书上，都有普通井上辘轳④的图画。对于这样古老的设备所以发生兴趣，主要是因为它与曲柄原理相结合到何种程度，本章不久将回到这个题目上来(p. 111)。以后本书还要图示四川盐业所用的大型水平卷筒。装有棘轮机构的绞车，也被用来拉紧绳索。下面取自《唐语林》⑤ 的例子，可能给我们一点较轻松的调剂，这件事情发生在公元 736 年。

　　唐玄宗开元二十四年八月五日，在皇宫楼前举行走绳的杂技表演。演技者先在场上展开长绳，绳的两头着地，在地下埋辘轳以便把绳子张紧，绳的附近立两根杆子，把绳子架起，拉得像弦那样紧。然后演技女子不穿鞋登上绳索，往复行走。向上望去，好像飞仙。有的女子在绳中间相遇，侧着身擦过去⑥，有的着鞋在绳上走，从容地向前后弯曲着身体；有的踏着高 6 尺的彩色的跷，也有踩在别人肩上头上至三四重，忽而翻觔斗跳到绳上。所有的人走来走去，却严格地按照打鼓的节奏动作，没有跌倒的。的确是一奇观！

　　〈明皇开元二十四年八月五日，御楼设绳技。技者先引长绳两端属地，埋鹿卢以系之。鹿卢内数大立柱，以起绳之直如弦。然后技女自绳端蹑足而上，往来倏忽，望若飞仙。有中路相遇，侧身而过者；有着履而行，从容俯仰者；或以画竿接胫，高六尺，或踢肩蹋顶，至三四重，既而翻身直倒至绳。还往曾无蹉跌，皆应严鼓之节，真可观也。〉

亚历山大里亚人很懂得把多个滑车结合在一起组成复合滑车组，从而取得机械增益的原理，赫伦的《提升设备》(*Elevator*)一书中的大部分是关于这种装置的⑦。而在主要中国传统的书上，直到 17 世纪才见到这种设备的描写(参见图 397)⑧，但是，如果假定在这个时代之前中国工匠和石匠不懂得或没有利用这种装置，那是不妥当的⑨。因为既没有肯定的也没有否定的证据。

与滑车组有联系的叫做"中国绞车"，它的历史也是模糊的。老的物理教科书上，有时把它作

① 《资治通鉴》，卷九十五(第三〇〇八页)。

② 《儒林公议》，卷二，第三十一页。这是五代时在四川的前蜀国第一个统治者王建(卒于公元 918 年)之子王偕嗣组织的。锻工们鼓动风箱，吹起波涛，船自假山隧道上升。虽然这是宫廷的娱乐，但绞车和绞盘在中国的各通航河道中的斜道上也起很大的作用(参见本书第 29 章)。

③ 中国书的插图中很少表示滑车组。《天工开物》，卷一，第七十二页，四川盐业的一个图画中，绘有滑车组，但仅在初版上出现。在以后的各版中，这些图画由更精心制成的图画所代替，而这个细节却被删去了。

④ 参见 Ewbank (1), pp. 24 ff. ；Laufer (3), pp. 72 ff. 《世说新语》，第二十五篇，第十五页，有一个典型的中世纪例证。见图 574。(按《世说新语·排调第二十五》载：桓南郡、殷荆州和顾恺之在一起谈话，相约各说一句描写危险情况的话。桓说："矛头淅米剑头炊。"殷说："百岁老翁攀枯枝。"顾说："井上辘轳卧婴儿"。——译者)

⑤ 卷五，第二十四页，作者和何丙郁译成英文。

⑥ 似乎有两根拉紧的绳子，通过三个滑车，横跨表演场地，其中系住绳端的主滑车和辘轳装在一侧，互相靠近。

⑦ 维特鲁威(Vitruvius, x, ii)也谈到这个装置，参见 1430 年无名氏胡斯派工程师的著作；Beck (1), pp. 271 ff. 。通常假定滑车组是传动带的祖先[参见 Beck (1), p. 221]，但是这一小节所揭示的关于中国技术发展的情况并不支持这个假定。

⑧ 《奇器图说》，卷三；见下文 p. 215。

⑨ 蒂桑迪耶[Tissandier (4)]的一项摘记，报道 1889 年在北京安装一些像明陵的巨大石柱的情况，由此可以很好地瞥见中国建筑工人提升很重物件的传统方法。并不采用滑车组，重物由一根结实的缆索吊起，于重物不动时，把缆索的一端在脚手架的横梁上缠绕两三道以便抓住它，重物由一根像杆秤样的杠杆的连续作用而提升，力通过一个活结作用于主缆索，活结在每次提升之后降低一些(见图 399)。共有 5 根这样的杠杆，每根由 5 个人向下拉，方式如同中世纪抛石机所用的方法(参见第三十章)，但是当然要缓慢地而不是急速地拉。这种方法似乎很可能就是中国装卸物件的古典传统方法。

97

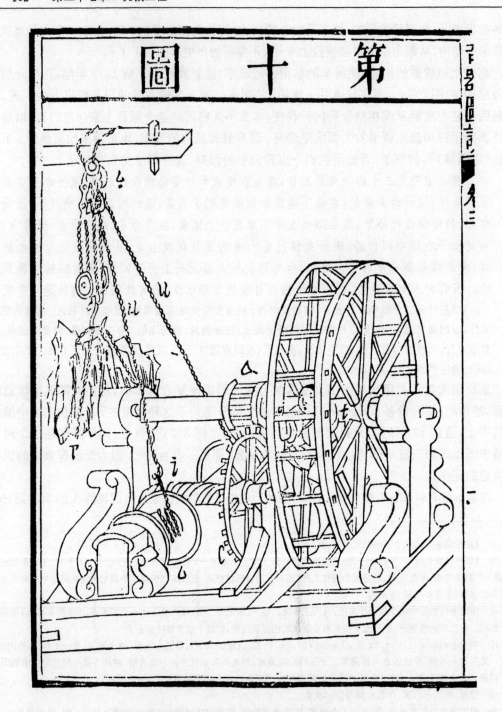

图397　滑车组、齿轮装置和古希腊式踏车,《奇器图说》(1627)。

为差动的例子提出来,因为它的轴上有两个不同直径的圆鼓(图398),绕在上面的绳子不断地在一个鼓上缠绕,从另一个鼓上解开,这样就提供有用的功并产生放大作用力的效果[①]。哈特[Hart(2)]提及达·芬奇的《大手稿》(*Codex Atlandicus*)上有一个这样的装置,但是至今还没有人找

───────────

① 参见 Ewbank (1), p.69, 他不认为欧洲在 1800 年以前很久就已知道这种装置。

到能说明西方所叫的名称是有理由的任何中国书籍。德庇时确实说过① 好像他在中国看到过这种装置,但是霍梅尔② 怀疑可能有误解,因为在中国使用的辘轳(例如在煤矿、宝石矿或水井中使用的),一般在同一圆鼓上有两卷绳,当一个斗或座位下降时,另一个则上升。复式圆鼓的想法当然可能是从这个方式引导出来的,而这个发明很可能是中国某个地区性的发明,但并没有在文献中得到叙述③。莫斯利(Moseley)④ 约在 1840 年写道:
"格雷戈里(O. Gregory)博士在一百多年前的某些中国图画中看到一个具有双轴的绞盘的图。"无论如何,不管"中国绞车"的起源是什么⑤,它是现代工场上广泛应用的著名韦斯顿差动起重滑车(Weston Differential Purchase)的祖先。

99

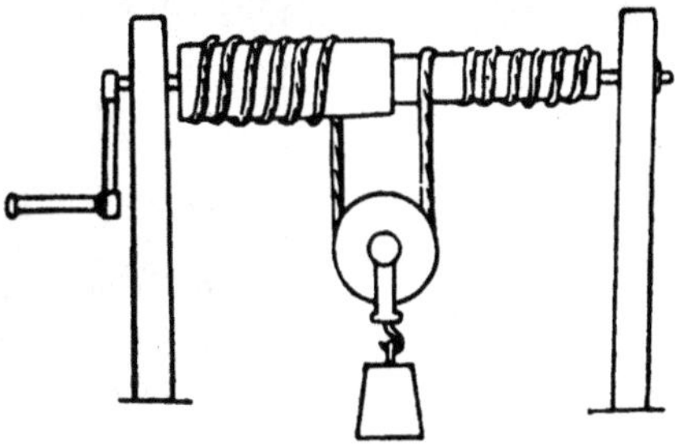

图398　差动式绞车或"中国绞车"[Davis (1)]。

钓竿上的绕线轮(图 400)⑥ 是辘轳式的小发明,这个发明多半是属于中国人的。洛奇(Lodge)注意到吴镇(1280—1354 年)的一幅画上有这样的绕线轮,这幅画仍然保存在华盛顿弗里尔美术馆 100
Freer Gallery 内,萨顿提出这个发现叫人注意⑦。但这还不是最古老的例子。画家马远在一幅画(图 401)中也展示了一个,这幅画在 40 年前被复制了⑧。马远的鼎盛期接近 12 世纪末(约 1195 年)。在中国文化中,我们还有同时代的印刷图:1208—1224 年间付印的《天竺灵籤》⑨上,在每一个佛教道德故事之前有一个木刻画,至少在两幅这样的画中(第 34 和 54)可以看到渔人使用有绕线轮的钓竿。一本 13 世纪的亚美尼亚羊皮纸福音书中似乎也展示了一个绕线轮,虽然不太清楚⑩;这 5 幅图以及图 400 的来源(17 世纪初的《三才图会》),非但是这种绕线轮的最老的图画,也是所知道的 1651 年以前仅有的这种图画。具有很多筒管和绕线轮的中国纺织工业的先进性质,可能与这个发明有关系⑪。我们将忽略其他文字上的证据,而仅提出可能是很古老的一个参考文献,这就是《列仙传》里"陵阳子明"的故事⑫。在这本可以确定为 3 至 4 世纪的书中,一个道教渔人窦子明曾经用他的钓竿钓得白龙,他很害怕,就释放了它。后来他跑到陵阳山去过着仙人的生活。过了若干年,一个道教的门徒来到山上,向乡民询问窦子明的"钓车"是否还在,他无疑地希望也能试试他作为渔人的运气。对于我们有关系的是,他所说的"钓车",除了指钓竿的绕线轮外,简直不可能指别的东西。

　①　Davis (1), vol. 3, p. 78。
　②　Hommel (1), pp. 2, 118, 119。
　③　在这里有趣的一点是:在某一中国机器中确有由两个不同直径的齿轮合并在一起的差动圆鼓,这个机器就是 1107 年制成的指南车(见下文 p. 292)。它叫做"叠轮"。这个例子未必是唯一的。
　④　Moseley (1), p. 220。
　⑤　詹姆斯·怀特在 1788 年取得了差动滑车的专利[Dickinson (5)]。
　⑥　图的标题是"钓鳖"。《三才图会》(1609 年),《器用》卷五,第三十三页;《图书集成·艺术典》,卷十四,第十二页复制。
　⑦　Sarton (1) vol. 3, p. 237; 随后还有 Lynn White (7), p. 159。
　⑧　Anon (11),中国部分,第 11 号; Sirén (6), vol. 2, pl. 59; (10), pt. 1, vol. 3, pl. 290。如同[Grousset (6), p. 203]一样,他忘却了这种绕线轮在技术上的兴趣,而把它忽略了。
　⑨　在郑振铎的主持下,用照相石板印刷术把它复制了。
　⑩　应该想起亚美尼亚和中国的特别密切的联系(本书第一卷,p. 224,等等),亚美尼亚很可能是这种技术的传播通道。
　⑪　参见下文 p. 268 和 Hommel (1), p. 130。
　⑫　卷六十七,译文和注释见 Kaltenmark (2), p. 183。

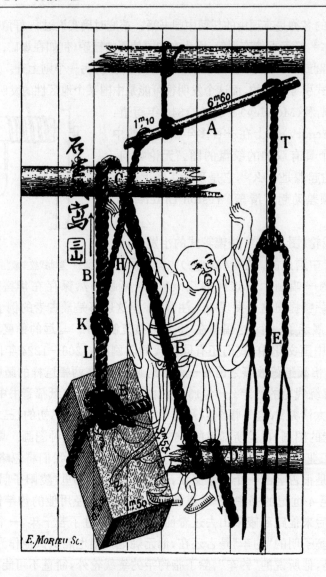

图 399　中国建筑工人提升重物的传统方法［Tissandier（4）］。一
　　　　根杠杆的一端经过短绳和活结连续提升主缆索，另一端
　　　　则有几根辐射式的为工人操纵的绳子，像打桩机和抛石
　　　　机所用的。一个和尚在指挥操作。标题是由欧洲绘画员
　　　　临摹的，似乎是"石生氏写"。

　　连续传动带（图 390 n）更重要得多。这里一开始必须区别传递动力的带或绳[1]和类似的
输送物料的无端带。在西方，第二种用途似乎是在第一种之先。另一种必须区别的传动装置
是较精细、更高效的链传动，它是由链轮驱动的，因而可克报打滑的缺点。本书为了便利起
见，将先讨论传动带，然后讨论链传动。费尔德豪斯[2]没有能提出希腊-罗马古代关于传动带
的资料，虽然像赫伦和提西比乌斯等人都没有想到它，似乎是奇怪的。它可能以纯粹运输机

_____

① 刘仙洲已写了一篇中国在传动方面的发明的专门论文［刘仙洲（5）］。
② Feldhaus（1），col.1184。

图400　钓竿上的绕线轮,辘轳式滑车的另一用途。这幅"钓鳖"图出自《三才图会》(1609),"器用",卷五,第三十三页。

的形式,在某些最早期型式的"斗链"——叫做罐式链泵(Sāqiya)① ——的提水装置中存在,如果这些装置中的任何一个在链的运动行程最下端装过一个轮的话。但这不是传递动力

---

① 见下文 pp. 352 ff. 。

的设备。雷姆和施拉姆[Rehm & Schramm (1)]复原了一些比同(Biton)① 所描写的军事机器，其中一项是波塞多尼奥斯(Poseidonius)所发明的重型木制自动车塔(helepoleōs, ελεπōλεωϛ)，在塔里画了一根传动带②。这个超过 60 英尺高、装在四个轮上面的塔，是用来冲近设防的城墙，把吊桥放上去以便对城墙进行攻击；所以原动力应受到保护是很自然的，塔里有一个人力操作的主动轮，用来推动各车轮。但是在文字上和拜占庭的手稿上都没有提及传动带③，从工程或然性的观点可以猜想，如果没有用传动链，则唯一可能的方案是用齿轮装置直接与各车轮连系。除了本书即将讨论的 14 世纪早期的纺织机械外，直到现在欧洲工程历史学家能够提出来的最早的传动带图画④，是无名氏胡斯派工程师(1430 年)手稿上卧式旋转磨轮图中所画的。甚至在 17 和 18 世纪中，传动带的图画仍然是很少的⑤。

如果说把传动带的发展较多地归功于亚洲，那么，很可能因为它原来是古代唯一真正长纺织纤维丝的发源地。在各种形式的纺车中，用以保证连续旋转的传动带是不可缺少的。但是(乍看起来)，传动带是短纤维工艺必要的部件。很自然，纺车在西方文化的显著地位，久已掩盖了这样一个事实：在世界的另一部分有它的先驱者或先辈，而后者是为了用于很不同类型的更需要连续旋转运动的纤维而设计的。

103 关于纺车的起源，有很大的不确定性。西方人很久就倾向于同意一种广泛传播的看法，认为应在印度寻找⑥，因为印度是种植棉花和棉花技术的家乡。但是林恩·怀特[Lynn White (5)]最近以挑战的形式重新提出这个问题，他认为这是一个错误的线索，并说纺车是在欧洲发明的。根据我们已掌握的材料，我们倾向于同意他关于印度的观点，但同时不得不提出一些有力得多的证据，以说明中国纺织技术是所有这些皮带传动机器起源的焦点。这件事很重要，因为纺车不但体现了利用"卷绕连结"来传递动力，而且体现了飞轮原理⑦ 的最早应用之一以及机械增益的一种方式(表现在不同旋转速率)。

纺车在欧洲出现得很晚，这是早已知道的。尽管它的 15 世纪图画很多⑧，但一般认为，

---

① 比同的鼎盛期约在公元前 239 年；他曾为帕尔马城(Pergamon)国王阿塔卢斯一世(Attalus I)服务。但是他的书可能晚到公元 1 世纪(参见本书第三十章)。

② 波塞多尼奥斯像狄阿提一样，是亚历山大大帝的工程师之一；他的活动期一定是在公元前 334—前 323 年的一段时间内。

③ 如德拉克曼博士关于这件事所说的："军人所说的不是证据。"

④ 例如：Frémont (12)；Feldhaus (1), col. 955；Berthelot (4, 8)；Beck (1), p. 282；Singer et al. (1)；Woodbury (3, 4)。

⑤ 参看 Beck (1), pp. 408(Zeising, 1613 年), 521 (Verantius, 1616 年), 534 (da Strada, 1629 年)。用以颠倒轮的旋转方向的交叉皮带，第一次在勒特雷尔的诗篇集(Luttrell Psalter)中出现，然后在达·芬奇[Beck (1), pp. 364, 443]和卡丹[1550 年，Beck (1), p.165]书中出现。平皮带和金属缆索在 19 世纪才出现。另一应用是缆索铁道，它出现得早得惊人(1411 年)，参见 Feldhaus (1), col. 1023, (5)。

⑥ 参见，例如，Horner (1)；Born (3)；Schwarz (1)。

⑦ 特奥菲卢斯的《不同技艺》(Diversarum Artium Schedula, 12 世纪早期)一书中，出现装在研磨金色照明漆的研杵上的飞轮[参见 Thebald (1), pp. 14, 19, 174, 191]。林恩·怀特[Lynn White (5)]认为这些飞轮有重要性，我们认为他的意见似乎不很中肯，因为陶轮是很古老的东西，而且特奥菲卢斯没有提到传动带。

⑧ 吉勒 (Gille, 14), p. 646, fig. 587 复印了从加斯东·费比斯 (Gaston Phébus) 的《狩猎之书》(Livre de Chasse) 书上取来的一幅图画。锭翼在 1480 年已存在，如我们从《中世纪家庭读物》(Mittelalterliche Hausbuck) [Anom. (15), Essenwein ed. pl. 34a, Bossert & storck ed, pl. 35] 知道的；参见 Patterson (1), fig. 168；Feldhaus (1), fig. 710。关于达·芬奇的用"半齿轮"设备 (参见 p. 385) 操作的自动锭翼，见 Ucelli di Nemi (3), no. 71；Feldhaus (1), col. 1063, (18), p. 156；Beck (1), p. 108。

最古老的可断定年代的西方插图是约 1338 年勒特雷尔诗篇集①里的纺车图，虽然其他著名的图②也从大约那个年代传到现在，但中国的插图年代居先。达·芬奇的多锭制绳机器③是1313 年以后所绘的中国多锭纺车的几乎一模一样的摹本。这些图上的纺车一般都有带完整轮辋的主动轮（图 402）④。把图 402 和现代的照片（图 403）⑤比较，就可以了解它，图 403上还有引人注意的直接踏板传动⑥。在 14 世纪早期的纺车上，已有 3 个、甚至 5 个锭子，全部由一根绳传动，这似乎是成熟的特征，意味着它们已有很长的发展历史了。无辋的主动轮在中国纺织技术上也是普通的。在一种型式中，用细绳把向外发散的辐条连结成一个网，传动带就套在网上面，在其他型式中，传动带围绕缠在各辐条头上有槽的木块上。图 404 表示，在第二次世界大战期间坐在山西窑洞前面的老军人正在使用第一种类型的设备。如果参观者知道，这个机器与迄今为止所知道的一切文化中最古老图画中的纺车在一切细节上完全相同，他将获得更深的印象。我们在图 405 钱选绘的画中看到了这种纺车，这幅画无论如何可以断定为约 1270 年绘的；画中描写儿子辞别母亲，其母正用右手旋转曲柄，用左手纺纱⑦。第二种装置见图 406，这是我于 1943 年在甘肃敦煌拍摄的照片。在那里，这种纺车用来捻大麻或粗亚麻线，或用以把刮下的皮革碎条制成装谷物袋的原料⑧。这种结构导致与汉代奇异型式组合轮（上文图 389）的比较，而且又引起车轮和固定轮在结构上的联系问题⑨。在比较这些图画时，很有趣的是，图 402、403 和 406 的机器采用了单根传动绳，同时装有引人注意的半月形锭子架⑩。但是如果采用多根传动绳，每个锭子一根，如本书将在第三十一章内描写的搓丝机⑪，或按比例尺绘制的图 407 所表示的手摇纺车那样，就没有锭子架了⑫。

概括起来，中国纺车图画明显地出现在欧洲纺车图画之前。对于文字上的资料，两方面都还没有充分探索。一般同意⑬，欧洲文献中第一次提到纺车，是在施派尔的一个行会的约1280 年的章程内，它规定纺车纺出的纱只能用于纬线，而不能用于经线。那时候的中国画

① Patterson (1), fig. 167；Schwarz (1)。

② 卡勒斯-威尔逊［Carus-Wilson (2)］显示出采自不列颠博物馆的《格列高利九世教令集》(Decretals of Gregory IX (10 EIV) 手稿的两幅图画（图版 II, b, c)，她认为是属于约 1320 年的。也见 Usher (1), lst ed. p. 230, znd ed. p. 267。厄舍认为他的图画代表卷纬机（见紧接的下文），我不明白这是为什么。难道它不可能是《教令集》(Decretals) 的不好的复制画吗？

③ 见 Beck (1), p. 545；Feldhaus (1), col. 1022。没有理由坚持达·芬奇所绘的一切东西都一定是首创的。以后（第三十一章）我们将看到一些事实，说明中国纺织机械的设计，在马可·波罗时代已到达欧洲。

④ 关于纺大麻的轮，见《农书》卷二十二，第六页，以后又见例如，《授时通考》，卷七十八，第十一页。关于纺棉花的轮，见《农书》卷二十一，第二十九页，以后又见例如，《授时通考》，卷七十七，第六页。用于拈合棉线的机器，参见《农书》卷二十一，第三十二页，以后又见《授时通考》，卷七十七，第十九页。

⑤ Hommel (1), p. 175。

⑥ 严格地说，踏板免除曲轴连接的需要，本书将在下文 pp. 115, 236 回到这个问题。

⑦ 见 Waley (19), pl. XLVII, p. 240。

⑧ 传动带问题与制绳索工作有密切关系，由于缺乏篇幅不能在这里详细讨论。在可以得到的第二手资料中［如 Hommel (1), p. 5 ff.；Esterer (1), p. 145, Dickinson (3)］能找到一些细节。

⑨ 甚至车轮和固定轮的常用名词，也有很多是相同的；参见下文 p. 267。

⑩ 半月形锭子架在 18 世纪的欧洲一直保持不变；见 Diderot (3), Planches, vol. 20, pl. II。

⑪ 所谓搓丝就是把几根丝纤维拈成一根较粗的线，加拈的方向一般是与各纤维拈转的方向相反。

⑫ 谭旦冏 (1)，第 25 页。

⑬ Keutgen (1), p. 373；Lynn White (5), p. 518, (7), pp. 119, 173；Gille (14), p. 644。

图版 一四七

图 401 《寒江独钓图》,钓竿上绕线轮的最早图画,马远绘(约 1195 年)[采自 Sirén(6)]。

图版　一四八

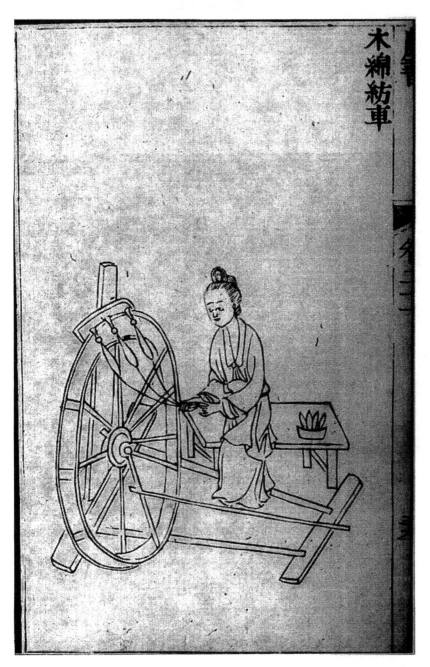

图 402　中国的多锭纺车，1313 年的一幅插图（《农书》，卷二十一，第二十九页）。三个锭
　　　　子都由一根连续传动带带动。

图版 一四九

图 403 和图 402 相似的三锭纺车的现代照片[Hommel (1)]。这种传统装置中的踏板不
是曲柄,它的一端与轮子直接联系,另一端则支承在一种粗糙的万向节上。

图版　一五〇

图 404　没有轮辋的主动轮，用细绳把各辐条的外端连接成网，传动带就绕在上面。陕西窑
　　　　洞前纺棉花（约 1942 年）。

图版 一五一

图405 到目前为止所知道的任何文化中纺车的最古老图画;此图一般认为是钱选约在1270年所绘[采自Waley(19)]。子别母,其母正用右手转动纺车的曲柄,而用左手车纺纱。

图版 一五二

图 406　辐条外端装木块的主动轮，轮的各辐条头上装着有槽的木块，传动带就卷缠在木块上。装在半月形
　　　　架上的五个锭子，是用来纺大麻、亚麻等等的（原照片，敦煌，1943）。参见图 388，389。

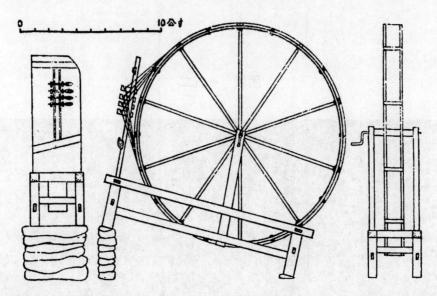

图 407 有四个锭子的四川纺车或卷纬车图,每一个锭子单独由主动轮上一根传动绳驱动[谭旦冏(1)]。用多根传动绳的纺车,不需要半月形锭子架。比例尺为 $1\frac{1}{2}$ 英寸(38.1毫米)=1米。

和插图中已有充分发展的机器,这个事实是明确的。但是我们还不能提供更早的文字上的引证[1]。在 13 世纪中,棉花栽种第二次传播到全中国,也许是从新疆开始,但这不是限制的因素,因为从很古老时代,中国人已经利用除丝以外的需要纺的纤维,特别是大麻和苎麻。由此可见,纺车可能起源在汉代以后的任何时候。

实际上,不必要在蚕丝技术以外去找纺车的起源。中国人从来不浪费任何东西,因此他们很早已研究出一些方法来处理蛾子已逃出去的茧子上的废丝,以及不能用传统方法从茧子抽出的粗丝。其实,如果养蚕的开始是与野蚕有关,如我们必须假定的,那么,这个问题就会是所有问题中的最古老者。在 1313 年,王祯[2] 向我们展示了把废茧在开水中搅动[3],由此抽出的粗丝可以做成作为被服衬填料的丝棉之类的东西等的过程;他说:其中最好的做"棉",最粗的做"絮"。在下一页中[4],他显示一个妇女借助于"捻线轴",用手把较长的纤维首尾相接地连接起来,事实上就是"纺",即生产用以织成粗丝织物的丝线。虽然他没有描写做这种工作的任何型式的纺车,但是他说:这个妇女所做的就是代替纺车的工作[5]。当我们参看关于中国丝业的近代和当代的叙述时,我们会立刻看到,真正的纺车过去和现在事实上都传统地用来把直接取自野茧的短丝做成丝线[6]。由此可见,这里很可能就

---

① 不幸,《太平御览》卷八二六第四页以下的文字都只谈到纺的一般情况,没有讲技术,因而没有什么帮助。同样不幸的是《耕织图》(下文立即见到)只讲蚕丝以及最发展的和标准型式的蚕丝技术。

② 《农书》卷二十一,第二十三页,第二十四页,以后就是例如:《农政全书》卷三十四,第十六页,第十七页,以及《授时通考》卷七十五,第二十页。

③ 加入钾碱(碳酸钾)和植物清涤剂(如皂角)。参见 Needham & Lu (1)。

④ 《农书》卷二十一,第二十四页,第二十五页,以后就是例如:《农政全书》卷三十四,第十七页。

⑤ 《农书》原文是"可代纺绩之功"。对于整个过程的现代叙述(1880 年),见 Anon. (45), p. 58,康发达 (F. Klein-wächter) 的复文。

⑥ 参见 Anon. (45), pp. 12, 35, 58,其中辽宁牛庄有曼 (J. A. Man),杭州地区有怀特 (F. W. White),江苏和浙江有康发达等的复文。

是一切纺车的真正的起源点①。

　　林恩·怀特[Lynn White (5)]认为,用来把纱绕在织工的"梭"(也叫"杼")的筒管上的卷纬车,经过很小的修改,就可以产生西方的纺车,因而是后者的最接近的先驱者。卷纬车上也有主动轮和小滑轮,装在机架里的轴承上,用一根无端带联接起来。在欧洲以外,他没有找到卷纬车存在的证据,但是中国的图画和文字引证的日期,又比欧洲的早得多。约1310年的伊普尔(Ypres)的《行业手册》(*Book of Trades*)②上,有一个相当清楚的卷纬车图画;而沙特尔大教堂的著名窗上的纺织轮(1240—1245年)③,几乎可以肯定必须解释为卷纬车。没有更早的迹象。在旧大陆的另一头,我们可以从1313年的《农书》开始,它有"维车"或"纬车"的记载和两幅图画④。从那里我们可以上推到约1145年楼璹的《耕织图》。较晚的版本⑤中在"纬"字标题下没有表示卷纬车,但是很幸运,1237年的版本清楚地表示了一台(图408)⑥。既然有五个卷筒放在机器旁边的地上,它一定是用来把丝拈合在小卷筒上,而不是卷在梭子的筒管上,除非这些操作在那个时代是联合在一起的⑦。1874年,德·巴维尔(de Bavier)⑧根据亲眼见到的日本农村丝业的情况,作出一幅版画,表示很类似的机器正在被利用来拈合

---

　　① 正如船尾舵恰好是在船上没有船尾柱的文化地区内发明的(将在第二十九章谈及)一样,发明短纤维工业用纺车的发生环境,却是长纤维工业所要求的连续旋转运动。这是令人欢迎而感兴趣的一件似非而是的事。

　　② Gutmann (1); Patterson (1), fig. 183。

　　③ Delaporte (1), vol. 2, pl. cxxix, vol. 3, pl. cclxxi。

　　④ 卷二十一,第十三页,第十四页。以后的农业百科全书,如《农政全书》,卷三十四,第十一页和《授时通考》,卷七十五,第十五页,逐字抄录并复制图解。

　　⑤ 1462年(明)和1739年(清)的版本,由弗兰克[Franke (1)]复制。

　　⑥ 由伯希和[Pelliot (24)]复制,作为他的图版LVII。

　　⑦ 林恩·怀特[Lynn White (5)], p. 518]勇敢地试图从中国资料中寻找证据,但是发现这些证据很难理解。弗兰克[Franke (11), p. 177]从1742年版的《授时通考》复制了有摇手柄的卷纬车图,并加上了注释,这个注释不是取自楼璹的任何一首诗,而是取自1739年版《耕织图》中某些文人所作的散文之一。在说明以"纬"为题的图时,这些文人只提到把丝拈合到圆筒上。这使弗兰克本人也困惑不解。困难在于,《耕织图》的各个版本中,好几种不同的操作都在一个"纬"字的标题下表现出来。宋代版本(1145—1275年)作为它的图21表示了一个用以拈合丝线的卷纬车,如我们刚才提出的。弗兰克[Franke (11), pl. LXXXIX]所复制的明版本(1462年)的图21则表示很不同的操作——把"缫车"大丝框上的丝绕到小丝框上以备"络车"之用。这种操作时常在各农业书上描写;参见《农书》,卷二十一,第十五页,第十六页,或较晚的《授时通考》,卷七十五,第十三页。然后,弗兰克[Franke (11), pl. xc]所复制的、上面有文人的注释的、清代第二版(1739年)图十六,表示从地上的四个小丝框把丝拈合到装在专用架子上的大圆筒上,而不是绕在卷纬车的丝框上。最后,我们认为明版图20[Franke (11), pl. xcv]表示用来拈合丝线的设备,基本上和清代第二版的图16相类似。或者它的标题"经"是17世纪的一个错误,或者更可能的是,这个机器在那时候同时用于经线和纬线。1696年的清代第一版的"纬"图,除了仍保留楼璹原诗之外,与第二版的图是相同的。

　　不幸,林恩·怀特在他的重要的较晚的书上[Lynn White (7)],特别是pp. 111, 114上,错误地处理《耕织图》的证据,没有认识到弗兰克[Franke (11)]的书只有和伯希和[Pelliot (24)]以后的发现联系起来,才能利用。我们不像他所认为的,决不能为15世纪版的证据所局限。画家程棨(见下文p. 167)根据汪纲和楼璹在1237年版本的插图作了一系列的画,这些画不可能同1210年的原图相差很远,而无疑地和楼璹自己的画(1145年)极相似。程棨的画于18世纪被重新发现并献给乾隆皇帝,乾隆命人把画的内容刻在皇宫的石碑上,并亲自加上历史性序言(1769年)。这些石刻现在可能是失踪了,但是石刻的拓本在伯希和[Pelliot (24)]仔细地描写和编辑的瑟马莱画轴中保存起来。这样,我们有宋代技术的一个可靠记录;虽然在本书的全部文字里,我们不总是坚持1145年这个年代(这个年代决不是不合理的)。但是我们认为,这个现存的《耕织图》的最早版本的确使我们有权作出13世纪初期(1210—1237年)的坚定结论。当我们引证到它时,要时时记住更早的12世纪日期的含意。

　　⑧ de Bavier(1) p. 134和pl. 11, fig.1。卷纬车见pl. III, figs 2, 3。

图版 一五三

图 408 用于搓丝和准备纬线的卷纬车,采自 1237 年版的《耕织图》(1210 年)(瑟马莱画轴)。图上的诗是乾隆皇帝的诗,而不是本书(p.107)所录的楼璹的诗。

图版　一五四

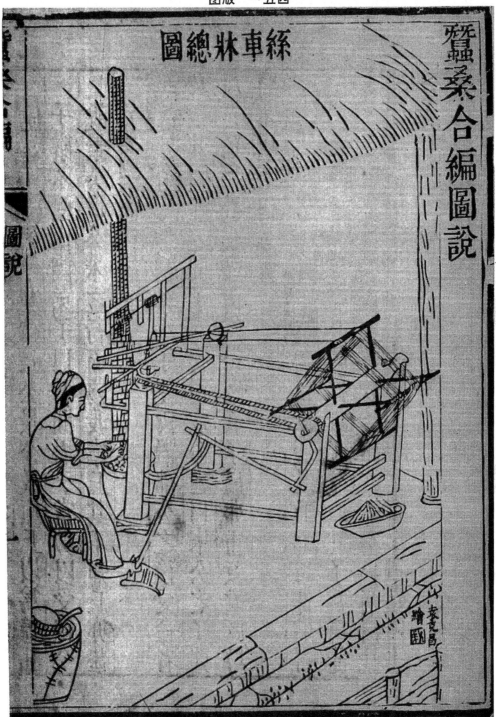

图 409　中国的古典缫丝机("缫车",图上叫"丝车床"),采自沙式庵等的《蚕桑合编》(1843)。这本关于蚕丝的书虽然编写较晚,却是严格传统性的,完全遵照 17 世纪的型式,对于机器每一细节的描写和插图都符合秦观在 11 世纪后期写的《蚕书》。蚕丝从机器左下方热水盆内的茧子上抽出来,向上通过"做丝眼"(装在"牌坊"下面的横木上,形如小环和小滚筒,转向下方通过"丝称"(最简单型式的锭翼)上的"送丝钩"向右斜上主丝框。全机的动力来自操作者的足踏运动,经过可屈伸的联接杆和曲柄使主丝框旋转。同时,套在主轴的传动绳驱动装在左方前柱上的立式小滑车,滑车上面装有偏心凸耳;丝称的前端套在凸耳头上,后端则在左方后柱上的圆环内滑动,小滑车的旋转,通过偏心凸耳的作用,使丝称和装在上面的送丝钩前后摆动,因而绕在主丝框上的丝也从一侧至另一侧均匀地分布在一定的宽度上。这种机器在技术史上有几个方面的重要性(参见 pp. 382 和 404)。图的右下方题着"袁克昌绘"。

丝线。在 1237 年版《耕织图》的画的右侧,有楼璹的原诗如下:[1]

　　"纬":

　　把纬丝泡浸好[2],准备织作;

　　寒家女两个小髻匆匆地扎在头上。

　　缫卷交拈,合成一缕长丝;

　　送上提花机,可织就百种花样。

　　春笋般的尖尖十指,在寒冷的水里摆弄;

　　大轮的影子,好似月中的蟾[3]。

　　勤劳的姑娘小阿香,不断摇动纬车,

　　尽管晴空一碧,却似推动雷车隆隆地响[4]。

　　〈"纬"

　　浸纬供织作,寒女两髻丫。

　　缫卷一缕丝,成就百种花。

　　弄水春笋寒,卷轮蟾影斜。

　　人间小阿香,晴空转雷车。〉

　　我们毫不踌躇地承认,中国在 12 世纪中叶就使用卷纬车,比欧洲的卷纬车的出现早将近一百年。更值得注意的是,公元前 1 世纪至公元 3 世纪的文字和浮雕,把卷纬车的出现上推到公元开始时(关于这些文字和浮雕的讨论,我们必须推迟到本书的另一部分(见下文 p. 266)。丝业必须处理极长的连续纤维,因而刺激了纬车的发展,只能这样来说明中国纬车遥遥领先的原因。

　　的确,如果说为了把丝卷缠在梭子的筒管上和搓丝,传动带很久以前就研制出了,那么,它极其可能早就用于最基本的蚕丝操作,即从未破坏的茧上抽出丝来并把它卷缠在机框上的操作。如我们在别处(上文 p.2 和后面第三十一章)所说明的,人们借助于 17 世纪的插图[5](图 409),可以把秦观约于 1090 年写的《蚕书》所描写的古典缫丝机("缫车"、"繀车"、"糁车")和它的摆动的"原型锭翼"完全复原。在这个机器中,绕丝的主丝框由脚踏动作供给动力,而锭翼的"丝称"则同时由辅助传动绳带动[6]。在 1237 年版《耕织图》的插图中,这个机器是可以清楚地认出的[7]。这种结构对于传动带的历史是如此重要,读者可能在这个阶段就愿意看到《蚕书》上的原文,它说[8]:

　　滑车在中腰备有凹槽,以接受传动带(绳);无端的传动带(绳)响应机器的运动,连

108

---

① 由作者和鲁桂珍译成英文。诗中文字和《耕织图诗》的文字一致。

② 这指去胶过程之一。

③ 这句诗内的"轮",清楚地指卷纬车的主动轮。这个没有整体辋的轮具有伸展开来的辐条,使它像鹰展翼的蟾。以后我们将看到,另一意义相同的名词:"虾蟆",常被用来表示翻车上的链轮;参见 pp. 345 ff. 。

④ 这种嘈声有重要性(见下文 p. 269)。

⑤ 特别是明版的《天工开物》,卷二,第三十三页;第一版,卷二,第二十页的图绘得较差。

⑥ 我们将在别处(p.404)提到这种两重功用的历史意义。

⑦ Pelliot (24),pl. L。虽然画家删去了传动带,但是"丝称"和小滑车上的偏心凸耳可以清楚地看到,它们明确暗示有传动绳存在。明清的图画[Franke (11),pl. LXXXIII 和 LXXXIV]虽然在艺术形式上越来越考究,但在内容上则越来越坏。因此,Patterson (1),fig 160 未能使这种机器为人所理解。

⑧ 第三页上,由作者译成英文。

续不断地带动滑车,使它旋转。

〈鼓生其寅,以受环绳,绳应车运,如环无端,鼓因以旋。〉

这段文字可以证明,在 11 世纪已有传动带。虽然传动带在缫丝机中是附属于主运动的,而在卷纬车和纺车中则是必不可少的要素,但是缫丝机本身也许是比卷纬车或纺车更基本的机器[①]。因此,传递动力的无端传动带的最古老应用,可能是把新鲜的蚕丝均匀地卷缠在丝框上。而且在缫丝机中,动力传递并没有牵涉到机械增益问题,这个事实也可能使我们认为它是较古老的用途。无论如何,如果缫丝机不是至少和卷纬车一样古老,那会是很令人惊愕的。

在中世纪的中国,能使用传动带的领域不仅仅是纺织技术。我们对于中国第一次使用循环传动绳索年代的估计,可能也决定于公元 1 世纪用以操作水力冶炼鼓风机的机构究竟是怎样的性质。水排是一个有趣的问题,将在下文(pp. 369ff.)讨论,此处只须提出,从 1313 年起的书上插图,表示卧式水轮的立轴上都装有一根传动带,以带动具有偏心凸耳的小轮,将旋转运动转变为直线往复运动以推挽一个活塞或风箱,与 19 世纪初所用的方式很类似。应该注意,在缫丝机上只有连杆,在这里加上一个真正的活塞杆。但是,可以强调地说,汉代用简单的碓机构,更迭地压下和释放一对皮囊鼓风器;如果是这样,传动带便是以后才出现的。无论如何,在 13 世纪的下半叶广泛使用传动带,比欧洲重工业中使用它还早得多。人们倾向于推测,在六朝时期(如果不是在汉代),冶铁名匠和水轮设计师已从纺织技术工作者引进传动带的技术。

以上所讨论的"卷缠连结",适合于带轮式的光轮面传动。但是有齿的轮也可属于这种传动原理,而当我们让齿轮的齿与一条链的环节之间的空间相啮合时,工程师行业的惯用手段中又增加了一种功率大、潜在精度高的新设备。

链传动(图 390,o)的历史略有不同,因为古代西方对传动链比传动带还更重视一些。无 109端循环斗链是较晚的阿拉伯文化的特征,菲隆在公元前约 200 年描写它时,用一个阿拉伯名词(*sāqīya*)[②],以后维特鲁威[③]也是这样。但是这种类型的链泵,通常让链带的下端在水中自由,并没有把两个链轮互相紧拉。甚至当有两个轮时,并没有在它们之间传递动力。菲隆的设计曾经被贝克[Beck (5)]仔细地复原[④],有特殊三角链轮的布置,使链条在行程的两端与链轮相啮合。这个设计显得如此不切合实际,使很多人怀疑它是否实际上制造过。维特鲁威(公元前 30 年)没有提供他的链轮的细节,但是从内米湖的大型驳船中找到的罐式链泵破碎部分(约公元 40 年),很清楚地表明是精细地制成接受梨形戽斗的五角链轮[⑤]。因此,如果菲隆的设计停留在纸面上,我们可以假定这种设备约在公元前 2 世纪末获得实际应用[⑥]。

拜占庭的菲隆在另一用途上,即在他所设计的连珠弩炮上,也利用了循环链[⑦]。根据他

① 在这一段我们说话很谨慎,因为很可能从破坏的野蚕茧缫丝要比从完整的家蚕茧缫丝早一些,这就使纺车上推到其最古老的地位。但是,商代人无疑是用手来纺丝的。

② 他的原文的英译文,见 Carra de Vaux (2), pp. 224 ff. ;参见 Usher (1), 1st ed. p. 81, 2nd ed. p. 130;也见 Ewbank (1), pp. 122 ff. 。见下文 pp. 352 ff. 。

③ x, iv, 4。

④ 按照德拉克曼[Drachmann (2), p. 66]的解释,有一个独立的下射式水轮通过真正的循环链来带动斗链的上端链轮,但是我们比较赞成贝克的复原,他假定斗链下端的轮本身就是水轮(也许像某些较晚的中国型式,参见下文 p. 355)。

⑤ 见 Moretti (1), p. 33; Ucelli di Nemi (2)。

⑥ 在与汉代相接近的年代,中国大概已知道戽斗(参见下文 p. 358)。中国引进斗链的时代则较晚些。

⑦ *Mechanica*, IV, 52 ff. 菲隆把这个发明归功于一个先驱者——亚历山大里亚城的狄俄尼西乌斯(Dionysius)。

所写的文字而进行的复原[1]，在弩炮柄的两侧各有一根循环链，围绕着五角链轮前后运动，后边的链轮被装在同轴上的绞车推杆转动。在循环链的任何一点上可以固定一个爪形附件，依靠它把弩炮的弦拉回来，同时，一根新箭从上面箭匣降落在一条槽上。这个机器是很巧妙的[2]，但是它有没有在较大规模上使用过，甚至有没有制造过，都是很可疑的。无论是在文献上或考古发掘上，肯定没有曾经使用的证据。而且菲隆本人也轻视它的价值，他说：把这样多的箭向同一方向射出是没有意义的，只能让敌人拾起射回来[3]。无论如何，在这里对于我们有关系的只是它的原理。应当指出，这种循环链虽然传递动力把弩弦拉紧，却并不从一根轴传递到另一根轴，因而不能认为是真正链传动的直系祖先。

110   链传动很晚才在欧洲出现。西方技术史家[4]直到公元18或19世纪才找到真正的链传动。约1438年，雅各布·马里亚诺·塔科拉(Jacopo Mariano Taccola)图示了一条手操作用的像现代机器工场里小起重机所用的循环悬垂链[5]。约1490年达·芬奇绘了一些由铰接链节组成的链的精致图画，并利用这种链旋转枪炮的轮锁[6]。这种链传递螺旋弹簧的动力，但不是循环链。拉梅利于1588年绘了一条链(不是循环链)，在双筒泵的主动轮上面摆动(参见图613)[7]，但是他在其他三个地方确实描写了真正的连续链传动[8]，虽然卷缠的轮似乎时常是滑车而不是链轮。直到约1770年，沃康松(de Vaucanson)才研究出工业上实用的链传动。他把它用于他的缫丝机和搓丝机上，他在去世之前大部分时间忙于研究制造标准链节的机器[9]，加勒(Galle)于1832年制成与链轮的凸出齿相配合的铰链式链节[10]，此后，埃夫林(Aveling)于1863年把链传动应用于车上，特雷夫茨(J. F. Trefz)于1869年应用于自行车上。

链传动在中国发展的经过是很不相同的。最独特的中国提水机器——有辐射状踏板的方板链式泵("翻车")在水槽的两端必须各装链轮。这种机器的插图见流传下来的最老的农业机械书籍(1145年起)以及所有较晚的这种书籍中[11]，本书将在适当的时间论证[12]。翻车的发明可以可靠地定在汉代(约公元1世纪)，因此比古希腊人的罐式链泵略晚一些。它是一种非常实用的机器，从汉代以来数以十万计的翻车星罗棋布在中国农村里。但是，它如同罗马

---

① Beck (3)；Schramm (1)；Diels (1)；Diels & Schramm (2)。

② 我们将在以后看到[第三十章(e)]，中国的弩传统也产生了连发的武器，但是只用杠杆机构使这装置准备发射。与希腊的设计相比，中国的连珠弩对于某些用途是很实用的。

③ IV，59。

④ 例如：Uccelli (1)；Feldhaus (1)；Singer et al. (1)；Forbes (2)。

⑤ Feldhaus (1)，col. 562。又在 Ramelli，见 Beck (1)，p. 210。

⑥ Feldhaus (1)，cols. 444 ff.，562；Uccelli (1)，p. 75；Ucelli di Nemi (3)，no. 9。

⑦ 有几种不同的设计，参见 Beck (1)，pp. 213 ff.。拉梅利的水渠设计之一(94号)有循环链，但是它只前后摆动以作用于水泵的横杆，链的主动轮则由原动力通过杠杆、连杆和曲柄的作用，旋转到几乎最大可能达到的行程[见 Beck (1)，p. 220]。

⑧ 见 Beck (1)，p. 221。链的性质以及链和轮的卷缠结合方式，各有各种奇异的变化。拉梅利的第39号有大的方链节，链节之间用两个自由活动的小圆链节连接起来，方链节似乎与轮的凹处结合，好像嵌在两个扁齿之间一样。93号有同样的链，但是轮槽底有矮的凸出部分，可以嵌入两方链节之间。126号的链节是圆的，链在叉形大钉之间通过，毫无链轮的迹象。这种布置也在79，86，92和168号作为自由悬挂的牵引链出现；它也在94号作为摆动链出现，在这个例中链通过没有齿而有平槽的光边轮。

⑨ 伟大的法国工程师沃康松(1709—1782年)的许多设计和模型，都保存在巴黎美术和工艺博物馆(Conservatoire des Arts et Métiers at Paris)内，据说他的制链机器也在内。很不幸，在法国科学院(Académie des Sciences)出版的他关于丝织技术的论文(1—3)里，没有他的传动链的插图。

⑩ 参见 Eude (1)，p. 136。

⑪ 见下文 pp. 339 ff.；同时参见 Hommel (1)，p. 50；Ewbank (1)，pp. 149 ff.。

⑫ 本册 (g)。

帝国的链泵一样，也不是动力传递机器。

　　但是它也许启发了真正的发明。当本书以后[①]研究8世纪初期以来中国机械钟的建造者的著作时，我们将看到，真正的链传动——"天梯"——得到很多应用。在1090年的著名天文钟楼中，垂直的主传动轴显得太长，不久就进行改造，上层浑天仪所需要的动力由循环链传递，在以后的改造中逐次将链缩短，效率也越高[②]。在苏颂这个杰作中，最上部的轴驱动装在浑天仪下面的齿轮箱内的三个小齿轮（图410）[③]。但是这还不是最早的链传动，因为有某种理由使人相信，张思训在978年所建的用水银驱动的钟也有链传动。因此从现在看起来，传动带和链传动这两种基本发明似乎都要归功于中国，而不是欧洲。

（4）曲柄和偏心运动

　　在一切机械发明中，曲柄（"曲拐"）[④] 的发明也许是最重要的，因为它使人们有可能最简单地实现旋转运动和往复直线运动的相互转变。林恩·怀特在一段令人赞美的文字里说："连续转动是无机物质的典型运动形式，而往复运动则是在生物中见到的唯一运动形式。曲柄把这两种运动联系起来。我们是有机体，不容易习惯于曲柄的运动。为了使用曲柄，我们的肌肉和腱必须把自己与银河系和电子的运动联系起来。我们的种族早就从这个不人道的冒险退却。"[⑤]曲柄的主要型式表示在图390中。图 p 表示最简单的，也许是

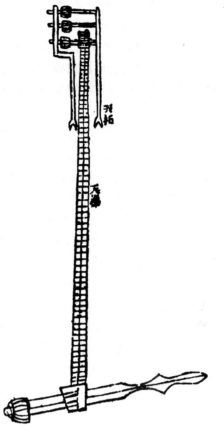

图 410　传递动力的循环链传动的最古老图画，采自苏颂《新仪象法要》(1090)，卷三，第二十五页。这条"天梯"在开封的著名天文钟楼的第一和第二次改建中，用来连接主动轴和浑天仪的齿轮箱。见下文图 652 a 和 p. 457。

最古老的（或更可能是次之的）曲柄形式；当某人感觉到，近轮周的一点上装一个与轮平面成直角的柄，会使轮更容易地用手转动时，这种型式就诞生了。其次，用连杆与柄连接以代替人手的直接接触，就成为图 p′ 的形式。如果在轮周上伸出一个凸耳，并在凸耳的头上装柄，就可以获得更大的杠杆率（图 b″）；这个系统可能是绞盘或辘轳的推杆（图 b）的改进。在轴上斜插入一根木条（图 p″），也可以起曲柄的作用，这就成为曲柄的代用品（很难说是原始的或变

---

　　① 本册 (j)。

　　② 参见下文，p. 457，以及 Needham, Wang & Price (1)，pp. 40，49。

　　③ "天梯长 19.5 英尺，是铁制的链，其链节相连成为无端循环迴路，链从上链轮下垂……通过装在主动轴上的下链轮"[《新仪象法要》，卷三，第二十六页，译文见 Needham, Wang & Price (1)，p. 47]。作者们不了解这根链的确切性质。从苏颂书上的图得到的印象，它是用双铰链节构成的。

　　④ 随着本书的进展，将照常提供中国的名词（参见下文 p. 120）。关于特别有趣的西方名词和它们的起源，见 Lynn White (7)，pp. 106 ff.，166 ff. 。

　　⑤ White (7)，p. 115。我并不确信这个说法的绝对正确性，如轮虫就是例外，但是笼统地说，它是正确的。

质的代用品）。曲柄本身（即径向部分）在图 p 上是看不见的，而在图 b'' 上则是半发展的，它可以表现为完全发展的曲柄臂或摇手柄的形式（图 q）。相反，轮也可以是看不见的（参见上文 p. 89），只剩下曲柄臂本身（或偏心凸耳，图 r），曲柄臂也可以连接一根连杆（图 r'）。如果把两个曲柄臂复合组成曲轴（图 s），就可使机器获得更大的刚性；如果通过一个铰链接头，把连杆和另一根杆连接起来（图 t），就可以把旋转运动转变为像活塞运动那样的纯粹直线运动。

在技术史家中广泛流行的印象是，曲柄的出现是比较晚的。厄舍说[1]，没有证据说明中世纪以前有任何形式的曲柄，这是一般的看法[参见 Haudricourt (2)]。在赫伦和其他亚历山大里亚人所描述的装置的复原图中[2]，确实有摇手柄（曲柄）出现，但是在他们的文章中没有多少资料可以证明摇手柄的存在，而这些仅有的极少资料也很可能是在 10 世纪，即在古斯塔·伊本·卢卡·巴拉巴基（Qustā ibn Lūqā al-Balabakkī）时代，当这些文章被译成阿拉伯文时加进去的[3]。吉勒[Gille (2)]和福布斯[Forbes (2)][4] 在约写于公元 830 年的乌特勒克的圣经诗篇集中，发现曲柄的第一个证据，在这里，曲柄是和旋转磨轮结合使用的[5]。据说在 10 世纪伟大的西班牙穆斯林外科医生阿布·卡西姆·扎腊维[Abū al-Qāsim al-Zahrāwī (Albucasis)]的著作中，出现有摇手柄的用以在头盖上穿孔的环钻[6]。在 12 世纪的上半叶，特奥菲卢斯描写镟削铸件型心用的曲柄[7]。1335 年基多·达·维格伐诺图示用人力旋转的曲轴和齿轮来推进的轮船和战车或"坦克"[8]。到 15 世纪初，曲柄已明显地成为常见的装置[9]，因为我们在康拉德·凯塞（Konrad Kyeser）的手稿（1405 年）上见了多次[10]，也在无名氏胡斯派工程师的手稿（1430 年）上见到充分发展的（甚至两副曲柄的）曲轴[11]。凯塞把它用

---

[1]　Usher (1), 1st ed. p. 119, 2nd ed. p. 160。

[2]　Garra de Vaux (1), p. 462；Beck (2), p.86。厄舍[Usher (1), 2nd ed. p.149]对于赫伦的视准仪（dioptra）加上一个曲柄，但是德拉克曼[Drachmann (3), p.127]已正确地把它绘成是装小推杆的。辛格[Singer (11), p. 87]审慎地改正他以前的书[Singer (2), p.82]的错误。吉勒[Gille (14) p. 635]承认"亚历山大里亚"的曲柄运动的真实性，这似乎是错误的。在考古工作方面，林恩·怀特[Lynn White (7), pp. 105 ff.]的批判，已否定了内米湖船中（约公元 40 年）清舱底用的链泵装有曲轴的说法。

[3]　但是作者的朋友德拉克曼博士觉得奥里巴西乌斯（鼎盛于公元 362 年）和阿基米德的某段文章中，似乎需要假定有曲柄。我希望他不久就摆出这个说法的证据。

[4]　Forbes (2), pl. 2 和 p.113。也见 Lynn White (7), p.110。

[5]　在坎特伯雷（英国剑桥）的埃德温（Eadwin）的诗篇集（写于约 1150 年）里，有很相似的另一手稿的插图；费尔德豪斯[Feldhaus (2), pl. VIII]把这个图制成彩色图。参见 Gille (14), p.651。

[6]　Horwitz (4)，但是林恩·怀特[Lynn White (7), p.170]对此提出怀疑。伊本·西那（Ibn Sīnā）可能有资格代替他。

[7]　见 Theobald (1), pp. 114, 340, 341。

[8]　参见 Gille (14), p. 651；A. R. Hall (3), (6), p. 726。

[9]　在下列著作中可以找到很多例子：Hamilton (2)；Thomson (1)；Gille (14)；Feldhaus (20), pp. 223 ff., 236。

[10]　Berthelot (5)；Usher (1), p. 128。在马德里的普拉多博物馆（Prado Museum）内，可以看到比 1405 年晚约二十年的另一例，这就是锡古恩萨的名画家所绘的装饰屏风，它表示很清晰的摇手柄转动两个带刀的轮，整个是圣凯瑟林（St. Catherine）殉道情景的一部分（no. 1336）。在埃塞克斯（Essex）的美丽萨克斯特德（Thaxted）礼拜堂的南廊最东边柱子的头上，有一幅约 100 年前的雕刻表示同一场面，雕刻中的摇手柄是同样的清晰。

[11]　Berthelot (4)；Usher (1)；Feldhaus (1), col. 593；Beck (1), pp. 274 ff.；Gille (12), (14), p. 653。约 1480 年的《中世纪家庭读物》(Mittelalterlich Hausbuch)一书上[Anon (15), Essenwein ed. pl. 48a, Bossert & Storck ed. pl. 47]有一幅画得很好的磨坊图，图上又出现曲轴。

于斗链泵、阿基米德螺旋式水车和若干铃组成的环中,胡斯派则把它用于舂磨、有直角齿轮的谷物磨和轮船中。到 1556 年,完整的两副曲柄的曲轴在阿格里科拉的著作中已是常见的了[①]。吉勒[Gille (2)]正确地作出结论说,在 14 世纪初以前,西方不知道真正的曲轴。

不难明白复式曲柄或曲轴是怎样诞生的。东英吉利的勒特雷尔(East Angilian Luttrell)的圣经诗篇集(约 1338 年)上,图示一个磨轮由两个人利用相隔 180 度的两个摇手柄旋转[②]。用以引弩待发或拉紧重型钢弩的、装有曲柄的辘轳常被认为起始于那个时代,但是无可指责的证据不早于 1405 年(凯塞的手稿)[③]。为了创作曲轴的形式,只要在鼓轮的两头放两个摇手柄成一直线;但是必定需要机械天才来看出从一个弯曲系统的中心输出,或向它输入转矩的利益,这个弯曲系统好似在轴本身而不止在两端体现了偏心件的作用[④]。如果基多·达·维格伐诺不是体会这个原理的第一个人,他也属于第一代人。但是,关于简单曲柄的起源还有一些要谈的。

114

埃及在古王国时代,已有可能有原始型的手摇曲柄钻[⑤],这是埃及古物学家久已熟悉的事实。图 411(a)采自博尔夏特(Borchardt)的书[⑥],表示得自一个浮雕的这样的钻,它包括有钻头,显然是常用新月形火石制成;人紧握钻头的曲柄;上面放有充作重物、大概也充作飞轮的两袋石子。图 411 (b)采自德·摩根(de Morgan)[⑦],图 411 (c)采自纽伯里(Newberry)[⑧],都说明用钻在石容器中镗孔或把容器挖空,这些图画具有特殊意义,因为顶上的柄(也许是小羚羊的角)是斜的(参看图 390 p'')。克莱布斯(Klebs)[⑨] 复制了约公元前 2500 年的萨卡拉(Saqqara)一个墓内类似的浮雕。他描写了[⑩] 由多种中王国的硬石(玄武岩、黑花岗岩、斑岩、蛇纹岩、等等)制成的镗孔瓶子。甚至有一个专门的象形字代表这种工具[⑪](图 411 d),它似乎是描绘曲柄钻和钻头,但柄的形象比实物更像曲柄[⑫]。似乎这种工具很缓慢地从埃及传播

---

① Hoover & Hoover,译文见 p. 180。

② Millar (1), fol. 78b。

③ 很遗憾,我们不能接受林恩·怀特[Lynn White (7) p. 111]曾经接受的、米斯[Mus (2)]的下列意见:1185 年在大吴哥(Angkor Thom)巴云寺(Bayon)墙上浮雕的高棉(Khmer)军队的一些弩,是用装摇手柄的绞车引弩待发。我们详细研究了所发表的照片[参考文献见本书第三十章(e)],并在当地亲身检查了浮雕之后,确信这个意见是不正确的。以后我们将说明,中国用旋转运动引弩待发,确实不是从 14 世纪而是从 8 世纪开始的(如果不是更早),1044 年的《武经总要》("前记",卷十三,第六页至第十二页)所描写和绘图的连弩都有绞车,但是它们都装有手推杆而不装曲柄。因此我们认为,对于描写中国专家吉杨军在 1171 年介绍的巴云寺浮雕,应当同样地解释。虽然图中时常表示炮手将手放在绞车上,但是在绞车的两端并没有摇手柄的迹象。

④ 第一次发明曲轴之后不久,欧洲工程师们很快就开始把它们并联起来,以便从一个动力来源使几个曲轴并列地旋转,或者相反。1463 年以前,瓦尔图里奥(Valturio)绘一幅用一根连杆和五根曲轴连接的轮船图,他的设计在 1472 年付印[Lynn White (7), p.114]。约 1490 年,弗朗切斯科·迪·乔治·马丁尼速写了类似的一对曲轴(同书,图 8),而达·芬奇在他的离心泵的设计中也是这样。就我们所知,中国直到 19 世纪,才在脚踏机操作的船中出现这种并联的偏心轮,这可能是受到铁道机车的并联立动轮的影响(参见下文图 636 和 p. 427)。

⑤ Leroi-Gourhan (1), vol. 1, p. 186; Lucas (1), p.84; Zuber (1)。

⑥ Borchardt (2), pp. 142, 143。

⑦ de Morgan (1),vol. 1, p. 123。

⑧ Newburry (1), vol. 1, pl. XI。

⑨ Klebs (1), p. 82, fig. 66. 柴尔德[Childe (15), p. 193]的复制品较易看到。

⑩ Klebs (2), pp. 107,115; (3), p.100。

⑪ Firth & Quibell (1), pp. 124, 126。

⑫ 假定在前几百年中没有发展。

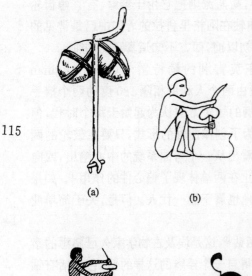

115

图 411　古代埃及的曲柄钻——手摇曲柄钻的先
驱者，采自古王国的浮雕。(a)用石子作
重物的斜曲柄火石钻，根据 Borchardt
(1)；(b)正在钻制石盆的相似的工具，根
据 de Morgan (1)；(c) 钻制花瓶，根据
Newberry (1)，采自贝尼哈桑 (Beni
Hasan) 的发现物；(d)代表曲柄钻的中王
国象形文字，根据 Firth & Quibell (1)。

出去；例如，皮特里(Petrie)[1] 并不知道有希腊－罗马
的例子。欧洲最早的曲柄钻或木工曲柄钻的插图在德
国、法国和佛兰德(Flemish)约 1420 年以后的画中出
现[2]。在布鲁塞尔的梅罗德美术馆 (Mérode Gallery)
内，画家佛兰德(Flemalle)于 1438 年所绘的圣坛画
板上，也看到这种钻[3]。在那个时候，这个工具已经成
为曲轴而不是曲柄，但连杆部分仍然是工人的手臂。
在普通手推的谷物磨或手磨也是这样[4]。曲柄的起
源，仍然需要在公元开始以前很久的时代去找[5]。

某些古代埃及曲柄钻似乎有斜柄，这是很有趣
的。假定为了辩论起见，这个代替了两个直角的斜柄
是一种原始的特征，但是在某些中国的矿工和农民的
粗糙的辘轳上，斜柄仍然保持到现代(图 412)[6]，这是
很惊人的。在墓画中，特别是山西绛县女真金代(12
世纪)某些古墓画中，井上的辘轳也装有斜柄，这些墓
画新近由张德光(1)加以研究，并于 1958 年在故宫博
物院展览[7]。在公元前约 1 世纪的欧洲手磨中，也见
到斜柄[Curwen (3)]。南美混合血统牧人的打火钻，
是曲柄形式的斜柄钻，相当于现代的手摇曲柄钻[8]，
它只是微弯的、扭成曲柄形的一根有弹性的木条。它因
达尔文(Darwin)和泰勒(Tylor)的叙述而闻名，但现在
认为是起源于欧洲，而不是美洲印第安人的创造。

---

① Petrie (1)，p. 39。但是，他认为他有一个亚述曲柄钻的证据[(3)，p. 19，pl. XXI]。参见 Aldred (1)。

② Gille (2, 14)；Thomson (1)；例子很多。讨论见 Lynn White (7)，pp. 112 ff. 。

③ Mercer (1)，p. 206；Heidrich (1)，fig. 20。

④ 很多人认为，手摇磨是曲柄运动的第一次确实的出现，例如 Lynn White (7)，p. 107。但是它在什么时候出现的
呢？欧洲手推磨出现的年代仍然是很不明确的。柯温[Curwen (2)]的意见是，具有单垂直木柄的手磨的第一次出现，不会
比公元 400 年早得很多，这个意见提出后，经过 30 年的考古研究，它仍然是适当的。林恩·怀特详细讨论了这个问题。公
元 400 年相当于晋代的后期，但是我们将看到(p.189)，旋转手磨在中国可以上推到秦代(公元前 3 世纪)。需要对旋转磨
的型式作专门的研究，以便确定其中单垂直木柄式的曲柄出现的大约年代。根据目前可利用的证据，具有孔以接受单垂
直木柄的旋转盘，似乎在中国比西方早二三百年。

⑤ 某些考古学家不大愿意接受这个解释，部分地可能是因为埃及式曲柄第一次出现之后，在很多世纪中并不领
会曲柄的原理。例如，奥德里库尔(André Haudricourt)先生宁可认为这个象形文字代表弓钻(他的意见不是公开发表
的)。柴尔德[Childe (11)]倾向于同意克莱布斯和冯·比辛(von Bissing)的意见，认为钻顶上的羚羊角保持不动，成为承
窝或轴承，使钻可以在里面旋转。但是他指出，即使这个工具不牵涉到曲柄的原理，它很可能意味着，埃及人在公元前
2500 年已发现旋转运动的新应用，因为到那个时候，陶轮已经在美索不达米亚使用了整整 1000 年，在埃及大概也使用了
200 年。林恩·怀特[Lynn White (7) p. 104]接受了柴尔德的意见。而我仍然认为埃及的资料是重要的。

⑥ Hommel (1)，pp. 2,3。手磨可能也是这样[Giglioli (1)]。鉴于这个斜曲柄的存在，代表曲柄的某些中国名词是
含意深远的，例如"弯轴"和"屈曲"。对比德文的"Kurbel"(曲柄)。

⑦ 也在 1126 年张择端的《清明上河图》[郑振铎(3)，图版 5]和约 1350 年的山西《永乐宫壁画》[邓白(1)，图版 13]上出现。

⑧ Frémont (5)；McGuire (1)，p. 704；Leroi-Gourban (1)，vol. 1，pp. 107，186。

图版　一五五

图 412　农民井上辘轳的斜曲柄,黑龙江省甘南(原照片,1952)。参见 Hommel(1), pp. 2,
3。

据我所知,最异常的一种斜曲柄就是在某些中国纺车(图403)中见到的,并且是它们所特有的脚踏曲柄[1]。在这种装置中,踏板的一端在近轮毂处与一根辐条连接,另一端则松松地放在纺车架上;如照片所示,用脚踏动踏板就可以使机器转动,如果用像金属那样的刚性材料来代替木板,则至少需要加一个万向节。这个值得注意的装置似乎是纯中国式的。某些中世纪的欧洲手推磨中的长摇手柄,有些和它相似[2]。

西方技术史家曾经难于断定普通装曲柄的井上起重机的起源年代。最富于批评分析性的最近讨论[3],没有能提出比1425年纽伦堡的门德尔基金会(Mendel Foundation)[4]画像集中的一幅袖珍画更早的资料。因此,中国中世纪的辘轳非但在斜曲柄上,并且在正常直角曲柄上也领先。后一种类型的最早插图出现在《农书》[5]上,这意味着在13世纪已有这种设备,因为书上清楚地描写了它的结构,它的存在是没有疑问的。

下述观点时常得到技术史家的认可,即近圆周处装有直立手柄的简单手磨(见图443)体现了曲柄的原理(参见图390 p),这是时常被承认的[6]。本书将在别处(pp. 187, 189)讨论东西方使用这种磨的先后,但是次序还未能鉴定。在全部中国文化地区内,很早就在手推磨上装一根不同长度的连杆(除了工作者的手臂外),这肯定在宋代就已经存在[7]。图390 b''表示另一种型式(图444),它由增大偏心度以取得较大的机械增益[8],这是绞盘或绞车的推杆与曲柄之间的过渡形式。最后,这种类型的磨也装上不同长度的连杆(图413)[9]。在这种发展过程中,诞生了中世纪中国工程师非常喜爱的偏心凸耳装置。例如,发现这种凸耳装在从公元1世纪的水排演变出来的14世纪的这种机器上(见p. 371),它装在小皮带轮上,通过皮带与主动轮连接,以较高速度旋转。这种凸耳也发现在11世纪的缫丝机上(上文pp. 2,108;下文pp. 382, 404),它作用于一种早期型式的锭翼,以便使丝可以按同样的宽度逐层均匀地绕在丝框上,它本身也是为一带传动所转动的。这种纺织机器很可能是水力鼓风机的直接先驱者,可以确定,这两种机器分别属于9世纪和12世纪,而后者

---

① 参见上文 p. 89 和下文 p. 236。

② Bennett & Elton (1), vol. 1, pp. 163,168。参见 Leroi-Gouhan (1), vol. 2, p. 162; Jacobi (1); Moritz (1), pl. 15 和 pp. 129 ff. 。

③ Lynn White (1), p. 167. 很奇怪,像井上起重机上装曲柄这样明显的应用,需要这样长的时间才出现,因为曲柄的应用并不限于早期的旋转磨轮。早在18世纪初,一种弦乐器——摇弦琴(手摇钢琴)已利用曲柄机构发音(同上书 p. 110)。

④ 费尔德豪斯[Feldhaus (20), pp. 223 ff]较详细地叙述了这个基金会。1388年,康拉德·门德尔(Conrad Mendel)成立了"康拉德·门德尔医院的十二修士会";他们是在俗的修道者,像牧师一样的修道,但继续干自己的行业,当门德尔医院在1799年撤消时,有799个修士受到基金会的庇护。在1700年之前,有表示每个修士在工作台前的画像,因此这种画像的图集对技术史很有价值。费尔德豪斯复制了12张这样的画像。

⑤ 卷十八,第二十六页。这个曲柄确实画得很坏。从《天工开物》的较有艺术性的图画上,可以在某种程度上领会曲柄的结构,本书后面图574是从它复制的。《农书》的图把错误的绘画传统保存下来。

⑥ 如下面这些书所承认的: Haudricourt (1); Horwitz (4,5); Leroi-Gourhan (1), vol. 1, p. 104; vol. 2, p. 162。

⑦ 见 Hommel (1), fig. 143. 这种布置的优点是,这种磨可以由几个人而不止一个人推动,而且这些人不必从自己的位置移动得过远。

⑧ 也见 Hommel (1), fig. 156。

⑨ 在图画传统的开始,即在1210年的《耕织图》(1237年版)上已经是这样做,见 Belliot (24), pl. xxviii。现代照片见 Hommel (1), fig. 159。中国在13世纪初期(实际上是12世纪的中期)关于这个系统的证据,比意大利和德国工程师的14和15世纪的类似系统要早得多 [参见 Gille (2); Lynn White (7), p. 113]。

图 413　装在砻谷磨（"砻"，参见下文 p. 188）上成偏心凸耳形式的曲柄，它与一端有手推横
杆的连杆相连接，使几个人可以同时工作。《农书》（1313），卷十六，第五页。

在技术史上是很重要的机器，因为就我们所知（参见下文 p. 386），它第一次体现了以后在一切蒸汽机和内燃机上采用的偏心件，连杆和活塞杆的基本组合（图 390 t）。可是我们不知道有牵涉到曲柄原理（图 390 s）的任何土生土长的中国机器，似乎在耶稣会士时代（1627年）以前的中国书上，没有见到这种机器的图画[1]。

　　摇手柄在中国的应用，当然远不是限于磨上。霍梅尔图示了用于制绳[2]、拔丝、[3]　绕丝[4]等的较近型式。问题在于，这些机器可以回溯到哪个时代。就劳弗[Laufer (3)]和其他人所研究的，从汉墓出土的陶器模型来看，似乎上面叙述的第三种磨（图 390 b″）在那时代已是普通的。但是有更重要得多的证据可以利用，虽然还没有收集起来和认真研究。某些博物馆[5]拥有墓里出土的陶器模型，其中除了通常的手磨和脚踏碓的模型外，还有装摇手柄的扬谷风扇的模型。应该把图 415[6]和图 414 作一比较。没有疑问，将要在下文 p. 151 和第四十一章进一步讨论的旋转扬谷风扇（"风车"），在中国是非常古老的机器，而西方从中国接受它的时代不会早于 18 世纪中叶。没有合理的根据可怀疑图 415 的模型属于汉代的结论[7]。这就是说，它的年代必定是公元 2 世纪末以前。它体现了最古老的无可置疑的摇手柄[8]，因而应受到尊敬。

　　曾经有过权威性的言论说，虽然"中国已懂得曲柄，但是曲柄至少有 19 个世纪没有加以利用，它对于应用力学的爆炸性潜力没有为人所认识和应用[9]。"这是一个误解。中国文化确实没有自发地产生现代科学技术，以及被

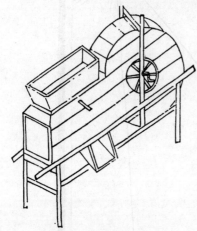

119

图 414　中国古典旋转风扇式扬谷机（《农书》卷十六，第九页），1313 年的图。参见 Hommel (1)，p. 27。

---

　　① 见《奇器图说》，卷三，第十六页，第三十页（图 467）。1835 年，郑复光 (1) 图示了一个双曲轴（见本书第四卷，第一分册，p. 117）；图 616。

　　② Hommel (1)，p. 10。

　　③ Hommel (1)，p. 26。

　　④ Hommel (1)，p. 181。在这个技术领域里，代表曲柄的最古老的名词似乎是"柷"。

　　⑤ 著名的堪萨斯城纳尔逊艺术馆（Nelson Art Gallery）。

　　⑥ 参见 Swann (1)，pl. 2，对着 p. 378。

　　⑦ 史游《急就篇》（公元前 48—前 33 年），第五十页的一段文字，提供了属于汉代的确实证据，所有以后的注家都认为是指"扇车"。（《急就篇》有"碓磑扇隤舂簸扬"之句。注："扇，扇车也"——译者）。

　　⑧ 作者写了这一段很久以后，很欣幸从林恩·怀特博士处得知，他也认为这个汉代的摇手柄是所知道的最古老的摇手柄；参见 Lynn White (7)，p. 104。也许人们会暂时建议，埃及的曲柄钻向东而不是向西传播，然后曲柄约在提花织机的同时（约公元 5 世纪），可能通过拜占庭旅行到西欧。但是没有拜占庭的证据，而伊斯兰的证据则晚得多。

　　⑨ Lynn White (7)，p. 104，参见 p. 111。但是，林恩·怀特认为，水力鼓风机在公元 31 年的存在（参见下文 p. 370）是曲柄运动最早的可靠例子，这是在另一方向上的错误。根据现在我们所知道的，我们不能假定汉代鼓风机的系统和宋元的系统相同；它很可能是更简单的，只在由水力带动的水平轴上装置凸件，以操作鼓风机。我们还不知道，较复杂的机器何时出现，但是唐代初期可能是较合适的猜测。至于本书后面谈到的曲柄的各种用途，其中有些所属时代比另一些较为清楚，其证据可以在适当的章节内找到。林恩·怀特受到霍梅尔[Hommel (1)，p. 247]一种意见的影响，但霍梅尔主要是人种志学家，只在中国有限的几个省内工作过，他的目的是描写工具而不是机器。他忽略了蚕丝的复杂技术，没有参观过铁工厂，也没有见到自流井和景德镇。而且他实在不懂中国科学技术文献。他不免自相矛盾，例如在描写轧棉机时(p. 162)。附带地说，他在"宋代轧棉机"那一页上的图画是不正确的，他的可靠来源（《农书》卷二十一，第二十七页）清楚地表示机上的辊子装直角曲柄（见图 419），而他的图中所绘的却是斜曲柄。

图版　一五六

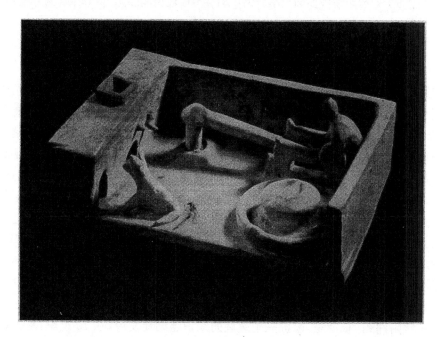

图 415　从汉墓(公元前 2 世纪至公元 2 世纪)出土的有光泽的绿釉陶制农家围院模型,现存堪萨斯城阿特金斯(Atkins)博物馆的纳尔逊艺术馆。图的右边有旋转谷物磨和一个人在操作脚踏碓,左边是装有谷斗和两个下口的内装式扬谷机。操作扬谷机的旋转风扇的摇手柄,是一切文化中真正摇手柄的最古老的形象化表示。模型尺寸为 $8\frac{3}{4}$ 英寸×6 英寸×$2\frac{1}{2}$ 英寸(22.2 厘米×15.2 厘米×6.4 厘米)。

它引起的西方发展中的资本主义的一切工业化,但是在封建官僚社会的限度内,中国在整个中世纪中仍然广泛利用和重视曲柄的力量。在马可·波罗时代前的三四百年中,曲柄用在纺织机中的缫丝机和纺麻机上,农业中的旋转扬谷风扇和水力面粉筛上,冶金业的水力鼓风机上,以及日常生活中的水井辘轳上。不论什么因素阻止机器和工业社会在中国兴起,但决不包括技术创造性和应用在内。而西方发展曲柄运动的迟缓对历史的分析所提出的问题,也并不较容易解决。

(5) 螺旋、蜗杆和螺旋面叶片

阴阳连续螺纹(如在螺栓和螺母上的)以及能和普通齿轮啮合以便在互成直角的两轴间传动的圆柱蜗杆,都是中国工程师和工匠在 17 世纪以前不知道的机械系统中最突出的例子[①]。关于螺旋的历史已经写了很多[②],十分清楚,它的原理在古希腊时代已很熟悉。著名的发明家是塔兰托(Tarentum)的阿契塔(Archytas)(鼎盛于公元前 365 年),所有亚历山大里亚人都讨论牵涉到蜗杆和蜗轮传动装置[③]。特别常见的是用于酿酒和榨油业中的蜗杆或螺旋压力机,例如意大利古城庞培壁画上所表示的[④]。在欧洲现在还存在许多中世纪的蜗杆压力机的实物[⑤],但中国总是用楔式压力机。用以提水的阿基米德螺旋式水车也是众所周知的,大部分地中海地区被阿拉伯人征服之后,仍继续使用它[⑥]。它甚至传播到印度,波阇(Bhōja,约 1050 年)用"*pātasama-ucchrāya*"这个名词来描写它[⑦]。蜗杆也用于外科手术器械上,例如罗马医师的窥器所证明的[⑧],以及埃伊纳岛(Aegina)的保罗(Paul)在 7 世纪和大部分阿拉伯大医学家也都提到它。拔梢形木螺丝在高卢-罗马时代出现[⑨],3 至 6 世纪的腓骨环和臂环有螺丝附件[⑩]。很清楚,欧洲关于螺旋的知识连续地发展,在 13 世纪,霍内库尔特用它们来提升重件[⑪],15 世纪的德国工程手稿中时常图示它们[⑫]。约在公元 1490 年,金属螺钉

120

---

① 对于中国的技术传统来说,螺旋是外来的,甚至在 1954 年,在一篇关于向边远地区推广现代农机的文章内,作者马骥[Ma Chi (*1*)]说,有些农民对于使用螺钉或螺栓感觉困难。另一方面,在装饰艺术上采用螺旋形式,在中国传统上是很普通的。例如在庙宇的柱子上和在容器上,例如巴克利(Buckley)碗上(上文图 295)就有螺旋。

② Frémont (3),关于蜗杆;(8),关于蜗杆压力机;(19),关于螺旋;Horwitz (6);Treue (1);Singer et al. (1)。费尔德豪斯为它写了很长的一条[Feldhaus (1), col. 981]。

③ Beck (2)。比同关于战争机器的书上(参见上文 p. 102),叙述蜗杆在军事上的一种用途,就是用一个螺丝把装在梯上,带有平衡重量的桔槔式长杆升到城墙的高度。参见本书第三十章 (h)。

④ 见下文 pp. 206 ff.,以及 Drachmann (7);Blüm-ner (1),vol. 1, p. 188;Forbes (2), pp. 65. 66。关于现在分布的情况见 Benoit (3)。在达·芬奇时代,在铸币冲床上的蜗杆上添加了径向重球或垂锤作为飞轮[Frémont (8)],但这确实不是这种重球或重锤的第一次出现,以后我们将提出(p.443),它们在西方发明时钟机构立轴和摆杆式擒纵机构时已经存在。

⑤ 例如作者和鲁桂珍博士于 1949 年调查过的,法国塔尔西(Talcy)葡萄的酿酒压力机。

⑥ Vitruvius, X, vi。参见 Ewbank (1), pp. 137 ff.。

⑦ Raghavan (1)。

⑧ 参见 Milne (1);Treue (1), pp. 108 ff.。

⑨ Frémont (19), p. 17。它的较晚的历史已由迪金森[Dickinson (1)]编写。

⑩ Treue (1), pp. 142 ff.。

⑪ 见 Lassus & Darcel;Hahnloser (1);Feldhaus & Degen。

⑫ 例如:塔科拉约于 1440 年写的《论军事》(*De Re Militari*)(巴黎手稿7329),见 Berthelot (4)。当然胡斯派也是这样[Beck (1), pp. 274,287]。螺旋起重器出现于 1535 年;Salzman (1), p. 329。用以破坏窗上铁条的夹紧螺丝,在 16 世纪的许多军事著作中见到(Seselscheiber,1524 年;Danner,1560 年 ;Helm,1570 年),参见 Treue (1), p. 79。

突然成为盔甲的常用紧固件①。

除欧洲人之外,只有爱斯基摩人拥有连续螺纹,这个事实提出一个难于理解的问题。这是他们独立的发明还是由于同欧洲人在文化上接触,这个问题讨论得很多②,但还没有解决。

霍维茨[Horwitz (6)]指出,在中国文献中第一次出现"螺丝"的图画③,是1609年的《三才图会》关于鸟铳盖子的图(图416)④。他提出,中国关于螺旋的知识有可能是耶稣会士来到中国之前,在元代或更早的时代从与阿拉伯人的接触中获得的,但是我们对此问题未能提出任何证据。可是无疑,阿基米德提水蜗杆("龙尾车")是在17世纪初传入中国的,那时候很多书上都有它的插图⑤。但是很少有证据说明它曾在中国推广,或者在相当大的程度上替换了传统的翻车。虽然如此,在18世纪的下半叶出现了一本关于阿基米德螺旋式水车的小书,即戴震的《羸(螺)族车记》⑥。19世纪早期,齐彦槐改进了它,并试图用他的著作来予以普及⑦。似乎从约1630年起它在日本矿山上取得较大的成功,如一些著名的画卷所表示的⑧,但据内托[Netto (1)]所说,不久就为活塞泵所代替。

蜗轮传动装置在什么时候来到中国文化地区的边界,初看起来很难确定。但是几乎可以确信,它是同棉花一起来的。因为印度文化地区的轧棉机(一种用来把棉子从棉花本身分开的简单机器)上面,两根旋转方向相反的辊子不用普通齿轮、而用互相挨着的细长的蜗杆来结合⑨。这样,整个机器可以用一个摇手柄操作。博物馆中的这种印度机器常绘成图画⑩,我们在这里复制了康提国立博物馆(National Museum at Kandy)中两台僧伽罗人的轧棉机的照片(图417,418)⑪。我们必须承认,这是以后在金属技术上肯定会起很重要作用的滚轧机的最古老型式⑫。此外,既然棉花技术在印度是土生土长的,也是非常古老的,这些装置上不平常的传动便提出了一个问题:蜗杆(而且因此连螺旋)是否首先出现于印度而不在希腊。不幸,如同许多其他事情一样(参见下文 p. 361),这个问题只能提出而得不到解答,因为不知道古代印度技术。很奇怪,并列蜗杆的原理直到19世纪早期才在欧洲获得应用,而且现代

122

① Treue (1), p. 162。虽然在古代的阴螺纹游码和固定支持物中已经体现了螺母的原理,但是螺母本身似乎是更晚的(17世纪)发展。早期的金属附件(例如星盘的附件)是利用铆钉来连接的,并用类似现代开尾销的楔形扁销把铆钉固定起来。较晚的亚历山大里亚人懂得真正的螺母,但是很少利用,突际上只用于赫伦的螺旋压力机上。德拉克曼[Drachmann (7), p. 84]有关于螺母的有价值的讨论,他还说明避免使用螺母的各种方法。

② 参考 E. Krause (1);Porsild (1);Laufer (20);Treue (1), pp. 137 ff.。瓦尔德勒[Wardle (1)]提出,一角鲸的捻成螺旋形的长牙[看起来像角]提供了一个独立的型式。

③ "螺旋"的"螺"字,自然是从螺旋形的海螺得出的。

④ 《器用篇》卷八,第六页。后来也在《奇器图说》(1627年)卷二,第三十八页及其他地方出现。

⑤ 例如,编入《农政全书》作为卷十九的《泰西水法》;《奇器图说》卷三,第十八页,第十九页;《授时通考》,卷三十八。

⑥ 本书已经在第二卷 p. 516 中引证过了。

⑦ 见史树青(1)和本册下文 p. 528。

⑧ 见 Bromchead (7);Treue (1), p. 22。

⑨ 这种蜗杆常常是很长的,而且总是切削成很斜的角度。有一种说法是:它们原来之所以得到应用,是因为它们与普通齿轮比较起来,对于齿轮切削的不准确性不那么敏感,而且也不容易脱离啮合。

⑩ 例如,Matchoss & Kutzbach (1), p. 7;Leroi-Gourban (1), vol. 1, pp. 104, 110。

⑪ 关于这些照片,我感谢康提博物馆主任德拉尼亚加拉(P. E. P. Deraniyagala)博士、副馆长拉贾卡鲁纳(S. T. T. Razakaruna)先生,以及阿梅拉塞卡拉(V. A. Amerasekara)先生。关于僧伽罗人的轧棉机,也见 Coomaraswamy (5), p. 235, pl. XXIX, 3。

⑫ 参见 Feldhaus (6);Usher (2), p. 340。

121

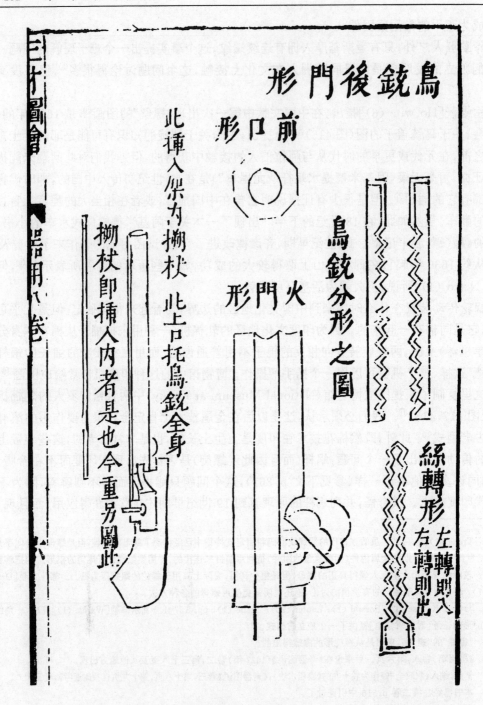

图 416　关于连续螺旋或蜗杆及其阴阳螺纹的第一幅中国图画。它是火绳或火石枪机滑膛枪("鸟
　　　　铳",或"鸟嘴枪",也许是根据枪机的形状取名的)的一组图画的一部分。采自《三才图会·
　　　　器用篇》(1609 年)卷八,第六页。关于火器方面的中国文献,在 17 世纪上半叶大量增加,
　　　　本书将在第三十章内讨论。鸟铳各部分已在图上说明。滑膛枪的螺丝管帽见图的右侧。上
　　　　方的说明是"鸟铳分形之图"。下方右侧写"丝转形"(即螺旋);若向右旋转,它就退出;若
　　　　向左旋转,它就进入。"图中间的上方是枪口,下方是火门。图的左侧是枪托和通条("搠
　　　　杖")。关于 16 和 17 世纪火器的简述,见 Hall (5)。

图版 一五七

图417 轧棉机,也许是最古老型式的滚轧机。在这个僧伽罗人的装置上,如同在印度文化地区的一般装置上一样,利用两个互相啮合的蜗杆使辊子结合。康提国立博物馆(阿梅拉塞卡拉摄,1958年)。

图418 另一台具有两个互相啮合蜗杆的传统轧棉机;单曲柄已失去了摇手柄。康提国立博物馆阿(梅拉塞卡拉摄,1958年)。

使用蜗杆的方式一般与那时很不相同,即作为大幅度减低速度的直角传动装置。

　　霍维茨[Horwitz (6)]描写了两台这种相反方向旋转的蜗杆轧棉机,一台来自柬埔寨,一台来自新疆①。由此可见,螺旋的原理那时正敲着中国文化地区的大门。但是中国所有的
123 轧棉("赶棉")设备,就我们所知,都不用任何齿轮装置,这可从图419看出。这幅采自《农书》(1313年)的最早的中国轧棉机插图②表明每个辊子有一摇手柄。这个机器称为"搅车"。既然需要两个人操作,终于得到改进,只有下辊用摇手柄操作,而较小的铁制上辊则用脚踏板来操作,并借助于一个径向重锤式飞轮来实现(图420)③。这种传统形式叫做"轧车",也可以在日本看到,在那里飞轮倾向于采取直接装在轴上的单个棍棒形(即上端大,下端小)重件的形式④。它大概相当于徐光启在17世纪初称为"句容"式的轧棉机。这种机器以江苏句容县命名,但是更多代表华北各省的轧棉机⑤。

124

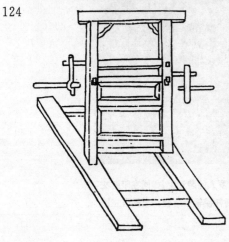

图419　1313年的中国轧棉机(《农书》,卷二十一,第二十七页),每个辊有一个摇手柄。

　　根据这些情况,似乎轧棉机进入中国时把蜗杆装置留在后面。但不能因此而认为这是拒绝外来技术的例子,因为当时可能已有很多机器在使用。关于棉花的复杂故事必须推迟到适当地方再说⑥,但是这里我们可以指出,虽然真正的棉花起源于印度本土,差不多从汉代以来就以"吉贝"(及其他名词)著称,但是在中国早就使用木棉⑦作为纺织之用,主要为南方的少数民族所使用。在宋元时期当王祯著《农书》时,把木棉这个名词移用于真正的棉花,在更早的农业书籍,1275年的《农桑辑要》⑧上就可以看到这个名称。真正的棉花在13,14世纪是从南至北和从西至东地传播到全中国。似乎首先由两条路传入:一条是约从6世纪起,通过缅甸和印度支那;另一条是在13世纪通过新疆。这样,蜗杆装置有两个机会传入中国。但是很可能从汉代起,两辊分别驱动的轧棉机已经用于木棉,而且很自然,当棉花基本上代替木

棉成为中国主要纺织纤维之一时,这种机器仍继续使用。无论如何,整个故事又一次表明,螺旋的原理不是中国技术的特点。

　　还须证明一个大概是最有趣的论点。切不要因为中国技术缺乏连续螺旋和蜗杆,就认为

---

　　① 年代不能断定,但是比较近代的,它们现存于柏林民族学博物馆(Berlin Museum f. Völkerkunde)。

　　② 卷二十一,第二十七页,在《农政全书》卷三十五,第二十二页复制。

　　③ 取自刘仙洲(5),第31页。参见刘仙洲(1),第41页;以及Horwitz (6), fig. 12;《天工开物》卷二,第二十六,第一版,第42页。

　　④ 慕尼黑德意志博物馆内有中国和日本轧棉机的实物。上下辊的驱动方式有时是互换的。井原西鹤(Ihara Saikaku)于1685年著的《日本永代藏》(Nippon Eitai-gura)的萨金特译本[Sargent (1), p.116]有日本轧棉机的小插图。在《丁威迪(Dinwiddie)传记》内[Proudfoot (1), p, 75],有西方旅行者在1793年对于中国轧棉机的描写。

　　⑤ 《农政全书》卷三十五,第二十二页。

　　⑥ 本书第五卷。第一分册,第三十一章。

　　⑦ Bombax malakaricum, R 273。

　　⑧ 卷二,第十一页。

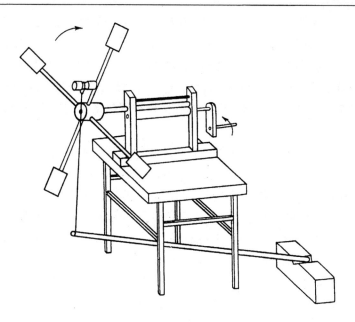

图 420　另一型式的中国轧棉机,其中下辊用摇手曲柄转动,上辊由脚
　　　　踏杠杆操作,并依靠装在重锤式飞轮上的偏凸轴来实现[根据
　　　　传统实例绘图,刘仙洲 (5)]。

中国不知道螺旋体的形状;相反,有些螺旋体在中国已经是很古老的东西。例如,走马灯[1],即由上升气流转动的叶轮;竹蜻蜓[2],即用绳子快速转动就会升高的水平式螺旋桨。这些装置的斜装叶片(如同卧式水磨的斜桨板或早期立式风车的帆),基本上是与整个螺旋或蜗杆的连续弯曲的螺旋线相切的若干分开的平面。根据这些情况,有可能正确区别古希腊人和中国人的成就,因为尽管希腊人大量利用了伸长的螺旋和蜗杆的形式,但是中国人则很早就发展了正切平面式的螺旋面结构[3]。

　　15 世纪末叶,欧洲工程师把具有轴和传动装置的叶轮放在厨房的烟囱内,以转动烤肉叉,正如林恩·怀特所说的:"这是巧妙的自动化设备,因为火越旺,所烤的肉就转动得越快。"[4]达·芬奇自己也设计了一个这样的装置[5]。这种利用上升热空气的方法,似乎很有可 125能起源于更早的中国走马灯(它起源于唐代,如果不是汉代的话)和蒙古、西藏的转经轮(参见本章 p. 566)。在 14 和 15 世纪,大量家庭奴隶从中亚运至意大利[6],通过他们传播这种知识,是轻而易举的。因为走马灯式烤肉叉在欧洲的大户中是如此普通,所以它似乎同样有可能在启发布兰卡 (Branca) 把空气或蒸汽喷射和旋转轮子结合起来 (1629 年) 的

　　① 参见本书第四卷,第一分册,p.123。

　　② 参见本册 p.583。

　　③ 我们感谢雷克斯·韦尔斯(Rex Wailes)先生和克里斯托弗·塞曼(Christopher Zeeman)博士对于这个问题作了有价值的讨论。在西方,卧式水磨的叶片似乎在中世纪早期才开始装成与轴成斜角,在这个时代之前,赫伦的玩具风车(参见本册 p.556)是不连续的正切叶片在西方的唯一代表。但是我们已经看到,在罗马时代,连续螺旋和蜗杆已有很多种用途。反之,在中国各种叶轮已经是很古老的,但没有连续的螺旋体。当然,水轮并没有引起与液体相对的、和轴平行的螺旋动作。

　　④ Lynn White (5), (7), p. 93. 有些例子见于 Ucceli (1), pp. 13 ff., figs. 38, 40。

　　⑤ Feldhaus (1), fig. 98, (2), fig. 428, (18), pp. 86 ff.; Uccelli (1), p. 13, fig. 37。

　　⑥ 参见本书第一卷,p. 189,以及 Lynn White (5), (7), pp. 93, 116。

因素中，与古希腊人的经验一同起了作用。如我们即将见到的 (p. 225)，布兰卡的装置很快又回到中国。但是水磨可能是布兰卡脑子里所受到的主要影响，因为不论他的射流是从炉子里排出来经过风帽和管子上升的热风①，或是从吹火器喷出来的蒸汽（参见 p. 226）②，总是与旋轮的旋转平面一致，而不是成直角。走马灯式烤肉叉则与中国的竹蜻蜓 (p. 583) 和西方的立式风车 (p. 555) 关系更密切，螺旋桨推进器和飞机推进器必定是从那里传下来的。

根据这些理由，某一中国发明家可能在轮船采用螺旋桨推进上起了一部分作用，这不是不可能的。麦格雷戈 [McGregor (1)] 在讨论轮船的历史时，报道了一个独特的故事，他说：有人带一个中国的螺旋桨推进器模型到欧洲，为马克·博福伊 (Mark Beaufoy) 上校看到（约在 1780 年），其时应用螺旋桨推进还很渺茫，并没有在水中实现③。博福伊确实是通过实验来研究船体模型流体动力学的先驱者之一④，他必定对这种推进器模型发生了兴趣。追踪和获得他自己的陈述是不太困难的。1818 年，迪克 [Dick (1)] 根据他的朋友——奥米斯顿 (Ormiston) 的斯科特 (Scott)⑤ ——的建议，推荐用"螺旋桨"或由脚踏机操作的阿基米德螺旋在水中推进战舰，在同年晚一些的时候，博福伊写道：

> 三四十年前我在瑞士从一个平底船模型上见到这类装置，它是博塞(Bosset)先生从东印度群岛带来、但是在中国造的。模型底部下面有一个螺旋，在需要时由弹簧(与钟表中的相似)开动时钟机构，以极大的速度转动螺旋。把小船放在一盆水内，把弹簧卷紧，并根据盆的大小把舵转到合适的角度，则船持续在盆内绕圈子行动，直到时钟弹簧放尽为止。⑥

126 这个瑞士人的姓名提供了一条线索，根据它进一步进行调查，可能对这个奇怪的插曲获得更多的材料；在此期间，我们只须指出：中国的舳辑⑦与螺旋有密切关系，而且正切面的螺旋体结构在中国文化中是很熟悉的⑧。因此，某个中国工匠想到在玩具船底下装一副竹蜻蜓式的叶片来推动它，这不是不可设想的。这个贡献在螺旋桨推进器从阿基米德经过达·芬奇的发展主流中，不是不值得重视的。

---

① *Le Machine*, fig. 2; Uccelli (1), p. 14, fig. 41。这是打算通过减速齿轮装置以带动滚轧机。
② *Le Machine*, fig. 25; Uccelli (1), p. 15, fig. 42; Feldhaus (1), fig. 128; Schmithals & klemm (1), fig. 46。这是打算通过减速齿轮装置以带动立式舂磨。
③ 参见 Gutsche (1)。伯努利 (Daniel Bernoulli) 曾经在 1753 年建议用螺旋桨推进器，并在博福伊还年轻时推荐它，认为比桨轮优越。
④ 见他精心编写的关于各种模型的特性的报告 [Beaufoy (1)]。
⑤ 他也建议利用蒸汽，并说，螺旋对于空中航向（"一项向来很受忽视的技术"）可能有用，如果按照作为不拍击的翅膀的一些方法来利用它。（参见本册 pp. 585 ff.）。
⑥ 在博福伊[Beaufoy (2)]的书中，加入了在格陵兰船坞中照原物尺寸进行的扫兴的实验报告，他在关于螺旋的笔记里写着："由著名的胡克(Hooke)博士发明。"
⑦ 参见本书第二十九章 (g)。
⑧ 中国卧式水轮的叶片，不像其他型式的水轮，似乎从来不与主轴成斜角（参见 pp. 368 ff.）。如果不是因为这个事实，人们在正切叶面的螺旋体结构中，除了列入走马灯和竹蜻蜓外，很有可能也列入卧式水轮机。另一方面，筒车的竹筒虽然不是叶片，但它们确是处于正切叶片螺旋体的位置上（参看 pp. 356 ff）。

（6）弹簧和弹簧机构

我们在前面已提到竹条的弹性,可以确信,中国人在很早的时代就已充分利用这种特性。弹簧("弹机","弹条")确实用在很多机械玩具和自动器具中,本书即将简单地叙述它们(p.156)。其他弹性物质(如兽角、腱等)也用于制作弓弩,将在本书军事技术一章内论述[①]。弹簧也出现在多种杆式脚踏车床上,在例如关门器之类的简单装置中[②],以及在霍梅尔所描写的野兽陷阱内[③]。

尽管由许多片构成的复式弹簧,从周代后期起就以弩的形式成为人们熟悉的东西,但是作为车辆上的车架弹簧,则从来没有得到普遍应用,虽然有迹象表明,在 7 世纪已有这种发明(参见下文 p. 254)。无论如何,欧洲在使用片式弹簧方面是落后得多。人们只在亚历山大里亚人设计的连弩炮上知道有弩,而且他们大概没有大量使用它,因此,直到 16 世纪末才在车辆上应用片式弹簧也许并不奇怪[④]。可是盘簧则为达·芬奇所知,并应用于枪机上[⑤]。弹簧驱动的钟表约在 1480 年开始使用。当然,弹簧在车辆上不是必不可少的,直到早期机车的出现,各车轮负担向轨道加压的任务,于是保证四个车轮同时固定不变地同轨道接触的手段就成为必要的了。

既然在中国框锯上已经使用扭转弹簧(前面 p. 54),它们必定早已为大家所知道。金属弹簧则出现在镊子和挂锁上(参见下文 p. 241)。与弹簧有密切联系的振动丝在弹棉弓[⑥] 127("棉弹")上很好地应用于松散和分开棉花纤维以代替梳棉;但是这很可能是一种印度技术,与棉花本身同时输入中国[Frémont (13)]。

弹簧在中世纪中国的最突出的用途之一是拨动时钟的报时机构。我们将在较后的一节中(pp. 445 ff.)叙述 8—14 世纪建造的伟大天文钟,其中计时的轮每逢正点和正刻时,使各种人像出现,并敲响铃、鼓和锣。所用的弹簧的专门名词似乎是"辊弹"("旋转和速动弹簧"),虽然它没有在像苏颂的伟大著作(1092 年)中出现。《小学绀珠》[⑦]中引用薛季宣约在 1150 年的话里有这个名词。他把"辊弹"列为计时四种方法之一,其余三种是漏壶、香篆、日晷。有一个注解说:这些弹簧连同轮子一起工作,到时刻时钟就自动敲击发音报时("弹扣为声")[⑧]。

（7）渠道、管道和虹吸管

在上面各小节里,我们讨论了机械能的利用和传递。但是从技术发展的最早阶段起,人

---

① 在本书第五卷,第一分册,第三十章内。

② 参见上文 p.63 脚注 3)。

③ Hommel (1), p. 126。

④ Usher (1), lst ed. p. 85, znd ed. p. 133; Feldhaus (1), cols. 288, 1261。

⑤ Feldhaus (1), col.445; Uccelli (1), p. 75。我们没有在中国传统工程中遇到采用盘簧的例子。鉴于盘簧与螺旋的密切关系,人们大概会预料到这种情况。

⑥ Hommel (1), p. 163。

⑦ 约在 1270 年写的,但一直到 1299 年才付印。卷一,第四十二页。

⑧ 这取自《辞源》"辊弹"条。我们不能确定,它是《小学绀珠》编者的注解,或是汪鋆约在 1885 年写的《十二砚斋随笔》的引文的一部分。对于这个问题的进一步讨论,见 Needham, Wang & Price (1), p. 163。

们最渴望做的事情之一是把液体和气体从一处输送到另一处。流体的这种传送是怎样实施的呢？整个供水①以及越野开掘通过土壤和岩石的人工渠道工程这一题目，本应合乎逻辑地在这里讨论，但在中国（如以前在埃及和美索不达米亚一样）它是如此重要，以致我们必须留待专门讨论[本书第二十八章（f）]。用木材或劈开的竹子构成的朴素的渠道或水槽（"架槽"）在中国总是大量用于小规模农田灌溉系统（参见图421）②，但是也用于开采冲积的锡矿③。《唐语林》④说："大家都说，龙门人善于建造架槽引水，经过高低不平的地方，工程很神妙。"*

　　管道的历史可以在许多著作里探索⑤。它与作为欧洲古代土木工程特征的重要渡槽的关系在于，虽然倒虹吸的原理是大家很熟悉的，但是通常没有希望建造能经受充分大的压力的大直径管道⑥。古希腊时代有很多不平常的渡槽建在砖石砌成的多孔高架桥上以越过风景地⑦，在中国技术中没有类似的工程。一般地说，挖空的木管，西方从公元前二千纪的埃及，经过米根堡（Megenburg）的普利尼（Pliny）⑧和康拉德（Conrad）时代（14世纪）⑨，直到19世纪的伦敦，都使用它。但是铜管曾经在埃及发现，至少与木管同样古老⑩，而纵向焊接的铅管在罗马的城市中是很普通的（参见 Vitruvius）⑪。突出的例子是使用青铜管能够承受高至20大气压的水压，这是欧墨涅斯二世（Eumenes Ⅱ）于公元前180年建造的帕加马城供水系统，其中有两个深约60英尺（1英尺＝0.3048米）的倒虹吸，使管道跨过两个山谷⑫。这种型式的其他重要工程也在罗马时代建造了，特别是在士麦那和里昂⑬。

　　我们没有在古技术时代的中国找到使用金属管道的例子⑭，但是大自然在那里提供了一种材料，非常适合于同一用途，它有出乎意外的强度，虽然容易腐烂，这就是竹竿。很可能，最早大规模采用竹管是在四川盐区，因为盐水不像淡水，盐水妨碍藻类的生长，所以管子不会腐烂。图422表示现代自流井的一些盐水主管道的概况；图423采自1637年的《天工开

129

---

① 关于这个题目的有价值的论文有 Brome head (6)，Garrison (1)，Grahame Clark (1)。在现代专题论文中，Buffet & Evrard (1)比 Forbes (10)应得到优先选择。

② 《农书》(1313年)，卷十八，第二十一页；《图书集成·艺术典》，卷五，汇考第三，第二十四页。

③ 《天工开物》，卷十四，第二十页。

④ 卷八，第二十四页。

⑤ Frémont (11)；Neuburger (1)，pp. 419 ff.；Feldhaus (1)，col. 871；Buffet & Evrard (1)；Forbes (10)；Robins (1)。

⑥ 李克[Rickett (1)]指出，根据《管子》第五十七篇第七页和第八页，中国也知道倒虹吸，但也同样难在大规模上实现。可是可以用竹管在短距离内把水提高，如汉画像砖所证明的[例如，Anon. (22)，一号，第6,7页]。

⑦ 关于这个题目，见 Leger (1)；Merckel (1)；Bromehead (6)；Straub (1)；Buffet & Evrard (1)；Forbes (10)；Winslow (1)，等等。

⑧ XVI，81。参见 Buffer & Evrard (1)，p. 106。

⑨ 用以从树干制成这些空心管的机器，在15世纪德国技术手稿上有图示[Gille (3)]。我们从达·芬奇的笔记本知道，他对于这些机器发生了兴趣。

⑩ 参见 Forbes (10)，p. 149。

⑪ Vitruvius，VIII，iv。参见 Buffet & Evrard (1)，pp. 107 ff；Forbes (10)，p. 150。

⑫ 关于工程的叙述，见 Neuburger (1) 和 Buffet & Evrard (1)，pp. 55 ff.，由 Forbes (10) pp. 160 ff. 作了补充。

⑬ 关于工程的叙述，见 Buffet & Evrard (1)，pp. 57 ff.，80 ff.。

⑭ 但是从15世纪起，铜和青铜管在明代宫廷内使用[范行准(1)，第52页]。

* 原文是："龙门人皆言善悬槽接水，上下如神。"——译者

物》,对于这种管道的制作提供一些概念[15]。管子接头是用桐油和石灰的混合物来密封的。从描写盐业情况的汉砖拓出的图像(图 396)看起来,竹管道("连筒")在那个时代确实已经大量使用了。竹管道也用于农业(参看几个西方历史学家已注意到的一幅图画[16]),但是需要时常更换。文献上常提到宫廷、住宅、农场和村庄的竹管供水系统。但是这种系统中最大的系统似乎是由于大诗人苏东坡的提倡,他作为四川人,了解四川盐水管道的情况[17]。在他的鼓

图 421　木制的灌溉渡槽("架槽")。《图书集成·艺术典》卷五,第二十四页。

⑮ 卷五,第十页,第十一页(第一版内没有)。

⑯ 《图书集成·艺术典》卷五,汇考第三,第二十三页,但是最早的这种图出现在《农书》(1313 年)卷十八,第二十页中,在下列书上予以复制:Feldhaus (1), col. 874;BuffeT & Evrard (1), p. 18。

⑰ 《东坡全集》后集,卷四,第六页,给王古的信,第三和第四封,在林语堂的著作[(5),第 267 页,310 页]中有摘要。参见 Moule (15), p. 15;Alley (6), p. 137,其中翻译了杜甫的作品(8 世纪)。

图版　一五八

图 422　四川自流井盐区由竹管构成的输送盐水的管道,1944 年[Beaton (1)]。参见上文图 396 和下文图 423,432。

图版 一五九

图 423　用于四川盐业的竹制钻柄的接头,1637 年(《天工开物》,卷五,第十页,第十一页)。
竹管道的连接和填隙,采用同样方法。

舞下，用大竹竿制成的供水管道，1089 年在杭州施工，1096 年在广州施工，都用普通成分的材料填缝，并在外面涂漆①。广州系统有五根平行的主管道。每隔若干距离，就有排除堵塞的孔和排出空气的通风龙头。有特殊意义的是，苏东坡在设计和实施这些工程时，得到道士邓守安的帮助，广州的工程则由他的朋友、知县王古主持。管道中有几段是用陶管制成的。

实际上，中国在古代和中世纪广泛用管道供水的规模，曾经被大大估低了，只有到现在，考古的挖掘才揭露了很多具体证据。已发现了多种管道（"水道"）。渭河流域临潼的东北，在秦始皇陵墓附近的古代建筑中②，有公元前 3 世纪的五边形断面厚石渠（图 424 a）③。在咸阳发现同时代的石制井圈，直径约为 3 英尺（1 英尺＝0.3048 米），每节长 1 英尺 6 英寸。在西

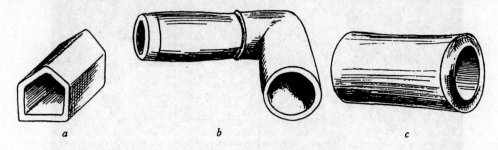

图 424　古代和中世纪的中国水管。(a) 临潼附近发现的秦代石管，长 2 英尺，底宽 1 英尺 6 寸，边高约 1 英尺，厚约 3 英尺。(b) 咸阳附近发现的汉代石制的或陶制的直管和直角弯头。长 1 英尺 6 寸，内径 8 至 9 英寸。(c) 在西安和洛阳以及附近地区的唐代遗址内发现的直管，具有阴阳凸缘以备连接。管长 1 英尺 4 英寸至 1 英尺 6 英寸（1 英尺＝0.3048 米，1 英寸＝0.0254 米），内径 8 至 9 英寸。原图，1958 年，在西安文庙陕西省博物馆和洛阳关林博物馆。

安陕西省博物馆④内，还有用阴阳凸缘配合的汉代陶管⑤，包括突转直角弯头（图 424 b）。这种管子直到汉代和唐代很少改变⑥，从元代起在"瓦窦"的名称下进行描述和作插图⑦。人们一旦看到了这些实物之后，就感觉文献⑧的引证很真实。例如，新近在曲阜周公庙内，汉代有名的灵光殿后面发现大量陶质管道⑨，使公元 2 世纪的《灵光殿赋》⑩ 中"清澈的水从神秘来源通过地下渠道（"阴沟"）送来"这句话有了真实性。此外，《三辅黄图》（如果不是东汉就是 3

① 杭州系统由知府潜说友于 1270 年重建，他在《咸淳临安志》卷三十三内有详细的技术记载。
② 著名的唐代御用温泉华清池所在地。
③ 五边形水渠在使用时，尖角放在上面还是放在下面，这个问题有些不明确。这种有尖角的暗渠在中国似乎是很古老的，因为在辉县的发掘中，也发现三角形的暗渠，这个暗渠一定属于公元前 4 世纪。参见 Anon (4)，图版 41；陈公柔 (2)。从燕下都出土的古物中，有准备装在管道末端的虎头形张开口的陶质喷水口，所属时代与上述三角形暗渠相仿，在 Anon (19) 图 15 和 Anon (29)，图版 5 中有图示。见图 425。
④ 这是在孔庙内，碑林是它的附加建筑。
⑤ 与克里特岛克诺索斯 (Knossos) 的米诺斯 (Minos) 王宫的古代陶管相似（参见 Buffet & Evrard, p. 33），但是那些陶管是锥形的。汉代其他水管和水井圈，保存在南京博物院内。
⑥ 在洛阳关林博物馆内，可以看到洛阳的唐代水管，其尺寸约与汉代管相同。
⑦ 《农书》卷十八，第二十八页；《图书集成·艺术典》卷五，汇考第三，第二十九页。
⑧ 例如范行准 (1) 第 50 页起所收集的。
⑨ 现在济南山东省博物馆内。
⑩ 王延寿：《灵光殿赋》，约公元 140 年，见《文选》卷十一，第十三页，译文见 vou Zach (6), vol. 1, p. 169。

图版　一六〇

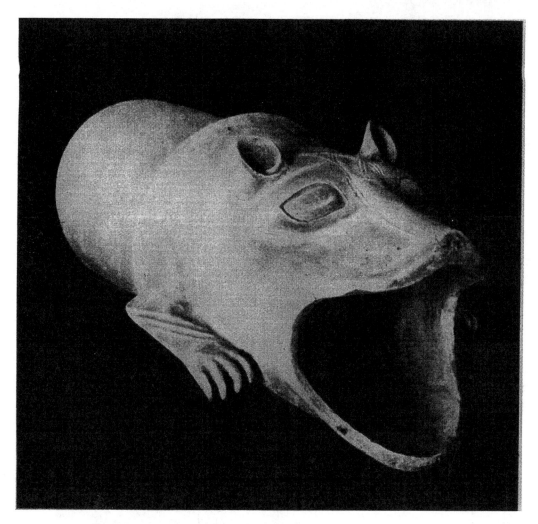

图 425　装在管道供水端的虎头形陶质喷水口,从燕下都出土,公元前 4 世纪或前 3 世纪(Anon, *19, 29, 59*)。

图版 一六一

图 426 斯里兰卡阿努拉德普勒（Anuradhapura）王室花园的浴场更衣所或人工降雨小屋（原照片，1958）。从房屋柱顶线盘的各喷口喷出倾盆大雨，飞溅入前面的水池内。这些花园在8世纪被充分利用，约与代宫廷中凉爽的避暑之处同时，正文中引证了关于这类避暑之处的一些描写。

世纪的书)说①:在石渠阁下面,用凿开和配合好的石块建成渠道("砻石为渠"),"把水引入,如同现时御用的暗渠("御沟")一样"。这个渠是萧何所建,所以它的年代一定是公元前约 200 年西汉的最初时期②。大概渠中一部分是真实的石管,如像罗马人在阿帕米亚(Apamoea)和其他地方所用的③。上述这些就是古代中国用于供水和排水的各种管道,从今后考古学的发现中可能揭露出更多关于它们的知识。有时也用管道来输送空气。例如,陕西临潼公园上面有一个在岩石上凿成的道观,用一条管道从山上某一裂缝中取得冷空气,以保持它在夏天永远是凉快的④。

　　关于虹吸管⑤,本书在讨论水钟时[第二十章 (g)]⑥,已谈到了一些,在那里已遇到它的两个古代名词"玉虬"和"渴乌"。稍后用于三国时期的名词是"阴虫"⑦。以后,在不同的时代提出很多不同的名词,如"滑稽"、"虹吸管"⑧、"水隺"、"倒溜"等。其中有些值得进行多于过去所能进行的研究,因为如我们就要看到的,有时这不仅指简单的虹吸管,并且也许是某种型式的喷射器或水泵。虹吸管当然广泛用在传统的中国技术中,而且在中国自动装置中一定起了与它在亚历山大里亚人[菲隆(Philon)及其后继者]的自动装置中同样大的作用⑨。

　　13 世纪中叶,离开那个时代的东西方技术中心 1 000 英里处,在蒙古都城哈拉和林的某些机械师的脑筋中,有许多关于渠道、水道和虹吸管的知识。因为在那里,好像在一个被中亚的草原和起伏的丘陵包围的文化岛上,蒙古的贵由汗和蒙哥有一些在战争中被俘的欧洲工匠替他们服务⑩。我们所知道的关于这些工匠的情况,大部分来自芳济各会传教士罗伯鲁(William of Rubruck)的叙述⑪。这些工匠中最杰出的是法国艺术家名匠威廉·布歇(William Boucher)⑫,他是在贝尔格莱德被俘的巴黎金匠,从 1246 至 1259 年在哈拉和林工作。布歇的最著名的成就就是用银子建造形如大树的大型喷泉,它通过装在树叶中的狮口或龙口,"自动地"向皇帝的宾客供给诸如乳酒之类的四种酒类饮料。树顶上有一个手持喇叭的天使,借助于机械臂可以把喇叭放到嘴唇上⑬。这一切都是在 1254 年做成的。虽然这种银工

132

---

　　① 卷二十八。

　　② 这个阁是公元前 51 年举行一个著名会议(石渠阁会议)的地方,已在本书第一卷 p. 223 中提到。参见本册 p. 161。

　　③ 参见 Buffet & Evrard (1),p. 105。

　　④ 这是奉祀道教的天后"斗姥"[相当于印度的女神摩利支天(Marici)]的三元洞。我不知道这个制冷装置已建造了多久,但在 1958 年的一个热天,我感觉它很有效地工作。关于这个女神的更多的情况,见 Doré (1),vol. 9,pp. 565 ff.。不要把这个女神和本书已谈到的(第三卷,p. 558)天妃——航海者的保护女神——相混淆,参见 Doré (1),vol. 11,p. 914。

　　⑤ 参见 Feldhaus (1),col. 518。关于吸量管,参见本书第三卷,p. 314 (e)。

　　⑥ 第三卷,pp. 320 ff.。

　　⑦ 参见《表异录》,卷一,第十四页。它指一种弯曲的虫。

　　⑧ "虹吸管"这一名词特别有趣,因为英国剑桥郡的乡民也用这个名词,如我的朋友、以前曾在剑桥工程试验所工作的斯特兰(Sterland)先生所发现的。

　　⑨ 参见 Beck (1);Carra de Vaux (2);Woodcroft (1);等等。

　　⑩ 参见本书第一卷,p. 190。

　　⑪ 参见本书第一卷,p. 38,84,224。

　　⑫ 我们感谢奥尔希基[Olschki (4)]对威廉·布歇的细致的研究。

　　⑬ 很有趣,威廉·布歇是本章(pp. 229,404)时常提起的法国工程师奥恩库尔(Villard de Honnecourt)的真正的同时代人。奥恩库尔所设计的设备包括随着太阳转动以继续指向它的天使,以及当基督教会吏在礼拜堂仪式上宣读福音时,会转过头来朝着他的鹰。它们大概比布歇的装置工作得更好。但它们不像人们有时想象的,并不包括第一个机械时钟擒纵机构(参见下文 p. 443)。虽然奥尔希基[Olschki (4),p. 85]强调吹喇叭的天使是基督教的象征,但蒙古人与亚历山大关于风吹喇叭的传说有密切的关系,关于这个传说,见 Sinor (2)。

无疑是高质量的,但是布歇作为工程师的技术却远远落后于它,因为吹喇叭的天使必须由隐藏的奴隶用手工运动,奴隶在适当的瞬间向一个长管猛吹,而且各种酒类也不是用机械提升,而是由大概藏在皇宫大厅顶上的奴隶倒入长管内的。奥尔希基讲了很多①关于中世纪欧洲工程优于中国人的"技术能力"或"手工技艺"的话,但是实际上布歇的成就(无疑地受到隔离的抑制影响)是较差的②,中国的机械师从它学不到什么东西。

　　戴维[David (1)]研究了一系列 16 世纪的上面画有喷泉的美丽的中国花瓶和壶,他认为这些艺术品的主题,是从 300 年前威廉·布歇所建造的那种壮丽的斟酒机器导出的。这个假设是会引人误入歧途的,虽然它并没有说明图上为什么没有树和吹喇叭的天使,也没有解释壶上的图案为什么会有明显的文艺复兴的性质,甚至有些意大利的风格。但是它引出一个更广阔的问题——古代中国存在喷泉的问题。虽然戴维倾向于假定中国在耶稣会士时代以前不知道喷泉,但是事实上不难表明,汉代以后几乎每个世纪都有使用喷泉的证据。耶稣会

133 传教士从 1750 年起在北京的"凡尔赛宫"——圆明园——所建的工程是太著名了,无须描述,只要引证伯希和的著作[Pelliot (27)]就足够了③。他们的先辈是更重要的。首先谈几句实际的可能性。有了管道之后,如果所选地址靠近陡坡,总是容易取得足够水头的,例如唐代水花园,即西安东边临潼的华清池,背靠秦岭高耸的边远山麓。同时我们以后(p. 339 ff.)将看到,在提水设备领域内的各种情况都表明,在汉代已经容易做到向高位蓄水池供给喷泉所需的水。但是让我们先回来谈一些过去的记载。

　　在圆明园建造之前 400 年,元代最后的皇帝妥欢帖睦尔④有多种机械玩具,装备了奇巧报时机构的时钟和几种不同类型的喷泉。关于这些东西,我们从萧洵的叙述中知道一些,他给元宫的建筑及其内容留下了生动的记录,他是 1368 年奉明太祖之命去摧毁元旧都的。他的著作就是《故宫遗录》。萧洵任明朝的工部郎中,因而有机会详细查看曾经住过千余妃嫔宫娥的美丽房屋,以及元朝皇帝和他的工匠制造许多奇巧机构以供她们娱乐的工场的布置。萧洵描写⑤了昂首吐吞一丸的龙形喷泉、机械虎、口喷香雾的龙和满载机械人像的龙舟——这种"水饰",本书不久将作更多的描述⑥。毁灭这些建筑和机构,如同"用斧头和锤子破坏雕刻的艺术品"一样,是不光彩的,但是当时笼络民众的禁欲主义的要求占有优势⑦。

　　约在发生上述事情 200 年之前,孟元老于 1148 年描写宋京开封为金人攻占之前的繁华情况,他说在某庙前面

　　　　用五色绸子装饰了一个人工的小山,山的左右有彩绸做成的两个菩萨像,其中文殊菩萨骑狮,普贤菩萨骑象。他们伸出的手在颤动,各以五个手指向各方喷出水来。用辘

---

　　① Olschki (4), p. 61。

　　② 见 Olschki (4), pp. 64, 88, 93。布歇的工作时期是在加扎里(参见 p. 381)之后半世纪,比中国喷石脑油机的专家们晚两个半世纪。

　　③ 更多的资料见 Favier (1), pp, 185 ff., 307 ff.。水力工程的总设计师是蒋友仁(Michel Benoist),副的是韩国英(P. M. Cibot)。为他们作传记的费赖之的著作[Pfister (1), pp. 814 ff]也有错误的认识,以为中国以前不知道喷泉。

　　④ 我们在后面关于时钟机构的一节内(pp. 507 ff.),将再谈到这个业余工程师。

　　⑤ 特别是第五页上及其后各页。参见《格古要论》卷十三,第二十一页。这些也许就是和德理(Odoric of Pordenone)所描写的[Yule(2), vol. 2,, p. 222]和约翰·曼德维尔(Sir John Mandeville)所描写的(Letts ed. vol. 1, p. 151)机械奇迹。拜占庭宫廷在 10 世纪也有类似的乐事,参见 Brett(2);F. A. Wright (1), pp. 207, 290 ff.。

　　⑥ 见本册 pp. 160 ff.。

　　⑦ 似乎有一本萧洵著作的英译本,但我们未见到它[Anon. (42)]。

轳扬水到庙后山尖的高地①,贮在木柜中。按时经管道放下来,好像瀑布那样飞溅②。

　　〈绕山左右,以绿结文殊普贤跨狮子白象,各于手指出水五道,其手摇动。用辘轳绞水登山尖高地,
用木柜贮之,逐时放下,如瀑布状。〉

这一定是值得一观的。

　　更早400年之前,唐代权贵对于利用喷泉以及夏天冷却厅堂和亭阁的类似方法同样发
生兴趣。《唐语林》载③:

　　唐代武后死后,亲王、公主、贵族等的京城住宅,一天比一天更加豪华壮丽。天宝年
间(742—755年),御史大夫王铁因犯罪判处死刑,县官没收并登记他在太平坊的住宅。
这项工作几天都未完成。宅里有人工降雨的亭子("自雨亭"),水从屋顶上四边流下来,
像瀑布那样飞溅。夏天处在那里,寒冷得像晚秋一样。

　　〈武后已死,王侯妃主京城第宅,日加崇丽。天宝中,御史大夫王铁有罪赐死,县官簿录铁太平坊
宅,数日不能遍。宅内有自雨亭子,簷上飞流四注,当夏处之,凛若高秋。〉

这段文字本身并不指向上喷的泉,似乎更像印度地区浴者可以坐在里面有水簾从四面流注
下来的小室和浴亭④。在斯里兰卡阿努拉德普勒的王室花园里,这种浴亭直到现代仍存在着
(图426)⑤。但是谈到约相同时代的另一段文章,很清楚地指出真的喷泉。《唐语林》又载⑥:

　　唐明皇(玄宗)建筑"凉殿"(约公元747年),任拾遗的陈知节上书极力规劝皇帝停
止工程(因其过份奢侈)。皇帝派太监高力士⑦找陈谈话。其时天气非常炎热。皇帝在
凉殿里,座后有水冲击扇轮,冷风吹吻颈项和衣襟。陈到后,奉命坐在石榻上面。轻雷沉
吟。看不到太阳。水从殿的四角上升到檐再落下时形成水帘四溅("四隅积水成帘飞
洒")。座位里面放着冰,皇帝又给陈饮放着冰屑的冷饮。陈身上冷得发抖,肚子隆隆地
响。他多次请求皇帝让他离开,尽管皇帝从来没有停止挥汗。最后陈好不容易获准走到
门口,粪便排泄满地,过了一天才恢复常态。皇帝对他说:"你考虑事情应当审慎,不要根
据自己的情况来替皇帝打算。"

　　〈玄宗起凉殿,拾遗陈知节上疏极谏,上令力士召对。时暑毒方甚,上在凉殿,坐后水激扇车,风猎
衣襟。知节至,赐坐石榻。阴雷沈吟,仰不见日。四隅积水,成簾飞洒,座内含冻。复赐冰屑麻节饮。陈
体生寒凛,腹中雷鸣。再三请起,方许。上犹拭汗不止。陈纔及门,遗泄狼籍。逾日复故。谓曰:"卿论
事宜审,勿以己方万乘也。"〉

这一段文字对于喷泉已足够了。但是,皇帝座后的旋转的扇轮又是什么呢?

---

　　① 从所用的名称"辘轳"(参见上文 p.95)来看,似乎指的是滑车和吊桶,但是当时的情况似乎用翻车或甚至用高转
筒车更恰当(参见下文 pp.339,352)。

　　② 《东京梦华录》,卷六,第三十五页,由作者和鲁桂珍译成英文。

　　③ 卷五,第三十三页,译文见 Shiratori(4),经作者修改。这一段文字也见《封氏闻见记》,曾由刘仙洲(1)引用,大约
在 p.135。

　　④ 人工降雨的小屋及其相似的建筑,常在别处提到,例如《表异录》,卷四,第三页。《封氏闻见记》认为这种布置的
年代为公元750年。

　　⑤ 见 Paranavitana(1)。我有幸和塞纳拉特·帕拉纳维塔纳(Senarat Paranavitana)教授在1958年游览了这个奇妙
的都城,包括王城和佛城。王室花园建造的时代约与唐代同时。有趣的是,《旧唐书》卷一九八第十六页把这种布置归功于
"拂菻"(就是拜占庭);参见 Hirth (1), p.54。参见下文 p.161。

　　⑥ 卷四,第二页;译文见 Shiratori(4),经作者修改。

　　⑦ 高力士是唐玄宗宫廷中最显赫的宦官。

135

（8）活门、鼓风器、泵和风扇

《淮南子》说："开运河通水……或凿渠分洪，都不是违背自然"[1]。但是不久以后，古代中国人发现，也可以利用"不违背自然"的方法引水上升。这将在适当的地方讨论（pp. 330 ff.）；在这里我们可以研究有关在管道内推动液体（主要是水）和气体（主要是空气）的各种早期发明。推动的机构有下列各种：柔韧的兽类皮囊，其四周的护壁的一部分由粘土、陶器或木材制成；在筒内或箱内运动的活塞；旋转的风扇（或"激风式"的风车）[2]。除了旋转的风扇外，所有这类机器的共同特征是装有活门，这就是装在推进室的护壁上、遮盖管子入口和出口的有绞链的小门[3]。

136

这些发明在东西方的发展情况仍然提出一些未解决的问题，但是我们可以用下列方法

(a) (b)

图 427 已经知道的中国双动活塞风箱的最古老的图；这两幅图采自《演禽斗数三世相书》，这是讲看相术和各种占卜的书，约在 1280 年付印。(a)铁匠在打铁（卷二，第三十五页）。(b)银匠在锻冶炉前工作（卷二，第三十六页）。图上的文字是适当的预言。

---

① 本书第二卷 p.68 已提供了这段文字的全部译文。

② 在韦斯科特［Westcott(1)］的著作中，有仔细的分类。参见 Frémont(10,14)。

③ 尤班克［Ewbank(1)p.262］说得很好，泵只是装有引入和排出活门的喷射器；这个特征使它们和它们的工作对象，在装置的位置上永远保持固定的相对关系。关于喷射器，见后面 p.143。

图版　一六二

(c)

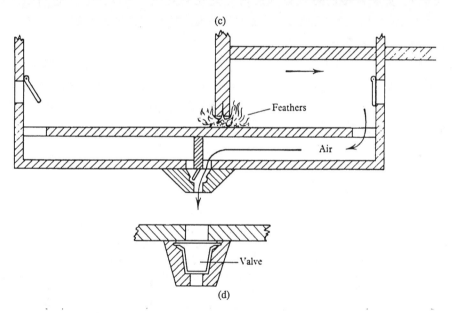

(d)

图 427　(c)中国的双动活塞风箱[Hommel(1)]。(d)包括风箱下部的纵断面图和排气口的横断面图。前者说明获得连续鼓风的措施,后者则表示排气活门的装置。风箱的两端各装进气活门。风箱的低层与活塞室分开,底层中间装有木板,把底层分隔为两部分,隔板下面有可以左右摆动的活门。活塞的密封用羽毛构成,有时也用软纸叠成。当活塞向左方移动时,右端活门开启,吸入空气,左端活门则关闭,空气排入下层,迫使下端活门摆向右方,盖住右方的出气口,左侧的空气经排气口向外排出。当活塞向右方移动时,从左端活门吸入空气,活塞右侧的空气经下端活门排出。照片表示排气口开在风箱侧面(一般是这样的),而(d)图为了便利起见,把排气口画在下面。活门和两端的支枢,在形式上与中国古老式房门相似[参见 Hommel (1), pp. 292,298]。照片表示排气活门处于中间位置。样品采自江西牯岭。

来探讨它们。目前中国所有手工业普遍使用的、甚至在小型工业上更大规模地应用的，是图 427c 所表示的风箱。霍梅尔说得对[①]，它在效率上超过现代机器未出现之前所制造的任何其他空气泵。从图 427d 的纵断面可以看到，风箱是双动的、压出和吸入交互作用的空气泵[②]；在每一冲程中，当活塞的一侧排出空气时，另一侧则吸入等量的空气。每当这种风箱开始通用，它总是能保证冶金过程的基本需要——连续地鼓风[③]。在《天工开物》（1637年）中，至少有 12 幅插图表示金属工匠在使用它（参见图 428，青铜铸造工场）。在普通中国风箱中，两头各有进空气的活门，底部在两个排气道的连接处则只有一个双动的活门。风箱的断面通常是长方形的，以便于用木料来制造，活塞用羽毛来密封（活塞环的祖先）。普通的日本风箱虽然是类似的，但没有这样巧妙，它的活塞上装一个阀，只在推进时鼓风，拉回时不鼓风[④]。

尤班克很赞美中国的风箱[⑤]。他指出，它基本上与提西比乌斯（Ctesibius）用于液体的双筒压力泵相同，并且巧妙地把两个筒合并为一个[⑥]。如果两侧的进气口都与管子连接，它就成为德拉·伊尔（de la Hire）式的泵（1716 年）[⑦]，而它与瓦特（James Watt）晚期蒸汽机的原理（蒸汽更迭地进入活塞的每一侧，同时在其他一侧造成真空）的关系显然在形式上非常类似[⑧]。如果两侧的进气口都从密封室吸取空气，它在原理上也可以起波义耳（Boyle）空气泵的作用。尤班克写道："最完善的鼓风机和水泵的各种现代改进的杰作都是中世纪中国活塞风箱的摹真品。"

不幸，很难提出这个机器起源于何时的证据，因为专为这个问题而进行的研究很少，而明显的资料，例如《太平御览》之类的百科全书式文献，则初看起来没有帮助[⑨]。但是在出现风箱历史之前，可以谈一些下述情况。用于金属加工的风箱，在古代中国的思想和神话中有重要的地位，如本书在道教一章中已经提到的[⑩]。例如，传说中的造反者之一叫做"骦

---

① Hommel (1)，p. 18 ff.。

② 抽液体的"大气"泵主要分为吸入泵和压力泵。两种泵都依靠造成部分真空来注满圆筒或推进室，至少在启动时是这样；但在吸入式提水泵里，液体通过装在活塞本身的阀，在上行冲程中只提升到能从出口排出去的高度；而在压力泵里，则不穿孔的活塞在下行冲程中，对抗整个系统能承受的压力，把圆筒里面的液体排入上升的管子内。参见 Ewbank (1)，pp. 213, 222。有着不穿孔的活塞的中国风箱的设计，则使它在前进和后退冲程中都能吸入和排出空气。

③ 关于这一点，我的冶金界朋友叶渚沛博士很久之前就唤起我的注意。威廉·钱伯斯爵士（Sir William Chambers）在 1757 年画这个设备的图时，把它叫做"永恒的风箱"。关于它的经典描写见 Lockhart (1)，p. 87；Ewbank (1)，pp. 247 ff. 参见 Proudfoot (1)，p. 74 的丁威迪。

④ Hommel (1)，p. 20. 关于日本冶金活塞风箱，见 Gowland (1)，p. 17，以及他的论文中的很多其他插图。

⑤ Ewbank (1)，pp. 247 ff, 250。

⑥ 尤班克暗示，中国的风箱可能是亚历山大里亚人的双筒压力泵的起源，但是据我们所知道的关于那时候技术传播的可能性，这种想法似乎不大合理。关于双筒压力泵，见下文 p. 141。与风琴联系的亚历山大里亚人的单筒活塞风箱，已在本书第四卷第一分册 p. 211 提及，并将在下文 p. 150 再讨论。

⑦ Ewbank (1)，p. 271。见下文 p. 149。

⑧ 见下文 p. 387 和 Needham (48)。

⑨ 刘仙洲（1）没能发现什么东西，但是我们可以提供一些线索（下文 p. 139）。新近杨宽（1）试写中国鼓风机械的历史；它虽然很简略，但却是有价值的。

⑩ 见本书第二卷，pp. 115, 117, 119, 330, 483。参见 Granet (1, 2, 4)，在 outre（"皮革"）项下。

图版 一六三

图 428 青铜铸工在使用一组双动活塞风箱，1637 年(《天工开物》卷八，第六页)。根据图的说明，他们在浇铸一个三足鼎，接受熔融金属的溜槽是粘土做的。

兜"，照字面就是"和平的鼓风器"。鼓风器最古老的名称是"橐"，与"囊"（即皮袋）[①] 字有密切联系。因此，最古老的中国型式鼓风器无疑是有与输风管紧固地连系着的整块皮革，也许是成对地工作的。其次的发展可能是用陶器或木材作为鼓风器护壁的一部分，气罐的皮盖上有孔，脚踏在上面以起活门的作用；这种气罐在著名的古代埃及图画中可以见到[②]，当代的非洲人还在使用[③]。较晚的名称是"革辐"，也许就是指这种类型[④]。这种用皮盖的气罐形状像鼓，所以并不奇怪，描写操作鼓风器的最早的动词之一是"鼓"，这个词时常在周、汉两代的书上见到。前面已提到[⑤]，公元前 512 年在铁鼎上面铸有刑法条文，在这一点上《左传》里有"一鼓铁"的说法。尽管有些注家[⑥]认为这是向人民征税用的重量单位，另外一些注家却解释为"用鼓风器鼓风得到的铁"，即铸铁[⑦]。

　　关于战国时期鼓风器的某些情况，是从意外的来源，即《墨子》谈及军事技术的各章得到的。书上说得很清楚，在公元前 4 世纪后期，常用的守城方法是：在炉中燃烧干芥子末[⑧] 的球和其他植物，并利用鼓风器把炉中发出的毒烟吹向攻城的军队，或敌人所挖的地道口。我们了解到[⑨]，鼓风器是用牛皮制成的[⑩]，每炉有两个罐，用桔槔式杠杆上下操作几十以至几百次（"橐以牛皮，炉有两瓶，以桥鼓之百十"）。或每炉有四个鼓风器，当敌人将凿穿隧道时，就猛烈地操作桔槔式杠杆，以快速地鼓动鼓风器，使烟熏隧道（"灶用四橐，穴且遇，以桔槔冲之，疾鼓橐熏之"）[⑪]。这段文字的意义在于，在那个时候，更迭地推拉两个缸（或罐）的动作，似乎已经机械化了，正如赫伦（公元 1 世纪）[⑫] 的双缸压力泵以及以后欧洲的很多"救火机"一样。使用鼓风器和毒烟投射器一定早到公元前 4 世纪初叶，因为《墨子》的较早部分已提到它们[⑬]，但是没有提到机械化的桔槔式杠杆。这个发明免除了每一个单动式筒必须有一个人操作的必要性，如同我们在施罗德（Schroeder）的图（图429）中所见到的安南活塞风箱那样，这里的连续鼓风是依靠两个活塞更迭地上升和下降来

---

　　① 虽然如此，可以注意，"橐"字里包括"木"和"石"，暗示它的构成材料不止皮革一种。橐字也在复合名词"橐驼"中出现，这是骆驼的最早名称。杨宽（1）认为，这是因为最早的鼓风器是驼峰形的。我们不能理解这个论点。如谢弗[Schafer（3）]所指出的，借用的方向好像是相反的，"橐驼"也许是从某些中亚细亚文字中借来的名词，因为它有两个峰，所以选择暗示"口袋的运载者"的两个字来代表它。

　　② Westcott（1）pl. xlx; Gowland（1），p. 15; Neuburger（1），pp. 25, 49; Feldhaus（1），col. 369; Ewbank（1），p. 238。

　　③ Cline（1）。关于古代欧洲的参考文献，见 Feldhaus（1），col. 367 ff.; Blümner（1），vol. 2, pp. 190 ff., vol. 4，例如 pp. 140 ff.。

　　④ 在中国书中，"辐"字常常错印为"鞴"，后者是与挽具有联系的专门术语。

　　⑤ 本书第二卷，p. 522。正文是在昭公二十九年 [Couvreur（1），vol. 3 p. 456]。

　　⑥ 如汉代的傅逊。

　　⑦ 如晋代的杜预，唐代的孔颖达在某种程度上也是如此。

　　⑧ 芥子末的挥发油（以及洋葱和辣根的挥发油）是高度刺激性的；它的活性要素是烯丙基异硫氰酸脂 [参见 Sollmann（1），p. 693，或任何药物学的书]。

　　⑨ 第六十二篇，第二十页（吴毓江校注本，第六十二篇，第二十六页）。

　　⑩ 在汉代也用马革；参见叶照涵（1）。

　　⑪ 第五十二篇，第九页，第十页（吴毓江校注本，第六十二篇，第二十五页）。参见第五十二篇，第十一页；第六十一篇，第十七页；第六十二篇，第二十页。约在同时代（也许晚 50 年）的一个引证是《韩非子》第四十七篇，第四页。杨宽（1）曾指出《墨子》各段文字的重要性。

　　⑫ *Pneumatica*，ch. 27; Woodcraft（1），p. 44；但亦见 Drachmann（2），pp. 4 ff.，（9），p. 155。

　　⑬ 第二十篇，第二页。

获得的。从这里到把两个活塞和两个缸合并为一个，距离就不远了。但不幸的是，我们对 139 于实现这种合并的能人的情况一无所知。

图 429 安南的单动式双缸冶金风箱[根据 Schroeder，见 Frémont (14)]。由两个人分别操作两根活塞杆，更迭 地上下运动，以获得鼓风的连续性。炼铜。

有一个奇怪的线索，说这种合并可能早到公元前 4 世纪就发生了。《道德经》(保守地说，属于这个时代)上说：

> 天、地和它们之间的一切，好像鼓风器和它的输风管；虽然是空虚的，但不会坍塌，运动越多，输出也越多"[1]。

〈天地之间，其犹橐籥；虚而不屈，动而愈出。〉

上面第三句的提法，不大能够应用于任何皮囊鼓风器，但是适用于活塞风箱，不论活塞是铰链式还是直线滑动式的。注家从王弼[2] 至黄以周[3] 都说，老子所指的是"排橐"，就是"推拉式"风箱。注家之一[4] 更说明，"橐"是外面的箱或"楼"，"籥"是接到楼里面以输送"鼓动"所压缩的空气的管子。一个有趣的要点是，汉代的风箱是用手操作的，如果从"聆"(也写作"肑")字判断，《说文》把它定义为风箱的手柄，但是"聆"字原义是"瓶耳"[5]。虽然如此，某些脚踏型鼓风器长久存在，例如日本"蹈鞴"炼铁法[6] 所用的大型铰

---

① 《道德经》第五章，译文见 Hughes (1)，p. 147，经修改。韦利[Waley (4)]的译文，没有把"虚而不屈"句的要点表达出来。

② 三国时期人（3 世纪中期）。

③ 在他的 18 世纪的《释橐籥》里。

④ 大概是元代的吴澄（14 世纪初期）。

⑤ 较晚的字典《广韵》（10 世纪）说："肑，排橐柄也。"进一步的讨论，见杨宽 (1)。叶照涵 (1) 认为这些字指活门。

⑥ 参见 Gowland (5)，pp. 306 ff.；Muramatsu Teijirō (1)。见 Figs. 604，605。块炼炉的脚踏鼓风机，在 1636 年仍然在迪恩（Dean）森林中存在 [Schubert (2)，p. 187]。

链扇式鼓风器。在较晚的文献中，我们看到《道德经》的许多回声，如公元 107 年张衡的《玄图》[1] 和公元 302 年陆机的《文赋》[2]。

汉代有活塞空气泵的根据，也许可以从《淮南子》[3]中一段有趣的文字得出。该书在抱怨原始朴素生活的没落时说[4]，金属工匠对于木炭的需要甚至导致森林的破坏。这个时代的浪费中有："猛烈鼓动鼓风器，通过输风管向冶炼炉吹风，以熔化铜铁"。（"鼓橐吹埵，以销铜铁"）[5]。"鼓橐"可以解释为"鼓式鼓风器"，但生活在约公元 200 年的注家高诱把"鼓"字解释为动词，他说："鼓，击也。"又说："橐，冶炉排橐也。"就是说，它是用于冶炉的推拉式风箱。他解释不通用的"埵"字时说："埵是一铁管把风箱所吹的风导入火中"（"橐口铁筒入火中吹火也"）。高诱用"排"字更有意义，因为它是公元 1 世纪初就开始使用的水力冶炼鼓风机的传统名词（参见下文 pp. 369）。这种水排在西方历史学家当中只受到费尔德豪斯[Feldhaus (10)]的注意。虽然找不到汉代水排设计的当时证据，但是所有从 1300 年起的水排插图，都表示转变旋转运动为纵向往复运动的装置，这正是活塞风箱所需要的[6]。

无论如何，本书不久将说明，在宋代（11 和 12 世纪）[7]活塞风箱是众所周知的，甚至文人和哲学家都熟悉它。但是这种风箱在古代中国文化区域内已经存在的可能性，为某些人类学上的事实加强了，这些事实必须提及。我们常常观察到，当我们向自行车轮胎打气时，打气筒的下部变热。的确，快速地使空气体积缩小到五分之一，温度可高到足以点燃火线[8]。东南亚（特别是马来西亚-印度尼西亚区域）的原始居民早就发现了这个事实，并在最值得注意的原始技术装置之一中予以利用，这就是活塞点火器（图 431）[9]。这个装置的底部有放着火绒的小坑。鲍尔弗[Balfour(1)]在一个有价值的回忆录里，略述了这个装置的人种志，它在马达加斯加的存在，是决定性地说明当地马达加斯加人属于马来人血统的证据之一[10]。这种活塞究竟从何时开始应用，这是非常难以回答的问题，因为无法决定，这种地区的原始居民在若干世纪中在技术上静止不前到什么程度，但是有充分的理由认为，这个发明是属于东南亚本

---

① 严可均，《全上古三代秦汉三国六朝文》，东汉部分，第五十五卷，第九页。

② 《文选》卷十七，第五页；参见 Hughes (7), pp. 106, 171 ff.。早期的注家把"籥"解释为乐器而不是输风管，修中诚（Hughes）也受到他们的影响，错误地解释了这个字。

③ 约公元前 120 年。第八篇，第十页。

④ 这个标准的道家哀歌的上下文，已在本书第十章(g)（第二卷，pp. 104 ff.，127 ff.）中阐述。

⑤ 摩根[Morgan (1) p. 95]对这段重要文字的翻译，有严重的错误。

⑥ 这种图画大多数清楚地表示活塞杆操作一个像踏鞴(tatara)（下文 p. 375）那样的铰链扇式风箱，它可以认为是活塞在弯曲的箱内操作。这种风箱的最古老的图画也许是段文杰(1)所编的《榆林窟》的西夏壁画。这幅壁画的年代一定是在 990 至 1220 年之间（见图 430）。

⑦ 10 世纪是足够可靠的估计[参见王苏、邢琳和王刘(1)]。

⑧ 这个事实是关于爆炸性质的大多数现代理论的根据(Bowden & Yoffe)。用机械方法发动爆炸是依靠微小热点的形式，而形成的原因，则或者是被关注的极微小汽(气)塞被绝热压缩，或者是摩擦和粘性加热，后者是较少的。就这样，物理化学家对于点火活塞的古老设备发生了兴趣。

⑨ Hough (4), pp. 109 ff; Leroi-Gourhan (1), vol. 1, p. 68。我们可以充分相信，活塞点火器与吹风管枪有联系，后者是所有活塞式引擎和抛射式炮的另一祖先，也属于这个区域的文化。不知道活塞是一个栓绳的抛射物呢，还是抛射物是自由的活塞?

⑩ 成对应用的马达加斯加的单动式活塞风箱，图示于 Ewbank (1), p. 246, Gille (10)。它们和图 429 中的安南型风箱相似。有些马达加斯加的活塞风箱是双动式的，由一个活塞杆操作两个带活门的活塞，并在中心出风管上装一个膜片；参见 Ewbank (1), p. 252；以及下文 p. 148。

图版　一六四

图 430　锻铁炉鼓风机,采自甘肃榆林窟的西夏壁画,属于 10 至 13 世纪[段文杰(*1*)]。这是到目前为止所知道的鼓风活塞在弯曲箱内工作的蹈鞴风箱的最古老的图画(参见下文 p.375)。关于这个设备的较晚的图画,见下文图 602,604,605。

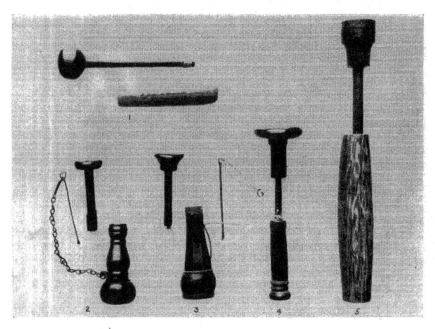

图 431　点火活塞,东南亚和马达加斯加(马来西亚文化区域)共同的一种土生点火器[Hough (*1*)],采自下列地区:(1)逼罗,(2)逼罗南部,(3,4)菲律宾,(5)爪哇。

图版 一六五

图 432 清代画轴的一部分，（以某些艺术上的自由）表示四川盐区从深井汲取盐水的方法［采自艾黎（R. Alley）先生的收藏品］。图上井架中间的竹制长竹筒即将降入深井内。井眼旁边的劳力即从井中汲出的盐水，通过竹管送去各蒸盐锅。汲水筒底部有一活门，打开时放入盐水，在竹筒上升时自动关闭，使盐水保持在筒内。在竹筒下端装有一个罩，以保护活门，罩的周围通开有若干汲槽，使盐水可以进入筒内。吊汲水筒的绳索通过很宽的上、下滑车（"天滚"和"地滚"），卷车是由畜力转动的卷轮（"盘车"）上面。其他情况，图中有说明。参见上文图 396 和 422。

地的①。它是在云南土生土长的②。如果认为它是中国文化中古代马来亚-印度尼西亚-大洋 141
洲部分的技能的一部分[参见本书第五章(b)]③,完全可以认为中国活塞风箱是从它演变出
来的,至少可以认为是一个说得过去的假说,因为在东亚的较原始文化中,活塞风箱是很广
泛地传播的,例如双缸式风箱为老挝的喀人(Khas)(Sarraut & Robequin)和安南的摩伊人
(Moi)所使用(参见图 429)。如果接受这个假说,我们可以假定止回活门的发明出现了两次:
一次在中国文化地区内,另一次在地中海地区内④,当古希腊水泵(也许是)从古代埃及喷射
器演变出来时。

经过充分的时间之后,点火活塞表现出能够在远离它的亚洲之家的地方,发挥种子的作
用⑤。约 1877 年,人工致冷的先驱者卡尔·林德(Carl Linde)在德国慕尼黑做报告时,表演
一个根据点火活塞原理制成的香烟打火机。据当时的听众之一鲁道夫·狄塞尔(Rudolph
Diesel)在若干年后说,这是最大地启发他发明高压内燃机的经验之一,这种内燃机现在普
遍用狄塞尔的姓氏命名。

活塞风箱的历史与活塞水泵的历史是密切联系的。对于水泵来说,限制因素主要是任何
旧技术系统可能承受的压力。在简单筒式吸水泵中,活塞上行时把水提升,下行时水从下面
流过装在活塞中的活门,尤班克假定这种泵是由亚历山大里亚人研制,由罗马人使用的(特
别是用于清舱底)⑥,但是厄舍认为这个假定是很可怀疑的⑦。到阿格里科拉的时代(16 世纪
中叶),这种水泵得到广泛应用⑧。另一方面,在古希腊时代,压力泵(液体不通过活塞,而是
从出水管排出去)已经是很熟悉的,如维特鲁威的讨论所指出的⑨,他用 *modiolus* 和 *embolus*
二词分别代表圆筒和活塞。这个发明归功于提西比乌斯⑩,若干种泵已被发现,而且它们
一定曾经广泛应用过,因为许多这种泵已被发现,从霍普(Hope)和福克斯(Fox)在锡尔切斯
特著名发掘中发现的,以实心木块制成的罗马压力泵⑪,到博尔塞纳(Bolsena)的值得注意的 142
青铜泵⑫。韦斯科特认为,这种泵在以后各世纪中很少应用,推测是由于它的结构太复杂,直
到卡丹(1550 年)和拉梅利(1588 年)的时代,它才再次出现⑬。

---

① 它确实于 19 世纪初期在欧洲取得专利,但是这个发展被认为是从东南亚演变而来的。

② Medhurst (2)。

③ 桥本增吉[(2),p.4,]认为,表示循环次序的"丙"和"丁"两个字的古体字(K757 和 K833)是很模糊的,它们原来
很可能是点火活塞零件的象形字。

④ 弗雷蒙[Frémont (10)]提出,吊起来的希腊和罗马的护罩是用来启闭屋顶或穹窿顶上的通风洞的,西方的活门
即从这种护罩演变而来。也见 Montandon (1),p.275。

⑤ 参见 J. Lehmann (1)。

⑥ Ewbank (1),p.214。

⑦ Usher (1),1st ed, p. 85, 2nd ed, p. 134。

⑧ Hoover & Hoover ed, pp. 177 ff.。

⑨ Vitruvius, x, vii,在下列各文献中有图示:Neuburger (1),p.229;Usher (1), 1st ed., p. 86, 2nd ed, p.135;
Perrault ed. p. 321。

⑩ 因此,它至少应属于公元前 2 世纪;参见 Drachmann (2), pp. 4 ff.。

⑪ 图示见例如 Usher (1) 1st ed., pp. 87,88; 2nd ed., , p.137。

⑫ 有一些这类泵装有提升活门,与现代内燃机上所装的相似。参见 A. H. Smith (1), p. 120; Buffet & Evrard (1)
p. 75; Singer *et al*. (1), vol. 2, p. 376。

⑬ Westcott (1), p. 37。参见 Bech (1), pp. 176,214 ff,396 ff. ; Forbes (2), pp. 142 ff; Usher (2), pp. 330 ff.。

　　一般地说,用于液体的活塞泵不是中国古技术传统的特点①,《奇器图说》,(1627 年)上活塞泵的插图②,很可能是当时的新鲜事物。但是,传统技术中的一个元件所牵涉的原理,很接近吸引提升泵的原理,这个元件就是从汉代起在四川盐区内用来从深井内提升盐水的竹制长汲水筒(参见图 396,422 和本书第三十七章)。这种汲水筒(参见图 432)利用底部的活门来注满,如果它们和深井孔壁紧紧地配合,就会成为吸引提升式水泵③。但是中国人的目的是不同的,汲水筒必须在大气压能够注满的真空限度内,把盐水提升 1000 至 2000 英尺(300 至 600 米)的高程,而在提升过程中不溢出来。按照埃斯特雷尔在 40 年前的观察,装满盐水的时间是 180 秒,在井口放空的时间 300 秒,每次提升时间 25.5 分钟,汲水筒的尺寸是长 25 米,直径 7.6 厘米,每筒装盐水约 132 公斤。这是一个相当大的工程操作。

　　汲水筒的活门与空气泵或风箱的活门的关系,苏东坡在他写的一段文字(约 1060 年)里十分赞赏。他在描写四川盐业时说④:

　　　　又用较细的竹管制成汲水筒,在井中升降;筒没有(固定的)底,而是在底部留一个窟窿。将几寸大小的皮革(附在窟窿上,形成活门)。在筒的进入和提出盐水的过程中,(活门)自动开启和关闭。每筒汲水几斗。井眼都用机械(提升)。因为有利可图,人们都懂得这种办法。

　　　　《后汉书》⑤ 上说起水力带动的鼓风器("水䩮")[《后汉书》上实际用的名词是"水排"(参见 p. 370)]。此法应用于四川冶铁业,并用大型的设备⑥。在我看来,似乎此法与盐井取水筒相似。(在唐代替《后汉书》作注解的)李贤⑦不明白这一点,他对这个问题的想法是错误的。

　　　　〈又以竹之差小者出入井中,为桶无底而窍其上,悬熟片数寸,出入水中,自呼吸而启闭之。一筒致水数斗。凡筒底皆用机械,利之所在,人无不知。《后汉书》有水䩮,此法唯蜀中铁冶用之。大略似盐井取水筒。太子贤不识,妄以意解,非也。〉

143　　这是关于几个论点的很重要的证据。既然苏东坡认识到,风箱的活门工作起来像盐井内的活门,他那个时代的人们一定相当熟悉某种类型的活塞风箱⑧。而且,虽然水力带动的活塞风箱大概是不很常见的,他却说得好像亲眼见到它们一样⑨。他指责李贤企图把表示革制鼓风器的词来代替原文中表示推拉式风箱的词。此外,一个多世纪以后,我们在宋代理学家朱熹的著作中,找到活塞风箱的又一引证。约在 1180 年,他替汉代魏伯阳的名为《周易参同契考异》的炼丹学的书⑩ 作注。魏伯阳说,易经阴阳配合的四个卦,好比鼓风和吹风管那样工作。

---

　　① 费尔德豪斯[Feldhans (1), col. 838]说,日本很早就有活塞泵,这个说法是根据内托[Netto (1), p. 372]关于若干组传统型式的提升泵于 19 世纪晚期在日本矿业使用的陈述。这些泵很像阿格里科拉所图示的,没有理由认为它们与阿格里科拉没有关系。

　　② 卷三,第二十页,第二十六页,第五十六页。

　　③ 事实上蒂桑迪耶[Tissandier (2)]把这种布置描写为"没有活塞的泵,即中国泵"。

　　④ 《东坡志林》,卷六,第八页,第九页;作者译。

　　⑤ 卷六十一,第三页。

　　⑥ 此句不知应当解释为后汉时代,还是苏东坡时代的情况,但前者同样是可能的。

　　⑦ 李贤说:"排当作橐(同"䩮")。"后面两个字暗示柔韧皮革制成的鼓风器。

　　⑧ 特别是因为他是诗人,而不是技术人员。

　　⑨ 苏东坡是四川人,青年时代生活在四川。

　　⑩ 参见本书第十三章(g),和第三十三章。

朱熹加上如下的注释①：

> 这四个阴阳配合的卦,就是"震"(第51卦)、"兑"(第58卦)、"巽"(第57卦)、"艮"(第52卦)。它们好比鼓风器("橐")、活塞风箱("鞴")、皮囊式风箱("囊")和吹风管("籥")那样工作……鼓风器有时须操作得慢些,有时快些(依所需加热程度而定),正如月亮的变大和变小一样。

> 〈牝牡诏配合之四卦,震兑巽艮是也。橐鞴囊籥其管也。……震为生明,而兑为上弦,巽为生魄,而艮为下弦,如鼓鞴之有缓急也。〉

最后,比朱熹晚一个世纪,人们能够实际上画出活塞风箱的图,因为约1280年印的一本书,载有金属工匠在铁砧前面工作的两个小图,在工匠旁边有不会错认的活塞风箱.这就是袁天纲所著的《演禽斗数三世相书》②,因此,我们可以很可靠地作出结论说,活塞风箱在宋代是众所周知的。本书上文(p.139)已经提出理由认为,它可能追溯到更早得多的时代,也许远在唐代以前。袁天纲是隋唐时代的占卜者(约公元635年去世),这一事实更加强了这种看法的力量。

刚才说过,一般地说,用于液体的活塞泵在中国古技术的实践中是不显著的,但是有时有理由怀疑它们实际上存在,而有时却出现引人注目的、很不寻常的例子。我们先谈谈这种泵的最简单的祖先,这就是喷射器③。最简单的形式是,把一根骨头或金属制的管子,与一个兽皮制的囊固定地连接起来,它与已经讨论过的原始的皮囊鼓风器完全相类似。希波克拉底(Hippocrates,约公元前400年)曾经提及利用猪膀胱作为容器进行注射;没有疑问,古代埃及喷香油以制作木乃伊者的较早技术是相类似的④。活塞式喷射器似乎是从亚历山大里亚人开始的,因为菲隆提到喷玫瑰水,而赫伦的书中对于青铜喷射器有很清楚的描写⑤。罗马的古物可在博物馆看到。赫伦的较年长的同时代人赛尔苏斯(Celsus)描写在 144 耳科治疗中使用这个器具,根据对印度外科手术器械的叙述,似乎它在印度文化中至少在同样早的时代就研制出了⑥。它在印度有着特别突出的地位,因为它与重大的民间节日(泼水节,人们互相喷带颜色的水和香水)有着尽人皆知的联系。中国没有类似的东西,但是这种器具在中国一定是很古老的⑦。人们可能因为它的现代名称"水枪"而怀疑它出现得比较迟,但是,仅仅由于它缺少单字的名称而假定在古代不知道这种器械,这是不妥当的⑧。也许有许多其他已废弃的名称。例如,1044年就遇到"唧筒"的名称。《武经总要》谈到灭

---

① 第三页,作者译。关于鞴,见C125,D885;《诸器图说》,第一页。

② 用照相平版印刷术复制,日本东京,1933年,卷二,第三十五页,第三十六页。见图427上、下。

③ 参见Feldhaus (1), col. 1074. 很奇怪,这样重要的古代设备没有在辛格[Singer *et al.* (1)]的书中编入索引。

④ 细致的讨论见Wilkinson (1), vol. 2 p. 318; Lucas (1), pp. 307 ff. 但后者对于各时代所用的注射设备的性质,揭露得很少。也参见Forbes (12), pp. 190 ff. .

⑤ *Pneumatica*, II, 18, 译文见Woodcroft (1), p. 80. 它是把一个圆柱放在圆筒中的设备,好像现代的皮下注射器。

⑥ 见Mukhopadhyaya (1)。

⑦ 例如,《汉书》卷九十六下(英文原文误写为《后汉书》——译者),描写某些古代游戏,表演者舞弄长的人工鱼龙(参见下文p. 158),有些鱼龙在舞动时喷出水来,"制成雾把太阳遮蔽"。这一定是一组像西方园林工人所用的喷水器之类的东西。

⑧ 我们不久就要遇到像这样的另一名词学问题(参见下文p. 354)。

火时说①：

为制作唧筒，取中空的长竹，下端（隔膜上）开洞，并在竹筒里面放一根用丝棉包裹的活塞杆（"水杆"）（做成活塞）。这样就能从洞口喷出水来。

〈唧筒用长竹下开窍，以絮裹水杆，自窍唧水。〉

这段文字比初看起来要重要得多，因为用竹制唧筒，又一次强调竹在古代中国技术中关于管道的一切创造的极大重要性②。在更早的时代，可能还有其他名称。正如我们刚才已经见到的，古代和中世纪中国表示虹吸管本身的最普通的名词是"渴乌"，虽然这个名词用于漏壶的虹吸管是很普通的③，当按照上下文看起来一定有虹吸管以外的东西存在时，这个名词也可能出现④。例如，我们不久就要看到，渴乌就是毕岚于公元 186 年为了供给洛阳城用水（p. 345）而制造的提水机器系统中的一部分，因此，它很可能是某些简单型式的吸引提升泵。"渴乌"这个名词对于喷射器也很合适，因为后者也吸水。在研究解释古代文献时应当记住此点。尽管为古代名词所隐蔽，某些特殊东西的存在有时可能是不言而喻的。

在 11 世纪，情况就更清楚得多。上述《武经总要》在另一部分里，有一段非常突出的描写
145 用挥发油（相当于希腊火药）的喷火器，它包括一部设计巧妙的液体活塞泵（图 433）。它说⑤：

右边是喷射挥发油的喷火器（字面上是猛烈火油喷射器，"放猛火油"）。油箱用黄铜（"熟铜"）制成⑥，支持在四只脚上。从油箱上竖起四根（垂直）管子，与上方的横筒（"巨筒"）连接；这些管子和横筒都与油箱接通。横筒的头、尾部大，中间（直径）细。尾端有一个像小米粒那样大的小孔⑦。首端有（两个）1 寸半直径的圆孔。油箱侧边开一小口，接一根（小）管子，以便加油，管口上有盖。横筒里面有一根包着丝棉的（活塞）杆（"捞丝杖"），杆头上缠半寸厚的散麻。在前边和后边，两根接通管⑧（交替地）被封闭（字面上的意思是"控制"，即"束"），因而（机构）便这样被确定。尾端有横柄（油泵的柄），柄的前方有圆盖。当（柄被推）入时，（活塞便交替地）封闭各接通管的管口⑨。

在使用前，用勺把 3 斤多油通过过滤器（"沙罗"）注入油箱内；然后在横筒头上装上点火室（"火楼"），并加入火药（混合物）。要点火时，用一个烧热的"烙锥"（加在点火室上），并把活塞杆（"捞杖"）充分地推入横筒内，即命令后边的人充分地向后抽回活塞杆，然后（向前、向后地）尽可能用力地把它来回操作。油（挥发油）就从点火室喷出来，成为猛烈的火焰。

---

① 《前志》卷十二，第二十七页；作者译。参见第二十九章(i)。
② 例如，天文望筒（第三卷，p. 352）、枪管（第三十章）和化学仪器（第三十三章）。参见上文 p. 64。
③ 参见第三卷，p. 323。
④ 这个情况与拜占庭希腊人用以表示虹吸管的"διφωτ"一词相类似。如所周知，这个词和"希腊火药"联系起来时，指某种泵，而不是我们所指的现在的虹吸管。
⑤ 《前志》卷十二，第六十六页；作者、鲁桂珍、何丙郁同译。
⑥ 这个解释是由《天工开物》卷八第四页，卷十四第七页等，以及明代其他后期的资料所确定的。参见章鸿钊(3)，第 22 页。可以注意，黄铜那时候已在实际中应用。
⑦ 如果这不是捞丝杖通过的后壁的孔（对于这种用途，似乎太小），我们就不能解释它。
⑧ 原文"铜"应为"筒"。
⑨ 如同滑阀一样。

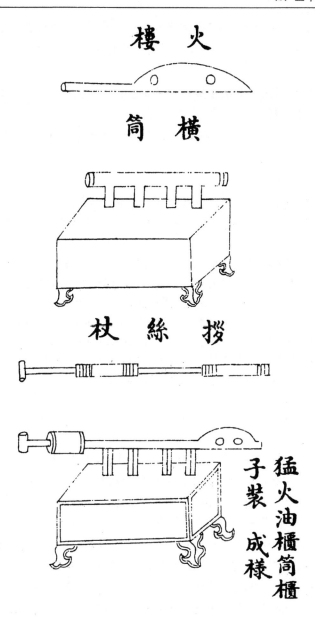

图 433　使用挥发油或希腊火药(石油的蒸馏产品)的军用喷火
器,采自 1044 年的《武经总要·前志》卷十二,第六十
六页;具有可以认识的中国特色、设计巧妙的液体活塞
泵。从上到下依次是火楼,通过四根管子与油箱相联的
横筒,包有丝线的双活塞杆。最下面是完全装配起来时
的外形图,称为"猛火油(喷射器及其)横筒和油箱图"。

加油时用椀、勺和滤过器；点火用烙锥；维持（或重新点）火有容器（"罐"）①。烙锥做得像锥子那样尖锐，以便各管子有堵塞时用以疏通它们。用钳子夹起烧红的火，用烙铁补漏。

[注：如果油箱或接通管有裂缝和漏油，就用青蜡补好。总共有 12 项设备，除钳子、烙锥和烙铁外，都用黄铜制成。]

另一方法是用一个大卷筒，内放一个葫芦形的黄铜容器，卷筒下边装两只脚，里面有两只小脚，都和容器接通。

[注：都用黄铜制成。]

也放入活塞（拶丝杖）。喷射方法与前面所说的相同。

当敌人来攻城时，把这些武器放在大堡垒内，或在各外缘工事内，使大批攻城敌人不能通过。

〈右放猛火油，以熟铜方柜，下施四足，上列四卷筒，卷筒上横施一巨筒，皆与柜中相通。横筒首尾大细，尾开小窍大如黍米，首为圆口，径半寸。柜旁开一窍，卷筒为口，口有盖，为注油处。横筒内有拶丝杖，杖首缠散麻，厚半寸，前后贯二铜束约定。尾有横拐，拐前贯圆掕，入则用闭筒口。放时以杓自沙罗中挹油注柜窍中，及三斤许。筒首施火楼，注火药于中，使装发火，用烙锥。入拶杖于横筒。令人自后抽杖，以力蹙之，油自火楼中出，皆成烈焰。其挹注有椀有杓，贮油有沙罗，发火有锥，贮火有罐，锥，通锥以开筒之壅塞，有钤以夹火，有烙铁以焌漏（通柜窍有罅漏，以熁油青补之。凡十二物，除钤、锥、烙铁外，悉以铜为之）。一法为一大卷筒，中央贯铜胡盧，下施双足。内有小足相通（亦皆以铜为之）。亦施拶丝杖，其放法準上。

凡敌来攻城及大壕内及傅城上颇众，势不能过，则先用藁秣为火牛縋城下，于踏空板内，放猛火油中。人皆糜烂，水不能灭。〉

147　很容易承认，《武经总要》是一部很重要的书，它出现的时代比英王威廉一世的时代还早 20 年②。喷火器在 11 世纪初就已使用了，有一个故事说，有人讥笑某些官员，因为他们对喷火器比对笔杆子还熟悉③。上引书中描写的内容部分很像现代军用装备的使用说明书，对内部结构的细节的描述很不明确，可能，这些细节的传播是受到限制的④。但是我们可以确信，四根垂直管子的作用是使这个装置有可能连续地喷出火焰，正如双动活塞风箱提供连续鼓风一样，实现此目的的最简易方法是在横筒出口内装两个喷嘴，其中一个在拶丝杖向后拉时由最左方的小室供油。按照我们所认为的最可能的复原（见图 434a,b），这意味着有两根垂直管在柜内隐蔽地连接起来。这样的设计与书中的指示"要点火时，……把活塞杆完全地推入横筒内"是很一致的，与"两根接通管（即供油管）交替地被封闭"的说法也是符合的。既然拶丝杖本身对于供油管起着滑阀的作用，所以只需要两个活门，但是，这个设备对于像挥发油那样的轻质油，比对于水更适合，因为中间两根给油管只在冲程的末端才开启，需要很快的反应⑤。拶丝杖本身没有活门这一事实，部分地可以由它的长而细的形状来表明，也由否则只需要一根给油管这一实际情况来表明。至于拶丝杖为什么做成两个活塞，而不是一个

---

① 这一定是放着炽热木炭或也许是炽热混合物的阔口坛子。

② 我认为，王铃［Wang Ling (1)］的论文首先向西方学者介绍了这个喷火器。我愉快地回忆起，在我们得到一本《武经总要》原文之前约 20 年，已故学者傅斯年博士已替我准备了一份描述这个装置的原文的抄件。

③ 《青箱杂记》，卷八，第六页，英译文将在第三十章内提出。

④ 第二种装置的描写甚至更不清楚，它给人的印象是一个较小的轻便型式。

⑤ 使人回忆起现代蒸汽机车的"停汽"。

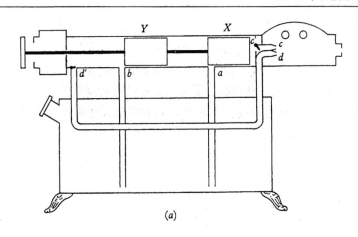

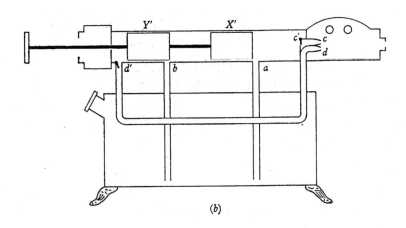

图 434　11 世纪喷火器的双动双活塞单筒压力泵机构的复原和说明。(a)前进冲程
的终点;(b)后退冲程的终点。这个循环可以设想如下:

(1)当活塞杆完全推入时(活塞位置 X 和 Y),活塞前方小室的挥发油
(在启动时是空气)已经通过喷嘴 c 完全排出去。由于活门 d' 的关闭而产
生的部分真空,使油通过给油管 b 吸入后方小室。

(2)在后退冲程中,给油管 b 被遮盖,活门 d' 开启,油从喷嘴 d 排出。
由于活门 c' 的关闭,在前方小室内产生部分真空。

(3)当活塞杆已完全退回时(活塞位置 X' 和 Y'),活塞后方小室的油
已经通过喷嘴完全排出去。由于活门 c' 的关闭而产生的部分真空,使油通
过给油管 a 吸入前方小室。

(4)在前进冲程中,给油管 a 被遮盖,活门 c' 开启,油从喷嘴 c 排出。

这样,循环继续重复地进行,直到油柜中没有油为止。

火楼中装有硝酸盐成份少的黑色火药混合物,它起慢燃导火线的作
用。

(像风箱那样),就难以断言了;可能是为了得到更大的刚度。

也许这个装置所揭露出来的关于喷射希腊火药的著名拜占庭"虹吸管"的情况,比迄
今为止能从任何西方资料得到的还要多。但是如果拜占庭虹吸管能提供连续的喷射,很可

能是像提西比乌斯的压力泵系统一样，用两个筒组合起来①，而《武经总要》所描写的单缸双动式机器似乎是中国式设备的特征。事实上，它是活塞风箱原理在液体上的应用，这对于液体活塞泵的开始使用年代又提供了更多的证据。在这里我们不必更多地讨论喷火器的军事方面了②。有一个年代（很接近公元 675 年）仍然被公认为卡利尼库斯（Callinicus）引进希腊火药去保卫拜占庭的年代，人们仍然必须依靠 8 世纪和 9 世纪的经典描写，如利奥·塔克蒂库斯（Leo Tacticus）所写的。我们追随帕廷顿［Partington（5）］而采取的最好的意见是：希腊火药主要是石油的轻质分馏物，掺入少量松香和其他物质③，以调整其粘度及其他性质。这里也不能预先讨论黑色火药，虽然喷火器前边的火楼④ 中用它来作点火剂这一事实一定已经引起读者的兴趣。只要提及下面这点就足够了，这就是：（根据我们的经验）"火药"这一专门名词总是指硫磺、硝石和含碳物质的混合物，但是 11 世纪某些最早的混合物中，硝酸盐的成分那么少，以致很有可能按上面所描写的方法，用它作为一种慢燃导火线⑤。

如果宋代的军事工程师们能够创造出这种巧妙的泵，以抵抗像金人和以后蒙古人等敌人的攻击，为什么活塞水泵在 17 世纪，在中国还似乎是新的东西呢？尤班克对于深井汲水筒和活塞风箱没有能使活塞水泵在中国中世纪得到广泛利用的原因进行了一些考虑⑥，结论认为它们之所以受到抑制，主要是因为水排有很高的效率。他也不很合理地主张⑦，亚历山大里亚人的发明，曾受到从亚洲传播去的关于活塞和活门知识的影响。但是人们同意⑧，最早的双动往复式水泵是德·拉·伊尔在 1716 年设计的水泵，而这个机器的确与中国的双动风箱有些关系，因为那时候欧洲人知道那种风箱已将近两个世纪了。

从我们已经了解的，可见反方向的可能性，即从 13 世纪中叶起，中国插图中表示的双动活塞风箱系从欧洲引进，是很不可能的。这种风箱在欧洲开始使用的年代事实上是非常晚的。整个中世纪和文艺复兴时代，欧洲所用的冶炼鼓风设备主要是喷水鼓风管⑨，以及常用于家庭火炉的但较大的楔形的木和皮制鼓风器⑩。这些装置见马里亚诺（Mariano，1440

---

① 正如霍尔［Hall（2）］已指出的。

② 本书在关于军事技术的第三十章内，将充分讨论早期所用的各种放火材料（中国人和阿拉伯人至少从 10 世纪就使用希腊火药），以及在传播到西方之前，关于我们叫做"原型黑色火药"和真正炸药的发展。

③ 但是不含硝石。

④ 火楼有两个进气口，如本生灯或喷气式发动机那样。

⑤ 浸透硝石和缓慢燃烧的粗麻线；西方使用黑色火药的头三个世纪中，用这种慢燃导火线来发射各种火器。

⑥ Ewbank（1），p. 250。

⑦ Ewbank（1），p. 268。

⑧ Westcott（1），p. 38；Ewbank（1），p. 251。

⑨ 这是一种类似普通滤过泵的鼓风机，有一股水向有出气口的封闭小室喷入，关在小室内的空气从出气口排出去。它与恰塔兰（Catalan）块铁炉特别有联系［见第三十章（d）］，但是它的缺点是空气总是潮湿的。喷水鼓风管［参见 Percy（2），p. 285；Ewbank（1），p. 476］，一定是从亚历山大里亚人的风动-水力装置演变来的，在这种装置中总是用水把空气从封闭小室驱出去［Boni（1）］。阿拉伯人和拜占庭人由于缺乏简单而巧妙的中国双动活塞风箱，采用非常复杂的办法来产生连续的气流［参见 Wiedemann & Hauser（3），和下文 p. 536］。

⑩ 据说第一次引证此种鼓风器的是奥索尼乌斯（Ausonius，4 世纪），他谈到了活门。约翰森［Johansen（1）］所描写的、从约 1200 年起在德国矿业中心利用的水力带动冶金鼓风机，无疑是这种类型。在挪威许勒斯塔（Hyllestad）木板礼拜堂的一个画板上，我们可以看到一幅属于 12 世纪的、很清楚的鼓风机图画雕刻在上面［Holmqvist（1），pl. LXII，fig. 138］。

年)① 的书和阿格里科拉的巨大著作② 中,而比林古桥(Biringuccio)在约 1540 年著的《火法技艺》(*Pirotechnia*)③ 中,有这种机器的大量插图,它们由装在水力带动的轴上面的拨动凸 150 耳,或曲柄、杠杆和重件组成的系统等方法来操作。根据贝克曼的研究④,铸铁工人约在那个时代对于具有柔韧皮革部分的鼓风器需要润滑和维护所引起的很大费用和辛劳感到厌烦,约 1550 年,洛布辛格(Lobsinger)、谢尔霍恩兄弟(Schelhorns)等等在德国制成楔形全木制鼓风器。它们在 17 世纪下半叶很流行⑤。这个发展与古希腊和罗马时代已知道的有活门的圆筒气泵毫无关系⑥,直到 18 世纪中叶,才引进这种类型的水力鼓风机(参见图 607)。到那时候,已经是葡萄牙人第一次和中国接触的 250 年后了,气缸所具有的中国特点,并不少于提西比乌斯泵的特点⑦。

利用旋转运动来鼓风,在中国已有惊人的悠久历史。这种推进空气的方法与其他类型的风箱和泵完全不同,并不需要活门,逻辑上与在木槽中把液体向上推进的桨轮相似⑧。无疑,所有扇中最古老的就是用任何轻便扁平而较刚性的材料做成的,人们在酷热的夏天抓起来使自己凉快些的那些扇。对于中国古代所用的手摇扇(或"箑")的历史⑨,已经有人进行了有趣的研究⑩,作为东亚文化特征的折扇,似乎是 11 世纪朝鲜的发明⑪。布风扇("风扇")的来回摆动,虽则很少应用,而且只在南方,可能提醒了人们采用更多叶片和连续的旋转⑫。

中国人在什么时候把这种叶片装在连续旋转的轴上,我们不知道,但是肯定不会比汉代还晚。我们也不知道这种旋转风扇究竟首先用在空气调节器上,还是谷物农业中必需的扬谷去糠过程上。让我们分别探索这两种应用。

《西京杂记》中有一段重要的文字提到著名发明家丁缓,本书别的部分在论述别的方面

---

① 见 Berthelot(4), p. 483;参见 Beck (1), pp. 289,470。

② Hoover & Hoover ed. , pp. 208 ff. , 359 ff. 。

③ 参见 Beck (1), pp. 116 ff. 。

④ Beckmann (1), vol. 1, pp. 63 ff. 。

⑤ 见 Schlutter (Schlüter), vol. 1, pl. Ⅲ *b*, p. 325,vol. 2, pl. Ⅵ *g*, *h*, *i*, p. 55; de Genssane(1); Ure (1) 1st and 3rd eds. , pp. 1127 ff. ; Paulinyi (1); Singer *et al* (1), vol. 4, p. 125。例如,我们从林多罗思[Lindroth (1)]知道,在瑞典达拉纳(Dalarna)的法伦(Falun)矿上的大型铜厂内,直到 18 世纪末仍完全依靠古老的皮制鼓风器或喷水鼓风管或在水中升降的钟罩(参见 p. 365)。到 1800 年,才有像中国中世纪冶炼鼓风机(参见 p. 371)和日本蹈鞴式即铰链扇式鼓风器[参见下文 p. 375 和第三十章(d)]。活塞风箱出现得更晚。

⑥ 菲隆[Philon (app. 1)]、赫伦[Heron (chs. 76,77)]和维特鲁威[Vitruvius (x, viii)]都曾描述活塞风箱,但是没有考古的证据说明这种风箱不是非常特殊的。它们用来吹奏风琴(见上文 p. 136),是单动式的,有进风的活门,向恒定水压储气箱供气。这个设计被假定是属于早到提西比乌斯的时代(公元前 3 世纪);参见 Beck (1), pp. 24 ff. ; Drachmann (2); pp. 7 ff. ;100,(9), p. 206; Woodcroft (1), pp. 105 ff. 。

⑦ 关于此点,见李约瑟[Needham (48)]所提出的证据。

⑧ 这样的设备确实存在,参见下文 p. 337。

⑨ 如果《於陵子》是真的作品,则第一次提到扇子是在公元前 5 世纪;参见 Forke (13), p. 564。

⑩ 见 Forke (15); Rhead (1)。

⑪ 参见 Giles (12), p. 206,从郭若虚的当代《图画见闻志》翻译。关于这本书,见 Hirth (12), p. 109。

⑫ 在水力带动的冶炼鼓风机中,存在着一种铰链式风扇的动作。对于这种鼓风机,本书即将详细讨论;参见下文 pp. 369 ff. 。

151 时常谈到他①。他的鼎盛期似乎是在公元 180 年前后。这段书上说②：

> 丁缓又造一台风扇，由七个直径一丈的轮组成。这些轮子互相连接③，由一个人转动。整个大厅变得凉爽，人们甚至开始发抖。
>
> 〈长安巧工丁缓者……又作七轮大扇，皆径丈，相连接。一人运之，满堂寒战。〉

这个装置一定会使具有曲水④的汉宫，在中国夏季的酷热中过得很愉快。但是空气调节不仅限于汉宫，以后各世纪中也继续见到。本书在前面不远处引用的一段话上清楚地指出⑤，在唐宫凉殿里利用水力来转动"风轮"，而从宋代的许多叙述中（例如约 1085 年和 1270 年）⑥可见，人工通风的致凉效果似乎更广泛地受到欣赏。

　　现在本书可以转而论述旋转风扇式的扬谷机。这里的问题是寻找由可控制的气流来代替古代农民依靠自然微风把谷壳与谷粒分开的办法⑦。金属工匠从很远的古代就使用鼓风，但是农民需要较柔和的风，他们用不同的方法解决这个问题。古代各农业科学百科全书示有两种型式的扬谷机：一种扬谷机的由曲柄操作的开式风扇装得比较高（图 435）；另一种的风扇封闭在圆筒状的外罩内，使所发生的气流对准流谷槽并经过装谷斗的下方（图 414）。虽然后一种装置很像西方人常在现代农场中见到的扬谷机，但是必须记住，它的年代刚好在 1300 年之后。那开式机器叫做扇车（后来叫做"飏扇"），闭式的叫做飏扇（后来叫做"风车"和"风扇车"）。最古老的《农书》只绘出闭式的，而《农政全书》和《授时通考》则只绘出开式的；《天工开物》上两种型式都有。由于闭式的看起来较为完善，人们倾向于认为它的年代是较晚的，而开式的似乎更适当地属于丁缓的时代，但是有某些证据说明闭式的早到汉代，开式的可能比丁缓的时代更早得多。我没有看见过开式的，或它的任何现代照片，但是闭式的现在仍然广泛使用⑧。当然，从筐中把谷物向空中抛起的古老方法在某些地区继续存在⑨。

153　　王祯在 1313 年关于旋转风扇式扬谷机的说明（见图 415，435）值得一读⑩。

> 扬谷机的旋转风扇（"飏扇"）。
>
> 《集韵》说：飏就是随风飞动。飏扇就是用风扬去谷物中糠皮杂质的机器⑪。制造飏扇的方法是：在机器中间装一根机轴，轴上装四个或六个用薄板或粘合的竹片⑫制成的

---

① 第一卷，pp. 53,197；第三卷，p.58；第四卷，第一分册，p.123；以及本章 pp. 233,236。

② 卷一，第八页，作者译，借助于 Laufer (3), p. 197。《太平御览》，卷七零二，第四页引用；参见 Pfizmaier. (91), p. 283。

③ 注意，"连"这个词后来时常被用来描写齿轮的啮合。它在这里一定也有这样含意。似乎可能暗示有一个曲柄，但是更可能是用脚踏操作。

④ 参见上文 p. 131，下文 p. 161。

⑤ 参见上文 p. 134。

⑥ 高承，《事物纪原》卷八，第十五页；周密，《武林旧事》卷三，第八页（pp. 379 ff.），参见 Gernet (2), p. 130。

⑦ 由于迫切要求不依靠自然界而产生了可用于阴天的磁罗盘和可用于多云夜晚的机械钟，我们应当在这里又看到这种要求的作用，参见下文 pp. 456,541。

⑧ 有很多现代的图画，例如：Hommel (1), p. 77；Forke (16)；Tisdale (2)。按比例尺画的图和截面图见 Worcester (3), vol.2, pl. 109 opp. p. 313。

⑨ 例如在中世纪的欧洲[Jope (2), p. 98]。我于 1958 年夏天，看到陕西武功附近农民用这种方法扬谷。

⑩ 《农书》卷十六，第九页，第十页，作者和鲁桂珍译，借助于江亢虎[Chiang Kang-Hu (1), p. 327]。

⑪ 《集韵》是 1037 年编写的，但大概到 1067 年才完成。

⑫ 这个结构与胶合板近似，值得注意，特别是联系本册 p.63 所谈到的内容。

图 435　脚踏旋转的开式风扇扬谷机("飏扇"),采自《天工开物》(1637)卷三,第九页。这种型式最晚汉代已有。

叶片。有两种型式:一种是立式装置的风扇,另一种是卧式装置的[①];两种都有一驱动轴,或者直接用手操作,或者通过脚踏板,风扇就跟着旋转。把经过舂或碾的谷物和糠放入装谷斗("高槛")内,装谷斗底下有狭缝("匾")[②]。谷物通过狭缝流下来,分成像筛孔那样细的细粒[③]。当风扇转动时,把糠皮和碎谷粒("粃")扬掉,就可以获得纯净的谷粒。

有些人把风扇装得比较高(图435)来扬谷,这就叫做扇车。

凡是"踩"或打(用连枷)[④] 麦子或其他谷子以后,糠粃禾茎等杂物都与谷粒混在一起,因此需要扬谷,用扬谷机的效率高于从筐中抛掷谷粒("箕簸")[⑤]。

〈扇。《集韵》云:飏,风飞也,扬谷器。其制中置簨轴,列穿四扇或六扇,用簿板或糊竹为之。复为立扇卧扇之别,各带掉轴,或手转足蹑,扇即随转。凡舂辗之际,以糠米贮之高槛,槛底通作匾缝,下泻均细如籭,即将机抽掉转捣之。糠粃即去,乃得净米。又有昇之场圃间用之者谓之扇车。凡踩打麦禾稼穧粃相杂,亦须用此风扇,此之坎掷箕簸,其功多倍。〉

诗人梅圣俞说[⑥]:

扬扇不是招凉团扇,走到谷场就会看见。
旋转生风扬去糠粃,劈开竹子编成叶片。
手艺高低都可使用,不因寒暖有所改变。
去掉粗皮取得净米,坚持劳动别怕疲倦。

〈飏扇非团扇,每来场圃见。
因风吹糠粃,编竹破筠箭。
任从高下手,不为寒暄变。
去粗而得精,持之莫言倦。〉

从这首诗,我们立即得到 11 世纪早期已有这种机器的证据,因为诗人梅尧臣死于 1060 年。如果再向上推,我们可以证实,它在 7 世纪初已存在,因为这正是颜师古替汉代学者史游在公元前 40 年编写的《急就篇》作注的时代。史游在谷物技术[⑦]项下列出"杵锤,谷物磨,扇坠,白和簸箕("碓","碨","扇","陨","舂","簸","扬")。"颜师古解释说,碓是用来舂、捣的,而碨则是用来磨的。他为旋转的谷物磨添加了同义词(我们以后再去研究),而且重复那传统的说法:这些都是公输般发明的[⑧]。他接着说:

扇意指旋转的扬谷扇("扇车"),而陨说明扇车的工作原理。有人把它写成"遗",但是无论如何,这意指"坠下",就是说,当(机器)扇风时,(谷粒)穿过气流坠下。其他人则在舂谷之后把簸箕里的谷粒向上扔,以吹掉("扬")糠屑。

〈碓,所以舂也。碨,所以礴,亦谓之硙。古者,雍父作舂,鲁班作碨。扇,扇车也。陨,扇车之道也。

① 本书依照中国古书的习惯,提到立轮和卧轮时,是根据轮平面的方向,而不是根据轮轴的方向。参见 p.367。

② "匾"字的意义不很清楚。可能有时这种机器确实包括一个筛子,但是更可能指控制谷物流下速度的可调整活板门。图414表示这种活板门的轴凸出来,虽然它不像所有现代型式扬谷机那样具有使它可以钩住在垂直棘轮的任何位置上的杠杆附件。

③ 见《农书》,卷十五,第二十六页,第二十七页。

④ 见《农书》,卷十四,第二十八页起,本章上文图374a。

⑤ 典型的中国农村的筐是像簸箕那样(《农书》卷十五,第二十四页起),可以便于这种用途,特别是当它们装有短柄(叫做"飏篮")时,如《农书》,卷十五,第三十页。

⑥ 王祯时常引用他的诗。我们在第三卷 p.320 已有一个例子。

⑦ 第五十页;王应麟补注本,卷三,第四十二页,第四十三页;作者和鲁桂珍译。

⑧ 关于这两件事,见下文 pp.188 ff.。

　　隤字或作遗,隤之言坠也,言既扇之且令坠下也。舂则簸之扬之,所以除糠秕也。扬字或作飐,音义同〉。根据这些词句,似乎扬谷机出现的时代非但可以放在唐初,也可以放在西汉的后期(公元前1世纪)。但是,颜师古对于史游著作的解释正确到什么程度呢?已经提及和图示的从汉墓掘出来的模型(图415),表示非常像具有装谷斗和摇手柄的扬谷机,这给颜师古的注释以有力的支持①。也有丁缓在2世纪利用这个原理在别种用途上的证据。但是某些汉砖显示另一种装置。一个人站在两根约5尺高的直立柱子后面,柱子上面有长的扁平扇风板,好像他在快速地摇动这块板,同时在板前面的另一个人从高举在他头上的筐里把谷和谷壳颠动出来②。我们需要对于这种汉代扬谷方法和它是振荡的或是旋转的,知道得更多一些,但是无论如何,它的某些较晚的型式,很可能是王祯关于卧扇的提法的背景,可惜没有卧扇的图传下来。从各方面考虑,我们毋须犹豫,应该把旋转鼓风机原理的发明放在汉代,也许是汉初(公元前2世纪)。

　　上面所述的情况与欧洲形成强烈的对比。如果韦斯科特所说的是正确的③,即欧洲最早的旋转式鼓风机是阿格里科拉所图示的、在16世纪中叶用于矿内通风的装置④,那么,就很难相信这个想法不是从中国传播到西方的。中国旋转式鼓风机的一个突出的特点是进风口总是在中央,因此必须承认它是所有离心式压缩机的祖先,甚至连现代的巨型风洞也是从它们演变出来的。可是阿格里科拉所图示的旋转通风机里,进、出风口都在外壳的周围。因此这些风扇的效率必定是很低的;确实难以理解,它们怎样能运作,除非转子和外壳的相对位置是偏心的,但是文字上和插图上都没有暗示这样做。集气管也没有逐渐加宽,以容纳空气在环绕转子运动过程中,逐渐增加的收集量⑤。至于闭式旋转风扇扬谷机,欧洲获得它的时代更晚⑥。根据专门调查⑦,它是在18世纪初叶从中国介绍到西方去的,作为东西方农业技术交替地互相传播的一系列波浪的一部分。但是我们必须把这个故事留到第四十一章再说。

　　把旋转和离心的原理推广应用到提升液体方面所牵涉到的工程问题,直到17世纪末才在欧洲得到解决⑧,但直到现在还没有能报道古代中国有这种型式的水泵。

　　因为这一小节的论据比较复杂,可能需要用几句话先把它概括起来。它围绕着中国的单缸双动活塞空气泵作为中心。在历史上它的最古老的先驱者一定是周代冶金工匠所用的皮囊鼓风器,但是同时东亚和东南亚的民族懂得活塞点火器,也许空气泵就是从这两者的结合而产生的,虽然活门的起源仍然模糊。早在战国时期(公元前4世纪)已经用摇动的杠杆来操

---

① Swann (1), pl. 2, opp. p. 378;Lynn White (7), p. 104;参见上文 p. 118。这个汉代的装置似乎是装在农家场院的墙壁内,而不是用竹木构成的独立装置。

② 成都市历史博物馆内有一块表示这个场面的特别精致的长方形砖,但我于1958年参观很多中国博物馆时看到,在汉代表示农业技术的图画中,这种场面是常见的。刘志远[(1),图版7]复制了这块汉砖或很相似的砖,见图436。

③ Westcott (1), p. 76。

④ Hoover & Hoover ed. ,pp. 204 ff. 。参见 Frémont (16)。

⑤ 关于这些有趣的论点,作者感谢斯特兰先生和斯塔尼茨(Stanitz)先生。

⑥ 参见 Feldhaus (1), col. 1029。费尔德豪斯[Feldhaus (20), p. 49]说:它在1609年第一次在中国出现。他这样说是大错特错了,他显然不知有比《三才图会》更早的书提及这种扬谷机。德克诺波夫(de Knopperf, 1716年)和埃弗斯(Evers,1760年)的模型,在原理上和中国经典设计完全相同。钱伯斯在1757年图示了中国的机器。

⑦ 参见 Berg (2);Leser (1), pp. 454,564 ff. ,(2) p. 449。它似乎在瑞典、卡林西亚(Carinthia)和特兰西瓦尼亚同时出现。

⑧ 见 L. E. Harris (2);Frémont (16);Westcott (1);Beck (1), pp. 225 ff. 。

图版 一六六

图 436 用碓春谷（左侧）和用直立扇板扬谷（右侧）；四川彭山县发现的汉墓画像砖，现保存在成都四川博物馆内［采自刘志远（1）］。尺寸是 39 厘米 × 25 厘米。使用扇板的方法不明确，在这里它们很像通常的支轴转门，但是在那个时代或晚些，它们可能接近旋转风扇，装置得像得波斯的风车（参见下文 p. 557）或旋转的藏经车（参见下文 p. 550）。

作一对鼓风器或泵,如同古希腊时代那样。而汉代(从公元前 2 世纪起)的著作提到某种不会坍塌的推拉式风箱,因而大概是活塞式的。到宋代(11 世纪),独特的空气泵已经表现出成熟的形式,这暗示它在唐代已经存在。关于用活塞推进气体,就讲这些。至于提升液体,汉代已经用有活门的汲水筒从深井提升盐水,这种设备很接近吸引提升泵,而且存在有力的迹象说明这种泵在东汉时代(公元 2 世纪)就已制造,但被混乱的名词所掩盖。到了宋代,活塞泵在军用喷火器中发挥了很突出的作用。但是,可能是由于较简单的链式泵的普遍存在,用于提水的活塞泵在中世纪中国是不普通或不存在的。最后,旋转鼓风机出现得异常地早,特别是在旋转风扇扬谷机的实用形式上,这是中国技术的又一典型项目。似乎确定的是,所有欧洲旋转式气体鼓风机都从它演变出来,但是把这个原理推广到液体的推进,一定要归功于文艺复兴时代的西方。

(c) 机 械 玩 具

156

如果有一个领域比其他领域更能把上述一切机械原理汇聚在一起应用,这就是制作机械玩具、傀儡剧场、奇巧容器等等,以供历代宫廷娱乐和提高其声望的领域。在下面简短的论述中,我们将遇到一些机械师的名字,他们仅仅由于在这个"突出的浪费"部门取得成就而闻名,但是除了这些人之外,各时代许多著名的工程师也把他们的才能用于这方面。这个领域联系着两类半传奇式的知识:自动装置和飞行机器,这两者都有一定的科学意义。本书对于前者已谈过一些(第二卷 p.53),对于后者将在后面略作介绍(本册 p. 568)。

在亚历山大里亚人、特别是赫伦的论文中提到的大量机械玩具是很闻名的[1]。有倒奠酒和做出各种动作的人物,有歌唱的鸟,也有自动开关的庙门。关于傀儡剧场的论文,描写一种依靠本身的动力(下落重量的动力)在轨道上行走的装置[2]。这些机械玩具采用了管子、虹吸管、浮子、活门、杠杆、滑轮、齿轮等等的各种可能的组合[3]。在以后的几个世纪中,制作这种巧妙装置成为印度人和阿拉伯人的专长[4],他们对于自鸣水钟[5]和机械敬酒人[6]的自动化特别感兴趣。在这方面他们可能从中国得到一些启发,因为我们从下文将看到,这些东西在隋唐时代是很著名的。在 13 世纪的欧洲,维拉·德·霍尔库尔特的机械鸽和天使也是属于上

---

① 见 Beck (1,4);Prou (1);de Rochas dAiglun (1)。

② 这种设计很久以后在 1627 年的《诸器图说》第十一页得到反响。

③ 参见 Usher (1),ist ed p. 85,znd ed.,p. 134。

④ 印度称这种装置为 *yantra-putrikā*,有关文献在 10 和 11 世纪中很兴盛;而阿拉伯的书籍则在 12、13 和 14 世纪中较多。拉加万[Raghavan (1)]曾叙述学者波阇王子(1018 至 1060 年)关于这个题目的论文《建筑论与建筑》,以及博德哈斯瓦明(Bodhasvāmin,10 世纪)的通俗叙事诗(Brihatkathā)中的描写。在印度,一般认为希腊人对于这种机器的制作有很高的技巧。

⑤ 参见下文 pp. 534 ff 和 Carra de Vaux (3)。

⑥ 这里只提出很少几本书:Wiedemann & Hauser (2);Coomaraswamy (2),E. Schroeder (1)。这些书中的叙述集中于一本异常的著作,它叫做《机械装置的知识》(*Kitāb fi Ma'rifat al-Ḥiyal al-Handasīya*),也叫做《有助于奇巧装置行业,理论结合实际的书》。(*Al-Jāmi 'bain al- 'Ilm wa' l- 'Aml al-Nāfi 'fi Ṣinā 'at al-Ḥiyal*)。这本书是由杰出的工程师和钟表制造家阿布尔·伊兹·伊斯梅尔·伊本·拉扎兹·加扎里(Abū'l-'Izz Ismā 'il ibn al-Razzāz al-Jazarī)奉苏丹之命写的。本书以后将时常有机会引证它。在流传下来的原稿上,注明 1341、1345 和 1486 等年代。自动再注满的酒杯,好像是中世纪东方和西方宫廷中最受到欣赏的乐趣之一。拉加万[Raghavan (1)]提供了早期印度这方面成就的细节。

157　面所说的传统①，晚到 1588 年，阿戈斯蒂诺·拉梅里认真地用图画说明一些精心制作的、伴随着机械操作的歌唱鸟而递送各种酒的饮食柜台。18 世纪的"水力花园"和傀儡戏延续了这种工作②，直到我们的时代，在生活的各个阶段，都有从铁道机车模型到打火机等上千种"小器具"围绕着我们。这些器具如果出现在较早的时代，就会成为宫廷中的奇异秘密。

　　似乎很难确定，中国的机械玩具过去是否曾经次于亚历山大里亚人和阿拉伯人所造的。孙楷第(1)曾经指出宋代的傀儡戏与宋元以来戏文杂剧的关系，并用许多事实证明，近代戏曲的演唱形式都出自傀儡戏和影戏③。有些人认为，使傀儡活动的想法，起源于想把汉代用以作为死者仆人来殉葬的木制或陶制偶人（"俑"）复活的思想。也有人强调④，从汉墓的雕刻和汉镜上看到的希奇古怪的画面和图案中很多代表着各种机械玩具。皇宫的太监和演员（"黄门"）在被除（"傩"）的仪式中，扮演了打鬼者（"伥子"）的角色，而有着戏剧演员和杂技演员参加的地方，不久就会出现萨满教的跳舞和原始的机械装置⑤。在土生土长的实践上，也许还增加了从外国输入的技术；本书已经提到⑥，汉代的中国曾与罗马时代的叙利亚交换杂技演员和魔术师，有些古希腊的机械项目可能随着他们到来⑦。人们在书上时常可以找到

158《后汉书》⑧上的记载：公元 120 年掸⑨国王派使臣到中国宫廷进献珍奇药品和魔术师，后者能吐火并把牛马头互换。与这些汉代的表演同时，也出现了演戏的傀儡，以后的学者认为这种傀儡的出现是在东汉初期⑩。公元 2 世纪初期，数学家、天文学家和工程师张衡在他的《西京赋》内提及"鱼龙曼衍之戏"，他很可能向工匠建议如何制作这些东西⑪。

　　6 世纪的《西京杂记》⑫叙述了公元前 206 年的一个古老的故事，讲到汉高祖在秦始皇宝

---

①　Lassus & Darcel (1)；Hahnloser (1)。

②　大概全欧洲最特殊的水力花园和傀儡戏可以在黑尔布伦城堡(Hellbrunn)的大庄园和公园中找到，它在萨尔茨堡(Salzburg)以南几英里，由埃姆斯(Elms)的大主教马库斯·西蒂库斯(Marcus sitticus)于 1614 年建成。在那里不但有像蒂沃利(靠近罗马)的德斯特别墅(Villa d'Este)的美丽台地的各种喷泉和小瀑布，并且有很多水力的"恶作剧"，如从悬挂在墙上的假鹿角向游客喷水，或从他们的坐椅喷水上来。还有傀儡在水坑内边循环游泳，边喷水。鸟在钟乳石中像苍鹭那样叽叽地叫。但是，最大的成就是由 256 个人物组成的傀儡剧场，它们活跃地表演 18 世纪市镇生活的详细情况，有水力操作的各种行业的人在工作。这是由采矿工程师洛伦茨·罗塞内格尔(Lorenz Rosenegger)于 1752 年建造的，它一定与下列各页所描述的较古老的中国工程很相似。沙皮伊[Chapuis (2)]对这个傀儡剧场有附插图的描写。捷克斯洛伐克的因德赫城堡市博物馆保存着一个甚至还更大的傀儡剧场，建造时间大概是晚一些，仍然保持在可以工作的状况。我有幸游览过这三个有趣的地方，并且留言向主人卢恰诺·佩泰克(Luciano Petech)教授和阿诺斯特·克列恩泽勒(Arnst Kleinzeller)博士致谢。冯·哈林格和博雷尔[Von Haringer & Borel (1)]描写了 18 和 19 世纪的其他自动装置。至于各个机械人物和自动装置的历史，构成稍微不同的故事，在这方面的主要书籍是 Chapuis & Gelis (1)；Chapuis & Droz (1)。这些书也有助于说明古代中国机械师可能采用的方法。

③　关于中国戏剧的历史，读者可参见 Arlington (2)；Erkes (12)；Buss (1)；但它们几乎没有提到目前的题目。

④　例如 Bulling (1,6)。

⑤　参见前面对道教这方面的评论（第一卷，p. 197；第二卷，pp. 53 ff.，121,132 ff.）。

⑥　本书第一卷，pp. 197 ff.。

⑦　奥尔希基[Olschki (4)，p. 105]提出，马钧从这个传统获得知识，但我没有看到过能证明这个意见是正确的证据，这个事情却不像曾经发生过。向西方传播的道路也是敞开着的。

⑧　卷一一六，第二十七页。

⑨　在缅甸边境上的一个国家。

⑩　《事物纪原》卷九，第三十二页。

⑪　《文选》卷二，第十五页；参见 von Zach (6)，vol. 1，p. 15。关于这个很可能与现代舞龙仪式相似的游戏，《后汉书》卷九十六下有最完全的叙述。

⑫　卷三，第三页；作者译，借助于 Dubs (2)，vol. 1，p. 57。参见本册 p. 524。

库中看到由傀儡组成的乐队①。

又铸 3 尺高的铜人 12 个,都排列坐在一张竹席上。分别拿着琴、筑、笙、竽等乐器。身上穿着花绸衣服,好像真人一样。席底下有两根铜管,上边的管口几尺高,从席上后面伸出来。其中一根是空的,另一根里面放着一根手指粗的绳子。如果一个人吹着空管,另一人拉另一管内的绳子,则各乐器都吹奏起来,同真的乐队没有区别。

〈复铸铜人十二枚,坐皆高三尺,列在一筵上,琴筑笙竽各有所执,皆缀花采俨若生人。筵下有二铜管,上口高数尺,出筵后。其一筵空一管,内有绳大如指。使一人吹空管,一人扭绳,则众乐皆作,与真乐不异焉。〉

在这里好像没有使用空气泵或风箱。需要一个人用口吹来供给风,另一人转动一个中心鼓轮,通过凸轮、杠杆、重件等等的作用,驱动所有傀儡。

著名工程师马钧在三国时期魏明帝在位期间(公元 227 至 239 年)工作最活跃。有一篇关于他的工作的最详细的著作流传下来了。《三国志》上说②:

后来有人进献一种傀儡剧场给皇帝,能够布置成各种场面,但不能动作。皇帝问马钧能不能使这套傀儡活动和更加灵巧。马钧回答说:能。于是,他奉命进行改造。他用木材制成原动轮,并隐蔽地用水驱动,使在水面上旋转③。他布置了歌女的形象,奏乐跳舞,而当个别傀儡登场时,其他木偶就击鼓吹箫来伴奏。又作山岳,上面有木偶的形象在圆球上跳动,抛掷刀剑,攀绳倒立,它们的动作都平稳轻松。又有官员、官署、舂谷、磨粉、斗鸡等表演,它们都在连续地变化和活动,异常巧妙。这是马钧的第三个非凡的成就。

〈其后有人上百戏者,能设而不能动也。帝以问先生:"可动否?"对曰:"可动"。帝曰:"其巧可益否?"对曰:"可益"。受诏作之。以大木雕构,使其形若轮,平地施之,潜以水发焉。设为女乐舞像,并令木人击鼓吹箫。作山岳,作木人跳丸掷剑,缘絙倒立,出入自在。百官、行署、舂磨、斗鸡,变巧百端。此三异也。〉

但马均决不是在这个时代取得这种成就的唯一机械师。晋代衡阳区纸以制作木偶玩具著名,159他制成有女木偶居住的木屋,有人敲门时她会开门出来鞠躬;又制成鼠市,四面开门,当老鼠想出去时,守门的木人总是把门关住④。倾向于道教的葛由,据说能刻木作羊骑着跑到山上⑤,这也许意味着他制作了一些奇巧的东西。

人们当然不仅期望看到那样的机械动物,还期望看到能自己行动的车辆。据传说,墨翟在公元前 4 世纪曾经替他的母亲造了一辆这样的车,但是,既然评论这件事更多地牵涉到高飞问题,本书把它推迟到下文 p. 574。也许会使人惊异的是,发现晚至 1115 年左右,一个严肃的穆斯林作者把制作自动的车辆归功于中国人。马尔瓦济(al-Marwazi)说,在中国的商业人口中,

有些人去城内各处出售货物、水果等等,每个人替自己造一辆车,坐在里面,并在车内放入材料、货物以及他的行业所需要的任何东西。这些车自己行动,不用任何牲畜(拖

---

① 此外,还有利用热空气的走马灯(参见第四卷第一分册,p. 123),又有一个能指出人有"邪心"的镜子。这些公元前 3 世纪的故事,一定有某些基础。

② 卷二十九,第九页,作者译。这一段话是在注中,它实际上是马钧的同时代人傅玄所写的《马先生传》的一部分,《全上古三代秦汉三国六朝文》,晋文,卷五十,第十页。《事物纪原》卷九第三十三页有同样记载。

③ 要特别注意水轮采用"水平"布置(见下文 p. 367)。在这种无足轻重的事情上都利用水力,这标志着比亚历山大里亚人的任何尝试都决定性地先走了一步。

④ 《太平御览》卷七五二,第二页,引用晋代已失去的孙盛的《晋阳秋》上所载。

⑤ 《太平御览》卷七五二,第二页,参见本册 p. 272。

动），每个人坐在车内按照自己的意图停止或开动车辆①。

这是"曾经到过中国并在那里做过生意的聪明人说的……"事情之一，根据内部证据，可以断定这个报告者到中国是在公元 907 至 923 年之间，因此马尔瓦济并不是直接得到消息的。也许这不是复述了墨子信徒的传说，而是复述了某个善意的旅行者关于中国独轮车的传说，那时这种车在西方还是大家都不知道的发明（参见下文 p. 258）。或者它们可能真是"脚踏小货车"吗？

王嘉于公元 4 世纪谈到一个玉制的机械人，它明显地能自己转动和活动②。但是我们对于那个时代的人们所做的事情，可以从《邺中记》关于解飞和魏猛变的杰作的记载中，获得更清楚的印象，他们于公元 335 至 345 年间替匈奴皇帝石虎服务。这个记载在描写磨车（见下文 p. 256）之后，继续说③：

160

> 解飞还曾经创制一辆檀木四轮车，长二十尺，宽十多尺。上面坐着一尊金佛像，有 9 条龙对它喷水。又有一个大的木道士时常用手抚摩佛的心腹之间。还有十几个二尺多高的木道士，披袈裟连续绕着佛像走。走到路线上某一点时总是鞠躬行礼，而到另一点则各将香扔入香炉里。一切举动都完全和真人一样。车行时，木人也动作，龙吐水；车停时，一切都停止动作④。

> 〈解飞尝作檀车，广丈余，长二丈，安四轮。作金佛像坐于车上，九龙吐水灌之。又作一木道人，恒以手摩佛心腹之间。又十余道人长二尺余，皆披袈裟绕佛行，当佛前辄揖礼佛，又以手撮香投炉中，与人无异。车行则木人行，龙吐水，车止则止。〉

我们在讨论其他更重要类型的车辆时，将再谈及解飞和魏猛变⑤。

敬酒的自动装置和倒酒的自动装置，在隋代（7 世纪初）开始显得突出，通称为水饰。机械师中对这个发展功绩最大的是黄衮，他替隋炀帝服务，奉命著《水饰图经》。此书经黄的友人杜宝编辑和增补。根据记载⑥，这种表演包括若干只小船（长约 10 尺，阔 6 尺），装备着机械装置和能活动的木偶，在宫廷的院子和花园里用石砌成的弯曲人工渠道内漂浮，依次经过各宾客之前。木偶代表各种常见的生物，如兽类、人、仙人、歌女等，吹奏各种乐器，跳舞、翻跟头，正如马钧时代所制作的一样⑦。记载上说：

> 又制（敬酒的）小船七条，长八尺，船上装着二尺多高的木人。每一船上有一人站在船头，高举酒杯，一人捧着酒钵挨着他站着，一人在船尾撑船，两人在中央摇桨。敬酒船绕着弯曲小池的各转弯处，比表演船走的快，每走三周，表演船只完成一周。每一转弯处

---

① Minorsky (4), pp. 16, 65。

② 《拾遗记》卷三，第五页。

③ 《太平御览》卷七五二，第三页引用这一段，文字比原文更好。作者译，借助于 Pfizmaier (92)，p. 152。

④ 作者不很了解，这里有无宗教的诸说混合论，或认为这些道士是向较优越的宗教致敬，或这些词句不单指佛教之"道"的信徒。从目前的观点出发，这些都没有关系，而很有关系的却是采用了某种水泵来喷水。

⑤ 在这里可以提到印度支那的传统木制机械玩具，它由两辆互相联接的双轮车组成，其中一辆上有自动打鼓的和尚，另一辆上有自动鞠躬的两个女娃。关于此种玩具的描写，见 Colani (6)。

⑥ 《王函山房辑佚书》卷七十六，第四十七页起；采自颜师古《大业拾遗》，在《太平广记》（"技巧"部分）卷二二六第一页引用的部分。也载于《事物纪原》卷十，第二十五页。作者译。这本著作本身以《水饰》的书名列入《隋书》卷三十四，第十一页（《艺文志》）。

⑦ 在《水饰图经》还存在的部分里，有这些船上各个项目的详细记载。共有 72 项，多数是传说上的，但也有些是历史上的，例如："有神龟负八卦出河，进于伏羲……秦始皇入海，见海神……屈原遇渔父。……木人长二尺许，衣以绮罗，装以金碧。"

坐着一个侍宴宾客,向他敬酒的方式如下:船每到坐着宾客的地方就自动停住,敬酒的木人随即向宾客递上满杯的酒。客人饮完后,木人收回酒杯。船即向前行,到达下一个客人处,又重复上述各动作。所有这些自动的操作,都由装在水中的机器完成。

〈又作小舸子,长八尺,七艘。木人长二尺许,乘此船以行酒。每一船,一人擎酒盃立于船头,一人捧酒钵次立,一人撑船在船后,二人荡桨在中央。绕曲水池迥曲之处各坐侍宴宾客。其行酒船随岸而行,行疾于水饰。水饰行绕池一匝,酒船得三遍,乃得同止。酒船每到坐客之处即停住。擎酒木人于船头伸手遇酒,客取酒饮讫还杯,木人受杯,迥身向酒钵之人取勺斟酒满杯,船依式自行。每到坐客处例皆如前法。此并约岸,水中安机。〉

根据另一记载,负责建造这种人工水道者之一是唐豪贵。这种小型人工水道有时还继续保存到现在①。图 437 表示朝鲜庆州鲍石亭的人工水道(建于公元 927 年之前)②,而我曾在 161 斯里兰卡的阿努拉德普勒的国王花园内看到另一个人工水道,建筑年代相当于唐代。在隋代,这种渠道的规模一定要大得多。

考虑他们可能创造的机构,人们倾向于这样想,满足当时的需求的最简单方法是把各船连接起来,并用放在水里的无端的绳或链带动,另用一定是看不见的小型桨轮③ 作为动力以操纵各木偶。以后(下文 p. 417)我们将看到一些证据,说明在那个时代(公元 606 至 616 年)利用这种装置决不是做不到的或甚至不可能的。为了使敬酒的木偶船停止和开动时动作,可能需要在每个宾客的座位前装置凸出的销子,也可以采用如下的方案:只要桨轮在转动,木偶就继续保持不动,以后弹簧和重件会开始起作用。可以注意到,这是本章里作者称为"水激"轮的另一例(上文 p. 85 和下文 p. 412)④,与此种轮最接近的是装在停泊的船上、为河水所推动的小磨。

这个风俗可能是从晋代每年农历三月三日举行的祓除仪式发展而来的。在这一天,使装着酒的酒杯漂流传送于曲折的人工水道中,即所谓"流觞曲水"。约在公元 280 年,束晳答晋武帝问时说,这个风俗一般认为起源于周公建都于洛阳的时代⑤。公元 353 年,王羲之在他 162 的名著《兰亭诗序》⑥里提到"流觞曲水"。但是每年农历七月十五日也有在水上放漂蜡烛和灯的风俗⑦。显然从隋代起,此种人工水道建筑在屋内,由清泉供水,看着这些机械杂技演员

---

① 《营造法式》,卷三,第十页,卷十六,第十三页,有建造这种水道的说明;卷二十九,第十四页和以后各页有图。

② Chapin (1)。大概在这个年代之前一二世纪,见 *Samguk Sagi*, ch. 12, p. 5a。参见关于近蔚县的温泉的文章[Alley (8)]。

③ 我们只知道"有轮把杆升起,把绳放下"("轮昇竿掷绳")。这段文稿写完了很久之后,德里克·普赖斯(Derek Price)教授告诉我,在加扎里关于自动装置的论文手稿之一的插图中,有一个惊人的类似的图。该文 1315 年的手抄本保存在华盛顿弗里尔美术馆内。图 438 是这个图的复制品,它表示一只船载着一班傀儡音乐家,一个敬酒者,还有一个苏丹和他的几个朋友。水从舱面上的蓄水箱流下,使水斗周期地倾卸,从而转动桨轮,使乐队吹奏。水聚集在一个贮槽内,可以用螺旋提水机把水从那里抽回蓄水箱内。这里的一般设计,与我们以后在时钟装置一节内研究的设计(下文 p. 535)非常类似,似乎整套玩具是放在桌子上,而不是在水道中漂浮的。可是具有傀儡船员和桨轮的船这种想法本身,意外地使人回忆起隋代宫廷的"水饰",而不能不这样想:在六百年中两者之间可能有发展上的联系。

④ 这使人想起(关于划船者)17 世纪欧洲某些奇妙的机械装置。法国博讷医院(Hospice de Beaune)的厨房内,有一个人似乎正在不倦地旋转烤肉叉,实际上使烤肉叉旋转的原动力是一个下落的重件。

⑤ 参见 Bodde (12), p. 31; Hodous (1), p. 102。

⑥ 《全上古三代秦汉三国六朝文》,晋文部分,卷二十六,第九页。宋代的书上常提到"流觞曲水",例如:《斜川集》卷一,第三十六页;1169 年的《北行日录》,卷一,第二十六页,卷二,第三页;《梦粱录》,卷二,第一页。

⑦ 目的是为淹死者引魂,见 Hough (1), p. 254; Bodde (12), p. 62; Arnold (2), p. 490。

图版 一六七

图 437 朝鲜庆州鲍石亭的庭园中,王室游园会上漂流酒杯的人工水道[Chapin (1)]。10世纪新罗国王在此处继续实行3世纪中国的一个风俗。7世纪初,隋都举行这个仪式时,在船上装置了能在每个宾客前敬酒的精巧机械玩具(见正文)。

图 438 装在自动化小船上的阿拉伯式机械敬酒人,采自加扎里在13世纪初所著的奇器书,1315年的手抄本藏在华盛顿弗里尔美术馆(Freer Gallery)内。敬酒人旁边有宾客和音乐家,由装在船形的壳内的水力装置开动。

和敬酒人在八音匣乐声的伴奏下,顺着迂迴曲折的水道从容地漂浮着,这必定是很美妙的情景。

对于载着机械人像的船的兴趣终于蔓延到民间,至少是其中较富裕的阶层中去,导致建立了制作模型船的正规手工艺行业。黄玮在1527年著的《蓬窗类记》①里说,在南京模型帆船雕刻得优美,带有船工和乘客,都能借助于机构而活动。当放入水中时,能顺风航行,而好事者从事于模型船竞赛。竞赛很可能在可爱的玄武湖上进行,因为此湖反映紫金山和远远伸展的城墙的雉堞。很幸运,有些现存的中国画里绘有模型小船。例如,李嵩的《水殿招凉图》画卷②(1190年),以木桩支持的优美的桥为背景,示出两个儿童把他们的两只小船放入湖中。

隋代皇帝留下了喜爱机械装置的名声。举例来说,有人曾为隋炀帝(公元605—616年)建筑自动起闭的图书馆门,其记载如下③:

> 在观文殿前面有图书馆,共有14间书房,各具有窗、门、床、褥子、书橱等,都很奢华美丽。每三间房④开一个方门,(门前)挂着丝织品制成的帷幕,门上边有两个飞仙。门外地下装着触发机构("机发")。皇帝每次去图书室时,有几个宫女拿着香炉走在前面,踏着触发机构,帷幕上的飞仙就会下来把幕收进再飞上去,同时房门和书橱门都会自动开启。当皇帝离开书室后,各种装置都自动关闭恢复原状。
>
> 〈于观文殿前为书屋十四间,窗户床褥厨幔咸极珍丽。每三间开方户垂锦幔,上有二飞仙,户外地中施机发。帝幸书室,有宫人执香炉前行,践机则飞仙下收幔而上,户扉及厨扉皆自启,帝出则复闭如故。〉

可以认为,这种装置是亚历山大里亚人的自动开启的庙门与中央大车站(Grand Central Station)硒光电池控制的大门之间的折衷办法。

唐代人继续喜爱机械玩具和傀儡戏,有些傀儡戏是精心设计的⑤,例如,公元770年为一节度使的葬礼而制作的装置。有些机械师的名字,从那时流传到现代。有名叫杨务廉⑥的,以后成为将军,他刻木为僧,伸手恳求捐助,作声说:"布施! 布施!"当钱累积到一定重量时,就放入袋内⑦。在集市之日获得很大成功,一次所得可超过1000钱。书中没有说这些钱募来作什么用⑧。又有王琚,制成木獭,可沉于水中取鱼(大概是做成动物形状的弹簧夹子);而殷文亮则因他的木制敬酒人和吹笙歌女而著名⑨。约在公元890年,原籍日本的韩志和以他的机械玩具闻名,他的事迹如下⑩:

> 当皇帝卫兵的韩志和,原籍日本,……善于刻木成猫,能捕鼠和鸟。卫队长向皇帝汇报,皇帝看到很高兴。稍后,志和又用木材制成一框架,由踏板来操作("踏床")⑪,叫做

163

---

① 卷三,第二十六页,第二十七页。

② 复制于 Anon. (*37*),图版 67。

③ 《文献通考》卷一七四(第一五零六页),作者译。作者感谢袁同礼博士提出这段文字让作者们注意。

④ 大概是每三间书房共用一个走廊门。

⑤ 《唐语林》卷七,第二十页,第二十二页,卷八,第十三页。

⑥ 本书第四卷第三分册 p. 277 以下将再谈到他。

⑦ 《独异志》卷一,第七页;《朝野签载》,刘仙洲(*1*)引用。

⑧ 这个重件和杠杆的机构,与很久以前亚历山大里亚城的赫伦在他的投钱入孔口机器所用的机构是一样的。

⑨ 《朝野签载》,刘仙洲(*1*)引用。

⑩ 《杜阳杂编》,卷中,第九页。作者译。《太平广记》,卷二二七,第二页(第三项)。

⑪ 从前面关于踏板的叙述(上文 p. 90)来看,这是值得注意的。

"现龙床"。此床高数尺,装饰华丽。静止时,看不出什么,但是一踏动机关就显出一条龙,与原物一般大小,带着爪、胡须和尖牙。当此床献给皇帝时,龙果然四处乱冲,好像得到云雨一样。但皇帝不觉得有趣,并害怕地下令将这些东西撤掉。韩志和跪下对受惊动的皇上道歉,提议献出自己的某些小技巧。皇帝笑问小技为何。志和从衣袋内取出一个几寸见方的桐木盒子,从中倒出几百只"蝇虎子",颜色都是红的,据说是因为吃了朱砂。志和把它们分为五队,让它们表演舞蹈。当音乐开始时,虎子回旋曲折都符合音乐的节奏,发出像苍蝇的嗡嗡声。音乐停止时,它们依次序退入盒中,好像有高低的等级。志和又让虎子在皇帝面前捕捉苍蝇,就像鹰抓麻雀一样。皇帝很为感动,赏给他银子和绸缎,但是志和刚出宫门,便全部送给别人。一年后韩失踪,无人能再发现他。

〈飞龙卫士韩志和,本倭国人也。……善刻木作猫儿以捕鼠雀。飞龙使异其技巧,遂以事奏,上覩而悦之。志和更雕踏床,高数尺,其上饰之以金银绿绘,谓之见龙床。置之则不见龙形,踏之则鳞鬣爪牙俱出。及始进,上以足履之,而龙夭矫若得云雨。上怖畏,遂令撤之。志和伏于上前曰:臣愚昧到有惊忤圣躬,臣别进薄技,稍娱至尊耳目,以赎死罪。上笑曰:所解技何,试为我作之。志和遂于怀中出一桐木合子,方数寸,中有物名蝇虎子,数不啻一二百焉,其形皆赤,云以丹砂喰之故也。乃分为五队,令舞凉州。上令召乐以举其曲,而虎子盘迴宛转,无不中节。每遇致词处,则隐隐如蝇声。及曲终,纍纍而退,若有尊卑等级。志和臂虎子令于上前猎蝇,于数百步之内,如鹞捕雀,罕有不获者。上嘉其小有可观,即赐以杂绿银椀。志和出宫门,意转施于他人。不逾年,竟不知志和之所在。〉

上段叙述的开始部分还说韩志和刻木成鸟,能够借助内部机构在空中飞行[1]。没有必要按照字面来理解这些故事,但也不必怀疑在故事的背后有些实质的东西。

实际上,在其他地方也有类似的故事。托马斯·布朗(Sir Thomas Browne)写道:"谁不赞美雷乔蒙塔努斯(Regiomontanus)、他的鹰和鹰以外的苍蝇?"他是指许多作者所描写的、由数学家和天文学家约翰内斯·米勒(Johannes Müller,1436—1476年)制作的自动装置;其中之一是鹰,另一是苍蝇。迪昂(Duhem)[2]在仔细研究了各种传说之后,提出一些尝试性的解决办法;例如:利用暗藏在苍蝇翅膀下的弹簧使它扇翅,并用宾客看不见的发丝使它绕着餐桌飞行,最后由于魔术家秘密地在手中握一磁铁,使苍蝇飞向他。此外,更早400年,波阇王子关于自动装置的论文《建筑论与建筑》(约1050年)[3]里描写了"人造蜜蜂"。无论如何,怀疑实际上能制成小型自动装置的人,可以去参观日内瓦艺术和历史博物馆(Museum of Art and History),看看沙皮伊博士所布置的展览会,欣赏所展览的不到半英寸高的实际样品[4]。

在宋代,从事这种工作的工匠的业务手段中,增加了玻璃一项,因为周密约于1270年著的《武林旧事》[5]中谈及带活动人物的玻璃山,以及利用水力使它背后的东西活动的玻璃屏风。周密在另一著作《志雅堂杂钞》里叙述王尹生的成就时说:王有一个在水平面中旋转的水

---

[1] 《杜阳杂编》卷中,第八页。它能够掠过地面,高约3尺,远一二百步。参见下文 pp. 485,573 ff.。

[2] Duhem (1), pp. 128 ff.。

[3] Raghavan (1), p. 20。

[4] 见《时报》(The Times),1952年9月17日的一篇文章。

[5] 卷二,第十三页,第十九页;卷七,第八页;参见 Gernet (2), p. 204。周密在叙述他的时代以前二三十年在杭州出售的许多种灯中,有一种由大瓶构成的灯,瓶中流出的水束驱动(适当的)机构,以便百物(自发)活动。在此段文字的后一部分谈到热气活动转轮。这可能是用微型水力操作的一种走马灯。当油面下降时,可利用这种方法按时敲钟(参见下文 p. 535 和第三卷 p. 331)。

轮,如同马钧的一样,能用小弓箭随意击中轮上任何靶子。嗣后,傀儡玩具继续繁荣发展[①],从"水傀儡"这种命名几乎可以确信,水力驱动在 13 世纪应用于这种玩具。

到这时候,机械玩具已进入与单纯提供娱乐不同的领域,已经开始为钟表制造服务。在这里谈这个问题就是把以后将在时钟机构一节内(pp. 455 ff.)讨论的问题提前,但是一个简单的摘要也许就足够了。按照张衡在公元 117 年对于受水型漏壶的说明,在它的顶上安排神仙和皂隶两个小雕像,人像的左手成为铜壶中浮箭上下滑动的导杆,右手则指着刻度[②],这些小偶像也许可以认为是中国所有时钟上报时机构的祖先。但是,它们是不动的。公元 692 年,在黄衮和杜宝时代之后,海州一个工匠似乎是使小偶像在规定时间出现在时钟门前的第一个人[③]。当第一个擒纵机构在 725 年出现时,一行和梁令瓒安排两个小偶像站在他们所制的地球仪的水平面上[④],按时敲钟。此后,有不少复杂精巧的制作。例如,张思训在 978 年所制的精巧的钟上有 19 个小木偶[⑤],而苏颂和韩公廉在 1088 年的杰作上则有不少于 133 个小木偶[⑥]。元代的皇帝充分保持了这种传统[⑦]。 165

本章写到这里,可以适当地离开欧洲和中国在机械玩具方面类似的传统了。中国的机械玩具在起源上,可能或并不比欧洲略迟一些,但在精巧方面,很难决定它们之间有重大的轩轾之分。当它们在 13 世纪中叶相遇时,欧洲的传统并没有显出多大的优势。欧洲还须等待 166 "小器具时代"的胜利的来临。

(d) 中国典籍中阐述的各种机器

我们现在应该回过头来看一看中国典籍中曾经阐述和描绘过的各种实用机器的主要类型。这些典籍虽然部分地属于陆军和水军类论著,但重点则是在农业和蚕丝业工艺方面,其体系有些像 15 世纪的德国军事工程抄本[⑧],或 16 世纪的法国和意大利工程书籍[⑨]。但是中国典籍所包括的时期更长些,从 11 世纪中叶延续到 18 世纪,而像药学丛书中的本草系列的书籍甚至跨越更多的世纪[⑩]。以后,在论述到中国农业书目概要的时候[⑪],我们还要再来参阅仅提到具有插图传统的那部分著作[⑫] 的目前这几段文字。而没有插图和很少谈到机器的那些农业文献,则留在农业的章节里去论述可能是比较恰当的。

---

① 见《武林旧事》卷六,第二十六页,卷三,第一页;卷七,第十三页,第十五页,第十六页。参见《梦粱录》卷一,第四页;卷六,第三页;卷十三,第十二页;卷十九,第九页;卷二十,第十三页;等等。《吹剑录外集》(1260 年),第二十九页。

② 参见本书第三卷,p. 320 和下文 p. 486。

③ 参见下文 p. 469。

④ 参见下文 p. 474。

⑤ 参见下文 p. 470。

⑥ 参见 Needham, Wang & Price (1)和下文 p. 455。

⑦ 参见 p. 133 和下文 p. 507。

⑧ Sarton (1), vol. 3, pp. 1550 ff. 中曾作为一类介绍过。关于中国的陆军文献见本书第三十章;关于水军见本书第二十九章。

⑨ 清楚的分析见 Beck (1), Parsons (2)。

⑩ 参见本书第三十八章。

⑪ 本书第四十一章。

⑫ 编写至此,阿英(1)发表了一本关于中国书籍插图历史的好书。

在阐述了农业体系的主要书籍之后,我们就可以将其中出现的各种类型的机器排列成表。本节将接着论述各类人力或畜力驱动的机器,而把应用水力和风力的机器留待稍后阶段再讨论[1]。除了已经提到的一系列书籍以外,在耶稣会时期曾出现某些虽然篇幅较小而插图却很精细的关于机器的著作,它们增加了一些物理学基础理论,但舍弃了与农业的联系。关于这类书籍在整个这一章结束时分别予以论述可能较为恰当,然而现在考虑一下它们和其他方面的关系也是有充分道理的。

(1) 中国工程文献的性质

看来,农业图和农业工程图的传统是从皇宫墙壁上的劝勉图开始的。东晋明帝(公元323—325年在位)本人是一个著名的画家,留下了一组名叫《豳诗七月图》的绘画[2]。据不太可靠的考证,后周的世宗皇帝(954—959年在位)曾经建造了一座亭,名为绘农阁,用表现耕种和纺织的图景作为装饰[3]。不论怎么说,这样的传统是确实存在的,而且似乎甚至具有相当的魔力,因为宋代学者王应麟曾介绍过一个传说:在唐、宋时代曾有两次将表现劳动情景的皇宫壁画改成纯粹风景画,于是民间发生动乱,有人起来造反[4]。后来这类绘画被汇集起来编成书的形式,成为一种出版物,其中最早的大概是王淮编的《月令图》(周朝)[5]。除了知道它是唐代出版的以外,关于这本书及其作者一概不详。其重要性在于它是中国文献中最著名作品之一的《耕织图》[6] 的前身。

《耕织图》这部著作在艺术和文学上的重要性是如此之大,再加上它在工艺学上的意义,以致它的历史和复杂的书目,不仅出现了很多中文的研究著作,而且在西方语言中也有福兰格[Franke (11)]和伯希和[Pelliot (24)]两篇主要专题论文[7]。《耕织图》的每一幅画都附有一首诗,这些画是南宋的一位名叫楼璹的官吏为了献给高宗皇帝,约在1145年,即在宋朝迁都杭州之后不久创作的[8]。后来,在楼璹死后,这些画曾被刻在碑上,并且他的侄儿楼钥和孙子楼洪可能还大约在1210年刊印了。对我们说来,它们的价值在于除了从汉墓里的雕刻以及魏和唐代壁画中搜集的以外,它们是中国农业、机械和纺织技术方面最古老的绘画[9]。只有军事绘画起源更早(1044年)。

167　　这当然就要引起一个重要问题:我们今天看到的这些画,到底在多大程度上是12和13世纪原画的忠实摹本? 1696年,著名画家焦秉贞根据御旨将全套画重新画过,正如夏德

---

① 编写至此,刘仙洲(4)给我提供了中国在原动力方面发明的研究材料。

② 参见 Pelliot (24), p. 95。

③ 参见 Franke (11), p. 57。

④ 参见 Pelliot (24), p. 95。

⑤ 参见本书第三卷, pp. 195 ff.。

⑥ 书名称为"农业和蚕丝业"似乎更好些,因为所有主要操作都画出来了,不单纯限于犁和纺车的使用。

⑦ 并参见 Montell (3)。

⑧ 可能早在当时已经采用木版印刷,因为它们不久就很出名了。

⑨ 最初的一套包括农业图画21幅,蚕丝业24幅,共45幅。原画是否已经都刻了碑,还有些疑问。据耶格尔[Jäger (4)]介绍,1928年曾在楼璹的家乡宁波的城墙里挖掘出刻有他的诗的残碑若干块,但是没有画。当时认为这些发现是13世纪初期的古物,但是疑问并未完全解决。

(Hirth)首先指出的①,他是按照在西方发展起来并由耶稣会士引进的透视法的原则画的②。康熙皇帝增题了一组诗,但还保留着楼璹的原诗③。这组作品描绘出中国农村文化的基础,具有重大的象征意义,获得很高的评价,因此,乾隆皇帝在 1739 年降旨令陈枚再次摹绘这些画,并亲自为之另写了一组诗。楼璹的原诗被舍去不用,代之以 7 位学者④ 撰写的一组解说文。以后不久,整套作品在 1742 年编入《授时通考》(卷五十二和五十三),恢复了楼璹的原诗,并增加了雍正皇帝在 1723 至 1735 年间写的第四组诗。

幸而,在本世纪中发现了清代以前的某些组画⑤。劳弗[Laufer (21)]很幸运地在东京得到了一套 1676 年日本复制的宋宗鲁 1462 年刊行的中国古本;福兰格[Franke (11)]把它和后来(1739 年)清代的一系列组画一起发表了。伯希和[Pelliot (24)]更幸运地发现了一卷 13 世纪后半叶程棨的画的碑刻拓迹画轴(瑟马莱画轴)。这些肯定是直接来自楼杓在汪纲⑥ 死后刊行 1237 年版本。对于这些版本以及后来若干版本的一些细节的争论似乎仍会继续下去⑦,但是对于它们所表现的主要的技术问题是没有大的分歧的,我们可以相当肯定地认为,较早的那些版本确属楼璹本人那个时期的版本⑧。

这些文献学上的细节看起来是令人厌烦的,但对旧大陆两端的工艺技术史的对比相当 168 重要,因此有必要用一些时间细谈它的意义⑨。程棨的画必定是在 1275 年前后作的。这套画的前半部分于 1739 年以后不久再次被发现,并呈献给皇帝,后半部分则在 1769 年送入皇宫。乾隆皇帝鉴于它的重要性,立即将其全部制成碑刻,亲自加上它的历史介绍,并在楼璹诗的旁边又和了一组诗。此碑刻是否还存在,已无关紧要,因为伯希和[Pelliot (24)]提供了"瑟马莱画轴"的拓迹及其全部的珍贵细节。如果我们由此掌握了南宋工艺技术的可靠记录,即可形成与欧洲的明显对照,因为意大利和德国工程师们的手抄本文集介绍的是 15 和 14 世纪的发展情况,而我们所拥有的则是关于 13 和 12 世纪的可靠的中国资料。程棨肯定是根据 1237 年雕版印刷的版本作的画,此版本可能是 1210 年的印刷本,而它又是根据 1145 年的原画印刷的(很可能是用雕版印刷留传下来的)。人们很想知道,在这段期间内技术细节是否有变化。我们认为,未必有过什么变化,而且虽然我们一般是将《耕织图》的成画时间考证

---

① Hirth (9), pp. 57 ff. 。

② 焦秉贞同时也是钦天监的官吏,因此,他与耶稣会士的联系无容置疑。

③ 参见 Franke (11),pp. 80,84,101; Pelliot (24), p. 65;Heddl(1);Julien & champion(1).

④ 即于敏中、董邦达、观保、裘曰修、王际华、蒋榭和钱维城。见 Franke (11), pp. 89,106,115; Pelliot (24), p. 78。绘画用于装饰砚台[Fuchs, (8)],西方国家则由铜版雕刻者重行绘制[Anon. (49)]。

⑤ 清代的各版本很难区分,但更早的版本风格差别很大。

⑥ 楼杓是楼璹的曾孙;汪纲是一位热爱农业的学者,自 1187 年起在浙江做官,后升为侍郎,曾将这些画刻制了木版。

⑦ 参见 Fuchs (8)。以后各世纪的知名画家可能也有各种成套的类似组画,无论还残存多少,都为工程技术的历史提供了宝贵的证据。

⑧ 在宋代还有与楼璹作品类似的其他作品,只是未得到足够的重视,例如,马和之作的《豳风图》[参见 Pelliot (24), p. 120]。18 世纪也有一些作品,如 1743 年的《陶冶图说》[参见 David (2)],1765 年的《棉花图》[参见 Franke (11), p. 88]。曾经一度被认为,以专门研究柑橘园艺学著称的韩彦直(卒于 1200 年)曾写过类似《耕织图》的一部作品,这显然是个错误[Pelliot (24), p. 100]。另外,著名的画家和书法家赵孟頫(1254—1322年)确曾奉旨撰配画诗 24 首——"题耕织图二十四诗首奉懿旨撰",可在《图书集成·食货典》卷三十九艺文第五第一页中找到。关于机器问题,我们以后还将从这些典籍中引述。

⑨ 参见本章 p. 106。

定为 1237 或 1210 年,但也应注意到其确切日期为更早一个世纪的可能性。这里有一点值得注意,即在整个这段时期内(实际上是从 9 世纪起),中国已有印刷术,而欧洲则没有。因此,如果对于某一作品已有考据证明它通过早期印刷术得到传播的话,则对于西方的手抄本插图(例如 15 世纪的)要比中国的同类插图更严格地应用关于"开始期"的判断原则。换句话说,我们绝不能设想西方的某项发明(例如曲轴或雷管)比它的第一份手稿证据还早;但是,只要能通过书目实证,确知中国插图资料都是根据更早的印刷版本来的,我们就可认为有关的技术细节很可能以前就已存在①。当然,已有说明性的文字证据的,即使对它的解释可能具有其特殊的困难,当然是另外一回事。

《耕织图》插图的一个很大特点是焦秉贞的画(1696 年)和程棨的画(1275 年)彼此很相像,而两者与 1462 年的明代版本(从 1676 年日本印本来看)比较起来差别就很大。正如伯希和所说②,唯一可能的解释是:程和焦都是直接根据留传下来的 1237 年版本画的。在程棨之后不过数十年,又一个重要贡献已在酝酿着,我们现在必须对它作些介绍。

在现在能得到的王祯 1313 年所著《农书》的版本里,插图及其文字是否出自同一时代,这是一个更为重要、但也是更难肯定的问题。虽然《耕织图》在文献学上得到了很大注意,但它只有少数插图是关于机器方面的,而《农书》却有不少有 265 张关于农具和机器的画和图解,大部分在《农器图谱》一章里。不过我们在此书中同样未发现文字和插图有任何脱节之处,这一事实有力地证实了插图材料的可靠性。此外,插图具有古体特色,与《耕织图》早期版本的风格很相似,这说明我们可以肯定地认为,它是合乎王祯本人的时代的③。王祯这部《农书》在中国农业和农业工程的所有著作中,虽不是最大的,却是最伟大的,由于它成书的年代而占有独特的地位④。鲁明善 1314 年所写的《农桑衣食撮要》在某种程度上分享了这种荣誉,这是巴赞[Bazin (2)]最先注意到的一部著作。鲁书是为了给根据元朝皇帝的旨意于 1274 年编纂的《农桑辑要》作补充的;但据我们所知,这两部书都没有插图⑤。几年以后,即 1318 年,苗好谦的一部小作品《栽桑图说》⑥ 问世了,但是没有流传下来。

在贯穿宋、元、明各朝的整个时期,另一个文献种类逐渐变得重要起来,即日用百科全书(日用类书)。这种书流传极为广泛,所以人们都认为不值得去保存,而现在不论在中国本国,或在日本及其他国家的图书馆里,都只存有珍本或孤本。仁井田(1)和酒井(1)不久前介绍了大约 1350 到 1630 年间印行的二十多本这种手册。书中除了治家格言、医药卫生常识、算命

---

① 归根到底,正像一位 13 世纪《耕织图》学者所说的,插图必须和诗相配,就像"衬里和袍面一样"。

② 参见 Pelliot (24),p.93。

③ 参见 Franke (11),p. 46。

④ 因此未受西方影响。

⑤ 由于同样的理由,我们在这里就不提由陈旉在更早的年代,即大约在 1149 年写的一部目前还部分残存、但较为实用的《农书》了。与王祯伟大的《农书》大致同时期的另一部著作是吴攒所著、并由张福补充的《种艺必用》。根据 Chao Wan-Li (1),这部书编入《永乐大典》第十三,一九四卷,人们将热切地期待着此书按计划出版。据我们所知,这部著作不包括农业工程的插图。然而,《永乐大典》第十八,二四五卷有薛景石的一篇论文,其中附有插图和规范,这篇文章是论述木工和木制品、车辆制造、纺车及其他纺织机械制造的。这一著作题名为《梓人遗制》。虽然已经由朱启铃和刘敦桢(3)出版,但即将出版的影印本更为重要。由于《木经》已失传,并且《营造法式》只涉及建筑技术,所以元代初期薛景石的作品是这类书现存的最早的著作。我们将在纺织技术一章里着重予以介绍。

⑥ 参见 Frnake (11),p. 60;Pelliot (24),p. 108。

占卜和书写文件等指导以外,还提供了关于农业、蚕丝业和工艺美术等大量内容。只要浏览一下 1607 年出版的《便用学海群玉》,就能看到书中有翻车①、旋转风扇扬谷机②、连杆手推磨③、很简单的缲丝机④ 和某些纺车⑤ 等的木刻版画。这种"万事备询"文献迫切地期待着工艺技术的史学家们去进行研究,如果明代的版本不能告诉我们很多还不知道的东西,那么,宋和元代版本却可能会提供重要的新考据。这里我们又遇到了关于印刷术的影响问题。在印刷术普及以前,譬如有关纺织或铁工业的技术专题著作或论文只能以手稿的形式在极其有限的范围内流传,很多因此而失传⑥,但从 10 世纪以后这种大众化的传播媒介普及应用以来,尽管技术论题以及知识分子常感兴趣的其他论题一般仅见于通俗丛书中,但它们已开始占有一定地位。所以,我们在探讨唐代及更早的工艺技术资料时,不幸会有内在的障碍,这就说明为什么敦煌壁画和类似的史料来源具有那样特殊的重要意义。

在王祯以后的 3 个世纪中没有再出现农业工程文献方面的重要贡献,但在 1609 年的《三才图会》图解丛书中曾转载了很多《农书》上的插图,不过有些失真⑦。其中还看不到西方的影响,但这时正处在耶稣会士时期,以后不久,在其启发下出现了 3 本书,摆脱了中国原始技术机械工程赖以成长的以农业为主导的范畴⑧。第一本是《泰西水法》,由熊三拔 (Sabatino de Ursis) 和徐光启在 1612 年刊行。接着是《奇器图说》,1627 年邓玉函⑨ 和王徵所著,描述了多种类型的机器,包括起重机、碾磨机和锯木机,以及提水机器。同年,王徵单独出了一本较简短的姐妹篇《诸器图说》⑩。或许是由于这些著作拥有大量的插图,曾引 171

①　卷二十,第六页;见本册 p. 339。
②　卷二十,第七页;参见本册 p. 153。
③　卷二十,第八页;见本册 p. 117。
④　卷二十,第十四页;参见本册 p. 382。
⑤　卷二十,第十六和十七页。
⑥　举一个可能未付印的重要作品为例,见本书第二十九章(c)。
⑦　器用部分第十。
⑧　奇怪的是,中国关于建筑的主要作品 1097 年的《营造法式》(参见本书第二十八章),包括很多的插图,都是关于测量仪器,接榫结构和装潢样式,完全没有起重机和类似的机具。但是这并不意味着中国在早先若干世纪里的那些大型建筑都是不用施工机械建造起来的。
⑨　在利玛窦时期,耶稣会的号令能够为它的海外教会吸引一些欧洲最有头脑的人。这是一个全基督教理想主义的动员,就像在我们现在国际联盟或联合国有时能够做到的那样。邓玉函 (Johann Schreck, 1576—1630 年),瑞士人,生于康斯坦茨,很年轻的时候即以在医学、自然哲学和数学方面的学识渊博而著称于整个德语文化界。17 世纪初去意大利,获得更大声誉,并和伽利略同为切西学院 (Cesi Academy) 最早的六名成员之一。他当时的活动可以从罗森 [E. Rosen (1)]的文章里看到一些。他在北方的时候已经和开普勒 (Kepler) 建立了私人友谊。这位自愿离乡背井的流亡者,于 1626 年到了遥远的北京,取名邓玉函,和杰出的中国学者王徵合作写了《奇器图说》一书,并于第二年出版,首次用中文介绍了文艺复兴时期的机械原理及欧洲工程师实际应用的情况。更全面的情况见伯纳德[Bernard-Maitre (17)],和加布里埃利 [Gabrieli (1)] 写的传记。邓玉函把他的名字双关地拉丁化为 Terrentius,因此英文形式为 John Terence,但没有通行。他在 1611 年被选举进入山猫学院 (Academy of the Lynxes),1612 年参加耶稣会,并在 1621 年到达中国。在他一生的最后几年里,他参加了朝廷邀请耶稣会士进行的历法改革工作的开始阶段 (参见本书第三卷, pp. 259, 447)。
⑩　费赖之[Pfister (1), p. 157]说这本书也是和邓玉函共同著作的,并说是关于"土机器"的,这是错误的。相反,所有机具都主要是王徵自己的发明或改进,他肯定是中国第一位"现代的"工程师,虽然他远离文艺复兴的发源地,却实在是一位文艺复兴人士。其传略(1571—1644 年)见 Hummel (2), pp. 807 ff. 。汉堡的已故教授弗里茨·耶格尔是在王徵及其所有科学著作方面的一个权威。由于汉堡大学该讲座的目前主持者傅吾康(Wolfgang Franke)教授的盛情协助,我有宝贵的机会查阅了耶格尔教授未发表的遗著。因为这是写完本章以后很久的事情,我感到满意的是,很多主要的结论都分别进一步得到了验证。

起很大的注意[1]，下面即将对它作出分析[2]。

1625 至 1628 年之间，徐光启专心写一部新的农业纲要，注定要代替所有以前的著作，但是直到他死后才出版，后经陈子龙编纂成为 1639 年的《农政全书》。这部名著[3] 的插图很丰富，尤其在灌溉部分（卷十二至十七），在以后的部分里（卷十八卷二十一至二十三）翻印了《农书》里几乎所有的农业机械，改动很少。《泰西水法》被完全翻印了（卷十九至二十），但是没有在中国传统工程技术方面做出超过楼璹和王祯的重要进展。

与徐光启的著作同时的是宋应星于 1637 年所著的《天工开物》，这是中国最重大的技术经典著作。虽然讲的是工业和农业，严格地说不算是工程技术，但在这里简短地提一提它的内容还是恰当的[4]。该书分为以下部分：

172

(a)农业，灌溉和水利工程。

(b)养蚕和纺织技术。

(c)农业和磨粉加工过程。

(d)制盐技术。

(e)制糖技术。

(f)陶瓷业。

(g)青铜冶炼。

(h)运输；船与车。

(i)冶铁。

(j)煤，矾，硫和砷。

(k)榨油技术。

(l)造纸。

(m)银，铅，铜，锡和锌的冶炼。

(n)军事技术。

(o)水银。

(p)墨。

(q)发酵饮料。

(r)珍珠与玉石。

〈乃粒第一　　乃服第二　　彰施第三　　粹精第四

作碱第五　　甘嗜第六　　陶埏第七　　冶铸第八

舟车第九　　锤锻第十　　燔石第十一　膏液第十二

杀青第十三　五金第十四　佳兵第十五　丹青第十六

曲糵第十七　珠玉第十八〉

这部书的插图都是中国在这些题目上的最细致的画，有些是唯一的，但是文字往往不如画那样清楚。清朝初年这部著作在中国几乎不见了，大概是因为造币、制盐和军火制造都为政府所垄断，幸而日本保存了一份原版的摹本，我们现在得到的最好的版本是从此摹本翻印过来的。

将近一个世纪以后，《图书集成》丛书（1726 年）继续翻印了这些传统的画图[5]。元朝

---

① 专题研究见 Horwitz (1)；Reismüller (1)；Feldhaus (2,11,12)；Goodrich (7)；Jäger (2)；黄节(2)；邵力子(1)；刘仙洲(2)。

② 在耶稣会士当时的有关出版物中，我们还应当提到 1623 年艾儒略(Giulio Aleni)著的《西学凡》介绍金尼阁(Nicholas Trigault)为北堂图书馆带来的书的大致内容。见 Cordier (8), p. 6；Pfister (1), p. 135；Bernard-Maitre (18)。

③ Franke (11), p. 51；Bretschneider (1), vol. 1, p. 82。

④ 吉田光邦(1)的一篇简短的专题论文对其进行了研究。宋的传记是丁文江(1)著的。本章初稿完成以后，发现《天工开物》的一个值得注意的版本，其中包括日语的译文，以及日本工艺技术史学者就其各个方面所写的一系列文章；这是薮内清(11)的著作。现在正等待着费城孙博士和夫人的一个加注释的英译本。

⑤ 一般是以富有魅力的艺术技巧重新画过。

刊行的王祯文集虽然经过修改,但未作大的变动,曾再版两次①,所有《天工开物》的画图②,以及《奇器图说》和《诸器图说》的图画③,也都一并选入。最后在1742年,按照皇帝谕旨编撰的一部农业和农业工程的最高纲要《授时通考》出版了。它和以前的区别是在开始部分讲述地理学和气象学,还包括巨大篇幅的农业植物学(卷十九至三十,卷五十八至七十一),但是工程图画和《农政全书》上的没有任何不同。《耕织图》和耶稣会士的三本书都收编在内。

因此可以说,到了宋代末期,农业工程的中国传统已经发展达到顶峰。《农书》和《天工开物》是最好的开端,虽然泵和各种齿轮装置都由耶稣会士进行了介绍,但是没有证据说明这 173 些新技术已被采用,估计是由于社会和经济条件使得对古典方法做任何改变都是不必要的。所以,这些书本身的内容直到19世纪初叶也没有什么本质上的改进④。实际上,凡在中国居住过的人,例如我本人,都知道很早的中世纪的技术(例如径向踏板翻车)至今仍然盛行。它们的更新是和当前的工业化、坚持水稻湿种等问题联系在一起的,并且很可能中国将要采用 174 的现代农具设计是以传统机器和适应本国需要为基础的,而不采用那些很久以前在欧洲为了其他目的发展出来的设计⑤。

现在我们可以谈谈具体细节问题,表56汇集了中国所有主要类型的古技术机具,列入的项目为:(A)舂,(B)磨,(C)提水,(D)鼓风,(E)筛,(F)转动,(G)压榨。关于用水力或风力驱动的机具,我们将在后面更详细地进行论述;关于用人力或畜力推动的机具,提水机械已作为水利工程的第一部分(本章 p.330),鼓风器已经讨论过了(本章 p.135),其他将在下面进行讨论。

---

① 《艺术典》卷三至十二,《考工典》卷二四三至二四五。

② 《考工典》卷一七四、一七八和二四八。

③ 同书,卷二四九(应当指出,往往比原版本更清楚)。

④ 严格地说,如果我们正确地全面考虑像这样的插图传统,我们可以一直追踪到20世纪初。《授时通考》的出现完全没有截止中国农业和农村工程文献的流通。例如,1760年出现了张宗法所著的一本有趣的、四川地方气味很浓的著作《三农纪》,可惜没有插图。在以后几十年里,还有很多其他书籍,有关整个19世纪内农业和蚕丝业的著作不断出现,有一些带有重要的插图的书在上文中已经提到了(见本册 p.2)。即使在20世纪的最初几年,这种内容的出版物,如傅增湘的《农学纂要》,还配有重要而富有说服力的、并且具有完全传统风格的图画。此外,一个全面的调查是不会忽略某些日文著作的。例如,1822年大藏永常提出了一篇包括打桩和水利工程方面的农业机械论文《农具便利论》(Nōgu Benri-ron);1836年德川齐昭编提出了另一篇完全是关于水泵及其他提水机械的论文《云霓机纂》(Ungeì Kisan)。两篇文章的插图都是传统式的。

⑤ 这些话是我在1952年第一次写下的,现在证明很有预见性。六年以后我荣幸地参观了北京的全国农具展览会,发现在利用和改进工程技术和手工艺艺的传统风格以适应现代需要方面取得了很大的进步。我这里列举三个示例:图439示出一台由立式水轮带动的茶叶卷揉机,图440为一台简单的作物喷药器,图441为一台由地轮带动的割草机[Anon.(18),第5部分,第50号;第7部分,第25号;第9部分,第19号]。关于揉茶机节省大量人力的一些概念可参阅Fortune (1), vol.2, pp.235ff.;(4), pp.197ff., 207ff.。这些设计显然是从马钧和苏颂引伸而来,而不是源自维特鲁威和达·芬奇。当然,关于更先进的冶金技术,可能与过去联系较少,但即使在这些领域里,中国的技术传统也在发挥着自己的作用。现在(1959年)强调工业要分散,鼓励继续发展老方法。我们将在第三十章里叙述1958年访问四川的一个传统的钢厂,那里的钢是按照最高形式的一种最古老的方法——灌钢法——生产的[参见 Needham (32)]。实在地说,坚持洋法一定比土法好的思想已经被批判为"迷信",而且看来中国人不会再相信这种思想了。

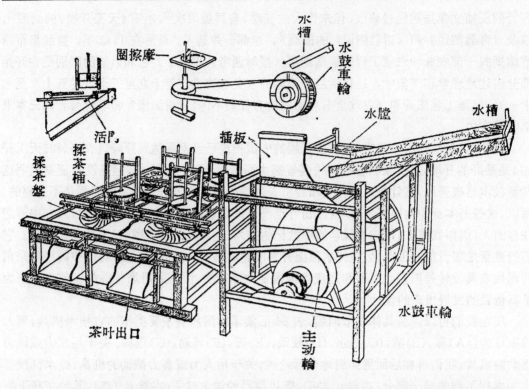

图 439 利用和改进中国传统风格的手工技艺和工程技术来适应当前的需要，1958 年北京全国农具展览会展示了一些结构设计。图为一台由小型立式水轮带动的茶叶卷揉机[Anon.(18)，第 5 部分，第 50 号]。4 个扁圆形的滚轮共同固定在一个长方形的框架上，经盘形凸轮的传动使它们在栅栏上旋转，垂直的主传动杆偏心地安装在凸轮中心。茶叶由斜槽供入，落进栅栏中。

(2) 人力和畜力推动的古技术的机械

我们在这里必须从舂和磨开始[①]，这或许是人类食品加工活动中最古老的。但是在我们着手研究它们在东西方机械工程早期发展中的地位以前，先要讲几句话，以帮助大家回顾一下人类需要它们的原因，即有关谷粒的去壳问题。种植的禾本植物的谷粒，除了包含下一代植物的胚胎以外，还有一团含淀粉的物质——胚乳，它在新生植物生长过程中经光合作用成为淀粉以前起到卵黄的养育作用。这是人类世世代代的"生命支柱"。但它外部由外壳和脂粉层保护，研碎时成为我们所熟知的谷壳和麸糠；其中也包含碳水化合物，但属不溶解和不能消化的状态。许多动物由于比人更富有淀粉酶，甚至还有由其共生细菌提供的纤维素分解酶，因而可以把这些"粗料"像消化谷粒内部物质一样地消化掉。然而，人类从麸糠中得到的不过是一部分益处，而能消化的仅是其内部的胚乳，即使如此，也还需要一种烹煮形式的"预消化"。最简单和最古老的形式是把谷粒烤或炒到能够完全地脱壳，然后在水中加热到 60℃，使淀粉膨胀并胶化成为粥状。但这样是不能保存的。假如不是将面粉加热到沸腾温度

---

① 在本节里我们主要是讲把粮食和其他材料研成细粉用的研磨机。刮、刨和抛光用的研磨机则在另外的章节里讨论，参见本书第三卷，pp. 667 ff. ，以及本章 pp. 82，92，122。

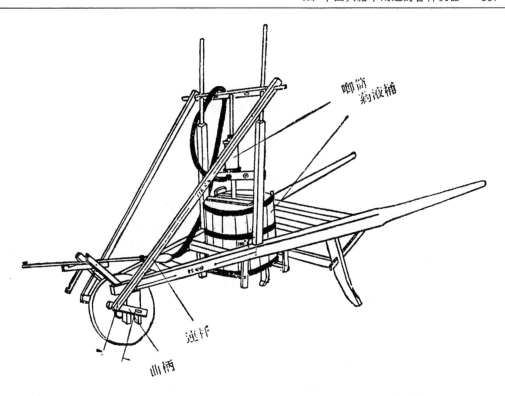

唧筒
药液桶

连杆

山柄

图440　一台装在独轮车上的现代改进型作物喷药器,由车轮带动。在车轮的两侧装设曲柄和连杆,通过
　　　　在框架立柱上滑动的十字头来升降泵的活塞杆。因为药液箱是桶状的,所以这种机器几乎可以
　　　　采用全木结构[Anon.(18),第7部分,第25号]。

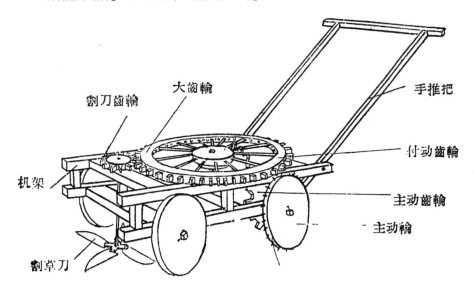

大齒輪

割刀齒輪

手推把

付动齒輪

主动齒輪

主动輪

机架

割草刀

图441　一台几乎全木结构的现代改进型割草机。四个车轮中有一个的轴上带一个齿轮,同上面水
　　　　平布置的齿轮系统以直角方式相啮合,使车头的割草刀迅速旋转[Anon.(18),第9部分,
　　　　第19号]。这种车轮传动在中国工程技术中是一种很古老的方法,参见本章p.160和图
　　　　528,533。

176

表 56 的说明

注：此表基本上不包括纺织机械和农牧业机械，以及纯粹陆军和水军的装备，我们
　　将把这类机器留在适当的章节里去讨论。

缩 写 词

KC　《耕织图》　1145(1210)年版，编号按照 Franke (11)。

NS　《农书》　1313 年版，插图按顺序编号。

ST　《三才图会》　1609 年版，器用篇，卷十。

NC　《农政全书》　1628(1639)年版，所列为卷次和页码。

TK　《天工开物》　1637 年版，插图按顺序编号(括弧内的编号是第一版内的序号)[①]。

TC　《图书集成》　1726 年版，插图序号从《艺术典》的开始端编起。这些图在《考工典》的卷二四四里重现。
　　《考工典》卷二四八里复印了《天工开物》的插图，在卷二四九里复印了《奇器图说》和《诸器图说》的插
　　图。

SS　《授时通考》　1742 年版，卷三十一起。《耕织图》的插图在卷五十二、五十三重现。所列为卷次和页码。
　　(最后三本书描绘的是西方的而非中国的机器。)

HF　《泰西水法》　1612 年版。

CC　《奇器图说》　1627 年版，插图序号自卷三的开始端编起。

WC　《诸器图说》　1627 年版，插图按顺序编号。

177

表 56　中国传统书籍中描写和图解的主要机器

(A)舂		
(1)杵和臼，用手操作(人力)	舂臼	*KC*/18　*NS*/116　*ST*　*TK*/59(35)　*TC*/129 *SS*/40.16,52.38
(2)跷板锤式杵(人力)	踏碓	*KC*/18,19　*NS*/117　*ST*　*NC*/23.2 *TK*/49,59(35),113(81)　*TC*/130　*SS*/40.17,52.38
	墹碓	*NS*/118　*NC*/23.3　*TC*/131　*SS*/40.18
(3)水力平衡式碓("勺"碓)，由泻下的水自动操作	槽碓	*NS*/188　*ST*　*NC*/18.15　*TC*/41
(4)碓组，由下冲立式水轮的轴上的凸耳拨动	机碓 水碓	*NS*/189　*ST*　*NC*/18.13　*TK*50(32) *TC*/40　*SS*/40.19
(5)碓组，由卧式水轮经正交轴齿轮传动的轴上的凸耳拨动	机碓 水碓	*ST*
(B)磨		
(a)磨面为平面或斜面		
(1)手磨，手操作，用短(摇手)柄	磨或砻	尽管已普遍使用，但无插图
(2)手磨，用长柄的连杆和曲柄，由一人或几个人操作	磨或砻	*KC*/18,21　*NS*/119　*NC*/23.5 *TK*/46(29),112(81)　*TC*/132　*SS*/52.44
	土砻	*TK*/47(30)　*SS*/40.10
	木砻	*TK*/48(29)　*SS*/40.11

---

① 第一版比初版少 41 张插图。

(3)旋转磨,由两匹牲口直接拖动	牛礦 牛砻	NS/124 SS/40.25	ST	NC/23.12	TK/51	TC/137
(4)旋转磨,由两匹牲口靠辘轳或绞盘传动轮的交叉传动带拖动	驴礦 驴砻	NS/120		NC/23.6	TK/53	TC/133 SS/40.13
(5)多盘式旋转磨(最多有8个盘),直接用齿轮连在牲口拖动的传动轮上	连磨	NS/125				
(6)旋转磨,由下面卧式水轮直接驱动	水磨	NS/182 SS/40.26	ST	NC/18.6	TK/52	TC/33
(7)旋转磨,由立式水轮经正交轴齿轮装置驱动(维特鲁威磨)	水磨 (或水砻)	TK/(33)	SS/40.12,40.27			
(8)多盘式旋转磨(最多有9个盘),由下冲立式水轮经正交轴齿轮装置驱动	水转连磨	NS/186 SS/40.27,40.28	ST	NC/18.7,18.10	TC/34,35,38	
(9)多盘式旋转磨,直接用齿轮连在传动轮上,由卧式风轮(风车)驱动	风扇磨 风礦	} CC/33,34,40	WC/4			

178

(b)磨面相当于轮缘或轮辊面						
(1)轮碾,纵向移动(人力)	研碾	TK/146(108)				
(2)旋转圆盘刀,脚踏往复旋转(人力),玉工用,(参见本书第三卷,pp.667ff.)	琢玉轮 铡铊	} TK/161(121),162(121)	TC/KKT/4			
(3)单轮碾,在环槽内转动(牲口拖动)	辗	ST	TK/(26)			
(4)双轮碾,在环槽内转动(两匹牲口拖动)	石碾	NS/121	NC/23.8	TK/55	TC/134	
(5)单或双轮碾,由下面卧式水轮直接驱动	水辗(或辗) 双轮水碓	} NS/184 ST TC/36	NC/18.8 SS/40.23	TK/56		
(6)双窄距轮辊碾(农用)	石砘	TK/18				
(7)手推辊碾(人力)	小滚碾	TK/54(37)	SS/40.22			
(8)滚耙(牲口拖动) 带短钉	石礰礋	NS/24,25	NC/21.12,21.13	SS/33.12		
不带短钉	礉礋 礉礋	} KC/5	NS/23	NC/21.11	SS/33.11	
	赶	TK/41(34)	SS/39.7			
(9)辊碾(卧滚绕环轨走动),牲口拖动	辊碾	NS/122	ST NC/23.9	TC/135	SS/40.21	
(10)立式双辊轧蔗机,两匹牲口拖动	轧蔗取浆	TK/76(44)				

(11)卧式双辊轧棉机,手操作(人力)	木棉搅车 棉赶	}NS/245　　NC/35.22　　TK/34 (22)
(12)磨碎机、轮碾和筛分机的组合, 可任意选用,由下面的卧式水轮 直接驱动	水轮三事	NS/185　　ST　　NC/18.5,18.9　　SS/40.24
179 (C)提水(及水力驱动)		
(a)杠杆型		
(1)双手挥摆的水斗	戽斗	KC/10,11　　NS/171　　NC/17.21　　TC/21 SS/37.21　52.24
(2)桔槔(平衡配重的汲水器; *Shādūf*)	桔槔	KC/13,14　　NS/173　　ST　　NC/17.25　　TK/11(9) TC/23　　SS/37.23,52.30
(3)同上,改进为杆上有流水糟	鹤饮	CC　　WC　　SS/38.30
(b)旋转型		
(1)绞车或卷扬机,有曲柄,并用	辘轳	NS/174　　ST　　NC/17.29　　TK/12　　TC/24.29 SS/37.24
起重机用		CC
矿井用		TK/105(74),157(117),158(118)
盐井钻孔用		TK/66
潜水采珠用		TK/(115)
(2)绞车卷筒,盐井钻孔用		TK/68(42),71(42)
(3)装在槽里的舀水轮,手操作(人 力),用曲柄	刮车	NS/172　　NC/17.23　　TC/22　　SS/37.22
(4)方板链式泵,手操作(人力),用 曲柄,适用于短的升程	拔车	TK/14(8)
(5)方板链式泵,径向脚踏操作(人 力)	龙骨车 翻车 踏车 水车	}KC/13,14　　NS/160　　ST　　NC/17.7 TK/13(6) TC/13　　SS/37.12
(6)方板链式泵,由一或两匹牲口经 过传动轮和正交轴齿轮装置拖动	牛转翻车	NS/163　　ST　　NC/17.13　　TK/9(7)　　TC/16 SS/37.13,37.16
(7)方板链式泵,由卧式水轮经正交 轴齿轮装置驱动	水转翻车	NS/164　　ST　　NC/17.11　　TK/10　　TC/15 SS/37.14
(8)高升程下冲戽水轮(*nā'ūra*)	筒车	NS/162　　ST　　NC/17.9　　TK/7(5)　　TC/14 SS/37.15
(9)静水用高升程戽水轮,由两匹牲 口经传动轮和正交轴齿轮装置 拖动	卫转筒车	NS/165　　ST　　NC/17.15　　TC/17

续表

(10)高升程罐式链泵(sāqiya),明显地由水流推动	高转筒车	NS/166,167　　ST　　NC/17.18　　TK/8　　TC/18 SS/37.17
(11)高升程罐式链泵,由两匹牲口经正交轴齿轮装置拖动	同上	特别在比较近代的时期虽然肯定已使用,但无图
(12)高升程罐式链泵,由卧式水轮经正交轴齿轮装置驱动	同本表C(b)10项	ST
(13)阿基米德螺旋式水车	龙尾车	HF　　CC　　TC/45-9　　SS/38.2ff.
(14)提西比乌斯单动双筒压力泵	水铳　玉衡	HF　　CC　　TC/50-3　　SS/38.14ff.
(15)吸引提升泵(参见本章 pp.142,144,345)	恒升	HF　　TC/54-7　　SS/38.23ff.
(16)双动单缸双活塞压力泵(喷火器)	放猛火油	仅《武经总要》中有插图(见本章 pp.145ff.)
(D)鼓风(空气推进)		
(1)开式旋转扬谷风扇,有曲柄,手操作(人力)	扇车 扬扇	NC/23.11　　TK/45　　TC/136　　SS/40.14
(2)圆筒形闭式扬谷风扇,有曲柄,手操作(人力)	扬扇 风车 风扇车	NS/123　　TK/44(31)　　SS/40.15
(3)双动单缸单活塞风箱,方形截面	风箱	TK/89,90,92,93,95,101,102,121,123,124,129,132
(4)冶炼鼓风机("水力往复机"),通常是有铰链的鼓风器,由卧式水轮经活塞杆、连杆和偏心拨棍驱动;由旋转运动转变为往复运动	水排	NS/183　　ST　　NC/18.3　　TC/32(参见 pp.369ff.)
(E)筛		
(1)脚踏式面粉筛(人力)	打罗　面罗	NS/18.5　　TK/60(36)　　TC/34　　SS/40.30
(2)面粉筛,由卧式水轮经活塞杆、连杆和偏心拨棍驱动(见本表D/4项)	水打罗 水击面罗	NS/187　　ST　　NC/18.11 TC/39　　SS/40.31
(F)转动(传输动力)		
(1)陶轮	均 打圈	TK/81(52),85(55),87(57)
(2)立式下冲水轮驱动的纺织机械(纺纱设备)	水转大纺车	NS/190,255　　ST　　NC/18.16　　TC/42
(G)榨制		
(1)楔式榨油机	榨	NS/126　　NC/23.13　　TK/111(80)　　TC/138 SS/40.29

180

以下,而是将其加水制成面团,再烘烤到 235℃,耐久性和稠度是达到了,但是产品尽管做得很薄,不久就会发馊,很难食用——于是发明了用产生气体的酵母"发酵"的方法,在这里胚乳的麸质蛋白起主要作用。

面包若不依靠这些蛋白质,是不会恰当地发酵起来的,因为在烘烤的过程中其性质会发生变化,成为一种有弹性的结构,保留着二氧化碳直到完全烤好。如果谷粒在脱壳以前必须经过烘烤,这种蛋白质就先变了性,除了粥以外别的都做不成了。所有的谷类除了小麦和黑麦(包括大麦、小米和燕麦),都不能用普通的打谷办法脱去外壳,这就是为什么它们不适于做发面面包的原因①。另外,小麦里面的蛋白质的相对数量及其质量,都使它在面包制作方面远比其他任何谷物优越。再者,普通小麦品种中的"裸"小麦已经证实能够经过几个世纪的培育,得到性能符合要求的很多品种。

这些事实说明,舂的方法使用了很长时间,各种形式的杵和臼都来源于旧石器时代人的磨碎石,东方和西方都如此。在遥远的古代,玉米当然尚未为人所知,高粱和水稻很少,而且是药材;燕麦只被看作是牲畜的饲料,大麦(揉揣过而不发酵的面团,*maza*,μâζα)不适合烘烤。黑麦是德国和北欧的一种谷物,向南传播得极慢,而且一直很少;小米则是在小麦歉收时作为备用的粮食。做面包的小麦到公元前 4 世纪已经是希腊的田野里最重要的谷物,代替了大麦;公元前 2 世纪,在意大利裸小麦排挤了主要的去壳小麦(粒小麦)。所以早期共和国的埃特鲁斯坎人和罗马人都是吃粥的,用"法尔"麦[*far* 或 *zeia*(ζειά)]做,舂壳以前要烤,后来罗马的磨粉——面包业的名称叫 *Pistor*——就是从舂字得来的。但是古希腊世界和现代欧洲一样,都是吃烘烤的面包的②。

182　　在地中海文化中粒小麦和大麦所占的地位,在中国由小米所占据,散穗的和长穗的、粘性的和非粘性的两个品种,都是当地土生土长的,成为仰韶和其他新石器时代文化的主要谷物③。但是考古学的证据表明,在公元前 3 千纪末以前,大米④ 已经进入生活,当然是来自印度。从汉墓的实际遗物中肯定了小麦、大麦和薏米(*Coix lacrima*)的存在,但某些其他谷物,

---

① 这并不是说,它们不能用来制作硬面饼或烧饼,贴在一块热铁板的边上烤到发脆,或用各种方法油炸。在华北,小米至今还做这样的粗饼子。在西方古代有时种植一种裸大麦,参见 Moritz (3)。

② 关于所有这些问题,参见 Zeuner (1);Moritz (1,2,4)。我们很多人吃过早期罗马共和国的粥还不知道,因为在斯拉夫族国家里人们招待我们一种叫做荞麦粥(*kasha*)的食物,深色、浓稠、并且较酸,味道很像德国的黑麦饼子。荞麦是一种粒小麦碎碴做的粥[参见 Carleton (1)]。还有一个问题,是以色列人的不发酵面包(*matza*)只习惯地用于庙里的供奉和祭品。发酵剂的禁用可以追溯到《出埃及记》(*Exodus*)的 JE 阶层,因此传统上认为是在公元前 8 世纪,但这不能说以色列人曾有裸小麦,因而比地中海西部的人更早做出发酵面包。不发酵的面包在以后的时代里或许被认为是神圣的,其原因大概是由于主教们只知道有这样的面包。用粒小麦制做的罗马祭品面包(*liba*)也可以作为同样的例子。但是这中间的真实情况还是有很大的推敲余地的。西藏是世界上今天还把主要谷物在研磨前进行烘烤的唯一地区。被旅行者称赞的糌粑实际上也是蒙古人、哈萨克人和中国西部和西北部地区人的一种基本食品[参见 Trippner (1)]。吃法是用温茶或甚至冷水冲成糊糊,加上奶油、蔬菜等。所用的主要谷物青稞是在中国内地很少栽种的一种耐寒谷物,似乎和斯佩尔特小麦或粒小麦,或与大麦很接近;但小麦、燕麦、裸燕麦、小米、荞麦和玉米也都可以用。中国的参考文献包括:《齐民要术》(540年),卷十;《三农纪》,卷七,第十页;吴其濬(1),卷一,第二章(第 154 页),卷二,第一章(第 19 页)。

③ 这一段不仅是根据瓦维洛夫[Vavilov (1,2)]和毕安祺[Bishop (2)]的基本出版物,也还根据北京中国科学院考古研究所夏鼐博士和剑桥郑德坤博士的热情讨论,参见本书第一卷,pp. 81 ff.,84。

④ 大米在我们所做的概括中是一个例外。它不需要在脱壳以前先烘烤,也含有足够的面筋以便做成松软的发酵面包。但是所有吃米的人都喜欢把它蒸成完整的有弹性的米粒,适合就着肉和蔬菜吃。这大概是因为它能承受蒸煮而不致分解成粥状,因此就没有必要去找那制作面包的麻烦了。

主要有高粱和荞麦，像小米一样都是中国土生土长的，很可能早在周代就栽培了。小麦开始大规模地栽培的确切时间是难说的，但是途经西亚和中亚到达中国后，肯定在商代（公元前1400年）已经是一种农作物了，并在以后的年代里成为黄河流域的特征，正如大米在长江流域一样。我们也不知道粒小麦是什么时候被裸小麦所代替的，并且虽然在以后整个的时间里发酵的面食在中国是蒸的，而不是烘焙的，也不能从新石器时代开始使用的"蒸笼"推断在那里边实际蒸的是发酵的面食而不是其他食物①。如果认为发酵的面食是在周代的某个时期，也许是结合着战国初期的很多革命性的农业变革在中国出现的，我们大概不会错得太多。大量使用做发酵食品的面粉并不依靠旋转磨，但是这项发明似乎很快就跟上来了。这就把我们带回到工程技术的问题上来了。

（i）舂，磨和碾

183

最简单的破碎办法是靠人力用杵臼舂（打碎），毫无疑问，大体上在中石器时期甚至更早些就使用了，但是不仅在中国、并且还在从赫布里底群岛（Hebrides）到巴厘（Bali）的很多其他地方②，它被用于日常的谷粒脱壳以及其他用途，一直持续到现在。在埃及的古画和希腊陶瓶画上有相当多表现它们的图案。在中国，杵③和臼从古④以来是为所有谷粒去壳用的，但特别是为了去除米粒上的糠皮，米粒在舂的过程中粗略地受到磨光，因此部分地去除了外面含脂的籽阮层⑤之后，米粒变白而发光。从汉朝的资料中⑥我们看到，制做臼的材料有粘土、木头、石头，以后又增加了陶瓦。在唐代，南方人使用船形的杵，在长槽内集体舂捣⑦。农民们使用杵在地里打碎土块⑧，药剂师和炼丹家也有他们的用途，有时候杵被吊在一个竹制的弓形弹簧上⑨。在一个1210年的舂谷的中国画面上，杵和木槌几乎区别不开（图359）⑩。

---

① 参见本书第一卷，p.82，以及后面第三十三章[同时可参见 Ho & Needham (3)]。
② 当然，在较先进的技术中，它作为舂磨对欧洲中世纪破碎矿石和混合火药是熟悉的。我们会看到（本册 p.394），立式的舂磨是西方实践的特征，而卧式的碓则是中国的。杵和臼的更晚些的后代可在球磨的锤击磨中看到[参见 R. H. Anderson (1)，pp.259 ff.]。
③ 也叫桯或椲。
④ 商代的字是象形字；参见 K1067d 的古代"萅"字，包含了它的成份。旁边是"舂"字，表示出手、杵和臼。再靠右是"秦"字，有谷物，杵和手。

商，K1067d　　　　商，Hopkins (11)　　　　周，K380

⑤ 参见 Hommel (1)，p.101。日常的磨光经过若干世纪并未带来损害，但是华东的大城市建设了碾米厂，籽阮层的更大部分被去掉了，剩下的在贮藏中要发霉。结果，脚气病被引进成为一种工业化的病，蔓延很广，直到弄明白是乙种维生素损失了。我们感谢普拉特（B. Platt）教授和鲁桂珍博士提供的这个情况，他们于本世纪30年代初期在上海解决了这个问题。
⑥ 例如陈咸的故事，见《前汉书》，卷六十六，第十八页。
⑦ 见刘恂于895年著的《岭表录异》，见《说郛》，卷三十四，第二十五页。
⑧ 天野(1)的周和汉资料。
⑨ Abel (1)，p.138。欧洲的技术人员从15世纪以后也给他们的杵加了弹簧[Fremont (13)，pp.22,23]，而希腊这方面的例子则都是猜测的[Hock (1)]。参见 Beck (1)，p.521。
⑩ Franke (11)，pl. xliv；Pelliot (24)，pl. xxix。这个形式也是赫布里底群岛的[Curwen (2)]。

　　然而,这幅画是值得注意的,因为它有更带中国特征的东西,即脚踏碓。这是一种极为简单的装置,用杠杆和支点使舂的活儿由两只脚和全身的重量来做,而不是只用手和臂膊去做[1]。这是中国农村中最常见的一种东西,所有有关农业的丛书中都有插图(参见图 359)[2]。它和杵臼一样地用来进行谷物的脱壳和磨光,但也广泛地被矿工用于矿石的处理[3]。在现代它有很多的实际用途,如在建筑工作中的流动夯土机[4]。关于它的时代,多数中国历史学家都毫不犹豫地放在周代的末年,或者大约在秦代,尽管很难找到公元前 1 世纪以前关于它的文献参考。在那个时期我们有公元前 40 年的字典《急就篇》[5]和大约公元前 15 年扬雄的《方言》中对它的定义[6];但是大约公元 20 年的《新论》中桓谭的陈述是最好的,我们以后将提供它的译文[7]。

　　脚踏碓如果在其他的文明世界中曾用过,那也似乎是在很久以后。在欧洲没有被提到也没有被画成图,直到 1537 年赫西奥德(Hesiod)的出版物[8],所以可以有把握地把它看作是推演出来的。但是它似乎有了欧洲的后代,主要是著名的"oliver",它是一种锻造间使用的弹簧脚踏铁杵锤[9]。如果这件事像设想的那样追溯到 14 世纪,那就像化铁炉和火药一样是中古时期的传播[10]。总而言之,机械化的碓——水碓——大力促进了欧洲自己的产品:18 世纪的一种有序成组机械锻锤[11]。对于这台具体机器,畜力显然不太适宜,我们也不知道在中国有这样工作的碓[12],但是当它们传播到南美洲的时候,发明了一种巧妙的装置,使锤杆的尾部向上弯曲,牲口绕圈走时它牵引着横木连续地向下压锤杆尾[13]。舂的技术在中国文献中到很晚才有自己的专题论文,即翁广平著的《杵臼经》。

　　研磨的程序更为复杂,也引向更远的时代[14],在欧洲从新石器时代起结合压碎和剪力的最古老的工具是谷物搓板,它是一个简单的石盘,上面趴着一个糕饼状的滑动块。在博物馆里可以看到很多这样的示例。不知不觉地谷物搓板发展成为鞍磨,它有一块枕头状的上磨石

184

185

　　① 有一种形式把连杆配重平衡,身体摇动就能使它工作;参见 Hommel (1), p.100。

　　② 有各时代的古墓出土模型和图片介绍;例如,汉代的见 Laufer (3), p.36, fig.7, pl.6。成都博物馆有一块长方形砖上刻有细致的图景,洛阳博物馆有些模型。隋代一个古墓出土模型登在《文物参考资料》1954 年第 10 期上(图片 36)。唐代的见唐兰(1),图片 88;以及千佛洞的第 61 洞的壁画中宋代的一幅精彩的描绘。参见图 358,436。

　　③ 工程图见 Louis (1)。

　　④ Anon (18),第一部分,第 61 号。

　　⑤ 第五十页。

　　⑥ 卷五,第五页。

　　⑦ 本章 p.392。《全上古三代秦汉三国六朝文》,东汉部分,卷十五,第三页;《太平御览》,卷七六二,第五页;卷八二九,第十页。

　　⑧ 参见 Bennett & Elton (1), vol.1, p.94。兰代[Lindet (1)]支持赫西奥德中这一段的解释,但我们仍未被说服。这种描绘以后在 17 世纪又重新出现,如在 Böckler (1),pl.10 及有关文字中。实际的例子可以在罗马尼亚的雅西民俗博物馆(Folklove Museum at Iasi)中看到。

　　⑨ 参见 Jenkins (1);Young (1), vol.2, p.256,pl.Ⅱ, fig.3。

　　⑩ 见本书第三十章(d)关于传播的"14 世纪群"。

　　⑪ 见本册 p.394。

　　⑫ 除了大约公元 20 年桓谭的重要陈述以外,参见本册 p.392。但是我们没有关于这种畜力碓组的制造的信息。

　　⑬ Mengeringhausen & Mengeringhausen (1)。

　　⑭ 在开始写这一段的时候,我们汲取了兰代[Lindet (1)]、贝内特和埃尔顿[Bennett & Elton (1) vol.1]、柯温[Curwen (2,3)]和柴尔德[Childe (9)]等的基础工作。莫里茨[Moritz (1)]后来发表的专题论文前进了一大步,并且以其对古代西方来源的细致的第一手研究,比之福布斯[Forbes (12)]的处理受欢迎得多。我们没有看到 Ponomarev (2)。

在一块较大的纵向凹的下磨石上来回滚或搓①。这也在埃及古画中和埃及、希腊的古墓出土模型和玩具中常常见到②；在墨西哥(名叫 *metate*)和非洲，现在还可以看到在使用。将谷物连续地灌进去的困难促成了一种更方便的漏斗搓板(图442)，在上磨石上挖出一个有长形眼的漏斗，谷物连续地由此灌进去。由此又发展出摆动杠杆操作的漏斗搓板(图442)，其杠杆的一端铰接在底盘上，磨块在下磨石上往复活动。所有这些形式从鞍磨的阶段开始，都刻有平行的鱼骨形或其他花纹的沟槽。

图442　往复运动的原始磨。左图为古代西方的漏斗搓板。右图为奥林图斯(Olynthian)磨，是由杠杆操纵的径向摆动漏斗搓板。

　　从这个摆动形式到真正的旋转磨和扁圆的上磨石在固定的下磨石上转的小型手推磨③，这种转变的过程还不清楚，并且确实还存在没有解决的谜，尽管杠杆操作的漏斗搓板的径向动作可能启发了这项进步④。图443用草图说明总的原理，下磨石总是凸起的，即使是非常轻微，而上磨石是凹陷的，有一个穿孔使谷物通过它落在研磨面上去。在孔里架起一个短梁，把上磨石支持在下磨石中心竖起来的支柱上。如果这个支柱连续穿透下磨石，并且接上一个可动的杠杆(桥架)，那就有了简单的方法来调节两块磨石之间的准确间隙⑤。下　186石的凸起使得面粉能自动地流出来⑥。在某些情况下，上磨石刻成上面有一个很大的漏斗，如庞贝的著名罗马驴磨(图443)⑦。大多数手磨有一个手柄偏心地安装着成为一个曲柄。可以注意到，旋转磨或手磨从形态学上说来是杵和臼翻了个身，杵被放在下边固定起来，而臼带着一个穿透的孔，在上边旋转；这可能是这个发明的起源的另一个线索⑧。柯温的意见[Curwen (2)]很受支持，他认为旋转磨对任何以前的器具来说是一个巨大的进步，不可能

① 很有中国特征的纵向行走的摆动轮碾似乎应当是鞍磨的直接后裔。我们不久将要议论轮碾(本章 p.195)。
② 这些示例的论述见 Moritz (1)，pp.29 ff. 有些是在公元前6和5世纪来自底比斯(Thebes)和罗德斯(Rhodes)。
③ 其类型学分析见 Curwen (2,3)。
④ 欣赏这一点的有 Storck & Teague (1)，p.76，虽然其他人认为这种转变很难设想。
⑤ 如在苏格兰手磨上[Moritz (1)，p.119]，以及所有的无论是在中国还是在西方的水磨和风磨上[Hommel (1)，p.84]。
⑥ 安德森[R.H.Anderson (1)]说，庞培驴磨的很大的凸度证明它是若干文艺复兴器具的祖先，虽然也许很难说它们之间有直接的继承关系。当下磨芯(*meta*)旋转而上磨罩(*catillus*)静止不动，这机器就成了1722年的德拉切切(*de la Gache*)磨，并演变成现代的清扫式输料磨。若使它在边上旋转，就成了1588年的拉梅利磨。若把上磨罩去掉一部分仅留下一个凹块，就成了1662年的伯克勒(Böckler)磨。这样它就离真正双辊碾不远了。但是，那可能在几个世纪以前的印度就发明了。拉梅利和伯克勒磨都有图，见 Forbes (18)，pp.16,17。
⑦ 梵蒂冈大理石浮雕上的著名雕刻时常被复制，如 Feldhaus (2)，p.172 Bennett & Elton (1)，vol.1，p.186。但是还有一幅极好的在纳博讷(Narbonne)的碑铭博物馆(Musée Lapidaire)里的一块石头上；见 Esperandieu (1)，p.47. 莫里茨[Moritz (1)]复制了一些浮雕和其他文件。
⑧ 这种凹凸的变换在中文里的识别是把"雌臼"的名字用于上磨石，"雄臼"用于下磨石。竖起的支柱加强了这种比拟。

不经过一个决定性的发明创举而逐渐演变而成。只有陶轮是它的先例①。问题在于要找到这
个创举的起源地。

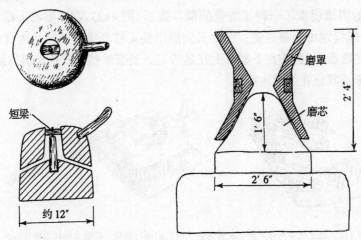

图 443 旋转磨。左图为小型手磨或人力拖动的旋转磨。右图为庞培磨，它是由
畜力拖动的大漏斗旋转磨。

187   为了把中国的资料和欧洲的事物发展进行比较，必须先为所述的创造发明编制一个年
代的顺序。莫里茨[Moritz (1)]最近的研究把这个问题从长期以来的混乱和多变的状态中
解救了出来。公元前 2 世纪以前在西方任何文化里都找不到一个动词含有磨的"转动"的意
思，但"推拉磨"(mola trusatilis)和"转动磨"(mola versatilis)的差别从那时起就清楚了②。最
给人以错觉的是公元前 5 世纪以后，驴(onos，ὄνος)这个字经常用来标示鞍磨和漏斗搓板的
上磨石③；这使人信以为旋转磨是牲畜拖动的，使它的起源推前到比手推磨早得多④。事实
上在罗马时代以前，西方没有任何样式旋转磨的考据。鞍磨在所有古代西方文化中都使用，
漏斗搓板跟在它的后面，大约从公元前 6 世纪起⑤，以后是杠杆操作的漏斗搓板，从公元前
5 世纪起开始使用。后者可以叫做"奥林图斯磨"⑥，应当看作是古希腊世界的主要谷物磨。
但是还有一个很大的谜，小型手推磨和似乎更成熟并大量生产的"庞培磨"（驴磨或 mola
asinaria）大约同时出现，可是人们指望小得多的手推旋转磨应该早就有了。根据考古学的
证据，前者仅回溯到普利尼时期（公元 70 年），但是在加图 (Cato)⑦ 的讲述中确定公元前
160 年作为它被相当普遍地采用的年代。考古学的发现把后者放在罗马统治前的西班牙（约
公元前 140 年）和以后的北方拉登 (La Tène) 文化的后期（约公元前 100 年），但是直到公

---

① 陶轮也有凹凸之分，要看它是插座式还是枢轴式的[Childe (11)]。前者更具有东亚的特征。

② Pliny *Nat. Hist.* xxxv，xviii，135；Cato，*De Re Rust.* X，4，等。

③ 或许是由于它的抓柄像耳朵，或许是由于与阴茎的相似。莫里茨提出，后来工艺技术中也有类似术语"辅助发
动机"（donkey engine），他觉得这可能会给将来的史学家们造成麻烦。我们在中国已经遇到了类似苦恼（本书第三卷 p.
317）。实例：Xenophone，*Anab.* I，v，5；Herodas，Ⅵ，83 等。

④ Curwen (2)；Childe (9).

⑤ 这些是色诺芬 (Xenophon) 的手磨（*Cyrop.* Ⅵ，ii，31），而不是手推磨。

⑥ 因为很多那样的实例是在奥林图斯 (Olynthus) 找到的，所以是在公元前 348 年以前。

⑦ *De Re Rust.* X，4，Ⅺ，4.

元前 10 年都不能找到文献证据①,除非它就是加图的 *mola hispaniensis*(西班牙磨),而这是很可能的。普劳图斯(Plautus)死于公元前 184 年,他从未谈到过转动磨,除了在《驴》(*Asinaria*)里,这可能不是一出真正的戏剧(也许是他最后的一出,约在公元前 185 年)。但是他谈到 *panis*(面包)要比谈 *puls*(面糊)更经常些。并且,莫里茨把旋转磨的开始使用和大约公元前 170 年在罗马设立商业性的面包房联系在一起。这个重要的创造发明似乎应当是在公元前 200 年左右,即略迟于阿基米德的在世时间和西汉王朝的建立②。但是,仍然没有理由不承认瓦罗(Varro,公元前 116—前 28 年)报道的拉丁传说,据他所知,旋转磨是由沃尔西尼城(Volsinii)的埃特鲁斯坎人发明的③。我们是否应当考虑一个更靠东方的发源地,且看下文。

188

　　根据制造所用的材料,在中文里旋转磨有两个字——"磨"(䃺,又写为"𥕢")和"砻"。一个古老的方言字"𥖒"含混地把它们都包括了。还有另一个字"碨"含有更广阔的意义,甚至可以包括轮碾和辊碾。中国古技术中的研磨机理论,不仅可以从原始的根源,也还可以从一些有用的现代研究中去追寻④。砻主要是为谷物去皮,特别是为稻米去壳,但是值得注意的是,中国人用日晒或烘烤的粘土("土砻")或木头("木砻")制造它⑤。若使用粘土,通常是在磨"石"还潮湿的时候装进橡木和竹做的牙(图 445)⑥。好像在石磨上刻槽一样。另一方面,木和竹做的牙磨主

图 444　典型的中国农村手磨。

要是一种粉碎用的石磨,把去皮的谷物、大米或裸麦磨碎成粉(见图 444,446)⑦。在所有的各种样式上,间隙调整都是调节中心轴承销的高度。旋转磨在中文的农业书籍中经常画有插图⑧,并且经常画出在摇手柄上装了连杆,其长度适合于几个人推和拉进行操作(参见图 413)。这种手工劳动的传统做法唤起了楼璹在他的《耕织图》上写下了关切的诗句:

---

　　① Ps-Virgil, *Moretum*, 24 ff,一个可疑的参考见 Lynn White (7), p. 168。

　　② 在现有的证据下,莫里茨仍然必须把手推磨在先还是牲畜磨在先的问题留待决定。虽然可以争论说,前者是后者为军队和旅行者的需要所做的适应,但是这种违由简到繁、由小到大的技术演变正常过程的逆转倒行是需要很多证据的。不久我们还要回到这个问题上来(本册 p. 192)。

　　③ 关于这一点,我们知道只是由于普利尼引用了一段话[Nat. Hist. xxxv, xviii, 135. Bailey (1), vol. 2, p. 119]在翻译的时候把意思完全弄错,这在他是少有的。柯温[Curwen (2,3)]关于旋转磨是希腊对文明的一大贡献的意见,现在看来站不住脚;莫里茨[Moritz (1), p. 116]的结论是:它是在地中海西部盆地某处创造发明的,这是根据他的调查,但忽略了东亚方面的证据。沃尔西尼城在公元前 280 年沦陷于罗马人。

　　④ 例如,Laufer (3);刘仙洲(*1*);Hommel (1);天野元之助(*1*)。

　　⑤ 参见 Hommel (1), pp. 92,94。某种形状的焙烧粘土几乎可以抵得上石器,并且有意味的是,"砻"字的另一种写法"瓮"含有陶器的字根。这项技术是夯土的一项重要的应用(参见本书第一卷 p. 83)。

　　⑥ 参见 Hommel (1), pp. 94,96.

　　⑦ 出处同上,pp. 102 ff. 。

　　⑧ 例如,《农书》,卷十六,第五、六、十、十一页;《农政全书》,卷二十三,第五、七、十二页;《授时通考》,卷四十,第十、十一、十三页,卷五十二,第四十四、四十五页;《天工开物》,卷四,第九、十、十二页。

图版 一六八

图 445 中国旋转磨：用焙烧粘土或木制的砻，用于谷粒去皮和稻米去壳。图中示出正在制造中的下盘或石床。把粘土打进条编的模子里，如在夯土的建筑物里一样（参见本书第二十八章），竹齿（上盘用烟熏过的橡木）以及中心梢杆都已就位等待干燥。江西抚州[Hommel (1)]。

图版　一六九

图 446　中国旋转磨:石制的磨,用于将去皮的谷粒、大米或裸麦磨成粉。河北省一个石工作坊门外的磨盘;
在左边挂着他的作坊招牌。

农民们并肩推拉，

开动带磨齿的磨，

发出春雷般的声音。

随着磨的转动谷物旋飞下落，

落越似山川，

相对如高丘，

初时一斗谷，

不久多得使他们眼露喜色。

〈推挽人摩肩，展转石砺齿。

殷床作雷音，旋风落云子。

有如布山川，培楼努相峙。

前时斗量珠，满眼俄如此。〉

189 所有这些使用情况都在宋代初期流行①。实质性的问题是：在汉代初期的情况是什么样呢？

首先，已经清楚的是，秦汉以前没有表示旋转磨的字，虽然有些字已经用作动词表示研碎、磨平和抛光的意思②。这就使人想到各种样式的杵臼是周代使用的唯一的谷物加工工具，而旋转磨是在公元前 2 世纪初出现的。同样很奇怪，在这个时期的中国，在文献和考古的证据之间有某种不完全一致的地方，就像我们在罗马旋转磨的发展问题上所遇到的那样。争论的焦点是，我们能否确信旋转磨在汉代初期存在。劳榦(5)发表的汉代的竹简文献中有多处曾提到"碨一合"，虽然个别竹简的时期很难肯定，因为整批竹简是从公元前 102 年到公元 93 年的。特别有意思的是在《世本》③里关于旋转磨的一段引证，这段文字肯定至少是公元前 2 世纪的，因为司马迁曾用它作为重要资料来源之一来筹划和编写了《史记》（公元前 90 年完成）④。这段话包括皇室家谱⑤、世族姓氏出身的说明，以及关于传说中的发明人等等。其中提到公输般发明石(转)磨(石碨)⑥。《图书集成》丛书⑦摘抄《事物纪原》⑧(1085 年)，并润饰成一条评述：

他编竹筐，充满粘土（"泥"），为谷物脱壳和制成去糠的米，这叫碨（实际上是砻）。他还凿石，一块放在另一块上，以研磨去壳的米和麦制成粉，这叫磨。两者都起源于周代。

〈公输般作磨碨之始，编竹附泥，破谷出米曰碨，凿石上下合研米麦为粉曰磨，二物皆始于周。〉

公输般是我们的一位老朋友（本章 p.43），不能当作无稽之谈而被勾销；他是鲁国的著名工

---

① 这一点不仅从农业的丛书中，并且从其他重要的资料来源，例如即将摘引的《事物纪原》的一段，都可以看得清楚。

② 例如，有人想到在《国语》中的一段（卷十四，晋语卷八，第十二页）找到砻的一个古老的引证："赵文子为建造一座殿而切制和磨光（'砻'）梁和椽"。——不是"支持在像砻的柱基上。"

③ 参见本书第一卷，pp.51 ff.。原文是宋衷在公元 2 世纪所著。

④ 参见本书第一卷，pp.74 ff.。

⑤ 其中所作的报道已明显地被近代对商周的考古所证实；参见本书第一卷，pp.88 ff.。

⑥ 这个陈述是在《后汉书》卷八十九第二十三页的一段引文里留存的。见张书版的《世本》，第一篇，第二十四页，孙冯翼版，第三篇，雷学淇版，第二篇，第八十五页。把碨字的最早用法解释为专门是指旋转，是极其恰当的，因为漏斗搓板以至鞍磨本身在中国文化中都似乎是不存在的。

⑦ 《考工典》卷二四五，《磨碨汇考》，第一页；作者译，借助于 Laufer (3)，p.21。

⑧ 卷九，第三页。

匠,从事器械制造,关心军事防御,鼎盛期应在公元前 470 至前 380 年之间。尽管劳弗[*laufer* (3)]认为,如果是他发明旋转磨,则未免太晚了,而我们所犹豫的恰恰相反,但是无论如何,他总不会比沃尔西尼城的埃特鲁斯坎人还更有传奇性,并且在他生活的年代里做这件事也不是不可能的①。在这以后,我们有公元前 40 年的字典《急就篇》②,大约公元前 15 年《方言》③ 的定义,后来由许慎载入公元 100 年的《说文解字》,并为很多后继的字典编著者所抄录④。

至于考古的证据,我们有汉墓里的丰富实例:带双进料口的旋转磨的模型(图 447,415),有时是单独的,有时伴同碓和其他农具一起出土⑤。虽然只有那些东汉墓里的标本至今可以准确地肯定其年代,其中绝大多数证明不会更早于公元 1 世纪⑥,但中国考古学家们毫不犹豫地认定是远至秦代的。我们因此得出的结论是:一切指向公元前 2 世纪的前半叶为旋转磨普遍应用的时期——因此,加图和瓦罗所熟悉的,在旧大陆的另一端晁错和赵过也同样熟悉⑦。

图 447　汉墓出土的典型双进料斗
手转磨模型。

因此,我们面对着一个困难的问题:是传播扩散呢,还是同时发明的?而且这也不是最后一个难题,因为我们不久将看到(本章 p.407),一个可以证明的很突出的实例,是水磨本身

在东西方两个极端几乎同时出现。然而,把那种动力来源的改变看作是单独的发展还是比较容易的,而要领会旋转磨这个带基本性的发明本身会有两个分别的来源就难得多了——好比我们必须想到它像青铜铸造、车轮或谷物种植等文化要素一样,没有人愿意考虑其单独的起源。莫里茨勉强接受这一点,但在埃特鲁斯坎人和伊比利亚人(Iberians)之间确定不了是哪一个,他还持有这样的疑点⑧,就是说:"它有一个共同的起源,而我们还什么都不知道。"在中国还是欧洲何处是起源地的问题上,情况更为尖锐。因此,我们被迫再来寻找某个地理

---

① 非常有趣的是,传说中把杵臼的发明人说成是神话中的帝王黄帝,或他的侍从之一如赤冀(《太平御览》,卷八二九,第十页,引自《吕氏春秋》)。参见本书第二卷,p.327。张书版的《世本》第一篇第十四和十五页汇集了各种的传说。

② 第五十页。

③ 卷五,第五页,参见本册 p.184。

④ 天野(1)搜集了参考资料。

⑤ 例如,Laufer (3), pl. 4,5, pp. 15 ff.; fig. 7, p. 36; fig. 10, p. 45,关于乐浪的发掘有梅原、小场和榧本(1)及小泉和滨田(1),天野(1)也有附图(第 36 页)。1958 年我在洛阳博物馆曾观赏过一个卓越的模型。真正汉代的磨石也发现了;例如在西安博物馆里就有一块,直径 1 英尺又 10 英寸(1 英尺=0.3048 米,1 英寸=0.0254 米)。像几乎所有模型一样,在上石上面有一个双进料斗,但不同的是下石打穿了,估计是为了装调节用的梁柱。在《文物参考资料》1954 年第 10 期图片 27 上,可以看到一个北魏的模型。一幅唐代的画表现两个女人在磨前工作,出现在千佛洞(321 号洞)和一幅宋代的画在 61 号洞;这已经被常书鸿(1)复制在他的彩色图片第 3。恰巧带有那种双手柄的一个唐墓模型画在唐兰(1)的图片 88 上。

⑥ 郑德坤博士有力地支持这个意见。

⑦ 晁错(卒于公元前 154 年)是一位和粮食生产关系密切的大官,同时也是一名工程师和军事家。赵过(鼎盛期为公元前 87—前 80 年)是一位出色的农业技师,是他那个时期各种技术的专家;他组织制造铸铁农具,并且可能是条播犁的发明人。

⑧ Moritz (1), p.116。

上适中的地区,如波斯或美索不达米亚,基本的发明可能从那里向两个方向扩散①。

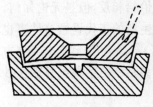

对于前面所说的关于凹和凸的形状,所谓的"盆磨"(图 448)是一个例外,它的上磨石在盆形的下磨石腔内旋转②。这种设计在欧洲中世纪时代相当普遍,然而似乎最初不一定是为了研磨谷物的。这从来不是中国的样式,但是有些从中东来的实物可能很古老③;虽然其中某些形状现在认为是陶轮的下轴承④,另一些可能曾用来研磨颜料(它的名称之一就叫颜料磨),从此或许可以推断出有类似模样的较大的谷物磨存在⑤。此外,这些还不是中部地区唯一称为磨的最古老的东西;还有凡湖(Lake Van)附近的乌拉尔图人(Urartu)的手磨,现存梯弗里斯博物馆(Tiflis Museum),如果不像他们的公元前 8 或 7 世纪的物品那样古老,总还足够作为中国磨和罗马磨二者的原型⑥。无论如何,这是值得继续研究的。

图 448　盆磨或颜料磨。

这里出现一个至今未提到的可能性。是否可能,中国的用焙烧粘土、石器或木头制造砻谷磨的办法是从肥沃新月地带或印度河谷某处或附近的更早的先例中吸引进来的呢?在这种情况下,所有在西方和在中国早于公元前 2 或 3 世纪的关于旋转磨的证据都将是无用的了。如果只有那些用坚固的石头制作的被我们的考古火炬的光束照到了,它们的前辈可能会永远停留在黑暗之中,若不是中国的具体农业需要指引他们历代都坚持这种有趣的、确实便宜的、但也许是很古老的办法。这些前辈的可能发源地无疑既不在伊特鲁里亚(Etruria),不在西班牙,也不在中国,而在中东某地。其实,如果认为只是焙烧粘土的磨是扩散传播的,而石头磨则是公输般和沃尔西尼人两方面的单独发展,倒也不是不可思议的。

让我们来看一看除人力以外的用于磨的动力源。这里总会设想一个固定顺序:先是畜力,然后是水力和风力,跟着是蒸汽和电力⑦。但是任何这种合理的顺序似乎在历史的实际过程中只是部分地可以看到,至少在较早的阶段是这样,我们把它尽量看作表现事实的轮廓。最早和最简单的磨机改良是在磨石上装设齿轮装置以取得机械增益,动力仍然是人力。这在欧洲很早就实现了,可以从在萨尔堡发现的德国南部古罗马界墙上的堡垒发掘出来的遗物中判断出来,那里有两根 $31\frac{1}{2}$ 英寸长的铁轴,在一端是装有铁棒作"齿"的木盘的针鼓轮(参见图 390e)⑧。这种提灯式的齿轮显然是为了使磨经过正交轴齿轮转动,由于地点不适于水磨,其推动力仍是人力或畜力⑨。这个堡垒大约是公元 263 年废弃的,这个事实或多或少地确定了它的年代。这正交轴齿轮装置是大约公元前 25 年的维特鲁威水磨样式的完全重

192

①　已经有多次使我们假定巴比伦的影响向双方扩散,参见例如本书第二卷,p. 353,第三卷,pp. 149,177,254,273 等。后面还有另一实例,见本章 p. 243。

②　参见 Bennett & Elton (1), vol. 1, p. 148;Curwen (2), p. 150.

③　见 Childe (9),他懂得需要多寻找东方的焦点。

④　Childe (11).

⑤　这个观点大致来自 Forbes (12),pp. 141 ff.。

⑥　Tseretheli (1),Storck & Teague (1), p. 77 内有述及。[Piotrovsky (1)],在他的关于在乌拉尔图地区俄罗斯考古收获的具有引导性的总结里,有若干段提到磨石(pp. 35,45,63),但不幸他没有说是旋转的还是往复的。

⑦　福布斯[Forbes (11), pp. 78 ff]最终提出了这样的一个理想安排。

⑧　插图见 Moritz (1), pl. 14c.

⑨　见 Jacobi (1);他复制了这样的磨,成功地做过试验,另见 Moritz (1), pp. 123 ff.。

复,说明这套布置不是一个首创发明,而几乎肯定是从那里演变来的。这种人力磨在以后的各中古世纪始终连续地使用着,竟成了一幅宗教艺术品的主题,其中画着 4 位福音使者将谷物倒进料口,圣人们掌握着摇手柄,主教们接过圣餐杯和散发圣饼的盘①。齿轮传动的手推磨对于 15 世纪德国工程师们来说是一种过渡②,但在中国,直到近代证实它们在农村有用时才发现它们③。

旋转磨使用齿轮的历史和使用畜力来拉动它们的历史是密切相连的。从已经谈到的看来,我们知道在西方用驴拉动的磨可以追溯到有关旋转磨本身的切实消息的最初期,因为它是从加图时期开始的(约公元前 160 年)④。因此,它比水磨大约早一个世纪。我们也还看到,有一个倾向要把它放得比手磨和手推磨还早些。另一方面,在中国后来出现了合理顺序的颠倒,而且似乎更可靠些。那里好像先有水磨,因为我们可以看到在公元 31 年它已经达到高度 193 完善的程度(参见本章 p.370)。而我们找到的畜力磨的记载是在大约公元 175 年,后来做了大官的许靖当时年轻不得志,曾以马磨为生⑤。朱翌在大约 1200 年述及诗人袁淑(公元 408—453 年)在刘宋时期的一篇著作里提到驴磨的时候,忽略了这个考据,但仍然有暗示水磨在很早以前就已存在的含意⑥。在唐代经常使用蒙起眼的骡子("盲骡")⑦。历史上水力和畜力合理顺序的颠倒还可以引这样一个希奇的情况为证据,即在王祯的时期(1313 年),当 194 然也在以后时期,由牲口推的磨叫做旱水磨⑧。在 1360 年的文献⑨中我们读到皇宫里的磨安装在一座专用建筑物的楼上,缓步前进的驴和游荡闲聊的人在楼下;这个磨房是由一位姓瞿的聪明工匠修造的。同样的设计再加上机械化的面粉筛,在现今中国农村地区可以广泛地见到⑩。在大量传统的农业论文中我们看到畜力或直接用在磨上(图 449),或经过传动带使用(图 450)⑪。

一旦控制了较人本身更大的力量,就没有理由不能使一连串的磨在同一根传动轴上工 195 作。欧洲对这个问题的理解似乎非常缓慢,但中国的历史学家给 3 世纪的好几个人记载了采用成组齿轮传动磨的功绩。曾写过得到流传的关于南方奇异植物的书⑫ 的杰出博物学家嵇

① 诺尔特纽斯[Nolthenius (1)]搜集了关于这些磨的材料和画片。人力磨在英国叫做 Essex 磨。我还可以加一个罗马尼亚的雅西民俗博物馆的很好的示例。

② 参见 Berthelot (4,5,6);Beck (1),pp.275ff.,277ff.。

③ 人力磨的画图往往配有面粉筛,有时联结着传动皮带以及齿轮或其他代替物,这些都可以见 Anon (18),第 3 部分,第 16,42,50 号。

④ 相当奇怪的是,克拉克[Clark (1)]和讨论他的论文的纽科门学会(Newcomen Society)的成员都不知道在 16 世纪中叶阿格里科拉以前有任何带或不带齿轮的畜力磨。这种机器在欧洲一直存在到 19 世纪初叶[Matschoss (1)],而在阿拉伯国家和在中国都一直用到现在[Brunot (1)]。另见 Atkinson (1)。

⑤ 《三国志》卷三十八,第一页。

⑥ 《猗觉寮杂记》卷二,第四十九页。

⑦ 《太平广记》卷四三六,推磨骡篇。

⑧ 《农书》卷十六,第十一页;常在别处重现,如《农政全书》卷二十三,第十二页,译文见 Laufer (3),p.23。

⑨ 《山居新话》,第五十页,译文见 H. Franke (2),p.126。

⑩ 在 1958 年全国农具展览会上推荐[见 Anon (18),第 3 部分,第 51 号],无疑地将持续下去,直到农村电气化。

⑪ 在《农书》里与此等同的设计(卷十六,第五页起),在文字说明里明确地陈述机械增益达 15 比 1。

⑫ 参见本书第一卷 p.118 和第三十八章。

图 449　牛拉谷物磨；采自《天工开物》卷四，第十二页（1637 年）。

含（鼎盛于 290—307 年），写过一首八磨赋，其中写道①：

> 表兄刘景宣发明了一座磨（坊），表现了少有的聪明和特殊的技巧。（布置得使）八台磨的分量可以由一头牛转动。因此我写了一篇赋说，木块之方与圆是用矩尺和圆规形成的（如天地），下有（主轴承的）静，正如坤卦所象征；上有（主动轮的）动，正如乾卦所象征②。这样，大轮在中间转动，与布置在它周围的几台磨的（齿）轮相啮合。

> 〈外兄刘景宣作为磨，奇巧特异，策一牛之任，转八磨之重。因赋之曰，方木矩跱，圆质规旋，下静以坤，上转以乾，巨轮内建，八部外连。〉

这里无疑问地把真正发明人的姓名为我们保存了下来，但他还不一定是最早的一个，因为有些出处③把这个设计归功于上一代的杜预（公元 222—284 年）。这种成组磨开始是由水力还是畜力驱动，至今还不肯定，但是八磨后来趋向于成为水力推动的成组磨装置（"连机水碓"）

---

① 《全上古三代秦汉三国六朝文》（晋的部分）卷六十五，第五页，摘自《太平御览》卷七六二，第八页；也在《农书》中引证，卷三十四，第十二页。

② 关于这些的解释可在本书第二卷 pp. 312ff. 中找到。

③ 例如《魏书》卷六十六，第二十三页，但在《晋书》卷三十四里虽然提到这位出众的人的很多其他技术成就，在他的传记里却没有提到这件事。《魏书》的段落暗示杜预的成组磨是水力的。

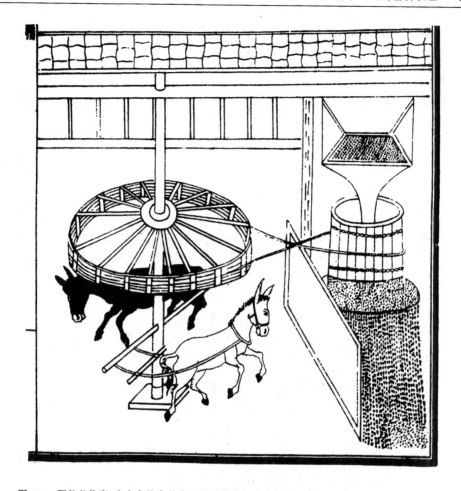

图 450   骡拉谷物磨,来自大绞盘的交叉传动带使角速度增大;采自《天工开物》卷四,第十三页
(1637 年)。

的同义词①。下面我们将看到另一个早期的发明者把同样的观念用于轮碾。我们还复印了一
幅畜力齿轮传动磨组的古典画(图 451)②。用它和中国在合作农场上还在使用的脚踏的类似
办法相比较是有趣的③。

使用轮状的东西和辊子达到磨和碾的目的已经提到过了④。最简单的是纵向移动的轮
碾("研碾",图 452),这在中国仍然普遍使用,特别是药剂师和冶金家们⑤,但在欧洲很少有
人知道。有时候是用脚踏的⑥。如果这种古老器具的较发展形式在中国的商代和周代就知
道,那就会诱使人认为这是从鞍磨直接演变而来的。还可能使人联想到通过曲柄驱动的立式
旋转磨轮,如果这也是中国技术的特征的话(参见本章 p.55)。事实并非如此,但却使人惊
奇,因为早就出现了用于切割玉石的旋转圆盘刀——这项技术至少可以回溯到汉代的初期,甚

① 参见本册 p.398 和图 622。
② 《农书》卷十六,第十二页(1313 年)。
③ 见《人民日报》,1958 年 7 月 11 日。
④ 见本册 pp.82,92。
⑤ 参见 Abel (1), p.177。
⑥ Feldhaus (2), p.66, fig.77。

196

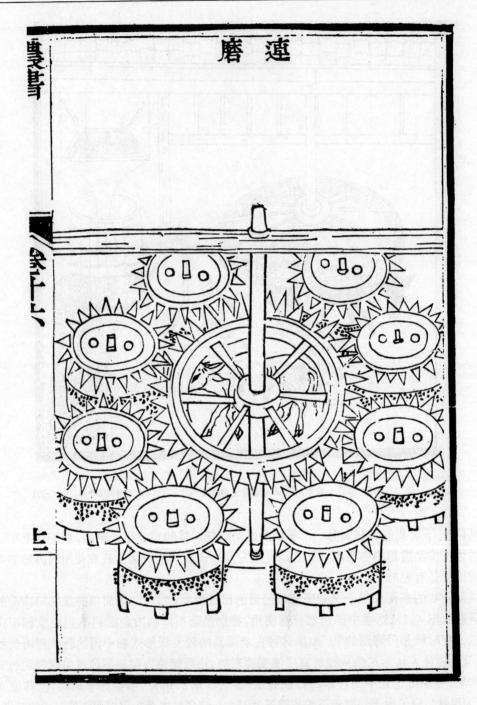

图 451 齿轮传动的畜力磨组（"连磨"），八台磨由中心的绞轮直接带动；采自《农书》卷十六，第十二页(1313 年)。参见图 622。

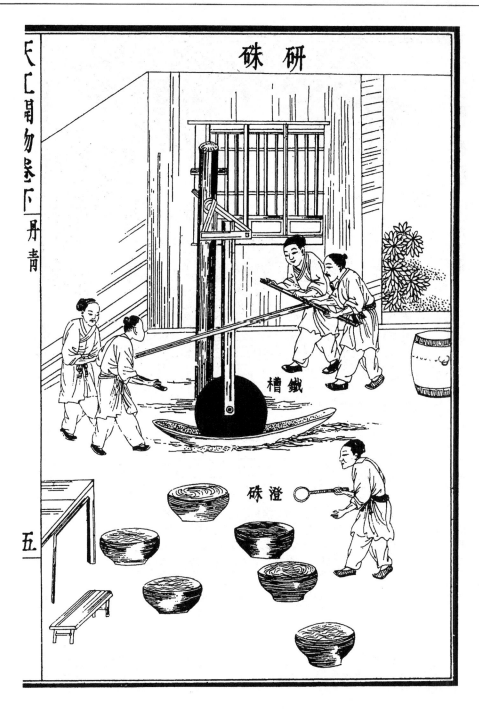

图 452　主要用于采矿和制药业的纵向移动轮碾（"研碾"），这里在研碾硃砂制取银朱；采自《天工开
　　　物》卷十六，第五页（1637 年）。图中标明槽用铁制。前方是在滗析提纯。

198

图 453 旋转双轮碾（"石碾"），用于小米、高粱、大麻等；采自《天工开物》卷四，第十四页（1637 年）。
将谷粒扫回环形槽内的拖尾，是这种装置在《农书》卷十六第七页（1313 年）旧图上唯一未
画出的部分。

图版　一七〇

图454　湖北的转向架式旋转轮碾。

199　至周代的初期(公元前 13 至前 3 世纪)[1]。从这个为中国特有的一门工业研制的旋转工具上,我们或许可以认出中国所有轮碾的祖先来。

　　如同从谷物搓板转变到手磨那样,滚轮转变到沿着环形的轨道或沟槽旋转。这种形式的磨——辗——在中国的书里往往不是画一个单独轮(参见表 56)[2],我们所有的最古老的图是画出直径上相对的两个轮(图 453)。可能最普通的现代变型是两个轮子布置成转向架形式,一个紧跟着另一个(图 454)[3],可是书上都未曾表现过[4]。轮和辗子的差别当然不是截然的,而辗碾("海青碾")[5]围绕环形轨道,可能是从滚耙来的一项发展。这个工具叫法不同,叫碌碡或碌碡(又有几种别的写法:"碌","碾","辘")[6],加上齿[7]叫石碌碡,或木碌碡,在中国是古老的,并且有证据欧洲 18 世纪的滚耙是直接由它演变来的[8]。这种辗子,如果用来脱粒,就会很自然地引起用作辗碾,因为它将被驱动着一圈圈地在打谷场地上转圆圈[9]。简单的手推辗碾(图 455)在中国一直是主要用于碾小米,但辗辗(多半在碾对面带一个进料斗)是用作去米壳的办法,与碓交替使用。我们在这里提供约 1300 年的《农书》插图(图 456)[10]。

　　这些样式的碾在中国古代是怎样的呢? 宋代的高承认为[11],辗碾是由大约公元 400 年的崔亮开始的,但是他肯定是错了,因为他引述的《魏书》上的段落(我们以后在 p.403 将引述)提到水力应用到多台轮碾和辗碾,并未提它们的发明。它们在汉代无疑已是为人熟知的,因为大约公元 180 年服虔在他的《通俗文》里作过注释[12]。它们是否像旋转谷物磨那样可追溯到汉代初期,这很难说。但是在显然简单的轮碾上还有比看得到的更多的东西。在天文学一
202　章里我们曾提出[13],这个装置可能是中国宇宙学最古老理论的模型,如果是那样的话,它至少早在战国时期就已经存在了。此外,如果在相对方向安装双轮的式样(图 453)在秦或汉初就使用了,它可能为张衡时期以后的指南车上的差动齿轮组中的惰轮提供一个概念性的模型[14]。我们至少有证据说明这个式样在唐朝已存在。因为有一个关于名叫张芬的臂力特别强大的工匠的有趣故事:大约在公元 855 年,他给和尚做工,能够赤手把一台双轮水碾停住[15]。天野(1)提出了证据,说明在这时候及以后"碨"这个字越来越多地用于轮碾和辗碾以区别于旋转磨石。

---

① 见本书第三卷,p.667。
② 然而,霍梅尔[Hommel (1), fig.133]拍摄了这样一个例子的照片。
③ 参见 Hommel (1), p.98。
④ 谭旦冏(1)第 179 和 230 页提供了分别用于陶粘土和油籽的轮碾的工程图纸。
⑤ 《农书》卷十六,第九页。
⑥ 《农书》卷十二,第十四和十五页。
⑦ 同上,卷十二,第十六和十七页。
⑧ 见 Leser (1),pp.451,564ff. ,(2), p.448。我们将在后面第四十一章全面讨论此事。
⑨ 中国的农业书上一般描绘连枷的使用,而不谈西方古老的脱粒拖板[参见 Curwen (6), p.99]。拖板(*tribulum*)的经典描述是在瓦罗的书中(*De Re Rust.* I,lii),但他也谈到有一根带齿的轴和小轮的"战车",这在欧洲似乎很早就放弃不用了。又见 Feldhaus (1), p.221。
⑩ 参见 Hommel (1), fig.149。
⑪ 《事物纪原》卷九,第四页。
⑫ 《太平御览》卷七六二,第八页,摘入《玉函山房辑佚书》卷六十一,第二十三页。
⑬ 本书第三卷,p.214。
⑭ 见本册 pp.289 ff. 。
⑮ 《酉阳杂俎》第五篇,第一页。

图455　两女子使用手推辊碾("小碾");采自《天工开物》卷四,第十三页(1637年版)。基座上的字说明
　　　此工具用于一般的散穗和黏性的小米及高粱。

201

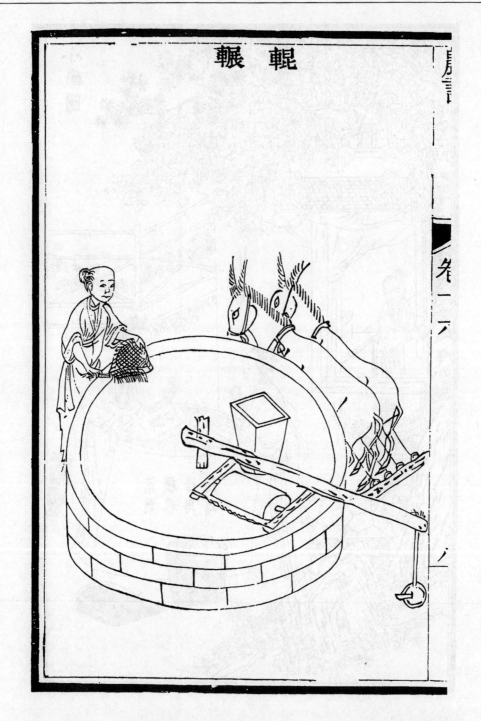

图 456 畜力带料斗和地轮的辊碾；采自《农书》卷十六，第八页(1313年版)。请注意颈圈挽具和挽绳。

要和欧洲作比较有点困难,因为那里存在另一个谜,这就是想不到那样早地出现一种比旋转手磨或庞培谷物磨复杂得多的旋转碾。好像是地中海各国独特的橄榄收获的特殊需要,早在公元前 5 世纪就在希腊促成了一种轮碾和手磨高度结合的联合体[1]。这就是球面式橄榄油榨碾(*trapetum*),设计得可以从果肉中整个地去核,然后从肉浆中压出油来。如图 457

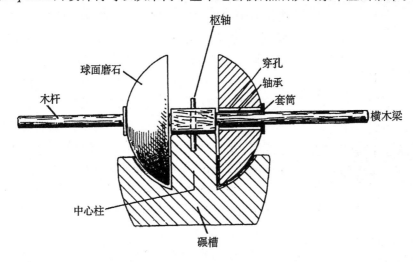

图 457 球面式橄榄油榨碾,古希腊的特征[据 Drachmann (7)]。

所示,它有两个半球形的磨石(*orbis*)在一根横梁(*cupa*)上旋转,凹形的碾槽(*mortarium*)有一个中心柱(*miliarium*),固定着一个铁的枢轴(*columella*),横梁以它为中心旋转。德拉克曼[*Drachmann* (7)]和赫尔勒[Hörle (1)]的精细研究阐明了各部件的先进性质,例如铁的轴承(*fistula ferrea*,*imbrices*),套筒(*cunica*)和垫圈(*armillae*),它们对于这部机器准确地控制间隙是必要的。中国在相应的时期恐怕只有轮匠、车匠和玉工的手艺能和这些比拟。

另一个希腊和罗马柱面式橄榄碾(*mola olearia*)要简单一些,虽然其经典的描述较晚[2],大约在公元 50 年;它有一个或两个相当窄的辊子或滚轮,在槽内围绕一个直径很小的圆轨运行(图 458)。在这里碾碎仅发生在碾压部件的下面而不在两侧。更简单的形式是长的碾槽(*canalis*),其中立装的磨石(*solea*)来回滚动,轴的外端在外壳两侧墙上移动[3]。这是中国的纵向移动轮碾的唯一欧洲同类。然而,另一种最粗糙的碾碎橄榄的方法是用一块带齿的板(*tudicula*),有些像脱粒拖板(*tribulum*)[4],这是有意思的,因为脱粒和研碎的技术又结合在一起了。

在古典时代后期,球面式橄榄碾在欧洲似乎完全绝迹,但在印度的榨油磨坊里有一个来历不太明确的同类机器,它有一个深的环形槽(像碾槽),杆状的碾碎器被牲畜拖着的径向杆

203

---

① 橄榄碾必定在公元前 348 年以前就已经发展成熟了,因为在奥林图斯有很多的实例。经典的描述是在加图的 *De Re Rust.* xxff. ;见 Drachmann (7), pp. 137,142. 。关于这个机器,福布斯[Forbes (12), pp. 146ff.]的说明是混淆不清的,为了正确地了解它,德拉克曼[Drachmann (7)]的论文是相当重要的。它代替了 Blümner (1),vol. 1, p. 333.

② 认为比球面式橄榄碾好的是 Columella, *De Re Rust.* XII, lii,6,7。见 Drachmann (7), pp. 41 ff. , 143;Baroja (5)。

③ Columella *De Re Rust.* , Ⅻ ,lii,6,7。参见 Hörle (1),他注意到威拉提乌斯(Verantius)在 1616 年为这样一台磨作了图(pl. 24),但在那时候中国的影响可能已经起了作用。参见 Feldhaus (23)。

④ 参见 Crawford (1)。

（像支柱）带动在里面绕圈①。长形槽也被忘记了，仅残存在个别地方②。另一方面，柱面式橄榄碾在欧洲大概让位给了绕圈更大的普通轮碾和辊碾，并在中古和以后的时期里用于很多

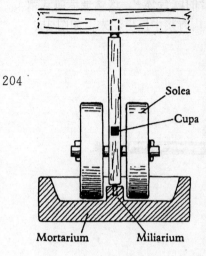

方面③。要想确定这些东西和中国的轮碾和辊碾如何相似，还需要进行特别的研究，但在目前至少可以说，文艺复兴时期的工程书籍上出现的轮碾很像是中国式的。阿格里科拉的书里没有这样的图，但是宗卡（Zonca，1621 年）④ 和伯克勒（Böckler，1662 年）的书里都有⑤。由于这种碾的普通欧洲名称叫做"火药碾"，它的西方形式可能不是全由罗马的柱面式橄榄碾直接演变而来，而是在 14 世纪初期受中国的影响随火药技术向西输送来的⑥。宗卡确实指出，它们是为这个目的使用的。在这个课题上继续研究是有价值的。至于中国轮碾和辊碾的根本来源，似乎很不像从旧大陆的另一端为了一项东亚极不熟悉的工业所发展的一种更复杂的装置演变而来，而更可能是从脱粒和耙地的操作或从玉石工艺使用的旋转圆盘刀自然进化来的。

204

图 458　柱面式橄榄油榨碾，另一种类型的橄榄碾，用于古希腊世界［据 Drachmann（7）］。

虽然名称起得不好，辊碾必须和滚轧机区别开来⑦。前者具有一个或几个辊子连续地在一个环形轨道上运转，后者则是利用两个彼此相邻、转向相反的辊子的压榨和剪切性能。这种机器到了铁的旧技术时期⑧ 为了制成金属棒和金属条变得相当重要，其最古老的代表当然是轧棉机（"搅车"）和轧蔗机（"轧车"），前面已经做过部分评述（本章 pp. 92 和 122）。这两者都不像是起源于中国，因为棉花和甘蔗两者本来都是南亚的土产⑨。两种机器的主要差别是：轧棉机总是装成立转的，而轧蔗机一般都是水平转动⑩。轧棉机在它的插图出现在《农

---

① 见 Feldhaus（1），col. 719。

② 赫尔勒［Hörle（1）］认为在塔纽斯和奥伯沃尔德的苹果汁厂里可以找到有些被压碎了的。

③ 根据 Gille（5），p. 116，（7），p. 7，这种碾曾经并且还传统地在普罗旺斯和北非用于榨橄榄，在诺曼底用于榨苹果汁和罂粟子油，在帕拉提那用于榨葡萄，在里昂西部福雷山区用于榨芥茉。在英国的风力榨油磨坊里也是如此［Waile（3），pl. ix］。

④ pp. 30，82。参见 Parsons（2），p. 139；Beck（1），pp. 298，309；Frémont（2），fig. 97；以及 H. O. Clark（1）（关于马磨）。

⑤ 参见 pls. 37，52，68。还有 Branca（1629 年），pls. 5，13。

⑥ 我记得已故的赫伯特·查特利博士在若干年前的谈话中曾说过这一点。

⑦ 我们主要是跟从工程师和冶金家的习惯。带有转向相反的两个相邻辊子的机器，如家用轧布机、轧棉机、轧蔗机和旋转印刷机，都被磨面者叫做"滚轧机"，还有我们才讨论过的移动式的也在内。

⑧ 有很多文章可供参考——见 Maréchal（1，2）；J. W. Hall（1）；Frémont（24）；Schubert（2），pp. 304ff.；Usher（2），pp. 342ff.。应用滚轧机于钢铁加工，把钢板分割成棒或类似的用途，其记录是在 16 世纪的初叶，并不是像有些论述使人相信的 18 世纪初叶。这种原理对于非铁金属应用得还更早。滚轧机是由达·芬奇描述的［参见 Beck（1），p. 347］，但不是突出地由德国 15 世纪的任何一个工程师所描述。斯韦登堡（Swedenborg）的经典插图被复制于 Schmithals & Klemm（1），p. 78。

⑨ 人们怀疑二者都显然是印度的贡献。在印度第一次提到轧蔗机好像是在公元 1 世纪；见 Deerr（1），vol. 1，pp. 44，55；V. Lippmenn（4）。显然，立装和卧装二者都是在那里发展起来的［Deerr（2）］。

⑩ 参见 Abel（1），p. 200；Hommel（1），p. 113。关于立式和卧式装置见本册 pp. 367，546 等。

书》上(图 419)以前,不可能在中国已经用了几个世纪;轧蔗机在《天工开物》(图 459)以前没
有出现过图。从图上看不清两个辊子是如何接合的,但实际上传统的机器总是在辊子本身上
有粗壮的啮合齿,如谭旦冏提供的工程图上可见到的那样①。

205

图 459　用于榨取甘蔗汁("轧蔗")的畜力滚轧机;采自《天工开物》卷六,第六和七页(1637 年)。喂料口在这里叫
"鸭嘴",主轴叫"出笋"。甘蔗必须通过轧机三次。

(ii)　筛　和　榨

现在只剩下关于筛和榨的技术还要说上几句。为了筛出各种粉末或筛面粉,在中国很久
以前就使用一种摇摆动作的脚踏机器。在图 460 里可以看到,老农把他自己的重量从摆动轴
的这边移到那边②。虽然我们未曾找到过这种脚踏机器("面罗",或后来的名词"筛粉器")的
任何 17 世纪以前的插图(我们这张图采自《天工开物》),但 1313 年的《农书》却已描述了③
结合水轮的一种这样的摆动筛系统("水击面罗"或"水打罗"),它变旋转为往复运动(图
461)④,完全同后面将仔细探讨的水排相似⑤。因此,必须肯定这个箱式筛为宋代的,而且很
可能还早得多,但它的历史还需要继续研究。目前在中国农村的合作化农场里使用的磨面

206

---

① 谭旦冏(*1*),第 139 页起。
② 一个现代的实例见 Hommel (1),fig. 131;Feldhaus (2),fig. 76,从前一个世纪的手卷画中复制了一张画。
③ 《农书》卷十九,第十二和十三页。
④ 我们的插图选择了传统画中最好的,采自《授时通考》卷四十,第三十一页。
⑤ 本册 pp. 369 ff.。

207

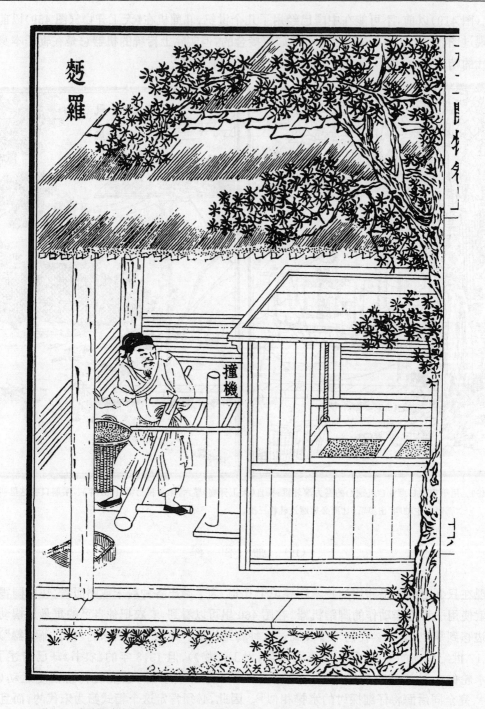

图 460 脚踏机械筛或称脚踏筛粉机("面罗");采自《天工开物》卷四,第十六页(1637 年)。

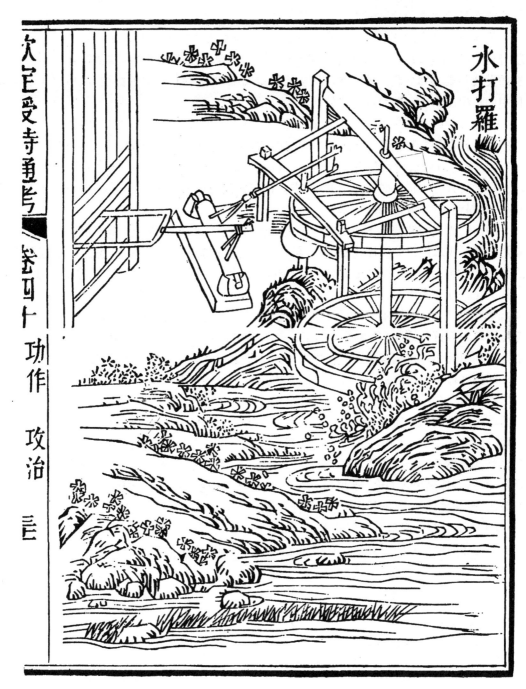

图 461 水力机械筛或称水力筛粉机("水打罗"),用与水排同样的原理建造(参见图 602 等)。采自《授时通考》,卷
四十,第三十一页(1742 年)。

粉机械在设计上大部分都使用了自动筛[①]。

　　把东方和西方的压榨设备进行比较,就会在技术史中提出从未研究过的一些有趣的问题。恰巧在这个领域里,我们特别清楚地了解地中海地区独特的榨油和酿酒行业所用的压榨机的发展年表。因此,我们可以方便地从已知走向未知,先讨论西方的办法,然后再与中国文化中的典型压力机,("榨")进行比较。

　　从古希腊的基本文献中[②],现代的学者[③]揭露出了大批关于希腊和罗马时代意大利所使用的各种机器的资料。借助于图 462 中的简图,我们可以总结成表 57。可见,在公元前 1 世纪以后,压榨橄榄浆和葡萄使用的大压力机都装配了螺旋机构,而以前使用的是绞车和重砣。尽管楔式压力机当时是知道的,但古代作家都没有描述它,并且似乎都是用于加工药用制品、香料油、衣料纤维和纸莎草。

　　中国的方式与此截然不同。在中国最重要的压榨机形式恐怕一直是利用楔块立着或横着用大槌[④]或悬挂的撞槌打进去(参见图 463)[⑤]。无论如何,《农书》在 14 世纪初是这样描述的[⑥]。虽然相对小些的欧洲直立楔式压力机都用梁柱框架结构,但是中国的卧式榨油机(属于其文化特征的大量品种的植物油,例如大豆油、芝麻油、菜籽油、麻油、花生油,都用它来榨取),曾经是(现在也是)用大树干开槽挖空制造的。里面放入要压榨的、做成饼状、用竹绳圈起再用草绳捆好的原料(参见图 462,4b);然后整块地放进槽内并逐步用楔块增加压力。这个办法利用天然木材抗张强度高的优点。这似乎是古老的土办法,在西方没有几个类似的。

　　间接杠杆梁式压力机在传统的中国技术中也曾用得很多。其中之一是造纸和烟草工业常见的绳索离合压力机(图 464)[⑦],与表 57 和图 462 中的 1a 型近似。然而不同的是它有一个简单而巧妙的绳索布置,除了向下拉压力梁之外,还对绞车起制动作用,这就使任何倒爪和棘轮都不需要了。此外,它有古老设计的所有特征。中国的间接杠杆梁式压力机的另一种主要类型显然不同于任何欧洲式样(见图 462,1c)。因为它用于一种典型的中国产业,即制豆腐,所以不像是引入的[⑧]。这里用一块石头或铁的重砣,和 1b 型一样,但不是被滑车和绞车提起,而是去压一根经过可调节的连杆装置与主梁连接的杠杆,这样,当加了一定的压力之后,重砣可以被提起来重新调节带孔的棘杆,以便在豆腐由于排出水份体积减小之后继续加压。这样的解决办法正符合链系在中国的古代工程技术中所占的显要地位[⑨]。

---

① Anon. (*18*)。

② Cato, *De Re Rust*, xii, xiii xviii, xix; Vitruvius, *De Arch*. . vi, vi, 3; Heron, *mechanica*, iii, xiiiff. ; Pliny, *Nat. Hist.* xviii, lxxiv, 317. 各项发明的时间主要根据普利尼的有关各段。

③ 以前有 Blümner (1), vol. 1, pp. 337ff. ; Usher (1), lst ed. pp. 76ff. , 2nd ed. pp. 125ff. etc. 。德拉克曼的专题论文[Drachmann (7)]现在代替了所有其他论述。福布斯[Forbes (12), pp. 131ff]虽然考虑了很多的资料,但评论得很少。事实上,没有德拉克曼的帮助,他的述说是难以领会的。

④ 有些解说里还结合了一个碓。

⑤ 见 Hommel (1), pp. 87ff. 。谭旦冏[(*1*)第 231 页起]提供了详细的加工图。我在中国的时候曾有很多机会研究这种朴素而有效的榨机形式。罗马尼亚的雅西民俗博物馆里有一个类似形式的实物。

⑥ 卷十六,第十三和十四页。

⑦ 见 Hommel (1), pp. 109ff. 。

⑧ 见 Hommel (1), pp. 107ff. ; fig. 146,165。

⑨ 参见本册 pp. 69ff. ,关于早期机械钟的链系擒纵机构,见本册 p. 460。

表 57　希腊和罗马意大利使用的压力机类型

型	压力机的机构情况	来源	时期
1a	间接杠杆梁式压力机,用绞车和手把杆下降压梁("卡托压力机")①	卡托(公元前 160 年) 维特鲁威(公元前 25 年) 普利尼(公元 77 年)	公元前 2 世纪已经古老
1b	间接杠杆梁式压力机,用滑车、绞车和手把杆提升重砣挂到梁上("赫伦压力机")②	赫伦(公元 60 年)	可能也很古老
2a	间接杠杆梁式压力机,用固定螺杆和螺母下降压梁③	维特鲁威(公元前 25 年) 赫伦(公元 60 年)普利尼(公元 77 年)	约发明于公元前 30 年
2b	间接杠杆梁式压力机,用上升螺杆提升重砣挂到梁上("希腊压力机")④	赫伦(公元 60 年) 普利尼(公元 77 年)	可能也是公元前 1 世纪
2c	间接杠杆梁式压力机,用下降螺杆仲进重砣并使其上刀挂到梁上⑤	赫伦(公元 60 年)	
3a	直接压力机,用单螺杆⑥	赫伦(公元 60 年)	约发明于公元 55 年
3b	直接压力机,用双螺杆⑦	赫伦(公元 60 年)	
4a	楔式压力机⑧	无文字来源,庞贝壁画	约使用于公元 50 年

可惜,对于这种装置的历史没有进行过研究⑨。曾经有人猜测,可能通过罗马叙利亚商人的访问把杠杆梁式压力机传播给了中国⑩,但是并没有根据。如果我们从谷物磨上所见到的可以借鉴的话,或许可以预言我们将会发现压力机是并行而且可能是同时发展的,是从用重石坠压梁或用楔块挤紧松散物等原始的办法演变而来的。旧大陆两端的显著区别是中国211没有螺旋压力机,但这只是又一次表明对于这个文化来说这种基本机构是外来的⑪。

---

① 见 Drachmann (7), pp.50,145。

② 同上,pp.64,67,151。这可能是从所有式样中最古老的、在梁的一端拴上重石块的那一种发展而来的。

③ 同上,pp.53ff. , 146。参见 Saxl (2), vol.2, pl.171b。

④ 同上,pp.55,148。

⑤ 同上,pp.70,154。

⑥ 同上,pp.56,158。

⑦ 同上,pp.57,156。

⑧ 同上,p.52。

⑨ 奇怪的是,有关农业的丛书里都不画出任何样式的间接杠杆式压力机,可能是由于它主要用于超出其范围的一些专业。关于榨油的经济史倒是知道一点,它似乎是佛教大寺院的主要收入来源;参见 Cernet (1);Twitchett (3);Reischauer (2), pp.71,212。

⑩ 本书第一卷,pp.118,198ff.。参见本册 p.157。

⑪ 参见本册 pp.119ff.。

210

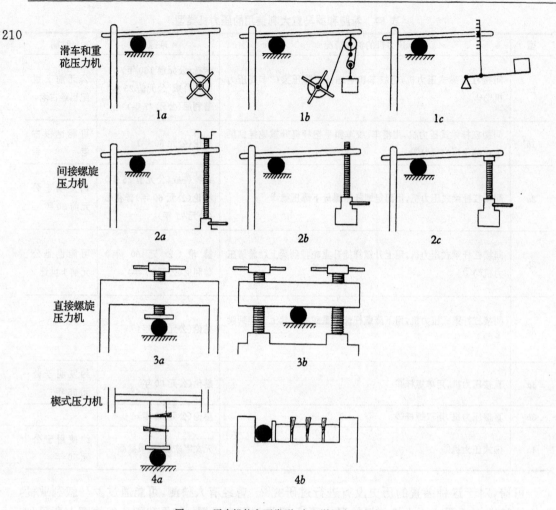

滑车和重砣压力机

1a 1b 1c

间接螺旋压力机

2a 2b 2c

直接螺旋压力机

3a 3b

楔式压力机

4a 4b

图 462 压力机的主要类型;表和说明在正文内。

(3) 旧技术机械;耶稣会士的新事物和并非新的事物

截至现在,我们所谈的都是毫无疑问的中国传统机器。但是,我们曾看到,煤和铁的旧技术时代对中国的技术第一次施加影响是在 17 世纪初期,通过耶稣会士或在他们的影响下出版了三本工程技术书。这就是 1612 年的《泰西水法》[①],《奇器图说》[②] 和《诸器图说》[③],后两者都在 1627 年。必须慎重一些看待它们,因为关于它们给中国工程技术的实践带来多少真正的新事物,已经有人做出了相当错误的结论。

有几位研究者把注意力放在这几本书的来源上[④]。霍维茨查阅过 1726 年的《图书集成》

---

① 熊三拔和徐光启合译。

② 邓玉函(Johann Schreck,又名(Johannes Terrentius)和王徵合译。

③ 王徵著,主要是他自己发明或改编的"一些机器的图和说明"。

④ Horwitz (1), Reismüller (1), Jäger (2). 关于它们的文献细节见 Bernard-Maitre (18).

图版　一七一

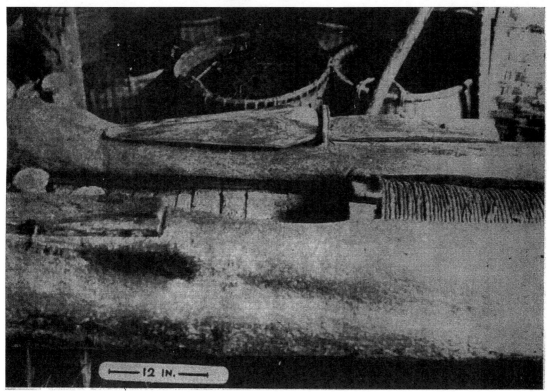

图 463　最具有中国特征的榨油机,是用一根大树干开槽挖空制造的,见正文。Hommel (1),见于浙江和江西。

图版 一七二

图 464 造纸和烟草业使用的绳索离合压力机模型[默瑟博物馆(Mercer Museum), Hommel (1)]。在下梁的叉形端中间绞车上的突出栓钉拉紧一根绳索,把上梁拽向下梁。由于绳索也还在叉型端外面绕绞车两圈,它在给压力的同时还施加一个强大的制动力量,这样,当手把杆从一个孔移向另一个孔的时候,绞车不致于飞转回去,制转的棘爪机构是不必要的。江西建昌(南城)和山东青岛。

丛书里的某些技术插图①,注意到有些可以辨认出是从早些的欧洲书上摹写来的,画得相当差,好像画家并不懂他所表现的东西。例如,由三个人在外面操作的鼓轮式脚踏机② 是从 1615 年浮斯图斯・威冉提乌斯(Faustus Verantius)的《新机器》(*Machinae Novae*)③中抄来的;连续的斗链(斗式输运送机)④ 是从 1578 年雅克・贝松(Jacques Besson)的《数学仪器和机械器具博览》(*Théâtre des Instruments Mathématiques et Mécaniques*)⑤里取来的(图 465,466);塔式风车转动一台链泵⑥ 显然是和 1588 年阿戈斯蒂诺・拉梅利的《奇异精巧的机器》(*Diversi e Artificiose Machine*)⑦ 所展示的一样。但是中文丛书的图取消了输送机上部链轮的蜗杆传动⑧,并把风车摹画得很不完整。后来,赖斯米勒(Reismüller)补充了第四项例证。他指出,利用一根双拐曲轴带动两个在活塞杆端部有环或眼的水泵的鼓轮式脚踏机(图467)⑨,是宗卡的《机器新舞台和启发》(*Novo Teatro di Machini e Edificii*,1607 和 1621 年)中的同样机器⑩,见图 468,图已被严重篡改。最后,耶格尔补充了几项其他例证⑪。

我们现在有条件讲,我们基本上有了所有的例证。表 58 汇总了三本书的内容。从这里面可以看到,耶稣会士和他们的合作者们所描述的相当大部分的机器和装置都是西方发表不久的专利说明书,从 16 世纪中叶的卡丹和阿格里科拉,到末期的贝松和拉梅利,以及传来中国以前仅一两年的宗卡和蔡辛(Zeising)的著作。但是,还有几台机器在欧洲很久以前就都知道了,因为它们可以追溯到 15 世纪的手稿,例如,无名氏胡斯派马里亚诺・塔科拉及他人的手稿。有一两项,如像弹簧悬吊的锯机⑫,可从奥恩库尔追溯到 13 世纪。最后,有很少几项,如鼓轮式脚踏机和水日晷(见本章 pp. 466ff.),是直接从维特鲁威引用来的——或甚至是阿基米德螺旋式水车和提西比乌斯压力泵,时代还更早。虽然没有指出这些机器具体归功于谁,却在说明材料里提到阿格里科拉(耕田)、西蒙・斯蒂文(西门)、拉梅利(剌墨里)及其他人。霍维茨和赖斯米勒对于中国插图中大量错误的来源不能肯定⑬,但是查对《奇器图说》,则

---

① 所有这些都在《考工典》卷二四九里,是从耶稣会士时期的较早的书里抄来的。这一卷的卷名直截了当地定为"奇器"。

② 《图书集成・考工典》卷二四九,图三十二;采自《奇器图说》卷三,第三十五页。

③ Verantius, pl. 23;参见 Beck (1), p. 520.

④ 《图书集成・考工典》卷二四九,图八。

⑤ Besson (1), pl. 39.

⑥ 《图书集成・考工典》卷二四九,图二十一;采自《奇器图说》卷三,第二十一页。

⑦ Ramelli (1), pl. 73.

⑧ 我们复制的《奇器图说》卷三,第八页上的图不应由此受到责备,虽然与原图(图 466)相比有些粗糙。但是原图只在插入的副图里画了蜗杆。

⑨ 《图书集成・考工典》卷二四九,图二十五;采自《奇器图说》卷三,第二十六页,但鼓轮式脚踏机里面的人被取消了。

⑩ Zonca (1), p. 110. 参见 Zeising (1). 重画的图见 Beck (1), fig 569. 这个设计是避免在活塞杆和曲轴之间必须使用连杆的一个巧妙办法,但是由于有过大的松散而不适于广泛采用。也可见宗卡的书,[Zonca, pp. 130, 107]. 它来源于迪乔治(1475 年)。

⑪ 他特别指出,在《奇器图说》中占据头两章的机械学原理的系统陈述采自三本书,即杜布罗夫尼克(Dubrovnik)的马里诺・盖塔尔迪(Marino Ghetaldi)的《阿基米德原理的广泛应用》(*Promotus Archimedia*,1603 年),圭多巴尔多(Guidobaldo)的《机械学》(*Mechanicorum Liber*,1577 年)和西蒙・斯蒂文(Simon Stevin)的《数学文集》(*Hypomnemata Mathematica*)(1586 年,1605 年)。但是虽然邓玉函曾和伽利略很熟识,书里面却没有一点近代力学的痕迹。

⑫ 《图书集成・考工典》卷二四九,图四十五;引自《奇器图说》卷三,第四十八页。

⑬ 他们了解到,《图书集成》是从较早的书里面把它们抄来的。

图 465　一架循环链斗式输送机,刊印在 1627 年的《奇器图说》(卷三,第八页)。在上边注有"第八图"(属于起重节的)。

图版 一七三

图 466　循环链斗式输送机，采自贝松 1578 年的工程论文。

214

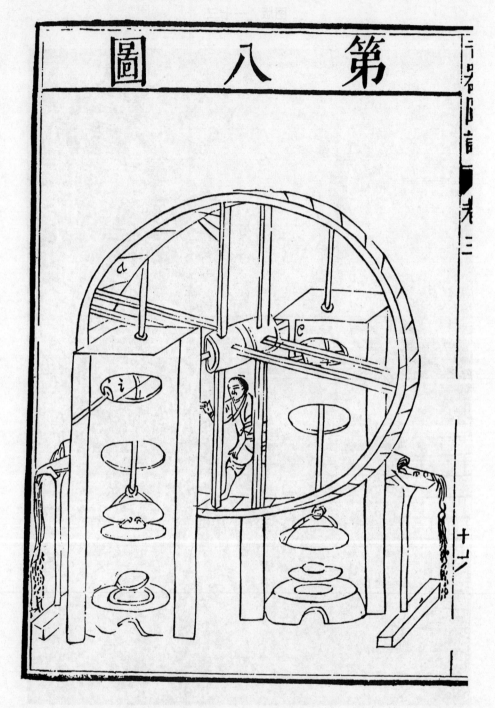

图 467 一台水泵,由古希腊的鼓轮式脚踏机带动,采自《奇器图说》卷三,第二十六页(1627)。这张图被篡改得几乎使人看不懂。在上边注有"第八图"(属于取水节的)。

图版 一七四

TROMBE DA ROTA PER CAVAR AQVA

图 468　这是前图所由来的原图，采自宗卡 1607 年工程论文的一幅插图。这台机器是一座鼓
　　　　轮式脚踏机，利用双拐曲轴操作两台提水泵，活塞杆上设有圈或眼。它的第一次出现
　　　　是在弗朗切斯科·迪乔治的手稿里，约 1475 年；见 Reti (1)。

清楚地表明大多数错误在邓玉函和王徵交稿的时候已经在书里面了。

费尔德豪斯[Feldhaus (11,12)]认识到,要想去除欧洲的影响,必须分析一下 1609 年的《三才图会》的内容。这一点以及更多的工作,已经在表 56 里做了。但是真正相关的问题在于,耶稣会的"新事物"究竟有多么新。在霍维茨和赖斯米勒的带动下,费尔德豪斯断定[1],在 1726 年的大丛书[2] 里轮船的图显然是从西方抄来的。但这就错了,因为不久将引证出有说服力的文字证据(本章 p. 417),肯定在中国使用脚踏机器操作的轮船至少可以追溯到 8 世纪。此外,指出一本耶稣会士的书中的一张图是直接抄自某个西方作品,这本身并不能证明图里的事物对于中国人是新颖的,虽然对于耶稣会士所接触的具体人来说可能是新的。且看循环链式输送机或挖掘机的情况。鉴于脚踏翻车在中国已经是很古老的工具,如果从来没有任何人想到这样的装置经过改造可以在土方工作中作挖掘的用途,那就太奇怪了。果然,在 11 世纪末期魏泰在他的《东轩笔录》里告诉了我们如下的故事[3]:

> (在熙宁年间,1068—1077 年)麟州城内没有井,必须从城外沙泉取水,该地常塌陷。人称之为"挣扎于沙中"。曾设想将城墙扩展至该处(以保卫水源),但地基不安全,任何建筑均将倒坍……

> 为此,代理专员邓子乔对河东军司令吕公弼将军说:"以前曾有一种拔轴法[4]。沙应当铲而抽出,并将空出的地方用炭粉和墡土充填。城墙就可以建在这个(基础)上不怕倒坍。我愿用此法建新城围绕和保卫水源,使麟州永可防御"。吕公弼采纳他的建议并实行其计划。城墙至今保持坚固,毫无下沉,因此,新秦地区便可以固守了。

> 〈麟州据河外,扼西复之衢。但城中无井,惟有一沙泉在城外。其地善崩,俗谓之抽沙,每欲包展入壁,而土陷不可城……

> 熙宁中,吕公弼帅河东,令勾当公事邓子乔往相其地。子乔曰,古有拔轴法,谓掘去抽沙,而实以炭末墡土,即其上可以筑城,城亦不复崩矣。愿用此法包展沙泉,使在城内,则此州可守也。吕从之,于是人兴板筑,而包沙泉入城。至今城坚不陷,而新秦可守矣。〉

拔轴法这个词可能是形象化的,不过表示一种交换的方法,用某种水泥或混凝土[5] 代替沙,但是如果我们愿意进一步从字面上研究它,那就要设想一种和链泵同样构造的连续链式挖掘机,用篮筐或斗箱从下面把废土铲起,到上面抛出。它或许就像今天在中国广泛使用并由各地自造的循环带式输送机一样(参见图 583)[6]。

在总结关于在 17 世纪期间传播的情况以前,让我们看一下《奇器图说》(卷三)划分的各

① Feldhaus (1), col. 939; (2), p. 71。

② 《图书集成·戎政典》卷九十七,图二十九。我们在后面把它复制在图 633 里。

③ 卷八,第九页,作者译。

④ 注意"拔"这个词是和人力曲柄操作的翻车所用的词一样(本章图 580),这可能是耶稣会士当作新事物提出来的挖掘机的直接模型。见表 58。

⑤ 关于这一段里提到的墡土或水泥,由方以智在他的技术全书,1664 年的《物理小识》里(卷八,第三十八页)作了进一步的阐述。他在记录某项营造工艺时写道:"晒干的粘土和各种草混合制成的砖硬得不能钻孔。赫连(勃勃)(堡垒,参见本书第三十章)是这样的——这是他的很多技艺之一。但是墡土的混合方法是在碎陶瓦片内加炭末并捣坚实,然后各面都要焙烧,不必预先干燥"。以后他扼要地叙述麟州城墙的故事,并在结尾讲了几句关于木桩的话。研究一下关于灰浆、水泥和混凝土的中国传统是很需要的,同时我们在这里好像看到了烧结过程的一种早期的形式,主要在生产铝硅酸钙,和石膏在一起成为一种凝结很好的水泥。如果方以智讲得更详细些,我们一定会听到加石灰石。进一步制成混凝土要加石子、炉渣等,就更容易了。

⑥ 我们在本章 p. 350 将回到输送机和传送带与翻车相关的专题上去。

表58　在耶稣会士影响下出版的中国书籍里描述的机器及其插图

说明：这里所提及的16世纪的书都列在文献表里，但是如果找书有困难，还有复印了同样插图的第二来源，按以下的缩写列在下面：B(1)——Beck(1)；F(1)——Feldhaus(1)；F(2)——Feldhaus(2)；P(2)——Parsons(2)。

插图内容	与早先欧洲书相同的证据		附注
	抄自	鉴定者	
《泰西水法》(1612年)			
(1)阿基米德螺旋式水车	可能专门绘制的		重绘在《农政全书》卷十九，第十四页起。《图书集成·艺术典》卷六，图四十五至四十九
(2)提西比乌斯压力泵	同上		《农政全书》卷十九，第三十一页起。《图书集成·艺术典》卷七，图五十至五十三
(3)吸引提升泵	同上		《农政全书》卷十九，第三十三页起。《图书集成·艺术典》卷七，图五十四至五十七
(4)水槽	同上		《农政全书》卷二十，第十五页起。《图书集成·艺术典》卷七，图五十八至六十二
《奇器图说》(1627)。所有的图都在《图书集成·考工典》卷二四九重绘过 起重			
(1)和(2)杆秤原理			中国从公元前4世纪起已熟悉(见本书第四卷，第一分册 pp. 24ff.)
(3)辘轳(用手杆板动)作三腿吊架的起重机			在传统的中国书里没有插图，但是至少从汉代起必定已经知道并使用了。参见图394，395，396
(4)辘轳(用曲柄)作四腿吊架的起重机			
(5)绞盘和滑车作四腿吊架的起重机			
(6)如(4)，但用两台辘轳			
(7)曲柄和传动带(利用机械增益)作起重机			
(8)输送机；循环的篮筐链带(使用普通手摇曲柄，但显示了蜗轮)	Besson(1578年)pl. 39 F(1), col. 65	Horwitz（1）Reismüller(1)	宋代好像已经使用了，见图465，466
(9)输送机；循环的方箱链带(普通手摇曲柄转动上链轮，如8)	Ramilli(1588年)P(2), p. 135	作者	
(10)维特鲁威鼓轮式脚踏机作起重机，带齿轮(机械增益)，包括滑车、蜗杆和两个绞车	Vitruvius, x, ii (e. g. ed. of Rivius, 1548年)		参见 Schmithals & Klemm (1), pp. 1, 5; Klemm(1),p. 27. 见图397

插图内容	与早先欧洲书相同的证据		附注
	抄自	鉴定者	
(11)绞盘作起重机动力,带齿轮(机械增益),包括正交轴齿轮和一个绞车	可能根据 Ramelli(1588年)P(2),p.120		
引重			对于前面连续链条的使用和这里的链条装置,应当想到宋代苏颂的链条传动(本章 p.111)
(12)在辊子上牵引,用链条绕过链轮,操作用手摇曲柄和正交轴齿轮(机械增益)			
(13)用绳索在辊子上牵引,手摇曲柄和蜗杆转动四个绞车	Ramelli(1588年)P(2),p.121	作者	
(14)手杆扳动辘轳绳索牵引			
(15)不洒的水桶装在两轮上			
转重			井口辘轳肯定是传统的;齿轮的采用可能是新的
(16)井上辘轳,用曲轴和齿轮传动			
(17)井上辘轳,用曲柄和齿轮(机械增益)传动	Mariano Toccola(1438年)F(1), col. 830		
取水			在伊斯兰和西方是传统的
(18)一列三台阿基米德螺旋式水车,互为直角,立式水轮带动,并从㢌水车浇注的水池提水			
(19)一列三台阿基米德螺旋式水车,相互平行,由同一直立的主轴转动,主轴由卧式水轮带动	Cardan(1550年)Ramelli(1588年), ps.47,48 B (1),p.180	作者	
(20)吸引提升泵由曲柄(人力)和摇杆带动	Agricola(1556年)里面有很多	作者	
(21)立式(卧轴)风轮装在风车塔上,带动念珠式泵	Ramelli(1588年)	Horwitz(1)Reismüller(1)	参见本章 p.350
(22)四组人用槽梁式桔槔排空沉箱或围堰	Ramelli(1588年)B(1),p.229	作者	这些都有古印度和中世纪阿拉伯的背景;参见本章 p.334
(23)由卧式水轮驱动的极倾斜的锥形凸轮自动提升和降落的双桔槔	Besson(1578年),pl.46,B(1),201	作者	见图 471
(24)有枢轴的木构桔槔(人力)	di Giorgio(1475年)Zonca(1621年),p.112 F(1), col. 827	作者	参见 Reti(1)

216

插图内容	与早先欧洲书相同的证据		附注
	抄自	鉴定者	
(25)两台吸引提升泵,由双拐曲轴作用在活塞杆上的环或眼上,鼓轮式脚踏机带动	di Giorgio(1475 年) Zeising(1613 年) B(1), p. 395, Zonca(1621 年) p. 110	Reismüller(1), Feldhaus（1）, col. 267, Reti (1)	见图 467,468
(26)旋转水泵	Ramelli(1588 年) B(1), p. 226	作者	
转磨			
(27)带正交轴齿轮传动装置的倾斜式脚踏机	Ramelli(1588 年),Zonca (1621 年),p. 25 B(1), p. 211,297	作者	见图 470
(28)鼓轮式脚踏机经正交轴齿轮带动两台磨	Vitruvius	作者	
(29)双拐曲轴(人力)附重锤飞轮,带动同轴上端安装的磨	《中世纪手册》(1480 年) F(1), col. 721	作者	这里缺飞轮
(30)下落重锤,如时钟重锤,经齿轮带动一台磨			
(31)营地磨(四轮车上装两台磨),牲畜转动	Targone(1580 年),Zonca (1621 年),p. 88a B(1), p. 310	作者	在中国车上装磨可追溯到中世纪初期;参见本章 pp. 255ff.。见图 502,503
(32)脚踏机,设外周踏板,由三人踏转带动两台磨	Verantius(1615 年), pl. 23　B(1),ch. 22	Horwitz（1）, Reismüller(1)	这里费尔德豪斯 [Feldhaus（20）]正确地指出《图书集成·考工典》卷二四九,第三十一页的复制图有一个严重错误
(33)卧式风车,其辐杆端部有四张方形迎风帆,经齿轮带动两台磨	Verantius(1615 年),pl. 8 F(1), col. 1322, B(1), p. 515	作者	
(34)卧式风车,带四张径向流线型帆,经齿轮带动两台磨	Verantius(1615 年),pl. 9 F(1), col. 1322, B(1), p. 516	作者	见图 694
(35)卧式风车,圆环下装有枢轴的方帆	Verantius(1615 年), pl. 10 F(1), col. 1322, B(1),p. 516	作者	见图 693

217

插图内容	与早先欧洲书相同的证据		附注
	抄自	鉴定者	
(36)卧式风车,圆环上装有枢轴的方帆	Verantius(1615 年), pl. 10 F(1), col. 1322, B(1), p. 517	作者	
(37)卧式波斯风车,大片风叶装在有侧窗 的方形塔内	Verantius(1615 年), pl. 12 F(1), col. 1324, B (1), p. 517	作者	见图 691
(38)卧式波斯风车,大片风叶装在有侧窗 的圆形塔内	Verantius(1615 年), pl. 13 F(1), col. 1325, B(1), p. 517	作者	
(39)曲轴推动的磨(单拐,人力),附重锤飞 轮和正交轴齿轮	无名氏胡斯派(1430 年), F(1), col. 593	作者	这里是双拐曲轴,并且 没有飞轮
(40)多台磨经齿轮接到一台卧式有弧形涡 轮叶片的风轮上(一人坐其中),"自 明"	Besson （1578 年）, pl. 50, Veratius （1615 年）, pl. 11 F (1), col. 1323, B(1), p. 517	作者	
(41)高度可变的卧式水轮(潮汐水车)带动 两台磨,"自明"			

解木

(42)锯机由下冲立式水轮用曲柄转动;锯 条上下动作;木材由棘轮机构推动	di Giorgio(1475 年), Leonardo（约 1480 年）, Zeising(1613 年), B(1), p. 406	作者	参见例如 Beck(1), p. 323;以及本章 p. 383
(43)同上,另一设计		作者	
(44)锯机由曲柄和摇杆推动(人力),手杆 转动绞车拖动木材	Besson(1578 年), pl. 13	作者	
(45)弹簧锯机(人力)	Villard de Honnecourt (约 1240 年)		参见例如 Klemm(1), pl. 4a;用水力。见本章 pp. 380, 404

218　解石

(46)锯石机(畜力);锯水平动作;曲柄由主 动轮经正交轴齿轮带动	di Giorgio （1475 年）, Leonardo(约 1480 年), Ramelli(1588 年),B(1), p. 232, p(2), p. 132	作者	参见例如 Beck（1), p. 323;以及本章 p. 383. Ramelli 用水力

续表

插图内容	与早先欧洲书相同的证据		附注
	抄自	鉴定者	
转碓			
(47)舂磨,主轴上的凸耳提升直立的杆,主轴由二人用曲柄转动	无名氏胡斯派(1430年),B(1),p.280	作者	与中国几世纪以来用的水碓的唯一区别是舂杵为直立安装,参见本章 p.394
书架			
(48)旋转书架(显出齿轮系统),大轮竖立	Ramelli(1588年)	Feldhaus(2),pp.70,71	见本章 pp.546ff. 和图 679,680
水日晷			
(49)转盘水钟	Vitruvius,lx,viii,8,Diels(1)	作者	见本章 pp.466ff. 和图 660
代耕			
(50)由绳索和手把绞车(人力)在田里来回拖动的犁(参见蒸汽机犁田)	Weimar Ms.328(1430年),Besson(1578年),pl.33 F(1),col.793	作者	见图 469
水铳			
(51)提西比乌斯双缸单动压力泵	Heron Zeising(1613年),B(1),p.398	作者	参见本章 p.141
(52)同上,装在滑橇上,救火用			
(53)同上,装在车轮上,救火用			
(54)救火场面			
《诸器图说》(1627年)			
(1)单缸压力泵			
(2)鹤饮的农业应用	见上面(22)		
(3)用曲柄摇转的人力磨,带正交轴齿轮装置	Vitruvius		见本章 p.192
(4)竹编风叶或帆的卧式风车直接带动磨	见上面(33—38)		使人想到中国的盐场风车(参见本章 pp.558ff.)
(5)重砣带动齿轮传动的磨	参见上面(30)		
(6)重砣带动的自动车	Heron,Beck(4)		
(7)联合时钟(白天时间用西方的立轴和摆杆式重锤带动的系统,夜间守更用中国的铅粒戽轮或自击漏)见本章 pp.513ff.			见图 669
(8)绞车牵引的绳索犁	见上面(50)		
(9)连弩扳机的部件	见本书第三十章(e)		中国古代的(见本章 p.84)

220 章。第一章，起重，第十一项，大部分是各种形式的辘轳滑车[1]。其中包括刚才所谈的挖掘机，但是奇怪的是，杆秤和起重辘轳都还仔细地加以解释——这都是中国人自战国时期以来就使用了的设备。第三章转重，里面的井上辘轳也是这个情况。第二章，引重，有四项，除了蜗杆的使用而外，很少能算是新事物，因为中国的建筑师们在几个世纪以前就已能使沉重的房梁就位了。第四章，取水，有八项，其中阿基米德螺旋式水车和曲轴泵无疑是新的。第五章，转磨，有十四项，大部分是关于风力的利用，对中国来说完全不是一个新的课题（见本章 pp. 558ff.），可是所提出的风车设计很容易认得出是早先欧洲的书里的。此外，还包括一个装在马车上的流动磨，这是欧洲人很自豪的一项发明，但是在好几个世纪以前中国也制造过，很可能是独立搞的（见本章 pp. 255ff.）。木材和石料的锯机是在第六和第七章里，有六项。最后跟着的是一台立式舂磨，设计是典型的欧洲式，不是中国的；以后还要讲到的一个旋转书架（本章 pp. 546ff），它的来源肯定不仅是欧洲一处；维特鲁威的转盘水钟（水日晷）；机械的牵引犁（代耕），一个在蒸汽机和内燃机出现以前不大可能使用过的方案；以及四幅救火用的压力泵（水铳）的图，主要来自亚力山大里亚。

值得仔细地看一下机械或绳索犁耕的实践，因为它似乎提供在中国采用耶稣会士所介绍的为了机械增益而改进的齿轮装置的一个实例。图 469 是《奇器图说》里的插图[2]；它必定是抄自贝松（1578 年）[3]，但是在欧洲它还可能比这个时间更早很多，因为费尔德豪斯发表的一份手稿里的同样插图是出自 1430 年[4]。所有这些图都是很不实用的，因为都只画了用手扳绞车来回在地里牵犁，而任何有效的系统都必须包含齿轮装置，与邓玉函和王徵的书在前

221 几页里所表示的平地拖重物相类似。这样的布置在 1780 年由李调元收入他写的《南越笔记》[5] 一书里，确实描述了当时在广东使用的情况。

> "木牛"法是耕田不用牲畜之法。立两个人字形架，其间装以滑车，并绕以 60 尺绳索，用铁钩挂犁上。用此法时一人扶犁，二人相对坐二架上。转向一方则犁前来，向另一方则犁退回。这样，一个人所做之工等于两头牛之力。这种犁耕被认为很好。

> 〈木牛者，代耕之器也。以两人字架施之，架各安辘轳一具。辘轳中系以长绳六丈，以一铁环安绳中，以贯犁之曳钩。用时一人扶犁，二人对坐架上，此转则犁来，彼转则犁去，一手能有两牛之力，耕具之最善者也。〉

在这里使用"坐"字，意味着是用脚踏而不是手转曲柄；如果是这样，那真是一项非常中国化

222 的改进。所述的动力情况也表示有某种简单形式的齿轮装置。欧洲 15 世纪的设计中没有机械增益，表明绳索犁耕在当时只是一种概念，但可能在 16 世纪接近末尾时实际采用过[6]。

在耶稣会士时期，西方技术被中国人采用的另一个明显实例是使用压力泵安装在车上作救火机。1635 年薄珏在苏州已经造出来了。关于中国和日本的救火组织的情况已由霍维

---

① 这种辘轳滑车，以及更复杂的房屋建筑机械的好的图样，可在《华城城役仪轨》里见到，这是一本 1792 年的朝鲜书，由舍瓦利耶[Chevalier (1)]介绍的。书的编者是丁若镛（1762—1836 年），李朝的大官，为朝鲜历史上一位最领先的科学的和进步的思想家和作家，见 Henderson (1)。

② 卷三，第五十四和五十五页。

③ Besson (1)，pl. 33，其中牛被去掉了。

④ Feldhaus (1)，col. 793。

⑤ 卷三十一，作者译。刘仙洲(1)第 1 页引用了这一段。

⑥ 在蒸汽牵引机的年月里这当然很普通，有趣的是，我们找到了这个主意的直系后代，它以钢丝绳和电绞车的形式参加当前中国的农业机械化（1959 年）；Chhen Po-San (1)。

茨[Horwitz (7)]搜集了。

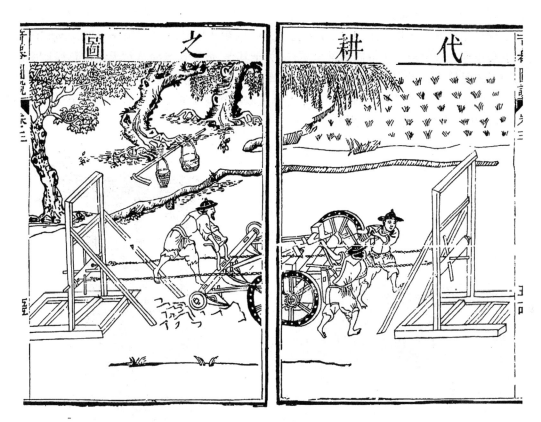

图 469　机械或绳索犁耕(代耕)；插图采自《奇器图说》(1627 年)卷三，第五十四和五十五页。这是欧洲的老想法，但无论在那里或在中国，直到 16 世纪末期大概到没有实践过。

(i) 一个初步的传播对比清单

　　现在让我们试列一张项目平衡表。首先我们可以列出被认定是欧洲人所介绍的 10 种机器和装置：(a)阿基米德螺旋式水车和蜗轮，(b)提西比乌斯双重压力泵，(c)罗马鼓轮式脚踏机，(d)塔型立式风车，(e)曲轴，(f)倾斜式脚踏机①，(g)槽梁式桔槔②，(h)旋转锥形凸轮推动的双桔槔③，(i)勺式桔槔④，(j)旋转水泵。在这些东西当中，远较其他都重要的是第五项，虽然距离它用到外燃或内燃机上去的日子还很遥远⑤。第一、第二和第十项原则上也重要，

----

　　① 图 470。这在西方当然很少见，因为它需要用斜角齿轮。据展出一台模型的慕尼黑德意志博物馆的馆长说，它在 17 世纪的意大利是很普遍的——但那肯定不是这种齿轮的最早的应用(参见本册 p.456)。

　　② 我很长时期以为这项器械(像耶稣会士的图上画的)是 16 世纪工程师们幻想臆造的，但据说在保加利亚好像曾用过[见 Wakarelski (1)]。还有它的一些样式是印度的古物(参见本册 p.334)。

　　③ 图 471。我坦白严肃地怀疑这个机器曾制造过，甚至能实际使用。

　　④ 这似乎是一种装置(如果曾建造过)，将从所付出的功得到最低的可能收益。

　　⑤ 关于这些，见迪金森[Dickinson (4)]的经典专题著作和李约瑟[Needham (41,48)]和戴维森[Davison (6)]的论文。

不过只有第一项基本上是新的,因为我们已经看到,单缸双动压力泵在宋代已经熟知(本章 p.145),而旋转空气压缩机更早得多(本章 p.118)。阿基米德螺旋式水车在 17 世纪及以后在中国和日本都有很多地方采用了,甚至在文献中也有些地位(参见本章 p.122),同时两缸的压力泵作为城市的救火机散布得甚至更广。关于其他,鼓轮式脚踏机对于经常熟练地使用径向踏板的民族来说是多余的笨主意,立式风车是违反他们的工程技术传统的,供液体用的旋转泵即使在工业化正在兴起的西方也是跑到它的时代前面去了——其余都甚至很难说是现实的,也从来未在任何地方采用过。

图 470　倾斜式人力脚踏机[根据 Beck (1), p.211]。拉梅利(1588 年)描述过它,并称在 17 世纪的意大利曾普遍使用过。

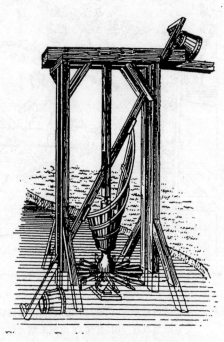

图 471　由一个转动的锥形凸轮带动的双桔槔[根据 Beck (1), p.201],贝松(1578 年)曾描述过。

223　　　17 世纪的几本书又提出了 13 种机器或装置,向中国介绍这些东西是完全不必要的事。这些是(a)秤和天平,(b)辘轳、绞车和绞盘,(c)曲柄,(d)滑车,(e)架式起重机,(f)齿轮,包括棘轮和正交轴齿轮装置,(g)虹吸管,(h)链泵(垂直的和倾斜的),(i)传动带和链条传输动力,(j)流动磨车,(k)风车,(l)碓式舂磨,(m)装框轴的便利装置如旋转书架。所有这些,中国人都早已知道并使用了。锯机一项的情况是不清楚的,因为在中国如果没有像在其他很多方面一样将水力用在它上面,那是令人诧异的。但在任何传统的书上都没有刊载它的插图,并且我们至今只见到一处文字的叙述,那也是一个特例(参见本章 p.424)。第二个含糊的情况是吸引提升泵,因为四川的盐井汲筒差不多相当于这一个(参见本章 p.142)。第三个是水日晷,很可能在中世纪的中国就使用了,虽然确切的证明是困难的。这个问题要在下文(pp.466ff.)讨论。重锤驱动和发条驱动的时钟机构,两者都是欧洲卓越的贡献,应当加进前面一段所开列的清单里去,但是它们在 17 世纪流入中国的时间比我们这里所谈论的耶稣会士的书出版的时间晚一些①。

最后,我们必须考虑到在耶稣会士的书里当然不会提到的那些机器和装置,它们都是早 224 先从中国传到欧洲或还在继续向那里传播的。从这些具有中国特殊风格的发明中我们可以列出:(a)翻车,(b)双动单缸空气泵,(c)深井钻探技术②,(d)水力轮碾(火药),(e)用于锻造(有序成组锤)以及舂谷物的水碓,(f)旋转风扇或空气压缩机,有名的扬谷机,(g)用传动带的动力传动,(h)用链条的动力传动,(i)机械的时钟机构③,(j)人字齿轮(双斜齿轮)④,(k)卧式整经织机⑤,(l)提花织机,(m)缫车,(n)绞丝和并丝机,(o)结合偏心、连杆和活塞杆将旋转运动变为往复运动,体现在水排上,(p)独轮车,(q)加帆车,(r)一种构造结构的形式体现在车轮的碟形上,(s)挽带里的链系,(t)颈圈挽具,(u)弩和连弩,(v)砲或抛石机,(w)火箭飞行,(x)弓形拱桥,(y)河道闸门,以及(z)造船方面的很多发明,包括船尾舵,防水隔舱和纵向帆。可以看得出,有些项目使我们离开了目前的辩论而跨入以后章节里要详细讨论的题目范畴。耶稣会士们自然没有提到深井钻探设备或传动带,因为这些在欧洲几个世纪以前就已经知道,于是他们觉得中国人也都熟悉。相反地,他们也没有提到旋转风扇扬谷机,因为欧洲根本没有它;实际上这一项很可能是以他们自己为媒介在18世纪初期向西传播的。

余下的还有若干种类的机器和设备必须讲上几句。其中有的在整个旧大陆的广阔范围内很普遍,可是我们对于它们真正第一次出现的发源地还一无所知——这里面可以提到的有运河上的滑道,最重要的锁和钥匙机构,以及滚柱轴承的最早形式。如果某项技术的起源在中国和在西方都可以定在接近相同的时间,就会出现困惑难解的局面;突出的情况也许是出现在公元前1世纪初的旋转磨,还有在公元前1世纪期间将水力应用到磨粉和其他方面。另一类可以说是那些起源还很不清楚的发明,例如曲柄,我们只能说在它的历史上中国占有一个光荣的地位。还可能有某些中国的发明在耶稣会士来到的时候已经消失了。将水力应 225 用于缓慢转动的天文仪器并进而到机械时钟,相当清楚地在1600年已处于衰退时期。还有另一个更极端的情况是关于差动齿轮的原理,中世纪的指南车几乎肯定是用上了它,但是一直局限于被少数几个宫廷技师所掌握,而到16世纪末则完全失传了。最后,耶稣会士的某些选择也是古怪的;例如,他们为什么那样尽力地推广阿基米德螺旋式水车用于提水,但是却那样少地谈到对于地中海地区的特产油、酒和香料很有用的螺旋压力机。总而言之,我们的平衡表显示出,传统的中国技术面对着正在兴起的文艺复兴时期西方的技术,在基础原理方面是没有什么可惭愧的。耶稣会士们曾正确地感觉到即将到来的西方机械化和科学工业的风暴,对此中国的社会曾是毫无准备的,但是站在中世纪的结尾,他们却过高地评价了欧洲以往的贡献。

---

① 从历史上看,当然,重锤驱动毫无问题是来源于转盘钟的浮子,无论是浮在下降的水或沙上(参见本册 p.442)。我们不能肯定它的自由吊挂的形式只产生于欧洲。无论如何,王徵很快就看到了它的重要性,并且在重锤驱动的时钟的中文报道发表以前很久,他就已经在他的三项设计中使用了(第5,6和7项)。

② 连同它所结合的起吊设备一起,为了提取盐卤或水以及利用天然气的装备。

③ 在这里主要的发明是擒纵机构,见本册 pp.458ff.。在它的老家,我们将看到,机械时钟的动力是来自一个水轮或落沙推动的斿轮,而不是下坠的重锤。它是从用水轮获得天文仪器的缓慢转动的努力引伸而来的;这种努力从2世纪以来一直继续下来。我们有很好的理由撤消我们以前(本书第一卷,p.243)所说的时钟机构"完全是14世纪早期欧洲的发明"。

④ 关于这一项,还存在一些不肯定的情况,参见本册 p.87。

⑤ 除非这一项是直接从印度来到欧洲的。

(ii) 紫禁城里的汽轮机

　　旧技术时期的最高发展是汽轮机;新技术时期发展了汽车;有一个场面是在中国布置的。大约在 1671 年闵明我教士(Philippe-Marie Grimaldi)为年轻的康熙皇帝组织了一次精心筹备的科学讲话,在为那次会见而展出的光学的和气动的稀奇物件当中,有一个模型蒸汽车和一个模型蒸汽船。最好是听一听杜赫德的亲口报道[①]:

　　　　气动的机器没少激起皇帝的好奇心。我们用一块轻木做成 2 尺长的一辆车。在它的中部装一个盛满炭火的黄铜罐,并在上面放一个汽转球(Eolipile),由它产生的蒸汽经过小管驱动一个像风车一样的有叶片的小轮。这个小轮转动第二个带轴的轮,并靠它使车行走两小时整。因为恐怕地方不够大,就让它绕圆圈行走,方式如下。

　　　　在两个后轮的轴上装一根舵杆,并在舵杆端头装第二根轴,使它穿过比车轮稍大一点的另一个轮的中心,按照这个轮离车或远或近,它走的圆圈就或大或小。

　　　　我们还将这个动作原理用在一艘用 4 个轮子架起来的小船上。汽转球隐藏在船的中部;从另外两根小管出来的蒸汽吹向它的小帆上,并使它长时间地绕圈行驶。这种机构的奥妙在于它们都是隐蔽的,只听见呼隆隆的声音像是风,或像水在船的周围流动。

226 乌切利[②] 提供了卡内斯特里尼(Canestrini)复制的这种车的设计,但是好像在汽轮机和前轮轴之间采用了某种形式的减速齿轮,如在另一个模型上那样(图 472)[③]。船大概是四轮的轮船。据那些仔细研究过这件事的人说[④],南怀仁教士(Verbiest)大约在 1665 年就已经开始制作这个试验模型了。一般的见解认为,这个计划是根据布兰卡在 1629 年[⑤] 发表的关于汽轮机的建议制订的,但是所争论的是那种计划没有一项是切实可行的;然而,又没有理由怀疑杜赫德所声称的南怀仁和闵明我的模型真的试验成功了。有意思的是,涡轮的原理一直到 1922 年永斯特伦(Ljungström)做了工作以前都没有成功地应用在正式的机车上。轮船的推进也是如此,直到大约 1897 年查尔斯·帕森斯爵士(Sir Charles Parsons)的汽轮机出现以前都没有成功。刘仙洲[(3)]最全面地概括了这件事,他和方豪[(1)]认为,南怀仁和闵明我的一部分灵感,可能是受到前已谈过的(本书第四卷第一分册,pp. 122ff)中国古老的走马灯的启发。但是,我倾向于认为,走马灯用的斜叶片体系传至竹蜻蜓并由此到螺旋桨(见本章 pp. 580ff.),但并不传到耶稣会士们采用的蒸汽喷射的涡轮转子。即使有些设计的转子是水平安装的,蒸汽的流动(像水流过水轮)必然或多或少地与转子的轴成直角;而在走马灯类的装置里,气流的方向是与轴平行的。图 473 的汽锅形状指出完全另外一条并行的路,也许是蒸

---

　　① du Halde (1), vol. 3, p. 270。

　　② Uccelli (1), p. 637。

　　③ 迪内米[Ucelli di Nemi (4), p. 29]将此事归功于南怀仁,后者把此事的时间定在 1681 年。然而乌切利把它定得晚到 1775 年。另一个机车模型描写在上书 p. 388。

　　④ Thwing (1); Rouleau (1);方豪(1)。

　　⑤ 参见本册上文 p. 125。布兰卡的一幅插图(fig. 25)被复制在 Parsons (2), p. 143; Uccelli (1), p. 15, fig. 42; Schmithals & Klemm (1), fig. 46。在 1543 年可能曾用不成熟的汽轮机轮船做过初步试验;见本册 p. 414。我们将在本册 p. 584 联系竹蜻蜓再提到布兰卡。

图版 一七五

图 472 汽轮机车的模型,由闵明我制造,约在 1671 年和许多其他科学技术表演一起对年轻的康熙皇帝演示和讲解。这是米兰的国家科学与技术博物馆(Museo Naz. della Scienza e della Technia,Milan)中的一个复制品。

图版 一七六

图 473　西藏的铜制蒸汽喷射吹火器[剑桥考古学与人类学博物馆(Museum of Archaeology and Ethnology，Cambridge)]。比例尺为厘米和英尺。

汽喷射的吹火器启发了在中国的耶稣会士。

很多人会自然而然地说,在蒸汽喷射的历史里亚洲是不会卷入的。但是事情并不是那么容易否定的。自古以来,蒸汽喷射就曾用于除了使叶轮旋转以外的另一个目的,也就是把火吹旺,这种蒸汽吹火器的故事最近由希尔得勃勒[Hildburgh (1)]①作了全面阐述,他指出,受 L 形喷汽管推动而旋转的著名的赫伦的汽转球(aeolipile),只是一个特殊形式的汽转球②。更普通的是一个简单的壶或汽锅带一个针孔喷嘴,使喷射出来的蒸汽能对准吹到火上。这样做有几个作用:射流引起空气流动而加速燃烧,燃烧的产物被清除,同时蒸汽被火红的煤分解而产生一氧化碳和氢气(水煤气)并迅即烧掉③。据说,拜占庭的菲隆(约公元前 210 年)创造过一个用蒸汽喷射保持燃烧的香炉④,并且亚力山大里亚的维特鲁威⑤和赫伦都提到类似的装置⑥。后来在 13 世纪大阿尔伯特详细地描述了一个这种“蒸汽喷射器” 227 (sufflator)⑦,还有,在后来的技术手稿里有几张画,表示出了一些青铜的半身或头部的塑像,它们的嘴里都喷出一股汽流(凯塞,1405 年;达·芬奇,约 1490 年)⑧。以后不久出现了喷汽“涡轮”(布兰卡,1629 年;威尔金斯用它转动一个烤肉叉⑨,1648 年)。1545 年在德国松德斯豪森的废墟里发现一个空心的青铜人像,其他类似的东西也逐渐地出现了;它们的用途引起很多争论,直到费尔德豪斯[Feldhaus (19)]证实这些“吹气器”(Püstriche)相当于大阿尔伯特所描述的蒸汽喷射吹火器。这类物品向东远达南俄罗斯[叶卡捷琳诺斯拉夫]都有发现。

现在可以看出,我们是处在蒸汽机的锅炉“出生前”的形象面前,因而制图员们很久以后还喜爱的“吹风的天使”主题逐渐被舍弃是有意义的。当切萨里亚诺(Cesariano)在 16 世纪初期把维特鲁威的著作译成意大利文时,他把汽锅画成各种优美的、但不再是人体的形状⑩;可以说,它正在转变成瓦特的著名水壶。在同一世纪稍晚些时期,当埃克尔(Ercker)为他的《论矿砂与化验》(Treatise on Ores and Assaying)作插图的时候,喷汽吹火器不过是放在火炉旁边的蒸馏器⑪。但是,布兰卡在 1629 年还将风神的头用于他的喷汽涡轮(参见本章 p.125),并且基歇尔(Athanasius Kircher)在 1641 年也照样做了⑫。问题是:这股气流应当吹向何方?当德拉·波尔塔(della Porta)在 1601 年表演喷射一股蒸汽到密闭的容器里把其中

① 参见 Lynn White (7), pp. 89ff.
② 这个词来自风神的名字和希腊字“球”(pila, πῖλος)。
③ 水煤气在现代技术中用途很广,同时蒸汽吹火器被用在工业锅炉的炉膛里。变换空气的混合比就能达到热力的控制。
④ Pneumatica, ch. 57;Drachmann (2), pp. 67,125;Feldhaus (1), col. 179.
⑤ Vitruvius, i,vi,2.
⑥ Pneumatica, chs. 74,75;Drachmann (2), pp. 130ff.;Woodcroft (1), pp. 100ff. ——the miliarium.
⑦ De Meteoris iii, ii,17 (Paris ed. 1890, vol. 4, p. 634)。
⑧ 见 Feldhaus (1), col. 843ff., (18),p. 92. 达·芬奇也欣赏蒸汽的膨胀力,并描述了一个蒸汽炮(Architronito),他认为发明者名叫阿基米德(Archimedes),也许是一位文艺复兴时代的人[见 McCurdy (1), vol. 2, p. 188;Feldhaus (1), col. 394ff.]。虽然以后几个世纪继续为这个概念努力的工程师们都没有成功,但如果我们可以把活塞看作是拴着的炮弹,那么,蒸汽炮是最高度的形象化。参见本章 p.140,另见 Reti (2);Hart (4), pp. 249ff.,295ff.。
⑨ Mathematical Magic, p. 149.
⑩ Como,1521 年;见 Feldhaus (1), col. 26, fig. 10. 参见 Lynn White (7), pp. 90ff.。
⑪ Prague,1574 年和很多更晚的版本;见 Sisco & Smith (2),封面和 pp. 219,326ff.。
⑫ Magnes...(罗马,1641 年),p. 616。

的水吹空,又使蒸汽凝结而造成容器内的真空把水吸进去的时候①,他更确实地走上了引向蒸汽动力的惊人进展的轨道,这是往复式蒸汽机而不是汽轮机。这给拉姆齐(Ramsay,1631年)、戴克斯(d'Acres,1659年)、萨默塞特(Somerset,1663年)和他们所有的后继者开了绿灯②。德克斯(Dircks)认为蒸汽喷射器(*Suffator*)是蒸汽机的鼻祖③,这个信念肯定是不错的。

228

但是这里出现了意外。人的头和半身塑像是欧洲幻想的产物④,但是蒸汽喷射吹火器还有另一个焦点地区,即喜马拉雅山区,特别是西藏和尼泊尔。在那里它们目前还做成瓶状的锥体铜壶,顶端是鸟头,嘴有时相当长,朝下,在尖端有针孔(图 473)⑤。普通水壶冒汽的压力很小,起不到同样的作用,这个事实可以证明这个发现有它的单一的来源;如果来源是地中海地区,这个蒸汽喷射器不大可能(像希尔得勒所声称的)在亚历山大大帝时期从埃及来到巴克特里亚地区,但是可能被后来的巴克特里亚希腊人在那里使用⑥。另外也可能是亚历山大里亚的退伍战士把它带了回去。旅行在木材极少和海拔很高的古代丝绸之路上和中亚的其他沙漠和山区里,要烧牲口粪,吹火器的确很有用。至今我们还没有找到汉族人经常使用它的证据,在找到它之前,我们可以同意它的分布是在西方和西藏—巴克特里亚地区。但是如果这样,值得注意的是,属于蒙古—西藏—波斯文化的中亚地区好像也是风车的最早家乡⑦。并且在文艺复兴时期的意大利又一次有了中亚的奴隶,他们的蒸汽喷射至少可以有助于希腊人爱好的汽转球⑧。无论如何,它们是一个启发性的事实并列的例子,可能激励我们向阿拉伯—伊朗的方向去寻求布兰卡建议的原型,即蒸汽喷射和叶轮的第一次结合发生在中亚某处⑨。

(4)"卡丹"平衡环

有一种装置,在中国的古技术机器中无论从基本原理或主要形式来说都还没有机会讲

---

① *Pneumaticorum Libri III*(那不勒斯,1601 年),ch. 7, *Magiae Naturalis Libri XX*(那不勒斯,1589 年),bk. 19,ch. 3. 见 Beck (1),pp. 263ff.;Dickinson (4),pp. 4ff.;Wolf (1),p. 544(残缺)。在中国古代,蒸汽凝结造成的真空曾被利用作魔术;参见本书第四卷,第一分册,p. 70。

② 见 Dircks (1),pp. 540ff. 林恩•怀特[Lynn White (7),p. 162]提供了证据,证明在 16 世纪结束前类似的东西正在波希米亚酝酿。

③ 在这里重音是在蒸汽两字上。人们也可以放在机字上,而我们不久将指出(下文 pp. 380ff.),中国文化区域在这种比蒸汽喷射或叶轮更重要得多的发展中占有地位。进一步见 Needham (48)。

④ 还有一个很古怪的幻想,因为有很多做成勃起的男性生殖器形状,例如,普洛特(Plot)在 1686 年描写的著名的 Jack of Hilton (p. 433 and pl. xxxiii),一直被引为笑柄。

⑤ 剑桥人类学博物馆(Cambridge Ethnological Museum)有实物展出,其中一个由布什内尔(Bushnell)博士热情地当着作者面作了试验;效果极显著。喜马拉雅的吹火器只有一个孔,必须先加热瓶体使它先"喝水",欧洲的则另有灌水孔。

⑥ 参见本书第一卷,pp. 172ff, 233ff. . 当然,没有什么证据说明它不是中亚的一种古老的器具,向西传播及时地启发了菲隆。

⑦ 参见本册 pp. 125 和 555ff.,其中指出风车的第一次实际应用是在锡斯坦(Seistan),靠近希腊巴克特里亚的帕提亚的一个区(虽然在希腊巴克特里亚这个名称在约七个世纪以后已不复存在)。

⑧ 参见本书第一卷,p. 189,以 Lynn White (5),(7),pp. 93,116 为补充。

⑨ 还有另一个启发性的意见。当曼格尔斯多夫(P. C. Mangelsdorf)博士观看布什内尔博士的表演时,他注意到中亚的吹火器很像一个蒸馏器。印度的或是在亚力山大里亚的"炼丹家"的蒸馏的历史是否能和它有关系呢?

到,这就是看起来很简单却能保持一个物件水平平衡的圆环组合件,即有时被叫做卡丹平衡 229
环①的常平架。大多数人对它是熟悉的,因为人们都看到了它在文艺复兴时期的一项最广泛
的用途:作为航海罗盘的支架,使之不受船的运动的影响。如果三个同心环用一系列枢纽连
结在一起,使枢纽的轴交替地相互成直角,同时,如果中心的物件配有重量,并在最里面的枢
纽上可以自由活动,那么,无论外壳停留在什么样的位置上,中心物件将自行调节以保持其
原来的位置不变。

　　这个装置叫做卡丹平衡环,是因为它是由杰罗姆·卡丹② 在他 1550 年写的《论精巧》
(De Subtilitate)里描述的。这段参考文字写在第 17 册(De Artibus atque artificiosis
Rebus)③,但是卡丹没有声称这个发明是他自己的;他讲到用某种椅子让皇帝坐着可以不受
颠簸,他并且说,这个设计原先是为油灯用的。实际上在他以前很久它就已经在欧洲出名了,
可是在 16 和 17 世纪才特别引起注意。达·芬奇大约在 1500 年画了它的草图,计划把它和
罗盘用在一起④。贝松[Besson (2)]在他 1567 年写的《观测仪器一览》(Cosmolabe)里,建议
航海家应当坐在大的常平架里进行观察(图 474);而布兰卡在 1629 年筹划过一辆类似的马
拉救护车或担架(图 475)⑤。在 17 世纪,船用罗盘的常平架受到了普遍的使用⑥。图 481 所
画的是 18 世纪中国的一架装有常平架的方位罗盘。

　　但是接近 13 世纪中叶,当奥恩库尔写他的著名的笔记时,这种平衡环已经为人所知了。
我们可以猜测是在大约 1237 年,他的草图(图 476)⑦ 表现了四个圆环,并注明"这个机具的
作用是使它无论怎样转动,圆盘都保持平正。"哈恩洛瑟(Hahnloser)指出⑧,这个装置当时
的目的是为了用于小手炉("热苹果"),给主教们在寒冷的教堂里主持长时间的宗教仪式时
使用。图 477 展示一个 13 世纪的实物样品,保存在罗马的圣彼得宝库(St Peter's
Treasury)里。也许有意义的是,阿拉伯人也熟悉这种携带式火炉,同时在不列颠博物馆里米
容(Migeon)⑨塑造了一个 1271 年的穆斯林香炉。卡兰德(Carrand)的收藏和类似的宝库里
还有其他实物,可以把这种装置在欧洲和伊斯兰文化中的使用时间提前到 12 世纪初期。但
是还有比这些早得多的文字证据,因为《绘画入门》(Mappe Clavicula,一本 9 世纪的画法手 231
册)清楚地描绘一个花瓶包围在若干圆环当中, 安排得使整个圆球的滚动运动不会传到瓶

---

　　① 大约四十五年前劳弗[Laufer (23)]发表了一篇很独到的关于中国和卡丹平衡环的论文。可是在写这一节时我
们还没能得到它,后来在已故耶格尔教授的遗件中偶然得到一份抄本,我高兴地看到没有必要由于任何原因而作修改或
补充。

　　② 生活在 1501 至 1576 年间,他的传记见 Waters (1);Eckman (1);Bellini (1);Ore (1),特别在 pp. 120ff.,以及
其他人的著作。

　　③ 在 1560 年的巴基尔版本,p. 1028。更早的版本把这件事归功于华内洛·图里亚诺(Juanelo Turriano)。

　　④ Feldhaus (1), col. 869, (18), p. 120; Gerland (1), p. 250. 萨顿[Sarton (1), vol. 3, p. 716]判定第一次用于航
海罗盘是在 1556 年。爱德华·赖特[Edward Wright (1)]在 1610 年翻译恰莫拉诺(Camorano)1581 年的书时说,罗盘的
圆盒必须放在"两个铜环里,……安装在一个方盒或圆盒里面,使得虽然最外面的盒随着船的运动向各方面上下翻滚,而
里面的盒的表面和玻璃永远像地平线一样地保持水平。

　　⑤ Branca, pl. 23.

　　⑥ 参见 Breusing (1)。

　　⑦ Hahnloser (1), pl. 17。

　　⑧ Hahnloser, (1), pp. 45ff.

　　⑨ Migeon (1),p. 185。已故的赖斯(D. S. Rice)教授曾打算在一篇专题论文里描述所有 13 和 14 世纪的阿拉伯的卡
丹平衡环。

230

图 474　作为航海家观察处所的卡丹平衡环或常平架，这是贝松 1567 年的建议。参见 Taylor & Richey (1)，p. 95。

图 475　作为病人或旅行者在马拉救护车或担架上的吊床的卡丹平衡环或常平架，这是布兰卡 1629 年的建议。

图版　一七七

图 476　奥恩库尔(Villard de Honnecourt)的笔记本里的卡丹平衡环,约 1237 年[Hahn-
loser (1)]。环内写道:"这个机具的作用是使它无论怎样转动,圆盘都保持平
正。"

图版 一七八

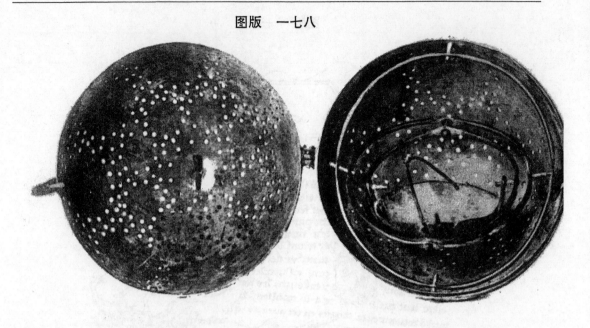

图 477 13 世纪的暖手炉及其卡丹平衡环[圣彼得宝库,罗马;Hahnloser (1)]。

图 478 唐代(约 8 世纪)的中国熏香炉及其卡丹平衡环,银制[肯珀收藏;Gyllensvård (1)],直径约 2 英寸,有两个环和三个枢轴。

图版 一七九

图 479　黄铜制西藏寺庙用球灯及其卡丹平衡环,直径 10 英寸(作者收藏)。除了神和菩萨的像以外,在花
纹里还包含团花图案的"种字"(神灵的符号)。大概属于晚清时期(布伦尼摄影)。

图版 一八〇

图 480 西藏黄铜球灯的内部,显出平衡环的四个环和五个枢轴(布伦尼摄影)。一个蜡烛头代替了原来的油
灯芯。

上去。①

这个发明是来自亚历山大里亚吗？拜占庭②的菲隆（约公元前 220 年）③ 著的《气体力学》第 56 章里讲到一个墨水瓶装在一个棱柱形盒子里，每个面上都有一个孔，任凭哪个孔都可以用，因为里面的吊环使墨水瓶始终保持瓶口朝上。④ 讲述的结尾说，这个设计是仿照一个古老的犹太香炉的样式。这句话本身就是可疑的，因为它很不像一个早期亚历山大里亚人会说出来的话⑤；况且整个这一段只在卡拉·德沃[Carra de Vaux (2)；]翻译的阿拉伯文手稿里找得到，而不在施密特[Schmidt (1)]和德罗沙·戴格兰(de Rochas d'Aiglun)翻译的拉丁文手稿里。此外，这段描述放在那样多纯属气力的装置当中似乎也不相称。所以，萨顿提醒说⑥，这可能是阿拉伯编辑们后来（也许直到 13 世纪）才安插进去的。

有一天在巴黎市场上散步（1950 年 5 月），我偶然看到两个西藏工艺的黄铜球灯⑦，制造时间可能相当近，刻花镂空的外壳里有由四个环和五个枢轴组成的卡丹平衡环⑧。我买到了其中的一个，见图 479 和 480。这显然是为了在比较宽敞的庙堂或走廊里挂一盏油灯用的。尽管我从来没有在中国遇见过这样的装置，我却高兴地在 1956 年在维多利亚和艾伯特博物馆(Victoria and Albert Museum)的卡尔·肯珀(Carl Kempe)收藏的中国金银器展出中找到为外两件实物——唐代美丽的银制熏香炉（图 478）⑨。再有就是劳弗[Laufer(23)]告诉我们的五十年前他在西安找到的暖床炉。好像还有某些省用竹做的带平衡环的灯笼，特别是那些代表月明珠在舞龙队伍的龙头前面欢乐挥舞的灯笼（图 482）⑩。

当我们体会到我们掌握了 2 世纪关于这种装置的一个中国记述，知道除了菲隆的一段 233 可疑的文字以外，这段记载要比任何欧洲的或伊斯兰的都早很多时⑪，再说中国西藏的常平架传统是来源于卡丹和意大利文艺复兴，那就很不可能了。《西京杂记》讲⑫：

---

① 见 Berthelot (10),p. 64,(11)；Thorndike (1), vol. 1, pp. 765ff. 。

② 参见 B & M, p. 487.

③ 必须注意，所有亚历山大里亚工程师们的年代都还是不肯定的，有些权威[例如 Sarton (1),vol. 1,p. 195]把他列为落下闳（约公元前 120 年）而不是吕不韦的同时代人。

④ Carra de Vaux (2)；Beck (5), p. 71；Feldhaus (2),p. 97。

⑤ 无论菲隆的年代如何，他肯定生活在约瑟夫斯(Josephus)和犹太人菲洛 Philo 以前很久。

⑥ Sarton (1),vol. 1, p. 195. 德拉克曼[Drachmann (2),pp. 67ff.]极力赞成。

⑦ 直径 10 英寸。根据胡梅尔[S. Hummel (1)]判断，花纹是典型的西藏式的。每个半球上的装饰有一个乘骑的济世神仙和四个菩萨。还有八个团花图案包含四个"种字"，作为神灵的符号，虽然书法好像是悉昙，高罗珮[van Gulik (7)]曾为此写过一篇有趣的专题论文，但至今还未能辨认出来。悉昙是一种梵文的书法，由中古时期的中国和日本发展成为传达这种神符和金刚乘的真言咒语(Tantric Mantrayānic)的媒介（参见本书第二卷，p. 425）。

⑧ 环架的数目是有意义的，因为现代的陀螺仪从理论上讲需要有五套环架才能达到空间各方向的转动完全自由(Davidson, Saul,Wells & Glenny)。

⑨ Gyllensvård(1),nos. 96 and 97；(2),pp. 47ff. fig. 11,pl. 5d。两个都是约 2 英寸直径。我们得到卡尔·肯珀博士和于伦斯瓦德(Gyllensvard)博士的慷慨允诺复制了照片。在日本奈良市的正仓院(Shosoin Treasury)里至少有同样的一个。史树青(2)刊印了它的图，并补充了明代另一品种的细节，以及新的文字参考。

⑩ 我感谢悉尼的萨塞克斯学院(Sidney Sussex College)魏德新(音译，Wei Tê-Hsīn)先生的这项报道，他幼年时在福建亲眼看见过这样的灯。参见《沪城岁市曲歌》，第二页。

⑪ 即使我们把《西京杂记》的年代尽量延迟地定为 6 世纪，这个说法也还是对的。

⑫ 卷一，第七页，作者译，借助于 Laufer (3),p. 196。部分摘自《太平御览》卷八七〇，第一页。

232

图481 中国的一架常平架支托的方位罗盘;采自《皇朝礼器图式》卷三,第四十页(1759年)。这种仪器把磁罗盘同一个可调节的圭表和一个刻度环结合起来,能使航海员精确地测定海上磁偏角;参见 Taylor (7), pl. 3; Taylor & Richey (1),pp. 31ff。

图版　一八一

图 482　儿童耍龙灯, 鲁桂珍博士收藏的嵌花漆屏风的一部分(布伦尼摄影)。传统的习惯是在农历正月十五日
举行这样的游行[参见 Hodous (1), p. 43], 一盏球灯代表月明珠, 如画中所示, 挥舞在起伏的龙头前面。
竹制的常平架在里面保持着灯的稳定。关于龙和月明珠的象征, 参见本书第三卷, p. 252 和图 95。

　　在长安有一位很聪明的机械师名叫丁缓(鼎盛于公元 180 年)。他造过"常满灯"[①],带有很多奇异的装璜,例如七条龙或五只凤,各用不同的荷花做点缀。他还造了"卧褥香炉",也叫"被中香炉"。原本(这种装置)是和房风[②]相关的,但是后来方法失传了,直到(丁)缓再度开始制造它们。他做了一种圆环装置,可以向四个方向旋转[③],而炉体保持平卧不动("为机环转运四周,而炉体常平")并且可以放在被褥之中。为此他获得很大的声誉。

　　〈长安巧工丁缓者,为恒满灯,七龙五凤,杂以芙蓉莲藕之奇。又作被褥香炉,一名被中香炉,本出房风,其法后绝。至缓始更为之,为机环转运四周,而炉体常平,可置之被褥,故以为名。〉

　　记得以前曾谈到过丁缓,谈到他的走马灯和空气调节风扇。上面所说的唐代的香炉似乎是丁缓的打不翻的香炉的直系后代。

　　丁缓只不过使很久以前流行的一项发明复活了,司马相如(卒于公元前 117 年)写的《美人赋》[④]中一段稀希的文字为这句话增添了色彩。这篇赋美妙地描写了两次诱惑的情景,为自己不好女色针对某亲王对他的指责进行辩护。第二个情景是在一处空闲的王府或远郊的皇家别墅里发生的,并且在详细地描写家具、帷幔、被褥等等之中我们看到有"金铟熏香"[⑤]。这篇赋的写作时间大约是公元前 140 年前后。因此,这个发明可能属于公元前 2 世纪而不是公元 2 世纪[⑥]。

　　实际上丁缓的成就并不是一件巧妙的新事物的孤独事例,因为关于平衡环的中国参考资料在以后几乎每个朝代的文献里都能找到。梁朝公元 550 年在位的皇帝简文帝,在他的诗

234

---

①　拜占庭的菲隆在他的第 20 章里也描写了这灯[Beck (5),p. 68;Drachmann (2),p. 122];燃烧使灯芯碗里的油位下降,把空气放进一个密闭的空间里,因而让补充燃料流下来。这样的常满油壶流行非常之广。1958 年我曾访问斯里兰卡考古调查所博物馆(Museum of the Ceylon Archaeological Survey),地点在苏蒂伽罗塔,靠近 12 世纪国王波罗迦罗摩巴忽一世(Parākrama Bāhu I)在他出生地建造的德底伽摩塔。馆长阿巴耶・德瓦布拉(Abhaya Devapura)先生让我看到几个不寻常的悬挂式青铜油灯,是从塔的上层废墟的房间里找到的,因而与国王同时代的。在四周有灯芯的油碗的中心有一头塑造得很好的大象作为油罐,在油位下降、气泡上升的时候,大象的生殖器就作为油管向油碗注油。我十分感谢德瓦布拉先生的热情帮助,他趋向于和我一致地认为,这是受到亚历山大里亚人的影响的作品(参见本书第一卷,pp. 176ff,关于印度与古希腊文化在古代的密切关系),可是从来也不排除各自单独发明的可能。人们希望知道的是丁缓采取的是什么方法。

②　这是古代越国(在今浙江境内)人供奉的一个神的名字,王公贵族们按照它起自己的名字。较一般的写法是防风。另一方面,这里指的很可能是一个具体人,并且,如果第二个字是读错了,则可能合适的写法是房风。他是公元前 1 世纪的一位学者和军官,在王莽时期做了大官,他的传记(《前汉书》卷八十八,第二十六页)讲他既有学问又足智多谋。很不容易肯定作者是什么意思。

③　这是一个常用的词汇,作者肯定是指空间的三个方向。

④　《全上古三代秦汉三国六朝文》(前汉部分),卷二十二,第一页。译文有 van,Gulik (8),p. 68;Margouliès (3),p. 324. 这一段被摘引在陈懋仁的《庶物异名疏》(明代),以及《格致镜原》卷五十八,第二页。

⑤　这篇赋的背景如下:司马相如坚持认为他比儒家和墨家都更纯洁得多,因为他们才只看一个舞蹈女子一眼就都转身走了,而他则知道如何对待诱惑,因此就没有试图躲避它。他说的第一个情景的经过就是如此。但是他说,放弃一切性活动同样是有害的,因此,第二个情景描写他和一个美丽的女子在一处空闲的王府里愉快地相遇。在他们做过爱之后他的脉搏平稳了,他的头脑健壮了。这种信念带有中国预防性医学的特征,同时,司马相如这首赋的主要内容是要有能掌握何时推进和何时抑制的本领。然而,他这第二个情景的格式可能联系着那类化为女人出现在官僚们旅行和出差时夜间休息的官办旅舍("亭")里的妖精的故事,[参见 Chiang shao-Yuan (1),pp. 116ff.];这里确实有欲望的满足和儒家的克制的幻想。

⑥　郑德坤博士告诉我,在香港潘先生的收藏里保存着汉代的一串玉环,也许是制造成常平架的形状。

里把门窗的绞链写作金屈戌,即"金属的膝关节"①或枢承装配②。人们必定都记得,最典型的这种中国绞链实际上是枢轴在承座里转动,合叶绞链不太普遍③。在公元 692 年,一个名字没有流传下来的手艺人献给女皇武后"木制暖炉,随便怎样反复转动,里面铁碗所盛的红火永远不会打翻"④。所以当唐代诗人如李商隐(公元 813—858 年)或李贺(卒于公元 810 年)讲到"带联锁枢承铰链的香炉"("锁香金屈戌")等等时,他们指的可能是常平架悬架。到了宋代,有用象牙雕刻成一系列松动的同心镂花球("鬼功球")⑤,因为有时候用"车"字讲里面的部件,这些可能有时装了卡丹环式的枢轴⑥。"大灯球"出现在 1170 年的《入蜀记》中⑦,并且使用在 1233 年的南京保卫战中⑧。在同一世纪稍晚时间,周密提到灯球和香球⑨。在所有这些名称和描述当中,都毫不含混地表明有常平架在内。此外,宋代学者们本人都明确地讲⑩,　235 这些东西被看作与丁缓所发明的相同;明代学者们亦如此⑪。根据他们的意见,有些古老的名称,如鬲和熏笼,银囊和滚球,可能也都是指这种装置。最后,《西湖志》(在它一本续志里)提到在节日里把关楗(连锁枢轴)⑫装在纸灯笼里面,在街上把灯笼踢来滚去而里面的灯不灭。这叫做滚灯。这个 18 世纪的记述把我们带回到了前面所述的当时人民的生活中去。

等待着丁缓的圆环系统的是几乎想像不到的发展:悬挂着的香灯变成一个实心的重的轮子或圆盘,并且围绕着自己的轴旋转起来。在这一节的开始就提到航海罗盘的常平架,因为这样利用悬架是人们最熟悉的。但正是这三个方向都能自由活动的旋转圆盘的陀螺仪⑬,注定要代替磁罗盘,因为傅科(Foucault)在一个世纪以前发现⑭它有能在子午线上自动定向的性能。因而有了陀螺罗盘⑮,现在普遍地应用在钢体的轮船和飞机上,它指示真正的而不是磁的北方。还有陀螺稳定器⑯,用在轮船上尤其在飞机上,其中的"自动驾驶仪"是保证胜利完成远距离和恶劣天气飞行的最重要条件⑰。

常平架的偏移以后恢复原位的有效原动力,可以说是中心物体的重量,所以动力是从里

---

① "戍在这里代替"膝"。

② 参见《表异录》卷五,第四页。

③ 见 Hommel (1),pp. 292,298。

④ "木火通铁盏盛火,辗转不翻"。这是来自《太平广记》(公元 981 年)技巧部分,卷二二六(第五篇),第四页,引自 8 世纪的《朝野金载》。他就是制造报时机构的那个海州人(见本册 p. 469)。

⑤ 关于这种球中之球,参见本书第三卷,p. 387。

⑥ 《格古要论》卷六,第十页。

⑦ 卷三,第十四页。

⑧ 《归潜志》卷十一,第四页。

⑨ 《武林旧事》卷二,第十四页;卷九,第十五页;参见《梦粱录》卷一,第四页;卷十三,第八页;卷十九,第十三页;卷二十,第四页。

⑩ 《事物纪原》(1085 年)卷八,第八页;还有《纬略》(约 1180 年),引自《格致镜原》卷五十八,第二页,其中给枢轴起名叫"纽",承座叫"鼻"。

⑪ 《留青日札》(1579 年)将平衡环和浑天仪相比;还有周祈的《名义考》。

⑫ 参见本书第三卷,p. 314,这个词在宋代的一个不同用法,可能当一个浮漂阀讲,还有本册 p. 485 的第三个解释,即凸耳。

⑬ 参见 A. Gray (1)和 Schilovsky (1)。

⑭ Anon. (8)。

⑮ 其描述见 T. W. Chalmers (1)。

⑯ 参见 Ross (1)。

⑰ 关于陀螺静力学的一般应用见 Davidson,Saul,Wells & Glenny.

向外施加的。但是有人想出从外面施加动力的主意,于是成为一项重要性甚至更大的发明,这就是万向节。这里的外壳变成了有一个 U 形部件处在传动轴的端部,相应地,在受力轴的端部有另一个 U 形部件,两者的连接是通过一个有互为直角的枢轴的连接部件。原先这个部件是一个带有互成直角的短钉的球。发明的时间是 17 世纪末期,归功于 1664 年的肖特(Schott)[①]或十年后的罗伯特·胡克(Robert Hooke)[②]。它在今天的最大的用途是在汽车的传动轴上,伯斯塔尔(Burstall)和希尔(Hill)在 1825 年首先为了传输动力的用途而采用了它,但它是以低速工作的,同时两轴之间的夹角比一般机动车曾使用过的还大很多[③]。可是,每天都坐汽车的人很少体会到,这样重要的一个装置的血统可以追溯到 2 世纪的中国[④]。

236

所以总的来说,我们目前面临着一种以后还会遇到的情况(参见本章 p.434),即关于一项发明的来源,由于第一个欧洲参考资料不可靠而使下结论有点困难。如果我们采取慎重的观点,把拜占庭菲隆的常平架看作是阿拉伯人后来插进去的,那么荣誉是属于丁缓(或房风),而阿拉伯人则充当从更远的东方传递这个装置的角色也不是不可能的。总之,由于 7 至 10 世纪唐代的那些考据,这似乎都是可能的。可是,到 9 世纪常平架悬架已经到了欧洲。菲隆的那一段话里讲到犹太人,实际上可能意味着,这个仪器的向西传播是通过犹太人而不是阿拉伯人。曾经有设想[⑤]认为,亚洲思想的某些重要特点是通过以色列人传播到西方的,并且在另一处[⑥],我们曾借机具体地讨论过可以实现这种传播的办法。我们还遇到过另一项由希伯来商人和学者传播的在测量仪器中叫做雅各布(Jacob)标杆的发明[⑦]。

如果要问常平架的发明是受什么启发的,不可避免地会想到是从制造天文学家用的浑仪而来的,因为这个仪器上的环也必须一个套一个地用枢轴连接起来。前面我们曾稍微提到过,公元 1 世纪时中国的某些行业手艺人在制造浑仪[⑧],我毫不迟疑地相信,丁缓就是他们中间的一个[⑨]。无论如何,"卡丹平衡环"是卡丹的,就像"帕斯卡三角"是帕斯卡的一样。

(5) 锁匠的技艺

在中世纪的工匠当中,锁匠和磨匠一起肯定在煤和铁的旧技术时代初期提供了当时所需要的手艺。因此,写到这里,如果我们忽略关于锁和钥匙的制造者们的事迹不提,那将是不可饶恕的。可惜,至今亚洲锁匠艺术的历史连起码的一页都还没有,所以,我们只能指望写出一个很简单的概略,只不过想对这个课题在比较技术史中的发展前景提起注意,并不想解答出现的任何问题。

237

虽然这门技术经过精心细作后来发生了千变万化,面貌全新,且不去说对现代的定时

---

① Feldhaus (1),col. 870.

② Andrade (1),p. 456,因为它还叫做胡克节;参见 Davison (10);Willis (1),p. 272. 但是贝松(1578 年)曾第一个设想过近似的东西,参见 Beck (1),p. 205.

③ 直到约 25°。对于同样装置作达到直角的传动,见 Jones & Horton (1),vol. 1,pp. 410ff.;vol. 3,pp. 260ff.。

④ 并且不仅由于丁缓,因为在本册 pp. 89,103,115 我们探讨过中世纪的中国纺车的巧妙的直接踏板传动。

⑤ 本书第二卷,p. 297。

⑥ 本书第三卷,pp. 681ff.。

⑦ 本书第三卷,p. 575。

⑧ 桓谭关于老机械师的记述:本书第三卷,p. 358。

⑨ 《西京杂记》讲到他住在首都,正合乎天文历法局对于仪器制造的技术助理员和工匠所要求的。

锁、保险库等所花费的聪明才智,可是它的基本要点还是相当简单的。这在弗雷蒙[Frémont (17)]的回忆录① 里、迪尔斯[Diels (1)]和史密斯关于欧洲古代锁和钥匙的记述里可以看得出,同时霍梅尔提供了关于中国仍在使用的传统栓具的有价值的观察报告。关于各种类型的分布,有皮特-里弗斯[pitt-Rivers (1)]的著名专题论文。在图 483 里可以看到,最早的锁不过是一个在木块里滑动的门闩,为了方便就装在门上。第一个改进是增加一个止动节和两个卡鼻,防止门闩掉出来;其次是在墙上增加另一个卡鼻或加锁。以后为了从外面能够开门,就开一个孔使手能伸进去。而进一步的改进是将孔缩小到只能放进去一个机械工具——钥匙。所有这些样式都能追溯到埃及的古代②,同时在乡村里当然会有这种古色古香的锁流传下来直到今天,在中国也是如此③。

迪尔斯称最后这种形式为"荷马式"锁④,因为在《奥德赛》(Odyssey)⑤里提到过它。门闩是在出门的时候用穿过门或门框的绳子拉上,门外留下一个绳圈。迪尔斯曾提出值得注意的一点:这种锁用的钥匙是锁骨形状的(因此名叫 clavicula),而且主要是曲柄的样子(图 484)。将它插进孔里适当地转动一下,它就靠紧门闩上面或下面一个凸出或凹进部分,把门闩拨回去,门就开了。用曲柄状的物件做这样的用途而不促成旋转的动作,值得思考⑥,并且差不多可同没有车轮时代的阿兹特克人的玩具上的轮子相比拟⑦。

有关锁的第一个重大发明是锁栓的发明,也就是活动的小木块或金属块,靠本身的重量下坠并咬住门闩上的榫眼,需要用钥匙上合适的凸齿才能再把它拨起来(图 484)。在开始的时候很可能只是简单的木钉或销子用绳子挂着,插上它是为了防止门意外地敞开。迪尔斯把这一种叫做"拉科尼亚锁",并认为很可能像普利尼所估计的那样,是由萨摩斯的狄奥多罗斯(Theodorus of Samos)在公元前 6 世纪从埃及介绍到希腊去的⑧。钥匙上的凸齿叫做"橡 238 果"(balanoi,βάλανοι,是提锁栓用的。有很多办法可以做到这一点;钥匙可以从门闩下面进去,凸齿穿过合适的孔顶替了锁栓的位置,钥匙和门闩就可以自由滑动了;或者钥匙可以真正插进门闩上沿纵向钻的一个孔里去,或者钥匙可以从门闩上面锁壳的另一个开口进去,锁栓则具有[的形状,以便接纳它。这些式样中的第一种可从现存不列颠博物馆的一个(也许是公元 1 世纪的)罗马锁样品上看到(图 486)⑨,而第三种在中国直到现在还是普遍的(图

① 这是一部显然以特殊的热情编写的著作,因为弗雷蒙本人出身于巴黎的一个锁匠家庭。为了掌握情况,可参见 Butter (1);Eras (1);A. A. Hopkins。
② 吉尔什曼[Ghirshman (3)]曾描述了在苏萨附近的公元前 13 世纪古波斯乔加-赞比尔(Tchoga-Zanbil)的寺庙里挖掘出来的一些非常杰出的石制门闩和卡鼻。有一个卡鼻带一个石制的侧管,供装可以插进门闩上一个空洞里去的锁销。这些卡鼻被认为是用青铜夹板装到石门或木门上去的。
③ 一种样式很古老的栓扣,在文字记载里属于最古老年代的,就是皮条和别针,在中国普遍地用于几本书合装在一起的函上。
④ Diels (1),pp.40ff.。
⑤ xxi,46ff.。
⑥ 主要见本册 pp.111 ff.。
⑦ 参见本册 p.74。另外一个曲柄形状的物件而显然不起转动作用的实例,是在洛阳周墓里发现的青铜的 Z 形支撑,由怀特[White (1),pl. xxvi]绘制了下来。
⑧ Hist. Nat. vii,lvi,198。
⑨ 罗马钥匙一般都是直角形的(见图 485c);这个式样好像回溯不到公元前 2 世纪以前。

图版 一八二

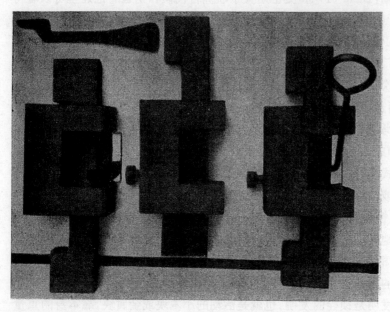

图 484 锁匠艺术的演变(续)。曲柄形状的钥匙用于荷马式锁,以及最简单形状的锁栓(一个木制或金属的小销钉,靠本身的重量落入门闩上的一个榫眼里),用于拉科尼亚锁。把它提起来才能把门闩推回去。

图 483 锁匠艺术的演变;弗雷蒙[Frémont(17)]的模型。门闩,限位门闩,三个卡鼻的门闩,以及最简单的钥匙操纵的门闩。

图版　一八三

图 485　罗马钥匙[不列颠博物馆；Smith(1)]。(a)锚形钥匙或 T 形钥匙，它的锚爪伸入门里插进榫眼内提起锁栓使门闩退回；参见图 489。(b)板形钥匙，专为提起设有"岗哨"的、也就是设置了迷宫式障碍的门闩，那是防止任何别样阴纹的钥匙拨动它。这种钥匙现在还用在剑桥几个学院里某些套房的总门上。(c)直角钥匙带三角截面的"橡果"齿，类似图 486 的锁所要求的。(d)与岗哨相配的旋转钥匙，可能是用于小挂锁并装在戒指上。(e)上述(b)和(c)型的一种结合；板形部分用于岗哨，四个凸起的橡果齿提起或压下锁栓。这个钥匙也许是旋转使用的，否则，像很多其他形式那样，钥匙孔就会很复杂，至少是 L 形的。

239 487)。这些式样的锁实际上在全世界很多地方都常见,例如在塞浦路斯和阿尔及利亚①。

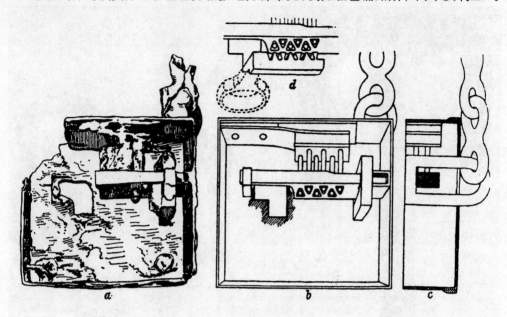

图 486 一个公元 1 世纪的罗马锁的机构,现存不列颠博物馆[Smith (1)]。锁链(c)的末节被挂定在拉闩(b)上,拉闩上有六个三角形孔。位置适合的锁栓受弹簧的作用伸进孔内。直角形钥匙(d)上的凸齿把锁栓顶出去,就可以拽动拉闩一起滑动。

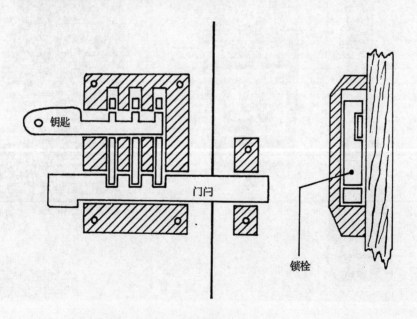

图 487 中国和罗马习惯上常用的一种锁的机构[据 Hommel (1)]。钥匙从门闩上面和它平行地插进去,用锁栓边上的榫眼把它提起。

---

① 根据皮特-里弗斯(Pitt-Rivers)的观点,这些样式中的第一种和第二种是今天埃及、中东、土耳其、波斯等的特征,而第三种则集中在斯堪的纳维亚和北欧。他在这方面未考虑中国的证据。

一种从门外提锁栓的办法是利用一把锚形钥匙(有时叫做 T 钥匙);将这个钥匙插进一个直立的长口,旋转四分之一圈,然后一拽,就与锁栓的孔啮合;向上一撬,就把锁栓提起来了。图 485a 是一个从罗马古迹中找来的这种锚形钥匙①,而图 489 所示恰好是相同的、当今江西所用的一个传统中国式的门上的简单锁具。它在中国一定是很古老的,因为怀特的《洛阳故城古墓考》② 提供了两个周代的实例。这种简单的式样可能激起了更精致得多的带"岗哨"③ 的罗马板形钥匙(图 485 b),但在中国显然没有用过。另一种是把锁栓都做成两截的(下半截留在活动的门闩里),并且长短不一,只有钥匙的凸齿长短合适,才能使所有锁栓的分截线都把间隙提到同一水平上;这一种叫做"犹太锁"④,也是没有在中国听到过的。

旋转的原则是罗马时代后期想出来的,很多转动钥匙都以来自庞培和高卢而闻名。这种钥匙以旋转动作代替了直线动作。从弗雷蒙复制的高卢-罗马的起销器⑤ 及其完美的曲柄形状来看,似乎原来作为门闩推动器用的古老的"锁骨形钥匙"成为我们今天使用的所有旋转钥匙的起源。中国人也曾用过并且目前还在用转动钥匙,包括相当粗糙的木制的,如霍梅尔描写的那种(图 488)。一旦想出了这个原理,无论是为了提起锁栓,或为了推进插销,或为了来回拨动门闩,那种把钥匙刻成很多不同的形状以配合不同的岗哨的极其复杂的工作就不是实质的改进了。中世纪的欧洲锁主要是依靠岗哨,但是到 18 世纪末期又重新使用锁栓了。即使是现代技艺的先驱,布拉默(Bramah,1784 年)和查布(Chubb,1818 年)都还保留以锁栓和门闩为基础,但利用了新的机械布置原则⑥。

240

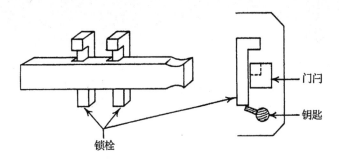

图 488 一个普通式样的中国门锁的机构,用于牲口棚、仓房、作坊等 [Hommel (1)]。钥匙上有两个小钉,与门闩平行地插进去向上转动,把嵌进门闩的 L 形锁栓提起来,门闩就能自由退出。它是旋转原理的一个最简单的应用。

① 参见 Pitt-Rivers,pl. IV,它示出了来自整个西欧的样品。

② White (1),pl. XIII. 这更加肯定地把锁匠的发明传统地归功于公元前 5 世纪的著名工匠公输般,说他把旧式不可靠的鱼形钥匙用蠡形的代替,依靠极完善的相配的部件就使所有的看守人员都不需要了(参见刘玉林,见于李俨(27),第 4 页)。听起来这像是锁栓的发明。

③ 这种装置可以解释为锁的一种体系,在锁里设置障碍(即岗哨),防止别的钥匙进去拨动插销、门闩或锁栓。锁栓系统,即门闩的门闩,防止别的钥匙拨动门闩。这种板形钥匙,保持水平的位置随门闩上升或下降,一直还在剑桥的学院里使用着,我在凯厄斯学院的房间的门过去就是用这样的罗马钥匙开的,直到 1958 年才换了耶尔锁。我很想知道这个锁是什么时候开始用的,是一直沿用下来的,还是由某个 18 世纪收藏古董的管财务的人装上去的。

④ Frémont (17),p. 25,fig. 30.

⑤ Frémont (17),p. 34;还有 Pitt-Rivers,p. II,pls. III,IV。

⑥ Frémont (17),p. 42.

图版 一八四

图 489 中国现在用的锚形或 T 形钥匙；江西建昌（南城）一个公园门上的锁[Hommel,(1)]。钥匙从一个竖的开口插进去,转 90 度使锚爪插进榫眼;门闩被松开以后,用一支长针插进第二个横开口把它推回去。钥匙和长针都略短于 1 英尺(1 英尺＝0.3048 米)。

图版　一八五

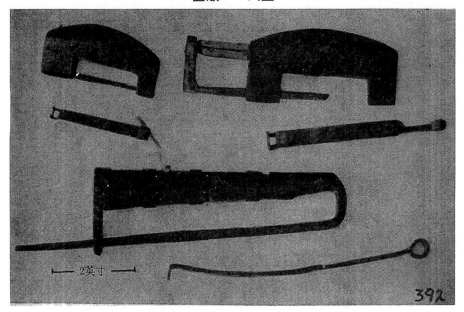

2英寸

图 490　熟铁和黄铜制弹簧挂锁的实样,来自安徽和江西[Hommel (1)]。古代和中古时期整个旧大陆都使用这种样式的锁。

　　然而，所有现代的锁都利用本行业的第二大发明，也就是弹簧的采用。锁栓不再需要布置得靠自动下坠，因为弹簧一般作用在锁栓上。我们在图 486 里看到了它在罗马锁里的安排。但是还有其他使用弹簧的办法，有一种表现在中国一种流行最广的挂锁的示意图里（图 491）。当我们可以继续叫它为"闩"的动的部分完全插到头的时候，它附带的弹簧就涨

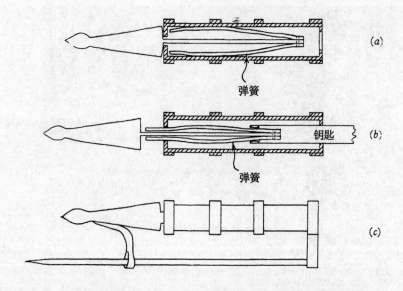

图 491　在中国流行很广的一种弹簧挂锁［据 Hommel (1)］。当闩插到头时，附带
　　　　的弹簧就涨开把它锁在它的位置；从挂锁另一端插进钥匙压紧弹簧就放开
　　　　了闩。

开，防止它被取出来。钥匙从另一端进去，把弹簧压到靠紧闩，就能使它退出来①。图 490 表示几个这样的挂锁②。根据弗雷蒙的一张图③，这种构造在中国和伊朗是共同的，而在波斯的式样上则增加了一些槽，必须用罗马式的板形钥匙去压紧隐蔽的弹簧。但是，如皮特 241 -里弗斯所指出④，它的分布还更广泛得多，很多的样品大家知道是来自罗马不列颠人⑤，来自中世纪瑞典和俄罗斯⑥，以及来自埃及、埃塞俄比亚、印度、缅甸和日本⑦。他描写了他家乡的一种挂锁，和我曾在重庆市场上买到的一样。这种锁的闩被一个螺旋弹簧压紧抵住搭扣，钥匙上有阴丝扣和闩上的看不到的阳丝扣相吻合，当丝扣完全拧进再向后拉就会把锁打开。由于螺丝主要是欧洲的，这一定是由西向东的一项传播。总之，挂锁的名称本身

---

　　① 这种钥匙一般是直动的，但是后来的样式也可以是旋转的。
　　② 在中国可回溯到什么年代很难说。唐兰［（1），pl. 105］有热河赤峰大营子的一个公元 959 年的辽代铁锁的图。唐代的这种青铜锁不少；1958 年我在西安博物馆看到过一个好的。
　　③ Frémont (17), p. 33, fig. 71—73.
　　④ Pitt-Rivers (1), pp. 17ff., pls. Ⅴ, Ⅵ, Ⅶ.
　　⑤ 主要见 Wright (1)；Neville (1)；Cuming (1)；Fox & Hope (1). 我感谢中国工合（Chinese Industrial Cooperative）的考特尼·阿彻（H. Courtney Archer）先生提供这些参考资料，他在参观赛伦塞斯特博物馆（Museum at Cirencester）时对罗马和中国的挂锁的相似有很深的印象。
　　⑥ Kolchin (1), pp. 128ff.
　　⑦ 包括挂在本国皇家学会司库的铁柜上的一把 1665 年的挂锁。很多这种挂锁做成鱼形，可能是因为鱼从来不闭眼，是个好警卫。［皮特-里弗斯（Pitt-Rivers，pl. Ⅸ）图示了几个］的确，一位唐代（或唐代以前的）作家丁用晦在他的《芝田录》里正是这样讲的（摘引《说郛》卷七十四，第二页）。参见《不见北杂志》，其辽人作者讲到"鱼锁"。

（"小路"或"道路"锁，被商贩用来和驮马一起对付拦路强盗）和可运输的商品特别有联系，使人立刻看出锁匠的技艺是怎样沿着旧大陆的各条贸易之路传播的。

讲到这里，事情都还清楚。但是锁匠的发明在中国的发展历史始终极为模糊，还有待进一步研究。人们只能提供少量分散的观察结果，意识到需要澄清的第一个困难，就是早期所用的字的确切意义①《礼记》写给我们的可能都是汉代的习惯用语，讲到键闭和管籥②。注释者们似乎认为前者用了弹簧机构（可能为了压住锁栓）③，而后者（照字义为管笛）和以后写成籥的是同样的东西——我们很想知道它确实是个什么东西④。籥通常是当笛子讲，自然使人联想到这是一个细长的钥匙，而且可能是管形的，就像弹簧挂锁还在使用的那些一样，或许其本身就是管式挂锁。明代的《贤奕编》里写道，圆形的鐷是老的式样，而长方形的是后来的；可惜这句话从机械观点看对我们帮助不大。比较有意义的是10世纪初期杜光庭的陈述⑤，挂锁叫做萎蕤鐷，肯定是因为很像这种植物的管形根茎⑥，并且它包括有连在一起的金属带，可以任意压紧或伸开。可是，最早描绘典型中国弹簧挂锁的画是1313年的《农书》里的一幅插图，锁挂在谷仓的门上⑦。

在《南史》中的一篇传记里⑧，肯定地表示有些钥匙是同凸出部分相配的，另一些则与孔相配，其中讲到一个"钥匙和闩"（籥牡），这个主要当"男性"讲的"牡"字这样使用，从同样的字在锁匠、电工和工程师们当中的现行用法来看，是有意思的。公元493年郁林王（萧昭业）用一个钩形钥匙（籥钩）⑨撬开城门上的锁。同样，《异苑》里说4世纪的金属钥匙（金鐷）长达2英尺。从唐代的锁和钥匙的名词（琐须）里很难推测出什么来。《北史》讲到鹅（颈）钥匙（鹄籥）⑩。人们怀疑这里面有一些与锁骨形钥匙和高卢-罗马的起销器是否有密切的关系。

皮特-里弗斯倾向于认为⑪，好的锁栓锁和弹簧挂锁都是亚洲的发明，大约在公元前1世纪传播到欧洲，但是证据还不充足。可是，似乎在9世纪时阿拉伯人对外国锁匠的产品评价很高。巴士拉的贾希兹（'Amr ibn Baḥr al-Jāḥiẓ，卒于869年）⑫在他写的《商业调查》(*Ex-*

① 愈早当然愈含糊不清。《书经》里有一段参考材料在真正古老的一个篇章即第二十六篇（金縢）里。那是关于"金縢之匮"，里面存放誓言和卜辞。兆头是吉祥的，周公就用籥把它打开。注释者一般解释为"打开宝箱用的管子"，因而理雅各[Legge (1), p.154]说有"钥匙"，正像比他早的麦华陀[Medhurst (1), p.213,]说有锁。巴尔德[Barde (3)]跟随了这种惯例，但是高本汉[Karlgren (12), pp.34,35]脱离了这种说法，认为籥是竹管子，是用来存放字条的。也许他就在这里出了偏差；总而言之，对于这个周朝初期的工具，我们无法形成一个很清楚的概念。另一个字"鐍"，普通当带扣讲，在《庄子》卷十里面似乎是当锁讲，因而理雅各[Legge (5), vol.1, p.281]翻译成"抱卡"。它含有一种环的意思，指的是古典的中国挂锁。

② 第六篇，第八十四页；Legge (7), vol.1, p.299. 同样的一段载在《吕氏春秋》第四十六篇（卷一，第九十一页）；Wilhelm (3), p.118.

③ 参见《道德经》第二十七章，"完美的门既无闩又无键"[Waley (4), p.177]，原文"善闭无关键而不可开"。

④ 喜龙士[Sirén (1), pls.91,92]提供了他认为是周代后期的钥匙和锁的照片，但构造和用途都毫不清楚。

⑤ 在他的《录异记》里。

⑥ *Polygonatum officinale*，R688.

⑦ 卷十六，第十五页。

⑧ 戴法兴（5世纪）的传记，在卷七十七，第四页。

⑨ 《资治通鉴》，永明十一年，卷一三八（第四三三六页）。他的目的是在西州举行欢乐的宴会，违背他父亲皇太子给他规定的严肃的生活方式。

⑩ 《格致镜原》卷四十九，第九页。用于皇宫内院的门上。

⑪ Pitt-Rivers (1), p.26。

⑫ 参见 al-Jalil (1), p.111.

amination of Commerce)中列出了某些伊拉克的进口项目如下：

来自中国的有香料、丝织品、盘子和碟子(可能是瓷器)、纸张、墨、孔雀、良种马、鞍、毡、桂皮、和不掺杂的"希腊"大黄[①]。

来自拜占庭领地的有金银器皿、纯金(qaisarānī)币、织锦衣料、种马、年轻女奴、红铜器皿、砸不开的锁、和里拉琴。(此外,拜占庭派遣)水利工程师,农业专家,大理石匠和太监[②]。这个参考材料相当有意义,因为经济历史方面的各种研究都说明当时正是中国的唐代[③],同时保险柜或保险箱也开始促进银号("柜坊")的发展。我们已经看到过[④],中国和拜占庭(拂菻)之间的关系是特别亲密的。

总而言之,以上所述使人清楚地看到,在整个旧大陆的各种样式的锁和钥匙之间有相当独特的共同性。亚洲和欧洲之间是否曾有技术思想上的交往,如果有,又是朝哪个方向,这始终是一个有吸引力的重要问题,需要进一步研究。或许基本式样在美索不达米亚和埃及文化中相当早就创造出来了,以后向各个方向传播出去,直到现今其本质还保持未变。

(e) 陆地运输车辆

关于促成陆地上一切交通的革命化的车轮的伟大发明,已经讲过了一些[⑤]。也很显然,自从苏美尔和古埃及以来,工程技术原理的一次最早的应用是在车辆上。它的传播和发展变化的情节,如果全面地讲述,将成为一篇宏伟的史诗,但这里不是着手进行这件工作的地方,因为那将使我们陷入最早的中国文化以前时期的考古学,并提出旧大陆上距离中国最远的那些部分的人种分布的问题。图 377[引自 Bishop (2)],就这样展示了古代(接近公元前 2 千纪末尾)战车的分布。现在可以算是确定了,有轮子的车,如同陶轮,是在乌鲁克时期(约公元前 3500—前 3200 年)在苏美尔发明的[⑥]。关于车辆演变的一般问题,参考经典研究的著作[⑦] 应已足够。关于中国的古代和中世纪车辆及其构造,文献也很丰富[⑧]。

---

① 参见本书第一卷,p. 183。

② 译文见 Sauvaget (3),p. 11,由作者译成英文。不幸索瓦热(Sauvaget)在他的译文中遗漏了一整行,以致在这一段里提到的所有进口都算是中国的。这个粗心大意在佩利亚特[Pellat (1)]再翻译的时候纠正了,我们是根据后者的。不要设想所有的中国商品都必须来自中国本地,因为印度群岛和中国(更远的印度)往往不是仔细地区分开的。孔雀很可能是印度的,马具是蒙古的。我们感谢奥托·范德·施普伦克尔(Otto van der Sprenkel)首先提起我们对这有趣的一段的注意。

③ Kato (1),vol. 1,no. 21;这一点是由浦立本(E. G. Pulleyblank)教授提出的。

④ 本书第一卷,p. 205。

⑤ 见本册 pp. 73ff。

⑥ Childe (10,11,16)。

⑦ 例如 Haddon (2)],Capot-Rey (1),Baudry de Saunier (1),和奥德里库尔[Haudricourt (3)]几篇出色的论文;以及 Lane (1);Fox (1)和 Childe (10).最近的一篇最好的研究报告是 Haudricourt & Delamarre (1),pp. 155ff. 车辆的演变也可以从德诺埃特[Lefebvre des Noëttes (1)]收藏的丰富的插图里去研究。金茨罗特(Ginzrot)的大本著作,虽然远在 1817 年写成,但还是值得查阅。在公元前 2 千纪开始以前,所有车轮都是实心的(从中国到奥克尼群岛和葡萄牙的一种存在到今天的形式,像我们在 p. 80 上看到的),但是带辐的车轮从那时以后就很快地传播开来。

⑧ 冯·德瓦尔[von Dewall (1)]对商和周代的车辆作了详尽的研究。原田和驹井(1),刘志远(1)和 Anon(22)等搜集了来自汉朝的车辆的绘画,而林巳奈夫(1,2)研究了有关的文字证据。内田(1)编写了关于古代蒙古游牧民族的车辆。另外的很多参考材料,我们将随时提出。

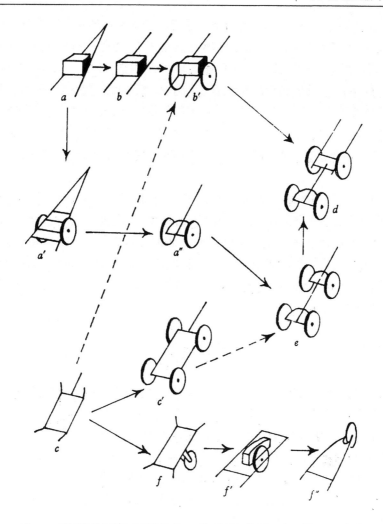

图 492　简图说明有轮的车辆的演变。a，马(狗)拉雪橇或三角滑橇；a′，三角小
车；a″，单辕车；b，滑行车或方形橇；b′，双辕车或真正的小车；c，方形
拖橇；c′，由 c 演变的四轮车；d，接合的四轮车(b′＋a″)；e，接合四轮
车(a″＋a″)；f，四手柄搬运兜或装在中间独轮上的担架(礼轿，参见
本章 p.271)；f′，中心装轮的独轮车，f″，前端装轮的独轮车。

　　根据奥德里库尔的研究，在车辆之间可以划出一个基本的区别：一种车辆在中间有一根
辕用轭把牲口套在它的前端，另一种则有双辕(车底盘两侧部件的延伸)，能采用最有效的方
法套上牲口①。无可怀疑，这两种样式的车辆都是从滑橇或雪车演变而来，并且单辕和双辕
的区别比任何只看车轮数目的区别更古老也更重要。假设最古老的装设是三角滑橇或马拉
雪橇(图 492a，世界上有些地方还在用)，并且它又引出方形滑橇或滑行车(图 492b)②；此时
已经出现了单辕和双辕的区别。沿着演变的一条路线，三角滑橇引出了三角小车(图
492a′)③，由此很容易地转变为单辕车(图 492a″)，这在上千幅属于我们自己文化古物的艺

①　中国人曾做出卓越贡献的这一项技术，将是后面一节的主题(pp.303 ff.)。
②　在爱尔兰至今仍然有[Haddon(2)]。
③　在撒丁岛和在印度都仍然还有。

术作品中经常见到,并的确在最早的公元前 4 千纪的美索不达米亚鞍车上看到①。这样的车辆可能和犁梁或犁杆也有某种关系。两辆这样的车接合在一起就成为一辆四轮车(图492e),但是也可以用轮子架起另一种方形滑橇来构成②(图 492c,c')。同时,双辕的滑行车或方形滑橇架在轮子上,就成为双辕车或真正的小车(图 492 b')。这种车一直到罗马帝国的末期以前在欧洲都没有出现过,也就是比在中国晚大约半个千纪③。把它同单辕车配合起来,也构成一种接合的四轮车(图 492d)。类型 e 的配合是在瑞典的青铜时代石雕上④ 看到的,类型 d 在意大利北部还找得到⑤,而类型 c' 的四轮车则可以在拉登时代(La Tène Age)的青铜器上看到⑥。

246

四轮车和两轮车在整个旧大陆的分布,是德方丹[Deffontaines (1,2)]和卡波特——雷伊[Capot-Rey (1)]细心研究的课题,从中清楚地显出前者是与亚洲北部和中部和欧洲的大草原国家相关联的,向西远达法国东部和意大利北部⑦,并透入印度北部和(从前的)中国北部⑧。其他各处⑨,从两轮战车演变来的两轮小车占支配地位。难免要得出的结论是这种分布与地形的性质有关,两轮车转弯方便,是和障碍相关的,如像丘陵山路,灌木的围篱,沟渠(在欧洲),以及灌溉渠(在中国)。

(1) 中国古代的双轮车

"车"字(K74)的最古老形式(我在这里转印其中的一个),似乎很好地肯定了中国人在商代最初从"肥沃新月地带"接受的双轮车是单辕和轭式的。考古学者会清楚地看到,这必定含有使用效率不高的颈前和肚带挽具的意思(参见本章 p. 305)⑩。有些商代和周代早期的马饰在设计上很像欧洲晚些时候的那一些(在哈尔希塔特时期的)⑪。并且这个结论由于 1950 年的发现而成为毫无疑问的了:在安阳西南约 50 英里(1 英里=1.609 公里)的辉县附近的琉璃阁发掘出

K 74 C

---

① Des Noeëttes (1),figs.4—10。

② 在这个情况下构成的四轮车将是一种非接合的样式。这种样子的方形滑橇至今在中国仍然有[Hommel (1),p. 322]。内田(1)发表了匈奴的滑橇的古画。

③ 参见 Fox (1)和 Daremberg & Saglio 关于 currus(vol. 2, p. 1642),cisium (vol. 2,p. 1201)和 triga (vol. 9,p. 465)的文章。在特里尔石棺上的 3 世纪浮雕上一个男孩的车辕车(currus)[des Noëttes (1), fig. 73, Jope (1), p. 544],有时被看作是欧洲最古老的标本。但是在靠近特里尔的伊格尔石柱上的双轮马车(cisium),一辆由两个裸体少年赶着的车辕里套着两匹骡子的小车,也是 3 世纪初期的。

④ Berg (1),pl. 26, fig. 2;参见 Childe (10) p. 190。已经提到过的(p. 93)公元前 1 世纪的接合的代比约车也是这种类型的;参见 Jope (1),p. 538;Dvořak (1)。这些接合的形式当然是从 15 世纪起在欧洲的车辆上流行的转向架或转向车的祖先[Jope (1),pp. 548,550]。博耶[Boyer (2)]似乎完全有理地争辩说,这个原理从来没有在中世纪欧洲流失过,像某些人以为的那样,并且霍尔[Hall (4)]在基多·达·维格伐诺(Guido da Vigevano,1335 年)的著作中找到了它。

⑤ Jaberg & Jud (1),vol. 6,map 1224, fig. 2。

⑥ Haudricourt (3)。

⑦ 参见罗马的四轮马车(rheda)[Daremberg & Saglio,vol,8, p. 862;Jope (1), p. 546]。另见 Lane (1)。

⑧ 参见 Moule (3,8)。

⑨ 那就是在旧大陆的所有边缘的"半岛"和山区。

⑩ Chêng Tê-khun (4);Gibson (4);林巳奈夫 (1),第 173 页起。

⑪ 例如见 Janse (2)。

图版　一八六

图 493　沂南墓雕上的一辆辎重车("栈车"),约公元 193 年[曾绍燏等(1),图版 50]。

图版 一八七

图 494 周代或汉代的四马车狩猎场面刻在青铜器皿上,弗里尔美术馆展出[原田和驹井(1)]。

一个王墓,里面有一个完整的战国时期双轮车的车场(图 379)。这些双轮车是公元前 4 世纪或 3 世纪初期的,虽然木头已经腐烂,在压紧的土里的痕迹清楚地指出是有单辕而没有双辕的[1]。即使晚到秦代(公元前 3 世纪后半叶),也偶然可从青铜器上[2]找到有辕双轮车的证据,并且在经典著作中也 时常讲到双马车(*bigae*)和四马车(*quadrigae*)[3]。然而,在前一个世纪双辕的车辆就已开始有了。

247

自从汉朝开始以来,所有的图画(其数量是很大的,参见图 493)都一致地表现双轮车是有双辕的(图 492*b'*),并且几乎永远是仅由一匹马用有效的挽具牵引的。1950 年从长沙汉墓发掘出来的西汉(公元前 1 世纪)的木制模型(图 384)进一步表明了这一点[4]。类似的从汉墓中找到的陶器和青铜器模型,在中国的博物馆里可以看到[5]。此外(和经常所持的

---

① 见 Anon. (*4*),第 47 页起,图 24—30,117;Hsia Nai (1)。另外一组出色的车辆最近从靠近黄河三门峡的虢国(参见本书第一卷,p.94)太子墓里发掘了出来。时间恰好在公元前 655 年以前。所有 20 辆双轮车都有单辕、横棒和"轭"[见 Anon. (*27*)]。马得志、周永珍和张云鹏(*1*)在安阳附近大司空村的发掘[参见 Watson & Willetts (1),no.10]为更早的时期提供了确证,这辆双轮车的时间是公元前 1200 年以后不久(由本章后面图 538 指出)。

② 其中之一曾发表在 Flavigny (1), p. 58 and pl. LVIII, fig. 458. 它所表现的是一辆四马车。

③ 例如,《书经》中的伪作篇章之一(第八篇,五子之歌)讲道,腐朽的缰绳不宜于驾六匹马 [Medhurst (1), p. 123]。"驷"这个字是一组四匹马的意思。马的数目多并不一定意味着单辕和轭的体系,因为可以从车底盘向前伸出三根车辕以代替两根,这就容许用挽绳套住四匹马。至少,德诺埃特对沙畹收藏的一幅汉代墓雕的解释是这样的 [des Noëttes (1), fig. 126]。这个意见从容庚收藏的一件出色的汉代青铜上得到支持,苏柯仁 [Sowerby, (2)] 为此做了插图。两辆有顶篷和两侧花格窗的双轮车分别由四匹马和五匹马牵引着奔驰在象形的山和尘雾的地形上(图 495)。前者

图 495　汉代的四马车,出自容庚收藏的刻花青铜器上 [根据 Sowerby (2)]。

的情况有三根线和车相连,而后者有四根,但是从青铜的花纹上不可能看出那是弯曲的辕还是皮革的挽绳。类似这种式样的三、四和五匹马的双轮车的画可以在东汉和晋朝的青铜镜背面看到,布林 [Bulling (8) pls. 71,72,73 和 74] 做了插图,但是挽具也不清楚。我们在观看周代或汉代的青铜镜上刻绘的四马车狩猎场面时几乎同样地难于作出决定,这种古物现展出在弗里尔美术馆,并由梅原(*2*)以及原田和驹井(第 2 卷,图版 Ⅵ,2)做了论述,见图 494。在这里好像只有一根中间辕,两匹外侧的马是套在挽绳上的。然而,考虑到区别挽绳与缰绳的困难,必须分析更多这种古画,取得其他证据,才能使我们对周末汉初的一匹马以上的车辆的挽具感到有信心。我们后面将要回到有关挽具的问题(参见本章 pp. 325 ff.)。同时,见林已奈夫(*1*)的论述,第 211 页起。讨论周代和汉代四马车上挽绳与缰绳布置的有 Legge (8), vol. 1, p. 192;des Noëttes (1), Pelliot (46), pp. 265ff.。后来的图画中具有中间辕的四马车的作品也曾出现,但一般和外来的影响有关,例如敦煌壁画中的那些佛教徒的凯旋车。在若干这种画之中我引证公元 776 年的第 148 号窟 [参见常书鸿(*1*),图版 21]。

④ Anon (*11*),第 89,139 页起,图版 99—102;Hsia Nai (1). 我们在前面曾讨论过这些双轮车的车轮 (p. 77)。

⑤ 重庆市博物馆展出一件出自成都的两轮小车的陶质大模型,有半圆柱形的顶棚,车轮直径约 2 英尺 6 英寸。兰州的甘肃省博物馆展出一件小一些的青铜模型。出自南阳的另一个青铜模型在《文物参考资料》1954 年(第 9 期),图版 20 上有图。参见布林 [Bulling (10)] 描述的小青铜模型。

248 看法相反）[1]，偶然也用前后排列的马牵引有双辕的四轮车，像鲁道夫和文（Rudolph & Wen）发表的一块汉砖上所指出的那样[2]。没有有效的胸带挽具，这是不可能做到的。

由于这些理由，毕瓯按照《考工记》规格复制的一辆中间单辕及轭的四马车不能再当做代表中国古代的典型双轮车了[3]。然而，他为之提供图解的《周礼》，（如我们所知）是一部故意仿古的书，即使其中关于"巧匠的记录"部分本身没有回溯到公元前 4 世纪，也就是到单辕和轭式的双轮车开始让位给双辕双轮车的时候[4]。很可能是当中国的工匠们在周代末年，或许在战国后期，用双辕和有效的挽具替换了马拉双轮车的单辕、轭和效率低的挽具，他们在从事这项伟大发明的时候，对于技术上的名词没有做多少修改[5]。对《周礼》和其他周末汉初的书里那些有车字边旁的名词作一个详细的调查，就可写一篇完整的专题论文[6]；在这里即使只起草怎样做，也会花费我们过多的气力，因此应当满足于试探性地作一些注释。

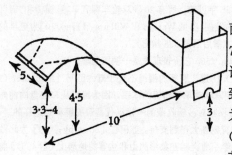

249

图 496 战国后期、秦汉时代典型的马拉双轮车或轻便车样式的草图，根据《周礼》《考工记》中的描述和规格以及考古学的证据。参见下文图 540 等。

在早些阶段（本章 p. 16）曾谈到过《周礼》里面详述的各轮匠和车辆制造者，又在其他处 （p. 75）讲到关于车轮各部分的技术名称。在《考工记》原文里有那样多项尺寸，若引用起来会使人感到厌烦，但是看一下以原文和考古两方面的证据为根据的典型秦汉车辆的草图是令人感兴趣的（图 496）；双辕的非凡的双曲线值得注意。这是在苏美尔的和其他美索不达米亚的单辕式中[7] 已经可以看到的一种趋势的继续，表明必定存在着联系。双辕往往在顶端收缩变窄形成一个小轭。一般的规格（对专门的用途，如战车，要作相应的修改）规定一定长度和轮距（"轨"，"轨"）的车轴

---

① 例如 Sowerby (3)。

② Rudolph & Wen (1)，p. 33，pl. 84. 它与中世纪后期的欧洲样板很相似，如像 14 世纪勒特雷尔诗篇集的画 [Jope (1)，p. 548]。另一个古代中国四轮车出现在汉代的一个不上釉的陶瓮上，喜龙士 [Sirén (1)，vol. 2，pl. 101] 作了图。但是这些都不能说是普遍的。

③ Biot (1)，vol. 2 opp. p. 488. 古代印度的同类型双轮车和轻车构造见 Hopkins (1)，p. 235 和 Gode (3)。后者利用的是《周礼》的片段的一个稀奇而很少有人知道的译本，到现在已经有一个世纪了——金执尔 [Gingell (1)] 与毕瓯同时期，但显然并未依赖后者。在印度，单辕的系统占优势，可是在哈拉帕的铜制模型上也可以看到双辕 [Vats (1)，p. 105，pl. XX Ⅲ d]，参见 Gode (4). 莫亨朱达罗的模型都是有单辕的 [Marshall (2)，vol. 2，pp. 554ff.，vol. 3，pl. CL Ⅳ，figs. 7，10]。

④ 关于古代中国的双轮车和轻车的制造，在 18 和 19 世纪进行的考古学的经典论证全都围绕着《考工记》。我们不久将谈到它。在这个课题上的最近的研究是林巳奈夫（2）作的。参见吉田光邦（3）。

⑤《周礼》的原文有系统地称弯曲的马单辕为辀和直的牛车双辕为辕。但是该段落的开首句的汉代注释讲："辀车辕也"，卷十一，第十六页。

⑥ 我们高兴地获悉廖内洛·兰乔蒂 [Lionello Lanciotti] 博士现在正在罗马对古代中国车辆作一个决定性的研究。恰巧在这一章付印的时候，林巳奈夫（1）的一篇关于商、周双轮车的详尽的论文发表了。

⑦ 参见 des Noëttes (1)，figs. 13，16；Childe (11)，fig. 125a.

（“轴”，“轲”）应当高于地面 3 尺[①]。因此，车轮无论是有轮辐组装在轮牙的扇形轮缘（“辋，“辆，“輞”）里的，或是实心的（“辁”）[②]，直径都在 6 尺左右[③]。在轮和轴相接处有一个青铜或铁的空心外轴套（“軎”，“釭”，“軑”，“锧”）[④]，围绕它设置轮毂（“毂”，“轵”），用粘接起来的动物筋腱缠绕加强，并包扎以皮革（“帱”）。可能有一个金属的毂盖或毂箍（“輨”），但更常用和更重要的是轴头盖（“軎”），用像我们的开口销一样的一根车辖（“軨”，“辖”）保持车轮在轴上的正确位置[⑤]。轴梁支持着下部底盘“轐”，“轐”，“䡊”），承托着车身（“轸”）及其侧件（“輒”）、立件（“较”）和扶手（“轼”，“軓”）[⑥]。车杆（“辀”或车辕（“辕”）的弯曲形状“像水壶里倒出来的水”。在前端的横棒（“衡”）先是在中间用连接件（“輗”，“軏”）装在车杆上并挑起两个“軛”（“軥”），但后来（在作进一步的改变时）转为将两根车辕固定地连接起来。

《考工记》的原文讲得很清楚，标准车辆的规格是与标准武器（如矛和长矛）的规格密切相关的。它还讲到，如果单辕的弯曲不够，就会使马感到沉重，而弯曲过剧，杆就会断。为了 250
理解这种弧形应用到双辕上的重要意义，必须认识到胸带挽具的挽绳（见下文 p.305）是拴在双辕上两个屈折之间的中点上，从而在车辆上发挥出一个直接和有效的牵引力。另外加套上去的马的挽绳都连接在专备的环（“钏”）上。双辕在中点以前的高拱曲形实际上是不必要的，但是说明了这个安排是来源于单辕和軛，也就是说，来自一种设计体系，其中主要的是木杆应当伸到牲口脖颈的前边去。古代中国的双轮车，其双辕已变为直的。流传到今天华北的普通农村车辆（图 498），可是半圆柱形的遮篷或车顶早已代替了汉代时髦车辆的帐篷状或伞状的华盖[⑦]。但是，一些汉代的图画所表现的军用车或运货车（“栈车”）非常像现代的典型车辆（图 499）[⑧]。

在有关双轮车制造和制车工艺的古老文章里，专门术语看来为数很多，我们这里提到的

---

① 卷十一，第五至十六页［ch. 40, Biot (1), vol. 2, pp. 463ff.］。

② 现代的传统的示例见于 Hommel (1), p.323；我们已经有机会讨论了它们（上文 p.80）。

③ 周代的 1 尺大约合 8 英寸（1 英寸=0.0254 米）；原文里讲一个普通人的身高为 8 尺左右。

④ 这个一般是瘦长而逐渐略变细的圆柱体的样式，但兰州博物馆存有一个铁制的物件，据说是一个轴套（“车串”），形状再像一个现代的螺母不过了，因为它外面是六角的而里面是圆的（然而没有螺纹）。可能它是属于一辆手推车或独轮车的。有时出现很细长的轮毂套，如在阿尔泰山帕齐里克的第五号冢里发现的四轮车，年代由鲁坚科［Rudenko (1)］定为公元前 5 世纪，可能是来自中国的［参见 Frumkin (1)；Barnett & Watson］。在麦积山的约公元 520 年佛教壁画中的一辆两轮凯旋车似乎表现了类似的东西；参见 Willetts (2)；Wu Tso-Jen (1). 很多在《金石索》表现的 2 世纪武梁浮雕也是如此。这项装置应能将车辆的不稳定性减至最小。《周礼》总是认定青铜为制轴套的金属，但是我们从公元前 40 年的《急就篇》字典得知，铁的轴套早已成为标准的了（卷三，第四页）。

⑤ 晚周和汉代时期的装饰华丽的青铜轴盖是博物馆里很普通的展品。有关插图见于 Sirén (1), vol, 1, pl. 64；Harada & Komai (1), vol. 2, pl. XXV ff.；Anon. (*4*)，第 43，132 页，图版 22，52，92，104；Anon. (*11*)，第 41 页；Anon (*17*)，图版 23；Anon. (*20*)，第 106 页，图版 47，53，68，74。图 497 摘自唐兰 (*1*)，图版 64。公元前 7 世纪的样板发表在 Anon. (*27*)，图版 47。田单的故事［《史记》，卷八十二，译文见 Kierman (1), p. 37］是根据公元前 284 年的铁轴盖。

⑥ 已经知道有大批各式各样的青铜双轮车零件，参见 Koop (1), pls. 25, 26, 27, 43b。

⑦ 中国文化中的有轮运输工具的通史，如果有人写出来，将成为经济发展史的非常有趣的一章。在相当大量关于中国经济历史的中文和西方文字的文献中，我们似乎缺少像威拉德［Willard (1)］所作的研究——关于两轮和四轮马车运输在中世纪欧洲的地位。

⑧ Anon. (*22*)，第 40 页起；Rodolph & Wen (1), pl. 83。

图版 一八八

图 497　山西一座墓里发掘出来的战国时期的有花纹装饰的轴头盖[唐兰(1),图版 64]。

图版　一八九

图 498　甘肃兰州的农村用轻便车(原版照片,1943 年)。

图 499　汉代的辎重车("栈车");重庆市博物馆展出的彭县模砖拓印[Rudolph & Wên (1)]。

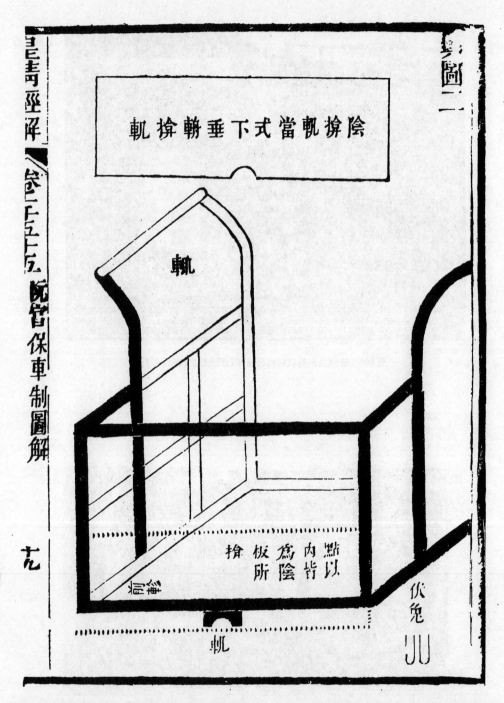

图 500　阮元根据《周礼》进行的关于车辆制造的考古研究——《考工记车制图解》(1820年)中的简图。这是周代或汉代双轮车的等角投影简图。图例中说图上方划出轮廓的板,装配列车身前面、单辕以上,如主图上虚线所指。引自《皇清经解》卷一〇五五,第十九页。

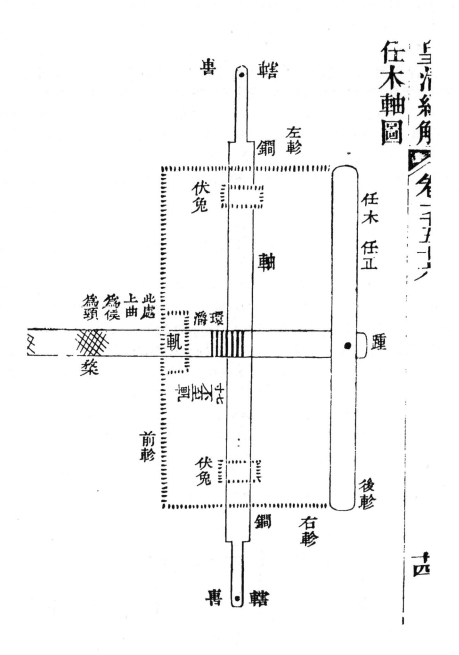

图 501　另一幅简图，车身及其下面的轴和轴承的平面图。引自《皇清经解》卷一〇五六，第十四页。

仅是其中很少一些[1]。它们相当有趣，也很重要，因为车辆制造是工匠们最古老的行业之一，并且掌握他们所创造的术语对于研究关于碾磨、纺织或钟表机械的日后更复杂的工程技术文章是不可缺少的。

关于中国的双轮车和轻便车的轮距，我们在早些时候（第二卷，p. 210）曾有机会注意到秦始皇帝在公元前 3 世纪采取的标准化。这个传统在全国某些地区持续那样地长久，当冯·李希霍芬（von Richthofen）在二十二个世纪以后在中国旅行时，发现必须在某地更换他车上的轴，因为在陕西、山西和整个中国西北部轮距比东部各省宽 20 厘米左右，由于车辙尺寸的 253 不同必须作此更换。然而，备用的车轴是准备好的，改装很快就完成了[2]。只有印度河谷的轻便车的保守性比此更甚，根据哈拉帕地区的车辙判断，它们和青铜时代的祖先用的是同样的轮距[3]。

(2) 大型车、营地磨和手推车

以下我们将依次讲述中国发明的独轮车和陆地扬帆车，然后讨论某些在技术上很有趣味的包含齿轮系的专用车、计里鼓车和指南车；最后以一篇关于发展牲口高效挽具的论述作为结束，为了这一进步，中国和中亚应受世界其余部分的感谢。然而，在继续讲下去以前，先要谈一谈某些较近期的中国车辆（有的尺寸很大）[4]、以无振动著名的御用车辆和营地磨，后者是装在车上成为流动的、不论在行走中还是在停止时都由畜力牵引和拖动的碾磨和舂捣的机器。

大约在公元 610 年为隋炀帝制造了一辆非常大的车。《续世说》中讲道[5]：

> 宇文恺为隋炀帝建造了一座"观风行殿"[6]；上层载卫兵，并有数百人回旋的余地。下面有车轮和轴，在推动时极不费力，像有鬼神帮助一样。凡是看到过它的人，没有不惊异的。

〈宇文恺为炀帝造观风行殿，上容侍卫者数百人离合为之。下施轮轴，推移倏忽，有若神助。人见之者莫不惊骇。〉

这恐怕远不是第一次为了特殊目的制造的大型车辆。在墨子门徒关于守城的文章里（公元前 4 世纪），可以看到有攻城使用的装在轮子上的塔（"轒"，"辒"，"轠"，"輣"），还有以各种方式

---

① 解释它们当然有些困难，并且权威学者在某些问题上还可以不同意。有些现代中国考古学的奠基人详尽地研究了有关车辆的文章，著名的有戴震在 1746 年写的《考工记图》[见近藤(1)]，以及方苞在两年后写的《考工析疑》。江永于 1791 年在他的《周礼疑义举要》里（卷七，第十页起）继续了这项讨论。最全面的研究或许是阮元大约在 1820 年的《考工记车制图解》。图 500 和 501 就是引自这里面的。图 496 的双轮车草图所给的尺寸都只是很约略的，但是与阮元(2)给出的那些极为近似。和他同时代的程瑶田也在这同样的课题上做了工作，如 1805 年他的《考工创物小记》。这些学者们在一个具体问题（轮盘）上的意见的比较见于 Lu, Salaman & Needham (1)。

② 冯·李希霍芬[von Richthofen (5), vol. 1, p. 546]、霍维茨[Horwitz (6), p. 182]的注释。

③ Childe (10).

④ 关于汉代的车轮，参见本章 pp. 80, 81。

⑤ 卷六，第十一页；作者译。

⑥ 这个名称的含意不明确；字典上的解释是"看风"，但是很不像是以气象学或民俗学为目的的，同时我想这是利用帆和风作为动力的又一件参考资料，因为这项发明正巧发生在半个世纪以前梁元帝的时期（见下文 p. 278）。参见本书第四卷第一分册，p. 108。

装甲的战车（"衝"）①。很久以后,我们又在 17 世纪的《天工开物》的插图里听到巨型车辆的回音,一辆九根车辕的四轮平板车由八匹马牵引,但是这样的车如果不是完全的幻想,也一定由于缺乏好的道路而在使用上很受限制②。在以后的绘画作品中表现皇家仪仗的并不罕见③,但是由于所画的马具在技术上都实际做不到而表明那些画都是臆想出来的。不过,在过去时期中国究竟建造了什么,应当暂且保留判断。在 1550 年传给拉穆西奥(Messer Giov. 254 Battista Ramusio)的哈吉·穆罕默德(Hadji Muhammad)的中国报道中有稀奇的一段:"有时候他们从距离两三个月的路程远的地方取他们需要的石块,运输用的车有四十个左右高大的、有铁胎的轮子,要用五、六百匹马或骡子牵引。"④

应当有人研究一下自《后汉书》起历代的历史中关于皇家车队的专题记载,传统地称为舆服志。从那里面可以看到很多关于皇帝的辇和车的事⑤,但是一般的记述重点是放在装饰及其象征方面。然而,讲得较多的玉辂,在唐朝第三个皇帝高宗时期(650—683 年)和以后很久,它引起了很多人的注意⑥。沈括在《梦溪笔谈》里这样讲到它⑦:

> 唐高宗时期,为他制造了一辆用玉装饰的大型国车。三次载他去泰山(在这古老的山上举行祭祀仪式),他还乘它多次出游远方,但到今天(约 1085 年)它仍然完好,牢固和平稳⑧。在车行走时若在车中放一碗水,水不会溅出来。庆历年间(1041—1048 年)所有手艺好的工匠都被召来另造一辆这样的车,但因不平稳而未予使用。元丰年间(1078—1085 年)又制造了一辆,尽管某些工艺质量很出色,但仍在呈献给皇帝以前的试验中摔散了。只有唐代那辆车至今仍坚持完全平稳毫无振动。但是没有人能发现制造它的方法。有人坚信有神仙保护和扶着车走;我只能说,当你走在它后面,能听到从其中发出隐约的声音。

> 〈大驾玉辂,唐高宗时造,至今进御。自唐至今,凡三至太山登封。其他巡幸,莫记其数。至今完壮,乘之安若山岳,以搭栲水其上而不摇。庆历中,尝别造玉辂,极天下良工为之,乘之摇不安,竟废不用。元丰中,复造一辂,尤极工巧,未经进御,方陈于大庭,车屋适坏,遂压而碎。只用唐辂,其稳利坚久,历世不能窥其法。世传有神物护之,若行诸辂之后,则隐然有声。〉

这真有趣。沈括并不是那种说一碗水在车上不会洒而实际上洒了的人,同时这个故事使人回想起很久以后乔治·斯蒂芬森(George Stephenson)关于铁路运输远景的预言。且不去联想到常平架原理⑨的采用(如 17 世纪早期布兰卡所建议),可能唐代那位未留名的工程师使用了滚柱轴承或片簧,不过他一定是把这些装置封闭了起来,使他的后继人不把设备拆散就不

---

① 参见惠栋 1718 年写的《左传补注》卷六,第十三页。

② 卷九,第十二和十三页;参见《图书集成·考工典》,卷一七四,第十九和二十五页。

③ 一幅据认为是元朝的这种画由德诺埃特[des Noëttes (1), fig. 130]复制,同时我还在敦煌壁画里看到过更早期的画;从这些画里没有什么收获。

④ Yule (2), vol. 1, p. 294. 参见 van Braam Houckgeest (1),Fr. ed. vol. 1, pp. 108,222;Eng. ed.,vol. 1,p. 143,vol. 2, p. 8.

⑤ 例如,看到双重车辕的额外安全性。

⑥ 参见两部宋代的书:《石林燕语》卷三,第十五页;《铁围山丛谈》卷二,第二页。在《三才图会》(用器篇,卷五)和其他丛书里[参见 Harada & Komai (1),vol. 2, pl. XVⅡ,2]有它的多多少少属于臆想的插图。

⑦ 卷十九,第十九段(第六页);参见 Hu Tao-Ching (1),vol. 2, p. 642;作者译。

⑧ 这好像是在今天使用一辆 1550 年制造的国车,似乎不大可能;也许沈括看见的是后来修复的略早于 11 世纪的产品。

⑨ 这在中国当然是旧有的;参见本章 p. 228。参见图 475。

255 能弄清制造的工艺。如果是用滚柱轴承,他就抢先于近代西方公认的发明人达·芬奇(约 1495 年)[1];如果用的是片簧(从它在古代弓弩上的应用考虑,这似乎较为可能),则抢欧洲技术之先的情况就更为突出了,因为费尔德豪斯[2] 没有能引用任何比浮斯图斯·威冉提乌斯的 1595 年的规格更早的车辆的确凿实例为证据,而德诺埃特[3] 也只能用一幅 1568 年的画来改善这个情况。可能是用了某种悬置,用链条或皮带,像在 14 世纪欧洲的摇摆车装置那样[4]。

博学的贝克曼在他写的发明史[5] 中,用简短的一节写营地磨。磨机安装在四轮车上,可

图 502 塔尔戈内的营地磨坊,引自宗卡 1607 年的工程论文,由贝克复制[Beck (1), p.130]。当停在营地上的时候,车上安装的两台磨由马拉绞盘通过齿轮带动。

以跟随军队像行军灶和行军锻炉一样,很早以来就一定是一项明显的军 事需要。我们已经看到(本章 p.187),小型手推磨起源的理论之一是把它归之于罗马军团支队的需要。这个想法延伸到车轮化运输只有到中世纪的末尾路面改善以后才有指望,这是欧洲档案所指出的。宗卡在 1607 年画了一幅营地磨坊的画,车轮在营地或靠近宿舍的地方被销住,磨机由畜力带动;他说,这是围攻拉罗谢尔(La Rochelle)和胡格诺战争(Huguenot Wars)中出名的军事工程师蓬佩奥·塔尔戈内(Pompeo Targone)在 1580 年发明的[6]。以后时常有人仿造,如拜尔(Beyer);并且有不止一个设计把磨机与车轮用齿轮连接起来,使它能在行走中碾磨,这是在 17 世纪前几十年期间发表的[7]。塔尔戈内的营地磨画(图 502)及时地流传到中国,我们在 1627 年的《奇器图说》里和耶稣会士邓玉函提供的其他机器一起看到了它(图 503)[8],其中两台磨经过齿轮由旋转梁和牵引架套上单匹马带动。

256 大概邓玉函和王徵都不知道营地磨的历史几乎 1300 年以前就在中国开始了。在一本匈奴后赵王朝(约公元 340 年)首都的事态报道《邺中记》里,陆翙在讲到皇帝石虎有一辆指南

① Usher (1),1st ed, p.188,2nd ed, p.227. 又见上文 p.94。
② Feldhaus (1), col 1261。
③ (1),fig.162;复制在 Jope (1), p.549。
④ 关于这些,见 Boyer (1)。
⑤ Vol.2,p.55。
⑥ 1621 ed.,p.88a。但是恰巧大约同时莫卧儿帝国皇帝阿克巴(Akbar)在印度做出了同样的发明;参见 Blochmann (1), p.275。
⑦ 费尔德豪斯[Feldhaus (8), fig.72; Feldhaus (13)]曾做了营地磨起源的研究。所有现代的移动式农业机械由地轮驱动的都起源于它;参见 Fussell (1); Spencer & Passmore (1); Scott (1); Dickinson & Titley (1), p.132。
⑧ 卷三,第三十三和三十四页。

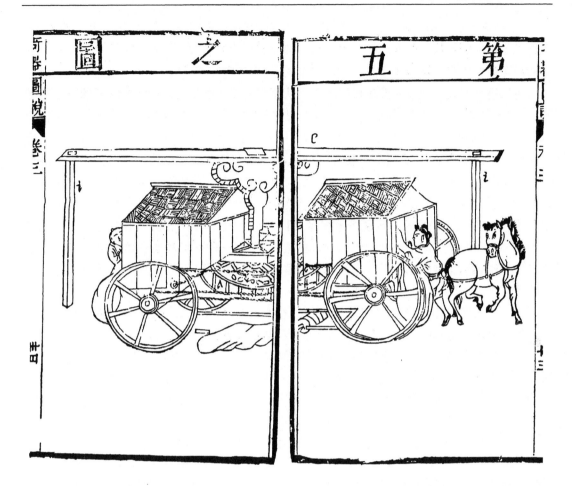

图 503 1627年的《奇器图说》(卷三,第三十三和三十四页)刊载的营地磨。在上边:(转磨章的)"第五图"。画家增添
了宗卡的画里没有的细节,表明从地轮上来的链条或绳索传动(参见图465);难道他已经知道有更早的中国
的自动营地磨?

车和一辆计里鼓车以后写道[①]:

> 他还有舂车,车上装有木人,车行时始终以碓舂米,每行十里舂米一斛。另外还有磨
> 车,车上装磨盘,每行十里亦磨一斛麦。所有的车皆漆红色,花纹鲜艳。每车由一人管理,
> 并在行走中表现其一切性能。车停机亦停。这些流动磨坊由宫廷侍官解飞和皇家修造 257
> 总监魏猛变[②] 制造。
>
> 〈又有舂车,木人及作行碓於车上,动则木人踏碓。行十里成米一斛。又有磨车,置石磨於车,上行
> 十里辄磨一斛。凡此车皆以朱彩为饰。唯用将军一人,车行则众巧并发。车止则止。中御史解飞、尚方
> 人魏猛变所造。〉

另一种形式[③] 是每辆车有一台或几台去谷壳的碓由右侧车轮带动,旋转磨由左侧车轮
带动。我们不曾遇到过使用这种机器的任何后来的报道,但是很难相信即使在王徵时期被人

① 第八页,但《太平御览》引用的内容更好些,卷七五二,第三页;卷八二九,第十页。由作者译成英文。
② 前面提起过(pp. 38,159),并且还将再提起(p. 287)。
③ 引述在《说郛》卷七十三里。

们忘记了,它会就此销声匿迹。应当想到,鄴[①] 这个都城是在河南北部,即在华北平原上,使用这种游牧式的设施比其他地区如杭州或成都当然更为适宜。的确,这个发明颇有匈奴游牧生活的需要和中国人定居生活的工程技术之间"异花受粉"的味道。

可以再补充几句关于人推或拉的小车。从死于公元 100 年的王得元的坟墓墙壁上的雕刻中,我们得知汉朝有带轮的玩具;一个穿长袖袍子的孩子用一根棒推着一个两轮或四轮的东西[②]。甚至更值得注意的是公元 851 年的千佛洞壁画中的一幅画面,一个妇女推着一辆低矮的摇篮状的四轮车[③]。里面似乎躺着一个人,并且由于不太够一个成年人的长度它多半是一辆儿童车而不像是灵车或救护车。至于有车辕的手推车,当然与双辕双轮车本身起源同样地早,而它的专用名词"辇",在青铜模型上清楚地表现为一辆两个人拉的有单辕和轭的小车[④]。但是它最简单的样式一定更古老得多,因为《诗经》上有参考资料[⑤],并且《左传》在叙述公元前 681 年的事件时讲到一个逃亡的地主南宫万,用一辆手推车推着他的母亲走向安全地方[⑥]。在汉朝,这样的车似乎突出地联系着宫廷内部的交通。也许最使我们感兴趣的是关于已经讲过的(p.26)战国时期的冶铁商卓氏。

> 卓氏家族是赵国人,因炼铁而致富。在秦灭赵时(公元前 228—前 222 年),他们被俘并被放逐到蜀(四川)。夫妻二人均步行,推着一辆小车……[⑦]。
>
> 〈蜀卓氏之先,赵人也,用铁冶富。秦破赵,迁卓氏。卓氏见虏略,独夫妻推辇……〉

258　他们正在走向好运气的恢复,因为在四川卓先生找到了一座铁矿山,比以前更富有得多了。在秦和汉的器件上表现手推车的是不很罕见的——四川西部嘉定附近的墓刻中有这样一件(约公元 150 年),复制在鲁道夫和文的收藏中[⑧]。

贯穿着整个中国历史,这种小型两轮车始终在应用。有关它们的参考资料出在《东京梦华录》,一个描写北宋首都开封生活的作品,由孟元老约在 1160 年著[⑨]。"黄包车"是它的近期后代,但在中国若干世代以来都很少使用,直到从日本重新引进[⑩]。在敦煌壁画上可以看到一些描绘它的作品[⑪]。例如,北魏和唐时期的(5—8 世纪)431 号洞里有一幅很清楚的一个人推着一辆两轮手推车的画。但是在 148 号洞里,其中唐朝壁画可以定为

---

① 现代的临漳,靠近河南北部安阳,在黄河北。

② 这些浮雕现在保存在西安博物馆,我高兴地于 1958 年观赏了它们。它们是五年以前在靠近延安的绥德发现的。式样见于 Anon.(21),第 8 页起。

③ 这个出现在 156 号窟的外面走廊上。

④ 见容庚(3),第 726 页,或 Sowerby (3)

⑤ 毛诗第 227 首,译文见 Karlgren (14),p.180.在这里用"Barrow"(手推车)的名词不好[Waley(1),p.130],因为它引起与正式的独轮手推车相混淆,关于这个有一段故事。

⑥ 庄公,十二年;译文见 Couvreur (1),vol.1,p.156。

⑦ 《史记》卷一二九,第十七页,作者译,借助于 Swann (1),p.452.卓先生是秦国的一个"资本家",在第 48 章里我们还要提到他。

⑧ No.5.在另一件上(No.2)我们看到一个孩子躺在一辆儿童车里,车轮是实心的,车辕向上弯曲,仿照正式双轮车的样子。很多这样的雕刻都在河岸峭壁上的蛮洞子山窟里,贝德禄(Baber)第一个在 1886 年曾去参观,托兰斯[Torrance (1)]辨认是汉朝的,并由傅吾康[(W. Franke (2)]写了说明。

⑨ 如林语堂 [Lin Yü-Thang (5),p.34] 所注释。

⑩ 我们感到惊讶地在库寿龄 [Couling (1),p.262]、苏柯仁 [Sowerby (3)] 和张伯伦 [Chamberlain (1),p.236] 的论著里谈到这种车是 1870 年一个美国传教士发明的。

⑪ 我相当幸运地有机会于 1958 年在实地看到了它们。

公元 776 年，有另一个人推着一辆小车，可能是独轮车。这就把我们带到了讨论的下一个阶段。

(3) 独轮车和扬帆车

作为日常生活用车辆，没有能比普通的独轮车更为人们所熟悉。也许欧洲人很难想到它是一辆车，因为我们将看到西方使用的式样很不适合承担重载，但是中国的独轮车却始终建造得可以乘坐 6 人之多，并且通用于各种客货运输①。同多数人的想象相反，历史学家们普遍地同意独轮车直到 12 世纪后期或甚至 13 世纪都没有在欧洲出现②。城堡和教堂的建造者们一定会乐意采纳一个简单的方法，用一个车轮代替在前面抬料斗或担架的人，把这种轻载搬运所需要的劳动力削减一半。但是从一开始，欧洲的设计就把车轮放在手推车的最前端，使负载的重量平均地分担在车轮和推车的人之间。

中国的独轮车的情况则不是这样，这一点是 17 世纪和以后在中国的很多欧洲人所欣赏的。所以范罢览(van Braam Houckgeest)在 1799 年写道③：

在这个国家所用的车辆当中有一种独轮车，构造非凡，并且客货运输同样使用。根据负荷的轻或重，它由一人或二人掌握，一个人在前面拉着走，另一个人扶着车辕向前推。与小车的尺寸相比，车轮是很大的，安装在载重部分的中心，以致整个重量都压在轴上，而推车的人并不承担任何部分，只负责向前推动并保持其平衡。车轮可以说是罩在木条做的框架里，并且用 4 或 5 英寸宽的薄板盖起来。小车的两侧都有檐，上面放置货物，或作为乘客的座位。中国的旅客坐在一侧，并给放在另一侧的他的行李作平衡。如果他的行李比他自己重，就把行李平均地放在两侧，而他自己则坐在车轮上面的木板上，小车是有意识地设计得适应这种情况④。

这种独轮车这样装载的情景，对我完全是新颖的。我不能不看到它的独特风格，同时我赞赏这项发明的单纯朴素。我甚至想，这样的手推车在很多方面都比我们的优越得多。

除此以外，我要说到车轮直径至少有 3 英尺，轮辐短而多，因而轮缘很深；同时它在外边面上凸起，不像普通车轮那样很平，而呈棱尖的形状。车轮外缘的狭窄使它乍看上去很不适用。我觉得如果宽一些就会更适合粘土多的路面；但是我回想起在爪哇，水牛拉的车也是用轮缘窄的车轮，为的是在雨季中它能切开固结的泥土，宽的车轮会被牢牢地粘住——如同学者霍伊曼(M. Hooyman)先生所学到的经验，他打算在巴达维亚

① 我有一个生动的回忆，1943 年乘坐一辆出租的独轮车在成都的一段城墙外面作长途旅行。利玛窦在他那时候也这样旅行过(Trigault, Callagher tr. , p. 317)。

② De Saunier (1), p. 70；Lynn White (1), p. 147；Forestier (1), pp. 105, 107；Capot-Rey (1), p. 83；des Noëttes (3)；Massa (1)；Jope (1)；Gille (14). 最早的一幅作品是在沙特尔大教堂窗户上(约 1220 年)。另一幅见于 Bib. Nat. MS. Lat. 9769，一本约 1275 年的关于圣杯的历史。阿姆斯特丹博物馆(Museum at Amsterdam)保存了一幅 15 世纪的关于圣伊丽莎白(St Elizabeth)传奇的精致的画(画家不详)，在前景中示出了一辆稀奇的盆状的独轮车(约 1475 年)。在阿格里科拉它们是常见的。

③ Fr. ed. , pp. 72ff. , 86, 108, pl. 3, Eng. ed. , vol. 1, pp. 96ff. , 114, 144.

④ 梅森[Mason (1), p. 436]指出中国的独轮车与一匹驮载的牲口和驮鞍之间的相似性。

(Batavia)周围使用宽轮的车,但发现自己被迫跟随当地的习俗。我因此信服了,中国的车轮是最适合粘土路面的①。

利用插图来看这一段,图504表现中国独轮车的一般结构。欧洲的型式可能在可控性上有所补偿,但这不能成为重要的因素,因为上千的中国独轮车直到今天仍满载负荷迅速而尖叫着奔驰在中国的乡村。

然而,范罢览斯特和大多数欧洲技术史学家们都不知道,这种简单的车辆在中国第一次出现的时间至少早在3世纪。它似乎是蜀国的因对技术颇感兴趣而著名的大将军诸葛亮,解决他的军队给养问题的办法。重要的章句出在《三国志》②:

建兴九年(公元231年)(诸葛)亮又从祁山出来,用"木牛"运送(军队的)给养。

〈……九年亮复出祁山以木牛运……〉

在后面一页上继续讲道③:

建兴十二年春天(公元234年),得知主力部队要从斜谷④出来,他用"流马"运送给养。

〈……十二年春亮悉大众由斜谷出以流马运……〉

此外还有⑤:

(诸葛)亮是一个非常足智多谋的人。他加进几个部件并取掉了另一些,改进了连弩。再者,"木牛"和"流马"二者都是他发明的。

〈亮性长于巧思,损益连弩,木牛流马,皆出其意……〉

还有裴松之(公元430年)关于历史的注释中引述⑥孙盛的《魏氏春秋》如下:

在《诸葛亮集》里有"木牛"和"流马"制作方法的一段叙述。"木牛"有一个方的腹部和一个弯曲的头,一只脚⑦和四条腿("足")⑧;它的头压缩进了它的颈,而且它的舌头连接到它的腹部上。它能运载很多东西,因而少走几趟路程,所以它有最大的用处。它不适用于小的场面,但被用于长距离;(在一天内)如果有特殊任务,它能走几十里,如组成军队则约走20里。弯的部分相当于牛头,成双的部分⑨相当于牛的肢,横的部分相当于牛颈,旋转的部分("转者")⑩相当于牛足,覆盖的部分相当于牛背,方的部分相当于牛肚,悬挂的部分相当于牛舌,弯曲的部分⑪相当于牛肋,刻的部分相当于牛齿,立的部分相当于牛角,细的部分相当于牛的笼头,把柄("摄")相当于挽绳与车前横木("鞅")⑫——。

---

① 考虑到《周礼》已经注意到了车轮的"流线型",这里的最后一段是有趣的(本册 p.75)。

② 卷三十五(《蜀书》卷五),第十三页,作者译。

③ 第十四页。

④ 见本书第四卷,第三分册,第二十八章"b"。

⑤ 第十五页。

⑥ 第十六页;均为作者译。

⑦ 车轮。

⑧ 侧支架以防倾倒。

⑨ 车轴的两个轴承。

⑩ 车轮。

⑪ 将车轮与货物分开的外罩。

⑫ 这个专门术语也用于秋千(本册 p.376)。在适当的上下文里也可以解释为套车的马的尻带或辕带(本册 p.309)。参见 p.328。

图版　一九〇

图 504　中国独轮车的最典型样式,具有中心车轮及其上面的罩,既载重货又载客。出自江西德安(Hommel,1)

轴的各半向上面对双辕。在一个人(负同样载重)走 6 英尺的时间里,木牛将走 20 英尺。它能载(一个人的)全年口粮[1],走 20 里后而推车人仍不感劳累[2]。

《诸葛亮集》载作木牛流马法。木牛者,方腹曲头,一脚四足,头入领中,舌著于腹。载多而行少,宜可大用,不可小使;特行者数十里,群行者二十里也。曲者为牛头,双者为牛脚,横者为牛领,转者为牛足,覆者为牛背,方者为牛腹,垂者为牛舌,曲者为牛肋,刻者为牛齿,立者为牛角,细者为牛鞅,摄者为牛鞦,轴牛仰双辕。人行六尺,牛行四步。载一岁粮,日行二十里,而人不大劳。)

261 这些带几分绘画气味的措词差不多像一种密码,这个设计毕竟是为了军用,很有理由看作是"机密";在这样的词藻下面辨别出独轮车来是根本不困难的。

下面跟着的一长段提供了详细的尺寸和计量。引用就太繁琐了,并且初看起来那样含混,使得有些人放弃了依靠它去仿制确实诸葛亮时代的独轮车的希望,富路德(Goodvich)甚至根本怀疑它是涉及了独轮车的[3]。我们只能说,仔细地阅读书文使我们认识到这一段并不

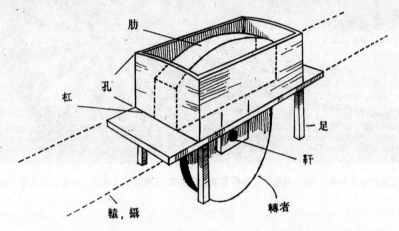

图 505　根据孙盛(约公元 360 年)和裴松之(公元 430 年)收藏的《诸葛亮集》(约公元 230 年)里的规范复制的诸葛亮军用独轮车。专门术语的大概意义在文中论述。

像看上去那样杂乱无章,而是相当清楚地指出一辆以后始终作为传统型式的独轮车。然而,为了使尺寸配合,必须认定某些鉴别;例如,"肋"可以有理由地用来表示防止货物与旋转的大车轮接触的内罩。在牲畜身上的肋箱,从某种意义上说,是箱中之箱。再有,"弯的部分"是前面,"横的部分"是轴,"成双的部分"是轴承。"杠"一定要当横木讲,"孔"是榫眼,"軒"是车身上安装轴承的小块。竖立的侧板和端板都是可以拆卸的。所有这些部件可以在《天工开物》里独轮车的图上看得到(图 506),包括内轮罩。在那里它叫"独推车",但也有在不同的时代使用的其他术语[4],包括名词轵,轩,辇和动词辀。

262 有时候有一种倾向认为诸葛亮的发明是神秘的或超自然的,但在 11 世纪高承很清楚地

---

① 这很可能,假设定量每日 1 磅,就等于车的载重大致 3 英担。

② 整个段落及其所附关于尺寸的段落,连同修改,也刊在《全上古三代秦汉三国六朝文》(三国部分),卷五十九,第七页。

③ Goodvich(1),p.78;作者译。

④ 用单一的字作为独轮车的名字可能被有些人解释为说明它古老的好证据。可是这些名词是模棱两可的,因为它们也可解释为纺车(或绕丝机),实际上它都可以解释为任何独轮的装置,无论是固定的或流动的。我们不久将进一步欣赏独轮车与纺织机械之间的特殊联系(参见 p.266)。

认为那是独轮车①。他写道②：

> 诸葛亮，蜀国丞相，出师作战时，令人制"木牛"和"流马"，运送给养。巴蜀③道路艰难，而这些车翻越山峦较方便。"木牛"即现在的小车，这样叫是因为其车辕伸向前（所以是要拉的）；而"流马"是由一人推的那种（所以车辕伸向后）。近来人称"江州小车"。据《后汉书》的地理章，四川省江州。当时刘备占据整个四川，所以我猜想诸葛亮的发明开始是在江州做出的，因此得到这个名字，继续到后代。

> 〈蜀相诸葛亮之出征，始造木牛流马以运饷。盖巴蜀道阻，便于登陟故耳。木牛，即今小车之有前辕者；流马，即今独推者是。而民间谓之江州车子。按后汉郡国志，巴郡有江州县。是时刘备全有巴蜀之地，疑亮之创始作之於江州县。

> 当时云然，故后人以为名之。〉

高承就这样提出了可称赞的意见，木牛的车辕向前，而流马的向后④。两个发明将会完全按照预料的顺序出现，因为显然第一个想法会是模仿双辕双轮车，而车辕的变位将会晚些在取得实际经验以后发生。无论如何，发明的实质是属于经济的，因为（像我们所看到的那样）有各种理由认为双轮、双辕、人推的小手车已经在几个世纪以前就使用了。

在这里可以暂停下来指出一个关于是非曲直的教训。把中国看作一个有无限劳动力因而不可能发明和采用节省劳力措施的文化，这种传统的欧洲偏见已被很多事实揭穿并真正推翻了；我们在独轮车上就看到这个突出的实例。在汉朝当独轮车最初被广泛采用的时候，经济情况究竟如何还需要继续研究弄清——很可能在不同的历史时期中国的个别部分遭受严重的劳动力缺乏⑤。总之，在这里中国人是长期优先的，而感到惊奇、感激和不开化的人是欧洲人。

在中国早就把诸葛亮看作独轮车的实际发明人。在这一章开始起草的时候，我们也倾向于这个意见，但是后来又看到了证据有力地指出，第一次发明的时间是在这 200 多年以前，即约在西汉末年。当然，即使在 3 世纪，除了诸葛亮以外，也还有其他有关的人。蜀国的蒲元是一名主要的技师，我们还将见到他与钢铁冶炼有联系⑥；他在诸葛亮领导下的西路军里任有军职。他写给他的总司令的一封信的残页被保存了下来，其中写道⑦：　263

> 我和我的工匠现在完全懂得了您的卓越的指示，并用横木连接在一起和双辕，建造了一架"木牛"。一个人（负同样的载）行车 6 英尺（的时间里），"木牛"将走 20 英尺。一个人可携带其一年的全部给养。

> 〈元等辄率雅意作一木牛，廉仰双辕。人行六尺，牛行四步。人载一岁之粮也〉

可能有联系的另一个同时代人是博物学家和工程师李谆（卒于约公元 260 年），他如同诸葛

---

① 在以后时期里，这成为传统公认的；参见麟庆的《河工器具图说》卷四，第 2 页。

② 《事物纪原》卷八，第 2 页，作者译

③ 现在的四川。

④ 虽然至今没有讲到关于牲畜牵引的独轮车，我们不久将看到这在中国已经是很普通的了，两种样式的第一种就便于这样做。后面的人只要保持住车的稳定。诸葛亮的两个设计当然还有其它可能的解释，我们将要及时提出。

⑤ 像我们在其他地方讲的（本册 p.28 和 p.328），我们知道在中国没有拒绝为了经济理由的技术革新的情况。

⑥ 本书第 30 章，(d)。同时见他的传记《蒲元别传》，作者是继承诸葛亮做蜀国大将军的姜维（卒于公元 263 年）；《全上古三代秦汉三国六朝文》（三国部分）卷六十二，第五页起[参见 Needham (32)]。

⑦ 保存在《北堂书钞》（630 年）卷六十八，复印在《全上古三代秦汉三国六朝文》（三国部分）卷六十二，第六页，作者译。

图版 一九一

图 506 "南方的独推车",引自《天工开物》,舟车卷,第十四页(1637)。

图版　一九二

图 507　一幅约公元 150 年的浮雕上的一辆独轮车,四川宝宁附近渠县的沈府君墓[Segalen, de Voisins & Lartigue (1)]。

图 508　四川成都一座约公元 118 年的墓中取出的一块模砖上刻绘的一辆独轮车。仅表现了画的右下角。本图是重庆市博物馆展品的拓本。

亮(也许在他的指导下)改进了弩和连弩①。不论怎样,在以后的中国歌曲和故事中蜀国的战绩是和独轮车分不开的②。

事实是所有这几个人充其量不过是改进了整个东汉时期都在使用的一种独轮运载工具。为这种观点进行的辩护,几乎等于证据。它们来自两个源泉,即碑刻和(按更复杂的途径)书文。人们早就知道,武梁墓祠约公元147年的浮雕刻绘了董永和他父亲的故事。董永是汉朝某时期的一个年青人;后来成为二十四孝之一③。早年失去母亲,他照料着父亲,但是到后者亡故时他没有埋葬的钱,于是他去借钱,条件是若不能偿还就将卖身为奴。从这种命运中救出他来的是他娶的女子的卓越技巧,她在一个月内织了300卷绸之后暴露出她实际上是天上的"织女"④,以后就不见了。根据段拭⑤,《搜神记》⑥中说董永种田并用一种叫鹿车的小车推着他父亲。关于这个名称我们在下面还要谈一些,但是武梁的浮雕的确表现了他父亲坐在一辆小车的车辕上(图509)⑦。在《金石索》⑧里冯氏弟兄清楚地表现了唯一可见的车轮在车辕外边,同时车帮是实的,但是像在别处一样,他们在这里也多少按想象画的,因为浮雕本身在车轮和它的上部之间表现了一个空隙。的确这些都很像中国的独轮车的大车轮的典型轮罩,同时放在它上面的是某种样式的一个罐,完全像现今小车上放东西那样(参见图510f)。

大约同时期的另一件雕刻提供了更大的肯定性。在宝宁附近的渠县一个公元150年前后的著名四川人沈府君的墓的一根柱上刻着一辆独轮车。从图507上可以看到车辕和轴承毫无问题在独轮的外边。给我们介绍这个墓的色伽兰、德瓦赞和拉蒂格(Segalen,de Voisins & Lartigue)本人就是这样解释这个浮雕的⑨。更近期在成都发掘出一块约公元118年的汉砖,表现一个人推着一辆独轮车载有货物,走在一辆筒形拱顶的小马车前面(图508)。或许货物是一个嫁妆箱子,因为这种车被认为是女人用的。独轮的轮罩也是可以清楚地看到的⑩。这样,绘画的证据把我们带回到2世纪初期。

文字记载所讲的同样重要,但分析起来困难得多,而段拭(1)的问题提的好,究竟什么是鹿车。在这古老而不久就废弃不用了的名词后面是否隐藏着独轮车?我们将看到,问题主要

---

① 《三国志》卷四十二(《蜀书》卷十二),第九页;又见《畴人传》,附录二,卷二(第二十一页)。

② 关于诸葛亮军队后勤部队的许多事都写在14世纪罗贯中的小说里,《三国志演义》,第一〇二回起,译文见Brewitt-Taylor (1), vol. 2, pp. 446ff. 关于这部名著见Lu Hsün (1), pp. 163ff. 他复印了一幅表现木牛和流马构造的生动的画,是根据这部小说的已故插图作者的想象画的。

③ 参见Mayers (1), p. 375。

④ 参见本书第三卷,p. 276。织女星的神灵。

⑤ 段拭(1),第67页。

⑥ 干宝写于约公元348年。参见Bodde (9,10)。

⑦ 布林[Bulling (8),pl. 60]描绘的青铜镜背面有很近似的一幅画,独轮车的结构看得很清楚。根据镜框和边缘花纹,她想确定其年代晚到4世纪,但因董永的画面和武梁墓的极相似,并有其他典型的东汉题材如两个神做"六博"游戏(参见本书第三卷,p. 304),我看不出为什么要定得晚于2世纪。喜龙士[Sirén (10), pls. 22,28.]有两幅6世纪的董永的画,刻在墓祠墙和石棺上,但这一次的车已被歪曲成双轮车的样式。

⑧ 石部,卷三,第五十八、五十九页。参见容庚(1),全幅拓影3,个别拓影40、41。

⑨ Segalen, de Voisins & Lartigue (1), p. 64。

⑩ Anon. (22),第21号,第46页起的复制图,尤其是刘志远(1),第55号,都没有公正地对待这块模砖,还是靠收存这件古物的重庆市博物馆的馆长邓少勤博士和潘碧晶女士的特殊帮助,我们才得以复制了一个拓片。这块砖已经脆了,但是在清扫的时候独轮车的细节可以完整地看到。

图 509　董永的父亲坐在一辆独轮车上；约公元147年的武梁祠画像石浮雕中的一个画面。引自容庚（1）。上部的刻文是"永父"，左边刻有"董永是千城（山东北部）的年青人"。参见图 510f。

在于确定这初看上去可以译作"鹿拉的小车"的东西的性质，但实际上只能正确地译作"滑轮车"。为了弄明白这一点，我们要在古老的方言字典里一些定义和长久不用的专门语名的迷魂阵中摸索前进——一件想不到是有收获的工作。但是首先必须证实这种小车的存在和用途以及它的具体形状。

《史记》里没有提到它，《前汉书》里似乎也不见它，但从 1 世纪初期起它经常出现。鲍宣，一位在公元 3 年王莽统治下失去生命的正直的监察官，年青时娶了桓少君，他老师的女儿。老师是个富有的学者。鲍宣家穷，到应该回去的时候他很感窘迫，但是贤惠的女子"换上粗布短服，帮助他推着一辆鹿车回到他家乡的农村去"①。这大概是公元前 30 年左右的事。50 年以后，当赤眉起义正威胁着新朝，并为东汉开辟道路的时候，某官员赵熹和他的朋友们正赶上并被包围了。他们中间一个叫韩仲伯的刚娶了一个美女，生怕起义军会伤害她。他的同伴

————————————

① 《后汉书》卷一一四，第一页，又见《列女传》，转载在《太平御览》卷七七五，第五页。

们讲到要把她就地留在路边，但他愤怒地拒绝了，并在她脸上抹了泥，放在一辆鹿车上自己推着。遇到了"土匪"，他就说她病了，就此他们都安全地通过了[①]。在另外的场合下，必要时死人也装在鹿车上。一位善良的官员杜林（卒于公元 47 年）在他兄弟的葬礼中推着一辆鹿车[②]。还有，任末的一个朋友死在洛阳，他用车推着尸体走很多里路去坟墓[③]。有独立思想的范冉（卒于公元 185 年）在被敌人包围时，自己用鹿车推着他的妻子，并派他儿子去侦察[④]。还可以提出很多汉朝和晚些时期的其他事例，这个词继续存在得最长久自然是在诗歌里[⑤]。我们只要引述应劭在他公元 175 年写的《风俗通义》里怎样讲鹿车的就够了。

> "滑轮车"窄又小，是按滑车轮（"鹿"）设计的[⑥]。有人称它"无忧车"（"乐车"）。可用一头牛或一匹马拉，在停车地方给它割草和饲料。虽然推车是个累活，到了客店却可以睡下不必操心，所以叫"乐车"。如果没有牛或马，一个人也可以单独地推到想去的地方[⑦]。

> 〈鹿车窄小，裁容一鹿也。或云乐车。乘牛马者，到轩饮饲达曙。今乘此虽为劳极，然入传舍偃卧无忧，故曰乐车。无牛马而能行者，独一人所取放。〉

上面所讲的那么多东西都很熟悉，不需要再解释了。当我们转向古代词典编辑者们继续求教时，发现《广雅》里有极其重要的一段；这是一本方言同义词字典，由张揖在北方的魏国编撰的，时间（公元 230—232 年）正在诸葛亮组织独轮车队为交战的蜀国军队运送给养那几年。《广雅》所讲的如下[⑧]：

> 〈繀车谓之厤鹿。道轨谓之鹿车。〉

正确地翻译过来，意思是说：

> 绕丝机（或绕在线管上，或捻线和并线，即搓机）有的地方也叫"滑轮机"。"造车辙的"有的地方也叫"滑轮车"。

清朝的学者们为这个见解提供了良好的和足够的基础，例如王念孙在 1796 年所作的评注，很值得看一看他的材料。首先，《说文》（公元 121 年）里讲道[⑨]，繀车是（固定的）机器，用作把丝线绕到织工的梭子里的线管（"筝车"，"莩车"）上去[⑩]。所有农业丛书的编撰者，从王祯在 1313 年开始[⑪]，都知道古时的繀车等于纬车，"纬纱机"或"卷纬车"，一个与熟悉的纺车相像的设备，但是用来把纺织纤维绕到织工的梭子里的线管上去[⑫]。一个大轮，一根传动带（"环

---

① 《后汉书》卷五十六，第十五页，转载在《太平御览》卷七七五，第四页。

② 《后汉书》卷五十七，第七页。《太平御览》（在上述引文中）引了《东观汉记》里面相同的一段。

③ 《后汉书》卷一〇九下，第三页。

④ 《后汉书》卷一一一，第二十一页。

⑤ 见《佩文韵府》卷六（第二二七页之一），卷二十一（第九三五页之二）。

⑥ 见下面关于轆轳的叙述。

⑦ 《太平御览》留存了这段，卷七七五，第五页。中法版，《艺文》卷一（第九十页）。作者译。

⑧ 《广雅疏证》卷七下，第三十页。

⑨ 卷十二，第一〇五页。

⑩ 很少汉学字典知道"莩"字的意义，但是这个专门术语在农业书里解释得很清楚。王祯讲道："受纬曰莩"。

⑪ 《农书》卷二十一，第十四、十三和十四页的插图；逐字逐句地抄录在例如《农政全书》卷三十四，第十一页，《授时通考》卷七十五，第十五页，及该页的插图。

⑫ 实际上农业作家们都还讲到繀车始终是纬车的一个替换词。

绳")①，和一个小滑轮在这里当然都需要②，这个发明的价值在于尺寸不同的轮的机械增益给予小轴的转速。

关于这种简单的机器以后还有；同时"麻鹿"不过是"麻鹿"的一个异体词，同前面已经讲过的③ 最普遍的表现滑车轮的措词"辘轳"意思相同和几乎同音。

杨雄的《方言》接着证实，在很久以前(公元前15年)"维车"在赵和魏的地区叫做"轳辘车"——"滑轮机"的另一个叫法④。它必然至少有一个滑轮，由驱动轮和传动带带动它飞速旋转。尽管在有些纺车上(可能是很久以后的)，5个甚至7个纺锤同时旋转，仍然是单个的梭管滑轮(或大的传动轮本身)在早先时期引起了与独轮车的混淆。我们所面临的基本语言困难是"车"字总是模棱两可的，它可以毫无区别地当固定的机器或流动的车讲。好像可以讲到一个"独轮"而用不着提做什么用似的。此外，轳和辘两个字分开来都能解释为一个车轮留下来的车辙或轨迹。所以我们完全不觉惊奇地看到《方言》接着讲，在东齐和海台，绕丝机叫做道轨或"踪迹制作者"⑤。实际上丝纤维被绕到线管上(或传动带连续不断地离开传动轮)照通俗的说法是和砂地和泥土地上的轨迹从车轮上绕下来一样，那些古代的名词创造者们头脑里真正想的不过是一个圆和一条切线的简单几何图形⑥。回到《尔雅》的第二句话来，我们看到鹿车，从大量其他证据中我们得知有时是一辆小车，并且与鹿毫不相干，可以或者是一辆"滑轮车"或是一具"滑轮机"，在第一种情况下是一个"车辙制作者"，在第二种情况下是一个"踪迹制作者"，总之都是一个"独轮的东西"⑦。可见鲍宣和他贤惠的妻子在前汉朝代末年推着的不是别的，正是新创造的设备——独轮车。

至此，我们可以向王念孙告别而走我们自己的路，但是轳辘或辘轳几个字的最古老的起源仍然使人感到兴趣，这个专门术语的垃圾堆还值得再翻几遍。在《诗经》的一首颂歌里⑧，268一辆双轮车的描写包括五桼梁辀几个字——"杆弯曲得像屋脊并有五桼"。最后一个字经常当装饰用的皮带讲，但是毛亨(公元前3或2世纪)的古代注解讲五条带("束")各有一桼而事实上这是一个历录。这里必定是指穿引挽绳或缰绳用的环，以致这句话的最早的说法是一种最简单的滑轮组(约公元前7世纪)。另一个用法出现在《墨子》(约公元前320年)的关于防御的一个篇章里，连弩射出去的梭标用一根绳拴着，然后利用绕线轮⑨或绞车再收回来("以麻鹿卷收")⑩。下面讲的更有意思。在《方言》的另一处讲⑪："机器下面的绳("绖")在陈、宋、淮和楚叫做毕，而较粗的(或较长的)都叫做綦"。郭璞的注释(约公元300年)说这是关于鹿车的，在这里明显地是绕丝机的意思，同时6世纪的《玉篇》确定绖为一根绳或带、索。于是在追寻独轮车的轨迹中我们无意中遇到一个新的证据，不仅12世纪的绕线轮有绳带传动，1

---

① 这个词是王祯的。
② 关于这个简单的机器在传动带的历史上的重要意义，参见本册 p.106。
③ p.95。
④ 见戴震的《方言疏证》卷五，第十页。
⑤ 卷五，第十页。公元543年的《玉篇》还提到轨车。
⑥ 参见关于交通的通俗口语："filer vite"，"spinning along"；和事物的进展："se dérouler"。
⑦ 现在我们可以看到事实的全部意义，辘、轘、轳可以解释为或者是纺车，或者是独轮车(上文 p.261)。
⑧ 毛诗第128首，小咏；参见 Legge (8), p.193; Karlgren (14), p82; Waley (1), p.111。
⑨ 这种布置可能说明在中国钓鱼杆上的绕线轮早有了发明(参见本册 p.100)。
⑩ 第五十三篇，第十四页，译文见 Forke (3), p.608，但其内容很不肯定。
⑪ 《方言疏证》卷九，第三页。我们这里是根据戴震约1777年的解释，奇怪的是王念孙在1796年把它忽略了。

世纪的也有。

　　进一步的证据出在《周礼》(《考工记》)的一段里①。在题为玉人的一段记载的文字里说圭或皇帝的节杖在中间有一个必("天子圭中必")。郑玄在 2 世纪对这方面的注释说,必这个字应看作与鹿车的绎(即"毕")相同,那就是说,"在(缫丝或卷纬机的)设计中起中心作用("以组约其中央")。"其目的是为了防止发生意外或失去控制的机会。这样,皇帝的安全措施就是一个绳圈穿过节杖的孔使它可以套在手腕上,防止疏忽而使玉石物件有滑落地上的危险②。王念孙为此补充说:"节杖("圭")的必是一个(环状的)带("组"),所起的作用和(卷纬的)'独轮滑轮机'("鹿车")的绎或索是一样的,因为二者都是为了控制和约束事务的;因此必应当理解为和绎一样"。唯一可能得出的结论是一个两者挑一的选择——如果指的是(多半最为可能)梭子线管绕丝机,那么我们看来必须承认传动带的发明至少是在西汉末期(1世纪)③;但是万一讲的是一辆车,那就是独轮车又出场了,因为绳和索只能是经常拴在车辕上并且跨过推车人的肩头的吊带(参见图 506,512),一种任何两轮车都不需要的平衡措施。

　　当我们这样回过头去看《广雅》上那两句时,就可以放心地把辞句修改如下:"往线管上绕丝(踪迹制作者)也叫做'滑轮机';(流动的)车辙制作者也叫做'滑轮车'。"我们是不会犯大错误的,如果认为语义上的一致在圆和切线图形上,同时历录,辘轳,乐鹿,等等都原来是从原始的轴承发出的吱嘎作响和长声尖叫引伸而来的象声词。有固定的"独轮",其旋转的轮发出隆隆的声音④;也有流动的"独轮",在重载下呻吟和挣扎。对于这两者,考虑到丝织工艺在中国极为古老,我们可以猜想绕丝机早得多(虽然直到西汉末年才有传动带);在这种情况下,当"滑轮车"发展出来就随着好像也只有一个工作轮的固定机器取了名字⑤。

　　前面进行的语义学方面的远距离射击在有些读者看来也许像是打了磷火。但是实际上却是正中了靶心,因为自从它们的结论作出以后,至少有四面汉代的石浮雕描绘着卷纬车以及织布机,被宋伯胤与黎忠义(1)和段拭(2)研究和发表了,对纺织技术的历史做出了简短而光辉的贡献⑥。在这里复印这些浮雕就会不适当地提前在我们的第五卷里的关于纺织的第三十一章,因此我们将为之暂作保留。

　　诸葛亮的"木牛"和"流马"之间的区别是什么还没有解决。我们已经看到,宋朝的高承认为要按它的车辕是朝前还是朝后为准。今天仍在中国流行的独轮车的传统类型当然

---

　　①　卷十二,第一页(卷四十二)。Biot (1),vol. 2,p. 522,似乎并未了解此注释。

　　②　参见例如 Laufer (8),pp. 87ff。

　　③　在接这一点上的犹豫不决可以减少,只要想到中国是拥有真正的长丝纺织纤维,即丝的唯一的古代文化。这就会很自然地促进设计和制造一种形成连续旋转动作的设备。我们确实相信在秦汉时期不仅卷纬车得到普通的采用,也还会有缫丝机("缫车","缲车","缫车";参见本册 p. 2,107,116,382,404),即使是它的最简单的形式。证据跟着就在后面。

　　④　参见楼璹的诗,翻译在上文 p. 107。

　　⑤　还记得我们在汉代车轮工匠制造重型组合式车轮的工艺与纺织技术之间已经遇到过一种十分不同的联系(本册 p. 80)。

　　⑥　1958 年在济南的山东省博物馆里一件这样的艺术作品,五年前从滕县发掘出来的浮雕,已经给了鲁桂珍博士和我深刻的印象。在我们的研究报告中[Needham (46)]曾提到这件事,第二年又与卡尔文·哈撒韦(Calvin Hathaway)先生做了通信解说,其中我解释这机器为纺车,而不讲它是卷纬车。我在这里这样讲是因为前一个选择不能完全被排除;在汉朝时期人民大众穿的是麻布,而麻的纤维是需要纺的。不过前面提到的中国的技术史学家们认为画面表现的是缫丝。即使这样也不会完全排除纺车(用于破碎的茧,等),但却使得它的提出成为理由不足的,因为在蚕丝工业中卷纬车是重要得多的机器。

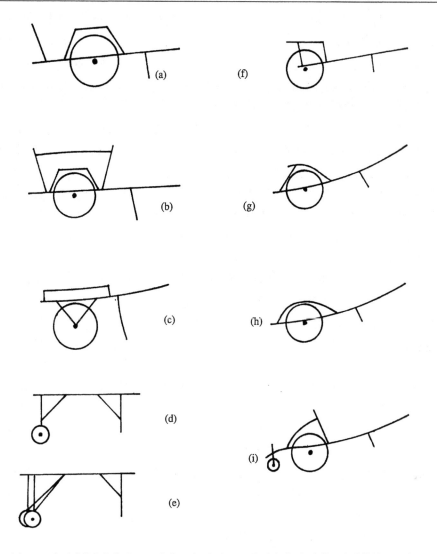

图 510　中国独轮车的类型。(a)车轮居中,有轮罩,承担全部载重,代替一头驮载牲口,"驮
马型"。江西和很多其他省;还在印度支那。参见图 504,506。(b)同上,有车帮。四
川北部,与设想的(3 世纪)诸葛亮的设计相同。参见图 505。(c)车轮居中但重心高,
无轮罩,轴支在斜撑上,平车围板,用于运土。陕西,参见图 511。(d)小轮在前端,重
心高,轴支在有支撑的立柱上,有支撑的车架腿。四川。(e)两个小轮在前端,重心
高,轴支在有支撑的立柱上,有支撑的车架腿。四川。(f)车轮在最前端,有方轮罩、
直框架,"半担架"型。陕西和很多其他省。参见图 507,508,509,512。这也许是这
个发明的最老的样式,因为图画证据把它带回到 2 世纪,文字证据到公元前 1 世
纪,尽管后者没有肯定样式。(g)过渡型,有弯曲的框架和弧形轮罩。四川西部。参
见图 513。(h)过渡型,有弯曲的框架和流线型轮罩。四川西部。(i)过渡型,与 g 型
相似但在前端有辅助小轮,过障碍时有用。湖南和其他省,参见图 517。

是很多的,轴承的位置从中间变换到最前端。在最有代表性的中国设计中,如《天工开
物》所指出（图 506,图 510 a）,车轮似乎被设想为代替一匹驮载的牲口承担着全部载重。271
这些类型的一种,在广元较为普遍（图 510 b）,被中国史学家们认为特别像是保存了诸葛

亮当年所用的式样①。另一种（图 511，图 510 c）在现在的建设工程工地上很容易看到。但是车轮轴承也时常很靠前端；图 512（参见图 510 f）示出了这样一辆小车——特别有趣的是它和武梁浮雕里董永的父亲坐的小车（图 509）十分相像。可是轮罩时常是弧形的而不是方的，像在图 513 里表示的四川人的样式（参见图 510 g、h），车轮不太靠前端。同时这两个主要类型甚至可以结合起来（图 510 i）②。

对于这项技术在大约 13 世纪初期传播到欧洲一事我们什么也不知道。在地理位置上居于中间的文化里，关于独轮车的情报也不容易得到③。但是在欧洲的各个类型中，车轮总是在最前端，就像要代替抬料斗或担架的两人中一人，因此只承担一半负荷，这个事实可能说明这是另一个"激发性传播"的实例④。也许西方人只不过听到这类的事情已经做出了，于是就按照他们的理解去模仿它，可是并不知道任何确切的规格。然而也不能排除当时中国设计中的西方影响，可以在"担架型"上而不在"驮马型"上看得出，可是如果武梁墓祠表明前者从一开始就在中国，诸葛亮的革新可能恰恰是后者⑤。

最稀奇的设计是那些把运载面提高并利用斜撑架设在一个（甚或两个）小而宽边的轮上（图 510 d，e）。我们在中国西部见到的那些总是车轮相当靠前，但是在一个相邻的文化里，中心车轮的原则也用在这些型式上。这是出现在霍维兹[Horwitz (6)]注意到的一辆有趣的车上，即传统的朝鲜礼轿，四支轿杆由四个"抬轿夫"扶着，不是抬着，主要的重量由一个很像飞机起落架的中心轮和支柱及支撑承担（见图 514）⑥。这也许是一个古代的中间型式，介乎四
272 个手柄的料斗或担架（或拖橇）和独轮车之间⑦。可以作为文学上的参考资料出在一本大约 1110 年的书上，张舜民的《画墁集》，其中我们看到有一个转轴轿子⑧。值得注意的是，甚至标准的轿字都有一个车字边旁。轮轿可以回溯到西汉的征兆是存在的，因为在严助的传记里，描写公元前 135 年派往南越的远征军时写道⑨："车子轿（和给养）越过山区（"舆轿而隃岭"）"。这使注释者们很伤脑筋。服虔设想轿字是指山路窄得像板桥，但是臣瓒认为这种车一定像他（约公元 300 年）那时期的"竹舆"（管它是什么），而项昭相信这东西是用某种办法"担"着的。这大概是中国的独轮车的早期历史中的一个有趣但仍然含混不清的篇章。

可以补充几个关于独轮车的后来的参考资料。在前面的一节里⑩曾提到葛由，一个半传

---

① 这个说法是根据 1958 年夏天在成都四川大学和徐仲舒教授和其他朋友们的谈话。
② 参见 Anon.（18），第四部分，第 14 号，和本册 p.274。
③ 劳弗[Lorimer (1)]在短文里描写了小的框架向上弯的独轮车，像图 510 里的 g 和 h 型但没有轮罩，是喜马拉雅山里罕萨族人用的。
④ 参见本书第一卷，pp 244 ff。
⑤ 这种差别又可以解释他的两种型式。张择端在 1126 年以前完成的一幅开封街市生活的名画里清楚地有一辆"半担架"型（见本册 p.273）说明它完全是土生土长的。这幅画是在欧洲任何独轮车出现前一个世纪左右的画。
⑥ 进一步的参考资料可见于 Osgood (1)，p.141。
⑦ 参见图 492。在印度支那的高棉古迹中刻绘的有所描写的有轮子的轿子[见 des Noëttes (1)，p.102，fig.113]，但是那些都是有几个轮子并且实在是车辕既朝前又朝后的车，人们有推有拉。另一方面，在印度拉贾斯坦邦阿布山，迪勒瓦拉的内米纳塔庙里的雕刻中可以看到一辆车，异常地像朝鲜的轿，但是用一匹马拉着[Kramrisch (1)，pl.138]。这个时间是 1231 年。
⑧ 卷八，第十页。
⑨ 《前汉书》卷六十四上；第 4 页。
⑩ 参见本册 p.159。

图版　一九三

图 511　陕西武功附近一个灌溉工程工地上的(c)型独轮车(1958 年原版照片)。

图 512　陕西西安至临潼之间路上的(f)型独轮车(1958 年原版照片)。

图版 一九四

图 513 四川灌县附近的(g)型独轮车(1958 年原版照片)。

图 514 朝鲜礼轿[Horwitz (6)]。重量由中间轮及其支柱和斜撑承
担,以致"轿夫们"只需要扶着车。关于它的进化中的位置
参见图 492(f)。

奇式的人物,当然是四川人,不同的看法定他为周或晋朝人,他骑着自己发明的木羊进山去了①。我不会感到惊讶,如果这是一篇以诸葛亮的真实的独轮车为根据的民间故事。看一看独轮车的使用范围超出四川多么远是有意思的,因为曾在1170年去那里旅行过的陆游讲到独辕小车作为江苏吕城的一个特色②。6年以后曾敏行提到独轮车作为防御车阵的军事用途。他写道③:

> 在江乡有一种小车叫一等车,只有一个轮和两根车辕……。两侧各拴一个竹篮。此车的效力可代替三人;且通过险处(悬崖小路等)既安全又稳妥。羊肠小道不能阻挡它。不仅可以用于运送军队给养,而且必要时还可以用作防御骑兵的工事。挖沟壕和筑堡垒要花费时间,独轮车则可以展开布置在周围使敌人的马不得轻易越过。这种车进退自如,可作任何用途。可以称作"流动堡垒"④。

> 〈江乡有一等车,只轮两臂。以一人推之,随所欲运。别以竹为箴,载两旁,束之以绳。几能胜三人之力,登高度险,以觉稳捷。虽羊肠之路可行。余谓兵家可仿其制而造之,行以运粮,止以卫阵,战以拒。凿池筑城,非仓卒可办,得此车周遭连比,则人马皆不能越。或进或退,我所用。欲名之曰活城。〉

以后不久朱翌告诉我们在唐朝,当刘蒙去安抚现在是宁夏的地区,他依靠独轮车运送他的给养⑤。然而,根据日本僧人圆仁,在公元845年有一个道教徒授意的法令禁止使用独轮车("独脚车"),说它损坏路面⑥。这肯定没有被执行很久。

曾敏行提到江乡使我们想起高承的"江州小车"的名词。这是四川最西南角上的一个小镇,位于从会理经过差不多在昆明正北方的大桥村附近的渡口跨越长江去云南会泽的大路上的山区里。葛由的出身被说成是一个羌族人,也就是正巧在这个区里的一个少数民族的成员。我们大概不会犯大错误,如果我们认为这是公元前1世纪这个发明的发源地,并把葛由看作或是第一个发明人,或者也许是被宣告为独轮车制造者的"技术神仙"⑦。

牲畜牵引在中国很早就用于独轮车了,仅《风俗通义》里的一段就足够作证。也许我们对这一点的最好的图解可以在张择端1126年完成的著名画中看到,画的是首都开封在春节期间的民众生活(《清明上河图》)⑧。如图515和516表现的,很多独轮车在城市的街道上走过或停着。除了一辆以外,全都有中间的大轮,有的装载很重;在装货和卸货时它们由旁边的腿支撑着。有一辆是单独一个人推的,而在每辆车上都有一个车夫在后面车辕上稳住车,牵引

273

---

① 他的轶事载在《搜神记》[译文见 Bodde (10), p. 308]和《列仙传》[译文见 Kaltenmark (2), p. 95]。

② 《入蜀记》卷一,第八页。

③ 《独醒杂志》卷九,第十页,作者译。

④ 这一段在军事技术史上的重要性不可忽视。奥曼[Omen (1)]在讲述战术的发展时很注意车阵对于防御马队冲击的用处。他没有多少根据地把这个办法归功于俄罗斯人,他们叫"车阵"(gulaigorod)或活城,倒也可能这个主意来自古代西徐亚人或蒙古人的实践[参见 Lipschutz (1)]。中古的军队时常组成车阵以保护辎重队[例如爱德华三世(Edward Ⅲ)在克雷西,和匈牙利的贝拉(Bela)在1241年的绍约河之战],但是这都是偶然遇到的。作为一项重要的战术措施它在胡斯战争(Hussite Wars)的"车营"的英雄历史战迹中达到了最高点[1420—1434 年;Omen (1), vol. 2, pp. 361ff.]。但是从前面一段看很清楚,这个主意很受1175年时候的中国人欣赏——并且大概在情况需要的时候执行了这个战略。

⑤ 《猗觉寮杂记》,卷二,叶三十五;参阅卷一,叶四十。

⑥ Reischauer (1), p. 247;(2), p. 385.

⑦ 参见本书第一卷,pp. 51 ff.。

⑧ 参见郑振铎(3);Hejzlar,(1)。

则或者由一个人在前车辕上①,和一匹骡或驴用颈圈挽具和挽绳套着来负担,或者由同样套上的并列两匹牲口负担。最后这个办法又表现在《天工开物》(1637年)的一张著名的图里②,其中的文字讲道③:

北方的独轮车("独辕车")④由一个人在后面推,用(一或几匹)驴在前面拉;不喜欢骑马的人租用它,旅客要对坐在两侧以利平衡⑤,一个蓆顶为他们遮住太阳和风。这样的交通工具往北远达长安和济宁,并且也来到京都。不乘旅客时这种车将载货达4或5担……⑥。

274

南方的独轮车("独轮推车")也是由一个人推(但不用牲口帮助),仅载两担。遇到(路上的)坑陷就要停止;在任何情况下它的行程很少超过100里……⑦。

〈北方独辕车,人推其后,驴曳其前,行人不耐骑坐者则雇觅之,鞠席其上,以蔽风日,人必两傍对坐,否则欹例。此车北上长安,济宁,经达帝京,不载人者,载货约重四五石而已。……

南方独轮推车,则一人之力是视,容载二石。遇坎即止,最远者止达百里而已……。〉

但是也许最新颖的发明是帆的使用,使独轮车能像船一样借风力推向前去。这个使人羡慕的装置——加帆车,至今在中国仍广泛使用,特别是在河南及沿海各省,如山东,并且时常有文字和图画的介绍⑧。我复制了(图518)引自1849年麟庆的《鸿雪因缘图记》里一小张素描⑨,表现一匹牲口得到帆的帮助;还有(图519)1797年范罢览发表的细致的简图,其中可以看到帆是典型中国帆船上的纵向条帆和许多帆索⑩。范罢览的话也是值得引述的⑪。

靠近山东省南部边界可以见到一种独轮车比我曾描写过的要大得多,由一匹马或骡拉着。但是今天使我惊奇地见到整个舰队的这样大小的独轮车。我故意地说舰队是因为它们都有一张帆,装在一根插在车前端的小桅杆上。帆是蓆做的,或多半用布做的,是5或6英尺高,3或4英尺宽,有支撑索。

帆脚索和升降索,就像在一艘中国船上。帆脚索连在独轮车的车辕上,可以使掌车人便于操作。

必须承认这个装置不是一种异想天开,而是一种使独轮车的车夫在顺风的时候能得到很大帮助的装置。不然的话,这样一件复杂的东西只能成为稀奇古怪的古董。我不

① 因而有现代北方俗名的"二把手者"。

② 卷八,第十三和十四页。照片见des Noëttes (1),fig.136.

③ 卷八,第十页,作者译。

④ 这个刚才已经遇见过的措词可以说明畜力独轮车原来是有中间单辕的,像古代车单辕双轮车一样。也许在这个被更方便的颈圈挽具和挽绳代替以后很久,这名字还持续使用。然而,有些版本的《天工开物》里的图表现出残余的双车辕。再说"辕"这个字可能在小车世界里成为车轮的一个专门技术术语

⑤ 近似爱尔兰的短途游览车(参见Haddon 3).

⑥ 约6英担。

⑦ 一种肯定是由于这种困难而作的改进,是在车的前端加一个小的辅助轮以帮助越过障碍[参阅见517,引自Franck (1), p.632]。参见图510 i,和Anon(18)第四部分,第14号。

⑧ 例如见S. W. Williams (1),vol.2, p.8;刘仙洲(1), p.79;Wagner (1), p.162; Cable & French (2), p.80; Dinwiddie in Proudfoot (1),p.41;Buschan et al. (1),vol.2,pt.1,pl.XXⅥ, fig.2.

⑨ 麟庆(1791—1846)是满族人,女真金朝(公元12世纪)皇帝家族完颜氏的后代。我们将在水利工程上常和他再见面,他是这方面的著名专家。参见他的传记[Hummel (2), vol.1. p.506]。

⑩ 参见本书第二十九章(g)。

⑪ van Braam Houckgeest (1), Fr. ed. ,vol.1, p.115, pl.3, Eng. ed. vol.1, pp.XXV,152.

图版 一九五

图 515 1125 年首都开封街上的独轮车；张择端的画《清明上河图》里的景。在上边，一辆半担架型停在一家
布店旁边；下面，一辆满载的有很大的车轮的驮马型路过一家染坊。

图 516 另一景；在左边，一辆空独轮车正在最好的旅店外面装口袋状的货物；在右边，另一辆大轮子的由一
匹骡子拉着和两个人扶着，一推一拉。

图版 一九六

图 517 一队中间型独轮车,在前端有辅助轮,以便越过小障碍(i 型);在 长江流域和广州之间越过南岭山的一条路上[Franck (1)]。

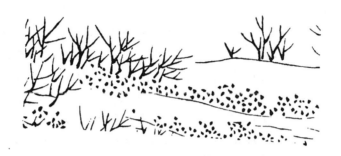

图 518　扬帆的独轮车的草图,帆帮助牲口牵引;摘自麟庆的《鸿雪因
　　　　缘图记》(1849 年)。

图 519　扬帆的独轮车的简图,摘自侯济斯特(1797 年),表现条
　　　　帆和多根帆索,典型的中国航海惯例[参见本书第二十
　　　　九章 (g)]。

能不羡慕这个组合,并且充满衷心的喜悦看到二十几辆这样扬帆的独轮车一辆跟着一辆地走向它们的前程。

不幸的是在中国的文献里很少有关于扬帆的独轮车的参考资料,以致至今无法确定它的采用时间。

这种聪明才干对16世纪首先到中国访问的欧洲人的冲击是很难想像的。在1585年门多萨(Gonzales de Mendoza)写道[①]:

276

中国人是事物的伟大的发明者,而且他们还拥有很多轿车和货车都扬帆行驶,制造这些车的工业和制度他们都管理得井井有条;这是很多亲眼看到的人负责报导的;此外,很多在东印度群岛和在葡萄牙的人看到它们被画在从那里运来出售的布匹和瓦罐上;这表示他们的画有些根据。

12年以后范林斯霍斯(van Linschoten)也这样说[②]:

中国的人们都是伟大勤劳的劳动者,可以从那里的手艺看得出。他们制造和使用的车有帆(像船)和有造得精巧的车轮,它们走在陆地上被风推着向前却像在水里……

这些和其他的[③] 这种传说抓住了欧洲的地图出版者的幻想,因此在16和17世纪出版的每本有中国地图的地图集里几乎都可以看到陆地扬帆车小画幅[④]。在德耶德(de Jode)的《世界全域》(*Speculum Orbis Terrarum*,1578年)里似乎没有它,但却明显地印在奥特利乌斯(Ortelius)的地图集《世界大观》(*Theatrum Orbis Terrarum*,1584年)[⑤],墨卡托(Mercator)的《地图集》(*Atlas*,1613年),见图520;和斯皮德(J. Speed)的《中华帝国》(*Kingdom of China*,1626年),图521;上面只不过提到几个最主要的[⑥]。在以后的几年里弥尔顿(John Milton)用不朽的诗句表达了欧洲人对中国的惊奇技巧的敬意:

一只兀鹰在梅厄伊山上成长
积雪的山脊环绕游牧鞑靼人的牧场,
离开了捕食稀缺的地区
去山上羊群中饱餐羊肉或羔羊,
飞向印度的河流,
恒河(Ganges)或希达斯皮斯河的源泉;
但在中途停落在中华的荒原上,
那里中国人用帆借助风力
驾驶着他们的竹制货车飞翔……[⑦]

这是在1665年,但是整个世纪都被这个故事所吸引,并关心中国人在奥特利乌斯那时

---

① (1),p.32。

② van Linschoten (1),p.140。

③ 例如(据 Calender of State Papers ,Colonial Series, East lndia,vol 1)1614年科克斯(R. Cocks)致东印度公司(East India Company)电讯:"……在朝鲜的国土上……发明了大的四轮车,车轮宽平,利用帆像船一样走,运送他们的货物……据说被称为 Quabicondono(关白殿)的 Ticus Same(太阁样),故去的日本天皇,曾定计用加帆的车运输大批军队去袭击中国皇帝……但被一位朝鲜贵族阻止了……"(804)。天皇是秀吉,朝鲜人也许是李舜信[见第二十九章(i)]。

④ 我非常感激剑桥大学图书馆的马莱(H. R. Mallett)先生提醒我注意到这个传统。

⑤ 图片大概是奥特利乌斯自己绘制的;见 Bagrow (1);Tooley (1),pp.106ff。

⑥ 感谢拉奇(D. Lach)教授,我们补充 de Bry ,1599,*Indioe Orientalis*,pt. 2, Icones, pl. XXV。

⑦ 失乐园(*Paradise Lost*),III,431.参见 Huntley(1)。

Boratu

Chinarum gens admodum ingeni
osa esse perhibetur, adeo ut currus
excogitarint fabricaverintque,
quos velis ventisque per campos
et loca plana, uti navigia per
mare dirigere optime norint.

图 520　一辆臆想的中国的陆地扬帆车的小画幅;摘自墨卡托的《地图集》
　　　(*Atlas*)(1613 年)。

图 521　另一张小画幅,臆想的中国的陆地扬帆四轮车在陆地上航行自如;摘自斯皮德的《中华帝
　　　国》(1626 年)。

候以后究竟做了些什么。在康帕内拉(Campanella)的《太阳城》(*City of the Sun*,1623 年)里,他的锡兰乌托邦的居民人使用"扬帆的四轮车,甚至利用逆风,依靠巧妙的机械装置轮中之轮,推着它向前"。[①] 在伯奇(Birch)的《皇家学会史》(*History of the Royal Society*)里我们看到有下列的多少带些神秘的记载:[②]

> 1663 年 4 月 1 日:宣读了胡克先生的关于卫匡国(Martinius)在他的《中国地图集》(*Atlas sinensis*)里讲到的中国的独轮车的论文,并进行了讨论,这个所谓的车是像一辆独轮车;该论文奉命归档。

以后在同年 11 月 23 日罗伯特·胡克先生表演了"他的独轮机器的一个纸板做的模型,乘坐方便而快速……[③]。托马斯·霍布斯(Thomas Hobbes)也进行过试验。在他的《哲学原理》(*Elements of Philosophy*,1655 年)里,其中包括自然科学,他论述了作用在迎风奋斗的帆船上的力,并且用扬帆车的木制模型上所作的试验阐明他的论点[④]。1684 年法国科学院(French Academy of Sciences)草拟了一份调查表,交给耶稣会士柏应理(Phillippe Couplet)带到中国去,要了解扬帆车的细节[⑤]。但是在《献祭》(*The Sacrifice*)中,弗朗西斯·费因爵士(Sir Francis Fane)写的关于帖木儿(Tamerlane)的悲剧,两年后在伦敦发表了,花言巧语地嘲笑中国的古物和发明,包括扬帆车[⑥]。另一方面,莱布尼茨(Leibniz)在筹划一个科学博物馆时曾建议展品中一定要有"荷兰的扬帆车——或宁可说是中国的"。[⑦]

他讲荷兰的扬帆车是什么意思呢? 情况就愈加复杂了。但是在弄清这一点以前我们要注意到,奇怪的是欧洲的早期旅行者们都谈扬帆的四轮车而不谈扬帆的独轮车。是否他们真会看到四轮的车装着帆,这只不过是猜测,因为中国的文学本身在明朝对于扬帆的独轮车是相当沉默的。很可能是旅行者们看到扬帆的独轮车装载得那样重,连车轮都遮盖起来了,于是就以为应当至少有两个。

然而,有一两个相当重要的参考资料早得很多,实际上是在 6 世纪。梁朝的元帝在他的《金楼子》里写道:[⑧] "高苍梧叔成功地制造了一辆风力推动的车("风车"),能载 30 人,一日之间可以行几百里"。关于这位工程师或他的扬帆车其他什么都不知道,但是我们马上将看到,车的性能不是完全不可能的。这是大约在公元 550 年,随后在 610 年左右宇文恺的观风

---

① 参见 Henry Morley (1)。

② 本书第一卷,p. 216.

③ Vol. 1, p. 333. 并没有明确地讲胡克是在研究独轮车,但似乎可能是,因为卫匡国[Martin Martini (1655, p. 26)]在描述北京的独轮车可坐三个人以后,又讲这也许就是在欧洲的关于扬帆车的故事的来源。

④ 在英语的《工厂》(*Works*,vol. 1, p. 340). 的莫尔斯沃思(Molesworth)版本里关于帆船的理论,进一步见本书第二十九章(g)。扬帆车的模型仍在吸引着天才的发明者们;俄罗斯工程师齐奥尔科夫斯基(K. E. Tsiolkovsky,1857—1936)制造过一个,他后来是火箭飞行的先锋[据本瑟姆(D. R. Bentham)先生的私人通信]。

⑤ Pinot (2), p. 8. 有些旅行者,例如闵明我[de Navarret, 1676],曾表示怀疑[Cummins (1), vol. 2, p. 212]。

⑥ 对于这个和其他一些 17 世纪的参考资料,我十分感谢国王学院(King's College)的贾斯珀·罗斯(Jasper Rose)先生的帮助。

⑦ *Sämtl. Schriften*,5e Reihe, vol. 1, p. 564. 在这个时期里的其它很多提到的文献当中我们可以引证 Heylyn (1), p. 357; Anon. (40), p. 31.

⑧ 第六篇,第十八页,作者译。这位皇帝(公元 552—554 年在位)和这个机器的关系显然是有趣的,在这部书的很多其他地方我们都遇到他,例如关于地球植物学的探索(参见本书第三卷,p. 676)。从伯希和奉献给他的一篇专题短文里(Pelliot, 26),我们了解到他既有学问又是道学家。他注释过《道德经》(早已失散)。我们再一次看到道教与技术之间的关系,及其对自然界的必要的无偏见的观察。

行殿出现了,这已经提到过了①。就算叙述中有些夸张,这似乎也像是一辆陆地扬帆的车②。　279

在那以后有一个长期的沉默,直到差不多 1000 年以后,伟大的荷兰数学家和工程师西蒙·斯蒂文制造了一辆扬帆车,我们掌握很多关于它的历史细节。我们感谢戴闻达[Duyvendak (14)]调查了这件事③。在不能确切肯定的某一天,但大约是在 1600 年的秋天,拿骚(Nassau)的莫里斯亲王(Prince Maurice)邀请了几位大使和贵宾,其中有学者格罗秀斯(Grotius),当时仅 17 岁,去参观斯蒂文制造的一辆扬帆车的实验。共制造了两辆这样的车,一辆大的和一辆小些的,两辆都成功地在不到两小时内走完了从斯海弗宁恩到佩滕之间沿海滩的路程,步行要走 14 小时。格罗秀斯以此为题写了几首拉丁语的诗,以及其他的评论④。图 522,引自当时德海恩(de Gheyn)印制的图片,表现了这个车辆"舰队"⑤。既然格罗秀斯提到中国的扬帆车,同时肯定他读过范林斯霍滕的报道,也许还有门多萨的;所以我们可以认为斯蒂文也一定熟悉这些作品。因此,他的试验成功是欧洲人和中国接触的直接成果⑥。

那个令人振奋的日子的回响荡漾了很久。斯蒂文的陆地船在后来的 200 来年里被抄袭了又　280抄袭⑦,首先被约翰·威尔金斯(John Wilkins)在他 1648 年的《数学的魔力》(*Mathematical Magick*)里("这种车普遍地使用在中国的广大平原上,经常被很多可靠的作者所证实")⑧,以后又被很多的作者如埃默森(Emerson,1758 年)⑨ 和胡珀(Hooper,1774 年)抄袭⑩。威尔金斯还

---

① 本册 p.253。这几个字的正规解释当然是"为了观看风景和当地风俗的一座临时宫殿"。但下面的描述承认目前的猜测。西克曼和索珀[Sickman & Soper (1),pp.236,239]采取另外一种解释,把它说成一个旋转的楼阁,有些像尺寸放大了的萧伯纳(Bernard Shaw)的夏屋。确实在某些文化里有一种传统,把皇帝的宝座或餐桌安置在有天文装饰和宇宙天体的龛窟或圆顶小屋里,一切都从地下室由畜力带动着旋转。莱曼[Lehmann (1)]曾仔细研究过的尼禄金殿(Nero's Domus Aurea)和科斯洛埃斯(Chosroes)的萨珊王朝的宝座(Sassahian Throne)都是这样的。参见库赛尔·阿姆拉(Qusair 'Amrah)的穹隆(本书第三卷,p.389)。宇文恺的结构需要进一步研究。

② 曾有过关于古代埃及的扬帆礼车的讨论,但是我们料想并没有为它们找出证据来。1936 年一个意大利考察队发掘了公元前 1800 年左右修建的迈迪奈特·马迪(Madīnat Mādī)神庙,发现一种有四个很小的实心轮的木制车底盘架,在构件上有很多孔。庙里铭刻的古希腊赞歌里真有一个皇帝或神仙扬帆在陆地上航行。博尔夏特[Borchardt (3)]也曾报道在更早得多的铭文记录一个具体的庙会时出现这样的词句(*hn. t-nt-t!*),尽管这些字的含意是驾驶一条船,而不是在帆下面行驶。迪特曼[Dittmann (1)],随后有福布斯[Forbes (23,24)]都认为是一个方形的帆挂在底盘中间横杆上竖立的桅杆上,但是车轮那样地小又没有操作的装置使我们觉得那是很不像的。然而,由于有很多的古代埃及艺术品表现了丧葬品和其他礼仪物品放在大的模型船里,整个用所发现的那种四轮底盘运送,那就肯定更可能的是,这种车是在游行时作为这些东西的流动底架。偶然遇到风向正合适,同时模型船上又竖立了一只帆,可能会发现牵引的牛或人感觉轻松得多,于是传说就开始了。可是据我们所知,在古代埃及的资料里还没有发现真正挂着帆的车的画,不论有无牲口牵引。这个风俗或传统与中国的和欧洲后来的实际成就之间的联系是难于寻找的——但是人类真的曾忘记过什么事情吗?中国的双脚桅杆[参见本书第四卷,第三分册,第二十九章(d)]引起我们踌躇。

③ 进一步的细节见 Forbes (24)。

④ *Farraginis Liber*,I；*Parallelon Rerumpublicarum*,Ⅲ,ch.23;译文见 Anon. (40),p.30。

⑤ 大的车运载 24 人的定员,那就和高苍梧叔的一定是大小相同的。参见 Schmithals & Klemm (1),pl.39。

⑥ 关于此点读者请查阅本书第四卷,第一分册,pp.227 ff.,在那里指出了和斯蒂文有联系的完全另一个发明,也可以表明是根据中国在声学和音乐方面的平均律的先例。

⑦ 迟至 1834 年罗萨斯皮纳(B. Rosaspina)的一套版画里包括一幅题为"1600 年斯蒂文(Simone Stevin)的陆地扬帆车"。这个车有两根桅杆。

⑧ Wilkins (2),pp.154ff。

⑨ Pl. ⅩⅤ。

⑩ Pls. Ⅸ,Ⅹ。

接受了另外一条思路，那就是利用风车和齿轮使车子行动的想法；回溯到欧洲的 14 世纪，基多·达·维格伐诺在 1335 年曾想到过，后来又有罗伯托·瓦尔图里奥在 1460 年左右想到①。瓦尔图里奥的风力车包括两个立式风车，而布兰卡在 1629 年建议用一个卧式风车，在形式上为转筒船的先辈，威尔金斯推广的就是这种。没有理由去假设任何像这样的东西曾被制造过，但是在 18 世纪很多斯蒂文那样的有帆的车却在条件许可下实际上使用了②。甚至到今天它还继续存在于广泛开展"陆地快艇"体育运动的很多地方，在比利时的北部海岸，在法国，和在加利福尼亚。我小时候在拉庞内海滨曾见过和坐过它，那正好是在科彭斯·德豪特赫尔斯特（Coppens de Houthulst）使它现代化的时候（1907 年），采用三轮车的办法，充气的车胎，和轻型管式架构。今天它们能够达到最快的特别快车的速度，尤其是在冰上而不是在沙土上航行。图 523 示出一些这种冰上快艇在高苍梧叔的家乡，满洲的辽河上。

可能会认为扬帆车（像指南车一样，关于它见下文 pp. 286 ff.）只不过是历史上的一件古玩。甚至戴闻达也对斯蒂文的"发明"的实用价值评定为零。但是在整个技术发展的前景里，这些东西应当放在正确的位置上。戴闻达本人曾指出扬帆车（在 1600 年）能够以几乎是不可思议的速度行驶。这才是事物的根本，因为这项来自中国技术的传播（尽管看来很奇怪）却第一次使欧洲人的思想适应于陆地上高速运行的可能性。接近 60 英里（1 英里＝1.609 公里）的路程现在不到两小时就走完了，就等于说某些地段一定是以每小时超过 30 英里，也许以 40 英里左右的速度走的。当人们回想起开始有铁路的日子里那种稳步前进的速度所引起的激动情况，那就不至于低估这种真正对快速交通的第一次尝试给予欧洲文化的冲击了。中国人的激励，即使不曾更好些，也不能被忽视，其效果是势不可挡的。

281　　　在前面这段刚刚写完的时候，它的结论还缺少 17 世纪的当代的证据。但是以后，一个过去的声音——著名的伽桑狄（Gassendi）在写他朋友法布里·德·佩雷斯克（Fabri de Peiresc）的生活时提供了它。谈到 1606 年，伽桑狄说：③

　　　　他也转弯到谢韦林（Scheveling）去试一试车的状态和速度，这辆车是几年前制造的，为的是用帆在陆地上快跑，像船在海上一样。因为他听说莫里斯（Maurice）公爵在尼乌波特（Nieuport）胜利之后，是怎样地为了试验，亲自与弗朗西斯科·门多萨（Francisco Mendoza）阁下一同参加，并在两小时之内到达皮滕（Putten），距谢韦林 54 英里④。所以他也要做同样的试验，于是他经常对我们说他是多么惊奇，当他被大风吹动着可是他感觉不到（因为他和风走的一样快），当他看到怎样地飞过遇到的沟，仅仅擦过地皮和一路上常见的水洼；在前面跑着的人怎样像是朝后跑，离开很远的地方转瞬之间就超过去了；以及一些其他这样的情形。

---

　　　① Feldhaus（4），fig. 11，(1)，col. 1274. 真是荒谬，达·维格伐诺的风车带动的车的画比流传下来的第二辆最早的风车本身的画还早大约 10 年（见下文 p. 555）。

　　　② 参考材料见 Feldhaus（1），col. 1270. 还有将帆应用到犁上去的新奇问题；关于这个见 Leser（1），pp. 411，450，(2)，p. 451；Chevalier（1），p. 479。

　　　③ Gassendi（1），p.104. 我们再一次感谢贾斯珀·罗斯先生提起我们对这个报道的注意。

　　　④ 1657 年版把这里的 54 误印为 14。

图版 一九七

图 522 西蒙·斯蒂文(1600 年)成功地制造的扬帆车,一幅德海恩印制的图片。这种"陆地快艇"是受到前一个世纪在欧洲流行的中国扬帆车的故事的激励。这些可能传达了以前几个世纪的有根据的传说(参见 pp.159,253 和 278),但是更加可能的是受早期葡萄牙旅行者遇到的扬帆独轮车的启发。斯蒂文的扬帆车的发明和另一个也来源于中国先例的发明是平行的,即他对于平均律音阶的声学问题的解决方案(参见本书第四卷,第一分册,pp. 227 ff.)

图 523 陆地快艇在辽河上,靠近营口,约 1935 年。

图版 一九八

图 524 汉朝一辆鼓车,用于皇家仪仗队,取自小汤山墓祠,约公元 125 年[《金石索》(石部),卷一,第一三三页。北京故宫博物院现存的一件浮雕的拓影。四个乐师在下面吹排箫(参见本书第四卷,第一分册 p.182 及各处,和图 308),另外两人在上面敲站鼓(参见本书第四卷,第一分册,图 301,303),鼓上挂着两个小舌铃(参见本书第四卷,第一分册,p.194)。很可能记里鼓车及其木偶人是在公元前 1 世纪初期至公元 3 世纪末期之间的某个时候从给活的乐师用的车发展而来的。

(4) 记里鼓车

　　一辆车能记录所走过的距离,这种想法吸引了不只一个古代文明的机械师们。记里鼓车,或"路程测量器",是机械上一个相当简单的问题。所需要的只是让行走的地轮中的一个带动一套包括减速齿轮的齿轮系统,使一个或几个销钉缓慢地旋转,在预定的间隔释放挂钩并敲鼓或打锣。

　　从晋代起,大多数官方的断代史都以记里鼓车,大章车或计道车的名字提到这种设备[①]。这些资料都没有描写机械结构,除了在《宋史》里,我们马上将要细看一下。然而,有些写道在走过每里路的时候一个木俑敲一下鼓,而在每十里走完时另一个木俑敲一下镯。如果崔豹的《古今注》书文可信[②],这种双重布置在 3 世纪已经存在了,但是由于它的真实性有些靠不住,仔细研究过这个课题的王振铎(3)赞成直到隋或唐没有出现较为复杂的机器的看法。有些建造这种记里鼓车有显著成就的工程师的名字被流传下来了,著名的有唐朝(9 世纪)的金公立,五代或宋朝(10 或 11 世纪)的苏弼,1027 年的卢道隆和 1107 年的吴德仁。在 1171 年金鞑靼俘获了属于宋的一辆或几辆记里鼓车[③]。 282

　　根据以上的迹象,这个发明的时间很可能至少是在马钧(鼎盛于公元 220—265 年)的时期。使这个结论更有根据的是,时间在 3 至 5 世纪的《孙子算经》里面有一道记里鼓车的算题[④]:

　　　　长安与洛阳之间的距离为 900 里。设一车其轮转一周行 1 丈 8 尺。两城之间车轮将转若干周?

　　　　〈今有长安洛阳相去九百里,车轮一匝一丈八尺,欲自洛阳至长安,问轮匝几何。〉

除了崔豹的书,最早的描述是在《晋书》(公元 635 年)里,其中讲道[⑤]:

　　　　记里鼓车由四马牵引。形状像指南车[⑥]。中间有一木制人形在鼓的前面手持一鼓槌。每走完一里,人形敲鼓一次。

　　　　〈记里鼓车,驾四,形制如司南,其中有木人执槌向鼓,行一里则打一槌。〉

崔豹本人所述(约公元 300 年)如下:

　　　　大章车是为了了解沿途的距离。它开创在西京。又称计里车。车有二层各有一木人。每行过一里下层人击一鼓;每十里以后上层人摇一小铃。《尚方故事》载有制造方法。

这里有意思的一点是发明清楚地归于汉朝初期而不是东汉。提供参考的这部书列在东汉的文献表里,但是,可惜很久以前就失散了。

　　"鼓车"也是在汉朝也许还早些就知道了,虽然直到三国以前并不肯定地叫做"记里鼓

---

　　① 《晋书》卷二十五,第三页;《宋书》卷十八,第五页;《南齐书》卷十七,第五页;《隋书》卷十,第四页;《旧唐书》卷四十五,第二页;《新唐书》卷二十四,第一页;《宋史》卷一四九,第十六页。亦可参阅《西京杂记》卷五,第二页(第 6 世纪中叶)。上述第二个名称提示人们在传奇中流传的尧所谱写的曲名;这一点与某些人的观点相符,即记里鼓车的发展,是将车载乐队机械化的过程。

　　② 《古今注》卷一,第一页。

　　③ 《金史》卷四十三,第一页。

　　④ 卷三,第十四页,作者译;参见 Mikami (1), p.25。

　　⑤ 卷二十五,第三页,译文见 Giles (5), vol.1, p.223,稍经修改。

　　⑥ 见本册 p.p.286 ff.。

车"。所以,很可能这种车在汉朝初期最初是属于音乐的,是为国家仪仗队里的乐队和鼓手准备的。最早的似乎是在燕刺王旦的传记里提到的,其中告诉我们[①],车前车后旌旗招展,这大约是在公元前110年,因为他是汉武帝的第四个儿子。大约公元前80年一个重要官员,韩延寿,他的仪仗队里也有一辆鼓车[②]。南匈奴的单于也是这样[③],到了公元37年汉朝皇帝的鼓车套上了外国人进贡的特殊良种的马[④]。在朝代史中关于御用车队的章节里[⑤]很自然地把鼓车和黄门人联系在一起,即太监、宫廷官吏、侍者和仆从、戏剧演员、杂技演员、魔术师等等[⑥]。尽管初看来这似乎加强汉朝初期鼓车纯属音乐性的看法,实际上几乎恰恰相反,因为我们已经看到在古代这些艺人和机械玩具的制造者之间有密切的关系[⑦]。最合理的推测是鼓车的确原来是音乐师的车,但是到西汉(公元前1世纪)的某个时候敲鼓和打锣被安排由车轮带动自动地进行——落下闳[⑧](约公元前110年)也许参与了——只有如此,这种测量和绘制旅程图的仪器才有实现的可能。一幅汉朝的绘画艺术品遗留了下来,即小汤山墓的那一组,时间约在公元125年(图524)[⑨]。在后来许多朝代的皇家仪仗队里都保留着机械化或未机械化的音乐师的车。[⑩]

记里鼓车的起源时间问题是重要的,因为在欧洲曾发生并行的进展,尤其在亚力山大里亚城,有赫伦(约公元60年)[⑪]。然而,在看一下这些以前,让我们先仔细查看一下唯一现存的规格说明书。《宋史》里讲道[⑫]:

记里鼓车。

漆红色,四面有花和鸟的画,建成两层,有雕刻的漂亮装饰。在走完每1里时,下层一个木制的人形敲鼓;在走完每10里时,上层木人敲钟。车辕端部为一凤头,车由4匹马牵引。护卫原为18人,但至雍熙四年(987年)太宗皇帝使它增为30人。

天圣五年(1027年)内侍卢道隆奉献记里鼓车构造说明书如下:

"此车应有单辕和两轮。车身分两层,各有一木刻人形手持一鼓槌。地轮各为直径6尺,圆周18尺,转一周行3步。按照古代标准一步等于6尺,300步等于1里;但现今里看作等于360步,每步5尺。

在左侧地轮上装一个立轮;直径1.38尺,圆周4.14尺,有18齿相距2.3寸。

另有一个下平轮,直径4.14尺,圆周12.42尺,有54齿,齿距与立轮相同(2.3

---

① 《前汉书》卷六十三,第九页。
② 同前,卷七十六,第十二页。
③ 《后汉书》卷一一九,第五页。
④ 同前,卷一〇六,第一页,参见《金楼子》第一篇,第十一页;《猗觉寮杂记》卷二,第二十三页。
⑤ 《后汉书》卷三十九,第九页;《晋书》卷二十五,第三页。
⑥ 参见杨雄和黄门,本书第三卷,p.358。
⑦ 参见本书第一卷,pp.197 ff.。
⑧ 天文学家和天文仪器制造者;参见本书第三卷中的很多参考材料。
⑨ 《金石索》,石部,卷一(第一三三页),冯氏弟兄注释为皇家的扈从执事班里的一车音乐师。另见 Harada & Komai (1),vol.2, pl. ⅩⅧ1,和 Chavannes (11), pl. ⅩⅩⅩⅦ,后者不认为这是一辆记里鼓车,参见 Giles (5), vol.1, pp.273ff.。这块石碑现在存北京故宫博物院。
⑩ 《玉海》搜集了很多情况,卷七十九,第二十、三十四、四十一、四十四页,等等。
⑪ 瓦卡[Vacca (1)]和其他一些人猜想汉朝的记里鼓车是由亚力山大里亚城的那些启发的。这可能要看在中国"乐队车"实现机械化的确切时间,但是无论如何这个过程本身,如果我们正确地估计了它,指明是一个就地的发展。
⑫ 卷一四九,第十六页起,译文见 Giles (5), vol.1, p.224,经作者修改。

寸）。（此齿与前者啮合。）

在一根随这个轮转动的立轴上，安装一个青铜旋风轮，只有 3 个齿，齿间相距 1.2 寸[①]。（这个轮转动下一个。）

在中间有一个平轮，直径 4 尺，圆周 12 尺，有 100 齿，齿间相距与旋风轮同（1.2 寸）。

其次，（在同一个轴上）装有一个小平轮，直径 3.3 寸，圆周 1 尺，有 10 齿，齿距 1.5 寸。

（同这个啮合的）有一个上平轮[②]，直径 3.3 尺，圆周 10 尺，有 100 齿，齿距与小平轮同（1.5 寸）。

当中间平轮转一周时，车将走完 1 里，下层木人将击鼓。当上平轮转一周时，车将走完 10 里，上层木人将敲钟。使用的轮数，大与小，共为 8 个，合计 285 齿。

动作就这样地如同被锁链的环节传递一样，"犬牙"彼此相互啮合，经过适当的转数后，一切回到原来的起点。"

曾命令将这一说明书下达（至有关的官员），使这个机器得以制造。

[这一段在结尾列出了 1107 年吴德仁拟订的一份类似的说明书。]

〈记里鼓车，一名大章车，赤质，四面画花鸟，重台勾阑镂拱。行一里则上层木人击鼓，十里则次层木人击镯。一辕凤首，驾四马。驾士旧十八人，太宗雍熙四年增为三十人。仁宗天圣五年，内侍卢道隆上记里鼓车之制：独辕双轮，箱上为两重，各刻木为人执木槌。足轮各径六尺，围一丈八尺，足轮一周而行地三步。以古法六尺为步，三百步为里；用较今法五尺为步，三百六十步为里。立轮一，附於左足，径一尺三寸八分，围四尺一寸四分，出齿十八，齿间相去二寸三分。下平轮一，其径四尺一寸四分，围一丈二尺四寸二分，出齿五十四，齿间相去与附立轮同。立贯心轴一，其上设铜旋风轮一，出齿三，齿间相去一寸二分。中立平轮一，其径四尺，围一丈二尺，出齿百，齿间相去与旋风轮等。次安小平轮一，其径三寸少半寸，围一尺，出齿十，齿间相去一寸半。上平轮一，其径三尺少半尺，围一丈，出齿百，齿间相去与小平轮同。其中平轮转一周，车行一里，下一层木人击鼓。上平轮转一周，车行十里，上一层木人击镯。凡用大小轮八，合二百八十五齿。递相钩镶，犬牙相制，周而复始。诏以其法下有司制之。〉

这个说明书足够清楚地表明了减速齿轮系统，仅省略了由轴上的短钉拨动操作木人的绳索。尽可能逐字地按照它制造记里鼓车模型的有伯特伦・霍普金森[Bertram Hopkinson，见 Giles (5)][③]和王振铎（3）。后者做的，精致地模仿小汤山墓浮雕上的车，展现在图 525 里。模型的一部分机构敞开着，在图 526 里看得到。车的伞篷像是为了在车行动时旋转的，要做到那样也是很容易的。

对卢道隆的奏折里最后一句稍注意一下是值得的。它几乎像一首诗或小品文的片断[④]，但是在 1027 年提到"犬牙"齿是重要的，因为它说明宋朝的工程师们曾意识到把它们的棱角修圆的必要性，从经验上预示了今天在数学上规定的渐开线和外摆线齿轮齿所使用的形状。

---

① 这个极小的轮的名字说明宋朝的工程师们完全懂得传动比的原理，也就是小轮的转速要同它啮合的大轮的快得多。

② 这里使人同样感到缺乏足够的技术术语的情况，这已经在其他方面注意到了（参见本书第二卷，pp. 43, 260 等）。

③ 已故的剑桥大学工程学教授。

④ 有许多作家写的关于记里鼓车的小品文，例如元朝的杨维桢（G 2415）和唐朝的张彦振，但都不是从工程技术的观点提供资料的（见《图书集成・考工典》卷一七五）。

284

图版 一九九

图 525 一辆汉朝记里鼓车的活动模型(王振铎,*3*)。

图版　二〇〇

图 526　活动模型的机构表现出右侧地轮上的齿轮和减速齿轮,包括一个三个齿的小齿轮(王振铎,3)。

285 或许在宋朝的技术性的文章里会发现对齿形问题有更深入的论述①。欧洲的工程技术史学家② 在达·芬奇(约 1490 年)以前,好像不知道注意齿形。最早述及齿轮齿的欧洲手稿大约是在 1335 年在基多·达·维格伐诺的论文里,其中齿是修圆了的,但是这比阿拉伯和中国书里的都晚③。根据经验,轮匠一定知道齿轮的齿必须修圆,并且在杜布罗夫尼克城的皮莱门 Pile Gate 还留存的一些 15 世纪后期的齿轮就说明这一点(Kammerer)。杰罗姆·卡丹在 1557 年首先讨论了齿轮齿形的数学④。斯特姆与洛伊波尔德(Sturm & Leupold)大约在 1720 年发表了齿形设计的经验规则⑤,同时德拉伊尔(P. de la Hire,1694 年)在他的关于外摆线的文章里开始了理论几何学的论证⑥。

典型地描述一辆欧洲记里车的是亚力山大里亚城的赫伦(约公元 60 年)⑦,可是他没有声称是一项新发现。他的模型更复杂地用使球落入容器的办法记录走过的路程⑧。这个机器也被维特鲁威描述过⑨,并在康茂德(Commodus,公元 192 年)皇帝时期使用了,但是在那以后有一个很长时间的间隔,再一次出现是在 15 世纪末期的西欧⑩。因此,这个方式和我们一再遇到过的一样,也就是希腊的先例,并行的或紧跟着的是中国的发展,而且持续在整个中古时期,然后是在欧洲的复苏。最著名的欧洲文艺复兴记里车毫无问题是达·芬奇推荐的那个,由乌切利⑪和贝克⑫绘了图,并由瓜泰利(Guatelli)制了模型。这个仪器在 16 和 17 世纪测量工作中的实际应用已经讲了⑬。中国的制图者们是否曾用过它我们不知道。⑭

总之,可以说中国的记里鼓车称得起是那些出色的现代机器的祖先,例如车式测距仪(McNish & Tuckerman),能绘出所经过的路线的地区图,包括罗盘方位。然而,刘仙洲(6)

286 曾指出它们也和时钟机构的历史很有关系⑮。因为除了构造的方法上有齿轮系统由地轮带动,并包括一或三个齿的小齿轮,发出信号也是有声的,由木偶人敲鼓或钟。记里鼓车因此毫无疑问地是所有的钟表报时机构的一个前辈。

---

① 参见本册 p. 88,和后面关于时钟机构,pp. 456,473,499。

② 例如 Woodbury (2); Kammerer (1); Davison (10)或 Uccelli (1),p. 71。

③ 在阿拉伯图里齿轮齿总像画的是个大钉子[参见 Coomaraswamy (2)]。在 1090 年的《新仪象法要》里可惜没有示出侧面;在 1313 年的《农书》里它们被画得像是平顶陡边的金字塔。

④ *De Rerum Varietate*,pp. 263ff。

⑤ Sturm & Leupold (1),p. 49,fig. XV。

⑥ 进一步的细节见 Woodbury (2)和 Matschoss & Kutzbach (1)。一位早先的法国数学家和工程师德扎格(Desargues,1593—1661)好像曾用过外摆曲线设计齿轮齿形,也有人说是罗默(Romer,1644—1710)。关于齿轮切削机器的历史见 Woodbruy (1)。

⑦ *Dioptra*,ch. 34,译文见 Brunet & Mieli (1),pp. 499,515;参见 Usher (1),lst ed. p. 99。

⑧ 参见 Diels (1),pp. 64ff。

⑨ X,iX,1—4。

⑩ Beckmann (1),vol. 1,pp. 5ff。

⑪ Uccelli (1),p. 49。

⑫ Beck (1),p. 424。其它有趣的仪器的详细情况见 Yde-Andersen (1)。

⑬ 本书第三卷,p. 579。

⑭ 经常提到它作为御用车队的部分可以看作它是仪仗队里和游行场地上主要的象征威望的东西,但是必须记住,中古的中国制图学的强调定量数据的特点[参见本书第二十二章(d)]。

⑮ 进一步见本章(j),例如 p. 494。

(5) 指 南 车

如果说记里鼓车有广泛的传播，另一种带齿轮的车则是中国文化区域独有的。在关于磁力的第二十六章(i)里，曾经没有指名地提到过"指南车"，因为中国人和西方人都长时期地把它和磁罗盘混淆在一起[①]。无论如何我们现在知道了，它和磁力毫无关系，而是一辆双轮车带一套齿轮，安装得使一个人形永远指向正南，无论马拉着车怎样回旋游移变换方向[②]。然而作为机械的而不是磁力的并不减少它的有趣程度；而且即使它也许实际用处不大（可是没有在测量工作中对它试用，或许是我们不够明智之处，像对它的伙伴记里鼓车那样），也不应当受到那些对别的专业内行的现代学者们给它的即刻除名的处分[③]。

关于指南车的历史，最重要的一段是在《宋书》里[④]，写于大约公元 500 年。

指南车最初由周公制造（公元 1 千纪初），为了指引那些使者从边疆以外很远的地方回到家里来。越过的区域是无边的荒原，人们在那里迷失东西方向，因此（公）发动制造这种车以便大使们能识别南北。

《鬼谷子》书里说，郑国人在采玉的时候，总带着"指南器"，依靠它就从来没有迷失过（他们的方向）[⑤]。

可是在秦和西汉时期，再没有听到过这种车。在东汉时期张衡又发明了它，但是由于朝代灭亡时的兵荒马乱它没有被保存下来。

在魏国（三国时期）高堂隆和秦郎都是著名的学者；他们曾在御前讨论过指南车，说没有那种东西，故事都是胡说八道。但是在青龙年间（公元 233—237 年）明帝皇上命令学者马钧制造一辆，他按时制成了[⑥]。这辆车又在晋朝建立时的骚乱中失掉了。

后来，石虎（匈奴后赵王朝的皇帝）[⑦]让解飞做了一辆；令狐生又替姚兴（后秦王朝的羌族皇帝）做了一辆[⑧]。后者被晋朝的安帝皇上在义熙十三年（公元 417 年）得到，并且最后在（刘）宋王朝的武帝皇上占领长安时到了他的手中。它的外形和构造都像一辆鼓车（记里鼓车）。车上立一个木制人形，手臂抬起指向南方，（机械机构布置得使）车尽管转来转去而手臂始终指向南方。在国家仪仗队里，指南车在前面开路，皇家卫队护送[⑨]。

这些车，因为是由未开化的劳动者制造的，功能都不太好。虽然叫做指南车，却时常

287

[①] 许克和里德曼(Schück & Riedmann)[见 Schück (1), vol. 2, p. 9]甚至试制一个模型，在木人手臂中放一块磁铁，但没有成功。当然某些作家仍坚持这种混淆，如费尔德豪斯[Feldhaus (20), p. 55, (1954 年)]。

[②] 这方面的探索工作是翟理斯[H. A. Giles (5), vol. 1, pp. 107, 219, 274]和桥本(3)做的。这个问题由 Li Shu-Hua (1)(李书华)作过评论（到 1924 年）。

[③] 例如汤姆森[J. O. Thomson (1), p. 33]："指南车可作为神话不予考虑。"公平地说，这种判断是部分地由于这个机器写进了传奇文学，并且否定它属于公元前 3 千纪也是相当情有可原的。

[④] 卷十八，第四页起，译文见 Giles (5), vol. 1, p. 110, 经作者修改。

[⑤] 参见本书第四卷第一分册，p. 269, 对这个故事已作了评价。

[⑥] 这个辩论和成就的故事出自《三国志·魏书》卷二十九，第九页；还有（引自《魏略》）在卷三，第十三页，关于在洛阳建造大宫殿和花园。我们在本册 p. 40 上翻译了前一个出处。参《玉海》卷七十九，第二十八页。

[⑦] 这个少数民族王朝维持了从公元 319—352 年，石虎的统治是从公元 334—349 年。

[⑧] 这个少数民族王朝维持了从公元 384—417 年，姚兴的统治是从公元 396—416 年。

[⑨] 参见《晋书》卷二十五，第三页，其中规定了类似的制度。

指的不准,需要一个人在里面帮助调节机器,一步一步地转弯。

所以,那位聪明的范阳人①,祖冲之常说,应当制造一辆新的(真正自动的)指南车。于是在昇明年间(公元 477—499 年)接近末尾时,顺帝皇上在齐太子辅政期间命令(祖)制造一辆,并在制成以后由丹阳督军王僧虔和监察署总监刘休进行试验。制造工艺十分精细,虽然车曾转来扭去朝一百个方向行走,手从来没有不指向南方的时候。②

此外,晋朝还有一艘指南船③。

梳小辫的未开化的④拓跋焘(北魏王朝的第三个皇帝)⑤命令一个名叫郭善明的工匠制造一辆指南车,但一年以后还没有完成。(同时)有扶风人马岳成功地制造了一辆,但在完成时他被郭善明毒杀了。

〈指南车,其始周公所作,以送荒外远使,地域平漫,迷于东西,造立此车,使常知南北。鬼谷子云,郑人取玉,必载司南,为其不惑也。至于秦汉,其制无闻。后汉张衡,始复创制,汉末丧乱,其器不存。魏高堂隆秦郎,皆博闻之士,争论于朝云,无指南车,记者虚说。明帝青龙中,令博士马钧更造之而车成,晋乱复亡。石虎使解飞,姚兴使狐生又造焉。安帝义熙十三年,宋武帝平长安,始得此车。其制如鼓车,设木人于车上,举手指南,车虽回转,所指不移。大驾卤薄,最先启行。此车戎狄所制,机数不精,虽曰指南,多不审正,同曲步骤,犹须人力正之。范阳人祖冲之有巧思,常谓宜更构造。宋顺帝昇明末,齐王为相,命造之焉。车成,使抚军丹阳尹王僧虔,御史中丞刘休试之。其制甚精,百屈千回,未尝移变。晋代又有指南舟。索虏拓跋焘使工人郭善明造指南车,弥年不就。扶风人马岳又造垂成,善明酖杀之。〉

这里首先需要讨论的是传奇中的素材。这个设备逐渐地终于和两个神话中的事件联系在一起了;(a)在黄帝和反叛首领蚩尤之间的战争中,当后者施放烟雾时,皇族军队必须从中找出路⑥;和(b)周公要把越裳人的大使送回家到很远的南方某处,需要向导。在克拉普罗特(Klaproth)时期,认为汉代的书文里有这些故事⑦,但是尽管前一个事件描述在《史记》里⑧以及后一个在《尚书大传》里⑨,却都没有提到指南车。据说在汉或汉以前的任何书文里都没有提到它,而且的确唯一的例外似乎是刘向的《洪范五行传》中影射的暗示(约公元前 10 年)⑩。我猜想这是那样的情况之一(参见本书第四卷第一分册,pp. 269 ff.),车字是后来误

288

---

① 我们在前面各章里时常遇到这位数学家和工程师;参见本书第三卷的索引。
② 这是在(刘)宋王朝的最结尾。
③ 关于这点见本书第四卷第一分册,p. 292。
④ 这个措词是在那个分裂时期对北方人的一种贬低的称呼,是从他们把头发编成辫子绕在头上引起的。
⑤ 他统治是从公元 423 至 452 年。
⑥ 参见本书第二卷,p. 115。
⑦ 当时仅有的书是近期的史料汇编。例如《资治通鉴纲目(正篇)》卷十五,第五十五页。
⑧ 卷一,第三页[Chavannes (1),vol. 1, p. 29]。
⑨ 伏胜著(参见本书第二卷,p. 247)。
⑩ "《书经》的洪范篇里关于五行的论述";这个段落收进了《太平御览》卷七七五,第一页。在《鬼谷子》书里也有一段关于引导大使们的故事(第十篇,第十九页),复印在《玉海》(卷七十八,第三十页)和其它地方,但是现代的编辑们把它看作是后来注释者插进去的。这个传说的一个可喜的 18 世纪回声出现在安特莫尼[Antermony (1),vol. 2, p. 44]关于柏尔[John Bell]的回忆里,这位苏格兰医生曾作为俄罗斯大使伊斯梅洛夫(L. V. Ismailov)的随员去到北京并且亲自从康熙皇帝口里听到这个传说。在 1721 年 1 月 2 日的一次私人拜见中:"[皇帝]谈论到天然磁石的发现,说在中国 2000 多年以前就知道了;因为从记载中看到来自远方岛国的一位大使到中国来朝见,在暴风中迷失了航向,历尽千辛万苦漂流到中国的海岸。当时的皇帝,名字我不记得了,热情地招待了他,送他回自己的祖国;并且为了防止他在回家的路上遇到同样的不幸,送给他一个罗盘指引他的航程。"

落进去的,抄写员不懂得"指南器"是指司南而言的。不管怎样,两篇传说①都经过发挥载入了崔豹的《古今注》(约公元 300 年)②。这表示指南车真是一项东汉和晋朝的发明,第一部机器的制造者若不是公元 120 年左右的张衡③,就是公元 255 年的马钧。

当然没有理由怀疑关于马钧的故事。他是一位杰出的工程师,我们很幸运地有他的哲学家朋友傅玄记录的关于他的很多报道;我们将在讲到织机(第三十一章)和提水机械(下文 p.346 时再遇到他。我们已经在有关中古时期中国工程师的社会地位方面(本册 p.39)对他有了认识。指南车的制造也记录在《魏略》和其它同时期的史料里④。郭缘生在一本晋朝的书《述征记》里说,首都的南门外是政府工厂("尚方")的所在,指南车通常存放在这个厂的北门道里⑤。他很可能指的是马钧的机器⑥。有趣的是崔豹的报道最后说,它的构造述说在一本早已流失的书《尚方故事》里⑦。

可以回忆到我们在前面(第四卷第一分册,p.293)曾提到一件事,至少有一辆北方未开 289 化王朝制造的指南车在被宋朝人俘获的时候失去了它的机器,必须由人在里边转动。伟大的数学家祖冲之曾在公元 478 年成功地制造了一辆新的⑧;这是从他的传记里看到的:

> 当(刘)宋的武帝征服关中时俘获姚兴的指南车,但只是空壳没有里面的机器。每当行动时必须有一个人在里面转动(人形)。昇明年间高帝命令祖冲之按古时的规则重新建造。他相应地做了青铜的新机器,毫无故障地回旋转动而指向一致的方向⑨。自从马钧时期以来从未有过的事。

> 〈宋武平关中,得姚兴指南车,有外形而无机杼,每行使人于内转之。昇明中,太祖辅致,使冲之追修古法。冲之改造铜机,圆转不穷,而司方如一。马钧以来未之有也。〉

在 7 世纪里这个发明传播到了日本,我们听到说两个和尚,智踰和知由,在公元 658 和 666 年为日本皇帝制造了这种车⑩。很可能这些和尚工程师本人就是来自中国的。指南车有时候很自然地和记里鼓车联合在一起。以后的书⑪里讲到模型指南车只有 15 英寸(1 英寸=2.54 厘米)高。14 世纪初期朱德润在他朋友家里看到的并且描写在他的 1341 年的《古玉图》⑫ 里

---

① 两篇译文见 Klaproth (1),pp.74,78,80,82.

② 这本书的真实性时常受到攻击,但是桥本的辩护似乎相当有说服力。所谈的这段重复在 10 世纪马缟的《中华古今注》里。两本书都在卷一里。

③ 在张衡的传记里没有提到它(《后汉书》卷八十九)。

④ 《三国志·魏书》卷二十九,第九页。

⑤ 《太平御览》卷七七五,第一页。

⑥ 参阅《晋书》卷二十五,第三页,其中清楚地表示晋朝皇帝至少有一辆。

⑦ 列在《后汉书》的书目提要中。

⑧ 《南齐书》卷五十二,第二十页;《南史》卷七十二,第十一页;译文见 Moule (7).

⑨ 两份史料都还讲到,"来自北方"的一位工程师,索驭骥,声称能够在和祖冲之一样的时间里制造一辆指南车。给了他同样的便利条件,但是在乐游苑作试验的时候他的机器动作得很不好,因而被放置起来,最后被烧掉了。稀奇的是要想象到像 Rainhill"火箭"试验那样的事会发生在 13 个世纪多以前离欧洲那么远的地方。另见《玉海》卷七十九,第四十九页。

⑩ 《日本纪》(Nihongi),援引在有关时期的《和事始》(Wajishi);见 Klaproth (1),p.93; Li Shu-Hua (1),p.88; Aston (1),pp.258.285. 可能这是同一个和尚的两个名字,但在《高僧传》里均未出现。

⑪ 《事物绀珠》(明),援引《格致镜原》卷二十九,第二十四页。

⑫ 卷一,第二页。

的一定就是这样一个。《三才图会》丛书摘录了这一段①,其中我们读到:

　　右图(见图 527)是一个(模型)指南车的装饰(人形)按标准尺度它是 1.42 尺高和
7.4 寸长。(立)轴穿过一个直径 3.7 寸的孔向上,它本身的直径为 3.4 寸。在顶端它有
一个玉刻的人形,一只手永远指向南方。轴下端穿过孔内作为旋转轴。人形(表现为)脚
踏在蚩蚘(的形象)上面。在延祐年间(1314—1320 年),我自己曾在姚牧庵大学士家中
看到这个(模型)。玉是淡橙色的……。

　　这就是那么吸引西方汉学家们注意的图象并且时常被复制②。曾在 4 世纪作为魔力的
象征的东西在 14 世纪竟成为学者们的消遣品,但是有趣的是直到元朝还有机械师能够使它
运转。从那时候以后就不大听到它了。我们还必须回到宋朝。

　　《宋史》里有类似《宋书》的一个历史报道,还说在公元 806 和 821 年之间金公立奉献唐
朝皇帝一辆指南车和一辆记里鼓车③,并且在公元 987 年护卫士由 18 人增加到 30 人。但是
报道的主要价值在于提供了两位工程师,燕肃在 1027 年和吴德仁在 1107 年制造的有关机
器的唯一详细说明。书文写道④:

　　仁宗皇帝天圣五年(1027 年),工部郎中燕肃制造了一辆指南车。他向皇帝上书说,
[在一般历史性的绪言之后]:

　　"历经五代,直到本朝,据我所知没有人能制造这样一辆车。但是现在我自己发明了
一种设计,并成功地制成了它。

　　方法是用一辆独辕车(套两匹马)。车身的外框上面有两层的罩。上面装一个木制
的仙人,伸出手臂指向南方。使用大小九个轮,合共 120 个齿也就是

　　两个足轮(即车靠它行走的地轮),高 6 尺,18 尺圆周,

　　附在足轮上两个立("径")子轮,直径 2.4 尺和圆周 7.2 尺,各有 24 齿,各齿相隔 3 寸,

　　又在横木以下车缘端部两个小立轮[A],3 寸直径并穿有铁轴,

　　左侧一小平轮,直径 1.2 尺,有 12 齿,

　　右侧一小平轮,直径 1.2 尺,有 12 齿,

　　中间一大平轮,直径 4.8 尺,圆周 14.4 尺,有 48 齿,各齿相隔 3 寸。

　　中间一根立柱穿过(大平轮的)中心,高 8 尺,直径 3 寸;顶上有一木刻仙人形。

　　当车行动(向南)木人指南方。若转向东,车辕的尾端被推向右;右地轮上所附的子轮将
292　向前转 12 齿,牵着右小平轮转一周(并因此)推("触")动中心大平轮向左转四分之一周。当
它转过 12 齿,车向东行,木人侧立并指南方。若转向西,车辕的尾端被推向左;左地轮上所附
的子轮将向前转 12 齿,牵着左小平轮转一周并推动中心大平轮向右转四分之一周。当它转
过 12 齿,车行向西,但木人还是侧立并指向南方。如果想要向北方行走,无论是经过东方或

　　① 器用篇,卷五,第十页,作者译。
　　② 见 Laufer (8),p.113;Giles (5),p.114(摘自《图书集成》)等。朱德润的语句和他的图也摘录进了《金石索》(金
部卷二,第八十五页)。冯云鹏还讲到他在苏州曾看到过一个有些类似的人形,可能是属于一辆战车上的。他说,由于这是
青铜的,后来的汉学家们,没有仔细读解说词就假设看到了指南车模型上的一个或几个人形并作了描述,但是情况并不
是这样。
　　③ 还有在《唐六典》卷十七和《玉海》卷七十九,第四十、四十六、四十九页。参见《隋书》卷十,第三页。
　　④ 卷百四十九,第十四页起,译文见 Moule (7),经作者修改,借助于 Giles (5),vol.1,p.219。女真金朝皇帝在
1171 年两种机器都有,《金史》卷四十三,第一页。

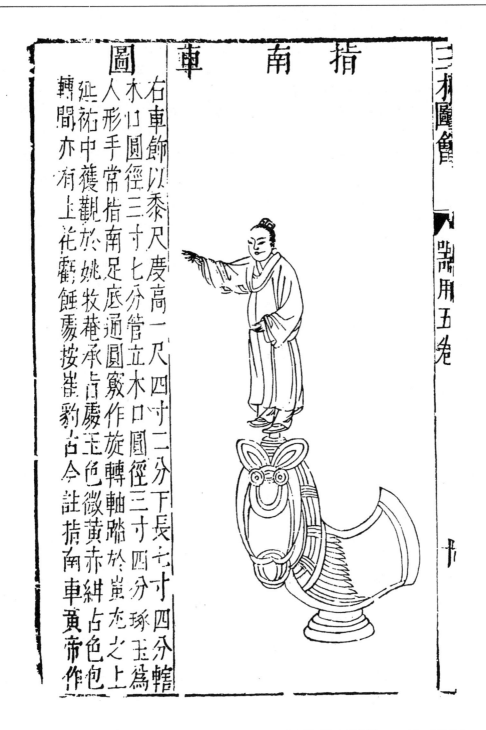

図527　指南车模型上的玉刻人形车饰，摘自《三才图会》(器用篇)卷五，第十页(1609年)。左边的文字译在 p.289。

西方转弯,都以同样的方法进行。"

曾命令此方法应下达至(有关的)官员们,以便该机器得以制造。

大观元年(1107年),内侍省吴德仁奉献指南车和记里鼓车的规范说明书。两辆车均制成,并在当年宗祀大典中使用了。

指南车的车身长为11.15尺,宽9.5尺,深10.9尺。

(A) 车轮为直径5.7尺,车辕长10.5尺,车箱分上下两层。中间设一隔板。上面立一个仙人形手持一根棒,左右两侧为龟和鹤,每侧各一,以及四个童子各持一缨拂。

在上层的四角上有脱扣机构("关戾")[1],还有13个卧轮,各为直径1.85尺,圆周5.55尺,有32齿,相距1.8英寸。一根中心轴装在隔板上穿到下面。

(C) 在下层有13个轮。在中间是最大的平轮,直径3.8尺,圆周11.4尺,有100齿,相距1.25寸。

(D) 通到(隔间)顶上的(立轴上),在其左右有两个能[上下滑动的][2]小平轮,各有一个铁坠子。每轮直径1.1尺,圆周3.3尺,有17齿,相距1.9寸。

(B) 左右还有附轮,每侧一个,直径1.55尺,圆周4.65尺,有24齿,相距2.1寸。

(F,G)左右还有双齿轮("叠轮"),每侧一对。每个下层齿轮是直径2.1尺和圆周6.3尺,有32齿,相距2.1寸。每个上层齿轮是直径1.2尺和圆周3.6尺,有32齿,相距1.1寸。

(H) 在车的左右每个地轮上有一个立齿轮,直径2.2尺,圆周6.6尺,有32齿,相距2.25寸。

(E) 在车辕尾端左右两侧有[无齿][2]小轮(滑车),挂竹索并相应地拴在左右(车)轴(的端头)上。

若车转向右,则使车辕尾端左面的小滑轮放下左手(小平)轮。若车转向左,则使车辕尾端右面的小滑车放下右(小平)轮[3]。不管怎样,车转动,木仙和童子侧立并指南。

车驾以两匹红马,戴青铜面饰,……。

〈仁宗天圣五年,工部郎中燕肃始造指南车。肃上奏曰:……历五代至国朝,不闻得其制者。今创意成之。

其法用独辕车。车箱外笼,上有重构,立木仙人於上,引臂指南。用大小轮九,合齿一百二十。足轮二,高六尺,围一丈八尺。附足立子轮二,径二尺四寸,围七尺二寸,出齿各二十四,齿间相去三寸。辕端横木下立小轮二,其径三寸,铁轴贯之。左小平轮一,其径一尺二寸,出齿十二;右小平轮一,其径一尺二寸,出齿十二。中心大平轮一,其径四尺八寸,围一丈四尺四寸,出齿四十八,齿间相去三寸。中立贯心轴一,高八尺,径三寸,上刻木为仙人

其车行,木人指南。若折而东,推辕右旋,附右足子轮顺转十二齿,系右小平轮一匝,触中心太平轮,左旋四分之一。转十二齿,车东行,木人交而南指。若折而西,推辕左旋,附左足子轮随轮顺转十二齿,系左小平轮一匝,触中心大平轮右旋四分之一。转十二齿,车正西行,木人交而南指。若欲北行,或东或西,转亦如之。

---

① 大概是为了开动童子挥舞缨拂。关于"关戾"这个词见本册p.485。或许在这个设计里并入了一个记里鼓车的信号,但是却完全没有讲到鼓或钟。

② 方括号是后加的。

③ 在书文里感到必须把左和右的字样调换过来。汉字容易弄错,此外,在整个段落里所给的尺寸不会都是正确的,因为它们不相配合。

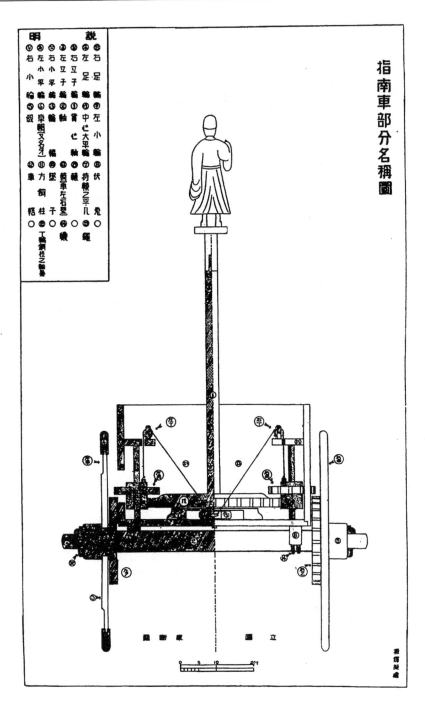

图 528　指南车机械装置的复原,根据慕阿德[Moule(7)]和王振铎(3);后视图。当车辕⑧
的尾端向左或向右移动时,它把悬挂的齿轮相应地向左和右啮合和脱开,就使各
地轮连接到或脱离开带有指南人形的中心齿轮。

诏有其法下有司制之。

大观元年,内侍省吴德仁又献指南车、记里鼓车之制。二车成,其年宗祀大礼始用之。

其指南车,身一丈一尺一寸五分,阔九尺五寸,深一丈九寸。车轮直径五尺七寸。车辕一丈五尺。车箱
上下为两层,中设屏风,上安仙人一执仗,左右龟鹤各一,童子四,各执缨立四角。

294

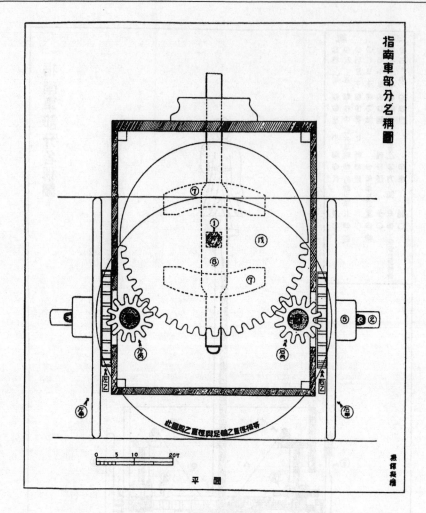

图 529 慕阿德——王振铎复原件的平面图[引自王振铎,(3)]。车辕的转动是围绕着带有
齿轮和指南人形的立轴的下轴承为中心。

上设关戾。卧轮一十三,各径一尺八寸五分,围五尺五寸五分,出齿三十二,齿间相去一寸八分,中心轮轴随屏风贯下。下有轮一十三,中至太平轮,其轮径三尺八寸,围一丈一尺四寸,出齿一百,齿间相去一寸二分五厘。通上左右起落,二小平轮各有铁坠子一,皆径一尺一寸,围三尺三寸,出齿一十七,齿间相去一寸九分。又左右附轮各一,径一尺五寸五分,围四尺六寸五分,出齿二十四,齿间相去二寸一分。左右叠轮各二,下轮各径二尺一寸,围六尺三寸,出齿三十二,齿间相去二寸一分;上轮各径一尺二寸,围三尺六寸,出齿三十二,齿间相去一寸一分。左右车脚上各立轮一,径二尺二寸,围六尺六寸,出齿三十二,齿间相去二寸二分五厘。左右后辕各小轮一,无齿,系竹簟并索在左右轴上。

遇右转,使右辕小轮触落右轮。若左转,使左辕小轮触落左轮。行则仙童交而指南。车驾赤马二,铜面……。〉

这个文献被认为对于我们了解 11 和 12 世纪的工程技术是相当宝贵的[①]。慕阿德[Moule(7)]和王振铎(3)都对机械机构作了解释并进行了复原,并且我肯定他们都是采

[①] 然而,《宋史》的记载可能并不是最早的,因为有几乎相同的词句出现在宋朝政府工作的一篇记录《愧郯录》里(卷十三,第一页)。这是岳珂写的,他在 1208—1224 年已经是一个重要的官吏了,也就是说在《宋史》编纂(1345 年)以前一个世纪的时候。岳珂把吴德仁写成吴德隆,可能是错误的。

图版　二〇一

图 530　王振铎的活动模型,大齿轮已移去以便显出车辕的位置和连接它的
　　　　尾端和左右升降齿轮的绳索。这些齿轮在它们的立轴上自由滑动,
　　　　在轴顶上可以看到小滑轮和绳索。

用了上述书文的第二部分，也就是吴德仁制造的机器。我们要先细看这个①。看一看后视图
295 （图 528）和平面图（图 529），引自王振铎，但是和慕阿德所体现的一样。机械机构的要点
是地轮上安装的附轮或里面的齿轮与有齿的小平轮相啮合，带动着和主要人形装在同一轴
上的中心大轮旋转。但是小平齿轮永远不会两个同时啮合；装在沿立柱上下滑动的坠子上，
它们被绳子吊着，绳子绕过上面的滑车被拴在下面的车辕尾端上。这从王的模型上很容易
看得到（图 530）。假定车向南走着要向西拐弯（也就是向右转），马将带着车辕转向右，因
此车辕尾端就向左移。这样就使右边小齿轮上升而左边的那个下降并与地轮上的内齿轮和
中心轮相啮合。由于左侧地轮仍在转动而右侧的将脱开齿轮，这个齿轮系明显地会起到车
子变换方向的补偿作用，从而大致保持着木人指南的方向。在恢复直线行驶时，两个齿轮
又都解脱开了。

　　吴德仁的机器实际上比这个更为复杂，因为他在齿轮系里引进了额外的部件，包括（技
术史上一个极有趣的特色）叠轮或双齿轮②。他的系统可以从引自慕阿德(7)的图 531 上体
会到。装在地轮(A)上的齿轮(H)和紧靠着它上面的另一个齿轮(B)相啮合，这个轮又和上
下能移动的齿轮(D)以直角相交的方式啮合和脱开，这个轮可在悬挂它的滑车下面看到。这
个轮（在动的时候）驱转双齿轮的下层(F)，上层齿轮(G)就驱动中心轮(C)。这样用多级齿轮
的目的还不太清楚。然而，这种形式的复原确实代表吴德仁的机构是有足够说服力的，鉴于
他特别讲到有两个轮能上升和下降，控制它的绳子拴在车辕的尾端上，并且两个轮为没有齿
的滑车。

　　慕阿德假设这样的复原也适用于燕肃的机构③，并且也许还有其他人例如马钧的。但这
是完全不肯定的。尽管谨小慎微尽可能少变动原文，慕阿德还是必须在燕肃的说明书里标记
[A]的地方加进"（无齿）"的字样④。可是，如果这些轮真正是齿轮的话，情况就会大不相同。
虽然慕阿德和王的解答在理论上是讲得通的，在机械上它是极为粗俗不雅的，并且很可能遇
到必需的移动量问题，再加上齿轮正确地啮合和脱开的困难，会使它几乎不能运行⑤。慕阿
296 德在反驳这种争论的时候总是说，这个机器从来就没有打算为任何实际用途服务，但是即
使，而且也很可能，它主要是象征皇帝威严的一个新颖玩物，那也没有理由去假设它从来没
有正确地运行过。否则那些使节和纳贡的人们，在游行场上和国家仪仗队里看到它，就不会
对它产生那样的印象。因此乔治·兰切斯特(George Lanchester)提出了一完全不同的解答
方案，他本人是一位出色的工程师，提议这个机器（至少在某些设计里）包含一个简单样式的

---

　　① 我们可以把上层隔间里的 13 个轮放在一边，那纯粹是与龟鹤的木偶机构有关的，并且保证四个角上的童子和
中间的人形动作一致。参见刘仙洲(7)，第 104 页。

　　② 据我们所知，这些首先出现在赫伦的著作里[1 世纪；参见 Beck(2)]，或者更可能在帕普斯(Pappus)的著作里
[约公元 300 年，崔豹的同时代人；参见 Beck (1)，p. 29]。最后的一个最主要的应用是发条式时钟机构的均力圆锥轮[参
见本册 pp. 444，526 和 Ward (2)]。

　　③ 刘仙洲(7)第 102 页介绍了鲍叔和的另一个解答方案。

　　④ 《宋史》和《愧郯录》都是这样。

　　⑤ 正如弗兰克·马利纳 (Frank malina) 博士所指出，它可以得到改进，如果用钢丝绳在车底下面绷紧在
两个齿轮之间形成一个连续的系统，也可以使用凸轮形的滑轮，但是没有证据可以说明过去使用的就是这些办
法。

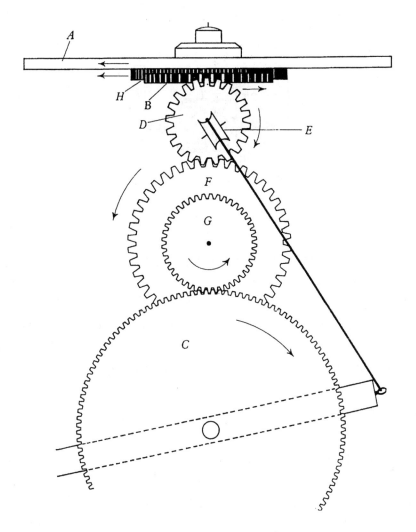

图 531 慕阿德建议的比较复杂的布置,以适应吴德仁的指南车记载在《宋史》里的规
格说明书(1107 年)。译文在本书文内。两个双齿轮是必需的,如 p.295 上所解
释。

差动齿轮①。

差动传动在现代的汽车上是一个重要的部件。大家都清楚,任何有轮子的车在转弯的时 297
候,外圈的车轮比内圈的要多走很多的路。死轴的两轮或四轮车允许每个车轮单独地旋转,
但是在传输动力的活轴上需要有某种装置,在输送扭力的同时能使车轮单独地活动。机动车
差动齿轮的一般样式表现在图 532。传动轴 A 的端头是一个小伞齿轮 B,带动宽面伞齿轮
C,但是虽然和左侧地轮轴同心,C 并不装在它上面。相反地,它同一个十字叉或差动架 D 作
刚性的连接,十字叉的横梁上面带着伞齿轮 E,E′。十字叉当然对于右轴也是自由的。驱动
力或扭矩通过这两个"惰轮"的不动的齿被输送到两个半轴上的伞齿轮 F、F′,并且只要车子

---

① 然而,他不是汉学家,并且由于缺少适当的指点,他的论文[Lanchester (1)]在最初提出来的时候包含着采用传
奇中的年代,因此没有受到知识分子的重视。关于差速运动的容易懂而有权威的报道见 Jones & Horton (1),vol.1,pp.
363ff. 365ff. ,以及特别是用于汽车的差动传动装置,vol.1,pp.379ff.

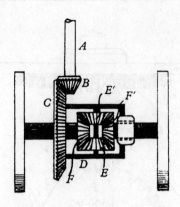

图 532　说明机动车差动传动原理
　　　 的简图

直线地向前走,E、E′在它们的短轴上就完全不动。换句话说,E,E′和 F、F′随着十字叉一同旋转而彼此没有相对的运动。但是如果有一个地轮同另一个相比被减慢或加速了,它可以单独行动,驱动照样继续,所发生的只是 E 和 E′围绕着 F 和 F′变换它们的位置。

　　这是关于我们的汽车"差速器"。这一组多联齿轮,按照在 1879 年第一次把它用到车上去的发明人的名字,曾被叫做斯塔利齿轮(Starley gear)。很多人认为这是它的开端,但是在一系列有趣的论文里,冯·贝特莱[von Bertele (4,5)]曾指出很早以前的 18 世纪钟表制造中它就被使用了。

　　为了解它在欧洲文艺复兴中的发展,必须记住差动齿轮由于包含有正交轴齿轮装置(无论是否为伞形的),是一个较复杂的"三维"形式的行星齿轮装置[1]。所有这种齿轮系与普通齿轮组的不同在于至少有一个齿轮的轴旋转在一个相对于其他齿轮的轴的环形轨道上。它已被证实作为某些机器(计算机,效应机构等)[2]的结构部件极为有用,因为它能表达用普通方法很难或不可能得到的数值关系。小量的角速度的增减可以容易地做得到。那么,行星齿轮系统出现在先是并非出乎意外的[3];它被发现在[比尔吉(Jost Burgi)的前任]巴尔德魏因(Baldewein)大约 1575 年为威廉四世(William Ⅳ)在卡塞尔制造的一座地球钟里,并且保证298 了维持一个很小的速度差(366/365)[4]。从此以后它被相当普遍地用在天文钟里,尽管似乎多次地曾被重新发现[5]。

　　真正的差动齿轮装置是由约瑟夫·威廉森(Joseph Williamson)大约在 1720 年为了修正时差而采用的[6]。为了把这个部件加到系统里去,他让带着"惰轮"的短梁靠一根杠杆由一

----

　　① 我们不久将遇到行星齿轮系在"太阳与行星"齿轮装置里的著名情况被瓦特装在他的早期的蒸汽机上,(本册 p. 386)。其它应用参见 Jones & Horton (1), vol. 1, pp. 175ff. ,324ff. ,365ff. ,vol. 3, pp. 305ff.

　　② 差动齿轮系在变速和调速机构,在阀动装置、汽轮机、起重机、绞车等的控制和调节装置中都有很多应用,有关叙述见于 Jones & Horton (1), vol. 1, pp. 329ff. , 376ff. ,381ff. ,385ff.

　　③ 大约公元前 80 年它的一个形式出现在安提-库式刺历法计算器上;见 Price (9). 德唐迪(De Dondi)用过它达·芬奇画过它的草图见,Price (10)。

　　④ 参见 von Drach (1); von Bertele (5)。

　　⑤ 例如由乔治·格雷厄姆[George Graham, 1740 年]以及大约同时由圣卡耶塔诺(San Cajetano)兄弟在奥地利和马奇(Mudge)在英国(约 1770 年)。见 von Bertele (7)。

　　⑥ 参见本书第三卷,pp. 313,329。

个凸轮操纵着来回摆动,凸轮真正地做成了图解曲线的形状——"时差腰形"。因此时钟既指示平均时又指示太阳时[1]。可是,由于在欧洲还不知道有伞齿轮[2],这个机构是用直角冕状轮做的。要注意到在这个初次的应用上,主要驱动力是经过主齿轮传输的,而不是(象在汽车上)经过惰轮,它在这里只作小量的速度增减,在威廉森的成就以后长时间里动速齿轮的特性很少受到重视,直到一个世纪以后詹姆斯·怀特在他写的《发明的世纪》(*Century of Inventions*)(1822 年)里提起对它应予注意[3]。他曾推荐一些改进。在他的功率计上,他在传力轴上增加了一个差速器,同时用一个重砣去平衡力臂,使它结合杠杆的长度指示出传递的功率。这样的使用也和在汽车上不同,区别在于所有传动力都来自一个主轮[4]。最后,第一个分析论述行星齿轮和差动齿轮装置的是罗伯特·威利斯,在 1841 年[5]。

　　因此差动齿轮系统的历史似乎在 18 世纪初期已经开始了。现在仍待解决的问题是以它最早的形式能否回溯到 1000 多年以前。如果这真的至少是某些中国指南车设计的奥妙,想想很有意思,在现代的汽车上差动齿轮完成牵引的作用并且是加压力于陆的,而在中古的指南车上它的作用恰恰相反——是来自地面的。后者与记里鼓车、营地磨[6] 以及机械化的"乐队车"[7] 的密切的(和自然的)联系就此很容易地看得出。相应地,由于传动力的传递颠倒了方向,小轮真正成了"惰"的[8]。

　　兰切斯特认为这个系统可能被用在指南车的机构上。它的布局可以从后视图(图 533)和模型的照片(图 534)上很清楚地了解到。这是一个反向驱动的问题,我们会看到这里出现的不是从发动机传到路上,而是从路上传到指南的木人。正和另一张图上一样,装在地轮上的齿轮 A、A_1 与中间平轮 B、B_1(延伸到 B_2)相啮合,但是在这里两个平轮都安排得跟一个上层和一个下层伞齿轮 C_1、C 总是啮合着,其中上层的一个与装着指示木人的轴同心但并不固定在它上面。在两层伞齿轮之间有两个小惰轮 D、D_1 用一根短轴连着,短轴中间垂直地竖起装着指示本人的轴。这样,惰轮和所承托的指示木人的动作就将准确地,但方向相反地,反应两个地轮的相对运动。比方说,如果左侧地轮比右侧的转动得快,像在向西转时那样,B 将转动而 B_1、B_2 将几乎不动,同时 C 将扭转而 C_1 几乎静止。D 和 D_1 因此反应的动作恰好相同但方向相反。然后,虽然 C、C_1 将恢复它们的彼此相反的正常运动,D、D_1 将稳定不动,直到地轮转速再次出现相对的变化。图 535 示出兰切斯特自己制造的模型的优美的形态[9]。

　　这样能否符合燕肃的规范呢? 如果他的两个小立轮有齿,那就能。但是要假设原文中有一个印刷错误,即应该记载他讲到两个大平轮,而不是一个。这可能是由于一个容易造成的原文错误。可是,还应该有 10 或 11 个轮,并且超过 120 个齿。此外,如果燕肃的机

299

---

① 参见 Lioyd (7);von Bertele (4,10)。

② 在后面关于时钟机构的一节里(pp. 456,470),我们将找到一些证据说明它可能在 11 世纪已经在中国使用了。

③ 参见 Dickinson (5)。

④ 这个原理仍旧使用在韦伯(Webber)的差动功率计上[参见 Jones & Horton (1), vol. 1, p. 366]。

⑤ Willis (1),pp. 361ff. ,380,391,etc. 威利斯的一个简短而有趣的传记(1800—1875 年)写在 Hilken (1)里。

⑥ 参见本册 p. 255。

⑦ 参见本册 p. 283。

⑧ 参见本册 p. 202。

⑨ 当然在实物的实践中,即使是这样一个设计,它在走过相当距离以后也不会还运行得很好,除非两个地轮制造得尺寸严格一致,并且采取了防止相互滑动的措施。科尔斯[Coales (1)]曾计算过,车轮圆周相差 1%,则在走过一段相当于 50 倍于两轮之间距离的路程之后,就会引起指示木人的方向变化达到 90°之多。

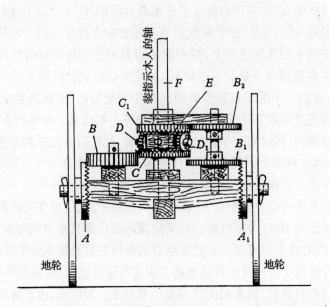

图 533　指南车的机构,根据兰切斯特[Lanchester (1)]的复原方案;
　　　　后视图。两个地轮固定地与差动齿轮系里的一对惰轮上装着
　　　　的指示木人相连接。进一步的解说见书文。

300　器用了差动齿轮,那就不清楚为什么一定要提到车辕的动作,而在文字中不说明提到它的理
由,并且没有提到绳索的坠子。总而言之,无论燕肃曾否用了一种差动齿轮,马钧或祖冲之还
是很可能这样做了的,因为它毕竟既比较简单又比较实用,而且比垂直悬挂的齿轮啮合和脱
齿的笨办法来得雅致[1]。

　　这件事最令人惊奇的部分是,今天的军用坦克在设计上用的是差动齿轮去操作一个"指
南器"。由于明显的理由没有参考资料可供提出。因为磁罗盘在强烈动荡的钢壳里不会正确
地起作用,就必须最初给指针定好位,像中国人通常给他们的指示木人定位一样,然后从自
动指示器的动作中读出坦克在路上所走的方向。

　　汉学家们一般把指南车看作一种供玩耍的稀罕物,或许是中国人方面的一件聪明误用
的事例[2]。但是从广阔的历史观点来看,它肯定要比这个有深得多的意义。可以说它是人类
历史上走向控制论机器的第一步。

　　控制论是在我们自己的时代里提出的一个名词,涉及数学、物理学、工程学与生物学和
生理学紧密相连的一个广阔的领域。它的名字(cybernetics)来自希腊语 *kubernetes*,kuβε
pv′ηrηs,舵手,维纳[Wiener (1)]曾在一本著名的书里作过解说。它论述的是在机器里或在
活的有机体里,控制与信息传递的理论领域。在这一章的另一处(p. 157)我们看到,像在前
一阶段看到过的一样[3],中国人,和其他古代人一样,对于生物体可以用无生物做模拟发生
了兴趣,并适时地制造了很多依靠弹簧、水力等为动力的各种自动装置。但是正是他们自己

---

　　[1]　在考虑到这种可能性时,或许值得回忆本册 p. 98 上讲到的"中国绞车"是差速运动的一个最简单的例子,因而差
动齿轮的一般论述往往从它开始[例如 Jones & Horton(1),vol. 1,pp. 363ff.]。

　　[2]　不过冯·洪堡(von Humboldt)显然认真地相信——von Humboldt(2),vol. 1,pp. xxxvi ff.——它曾帮助中国人
在掌握中亚的古代地理方面达到很高的水平。

　　[3]　本书第二卷,pp. 53 ff.

图版　二〇二

图 534　兰切斯特的活动模型,外壳被拆去以显示内部机构。在这个示例中仅装了一个惰轮。

图版 二〇三

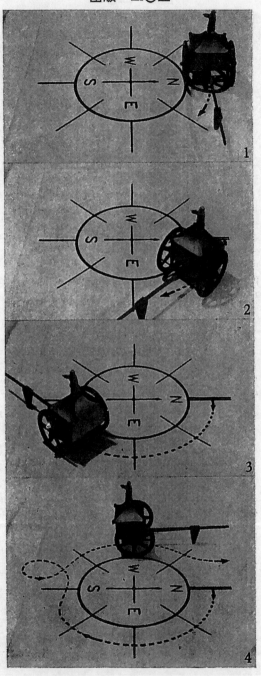

图 535 表现用差速齿轮机构复制指南车功效的动作
照片(取自乔治·兰切斯特先生的一组)。

发明的机械时钟结构[①]，能够把原动力完全隐蔽在自动装置壳体之内，对于科学的哲理有真正深远的影响。机械论生物学，及其一切启发性的价值，是从笛卡儿哲学(Cartesian)把动物的躯体看作自动装置开始。但是，时钟机构的机器人只能执行不超出既定程序的任务，与有生命的东西还有很大的差距。只有在能够制造出可以根据关于任务完成程度的信息自动地修正自己的行动的机器时，机械学和生物学这两门科学才开始靠近。虽然传统的生物化学和生理学仍旧从动力和燃料工程学的角度看待活的有机体，先进的科学正在转变概念，从通信工程学角度看待它们和机器。现代生物学坚定地证实了身体的内部媒介存在着"体内平衡"——例如渗透压力、pH 值、血糖等类因素的异常恒定。所以现代技术也在过去一段长时间里已经发展出了各种自调节的或体内平衡的机器。

301

　　自动的动作，从最广阔的意义上说，应当包括一台机器的辅助动作与主要动作相结合。我们曾在别处借机讨论过这是首先出现在奥恩库尔的水力锯木机上(13 世纪)还是在中国的缫丝机上(11 世纪或更早些)[②]。总之，这些辅助动作都没有形成一个自行动作的循环体系。这种体系是在 18 世纪随着蒸汽机的发展到来的。它的第一个真正实用的样式[1712 年托马斯·纽科门(Thomas Newcomen)的那个]包括一个辅助动作，具体为一个"插头架"或插杆挂在臂梁上并驱动水泵活塞在向下的行程中提升冷的注射水。引蒸汽和冷水进汽机汽缸的阀动装置当然从一开始就起着重要的作用。根据一个出名的故事(如果不是真事也是编得很巧妙的)，这个阀动装置的自动化是由一个看机器的少年，汉弗莱·波特(Humphrey Potter)首先实现的，他为了省事在循环的正确部位上布置了适当的绳索和拉钩使臂梁在上升和下降的同时自动地开启和关闭阀门。不久就看出来了，可以用插杆和一系列脱扣机构来完成这个任务，并且这很可能就是纽科门原设计的一部分[③]。从那时候开始，威廉·默多克(William Murdock)1799 年为单缸双动蒸汽机发明滑阀的道路就敞开了。正如在另外地方讲过的[④]，这个由詹姆斯·瓦特在 1782 年介绍的原理从特征上看是中国的，取自古老的单缸双动活塞风箱——当然主要区别在于活塞在两个冲程中不再起压气者的作用，而在两个冲程中自己都受到压力[⑤]。于是这样就有了一个自行动作的循环体系，但是它还没有形成一个自调节的循环体系。瓦特用他的为人们所熟悉的离心调速器球装置调节在负荷变动情况下的蒸汽机速度(1787 年)，从而完成了这样的体系[⑥]。

　　这是一个真正的闭环"伺服机构"，并且可能是最早的这种范例。同年托马斯·米德(Thomas Mead)采用它去控制风车的磨石之间用桥架调整的间隙，以避免在高速时的摩擦过热[⑦]。但是在风车上在调速器球之前已经有了另一种有效的自动控制装置，即埃德蒙·李(Edmund Lee)1745 年创造的灵巧的"扇尾齿轮"，它利用一个辅助风车成直角地装在横伸

---

　　① 见本章(j)，更详细的见 Needham，Wang & Price(1)。这里最主要的发明当然是擒纵机构，但值得注意的是，虽然中国的塔式时钟在 8 至 14 世纪期间是用水而不是重锤或发条做动力，但原动力总是隐蔽的。参见本册 p.540。

　　② 参见本册 p.2，p.404。

　　③ 参见 Dickinson(4)，pp.30,41,(6)，p.175；Wolf(2)，p.612，和主要有 Becker & Titley(1)。

　　④ Needham(48)。参见本册 p.136 和 p.387。

　　⑤ 参见 Dickinson(6)，p.185,(7)，pp.123ff.；Wolf(2)，pp.622,624。

　　⑥ 1868 年麦克斯韦(Clerk-Maxwell)作的调速器球的数学研究被认为是控制论的基石。

　　⑦ Wailes(3)，p.137. 参见本册 p.185。调速器球可能被用在风车上要比蒸汽机上早得多。关于风车以前的历史见本章 pp.555 ff.。

302　出去的尾部上代替尾杆。保持柱上风车的主帆自动地迎着风。在塔式风车上扇尾风轮[1] 通过蜗杆衔接到塔顶上的齿圈和小齿轮，使风车能自由地转动直到对准风向时就停止。依靠这种"自行稳定"的性能。它保证使主帆永远找到最大收益的位置[2]。除了这些以外，18世纪的磨坊有很多安全装置，在谷粒供应中断，水位上升等情况下发出警报，如科尔斯[Coales(1)]所说的，这是现代工厂里的警报器和红灯的前身，古代的指南车也是这样。有些装置自动地采取行动，例如安德鲁·米克尔(Andrew Meikle)1772年采用的带百叶窗遮板的弹性帆，在强烈的风暴中能把风散发出去。后来增加了按照负荷进行调整的布置，使它得到了改进。到了19世纪初期，风车的自动控制已经发展到了只需要一个人进行操作。风车就是自动化工厂的样板[3]。

　　从那时以后我们使用了各种式样的其他装置——恒温器[4]，陀螺罗盘和动力操舵系统[5]，计算机器[6]，返航导弹，高射炮射击控制仪，以及自动调节的化学的和工程的生产设备[7]。现在有大批的文献，论述自动化和各种样式的伺服机构，也就是执行所要求的操作的功率放大器终端机构[8]。在"传感"方面同样有各种产生信号的终端机构——光电池，化学仪表，电流计，热电偶等。引这些信号进入机器使它必须相应地调节它的动作，这叫做"反馈"。维纳说，假若要求一个运动按照某一个模式进行，就用这个模式和实际完成的运动之间的差别作为新的输入，促使被调节的部分把运动带到更接近要求的模式的需要[9]。如果错误或偏离最终要求的差异都自动抵销了，就叫做负反馈。控制机构，同有生物体一样，有保持行动尽

303　可能接近预定最优情况的任务。现在沃尔特[Walter(1)]和其他人正在进行试验，用比较简单的回路连接感受器和效应器制成了试验性的有生机体模型。

　　面对这样的背景，可以说指南车是人类历史上第一台包含完全负反馈的体内平衡机器。当然，必须把赶车人包括在环内。但是正如科尔斯Coales(1)曾敏锐地指出，一根新鲜的胡萝卜由指示木人拿着就可以代替赶车人，并且更自动地使环闭合[10]。指南车可能成为第一台控制论机器，如果实际在掌握方向的同时能修正自己，这在今天我们已很容易使它做到。科尔斯还使我们感兴趣地看到，如果大齿轮(图531的C)和车辕是刚性连接，那么一旦小齿轮中有一个啮合了，车辕只消片刻就会恢复原来的方向。这当然会在轮齿上产生不可承受的应变，并可能引起不允许的振动，但是这样的布置就会是一个纯机械的自调节闭环系统。没有

---

　　① 在这些轮上叶片的偏角或"螺距"较大，约55°，比风车本身的帆的大很多，但是与中国的走马灯和竹蜻蜓的接近，并且几乎与斜叶片卧式水轮一样(参见本册 pp. 124,368,565,583)。一张工作图见 Wailes(3), p. 108。

　　② 见 Wolf(2), p. 597，特别是 Wailes(2,3)。

　　③ 其他工业在此时期也走上了自动化的道路，显著的有纺织工业及其雅卡尔(Jacquard)式穿孔卡片提花织机(参见第三十一章)。

　　④ 其历史见 Ramsey(1)。

　　⑤ 其历史见 Conway(1)。

　　⑥ 在这里只能提出主要先驱者的名字：帕斯卡(Pascal, 1642年)，莱布尼茨(Leibniz, 1671年)和(Babbage, 1833年)；参见 Wolf(1), pp. 560ff. , (2), pp. 654ff. 特别有意思的是雅卡尔的穿孔卡片是现代数字计算机的直系祖先，经巴贝奇(Babbage)下传到 Hollerith。

　　⑦ 参见 Diebold(1)。

　　⑧ 例如见 Chestnut & Mayer(1)；G. H. Farrington(1)；Tsien(1)和 R. H. Macmillan(1)等书。

　　⑨ Tustin(1)；Gabor(1)；Cherry(1)；Cherry, Hick & Mckay(1)；和 Nagel, Brown, Ridenour et al. 等文章里有些有趣的讨论，照亮了为探索自动机前途，包括信息论等方面的新发明所开辟的远景。

　　⑩ 他按照现代的控制论观点提出了一个指南车原理的有趣的简图。

文字证据说明中世纪的中国曾做过这样的尝试。

可是制造一件仪器,能完全地补偿并从而始终如一地指出一切离开预定进程的偏差,对3世纪来说,不仅在实践上而且在观念上,都是一个真正的成就①。并且这种有生机体的模拟物出现在一个具有高度有机的自然概念的非常稳定的文化里也许并不是偶然的②,因为趋向自调节是有生机体的一个基本性能。如我们所看到的③,王充在1世纪描写过一个动物的感应性;幼虫遇到干扰以后就在它走的路上转回去。如果张衡和马钧都不能制造一台能这样做的机器,至少他们做了一台把应走的方向尽力地指引出来。

(f) 原动力及其应用(I),
牲畜牵引

在前面几节里,我们曾联系到使用畜力作为各种机器的原动力,也作为车辆的牵引力,而实际使用的具体办法则认为暂且保留不细说为适宜。然而,在各个历史时期里,真正关心这件事的人们感到面对着的一系列问题实际上是工程技术性质的。尽管我们一般都不是这样地去考虑它,可是任何挽具系统都由精心运用的链系和铰接装置所构成,对于牵引牲畜的骨骼构造和被牵引物的结构两者都必须给以注意。 304

(1) 高效率的挽具及其历史

技术史学家们意识到这一系列发明的重要性是受了一位法国骑兵军官,德诺埃特的影响,他第一个研究了古代遗留的雕刻和绘画中表现的不同文化在不同时期使用的挽具,并且仿制古代使用的挽具进行实际试验。在教堂窗户上,在手稿里,在纪念石碑上等等地方人们经常看得到牲畜套着车的画图,但在没有被德诺埃特的有系统的著作打开眼界以前,就看不到在不同的时期使用了十分不同的方法,并且在它们的逐步改进中,含有极重要的发明。用他的部分绪言的简短意译作为这一节的开端是再好没有的了④。

他说,一个牵引系统是由一匹或几匹牲畜组成,通过一套专设结构,即挽具,把牲畜的动力用于牵引,挽具本身有许多部件。一套合理的挽具结构应当使所有牲畜的力量都得到充分的利用,并使它们工作协调。"现代"挽具(即颈圈挽具)很好地和马体骨骼相适应,达到了这个目的,并且可以使得上的力量只受需要(所拉的载重)和道路的好坏的限制。另一方面,"古代"挽具(我们将叫它颈前和肚带挽具)只能利用每匹牲畜的可能出力的一小部分,无法保证令人满意的集体力量,并且一般效率很低。二者的差别那样大,前者不可能被解释为后者的

① 在这一章和关于物理学的那章里(本书第四卷第一分册 pp.229 ff.),都必须把指南车和磁罗盘明确地区分开。可是如果那里得出的关于汉朝时期对司南方向性的认识的结论是正确的话,那么第一次用齿轮制造指南车是在东汉或三国时期就不是没有意义的了。这些本可以说是体内平衡机器,而磁石则不是,因为它是天然物体,而不是人造的。但是可以比照它去制造。

② 真是一个内部平衡的文化(Needham,47)。

③ 本书第四卷,第一分册,p.262。

④ 见 des Noëttes(1),p.5。作为这一节的序言,读一下奥德里库尔和德拉马尔的著作[Haudricourt & Delamarre(1)]适当的一章,pp.155 ff.,是有指导意义的,它总结了问题的状况,不仅讲到拉车的套具,也还述及拉犁的。然而,我们必须始终记住它和牲畜带动的机器的关系。乔普[Jope(1)]关于套具的叙述需要校正,特别是根据中国的贡献。

一种变型,也确实不能从后者演变出来.颈前和肚带挽具是一种单一的可以清楚地认得出的样式,自从在最古的画图里第一次出现以来一直到最后消灭在中世纪的西欧,始终保持未变.此外,它在各处,在每个古代的王朝和文化中都一样,同样地效率不高.只有一种古代文化摆脱了它并发展了一种高效率的挽具——中国.

305

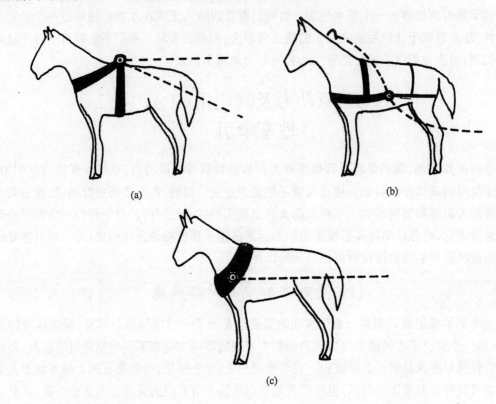

图 536　马挽具的三个主要形式.(a)颈前和肚带挽具,西方古迹的特征.由于气管受压迫阻止了牵引力的有效发挥.(b)胸带挽具.中国古代和中世纪早期的特征.压力在胸骨上,牵引线直接连到骨骼系统,牵引力可得到充分发挥.(c)颈圈挽具,中国和西方均在中世纪后期使用.由于也是胸骨区为承压点,牵引力可以有效地发挥.

在图 536a 里显示了颈前和肚带挽具[1].它包括一根肚带围绕着肚子和肋骨区域的后部,肚带的最上面是牵引点.大概是为了防止肚带被拉向后面去,古人给它联上一根颈前带,有时窄,多半是宽的,斜着越过马肩隆并围绕着牲畜的颈前部,因而压迫着胸头肌肉和下面的气管[2].不可避免的结果是当马打算使出全部力量来的时候,把头一低并向前一伸,立刻感到憋得喘不过气来.同这个成鲜明对照的是"现代"或颈圈挽具(图 536c).加固并有衬垫的这种颈圈直接压在胸骨和覆盖它的肌肉上[3],因而密切地和骨骼系统连成牵引线,并完全让开呼吸道.牲畜这就能够使出它最大的牵引力来.然而,颈圈挽具并不是

---

① 引自 Needham (17),它是关于这个论述的初步的文章.参见 Haudricourt (10).

② 当颈前带常常向上滑的时候,在甲状舌骨肌和甚至肩胛舌骨肌上也都有压力.为了完全弄清骨骼构造关系,手头有一本好的兽医解剖学的教科书就会很方便,如 Sisson & Grossman (1).尤其可参见 pp.25ff., 269 ff.

③ 前部表面的胸部肌肉以及肱头肌、胸头肌和颈浅肌的下部.

使牵引线起自胸部或胸骨区并让开喉部的唯一办法。在中国秦朝或汉初某个时期，或很可能更早，在战国时期，有人认识到牲畜的两肩可以用一根挽绳绕上，用一根肩隆带将它吊起并拴在车辕弧线的转折点上，就可以大大地增加马的工作效率。这就是显示在图536b 的胸带挽具①。挽绳延续绕过牲畜后身部分并由一根臀带支持着②，它不是牵引结构的必需部分，但是允许车辆的倒退运动，以及在下坡的路上刹住它；我们还要回头来讲这一点。

306

(i) 苏美尔和商代的颈前和肚带挽具

人们可以说，马的颈前和肚带挽具是牛轭的临时替换③。因为牛的脖颈是从身体向前平伸出去的，不像马的上升的颈脊，并且因为它的脊柱形成一个隆起的骨骼轮廓，前边可容易地放上一个轭④，从最早的时代看这已够令人满意的了。图537 示出一架古老式样的牛车⑤，在1958 年（甘肃）酒泉的街上。如果需要，可以从汉代的浮雕，佛教的雕刻和敦煌的壁画里复制出很多牛拉的类似车辆的画绘⑥。但是在中间单辕两侧的或双辕之间的轭适合于牛，却对于马很不合用⑦，因而颈前和肚带挽具成了代替装置。在商代以及毫无疑问的在以后几个世纪里，肚带和颈前带的结合点是用皮条捆在横棒（衡）上，适中地安装在向上弯曲的中间单辕上⑧，以这种方式来传送牵引力。但是由于某种或其它的原因，或属于象征的，或属于装饰的，没有用的轭继续以退化了的形式顽强地存在着。在周朝开始以前，它曾采取一个窄的V-形鸟类叉骨的形状⑨，同时它的下端向上弯，大概作缰绳的导架⑩。图538 示出了在河南安阳附近大司空村发掘出来的一辆大约公元前12 世纪的商代双轮车的墓葬⑪。两个有青铜护套的"叉形轭"（图539）可以在两匹马的颅骨旁边看到；它们一定曾挂在横棒上，缰绳毫无疑问

307

---

① 这个词若用胸条或胸带当然更为恰当，因为这不是马的乳房位置，但是我们保留一点普遍的语言习惯。

② 或选用腰带或臀带。时常双重使用。

③ 为了目前的目的我们可以给轭下的定义为一块叉形或弯曲的木件放在牛类牲畜的脖颈上，或一个木框架围在脖颈周围。

④ 第七颈椎和第一至第五胸椎长而向上伸的突起形成一个相当明显的内部"驼隆"。因为这样形成的脊柱弯曲差不多象两个直角一般地明显[Sisson & Grossman(1)，pp. 126 ff.]，给轭提供了一个牢靠的"托架"或支撑；并且甚至当脖颈线是直的（在某种牛上有一个明显的下沉或凹陷），斜方肌下面的组织比马的相应当部位更柔和。

⑤ 牛轭本身有很多不同样式。一个历史的和人种论的概要见于 Haudricourt & Delamarre(1)，pp. 164 ff.，180 ff. 参见 Huntingford(1)。

⑥ 参见 Sirén (1)，pl. 74；Harada & Komai(1)，vol. 2，pl. XXXIV 等，文献中示有博物馆中常见的汉代不着色的赤陶模型。一面公元525 年的典型的佛教浮雕插图见于 Harada & Komai(2)，vol. 2，pl，XIII。在千佛洞有很多魏，隋和唐代的实样，例如第22 和290 号洞。

⑦ 马的胸椎也有伸向背部的尖细突起，但在肩胛区域随连续的曲线起伏，和有力的颈部悬肌相结合，沿后背成为一个平滑的线型，没有任何供挽具用的"托架"。

⑧ 参见前面 p. 246。见特别是 Anon.(27)描述的古代虢国（今河南西北部）公元前7 世纪的双轮车墓葬。

⑨ 实际上它是做成三件的，两个长臂固定在上面的保件里；参见 von Dewall(1)。

⑩ 在古埃及和亚述的绘画里，整个装置都有相当近似的可比性[参见 des Noëttes(1)，figs. 20，22，25，27]。

⑪ 马得志，周永珍和张云鹏 (1)；Watson & Willetts (1)，no. 10；Watson (1)，p. 22，pls 46，ff.，(2)，pp. 88 ff.，pl. 11。

图版 二〇四

图 537 专为牛类牲畜使用的古老的牛轭挽具(1958 年甘肃酒泉,原版照片)。颈椎和胸椎的长而向上伸的尖突形成一种内部脊隆可以承受拱形轭靠在上边。在马类牲畜上没有这样的托靠。

图 538 一辆连马带驾车人的双轮车的墓葬,在河南安阳附近大司空村发掘出来的;商代,约公元前 12 世纪[马得志等(1),参见 Watson(2),pp. 88 ff.]。为车轮、轴和车辕都开了沟,这些木件在土里都留有痕迹。形状象窄的鸟类叉骨的青铜"轭"仍在马的颈部位置上;青铜的轮毂罩和装饰挽具用的一排排青铜圆片也还在它们原来的位置上。可以看到两个青铜的弓形装饰在车身的范围内,不能肯定其用途。中国人民对外友好协会(CPCRA)和英中友好协会(BCFA)照片。

图版　二〇五

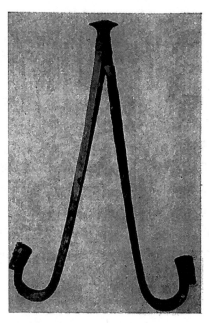

图 539　商代车马坑里马的青铜軛之一,可能是形似鸟类叉骨的弯木的内衬的护套[马得志等(*1*),参见 Watson(1),
　　　　p. 22,pl. 47]。这种装在横棒两端的装配件已经是退化了的,但可以用它在马后退的时候保护横棒,也可以用它
　　　　的向上钩的端部引导缰绳。毫无疑问,这时候在中国,以及在巴比伦和古埃及都还使用颈前和肚带挽具。中国人
　　　　民对外友好协会(CPCRA)和英中友好协会(BCFA)照片。

图 540　一种还存在于汉朝时期的軛的样式,见于成都附近发掘出的模砖上,现存重庆市博物馆(Anon.*22*)。它固定在
　　　　一辆轻型行李车的车辕之间横棒的中部,端部似乎还引导缰绳。砖的尺寸:46×39cm。

地卧在它下部的"弯钩"里。以后大约在战国时期某个时间中国人放弃了中间单辕，而采用外侧的两根平行的杠，结果是汉朝双轮车典型的 S-形弯曲的双辕[1]，在马脖颈后上部用横棒连接起来。然而，"叉形轭"仍继续存在，可能因为用作缰绳的导架一直有用[2]。在图 540 示出的似乎就是这样的情况，它见于一块在四川发掘出的模造汉砖上[3]。在胸带挽具发明以后，挽绳就直接拴在车辕的屈折点上，横棒就不再有多大用处，终于不见了[4]。"叉形轭"也不见了[5]。这里我们遇到一个相当有趣的问题，这就是两项发明的时间——双辕车和胸带挽具。它们是否在同一时期发明的，如果不是，则彼此相隔多远，并且哪个在先? 文献研究在这个问题上应当有些可说的，我们正等待着考古学给出一个决定性的答复。

关于颈前和肚带挽具，真正惊人的事情是它在空间和时间两方面都有广阔的延伸。我们首先从公元前 3 千纪初期开始在最早的迦勒底人的画里[6]，在苏美尔[7] 和亚述[8] 的 (公元前 1400—800 年) 画里面都看到了它。至少从公元前 1500 年起它作为唯一的一种挽具就在埃及被使用了[9]，在所有的车和马的绘画和雕刻中都表现了它，并且在米诺斯 (Minoan)[10] 和希腊[11] 时期它同样普遍。在各时期的罗马绘画里有无数的实例[12]，并且颈前和肚带系统的王国也毫无例外地包揽了埃特鲁斯坎[13]、波斯[14]、和早期拜占庭的车辆。西欧直到大约公元

308

---

① 参见本册 p. 248。

② 但也可作为一种保护，防止在马后退的时候弄断横棒；参见后面 p. 310。

③ Anon. (22)，第 19 号，第 42,43 页；刘志远(1)，第 50 号。然而，甚至当车辕是直的，像长沙发现的公元前 1 世纪的双轮车模型那样（参见本册 p.77），"轭"仍然存在，以致车辕必须跷起相当大的角度，除非横棒是非常拱形的[见 Anon. (11)中的插图]。这样高高拱起的"轭"确实展示在 Anon. (22)，第 18 号，第 41 页；刘志远(1)，第 53 号。

④ 那是说在使用挽绳挽具时候。但是沿着另一条发展路线，它在颈圈挽具诞生时存在，并且实际上成为现代挽具的硬的"马颈轭"的嫡系祖先。随着进展我们将弄清这个演变。

⑤ 在千佛洞（敦煌，见本册 p. 319）最早的壁画的时代，即公元 4 或 5 世纪起，就见不到它的痕迹了。但是我们现在看到，窄的汉朝的"叉形轭"也可能为最早的颈圈挽具的分离部件，硬的"马颈轭"提供了启示；也许它被记住了，也许它的某种派生物残留在国家的其他部分。

⑥ Lijard (1, Ptg.), fig. 2；des Noëttes (1), fig. 17 (乌尔的标准)。在这些最早的画图里肚带时常是不画出的 (参见例如德诺埃特 [des Noëttes (1), fig.16] 的老虎战车图)，因而留下一个问题，是否经过相当一段时间以后肚带才被加到颈前带上去的。

⑦ 这是由玩具马或鞍车的单辕所暗示 [参见 des Noëttes (1), fig. 4]。大家知道，公元前 2 千纪以前使用的是马驴 (Equus onager) 而不是矮种马 (caballus)。关于苏美尔车辆的其它方面，见 Childe (11, 16)。

⑧ 见 des Noëttes (1), fig. 24, 25, pp. 21—43。

⑨ Winlock (1), fig. 25, 26 (第十八王朝的釉砖等)；des Noëttes (1), fig. 38 和 pp. 44—61；Breasted (1), fig. 57 (Karnak 的壁刻)。

⑩ Des Noëttes (1), fig. 50 (Inkomi ivory)。

⑪ Lejard (1, Ptg.), fig. 6,7 [雅典风格的瓶绘，公元前 6 世纪], fig. 10 [公元前 5 世纪来自米洛的瓶]；Markham (1), fig. 23 [安菲阿刺俄斯 (Amphiaros) 双柄大口罐，公元前 550 年], fig. 24 [弗朗索瓦陶皿，约公元前 560 年], fig. 32 [锡拉库萨银币，公元前 478 年], fig. 62 (帕加马城大祭坛，约公元前 170 年)；des Noëttes (1), fig. 58 和 pp. 62~75；Zervos (1)，佩琉斯和忒提斯 (Peleus 和 Thetis) 的婚车，约公元前 550 年；Cook (1), pl. 13 (瓶，约公元前 570 年)。

⑫ Lejard (1, Sculpt.), fig. 50；Esperandieu (1), pp. 12, 13；des Noëttes (1), fig. 72, pp. 83~88。我们根据著名的梵蒂冈浮雕，知道这种效率不好的挽具曾用在畜力磨房里，见 des Noëttes (1), fig. 74；Moritz (1), pl. 5b。

⑬ Des Noëttes (1), fig. 68, pl. 81。

⑭ 阿契美尼德王朝；des Noëttes (1), fig. 64 (Persepolis 城)。萨珊王朝；des Noëttes (1), fig, 65 (Shapur 的凯旋车)。pp. 76~80。

600 年还不知道别的[1]，伊斯兰也不知道[2]。此外，南亚几乎完全依靠这种效率不高的挽具，因为我们从古代和中世纪的印度[3]、爪哇[4]、缅甸、暹罗以及这个地区的其他部分得到的车辆的画片里大多数看到的是它。中亚也有它，例如在巴米扬（Bamiyan）[5]。它最后出现的某次是发生在意大利佛罗伦萨（Florence）的 14 世纪浅浮雕上，在这里它可能是一项有意识的仿古[6]。

(ii) 第一次合理化；楚和汉的胸带挽具

我们现在可以过渡到中国的效率高的胸带挽具，它的两根挽绳被肩隆带吊挂着（图 536 b）。人们只能说在汉代的所有雕刻、浮雕和模制砖上凡表现马和车的，普遍都是这种挽具［参见 Chavannes（9，11），容庚（1）和实际上每本转载这些画的关于中国考古学的书］[7]。2 世纪的武梁祠墓刻，（参见本册 p.264），像在《金石索》和后来的拓印本里描绘的，充满这种挽具的实例，其中之一示于图 541[8]。在东京的细川收藏里拥有套好的马和车的一个很好的汉代青铜模型，这里示于图 542，从中可以清楚地看到胸带和车辕[9]。当马从车辕上解下来以后，尻带被臀带吊着，似乎时常留下来拴在车辕上，因为在武梁墓祠的一幅著名的画（图 543）里，我们看到尻带挂在空车的车辕之间[10]。

让我们更仔细地研究汉朝技术的顶峰时期（2 世纪末年）的一辆中国双轮车。图 544 翻印了一幅沂南墓的浮雕[11]，又在图 545 的简图里加了说明。在注释者如方苞[12] 和江永[13] 的

---

① Des Noëttes（1），fig.89（9 世纪手稿）和 pp.89～92。

② 同上，fig.116（6 世纪，特里尔棺材），fig.117（7 世纪手稿），fig.145（11 世纪手稿）；pp.104，105。

③ 同上。p.97。

④ 同上。pp.99ff；fig.100（Sanchi，2 世纪），fig.101（希腊-佛教教徒铜瓶，1 世纪）；fig.106（象牙雕刻，15 世纪）。还有在塞尔尼斯希博物馆（Musée Cernuschi）展览的从锡兰波隆纳鲁沃来的 8 世纪壁画。Chakravarti（1），p.27，讨论的有单辕，肚带，颈部装置等的吠陀文名词。

⑤ 5 世纪末期或 6 世纪初期的一幅壁画［Rowland（1）］。

⑥ Des Noëttes（1），fig.157，p.126。

⑦ 实例无限地多。沙畹［Chavannes（9）］提供了约公元 129 年的小汤山墓祠浮雕，刊载在一个世纪以前的《金石索》，石部，卷一（第一〇六、一一〇、一二六、一三三、一三五页）。容庚（1）提供了武梁墓祠浮雕（约公元 147 年）如它们现在的情况。在《金石索》里它们在石部，卷三（第五十二、六十九、八十三、八十五、一〇四页起）和卷四（第四十六页起）。在更近期发现的沂南墓里可以看到精致的细节；参曾照燏等（1），图版 24、29、49、50。这些遗物的时期约从公元 193 年起。在 Anon.（22）里刊载了很多四川的汉砖，第 18～24、26 和 27 号，还有刘志远（1），图版 46—60。四川人的雕刻以及砖可以见于 Rudolph & Wen（1），pls.39、53、82、83、88、100。另外见 des Noëttes（1），fig.123，124，127 和 pp.106～117。

⑧ 参见石部，卷三，（第一〇五页）。

⑨ Sirén（1），vol.2，pl.33；Harada & Komai（1），vol.2.pl.XXIV（3）。在《文物参考资料》1954 年（第 9 期），图版 20 里有一件类似的出于南阳墓的汉朝青铜车的照片。

⑩ Chavannes（11），pls.X 和 XX；Harada & Komai（1），vol.2，pl.VII（2）；des Noëttes（1），fig.122。另一种描绘，表现尻带挂在一个支架上，可在武梁浮雕上看到；容庚（1），个别的拓印 55 号；《金石索》，石部，卷三（第六十八页）；Chavannes（9），pl.CCCCXCVII 和 p.164（1206 号），还有 Chavannes）（11），pl.V。

⑪ 曾照燏等（1），画版 50。

⑫ 在《考工析疑》卷十一，第五页。

⑬ 在《周礼疑义举要》卷六，第九页。

图版 二〇六

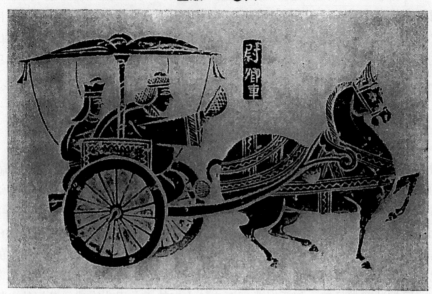

图 541 汉代胸带挽具的一个典型描述；从武梁墓祠(约公元 147 年)发现的皇帝侍从长官(尉卿)的车。《金石索》(石部),卷三(第一〇五页)。除了胸带或挽带由肩隆带(这里显然是叉形的)和臀带悬吊着,还保留着一根肚带并且老的颈前带变成了一根伸长的吊带帮着把胸带的前面吊起来。在马的后部上面有一条尻带,也还有装饰带。很多汉朝的画都远不如这个精致,只表示出胸带及其悬吊。根据一个最近的拓印本复制的。

图 542 一辆像在图 540 里的汉代轻型行李车的青铜模型,但不带车棚。东京细川的收藏品(Sirén,1)。虽然既没有尻带也没有挽具的其他部分,还是可以清楚地看到胸带拴在弯曲的车辕的中点。

图版 二〇七

图 543 尻带和臀带挂在停放的车的车辕上;约公元 147 年的武梁墓祠的浮雕的部分(Chavannes,11)。

图 544 另一幅汉代的车辆挽具浮雕,选自沂南墓室,约公元 193 年(曾照燏等,1)。试与下面的简图相对照。

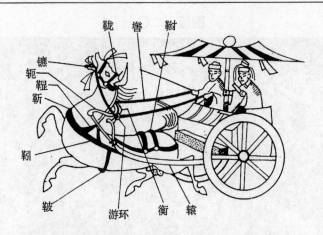

图545 沂南浮雕的说明，表示叉形车辕、横棒、轭，以及挽具
部件。专门术语在文中解释。

帮助下我们可以立刻区别开胸带（"靳"），挽绳（"靷"）①，肩隆带（"鞙"、"颤"；有时叫"鞍"，"鞏"，该字更主要地用作马的座子），以及臀带和尻带（"靹"、"鞦"）②。汉朝车上套的马往往没有肚带（"靽"、"䩞"），但是沂南的却有。这里车的辕（参见本册 p.248）是分叉的，因为在或靠近拴挽绳的地方给它捆上一根短棒用来保持"叉形轭"的下端向前和向下指，轭连接在横棒（"衡"）的中间③。在其上特设的环（"游环"）里穿过缰绳（"鞙"，"勒"，"靮"或"鞗"），其前端（"疆"）接在嚼口（"唎"，"衔"）两端的颊旁小杠杆（"镳"）上。马勒（"鞁"），即拴紧马的头部装备的一组带子，也被沂南的雕刻者清楚地刻出来了。这些名词的大多数都早已不使用了，现在的字典里很难找得到④。在使用两匹或更多的马的时候，内侧的挽绳叫阴靷，外侧的叫阳靷，内侧的缰绳叫勒而外侧的叫鞙。有很多其它名词是挽具的装璜部分（例如小响铃鸾）我们不应查下去了。很好地了解了汉代的挽具，就可以欣赏一些当时对驾车者的指导；例如，在《周礼》中建议在上坡的时候驾车人应当把自己的重量放在车的相当前面，以便帮助保持胸带在较低的位置⑤。当然汉代的挽绳挽具有各种次要的变化，但我们不需要在这上面耽误时间了⑥。挽绳一般地是拴在车辕的中间点上，但在某些浮雕上清楚地看到大行李车、木料牵引等是向后直拉车身本体上，

① 这个名词有很多的同义词，在这里都省略了。注意，"引"字单独有引导的意思。
② 尻带是为了防止马鞍向前移动而连在马鞍后边套在马尾上的皮带。按字意的自然延伸，第二个字，鞦，也可以指挽绳 和分枝架（参见本册 p.260）。此外，它还很自然地作为"鞦䩞"这个名词的组成部分（参见本册 p.376）。
③ 这个系统的作用有些难于弄清。可能退化了的轭留存下来充当了缓冲器的角色，防止马的头和颈向后扬的时候弄断细的横棒。轭的两端供插入棒端用的插座可以清楚地在图544里看到。或许这不肯消失的"轭"是装饰的一部分，根本没有什么作用。那就会是贴金的或至少是打磨得很亮的。
④ 林巴奈夫（1）.第228页起可以找到对有些名词的仔细研究。
⑤《周礼》卷十一，第十八页［卷四十译文见 Biot (1)，vol.2, p.485］。如果轭是像经常的那样有一根颈前带（"䩜"）在下面连接着两端，它也同样可应用于牛拉的车。直到现代时期驾车人还是被告诫要注意做好车辆的平衡［Philipson (1), p.52］。
⑥ 见 Needham & Lu (2)。汉朝拉车的马往往纯粹为了装饰的目的，在马身上蒙着带子或马饰，特别是在后身部分。参见图541。

图版　二〇八

图 546　胸带挽具在初生状态;约公元前 4 世纪在楚国制造的一种圆形漆盒上画着一匹马和
　　　　车,是在长沙附近的一个汉墓里发掘出来的(常任侠,1)。一个硬的轭状物件围在马的
　　　　胸前用挽绳连接在车辕的中间点上。这可能是颈前和肚带挽具与胸带套具之间的中间
　　　　形式。

图版 二〇九

图 547 背纤人拖着一条上水船；敦煌千佛洞第 322 号窟内唐朝初期的一幅壁画。高效率的马挽
　　具可能是从人的拖曳实践中出现的。

像现代习惯做的那样（参见图 493）。这也发生在保留了中间单辕的四马车上①。

关于胸带挽具在中国的第一次起源，迄今我们仅找到一件有启发作用的证据。这是一个在颈前和肚带挽具和挽绳之间的过渡形式（见图 546），它以不同的清楚程度画在楚国的漆盒（"奁"）上，时间大约在公元前 4 世纪②。图中有一个似乎是硬的轭形的物件，可能是木制的，两端向下弯，用在马的胸前，两端用挽绳连接在车辕的中间点上。它也可能是两片弯形的木片或骨片用胸带连接起来吊在马的两侧。但是颈前带还没完全被放弃，只是伸长些以便在胸带的拐折点上支持它，代替肩隆带悬挂挽绳；同时肚带也还保留着（图 548）。这个证据也许会使人们认为，双辕车的发明是一个界限因素，在有车辕以前胸区牵引不是可能做到的。但是我们不久将看到或许同样古老的某种文件，似乎指出颈圈和长挽绳相结合而没有车辕③。还需要更多考古的发现来提供这方面的佐证；同时楚国的漆绘确实像是给我们指出了胸带挽具的初生状态④。

311

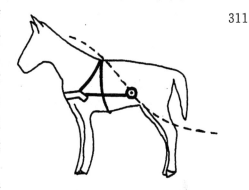

图 548　长沙漆绘中套具系统的解说简图

除非这样的装置在很久以后又成为一项完全新的发明，这些挂在马肩骨两侧的硬物件是经过很多不知名的部落和人民的传播再一次出现在阿瓦尔人（Avars）中间（大概从公元 568 年他们从东方侵入匈牙利的时候起）以及后来在马扎尔人（Magyars），波希米亚人，波兰人和俄罗斯人中间。因为在这些国家发掘出来的 7 和 10 世纪时期的墓葬里有些 T-形的骨片或穿孔的牛角能很方便地组成三项挽具部件——胸带，放长的颈前带（已经像肩隆带一样好用）和挽绳；这些挽绳或直接拴到车身上，或更可能拴在车辕的端头⑤。10 世纪以后，这些物件就不再发现了，估计是因为在中欧颈圈挽具代替了胸带挽具。

---

① 在小汤山墓浮雕上（约公元 129 年）有一个很好的这种实例，紧跟在记里鼓车（本册 p.283）之后，见常任侠（1），图版 12。《金石索》中的画（石部，第一三五页）特别地不好，因为它把最近的挽绳画成了车辕。

② 常任侠（1），图版 11 的画是一个清楚的示例，然而他把时间定为汉朝。在商承祚（1），第 9，图版 25、28、30 中可以找到似乎是另一个示例，显出有某样东西挂在和胸片同样的位置上。这一例无疑是楚时期的。Anon.（48），图版 31 提供了最好插图之一。所有这些应当一同研究。

③ 参见本章图 565。

④ 用放长的吊带从肚带的顶上帮着吊挂胸片的做法持续到 2 世纪末，那时它早就成了纯粹的装饰带。假如依据 1821 年冯氏兄弟复制的武梁祠资料，我们就可能这样断定（见图 541 和在《金石索》石部里的很多其它地方，如第一二六、一二七页）。不幸，我们不能十分肯定，因为很多的挽具细节都在上一个世纪里不见了，像在容庚（1）里看到的现代拓印件那样。

⑤ 见 Gyula（1），pl.LⅧ，fig.4；Arne（1）；Zak（1）.Lynn White（7），p.61，称这种布置为"初步颈圈挽具的一种形式"，但这是很不能接受的；我们宁肯称它为颈前和肚带挽具与胸带挽具之间最古老的过渡阶段之一的残余。有趣的是在久洛（Gyula）和扎克，（Zak）的复制品中恰像楚国的古老系统一样保留了肚带。林恩·怀特（在上述引文里）把阿瓦尔人的挽具和驯鹿的挽具作了比较，但也没有说服力。拉普人（Lapp）和西伯利亚人的驯鹿挽具确是由刚硬部件和柔韧部件组成的，皮带和骨块交替组成连续的长带，并且有些硬部件可以折成锐角，但是从"颈圈"到雪橇间的单根绳是从身体下面四条腿之间通向后边，因而没有窒息牲畜的危险；参见 Martin（1）；Manker（1）。若认为比较靠南方的楚国的古代装置是由于和使用驯鹿的人接触而创造的，这似乎太不可能了。当然，养鹿的人和放马的人曾有重要的文化交流［参见 Gunda（1）］，但在这里的情况下似乎没有必要牵进一匹带着相当不同的样式挽具的鹿来。不久（p.316）我们将遇到一组斯堪的纳维亚的胸带挽具上的金属装饰链环，倒很可能是受到驯鹿挽具的骨制部件启发的。

我们不知道胸带挽具的想法是怎样来的，但总有从人拉套中找到的最得力的办法引伸
312　出来的可能性[①]。用一大帮拉纤人拉船上水，毫无疑问在中国已有很久的历史了，人们从他
们的经验中肯定会意识到牵引力力须使在胸骨和锁骨区域并且不妨碍呼吸的自由。敦煌壁
画里表现了拉纤，其中图 547 可能增强我们的论点[②]。

如果我们承认胸带挽具是晚周时期的一项发明，那么或许它就是关于穆王的驾车人造
父的传说的根据，同时造父被设想为赵太子和秦国的祖先。《穆天子传》（穆皇帝出游的报
道）[③] 虽然不是像所声称那样古老的一本书，肯定是不会晚于公元前 250 年，书中极其强调
造父的八匹马异常快速，从马的名字看，猜测这些马都是土耳其种[④]。因为这本书埋在坟墓
里约 6 个世纪，《史记》的记载是单独的，与它无关[⑤]，同时各种来源都清楚地指出穆王的
马同沙漠和大草原的关系；因此可以推测在传说的背后实际上有一个更有效的挽具能拖动
陷进沙窝的车，以及能更快和更稳当地行走[⑥]。无论如何，这个意见已经提给考古学家
了。

(iii) 比较性的评价

使用了正确的挽具，马对牛的优越性似乎就不必说了。两种牲畜的牵引能力大致相同，
由于马的运动速度较快，提供的功率大约多 50%。此外，马的耐久力比牛大得多，每天可以
多工作几个小时。

然而，或许还值得再谈一下关于马的颈前和肚带挽具同挽绳以及后来的颈圈挽具相比
效率较低的问题。骨骼的解剖学构造当然说明了本身的问题，但德诺埃特曾在 1910 年做过
实验，从中发现用颈前和肚带方式套上的两匹马的有效牵引力限制在大约 1100 磅（$\frac{1}{2}$
吨）[⑦]。可是很多现代的车辆皮重 $\frac{1}{2}$ 至 3 吨，满载重量 $1\frac{1}{2}$ 至 9 吨，都可毫不费力地使用颈
圈挽具来牵引[⑧]。单独的一匹马用颈圈挽具可以容易地牵引一吨半的总载重。在这个问题上
313　德诺埃特还补充了一个对于狄奥多西法典（Theodosian Code，公元 438 年）[⑨] 的公路一节
里关于驿车规则的考查。这里规定的载重限额是从两轮车（birota）的仅 154 磅到几匹牲畜

---

① 关于这个问题见 Mason (1)，p. 545 和 Haudicourt (8)。
② 这是 322 号洞里的一幅唐朝早期的壁画。我们将在本书第二十九章 (i) 节里回到拉纤人来。
③ 参见本书第三卷，p. 507。
④ 参见 Cheng Te-Khun (2)，pp. 130, 132; de Saussure (26)，pp. 248, 275。
⑤ 卷五，第三页，译文见 Chavannes (1)，vol. 2，p. 8。
⑥ 这一点对我特别有吸引力，因为在戈壁滩边上开卡车时，曾有过很多次陷进沙窝的经验。颈圈挽具的发明恰巧
发生在世界的同一部分可能不是偶然的——见后面。
⑦ pp. 162ff，这个数字看来是载货重量，但他试验用的是重量很小的现代车辆。双轮轻便车约重 550 磅至四轮的
1000 磅，所以不影响一般的争论。对于这些估计我们应感谢剑桥的克拉克（Clarke）先生和夫人。
⑧ pp. 130, 134。参见 Rankine (1) 的数据。
⑨ Ⅷ，Ⅴ，8. Des Noëttes (1)，pp. 157 ff。

拉的邮车（*Angaria*），即四轮车的 1082 磅[1]。所以，颈前和肚带挽具拉不了现代车辆，即使是空车。

我们可以用三国时期中国的一辆独轮车载重 365 磅同这些数据相对照。此外，仔细地研究汉代双轮车和四轮马车的图画并同其他古代文化的相比较，就清楚地看到中国的车辆重得多。埃及，希腊或罗马的双轮车总是显得尺寸极小，最多只能供两个人使用，两帮还掏空减轻，并且经常由四匹马拉，而中国双轮车则时常载 6 名乘客（参见图 524 中的记里鼓车或乐队车）[2]。它们还常有向上翘的重型车棚（参见图 540），并且经常只用一匹马拉。再者，当中国人来到西方地区的时候，他们会明确地感到那里的车辆特别小，在《后汉书》里关于大秦（阿拉伯，罗马叙利亚）的章节说的正是这些[3]。

从中国文献中补充一些德诺埃特还不知道的考据是相当容易的。《墨子》里有可以说是公元前 4 世纪末的一段，讲到[4] 墨翟关于公输般[5] 制造风筝的评论：

> 公输般用竹和木制造了一只鸟，制成以后飞了起来。三天都没有落下来，公输般对自己的技术很得意。但是墨子对他说，"你制造这只鸟的成就同木匠制造一个车辖是不能相比的[6]。他一会功夫就刻出一块木头，虽然只有 3 英寸长，却可以承担不少于 50 担重的负荷。实在说，任何成就对人类有益就可以说是巧，而任何无益的东西就可以说是拙。"

> 〈公输子削竹木以为䲹，成而飞之，三日不下。公输子自以为至巧。子墨子谓公输子曰：子之为䲹也，不如匠之为车辖。须臾刻三寸之木，而任五十石之重。故所为功，利于人，谓之巧；不利于人，为之拙。〉

在下一个世纪的，我们以后关于航空还要引用的《韩非子》里类似的一段[7]，提出车辆载重的数据是 30 担。由于战国时期的担估计等于 120 磅，墨翟的载重估计就会达到了吨，而韩非的则是 $1\frac{3}{4}$ 吨多一些。在文献中毫无疑问地可以找到东周和汉朝时期的其他载重数据，但都必定是支持胸带挽具比颈圈挽具效率略低的观点的[8]。

德诺埃特的详细观点曾是许多讨论的议题。例如，西翁［Sion（2）］极力主张狄奥多西法典的数据可能是为了珍惜驿马而核定的最低数字，必要时可以允许较大的载重，同时由于训练的关系，古代的马可能比德诺埃特的马能力强些。但是对于总的结论，即颈前和肚带挽具虽然使用得那样长久和那样广泛，却比胸带或颈圈挽具效率低四或五倍，是没有人会争辩的。至于后两者的比较，所有实用的书一致同意挽绳挽具从来不如颈圈挽具那样有效。关于德诺埃特的其它评论我们不久（在 p. 329）还将讨论。

314

---

① 邮政四轮车好像是两匹牲口拉的，多半用牛［Burford（1）］。这样，这个载重就与西方古代传下来仅有的另一个额定数字很一致，即色诺芬关于居鲁士（Cyrus）的攻城塔的试验（公元前 4 世纪）所讲到的 25 太兰（1100 磅）（*Cyropaedia*, Ⅵ, i, 54）。

② 在大约公元 129 年的小汤山浮雕里经常是 3 个人（《金石索》，石部，卷一，第一〇六页）。

③ 卷一一八，第十页，［译文见 Hirth（1），p. 40］；参见 *Textes Historiques*, p. 756。

④ 第四十九篇，第十页，译文见 Mei Yi-Pao（1），p, 256，经修改。

⑤ 参见本册 p. 43。

⑥ 车辖是一块木楔，作用和止动螺丝一样，将车轮固定在轴上的位置。它当然并不承担载重，但在完成运输任务上对于车辆却是一个不可缺少的部件。

⑦ 卷十一（第五十五篇），第二页。

⑧ 值得记住的是《墨子》的书文和前面刚讨论的显示胸带挽具开端的漆绘大约处于同一时代。

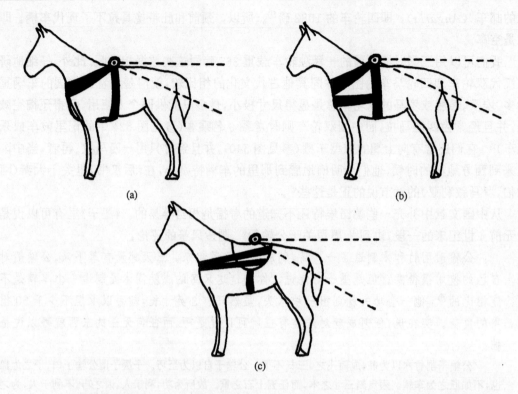

图 549　颈前肚带挽具的试行改进。(a)古埃及的鞅,(b)亚述和波斯的"假胸带",和(c)拜占庭和柬埔寨的马鞍胸带。这些都没有解决马类的牵引效率问题。

　　多次未成功的改进颈前和肚带挽具的企图说明它在古代就经常使人感到不满意。最早的一次是增加类似鞅的一条带,它从颈前带向下穿过马的前腿之间拴在肚带上(图 549a)。这并不起多大的作用,因为牵引点仍然在马背上,颈前带总是被向上拉,而且在这种情况下肚带被向前拉,并擦伤肘部。这在卡尔纳克的拉美西斯二世(Ramses Ⅱ)的欢腾的马中可以看到[1],并且普遍地被复制者所误解,认为那个特别松的肚带是故意的[2],不起任何作用。第二次尝试可以叫做"假胸带"挽具,围绕牲畜的胸部放上一段横带,两端连到肚带上(图 549b)。这也没有起什么作用,因为牵引点使假胸带向上升并和颈前带争相抑制马的呼吸。然而它曾一再地(公元前 8 世纪)在亚述被试过[3],(4 世纪)萨珊王朝的波斯人试过[4],(9 世纪)拜占庭人也试过[5]。第三个办法是结合在牵引马上备鞍,把颈前带连接到或是马的腰或臀部,或是在鞍的两侧比马背低一些的位置(图 549c)。这可以在拜占庭晚期的手稿里(10—13 世纪)[6] 以及旧大陆另一端的高棉(Khmer)文化中[12 世纪的吴哥窟(Angkor Vat)雕

---

① Des Noëttes(1),fig. 40,p. 47。

② 例如,Wilkinson(1),vo1. 1,pp. 370,371。

③ Des Noëttes(1),fig. 21,p. 40[提格拉-帕拉萨(Tiglathpileser)三世的战车]。

④ 同上(1),fig. 65,p. 48(沙布尔战车,浮雕)。

⑤ 同上(1),fig. 90,p. 48[克吕尼(Cluny)的櫃子]。这肯定不是颈圈挽具,像乔普[Jope(1),p. 553]出于疏忽所给它起的名称。

⑥ Des Noëttes(1),fig. 92,93, pp. 90 ff。

刻]① 看到,并且它一直延续到近代的日本型② 和印度西北部的双轮小马车③。但是问题仍然未能解决。中国是例外。

(iv) 发明的辐射

中国汉朝的胸带挽具适时地传到了欧洲。虽然在罗马帝国晚期有些轻型车辆开始装用双车辕代替一根单辕,但还不像是涉及一个有效的挽具的采用。在特里尔附近,伊格尔(Igel)的著名高卢罗马浮雕(3 世纪初)④,表现了两匹骡套在车辕里,但是由于肚带可以清楚地看到,并且没有水平的绳带,只能认为颈前带也保留着;此外,车是一辆很轻型的,只坐两人。就文字的证据来说,欧洲没有 8 世纪以前的胸带挽具的描述⑤。从那时开始,它才越来越多地出现了;例如,在(9 世纪上半叶)奥塞伯格(Oseberg)沉船里发现的精彩的挂毯上所见到的。⑥当奥萨厄(Ohthere)在大约公元 880 年向国王阿尔弗烈德(Alfred)汇报他在挪威北部的生活时说"尽管他耕种很少,他是用马耕种的",他所用的毫无疑问是胸带挽具⑦。在 9 和 10 世纪的北欧文化中,挽具的肩隆带好像带着冠状的金属装饰,或在马背上装有一个弯曲的金属装饰部件⑧。我们在赫剌巴努斯·毛汝斯的《论事物的特性》1023 年手稿的插图中又看到了胸带挽具⑨。纺织物的粗糙使它不容易同颈圈挽具区别开来,但是巴约挂毯(Bayeux Tapestry;1130

317

---

① McDonald & Loke Wan-Tho(1),pls. 59,60;des Noëttes(1),fig. 107。

② 见 des Noëttes(1),fig. 137 和 p. 119。

③ Grierson(1),pp. 40,41;Philipson(1),pp. 55,59;des Noëttes(1),fig. 181 和 pp. 100,134. 在颈圈挽具引进之后,牵引马备鞍的办法还是继续在用,例如在(约 1215 年的)沙特尔大教堂的一扇窗上可以看到。雅各贝特[Jacobeit(2)]也认识到本段内所述的所有权宜之计基本无效。

④ Daremberg & Saglio(1),vol. 2,p. 1201。我有幸在 1956 年同我的协作者鲁桂珍博士一起在它的原址观察了这个著名的浮雕柱。

⑤ 在一座爱尔兰纪念碑上[见 Crawford(1),pls. XLIX,L,和 Jope(1),fig. 490]。这里讲的是现存于阿维尼翁(Avignon)的卡尔韦博物馆(Musée Cavet)的一块据说是高卢罗马时代的浮雕上所刻的挽具的问题。一辆四轮车由几匹马拉着,其中最靠近的一匹(图 550)有一根挽绳从双颈前带的最低处开始,并且显然和肚带相连接,接在鞍布下面,肚带分成两支兜过牲畜肚子的地方。这个在 16 世纪作为马罗迪城堡(Château of Maraudi)的装饰的著名浮雕,曾由索泰尔[Sautel(1),vol. 2,pp. 227. 229. vol. 3,pls. 57. 59]做过全面的描写;并且有时被不加注解地用作插图,如 van der Heyden & Scullard(1),fig. 300. 。困难是关于它们的时代。德诺埃特[des Noëttes(10)]注意到马有蹄铁,肯定它是一件文艺复兴时代的"古物"。索泰尔的意见是如果不是文艺复兴,那就是尽可能近的"古典"时代。假若能把它放在 5—7 世纪之间,它很可能代表欧洲早期把颈前和肚带与胸带挽具结合起来的一次尝试。但是用它来支持任何理论,则嫌可靠性不足。类似这样的评论也适用于罗马的泰尔梅博物馆(Terme Museum)里的一块浮雕,范德海登和斯卡拉德[van der Heyden & Scullard(1),fig 301]选作了插图,并把它的时代定为公元 100 年左右。这里明显的是颈前和肚带挽具,似乎附带有某种也许是装饰性的挽绳。

⑥ 见 Holmqvist(1),pl. LX,fig. 134. 文中(p. 77)做了非技术性讨论,和林恩·怀特[Lynn White(7),p. 60]的看法相反,我们体会画上表现的是车辕,而不是挽绳,因为有些是向上弯曲的和另一些是清楚地画成硬质材料的。林恩·怀特给人的印象是,格兰德[Grand(2)]从这张挪威挂毯推断出"现代的"(或颈圈)挽具的起源,但是情况并非如此,格兰德只是感到 9 世纪的北欧具有由马的两肩和胸部承力的挽具,并且他是由奥塞伯格车辆的(异常窄的)车辕引出这个观点的[见 Brφgger & Schetelig(2),vol. 2,p. 7,pl. 1]。

⑦ 见 Sweet(1),p. 18;Ross(1),pp. 20 ff. ;M. Williams(1),p. 297. 我们不能同意林恩·怀特[Lynn White(7),p. 61]的说法:奥萨厄的叙述含有颈圈挽具的意思。这个名字将使人回想起很多吉卜林(Rudyard Kipling)的故事"愉快的冒险中的骑士"(The Knights of the Joyous Venture)。

⑧ 见 Stolpe & Arne(1),pp. 25,28,34,59,pls. XV,fig. 1,XVIII,fig. 1,XXIII,fig. 1,XXIV,fig. 1;Poulson(1),p. 230,pl. 32,fig. 1;Bronsted(1),p. 144,(2),p. 272,fig. 194;Holmqvist(1),p. 62,pl. XLVI,fig. 107. 对于林恩·怀特[Lynn White(7),p. 61]所采取的观点,即这些物件是为了和马的颈圈一起使用的,我们看不到有任何理由。

⑨ 见 Amelli(1);Stepherson(1)。

316

图 550　阿维尼翁的卡尔韦博物馆现存的
马罗迪浮雕上前景中的马挽具
[Sautel(1)]。双颈前带似乎与一
根挽绳相结合,并且肚带是叉状
的。虽然声称是高卢罗马时代的,
这个雕刻的可靠性是可疑的,并且
挽具的性质含混不清。它可能代表
7 世纪时把颈前和肚带挽具与胸
带挽具合并的一次尝试。

图 551　印度(大概公元前 1 世纪后期的)桑奇(Sānchi)大
塔南门最低层门楣上雕刻的两辆战车之一所套
的两匹马中较近的一匹[引自 Marshall(3)]。明
显的颈前带表示是颈前和肚带挽具。挽绳和肩隆
带都不起牵引的作用,但似乎是为了不使马尾干
扰驾车人。当时印度可能已知道中国的胸带挽
具,而这位艺术家误解了它。

年)[①],以及同时期的雕刻和手稿[②]都似乎指出了它。从此以后它就被广泛地认识和采用了[③],
例如,在 19 世纪初期的驿车上;它传播到了南非,由此再度引进英格兰[Philipson],并且在
意大利某些地方它是唯一一使用的挽具。近几年来我在摩纳哥地区(Monaco)和普罗旺斯普遍
地看到它,在那里它仍然被叫做"驿车的挽具(l'attelage à postillon)"。它是否曾传播到南
亚或东南亚,尚不能肯定[④]。

　　大家早已知道,另一种有效的挽具——颈圈挽具大约 10 世纪初在西欧出现,并于 12 世

---

　　① 在一个耕种的场景里。参见德诺埃特书中的插图[des Noëttes(1),fig.146],他把它看做农业使用骡和马的最早
的欧洲描述。然而,在千佛洞的第 290 号洞里画的有一幅可能是马犁,这是 6 世纪初期的。关于这幅画,见 Needham & Lu
(2)。

　　② Des Noëttes(1),fig.147(圣·丹尼斯教堂地窖里的柱子),fig.148[杜塞图书馆(Doucet Library)里的阿德蒙特
手稿]。

　　③ 参见 CEuvres sur les Faictz et Gestes de Troge Pompée...(Janot,Paris)中一幅 1538 年的木刻。又见 Macek(1),
pl.21(15 世纪耶拿法典)。

　　④ 在这方面,奥德里库尔[Haudricourt(4)]注意到在公元 480 年左右匈奴人(Ephthalite Huns)带去印度的只有马
鞍、马镫和马蹄铁,没有颈圈挽具。胸带挽具好像从来没有在印度采用过。可是(公元前 2 世纪的)帕鲁德(Bharhut)佛塔
栏杆上的浮雕所表现的初看上去非常像胸带挽具[Marshall(3),pl. XVI,fig.43],这也在(公元前 1—公元 2 世纪的)桑奇浮
雕上看到,特别是南门的那些最低层门楣[Marshall(3),pl. XXIII. fig.63];Des Noëttes(1),fig.102.;Munshi(1),pl.19。然
而,详细地观察(图 551),可以看出马好像也有颈前和肚带挽具。初看上去好像是短粗的车辕的东西原来是马的尾巴,转
圈向前并拴在一根横吊在牲口背上的水平挽绳上,形成胸带挽具的错觉。我们相信德诺埃特[des Noëttes(1),p.99]所说
的这些挽绳不起牵引作用是对的。但是他没有想到这种让马的长尾巴不干扰驾车人的眼睛的稀奇办法可能是对中国东
周和汉朝胸带挽具的误解。虽然我们对于中国和印度西文化区域之间当时的接触知道的不多,但应记得(本书第一卷
p.174)张骞大约公元前 130 年在巴克特里亚发现有四川的产品,他想是经过云南—印度的道路运去的,同时中国和贵霜
王国(Kushan)之间至少从公元 90 年起就有外交接触。

纪末被普遍采用①。920年前后的手稿插图首先表现了它②，并且在此以后它就逐渐变得越来越普遍了③。毫无疑问，就在这同一段时期里，它在中国大量地替换了旧的胸带挽具。那是在宋代④和元代⑤绘画(11和14世纪)中看到的(并且排除了所有其它式样的挽具)，它们出现在已经讲述过了的(本册 p.166)农业技术纲要中⑥。但是对于颈圈挽具在中国和中亚比在欧洲追溯到更远得多的时代这一论点很快地引起了怀疑。虽然德诺埃特自己好像一直坚持认为它是发源于西方的，可是他竟然采用伯希和[Pelliot(25)]的一张照片作插图⑦，拍摄的是敦煌石窟壁画中的一幅唐朝马和车的画(实际上属于9世纪)，并注明为"胸带和车辕"，却不顾事实上很清楚地表现的是颈圈挽具，我们可以从后来在现场专门拍的照片和绘的图里看得出来⑧。他还引用了沙畹[chavannes(g)]的一张6世纪北魏碑刻拓本的照片⑨，表现的像是介乎胸带和颈圈挽具之间的一种传统样式。

关于重要的发明及其后来传到欧洲的时间和地点，现在可以获得更精确的知识。我们曾

---

① 见 des Noëttes(1), pp.123 ff.。

② Des Noëttes(1), figs.140,141,142。(Latin MS.8085, Bib. Nat.)然而，在特里尔手稿(*Apocalypse*)里，有一件约可定为公元800年的描绘，被它的发现人林恩·怀特博士认为是颈圈挽具在欧洲最老的画图，参见 Lynn White(7), p.61和 fig.3。在扁宽的肩带上一点也看不出是厚实的或有护垫，使我们不能同意他这个说法。假若这两匹马是在车辕里靠横轭拉车，那还关系不大，因为可以设想有一个坚固的颈圈，但是它们好像是在拉挽绳。假若本打算是用一根宽带而不是两根绳或皮带，那么整个插图很可能是一种具有缩短了肩隆带的挽绳挽具(参见本册 p.325)，因而看上去像一个颈圈。此外有一件高卢-罗马的雕刻在这里需要提一下。来自特里尔的科尔内留斯·斯塔丘斯(Cornelius Statius)的石棺(现存卢浮宫)上，表现了一个少年的有车辕的小车把车辕拴在一个可能是颈圈的中点上，这颈圈在脖颈上太高，或者只是一根颈前带(图552)。参见 des Noëttes (1), fig.73;Jope(1), p.544。这是一个3世纪的文件。在访问特里尔的莱茵区州立博物馆时，鲁桂珍博士和我注意到另一个刻在石板上的4世纪的描绘(图553)。图中拴车辕的带如作为颈圈的话，它的脖颈上的部位又嫌太高了，并且它特别明显高高地突出于画面可能是为了表达连接车辕的一根拱形横棒。埃斯佩朗迪厄[Espérandieu(2)], vol.5 No.4035]临摹了一个很相似的浮雕。再有，在罗马的奥斯蒂亚(Ostia)港口，李大斐(D. Needham)博士指引我注意到一处4世纪的拼花地面(图554)，它表现了一辆四轮车[参见 Calza(1), p.21 Becatti(1), vol.4, pl.CVIII, fig.64]。这辆车的辕显然是拴在"颈圈"中心，在它的上端甚至真像是有衬垫似的——但是同所有上述情况一样，该部位应是颈前带的位置而不是真正颈圈。此外还有着肚带，它对于真正的颈圈挽具是完全多余的。所以，虽然这些有趣的描绘作为颈圈挽具是肯定失败了，人们还不能解除这样的怀疑，即某些旨在改进牵引办法的试验曾在罗马帝国后期进行过。

③ 例如，圣盖尔图书馆(St Gall Library)收藏的一件10世纪的手稿(135 N.O.)[des Noëttes(1), fig.143]，布鲁塞尔皇家图书馆(Bib. Roy. Brussels)收藏的一件11世纪的手稿(9968)[des Noëttes(1), fig.144]，以及两件13世纪的手稿(figs.150,151)。一个优美的实例发现在诺夫哥罗德(Novgorod)的圣索菲亚哥教堂(Church of St Sophia)的"赫尔松(Kherson)"铜门上，由德国手艺人制造并由西伯拉罕大师(Master Abraham)在大约1150年组装[Kelly(1)]。一幅1340年的袖珍画见 Leix(1), p.328，以及15世纪的画图和绘图见 Born(1), p.773,(2), p.782，及 Saxl(1)。广义地说，绘画的时间越晚就越清楚，有些早期的绘画把颈圈在脖颈上放得很高，好像是一根颈前带，因而在某种程度上分担了一些刚才讲的罗马和高卢-罗马描绘的不肯定情况。

④ 值得注意的是在张择端的名画卷《清明上河图》里，郑振铎(3)复印本中的第8,11,16,18,和19号照片。从图515,516可以看出，在1125年马和骡的颈圈都是现代"联合"式的(见本册 p.321)。另见杨仁恺和董彦明(1)，图版48。

⑤ 参见布兰美术馆(Brun Collection)收藏的一幅，复制品见 des Noëttes(1), fig.130。

⑥ 《农书》(1313年)卷十六，第五、七、八、十页;《天工开物》(1637年)卷一，第二十一页;卷三，第十三页;卷九，第十四页等。不用说，也在18世纪的绘画和现代的实践中。

⑦ Des Noëttes(1), fig.129，参见 p.111。

⑧ 德诺埃特大概是被伯希和50年前的照片引入了谬误，照片中很多的细节都不太清楚，明显的具有侧面衬垫的白色的颈圈，看上去只是一条宽白带。

⑨ Des Noëttes(1), fig.128，参见 p.111。

图版 二一〇

图552 罗马帝国后期为了改进马的挽具可能进行的试验的证据;原存特里尔,现存卢
浮宫(Louvre)的3世纪科尔内留斯·斯塔丘斯(Comelius Statius)石棺上刻的
一个少年的双辕车[des Noëttes(1)]。挽具作为颈圈来说,装得过高并绕脖颈过
紧,而且车辕与它相接太靠近中点;所以它很可能是一根颈前带,照样抑制呼
吸。

图553 另一幅高卢-罗马画像,一匹套了车的马;特里尔的州博物馆存的一块石雕板(4
世纪)。马颈高处的物件很可能是连接两根车辕的一根拱形横棒,并且好像有一
根颈前带装在它两端。这不会有所改进。

图版　二一一

图 554　罗马帝国晚期的第三个实例;罗马城的古代港口奥斯蒂亚(Ostia)拼花地面上的马和车。又是一副模仿颈圈的挽具,但在马颈上位置过高,同时有一根明显的肚带。这个颈前和肚带挽具怎样拴在车辕上车辕上还不清楚。

图版　二一二

图 555　汉墓中狗的模型,配颈前和肚带挽具。巴黎塞尔尼斯希博物馆(Cernuschi Museum)[Hentze(4)]。

经指出过①,中国最早的双轮车毫无疑问是单辕式的,用的是颈前和肚带挽具,正像对文字书写的分析以及考古的证据所表明的那样。这种方法大概持续了很久,直到战国末期,但在汉代初期就完全被胸带挽具代替了(即从公元前 2 世纪以后)②。在世界上没有其他地方曾这样早地出现一个有效的马类挽具。对于狗,实际上颈前和肚带挽具一直持续到汉朝的末 319 期,这一点我们从坟墓的雕刻③和这里翻版的一个小塑像④(图 555)上看到了。这种挽具在西伯利亚东北部的某些部族人民中间现在还继续使用着。

胸带挽具越过欧亚平原适时地传到西方是不容我们怀疑的。奥德里库尔[Haudricourt (4)]提出了证据,证明它到达意大利比欧洲其余部分至少早 3 个世纪;他认为是随着东哥特人(Ostrogoths)在 5 世纪的初期传到的。他还提出,这第一个高效率马用挽具的到达意大利可能同那里的经济觉醒较欧洲其他国家早熟有些关系。他写道,"欧洲同中东和印度相比,在这方面的好运气是在于它处在曾作为牵引技术发展中心的亚洲大平原的自然尽端"。

但是第二个高效率马用挽具能够也是这样吗? 1943 年我住在敦煌附近千佛洞(更恰当地叫莫高窟)石窟里的一个月⑤,使我真诚地确信在唐代人们已知道了,也就是比欧洲的第一次描述早 2 或 3 个世纪。在那些精彩的洞内壁画上,有技术知识的悠闲游访者一眼就抓住这样的事实;几乎所有描绘的马和车都是车辕拴在颈圈状挽具的最低和最前面的一点上(图 556a)。这是根本不同于来自世界其他部分的图画和雕刻上所看到的⑥,后者所描绘的拴接,如果不是在颈前和肚带挽具马背上的位置,就是在颈前带或颈圈状绑带的中点⑦。而这里则清楚地意味着是由胸骨而不是气管区域用力。在这一节的初稿写完的时候,我已经意识到这一点的重要性,但是当时石窟的时代划分还不像现在这样好,而在 1958 年再次访问的时候就可以更为详尽地研究敦煌的艺术表现了⑧。

(v) 第二次合理化;蜀和魏的颈圈挽具

让我们从最清楚的例子开始。在 156 号洞里⑨,一幅漂亮的全景画描写一位中国将军兼地方总督张议潮在公元 834 年从西藏人手里收复敦煌地区以后的凯旋行列。我们很幸运能 320

---

① 见本册 pp. 246,306。

② 所有这些结论和林巳奈夫(1)关于由商到秦的马车牵引的一篇缜密的论文所得结论是一致的;该文是在本章将付印时发表的。

③ W. Franke(2),fig. 6;Rudolph & Wen(1),pl. 20。

④ Hentze(4),pl. 31A。从天会镇东汉墓里发掘出的另一个塑像,约 3 尺高,可在成都历史博物馆看到。

⑤ 同行的有艾黎先生,吴作人先生(现任中国美术学院院长)和罗寄梅先生。对易喇嘛当时的友好帮助愿致以感谢。这个地点当然是伯希和斯坦因(Stein)很久以前在西方弄得出名了的。

⑥ 除某些早期,但后起的,欧洲绘画外,它们主要的有西班牙布尔戈斯(Burgos)大教堂里的一件 12 世纪的雕刻[des Noëttes,(1),fig. 149],以及 14 和 15 世纪的瑞士和奥地利手稿插图[Wescher(1),p. 2251,(2),p. 2277]。参见 des Noëttes(1),fig. 155,159。所有这些无疑地都是颈圈挽具。

⑦ 参见本册 p. 317 的脚注。

⑧ 我们非常感激敦煌研究所所长常书鸿博士所给与的热情欢迎和一切便利;感谢常夫人(李承仙)的不辞辛苦的帮助。我还要感谢我的同事鲁桂珍博士在现场讨论中所给我的帮助。

⑨ 在本书第一卷 p. 120,我提到过千佛洞使用的各种不同的编号制度。从那以后,谢稚柳(1)发表了它们之间的对照,我们现在单独依靠该研究所的编号,其他的资料一遇到就尽可能地照它改过来。最完全的对照表见 Chhen Tsu-Lung (1)。

够精确地肯定画的时代，因为有很好的证据证明它是 851 年画的①。这位归义军节度使很可能正在庆祝肯定他职权的御旨的到来，伴随他游行的有军队、旗手、猎手和乐队。他的随从后面跟着第二个行列（对我们来说更重要），他妻子宋夫人的队伍（"宋国河内郡夫人宋氏"），也拥有骑士、乐队和舞蹈班子，但包括四辆车，其中三辆是行李车②。画面的主要部

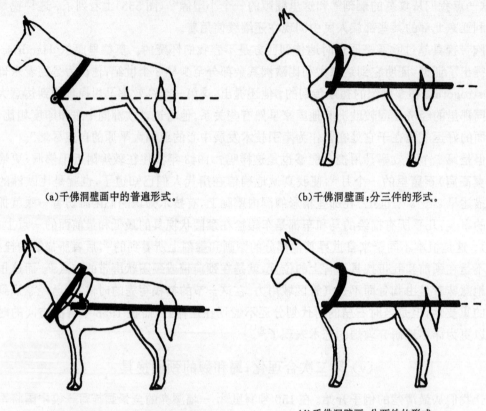

(a) 千佛洞壁画中的普遍形式。　　　　　　　　(b) 千佛洞壁画；分三件的形式。

(c) 中国北部和西北部的当代颈圈挽具。　　　　(d) 千佛洞壁画；分两件的形式。

图 556　甘肃敦煌千佛洞石窟(5—11 世纪)壁画的解说简图；见正文。

321　分表现在图 557，而后者的一部分放大后示于图 558③。在现场注意地研究这些画看到了所有的车上用的挽具都有三个主要部分：(i) 车辕，(ii) 一块弯木，好像牛轭或汉代车辆上把车辕连起来的横棒④，和 (iii) 一个垫得很好的颈圈，其下端位于胸前很低的部位（图556b），而在横棒后面高起来。这就变得很明显，最早型式的颈圈挽具在布置上是分为两个

---

① 这是常书鸿博士的意见。但是普遍同意的时间是一定在该世纪中间的二或三个 10 年里。

② 在伯希和[Pelliot(25)，pls. XLVII 和 XLVIII]的以前复制的这个画景里，或多或少地表现了挽套具的细节[吉梅博物馆(Musée Guimet)，照片 45142/51，第 47,48 号]；Roy(1)，p. 123；Gray & Vincent(1)，pl. 51A；常书鸿(1)，图版 24；叶浅予(1)，图版 34。喜龙士[Sirén(10)，pls. 66,66B]提供一幅非常清楚的临摹画，但是四辆车的挽具没有很好地表现出来，因为艺术家没有懂得细节的意义。我们用放大的图展示的那辆车就是德诺埃特[des Noëttes(1)，fig. 129]翻印（并误解了）的一辆。

③ 为了这些和其他一些照片，我们非常感谢常书鸿博士和敦煌研究所的摄影人员。我们还深切地感激艾黎先生和山丹县中国工业合作协会培黎工艺学校(现在的兰州国营石油管理局技术学校)的一些师生于战争期间和战后不久在敦煌专门画的。大部分是贺先生画的，他是一位云南丽江纳西族的能干的纺织设计人员。索伦森(Sorenson)先生为我们画了另外一些画，但在 1947 年新疆的一次飞机事故惨剧中和他一起毁灭了。

④ 常书鸿夫人首先意识到这个重要的线索的意义并引导我们去注意它。

图版　二一三

图 557　颈圈挽具的起源。张议潮将军的妻子宋夫人的行列的一部分;张将军是向西藏进军时古丝绸之路上敦煌地区的总督。千佛洞第 156 号窟中时代为公元 851 年的一幅壁画;叶浅予(*1*)临摹。除了乐队和舞蹈班子(在画的左面范围以外),一个骑兵护卫和两个六角圣物箱的担抬人以外,有三辆行李车(右侧)和一辆有篷的坐人的车(左侧)。虽然右上方的行李车被后来的火灾烟灰涂抹了,所有四匹马都很清楚地表现了颈圈挽具。第五匹马也带着颈圈挽具,刚可以在右手最下角看到。

图 558　总督的护卫行列里(前景)最下面的行李车放大图;贺义临摹(1948 年)。横接着车辕的弯的"牛轭"式的横棒合适地架在低低地套在马胸前的一个很厚的环形垫子上。这个颈圈实际上是牛的"脊隆"的代替。

图版　二一四

图 559　中国北部和西北仍在使用的典型颈圈挽具(原版照片,1958 年摄,甘肃酒泉附近)。颈圈,还叫垫子,
　　　　松松地套在马或骡的脖子上,古代轭的直接后代挟板子压在它上面,并且用皮带套在车辕前端的木
　　　　桩上和车辕连在一起。在戈壁沙漠边上拍摄的这个实例里,前面还有两匹牲口通过挽绳以增加牵
　　　　引力。

部分,而颈圈本身不过是一个相当于牛的内部"脊隆"的人造代替物,也就是使轭可以靠上去的一个支撑点。

我们的眼界现在打开了。所以,我们很惊奇地看到在甘肃省和中国北方和西北很多其他地方的道路上,今天仍然大量使用的颈圈挽具的式样使得唐代的两件型挽具成为不朽①。图559,酒泉附近拍摄的一张照片,很好地表示了它。颈圈("垫子"或"拥子")本身不拴在任何东西上,但是靠在它上面的是一个围抱的框架("挟板子"、"挟板子")②,即古代轭的后代,用皮带套在车辕前端的木桩上直接和车辕连接在一起(图556c)。在有些地区牛轭是像鸟类叉骨或广角的树枝权的形状③。在这里面我们可以看到马的颈圈挽具发明过程中的一个必要的向"轭"的过渡,并且我们自然而然地还会记得汉代马拉双轮车上的鸟类叉骨形状退化了的轭。因此这个新办法的要点是一个不会脱落的"人造脊隆"。只是后来硬的轭和软的颈圈才合并成为现代用的马的挽具上的一个部件④,在字典上它的名词为"护肩"。同时我们原来提的问题如果还不能从时代上得到回答的话,那么现在可以从原理上得到回答,因为很多欧洲最早的颈圈挽具画片都精确地表现出中国的三部件系统制度⑤。确实人们可以在欧洲的某些角落里看到它仍在顽强地留存着;在我们研究中国北方的挽具以后两年又在旧大陆的最尽头伊比利亚半岛(Iberian)上看到了它⑥。

在千佛洞的壁画中还可以看到其他很多的马和车的画。初步的观察就很明显,肚带在那里边从来看不到,而挽绳如果有也很少见。所有的都表现车辕的拴接是在围绕肩和胸的物件的前面最远的一点上⑦。所以明显地暗示出颈圈挽具的几个模式,尽管没有 156 号洞的那种决定性证据,但是在张议潮的车辆的启发下,当图上没有画出"代用脊隆"的时候,人们会毫不犹豫地想象出它的存在。否则"马轭"就根本不起作用了。并且确实在至少四或五个洞里

322

---

① 参见 Li Chun(1)的一张图。照片见 Hommel(1),fig. 490 和 des Nöettes(1),fig. 133;只有知道要寻找些什么的人才能把它看清楚。

② 为这些术语,我们感激酒泉地方政府的王三林先生。

③ 例如,在陕西省武功县附近。

④ 如我们前面注意到的,这个合并已经在 1125 年完成,即张择端的画的年代。它是首先在中国还是在西方出现的,我们还不知道。或许它是独立发生的自然发展。

⑤ 主要的有 Wescher(2),p. 2277(14 世纪);des Noëttes(1),figs. 150,154(13 和 14 世纪);Lejard(1,Ptg.),fig. 73(16 世纪)。合并的过程可以逐步地追查。

⑥ 1960 年我拍到了一些实例的照片。在曼查(Mancha)的阿尔马格罗(Almagro)和葡萄牙的埃斯特雷马杜拉(Estremadura),挟板子是一块不上漆的鸟类叉骨形状的木头靠在不相连的颈圈上;但在塞维利亚(Seville)和葡萄牙边境之间的安达卢西亚(Andalusia),挟板子的下端总想用绳子或链条来连结起来,完全像在中国一样。在葡萄牙最南方的省份阿尔加维(Algarve)看到的挽具样式甚至更接近敦煌的唐代壁画的系统,一个拱形的横棒(cangai)连接着车辕并由鸟类叉骨形的挟板子(现已不起作用完全作为装潢)和垫子合并组成的一种"颈鞍"(muli)承受力量。在更北面的阿连特茹(Alentejo)也看到同样的装置,但油漆得不那么鲜艳。如果使用挽绳代替车辕(像牲畜转动的罐式链泵),就把一个粗糙的工作挟板子紧贴在作装潢的那个后面,代替横棒。这些古代的样式必到乡村去研究,因为在城镇里比较普遍的是普通的现代颈圈挽具。我不知道是否需要把它们解释为西班牙的穆斯林影响,或者假设它们经过某条专门的传播路线来自东亚——也许更简单的是把它们看作比利牛斯山(Pyrenean)那边的"残存稀有动物",在欧洲中心地区很久以前已被淘汰的阶段还保存着。见图 560。

挪威也曾有一种分两部分的颈圈挽具像华北的挟板子和垫子,我们可以从一张阿尔夫达伦(Alfdalen)的两轮车的旧照片上看到,见 Brøgger & Schetelig(2),vol. 2,p. 31。

⑦ 值得注意的是(Philipson)图片中理想颈圈挽具全都表示牵引的传送件(车辕、挽绳等)应当接到颈圈上去的最适当的点比它从侧面看的中心点要低很多,实际上从半圆周围的三分之二到四分之三。

看到全部三个部件的系统(图 556b),而在另外至少五或六个洞里我们看到的只有车辕和轭
(图 556d)。此外,非常幸运,在所有描绘当中最古老的(257 号洞),是在北魏时期公元 477 到
499 年之间画的①,表示得很清楚的是颈圈挽具(图 561)②。缰绳由高高在脖颈上的两根线表
示,也许在轭后面的适当位置上可能一个颈圈恰巧没有画出来——可是证据是确凿的,因为
轭本身安放得很好,虽然没有画出颈圈让它靠上,但若是没有它就没用了③。同样的争论也
323　适用于其次古老的画,那些在 290 号洞里的,时间可以精确地定在 520 到 524 年之间,从其
中我们转印了图 562。这里只示出了轭和车辕④。428 号洞里的满载游僧,⑤恰好是在相同的
年代以同样的省略笔法画的。以后,更有两幅画出两个部件的壁画都是来自隋朝的(约
600)⑥,把我们带回到唐朝的写实。作为这个证据的一个附录我们可以提到某些画面,其中
除马以外的其它牲畜套在车辕里的轭上,衬垫颈圈仍然是心照不宣的。这些画之一是唐代时
期的(大约 9 世纪初期),示出了一列三辆车,一辆用牛拉着,一辆用鹿和一辆用绵羊或大白
山羊⑦。画家可能是为一篇传奇故事作插图,但仍然遵守机械原理。

　　后来的描绘虽然一般更清楚些,在时间上却和颈圈挽具在欧洲推断的最早出现是并行的
或跟在它后面。有两幅精致的画,上面的马刚从车辕上解下来,还戴着它们的衬垫颈圈;在
车辕上"轭"和尻带都能看到⑧。马在车辕里的三部件画图也出现了⑨,全都是在 11 世纪中叶
以前⑩。从敦煌来的证据的结论因此十分清楚。颈圈挽具以其原始形式清楚地和不容置疑地
出现在公元 851 年的张议潮的行列里,在欧洲的第一份可能被接受的文献以前差不多一个

---

　　① 在各个洞的时代方面,我们现在可利用水野清一(1)的有价值的研究。

　　② 这幅壁画常常被复制;例如见 Anon.(10),图版 6;常书鸿(1),彩色图版 1;常书鸿(2),封面;Gray & Vincent(1),
pl. 6;Sirén(10),pl. 33。这幅画是要说明"九色鹿本生"(Ruru Jataka)。

　　③ 如果要问图 561 怎样区别于图 551,回答是在敦煌的画里"轭"或横棒毕竟准确地在马肩隆的适当位置上,没有
颈圈它就不会呆在那里,并且我们知道确属 857 年的全副装备是在同样的部位。相反地,在所有的罗马描述中(图 550 和
552 以及图 551),围绕喉部有一根带清楚地连接到车辕上。林恩·怀特[Lynn White(7),p. 157]批评李约瑟和鲁桂珍
[Needham & Lu(2)]时,解释这幅敦煌壁画为"车辕之间的肩隆轭或带",可以因此推测(如果我们正确地理解了他)是属
于罗马的同一个体系。但是这里非常不像有一根颈前带,不仅因为已经讲过了的考虑,而是因为到 477 年中国人已经大
约有 1000 年不用颈前和肚带挽具了。而另一方面,罗马帝国还刚在克服很大的困难以试图摆脱。此外,事实上并没有表
现出颈前带来。

　　④ 这个洞里的马和车也见于(Anon.(10),图版 25,26 和 31;常书鸿(2),第 6 页。

　　⑤ 这个仅被翻印过一次,并且只是偶然的,见常书鸿(1),图版 5;而详细的临摹图可见 Needham & Lu(2)。

　　⑥ 419 号洞:见 Anon.(10),图版 32;常书鸿(2),第 10 页;Sirén(10),pl. 41。它被认为用来表现善财童子(Prince
Sudhana)的故事。420 号洞;仅在李约瑟和鲁的论文[Needham & Lu(2)]里有简图。

　　⑦ 159 号洞;翻印在 Needham & Lu(2)。另一幅出现在 61 号洞里。

　　⑧ 98 号洞,属于五代时期(920—960 年)或宋代早期(公元 980 年以前);只翻印在 Needham & Lu(2)。这个洞的施
主是珂丹王李圣天,[参见常书鸿(1),图版 26],这一事实不见得和颈圈挽具的向西传播完全不相干。还有 146 号洞,其中
的画是宋代早期的,在 1035 年以前。除了伯希和[Pelliot(25),pl. XXⅠ]的旧照片(吉梅博物馆 photo 45141/18,No. 26)
外,仅翻印在李约瑟和鲁桂珍的论文[Needham & Lu(2)]里。

　　⑨ 61 号洞,属于五代时期(公元 920—960 年)或宋代早期(公元 980 年以前),其全貌可见常书鸿(1),图版 28。这个
洞是由印刷史上很重要的曹氏家族所捐献(参见本书第三十二章);见姜亮夫(1),图 28,29,30 和张大千(1)。关于马和车
见 Pelliot(25),pls. CCVI,CCXX(photos 45153/14 no. B/206 和 45153/28 no. B/220,吉梅博物馆),但更好的图片见
Needham & Lu(2)。还有 146 号洞,1035 年以前;参考资料如前一条注文。

　　⑩ 最后参见第 6 号洞(五代或宋代早期),挽具见于 Pelliot(25),pl. CCCXXIX(photo 45157/3,no. 329$\overline{\Delta}$a/13,吉梅
博物馆)。

图 560　中国的三部件系统马类挽具在伊比利亚半岛仍然存在；葡萄牙南方的一个实例[阿尔加维省的塔维拉(Tavira)附近，1960 年原版照片]。一根拱形的横棒连接着车辕正像千佛洞的 9 世纪的壁画里那样，压在一个颈圈垫子或"颈鞍"上，前面装配一个不起作用的（但装璜鲜艳的）鸟类叉骨状的轭或挟板子。在别处，如西班牙的曼查，没有拱形横棒，这还像在中国一样起完全同样的作用；另外又在别处，像靠葡萄牙边境的安达卢西亚，它是一个大约方形的木质和链条或皮条制的框架，完全像中国型式一样。大概这些伊比利亚的办法是在软垫子和硬的马颈轭合成一体之前，欧洲第一次采用中国三部件颈圈挽具的遗迹。

图版 二一六

图 561　千佛洞佛窟壁画中最古老的马类挽具描述,画于公元 477 到 499 年间的北魏时代[257 号洞;Anon.(10)中的临
　　　　摹画]。一辆绿色车身装有赭色"阔边太阳帽"式顶篷的篷车,红黄条的簾子和绿色阳光遮篷,由一匹大白马拉
　　　　着。拱形的横棒是清楚的,但是艺术家没有画出它后面的衬垫颈圈来,没有它就全没有用处了。在马颈高处的两
　　　　条细线可能是画错地方的一个颈圈。但更可能是缰绳,并且另有一条表示了尻带。

图 562　一个略晚些的描述,时间是在公元 520 至 524 年之间[洞号 290;Anon.(10)中的临摹画]。这幅画用当时典型的
　　　　黑、蓝、绿和浅赭各色画出一匹淡赭色的马拉着坐了两个和尚的车。车辕伸出马的胸前,意味着胸骨牵引,并且围
　　　　绕马肩隆的一条带既表示轭又表示衬垫颈圈;我们理解它为前者,并假设画家省略了后者。

世纪。但是那些只能是根据这种挽具作的图画雕刻则可追溯到5世纪的后25年和6世纪的前25年,以致把它的第一次出现定在475年北魏王朝时期是很有理由的。同时地点也还是重要的,因为在甘肃和陕西的戈壁滩边缘上的沙土需要强有力的牵引工具。汉代的挽绳挽具就可能拉断,而挟板子能够用链条拴在车辕上,这样就使肌肉强度终于成了唯一的限制因素。

可是北魏和西魏时期的佛教石碑和浮雕上可以找到另外一组描绘,从中可看到套在牛身上的东西非常像颈圈挽具。我从自己收藏的拓本中翻印了一幅公元493年时的(图563),但是还有很多已经发表①;它们往往是画得更精细,并且艺术风格有足够的特征。那牲畜是牛,这很清楚,因为马(刻绘的不一样)有时陪伴着在同一画面里,同时很可能画家只是打算表现一个轭以及它下面的一根松宽的颈前带("鞅")。这就是后来欧洲普通用的肩隆轭②。他们也可能画成一个倒置的U形轭插到牲畜的两侧很低。也许实际上同一个轭能按照情况的需要给牛或马用;也许全副马的颈圈有时用到牛类上去,像在西方以后确曾发生过那样③。无论如何这一组画像对于中国颈圈挽具的早期历史并不是不相干的④。

资料的第三个来源是秦、汉和三国时期的墓砖。要肯定颈圈挽具发明的起源时间是5世纪末期,看来为时仍然过早,因为我们可能必须承认它是在3世纪。在第一次世界大战期间,色伽兰、德瓦赞和拉蒂格在川陕公路上广元稍南的昭化,发掘了鲍三娘的墓。这个墓里有一系列精美的实心模制砖(表示于图564里)⑤,每一块上都有同样的马和车的图。由于不全是同样损坏的或残缺在同一个部位,可以看得出似乎是一个大的马颈圈很低地套在胸前,显然衬垫得丰满并且看上去很像一个粗的花环。直的车辕或挽绳好像拴在这个的两侧,看不到有轭。有些砖上还可能看到一个模糊的肚带,同时也许是尻带的一根横条。有些砖上甚至显出了缰绳。如果颈圈挽具确实存在,这个事实是真正值得注意的,因为墓的年代毫无问题是在三国时期,即公元221和265年之间。那么,也许蜀国的泥泞的粘土比北魏的沙土优越,并且拓跋焘只不过是抄袭诸葛亮。当然一件新事物可能第一次发生在它被普遍接受的几个世纪以前⑥。此外,鲍三娘的砖并不是很孤立,因为在狄平子发表的多半是出处无名的浮雕和砖的拓本的珍贵收藏中,有一幅表现一辆双轮车的三匹马都有粗壮而明显的环形物件围绕

---

① 例如,见 Sirén(2),pls.151B 和 169 两幅画,前者年份从公元 525 年而后者从公元 551 年起。还有一幅号称是公元 897 年的画,见 Binyon(1),pl. VI。

② 见 des Noëttes(1),p.125 和 fig.153(一幅 13 世纪的耕种画面)。

③ 参见 des Noëttes(1),fig.173(沙特尔修道院的一座 13 世纪的雕刻)。

④ 考古学家在确定一件具体挽具是为了牛还是给马使用的问题上时常遇到相当的困难。从莱茵兰的 3 世纪古墓中发掘出来的青铜小物件被作为马的"轭"的模型,配合双辕或在中间单辕两侧使用的颈前和肚带挽具上[Behrens(1)];大约同时期的一个小木轭由道贝尔[Dauber(1)]在普福尔茨海姆(Pforzheim)发现,被解释为一根车辕间的横棒给小马套上颈前带挽具或刚柔件连接起来的肩隆轭系统[Jacobeit(1)]。林恩·怀特[Lynn White(7),p.60]接受这些与马类有关的方面,但我们认为是很可疑的。

⑤ Segalen et al.(1),pl.58。菲舍尔[O. Fischer(1),p.314]翻印了,未加注解。在他们的讨论中(p.166),发现者们没有意识到这个发现对牲畜牵引的历史的重要意义。一个类似的战车群,不是在分别的若干砖上而是用同一个印模压印在一块单独的空心砖上,见狄平子(1),卷 2,第 16 页;这自然是汉代的,但所使用的挽具是模糊不清的。

⑥ 可能为此富路德[Goodrich(1),p.54]说,"胸部颈圈套挽具"在中国出现在 2 世纪,但是我们怀疑他仅仅谈到胸带挽具而完全不涉及颈圈挽具。1952 年北京故宫博物院展出了一辆汉代的四马战车的模型,马都配戴稀奇古怪的硬颈圈,由七弦琴或鸟类叉骨形状的轭构成,下端在胸前用一个横件连接着。挽绳拴在每侧的两点上。然而,经调查没有找到这个复制的根据,于是决定撤掉模型等待继续研究。没有"衬垫",摩擦就不会不可忍受。

图版 二一七

图 563 公元 493 年的一面佛教碑刻的拓本,纪念郭施仁的受戒典礼。在随从行列里的一架牛车套牲口稀
        奇地用了可能是肩隆轭或适合牛或戴颈圈的马的一根倒置的 U 形横棒,或者甚至用马颈圈本身。

图版　二一八

图 564　四川昭化鲍三娘墓中的模制砖,公元 220 和 260 年之间,所刻画的很像颈圈挽具[Segalen,de Voisins & Lartigue(1)]。一个充填得丰满的环形物像一个大花环围绕着马肩隆并越过胸骨区域很低。各块砖的损坏位置不同,可以分辨得出车辕或挽绳和缰绳或尻带,还有明显的肚带。如果这里不仅仅是一个装饰的花环把正常的胸带挽具混淆了的话,颈圈挽具的发明可能是在四川。

图版 二一九

图 565 汉代的模制砖,表示一辆双轮车由三匹马用挽绳拉着,全都围绕马肩隆和胸前戴着厚的环形物件 [狄平子(1)的收藏]。花纹的风格提示一个更早的时期(可能在战国后期)和一个南方出处(可能是 楚,参见图 546)。

图版　二二〇

图 566　秦或汉初的模制砖（公元前 3—前 2 世纪），刻画着一辆四轮车由五匹快马拉着，每匹显然套着领颈圈和挽绳带。但是这样的解释是有保留的；见正文。狄平子（1）的收藏。

在胸前①。不幸,这个空心模制砖的起源是不肯定的,但它是那样稀奇,我们在图 565 里示出了它的有关部分。没有理由去怀疑它的真实性。在时间上它不会晚过汉初,但可能早到战国时期,因此我们只能把它放在公元前 4 和前 1 世纪之间的某个时间②。所以,在中国很可能颈圈挽具的偶然使用追溯起来远比它在 6 世纪被普遍采用要早得多。

狄平子收藏中的另一块空心模制砖说明,有时候要把颈圈挽具和挽绳挽具清楚地辨别开来是困难的③。如图 566 所显示,风格显然是秦朝或汉初的,足够接近地像怀特[White (5)]的名著中研究的洛阳瓦,并且这物件的年代一定在公元前 3 或前 2 世纪。一辆很不平常的四轮车被五匹马拉着奔驰而来,每一匹都清楚地有一个领颈圈在胸前很低的部位。但是注意到马背的线刻得很深,我们不敢把领颈圈状的东西看作是充填了的,我们还是宁愿把它们看作是胸带挽套具,在当时肯定是广泛使用的④。因为实际上,如果肩隆带("鞅")被缩短,从

326

图 567 显示缩短肩隆带的效果的简图,在图画记录中像是颈圈

两侧和远处来的拉力的效果就会像是一个真正的颈圈(图 567)上所承受的拉力那样。很可能这就是发生在 6 世纪的中国挽具上的情况,表现在来自佛教碑刻的图 568 中⑤。但是认识了这一事实就使人对欧洲最早承认的颈圈挽具插图产生了怀疑;在没有表现出衬垫的情况下,还是把它们看作是不很完善的胸带挽具较为可靠。⑥ 然而,这不会把颈圈挽具在欧洲的时期推迟到 1050 年以后很久。

不管衬垫和加强了的马颈圈是什么时候被引进的,我们都同意,它是牛类颈椎和胸椎的代用品。但是它是一件绝对的新事物吗?关于它的起源,我们感谢奥德里库尔[Haudricourt(3,4,7)]的一个有趣的假设,主要根据语言学的证据。从"hames(马颈轭)"这个在英语⑦中解释为现代联合颈圈的金属骨架⑧的字开始,他向东跟踪它经过 29 种中欧和北亚语言,揭示出在很多北亚语言里面,解释有时显然相当不同,成为巴克特里亚骆驼的驮鞍⑨。所以,由此看来,颈圈挽具发明的实质是把放置骆驼货包的、马蹄铁形的、用毡衬垫的木圈,使用到马的胸和肩上,尺寸当然要作适当的缩小改进。那么,怪不得这个发明不是在欧洲实现的。这样就提出了两点。这个精巧的新事物的所在地,中国的中亚某地⑩,正好和劳弗在他的专题论文[Laufer(24)]中指出的事实一致,制毡是一种典型的游

---

① 狄平子(1),卷2,第6页。值得注意的是,没有车辙的痕迹,颈圈都拴到挽绳上。

② 我非常感激郑德坤博士关于狄平子的拓本的热心指教。这块具体的砖似乎表现了一个南方的来源,因为除了耍杂技的、跳舞的和打柴的以外,画面上还点缀着象、人头蛇、蝎子、豹子,等等。或许应当把它和楚国的地区联系起来。就是这个地区曾以它的漆盒给过我们(本册 p.310)有关胸带挽具发明的宝贵证据。

③ 狄平子(1),卷2,第6页。

④ 从马的两肩向后到车的弧形前缘的几条线看上去确实更像挽绳而不像车辙,但是这决不会排除颈圈挽具。

⑤ 这是沙畹[Chavannes(9)]发表的拓本又被德诺埃特[des Noëttes(1) fig.128]复印了的。

⑥ 这样的评论将适用于,例如 des Noëttes(1),fig.140,141 和 142。

⑦ 第一次有记录的使用大约在 1300 年。

⑧ 即合并的挟板子和垫子。

⑨ 雅各贝特[Jacobeit(2)]从印欧语系的根源把它引伸出来的尝试是相当没有说服力的。

⑩ 在敦煌壁画里驮载骆驼很普遍,例如 61 号洞,时代从 970 年稍早一点开始;见 Anon.(10),图版 66。

图版　二二一

图 568　6 世纪佛教碑刻上的马和车[Chavannes(9)]。尽管这里不能排除颈圈挽具和挽绳,似乎很可能这
　　　　挽具是肩隆带缩短了的胸带式的。不太清楚是否车辕的端部在马尾处还是更前面。在后者的情况
　　　　下臀带表示尻带。

图 569　千佛洞的约公元 600 年的一幅隋代壁画里的骆驼车[302 号洞;谢稚柳(1)中的临摹画]。挽具和今
　　　　天中国北方和西北使用的相同;见正文。

牧民族(匈奴或蒙古)的工艺①。毡在汉代的书如《淮南子》和《盐铁论》里都曾提到,并且在公元285 年左右毡腰带变得相当的时髦。所以肯定在鲍三娘时期或甚至更早些,这种材料并不是一个限制因素。第二,骆驼在汉代曾用作驮畜,我们可以在谢弗[Schafer(3)]写的有关中国骆驼的近代史里看得到。在《山海经》②里有些有关的参考资料,同时在公元前 2 和前 1 世纪有政府的驿站骆驼、骆驼群的总管、军队后勤部队的骆驼棚③,在边境上甚至有骆驼部队④。似乎没有理由说明这个发明不应当早在公元前 2 世纪出现,尽管在公元 5 或 6 世纪以前它还不普及。

327 　　在德诺埃特[des Noëttes(1)]搜集的文献证据中,这两种有效挽具到达欧洲的时间显示了一个奇怪的颠倒。虽然在中国和在中亚胸带挽具的普遍采用远在颈圈挽具之前,后者在欧洲第一次出现的时间可以定在大约 1000 年或略早一点,而前者直到大约 1130 年以前都没有见到过。西方 8 世纪的古迹(参见本册 p.315)现在消除了这个脱节。但是奥德里库尔[Haudri-court(3)]单独地提出了语言学证据⑤,认为这个顺序是虚构的,是由于缺少图画引起的。德语当挽绳讲的字,*siele*,在斯拉夫人(Slav)的分散以前曾被斯拉夫语借用,即在 6 世纪以前。相反,当颈圈讲的字,*kummet*,则被德语在这个分散以后借用,大概在 9 世纪。这就肯定更像是两种有效挽具到达欧洲的时间应当按照在东方的原始顺序排列。情况可以总括如下:

挽具的样式		Des Noëttes(1) (文献的描述)	较新的证据	Haudricourt(3) (语言学证据)
颈前和肚带		很古老	很古老	—
第一个胸带	中国	1 世纪	公元前 4 至前 2 世纪	
	欧洲	12 世纪	8 世纪	5 或 6 世纪
第一个颈圈挽具	中国	17 世纪	公元前 1 世纪(汉砖)	—
			3 世纪(三国砖)	
			5 世纪(敦煌壁画)	
	欧洲	10 世纪		9 世纪

遗憾的是关于传播的各中间阶段我们还实际上知道得很少,但是布洛克[Bloch(4)]强调匈奴人在这方面的积极传播角色无疑是正确的。

　　剩下的只有简单地看一看各种不同形式的挽具和它们与车辆的关系。颈前和肚带挽具,及其车辕、横棒和叉形轭,其俯视图示于图 570a,同图 570b 的汉代方式形成对照,后者的叉形轭还没有消失,但由于胸带和挽绳的充分利用已经成为甚至更不需要了。它是后来的简单胸带("左骑驭手")挽具(c)的先驱。但是在中国人采用颈圈挽具以后,直到现在始终坚持着一个独有的特征,即颈圈的硬部份直接拴在车辕的端部(d)。这个从古老的牛轭引伸出来的办法之所以可行,只是因为在中国车上车辕总是车辆结构上的一个连续部件⑥。如奥德里库

---

① 参见 Olschki(7)。

② 《山海经》卷三,第三十三、四十七页等。

③ 《前汉书》卷九十六下,第十页;大约公元前 90 年的一个皇帝敕令。

④ 汉代描绘的驮载骆驼是不少见的,后来还看到骆驼车。在千佛洞有一幅骆驼正在过桥的画(图 569),在一个约公元 600 年的隋代的洞里(302 号);参见谢稚柳(1),图版 11 和《人民画报》,1951 年 2 月(第 3 期)。1958 年我曾有机会研究甘肃当代的骆驼车挽套具。车辕拴在绕过前驼峰前后的绳子上,"肩隆带"被搭在一个小的鞍状皮垫上。这一件在拉贾斯坦的骆驼车上也有,我曾和我的朋友焦特布尔(Jodhpur)的达亚•克里希纳(Daya Krishna)教授一同见到,后来他曾友好地送给我照片。

⑤ 这一论点的提出见 Haudricourt & Delamarre(1),p.178。

⑥ 奥德里库尔[Haudricourt(7)]说以前在汝拉山区(Jura)已有这种安排,并且作为来自中国和中亚的颈圈挽具的进一步证据,它被称作"格朗瓦利尔式挽具(l'attelage à la Grandvallière)"。

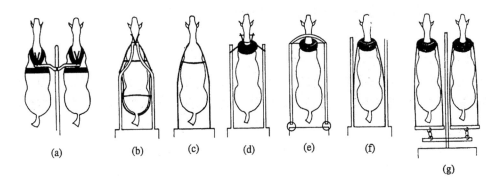

图570　马类挽具同车辆或机器的拴接方式。(a) 单辕,横棒,轭,颈前和肚带挽具;(b) 汉代胸带挽具及双
　　　　辕,退化轭,臀带和尻带均在;(c) "左骑驭手"式或后来的胸带挽具和拴到车上的挽绳;(d)传统的
　　　　中国颈圈挽具及硬部件("挟板子"),牛轭的后裔和马轭的先辈,直接拴到车辕的前端;(e) 俄罗斯
　　　　和芬兰的颈挽具(duga),保留着拱形的横棒因为车辕不是车辆的构件部分;(f)现代颈圈挽具,挽
　　　　绳直接拴到车上;(g)车前横木接受颈圈挽具的挽绳拉力。

328

尔[Haudricourt(4,6,7)]所指出,如车辕不是车架的延伸,就得像俄罗斯和芬兰创造的颈挽
具(duga)(图570e)[1]那样,需要用专门的棒或弓把两根车辕的端头彼此分开,因为它们
在使用时要拉到一起。挽绳拴到车辆本体上,问题就避免了,就像某些中国古代和欧洲现
代用的办法(f)。这还有进一步的好处,可以利用车辕的前端把多于一匹的马套成纵列。在
此期间马颈轭和颈圈的垫子合并了。此后在西方轭在马背的高度上不再需要,于是向下移
动,或移到胸前[如朗德(Landes)[2]和南非[3]仍保留的稀奇样式],或移到马肚子下面
[如北非柏柏尔人(Berber)的挽具][4],或完全移到牲畜的后面终于成为车前横木(图
570g)。在12世纪后者是牢固地同单辕交叉地安装,但后来连成两个或更多的活动横木,如
图中所示[5]。

(2) 畜力和人的劳动

这一节在没有谈到高效的马类挽具的社会意义[6]和以畜力代替人的劳动这些争论很久的问
题以前,是不应当结束的。德诺埃特认为他的书[des Noëttes(1)]对奴隶制的历史是一个贡献,　329

---

① 参见米歇尔[Michell (1)]的画。

② Des Noëttes (1), fig. 182。

③ Philipson (1), p. 59, pl. Ⅹ。

④ 由拉乌斯特[Laoust (1)]所描述。

⑤ 挽绳和车前横木在中国3世纪用在牛上;我们在前面(本册 p. 260)诸葛亮独轮车的描写中曾提到它们的一个
术语。

⑥ 在这部书里从来没有机会对我们所讨论的发明的社会和经济影响进行深入追究,在我们讲述高效马具在旧大陆的发展
时,我们觉得由此产生的巨大影响是足够明显的。然而,我们不能克制而不提林恩·怀特[Lynn White(7),pp. 67ff.]的有趣论
点,关于高效挽具的作用是在西欧促进农村居住区的第一次都市化。从11世纪以后,尽管人口增加很快,长期居住的较小的村庄
被放弃了,农民们聚居到愈来愈大的农村去。他认为这主要是由于马代替了牛成为农业的基本牲畜,因为前者的可以被利用就不
需要住在耕地附近,同时较大的农村能够提供较多精神上和物质上的愉快。这就是在中世纪欧洲后期以城市生活为强大主导
的根源,引起了文艺复兴和资本主义及其一切后果的兴起。如果这是由于来自中国的方法的传播,则东亚的介入已经影响了欧洲
社会进化的最内部的结构。这还不是最后一次我们将遇到这样的范例[参见本书第三十章(i)]。

并以此作了副标题,他相信(6,7)颈圈挽具的发明是奴隶制度的衰落和消亡的主要原因,他在字里行间有一种对那个制度非常明显的憎恶。然而,历史学家,如布洛克[Bloch(3,5)],赶忙指出这个观点在时间关系上的不相称,因为群众性的奴隶制度从欧洲消亡已经几个世纪以后颈圈挽具才第一次出现①。确实我们现在似乎看到了胸带挽具到达欧洲比原来设想的早了一些,可是布洛克所提的基本论点仍然是有说服力的。但是它从来没有影响其逆命题:毕竟没有一种有效形式的马具是发明在那些古代地中海社会里,那里采用大规模的奴隶劳动和充裕的人力②。如果高效挽具的发明明显地不是奴隶制度衰落的原因,也许是奴隶制度的存在阻止了发明?

确实像是历史上的一件似非而是的事,尽管有斯多葛派和逍遥派的理论光辉,或欧几里得的几何洞察力,或亚历山大里亚的机械师们卓越的足智多谋——他们都是些会分析、归纳和总结的人——古代西方世界却从来没有做到有效地解决马的挽具问题。当然也许没有试过。德诺埃特的总概念似乎在这里进一步严重地错了。就像他曾专心注意马类挽具及其在西方古代的真正的效率方面,他鼓动要联系到希腊和罗马文化使用大量奴隶劳动搬运重载(在建筑,造船,运粮等方面),正像埃及人和巴比伦人几个世纪以前做过的那样。但是,富热尔[Fougères(1)],并且肯定还有伯福德[Burford(1)],从研究公元前5世纪以后的碑文铭刻和其它证据中可以论证,希腊和罗马的工程师们搬运他们的一切重载(包括重达8吨左右的负荷)都相当有效地利用套上轭的牛,并且时常是排成纵列的。伯福德提出,古希腊和古希腊语系文化事实上根本没有把马看做牵引牲畜③——它主要是为了权威、快速和军用;并且始终是供应不足的。可是即使如此,人们还是认为为了某些纯粹的军事目的,高效马具是肯定有用的④。无论如何,对于经常坐在鞍上的中国人以及他们的邻居匈奴人和蒙古人来说,马保证不会是稀缺和珍贵。这是中国北部文化的一个特征,很可能同用于马的牵引的两种有效形式的挽具都在这里发明的事实有关。

在这里古希腊的奴隶私有社会和古代中国社会不可避免地要有个比较,但是不幸所牵涉的复杂问题还几乎无法解答⑤,而我们只能间接地讲一讲⑥。很可能中国社会只体现了家

330

① 他的回答见 des Noëttes(5)。格兰德[Grand(1)]也对讨论有贡献,但他的论文我们无法得到。

② 这个弱点(如果情况是那样)的某些影响产生了特殊的结果。波河流域(Po valley)不供应罗马小麦,因为使用效率低的挽具的搬运费比从埃及海运小麦贵得多。波河流域生产的是大麦和饲料,因为肉食会自己走到罗马去。这至少是福布斯博士在剑桥(1954年2月)的一次激动的演说中讲的。

③ 有充分的理由认为这个观点对希腊比罗马文化更为合适。至今所找到的明确地提到牵引马的唯一希腊碑文是那些在黑海边卡拉提斯(Callatis)的,参见 Tafrali(1);Robert(1);同时这个地方是在希腊世界的边境。另一方面,很清楚马尤其是驴在罗马世界是用来推磨使谷的,至少从公元前200年起[参见本册 pp.186ff.;*mola asinaria*,Moritz(1),pp.62ff.,74ff.,97ff.]。罗马浮雕和刻画这些磨的其他描述[参见 des Noëttes(1),fig 74;Moritz(1),pls,5b,7a 和 fig.9,p.83]很清楚地表现了颈前和肚带挽具。

④ 例如,为了更快地把弩炮拉到炮位上去,或为了搬运司令部的辎重。

⑤ 参见本册 pp.23ff.。我们当然将在本书第七卷里尽可能全面地讨论这些问题。

⑥ 德诺埃特本人对中国的情况是糊涂的。首先,他没看出颈圈挽具起源于中国和中亚。其次,在某些地方——des Noëttes(1),pp.110,111,122——当他看到了胸带在骨骼上的合身使它几乎同颈圈一样地有效,不知为什么他都不能承认古代中国人会比希腊人和罗马人强。所以,他要强调中国历史上普遍闻名的徭役劳动的伟大事例,如长城的修筑和大运河的挖掘。为了说明在中国没有大量的奴隶,他说同其他文化相比,大的公共工程既没有重要性又不常见,但实际情况恰恰相反。他还继续向错误的沼泽里迈进,写道,中国人不使用磨因为他们吃米,忘记了米必须脱壳而且可以磨粉,同时还有一半的中国文化区域向来是靠除米以外的谷物——小麦、小米、荞麦等生活的。这些意见现在看来只是奇谈——可是德诺埃特将永远是一个伟大的先驱。

庭奴隶,同时奴隶人口对照总人口(例如在汉朝)比率总是小的;但是可服徭役的人力足够充裕,至少在某些时期。可能是印度洋的季风气候,及其对农时产生的严格的季节性的后果,儒家的道德和常识都为此禁止抽用劳动的农民,导致使用更多的才智去解决全年随时可能出现的有效牵引的机械问题①。最后一个可能,也许是游牧人民首先遇到这种问题,并在文化联系的边境上受到中国人的真才实学的帮助和激励解决了一些②。

(g) 水利工程(I),提水机械

本节讨论将水从一高程提升到另一高程(这是以灌溉农业为基础的任何文明国家中非常重要的工作)的机械。这一节理应放在前面第二十七章(d)中,因在该节中所讨论的是中国书籍中所描述和描绘的各种基本类型的机器③。但是,由于这个题目很重要,将它放在水利工程的第一部分更为合适④。而且它与水能的应用和利用及其所包含的一切有密切的关系。我们将按下列次序顺次进行讨论:(a)桔槔,(b)井上辘轳,(c)刮车,(d)翻车,(e)立式高转筒车,(f)筒车。这里所举的,并没有把古代和中古时代所有知道和使用的,或目前仍在流传的各种提水装置包括无遗,但是它能满足讨论中国提水机械的需要。我们将在讨论过程中顺便提及其他型式的提水机械⑤。

331

---

① 据说高效挽具必需等到对家畜的骨骼有了更好的了解。现在不用预先判断第四十三章的结论,盖伦(Galen)、赫罗菲拉斯(Herophilus)和埃拉西斯特拉图斯(Erasistratus)大概比起他们的秦和汉的同时代人来是更好的解剖学家。可是对于罗马的驴和马说来他们可能从来就不存在。

② 关于这种协作的一个惊人的事例,参见本册 p.257。

③ 我们在前面作蜗杆和螺旋的一般讨论时,已经详细谈到过一种提水设备——阿基米德螺旋式水车[第二十七章(b),pp.120 ff.]。在这里它不占适当的位置,因为直到17世纪,中国文化地区才知道它。

④ 现在已有程溯洛(2)对中国传统型式的提水机械作了简单而又很好的说明,但是它出版时,本章已经写完很久了。

⑤ Forbes(11),pp.35 ff.;Brittain(1),pp.219 ff.,以及其他书中也列出类似的项目。遗憾的是,这个题目的各项名词仍然处于相当混乱的状态。作为有用的单项名称,我们仍然把平衡重戽斗叫做 swape 或 shādūf(桔槔),把垂直悬吊的循环罐链叫做 sāqīya(罐式链泵),把轮缘上装有水筒的轮叫做"noria"(筒车)。在槽内运转的带有刮板的循环链叫翻车,是不会引起误会的,因为它纯粹是中国的名称。但是福布斯和布里顿(Brittain)将"noria"这个词局限于由水流驱动的周缘带水筒的轮。而且福布斯[参见 Forbes(17),pp.675 ff.]将 sāqīya 这个词应用于使用人力或畜力(大概用脚踏车或辘轳)的周缘带水筒的轮,而将 daulāb 一词留给用同样方法驱动的循环罐式链车。另一方面,布里顿(具有埃及经历个人背景)将 sāqīya 一词只用来指使用人力或畜力通过直角齿轮传动装置驱动的轮,不论水筒是固定在轮上,还是装在将筒放入水中汲水的链条上,换句话说,只用来指与维特鲁威立式水激轮作用相反的激水轮,我们自己认为还是以遵照前辈权威的意见为好,在他们之中我们可以举出:Ewbank(1),pp.112ff.,123ff.,128ff.,E. W. Lane(1),p.301 和 Chatley(36),p.159。他们明显地把 sāqīya 一词留给罐式链。这种做法被利特曼[Littmann(1)]证明是正确的,他曾对埃及阿拉伯技术名词进行过我们所知道的最彻底的研究。但是,阿拉伯语字典一般确实将 noria 描述为利用水流驱动。实际上差别是:福布斯、布里顿等人试图按所用原动力来应用"noria"、"saqīya 等名词;而我们则认为,它们的定义应当根据机械结构即水筒的布置来定。在这方面,我们也许受到了中国习惯做法的影响。所有这些古老的名词无疑仍在阿拉伯国家中很随便地使用着,而我们在这里没有采用的常规很可能是站得住脚的。但是,在这些作者的介绍中,都隐含着关于它们各种型式逻辑演变的不同理论和对它们的史料的各种解释;我们不总是同意他们的意见,我们将在论述过程中随时提出我们对各种装置发展的看法。我们感谢罗伯特·布里顿(Robert Brittain)先生和邓洛普(D. M. Dun lop)博士对这个纠缠不清的术语问题进行的富有成效的讨论。一个实际的比较研究见 Molenaar(1)。

图版 二二二

图 571 桔槔，即从井中汲水的平衡重戽斗杠杆；小汤山墓龛的汉代浮雕，约 125 年[Chavannes(11)]。这种图一般都把它和大户的屠宰场和厨房画在一起，如此图所示。

(1) 桔槔("shādūf";平衡重戽斗)

减轻用水桶打水、提水和倒水所需体力劳动的最古老而又最简单的机械装置[1],是桔槔[2],或井上称竿[3](常被人用它的阿拉伯名称叫做 shādūf)。在巴比伦[4]和古埃及[5],从古代起它就很常见,而且直到今天还在继续使用[6]。它只利用杠杆原理,不包含旋转运动,可以称为平衡重戽斗。一根长杆在中心点或中心点附近吊着或支着,犹如天平梁,一端挂一石块,另一端用绳子或竹竿吊一水桶。在东半球,它的分布几乎变得到处都有[7]。据我们所知,它在中国的最早图像是 2 世纪中叶的小汤山[8]和武梁祠[9]墓龛雕刻,这些雕刻常被复印转载(参见图 571)。我们还在千佛洞石窟的壁画中[10],在 1210 年的《耕织图》,以及《天工开物》和其他书籍中看到(图 572)。霍梅尔[11]提供了一张优美的现代照片。但是在中国文献中,最早提到它的是公元前 4 世纪《庄子》的一段有趣的文章,这段文章已在前面第十章(g)中讨论道家荒谬的反技术变态心理时引述过。当子贡(端木赐)向一农夫建议使用这种装置时,竟遭到拒绝[12]。

子贡去南方楚国游历,在回到晋国途中,经过汉水南面[13]时,见一老人在菜园中劳动,抱一坛子,通过凿好的隧洞走入井中,装满水后出来。花费的劳动量很大,而所获得的功效却很小。子贡对他说:"有一种机械,一天可以灌溉一百畦田,花费的劳动量很小,而所获得的功效很大。您老先生不想试一试吗?"菜农抬起头来看着子贡说:"它是怎样工作的?"子贡说:"它是用木材做成的杠杆,后重前轻。它提水很快,水流入沟内,形成泡

---

　①　一种更原始的提水工具是两边系绳并由两人操作的水桶("戽斗")。《耕织图》中有这种农具的图,我本人在第二次世界大战期间常在甘肃省看到它在使用。在中国常用衬有油布的圆筒形篓子;见 Hommel(1),fig. 5。鲍尔[Ball(1)]曾以图介绍印度南部的这种设备,在当地把它叫做 katwa(和在埃及一样;lane)或 letha;它不适用于 3 英尺以上的提升高度。尤班克[Ewbank(1),p. 85]从埃及知道它。我不知道福布斯[Forbes (11),p. 35]有什么根据用英文字"swipe"来代表它。

　②　在 1773 年以前的文献中,没有看到过这个字的这种用法,但是早在 1492 年,它就被用来代表各种杠杆。代表桔槔的其他词,即 swipe 和 swype,是从 1600 年开始用的,swip 则是从 1639 年起使用的。

　③　如果两臂的长度相差很大,如陕西南部眉县附近地区所用的那样,这个装置可以叫做"秤槔";傅健(1)。

　④　费尔德豪斯[Feldhaus(1),col. 827]转载了公元前 7 世纪莱亚德的一幅尼尼微浅浮雕,但是约公元前 2000 年的萨戈尼德(Sargonid)圆柱印章,又比这幅浅浮雕早[Ward(1),fig. 397;Forbes(11),pp. 16,31]。参见 Laess∅e(1)。

　⑤　古王国;Wilkinson(1),vol. 2,p. 4;Grahame Clark(1);Ewbank(1),pp. 94 ff.;Steindorf & Seele(1),p. 183。新王国,Klebs(3),p. 35,fig. 25。

　⑥　插图时常可以见到。参见 al-Salam(1)。霍尔丹和亨德森[Haldane & Henderson(1)]曾进行有关 shādūf 操作的生理学研究。

　⑦　中欧某些地区仍有一些例子存在;参见 Croon(1);Wakarelski(1)。我在写这一章时,在图赖讷(Touraine)的武夫赖(Vouvray)看到了很多桔槔,后来发现在匈牙利,特别是在布达佩斯(Budapest)、蒂豪尼(Tihany)和佩奇(Pécs)之间,它们是很常见的;在南斯拉夫的波斯尼亚(Bosnia)和科纳夫莱(Konavle)以及其他地区也是这样。

　⑧　Chavannes(11),pl. XXXIX。

　⑨　《金石索》,石部,卷三,(第一二二页),卷四,(第九页)。Chavannes(11),pls. Ⅳ,ⅩⅣ,ⅩⅩⅢ;常任侠(1),图 17;Laufer(3),p. 68,fig. 16,标题误为"小汤山"。

　⑩　例如,从约 600 年隋代起就存在的第 302 号石窟。

　⑪　Hommel(1),fig. 174。

　⑫　值得注意的是,故事是讲述成功的商人和孔子最富有的弟子端木赐。他也被列入《史记》和《前汉书》中有关富人的论述中[参见 Swann(1),p. 427]。

　⑬　阴是水的南面或山的北面,英文将"汉阴"误译为"汉水北面"。——译者

图 572　1637年《天工开物》(卷一,第十八页)中的桔槔图。"坠石"即平衡重。

沫迸溅的汩汩水流。它的名字叫桔槔。"菜农生气地板起面孔,讥笑地说:"我听老师说,
有了机械的人,必定会以机巧从事他的工作,而以机巧从事工作的人,必定有机巧的思
想。这种思想会使人丧失纯洁。丧失了纯洁,精神就不安定,因而"道"就不能存在于这

334

种人的身上。我并非不知道(桔槔),但我认为使用它是可耻的。"①

〈子贡南游于楚,反于晋,过汉阴,见一丈人,方将为圃畦,凿隧而入井,抱瓮而出灌搰搰然,用力甚多而见功寡。子贡曰:"有械于此,一日浸百畦,用力甚寡而见功多,夫子不欲乎?"为圃者卬而视之,曰:"奈何?"曰:"凿木为机,后重前轻,挈水若抽,数如泆汤,其名为槔。"为圃者忿然作色而笑曰:"吾闻之吾师:有机械者必有机事,有机事者必有机心。机心存于胸中则纯白不备,纯白不备则神生不定;神生不定者,道之所不载也。吾非不知,羞而不为也。"〉

这段文字可以作为桔槔约于公元前5世纪出现在中国的证据。

在巴比伦和古埃及的图画中,时常看到成组的桔槔逐级将水提高。这种情况在阿拉伯抄本中也有描述,还有现代旅行家的摄影②。以后的发展是把桶口延长成为水槽。这种水槽常用棕榈树干挖成,与上面装有平衡重的横梁平行连接,并布置得使它向上运动时能自动倒入受水槽中③。这就是孟加拉人的 dūn④。在印度,这种装置用移动的平衡重——即在横梁上来回走动的人——来帮助工作⑤。最后,水桶、水槽和平衡重被合为一体,或者用手拉绳或齿轮装置代替平衡重⑥。由于这种机械在阿拉伯书籍中出现很多,如加扎里的名著(1206年)⑦,因此有时被认为是穆斯林的发明。但是由于这类机械在印度广泛分布和流传,它们更可能起源于该地。值得注意的是,它们以各种型式出现在印度支那⑧,而不出现在更北的地区。有一种阿拉伯型式,槽梁的运动由一个凸耳的旋转产生,该凸耳系安装在畜力驱动的轮上,并在梁上的狭槽内运动。但这种设计是否付诸实施,颇令人怀疑⑨。另一种设计是由畜力驱动一组四分之一齿轮,交替与一组灯笼形齿轮啮合,每个灯笼形齿轮在啮合时提升一个槽梁式桔槔,当它把水倒出后又落回到水中(参见图573)⑩。这种机器曾经在中世纪伊斯兰国家中普及到什么程度,我们不得而知。不管怎样,槽梁式桔槔在16世纪引起了欧洲工程师的注意⑪,并由耶稣会士介绍到中国(参见本章表58和 p. 222),不过很可能在中国没有使用过⑫。 335

---

① 《庄子·天地第十二》,由作者译成英文,借助于 Legge(5),vol. 1,p. 320;Lin Yü-Thang(1),p. 267。刘向约在公元前20年所著《说苑》(卷二十)中有类似的故事,故事中向抱瓮老人提出建议而被拒绝的,不是端木赐而是邓析子;译文见 H. Wilhelm(2),p. 51。在这里,老人的名字叫五丈夫。

② 参见 Jomard(1),p. 780;Ewbank(1),p. 95;Drower(1),fig. 347a。

③ 这实际上是古老的桔槔和另一种叫做 *mote* 的装置的结合,后者仅由一个中心悬挂在一种轻型吊架上的勺形木块组成,只是用来将水提升很小的高度;见 Ball(1);Ewbank(1),p. 93。所有这些装置过去和现在都在印度广泛使用着,但它们不具备中国的特色,而且可能在那里从未被人知道。在16世纪,这种型式的 *mote* 传播到荷兰,从而获得"荷兰勺"的名称;也传播到葡萄牙,在那里它叫做 *tranqueira*。

④ 见鲍尔[Ball(1)]的描述和照片。

⑤ 埃及和印度的大型 *shādūf* 也都是这样。*shādūf* 适用于4至10英尺的提水高度,而槽梁式桔槔的提水高度虽然不大于3英尺左右,但每次可以汲取大得多的水量。

⑥ 参见 Beck(1),pp. 229,289,476。这种装在枢轴上的杠杆-槽式装置很可能与16世纪的 *stangenkunst*(杆式装置)发明有关。关于后者,见本册 p. 351 和 Beck(1),p. 366;Schmithals & Klemm(1),fig. 37。

⑦ 详细情况见本册 p. 534。

⑧ Huard & Durand(1),p. 127。

⑨ 见 Wiedemann & Hauser(1)。

⑩ Coomaraswamy(2),p. 16,pl. 6;Wiedemann & Hauser(1),fig. 15。这种装置被福布斯[Forbes(11),p. 47]错误地说成"骡动筒车"。克拉顿[Clutton(1)]认为它和机械时钟的摆式擒纵机构有一定的逻辑联系(参见本册 p. 444),但我们完全不了解这种想法的理由。这种装置的单元也由加扎里绘成图;Wiedemann & Hauser(1),fig. 13。

⑪ 有些形式迟至18世纪才引起欧洲工程师的注意;参见 de Bélidor(1),vol. 1,pl. 41。

⑫ 参见《奇器图说》卷三,第二十二、二十三页,和贝克[Beck(1),fig. 273]重画的拉梅利的图。

图版 二二三

图 573 加扎里于 1206 年所著关于机械装置的论文中的一组槽梁式桔槔[Coomaraswamy(2)]。一个畜力辘轳通过正交轴齿轮装置转动一组四分之一齿轮(绘成半透视图),这些齿轮依次与安装在各个槽梁式桔槔轴上的灯笼式齿轮啮合。这样,水桶和水槽不再需要平衡重,就周期地提升,并将水倒入受水槽(在本图平面之后)内。

　　桔槔并不像初看起来那样似乎是一种没有发展前途的工具,因为正好与它相反的动作,也就是反复以水作为平衡重来移动重物,和水轮的发展有着有趣的关系①。它也用在高处升起烽火或飞炬②。如果说某些弩炮的重要型式基本上是利用桔槔的原理③,那么工业技术的伟大先驱纽科门抽水蒸汽机也是这样。

(2) 井上辘轳

　　在井口上装置滑轮或鼓轮,是旋转运动应用的开始④。最初只是把绳提上来,绕在上面,后来水桶用平衡重平衡,最后鼓轮用曲柄转动。汉墓模型[Laufer(3)]显示这些阶段中的第一阶段(例如图 395)⑤。可以看到顶上有一个小型长方形瓦屋顶,屋顶下面有安装在轴承上的辘轳,而辘轳架则以能引来水的龙头做装饰。在以后某个时代,开始使用鼓轮("长毂")⑥,而滑轮得到了"滑车"的专门名称。图 574 为 17 世纪《天工开物》中一幅画得不好,但很有意思的长毂和曲柄("曲木")图;但它并不像看起来那样低劣,因为它与霍梅尔所拍摄的掘井工人所用的卷扬机非常相似⑦。劳弗⑧和霍梅尔⑨在中国旅行期间,都注意到鼓轮一般带有两根绳子,缠绕得使盛满水的桶上升时,作为平衡重的空桶就下降。霍梅尔认为,这种方法可能起源于具有机械增益的中国绞车(本册 p.98 讨论过)。

　　这些简单机械在汉代已很普遍的其他证据,可以在《淮南子》之类的书籍中找到,该书中建议不要在井旁种植梓树,因为树根或树枝会妨碍绳和水桶的动作⑩。在这个时期内,由畜力操作的大绞盘也可能用来把盛满盐水的长竹筒从盐井中提升上来⑪。毫无疑问,在顶端装 337 有滑车的盐井架可以在几个汉代艺术作品中看到⑫。

　　伊拉克的 *nasba* 或印度的 *mote* 是井上吊桶的一种变型,用来在河岸边灌溉,它由畜力拉起一骆驼皮囊,当皮囊升高到所需高度时,水就通过一条开口的腿流出,此腿在较低平面时由一辅助绳吊起(因而封闭)⑬。我们没有理由认为这种装置曾经在中国使用过,但是曾有中国文献提到过它,著名道人邱处机和他的随从曾于 1221 年在撒马尔罕附近看到这种提水

---

① 见本册 p.363。

② 《表异录》卷七,第五页;《武经总要》卷十二,第六十、六十一页。是欧洲惩椅的相对物[Spargo,(1)]。

③ 砲;我们将在第三十章(i)中详细论述。

④ 参见本册 pp.95ff. 和 Baroja(6)。

⑤ 这个时代的这种艺术作品是很普通的。其他陶器模型见 Anon.(4),图版 35;唐兰(1),图版 88;de Tizac(1),pl.17.酒泉出土的一个精美的青铜模型,现陈列在兰州的甘肃省博物馆里。沂南墓雕刻中有一个浮雕描写这种设备[曾昭燏等(1),图版 48]。

⑥ 值得注意的是,许多汉代井上辘轳是很宽的,看起来很像尖端连在一起的两个圆锥体。

⑦ Hommel(1),fig.172。

⑧ Laufer(3),p.72。

⑨ Hommel(1),p.118。

⑩ 参见本书第二卷,p.71。《淮南子》第六篇,第十页。

⑪ 参见本书第三十七章。

⑫ 突出的有四川汉画像砖[Anon.(22),图 1;Rudolph & Wên(1),pls.91,92;刘志远(1),图版 3、4;常任侠(1),图 36,等等]。见图 396。

⑬ 在一些书中有描述,例如:Weulersse(3),p.305;Frémont(12),fig.37;Ball(1)。而早在 1712 年的著作[Kaempfer(1),p.681]中描述了波斯的这种设备。

336

图 574　带有曲柄的井上辘轳,采自《天工开物》卷一,第十八页(1637 年)。被浇灌土地的平面图
　　　　附在透视图左侧。

图 575　刮车，即将水刮起送入水槽的手动桨轮，采自《授时通考》(1742 年)，卷三十七，第二十二页。只对小的提升高度有效。

装置在使用[①]。

（3）刮　　车

　　另一种最简单的提水机械是将水刮起送入水槽的手动桨轮。图 575 所示是《授时通考》中所载的插图[②]，该书和 1313 年的《农书》[③]一样，称它为刮车。它只对小的提升高度有效。但是，它的简单可能使人误解，而如果假定它的发明是在水激水轮[④]或激水桨轮[⑤]之前，那是不恰当的。虽然它是激水的，其目的不是为了在水上运动，而是为了把运动传给水。一种由操作者在其周边踩踏的刮车，曾在日本特别流行[⑥]。大藏永常在他的《农具便利论》中告诉我们，这种叫做踏车（*fumi-guruma*）的装置，据说是在 1661 和 1672 年之间由大阪的两个市民发明的，他还提供了它们的结构简图和尺寸[⑦]。类似的装置还没有在任何中国书籍中看到过，但是实际上，脚踏式刮车现在（或者直到不久以前）还在中国东部的盐场中广泛使用着（图 576）。在 17 世纪末叶和 18 世纪的朝鲜，它似乎也很普及[⑧]，但我们没有找到关于它的任何文献资料。从 16 世纪起，这个原理在荷兰和英国沼泽地带被广泛应用，在那里，刮车被安装在风车的底座上[⑨]。韦斯科特[⑩]提供了一台这种型式的 18 世纪刮车的立视图，它每分钟可提水约 1250 加仑，提升高度约为 2 英尺。我们推测桨轮和水槽或刮车在汉唐之间的某个时候开始使用[⑪]。很可能它是从中国传到欧洲以及日本和朝鲜的，但这亟需更多的历史考证。

（4）翻车和念珠式泵

　　现在我们来介绍最典型的中国式提水机械——方板[⑫] 链式泵。今天我们所看到的这种装置如图 577 所示；它主要由带有一连串刮板的循环链组成。当刮板沿斜槽或槽桶向上运动时，它们带水上升，在顶部将水排入灌渠或农田里。它叫做"翻车"、"水车"或俗称"龙骨车"。霍梅尔[⑬] 曾提供一些实例的详细说明，并附有尺寸，但是只要说明按照槽桶的长度，它能提水达 15 英尺，有效极限决定于漏水的程度和木工的加工质量，也许就够了。最好的倾角为 24°，但实际上常要小一些。循环链的驱动方法有四种：人力手摇或脚踏、畜力和水力。其中最

---

① 《长春真人西游记》卷上，第二十一页，译文见 Waley(10)，p. 92。
② 《授时通考》卷三十七，第二十二页。
③ 《农书》卷十八，第二十二页。
④ 大概是在公元前 1 世纪发明的；见本册 p. 369。
⑤ 大概是在 5 世纪发明的；见本册 p. 417。
⑥ King(3)，p. 265；Anon(36)，p. 97 及其他书籍中有插图。其原理与海南简车相同；参见本册 p. 356。
⑦ 平均提升高度约为 2 英尺。我们感谢麦克伊万(J. R. McEwan)博士提供这个资料。
⑧ 李光麟(1)，第 88 页。
⑨ 范豪滕[van Houten(1)，p. 136] 有一张照片；参见 Wailes (3)，pp. 72ff. ，(7)。应用于排水的第一台荷兰风车于 1408 年建造，但它驱动一台阿基米德螺旋式水车；Gille(3)；van Houten(1)。
⑩ Westcott(1)，pl. v。
⑪ 虽然没有确实证据证明它不是一切水轮中的第一台。
⑫ "方板"这一名词不很确切，因为这种刮板通常是长方形的而不是方形的。
⑬ Hommel(1)，pp. 49ff.；参见 J. H. Gray(1)，vol. 2，pp. 119ff.；丁威迪[Dinwiddie]的描述见 Proudfoot(1)，p. 75。

图版 二二四

图 576 脚踏式刮车("踏车"),可能是 17 世纪的日本发明,使用者脚踏绕轴转动的踏板。在辽东半岛大连附近的貔子窝盐场拍摄的这张照片(约 1935 年)中,远处可见约 5 台卧式风车(参见本册 p.558)。

图 577 在水槽中提升水的典型中国式翻车,刮板链随链轮运动,链轮由二人或更多人脚踏辐射式踏板转动(原照片系 1943 年摄于四川荣昌与永川之间)。

图版　二二五

图 578　翻车机构详细视图,安徽的一个实例。

古老的方法可能是人力脚踏,因为在上链轮轴上可以很容易装置前述辐射式踏板(本册 p.89)[1],这可以在《耕织图》(1210 年)和以后的所有农业书籍中见到。链轮和刮板的近视图见图 578[2],由此可以获得这种机构的完整概念。最好的中国插图可能是《天工开物》中的(图 579)[3]。这本 17 世纪著作也展示出一种用手操作的较小装置("拔车"),在上链轮轴上装有连杆和偏心耳柄或曲柄[4]。霍梅尔和鲍尔见到了这种装置的实例,并拍摄了照片[5]。另一种广泛使用的翻车操作方法是使用畜力,将牲口套在横杠和嵌齿主动轮上,该主动轮与链轮轴上的齿轮成直角啮合[6]。图 581 所示为《天工开物》中的这种装置图[7],但它最初出现在约 965 344 年的一幅画中[8],在 1313 年也曾被绘制成图[9],这些图画可以与许多现代照片相比较。最后一种方法是用卧式水轮,通过正交轴齿轮传动装置驱动翻车(图 582)[10],这种方法显然比其他方法用得少;这也在 1313 年首次被画成插图[11]。

　　在任何一般文学作品中,总是很少提到可以具体识别的机器,但也许由于翻车是在中国受欢迎的提水设备,提到的却不少。公元前 4 世纪给予我们翻车历史可能接近开始的暗示。告不害(告子)[12] 在与孟子关于人性的著名辩论中,曾说过下列一段话:[13]

　　　　现在如果你击水,并使它溅起来,你可以使它溅得高过你的额头。如果你激动它,并使它流动[14],你可以迫使它上山。但是这种运动是出于水的本性吗?只是受到外力的作用,才产生这些效果的。当人们被迫做不好的事情时,他们的本性受到类似的作用。

　　　　〈今夫水,搏而跃之,可使过额;激而行之,可使在山。是岂水之性哉?其势则然也。人之可使为不善,其性亦犹是也。〉

我们所能说的是,如果这里所指的是提水机械(传统上并不认为是提水机械),那么对于这段议论,翻车比任何其他装置更为合适,而且肯定比桔槔合适得多,而孟子对于桔槔无疑是很熟悉的。另一方面,刘安在公元前 2 世纪似乎还不知道翻车,因为《淮南子》一书在讨论"为"和"无为"(违反或顺乎自然行事)[15] 时说:"如果有用火把井水烧干或引淮河水上山灌溉山地这样的事,这是依靠个人力量而违背自然的行动……"(〈若夫以火熯井,以淮灌山,此用己而背自然……〉)。但是,

---

①　因此,这种机器也叫"踏车"。
②　这里所看到的圆柱体脚踏板,使我们想起辐杆末端的其他部件(参见本册 pp.80,91,104)。
③　《天工开物》卷一,第十九页,第一版,第十、十一页。
④　《天工开物》卷一,第十九页,第一版,第十二页。见图 580。
⑤　参见 Hommel(1),fig.79。18 世纪末丁威迪的描述见 Proudfoot(1),p.75。
⑥　工作图和说明见 Worcester(3),vol.2,p.312。
⑦　《天工开物》卷一,第十七页,第一版,第十一、十二页。
⑧　郭忠恕(公元 937—980 年)的《水车》转载于刘海粟(1),第 2 卷,图版 21。实际上这是我们所知道的各种翻车的最古老图画,比《耕织图》早 3 个世纪。
⑨　《农书》卷十八,第十三页。
⑩　《天工开物》卷一,第十七页,第一版中没有。
⑪　《农书》卷十八,第十四页起。
⑫　已在本书第二卷 p.17 提到过。
⑬　《孟子·告子章句上》第二章,第三句。由作者译成英文。
⑭　理雅各[Legge(3),p.272]谈到这里指"筑坝和引水",他只考虑到等高线渠道,但是"激"字似乎有更多积极推进水流的意义。
⑮　在本书第二卷 p.69 中已全文引用并讨论的一段文字中所说;《淮南子·脩务训》,第三页,译文见 Morgan(1),p.225,经修改。

340

图 579 1637 年《天工开物》(卷一,第十九页)中的翻车,这里称为踏车。

沿着比主流高的等高线修建人工渠道,以延缓水流下降,却被作者认为是可行的。

毫无疑问,翻车在 2 世纪已经使用,而王充的下面一段话非常有力地说明它在 1 世纪已经使用。

洛阳城内的街道没有水。因此水工从洛河向上打水,如果水日夜不停地奔流,那是

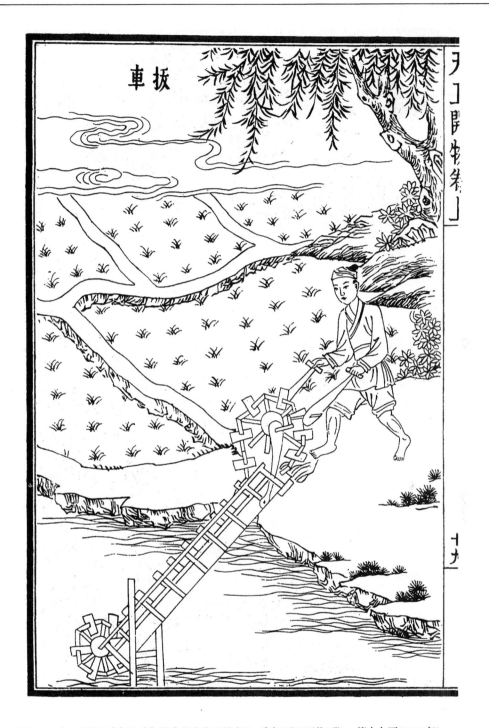

图 580 由人力通过曲柄和连杆操作的翻车("拔车"),采自《天工开物》卷一,第十九页(1637 年)。

他们的功劳[1]。

〈雒阳城中之道无水。水工激[1]上雒中之水。日夜驰流,水工之功也。〉

342

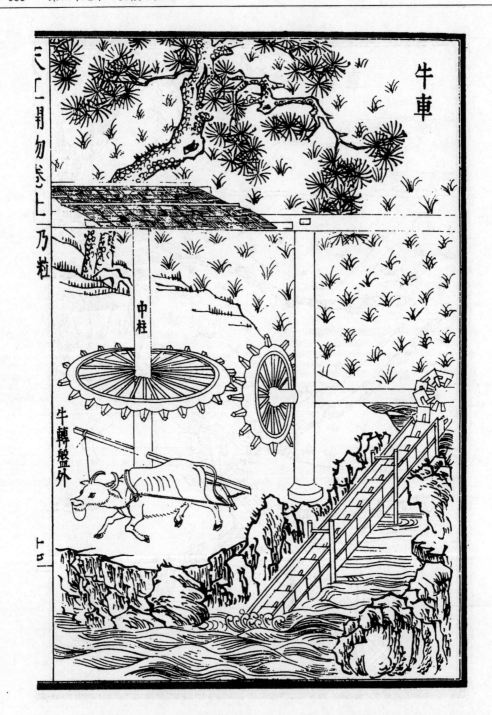

图 581　由牛辘轳和正交轴齿轮装置驱动的翻车（"牛车"），采自《天工开物》卷一，第十七页（1637
　　　　年）。主动轴上标有"中柱"二字，左边的说明"牛转盘外"，意思是牛所走圆圈的直径大于水
　　　　平齿轮的直径。

345　能使水流这样连续流动的其他提水机械只有筒车（见本册 p. 356），但最符合王充原话的还
　　　是一连串链式泵，而且很可能是典型的中国方板型，即翻车。这里所说的是公元 80 年左右的
　　　情况。正好一个世纪以后，我们就有通常认为记录这项发明本身的记载。这记载谈到工程师

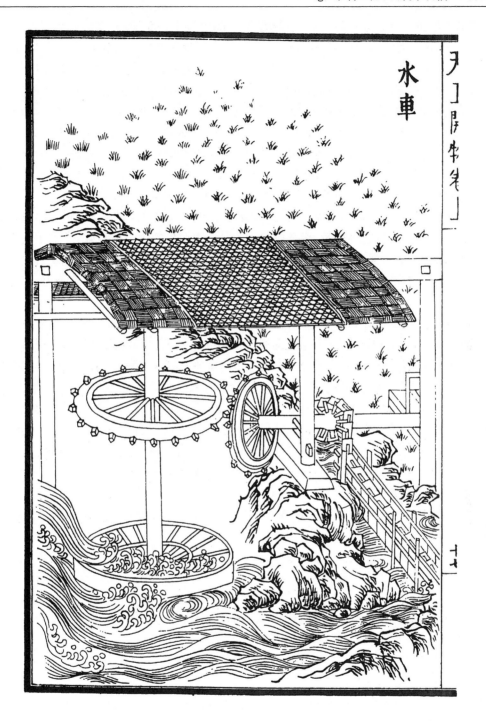

图 582 由卧式水轮和正交轴齿轮装置驱动的翻车（"水车"），采自《天工开物》卷一，第十七页（1637 年）。

和铸工能手毕岚,并出现在《后汉书》中著名宦官张让(卒于 189 年)的传记里[①]。

　　他(张让)又要毕岚铸造铜像[②]……和铜钟……还铸造会喷水的天禄和虾蟆[③](都是机械)。它们安装在平门外桥东,将水转(连续输送)到官内。他还(要他)制造翻车和"虹吸"("渴乌"),设于(同一门外)桥西,以在城的南北道路上洒水,因而节省百姓(在这些道路上洒水或运水给沿途居民)的费用。他还(要毕岚)铸造铜钱……

　　〈张让又使掖庭令毕岚铸铜人四……又铸四钟,……又铸天禄,虾蟆,吐水于平门外桥东,转水入官。又作翻车、渴乌,施于桥西,用洒南北郊路,以省百姓洒道之费。又铸四出文钱……〉

这件事情被认为很重要,因而值得在《灵帝纪》有关年份(186 年)中写上一笔[④]。我们在论述筒车时(p.358),将要回过头来再看这段文章,但是翻车的建造已相当明确地说明了。至于"渴乌"("虹吸"),此词一定用得不确切,因为这里含有虹吸提升水的意思,而实际上它们是不可能提升水的。我们的解释是,毕岚所建造的是一组简单的吸引提升泵,类似于底部设有阀的竹筒。这种装置可能在当时的盐井中使用,我们也已经讨论过(本章 p.142)[⑤]。所有这种装置都是安装在桥西的,而桥东的翻车也可能被"虾蟆"一词所隐藏。关于这一点,我们将再说几句。

　　不管毕岚的提水机械到底是什么,我们这儿有 2 世纪末一个相当先进的城市供水系统的宝贵记载,而近来很多种秦汉期间粗陶瓷管道和导管的发现[⑥],使我们对于这种系统的组
346　织方式有更清楚的了解。这种关于古代中国城市的资料具有许多意义,例如在公共健康和卫生方面[⑦]。毫无疑问,毕岚的工作是在洛阳完成的,而且从以后的资料,例如 530 年的《洛阳伽蓝记》,也不难确定他的工程地点[⑧]。从谷水取水,护城河阳渠环绕城墙流到西面和南面,而在平门(后称平昌门)[⑨] 外穿桥而过,该门建于 37 年。桥东的提水设备显然是专供城墙内皇宫用的,而桥西的提水设备则向城市街道水管供水。由于大部分水似乎绕过城北流入鸿池,护城河南段的水流可能很慢——这个情况对我们解释毕岚的机器有一定的重要性,这些机器简直不可能由水流驱动。

　　关于翻车的另一个常被引用的章节,是《三国志》中涉及魏明帝宫廷中非常活跃的著名工程师马钧的一段[⑩]。

　　扶风人马钧,心思灵巧,盖世无双。傅玄在一篇论他的文章[⑪]中说,……在首都洛阳

---

　　① 《后汉书》卷一○八,第二十四页,由作者译成英文。张让因修缮皇宫向人民征税而大失人心。这是他委托给毕岚的同僚建筑师宋典进行的一项工作。有趣的是,如果没有"挥霍浪费"的刺激,这种古老工程就可能不会筹办和留传。在其他许多例子中,儒家的节用思想证明是技术进步的障碍(例如,参见本书 p.510)。
　　② 即人像和四个天(天文)官的象征性神兽像(见本书第三卷,p.242)。
　　③ 见本册 p.358。
　　④ 《后汉书》卷八,第十三页。
　　⑤ 当然真正的虹吸可能曾被用来分配蓄水池中的水。一组如图 573 所示的槽梁式桔槔也可以满足这个术语的象征性意义,但是对于中国来说,这样做在任何时代都会是很奇特的。
　　⑥ 本册 p.130 已叙述过。
　　⑦ 参见本书第四十四章。同时见 Needham & Lu Gwei-Gjen(1)。
　　⑧ 见周祖谟校释本,第五页,和劳榦(3)的讨论。
　　⑨ 1958 年鲁桂珍博士和我在去参观城南龙门峡及其石窟途中,必定在很靠近这些遗址处经过而不知道,因为现在它们不大认得出来了。
　　⑩ 《三国志》卷二十九,第九页,由作者译成英文。在这里,马钧的事迹成为乐师杜夔传里的附录。
　　⑪ 在本册 p.40 上已全文译出。

城内,有些未利用的土地本可以开垦为园林或菜园,但苦于没有水来灌溉它。于是马钧建造了翻车,并雇儿童来转动它们。于是灌溉水(在一处)涌进,而(在另一处)喷出,如此自动反复不已。这些机器的制造技巧超出一般机器一百倍。

〈时有扶风马钧,巧思绝世。傅玄序之曰,……居京都,城内有地,可以为园,患无水以溉之,乃作翻车,令童儿转之,而溉水自覆,更入更出。其巧百倍于常。〉

这一定是在 227—239 年间在洛阳发生的。以后的历史学家,如宋代《事物纪原》①的作者,常把毕岚和马钧一起称为这种装置的发明者。但是除已经提供的证据外,翻车可能在汉代已得到了"龙骨车"的名称;如果是这样,那么从公元前 1 世纪最后几十年起的一些早期著作中提到的龙骨(例如扬雄的一些书信),可能是指该机器,而不是指化石。至少,这是一些唐代评注家的意见。

在仔细考虑翻车的最初发明时,必须注意到"翻车"一词并不总是指这种机械②。根据中国最古老的辞书《尔雅》(秦汉时期编纂的战国资料)③,"覆车"是一种名叫罿或罦的捕鸟车 347的别名,这两个字或多或少与"罿"或"罬"同义。在 4 世纪初,郭璞对此注释说,覆车也称翻车,并告诉我们它有两根平行的木杆("辕"),终端有一个网《"胃"或"胃"》。这里很容易辨明是一种桔槔式或抛石机式鸟网;猎人看见鸟停歇时,立即拉下系在杠杆短臂上的绳子,因而抛掷长臂和安设在它上面的网,像抛石弩炮的抛掷那样④。这种装置可追溯到《诗经》的时代,即周朝初叶。至于它和翻车的概念有没有联系,那是另一回事,虽然吴南薰认为(也许不是完全没有道理)毕岚是部分受桔槔式捕鸟网的两根木杆的启发而设计其水槽的两边的,并受到它的翻转动作的启发而设计其循环链的上部动作的。他还回想起前面已经提到过⑤的人颚的周朝奇特习语"牙车",并把它与链条的下部摄取动作相联系。总之,"翻车"一词的两种用法值得记录下来。

到了唐宋时期,翻车已经成为常用农具,由数以千计的农村轮匠大量制造。在 828 年,它的规格标准化了。《旧唐书》写道:⑥

太和二年二月,皇宫发出水车的标准样品,并下令京兆府⑦ 人民制造大量这种设备,分配给郑白渠两岸的人民用来灌溉水田。

〈太和二年闰三月丙戌朔,内出水车样,令京兆府造水车,散给缘郑白渠百姓,以溉水田。〉

这种装置也进入了文学作品中,例如范仲淹(989—1052 年)曾为它赋诗⑧。吕诚告诉我们,在他那个时代(14 世纪),翻车通常由姑娘们操作⑨。《耕织图》的第一位作者楼璹约在 1145 年专门为它写了一首诗⑩:

① 《事物纪原》卷四十五,第四页。参见唐代百科全书《意林》。
② 这一点曾由吴南薰[(1),第 169 页]提出。
③ 见王书南著《尔雅郭著逸丛补订》卷七,第五页。
④ 见本书第三十章(i)。
⑤ 本册 p.86。
⑥ 《旧唐书》卷十七,第十四页;作者译。
⑦ 首都。
⑧ 《范文正公集》卷二;参见程溯洛(2)。
⑨ 《来鹤亭诗集》卷三,第三页。
⑩ 由作者译成英文。参见范成大在 1186 年所写的诗,英译文见 Bullett & Tsui(1),stanza 30,p.23。

　　　　　可鄙宋人拔苗助长，

　　　　　也羞庄周赞美抱瓮灌园翁。

　　　　　不如乌鸦口衔尾巴连成环，

　　　　　可以改变水流方向，并把池塘抽空。

　　　　　禾苗迎风飘舞成翠浪，

　　　　　傍晚农民坐席上纳凉。

　　　　　在斜阳映照的柳树下，

　　　　　小伙子和姑娘们在歌唱和欢笑。

　　　　　〈揠苗鄙宋人，

　　　　　抱瓮惭蒙庄。

　　　　　何如衔尾鸦，

　　　　　倒流竭池塘。

　　　　　稂稊舞翠浪，

　　　　　簟簝生晨凉。

　　　　　斜阳耿疏柳，

　　　　　笑歌问女郎。〉

348　　　关于用畜力驱动翻车的早期记载出现在陆游于 1170 年到四川旅行时所写的游记[①] 中。傅霖约在同时用翻车排除谷仓基础处的水[②]。但是，这两个文学著作都在前面提到过 (p.344)的约 965 年的宋代早期绘画之后。

　　　这些机械除了用于农田灌溉之外，一定也常在土木工程作业中用来提水，因此我们看到它们在麟庆的清代水利技术纲要《河工器具图说》[③] 中占有位置(参见本书第二十八章)。

　　　翻车可能是邱长春在 1221 年去谒见成吉思汗途中经过突厥斯坦(Turkestan)时的游记中所说的东西。在靠近现在的伊宁县(Aemaligh)，这位著名的道士和他的随从第一次看见棉花，并观察了当地农民的工作[④]：

　　　　他们开挖渠道灌田，但是当地人(过去)取水的唯一方法是用瓮汲取，抱着回去[⑤]。当他们看到我们中原的提水机械[⑥]时，高兴地说："你们桃花石[⑦]做任何事情总是那样灵巧！"他们所说的桃花石是指汉人。当地人民每天送给我们愈来愈多的礼物[⑧]。

　　　　〈农者亦决渠灌田，土人惟以瓶取水，载而归。及见中原汲器喜。曰："桃花石诸事皆巧！"桃花石谓汉人也。连日所供胜前。〉

---

　　① 《入蜀记》卷一，第六页。顺便提一句，这表明兽力驱动翻车的发明者不可能是明初的单俊良，如刘仙洲(*1*)所提出的。朝鲜人也曾在 1488 年设计牛辘轳[李光麟(*1*)，第 90 页]。

　　② 《曝车志》卷一，第十四页。

　　③ 《河工器具图说》卷二，第二十五、二十六页。

　　④ 《长春真人西游记》卷上，第十八页。译文见 Waley(10)，p.86。参见本册 p.337。

　　⑤ 如同汉水南面的老人(本书第二卷，p.124)，参见本册 pp.332,347。

　　⑥ 韦利(Waley)简单地把这个词译为"我们的中国式水斗"，但是这样，这个故事就没有要点了，而故事所用的词含有很像机械的意思。因为当时在波斯，筒车大概早已为人们所熟知，如果所指的不是桔槔，那就一定是翻车了。

　　⑦ 这个词可能是从北魏皇族的姓"拓跋"演变而来的。参见本书第一卷，pp.169,186。

　　⑧ 这是出于他们的好意，但是他们并不像这段文字的傲慢语气所可能暗示的那样技术落后。因为这是刚灭亡的西辽即契丹国(Qarā-Khitai)的领土，而且像我们不久将会看到的(本册 p.560)，它的人民几乎可以肯定在相反方向(即到中国)的风车传播中起了主要作用。另可参见本书第四卷第一分册，p.332。

后来在元代,翻车传播得更广。约在1362年,朝鲜官员白文宝极力主张他的国家采用这种设备。4个世纪以后,进步的朝鲜大学者朴趾源仍然提倡在那里广泛应用中国的提水技术[①]。在世宗皇帝时代(1419—1450年),曾有许多关于翻车与筒车相对优缺点的讨论,前者显然是从中国引进的,而后者则来自日本。无论如何,约自1400年起,翻车的建造显然受到朝鲜朝廷的鼓励[②]。在19世纪,这种设备在印度支那散布很广[③]。从北方引进这些机械的功劳常归于安南大使李文馥。

349

然而,翻车的分布注定要远远超出中国文化地区的范围。伦敦附近汉普顿考特宫(Palace of Hampton Court)的参观者可以看到一台值得注意的纯中国式翻车,据说是在1516年为清除污水而安装在那里的,但其年代更可能在1700年前后[④]。如齐默[Zimmer (1)]在他的描述中所指出的,刮板尺寸(8英寸×9英寸,1英寸=2.54厘米)很像中国的习用尺寸[⑤],但制造者没有把原型的一些微妙特点仿制出来,例如刮板的高度应大于宽度,木材纹理的方向应与磨损面成直角。

确实难以置疑的是,这种翻车在17世纪从中国传播到世界各地,传播时间很可能在二三十年内。首先,洛里尼(Lorini)在1597年描述了与它很相似的东西[⑥]。论述提水机械的欧洲作家如贝特(Bate,1634年),和戴克斯(d'Acres,1660年)并不知道翻车[⑦],但是蒙塔努斯(Montanus)就在1671年之前不久描述他陪同荷兰使节时所看到的情况说:[⑧]

> 在缺水的地方,即使经过相当长的距离,沿开挖的水道将水从河里引来;(全中国都用这种方法实现通航)而且用机器将水从低处提升到高处,该机器由四块方木板制成,能盛大量的水,依靠铁链拖动,这些木板将水拉上来,就像水斗一样。

观察中的唯一错误是链条是木制的而不是铁制的。苏格兰物理学家和工程师辛克莱(Sinclair)于1672年谈到由矿井中汲水用的"水斗或板"时,似乎也是指这种翻车,梅耶(Meyer)和其他作家在随后10年中也曾提到这种机器。据尤班克称[⑨],17世纪末叶,英国军舰曾用中国帆船常用的翻车来清除舱底污水[⑩]。

在汉普顿考特宫安装翻车的大致年份1700年以后,在欧洲工程文献如洛伊·波尔德(1724年)、范齐尔(van Zyl,1734年)、德·贝利多尔(de Bélidor,1737年)[⑪]、钱伯斯(Chambers,1757年)[⑫]和伦哈特(Leonhardt,1798年)的著作中,有很多关于翻车的描述。18世纪

---

① 例如,在他论述农业改良的书《课农小抄案说》(1799年)中。朴趾源于1780年作为朝鲜祝贺乾隆皇帝七十寿辰的使团成员访问中国时,对中国的学术和技术留下了极深的印象。在他的《热河日记》里,他描写了这次旅行的有趣见闻。关于他和有同样思想的人们为实现朝鲜的现代化而进行的斗争,参见 Yang & Henderson(1)。

② 有关这段历史的各种资料的汇集,见李光麟(1),第84页起。

③ Huard & Durand (1),p.127。

④ 我很高兴和苏林小姐在1961年研究它。

⑤ 典型中国尺寸的细节的引用,见刘仙洲(1),第36页,系采自《河工器具图说》。

⑥ 贝克[Beck(1),p.247]重画。

⑦ 虽然他们当然描述罐式链泵(sāqiya)(参见本册 p.352)。

⑧ Montanus(1),p.675;奥格尔比(Ogilby)译。

⑨ Ewbank(1),pp.154 ff。

⑩ 这方面的情况见本书第二十九章(i)。

⑪ de Bélider(1),vol.1,pls.36,37,和 p.360。

⑫ Chambers(1),p.13,pl.18。

末,斯当东①曾提供一幅著名的表示机器正在运转的插图。1797 年,范罢览② 清楚地描述他
350　将这种机器引进美国的情形;这是由技术传播链中的活跃环节提供情况的罕见例子。他说:
"我把它引进美国,在那里它证明在沿河两岸很有用处,因为它操作容易。"在早得多的时候,
西班牙人已把它带到菲律宾,荷兰人把它带到巴达维亚③。

到了宋代,翻车可能在中国产生了携带容器的循环输送链,以供挖掘泥沙用④。无论如
何,随着文艺复兴,这种观念在西方产生和传播⑤。曾对机械传送设备的早期历史进行过研
究的齐默[Zimmer(2)],注意到拉梅利和贝松的挖掘机(16 世纪后期),如前所述(p. 211),
是作为新概念介绍给中国人的;并论证为所有传送带或传送链的祖先。它们首先应用于磨面
粉,并由几位作者提供了奥利弗·埃文斯(Oliver Evans ,1756—1819 年)所作的关于这类
设备的最早型式的描述⑥。谷物提升机的小木叶片或"刮板"是毕岚和马钧的刮板的嫡系后
裔,只是有时使用阿基米德螺旋原理来代替循环链⑦。

循环链的另一个明显应用是疏浚,如我们在 16 世纪起的许多欧洲设计中所看到的,但
是这种用途,由于需要挖斗而不是刮板与刮板之间的空间,可能是从罐式链泵（sāqiya）而
不是从翻车演变而来的⑧。这里是两种技术的接合点。如果挖泥机过去和现在都像翻车一样
倾斜安装,那它就像高转筒车或罐式链泵（sāqiya）那样有斗。明显相反而合理的中间装置
应像翻车那样有刮板（或相当的部件）,但应是垂直安装;事实上这种装置以 "念珠式泵"
或 "碎片链泵"（rag-and-chain pump）为名久已存在。在这里,翻车槽必须有第四边。一
根直立管内,循环链带动几乎充满管膛的金属球或碎布和皮革块,像刮板一样将水提升到
顶端排出。循环链的形状像念珠,因此这种装置得到了它的宗教名称。这种抽水装置在 16
351　世纪欧洲广泛应用于矿井排水。阿格里科拉曾描述和绘画了其中几种⑨;但这种机器的早期
历史还不清楚,还没有发现 15 世纪初叶以前的插图⑩。它似乎不是传统的中国工程实践中

---

① Staunton(2),vol. 2,p. 481。

② van Braam Houckgeest(1),Fr. ed. ,vol. 1,p. 74。关于他的详细情况,见 Dwyvendak(12)。

③ 迟至 1938 年,它又被人从中国带到美国,因为人们发现它在抽送结晶盐水方面极为有用;一种自动清洗作用能
防止堵塞。这情况是盐湖城邦纳维尔盐业公司(Bonneville Salt Company of Salt Lake City)的费里斯(Ferris)先生告诉我
在以色列塞多姆(Sdom)的友人布洛克(M. R. Bloch)博士的。

④ 参见本册 p. 219。

⑤ 参见 Straub(1),p. 237。

⑥ 例如,Bennett & Elton(1),vol. 2,p. 194; Storck & Teague(1),p. 165。

⑦ 此原理在最现代化的技术中继续存在。在巴黎公共工程陈列馆(Musée des Travaux Publics)内,法国国家铁路
公司(French National Railway)展出了一台补充线路石碴用的三角形刮板链连续挖掘机和槽的模型。此外,模仿翻车制
造的皮带输送机在现代中国全国范围内的水渠建设工作中起着很大的作用。例如,见 Anon.(18),第一部分,第 48 号,由
畜力驱动的装置;或者一条关于柴油机应用的新闻(1960 年 2 月 4 日新华社);和图 583。

⑧ 这是大部分的情况。但是齐默 [Zimmer (3)] 曾发表一张从 1562 年就开始存在的荷兰挖泥机的图,它清楚地
表示中国式刮板在链条上使用着,通过箱槽提升淤泥。很可能中国翻车曾两次引进欧洲,第一次在 16 世纪中叶,后来
在 17 世纪末。参见 Conradis (1)。用脚踏绞车提升挖斗的单斗挖泥机仍在中国使用 (G. R. G. Worcester,没有发表的
资料, no. 102)。我们将在第二十八章 (f) 中描述它们。在欧洲有早期的类似装置。

⑨ Hoover & Hoover ed. , pp. 190—197。

⑩ 在马里亚诺·塔科拉的著作 (1438 年, München Codex Lat. 197) 中,有一幅念珠式泵图的原稿;见 Feldhaus
(1), col. 833。

原有的[1],但这并不意味着它不可能是从翻车得到启发的欧洲发明,可能是通过间接得到的模糊传闻[2]。目前并没有任何证据。这种设备曾有过一段重要时期,因为阿格里科拉曾介绍过喀尔巴阡山脉(Carpathians)的谢姆尼茨(Schemnitz)矿有一台三级念珠式泵,用96匹马驱动,提水至少660英尺[3]。这可能促使有些人联想到圆筒内的活塞,但是如我们所已经知道的(本册 p.141),活塞泵在古希腊和阿拉伯文化中以及阿格里科拉本人的时代已为人们所熟知,因此念珠式泵可能是从活塞泵演变而来,而不是对活塞泵有所贡献。暂时我们可以认为,念珠式泵是古老的欧洲活塞泵和来自中国的传闻的结合。

无论如何,念珠式泵[4] 今天在中国,已作为大规模农业机械化和农业技术改造运动中效率最高、使用最方便的提水机械,遍布全国。在1952年,它已取代了传统的翻车,甚至筒车[5]。6年后,我有机会在北京全国农业机械展览会上研究它的许多型式[6]。有些机械全部用木料制成,有方形隔板("刮水板")在方形断面的直立木管内工作,但是更为常见的则有畜力用的铸铁齿轮和链轮(图584),并有皮革或橡胶制的圆盘状"垫圈"("皮钱")在金属管内上升(图585)。另一张照片(图586)表示目前对每一个农民都宝贵的别具匠心的创造;像传统磨盘所用的手动连杆和曲柄(参见图413),在两个周缘重物(旧磨石)的帮助下转动正交轴齿轮,这两个重物起着重锤飞轮的作用[7]。在别的地方,现在合作社和公社有力购置的小型辅助发动机应用蒸汽动力提升灌溉用水。在中国的夏季炎日下,注视着这情景的一个东盎格鲁人不禁回忆起他自己的阴暗土地里一个历史性抽水站上的欣喜语句:

　　沼泽地带常遭水淹;

　　科学贡献治水良方,

　　她说:"蒸汽动力应予利用,

　　破坏者由它自己消灭。"

但是,不久老乡们就要转动开关了。

352

① 至少在陆地上是这样,因为有一定的证据说明,18世纪和19世纪初成为清除船舱积水工作中最受欢迎的装置的念珠式泵,是直接采用中国帆船上所用的方法[参见 Ewbank (1), pp. 154 ff.；Davis (1), vol. 3, p. 82]。我们将在第二十九章 (i) 中继续讨论这个问题。

② 关于14世纪后期从中国传到欧洲的重要技术见本册 p.544。

③ 不是阿格里科拉的家乡厄尔士山脉(Erzgebirge)中的开姆尼茨(Chemnitz),即现在的卡尔·马克思城(Karl-marxstadt),而是斯洛伐克的班斯卡-什佳夫尼察(Baňská Stiavnica),后来是欧洲大陆上第一批纽科门蒸汽机的安装地点(1721年);Voda (1),参见 Nagler (1)。中欧采矿用的蒸汽动力,可能是由于 Stangenkunst(杆式装置)的效率高而推迟使用(参见本册 p.334),后者是一种类似缩放仪的动臂装置,不仅能直接输送水,而且能传送远距离原动机抽水用的动力;见 Multhauf (4)。这发生在阿格里科拉的时代以后不久。

④ 一般简称水车。

⑤ 那时我自己的观察与我友英国皇家学会会员皮里(N. W. Pirie)博士的观察是一致的。

⑥ 许多工作图和示意图见 Anon. (18)第一部分,许多照片则见于 Anon. (30)。在后一书的一些供各地制用的有趣的设计中,有一台用立式水轮通过长链驱动的高扬程念珠式泵(第68页)。

⑦ 它的工作图可见 Anon. (18),第一部分,第85号。同样,如我们已经见到的(图386),也有用旧车轮压在上面充作飞轮的。

图版 二二六

图 583　根据翻车原理设计的皮带输送机，于1958年在甘肃南部引洮水利工地上使用[参见 Anon. (60)]。长约 700 英里的渠道在岷县以北引水，经过海拔 6000 英尺的山区，一直到该省东部的庆阳县，以灌溉 330 万英亩土地，而不使它在兰州上游直接流入黄河。渠道穿过包括渭水在内的许多河流的上游，并通过许多隧洞，其中一个长 3.5 英里。

图 584　废弃的念珠式泵上用的铸铁齿轮和链轮组件（原照摄于 1958 年河北丰台肖同乡农业合作社）。蒸汽和电力正在代替这些畜力驱动的农村提水工具。在远处可见还要古老的罐式链泵的木制鼓轮。

图版　二二七

图 585　由人力用两根曲柄驱动的三联念珠式泵（原照摄于 1958
　　　　年北京农业机械展览会）。可以清楚地看到圆盘状隔板
　　　　（"皮钱"）。

图 586　念珠式泵和以两块磨石重压的"飞轮"，像传统的手推磨一样用偏心连杆和手推横杠人力
　　　　操作（原照摄于 1958 年北京农业机械展览会）。

(5) "罐式链泵(Sāqīya)"(高转筒车)

现在让我们转向循环罐链,即罐式链泵(sāqīya)("斟酒姑娘"?)。它有两方面与装在斜槽内的刮板链不同,这里链直接垂直挂在上轮正下方,并携带全部筒或水罐,在下端装水而在顶端倒水[1]。齐默[Zimmer(2)]曾转载一幅约公元前700年的巴比伦浮雕来介绍他的见闻,在该浮雕中,有几长队人带着装满土的筐向上走,倒空后再向下走[2]。因此毫不奇怪,罐链应当是一种古老的设计,而且似乎无可怀疑,拜占庭菲隆的著作(约公元前210年)中所描述的,至少是部分真实的[3]。约写于公元前30年的维特鲁威著作中清楚地提到这种机械[4]。而且我们还有一台链泵的遗迹,该链泵是用来清除公元44年和54年间所建造的内米湖大船的舱底污水的[5]。虽然没有任何证据证实古埃及人知道这种装置的看法[6],但是它在希腊化时代在近东各处迅速传播。因此,罐式链泵(sāqīya)或 daulāb("驼轮")成为伊斯兰地区的特有设备,犹如翻车在中国那样[7]。人所熟知的语句"或者银索松开,或者金碗和水壶在泉水中打碎,或者轮子在水池里折断"所指的一定是罐式链泵(sāqīya)[8]。这类机械中给人印象最深的是开罗(Cairo)以约瑟夫井(Joseph's Well)闻名的那一台,该钻孔垂直穿过岩石165英尺到达下层畜力室,然后再往下到达总深度297英尺。在这里,水是通过两级罐式链泵(sāqīya)提升上来的[9]。威德曼与豪泽[Wiedemann & Hauser(1)]和施梅勒[Schmeller(1)]分析的13世纪初期阿拉伯抄本表示了几种型式的罐链(见图587)。它们传到穆斯林的西班牙(Muslim Spain)[10],并在埃及科普特人(Copts)中落户[11]。欧洲人从阿拉伯人传入这种机械,并继续使用到它被新式水泵取代为止[12]我附加一张当代罐式链泵(sāqīya)的照片(图

① 参见 Ewbank(1),pp.122 ff.;Baroja(1,4);Schiøler(3)。
② 同许多在第二次世界大战期间和以后到过中国的其他人一样,曾经看到类似的大量劳动力修建机场、大坝和渠道。参见本书第二十八章(f)。
③ Pneumatica,ch.65;参见 Carra de Vaux(2);Beck(5);Drachmann(2),pp.66,68。
④ Vitruvius,X,Ⅳ,4;参见 Drachmann(9),p.151。
⑤ 见 Moretti(1),p.33。链轮上有五个嵌齿,其形状做成能与梨形横断面的水桶相配合。也发现了一台提西比乌斯双缸压力泵(同书,p.34)。更多的细节见 Ucelli di Nemi(1,2)。
⑥ 例如萨拉姆[al-Salam(1),p.9]所推测的。皮特里[Petrie(4),p.143]说,罐式链泵水罐在罗马垃圾堆里常可见到,而在古埃及垃圾堆里则看不到。另外,福布斯[Forbes(11),p.34]的意见认为约公元前700年巴比伦的所谓"悬空花园"是使用罐式链泵(sāqīya)在深井里抽水供给的,也不是完全没有道理的。参见 Schiøler(1)。
⑦ 见 E.W.Lane(1),p.301;Bonaparte(1),vol.12,pp.408 ff.,与 Atlas,vol.2(Arts et Métiers Section),pls.Ⅲ,Ⅳ及Ⅴ;Chatley(36),p.159。利特曼[Littmann(1)]曾对埃及阿拉伯罐式链泵所有部分的术语作过充分研究。鲍尔[Ball(1)]告诉我们,在1904年苏丹(Sudan)的栋古拉(Dongola)省就有将近4000台罐式链泵(sāqīya),每台灌溉约15英亩,供养33人。
⑧ Ecclesiastes,xii,6。
⑨ Norden(1),p.49,pl.ⅩⅨ;Ewbank(1),p.46。
⑩ 参见 de Bélidor(1),vol.1,pl.39;Schiøler(2)。1960年我在西班牙和葡萄牙看到许多罐式链泵仍在运转。
⑪ Zimmer(4);Winlock & Crum(1)。
⑫ 有一台曾被皮萨内洛(Pisanello)约于1420年绘制成图[Degenhart(1),fig.147],在17世纪还有许多作家描绘它们,例如贝特[Bate(1)];戴克斯[d'Acres(1)];伍斯特(Worcester)的侯爵[见 Dircks(1)]等。瓦卡列尔斯基[Wakarelski(1)]拍摄了一些仍在保加利亚使用的罐式链泵。

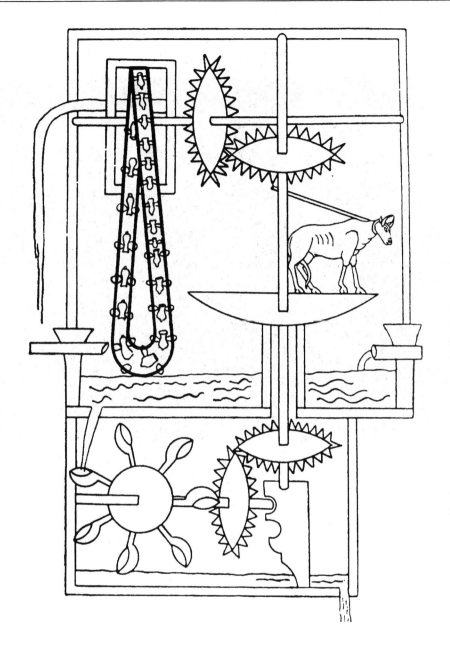

图 587　具有古希腊和伊斯兰文化特征的罐式链泵(sāqīya)，加扎里论述精巧机械装置的书
　　　　(1206 年)中的简图，由威德曼和豪泽[Wiedemann & Hauser(1)]重绘。图中表示两
　　　　种可供选择的动力形式，即畜力辘轳和立式水轮。齿轮和罐链都画成半透视图，这是
　　　　阿拉伯机械图常用的画法。

588)，它是我 1948 年在拜占庭城墙外的耶迪库莱(Yedikülle)拍摄的[1]。

　　从"高转筒车"(即高升程筒车)的名称可以推测这种机器较晚引入中国[2]。最早的图见

---

①　原始技术的木和近古技术的铁相混合，是值得注意的。

②　同样的情况适用于朝鲜，在那里，于 1431 年把一种不很适用于灌溉而能有效抽排井水的提水机械与从日本引进
的由水流驱动的筒车作比较；参见李光麟(1)，第 91 页。

图版　二二八

图 588　伊斯坦布尔(Istanbul)附近耶迪库莱的现代化罐式链泵(*sāqîya*)(原照摄于 1948 年)。铁和煤油桶已代替传统的木制鼓轮和陶罐,但正交轴齿轮装置仍然与加扎里时代所使用的基本相同。在主动轴下可以见到驴辘轳。

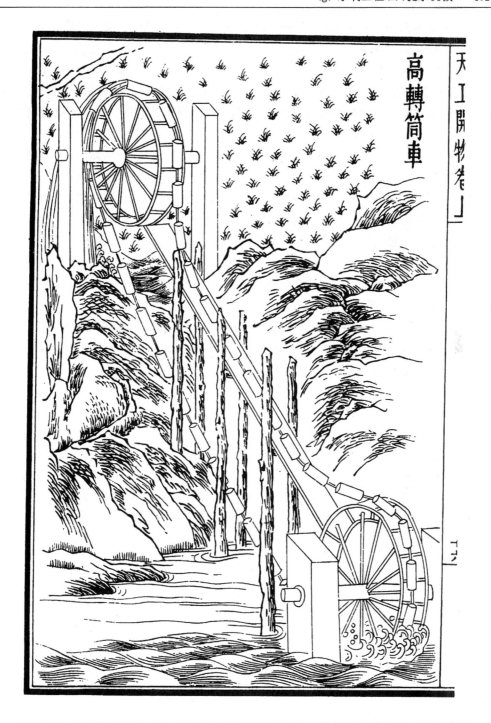

图 589 中国的罐式链泵(*sāqiya*)，采自《天工开物》(1637 年)卷一，第十六页。这是 1726 年的一幅图，
仅见于后来的版本。它来源于外国，这可从"高转简车"即高升程简车这个不适当的名称看出
来。不平常的是下端有轮，人们怀疑它由桨叶驱动，但所有文章都说动力来自上部。

于 1313 年[①],但是图 589 所示是《天工开物》中的图[②]。这个名称的重要意义在于它暗示,安装在中国人很熟悉的筒车周缘上的罐或竹筒离开筒车,取上升路线,绕过第二个轮而返回。我们所有的高升程罐式链泵(*sāqīya*)图中,一般都是在下端即受水端有一个轮,虽然看起来好像是由水流驱动的桨轮,但所有文章都说是使用多踏板脚踏机或牛辘轳,从上面驱动的。而且,整个机器像翻车一样倾斜安装,具有一木制导槽以引导竹筒链。但是阿拉伯罐式链泵(*sāqīya*)是直立的,并且在链的下端一般都没有轮。王祯说,要将水升到较大高度时,高筒车特别有效,并说可分几级提升,每级约 100 英尺。他特别提到一座庙宇,即平江[③]虎丘寺,安装过这种机器,这说明它很不普遍。事实上,所需的能量也许常使它很不经济。因此,这种装置是否曾在中国广泛使用,看来是很可疑的。除了农业百科全书中的片段外,很少文献提到它,也没有很多旅行者描述它[④]。第二次世界大战期间我在中国各省旅行时也从没有见到过它,但在 1958 年我能拍摄到一些实物,都是为了更换更新式的设备而废弃了的(参见图590)[⑤]。

356　　　但是有一个产业不知从什么时候起有系统地采用罐式链泵(*sāqīya*),这就是四川自流井盐区。图 591 所示[⑥]是一个高达 60 英尺的塔("车楼"),里面装有一台由马驱动的立式链泵("水斗"或"斗子"),将盐水提升到配水槽("枧窝"),从这里再通过竹管("枧"、"笕"或"筷")引导到几英里外有天然气的地方,熬煮成盐。这里也因这种机械的名称("水斗")缺乏特征而可知它是相当晚引进的。

(6) 筒车(周边罐轮)

筒车(noria,此字是从阿拉伯语 *al-nāura* "鼻息粗的人"得来的)是所有这类机械中最难追溯其来源的。它不同于翻车和罐式链泵(*sāqīya*)的是,没有链,而且水斗、罐或竹筒安装在一个单轮的周缘上,在底部取水而在顶部排出。因此有筒车的名称。如果筒车的轮上装有桨板,此轮可以由水流的力来驱动,但在静水中,它当然要用人力或畜力驱动[⑦]。它的第一张中

---

① 《农书》卷十八,第十七页起。

② 《天工开物》卷一,第十六页,第一版中没有。

③ 现在的江苏吴县。

④ 例外是 Forke(16),p. 22;Nichols(1),p. 31 和 W. Wagner(1),p. 195。傅健(1)在陕西渭水南岸发现许多这种机器,而查特利[Chatley(36),pl. XXXI(1)]有天津附近一台机器的图片。所有这些机器都是由畜力驱动的正规立式罐式链泵(*sāqīya*)。

⑤ 其中第一台是在黄河中的雁滩岛上,就在兰州市的下游;第二台是在北京附近的丰台农业合作社。这些古老齿轮的结构是有趣的。前者(大部分嵌齿已脱落)的轮辋结构较之普通轮辋更复合化,因为扇形轮缘由轮子两边置于轮辐之间的板夹住,该轮辐从外部并靠其榫舌镶入扇形轮缘来抓住轮辋。后者的扇形轮缘用熟铁抓钩联结,轮辐之间的距离不相等,以使它们之间嵌入的齿间为两个和一个。

⑥ 采自《四川盐法志》,该书是罗文彬和 25 个合作者应四川总督丁宝桢之请于 1882 年编纂的,对盐区的技术有全面的说明(卷二,第二十六、二十七页)。

⑦ 正常的驱动方法是用多踏板脚踏机或用一匹牛或驴带动辘轳。我们没有见过前者的图或说明,但是后者在《农书》卷十八,第十六页起,以"卫转筒车"的名称,载有很好的插图和讨论。在该书中王祯强调它在湖、池、壕等处的用途。但是,与水流驱动的筒车相比,这种型式还是少见的。在海南岛现有一种特殊型式的,农民在轮周上走动进行提水;见Franck(1),p. 321。这或许是已经讨论过(p. 337)的日本脚踏式刮车的祖先或后代。

图版　二二九

图 590　废弃的罐式链泵(*sāqiya*)木制齿轮和鼓轮(原照摄于 1958 年河北丰台肖同乡农业合作社)。参见图 584 和 Lu,Salaman & Needham (2)。

图版 二三〇

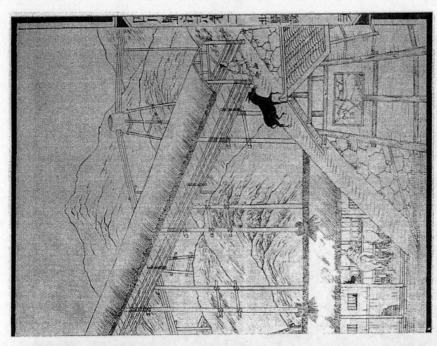

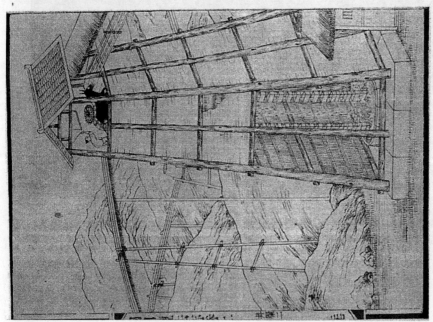

图 591 传统风格的鳀式链泵（sāqiya）的工业应用；四川自流井盐田的一个盐水提升塔（"车楼"）[《四川盐法志》（1882 年）卷二，第二十六，二十七页]。来自各个钻孔的盐水（参见图 396，422，423 和 432）聚集到桶内，如在塔底所见，然后提升到足够的高度，使它可以向下流到有天然气供应的蒸发棚，在那里概上长廊。一匹接班的马正沿着右边的斜坡马概上面的斜坡走上长廊，在那里通过窗口可以看到另一个辘轳。

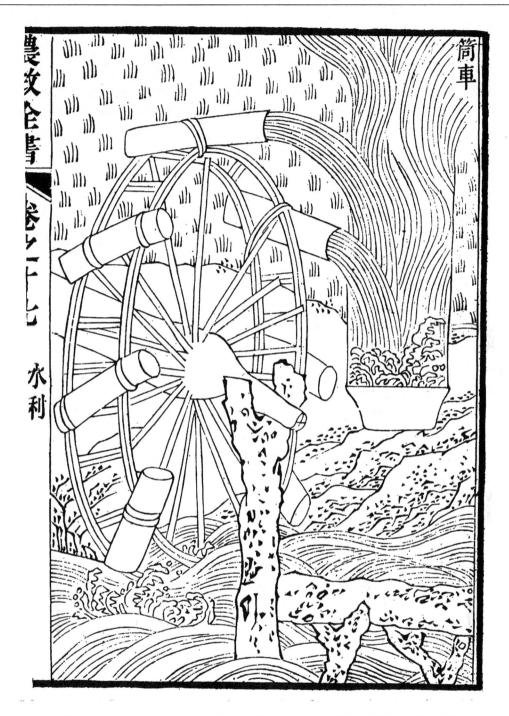

图 592　筒车，采自 1628 年《农政全书》(卷十七，第九页)。像大多数传统的筒车图一样，此图未能正确反映所能达到的提水高度；看来画家只画出输水槽的平面位置而没有画出其立面位置。

国插图出现在 1313 年的《农书》中①，但图 592 是采自《农政全书》的半示意图②。这些图可以和现代实物的照片（图 593 和 594）相比较③；后者是在四川重庆与成都之间的公路上拍摄的（1943 年），从此图可对这种只用竹木制成的机器所能达到的高度（在这个例子中，直径约为 45 英尺）和它们运转所需的水流可以小到什么程度得到一些概念④。甘肃兰州附近黄河上的筒车组，直径为 50 英尺，在中国是有名的⑤。原始技术、水车工的杰出技巧可以从图 595（摄于 1958 年）中领会到⑥。在中国和印度支那，筒车常在同一轴上成组排列，可达每排 10 台之多⑦。

把《道德经》⑧ 中的奇特词句与筒车联系起来，也许会使人感到兴趣："当某些东西在卸空的时候，另一些东西正在装载（"或挫或隳"）"，但它在公元前 4 世纪或更早一些，它一定是指携篮的人排列成行。另一方面，前已详述（p. 345）的关于毕岚 186 年工程建设的相当模糊的记载，似乎说筒车在运转。不管在桥东建造的是什么，它的确似乎与桥西的翻车和泵或"虹吸"不同。需要加以考虑的两个名词是"天禄"和"虾蟆"。毫无疑问，第二个名词（"癞蛤蟆"）所指的是某种齿轮或任何有凸出部分的轮子，如翻车的链轮⑨。而第一个名词，我们冒昧地翻译为"上天的赏赐"，多数评注家认为是指某种动物，因而是机器上装饰品的一部分，但是虽然确有这种用法，这里可能还有一个双关语问题。机器的顶部当然应当称为它的"天"端⑩，而事实上正是在顶部把"开采"（矿工用语）到的水倾倒入受水槽中。根据齿轮的采用，可以推想水是静止的，至少不是快速流动的。而事实上我们已经知道，洛阳的平门是在城的东南，靠近阳渠桥。因此很有可能，毕岚的桥东设备包括一组由人力或畜力驱动的筒车，也可能包括和桥西一样的翻车组。明朝徐炬所著《古今事物原始》认为筒车是与毕岚同时代的另一位工程师葛免发明的，但他很可能是凭空想象出来的，因为这个名字可能是由于与同一节文章中出现的"虹吸"或提升泵（"渴乌"）相混淆而引起的。

---

① 《农书》卷十八，第十一页起。

② 《农政全书》卷十七，第九页；参见《天工开物》卷一，第十六页，第一版第九、十页。大多数传统的中国画未能正确反映筒车所达到的大的提水高度，而把出水处画得太低。

③ 参见斯当东 [Staunton (1), pl. 44] 1794 年的照片；Barrow (1)，p. 540；van Braam Houckgeest (1)，Fr. ed.，vol. 1，pp. 55 ff.，Eng. ed.，vol. 1，p. 72。

④ 同一组筒车的照片也载于 Phan Ên-Lin (1)，p. 186；参见该书 p. 36。吉耶米内 [Guilleminet (1)] 曾对印度支那与这些很相似的机械进行仔细研究，他绘制了工作图并计算出效率。在越南福禄（Phu'ó' c-ôc）有一组直径为 60 英尺的大筒车，共 7 台，通过约 50 英尺高的长高架渠将水引出。所有这些筒车的大小，都与即将提及的叙利亚筒车属同一等级，但在东亚有竹材可利用，可以减轻结构的重量。然而，在任何地方，75 英尺左右的直径可能是经济极限尺寸。

⑤ 第一次把这些筒车介绍给我时，地质学家贝尔茨（E. Beltz）博士和我在一起，1943 年他也在兰州。

⑥ 为了掌握尽可能大而坚固的筒车的建造技术，甘肃人段续在 1545 年左右两次自费冒险旅行到云南、江西，然后返回，兰州人民至今仍然尊敬和纪念他。

⑦ 照片见于 Sarraut & Robequin (1)，p. 79。

⑧ 《道德经》第二十九章。

⑨ 有不同世纪的许多例子可以引用，但很清楚的解释是 1579 年田艺衡在他的《留青日札》中提出的；引文见《格致镜原》卷四十八，第七页。这条资料是首先被舍雷格尔 [Schelegel (5)，p. 458] 注意到的。

⑩ 许多例子可以在本书第二十七章(j)中看到。

图版　二三一

图 593　三台筒车正在四川成都附近成组运转（原照摄于 1943 年）。

图版 二三二

图 594 一台高升程筒车,直径约 45 英尺,完全由竹木制成(原照摄于 1943 年,是从四川简阳附近的桥上拍摄的)。注满竹筒和旋转桨轮的人工渠道的狭窄程度,是值得注意的。

图版　二三三

图 595　一组高升程筒车(直径约 50 英尺),就在兰州下游的黄河支流上(原照摄于 1958 年)。较前
图所示更为坚固,能顶住猛涨的河水,如图中所示。

图版 二三四

图 596 最古老的筒车图；是叙利亚阿帕米亚的镶嵌图[Mayence,(1)]。这是 2 世纪的作品，在维特鲁威之后，毕岚之前。但有证据表明它的发明地是印度。

虽然在人们的印象中筒车传播很广①,但在以后的文献中却很少明确提到。在 914 年的洛阳,使用许多大水车为公共浴池提水,这在浴池的建造者智晖和尚的记载中曾提及。这些浴池很大,可以容纳几千人②。几十年以后,一位阿拉伯旅行者描述山丹城的供水(见本册 p.402),如果不是采用一台或几台大筒车,如实际上后人所传颂的那样,这种供水是难以实现的。后来,约于 1170 年,哲学家朱熹(参见本册 p.143)有一段议论,虽然所用"水车"一词通常是指翻车,但我认为必须解释为指筒车③。他说:④

> 自从开天辟地以来,就有这样的东西(这种自然的机器)在不停地旋转,有周日的旋转,也有周月、周年的旋转。但是只有这(机器)滚转不息。它好像一台水车,(在某一瞬间)一个(水斗)直立而另一个倒置,一个上升而另一个下降。

约在 1130 年,一个有关筒车的短句出现在《龟豀集》作者沈与求的一首诗中:水戽翩翩接渚涯(水斗车在河岸边轻快地转动着)。后来有《农书》(1313 年)中实事求是的描写,而所有以后的同类书籍中都有筒车的插图和说明。

约 1601 年,王临亨在他所著有关广东的游记中写下了一段有趣的文学资料。他在谈到南方农村时说⑤:

> 至于提水机械,每一个轮辐的终端有一个竹筒,上升时直立,下降时倒置,因此当轮旋转时,水就注入槽内。轮的尺寸视农田的高度而定,甚至高达 30 或 40 英尺的田地也可以灌溉。一点也不需要人力。这与浙江的水碓、水磨相似。这样的提水机械会使很久以前住在汉水南面的老人感到惭愧⑥。总之,当人的技巧达到完美的程度时,就可以战胜自然的作用。我们不知道创造(筒车的)人是谁,但他应当受到尊敬和祭祀。

> 〈水车每辐用筒一枚,前仰后颓,转轮而上,恰注水槽中。以田之高下为轮之大小,即三四丈以上田亦能灌之,了不用人力。与浙之水碓水磨相似。其设机激水,即远愧汉阴丈人。要之人巧极天工错。始制者不知何人,要当尸而祝之,社而稷之者也。〉

劳弗[Laufer (19)]曾研究过筒车的历史,但他和许多其他作者⑦一样,把筒车和罐式链泵(sāqiya),甚至和翻车混同起来,虽然他在选择题材方面博得赞誉,但是这篇论文并不是

---

① 它传到日本显然是在 800 年左右;参见 Papinot(1),p.757;Sarton(1),vol.1,p.580。然后它传到朝鲜,如李光麟[(1),第 89 页]起所收集的许多引证所示。1429 年,在世宗统治下,一个使节从日本回国后,派一个学生到日本去学习水流驱动的筒车的制造工艺。在 1431 与 1437 年之间,非常注意筒车的最好式样和设计,曾有几次把标准样品送往各省,供当地工匠仿制。

② 这方面的情况见谢弗[Schafer (7)]对中国浴池的启发性研究。

③ 这个认识由于下列事实而增强:如我们将看到的(本册 p.361),佛教很早就使用筒车比拟,朱熹虽然反对佛教,但是对佛教的哲学一定做了很多研究。

④ 由作者译成英文。到目前为止还未能在《朱子全书》或《朱子语类》中查出原文,这是取自戴遂良[Wieger (2),p.188]所抄录的资料。近代作家使用这段资料的情况非常混乱。格鲁塞[Grousset (6),p.218]的翻译者们虽然把它作为朱熹的原话引用,但其译文一点也不像是朱熹所说的,甚至不是戴遂良的意译和插注[Wieger (2),pp.188,191]的直译。这种混乱情况见于 Grousset (5),p.265。戴遂良曾谈到筒车,但显然把它和罐式链泵(sāqiya)搞混了,因为在他的"翻译"里有关于装满水的斗从井里上升而空斗返回井里的一些字句。后来这种机器在格鲁塞[Grousset (6)]的英文翻译里变成了"翻车",而且除了这一点混乱外,还加上了一个脚注,解释说翻车是提水到稻田里用的可以移动而用脚踏操作的装置——但是翻车与井毫无关系,也不带水斗。当然戴遂良和格鲁塞谁也没有提供任何参考文献,而后者还加了几个注解,把"理"字解释为自然规律,这一点我希望我们已经说清楚了(本书第十八章),是不可接受的。

⑤ 《粤剑编》卷三,第十七页,由作者译成英文。

⑥ 当然可参照《庄子》的故事,本册 P.332。

⑦ 例如科兰[Colin (1)],除这一点外,他在北非提水机械方面是学问和知识最渊博的人。

他的精心之作。他还坚持,筒车没有被维特鲁威提及。但是事实上,维特鲁威约在公元前 30 年非常清楚地描述由水流驱动的筒车①。它在希腊文化世界传播,可由马延瑟[Mayence(1)]所介绍的在叙利亚阿帕米亚发现的镶嵌图中有一台筒车得到证明(图 596)。这可能是 2 世纪早期的作品,在维特鲁威之后,毕岚之前。筒车注定在叙利亚得到东方最大的发展,如果说不是在数量上,那至少在单件尺寸上是如此。虽然维特鲁威清楚地谈到水斗(*modioli*),但他的筒车有时被描写成沿周边有一连串辐向箱子,好像轮缘是空的,而且开了许多洞,这至少是近东长期保留的一种型式②。因此和他的鼓形水车(*tympanum*)③,一种完全装在外壳内并分成若干格的提水装置,无疑有密切的关系。这就是伊斯兰国家的 tābūt(即"方舟"),它的缺点是只能提水到轮轴的高度,不能到达轮的顶部,但它很适用于小的提升高度④。比格兰(Bigland)介绍过埃及法尤姆(Fayum)地区的几台箱缘式筒车⑤;但是迄今制造过的最突出的几台今天仍在叙利亚奥龙特斯河(Orontes)上的哈马(Hama)运转着。这里最大的直径约达 70 英尺,排水到高架石砌拱形水槽和较普通的栈桥中⑥。从米里那里我们得知这些筒车原来都是伊本·阿布杜勒·哈纳菲(Ibn 'Abd al-Ghanī al-Hanafī,1168—1251 年)建造的⑦。而且在阿拉伯抄本中有很多有关各种筒车的论述⑧。最早在阿拉伯文学著作中提到的是在 884 年。从伊斯兰国家得到欧洲的必然结果——我们发现筒车再次于 11 世纪后叶在法国运转⑨,并在 15 世纪德国抄本中有描述⑩。很自然,它在西班牙特别普遍⑪。在欧洲的某些

361 部分,例如巴伐利亚(Bavaria)的边远地区⑫ 和保加利亚⑬,它继续存在到今天,保加利亚的设计是十足中国式的。而且在 19 世纪的铁器时代,它也没有完全消失,因为用蒸汽驱动的筒车,每转提水 2000 加仑,曾在 80 年代用来将铜渣排入苏必利尔湖(Lake Superior)⑭。

至此,我们似乎面临一个由筒车引起的问题,类似于我们在讨论水磨时将要遇到的,这

---

① Vitruvius,X,V,I——*sine operarum calcatura*。在他之前二三十年,卢克莱修曾提到过水流驱动的筒车(*De Rerum Nat.* v,516),除非他所指的是水磨,像有些人所认为的那样。在《建筑十书》(*DeArchit.* X,IV.3)中,维特鲁威描写由脚踏机操作的筒车。福布斯[Forbes(11),p.34]认为畜力筒车是公元前 2 世纪的希腊-埃及古写本中首先提到的,但是他同意在罗马时代谈得频繁得多。我们全靠卡尔代里尼[Calderini(1)]才有一篇试图(不完全成功)解释这些古写本里的提水机械技术名词的专门论文。根据福布斯所说,水流驱动的筒车于 113 年首先出现在希腊文化的埃及。

② 参见 Ewbank(1),p.113。在埃及,这种筒车称为 *tambusha*[Hurst(1)]。

③ Vitruvius,*De Archit.* x,iv,1;参见 Drachmann(9),p.150。

④ 参见 Lane(1),p.301。它总是用人力或畜力驱动,从不利用水流来驱动。罗马人曾在西班牙铜矿中用它来排水[Baroja(3,4);Forbes(11),p.44]。

⑤ Bigland(1),p.80。

⑥ 说明见 Weulersse(1),pp.31,55,(2),fig.82,pls.70,71,(3),p.256,figs.50,51,52;Dubertret & Weulersse(1),fig.60;Eddé(1),p.112;M.O.Williams(1),p.749。

⑦ Mieli(1),p.155;参见 Suter(1),no.358;Sarton(1),vol.2,p.623。

⑧ 特别见 Wiedemann & Hauser(1);Schmeller(1)。

⑨ Gille(7),p.8。

⑩ Berthelot(4)。较晚的参考文献有:Alberti(1512 年),edition of paris,1553,p.74;Worlidge(1669 年);de Bélidor(1737),vol.1,pl.39,vol.3,pl.2;Perronet(1788 年),重刊于 Stralub(1),fig.35 等等。迟至 1956 年仍有 18 台筒车在纽伦堡和福希海姆(Forchheim)之间运转着(德意志博物馆)。

⑪ Baroja(3)。

⑫ King(2)。

⑬ Wakarelski(1)。

⑭ 见 Anon.(44)。

就是在东半球的两端首次出现的时间相隔很短。因为水流驱动的带桨叶的筒车和驱动水磨的立式水轮非常接近,这两个问题自然有密切的联系。劳弗[Laufer (19)]极力论证说筒车的起源地是粟特(Sogdiana;中亚波斯),从那里向两个方向传播,但实际上他并没有证据①。同样,帕利亚罗[Pagliaro (1)]或福布斯[Forbes (11)]所极力主张的纯希腊起源也不能令人信服。因此,印度是不是筒车发源地的问题就发生了②。劳弗在证明这种机器近代在印度传播很广方面毫无困难,但问题是可以追溯到什么时候,而由于众所周知的断定印度书籍著作年代的困难,这就不容易说了。但是有巴利语(Pali)的参考文献提到 cakkavaṭṭaka(转轮),注释为 arahat-ta-ghaṭi-yanta,即带水罐的机械③。如果这果真是筒车,而不是罐式链泵(sāqiya),这说明就很有意义,因为时间(按传统观点)可能是公元前 350 年左右④。古典梵文⑤、耆那教梵文和帕拉克里特语(Prakrit)⑥,以及佛教梵文⑦和近代印度的各种语言⑧也都有参考资料。也许通过筒车和佛教文献中的 saṃsāra-cakra(现世转轮)之间的比较,可以说明这种机器很早就使用了⑨。印度的工程论文会有一天使这个问题弄得更加清楚,但到目前为止还很难说在这方面已经做了任何决定性的工作⑩。

362

因此,总结起来,所得到的一般印象如下。具有中国特式的提水机械是翻车。它可能起源于 1 世纪,到 16 世纪以后已传播到全世界。具有占希腊和阿拉伯特色的提水机械是 sāqiya(垂直罐式链泵);这可能是早期亚历山大里亚人的发明,在 14 世纪以前的某个时候由阿拉伯国家传到中国。筒车的起源地点最难考证,现在可以暂且采取如下假设:它发明于印度,在公元前 1 世纪到达希腊文化世界,在 2 世纪传到中国⑪。

---

① 筒车被广泛称为"波斯轮(Persian Wheel)"这一事实,对于较早的时期并不能说明什么问题,参见 Morgenstierne (1),pp. 259 ff. 。尤班克[Ewbank(1),p. 115]坚持"波斯轮"一词应当专供那种水桶在销钉上摆动,因而在它们到达顶部被卡子翻转以前不会损失水的筒车使用,但我怀疑这是否能证明有根据。

② 我非常感谢哈罗德·贝利(Harold Bailey)爵士提供下述资料。

③ Vinaya,Ⅱ,122(ed. H. Oldenburg)。

④ 另一本书是 Bhagavad-Gītā,18,61,它把装有水斗的一种灌溉用轮叫做 yantrārūḍha;参见 H. Zimmer(2),p. 394。这或许早到公元前 4 世纪,但也有可能晚至 4 世纪。

⑤ 100 至 500 年的词典和《五卷书》(Pañcatantra)上均有 araghaṭṭa。《巴利语规范》(Pali Canon)的困难是它不再被认为比documentary书籍著作可靠,因为它在接近 5 世纪末时彻底修订过[据孔兹(E. Conze)博士的私人通信,参见 Conze (7)]。

⑥ 见 Jacobi (2),18,29,Meyer tr. p. 51;āraghaṭṭika。

⑦ 梵藏字典(Mahāvyutpatti)中有 arhaṭa-ghaṭi-cakram[参见 Renou & Filliozat (1),vol. 2,p. 363]。参见孔兹[Conze (6)]对 4 世纪中期的书籍(Abhisamayālaṃkāra,Ⅶ,i,2)中一段疑难文字的注释和 8 世纪师子贤(Haribhadra)对它的评注[参见 Renou & Filliozat (1),vol. 2,p. 377]。这里又是很难肯定把 sāqiya 排除在 yantra 一词所指的东西之外。

⑧ 关于马拉提语(Marāthī),参见 J. Bloch (1),p. 393。

⑨ 见 Masson-Oursel (2);Coomaraswamy (4);Foley (1)。在《天神譬喻经》(Divyāvadāna,公元前 2—公元 2 世纪)中,阿难陀(Ānanda)制造一个像水轮一样的 mandala,以表示轮回转生之意。这似乎是筒车而不是 sāqiya。人们也记得在欧洲中世纪文学作品和插图中无处不在的"命运之轮"主题(参见图 681),朱熹在哲学比拟中使用筒车(本册 p.359)和它在古代中国宇宙推测中所占的位置(本书第三卷 p.489)。另见 Mus (1);Przyluski (7)。

⑩ 以《耶索占布》(Yaśastilaka Campū)为例,它包含花园喷水装置的描写,是印度南部耆那教百科全书编纂者婆摩提婆·苏里(Somadeva Sūri)于 949 年所写,由拉加万[Raghavan (1, 2)]引起我们对它的注意。对于我们当前的实际应用来说,这有些迟了,而且它的含糊造成了解释的困难,除非有梵语学者和熟练工程师的合作可以弄清楚所描写的机械的特性。这个迫切要求完全适用于印度文化地区内工程历史的大多数以往工作和未来问题的研究。

⑪ 它与同样"激水的"水磨轮之间可能存在的亲缘关系,将在本册 p.405 详细讨论。

(h) 原动力及其应用(Ⅱ),水流与落水

前节我们讲到人力如何使水流动,现在我们将探讨更有意义的问题——人们如何使水流为他们服务。由水流驱动的筒车的发明,实际上已经起了这个作用,虽然它的起源地点与时间尚不明确,而且它所完成的工作只是把水提升到更高的高度。究竟是谁首先理解到,利用筒车轴上的力矩,可以完成人力所不能完成的工作,而且比起人力或兽力来有更高的效率和连续性?水轮是否只是水平旋转磨石的一种演变?在这里不可能详细阐明所有这些起源问题,但我们至少可以用东亚地区水轮发明和使用的大量有关事实来提供讨论,这些事实到目前为止还没有被任何技术史家注意到。

"磨"(mill)一词在这里不可仅仅狭隘地理解为手推磨。我们将论及水力操作的碓(跳动锤和杆锤)、轮碾、锯机、空气调节扇、纺织机以及当时遥遥领先的水排[1]。

(1) 勺 碓

363

让我们以类似猜谜的方式开始吧。如何能不用连续旋转运动而使落差的能量得到利用呢?答案是用一种与桔槔(本册 p. 331 讨论过)完全相反的装置。不是用平衡重帮助水桶提水,而是将平衡重改为锤或杆,并使水流注入横梁另一端的水桶内,使之交替下降和上升[2]。这就是"勺碓"(或"槽碓"),在 1313 年的《农书》(见图 597)[3] 以后的许多书籍中都有插图和说明。遗憾的是文学作品中提到它的很少。《农书》中引用一首很难查明作者的诗,后来在明朝张自烈著的字书《正字通》中有一解释:

> 山地居民将木雕成勺状,使它面向山中急流以驱动水碓。它的运转时快时慢,但其效率比人力提高 1 倍。人们称它为勺碓[4]。

〈山居者剡木为勺,承涧流为水碓。水满勺,碓首邛起,就曰自眷。迟疾小异,功倍杵眷。俗谓之勺碓。〉

这本书约写于 1600 年,虽然差不多 30 年后才印出来,但这种装置想必早在 1145 年已很普遍,因为楼璹的诗(见本册 p. 393)中就提到水流进流出圆滑的勺("匙")。在这以前我们还没有发现提到它的。

没有发现曾到中国旅行的人提到过这种装置[5]。但特鲁普[Troup (1)]曾在日本详细

---

① 在写本章以前,专门研究中国水力工程的唯一论文是增井经夫(1)的;其结论大致与我们的一致。后来,天野元之助(1)和刘仙洲(4)的论文相继发表。见解没有显著不同。

② 亚历山大里亚的赫伦的投币自动售货机内装有类似的平衡杆[第 21 章,见 Woodcroft (1), p. 37; Vowles & Vowles (1), p. 106]。

③ 《农书》卷十九,第十三、十四页。

④ 由作者译成英文。原文载《格致镜原》卷五十二,第七页。参见约 1700 年的《绍兴府志》(水利篇)。

⑤ 但是费子智(C. P. Fitzgerald)博士告诉我,1937 年他在洱源附近(在云南大理与丽江之间的路上)看到一组勺碓正在运转。他还在朝鲜东北部金刚山的常安寺看到过一些勺碓。还有其他人从朝鲜[例如(Vowles (2)]和印度支那[Colani (5)]报道过它们。在爪哇,它们采取倾倒式竹筒(taluktak)的形式,每倾泄一次,就使一种磬石发出声响[见 Kunst (5)和 Crossley-Holland (2), p. 77]。除了水流中断时向农民报警的简单任务之外,这种装置被爪哇人用不同音调的磬石和大小与放空周期不等的竹筒,发展成为一种名符其实的乐器。安南色登人也制作精致的水力锤击竹制乐钟(tang koa),在稻田里自动运转数月不停。不知怎么,勺碓最后传播到南美[Baroja (4);Mengeringhausen, J. & M.],估计是从欧洲传去的,虽然它们很少被提到。据慕尼黑德意志博物馆(在那里展览者一具模型)馆长说,约在 1800 年,它们在瑞士被用来捣碎石块,甚至用于棘轮驱动的锯机。它们的名称是 wasser-anke 或 guepfe。

图 597　最简单的水力利用;翻斗作为间歇的平衡体。采自《农书》(1313 年;卷十九,第十三页)的勺
　　　　碓("槽碓")。

图版 二三五

图 598　18 世纪欧洲人以翻斗作间歇平衡体的使用方式；供锻冶炉用的特里瓦尔德(Triewald)鼓风机(1736年)。槽柄式勺交替地使悬置在水中的两个钟形筒一上一下运动，因而连续送风到风管[Frémont(2, 10)]。

地研究过它。当时被称为 *battari* 的这种装置有一斜底水槽,当起平衡重作用时,水很容易流出,而最古老的形式,如楼畴所知道的,则只是一块挖空的圆木。可是在摄津(Settsu)的有马(Arima)和三田(Sanda)之间,特鲁普曾见到一种双槽装置,水流出时即自由旋转,并带动轴旋转,轴上的凸耳使立式春磨的杆进行工作(图 599)。[①] 在这里旋转的原理代替了简单杠杆的原理[②]。特鲁普曾和人类学家泰勒(Tylor)讨论过这个问题,泰勒问他是否知道有 4 根辐杆的例子;当时特鲁普还没有看到过,但后来在上州(Jōshū)的利根川流域(Tonegawa Valley)他发现了这种型式。另外两根辐杆是轻的,只带周边镶有凸缘的平板,其作用只是帮助主辐杆转动,使勺槽转到水流下面。特鲁普也曾见到其他形式,辅助辐杆上完全不装勺槽而只带平板或桨板。最后他终于发现并描绘了一些装有 4 根、6 根、甚至 8 根辐杆而辐杆末端都有勺槽的机器,所有这些机器都由轴上的凸耳驱动春磨的杆。

365

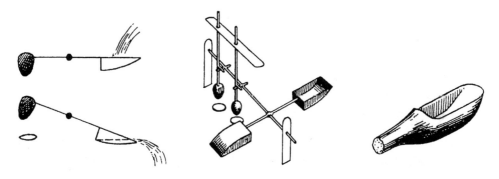

图 599　可能的水轮原始形式。左图,春米等用的简单勺碓("槽碓,"*battari*);右图,它的最原始形式,挖空的圆木。中图,双勺槽驱动立式春磨的例子[在日本摄津地方,根据 Troup (1)]。因为有 4 根、6 根和 8 根辐杆并带有平板和勺槽的形式已成为传统形式,这种装置可能与水轮有一定关系。

这些发现与水磨轮起源理论之间的关系已很明显,但最好还是暂缓考虑,直到讨论结束,我们能够正确观察水磨的整个发展过程时再说。

(2) 西方和东方的水轮

366

现在需要简单扼要地介绍我们所知道的关于西方水轮的出现和传播方面的主要情况。

---

① 据说在其他地方也有。

② 在 18 世纪,瑞典人马丁·特里瓦尔德(Martin Triewald)巧妙地应用勺碓原理来驱动锻冶炉的鼓风机(图 598)。一对槽柄式"勺"(动作与槽梁式桔棒相反,参见 p.334)交替地使悬置在水池中而开口向下的两个钟形圆筒上升和下降。这样,水就形成活塞,将空气压入风管,送到需要鼓风的地方[见 Frémont (2),p.158,(10),p.80]。这个设计始于 1736 年,在该世纪的其余年代里,得到一些企业单位的大量使用,例如大规模的法伦矿和炼铜厂[参见 Lindroth (1)]。当然,这样把水当作活塞使用的方式,可以追溯到古希腊后期;参见 Philon, *Pneumatica*,ch.64;Beck (5),p.75;Drachmann (2),pp.6 ff.。在达·芬奇所绘制的草图里,有像特里瓦尔德鼓风机那样的双钟形鼓风机,只是不用水力运转[Feldhaus (18),p.46;Beck (1),p.341]。严肃的瑞典人利用勺槽做繁重的工作,但是一个诙谐的奥地利大主教却安排它们做另一种工作。在萨尔茨堡附近的黑尔布伦城堡[埃姆斯(Ems)的马库斯·西蒂库斯于 1614 年建造中],有很多使用水的游戏项目(参见 p.157),包括一个间歇伸出舌头的人面像——估计是大主教审定的。此项动作是将一股小水流灌到一只间歇倒空的杯子内,因而带动装在此杯支轴上的舌片形成的。我们这就可以把普通的碓和阿拉伯人创造的自鸣水钟上的报时机构倾斗联系起来(参见本册 pp.534 ff.)。间歇放水重要,还是臂另一端的作功重要,当视情况而定。

在贝内特和埃尔顿(Bennett & Elton)的著作① 中有极丰富的资料,另有布洛克[(Bloch (2)]② 和柯温[Curwen (4)]的两篇经典论文值得推荐。这两篇著作和它们所参考的文献资料,将为需要的人详细描述我们现在将要综述的基本事实。在西方,已知最古老的水磨(带动磨石研磨谷物的水轮)是公元前 24 年左右斯特拉波(Strabo)③ 所描述存在于本都王国(Pontus)卡比拉(Cabeira)的水力磨(*hydraletes*;ύδραλ έτηs)④,它是末代米特拉达梯(Mithridates)[欧帕托耳(Eupator)]⑤ 在公元前 65 年被庞培(Pompey)推翻时所失去的财产的一部分。最初提及水轮的文学作品是一首被认为是塞萨洛尼基的安提帕特(Antipater of Thessalonica))所写的希腊诗⑥,时间约在公元前 30 年:

辛勤劳动在磨旁的妇女们,停止你们的研磨吧!

多睡一会儿,虽然公鸡已经报晓。

按照谷物女神的吩咐,你们的任务现在交给了水仙女,

她们跳到轮子顶上,使它转动,

轴和飞旋的辐一起旋转,使

重而空的磨石在上面研磨。

因而我们将尝到黄金时代的幸福,并

享受女神的赏赐而无需付出劳动。

其次是公元前 27 年维特鲁威书⑦ 中的实际描述,他的说明常被举例阐释⑧。普利尼的叙述(约于 75 年)比较含糊;他说:⑨ "在意大利大部地区都使用落杵,当水流转动水轮时就进行研磨"。这里不知他所指的是碓锤还是转磨⑩。在 3 世纪时,沿哈德良长城 (Hadrian's wall)⑪ 和摩泽尔河 (Moselle)⑫ 支流上显然有磨坊,而且我们知道从 4 世纪开始就有许多 367 磨坊,例如在阿尔勒 (Arles)⑬ 和罗马的雅尼枯卢谟 (Janiculum) 山区,图拉真

---

① Bennett & Elton (1),vol. 2。现在可以增加 Moritz (1)和 P.N. Wilson (1, 2)。

② 注意吉勒[Gille (7)]的补充。

③ Strabo, XII, 3, 30(C 556), Jones tr. vol. 5, p. 429。

④ 即"水磨"。

⑤ 传记见 T.Reinach (1)和 Duggan (1)。

⑥ *Greek Anthology*, IX, 418 (Loeb ed., vol. 3, p. 233);由作者译成英文,借助于 Curwen (4)等。

⑦ Vitruvius, X, V, 2。

⑧ Perrault (1), p. 315; Usher (1), 1 st ed., p. 124; Bennett & Elton (1), vol. 2, p. 33。斯滕贝尔 [Steensberg (1)] 曾发表公元前后日德兰半岛 (Jutland) 的某种水磨的痕迹,但除了推测是进水槽的石块以外,没有留下什么东西,因此难以想象其型式。然而, 这个痕迹被许多考古学家所承认 [Lynn White (7)], pp. 81, 160]。

⑨ *Nat. Hist.* XVIII, xxiii, 97, 如汤普森 [d'Arcy Thompson] 在沃尔斯的论著 [Vowles (2)] 中所指出的, 把 "ruido" 改为 "ruente"。

⑩ 参见 Bennett & Elton (1), vol. 1, p. 102; Moritz (1), p. 135。

⑪ 参见 Moritz (1), pp. 136 ff.。

⑫ 见本册 p. 404。

⑬ Benoit (1); Gille (7); Forbes (19), p. 598。这是巴贝格尔 (Barbegal) 的著名工厂,装有上射式水轮 16 台,排成递降的两行,每天加工 28 吨面粉。它的建造日期似在 310 年左右。1959 年 10 月我有机会同李大斐 (Dorothy Needham) 博士亲自参观该厂的遗址,可以看到岩石被开挖约 7 英尺深, 由渡槽引水入内, 以在面南山坡顶上供水, 渡槽的许多拱桥仍然存在。当然, 这里的机器已荡然无存, 但是根据石工建筑的配置来看, 它们属于立式维特鲁威水轮, 是不会错的。对于居住在巴贝格尔庄园的普罗旺斯地区艾克斯 (Aix-en-Provence) 的牧师, 尊敬的法国人弗朗索瓦·迪·鲁尔 (Francois du Roure) 所给予的热情帮助, 我表示最诚挚的谢意。

(Trajan)输水道的水大多用在这里[1]。6世纪的查士丁尼法典(Justinian Code)中有许多关于磨坊的条文[2]。大约在770年水磨传到了德国[3],至迟在838年又传到英国[4]。这就是水磨在西方传播的概况。

然而在这里我们要指出一个重要的区别。维特鲁威的水磨显然是一个立式下射水轮通过正交轴齿轮装置与水平放置的磨石相联结(图600),即立式水磨[5]。但这不是唯一可能的方案,事实上在现代欧洲大部地区以及我们从历史文献中所了解的欧洲,很明显所用的水磨都是卧式的,即水磨的水轮水平安装在水流中,不用齿轮传动,直接与上面的磨石联结(图601)[6]。柯温[Curwen (4)]论证说,米特拉达梯的水磨就是这种型式的,因为没有谈到齿轮,而且跳到轮子顶上的水仙女,简直不可能是跳到立式上射水轮上,因为在5世纪以前,这种型式还没有出现。一台这样的水轮(约建于470年)曾在雅典出土[7]。但是描绘5世纪或更早水磨轮的绘画或镶嵌图都很明显是下射式的[8]。然而,水仙女的动作与水平轮的辐和桨叶位置相符,因为位置一般总是安排得使水流从上而下冲击它;这是在中国艺术作品中常见的布置,其中有些转载在下面。

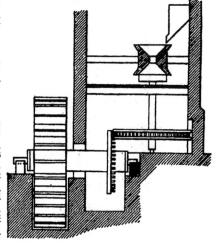

图600　维特鲁威水磨,立式水轮通过正交轴齿轮装置驱动磨石[Usher(1)]。

柯温[Curwen (4)]曾对这两种水磨型式的分布进行过详细的讨论。立式水轮的传播方向最早主要是由南向北发展[9],顺序为法国、德国、英国和威尔士。但卧式水轮则在周围发展,先在黎巴嫩、叙利亚、以色列[10]、塞萨洛尼基(Thessalonica)[11]、南斯拉夫[12]、罗马尼亚[13]、希腊、意大利、

——————

① Bloch (2), p. 545; Bennett & Elton (1), vol. 2, p. 39。

② Bennett & Elton (1), vol. 2, p. 41。

③ Bloch (2)。

④ Bloch (2); Gille (4);贝内特和埃丁顿[Bennett & Elton (1), vol. 2, p. 97]提出一份762年的证件。在1086年的英国《末日审判书》(Domesday Book)中,霍金[Hodgen (1)]查出有5624台水磨。最早的中世纪水磨图是法国的,约在12世纪[Bennett & Elton (1), vol. 2, p. 73]。

⑤ 这里我们沿用贝内特和埃尔顿的术语;可惜的是柯温把它搞颠倒了,认为形容词是指轴而不是指水轮。立式水轮早为亚历山大里亚人所知,如菲隆,但只是用来使空气由孔排出而发出悦耳的声音[参见 Schmeller (1); Usher (1), 2nd. ed. p. 162; Beck (5), pp. 73 ff.; Drach-mann (2), pp. 64 ff.]。

⑥ 由于不久就可以明了的原因,对于这种型式的水磨,我们不能采用贝内特和埃尔顿所使用的"希腊磨"或"挪威磨"等名称。关于这种型式的水磨,现在有威尔逊[P. N. Wilson (4)]写的一篇很好的论文。

⑦ A. W. Parsons (1)。一个很好的凭遗迹重新建成的复制品见 Storck & Teague (1)和 Forbes (11), p. 92。

⑧ Brett (1); Profumo (1)。

⑨ 也许是因为哥特人(Goths)对6世纪安装在台伯河(Tiber)船上的水轮(必定是立式的)有极深的印象(见本册 p. 408)。从14世纪起,上射式水轮就开始在北欧占主要地位。

⑩ Avitsur (1); Dalman (1), vol. 3, pp. 245 ff., fig. 64。

⑪ Curwen (5)。

⑫ 特别是在波斯尼亚和黑塞哥维那(Hercegovina),我在1961年夏天看到许多卧式水磨;例如在莫斯塔尔(Mostar)附近和黑山(Montenergo)的铁托格勒(Titograd)。皮尔贾[Pilja (1)]曾发表亚伊采(Jajce)地区的一些著名水磨的好照片。

⑬ E. Fischer (1),常带勺形叶片。

368

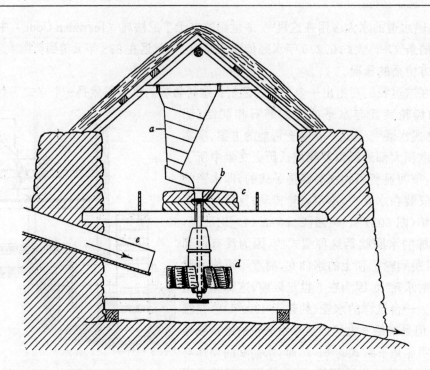

图 601 卧式水轮，刘易斯岛(isle of Lewis)的一个例子[据 Curwen (4)]。a,漏斗;b,轴心
铁;c,磨石;d,水轮，在粗轴上装有斜向叶片;e,水槽，引水到轴后轮侧，如图所示。

普罗旺斯①、西班牙，然后到爱尔兰②、设得兰群岛、苏格兰③、法罗群岛④、丹麦⑤ 挪威和瑞
典⑥。更有意思的是在叙利亚以东卧式水轮到处占优势，例如在波斯[J. R. Allen，见 Goudie
(1)]，在突厥斯坦(Cable & French)，在喜马拉雅山脉的罕萨地区(Morden)和在中国。许多
旅行者都从那些地方作了报道，例如上世纪末的毕晓普(I. L. B. Bishop)⑦;我亲眼看到过成
都平原的许多水磨⑧，另外有人描述在有些地方，同一个小河谷内就有接二连三多到 100 台
左右的水磨，例如在山西⑨、甘肃⑩ 和云南⑪。而且，这是中国书籍中记载最多的形式。不管
米特拉达梯的磨是否真是卧式水磨(如看来是的那样)，这个发明既不是希腊的，也不是罗马

---

① De Bélidor (1), vol. 1, pl. 22 和 p. 301。

② O'Reilly (1);A. T. Lucas (1)。

③ Goudie (1);Dickinson & Straker (1)。

④ K. Williamson (1)。

⑤ Steensberg (1)。

⑥ 它也传到法国南部，在图卢兹(Toulouse)出现了一些著名的水磨[de Bélidor (1), vol. 1, pl. 23; Sicard (1);
Bennett & Elton (1), vol. 2, p. 26]。拉梅利曾在 1588 年描述过[W. B. Parsons (2), p. 131,pl. 115]。

⑦ 贝内特和埃丁顿[Bennett & Elton (1), vol. 2,p. 26]记载的私人通信。

⑧ Hosie (4), p. 88。见图 623 和 624。

⑨ 冯贵石(F. French)小姐的私人通信，载于 Curwen (4)。有关山西和直隶两省交界处的水磨，参见 A. Williamson
(1)。

⑩ Geil (3), p. 284 反面的插图;西宁附近。

⑪ 李大斐博士的个人通信，谈到的是洱海滨大理附近的喜州。

的①，显示的可能性是，它和其他卧式水磨一起，来自更远的东方。无论如何，它显然比立式水磨轮要简单些，因立式水磨轮需要齿轮传动装置②。这到底是原始还是倒退的证据，我们将在以后讨论。在这里我们只需要补充一点，即大部分地区的卧式水轮，如近代观察家们所发现的，或者有倾斜安装的桨板（倾斜角约为 70°），或者有某种形式的勺形或杯形叶片，后者具有同样的效果，但使我们想起特鲁普的观察③。人们会想知道，在 4 世纪，希腊化的波斯人米特罗多鲁斯（Metrodorus）把什么样的水磨设计带到了印度，当时在那里水轮被认为是新发明④。

（3）汉代和宋代的冶炼鼓风机

当我们问到中国历史上最早的水轮时⑤，就会遇到一个令人不解的事实：它不是用来转动简单的磨石，而是用在推动冶炼鼓风机这样复杂的工作上。这一定是说，很早以前就有水 370 磨匠的传统，虽然我们不能在文献中追溯到它的由来。以下是一些主要书籍上的记载；首先，在《后汉书》上⑥：

> 建武七年（公元 31 年），杜诗任南阳太守。他是一个慷慨大方的人，他的政策是和平的；他打击恶势力，树立权威。他善于筹划，爱护人民，希望节省他们的劳力⑦。他创造水排，用于农具的铸造。

----

① 本都王国主要属波斯文化，由于海滨希腊殖民地城邦的影响而不完全地希腊化［Rostovtzev & Ormerod (1)；Ormerod & Cary (1)］。在这种情况下，下列事实是很有意义的：它是希腊化世界最重要的采矿中心之一，继承了赫梯人（Hittites）炼铁的传统。

② 卧式水轮在 15 世纪工程师们的设计中不难发现。胡斯派有一台用于谷物磨；参见 Gille (12)；Feldhaus (25)。达·芬奇将一个带杯形桨叶的水轮应用于他的滚轧机上，此机器是制造长菱形横断面的锻铁桶板，以焊接成射石炮筒用的，参见 Beck (1), pp. 430, 432；Feldhaus (25, 26)。

③ 概括地说，在土耳其、黎巴嫩、希腊、南斯拉夫、普罗旺斯、西班牙和爱尔兰，桨叶是凹陷成勺形的；在斯堪的纳维亚和苏格兰是平面直立或倾斜的；参见 Curwen (4)；P. N. Wilson (4)。如果认为倾斜的平桨叶比勺形桨叶更原始的话，那末，传播路线是在欧洲中心地带周围反时针方向，而不是通常设想的顺时针方向。然而必须是一个非常爱国的爱尔兰人才相信在黎巴嫩所见到的卧式水轮是来自西凯尔特人（Western Celtic）地区。更为合理的是设想两个传播流向：平桨叶的早期反时针流向，到达苏格兰为止，和成形桨叶的后期顺时针流向，到达爱尔兰为止。无论如何，明显的是中国卧式水轮的叶片或桨板似乎总是与轮的平面成直角插入——这是一个可以表明很古老的原始特征。围带，也就是环绕叶片末端装设的一圈轮缘，在从中国到设得兰群岛的整个范围内只是零星地出现。

④ 来自阿米阿努斯·马尔塞利努斯（Ammianus Marcellinus）和拜占庭历史学家凯兹雷诺斯（Cedrenos）的这个情况由布洛克［Bloch (2), p. 540］讨论过，并附参考文献目录。

⑤ 我们指的是第一次专门描述。不久（p. 392）我们将引用公元 20 年的一段一般叙述，说明当时水力在水碓捣舂方面的应用是众所周知的，并说明它是在此以前某个时候开始采用的。一般倾向于把公元 31 年作为最初的日期，因为在观念上“水磨”是与从动轮的旋转相关联的，如维特鲁威的谷物磨那样，而且 14 世纪的水力鼓风机也有从动轮（见本册 p. 371）。但是，如我们将要知道的，1 世纪的鼓风机很可能只用一根带凸耳的轴。假使是这样的话，它们不包含比“水碓”更先进的原理，而按桓谭所说（p. 392），产生动力的水轮本身一定起源于公元前 1 世纪。因此，它在小亚细亚和在中国的首次出现，在时间上相差很小。

⑥ 《后汉书》卷六十一，第三页；由作者译成英文。

⑦ 我看不到任何理由对此采取漠然的态度。已有事实证明，人道主义思想可以推动发明创造，例如 1783 年茹弗鲁瓦（Jouffroy）创造明轮船，是因他看到了划船奴隶的痛苦［Schuhl (1), p. 53］。

[注释]从事冶铸的人已有手拉风箱吹旺炭火,现在指示他们用急流的水去操作它……①

这样,人民因减轻劳动而得到很大的好处。他们发现"水力风箱"使用方便,因而广泛采用它。

〈建武七年,杜诗迁南阳太守。性节俭而政治清平,以诛暴立威,善于计略,省爱民役。造作水排,铸为农器,用力少,见功多,百姓便之。

注释:冶铸者为排以吹炭,令激水以鼓之也…〉

所以,这种先进的机械是在维特鲁威时代和普利尼时代之间出现的。有关杜诗和他的工程师们的传说,一定在南阳一带流传很久,因为在两个世纪之后传播这项技术知识的是一位当时成为著名官吏的南阳人②。这是我们从《三国志》上了解到的,它说③:

韩暨,任乐陵④太守的时候,被任命为管理冶铁的专职官吏。老方法是用马力来推动鼓风机,每冶炼1石熟铁,需要100匹马工作。也用人力,但花费也很大。所以韩暨把冶炼鼓风机改造成能用长流水推动,效率比以前提高了两倍。他在职7年,(铁的)器皿用具增加很多。在收到他的报告后,皇帝就传令嘉奖,并颁给他司金都尉的头衔。

〈韩暨……后迁乐陵太守,徙监冶谒者。旧时冶,作马排,每一熟石用马百匹;更作人排,又费功力;暨乃因长流为水排,计其利益,三倍于前。在职七年,器用充实。制书褒叹,就加司金都尉。〉

以上引证所涉及的时期一定略早于238年。约20年后,能人杜预似曾提出一种新的设计⑤。

这情况继续到5世纪,因为皮零在他的《武昌记》中写道⑥:

372 　北济湖原来是为新兴冶铸厂(人工建造)的,元嘉初年(公元424—约429年),供冶炼鼓风机用的水力有很大的发展。但是后来,颜茂发现这个湖的土堤漏水,没有多大用处,于是把它们毁掉,以人力鼓风器("人鼓排")来代替,因此称之为"步冶"(脚踏鼓风器)湖。现在这个湖年久失修,不能用于冶炼,一到冬季就完全干涸。

〈北济湖本是新兴冶塘湖。元嘉初,发水冶,水冶者以水排冶。令颜茂以塘数破坏,难为功力。茂因废水冶,以人鼓排,谓之步冶湖。日因破坏,不复修治,冬月则涸。〉

此外,《水经注》也引证⑦戴祚在420年左右所写的记载讨伐姚兴战役的《西征记》说,谷水⑧曾用

373 于冶铁工业。在某个地方有水力冶炼机械("水冶")的码头,还设有管理冶铁的政府机构。因此我们知道,如郦道元所说,谷水曾被用来驱动冶铁鼓风机。后来,在814年的唐代地理文献《元和郡县图志》中也有叙述,若经调查研究,也许会发现各个世纪的文献中都有记载。

从《农书》的时代(1313年)起,几乎所有有关的中国书籍中都有这类机械的记载,它们不仅用于冶铁鼓风器,而且也用来推动面粉筛和任何其他需要直线往复运动的机械(参见图

---

① 这个注释本身就是一份资料,因为它是李贤约于670年写的,说明那时人民十分熟悉水力鼓风机的概念。但是他的其他陈述,参见本册 p.142,可以说明那时扇式或活塞式还没有代替柔革鼓风器。

② 自从战国时期以来,南阳一直是钢铁业中心。这方面以及水力鼓风机的所有其他冶铁背景,将在本书第三十(d)中详细讨论;同时,许多资料可见 Needham (31,32)。

③ 《三国志》卷二十四,第一页(魏书);由作者译成英文。这两段文字在《太平御览》卷八三三,和《农书》卷十九,第六页中都被引用。

④ 在黄河以北的华北平原上,山东省境内靠近边界处。

⑤ 见《晋书》卷三十四,第九页。由叶照涵(1)作过解释。

⑥ 引自《太平御览》卷八三三,第三页;由作者译成英文。

⑦ 《水经注》卷十六,第二页。我们转引自杨宽(1)。

⑧ 它由西流入洛阳城东南方的洛河。参见 pp.346,403。

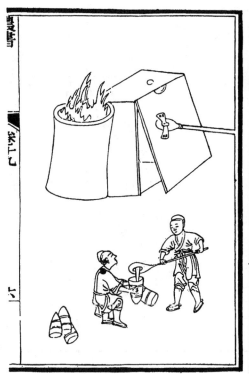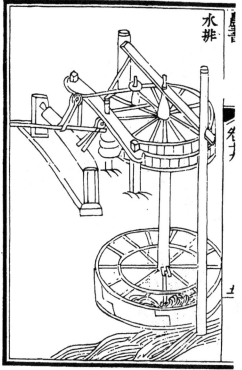

图 602 水力驱动的冶炼铁鼓风机("水排");现存最早的插图(1313年),采自《农书》卷十九,第五、六页。书中有详细的叙述和讨论。参见图461中的类似机构。

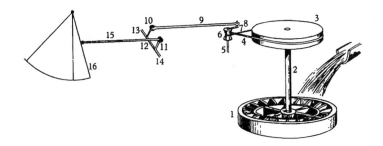

图 603 王祯关于用于铁厂(冶铁炉、锻铁炉等)和其他冶炼用途的卧式水力往复运动装置示意图(1313年)。1,卧式水轮("下卧轮");2,立轴;3,主动轮("上卧轮");4,传动带("弦索");5,辅助轴;6,小轮或滑轮("旋鼓");7,偏心杆或曲柄("掉枝");8,曲柄接头与销子;9,连杆("行桄");10,11,摇臂直角杠杆("攀耳");12,摇臂辊("卧轴");13、14,轴承;15,活塞杆("直木");16,扇式鼓风器("木扇")。在这里我们看到用传统的方法把重型机械的回转运动转换为直线往复运动,这方法也是后世蒸汽机所使用的,只是动力传递方向相反。所以这个机构的重大历史意义在于它是蒸汽机的起始形态。在这个设计中,鼓风器的往返行程都是完全机械化的。

461,627b)。现代旅行者还看到过它们的传统形式①。这种机械的重要历史意义,在于从公元后第一千纪年的某个时候起,它们体现了重型机械中将回转运动转换为直线往复运动的标

———————————

① Rocher (1),vol.2,pp.196 ff.,他的描述几乎与《农书》中所述完全相同;Hosie (4),p.96;A. Williamson (1);Hommel (1),p.86,部分地。

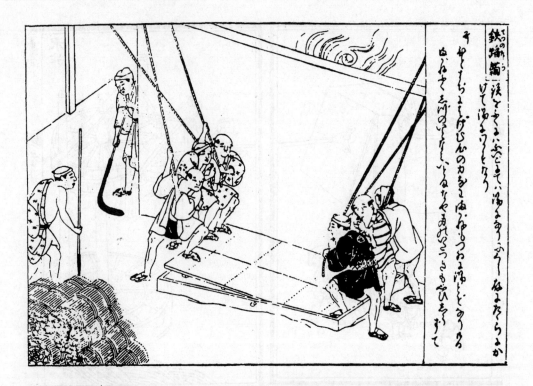

图 604　一种后期扇式鼓风器("木扇"),日本传统冶铁工厂的"蹈鞴"风箱[18 世纪的插图摘自 Ledebur (2)]。见本页上面关于 5 世纪中国"脚踏鼓风器"("步冶")的叙述。这种风箱可能与图中所示的相似。前面图 430 所示的 11 世纪扇式鼓风器与图 602 所示的极为相似。所有这些都使用本质上是铰链活塞的部件,作弧线运动。通常成对结合,以保证连续鼓风。此图上所附的草体字标题为"铁蹈鞴"(*tetsu no tatara*),即"冶铁脚踏风箱"。右边的一行文字说:"普通手风箱不能用于冶铁鼓风,所以我们用脚踏风箱来熔铁,直至它像热水一样流动"。中间一行是押韵的谚语,意思说,没有什么东西坚硬得使刻苦的工作都不能软化它。左边是一首诗,大意如下:

> 凡在铸工厂卖手艺,
>
> 都是正直勇敢的卑贱者,
>
> 如此忘我地鼓风,
>
> 烦恼与忧虑都离去,
>
> 直到坚硬的铁块熔化,
>
> 能像热水一样流动。

我们感谢坂本铃子小姐为此插图的说明作解释。

准方式。由于这个原因,虽然这样叙述会干扰我们对谷物水磨的研讨,但是看来还是有必要在现在论述这个问题。

从最初绘图记载(图 602 所示为《农书》所载)的时代起,就有这种回转运动转换为直线运动的方式存在。然而,由于绘图上的许多错误,初看起来几乎不可能从图上说明这种机械如何工作[1]。但是由于王祯《农书》中的文字说明以及以后各书中重画的插图的帮助,特别是《图书集成》这部百科全书[2]和《授时通考》(参见图 461),对这种机构的透彻了解是可以做到

---

① 费尔德豪斯[Feldhaus (10)]不得不到此为止,但他只从《三才图会》上知道这种机器,而引起对它的重要性的注意,是值得称赞的。

② 《图书集成·艺术典》卷六"汇考"四,第二、八页。后者驱动一个面粉筛,并与《授时通考》卷四十,第三十一页完全相同。

的。我们可以概括如下(见图603)。此种机械的原动力产生于卧式水轮,此轮立轴的顶端支承一尺寸相似的主动轮。如果此轮的轴承不是装在它的上面,偏心装置就可以直接装在上面。因为轴承装在主动轮上面较好,因此在另一个架子上并排安装一个小滑轮①,由大飞轮通过交叉传动带驱动。这个辅助轴的轴承上面支着一个偏心杆②,通过连杆和活动接头与一个很像直角杠杆的摇臂辊相连③,此摇臂辊又通过另一个活动接头推拉鼓风器本身的活塞杆④。前面已证明(pp.140 ff.),至少在宋代,上述鼓风装置是某种大型的扇式鼓风器或活塞风箱。将偏心装置安装在小轮上而不装在大轮上,当然得到了速度的大幅度提高⑤,而这无疑是特意这样设计的,因此主动轮由上轴承而不是由下轴承固定位置,是经过慎重考虑的⑥。 374

现将以上所述与王祯自己在一段很有趣的文章中所说的⑦ 进行比较:

根据现在(1313年)的查考,在古时候用皮囊鼓风器("韦囊"),而现在经常用木扇⑧。其方法如下:在急流的岸边选择一个地方,设立构架,装置一根立轴和两个卧轮,下轮由水力驱动。上轮用传动带("弦索")与安装在它前面的(小)轮("旋鼓")联结,而小 376

---

① 从整个插图的传统来看,绘画者把小滑轮画成几个有点像泡似的东西。这使我友伯斯塔尔(Aubrey Burstall)教授推测不存在传动带,而是用更像摩擦传动的方式,小轮用绳(或用塞有羽毛的皮革等)缠绕,形成有弹性的滑轮,靠与大主动轮上的灯笼式齿轮杆之间的压力旋转。他的有趣的整台机器活动模型,就是根据这样的看法制造的。现在我们很抱歉不能这样做,且不说许多次要的理由,我们认为王祯的原文很清楚含有传动带存在的意思,这也是可以料想到的,因为它在中古时代的中国早有采用。另一方面,我们对于所有中国书籍内将回转运动转换为直线往复运动的水力机械插图中小滑轮都用"泡"形表示,提不出恰当的解释[参见图461中的面粉筛和《图书集成》上的冶铁鼓风机型式(《图书集成·艺术典》卷六,第二页,转载于Needham(41),fig.4]。再见本册p.377。任何人都会感到奇怪,为什么在任何这类机械中从没有明确表示使用齿轮传动装置。例如图582所示,因为中国人是很善于使用它的(参见本册pp.398,450 ff.)。

② 在纺织技术章中,我们将要看到这种装置的其他重要例子,以及它至少可以追溯到11世纪的明显证据。参见本册p.382。

③ 绘画者没有画出偏心装置与耳柄的连接,而无法解释的是,连杆似乎直接与活塞杆连接,而不是连在摇臂辊上。

④ 轴上装摇臂杆,在欧洲自16世纪起已非常普遍地应用于提升水槽中的水[参见Beck(1),pp.366 ff.]或把瀑布的动力传送给提升机和泵[参见Lindroth(1),vol.1,figs.83—85,88—91,248;Jespersen(2),pp.66 ff.]。进一步见本册p.379。这就是前面(p.334和p.351)已经提到过的Stangenkunst(杆式装置)。

⑤ 水轮每转一转的活塞杆行程数会大大增加。

⑥ 写完本文很久以后,我们高兴地发现杨宽[(6),第57页]对王祯的机械所作的全面解释与我们的看法完全一致。他所补充的有趣的一点是,在《农书》别处(卷十六,第六页)有类似的交叉皮带马辘轳磨,据说主动轮每转1转,小轮转15转。参见图450。

⑦ 《农书》卷十九,第六页起;由作者译成英文。王祯所叙述的机械细节,已经由几位中国学者研究过。刘仙洲(1,4,7)绘制了类似马力鼓风器的示意图,王家琦(1)和刘仙洲(7)刊载了现在故宫博物院陈列的水力鼓风器模型的照片,这具模型我有幸于1958年看到过,而杨宽(1,6)和李崇州(1)更致力于王祯原文中技术名词的考证。在这方面,他们的看法还不完全一致,我们采取了我们认为是最好的解释。

⑧ 我认为王祯所指的肯定不是任何种类的回转风扇(如扬谷风扇那样),而是指活塞本身。这种活塞很可能是铰链连接的,如传统的图中所示的那样,但是无论如何,鼓风器进风和送风两侧的活门是需要的。他的插图中的鼓风器以及由此演变而来的鼓风器都有点像欧洲16世纪的楔形木制鼓风器[参见本册p.150和Johannsen(2),p.91],形状类似较古时期的木与皮制的鼓风器[参见Johannsen(2),pp.27,34]。一幅较古的绘画是甘肃万佛峡石窟壁画中的锻铁图(图430),这是西夏时代(986—1227年)的作品;见段文杰(1),图18a。但是我们没有找到文字记载。当然,纯粹活塞风箱的记载也很罕见。在第三十章(d)中讨论冶铁时我们还要回到这个问题上来,但在这里我们可以注意,中古时代中国的"铰链活塞"有点像日本使用人力脚踏踏板上下往复摆动进行鼓风的"蹈辐"风箱(图604,605)。在1816年瑞典达拉纳法伦矿的大型炼铜厂也有一种非常类似的型式在运行[Lindroth(1),vol.2,figs.76,77,pp.162 ff.]。本册p.372所引用的一段5世纪文章中所提到的"步冶",即脚踏鼓风器,可能是有点像"蹈辐"的风箱的早期记载。达·芬奇所用的"铰链活塞"装置见本册p.383。

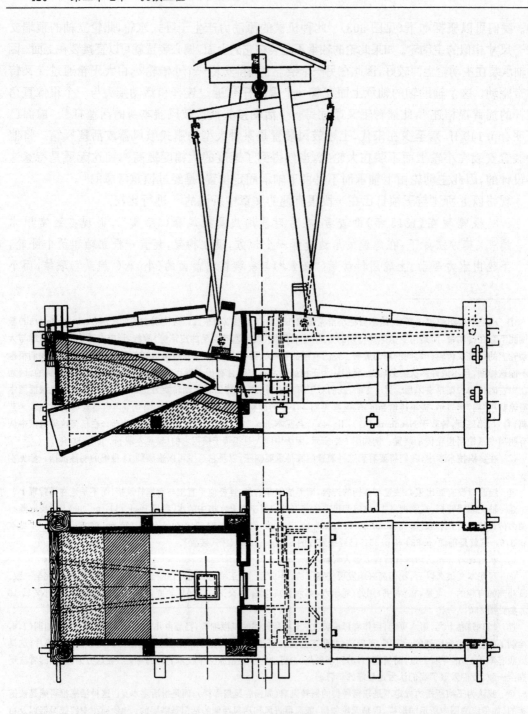

图 605 "蹈鞴"风箱的立面图和平面图[Ledebur(2)]。当每个扇叶或铰链活塞下降时,空气被迫通过中心孔道
（与纸面成直角）从风口排出;当它上升时,空气就通过管顶端的活门进入（可从纸平面内左上方看到
其箭头形截面图）。两个尺寸约各为 5 英尺×3 英尺的扇叶联结得使一个排风时,另一个进风,因此很
像典型的双动活塞风箱（图 427、428）,可以连续鼓风。参见 p.139。

轮上装有偏心杆（"掉技"）。于是,所有这些部件均随（主动轮的）旋转动作,连接在偏心
杆上的连杆（"行桄"）则推拉摇臂辊（"卧轴"）,摇臂辊左右的直角杠杆（"攀耳"）保证将

连杆的运动传输到活塞杆（"直木"）。这样，活塞杆被来回推动，使冶铁炉鼓风器动作，其速度远非人力所能达到。

另一个方法也曾经使用过。先在鼓风器前面装设一木（活塞）杆（"篗"）①，约长3英尺，在杆端竖直安装一新月形木板，所有这些部件用一根类似秋千②的绳索悬吊起来。再在鼓风器前面树立有劲的竹杆（作弹簧用），并用绳子与它相连；这是控制鼓风器扇叶（"排扇"）动作的装置。然后，随着（立式）水轮的旋转，固定在主动轴（"卧轴"）上的凸耳（"拐木"）自动推动（装在活塞杆上的）新月形木板，此时扇叶即随之后退。当凸耳完全落下时，竹杆（弹簧）作用于鼓风器，使它回复到原来的位置。

同样，用一个主传动装置，可以驱动几个鼓风器（通过轴上的几个凸耳），其原理和水碓一样。这也是很方便而迅速的，所以我认为值得记录在这里。

一般来说，冶炼铜铁，对于国家是很有利的。建立冶炼机构时，常常要花费大量资金并雇用很多劳动力来驱动鼓风器，代价确实是很高的。但是如果用以上这些方法（使用水力），就可以大大节省。可是从这些发明初次提出到现在已很久远，有些已经失传，所以我走访了许多地方来发掘有关技术。而且我将所发现的一一绘成图谱，使官方冶炼者增加国家财富，私营铸造厂得到更大方便。这实在是一项有益于世界的秘术，我只希望那些懂行的人把它传下去。

如诗所说③：

"我常听说古时有好官吏，推动农具的锻造，

为要减轻铁匠的劳动，他们制造

鼓风的机器和水力转动的水轮。

这股疾风，这个呼吸，是世界潮流的一部分④，

如我们从古代展现的象征符号所得知⑤。

嘿，看这炉火烧得正旺，铁水流

入槽内；工作愉快地进行着，

加快耕作和作物的生长。"⑥

〈以今稽之，此排古用韦囊，今用木扇。其制当选湍流之侧，架木立轴，作二卧轮，用水激转下轮，则上轮所周绞索，通缴轮前旋鼓掉枝，一例随转，其掉枝所贯，行桄因而推挽卧轴左右攀耳，以及排前直木，则排随来去，扇冶甚速，过于人力。

又有一法。先于排前，直出木篗，约长三尺，篗头竖置偃木，形如初月，上用秋千索悬之。复于排前置一劲竹，上带棒索，以挖排扇。然后却假水轮卧轴所列拐木，自上打动排前偃木，排即随入。其拐木既落，棒竹引排复回。

如此间打一轴，可供数排，宛若水碓之制，亦甚便捷，故并录此。

夫铜铁国之大利，凡设立冶监，动支公帑，雇力兴扇，极知劳费。若依此上法，顿为减省。但去古已远，失其制度，今特多方搜访，列为图谱，庶冶炼者得之，不惟国用充足，又使民铸多便，诚济世之秘术，

① 这个名词通常用来指钟架或锣架上的横梁。
② 关于秋千，见 Laufer（22）；他断定是在汉隋之间从北方未开化民族传到中国的。
③ 也许就是他自己？
④ 这个比喻是从《道德经》来的（参见本册 p.139），其中把宇宙比作鼓风器。
⑤ 六十四卦中的巽（第五十七卦）和离（第三十卦），见本册 p.143 和本书第二卷表14。
⑥ 这首诗是意译的。

幸能者述焉。诗云：

尝闻古循吏，官为铸农器；
欲免力役繁，排冶资水利。
轮轴既旋转，机械互牵掣；
深存橐籥功，呼吸唯一气。
遂致巽离用，立见风火炽；
熟石既不劳，镕金亦何易。
国公倍常资，农用知省费；
谁无兴利心，愿言述此制。）

377 第一段不需要解说，就可以很容易从图 603 了解①。第二种方法虽然在任何书籍中都没有绘图说明，但也是非常重要的，因为它是一种只用凸轮把回转运动转换为直线往复运动的鼓风机。李崇州（1）第一个看出它所用的是直立安装的水轮②，并意识到王祯在两种截然不同的意义上使用"卧轴"一词，一是像直角杠杆销似的水平摇臂辊，二是水平主驱动轴。但他的设想图画得不太好，我们采用杨宽（9）的插图（图 606）。当凸耳沿弧线运动时，推动新月形木板后退，回程则由竹弹簧的作用完成③。因此，这种结构与差不多同时代的奥恩库尔的水力锯车相同。

如王祯所说，这种装置与下面图 617 和 618 所示的相似，这两张图是描绘水碓的。水碓
378 是一列落锤由于随主轴转动的凸轮或凸耳的作用而交替上升和自由落下的简单机械。因为这种机械在汉代是常见的（p.392），杜诗和韩暨的鼓风机肯定属于这种型式④，但总有不同意见，认为一般来说，水平安装的水轮似乎比直立安装的维特鲁威水轮更具有中国的特点⑤。这个问题到现在为止还没有确切的答案。但无论如何我们可以相当肯定地说，早期的鼓风器都是某种形式的皮囊⑥，而扇式鼓风器和纯粹的活塞风箱是后来（虽然可能在宋代以

---

① 但当伯斯塔尔教授制作模型时，发现一个有趣的问题。由于小轮和偏心装置的回转平面与摇臂杆的摆摆平面成直角，而不是像现代做法那样在同一平面内，连杆两端的接头必须用双梨形销。我们不知道在 14 世纪时，如果不用这个方法，这种三维动作将怎样解决。可能因此而使绘图者沿用小泡形的传统画法，而在这种情形下，人们可看到图 602 中主驱动轮的上轴承被画成奇特的梨形。参见 pp.89,103,115，图 403；以及 p.235 关于万向节。

② 大概是这样。这种机器也可以由卧式水轮与正交轴齿轮装置组成，但是这将造成不必要的复杂。然而，书中确实没有说明与第一种卧式主动轮有任何不同之处。而且这种齿轮装置在中国书籍中的插图中是很常见的（参见图 582、627b），还必须记住中古时代中国工程师们对卧式水轮的偏爱（参见 p.xli）。

③ 我们采用这幅设想图，但仍有几个文字上的疑问。杨宽（9）的解决办法必须把"簨"解释为活塞杆，而不是秋千架上的横杆，而且它是由单根绳索悬挂的。这种布置方式肯定能操作，但还有几个疑点，其中包括：(a)新月形板的描述可能含有"横卧"的意思（"偃木形如初月"），(b)秋千通常使用两根绳索，(c)在前段内活塞杆不叫"簨"，而且无论如何，这个字的原义是横梁，(d)这样的活塞杆只有三尺，似乎太短，(e)如果只需要来回摆动，活塞杆就可以安装在滚轴上或滚轴之间，完全不需要任何悬挂。然而，其他设想图[见 Needham(48)]与原文所述相去很远，从工程观点来看，技巧也差，所以我们在这里不讨论了。

④ 布里顿[Brittain(1)，p.225]（在一本其他方面很好的书中）关于古代铁匠都使用勺碓的说法，我们认为不值得重视，因为我们知道，那时他们所制造的都是铸铁的，而这样的方法决不能提供足够的风力、动作速度或节奏，甚至连小鼓风炉也不能满足。

⑤ 杨宽[(6)，第 58 页]增加了另一个论点，认为韩暨的鼓风机是从马力辘轳驱动装置发展而来的，这种装置几乎可以肯定有卧式主动轮。

⑥ 如在李崇州的图中所描绘的。另见本书第三十章(d)中王振铎(8)对汉代铁工厂浮雕的有趣解释，同时参见 Needham(32,48)。

前)才采用的。至于上文的最后一段,我们请经济史家
去研究了。

　　中国文献中至少有(或者更确切地说,有过)
一篇专门论述冶铁鼓风机构造的文章。下面一段珍奇
的记载,是杨宽[1] 在《安阳县志》中看到的:

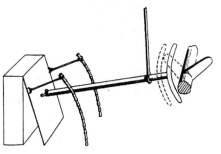

　　　　邺乘西北 40 里有个叫铜山的地方,以前生
　　产铜。根据《水冶旧经》记载,后魏时期(5、6 世
　　纪),这里曾修渠引水来驱动鼓风器进行冶炼,名
　　为水冶。据说是由仆射高隆之建造的。(水轮)深
　　1 尺(宽度),直径一步半$\left(即 7\frac{1}{2} 尺\right)$。

　　　〈邺乘铜山,在县西北四十里,山旧产铜。《旧经》曰:
　　后魏时,引水鼓炉,名水冶。仆射高隆之监造。深一尺,阔
　　一步半。〉

高隆之在这里出现,完全不奇怪。他生于 494 年,是北齐
时代杰出的建筑师、工程师和城市营造家,以他在 554 年
逝世以前所完成的许多水利工程闻名于世。人们特别怀
念他建造了驱动各种不同机械的水车[2]。如果能找到《安
阳县志》的作者所提到的那本书,将可以发现许多东西。

图.606　王祯的用于冶铁工厂(鼓风炉、锻铁炉
等)和其他冶金用途的立式水力鼓风
机示意图(1313 年);采自杨宽(9)。右
方是一根轴,带有许多凸体或凸耳(图
中只表示一个),并由一立式水轮转
动,正如普通水碓组(图 617)那样。在
每转的一部分时间内,凸耳推动吊起
的鼓风器活塞杆末端的新月形板后
退。其回程由竹弹簧完成,因此只有一
个动作可以说是由主原动力机械化完
成的。

　　我们不需要强调动力鼓风器和锻铁炉对于冶铁的突出重要性,而中国很早的铸铁技术
成就是与这里所描述的机械分不开的[3]。杜诗和他的后继人的水力鼓风机,是希腊罗马世界
中无可比拟的,确实有灿烂的前途[4]。现在很清楚,欧洲在冶铁方面开始使用水力,远在中国 379
之后,主要是在德国、丹麦和法国。锻锤是最早实现机械化的,时间约在 12 世纪初,随后于
13 世纪初叶,也就是在王祯进行他的技术史研究以前约一个世纪,水力被用来推动鼓风器
鼓风[5]。我们对于这些欧洲机械设计的具体来源一无所知,但是如果有什么东西经陆路传到
西方的话,那就首先是水碓凸耳,然后是很久以后的偏心传动装置。因为在 15 世纪的设计抄

①　杨宽(6),第 65 页。
②　参见《北齐书》卷十八,第五页。
③　参见本书第三十章(d)和 Needham(31,32)。
④　在中国文献中,水力锻锤的记载远比水力鼓风机少,这可能是由于鼓风炉早就代替熟铁吹炼炉了。中国中古时
期在锻造熔合钢方面使用水力或机械锤的情况,尚不得而知。
⑤　这段话的正确性决定于几个很难解释的记载[参见 Johannsen (1)]。使用水力运动的鼓风器,于 1214 年和 1219
年已在蒂罗尔(Tyrolese)银矿区和哈茨山(Harz)铜矿区正式使用。破碎矿石的立式春磨很明显地记载在 1135 年和 1175
年的施蒂里亚(Styrian)史料里,例如资料中提到“unum molendinum et unum stampf”。锻铁机械锤的初次出现可能在
1116 年,肯定不迟于 1249 年,两个资料都来自法国(参见 p.395)。如果这里“molendinum”仅指水轮,那么与冶铁有关的
一系列参考资料中的“车”(mills),就把立式春磨的起源追溯到 1010 年;如果它所指的除水轮之外还有鼓风器,那么这些
同样的记载可以证明水力驱动的凸耳操作鼓风器始于同一时期。遗憾的是,它的含义可能随时间和地区的不同而变化
[参见 Lynn White (7), pp.83 ff.]。约翰森[Johannsen (14), pp.92 ff.]和后来的迪克曼[Dickmann (4), pp.29 ff.]提
供了一些早在 738 年就有的水力鼓风机的例子,但是对于它们的类型没有确实的证据;很可能这些都是喷水鼓风管,也
就是这些装置像过滤泵一样,不需要活动部件(参见本册 p.149)。喷水鼓风管可能迟至 15 世纪才在许多地方与立式矿石
春磨并用。欧洲第一台鼓风炉,直到 1380 年左右才出现,如我们将在第三十章(d)中更详细地看到的。约翰森[Johannsen
(14), p.21]说,中国直到近代才在冶金方面使用水力,读来令人惊讶。

本中,只表示出由立式上射水轮轴上的凸耳操作的楔形皮囊鼓风器①,而且这种做法还继续下去,经过曾对它画过许多图的比林古乔的时代(1540 年)②,一直到 18 世纪,那时约翰·威尔金森在 1757 年居然获得了一项水力鼓风机的专利③,这种水力鼓风机和 1313 年《农书》上所描述的相似。所不同的只是有些比林古乔的机械包括曲柄运动,而不用凸耳,威尔金森

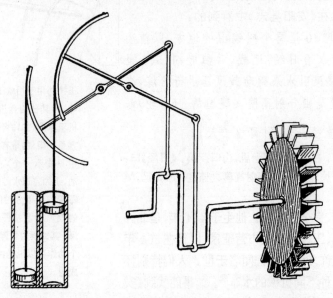

图 607　1757 年约翰·威尔金森水力鼓风机的半透视示意图［采自
Dickinson (2)］。一个立式水轮通过双拐曲轴推动两个空气泵
活塞。除了曲轴以外(参见 p.113),这种机器与王祯在 1313 年
所描述的鼓风机没有本质上的不同。

的机械使用双拐曲轴,如图 607 所示④。尤其是拉梅利的设计(1588 年),由于广泛使用像直角杠杆那样的摇臂辊(图 608)⑤,因此与中国宋元时代的形式极为相似。我们还发现在前一世纪菲拉雷特(Antonio Filarete,约 1462)所绘的简图⑥和后来伯克勒(Böckler)的图片⑦中,
380 也有非常相似的设计。我们不能不相信它们有某种发展上的关联⑧。总之,中国工程师们在

---

① 例如,Anonymous Hussite (1430 年), Mariano Taccola (1440 年), 1480 年的《中世纪家庭读物》(*Mittelalterische Hausbuch*)［Anon. (15), Essenwein ed. pl.37a, b, Bossert & Storck ed. pls.41, 42］。参见 Berthelot (4);Frémont (14), fig.30; Beck (1), p.289; Gille (14), P.643; Forbes (8), p.68, (19), pp.612 ff.。

② 参见 Beck (1), pp.116 ff. 和 Fig.620。

③ 见 Dickinson (2)。参见 de Bélidor (1), vol.1, pls.34, 35。

④ 由本册 p.113 可知,在 15 世纪德国工程文稿中以及阿格里科拉传记中有真正的曲轴。但是"活塞杆"和连杆很少与它在一起表示。即使在阿格里科拉传［Hoover & Hoover (1), p.180］中,两者也是结合在一起的。

⑤ 特别是 pl.137,转载在 Frémont (2), fig.142, (10), fig.88; Forbes (19), p.613,及其他图书中。

⑥ 曾由约翰森［Johannsen (9)］转载和讨论。

⑦ Böckler (1),特别是 pl.78。不管前面已说过的(p.150),直到 17 世纪末水力鼓风机的图中几乎都是棱锥楔形的木与皮制鼓风器,而不是这种形状的全木鼓风器,这是很惊人的。

⑧ 我们对于东半球中间地区的鼓风机情况几乎仍然一无所知。阿费特·伊南［Afet Inan (1), p.41］引证埃夫利亚(Evliya Chelebi, 1611—1682 年)游记中的一段有趣记载说,在土耳其萨莫科夫(Samakov,现属保加利亚)铁矿区内有一个鼓风器,10 个人还搬不动。

实用碓原理方面似乎领先了约 10 个世纪，而在偏心装置、连杆和活塞杆的结合方面领先三四个世纪①。从后者难道我们不能看到往复射式蒸汽机的确切而只是作用相反的结构型式吗②？

（4）往复运动与蒸汽机的世系

这一切尖锐地提出了旋转运动和直线往复运动相互转换的历史。这个成就的最古老例子（弓钻、泵钻和杆式脚踏车床）③ 都包含不连续的传动装置，而在机械的发展中，它们并不领先很久。后来开始使用旋转轴上的凸耳，并用弹簧完成返回行程。但是吉勒只说对了一小部分，他说④："在中世纪，实现这种转换的唯一方法是使用弹簧"。他当然想到了奥恩库尔的水力锯（约 1237 年），它应用碓的原理，但用弹簧杆完成锯片的返回行程⑤。使用得更普遍的是重力而不是弹簧——如西方中世纪的立式舂磨，或有平衡重的鼓风器⑥，或古代中国的碓和以后欧洲和它们非常相似的漂洗机和有序成组锻锤（martinets）⑦。而且，吉勒漏列了中世纪最直接处于蒸汽机和机车世系中的两种机械，这就是我们刚才探讨的中国鼓风机的连杆系统和加扎里在王祯的时代以前一世纪所描述的槽杆压力泵。381

这后一种机械是在他 1206 年所著的《精巧机械装置的知识》(Book of the Knowledge of Ingenious Mechanical Contrivances)一书中描述并附图说明的（图 609），曾由几位现代作家讨论过⑧。一个立式水轮带动同一轴上的大齿轮旋转，此齿轮与它下面的另一个大齿轮啮合⑨（参见图 610 中的示意图）。下齿轮安装在另一根轴上，此轴一端松支承在支点上，另一轴则在一环状限位槽内自由旋转，因此当此轮绕几何中心回转时，轴就沿圆锥形轨道旋转，

① 假定这不是在汉代，而是在以后经过王祯时代以前的唐代和宋代发展起来的。

② 确实，在中国鼓风机中，用一种"直角杠杆"摇臂辊连在连杆和活塞杆之间，但这不影响它的逻辑位置。这种设计可以看作滑块和十字头最后达到稳定以前的过渡措施。也可以考虑，横梁式发动机的横梁只是一根展直的直角杠杆，所以王祯的摇臂辊有时再现在这种形式中。他的鼓风机中唯一缺少的是真正的曲轴，而直到 4 个世纪以后威尔金森的时代，真正的曲轴才在这种机器中出现。

③ 参见本册 pp. 55 ff.，以及 Childe (11)和 Gille (14)，p. 645。

④ Gille (14)，p. 652。

⑤ 如前所述，王祯的第二个（立式水轮）方案里也需要弹簧。因为它们在一些现代最精巧的往复机构里仍在使用，决不能把它们轻视为原始机件。例如，人工呼吸泵需有恒速的往复循环。这个要求不能用常规的偏心装置、连杆和活塞杆组合来达到，因此用一个连续旋转的弹簧臂，使它落入一平轮上的两个槽口内，该轮则用钢带与鼓风器的驱动构件连接。在每个循环中，此弹簧臂由两个凸轮面挡块托出槽口两次，而两个回程由一弹簧完成[参见 Jones & Horton (1), vol. 3, pp. 183 ff.]。有趣的是，王祯的第二种鼓风机，其行程速度接近于恒速。

⑥ 例如，参见 Beck (1)，p. 119。

⑦ 吉勒[Gille (14)，p. 635]把"凸轮轴"和碓的原理归功于亚历山大里亚的赫伦。他所指的是用一组凸耳压下一个连在风琴空气泵上的杠杆。这只出现在风车驱动的风琴鼓风器上；Pneumatica, ch. 77，参见 Woodcroft (1)，p. 108。原理虽对，但是整个设计是假想而不切实际的，使人不敢相信这就是欧洲中世纪所有推拨凸耳的起源。我们在别处(pp. 183 ff.，390 ff.)关于中国碓的论述表明，它们很实用而且一直在使用。所以，有充足的理由认为它们才是欧洲实用捣碎机械和鼓风机械的启发因素。

⑧ 例如，Wiedemann & Hauser (1)。我们所转载的这张图是库马拉斯瓦米[Coomaraswamy (2)]根据不迟于约 1225 年，也许与加扎里本人同时代的手稿精心复制的。然而库马拉斯瓦米的说明(p.17)含有许多错误，令人费解，因为他是伟大的艺术史家，而不是工程师。关于加扎里和他的书的更详细情况，见 p. 534。

⑨ 依照说明，此齿轮和下齿轮成直角，而加扎里的图也确实是这样画的。若排除下齿轮水平安装的可能性，它或者制成蜗杆，此时两个轮子的平面当成直角，或者制成一种冕状轮（伯斯塔尔教授的设想模型中所用的），此时只有齿和两轮的平面成直角。其目的并不明白。

图版 二三六

图 608 由一个立式水轮推动几个火炉风箱;拉梅利的设计(1588 年)。摇臂辊和直角杠杆(B,C,D)
由连杆(F)和曲柄(G)驱动,很容易使人联想起中国宋元时代鼓风机的机构(参见图 602、
603)。

图版　二三七

图 609　蒸汽动力世系中的一个旁支机件;1206 年加扎里在有关精巧机械装置的论著中描述的槽杆水泵
　　　　[采自 Coomaraswamy (2)]。上齿轮与水轮按半透视图绘制。

起到与偏心凸耳相等的作用。但此偏心轴并不以任何方式直接连到连杆上,而在一槽杆或槽臂内上下滑动,此槽杆或槽臂下端支承在一固定枢轴上,并在长向中间位置两边连接两个活塞杆。如是,当下轮旋转时,槽杆就被迫左右摆动,因而使活塞来回运动[1]。这对 13 世纪初叶

382 来说是一件精巧的机构,但是加扎里的装置,不像王祯所描述的中国装置那样与蒸汽机有直接的发展联系[2]。

　　另一种应认为与水力鼓风机密切关联的机器是已经提到过的缲车[3]。虽然我们得到的最好插图来自 19 世纪初叶,它们不仅与 17 世纪的许多文献相符,而且也与约 1090 年著的《蚕书》相吻合。在此机器中(图 409),其主绕丝筒或绕丝架用曲柄和踏板操作,但是,其滑臂("锭翼"的前身)[4]也由同一原动力通过一根把主轴和构架另一端的滑轮联结起来的传动带驱动。然后,这个辅助轮通过偏心安装的凸耳推动滑臂来回运动。因此在这里,传动带和王祯的水力鼓风机中的一样[5],也有带偏心装置的小滑轮,所以滑臂相当于连杆。然而没有相当于活塞杆的部件,远端并没有任何杆件连接,滑臂仅被约束在一个圆环内,通过它来回滑

383 动。因此这个装置仍然处于 15 世纪欧洲军事工程师的阶段,他们的曲轴常被描绘为带有连杆而从来不带活塞杆。它也很像古老的手推磨石的连杆(参见本册 p. 117)。所以,缲车不包括水力鼓风机的所有组成部分。但它在 11 世纪末已成为一种标准机械,而且确实由于丝绸业的古老,它可能在很久以前就已实际应用。因此,很有可能在唐宋时期,也就是在王祯描述以前四五个世纪,就发展了水力鼓风机和把回转运动转换为直线往复运动的全套"蒸汽机"结构。所以,它很可能比加扎里的摆动槽杆古老。

　　需要强调的是,这个由三部分(偏心装置、连杆和活塞杆)组成的装置,迄今未能在 14 世纪的任何欧洲插图中见到,而只是在 15 世纪的插图中偶尔出现。林恩·怀特这位最好的向

---

　　① 有槽机件是一种巧妙的装置,后代工程师还常要用它,到现在它仍然是许多机器的重要部件。1364 年,德唐迪(de Dondi)在其天文钟的行星标度盘的运动中,曾特别精巧地利用这种槽杆。它的模型在送往史密森学会(Smithsonian Institution)之前,曾于 1961 年在伦敦的科学博物馆(Science Museum)展览。它们以有槽十字头或苏格兰连接叉的形式[参见 Jones & Horton (1),vol. 1, pp. 250 ff.],在蒸汽机和泵的设计中起重要的作用,可以取消连杆,并使活塞杆作均匀的谐运动。有槽机件对快速返回作用也是很有用的,如在牛头刨床中(同书,vol. 1, pp. 300 ff.;vol. 3, pp. 188 ff.)。它也在一种精巧的装置中使用,以产生精确定时的强制往复运动,并在每行程终点停滞瞬间有确切的锁定作用(vol. 3, pp. 192 ff.)。槽杆有时也装有内齿条,而用凸轮周期性地推动,使之左右摇摆,以交替与驱动轴上的小齿轮啮合,因而在其延长轴线方向上产生往复运动。这可以产生特别长的行程[如在风车泵上;Jones & Horton (1), vol. 1, pp. 260 ff.,并参见 pp. 263 ff. 所述纳皮尔(Napier)运动的相反情况,其中一双面单齿条与一连续回转的小齿轮交替上下接触。]风车泵式内齿条槽杆,早在 1615 年就由德科·所罗门(Solomon de Caus)用在一个类似的传动装置上[参见 Beck (1), p. 510]。具有齿条的曲槽产生出各种各样著名的碾压轮[Jones & Horton (1), vol. 2, pp. 245 ff.]。威利斯[Willis (1), pp. 287 ff., 294, 323]和以后的许多书籍对无齿和有齿的槽杆系统进行了理论探讨。
　　② 的确,不像我最初所想的那样直接,因为我们原来解释书中的意思是正常安装的下齿轮带一个简单的偏心凸耳,可在槽杆内上下自由滑动。但是伯斯塔尔教授使我认识到,如果深究原文词句的意义,就显示出一个不寻常的机械原理。我们两人高兴地知道林恩·怀特[Lynn White (7), p. 170]已独自作了相同的解释。
　　③ 特别是本册 pp. 2, 107, 116, 404。照片见 Tisdale (2);参见本书第三十一章。
　　④ 当然,它的作用是保证纤维或丝线均匀绕在绕线筒或绕线架上。它在工业时代的纺织机械中仍在继续使用着[Ure (1), 5th ed., vol. 3, pp. 660 ff.]。
　　⑤ 根据我们对后者的解释,参见本册 p. 373。我们在那里注意到中古时代的中国人似乎在旋转-直线往复运动转换机械中没有使用过齿轮传动装置这一令人费解的事实。他们无论如何不会不熟悉它。这理由我们没有找到,但是我们可以肯定地说,缲车和水力鼓风机等机械都用得很好,因为中国人是一个非常注重实际的民族,而有关书籍的主要目的是为了传播实用知识。

图版　二三八

图 610 a　槽杆式液体压力泵的说明图(伯斯塔尔教授)。一个由立式水轮转动的齿轮与它下面的另一个齿轮啮合。下齿轮安装
在另一根轴上,此轴松支承在右端的支点上,并自由回转于左端环形槽内,因此当齿轮绕其几何中心回转时,轴就沿
圆锥形轨道运动,其作用犹如一偏心凸耳。但它不连到任何连杆上,而在一槽杆内上下滑动,此槽杆下端支承在一固
定枢轴上,并在两边各连接一个活塞杆。这样,液体就不断在图 609 上部所示的排水管中向上流动。

图 610 b　槽杆式液体压力泵的活动模型(伯斯塔尔教授)。

导所提供给我们的,再也没有比现在存放在卢浮宫内的那幅安东尼奥·皮萨内洛的绘画更早的东西了。这幅画以精巧的手法描绘出一对由摇臂杆操作的活塞泵[1],摇臂杆由安装在上射式水轮两侧成180°角的两个曲柄通过连杆带动而上下运动。因为皮萨内洛于1456年逝世,可以合理断定此画约作于1445年。同样的装置又在约1480年的《中世纪家庭读物》(Mittelalterliche Hausbuch)中出现,好像是用于一台单独的立式舂磨,但它只用一套曲柄、连杆和摇臂杆[2]。此时已是达·芬奇活动的时期。

384

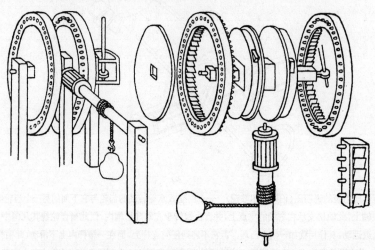

图611　旋转运动和直线运动的转换;达·芬奇的独特方法(约1490年)。(i)一个灯笼式小齿轮装在两个带有内侧棘齿的针轮之间。当操作杆沿弧线来回动作时,通过内鼓轮上的棘爪,使两个直角齿轮交替向相反方向旋转,但是因为灯笼式小齿轮和两个针轮都啮合着,所以灯笼式小齿轮只向一个方向连续转动。这样,操作杆的往复运动就转换为辘轳绳的连续直线运动[Beck (1), p.421]。

当达·芬奇在15世纪末叶,也就是在王祯之后约200年,遇到这种机械运动互相转换的问题时,正如吉勒曾尖锐指出的[3],他表示出极难理解的不愿使用偏心装置(或曲柄)、连

---

①　No.2286;见Degenhart (1),fig.147。同图中还有一台罐式链泵,由上射式水轮通过两级减速齿轮驱动。我们很抱歉不能同意林恩·怀特[Lynn White (7), p.113和fig.7]所提出的把马里亚诺·雅各布·塔科拉于1441与1458年之间所绘的一幅画[慕尼黑拜恩州图书馆(Bayerische Staatsbibliothek, München),Cod. Lat.197, fo.82 v]作为"复合曲柄和连杆的最早证据"的意见。我们之所以这样做,不是因为所画的双拐曲轴有双重错误,而是因为它很明显是绳子而不是连杆的装置来实现升水泵的工作行程,而只靠重力完成回程。这个装置确实构成有趣的三件系统前兆,但仅此而已。由于异常的颠倒,林恩·怀特[Lynn White (7), p.81]在同样的意义上对《农书》中水力鼓风机的构造作了错误的解释。他说,水轮"转动一根立轴,带动上轮,此轮通过偏心栓和绳索,驱动化铁炉的鼓风器"。但是从没有使用过这样的装置;文字说明和插图中的连杆总是用刚性杆制成。我们也没有遇到过任何中国机器使用绳和偏心栓的情形。我们非常感谢林恩·怀特教授引起我们对这两台15世纪机器的注意,并给我们看他的书中图片的样本。

②　Anon. (15), Essenwein ed., pls.24b, 25b;Bossert & Storck ed., pl.32。这里所画的也有错误,因为摇臂杆是通过一水平槽而不是直立槽。这种布置看来不适用于舂磨,可能原意是用于泵,因为在左边花园中有一个喷泉。没有文献或说明留存下来可供考证。

③　Gille (14),p.654。人们会记得,完全的曲轴在欧洲出现是在14世纪前半叶,而以木工曲柄钻的形式出现是在15世纪前半叶。参见pp.113,114。

杆和活塞杆的结合。事实上,他仅在一部机锯中曾使用它①。为了避免使用它,他时常使用很复杂而又不可靠的装置。其中一个突出的装置(图 611),在辘轳上有一个灯笼式小齿轮,两侧各与一个针轮形的直角齿轮啮合,针轮的运动受内侧棘齿的限制,因此只能向相反的方向转动。一个来回操作的手柄可以通过带有活动棘爪的内鼓轮推动它们,因而朝一个方向连续转动辘轳②。后来达·芬奇找到了一个高明得多的办法,他设计了一个带双螺旋槽的圆柱,将活塞杆末端的插头插入槽中,因此当圆柱连续旋转时,活塞杆就来回运动(图 612,左侧)。以后他非常巧妙地增加了几种自动开关的门,以防止插头在螺旋槽交叉处走错路线③。第三种设计(图 612,中间)是用凸轮形的凸耳装在同一回转轴上,作用在一组互相铰接的杠杆上,使得每转一转,每个凸轮连续完成活塞杆的两个行程④。最后,达·芬奇创造了半齿轮装置,成为文艺复兴时期后期工程师们所喜爱的装置⑤。在这个装置中(图 612,右侧),同一轴上的两个灯笼式小齿轮与一个单独的齿轮直角啮合,此齿轮只在圆盘的一半圆周上装有针齿。所以,当两个灯笼齿轮相继接触圆盘上的齿时,此轴交替向两个方向旋转。于是,所产生的往复旋转运动很容易用两根辘轳链或其他方法转换为往复直线运动(图 613)⑥。所有这些复杂的装置都证明在后世的机械制造中有一定的用途⑦,但是,比较简单而又十分重要的蒸汽机系统,却起源于王祯,而不是起源于达·芬奇。至于为什么它在欧洲不受欢迎,则一点也不清楚。可能是在装配活动部件以充分克服摩擦和磨损的问题上遇到了重大困难⑧,但是,如果是这样,我们很想知道中古时代中国工程师的技术究竟怎样和为什么更为先进。答案很

386

---

① 参见 Beck (1),p. 323；Ucelli di Nemi (3),no. 21；Feldhaus (18),p. 55。一部几乎完全相同的机器,在1474年和以后按照弗朗切斯科·迪·乔治·马丁尼所绘的图画,被雕刻在浮雕上；参见 Feldhaus (20),p. 245,fig. 167；Uccelli (1),p. 64,fig. 200,尤其是 Reti (1)。达·芬奇还有一个装置应用这个原理,这就是研磨圆筒形凹面玻璃镜用的磨床[Beck (1),p. 361,fig. 542],但是这里的"活塞"是绞链式的(参见 pp. 57,374)。

② 参见 Beck (1),p. 421；Ucelli di Nerni (3),no. 16；Feldhaus (18),p. 68。由一个杠杆的双行程推进的双作用棘齿轮,仍然在各种机器中应用[参见 Jones & Horton (1),vol. 1,pp. 29,31；vol. 3,pp. 71 ff.]。例如,带有内棘齿的轮仍在皮带输送机的驱动装置中使用[参见 Jones & Horton (1),vol. 1,pp. 53 ff.；vol. 3,p. 70]。

③ 参见 Beck (1),pp. 417 ff.；Ucellidi Nemi (3),no. 122；Willis (1),pp. 157,321。这种圆柱凸轮从动辊在空心槽内前后滑动的装置,在现代机械结构中应用很广；参见 Jones & Horton (1),vol. 1,pp. 4,8；vol. 2,pp. 11 ff.,19ff.,52 ff.,294；vol. 3,pp. 178,182。像达·芬奇所用的那些自动门,可以在金属丝制造机和煤气发动机中见到；参见 Jones & Horton (1),vol. 1,p. 19；vol. 2,pp. 44 ff.。圆柱凸轮在纺织工业中得到特别的应用,例如"圆锥导线机",一种将粗纺毛线或精纺毛线绕到锥形筒子上去的机器。这里的螺旋槽起横向往复移动装置的作用。但是毫无疑问,最常见的使用有槽圆柱的例子是每个现代五金店出售的弹簧螺丝刀。最简单的沟槽导引系统形式当然是"平面凸轮",用一个销或辊在旋转盘的沟槽内移动。现代应用的例子可见 Jones & Horton (1),vol. 1,pp. 3 ff.,vol. 3,pp. 191 ff.。这在16世纪时拉梅利已经使用过；参见 Beck (1),p. 219。在他的设计中,几个杠杆由一偏心安装在旋转卧轴上的单一槽道驱动而上下移动。我感谢牛津大学诺曼·希特利(Norman Heatley)博士和黑格(A. J. W. Haigh)博士在这个问题上的讨论。

④ 参见 Beck (1),p. 419。

⑤ 不仅是他们如此。间歇齿轮在现代机械中用得相当多；参见 Jones & Horton (1),vol. 1,pp. 68 ff.,93 ff.,98 ff.；vol. 2,p. 71；vol. 3,pp. 24,46 ff.,176。此原理可用于多方面,如直角伞齿轮、行星齿轮、往复齿条等。

⑥ 参见 Ucelli di Nemi (3),no. 71,其中斯特罗比诺(Strobino)的设想图是将这装置应用于同轴的纺织机锭翼上；以后拉梅利的应用见 Beck (1),pp. 213 ff.,223 ff.,德科的应用见 Beck (1),p. 508。原理的论述见 Willis (1),p. 293。

⑦ 当然,有一些其他装置是达·芬奇没有提到过的,例如,旋转斜盘[参见 Willis (1),p. 319]。但是在几何学上,这非常接近他的螺旋槽。拉梅利曾使用它的一种形式[Beck (1),p. 217]。

⑧ 如吉勒[Gille (14),p. 653]所提出的。

385

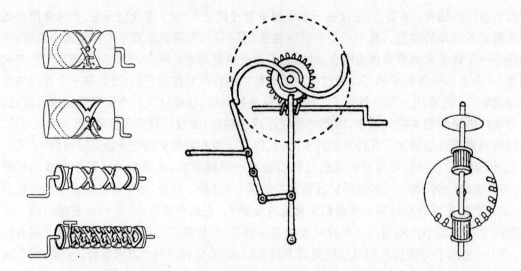

图 612 达·芬奇的其他方法(约 1490 年)。左侧,(ii)带有双螺旋槽的圆柱凸轮,槽内有从动销或辊(如最下面的图中所示的 T 形小件)交替沿左旋螺纹和右旋螺纹来回运动。连续旋转运动就这样转换为直线往复运动。为了减少摩擦和可能的误动作,达·芬奇增加了几种自动门。在最上面,门是由从动销本身在经过时关闭的;其次,门由弹簧关闭;下面,门的布置允许按要求只用左旋螺纹或右旋螺纹,适宜于回转运动是往复运动时使用。采自 Beck (1), pp. 417 ff. . 中间,(iii)弯曲凸耳和一组互相绞接的杠杆。一个 S 形凸轮,即一对凸耳,向一个方向连续旋转(这里是顺时针方向,由蜗杆与曲柄转动)。凸耳沿几乎与凸轮圆半径等长的弦推动的两个杠杆,在最下面的一个接头和最上面的第二个接头处固定;它们可以在这些接头上摆动。图中左侧凸耳刚推完左侧杠杆,因此活塞杆接近于向左行程的终点。接着,右侧凸耳将开始向左推动右侧杠杆,因而改变活塞杆的行程方向,把它完全推回到右端。然后重复此循环,使连续回转运动转换为直线往复运动。因为杠杆必须像剪刀一样交叉,它们不能在同一平面内。采自 Beck (1), p. 419。右侧,(iv)半齿轮装置,是许多可能的方案之一。连续回转的针轮(这里以平盘表示)只在一半圆周上装有针齿,交替与同一轴上的两个灯笼式小齿轮啮合,因而使轴产生有规则的往复运动。假定顺时针方向旋转,图中所示的针齿正在使灯笼式小齿轮向外向右旋转,但是当它们到达最高位置时,灯笼式小齿轮将向内旋转,使轴反向转动。采自 Beck (1), p. 321。若轴上带有辘轳绳或链条,这种半齿轮装置将使连续回转运动转换为直线往复运动。

可能是中国有较好的钢轴承[①]。

在这整个过程中,最特殊的事情可能是迫使詹姆斯·瓦特发明行星齿轮[②],因为利用偏心装置和连杆将旋转运动转换为直线运动的基本方法,已由詹姆斯·皮卡德(James Pickard)在 1780 年获得专利用在蒸汽机上[③]。瓦特本人没有申请专利,因为他知道这是老方法,但是很可能所有有关人员都不知道 15 世纪德国工程师的某些事情,而且在那个时候,肯定没有人会想到在宋朝时期的中国人就已对它非常熟悉。的确,就我们现在所知,他们才是它的真正发明人[④]。

---

① 关于这个问题,见本书第三卷,p.350,以及本册 pp.92 ff.和 pp.448,454。中国宋代和元代的工程师们完全能够在偏心曲柄和联动装置的铸铁衬套上装配钢销,而这正是所需要的。而且他们的摇臂辊在连杆和活塞杆之间有两个活动接头而不是一个。

② 参见 Reuleaux (1), p. 245;Willis (1), p. 373。

③ Dickinson (4), pp. 80 ff. ,(7), pp. 126 ff. ; Farey (1), PP. 423 ff. ; Lardner (1), pp. 182 ff. ,; F. W. Brewer (1)。

④ 当然,除非这种装置追溯到 1 世纪的杜诗和他的汉代工程师们。到现在为止,这个可能性还不能排除。

在研究所有往复式蒸汽机和由此转化而来的原动机各种组件的起源时,还有一点应记住。不仅如我们所发现的,偏心装置、连杆和活塞杆的组合显然是在宋代或唐代(即使不是在汉代)的中国首先制造出来的,在那里而不是在欧洲完成了旋转运动和直线运动相互转换的所有发明中最有影响的这项发明[①];而且双动活塞和双动缸的原理也首次出现在两个行程都吸气和排气的中国空气泵上[参见 pp.135,149],这也肯定在宋代,可能在唐代甚至汉代,已得到了充分的发展。在这些发明方面,希腊化时代是无法与之匹敌的,而且值得注意的是,所有这些中国取得成就的年代,不仅远比文艺复兴时代早,而且也比达·芬奇甚至基多·达·维格伐诺的时代(14 世纪)早[②]。形成欧洲 17 世纪和 18 世纪基本革命的是运动方向的逆转,使力不是传给活塞,而是从活塞传出[③]。因此,我们可以恰当地作出结论(如果对我们采用的术语没有过于曲解的话),"受压活塞的"(ex-pistonian)欧洲的伟大"生理上的"胜利是建筑在"加压活塞的"(ad-pistonian)中国所打下的形式上或"形态上"完全相同的基础之上的[④]。两者之间看来很可能有直接的遗传关系,而如果有的话,这就是寻找它的地方——而不是前面提到过[⑤] 的耶稣会机械师在康熙皇帝御花园里作模型汽轮机机车试验时的离奇情节中去找。

现在只需要对 19 世纪蒸汽机传到中国再说一两句话。当时是装在汽船上的[⑥]。一般认为,东印度公司福布斯(Forbes)号汽船是在 1830 年最先到达的,但 1844 年《海国图志》中的记载表明,正确的时间比这早两年[⑦]。

图 613 使连续旋转运动转换为往复直线运动的半齿轮装置的另一种使用方法的较新例子;拉梅利工程著作(1588 年)中的抽水装置之一。两个半灯笼式小齿轮安装在相对位置上,以便与杠杆上的两个弧形齿条(扇形齿轮)啮合,杠杆的另一端与水泵活塞杆连接。当反时针方向转动时,后面的半灯笼齿轮就和它的齿条啮合,此齿条的下降将提升相应的活塞杆,同时由于滑轮和连接两个齿条端部的链条的作用,而使另一根活塞杆下降。紧接着,前面的半灯笼齿轮啮合,使整个过程倒过来。采自Beck (1),p. 215。

① 在古代中国,可能没有人注意行程的特性:速度不均匀,在行程中点最大,在两端死点附近短暂停留。只是到 19 世纪欧洲人制造精密的蒸汽驱动金工机械时,这些特点才明确起来。从此以后,在获得具有任何需要速度特性的行程的方法研究方面,费了很多心力[参见 Jones & Horton (1), vol. 1, pp. 249 ff.;vol. 2, pp. 260 ff.;vol. 3,pp. 206 ff.]。

② 我们已对欧洲发明曲轴表示敬意(本册 p.113),林恩·怀特[Lynn White (7)], pp. 112, 114]对此发明特别强调。虽然它很重要,但我们认为形成往复蒸汽机结构基础的三件系统的首次完成尤其是具有革命性的进步。

③ 例如,参见 Dickinson (4)或 Usher (1), 2nd ed., pp. 342 ff.;特别是 Farey (1);Galloway (1);Thurston (1);Rolt (1);Dickinson (7)和 Dickinson & Titley (1);Cardwell (1)。

④ 在 18 世纪,曾用纽科门发动机抽水,然后用这水驱动矿场的水轮,因而使这两种运动方式巧妙地结合起来。棉纺机也需要特别稳定的转速,因此使用由蓄水池供水的水轮,并用瓦特发动机供水到蓄水池。对于这些问题的更广泛讨论,见 Needham (41, 48)。

⑤ 本册 p. 225。

⑥ 见陈其田(Chhen Chhi-Thien)的专题著作和夏士德[Worcester (6)]的简短论文;但全部经过还没有在中国文献或西方文献中见到过。

⑦ 《海国图志》卷八十三,第四页;译文见 Chhen Chhi-Thien (2),p. 26。

388　　　　道光八年初(1828年4月)，突然从孟加拉(Bengal)来了一艘火轮船。船内有一空铜罐，里面烧煤，顶上有一部机器。当火焰燃烧时，机器就自动运转，船两边的轮子也同时转动。它能以每昼夜1000里的速度行驶。从孟加拉到广州仅需37天。据外国人说，汽船是在20年代初发明的，但不能用来运货，只适用于传递紧急信息。

　　自此以后，汽船就在中国水域内越来越普遍。在鸦片战争期间，它们给外国海军力量以决定性的帮助，因而在政府和群众中引起了极大的惊恐。现在他们体会到有一个根本的问题，这就是必须掌握文艺复兴以来欧洲文明中所出现的一切技术上的进展；但是一批现代化中国工程师的培养自然是一个缓慢的过程。很大的荣誉应归于这项运动的早期创导人。其中之一

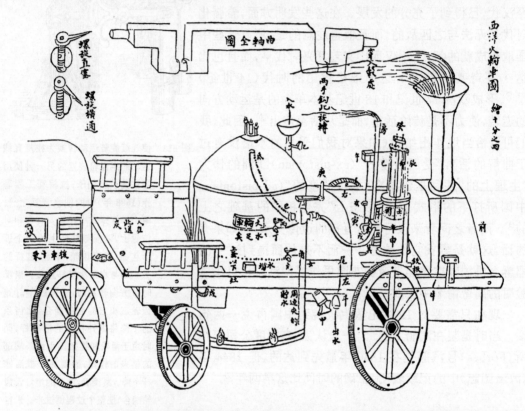

图614　中国第一幅蒸汽机车图，载于丁拱辰《演炮图说》(1841年)卷四，第十五页。标题是"西洋火轮车图"。图中所注文字有许多相当于a，b，c等，但锅炉的部件都明确标明。上面中间为曲轴，并注明轴承"穿入毂处"，狭窄部分注明"两手钩此旋转"，所谓"两手"，就是连杆的大端。上面左边为两个螺旋旋塞的简图，注明手柄的位置，表示是开还是关。

389　是丁拱辰。他在1841年所著的《演炮图说》中有模型汽船和蒸汽机车图(图614)，这是他不靠西洋人的帮助而制成的①。但是，许多年过去以后，顽固的保守主义才准许兴建铁路。上海吴淞

①　《演炮图说》卷四，第十五页起。5年后，郑复光又绘制了一艘明轮汽船的机械结构图，题为《火轮船图说》，作为他的光学著作《镜镜诠痴》的附录(已在本书第四卷第一分册p.117中提到过)；第二年，即1847年，它又其他资料一起被编入《海国图志》卷八十五(参见图615)。如罗荣邦[Lo Jung-Pang(3)]所说，虽然丁拱辰写作许多其他部分，但此卷非他所写。郑复光告诉我们，他曾研究过可能是丁拱辰的一些图画和一个模型，但不完全了解其机构，直到他看到友人丁守存家里的图后才搞清楚。丁守存也是《海国图志》的编写人之一。根据罗荣邦的著作[Lo Jung-Pang(3)]，中国第一艘足尺蒸汽明轮船是40年代初期在一位欧洲工程师的帮助和潘世荣的资助下，在广州建造的。参见《易还北厂记》，第四十页。

间的轻便铁路于 1876 年开始修建而第二年就停工，在西方关于中国的记载中曾长时期将此事大肆渲染。直到 1881 年，由于政治家李鸿章的巨大努力，第一条铁路才建成，这就是天津和唐山煤矿之间的铁路。

同时，在 50 年代和 60 年代，中国官员和军人对汽船的利用日渐增多。陈其田［Chhen Chhi-Thien（2，3）］在他为阐述曾国藩和左宗棠在中国现代化中所起的作用而写的传记里，描写了这个时期内中国工程师所作的努力。前者是上海附近江南机器制造总局的创办人，后者创建了福州船政局和兰州机器织呢局。曾国藩在安庆的临时军械所是 1862 年中国自制的汽艇进行试验的地方。他在 7 月 31 日的日记中写道：

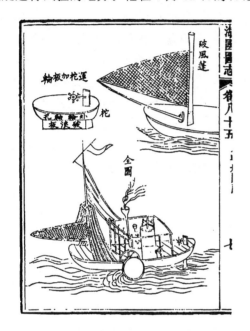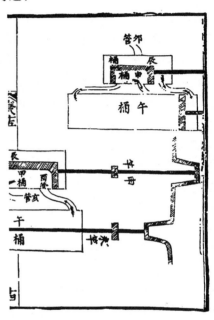

图 615　中国第一幅蒸汽轮图，载于郑复光的《火轮船图说》（1846 年），采自《海国图志》卷八十五，第七页。主图上没有图注，但在右上方画出辅助三角帆，左上方的小插图中绘有舵轮、龙骨和船侧的桨轮轴孔，并加了相应的图注。

图 616　郑复光的另一幅图（采自《海国图志》卷八十五，第十四页），是中国第一幅表示双动往复蒸汽机滑阀机构的图。把这与双动活塞风箱的风门对照，他明确地辨认出它的渊源。

华蘅芳和徐寿将他们制造的火轮船的机器带到这里来表演。方法是用火产生蒸汽，并把蒸汽引入具有三个孔的汽缸内。当两个前孔关闭时，蒸汽进入另一前孔。活塞自动后退，而轮子转动上半周。当两个后孔关闭时，蒸汽进入另一后孔；活塞就自动前进，而轮子转动其余半周。火势愈大，蒸汽就愈多。机器前后运动，好像在飞一样。表演持续约 1 小时。我很高兴我们中国人能像外国人一样制造出这种精巧的东西来。从此他们再也不能轻视我们为外行了①。

〈华蘅芳、徐寿所作火轮船之机，来此试演。其法以火蒸水气，贯入筒。筒中三窍，闭前二窍，则气入前窍，其机自退，而轮行上弦；闭后二窍，则气入后窍，其机自进，而轮行下弦。火愈大，则气愈盛。机之进退如飞，轮行亦如飞。约试演一时，窃喜洋人之智巧，我中国人亦能为之，彼不能傲我以其所不知矣！〉

---

① 译文见 Chhen Chhi-Tien（2），p.40。华蘅芳是一位杰出的数学家。

这位儒将显然试图解释阀门的动作,但是他可能没有弄清楚,也可能是他的秘书把文词搞错了。第二年,这台机器被用来推动曾国藩的另一位工程师蔡国祥制造的一艘 29 英尺长的汽艇。同时左宗棠在杭州西湖进行一艘试验船的工作[①]。仅仅几年以后(1868 年),第一批稍具规模的汽船差不多同时在江南机器制造总局和福州船政局下水[②]。

(5) 秦汉时期的水碓

在中国古代所有水力驱动的机械中,文献中叙述最多的是水碓[③]。这是前述脚踏碓(p. 183)的简单机械化,它的锤由装置在主回转轴上的一系列推板或凸耳来驱动。1300 年以后的所有有关书籍都记载这种型式(参见表 56),不过我在这里只转载《天工开物》中的图(图 617)[④]。值得注意的一点是,虽然对旋转磨石来说,卧式水轮是最简单的方案,水碓却最适宜用立式水轮,因而通常图上都是这样画的。然而,人们不禁要问,现在将要叙述的古代机器中,是不是有许多是带正交轴齿轮传动装置的卧式水轮。另一点是,在中国的实践中,碓锤总是横卧的,而不是像我们所知道的欧洲中世纪的立式春磨杵;这允许使用较重的装置。

人们也许想从公元前 3 世纪《吕氏春秋》[⑤]中关于伊尹的母亲梦见水由臼内流出的故事中看到与水碓发明的关系。但不管怎样,最早的明确记载看来是在桓谭的《新论》[⑥](约公元 20 年)中,他写道:

> 伏羲发明了非常有用的杵和臼,后人又在此基础上巧妙地加以改进,可以用人体全部重量来踏碓,因而提高效率 10 倍。以后,又利用畜力——驴、骡、牛、马——通过机械,以及水进行捣春,使效益增至百倍。〉
>
> 〈宓牺之制杵臼,万民以济,及后世加巧,因延力借身重以践碓,而利十倍杵春。又复设机关,用驴嬴牛马及役水而春,其利且百倍。〉

其词如此概括而肯定,因此可以断言[⑦],至少从王莽的时代起,水轮越来越广泛地被用来驱动捣碎机械。后来汉代马融在一首关于长笛的诗中提到水碓"在水声荡漾的岩洞里捣春"[⑧],

---

① Chhen Chhi-Tien (3),p. 11。

② Chhen Chhi-Tien (3),p. 47。它们分别是恬吉号和万年青号。在 1869 和 1874 年之间,福州船政局建造了 15 艘火轮船,每艘约 1000 吨,其引擎功率最高达 250 马力。左宗棠调往西北后,由沈葆桢接替主持船政,另有两个法国工程师日意格和德克碑(Paul d'Aiguebelle)主持技术。前者后来升为总工程师,他在 1874 年退休以后,写了整个企业发展经过的报道[Giquel (2)]。

③ 这名称来自公元 180 年左右服虔所著的《通俗文》,我们知道它的另一名称叫轓车(《玉函山房辑佚书》卷六十一,第二十三页),但用得较少。

④ 《天工开物》卷四,第十一页,第一版,第六十一、六十二页。我们可以将此图与路易斯论著[Louis (2)]中破碎石英的现代中国传统型水碓组的比例图相比。有关描述参见 Barrow (1),p. 565 (1793 年);van Braam Houckgeest (1),Fr. ed. vol. 1, pp. 428 ff., Eng. ed. vol. 2, pp. 284 ff. (1797 年)。

⑤ 《吕氏春秋》第十四篇[译文见 R. Wilhelm (3),p. 179]。

⑥ 见《太平御览》卷七六二,第五页;卷八二九,第十页;以及《全上古三代秦汉三国六朝文》(后汉部分)卷十五,第三页;由作者译成英文;借助于 Sun & de Francis (1),p. 114。参见《太平御览》卷七六二,第五页,摘自《论衡》的引文。

⑦ 例如,杨联陞(1)所得出的结论,参见 Sun & de Francis (1),p. 114。但现代西方技术史家,如福布斯[Forbes (11),pp. 87, 110]告诉我们,水轮"肯定是向东传播",时间是在罗马时代后期和拜占庭时代,也就是从 3 世纪和 4 世纪起。

⑧ 《长笛赋》,见《文选》卷十八,第二页。

图 617　由下射立式水轮驱动的水碓组（《天工开物》（1637年）卷四，第十一页）。

而在 129 年，虞诩在向皇帝呈递的奏章中，也曾谈到在西羌人的地方①，由祁连山涧取水的渠道沿线正在建造水碓②。

---

① 现在甘肃兰州附近。
② 《后汉书》卷一一七，第二十二页。

在 3 世纪和 4 世纪,有关记载很多。孔融(卒于 208 年)在他的《肉刑论》[①] 中,曾说过一句后来常被人引用的话[②]:现代聪明人的见解往往胜过古代圣贤,并举水碓为例[③]。有些人因拥有许多甚至数以百计的水碓而闻名,例如王戎(卒于 306 年)[④],前面已提到过他长于计算,邓攸(卒于 326 年)[⑤],和经营水碓 30 余处的石崇(卒于 300 年)[⑥]。另一方面,卫瓘拒受御赐水碓[⑦],后来成名的魏舒在年青时很腼腆,因此被指派照管水碓[⑧]。有不少诗是写水碓的,如张华的友人褚陶所写[⑨]。杜预是 3 世纪的高官和工程师,曾建造把若干水碓联合在一起的连机碓[⑩],这可能是用一个大水轮带动几个轴。曾有一个时期禁止在京城周围一定范围(100 里)内设置水碓[⑪],但似乎还是有御用的,有时使水道阻塞[⑫]。

唐宋时期,这类记载很多,不必一一赘述——例如 9 世纪的裴度[⑬]和 12 世纪的方勺[⑭]所作的比较。这正是楼璹为《耕织图》题诗[⑮] 的时代:

> 优美的月亮升高过了墙,
> 微风吹拂树叶发出簌簌的声响。
> 这时农家的春碓声相互问答。
> 你可以享受烹煮稻米的芳香,
> 或看水在圆滑的匙中流进流出,
> 或听水转轮在不停地蹴踏。

> 〈娟娟月过墙,簌簌风吹叶;
> 田家当此时,村春响相答。
> 行闻炊玉香,会见流匙滑;
> 更须水转轮,地碓劳蹴踏。〉

况且,随着时间的推移,水碓不仅用于春稻谷,还用于许多其他方面。它在锻铁方面的应用已如前述(pp. 378 ff.),更有趣的是发现与道家有关联,因为炼丹术士用它捣碎云母和其他矿石来炼丹。李白曾在一度当过道姑的妻子拜访她旧时同道时,给她写过两首诗,其中一首如

---

① 《全上古三代秦汉三国六朝文》(后汉部分)卷八十三,第十一页;亦见《格致镜原》卷五十二,第六页。
② 例如,《表异录》卷五,第十页;《太平御览》卷七六二,第七页。
③ 参见欧洲文艺复兴时期"古代派"和"现代派"的支持者之间的争论(本册 p. 6)。亦可参见本书第四卷第一分册,p. 53。
④ 《世说新语》卷下之下,第三十一页;《晋书》卷四十三,第七页。参见本书第三卷 p. 71。
⑤ 《王隐晋书》,见《太平御览》卷七六二,第六页。
⑥ 《王隐晋书》,见《太平御览》卷七六二,第六页;《晋书》卷三十三,第十三页。
⑦ 《王隐晋书》,见《太平御览》卷七六二,第六页。
⑧ 《晋书》卷四十一,第一页。
⑨ 《世说新语》,卷中之上,第五十页;《晋书》卷九十二,第八页。
⑩ 由《太平御览》卷七六二,第七页所引傅畅著《晋诸公赞》。
⑪ 《太平御览》卷七六三,第七页,涉及王浑。
⑫ 《王隐晋书》,见《太平御览》卷七六二,第六页,涉及刘颂。《晋书》卷四十六,第一页,他的传记中说,泛滥是由于它们阻塞水道所致,所以他建议把它们拆除。后来皇帝让步,人民大受其益。
⑬ 《唐语林》卷三,第三十页。
⑭ 《泊宅编》卷二,第四页。
⑮ 由作者译成英文。

图版　二三九

图 618　约 1770 年狄德罗百科全书中的有序成组锻锤。这种机器在欧洲 18 世纪钢铁工业中极为重要,它们用水力驱动,和它们的中国用来舂谷物的祖先一样,所不同的只是这里的锤一般与凸耳轴平行安装,而不是与它成直角。

下：①

> 你在拜访道姑腾空子的旅程中，
>
> 现在应已到达她绿色山上的家。
>
> 那里有水碓舂捣云母，
>
> 并有清风拂扫石楠树的花。
>
> 如果你还留恋你那幽居的生活，
>
> 也邀我一同去享受那傍晚的彩霞。
>
> 〈君寻腾空子，应到碧山家。
>
> 水舂云母碓，风扫石楠花。
>
> 若恋幽居好，相邀弄紫霞。〉

白居易有一首诗"寻郭道士不遇"，提到他看见舂云母的水碓虽无人照管，但仍在继续运
394 转②。到了明代，就有关于福建造纸匠人使用水碓的记载；王世懋在他的《闽部疏》中谈到在
河中乘船航行的人，经常可以听到它们的声音。不久以后，有人同样提到广东的香料制造者，
在那里作坊散出的香气往往向下游飘扬好几里③。

我们可以再一次注意到，杜预和王戎的水碓是汽锤出现以前所有重型机械锻锤（mar-
tinets）的直系始祖④。18 世纪西方型式的锻锤，从体系上讲，是按此设计仿制的，几乎没有什
395 么改变⑤。它是中国式的，正如立杵舂磨（图 619）是欧洲式的一样⑥。虽然后者在 15 世纪工
程文稿⑦ 和阿格里科拉著作中已经出现，横卧式水碓在 17 世纪初以前还很少在欧洲看到，
到那时才有桑德拉特（Sandrart）⑧ 和宗卡（1621 年）⑨ 为它画的图——但是在中国，它的第一
张印制图是在 1313 年的《农书》中。然而，由于列奥纳多常画水碓图⑩，欧洲在宗卡的时代以
前肯定已知道它。此外，欧洲最早印制的有序成组锻锤图可能是 1565 年乌劳斯·芒努斯
（Olaus Magnus）的版画（图 620）。吉勒[Gille (7,11)]随佩里姆（Pereme）⑪ 之后，认为 1116

---

① 译文见 Waley (13)，p. 73。

② Waley (13)，p. 74。

③ 《广东新语》，约 1690 年。

④ 如德诺埃特[des Noëttes (3)]和于阿尔[Huard (2)]所认识的。

⑤ 例如，约 1780 年斯米顿（Smeaton）的水力锤，其图转载于 Wolf (2)，p. 639；或狄德罗的百科全书中所示的水力
锤（图 618），转载于 Gille (1)，p. 94。一台与此极为相似的机器，现在还在约克郡（Yorkshire）钢铁厂内，其照片见 C. R.
Andrews (1)。参见埃夫拉尔[Evrard (2)]的专题论文和巴罗哈[Baroja (4)]中的许多其他照片，以及 Johannsen (14)，
figs. 83，110，183。

⑥ 前一种型式的优点是，锤的重量由支点承担，而不是完全落在旋转部件上。

⑦ 参见 Berthelot (4)。《中世纪家庭读物》[Anon. (15)，Essenwein ed. pls. 36b，38b，Bossert & Storck ed. pls.
40，43]中有特别好的图。现在还可以看到这些舂磨在马尔塔塔河谷（Maltatal）、卡林西亚运行着，还有一些存放在罗马尼亚
雅西的民俗博物馆内。

⑧ 见 Frémont (13)，p. 93。但是无名氏胡斯派[Anon. (14)]的画中有它（1430）；Feldhaus (1) col. 1077；Beck (1)，
fig. 326。胡戈·德姆·罗伊特林格尔（Hugo dem Reutlinger）的《兴盛的音乐》（*Flores Musicae*；1492 年）在描写毕达哥拉
斯（Pythagoras）故事的一个场面（参见本第四卷第一分册，p. 180）中展现了它[Feldhaus (20)，fig. 176]。

⑨ 用于漂洗机，pp. 42，94。参见 Beck (1)，pp. 299，313；Uccelli (1)，p. 824；Nicoleisen (1)。

⑩ 除锻铁外，还用于錾锉机和其他用途；参见 Beck (1)，pp. 107，434 ff.，figs. 121，626，628，630，636，637，
641，642，etc.；Ucelli di Nemi (3)，nos. 22，105。弗雷蒙[Frémont (13)，p. 106]从《大手稿》（*Codex Atlanticus*）中转载
了有关的一页。其年代约为 1490 年。

⑪ Pereme (1)，p. 293。参见本册 p. 379。

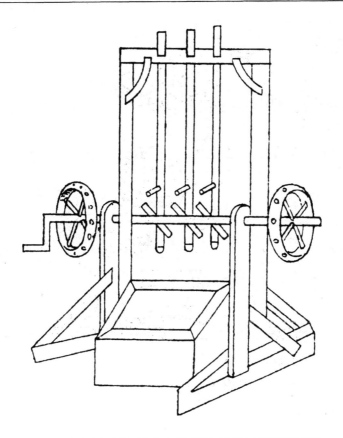

图 619　一台中世纪欧洲式的立式(杵舂磨);无名氏胡斯派工程师抄
本中所画的火药磨之一,约 1430 年[采自 Beck (1),p. 280]。

年伊苏丹(Issoudum)的锻锤是西欧的第一台,但最近的研究[1]认为 1190 年恰塔兰文献上的
记载更为可靠。很可能,它们是列奥纳多以前的立式舂磨型式。由水力驱动的机碓的另一个　396
大用途是漂布,这一点也许有一定的意义,因为由不同的根据(如在本书第三十一章中将要
看到的)可以推断,有很多中国纺织机械设计大约在马可·波罗时代[2]传到欧洲。意大利普
拉托(Prato)的漂洗机传统上都用碓[3],但这种设计是否像有人推测的那样在约 983 年该工
业草创时就有,是很可怀疑的。吉勒[Gille (4,7)]随布洛克[Bloch (2)]之后,提出了约 1050
年以后的一些法国的例子,但其中最早的是非常可疑的。卡勒斯-威尔逊[Carus-Wilson (1)]
认为 1185 年是英国开始有第一台漂洗机的年份;它属于约克郡圣殿骑士团(Yorkshire
Templars)所有。但还是非常可能,所有这些列奥纳多以前的漂洗机都是立式舂磨型的[4]。也
许经过进一步考证,会发现横卧式水碓由中国文化地区传到欧洲的确切年代。

---

① Anon. (52), pp. 23 ff. 。
② 马可·波罗约于 1280 年在中国,大约正好在列奥纳多活动时期以前两个世纪。
③ Uccelli (1), p. 131;Lynn White (7), pp. 83 ff. 。
④ 关于漂洗机的一般性历史,见 E. K. Scott (1);Pelham (1)。

图 620 可能是最古老的欧洲有序成组锻锤图,1565 年乌劳斯·芒努斯《北方民族史》(*De Gentibus Septentri-onalibus*)中的版画。在三台机械锤后面,可以看到一个水轮正常操作一个奥斯蒙德(Osmund)炼铁炉的木和皮制鼓风器。这使我们想起 14 世纪末叶鼓风炉传到欧洲以前,水力锻锤对于排除熟铁锻坯里的夹渣特别重要[参见本书第三十章(d)]。

(6) 汉朝以后的水磨

说也奇怪,早期中国文献中提及典型的磨,即由水力驱动的旋转磨石的,要比水碓少得多。这也许是由于当时术语含义不严格,特别是在一些不负责技术工作的学者中间[1]。因此很容易把"磑",即谷物磨本体的同义词,或者甚至把"硙"(参见本册 p.188)和用来表示"碓"的"碓"字相混淆。况且,在已经提到的文献中,有些书籍和版本[2]把"碓"写成"硙"或"磨",因而认为由一个水轮通过齿轮传动装置带动多台磨是杜预(公元 222—282 年)创始的;把水磨而不是水碓归功于褚陶(约公元 240—280 年)和王戎(公元 235—306 年)。实际上似乎没有理由怀疑,水力驱动的石磨的应用至少和 1 世纪的水力鼓风机一样早,也许还要早些。

以主要插图传统形式绘制的第一批水磨图是从 1313 年开始的;我们从《农书》转载了典型的卧式水轮图(图 621)[3]。另一幅图表示一个中射式或上射式立式水轮驱动用齿轮啮合在

---

① 但是应该说,在以后的年代和在更有技术知识的作家中,术语的使用都非常明确,并不自相矛盾(参见本册 pp. 330 ff.,449 ff.)。天野元之助[Amano (1)]和崔瑞德[Twitchett (3)]所讨论的某些困难,我们认为是由于日本人用词混乱、失常所致,而在中国用词意义相当明确。

② 例如,白居易约于 800 年编著的百科全书《六帖》卷二十四。参见本册 pp. 195,393,399。

③ 《农书》卷十九,第四页。应注意水流明显落到水轮上。王祯在他的描述(卷十九,第四页)中还叙说一台用立式水轮和维特鲁威式齿轮传动装置驱动两对磨石的水磨。

一起的 6 至 9 台磨(图 622)[①]。王祯告诉我们[②],在他那个时代,有些很大的装置,将碓、轮碾和磨石用几根轴和齿轮传动装置联结在一起,由一个大水轮驱动。如果情况需要,大水轮也可装备成筒车,以供干旱季节提水用。在这些我们应称之为联合工厂的工厂中,每天可磨足供 1000 户人口所需的谷物[③]。王祯在江西旅行时曾见到这种工厂广泛用于舂碾茶叶。而从其他来源[④],我们知道在 1083 年约有 100 家这种茶叶作坊,而到 1097 年达 260 家以上。王祯在论文的最后写诗问道:"谁是从造化主那里窃取了精湛技术,设计出这一切的哲匠?"哎,他们的名字我们一个也不知道。

这些水磨匠("碙博士")[⑤] 一定使用过一整套技术词汇,我们不难收集一系列与柯温[Curwen (4)]所提出的几种西方语言的术语相当的术语。例如,《农政全书》[⑥]中的"商"就是放磨石的架子,"主磨"或"脐"就是支承磨心的轴心铁,"注磨"或"眼"就是上磨石上的眼,"漏斗"就是安装在眼上的斗;而"鐏"这个字,原意是矛柄下端的金属套,被用来指卧式水轮主轴的轴颈或下轴承[⑦]。为了使这几段更生动些,我们特增加几张 1958 年拍摄的传统水轮照片。图 623 所示为四川成都附近朱家碾的水磨,它的一个水轮已拆下,准备改装为农业合作社的小型电站。图 624 是正在木匠手中加工的另一种型式的卧式转子[⑧]。在图 625 中可以看到甘肃天水附近一个磨坊的卧式水轮[⑨]。1958 年,我在这同一个农村中很容易找到并拍摄了用正交轴齿轮传动的维特鲁威式水磨。

皇帝亲临视察过的著名水磨,是 5 世纪大数学家和工程师祖冲之约于 488 年建造的[⑩]。400—600 年左右,隋朝主要技术专家杨素控制或拥有几千个这样的水磨[⑪]。但是,随着时间的推移,水力使用者和灌溉管理者之间的利害矛盾日益尖锐,直到从隋朝起,重农官方和发展中的商业开创力量发生正面冲突。因此在《唐六典》[⑫]中明文规定,水磨不得影响水利。崔瑞德[Twitchett (2)]曾经研究和翻译过的 737 年唐朝"水部式"[⑬](水部法规)现存片段中有好几处提到水磨。它们的业主必须修建适当的渠道,并保证交通不受阻碍(第七条)[⑭],他们必须

---

① 《农书》卷十九,第十页。我们转载自《授时通考》卷四十,第二十八页。参见本册 p.195。王家琦(*1*)的文中载有这复合磨模型的照片,该模型现存放在北京故宫博物院内。以列奥纳多有一个类似的设计,参见 Ucelli di Nemi(3),no. 106。完全相同的驱动水车和风车磨石的方式一直使用到本世纪;参见 Jespersen (1);Wailes (1),fig. 14,(3),fig. 9。

② 《农书》卷十九,第十二页起。

③ 按《孟子·梁惠王章句上》(第七章)每户 8 口的传统估计,这个数量约为 5 吨多。参见图 627b 和 p.366。

④ 《宋史》卷九十四,第三页;《行水金鉴》卷九十七(第一四二六页);参见王家琦(*1*)和图 439。

⑤ 唐代这样叫他们[Gernet (1),pp. 143 ff.]。

⑥ 《农政全书》卷二十三,第十二页;参见 Laufer (3),p. 22。

⑦ 我们在下面另有一个例子(p.454),其中立式端轴承必须执行很重的任务,并具有尽可能大的精度,因为这是用在钟表上。

⑧ 这些通常安装在主水轮旁边,并备有它们自己的水槽,做辅助驱动用。

⑨ 很值得注意这种水轮是碟形结构;参见本册 p.76 ff. 关于车轮的论述和"碟形"的发明。这里的用途自然不同;若轮的凹面朝上,则水向中心流时它就连续作功。

⑩ 《南齐书》卷五十二,第二十一页;《南史》卷七十二,第十二页。

⑪ 《北史》卷四十一,第三十三页;《隋书》卷四十八,第十二页;参见《独异志》卷一,第二十二页。有趣的是,由于前面已经提到过(p.26),据说杨素在他制造高级丝织品的私人工厂里,雇有数千名童工和数千名女工。

⑫ 《唐六典》卷七,第九页。但是主编李林甫是与皇族有关系的显官,他自己就拥有大量水磨;见《旧唐书》卷一〇六,第三页。

⑬ 敦煌抄本,巴黎法国国家图书馆(Bib. Nat. Paris)P/2507。

⑭ 在 16 世纪,英国也曾发生过类似的磨坊和水运之间的冲突[见 P. N. Wilson (1, 2)]。参见本书第二十八章(f)。

397

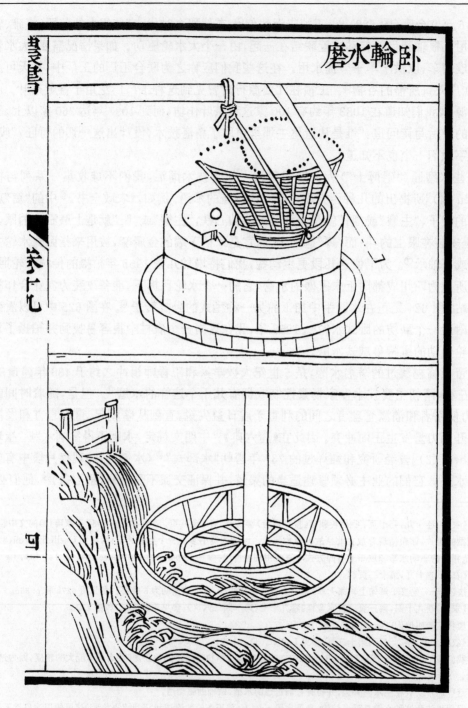

图 621 最具中国特色的水磨,由卧式水轮驱动的磨石("卧轮水磨");采自《农书》(1313 年)卷十九,第四页。

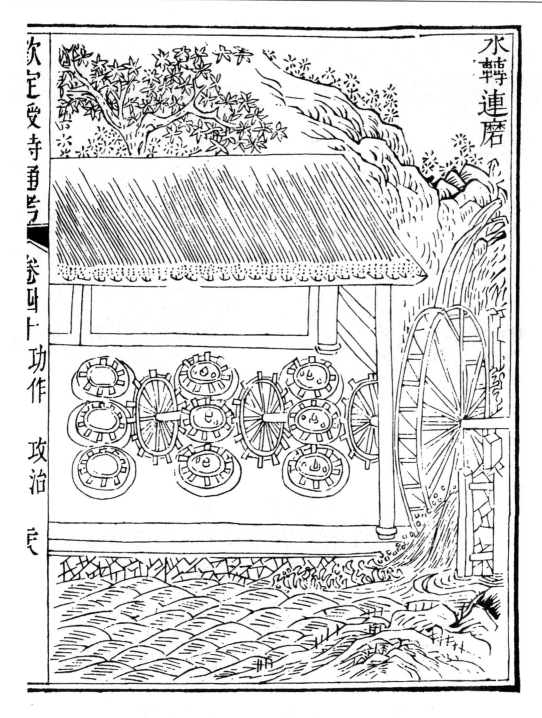

图 622 齿轮传动的水力磨坊,9 盘磨由一个上射立式水轮和正交轴齿轮传动装置驱动("水转连磨"),这是 1742 年的插图(《授时通考》卷四十,第二十八页)。这种磨坊最早的图载于 1313 年的《农书》。参见图 451。

图版 二四〇

图 623 现代中国水轮；四川成都附近朱家碾水
磨的卧式水轮之一，准备把水磨改装为
小型电站（原照摄于 1958 年）。

图 624 正在加工的卧式转子，成都（原照摄于
1958 年）。

图 625 甘肃天水附近水磨下面的卧式水轮，当时没有运转（原照摄于 1958 年）。注
意水轮装有围带，与图 623 所示相同。

清除淤泥和沙洲,否则就要拆除水磨(第十三条),且在某些情况下只允许在一定季节里使用水磨(第二十三条)。在其他时间里和如果水量只能满足灌溉的需要,当地政府就封闭磨坊,并扣押磨石。在这期间,有些官员成为磨坊主("硙家")的迫害者而闻名——例如李元纮在721年控告富户的水磨("碾硙")妨碍了灌溉,得到官方同意予以拆除。764年,李栖筠像堂吉诃德(Don Quīxote)一样放肆,要求把不下于70个这样的装置(不仅有属于大家族的,而且有属于佛教寺院的)都拆除,结果就这样办了。但是最大的一次破坏磨坊的行动发生在778年,当时有80家磨坊被拆毁[1],连打败安禄山的救国功臣郭子仪将军的两台水轮也未能幸免[2]。从我们得到的关于这些行动的资料来看,这些磨坊一般属皇妃和有权势的宦官或佛教寺院和富商所有[3]。所以儒家官僚的反对,只是持久对抗的一个方面而已。

　　再讲几句关于各种磨坊业主的情况。玄宗的著名宦官高力士,约在748年因拥有每天能研磨300蒲式耳小麦的一个装有5个水轮的磨坊而闻名[4]。约在同一时代,慧胄方丈也有类似的财产[5]。早在612年就有为了水磨的收益而与僧侣发生争执的事[6],而二百年后,地理和气象学家李吉甫[7]因他们要求免税而与之发生冲突。的确,现在历史学家开始认识到,水磨费("硙课")是中国中古时代大寺院的最大收入来源之一[8]。但是有胆量的商人也与水利官僚进行斗争。当王方翼在653年任苏州太守时,他为恢复城内及其附近地区的秩序,包括修复城壕,首先做的事情之一就是拆除一些水磨,并对未拆除的水磨课以重税,以救济贫民[9]。几年以后,另一个地方的官员长孙祥以同样的方式对待商人[10]。最后,整个谷物加工业不得不和治水衙门正式合作,我们发现在970年成立了两个水磨管理机构,一个在东区,一个在西区[11]。更多的机构是在990年成立的。

　　在唐朝,水磨已经传播到中国文化区中的其他国家,于610年和670年传到日本[12](经

①　这些事件都记载在《唐会要》卷八十九(第一六二二页)中;参《唐语林》卷一,第二十三页。另见 Wittfogel (5); Balazs (5), p. 36。

②　见《旧唐书》卷一二〇,第十四页。

③　参见 Pulleyblank (1), p. 29。

④　约10吨。《旧唐书》卷一八四,第四页。参见图 627b。

⑤　《续高僧传》卷二十九。

⑥　见《广弘明集》卷六,王文同的故事。

⑦　参见本书第二十一章和第二十二章(第三卷,pp. 490, 520, 544)。他拒绝他们要求的事记载在《唐会要》卷八十九(第一六二二页)中。

⑧　谢和耐[Gernet (1)]的专题论文中有丰富的材料,另 Twitchett (3)。

⑨　《旧唐书》卷一八五上,第十二页。

⑩　《文献通考》卷六,第六十九页。

⑪　《事物纪原》卷七,第五页。对中国的所有水磨法规进行研究,以与欧洲各国的水磨法规进行比较,是很有意义的,克恩[Koehne (1)]等曾对此进行了详尽的研究。也许没有什么能够比这更清楚地说明封建社会和封建官僚社会的差别。虽然对"贵族水磨"征收研磨税成为欧洲封建法律和争端的一个非常重要的部分,但中国封建官僚更关心的是保持水路畅通,不致影响灌溉和粮税运输。这种官方对磨坊的限制,作为一种抑制中国中古时代工程发展的社会因素,影响有多大,还有待研究——还有与它相反的方面,例如,官方对于钢铁业及其所需水力的关心。这里不是详述水磨社会影响的地方,但这几节是了解有关技术人员的生活和工作背景所必需的。

⑫　《日本纪》;Aston tr. (1), vol. 2, pp. 140, 294。610年的传播人是一个名叫昙徵的朝鲜僧人。他除了做水磨制造工作以外,还是一位优秀的技术文化传播者,而且多才多艺,见 Tamura Sennosuke (1), pp. 118 ff.。在840年,圆仁仍认为水磨值得注意[Reischauer (2), p. 267, (3), p. 156]。

由朝鲜),约于 641 年传到西藏①。后来,像契丹鞑靼那样的民族也非常熟悉这种机器②。后期的记载很多,不必赘述,但约于 1280 年,赵孟頫曾在《耕织图》中专为水磨写了一首诗③。在 10 世纪初叶,中国水磨之多引起阿拉伯旅行家阿布·杜拉夫·米萨尔·伊本·穆哈勒希勒 (Abū Dulaf Mis'ar ibn al-Muhalhil)的注意④,他曾描述在他认为是散达比尔城(Sandābīl)的地方及其周围,河道中有不少于 60 台水磨⑤。

402 谈到伊本·穆哈勒希勒的这个记载,我们有必要暂离本题。岑仲勉(1)曾对此问题做过专门研究,他认为散达比尔城这个地方就是古代丝绸之路上的甘肃省山丹城,旅行者误认为它是古王城。目前在那里仍保存的一些出色的水力工程遗迹,证实了他的考证⑥。在整个城墙顶上建有很宽的水渠⑦,而且每隔 100 码有向外伸出的砖砌下导水槽⑧,曾经引水到城内
403 几十条水渠,和伊本·穆哈勒希勒约于 940 年所说的完全一样。在他那个时候,每条水道运转两台水磨⑨,每条街道有两条小溪,一条输送清水,另一条则用以排除污水⑩。只要这个系统运转,水就由安装在城东南角的很大筒车⑪ 提升到城墙顶上,直到一二年前筒车的位置还可以在一条改道的小河旁边见到。整个系统很可能一直使用到清朝末叶,但不知中国其他城市是否也有这样的设施。很可能穆斯林的礼仪卫生习俗,在伊本·穆哈勒希勒的时代以前,就在这个边疆地区起着促进作用。

此外,再补充一点。在我们所谈到的唐代文献里,对水碾和水砣是不加区别或两者同时并用的。很自然,轮碾(参见图 453 和 p.199)应早已使用水力驱动了。它在《天工开物》中有插图⑫,但最早的图是 1313 年的⑬;这些图可以和许多现代的照片相比。我看到这种水磨在四川特别普遍;一般只有一个碾砣。其起始年代看来可以相当肯定地确定在 390 年和 410 年之间,因在崔亮传的传记中有下列记载⑭:

当(崔)亮在雍州时,他读杜预传,得知杜预设计了"八(台齿轮传动的)磨",从而使

① 至少,劳弗[Laufer (3),p.35]是这样说的,但是他仅根据中国文成公主嫁给松赞干布王时把许多技术带入西藏的一般传说。这里面到底有多少真实性仍然很不清楚。

② 《辽史》卷四十八,第五页;参见 Wittfogel & Fêng (1), pp.124,138;Bretschneider (2), vol.1, p.125。

③ 《图书集成·食货典》卷三十九"汇考"五,第二十一页。

④ 参见 Sarton(1),vol.1,p.637;al-Jalil(1),p.178;Minorsky(5),p.123。

⑤ 译文见 Ferrand (1), vol.1, p.219;参见 von Schlözer (1); Marquart (1); von Rohr-Sauer (1)。

⑥ 或者保存到最近大部分古城墙拆除时。我感谢我友艾黎先生亲自观察了解这个情况(1952 年 6 月),我于 1943 年曾同他首次访问山丹,后来他使它成为中国工业合作协会的培黎工艺学校这个崇高事业的中心。由于不熟悉该地,玉尔[Yule (2), vol.1, pp.138, 252]和任何其他编者都难以了解伊本·穆哈勒希勒的描述。

⑦ 深和宽相等,约 1 英尺 6 英寸。

⑧ 宽约 1 英尺 6 英寸,而深仅 9 英寸。这些尺寸是艾黎先生的同事考特尼·阿彻尔先生提供的。

⑨ 他说,第一台磨"让水流向磨下",而第二台磨在所有情况下"让水沿地面流出"。曾试图在图中解释这一点;可能上轮是上射式,而下轮是下射式。

⑩ 据《长春真人西游记》记载,1221 年,撒马尔罕的每条街上也有两条水渠[Waley (10), p.93]。《宋史》(卷四九〇,第十页)载有吐鲁番的水磨情况;但不知是哪一种形式,也不知是由东方还是由西方传来的。

⑪ 见本册 p.356。

⑫ 《天工开物》卷四,第十四页。

⑬ 《农书》卷十九,第八页。

⑭ 《魏书》卷六十六,第二十三页;《魏略》卷九,第十八页;《北史》卷四十四,第十九页;由作者译成英文,借助于 Laufer (3),p.33; Yang Lien-Shêng (5), p.118, (9), p.130; Wang I-Thung (1)。关于杜预,参见本册 pp.195,393,396;关于谷水,参见本册 pp.346,372。

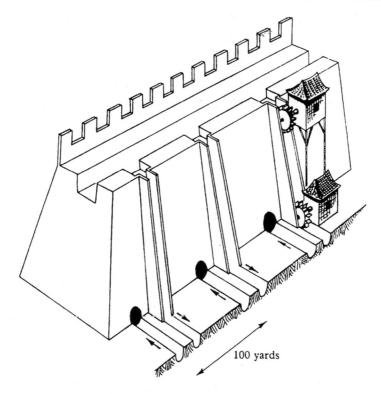

100 yards

图626 约940年伊本·穆哈勒尔希勒尔描述的散达比尔城(甘肃山丹)水磨的
示意图,根据古代丝绸之路上该城市直到最近仍保存的遗迹绘制。

他的同时代人得到很大的好处。因此崔亮教人民(使用水力去驱动)轮碾和(水)碾。当
了仆射以后,他向皇帝建议在张方桥东面的谷水①建造堤坝(蓄水),为水力轮碾和水碾
(供水)。在数十个地方建造了水碾磨,使国家的收益比过去增大了10倍。

⟨亮在雍州,读杜预传,见为八磨,嘉其有济时用,遂教民为碾。及为仆射,奏于张方桥东堰谷水,造
水碾磨数十区,其利十倍,国用便之。⟩

550年,北齐开国皇帝送给东魏废君一"套"轮碾②。这种型式的水磨虽在唐朝和其他水磨一
样受政府法规变更的影响,但直到现在很少变化。而且像这样简单的其他中国式机械一样,
它可能传到了欧洲③,而在宗卡(1621年)等的书中,我们可以看到立式下射水轮通过正交轴
齿轮传动装置驱动水碾④,和崔亮的水碾磨没有什么本质上的差别。事实上,这种水磨一直 404
在使用,直到蒸汽动力,以及最后新技术时代电力的出现。

最后,我们还要谈一下水力的其他一些用途。水力驱动的锯机⑤一向被认为是欧洲的早
期发明,摩泽尔河上的一台锯机,据说奥索尼乌斯早在369年左右就提到过⑥,另一台是奥

① 关于此地,见《洛阳伽蓝记》第四篇,第九、十九页(第.90页起.)。它在洛阳城以西7里。
② 《北齐史》卷四,第十一页。参见本册p.202提到的9世纪的一件事。
③ 如我们已经提出的(本册p.204),"火药磨"这个欧洲通用的名称,可能指来源于中国。
④ 参见 Beck(1),pp.298,309。
⑤ 参见 Fischer(4)。
⑥ 这个引证(*Mosella*,v,362 ff.)曾引起许多争论。如林恩·怀特[Lynn White(3)]所指出的,这个地点不符,因为
诗人谈到大理石,而当地所产的石料只有蓝色屋面石板,它是不需要锯的。即使当地产大理石而需要锯开,按照古代做
法,也是用水平光锯和磨料,而不是用立式有齿锯。实际上,现在怀疑《摩泽尔河》(*Mosella*)是后代著作,很可能约850年
出自圣加尔的厄尔门里科斯(Ermenricus)之手,他所描述的实际上可能是另一个地方。另见 Lynn White(7),pp.82 ff.。

恩库尔(约 1237 年)在他的手稿中所画的著名锯机[1]。如前所述(pp. 217, 218),这种机器的规范载在《奇器图说》(1627 年)中,虽然我们没有证据[2],但如果就此断定中国在这以前没有人有过这种概念,那是靠不住的。在那里,水轮被利用来做各种各样的工作,例如磨光建筑物用的石柱,如谢立山(Hosie)50 多年前在四川旅行时所看到的那样[3]。另一种出色的应用是在唐明皇统治时期;他的凉殿约于 747 年安装了水力转动的空气调节风扇("扇车")[4]。由此看来,中国人没有为他们的水力冶炼鼓风机设计出(就我们所知)旋转式鼓风系统,是难以理解的。

特别值得注意的是,至少早在 1313 年,水力就用于纺织机械。《农书》中有水转大纺车的插图。在图中,我们看到一个立式下射水轮和同轴上的一个主动轮,该主动轮通过传动带带动一台多绕线架纺车,用以纺大麻和苎麻,也可以纺棉纱[5],如图 627a 所示。这足以使任何经济史家叹为观止,特别是当王祯清楚地说明,在他那个时期,在出产这些棉麻作物的地区,这种机械很普遍时。的确,传统的中国文化发展了多种多样的水力利用。朝鲜大学者朴趾源在 1780 年访问华北时,曾经见到这种机械正在运转,后来他在回忆录中写道:"当我路过三河县(北京以东约 40 英里)时,我看见各方面都使用了水力,熔炉和锻炉的鼓风机、缫丝、研磨谷物——没有什么工作不是利用水的冲击力来转动水轮进行的"[6]。

这一切对我们提出了中国首次出现立式水轮的时间问题;1300 年以前的文献中没有它的插图,也没有任何文学作品提到它,虽然像前面已经说过的,它理应很自然地与从汉代就很普遍的连机碓配合在一起[7]。目前这个问题还不好解决。然而在这方面,我们可以顺便指出特鲁普[Troup (1)]在日本诹访湖下面的天龙川一家缫丝厂所见到的令人愉快的景象,它利用一个立式水轮担任双重任务,既作筒车,提升工厂所需的水,又作动力源。这正是王祯曾经介绍过的(参见 p. 398)。最后,我们不要忘记提到,所有立式水轮的应用中最精巧而给人印象最深的,是中国从 2 世纪起,用它们来保证天文仪器的缓慢旋转。这将在下面讨论(pp. 481 ff.)。虔奉佛教的西藏人对于有用的工具有不同的概念,他们把水力用于转经筒(轮)的

405

---

① 参见 Usher (1), 2 nd ed. , p. 186; Gille (14), p. 644。在这台机器中,锯用立式水轮主轴上的凸耳压下,而用弹簧杆提升,木料则由主轴上的一个单独齿轮推进。林恩·怀特[Lynn White (3), p. 118]认为这是"包含两种独立而又互相关联的运动(锯的运动和给料运动)的全自动化工业机器的最早例子。因此它在机械装置的发展中开创了一个新纪元"。但是中国绕丝机的绕丝筒和滑臂(本册 pp. 2,107 已叙述过)无疑更适合于这个重要特征。如我们已见到的,这种装置的权威性记载约出现在 1090 年,它本身出现的年代一定比这早得多。如我们不久将要谈到的,到 1300 年,中国的纺织机械就已广泛使用水力。所以在奥恩库尔的时代,这种用途显然早已存在。确实,我们不知道在 13 世纪和 14 世纪,这种驱动方式是否应用到这种特殊机器上,虽然在以后肯定有这样的应用;但是绕丝机总要使用某种动力,而且完全符合单独而又互相关联的运动的条件。

② 除了将锯安装在船上而用水激桨轮作为动力这个非常值得注意的水军用途(本册 p. 424)以外。

③ Hosie (4),p. 96。

④ 《唐语林》卷四,第二页,译文见本册 p. 134。

⑤ 《农书》卷十九,第十六页;卷二十二,第六页。现在有李崇州 (2) 对于这个机构的研究,而刘仙洲 (7) 转载了一个模型的照片。

⑥ 《燕岩集》卷十六,见李光麟 (1),第 102 页。闵明我提到了 (1676 年) 造纸厂 [Cummins (1), vol. 1, p. 151]。

⑦ 在现代的但又富有传统特点的中国,它还可以常常看到,如霍梅尔的书和照片所示[Hommel (1),pp. 81, 87, 121];上射式和下射式都有使用。

图版　二四一a

图 627a　13世纪末和14世纪初水力应用于纺织机械。左图,纺大麻和苎麻用的"大纺车",也可用来纺棉纱(《农书》卷二十二,第六页)。右图,下射立式水轮和带有传动带以驱动纺车的大主动轮;王祯告诉我们,在他那个时代(1313年),这种机器在出产这种棉麻作物的地区是很普遍的(《农书》卷十九,第十六页)。参见本书第五卷第三十一章。

图版 二四一b

图 627b 山间河流上的磨坊;元代无名氏画家约于 1300 年画的画卷(辽宁省博物院藏)。按照中国画家的传统,画家不是实地写生,而只凭冷静的回忆。画家不是水车设计人或工匠,因此把桨轮和齿轮搞混了。虽然如此,仍然可以清楚地看到这个磨坊有许多不同的机器,由两个大型卧式水轮(在中间和右下方室内)驱动。左上方室内有正交轴齿轮传动装置,可能驱动一组碓。中上方室内楼梯前面有几盘主磨石和一盘轮碾。右上方室内有一个稀奇古怪的装置,几乎可以肯定原来是想凭记忆画曲柄、连杆和活塞杆组合,也就是水力往复装置,这装置带动一个面罗,在它背后所示的格子柜也许就是面罗。在左方和中下方室内有一些画法拙劣的齿轮,有水平安装的,也有直立安装的,它们的确切用途和相互关系不明;但在右下方室内画有一个盆形齿轮,同样是孤立的,但有设计优良的小齿轮短齿,足以显示元代水车设计者的优秀技术。

连续旋转[1]。根据这个综述所揭示的一切,我们很难同意林恩·怀特的意见,他认为中国在把水力应用到工业方面所表现的想象力并不比罗马丰富[2]。

(7) 发明及其传播问题

我们在评述全部上述史料时,可能会提出卧式水轮和立式水轮是否可能是两种完全不同的发明的问题。按照这个暂定的概念,立式水轮应是由(原来印度的?)筒车演变而成[3],而卧式水轮应是旋转手磨转动部分向下的延伸。维特鲁威式所需要的正交轴齿轮传动装置,可以认为主要是亚历山大里亚人的,因为虽然汉代工程师对齿轮已很有研究,而亚历山大里亚人可以追溯到秦始皇时代的提西比乌斯,在年代上也许要稍稍领先一些[4]。根据这一看法,原本是中国的卧式水轮应在米特拉达梯统治下的波斯本都王国已经出现,然后继续在欧洲沿海一带传播,未受到维特鲁威设计的阻碍,最后传到斯堪的纳维亚成为"挪威磨"为止。维特鲁威不提卧式水轮,被贝内特和埃尔顿[5] 作为当时的罗马世界中它已被广泛采用的证据。但是这个结论毫无考古学上的根据;我们宁可认为他之所以保持缄默,是因为他对它一无所知。卧轮的向西和向北传播,必定发生在基督纪元最初几个世纪里,但究竟用什么方法,还有待于进一步研究阐明。在传播过程中的某些地方,它被改成了斜装叶片。中国水轮中没有这种斜叶片,如我们已经说过的,也许正是它们非常古老的证明[6]。同时,筒车传到中国,因而在中国也开始使用立式水轮,虽然在时间上也许要比西方晚一些;当然,除非它是在桓谭的时代或以前主要用于碓的形式,由于明显的技术理由,这一点也是非常可能的[7]。

现在,我们暂且回到特鲁普在日本看到中国勺碓和舂磨时进行研究所得到的看法。他的意见是,勺碓通过勺的演变,成为上射立式水轮的起源,而水转筒车则导致下射立式水轮的产生。遗憾的是,勺碓的地位是自相矛盾的,因为一方面它具有原始性的一切特征(它与古老的桔槔和简单的水槽的关系),另一方面却没有关于它的早期记载,或者至少到现在还没有发现[8]。此外,特鲁普的意见必然会碰到一个困难,这就是最典型的古代中国水轮看来是卧

---

① 见 Sarat Chandra Das (1), p. 28, Cunningham (1), p. 375; Rockhill (3), p. 232, (4), p. 363; Waddell (1); Simpson (1), pp. 11, 17, 19 等。30 年前,埃默里[Emery & Emery (1)]在松潘以北的甘南藏族自治州卓尼地区南坪附近看到水轮转经筒仍在运转。

② Lynn White (7), p. 82。

③ 这个观点是从许多评论家所指出的,维特鲁威讨论水磨水轮时把它直接与筒车并列在一起这一事实得到启发而形成的。

④ 参见 Drachmann (5)。但从这里提出的证据来看,不可能接受福布斯[Forbes (11), p. 39]关于水磨"随佛教传到东方"的论点。

⑤ Bennett & Elton (1), vol. 2, p. 32。

⑥ 考虑到所有这些,不可能接受布洛克[Bloch (2), p. 544]认为卧式水轮是一种退化现象的观点。另一方面,柯温[Curwen (4)]的卧式水轮更为原始的观点,在我们对纪元前的波斯水轮和中国水轮有更多了解以前,不能说得到了证明。

⑦ 最近的传说(Cedrenos, Ⅹ, 532 ff.)认为水磨是由希腊人米特罗多鲁斯传入印度,这可能不错,但是如果筒车真是来源于印度,那么在该地区内必定会有发展。

⑧ 奇怪的是,从 13 世纪初叶起,许多阿拉伯的水轮图,例如威德曼和豪泽的论著[Wiedemann & Hausen (2)]中所载,画成一系列径向勺而没有轮缘。这种画法意义不明。而且亚历山大里亚人偶尔使用以水平衡重的原理[特别是 Philon, *Pneumatica*, ch. 31; 参见 Beck (5), pp. 69 ff.; Drachmann (2), pp. 70 ff.],但仅作为其他机构的组成部分,而且从不用来做有用的功。

式的。一种可能的情况是,特鲁普所见到的机器是由惯于制造勺碓而又同真正立式水轮的制造者有过接触的人制造的;这种怀疑由于日本的多勺"轮"所驱动的是立式春磨的杵而不是具有中国特色的横卧式碓锤而进一步增强。现在这个问题还不能解决。

407　　本节初次脱稿后,又出现了新的资料,可以大大增强中国勺碓确实古老的信念。我指的是水力机械时钟引人注目的全部历史,这种时钟及其特殊的链系擒纵机构从8世纪初一直用到欧洲首批机械时钟问世(14世纪初);这将在第二十七章(j)中谈到。这种时钟的所有主动轮轮缘周围都装有勺,运动受擒纵机构的限制,直至各"勺"相继灌满为止,而特鲁普如果知道这些,肯定会认为它们是八辐杆勺轮的自然演变。

　　至于中国和西方开始利用水力的时间孰先孰后,这无疑是一个与旋转磨本身开始使用时间一样难以回答的几乎同时发生的问题(参见 p.190)。水力利用在小亚细亚的开始年代公元前70年左右,是以后的同世纪著作所公认的,而中国的开始年代公元前1世纪是桓谭公元20年的著作中清楚指出的(p.392),虽然究竟在该世纪的哪一个10年首次用水轮来驱动碓,仍然很不清楚。公元前1世纪这个时间也可以从另一中国著作中最早专门描述的是冶炼炉鼓风得到证明,因为我们都知道这工作与简单的研磨谷物相比要复杂得多,因而需要较长的先期发展[1]。人们一定希望进一步的研究将把事情弄得更加清楚,而且由于我们对于任何最古老的水轮的安装方式(除了维特鲁威水轮以外),不管是立式的还是卧式的,都一无所知而更加希望如此。

　　初看起来,立式水轮似乎应有较大的前途,但是事实却相反,因为卧式水轮是文艺复兴后新技术时代中给人印象最深的动力机械即水力和蒸汽涡轮机的直系祖先[2]。这里限于篇幅,不能介绍这种机器的历史,即使是简单地[3]。卧式水轮转子的转动,和立式下射水轮一样,完全是由水流作用于叶片上的冲击产生的。然而立式上射水轮的转动主要是靠水的重量,而不是靠它的动量。反之,赫伦的汽转球中,既没有冲击力,也没有重力荷载,转子的运动只是由蒸汽射流加速通过切向管嘴时的反作用产生的。但是在涡轮机转子中,水或蒸汽在管子或导槽中,或者在弯曲的叶片上流过时,从介质与它们所通过的弯曲通路之间产生的冲击力和反作用两个方面得到功率。这样,涡轮机实质上是古代中国水轮和亚历山大里亚汽转球的结合。从历史上说,它起源于法国南部的卧式水轮(例如本册 p.368 已经提到过的图卢兹的水轮),在17世纪曾对这种水轮进行过详细的研究[4]。早在1578年,贝松已把卧式水轮发
408 展为表面上带有螺旋形导槽或叶片的圆锥体,而这个"桶状轮"在一密闭室内旋转[5]。图卢兹轮也有螺旋形或弯曲叶片。18世纪时,对涡轮机原理的研究非常注意[6],用冲击与反作用的不同比例制造成各种叶轮,但是决定性的发展是从富尔内隆(Fourneyron)的工作开始的。他

---

　　① 这里会很自然地提出问题,桓谭的某些动力碓是否像以后的有序成组机械锤一样(参见 p.394)用于锻铁目的。根据汉代钢铁技术的发展情况,很可能是这样,但是我们没有找到确实的证据,证明它们除了春粮食或稻谷去皮以外,还做过其他什么事。这一点将来可能会澄清。

　　② 这关系是费尔德豪斯[Feldhaus (25)]、贝内特和埃尔顿[Bennett & Elton (1), vol.2, p.28]发现的;参见 P.N. Wilson (4), p.19; Lynn White (7),p.160。

　　③ 涡轮机的简史见 Usher (1), 1st ed., pp.245 ff.。标准著作有 Crozet-Fourneyron (1)。

　　④ 参见 de Bélidor (1), vol.1, pl.23 和 p.303; Eude (1), pp.11 ff.。

　　⑤ Besson (1), pl.28。参见 de Bélidor (1), vol.1, pl.19 和 p.302;Beck (1), p.195; Usher (2), p.328。

　　⑥ 谢格奈(Segner),冯·奥伊勒(von Euler),斯米顿等;参见 Stowers (1); Wilson (3); Bied-Charreton (1)。

在1832年已能制造大体上现代型式的涡轮机，容量达50马力。这个世纪初为水力利用所做的工作，到世纪末也经拉瓦尔(Laval)和帕森斯之手做到对蒸汽的利用。涡轮机在发电和船舶推进方面仍在起的作用是人所共知的。我们也许长期离不开它[1]。

现在读者也许认为磨已经谈得足够了，但是还有两种磨完全没有谈到，这就是安装在船上的磨和报时的磨。换言之，所有明桨轮船和所有机械时钟都是水磨的后代，而中国是他们幼年时代成长的地方。现在让我们来依次研究它们。

(i)　水激轮和激水轮；东西方的船磨和轮船

第一个故事是开始于罗马；它与本书其它大部分故事不一样。在536年，哥特人围攻罗马城，断绝了雅尼枯卢谟磨的水源，守城者濒于缺粮以至饿死。当时拜占庭的将军贝利萨留(Beli-sarius)统率守军，他想出把磨和它们的水轮放在停泊在台伯河的船上的主意。普罗科匹乌斯(Procopius)至少是这样说的[2]：

当导水管道的水被截断，磨停止转动时，由于城内缺乏粮食，难于找到马的草料，不可能用牲畜来推磨。但贝利萨留是一个有创造才能的人，他找到了一个解除灾难的办法。利用台伯河拱桥是连接于雅尼枯卢谟的两岸墙上，他在桥下把绳索横过河上紧系在两岸。在绳上系两只同样大小的船，相距2英尺，把它们停泊在拱下水流速度最大的地点；再安放两个磨石在两只船上，而将通常用来驱动磨石旋转的机器(即水轮)悬挂在两船之间。他还设法在下游每隔一定距离安排同样的一些机器，它们被水力冲动，带动必需数量的磨，为这个城市磨粮食。

这个方式似乎以后被广泛地利用。关于罗马的这些水上磨，朱利亚诺·迪·圣加洛(Giuliano di San Gallo，1445—1516年)曾画在他的一本有插图的手稿上。霍维茨[Horwitz (10)]对此曾加以研究。从霍维茨的书上(图629)可以看到在那个时候都用很阔的水轮。在德涅斯特河[Dniester (Cash)]和多瑙河[Danube (Reichel)]上，它们继续被使用直到现代。在威尼斯到11世纪[3]，在法国从12世纪到18世纪末(参见图628)都有这种船磨[4]；在英国仅在16世纪有短暂的出现[5]。从传播问题的观点来看，有趣的是在相当的近代，这些船磨在亚美尼亚经常可以看到。与所有欧洲的发展同时，可以从巴努·穆萨(Banū Mūsā)在9世纪

410

---

[1]　如斯托尔斯[Stowers (2)]所说，当世界上煤和油的供应枯竭，而铀和钍的储量也不足的时候，风大概仍将继续吹，河水和潮水仍将不停地流。一直到遥远的未来，人类可能仍然需要它们的动力。

[2]　*De Bello Gothico*，I，15 (V，XIX. 19)；译文见 Deving (I)，vol. 3，p. 191；Bennett & Elton (I)，vol. 2，p. 61。

[3]　一篇意大利有名的小说，巴凯里(Bacchelli)写的《波河上的水磨》(Il Mulino del Po)，主要是关于这条河上的船磨。

[4]　14世纪早期的一些原稿描画了它们连同城堡形的上层建筑[原稿11040　在布鲁塞尔的勃艮第公爵(Dukes of Burgundy)图书馆《亚历山大大帝纪》(History of Alexander the Great)；以及在柏林图书馆(Berlin Library)的汉密尔顿(Hamilton)第19原稿。后者有一个故事"幼发拉底河(亚洲西南部)的花和巴比伦的磨坊"(Le fleuve dou Frate [Euphrates] et les Moulins de Babilone)。见 la Roncière (I)，vol. 2，p. 486；Anthiaume (I)，p. 26；Audin (I)；Braun & Hogenberg (I)。

[5]　贝内特和埃尔顿[Bennett & Elton (1)，vol. 2，ch. 6]提供了很具体的证据。在有潮汐的河流或者由于洪水或其它类似条件使水位发生变化的情况下利用浮磨一定特别合适。有几张中古时代的照片，显示磨坊建于高桩台上[Bennett & Elton (1)，vol. 2，pp. 76，77]，据猜测可能采取了某些措施使水轮能够随水位的升降而升降。关于荷兰和德国的情况见 Nolthenius (2)。参见 p. 27。

图 628 法国里昂的罗讷河(Rhône)上的船磨,见于 1550 年的一幅画[参见 Audin (1)]。在图中央是吉约蒂耶尔桥(Pont de la Guillotière),建于 1180 年。右下角是市立医院的房屋的一瞥,拉伯雷(Francois Rabelais,卒于 1553 年)曾是这个医院的医生。

图版 二四二

图 629 罗马台伯河上的船磨在工作,朱利亚诺·迪·圣加洛的一张画,约在 1490 年[采自 Horwitz (10)]。它们的桨轮伸展很长。

开始的阿拉伯文献中找到许多引证,如同威德曼〔Wiedemann(6)〕所指出的那样。

一般认为船磨不仅限于欧洲,但是技术史家忽视了中国也有这样的事实。虽然我们没有从可靠的资料中见到任何图例,但是,王祯在他于 1313 年写的《农书》中描述一个由两条船支持的水轮,带动装在两只船上的一些磨石,它们同贝利萨留的船磨十分相似①。鉴于这些设备对于军事供应的价值,看到抄录在 1628 年的《武备志》②的描述是有趣的。《天工开物》(1637 年)也谈到船磨,说是在南方尤其普遍③。一些碓和磨石同样装在船上,可以使这些水轮同筒车一样,在任何水位下工作。

虽然我们至今还没有见到同贝利萨留同样早的任何中国的叙述,但是在那里船磨的应用不可能晚得多,因为 737 年唐水部式禁止(Art. 11)船磨("浮硙")停泊在洛阳附近的河道上,好像船磨是很普遍的东西④。其它较早的参考资料还是很少,但是陆游于 1170 年在去四川的旅途中所作的诗之一曾提到船磨⑤:"我们听到楼阁外悬崖上的铃声,可以看到下面急流中停泊的磨船("硙船")"。然后约在 1570 年,王世懋在他的《闽部疏》中描述福建的造纸者如何把他们的碓装在船上,每一只船有两个水轮,利用河流中的急流猛烈地使碓敲打⑥。王士祯在清朝初期在他去四川的旅途中也曾写道⑦:

> 在两江有许多船磨("硙船"),它们和水车的工作原理相同,船都停于急流中。所有磨、春和筛都用水力。这些船不停地发出呀一呀,呀一呀的声音。
>
> 〈江间多硙船,如水车之制。泊急流中。礶、硙、春、簸、悉用水功。轧鸦之声不绝。〉

另一个访问者是福钧(Robert Fortune),他于 1848 年在闽北的茶区旅行。当他还在浙江省时,在严州附近看到成群的磨船。

> 离了严州城,我们走向西北。河中有许多急滩,几乎都利用它们来转动水轮,使春磨稻子和其它谷物。我看到这些机器的第一台是在严州上游几英里。初看我以为是一艘汽船因而大为惊奇;我确实在想,中国人经常告诉在南方的我国人说,在内地汽船是常见的,他们说的是真话。在我靠近后,我发现所谓"汽船"是如同下面所说的一种机器。一只大驳船在船头和船尾都牢固地系在流势最急的岸边。和汽船的桨轮相似的两个轮子安装在船的两旁,用轴穿过船身把它们联接起来。在轴上安装一些短轮齿,每一个轮齿当转动时压起一个重木槌到一定高度,然后让它落到盛在下面盆内的谷子上。当水流冲转了水轮,水轮带动了轮轴快速转动时,这些木槌就连续地提高和跌落。船上有草篷盖顶,以防下雨。当我们再向上游走去,看到这种机器极为普遍。

这样,如果福钧的记载是正确的,则在浙江水碓被当作主要的工具。陆游和王士祯所叙述的都是在四川东部的长江,虽然他们的写作已经过去了那么长久,但仍能为一个活着的目睹者夏士德所补充。他画了在重庆下游约 60 英里的涪州(涪陵)城周围仍在工作的船磨的很好的

411

---

①《农书》卷十九,第四、五页。王祯说,这些船磨名叫"活法磨",因为它们可以根据可用水量的大小或其它情况从一个地方搬到另一个地方。

②《武备志》卷一三八,第二十九页。

③ 名曰信郡法。《天工开物》卷四,第二页。

④ 译文见 Twitchett (2),p. 48,根据敦煌原稿 P1/2507。

⑤《剑南诗篇》卷三。

⑥ 这一段曾被天野元之助〔(1),第 31 页〕引述过。

⑦《蜀道驿程记》,1672 年;由作者译成英文。

一些工程图①（图 630）。在这个地方，船磨有两根轴联接四个水轮，名为"面粉船"。夏士德还看到这种船也带有脚踏的筛子，但是明显地在过去或在其它地方，这些筛子是和动力联接在一起的，如同《农书》上所说的那样（参见图 461）。夏士德提到的次要的、但是有极大兴趣的一点是，动力转轴的齿轮总是有 18 个齿，而磨的齿轮仅有 16 个。这个方式可能是进入现代工程引用一个"追逐齿"以保证均匀磨损的一个步骤。这个原理在引用齿轮传动式涡轮机以前，一般在海船工程上是不常引用的。

412

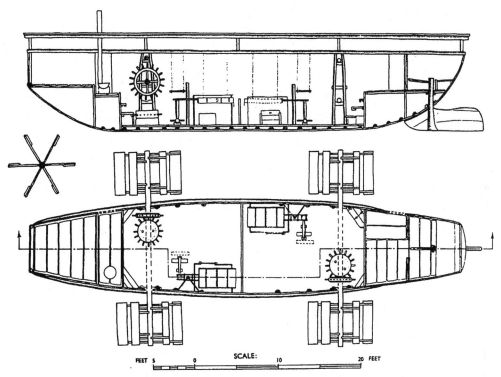

图 630　四川涪陵船磨之一的比例尺图[Worcester (1)]。每个磨是由两个强大的桨轮和正交轴齿轮装置驱
动。可以看到在船舱内放着两个脚踏筛（参见图 460）。

　　在这里我们必须再说一下上面提到过的水激轮和激水轮的区别。水轮可以通过流动的水提供功，或者由于水轮的转动而对静水作功，从而获得运动。船磨和普通的水轮没有什么不同，因为它的轮子同样是水激的，只在重要的一点上，它是放在这样一个结构上，假如内部有动力可以使轮子转动，就能把动力自动传递到水上去，轮子即可以作为激水轮②。

　　然而，有一个可以使一对水激桨轮引起转动的相当巧妙的方法，即如果用缆索把一只船系于上游达一定距离的某一点上，并利用水流的动力可以使桨轮把缆索捲拢，从而船向上游移动。这个想法在欧洲 15 世纪就已存在，这是我们从军事技术原稿，即马里亚诺·塔科拉（1438 年）③ 的 413

---

　　①　Worcester (1), p. 24。
　　②　当然，不同的地方还有船磨与水位的高低没有什么关系。从各种描述中可以看到，这一种情况特别引起了中古时代中国磨匠们的注意，因为他们是经常和水位的大变化进行斗争的。关于这个问题的出奇的混乱，表现在马德里的有名的海神（Neptune）喷泉雕像上，海神所站立的海螺，既有桨轮的设备，但是也由一队海马拖拉。
　　③　Berthelot (4)；Feldhaus (1), col. 942。

几张图片中知道的。然后威冉提乌斯(1595年和1615年)曾予以叙述并描画[1]，成为18世纪许多计划和专利的项目[2]，但是由于需要有相当特殊条件才能成功地应用，这无疑曾妨碍了它的推广。直到1825年人们对它还看得很认真，这年的一个记载把它归功于费城的爱德华·克拉克上校(Edward Clark)，并生动地描写它用在特拉华河(Delaware)特伦顿瀑布(Trenton Fall)下游和萨斯奎汉纳河(Susquehannah)米尔急滩(Mill Rapids)上的情况[3]。我没有证据说明在中国曾经用过，但是我于1944年在广西平乐看到并拍摄一种类似的拉拖方法，利用人力转动船上的绞盘，把船只向上游捲拉[4]。

流动水激桨轮的另一用途是维特鲁威所描述的[5]，即用来操作一个路程计以记录船行走的距离。它作为现代的形式[6]是用螺旋代替轮桨，这个创造直到目前还在航海中普遍应用。维特鲁威的某些文艺复兴时期的插图使这个方法看来像真正的轮船[7]。

现在我们谈到真正的激水轮船[8]。毫无疑问，利用人力或畜力来转动轮桨的想法，在欧洲于14世纪已完全存在，但是这种想法在世界的哪个地区内可追溯到什么时候，那就很难确定，这就要看所谓佚名者的《战争谜画》(De Rebus Bellicis)原稿的可靠程度[9]。这本书由格勒尼乌斯(Gelenius)于1552年第一次刊印，有人认为它可以追溯到6世纪，但对此有很不同的意见，内尔[Neher (1)]为这样的日期作辩护，而施奈德[Schneider (3)]认为这是14世纪的一个伪造。我们以后必须再回到这个问题上来。无论如何，书中所描述和用图说明的是一艘"利布尔尼亚人的"(liburna)或罗马式的船，装有三对桨轮，由在舱板上的6条牛转动(图631)。在13世纪末，罗杰·培根说明这种想法所用的文字是和佚名者的文字较为类似，因此有人想培根一定知道这本书[10]。此外，在各种技术手稿[1335年的达·维格伐诺；1405年的凯瑟的《军事保垒》(Bellifortis)；1430年的无名氏胡斯派工程师(图631)；1472年的瓦尔图里奥有多到5根轴，等等][11]中有很多不同大小和不同复杂程度的插图。稍后，朱利亚诺·迪·圣加洛复制了佚名者的图画[Horwitz (10)]，列奥纳多本人画了一些略图并注意到其中包括的齿轮装置和曲轴[12]。

414　　在1543年，当布拉斯科·德·加雷(Blasco de Garay)在巴塞罗那和马拉加(Malaga)的港口造了轮船作为拖船之前，在欧洲对这种船的实际用途没有记载可查。每只船用40人来

---

① Verantius, pl. 40, 参见 Anon. (5); Beck (1), p. 526。

② 参见 Anthiaume (2), p. 135。

③ Anon. (6)。

④ 格罗夫和劳[Groff & Lau (1)]也举了这个例子。夏士德[Worcester (1), p. 52]描写四川的带有弯曲船尾的盐船的施用方法[参见下文第二十九章(d)]。

⑤ Vitruvius, X, IX, 5; 参见 Diels (I), p. 67; Torr (I), p. 101, Drachmann (9), pp. 165 ff.。

⑥ 应归功于汉弗莱·科尔(Humphrey Cole, 1577年); 参见 de Loture & Haffner (I)。

⑦ 例如，1522年的佛罗伦萨版，p. 182 a。

⑧ 霍维茨的论文[Horwitz (9)]是它的历史的最好记载，虽然他不知道下文所提供的大部分的中国证据。麦格雷戈[McGregor (1)]也有一篇关于17世纪以前的专利文献的有价值的文章。

⑨ 见 Sarton (1), Vol. 1, pp. 416, 430。

⑩ 见雷纳克[Reinach (2)]关于《论神秘的作用力》(De Secretis Operibus, 约1275年)的讨论。比较 Thompson & Flower (1), p. 119, 和 Thorndike (I), vol. 2, p. 654。

⑪ Berthelot (4,5); Feldhaus (1), col. 936 ff.。

⑫ 霍维茨[Horwitz(9)]进行了复制和讨论; Ucelli di Nemi(3), nos. 4,80; Feldhaus(18), pp.124ff. 在一本来自16世纪拜占庭—土耳其的原稿—斯坎德培(Scanderbeg)的《工程学和神奇的书》(Ingenieurkunst und Wunderbuch)内设计了一艘武装轮船[E. Max, (1)]; 以及拉梅利(1588年)的著作[Ramelli(1), pl. 152]。

图版　二四三

图 631　罗马晚期佚名者在《战争谜画》中所提出的"利布尔尼亚人的"船或桨轮船;
一张原稿上的插图[Thompson & Flower(1)]。6 个桨轮由船舱中的三个牛
辘轳来转动。

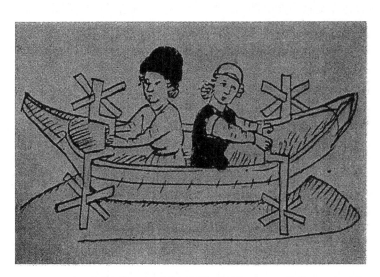

图 632　无名氏胡斯派的工程原稿中的轮船草图[Uccelli(1)],约 1430 年。两
个曲轴用人力转动。

转动绞盘或脚踏机[1]。1600 年以后,有很多这种设计,这一类的小船获得相当广泛的应用[2]。很多有名的科学工作者对利用更重要的动力来源问题发生了兴趣[例如帕潘(Papin)和伍斯特侯爵][3]。在 1819 年为了快速运输,脚踏机轮船仍经常用在卢瓦尔河(Loire)上,以及用在美洲的黄石(Yellowstone)探险[4]。即使迟到 1885 年,一种"水上脚踏车"(velocipède nautique)作为新奇东西用于法国的河流上的游览[5]。通常把第一个提出用蒸汽作为桨轮的原动力的建议归功于乔纳森·赫尔斯(Jonathan Hulls,1736 年)[6]。但是第一个实际成功的是在法国的德·茹弗鲁瓦·达邦斯(1783 年)[7]和在苏格兰的米勒(Miller)、泰勒(Taylor)和赛明顿(Symington,1787 年)的那些轮船。到 1807 年,罗伯特·富尔顿(Robert Fulton)的汽船开始在哈得孙河(Hudson River)上经常航行[8]。此后的发展乃是人所共知的了[9]。

当中国沿海城市的人们第一次看到西方人的蒸汽桨轮船时,人们想起一个老名称"轮船"来,这个名词一直到目前还常用于各种蒸汽船只。这些城市的人们除了少数的老式学者外对于他们自己的过去知道得很少或者一无所知,而这些学者则把许多传说和事实混淆在一起,同时也没有人重视他们[10]。当西方的技术史家在《图书集成》(1726 年)中第一次见到一艘轮船时(本书复制在图 633)[11],他们毫不迟疑地把它贬低,认为是耶稣会士带去的想法经过篡改的复制品。但事实与此远远相反。中国轮船的历史至少可以追朔到 8 世纪,并且有可能到 5 世纪。

416　当然,最早的参专文献不如晚期的清楚。但是原始的创造者很可能是有名的工程师和数学家祖冲之,因为在关于他的两篇传记中[12]都提到一艘"千里船"曾在现在南京以南的新亭江上试航过,证明不靠风力每天能行驶数百里[13]。这个发明是 494 与 497 年之间实现的,即

---

① 至少是根据最好的传说。另一个来自卡斯蒂利亚(Castile)的锡曼卡斯档案馆(Archivo de Simancas)的原稿并经阿拉戈[Arago (2)]讨论,认为在布拉斯科·德·加雷的一些船中有一只有锅炉。虽然某些初级的涡轮机可能不是完全做不到(参见 p.226),但是现在考虑到西班牙历史学家闵明我对这个问题被历史档案资料中的伪造引入岐途。在这里我感谢海军博物馆(Naval Museum)馆长何塞-马里亚·马丁内斯·伊达尔戈-特兰上尉(Captain José-Maria Martinez Hidalgo y Teran),这个馆设在巴塞罗那的修船兵工厂(Atarazanas Arsenal)内,我于 1959 年 9 月曾愉快地去参观。另见 Spratt(1, 2)。在 1575 年接着有"代尔夫特的平底船"(Ark of Delft),它是安装在两个船舱之上的装甲建筑物,由放在它们之间的一些桨轮来推动[la Roncière(1),vol.2,pp.486 ff.]。

② McGregor(1);Anthiaume(2);Reinach(2);参见 Cummins(1),vol.2,p.341。

③ 参见 Galloway(1);pp.76 ff.;Thurston (1);pp.224ff.;Dircks(1),no.15。

④ Marestier(1)。

⑤ Tissandier(3)

⑥ 参见 L. G. Hulls(1);Spratt(1,2)。他可能被德尼·帕潘于 1707 年占先了。

⑦ 参见 Théry(1)。

⑧ 参见 Spratt(2),pp.74 ff.。

⑨ 这可能是值得提及的,就是脚踏轮船远没有消失。这是一种很舒适的享乐,表现在以无数的双人自行车的形式来去于地中海的海滨。

⑩ 我所讲的是一般常识和信念;事实上,我们将看到(p.431)有些中国海军将领在鸦片战争中对本国的技术史已很熟悉,而且利用了它。

⑪ 《图书集成·戎政典》卷九七"水战部汇考"一,第三十页。图是根据《武备志》(参见 p.424),并且此后经常被翻版,如金泽兼光的 1761 年的《和汉船用集》。

⑫ 《南史》卷七十二,第十二页;《南齐书》卷五十二,第二十一页。关于他的成就参见本书第三卷中有关各处。

⑬ 文字传说长期认为祖的船是依靠某种内部机械而行驶的。在 1200 年,朱翌认为这个机械可能和诸葛亮的木牛流马相类似(参见本册 p.260ff.),久已不为人所了解(《猗觉寮杂记》卷二,第三十五页)。朱翌的水师同行们对他可能有很大的启发(参见本册 p,422)。

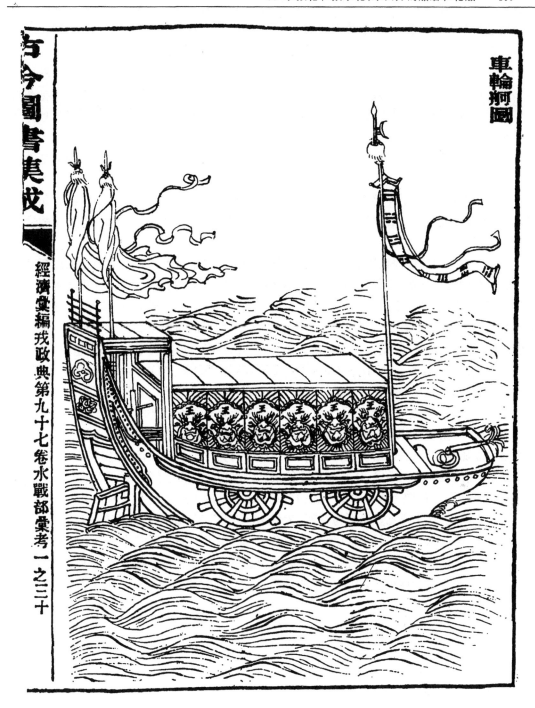

图 633　在《图书集成》(1726 年)中的桨轮战船("车轮舸"),由 1628 年的《武备志》复制。4 个桨轮用船舱内的脚踏机操作。

在他逝世的 501 年以前不久。但是有可能,有保护的脚踏轮船在这个世纪初已经应用在王镇恶所指挥的水战中,他是刘宋朝水师将领之一。在他的传记内,我们看到下面的一段[①]:

　　　　王镇恶的部队乘坐在掩蔽着的突击船只和小战舰("蒙冲小舰")[②]中向前行驶。推进这些船只的人员都(藏)在船舱内。羌人(蛮族)有到船舰逆渭(河)而上,但看不见任何人在舱面上划船。因为北方人过去从来没有遇到过这种船,每个人都大为惊惧,以为这是神怪在驱使。

　　　　〈镇恶所乘皆蒙冲小舰。行船者悉在舰内。羌见舰沂渭而进,舰外不见有乘行船人。北土素无舟楫,莫不惊愕,咸谓为神。〉

随即描述如何停泊后,下令解缆,明显地自动行驶离开。这些蛮族人一定对于桨和帆是熟悉的,这些情况强烈地暗示着存在其它某些东西。无论如何,发生的时间是肯定的;这个战事发生在 418 年。

　　在下一世纪对轮船提供很多的迹象。梁朝一个水师将军徐世谱于 552 年在征讨叛乱者侯景的战役中造了许多不同种类的船舰来加强他的舰队。提到的有[③]楼船(有几层甲板),拍船(有铁钩的船)[④],火舫(火船)和水车(水轮船)。最后一个名词的通常意义自然是提水的翻车[⑤],但这里的上下文(船的一览表)表示指某种船舰。明显的可能是实际上指轮船。水车作为船的同名词,还见于《荆楚岁时记》,在那里说,在五月初五日,船民用这些"水轮船"进行竞赛。这本书通常说是属于梁朝,约在 550 年,肯定不会晚于唐初(约 620 年)。同是这些船,据书上说,也叫水马。另一种同样合理的解释[⑥],把水车作为"水战车",并假定所有记入宗懔有关民间节日的书中的船名仅指为了纪念屈原而于每年夏季进行竞赛所用的有很多船员的普通手划龙舟[⑦]。由于把"车"作为战车和作为机器的古典解释的混淆,使这个问题要等待进一步的证明才能解决。但是,据说在抗击侯景的战役中,另一个指挥官,水师将军王僧辩,在他的舰队里"船的两侧有两条龙,使它们行驶很快"("双龙挟舰行甚迅疾")[⑧]。罗荣邦[Lo Jung-Pang(3)]提出双龙可能是双轮的文字上的改动。由于书的上下文谈到不少有关在军队中出现的不吉之兆,使这个意见显得更为有理。大约 20 年以后,在 573 年,当北齐国被陈侵入时,黎阳被包围,第四水师将军黄法氍(他也是一个出色的军事工程师),成功地建造并施用了一些"步舰"[⑨]。张荫麟(2)在很久以前已认为这些步舰不可能是别的东西,只能是脚踏的轮船。

　　因此,似乎很清楚地证明,最初的发明约在祖冲之的时代到接近 5 世纪末,即使不更早

　　① 《宋书》卷四十五,第七页;《南史》卷十六,第三页;《文献通考》卷一五八(第一三八〇·二页);由作者译成英文,借助于 Lo Jung-Pang(3)。

　　② 这些名词表示了船舰装甲的开始,详见本书第二十九章(i)

　　③ 《陈书》卷十三,第一页;《南史》卷六十七,第十一页。

　　④ 参见本书第二十九章(i)。

　　⑤ 参见本册 pp. 339ff。

　　⑥ 例如,罗荣邦[Lo Jung-Pang(3)]就赞同。

　　⑦ 关于龙舟,参见本书第二十九章(d)。

　　⑧ 《南史》卷六十三,第四页。

　　⑨ 《陈书》卷十一,第三页;《南史》卷六十六,第十七页。"舰"这个字意味着较渡船大得多的船只;或许更好译为"踏(较'划'确切些)的战舰"。黄法氍设计新式弩炮和拍车,这无疑是"铁钩"早期的形式(参见本册 p. 420)。夏士德[Worcester(14)],pp. 25ff 使我们想起在杭州与绍兴之间的小河上行驶的长舢板,也叫"脚划船",因为船员用脚划而同时用手掌桡的奇妙方法。见 Orange(1),p. 496。这个方法是古老的[参见 Moule(15),p. 31],但是不可能与"步舰"有联系。

一些。到了唐朝王子李皋（"曹王皋"）[①]的时候，我们就更确信无疑了。他对轮船的试验是在782到785年之间进行的，当时他任杭州太守[②]。

李皋常常热衷于奇巧的机器，他修造的战舰，每艘两侧有两个轮子，利用脚踏来转动[③]。这些船行驶如风，激浪如挂帆。由于修造方法既简单又坚实，所以舰只坚固耐用。

〈常运心巧思，为战舰，挟二轮，蹈之翔风鼓，疾若挂帆席，所造省易而久固。〉

到此都是《旧唐书》上所说[④]；《新唐书》还提到曹王亲自教他的工匠如何造这些船，它们的速 418 度是快于冲锋的马[⑤]。

在此以后，自然可以从文献上找到轮船实际应用的各种反映。9世纪后期的《杜阳杂编》[⑥]，记载了虔诚的俗人元藏机的故事，说他从海上的一个仙岛乘凌风舸回家，激水而行，其疾如矢，可能是其中之一。

但是，直到南宋初，在12世纪早期，脚踏翼轮船才得到自己应有的地位[⑦]。1126年，首都开封沦陷，宋朝政府迁移至南方各省，首先导致（在许多其它事情中）根据南方的海上专门技术建立正规的中国海军。人们说，长江现在必须是中国的长城，战舰必须是它的了望楼。同时坚强的防御形势要求掀起一个陆军和水军的创造高潮，一方面包括新的火药武器[⑧]，另一方面包括高度发展的轮船。这种激励很快得到明显的反应。在1130年，当金鞑靼人企图从南方的一个战役摆脱出来，正在渡长江向北撤退的时候，宋将军韩世忠借助于某种8个叶片的桨轮（"飞轮八楫"）[⑨]给他们以惨重的打击[⑩]。我们还要对这次战役做更详细的叙述。它为此后的一个世纪树立了榜样，因为骑兵是典型的女真的武力，金国从未发展任何强有力的水军[⑪]。工程师们现在开始报道他们的成就，胜利后两年，王彦恢作文纪念如下[⑫]：

为了防御大江以南的千里广阔地区，必须有战船；为了在北方平原阻挡骑兵，必须有战车……如果船和车既轻而快，乃是最好的……我设计了一艘飞虎战舰，两侧有四个轮子。每个轮子有8个叶片（"楫"），由4人转动。这条船一天能行驶1000里。

---

① 在有关物理学的一章中我们已经提到过他，见本书第四卷第一分册，p.38。

② 这是桑原骘藏[Kuwabara(1)]研究出来的；参见Lo Jung-Pang(3)。

③ 当中国的作者们用这个辞句（如在这里的"蹈之"或"踏之"时，当然不是指罗马人粗笨的鼓轮式脚踏机，人必须在鼓里操作的意思，而是指翻车的径向踏板（参见本册p.339）。因为无论怎样，踏板所占的空间很小，只要驱动轴的长度允许，就可以多安装脚板，这个方法用于水上较之佚名者的牛推辘轳或鼓轮式脚踏机要更为合适，虽然后者由霍维茨[Horwitz(9)]叙述过。在16世纪的欧洲的原稿中，也曾建议在一只船上来用鼓轮式脚踏机。脚踏轮船也可以装置齿轮来增加转矩以提高速度。所有中国的有关书籍都注明所获得的速度。

④ 《旧唐书》卷一三一，第五页；由作者译成英文，借助于Kuwabara(1)。

⑤ 《新唐书》卷八十，第十一页。

⑥ 《杜阳杂编》卷下，第三页。

⑦ 这个时期的许多材料已经收入在我们的草稿中，但是我们恰好及时地收到罗荣邦(1)Lo Jung-Pang(3)的杰作，从而大大丰富了这章的内容。

⑧ 详见本书第三十章(k)。

⑨ 这个名辞也可以解释为"轮船和八桨船"或"桨轮和八桨船"。但是宋代书本用各种词来说明桨字一般清楚地表明是指桨轮上的叶片。图637也使这种解释大为生色。

⑩ 见《枫窗小牍》卷二，第二页，例如，引在《格致镜原》卷二十八，第十一页。由于这是同一世纪的作品，它的根据是充分的。

⑪ 金人虽然原来也是游牧民族，但他们与蒙古人不同，正如将于本书下文第二十九章(e)看到的。

⑫ 《玉海》卷一四七，第十八页，一段节略；译文见Lo Jung-Pang(3)，经修改。

〈大江以前欲控扼,非战舰不可,制飞虎战舰旁设四轮,每轮八楫,四人旋斡,日行千里。〉①

这个叙述特别有意义,因为它是我们所看到的最早提到四轮的记载,和《武备志》与《图书集成》所描绘的完全相同。

然而,偏巧这个发展中的发明的真正试验场不是在对北方人的抗战中,而是在南宋本身的内战中。在金国入侵动乱的同时。一个平等主义的农民革命在钟相②的领导下爆发了,在 1130 年,反叛军队是在包括杨么和杨钦的一些有天才的指挥官的统率下。他们成为洞庭湖的主人,不断袭击滨湖城市。翌年,鼎州知州程昌寓着手一个大规模的造船计划去击败他们,其中包括由出色的工程师设计的具有桨轮的许多大船。从一个同时代的鼎州作者我们知道③:

> 有一个士兵名高宣,他过去曾是黄河水上防御部队和水道管理局白波车辆运输处的木工长。他提出了轮舟的设计(他认为)可以抗拒敌人……(他首先造)一艘八轮的船作为模型,几天就完工了。令人用脚踏船轮上下行驶于河道之上;证明速度很快,不论前进或后退驾驶极便。两侧都装木板以保护轮子,使不为人所见。看到船行如龙,旁观者觉得神奇莫测。
>
> 轮的数量和尺寸逐渐增大,直到有 20 至 23 个,能载二三百人的大船。那些反叛者的船较小,因此抵抗不住它们。
>
> 〈偶得一随军人,元是都水监白波辇运司黄河扫岸水手木匠都料高宣者,献车船样,可以制贼……打造八车船样一只,数日併工而成,令人夫踏车于江流上下,往来极为快利。船两边有护车板,不见其车,但见船行如龙,观者以为神异。
>
> 乃渐增广车数至造二十至二十三车大船,能载战士二三百人。凡贼之櫂艣小舟皆莫能当。〉

这确是一件出色的技术成果。我们企图从一个小型的图形中掌握它的形象(图 634)。使我们吃惊的是这些船没有叫"蜈蚣船",其它文明国家肯定没有建造类似这样的东西。但是这个设计是极合理的,由于缺乏蒸汽动力和铸铁轮子,就必须把应力分散到较多的桨轮上去④。另一个资料说,程昌寓的最大的车船⑤ 有 200—300 英尺长⑥,能够载七八百人⑦。

不久这些船就在革命部队中破浪前进,因为政府舰队的 28 艘海船和 2 艘八轮的翼轮船在一个涨落的河上搁浅,于是全部被俘获,而高宣本人也成俘虏。《鼎澧逸民》继续说⑧:

> 因而盗匪获得轮船的设计以及它的总设计师。他为杨么修造一艘和州型的大船,有几层甲板和 24 个轮子,又为杨钦造一艘大德山型有 22 个轮子的船……两个月内,盗匪

---

① 查原文没有其中一段。——译者

② 根据史书应当是钟相,英文原书误为钟祥。——译者

③ 《鼎澧逸民》,这篇著作朱希祖 (2) 曾予以注释。译文见 Lo Jung-Pang (3),经修改。白波是河南的一个地名。

④ 迟至 1786 年帕特里克·米勒装配了 5 个桨轮于他的人力绞盘船上,在福斯湾(Firth of Forth)成功地达到每小时 4.3 海里的速度[Spratt (2),p.43]。

⑤ 这是第一次出现最有宋朝特征的表示轮船的名词。它们经常用车的数量来表示,在我们看来,罗荣邦[Lo Jung-Pang(3)]认为车的意义是指单轮而不是指一对轮子,这是对的,即这是从"机器"的而不是从车辆的概念来说,否则所记载的轮子数量不能使人相信。

⑥ 我们保留在第二十九章(i)讨论中国传统船舶所达到的最大尺寸。

⑦ 《宋会要稿》第一四五册,"食货"卷五十,第十五页。

⑧ 录于朱希祖 (2),译文见 Lo Jung-Pang (3),经修改。

图版　二四四

图 634　根据高宣的设计（原图）复原的宋朝多桨轮战舰之一（约 1135 年）。最大的这种船，如上图，有 22 个翼轮（每侧 11 个）和 1 个船尾轮。我们设想了船的构造特点，增加了辅助帆篷，一个甲板堡垒和一些用以掷火药炸弹，毒气包等等［参见第三十章(k)］的人力砲［参见第三十章(i)］。将军的三角旗飘扬在船尾，在船中部挂一旗写着"扶宋灭金!"这种战舰载有二三百水手和陆战队。

　　在图中，外壳去掉以示左舷前部的 6 个桨轮。

基地有超过 10 艘的多层甲板的轮船,(较之政府的船)造得更坚固更好。

〈自此水贼得车船之样,又获都料匠手。于是杨么打造和州载二十四车大楼船。杨钦打大德山二十二车船……两月之间,水寨大小楼船十余,制样愈益雄壮。〉

另一个同时代的资料解释"大德山"这个名词的意义。李龟年写道①:

在轮船(车船)内,人们配置在船头和船尾踩踏板,因而(船)可以前进或后退。(反叛者的)船有大德山、小德山、望三州和浑江龙等名称(作为型号)。它们有两层或三层甲板,有些可以载 1000 人以上。他们配备"铁钩"(拍竿)②,如同大桅杆,超过 100 英尺高。用滑车把大石块吊起挂在桅杆顶上,当官船靠近时,突然抛出去打破它。浑江龙的船头装饰了一条龙,它是杨么作战时的座船。

〈车船者,置人于前后,踏车进退皆可。其名大德山、小德山、望山州及浑江龙之类。皆两重或三重,载千余人。又设柏竿,其制如大桅,长十余丈,上置巨石,下作辘轳,贯其颠。遇官军船近,即倒柏竿击砕之。浑江龙则为龙首,每水向,杨么自乘此。〉

反叛者舰队在最盛时有几百艘大小不同的轮船并也用撞角。《宋史》说③:

(杨么)轮船下水,轮冲击湖水而使船启动,它们向前猛进如飞。船上各有撞角("撞竿"),当它与官军舰只相撞时将其损坏和击沉。

〈浮舟湖中,以轮激水,其行如飞。旁置撞竿,官舟迎之辄砕。〉

保守的政府指挥官为之惊惶失措;1135 年,在一次有趣的辩论④ 的记载上提到,王璪不接受同事们的劝告,充分地使用了他有权处置的一些轮船,结果被击溃。经过一段时间,从叛军中俘获了一些 18 和 22 个轮子的船,因为政府有较多的资源,最后造成了这种型式的最大的船。我们从约写于 1190 年的《老学庵笔记》⑤ 中看到有趣的一节,也说明叛军和官军双方在发展水师技术上如何相互竞争。在叙述了他们所用的各种不同的铁钩后,该书接着说:

421

为了对抗杨么的桨轮战船("车船"),官军用抛石弩炮投掷"石灰炸弹"("灰砲")⑥。为此他们用极薄的陶瓷容器,内装毒药(或矿物,可能是砷)、石灰和碎铁块(同装火药一样)⑦。当交战时,把这些灰砲抛掷到叛军的船上,石灰充满在空气中如烟雾,以至他们的水手们不能睁眼。叛军想仿照这种方法,但是在他们所控制地区找不到或不会做适当的容器,终于失败了。因此他们遭受重大的挫折。

轮到官军仿造叛军的(桨轮)船了,但造的更大——达到 360 英尺长,41 英尺的横梁,和(桅干)72$\frac{1}{2}$英尺高。不过岳飞(将军)的步兵决定性地战胜了叛军以前,它们几乎没有得到利用。然而此后完颜亮(从北方)入侵,这些轮船还使用着,并发挥了很大的作用。

---

① 在他的《记杨么本末》里,存于熊克的《中兴小纪》的注释中(卷十三,第十五页),译文见 Lo Jung-Pang(3),经修改。

② 关于这些见本书第二十九章(i)。这个名词是不能令人满意的,因为罗马人的铁钩是为了便于装船,中国的某些铁钩则完全是为了相反的用途。其它东西更像钉锤或从上面抛射的重块用以击破靠近的敌船。

③ 《宋史》卷三六五,第八页以下,尤其是第十页,由作者译成英文,借助于 Kuwabara(1)。Anon.(18)和武尔披齐[Volpicelli(3)]首先引起注意这一段,值得赞赏。

④ 《建炎以来系年要录》卷六十六(第一一一六页)。

⑤ 《老学庵笔记》卷一,第二页,由作者译成英文。

⑥ 论述在本书第三十章(i)。

⑦ 论述在本书第三十章(k)。

〈……官军乃更作灰砲，用极脆薄瓦罐置毒药、石灰、铁蒺藜于其中，临阵以击贼船，灰飞如烟雾，贼兵不能开目。欲效官军为之，则贼地无窑户，不能造也，遂大败。

官军战船亦仿贼车船而增大。有长三十六丈，广四丈一尺，高七丈二尺五寸。未及用而岳飞以步兵平贼。至完颜亮入寇，车船犹在，颇有功云。〉

最后两点需要有所说明。叛军最后为名将岳飞所击败，他在一次出奇的伏击中俘获他们大部分的舰队。在湖的一条港湾中，用大量的浮草和朽木掩盖在水面上，他诱敌进入其中，当桨轮被草木纠缠着不能行动时，他的攻船部队涌上敌船，获得一个决定性的胜利。杨么被杀[1]。这是在 1135 年。此后不到 30 年，在 1161 年，金鞑靼再次进攻宋，女真金国的第四代皇帝完颜亮（"废帝"），设法渡过长江。这导致了值得庆祝的采石之战，在那里宋军在虞允文的统帅下，经过许多焦急的时刻之后，终于获胜了。这个遭遇战之所以重要，不仅因为在这样早的时代应用了各种不同的火药武器[2]，也是因为桨轮战船再次在江上建树了在韩世忠指挥下的功绩。船舰快速地围绕金山岛巡航，它们不断地放射石砲，在女真们的心里引起极大的惊惶，后者对任何一种船舰都没有经验，觉得这些轮船几乎是神奇的。当他们明白了长江是不可能强渡的，完颜亮为他的部下所杀害。金军于次日北撤[3]。

在整个南宋时期，建造与使用轮船很为活跃。在 1134 年，两浙转运副使吴革建议在沿海各省建造九轮和十三轮的战舰（"九车十三车战船"）[4]。1183 年，南京水师统帅陈镗为他建造了 90 艘桨轮和其它船只而得到特别奖励[5]。朝廷对自动的船舶特别感兴趣，这种船在任何同时代的文明中是不知道的。在 1176 年，当一位南京官员郭刚建议把一些损坏的轮船改建为普通船只时，淳熙皇帝回答说：

> 我们的轮船就是古代的快速攻击舰（"蒙冲"）。在辛巳年（采石之战），它们给我们带来胜利。我们怎么能够把它们改成民船或游艇呢？允许每个军区设计自己的船只，但是轮船的数量是不能减少的[6]。

〈车船古之艨冲，辛巳已用兵取胜，岂宜改造。其多桨船，止许遂军自行创造，不得充新营车船数。〉

3 年后，相反地另一个政令，命令装备 100 只载马的驳船带有可以拆卸的桨轮并用罩保护它们[7]。最有意思的是 1168 年长江水师将军史正志的报告，说他极为经济地造了一艘 100 吨的战舰，用一个十二叶片的轮子推进（"一车十二桨"）[8]。

这就解决了使读者自从第一次提到高宣的 23 个轮子的轮船后迷惑不解的问题——因

---

① 《宋史》卷三六五，第十、十一页。

② 在本书第三十章（k）将有详尽的叙述。关于战役的背景，见 Cordier(1)，vol.2，p.169。

③ 《宋史》卷三八三，第十一至十三页，特别是第十三页；参见《玉海》卷一四七，第十九页；《中兴小记》卷四十，第九、十页。参见《文献通考》卷一五八（第一三八一页以下），引自杨万里的《海鳅赋后序》（载于《诚斋集》卷四十四，第六页以下。

④ 《宋会要稿》第一四五册，"食货"卷五十，第十六、十七页。

⑤ 《宋会要稿》第一四五册，"食货"卷五十，第三十页。

⑥ 《宋会要稿》第一四五册，"食货"卷五十，第二七页，复引在《玉海》卷一四七，第二十页；译文见 Lo Jung-Pang (3)，经修改。

⑦ 《宋会要稿》第一四五册，"食货"卷五十，第二十八页。在这些资料中记载着其它许多政令。从它们得到的印象是，增大船舶的尺寸和桨轮的数字超过某一程度是不需要的。因为，在 1135 年命令废弃一些九轮和十三轮的船，而用五轮的船代替它们[《建炎以来系年要录》卷八十六（第一四二五页）和卷八十九（第一四八三页）]。同样地于 1181 年命令停止建造八轮的船，而建造七、六或五轮的（《宋会要稿》第一四五册，"食货"卷五十，第二八页）。

⑧ 《宋会要稿》第一四五册，"食货"卷五十，第二二页。

为明显的,史正志的船是有一个尾轮的。当说到轮的数目是单数时,必然是指一个尾轮和一组成对的边轮。这里我们可以稍停一下,略微进一步想一想这些特殊船只的机械构造[1]。出现在脑子里的最简单的布置当然是,把每对桨轮装于一根轴上,然后通过幅状脚踏板直接在轴上施加人力。但是人们怀疑某些宋代设计的桨轮是不是独立地装在船中部的单独轴承上;这样,在一边作前进动作的同时,另一边则作反向动作,使船只明显地运用灵活——看来有些叙述强调了这一点。这种布置可能使舵成为不必要,不过假如装一个大船尾轮还是合适的。为了得到动力,有时踏板者的数目是相当大的。1203 年,秦世辅在祁州造了两艘四轮“海鹘”战舰,上有顶盖,两侧有铁板装甲,配备铲形的撞角[2]。载重 100 吨的较小的战舰需要推进的船员 28 人,载重 250 吨的较大的战舰[3] 需要 42 人。一艘船的最多踏板者的数目,在所有资料中提到的是 200。当然不可能说清这些数字是否包括替班的人,如果不是对机械结构知道得更多,就难于计算所产生的马力,但是 50 马力作为最高值,可能不是过高的估计,这样可以给船只一个很大的动量,肯定足够做有效的冲撞战术了[4]。况且宋代的船匠可能已经找到一个方法把几根轴上的幅状踏板的动力传递到桨轮的单轴上[5]。如图 637 所表示的,19 世纪中国用脚踏机操作的桨轮轮客船装有连杆和偏心装置,使有可能把 3 个分开的幅状踏板轴的动力施加于船尾轮,这样可以使 3 组人同时工作。从本册 p.380 及以后,通过关于 13 世纪后期的水力鼓风机的前身,以及在 11 世纪已经是古典的类似机械如缫丝和绕丝设备的讨论,足以明显地说明南宋的工程师们可能已经利用了这种布置。一旦掌握了偏心装置和连杆的基本原理,用后者作为联接其它轴上偏心装置的联接杆,应当不会比增加一个活塞杆困难(或许困难确实要少一些)。如同我们已看到的,活塞杆的增加产生了往复式蒸汽机的根本设计。

直到此处重点是放在南宋水师用的轮船上,但是如同桑原骘藏[Kuwabara(1)所认为的,看来较小的轮船在 12 世纪和 13 世纪也可能已用于中国的大港口内,尤其是作为拖船在泉州这种地方使用是灵便的,在那里蒲寿庚是商船的总管[6]。小轮船肯定是适宜于风雅的水上集会和野餐,这在 13 世纪很盛行,特别是在杭州西湖上。关于这些可以从《梦粱录》(1275 年)的作者那里得知[7]:

> 贾秋壑这个大家族也有些轮船(如同上述那些一样)。在船舱上面的舱板上,没有人撑或划船,因为这些船是利用脚踏的轮子来行驶的,在水面上其速如飞。
>
> 〈更有贾秋壑府车船,船棚上无人撑驾,但用车轮脚踏而行,其速如飞。〉

---

[1] 还没有发现宋代的书具体说到产生动力的安排的详细情况,可能是考虑到它们被认为是“保密情报”。

[2] 极完整的详细说明记载在《宋会要稿》第一四五册,“食货”卷五十,第三十二页以下。

[3] 作为比较,可以想起这和伽马(Vasco da Gama)的旗舰差不多大小,而秦世辅的较小的型号相当于亨利亲王(Prince Henry)的轻快帆船一倍那么大。

[4] 在本册下文我们将看到 19 世纪轮船的平均速度曾达到每小时 $3\frac{1}{2}$ 海里。

[5] 秦世辅的船船的记载,清楚地暗示,虽然推进的船员们的人数很多,但仅有 2 个桨轮。

[6] 参见本书第一卷 p.180 及第三卷第三分册。这使人想起在 16 世纪欧洲,轮船的第一次有效的用途是在港口内作为拖船。1955 年,我有兴趣地从日报上读到英国海军部订购 7 艘柴油机电动桨轮拖船的报道。一个记者写道:“经验证明,桨轮拖船比螺旋推进的拖船在狭窄的港口内效率更高,因为它们的机动性和动力都大”(*The Times*,6 June 1955)。

[7] 《梦粱录》卷十二,第十三页,译文见 Moule(5),(15),pp,30 ff.;Kuwabara(1),经作者修改。

但是海神总是和战神有联系的,战争的号角继续吹响了。在宋朝末期,当蒙古人包围襄阳时[①] (1267～1273 年),轮船作了一次有名的表演。宋朝两个英勇的校官张顺和张贵,带领100 艘装有救援物资的轮船成功地到达被包围的城市,虽然两个指挥官都牺牲了[②]。一个是在前进的途中,一个是在回去的途中。在《元史》上,我们读到[③]:

> 三月(1272 年),樊城(襄阳的附属城市在汉水对岸)的外围沦陷,此后阿术(蒙古指挥官)挖了壕沟加强围攻。宋朝校官张顺和张贵在100 艘船上装集服装(和其它物品)顺流而下去襄阳。阿术(猛烈地)攻击他们,(因此)张顺被杀,张贵(和船队)仅勉强地抵达城下。此后他们突然乘轮船出来向东顺流而下(到宋军去)。阿术和他的指挥官刘整带领各自的舰队等候着,在两岸烧稻草照耀着河上如同白昼。阿术追逐张贵远至柜门关,俘获了他(和其他人),所有其余的人都被杀害。

> 〈九年三月破樊城外郭,增筑重围以逼之。宋裨将张顺张贵装军衣百船,自上流入襄阳。阿术攻之,顺死,贵仅得入城。俄乘轮船顺流东走,阿术与元帅刘整分泊战船以待。燃薪照江两岸如昼。阿术追至柜门关、擒贵,余众尽死。〉

我们将有机会在以后有关火药武器时回到这个出色的战斗,因为双方都大规模地施用了它们[④]。

现在还须就宋元两军之间的这次殊死搏斗再说一些,因为这次围攻的另一个事件涉及一个技术上的奇迹,可以说是利用船磨的原理达到巧妙的顶点[⑤]。此后在同一年(1272 年),在救援船队已经来而复去之后,宋朝的工程师们把大圆木放在河上,用铁环把它们捆扎在一起,成为一座浮桥,以便在需要增援时守军能够来去自如。但是阿术来到木排上,带着元军工程师们所设计的机锯以锯断大圆木,并用斧子砍断铁环,然后放火烧桥,结果浮桥被蒙古部队中的水军完全破坏[⑥]。虽然这个记载有些不清楚,明显的解释是锯装在轮船上,当船停泊时,可以藉水流进行工作[⑦]。

综合所搜集的证据,人们将从事实上说明中国中古时代轮船的发展主要是和它们在水战中,特别是在湖上和河上的战斗中的价值联系在一起的。确实,在已经提到过的《图书集成》的叙述中,特别提及了用于水军的轮船。书上的插图是引自茅元仪的《武备志》(1628年)[⑧],它比《图书集成》早一个世纪。附带的文字也肯定比 18 世纪早得多,因为《图书集成》几乎一字不改地从一本 8 世纪的书中[⑨]引过来某些以往的战船的插图。这个插图确实没有这样古老;让我们看一下是否可以从真正的证据中说明时代。此节[⑩] 文字如下:

---

① 这个有名的围城的叙述,见本书第三十章(i)。
② 《宋史》卷四五〇,第二页[译文在本书第三十章(j)]。
③ 《元史》卷一二八,第二页;由作者译成英文。参见 Moule(15),p.73。
④ 见本书第三十章(k)。
⑤ 《元史》卷一二八,第二页。
⑥ 明显相同的事件继续发生在翌年的正月,当时的元军工程师和水师们由阿里海牙统帅(《元史》卷一二八,第七页)。
⑦ 尤其我们知道宋军在这一年的同一围城中曾用轮船,并且无疑地其中有些为蒙古人所俘获。
⑧ 《武备志》卷一一七,第十七页。参见本书第三卷 p.559。
⑨ 参见本书第二十九章(i)的讨论及译文。
⑩ 夏士德[Woreester (3),vol.2,p.341]意译得很不准确。在这里以及另一篇文章(4)内,他说成是 1609 年(错误地指为 1522 年)的《三才图会》上的插图和文字,但这是一个错误。斯普拉特[Spratt (1,2)]引导出来的说法,必须相应地予以纠正。

轮船("车轮舸")长 42 英尺,宽 13 英尺,在(每一)侧船舷外("外虚")有一框架,宽 1 英尺,内部(和下面)除四轮外一无所有,轮底伸入水下 1 英尺。船夫受命(脚踩踏轮),轮即转动,其速如飞。平的船头(在舱板的一部分)长 8 英尺,船舱长 27 英尺,船尾(平台)在舵工房("舵楼")之上,长 7 英尺。船舱之上,舱面船室为船头船尾交通的通路,并有一横梁支持两边的舷墙板,每块板 5 英尺长,2 英尺宽。在它下面装有转动的滑车如吊窗样。当敌人靠近时(把这些窗眼打开),从里面放出神砲(炸弹或手榴弹)[1]、神箭(燃烧箭或火箭或燃烧火箭)[2] 和神火(从火枪喷火,火枪内装有火箭的成分或如火硝那样燃烧的石油[3]。有了所有这些,敌人甚至看不到我们(因为舱面船室砲塔有墙壁保护)。当敌人锐气稍挫,我们的水兵突然升起并全部打开舷墙窗口的盖板(窗眼旁的墙)作盾牌之用,并立在里面准备着。此外还张开生牛皮以保护("裹")船员(防御来自敌人的燃烧的火器)。同时他们从里面抛掷火毬(燃烧弹和毒烟弹),放镖枪[4] 使用钩子[5] 和类似的武器。这样敌船一定(不可避免地)被火烧和破坏[6]。

〈车轮舸长四丈二尺,阔一丈三尺,外虚边框各一尺,空内安四轮,轮头入水约一尺,令人转动,其行如飞。船前平头长八尺,中仓长二丈七尺,后尾长七尺,为舵楼。仓上居中,通前彻后。用一大梁,盖板自两边伏下,每一块长五尺阔二尺,下安转轴,如吊窗样。临敌先从内里放神砲、神箭、神火,彼不能见。敌势少弱,我军一齐掀开船板,立于两边,即同旁牌与仓俱用生牛皮张裹,人立于内,抛火毬、放镖枪、使钩拒条器,敌船必焚破也。〉

现在可以肯定这段文章如同其它叙述一样,它不是来自唐朝李皋的时代,而初看可能是宋朝的。因为内装火药的毒气弹("火毬")[7] 曾在 1044 年描述,并且在这个时期的几次战事的记载中提到它。但是这个名词此后长期继续使用,在明初的书中更为强调主张反复地用这个神(魔力)字于 3 种武器。从 1385 年以后,对于所有新的发明用这个"神"字是流行的[8]。因此,看来可以有理由说这些轮船是属于 15 世纪的[9];因为如果这段文字是在茅元仪的时代(17 世纪早期),那将更多地说到简形枪和长砲,而较少着重于较早型式的火药武器了。

除了在《武备志》上所发表的这段叙述以外,这个时期没有多少关于轮船的作品,但是人们要找它也不很困难。水军的轮船在明朝仍能保持下来是特别有趣的,因为似乎在元朝它已逐渐变成不重要了。但蒙古王朝对海上武力绝没有忽略[10];相反地对此是如此重视,所以像轮船那样特别适用于河湖战斗的船只就衰落下来。在出现一种适当的动力源之前,它们是明显地不适合于海上的。例如在郑和的伟大航海时期[11],我们就没有听到关于轮船的事情。但

---

① 参见《武备志》卷一二二,第十九页。

② 参见《武备志》卷一二九,第十六页。

③ 参见《武备志》卷一二二,第二三页;卷一二六,第十五页;卷一二八,第九页。

④ 推测用弩放射[参见本书第三十章(i)]。但原文可能仅意味着攻入敌船和短兵相接的战斗作为最后阶段。

⑤ 可能是铁钩,参见本册 p.420。

⑥ 由作者译成英文。

⑦ 《武经总要·前志》卷十二,第六十七页。

⑧ 见 Wang Ling (1), p.175 和 Davis & Ware (1)。

⑨ 假定如此,奇怪的是它和欧洲人的叙述是同时的,如凯瑟、胡斯派工程师和马里亚诺·塔科拉的记载[参见 Berthelot (4,5)],但更详细。

⑩ 参见本书第二十九章(e)。

⑪ 参见本书第三卷 pp.556 ff.和第二十九章(e)。

在 17 世纪,它们的重要性才恢复一些,不过仍然是相当理论性的。有一幅这个时期的用手操作的小桨轮的日本图画(图 635),曾由珀维斯[Purvis (1)]复制在他的日本船舶史的记载中,但是他没有提到它的来源。在没有进一步探讨以前,难以肯定这是由于中国人或荷兰人启发的结果。但是前者看来更有可能性。无论如何,轮船在中国持续了一千年,不过逐渐更多地作为民用运输的一般用途。例如,我们听到过清代一个苏州工匠徐士明制做明轮渡船的事("脚踏飞车渡河")[①]。

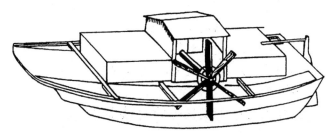

图 635　一幅 17 世纪的手操作小轮船的日本画[Puris (1)]

　　不像某些其它中古时代的中国发明,脚踏桨轮船直到我们的时代还在实际应用,特别是在广州的珠江上,约在 30 年前曾拍过它们的照片(图 636)[②]。假如和霍维茨[Horwitz (9)] 427 复制的上世纪所制模型的照片(图 637)相比较,仅有的明显不同是偏心轮和联接杆在照片上不显著,暗示着或许是链传动代替了它们。但是 3 排脚踏者的位置又清晰可见,联接杆可能被船舱舷墙所掩盖。脚踏机有类似翻车的踏板,这是大家知道的(参见图 578)[③]。霍维茨注意到有趣之点是模型上左舷和石舷两侧的偏心轮装置得相差 90°,以免停在死点上。这种轮船在结构上与"桂林"型民船有关系[④]。另一队这种装有船尾轮的船往来行驶于上海、苏州之间的吴淞江上,还留在人们的记忆中。在上世纪的 90 年代约有 14 艘这样的船,有大而宽敞的舱位可载乘客约 70 人;用 6 至 20 人来踏,约一昼夜可行驶 100 英里,平均每小时稍少于 3 $\frac{1}{2}$ 海里[⑤]。了解了所有过去这些情况,我们现在可以明了在中国河道上的这些类似密西西比式装船尾轮的船直到当前这个世纪还存在着。它们既与罗伯特•富尔顿,也与密西西比河无关;它们是直接从 1168 年的史正志的船尾舱战船继承下来的。

　　这是一桩奇特的事实,当现代欧洲人第一次来到中国沿海,他们十分相信这些轮船不是别的,只能是他们的汽船的一种仿造。一次历史性的遭遇战[⑥] 在 1842 年发生于鸦片战争中

　　① 见刘儒林的文章,载于李俨(22),第 4 页,引自《苏州府志》。
　　② 我们感谢已故的帕里斯先生(P. Paris)摄于 1929 年的两张照片。我们的同事维克托•珀塞尔博士(Victor Purcell)清楚地记得于 1921 年和 1924 年间乘坐珠江的轮船从三水往返。参见吉布斯[Gibbs (1)]的记载。鲁桂珍博士和我于 1958 年夏在广州尽力设法找寻并拍摄用于摆渡的旧脚踏桨轮船,虽然经过几小时在珠江上的巡航,并去看了许多小河,但是没有成功。可能由于最近改造所有旧机械的运动把它们拆卸作了别用,因为汽艇和摩托船久已在珠江上代替了它们。不过我们仍然最热烈地感谢中国科学院的广州代表们和港务局在我们的搜集中所予以热心的合作。
　　③ 夏士德没有出版的资料[G. R. G. Worcester no. 174 和 (14). pp. 88 ff.]。
　　④ 见 Lovegrove (1). 奥德马尔[Audemard (5),pp. 64,66]叙述了在中国南方的其它航运业务。
　　⑤ Worcester(3),vol. 1,pp. 224。在 1810 年以前,在许多试验性汽船中很少有超过这个速度的,而大多数则差得很远。参见 spratt (2)。
　　⑥ 伯纳德[W. D. Bernard (1),vol. 2,pp. 352 ff.]有这个战役的雕刻,在它上面显示了轮船,但是这个细部太小不宜于复制。其它叙述见 Worcester(11)和 Lo Jung-Pang(3)。

的吴淞之战,在这里黄浦江和吴淞江流入长江口.两方面都用轮船,英国舰队包括 14 艘这种汽船[1],向前进攻海岸要塞,而在中国方面则有 5 艘用脚踏动力的轮船,速度达每小时 $3\frac{1}{2}$ 海里.虽然在司令官刘长清的指挥下打得勇敢和技巧,但这些船仍在战争中全部被俘获或破坏.它们引起英国军官们很大的兴趣,他们一致相信,它们是仿造桨轮汽船的全新东西.

> [伯纳德傲慢地写道]建造几艘大的有轮的船,就是所有事情中最显著的进步,显示着他们(中国人)每天向着大变革快步地迈进和中国的创造特性.后来,在此次战争的最后一场,在吴淞的海战中,他们满怀信心地把这些船拿出来对抗我们.每艘船由一个高级满清官员指挥,表示对他们的这些新船的重视.而且这发生在向北远到长江,那里是我们还没有同他们有贸易往来的地方.因此这种想法一定是由他们(从南方)所得到的关于我们汽轮船或轮船的强大威力的报告所建议的[2].

在另一处再次详述了关于中国人的"极端机巧"之后,他描述装在一些船身中的机械,这些船身是 1841 年在占领宁波附近的镇海时落入英国人之手的.

> (他说)有两根长轴联接到桨轮,轮是硬木所制,直径约 12 英尺;还有一些结实的木制嵌齿轮,已接近完成,它们是准备用人力在船内操作的.它们还没有被装到船上.但是考虑到这种船身发现在向北远至镇海,他们只能在我们占领舟山岛以前偶而到该处看到我们的汽船,中国人的这种创造性的第一次尝试不能不使人赞美[3].

这表明推进机构有各种变化,这些海船的绞盘和推杆是通过正交轴齿轮装置和桨轮轴相联接,从而以手代替脚来供给动力.在吴淞之战中的一些轮船也是这样建造的[4].这种系统的效率一定 4 或 5 倍于直接的幅状踏板布置,并且允许用调整齿轮比来取得机械增益.人们一定很希望知道,宋代的设计者是否曾利用过它;因为他们对水磨匠的工作是很熟悉的,他们不能这样做是没有理由的[5].但是另一个吴淞船的目睹者奥希特洛尼中尉(Ouchterlony)说到"曲柄"作用于每艘船的 4 个桨轮上:

> 在吴淞见到的军工机器式样中的稀希东西中有两艘船,每艘装有直径约 5 英尺的桨轮 4 个,由装在横穿过船头船尾的轴上的两个曲柄来操作.它们是十足的粗笨,但是作为在静水中运输军队是有用的船只,因为整个部队可以轮流地在曲柄上短班操作,从而获得高速度[6].

这些字句令人想起早 14 个世纪的王镇恶的突击舰只.奥希特洛尼可能指的是偏心轮和联接杆的布置,如图 637,动力装置安置在中央,而与船头船尾的桨轮相联接.

---

① 在它们之中有新造的涅墨西斯号(*Nemesis*),由海军指挥官霍尔(W. H. Hall)指挥,这是曾经参加海战的第一艘铁船[有别于铁甲船,参见本书第二十九章(i)].这次海战是在莫尼特号(*Monitor*)和梅里麦克号(*Merrimac*)两艘战舰之间的有名战斗之前 20 年,后者发生于美国内战中的汉普顿锚地(Hampton Roads)海面.

② Bernard (1),vol. 1,p. 280.

③ Bernard (1),vol. 2,p. 226. 舟山岛和它的县城定海,在鸦片战争中两次被英国人占领,第一次在 1840 年.从中国人的观点所记载的这些战役,见 Anon. (41),pp. 207 ff..关于数年后一个西方访问者关于这个岛的记载见 Fortune (1),vol. 1,pp. 42,163,244;vol. 2,p. 276,(2),pp. 61,225,314 等.

④ 海军指挥官霍尔的记录,载于 Bernard (2),vol. 2,p. 354,引自 Lo Jung-Pang (3),p. 205.

⑤ 当然,这与拜占庭佚名者所建议的是同样的方法.这也曾由帕特里克·米勒于 1786 年在苏格兰成功地用于一些实验中[Spratt (2). p. 43].

⑥ Ouchterlony (1),p. 298.

图版 二四五

图 636 广州附近珠江口的脚踏桨轮船之一(照片,巴黎,1929 年)。可以看到大的铁船尾轮,直径约 9 英尺,装
　　　着掌舵者下面的船尾舱台内。恰在这前面,船篷下面有 3 套脚踏者的扶手,其中两排可以看到在工作,
　　　如同转动翻车(参见图 579)那样。烟囱属于后面的白色日本汽艇。

图 637 在维也纳民族学博物馆(Museum f. Völkerkunde,Vienna)内的一艘广东船尾轮脚踏轮船模型的船
　　　尾图[Horwitz(9)]。后舱的舷墙已去掉以便看到 3 个偏心轮和联接杆,与蒸汽机车的相似;它们安
　　　装在左右舷相差 90°以防死点。

429 在这次战役之后 10 年,香港总督德庇时报告有关沿海的谈论如下①:

一个舟山人仿照我们的汽船建造一些带有桨轮的小船。据说,当完成后,他尽力用在船舱内制造的烟来推动它们,但是这些船拒绝在这种条件下行动,最后觉得还是利用交替的人力,根据脚踏机的一些原理,依靠他们的体重来转动轮子是适当的。在这种情况下它们被我们的部队所发现。中国军官对它们做了试验,对它们运动的速度和船上枪炮的施用,认为是满意的。

在我们看过这一节的一切后,任何对德庇时字句的注释将是多余的。但是迟至 1950 年,我们最有权威者之一,谈到吴淞之战时仍说,"在它们(中国战舰)之中,有几艘轮船是仿照汽船建造的"②。

当然,不容否认,中国海军工匠在看到蒸汽轮船后受到极大的刺激③。这个"舟山人"可能长期默默无闻,但陈其田[Chhen Chi-Tien (1)]设法证明他是嘉兴县丞龚振麟④。龚振麟是禁烟钦差大臣林则徐的追随者之一,林则徐在通晓本国文化成就的同时,对西方现代技术也有很大兴趣⑤。此后龚振麟写道⑥:

430 在庚子年(1840 年)的夏季,当英国人侵占了舟山时,我从禾中被召去宁波。在那里(海边上)我看敌人船帆林立,其中有些船在圆筒内贮火,用轮冲激海水。它们在测量海岸,侦察情况,为其它船只引航,出没于波涛中,来去自如。人们惊讶它们的不可思议并诧异它们如何用火作为动力的。我想到仿照这些轮船的样子,仅是用人力代替蒸汽。所以我就要求一些工匠造一个小的模型。当在一个湖上试验时,证明速度是相当快的。(浙江)巡抚刘韵珂听到后授权我按照我的设计建造几艘实际大小的战船;大约 1 个月就完成并且证明在海上是极便于操纵的。

〈庚子夏,英夷犯顺,侵入舟山。其时振麟备职禾中,奉檄赴甬东。见逆帆林立,中有船以筒贮火,以轮击水。测沙线,探形势,为各船响导。出没波涛,维意所适。人金惊其异,而神其资力于火也。振麟心有所会,欲仿其制,而以人易火。遂鸠工制成小式而试于湖,亦迅捷焉。中丞刘公闻制船事,令依前式造巨舰,越月而成,驶海甚便。〉

于是这成为一个奇异的复制品,较它的原型古老得多。各处都在进行类似的试验,翌年广州盐务局的一个官员长庆造了一艘脚踏轮船,长 67 英尺,宽 20 英尺,前后有舵,配备 12 门砲,

① Davis (3),vol.1,p.258。关于这个参考资料,我感谢我的朋友维克托·珀塞尔博士。

② Worcester (11)。但是在别处,夏士德[Worcester (4)]准确地说,19 世纪早期的中国轮船不是从欧洲来的。麦格雷戈[McGregor (1)]也写到中国人用"假的汽船"。

③ 看来在清代,中国轮船变成纯作内河民用船尾舵船,而对宋朝的海军船舰则已经有些忘记了。

④ 虽然龚振麟的出生地事实上不是舟山。

⑤ 这些人中的每一个人专门研究一种或另一种新的工程技术。龚振麟是一个有名的发明家,他发展了(先于西方)浇铸枪炮的铁模子[参见本书第三十章(d)],汪仲洋也写了关于铸造工作的文章。郑复光(见本册 p389)专心于光学仪器和蒸汽机。最具有多面才能的是丁拱辰,他研究了各种炮术的所有方面,从炮和炮弹的制造到防御炮台的定位和在它里面架炮;他还造(如同我们已看到的)模型汽船和模型机车。其他人写了关于火药以及地雷、炸弹、信管和炮弹的,有黄冕、陈阶平和丁守存。此外还有些人如许祥光,他专心研究改进造船术。潘仕成是一个富商和文学赞助者,对水雷有经验,在潘世荣的赞助下,第一次造了实际尺寸的汽船。这些人和他们的同事们的记录载在 1852 年版的《海国图志》卷八十四至卷九十五。(我们希望有一天)将写出几篇关于鸦片战争时期的中国先进技术人物的博士论文。陈其田的英文专门著作是好的,但仅是一个开端,同时我们在中文中还没有看到任何适当的作品。

⑥ 载于魏源的《海国图志》卷八十六,第二页;译文见 Lo Jung-Pang (3),p.192;Chhen Chi-Tien (1),p.35,经作者修改。

载船员超过 100 人(图 638)①。另一个设计者是汪仲洋,他在镇海建造若干这种船只。按照他自己的叙述②,它们有

> 两轮在前舱,两轮在后舱,每轮有 6 个叶片,叶片的端部与船底平。六角形的车轴装在舱内,舱长 3 英尺,在船内两人并肩而立(在绞盘的两个推杆旁边),推动推杆,能使船飞行于水上。或可以如一般龙骨水车,用脚踩踏。……船自舱面至舱底的深度约 6 英尺有余,一半没于水下。如船浮过高,用石压舱,因为吃水 3 英尺,轮子应入水 1 英尺。
>
> 〈前后各舱,装车轮二辆,每轮六齿,齿与船底平。车心六角,车舱长三尺。船内两人齐肩,把条用力,攀转则轮齿激水,其走如飞。或用脚踏,转如水车一般……船篷至底高六尺余,一半入水。如船轻用石压之,盖底入水一尺则轮齿入水一尺也。〉

它们可能是英国人在镇海夺获的船只,当时已接近完成。这样一个中国技术的复兴是受到西方新的蒸汽轮船的刺激。但是可以充分证明,龚振麟和他的同事们对这种船的唐宋祖先们是很熟悉的。例如,在一部同时代的著作《防海辑要》中,俞昌会画了一艘宋朝的轮船,他相信岳飞和杨么就曾经用过这样的船 (图 639)③。对于宋朝的水师轮船的引证也见于当时的许多官方记载中④。例如朱成烈和金应麟所引证的。至于真正新的乃是中国人自己制造的蒸汽轮船这件事情,我们已经在另一个有关之处简略地讨论过 (pp. 388 ff.)。

比所有这些更令人吃惊的事实是,中国的学者们在桨轮汽船出现在中国沿海很久以前,就为这个发明的历史费了心思。这个非常人物方以智(卒于 1671 年;数学家、科学百科全书书的编纂人,最后是和尚)⑤,在他于 1664 年写的《物理小识》中已谈到这个题目。在这本书 432 中,我们读到⑥:

> 外国船("洋舡")⑦ 有一根直木在下面(即龙骨)⑧ 并用沙石压舱使重量在下面。它们用轮子——但这也是老法子。
>
> 袁裒[《枫牕小牍》的作者,参见本册 p.418]说,蕲王韩(世忠)⑨ 在黄天荡之战(1130 年)中用 8 个叶片的"飞"轮船(桨轮),以脚踏机操作,(包围了敌军)⑩;它们在江面上任

---

① 取自梁济平原稿的一幅图画,复制在 Chhen Chi-Tien (1) opp. p. 35。桨轮由 10 人操作,船舵可以按照行驶的方向快速地升高或降落。这种吊舵是中国所特有的 [参见本书第二十九章 (h)],在这样一种情况下,它们会是极便于使用的。长庆的详细说明见于《海国图志》卷八十四,第 23 页以下。他的船建成太晚,没有参加这次战事。

② 《海国图志》卷八十四,第二十八、二十九页。

③ 《防海辑要》卷十五,第六页。

④ 详见 Lo Jung-Pang (3)。

⑤ 我们有侯外庐(3)关于方以智的新研究。

⑥ 《物理小识》卷八,第二十三页,由作者和鲁桂珍及何内郁译成英文。

⑦ 他毫无疑问是在说欧洲的船,因为在以下的记载中给一艘于 1604 年进入福建港口的船以长而生动的叙述。他对此用同样的名称,同时增加了从耶稣会士利玛窦得到的关于西方船舶的情报。

⑧ 这是有眼光的,因为我们将从本书第二十九章看到,中国和欧洲的船舶构造的基本区别之一是中国船的船身内没有任何龙骨。

⑨ 韩世忠的谥号。

⑩ 这些字句来自原本,为方以智所省略。

图版　二四六

图 638　在 1841 年鸦片战争期间长庆设计的脚踏桨轮战舰，设计包括可调整高度的前后吊舵，装备 12 门炮和容纳 100 以上船员的位置。梁济平的原图。采自 Chhen Chi-Tien (1)。注意大熊星座旗徽［参见本书第三卷，p. 240，图 90，103］飘扬在左侧。

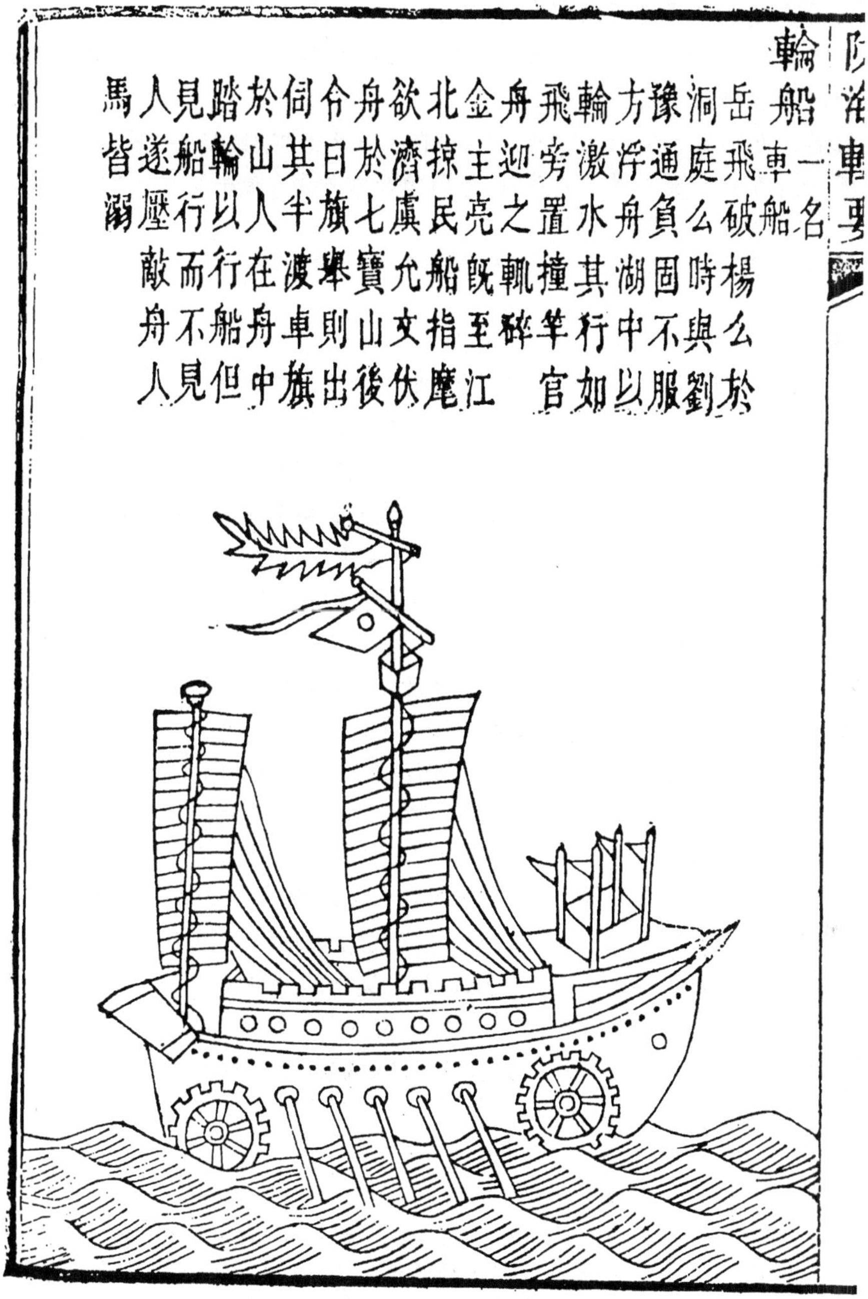

图 639　一艘宋朝桨轮战船（"轮船"）图，载于俞昌会 1842 年的海防著作，《防海辑要》卷十五，第
六页。标题的右段，回忆杨幺在 12 世纪初期用这样的战船抗拒政府统帅岳飞，结尾引自
《宋史》卷三六五见 p.420。左面第二段回忆金主完颜亮于 1161 年被宋朝将军虞允文用
一队桨轮战舰在一次突击中打败（参见 p.421）。

意(启动和)停止,快速地进退左右转向①。

史绅说②,刘裕(刘宋第一代皇帝,356—422 年)也用过它们。在船内有(用踏车)转动的轮子,但在舱面上看不到一个人。

张燧并说③,虞允文(1108—1174 年)在采石之战中(1161 年)用过它们,在船内有脚踏机,当它们向前驶去进入战斗时,他们的弩炮向敌人轰击。

〈洋舡下有直木,皆重底也。其用轮者古有之矣。

袁褧曰。韩蕲王黄天荡用飞轮八楼踏车,楼回江面。

史绅曰:刘裕曾用之,舟内轮转,外不见人。

张燧曰:虞允文采石之役,舟中踏车行,船发炮。〉

所有这些资料都是我们很快就知道的。关于韩世忠的传说前面已经提到。第三段很清楚指的是王镇恶将军用轮船(本册 p.416)抗拒北方蛮族。最后一段记载自动战舰在长江的第二次大胜利.关于方以智的一些记载,确实令人惊奇的是它们写在任何欧洲轮船可能出现于中国水域之前近 200 年。可能有一个误解,方以智把推进的桨轮和用来抽舱底积水的链泵的轮子相混淆④,但也许更可能从西方的水手们或耶稣会士得到用脚踏机操作的桨轮试验的消息。这些试验在一个世纪或更早以前布拉斯科·德·加雷的时代就进行了。这在本身就是文化交流的一个有趣的例子。

现在我们是达到把所有这些证据互相对照的时候了。我们肯定别无选择,只能相信贝利萨留的船磨是维特鲁威的立式下射水轮的直接结果。一旦在 6 世纪中叶确立下来,它们在西欧就继续发展直到今天。假如我们暂时把神秘的《战争谜画》放在一边,那么轮船想法(使船筏行动的激水轮)的起源在欧洲要晚得多(15 世纪),事实上不早于把船本身向上游盘绞(使船筏行动的水激轮)的想法。另一方面,在中国,真正的轮船是显著的早。如果我们最古老的参考资料是假的,而李皋是真的发明者,则下面这个假设似乎是合理的;即在中国唐代漫游的波斯商人带去简单的消息:"在西方,人们见到有轮子的船",从而中国人(错误地)假定这是激水轮,接着就去制造它们⑤。在另一方面,如果真正的发明者是 5 世纪的祖冲之或王镇恶,他们就不可能受到贝利萨留的启发,他们的工作很可能是(印度的?)筒车的一个自然的发展,并且在这个时候已经传到中国了。如果这是真实的,这将给我们所有立式水轮第一次

① 战役的情况,曾经由高第[Cordier (1),vol.2,p.152]描述过。金鞑靼军队向北败退时遭到宋的大批舰队的截击,金军统帅兀术仅希望能够利用气候,即当宋舰因气候原因不能前进时用小船偷渡。这一定是韩世忠的轮船参加了战斗。胜利的结果是那样的有决定性,以致金鞑靼从此再没有到长江以南。战役的名称来自南京附近的一个地名。韩世忠是一个 12 世纪的凯内尔姆·迪格比爵士(Sir Kenelm Digby);他娶了一个有名的高级妓女梁红玉,凭她的正当权力要求成为一个勇敢的指挥官,并在这个战役中带领一个小舰队。他们的同时代人袁褧书中的这一段是令人喜爱的,他说到在儿童时代,他和皇室医生之一,同时也是他族中的一位长者,如何一起从一个较远的有利位置目击了宋金之间的一次海战。并且看来在这次战役中轮船也参加了。但是人们怀疑韩世忠的轮船为数不多,因为在官方史书中关于黄天荡之战的记载中没有提到它们;《宋史》卷三六四,第七页以下,参见《文献通考》卷一五八(第一三八一·三页)。

② 我们没有能够查明这个作者,甚至不能肯定是不是指一个人,因为这两字可能是某一书名的缩写。来源当然可能是手抄原稿。

③ 张燧是明朝晚期的一个作者,他的《千百年眼》我们没有见到。

④ 我们将在本书第二十九章(i)内讨论这些方法。

⑤ 正如本书第一卷 p.246 已经提到的。

引入中国的可能时期①。不过，在我们的一付牌中，还有一张牌没有打出去。这就是已经说
到的刮车或踏车（本册 p. 337），这是用于很小水头的提水，如从一块田到另一块（6 英寸
左右）。这个轮是激水轮，假如这确实是水激的筒车在中国的第一次改造（用以推动水而不
是提水），这可能给人们以这样的想法，即在桨轮上施加动力来代替利用它从它的介质获得
动力是较好的做法。不幸的是除了在农业技术专著中提到过外②，没有见到有关刮车的文字
记载。至于中国船磨的起源，并没有确切的说法；它们可能是一个独立的发明，或是从与
阿拉伯的接触中一个十分单独的引进，甚至可能是一个从水军轮船获得的二次改进。我们 434
对它们缺乏宋以前的适当资料。无论如何，这些考虑表明，中国文献的读者对某些论点必
须予以细心注意。

　　人们可能不知道，这些中古时代的轮船是否和文献上的"魔船"有什么联系？这是自动的
船，在船上，航海者既看不到水手，又看不到机械。从巴里[Barry (1)]的提要中，我们发现这
些叙述在《亚瑟王始末记》(Arthurian cycle)和约在 1100 年的爱尔兰通俗故事中是常见的，
但是在圣徒传记中回溯到约 690 年。自动的运动是起因于圣人或他的遗体的存在③。3 个科
普特人的例子还要更早，直到 7 世纪的最初期。也许为了这个理由，巴里在古埃及人的祖先
卡戎(Charon)去寻找这个意识的起源。不过任何卡戎确实都是画蛇添足。或许我们可以认
为，没有摆渡者和水手的船是祖冲之和王镇恶的掩藏的脚踏者的远方传闻的仿效，证明中国
技术在 5 世纪的优越以及与它在 19 世纪的相反地位成对比。

　　在北京附近的颐和圆，那里放着一艘有名的石刻轮船，这是清朝最后一个皇后把它放在
那里的。据说，她挪用了指定作为建设真正中国海军的经费（图 640）。后代将一定不会破坏
这个幻想的作品，它标志着在技术史上有一个光荣的事实，而它的建造者们却永远没有体会
到祖冲之作为一个有经验的工程师可能比康拉德·凯瑟领先恰恰 1000 年④。

　　但是我们还没有得到结论。《战争谜画》的问题，最近由汤普森和弗劳尔(Thompson &
Flower)以及马扎里尼(Mazzarini)再次研究，其结果是，我们现在必须把它定在 4 世纪。它
一定是写于 370 年前后，可能是伊兰里亚(Illyria)的一个拉丁人写的；这是在查理大帝
(Charlemagne)以前某些时候（可能是 7 世纪早期）和几篇别的拜占庭的小册子合起来组成
一种文集，其中包括《百官志》(Notitia Dignitatum)⑤，于 9 世纪或 10 世纪在一本原稿中记
载下来，此后被称为《施派尔抄本》(Speyer Codex)。这本书仅残存一页，为古抄本研究者提
供了一个日期。《施派尔抄本》约在 1602 年失传，当时可能用作包扎材料。但是在此之前，已
分开复制了 4 份，第一份在 1436 年，第四份在 1542 年。整个《战争谜画》完全不像是一个中
古时代晚期的伪造，因为没有人在那时能够再写出这种文法、技巧的文体、新词语和奇异的
准希腊文字，或者懂得这个佚名者提出他的各种建议所根据的环境和问题。轮船（利布尔尼

----

① 当然，我们不应当忘记桓谭于公元 20 年的重要记述（参见本册 p. 392），在那时侯水力已用来操作碓。为此，
立式轮总是比水平式的更为适宜得多。后者在此后的时代内被广泛应用和中国工程上的一般倾向是把轮子水平安装（参
见 p. 369，406），不应当允许我们对中国第一个千纪的头 5 个世纪内所发生的事情概念有过多的成见。

② 即使是这些书中最古老的（《农书》卷十八，第二十四页）也没有给它的历史提供线索。

③ 我们在本册(p. 418)已注意到这种特色的一种形式来源于 9 世纪后期的中国。

④ 相反的可能性是李皋是被有关贝利萨留磨坊的一个有误解的报告所影响，这个可能性已在上面考虑了。即使
是这样，李皋的轮船仍是一个实用的计划，领先于布拉斯科·德·加雷达 7 个世纪；很可能间接地促成了它。

⑤ 有些像《周礼》。

图版 二四七

图 640　著名的大理石船在北京颐和园内。在这个清晏舫(水清河静的船)看到来自北京城的春天假日的成群
游客。这艘石舫是慈禧皇太后 1889 年挪用海军经费建造的。但是它的大理石桨轮是以作为中国工程
师们自 5 世纪以后在发展船用推进机械上曾占领先地位的象征。

亚人的)也不像是在 14 世纪被插进去的,因为(a)它的叙述插在书的中部而不是在头尾,同 435
时(b)这在本书中两个不同地方提到作为相互参照。

关于他的意图的起源,毫无疑义,佚名者是和此后的贝利萨留一样,受惠于立式的维特
鲁威水磨。但是至于它的影响,汤普森和所有这个事情的其他研究者都同意在同一时代没有
提到这个意图,也没有证据说明这不是一个纸上的计划①。如同他所说的,送给皇帝的这份
备忘录可能由某个文官中途截留搁置起来而从来没有达到他想献给的皇帝那里,看来在写
出后放在档卷里达 500 年之久。在这种特殊情况下,这个创造似乎不可能有任何一个字仅在
1 个世纪后能够传到旧大陆另一端的祖冲之或王镇恶那里。在 8 世纪后半期,李皋的轮船的
建造仅在佚名者的建议重新出现后约 50 年,因此在这里再次说明传播的可能性看来是小
的。人们不得不认为,这是一个到目前为止阐述得最清楚的例子,它说明,本质上相同的古代
发明,有极大的可能性在不同的地方出现两次②。暂时我们只能说,拜占庭是第一个做了详
细说明,而中国人则是第一个实践。

(j) 被埋没了六个世纪的时钟机构

复杂的科学机械当中,时钟是发明最早和最为重要的一种。它对促进近代科学发展的
世界观的影响是不可估量的③。毫无疑义,机械时钟的发明是整个科学技术史上最为重大的
成就之一。诚如冯·贝特莱 [von Bertele (1)] 所写的那样:"把用重力驱动或任何其他动
力驱动的连续运动分割成相等的时间段,从而获得稳定持续的运动,这个问题的基本解决,
必须看成是极富天才的创造。"根本的问题在于设计出一套使机轮旋转的速度放慢的方法,
并使它连续保持一定的速度④,与天体的周日运转相匹配,其中必不可少的发明是擒纵机
构。作者在以下的叙述中将阐明:最初的擒纵机构创始于中国。在中国,为使天文模型
(演示用浑仪或浑象)低速转动,在运转的机构上,经历了很长的发展过程。擒纵机构正是
在这种发展过程中产生的。它的最初目的是为计算用的而不是为计时用的。作者还要说
明,是擒纵机构首先应用在水轮上,像立式水车那样。所以,虽然后来的机械钟大抵都用
下落式重锤或扩张弹簧来驱动,但它们的早期类型,却多有赖于水力。因此,机械时钟的
出现,大部分应归功于中国的水车匠。事情的经过详情,还有待于详尽地阐述。显然,这 436
与迄今为人们所公认的传统说法,是大不相同的!为什么中国人对时钟制造的贡献,在世
界史上竟被埋没了呢?

1583 年中国南方某些官员决定邀请一些正在澳门待命的耶稣会士到中国来。这件事以

---

① 也必须承认,从技术观点来看,一套用牛转动的辘护作为海上动力的来源是特别不合适的。这个计划可能曾于
欧洲文艺复兴时期的一次试验中做过尝试。但是一个"马的邮船"于 1818 年在雅穆斯(Yormouth)成功地进行了工作[参
见 Atkinson (1),pp. 40,42,54]。

② 汤普森有同样的观点。合适的使用环境可能是一个重要条件,可能在所述时期内中国较之东罗马确实具有更好
的通航河道、湖泊和运河。

③ 参见,例如,Butterfield (1),8. 44, 59, 111, 120, etc;Lynn White (7), p. 124。

④ 连续运动的意思是:它的运动在相当长的时间内一直连续着,没有较长时间的间断。事实上,与其用连续的制
动装置,倒不如将此项运动分解成极短暂的间歇运动更容易些。

后被证明是那么富有成果,以至很少有别的历史事件能够与之相比拟。这是世界科学在东亚渗透的漫长过程中具有决定性的第一步,同时也是中国同欧洲间伟大文化相互沟通的开始。与此有关的两位主要人物,一是曾短期任两广总督的陈瑞(1513—1585 年)[1];另一位是肇庆府的知府王泮[2](1539—1600 年)。他们听说:耶稣会士们携带有用金属制成的、用发条或重锤驱动的、鸣钟打点的现代式报时钟,而且教士们还懂得如何制造这样的钟。对此,他们极感兴趣。这些时钟当时就以"自鸣钟"而知名,是由"clock"或"*cloche*","*glocke*"这些字直译而来的。这很重要,因为像自鸣钟这样崭新的名称,自然标志着崭新的事物。正如我们将要遇到的,中国中古时代的机械钟,其构造都十分复杂,因而也难于普及推广。再加之没有任何专有的名称来命名,把它们与非机动的天文仪器区别开来[3]。所以,当时的大多数中国人,甚至是做官的学者们,也都认为机械钟是一项新奇精巧的创造发明,是由欧洲人的智慧独立创造出来的,也就不足为奇了。当时这些教士们也如同文艺复兴时期的人们一样。虔诚地相信这是较高水平的欧洲科学,他们藉此来宣扬欧洲的宗教也同样是比其他任何地方性信仰都具有更高的水平。

陈瑞和王泮都得到了他们渴望得到的时钟[4]。

利玛窦在肇庆设立的第一所耶稣会士寓所里,安装了一部大自鸣钟,时钟的钟面盘,面向大街。以后,当新任的巡抚刘节斋在 1589 年查封这个寓所时,这自鸣钟也被指控为利玛窦的罪名之一[5]。但是现代计时技术是抵制不住的。一座华贵的装有音乐装置的发条时钟正从罗马送出,作为献给中国皇帝的礼物,由耶稣会士护送和呈献。这座钟的旅程十分艰难曲折,曾成为以后几年内轰动的事件[6]。在万历皇帝的一再追问之下,1600 年利玛窦和他的同僚们终于从太监马堂的挟持下解脱了出来,是马堂在利玛窦一行进京的途中把他们扣留的[7]。时钟在皇宫装好以后,就委托耶稣会士们调试,并训练某些太监负责做时钟的维护和修理工作[8]。这就是耶稣会士们为中国宫廷服务将近两个世纪的开端,包括训练非宗教的普通人员成为制钟技术人员,也使中国宫廷得以汇集到各种类型的机械时钟[9]。还有,不论教士们在哪个省的城市里有了立足之处,他们的机械时钟的名气就在哪里传开并受到欣赏[10]。总之,十分清楚,早期耶稣会士们之所以深受中国人的欢迎,理由之一就是由于他们对时

437

---

① D'Elia(2),vol.1,p.164;Trigault(Gallagher tr.),p.137。

② D'Elia(2).vol.1,p.176;Trigault(Gallagher tr.),p.145。

③ 到这个时期,时钟作为纯粹计时的工具,在西方已完全摆脱了它原来同天文方面的联系。如普赖斯[Price(1)]曾说过的:我们不应该把机械钟看成是由于发明了擒纵机构而得到极大改进的计时器,我们应当把它看成是一种天文仪器,是早已存在并经中世纪的不断改进而形成的。把机械钟仅仅作为报时器的话,那就是"从天文世界的天上掉下来的一位天使了"。普赖斯在别的论文[Price(4,8)]里。也发挥了同样的看法。

④ D'Elia(2),vol,p.166;Trigault(Gallagher tr.),p.138。

⑤ D'Elia (2), vol. 1, pp. 252, 265; Trigault (Gallagher tr.), pp. 194, 201, 206。

⑥ D'Elia (2), vol. 1, p231; vol. 2, pp. 4, 39, 87, 99; Trigault (Gallagher tr.), pp. 180, 296, 320, 348, 355。

⑦ D'Elia (2), vol. 2, p. 121; Trigault (Gallagher tr.), p. 369。

⑧ D'Elia (2), vol. 2, pp. 126, 128, 159, 313, 471; Trigault (Gallagher tr.), pp. 373, 374, 392, 536。

⑨ 见哈考特-史密斯 [Harcourt-Smith (1)] 的目录。在图 643 里,我们用图说明欧洲设计的一座报时钟或"自鸣钟",这个图印在 1759 年的一本中文著作里。

⑩ D'Elia (2), vol. 2, p. 382; Trigault (Gallagher tr.), p. 288; 参见 de Faria Sousa (1), pp. 29, 154, 156, 166, 172, 206。

钟和时钟制造的兴趣和技艺不亚于他们在数学和天文学方面的造诣（参见图641）[①]。

　　无可置疑，利玛窦及其同伴认为效果良好的机械钟在中国是绝对新颖、从未听说过的新鲜事物。他在回忆录里几次谈到这个看法。1583 年给广州官员们的时钟自动报时，是"在中国从来也不曾听说和见过的奇物"[②]。预定献给皇帝带有 3 个响铃的时钟，是一座"使所有中国人都为之震惊的时钟，是在中国历史上从未见过、听过、甚至想象过的、精妙无双的稀世奇珍"[③]。肇庆教士寓所的大钟，"从街头就能看到它的时针和一个鸣响报时的大钟铃，这是前所未闻之物"[④]。所以，利玛窦的看法是明确无误的[⑤]，而且就我们所知，还没有别的教士持有不同的想法。 438

　　诚然，利玛窦和金尼阁对他们在旅途中所见到的带驱动轮的中国时钟是有过叙述的[⑥]，但并未重视它们，所作的叙述也颇为晦涩。当时一些中国学者，认为教士们的"自鸣钟"，对中国文化来说，并不是什么新奇的东西[⑦]，这也是真实情况。前者并不热衷于赞扬中国已往的成就，而后者又以缺乏充分的资料不能对中国的已往成就作应有的评价。这种复杂情况，后来对欧洲人的思想有一定的影响，特别是对欧洲的科学史家有影响。如果耶稣会士们如此坚信他们传入中国的机械时钟的新颖，那么，后来的那些被局限在故纸堆里面的科学史家们，还有谁能提出反证呢？在一段耐人寻味的回忆录里（未收入金尼阁的书里），利玛窦写道[⑧]： 439

　　　　每当我们走进一个中国人的家里时，常常会发现他们对于藏书是何等的热心！而收藏之多，也远远超过我们。由此可以想见，在中国印刷出版之自由，商品交易之方便和规模之大了。由此也可以推断他们每年都会出版比任何别的国家都多得多的书。但是，因为他们缺少我们的科学，他们从事许多其他方面的著述，其中有的是无用的甚至是有害的。可是现在他们却对我们的新奇事物兴趣极大：关于我们本身的和关于所有别国的事情；涉及宗教的新法律、新科学和新哲学，都广泛流传，因此同我们有关的许多事物，便都刊印到他们的书里。其中有的是关于神父的到来和我们所携带的东西、绘画、时钟、书籍和机械杂物，有的是关于我们宣讲的法律和科学，有的是关于我们的书籍的翻译、印刷和引证。还有的是为赞扬我们而写的诗词等。关于我们的真、假故事都广泛流传，达到了这样的程度，似乎在这个王国的未来的几个世纪里。都将会留下对我们的深刻回

----

　　① 例如：康熙皇帝亲临北京耶稣会寓所参观他们钟塔的音乐钟，这个钟每小时都奏出中国的乐曲。这是葡萄牙神父安文思（1609—1677 年）建立的。在南怀仁的《欧洲天文学》（*Astronomia Europaea*；1687 年）一书的第 92 页起，对此有所描述。该书在标题为"Horolo-technia（时钟技术）"的一节里，大部分是关于时钟和音乐钟对北京市民所造成的印象。至于乐器则是用鼓和金属丝弦来演奏，同 1644 年德科[de Cause(1)，pl.641]所描述的相似。关于皇帝的驾临，南怀仁在 1684 年 5 月 11 日的一封信里有所叙述。当时正是皇帝热衷于同耶稣会的专家们研究自然科学并尽一切可能传播其知识的时期。南怀仁在他的书里(p.57)有这样的描写："现在好像一切数学科学，以天文学为首，正开始向宫廷进军，几何学和大地测量学、日晷测时学和投影学，静力学和水力学，音乐和机械工艺学均如皇后之左右，群芳争艳！"参见图 642。

　　② D'Elia(2)，vol.1，p.164。

　　③ D'Elia(2)，vol.1，p.231。

　　④ D'Elia(2)，vol.1，p.252。

　　⑤ 就另外的情形来说，利玛窦对他传入的某些事物的新奇之处所做的评价，大概是对的。他说他为南昌建安王所制的水平日晷是"以前在中国从未见过的东西"。这是因为中国式的日晷的特点是赤道式的。这种日晷，晷面位于赤道平面里，极晷针与晷面垂直。对于日晷在立面上的投影和水平上的投影所必需的立体投影学，中国几何学当时还无能为力。上述史实载于 D'Elia(2)，vol.1，p.366。

　　⑥ 见本册 p.508。

　　⑦ 见本册 p.524。

　　⑧ D'Elia(2)，vol.2，p.314。

图版　二四八

图 641　在中国作为天文学家的耶稣会士们。公元 17 世纪后期的一幅博韦(Beauvais)挂毯,现存勒芒主教派教
会博物馆(Musée de l'ancien Évêché, Le Mans)里[照片。艺术和历史照片档案室,(Archives pho-
tographiques d'Art et d'Histoire)]。在一个阳台上,远处有一个尖塔盔立着,教士们穿着中国官员的袍
服,正在同钦天监的中国同行们讨论着科学上的问题。其中一位正在用手持望远镜观测某个天体。另
一位有髭髯的神父正在一个浑象上做着某些测量。天球仪同 1673 年南怀仁为北京观象台所制的相似
(参见本书第三卷,图 158、176、161);另一位神父向其助手讲解着什么,或许是通过反射望远镜看到
了日斑。在他后面竖立着一个黄道浑仪,同南怀仁所制的那个极相似(参见本书第三卷,图 157、173、
191 和 p.379)。按西洋方式装订的书籍使我们联想起教士们在北京建立的保存欧洲科学著作的北京
天主教北堂图书馆(参见本书第三卷,p.52)。

图版 二四九

图 642 皇宫里的贵妇人——科学女神。董其昌(1555—1636年)按西洋方式绘的一幅寓意画。这是从劳弗
[Laufer(28)]于1909年在西安购得的画册上取下来的。从左至右:光学、声学女神,拿着镜子和长笛;
算术、代数女神,抱着大书卷;几何、力学女神,拿着圆规和一个立体模型;天文学、地理学女神,拿着
地球仪和地图。董其昌是礼部尚书。可能会见过利玛窦,并可能很有兴趣地读过毕方济(Francesco
Sambiasi)于1629年写的论文《睡画二答》,李之藻为这本书写了序[Cordier(8),no.135]。

图 643 "自鸣钟",即 1583 年及以后由耶稣会士传入中国的
欧洲式报时钟(采自 1759 年的《皇朝礼器图式》卷
三,第六十八页)。

忆和良好的怀念。

所以耶稣会士们经历中的主要观感是新奇。这就不可避免地为后来历史学家的时代画
面塑造了模型,支持了他们所作出的"时钟机构是欧洲的一项发明"这样错误的结论。萨顿
[Sarton (1)]在讨论这个问题时,用下面的话把人们公认的观点加以综述[1]:

我可以补充说:机械时钟不是在远东独立创造出来的。中国人(和日本人)当然老早
就熟悉日晷,他们已经有一些关于刻漏的知识(也许是从罗马西方来的?)[2],他们也早

---

[1] Sarton(1),vol.3,p.1546。

[2] 本书关于刻漏的一章(第三卷,p.313)已经表明:在这方面,中国人倒是受了巴比伦和古埃及的影响,而不是受了希腊的影响,而在以后的发展中,则是明显的分道扬镳,而不是并行不悖了。

已学会了用燃香和蜡烛来测量时间,但是在传教士们出示给他们某种机械时钟之前,他们从来不曾想到过机械时钟。

把时钟应用于远东是有某些困难的,因为中国人和日本人并不是把每天分成两组匀等的 12 个小时,而是区分为互不相等的昼和夜,又各分成 6 个均等的时刻……①。 440

因此,机械时钟的引进,在远东对古老生活习惯的破坏程度,将甚于对基督教的西方②。中国人和日本人,不曾发明机械时钟倒并不令人惊奇;值得注意的倒在于他们竟然完全能接受这些。这只能用他们必须改变其生活习惯以适应强加于他们的西方生活方式来解释③。以上 8 项陈述中,只有 3 项是正确的。由此可见一般。学者所作结论的假定性和东西方对文化上所做贡献抱有成见的危险性,实在应该引起警惕。在本书第一卷里,作者自己也对时钟机构的起源采取了一般公认的观点,而且毫不迟疑地写道④:"最后的一项重要输入(由西方到中国)是时钟装置,完全是 14 世纪初期欧洲的发明。"现在经过进一步的研究,迫使作者收回这种曾经认为是正确无疑的说法,而以为爱好机械总是西方文化而不是东方文化的特征的偏见也就不攻自破了。

那么,当时公认观点的较详细的内容是什么呢?当时一般都认为:利用擒纵机构作用于一系列齿轮中的主动轮,以获得同星体周日运动相谐调的低速、均匀和连续的旋转,是 14 世纪初首先在欧洲出现并获得成功的⑤。从巴塞尔曼-约尔旦(Basserman-Jordan)⑥ 的书里,可以读到:"我们必须把齿轮时钟的出生定在 1300 年前后。在那时以前当谈到时钟时,意思不是 441

---

① 这是完全的误解。它仅适用于日本人。如德礼贤[d'Elia(2),vol.1,p.128]的正确说明,中国人从远古时起就把全昼夜(自子夜到子夜)分成 12 个均等的时辰和 100(有时是 96 或 120)刻。然后将刻再分成 100(有时是 60)分。人们老早就习惯于将每个时辰再等分为 2 个,每半个时辰就等于我们的一小时,前半叫"初"段,后半叫"正"段。第一个时辰在子夜前后,第七个时辰在正午前后。金策尔[Ginzel(1),vol.1,pp.464ff.]对此有详细记载。这种计时制度,早在 1735 年,拜尔[G.S.Bayer(1)]就已向西方世界介绍过,1837 年伊德勒[Ideler(1)]再次作过介绍。12 等分的时辰制,据比尔芬格[Bilfinger(2)]的意见,它可能来自巴比伦,但 100 刻的划分具有浓厚的乡土气味,因为中国人深爱十进位制(参见本书第三卷 pp.82 ff.)。自汉代以来,12 时辰的动物肖属,多以陶器或瓷像来表示,如图 644,兽头而身穿华贵长袍[参见唐兰(1),图版 97]。甲骨文研究证明商周时期确曾流行"不均等"时,但在公元前第一千纪的中期已被废弃了。到战国时期,把一组 12 个循环使用的字即十二地支(也许还有十二动物肖属的配合)同均等的十二时辰完全结合而确立了。然而,直到今天,在中国有的地方还保留有不均等的五更制。每更又分成 5 个"筹",并随季节而变更其长短。以下将看到(pp.455ff.)从 11 世纪起,有的时钟设计者还想把这些"不均等的"更同均等的时和百刻一起在钟面上标出来。恩朔夫[Enshoff(1)]和萨雷拉[Sarreira(1)]说利玛窦曾把能显示不均等时刻的机械钟传到中国。这是没有根据的。有关中国时制的更详尽的内容,请参见 Needham,Wang & Price(1)pp.199ff.。这里借机会顺便对该书 p.38 上的错误进行更正。根据该书图.14 中的内容,较正该书,G8 段应该读作:"在每更的五分之一处,装一拨牙,使它在每更、每筹、日出和日落都按时击钟。

② 这又是一个站不住脚的说法,"不等的"或长短可变的仅存在于日本,为什么在那里放弃"不等的"时,就必然比西方在第一个机械时钟迫使放弃类似的时制时,要发生更多的破坏呢?关于后者的过程,见 Howgrave-Graham(1)。关于日本的变时时钟,它有着某些希奇的部件,如 2 个不等长的摆杆等,可见 J.D.Robertson(1);Rambaut(1);Word(1);Planchon(1),pp.209ff.;但尤其是高林兵卫(1)和山口隆二(1)。

③ 从利玛窦时代起的两个半世纪内,并没有谁将西方生活方式强加于中国人。萨顿的话只适用于鸦片战争和以后的签订条约、开通商口岸的帝国主义时期,但是并无人强迫 18 世纪的皇帝们把成千上万的时钟汇集到他们的宫廷里,对老百姓也一样。这都是人们的好奇心造成的。

④ 本书第一卷,p.243。

⑤ 除参考 Sarton(1),vol.3,pp.716ff.,1540 ff. 以外,还可参见 Beckmann(1),vol.1,pp.340ff.;Usher(1),2nd ed.,pp,191 ff.,304ff.;Frémont(7);Baillie(1,2);Howgrave-Graham(1);Ungerer(2);Bolten(1);Planchon(1);Wins(1)。值得注意的是,有的日本作者也持有相同的观点,如高林兵卫(1)、山口隆二(1)。

⑥ Bassermann-Jordan(1),p.17;参见 p.170。类似的说法可见 Bassermann-Jordan(2),pp.4,13。

图版 二五〇

图 644 两个时辰的肖属。从西安韩森寨唐墓出土的一组陶制十二生肖俑中选取的两例［照片，中国人民对外友好协会和英中友好协会供稿。参见唐兰(1)，图版 97］。左，代表亥时(下午 9—11 时)的猪；右，代表未时(下午 1—3 时)的羊。参见本书第三卷，pp. 396，398，405，以及 Needham，Wang & Price(1)，pp. 199。

图版　二五一

图 645　欧洲 14 世纪早期最简单的机械时钟。重锤驱动的,装有
冕状轮、掣子,以及立轴和摆杆或擒纵机构。这个照片上
的实物或许是属于较晚期的制品,它装于纽伦堡的圣塞
巴尔德教堂。

说日晷,就是说刻漏,此外,别的方面总有些证据不足……。齿轮时钟的灵魂是擒纵机构,它滞迟齿轮的快速旋转,这是人类所完成的最伟大最智慧的发明之一。可惜发明者是谁却始终无人知晓,早被遗忘!既无碑石也无遗迹来纪念他们①!这项发明的确是一个转折点,可是这些首创的机械时钟,也并不像人们想象中的那么新颖,其实它是来自一系列复杂的天文"时钟前身"、星座模型、机动的星座图,以及某些不是为精确计时而只是为展览、演示而设计的类似仪器逐渐演变来的②。希腊和阿拉伯时代的遗迹还有保存下来的,但仅是些残缺不全的遗物,作者在后面将随时引用其中的一部分。

　　首先让我们对 14 世纪的机构有一个清楚的了解③,然后再引用参考文献加以阐述。早期欧洲机械时钟的最简单形式是:把一个下垂的重锤系在鼓轮上,利用下坠的动力,引起鼓轮旋转,鼓轮再与各式齿轮连接,但其整体运动则是利用立轴和摆杆式擒纵机构,使减缓到要求的程度,这可以从附图更好地加以领会。图 645 是这类时钟结构中最简单的一种,是1830 年装在纽伦堡圣塞巴尔德(St. Sebald)教堂的架钟,由齐纳[Zinner (4)]所描绘,采自贝尔图[Berthoud(1)]的图 646 较为清晰④。机构的主要部分是冕状轮,它的侧面有直角三角形的凸齿,垂直于轮面,有一根立轴或杆立在冕状轮之前,它的上面装有两个小掣子,两者在相位上相差 90°,并与冕状轮的轮齿啮合;最后是摆杆(狂舞子),杆的两端各挂上一重物,然后再垂直地装在立轴的顶端⑤。动作的方法很简单。冕状轮的旋转力矩把一个掣子从原来

442　啮合的位置上推了出来,这就给予摆杆一个摆动力,但这只会导致另一个掣子进入啮合位置,然后使惰性重锤摆向反方向。这样,冕状轮的旋转被这两个掣子交替地制动着。于是这个摆动部件由重锤所驱动,同时又给齿轮组一个间断的或滴答滴答的运动。

　　这些早期的计时器比较常见的例子是为教堂塔楼和类似建筑设置的巨型"塔楼时钟"⑥。这里又进一步走向了复杂化,既有打点的齿轮组,又有走时的齿轮组。这种复杂化的早期形式特别有趣,因为立轴和掣子可以作为鸣钟的机构来动作,如果把摆杆两端的重物以打钟的小锤来代替的话;这个装置当释放后是会失去控制的⑦。很可能最早的欧洲机械钟并没有指针和盘面,而只是当每个小时或者其他预定的什么时间到来时,就简单地发动打钟装置来打钟。

　　无可置疑,这些时钟的许多组成部分来源于希腊。同时,下坠重锤原来可能是一个下坠

----

① 米歇尔[Michel(15)]写道:"擒纵机构也许是人类发明中的最卓越的一项。自然界里没有可供类比的事物以提供启示。"

② 参见 Price(1)。

③ 有大量机械时钟的历史文献。最有用的书和论文刚被列举。篇幅虽小,但对本专题极有用的书有 Cunynghame(1)和 J. D. Robertson(1)。许多名著在发表时被弄糟或太陈古物,比如:Milham(1)和 Britten(1)实用、有趣而又权威的书当属 Saunier(1,2,3),翁格雷尔[Ungerer(1)]的论文,主要是讲时钟机构的精巧——由报时机构带动的机械偶像和显示装置。参见 Bolton(1);Bassermann-Jordan(1,2);Baillie(1,2);Ungerer(2);Planchon(1,2);Wins(1);Lioyd(5)。

④ 参见 Beck(1),p.175。

⑤ 改变重锤到摆杆中心的距离,可以调整时间的快慢。

⑥ 关于这个时期的时钟见 Howgrave. Graham(2);R. A. Brown(1)等节。这些机械里最著名的一个是多佛尔城堡(Dover Castle)钟,现保存在南肯辛顿的科学博物馆(Science Museum at South Kensington)里,并且经常被复制[如被Ward(1),pl. Ⅶ]。这不再被确认是 1348 年的传统年代,而宁可属于那个世纪末。

⑦ 参见 Price(1)。

图版　二五二

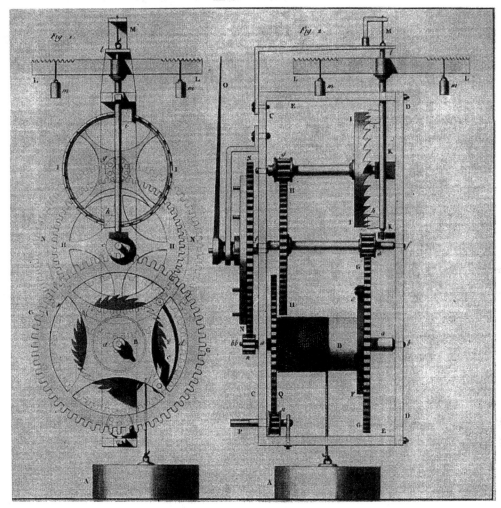

图 646　早期重锤驱动的机械时钟的立轴和摆杆式擒纵机构主要部件,采自 Berthoud (1)。左,正视图;右,断面图。

的浮子,像在罗马转盘水钟上所看到的那样。这些转盘水钟是用一根绳索牵动一个带有天文刻度的面盘缓慢旋转,这是由于绳索的另一端连结到一个在刻漏里缓慢下沉的浮子上[1]。时钟盘面的概念也会是从同一个地方来的。现在我们将看到一些证据:这些机构在中国虽然不曾流行,但决不是不为人知的。当时在西方还有亚历山大里亚的赫伦详细描述过的,并由贝克[Beck (4)]复制的自动傀儡剧场。其中的缓慢动作是靠下落重物取得的,如沙粒或谷粒从容器底端的小孔中流出。桑戴克[Thorndike (7)]注意到罗柏尔图斯·安格利库斯(Robertus Anglicus)在1271年评论萨克罗博斯科(Sacrobosco)的"天球仪"(*sphere*)时所写的下面一段话[2]:

> 目前还不可能要求任何计时装置(*horologium*)十分准确地追循天文学的指示。可是时钟制造者们(*artifices horologiorum*)正在试图制造一个轮子,当天球赤道每旋转一周时,轮子也恰好旋转一周,但他们尚未获得成功。如果他们成功,那将成为一个真正准确的时钟,并且比任何其他为计时而用的星盘或天文仪器更有价值。如果有人知道如何依照前述方法去做的话,方法也许是这样的:造一个各个部分的重量都尽可能十分均匀的圆盘,然后从圆盘的轴上悬垂一个铅重,使圆盘旋转,让它从日出到再一次日出完成旋转一周……

443　这段话有力地表明当时确曾企图制造一个实用的重锤驱动的擒纵机构时钟,但未得到成功[3]。而1276年在托莱多(Toledo)为阿方索十世(Alphonso X)所编的《天文知识丛书》(*Libros del Saber de Astronomia*)[4]里曾经提到一个水银时钟,工作得还可以。这里,重锤驱动同一个空心鼓轮相结合,轮内有12个间隔,其中的一半充满水银,擒纵效应是借水银自间隔间的小孔流过时的液体粘度而获得(图647)[5]。这项机构为什么未得流传,实属可疑[6]。但它确曾用于驱动平面天球仪或转盘式钟面。

至于立轴和摆杆式擒纵机构,弗雷蒙[Frémont (7)]提出认为那是来自径向重锤式飞轮[7],无疑是正确的。这同原来用以制酒或油[8],后来在15世纪开始用于印刷[9]的希腊螺旋压力机中的蜗杆上端相似。在16世纪和以前,此项机构用于协助增加摇转作用[10]。其创造

---

① 特别参见 Diels(1),p. 213 和 Drachmann(6),(2),pp. 21ff.。迪尔斯的复原品的图绘见 Usher(1),p. 97,2nd ed. p. 145.。最权威的是 Vitrurius,Ⅸ,8.。参见 Kubitschek(1),pp. 209 ff.。我们将经常提到这个装置;参见本册 pp. 466,503, 517,536.。

② Basel MS. F. Ⅳ. 18;Bib. Nat. Ms. Latin 7392。译文见 Drover(1)。

③ 关于中古欧洲工程的一般背景,参见 des Noëttes (3);Eynn WHite(1)和 C. Stephenson.

④ 见 Ricoy Sinobas 的版本,参见 Feldhous(22)。

⑤ 这里用了"擒纵效应"是因为该项机构实际上是连续作用的制动器而不是擒纵机构。

⑥ 实际上,在下述一点上它确实是传播了:它引起降落鼓式水钟在17至18世纪的流行[参见 Planchon(1);Briffen (1),p. 12]。这在以前关于刻漏的那一节里(本书第三卷,p. 328)已经讨论过了。人们认为波爱修(Boethius)在507年勃艮第王(Burgundian king)替代东哥特王狄奥多里克(Theodoric)所作的《计时装置》(*horologium*)的有关记载是提到它的最早文献之一[Gassiodorus, in *Mon. Germ. Hist.* (*Auct. Antiquiss*), ed. Mommsen, vol. 12, p. 39;also in Migne, *Patrologia Latina*, vol. 69, col. 539ff.]。就整个论题,见 Bedini(3)。

⑦ 参见本册 p. 91。

⑧ Drachmann(7),pp. 156,158;Fiémont(8)。

⑨ Frémont (8)。

⑩ 载于 Agricola,Hoover & Hoover ed.,p. 180。

图版　二五三

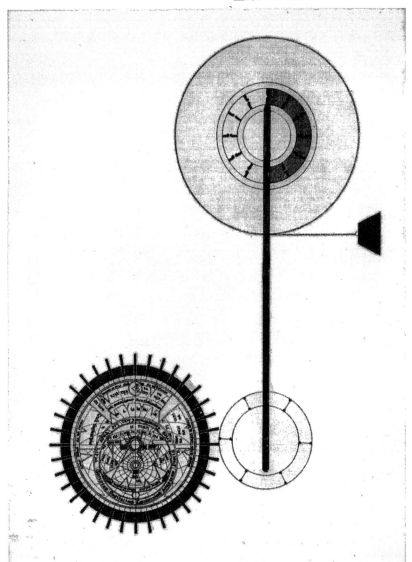

图 647　1276 年卡斯蒂尔人[Castilian]的《天文知识丛书》（*Libros del Saber*；约 1276 年）中的由水银漏泄[同隔]组成的鼓轮型擒纵机构。

性在于把掣子和冕状轮结合起来,因而前后摆动而不再是连续旋转①。现在,关于欧洲早期时钟的最大奥秘,就是这个擒纵机构原理的来源。长期以来,人们都以为它是出于奥恩库尔在 1237 年前后的笔记里发现的一项奇特的设计:将两端都系上重物的绳索,绕在两根轴上,一个是水平的,一个是垂直的,最后让绳索通过第二轴上一大轮的两辐中间②。如此则其迴转运动即被周期地加以阻止,在反绕中得到释放。这个装置的目的是使一个天使像转动并用手指向太阳③。另一设计是企图使一双鹰头转动并注视牧师和教会执事们肃立诵经的地方。但现在人们都一致认为④,这些机构并不是擒纵机构,只不过是用手转动偶像的工具而已,果真如此,则欧洲第一个擒纵机构的先驱者已不复存在!——除了立即要谈到的中国式的之外!

此种立轴和摆杆式时钟,除用复杂的杠杆和制动器系统来增进打点齿轮组的精细程度外,保持不变约 300 年之久。到 16 世纪末,钟摆的使用渐趋广泛⑤,而它的等时性的优点越来越受到重视⑥。首先把钟摆应用到时钟擒纵机构上的可能是 1612 年布拉格(Prague)的比尔吉,但人们多把功绩归于伽利略尤其是惠更斯(Huygens)⑦。1641 年他双目失明以后,他的儿子温琴齐奥(Vincenzio)为伽利略制造了一座摆钟⑧。但这个摆钟的主要特征,甚至包括摆动所经之摆弧线,都是来源于惠更斯⑨。他于 1657 年制成他的第一个成功的装置,在 1673 年最后完成他的著作《摆钟论》(*Horologium Oscillatorium*)中,才完成了最后的设计。最初是钟摆、立轴和小掣子并用如贝尔图的图(图 648)里可以看到的。大约在 1680 年,克莱门特(Wm Clement)发明了常见的锚式擒纵机构,就像贝尔图在图 649 中所显示的那样,原来的冕状轮被一个摆轮所代替,摆轮的齿在旋转平面之内⑩。这种装置以多种修改过的形式一直到今天仍在通用。大概最重要的改进是乔治·格雷厄姆⑪于 1715 年设计的直进式擒纵机构,通过调正齿和掣子的形状而清除了早期时钟所需之反冲作用,它也是早期时钟中最浪费的运动,嗣后,是在 18 和 19 世纪对温度补偿问题的解决,我们就完全迈进了现代化时期,对此,就本书的目的而言,已无深入探讨的必要。

---

① 这种摆动运动的另一个技术祖先无疑是古代家喻户晓的和普遍使用的弓钻和脚踏车床的交替回转运动(参见本册 pp. 55ff.)。

② Hahnloser ed. ,pl. 44;Usher(1),pp. 153ff. ,2nd ed. ,pp. 193ff. 。

③ 令人想起 1205 年加扎里和萨阿提(al-Sā 'āti)描述过的阿拉伯式水钟,它是按转盘时钟的原理,借浮子下落以操作在水平钟面上转动的指针偶像[见 Wiedemann & Hauser(4),pp. 135,136]。奥恩库尔(Villard de Honnecourt)肯定也知道此项水钟(参见本册 p. 544)。但我们不知道他的传动装置是否或如何与它们联接。

④ Price(1),p. 34;(8),p. 108。

⑤ 例如贝松就用过[参见 Frément (7)];另见 Beck(1),pp. 191ff. ,335ff. ,451。

⑥ 列奥纳多·达·芬奇发现了摆式擒纵机构的价值,1490 年他设计出图样,但这没有直接的影响。勒韦雄[Reverchon (1)]予以高度评价。

⑦ 应归功于比尔吉的是他组合到许多精密天文时钟里面的交叉节拍式擒纵机构[见 von Bertele(1,3,9)]。它的准确度达到±30 秒/日,仅为原有一般误差的 3%,可与早期摆钟比美,冯·贝特莱(Von Bertele)则不相信比尔吉曾用过钟摆。

⑧ 当时,范·海尔蒙特(J. B. van Helmont)也在独立进行有关计时的钟摆实验(*De Tempore*, ch. 50,见于 *Ortus Medicinae*,1648 年);参见 Pagel(8),pp. 398ff. ,409。

⑨ Crommelin(1—4,6);Usher (1),2nd ed. ,p. 310。

⑩ 这项发明原来以为属于罗伯特·胡克,但最近经劳埃德(Lloyd)研究,以为应属克莱门特。它的重要性在于它只让摆在 3°—4°的弧内摆动,从而减少等时性误差到最小值[参见 Ward(2)]。

⑪ 见 Lloyd(4)。格雷厄姆也是简形擒纵机构的发明者。[Ward (1),vol. 2],在此机构中,齿拨动一摇滚圆筒上的槽隙;他还制成最早的"太阳系仪"(见本册 p. 474 和本书第三卷 p. 339),以及第一个汞摆。

图版 二五四

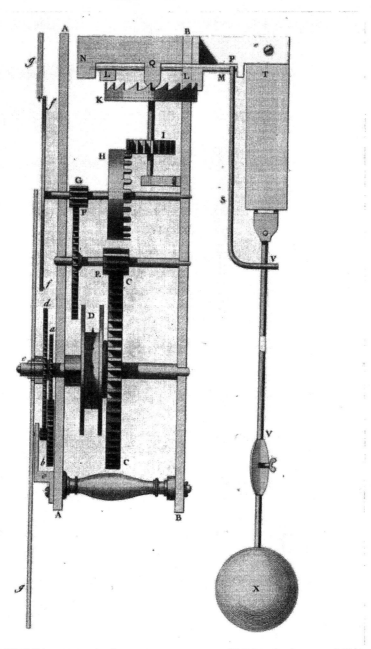

图 648 伽利略和惠更斯在 17 世纪中期共同创制的带有立轴和掣子的摆的组合断面图。采自 Berthoud (1)。

图版 二五五

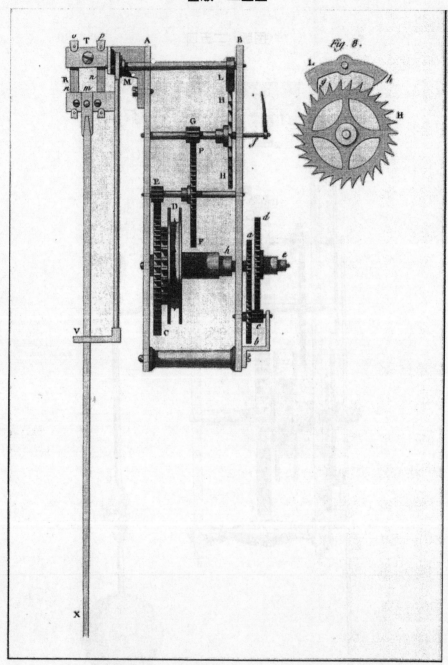

图 649 17 世纪后期由克莱门特创造的摆和锚式擒纵机构。左：剖面图；右：锚和摆轮。采自 Berthoud (1)。

　　与此同时,也已经有了另一重要发明,即用发条驱动代替下坠的重锤①。此项发明可使时钟制成便携式的表,也可制成固定式的钟,但新的问题也随之而来,即当钢质发条松弛后发生不同驱动力之补偿问题,这曾通过各种装置加以克服,首先是用一个辅助弹簧,以后又用一锥形鼓轮,也称均力圆锥轮这是一个直径变化着的驱动筒,并且如此配置:当弹簧松弛而驱动力为最小时,就使该筒最大直径上的绳索或链条给出最大的杠杆力矩以进行补偿②。　445

　　所有这些结论当然以文献记载以及遗留下来的时钟或其部件为依据。可以十分肯定的是,最早形式的时钟大概到1310年就开始使用了,到了1335年才形成了所有特点③。然而在随后的广泛改造中,14世纪的时钟没有一个是能幸免的,以致今天难于再恢复其原来面貌。一本最早的文字参考资料是但丁(Dante)写的④,他在1319年的一篇文章里十分清楚地描写了自鸣钟的齿轮机构。在菲亚马(G. Fiamma)⑤的《编年史》(Chronicles)里,有关于1335年和1344年的可靠的时钟记载,前者装设在米兰皇宫教堂的钟楼上,后者则装在帕多瓦(Padua)的钟楼上。此钟是雅各布·迪唐迪(Jacopo di Dondi)所建造。他的儿子乔凡尼(Gio-vanni),除在帕维亚(Pavia)于1364年建造了一个大型时钟外,还写了一篇杰出的有关时钟的文章⑥,劳埃德[Lloyd(1)]曾仔细研究过它并写了概要。他的时钟是一件天文学上的杰作,包括复杂的齿轮组以精确地描摹行星的运动,并显示教会定期的和非定期的节日⑦。大概在同一时期,即1368年傅华萨(Froissart)首次提到立轴和摆杆⑧,同年在英格兰出现第一个现代化擒纵机构时钟⑨。

　　仅仅立足于欧洲史料研究的基础上,所能获得的机械时钟发展的概况,也就是这些。擒纵机构的发明似乎是在14世纪初期,没有更早的类似的先驱者了。正如博尔顿(Bolton)所写的⑩:"重锤驱动的时钟,突然在这个时期,以很进步的设计形态出现,虽然工艺上是颇为粗糙的,它们先前的发展必然经历了很长的过程,可是并没有与各个发展阶段有关的事迹和人物的纪录可考。"可是,在1955年,解决这个谜的出路终于出现在我们的面前。1092年北宋的一位著名学者和官员苏颂,写了《新仪象法要》一书,叙述了1088年建立的精致的机构,用以实现浑仪、浑象的准确的低速旋转以及计时机构的复杂设施。这本书的标题可以意译为　446
《天文钟的新设计》,所谓的"合台",实际上就是一座使用某种擒纵机构的巨型天文钟。把这

---

① 厄舍[Usher(1),2nd ed.,p.305]指出,纽伦堡的亨莱恩(Peter Henlein)并不是发条表的创始人如一向所认为的那样。现有样品表明,发明当在15世纪末叶,或早在1475年间。

② Lloyd(5),pp.656ff.;Lynn White(7),p.128。这项装置俗称"蜗牛",差不多跟发条的使用同时出现。一般认为是布拉格的捷克人雅各布(Jacab)于1525年发明的。这是不对的。但他确实对此做了改进[参见Usher(1),2nd ed.,pp,305,307,以及林恩·怀特对该书的评论]。它已为列奥纳多所知,起源于用以张开强力弩的机构[见Feldhaus(18),p.95,(21),与Berthelot(5,6),其中关于1405年凯瑟的《军事保垒》(Bellifortis)的叙述]。参见本册pp.295,526。

③ 参见Sarton(1),vol.3,pp.1540ff.,Usher(1),2nd ed.,pp.196ff.。另见Price(8)。

④ Paradiso, X ,139,及 XXIV,13。

⑤ 载于穆拉托里(Muratori)的 Italicarum Rerum Scriptores,vol.12。参见Lynn White(7),p.124。

⑥ 原稿保存在威尼斯、米兰、帕多瓦、伊顿(Eton)和博德利图书馆(Bodleian)。

⑦ 它包括椭圆齿轮,铰接连杆的环状皮带上装的指示器,和一赤道仪,它跟乔叟(Chancer)的手稿中的,并由普赖斯[Price(2)]描述的很相似。1961年复制了一个完整的活动模型,在南肯辛顿科学博物馆(Southk Kensington Science Museum),现存华盛顿的史密林学会(Smithsonian Institution)。有关迪唐迪家族的情况,见Thorndike(1),vol.3,pp.386ff.。

⑧ 载于 LiOrologe Amoreus,我们还不能肯定它是由落重而不是用水轮驱动。

⑨ 见 Howgrave-Graham(1)。

⑩ Bolton (1),p.52。

部书全部翻译过来并加以仔细的研究[①],就不仅表明事实真象如此,而且还透露了计时机构早得多的起源和发展,此项资料均记载在苏颂写的卓越的历史性序文里。这样,先前埋没了的,中国 6 个世纪的时钟工程终于得以大白于世!

(1) 苏子容和他的天文钟

对本书的读者而言,苏颂(苏子容)已经不是一位陌生的人物。在天文[②]那一章里,在有关的地方,曾多次提到他的著作,但他不仅仅是一位天文家和数学家,他还是一位博物学家。因为 1070 年前后,他同若干助手们一起,编写了当时关于药物植物学、动物学和矿物学的最优秀的著作《本草图经》。直到今天,这部著作仍然包含着若干宝贵资料,如关于 11 世纪时的钢铁冶炼术,或药物之使用如麻黄素等,作者曾经不时加以引用,特别是在矿物学[③]一章里。苏颂主要是一位有名的政府官员,但又是掌握了当时的科学技术知识(在中古时期的中国,当不乏其人)并获得机会为国家展其所长的人物。

苏颂(苏子容)1020 年生于福建泉州,就是后来马可·波罗称之为"栽桐"的那个城市,他的仕途是很顺利和成功的。他既不偏向保守派,虽然他的友人多系保守派的人;也不偏向革新派;他逐渐成为行政和财政专家[④]。但一如当时惯例,他也接受外事使命,于 1077 年奉命出使到北方契丹人的辽国。叶梦得在他写的《石林燕语》里告诉我们,苏颂是如何遇上了施展他的天文和历法知识的机会的[⑤]。

苏子容(青年时)曾应省试,论文的题目是阐述天体和地球间的一般规律如何由历法(的结构)予以显示的。结果他荣居榜首。而此后,他就特别对(天文学和)历法学发生了兴趣。

后来,在熙宁年间的末期(1077 年),(苏颂)作为大使被派往辽国去祝贺辽国国王的生日,生日的那天恰巧碰上冬至。(在当时)我们的(宋)历比契丹(辽)历提前一天,这样,我们的公使助理就认为,祝贺生日的日期应该是在较早的那天去进行。但契丹(辽)外交办事处的礼宾秘书却拒绝在那一天接待他们。由于辽人对研究天文和历法没有什么限制[⑥],他们在这方面的专家们[⑦]往往(优于宋朝的),而事实上,他们的日历也是正确

---

① 全部详尽的内容可以在李约瑟、王和普赖斯的专题论文[Needham, Wang & Price(1)]中找到。这部著作第一次揭示了在欧洲 14 世纪擒纵机构时钟出现以前,中国的擒纵机构时钟早已有了悠久的历史。这书是在 1956 年 1 月首次出版的(2)。直到 1956 年的 9 月,才发觉并行的研究也曾在北京进行,结论也几乎是相同的。在 1953 和 1954 年,刘仙洲(4, 5)已经描述过苏颂的齿轮机构,画了苏颂的擒纵机构的草图,但并未注意它出现在 11 世纪的历史意义。作者并不知道这些论文,也无从得到它们。后来,在 1956 的晚些时候,他又有关于时钟机构本身的进一步的撰述(6)。那年 9 月,在佛罗伦萨举行的国际科学史会议上,可以——且极为欣慰地——对比结果并取得一致的意见。

② 本书见第三卷,pp. 208, 278, 252。

③ 本书见第三卷,pp. 617, 647, 675。

④ 苏颂的传记见《宋史》卷三四〇,第二十二页及以下;内容大部分是政治方面的。参见他的文集《苏魏公文集》。

⑤ 《石林燕语》约写于 1130 年,书中有不同的两种说法(卷三,第十四页和卷九,第七页),这里都加以合并,由作者译成英文。

⑥ 关于中国政府中古各朝代赞助天文事业等方面,见本书第三卷,pp. 192ff.

⑦ 他们当然也是中国人,为北方王朝服务。这个王朝是在贵族的保护下,不久前还是游牧人,还基本上是部落民族。

的。当然,这是苏颂所不可能接受的①,于是他就平静而机智、广泛深入地谈论起历法学,旁征博引,迷惑了辽方的天文学家们,他们都在吃惊地倾听着和欣赏着。最后他说,差异毕竟是很小的事情,因为,如果冬至正好落在夜半左近的话,仅仅差上一刻钟,就会造成一天的差异,因而考虑多的倒仅仅是出于惯例或习俗而已②。辽人不能驳倒他的这项论点。于是苏颂被允许在(他的使团)要求的日子里去进行祝贺。

回国后,他向神宗皇帝做了汇报,皇帝非常高兴,而且说没有比这更加令人为难的事了。当问到两种历到底哪个是正确的时,苏颂向皇帝讲了实情,天文和历法(太史)局的官员们受到了处分和罚款。而且更进一步,既然以后(外国)的大使们有可能一再被拒绝接待,因为有的人(在宋朝的首都)并不知道关于各月起始的差别以及宋朝使臣已经被允许按照自己的方法办事,于是皇帝特颁诏令:今后各个国家的代表,都应该依照他们自己选定的日期来祝贺节日,并且为了帝国的荣誉(彼此尊重对方的历法)是应该这样的③。

元祐初(1086 年),皇帝命令苏颂重新建造浑仪。它在精心制作方面,远远超过以前 448
同类的仪器,详尽的资料文件传给了(北宋)天文观测馆的负责官员("冬官正")袁惟几。最早的模型则出自韩公廉,他是人事部的一位第一流的职员,同时又是一位十分机智灵巧的人,当时苏颂已经是侍郎(副大臣级的高官),只要苏颂向他提出具体的要求,他总是能够胜利完成任务,因而这项仪器就有惊人的细致和精密。金人攻陷首都(开封)后,摧毁了这座天文钟塔,掠走了浑仪时钟,现在据说这套仪器的原设计,已经下落不明,无人知晓,包括苏颂自己的后人们在内。

〈苏子容过省,赋"历者天地之大纪,"为本场魁,既登第,遂留意历学。

一日熙宁中苏子容奉使贺生辰,适遇冬至。本朝先契丹一日,使副欲以庆而契丹馆伴官不受。虏人不禁天文术数之学,往往皆精,其实虏历为正也。然势不可从;子容乃为泛论历学。援据详博。虏人莫能测,无不耸听。即徐曰:"此亦无足深较,但积刻差一刻耳。以夜半子论之,多一刻即为今日,少一刻即为明日,此盖失之多耳。虏不能遽折,遂从之。

归奏,神宗大喜,曰此事难处,无踰于此。即问二历究孰是,因以实告,太史皆坐罚。

元祐初,遂命子容重修浑仪,制作之精,皆出前古。其学略授冬官正袁惟几,而创为规模者,吏部史张士廉。士廉有巧思,子容时为侍郎,心意语之,士廉辄能为,故特为精密。虏陷京师,毁台台,取浑仪去。今其法苏氏子孙亦不传云。〉

此项结语,以后再行澄清。目前应该注意的是,苏颂和他的助手们在后世所享有的崇高声誉。

苏颂擢升为尚书系在出使后约 12 年,他的《本草图经》出版后近 20 年。部分原因是由于他在前一年(1088 年)在开封皇宫里建造一完整的木质时钟获得完全成功的结果。1090 年,新的浑仪和浑象都铸成为青铜的。1094 年,苏颂完成了时钟专论《新仪象法要》的编写工作并将它进呈上去。当时,他已是 75 岁的高龄了,他拥有许多荣誉的头衔,并且成为太子的少师之一。他卒于 1101 年,没有见到 20 年后京城陷落和宋室南迁的悲剧。

---

① 作为宋朝使臣,他当然要坚持宋历,按中国惯例,皇帝颁布历法,同西方国家发行硬币相似,被当作是一种天赋的神圣权力和职责,承认历法就意味着承认中国皇帝的统治权力。

② 参见 Maspero (4),p.258。由于当时是用内插法来绘制圭影长度变化的,何承天在 436 年错过了一个冬至点,因为它在半夜前半小时出现的,但他在 440 年得到了正确的日期,它是半夜后 3 小时出现的。

③ 这段故事由张邦基用非常类似的措词转述在他的《墨庄漫录》卷二,第十三页中,该书大约写于 1131 年。

我们目前的兴趣在于他的浑仪、浑象和报时机构的动力驱动,以及控制这些运动的擒纵机构的描写。这都包括在《新仪象法要》[①]的第三卷里。但首先对这部著作的流传过程交待几句[②]。当时,这部书仅仅在北方流传,到了1172年,施元之在江苏印行了它。明末学者钱曾(1629—1699年)藏有此书,他十分精心地影摹了一个新版。此后,张海鹏(1755—1816年)又将此书刊行,继之,钱熙祚(1799—1844年)在以后几年大量印制[③]。1871年,皇家编纂人为保存科学史料,有点儿出乎意料地将其编入《四库全书》,并做了以下的记述[④]:

> 已有的众多仪器,在完美和精密方面,都已远远超出过去千年来的制品。当然苏颂的发明是不能与之相比的。然而,如果对此予以注意,仍然可以学到一一点什么,因为其中表明那时的人们如何在关切新的发明……他的书仍应看作是真有价值和应该珍视的。
>
> 〈我朝仪器精密,复绝千古,颂所创造,固无足轻重,而一时讲求制作之意,颇有足备参考者。且流传秘册阅数百年,而摹绘如新,是固宜为宝贵矣。〉

450 另一个有趣的特点是这绝不是宋代所编辑过的唯一有关天文时钟的书籍。《宋史》[⑤]"艺文志"内,还载有阮泰发所写的《水运浑天机要》(即水力运转天文仪器之技术),可是关于作者本人的生平事迹和年代,都已无从稽考!

现在我们可以进一步研究苏颂著作里的图解说明和根据近代研究所重绘的工作图。图650表示"合台"或水运仪象台(即水力驱动浑仪和浑象台)的外观[⑥]。浑仪设在最上端的平台上,浑象则设在台的最高层的室内,有一半隐没在它的木箱里;在这个屋子的下面有塔形木阁五层,每层都有门,报时时可以看到报时偶像在这里出现。右侧,图上略去了一部分墙壁以示室内的机械和贮水槽等。全部机械设备的尺寸可以从内部的装备推测出来,全高当在30至40英尺之间[⑦]。

苏颂书上的总布置图如图651,但对于它的解释最好还是参照现代的图(图652a)为佳[⑧]。前者是从南面或正面来看这个结构的,后者则是从东南方向来看它的[⑨]。大驱动轮

---

① 卷上,专讲浑仪及其部件;大部分已由马伯乐[Maspero (4),pp. 306ff]译出。卷中较短,只讨论浑象。卷下的全部已译载在 Needham,Wang & Price(1)。

② 见《四库全书总目提要》卷一〇六的说明。

③ 从那时起,已重印过两次了。

④ 《四库全书总目提要》卷一〇六,由作者译成英文。

⑤ 《宋史》卷二〇六,第十页。

⑥ 苏颂自己的水运仪象图,已转载于本书第三卷,图 162;另见 Needham,Wang & Price(1),fig. 5 和 Needham (38),fig. 6。感谢艺术家约翰·克里斯琴森(John Christiensen)的复制图。

⑦ 在某种特定的文化领域内,思想往往显示出特别的一脉相承的韧性。当康有为在 1885 年写他的《大同书》初稿时就提出(乙部,第四章,第 87 页起,Thompson tr. p. 103),凡都市的主要街道,都应建"时表塔楼"。这些塔楼要有精致的钟和有着日、月、地球和行星模型的太阳系仪,向人们用图表示时间和日、月蚀等现象,使人逐渐摆脱古老而不便的阴历。在康有为草拟其方案时,苏颂彷佛就在他的身旁,现在北京有了人们可以常去的天文馆和天文博物馆,可以想像他们两位(如果有知)将该是怎样地为之高兴阿!

⑧ 康布里奇[Combridge (1)]根据对原著的进一步研究,按比例近似地绘制了工程图。图 652b 是复制件。

⑨ 苏颂,也如同中国中古时期的一般工程师一样,均用六合来描述机件的方位,如上方件叫做"天",下方件则叫做"地"。在别处[Needham (38),fig. 9, 10]作者复制了王振铎(7)的两幅精确比例的图。1958 年他在北京建造了钟塔模型。两幅图中的一幅是从东南方向看的等角投影图,另一幅是从正东方向看的剖面图。前者的方向相当于我们的图 650 和图 652a。模型照片复制在 Anon. (19),图 29;Li Jen-I (1)和 Combridge (3)。

449

图 650　苏颂及其同僚于 1090 年在宋朝首都河南开封建造的天文钟塔的复原图。钟机由水轮驱动,完全封闭在塔内,同时驱动塔顶上的浑仪以及上层室内的浑象。它的报时功能是利用装在计时轴上的八面轮盘上,并出现在塔的正面五层木阁窗口里的许多木人的动作来实现的。可以目睹,也可以耳听。在高约 40 英尺的钟塔里面,驱动轮装备着特殊形式的擒纵机构,并以人力将水周期地泵回水箱里。报时机构必然还装有转换齿轮装置,所以能发出"不均匀的"和"均匀的"时间信号。浑仪大概也有类似的转换机构(见 p. 456)。苏颂关于时钟的书《新仪象法要》是时钟工程的经典著作。图是约翰·克里斯琴森(John Christiansen)所绘。楼梯实际是在塔内,如王振铎(7)的模型中那样。

　　观测用天文仪器的机械驱动(时钟驱动)的历史意义已在本书第三卷 pp. 359ff. 讨论过了。参见本册 p. 492。

451

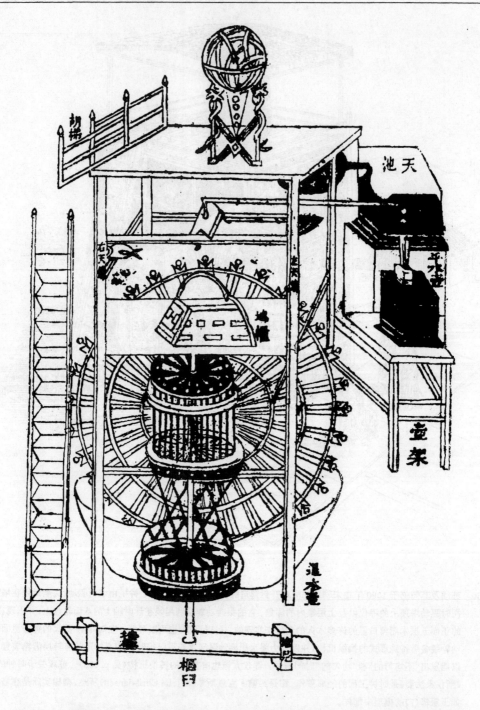

图 651　钟楼全图(《新仪象法要》卷下第四页)右侧,上储水箱("天池"),其下有一固定水位的水箱
　　　　("平水壶")。中部,前面是"地平"仪柜("地柜"),柜里装着浑象;下部,计时轴和机轮,全部支
　　　　撑在臼形底轴承("枢臼")里。后面,主驱动轮及其轮辐和水斗,上方为左右锁("天锁"),上杆
　　　　杆和上连杆均在更上方,但所绘欠准确。

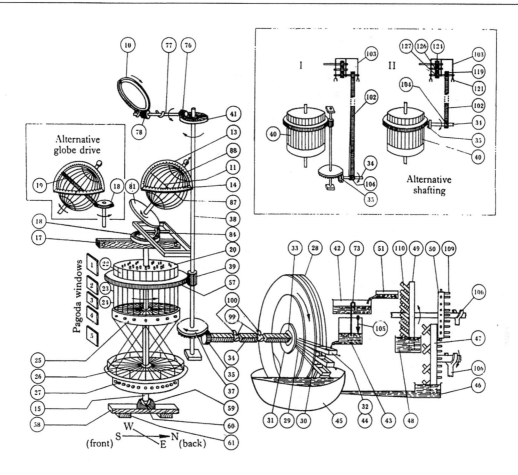

图 652a 苏颂的"水运仪象台"(1090 年);重新绘制的水力驱动和传动装置的详图[Needham，Wang & Price (1)]。
10，浑仪的周日运动齿环（"天运环"）；11，天球仪（"浑象"）；13，浑仪的双环子午仪（"天经双轨"）；14，浑象的
单环地平圈（"地浑单环"）；15，计时轴（"机轮轴"）；17，上支撑梁（"天枢"）；18，天齿轮（"天轮"）——计时轴
上 1 号轮；19，浑象赤道环齿轮（"赤道牙"）；20，白天鸣钟击鼓报告时辰之轮（"昼时钟鼓轮"）——计时轴上 2
号轮；22，鸣钟击鼓报刻（"时刻钟鼓轮"）——计时轴上 3 号轮；23，带偶像的报告时辰初和时辰中的齿轮
（"时初正司辰轮"）——计时轴上 4 号轮；24，带偶像的报刻轮（"报刻司辰轮"）——计时轴上 5 号轮；25，夜
刻漏（指示杆）击锣报更轮（"夜漏金钲轮"）——计时轴上 6 号轮；26，夜刻漏（指示杆）报告夜间更筹的偶像
轮（"夜漏更筹司辰轮"）——计时轴上 7 号轮；27，夜刻漏指示杆轮（"夜漏箭轮"）——计时轴上 8 号轮；28，
主驱动轮（"枢轮"）；29，轮辐（"辐"）；30，水斗架（"洪"）；31，加强箍环（"辋"）；32，水斗（"壶"）；33，轮毂
（"毂"）；34，铁驱动轴（"铁枢轴"）；35，下部小齿轮（"地毂"）；37，下部齿轮（"地轮"）；38，立式传动轴（"天柱"）；
39，中轮（"中轮"），40，计时轮（"机轮"）；41，上轮（"上轮"）；42，上储水箱（"天池"）；43，固定水位水箱（"平水
壶"）；44，受水斗（"受水壶"）；45，排水池（"退水壶"）；46，下部提水箱（"升水下壶"）；47，下舁水轮（"升水下
轮"）；48，中提水箱（"升水上壶"）；49，上舁水轮（"升水上轮"）；50，人力操作轮（"河车"）；51，上水槽（"天
河"）；57，计时齿轮（"拨牙机轮"）；58，下支承梁（"地极"）；59，铁臼形轴端支承座（"铁枢臼"）；60，轴伸入轴
承的尖端帽（"篡"）；61，木基座（"木架"）；73，虹吸管（"渴乌"）；76，驱动浑仪的后小齿轮（"后天毂"）；77，驱
动浑仪的副轴（"天毂"）；78，驱动浑仪的前小齿轮（"前天毂"）；81，浑象驱动轮（"浑象天运轮"）；84，浑象惰
轴及小齿轮（"天轴"）；87，赤道南北的星座（"中外官星"）；88，极区（"紫微垣"）；99，轴颈轴承（"圆项"）；100，
面朝上的月牙形铁轴承（"铁仰月"）；102，链传动（"天梯"）；103，天梯齿轮箱（"天托"）；104，下链轮（"下
毂"）；105，水位指示器（"准水箭"，可能有调节水位不变的功能）；106，三杈支柱轴承（"杈手柱"）；109，手柄；
110，水斗；119，链传动的上链轮（"上毂"）；121，齿轮箱里的双叉；124，齿轮箱上部小齿轮（"上天毂"）；126，齿
轮箱中部小齿轮（"中天毂"）；127，齿轮箱下部小齿轮（"下天毂"）。

　　这里和有关正文内漏掉的参考数字和汉字以及更多的解释，可见 Needham，Wang & Price(1)。

453

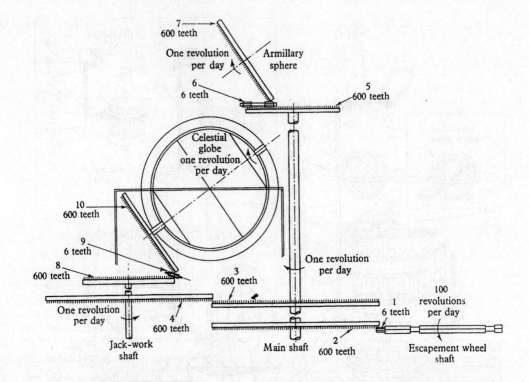

图 652 b　苏颂钟塔传动机械示意图[Combridge (1)]。1,下部小齿轮("地毂");2,下齿轮("地轮");3,中齿
轮("中轮");4,计时齿轮("拨牙机轮");5,上轮("上轮");6,浑仪驱动小齿轮("前后天毂");7,周
日运动齿环("天运环");8,浑象齿轮("天轮");9,浑象惰轴和小齿轮("天轴");10,浑象驱动齿轮
("浑象天运轮")。

　　进一步的研究[Combridge(2)]提出:600 齿的齿轮和 6 齿的齿轮当是初步试验设计的特征。
苏颂的实际钟塔肯定会在两轴之顶端有日星转换齿轮组;下方定有表示"不均匀"时刻的齿轮组
(见本册 p.456)。

("枢轮"),直径为 11 英尺(图 653),其圆周上装有 36 个水斗("受水壶"),水从固定水位的
水箱("平水壶")以一定的均匀速度依次注入每个水斗里[1]。铁的主驱动轴("铁枢轴")以它
的圆桶形的脖颈("圆项")支撑在月牙形的铁制轴承("铁仰月")上,其终端是一个齿轮("地
毂"),它跟另外一个竖立的主传动轴("天柱")下端的一个齿轮啮合。这个轴(图 654)驱动着
两组部件。其一为经由一个适当安装着的齿轮以驱动计时齿轮("拨牙机轮"),计时齿轮转动
计时轴("机轮轴")上的全部报时偶像盘。此项组合(在图 651 的正面可以看到)由8重水平轮
盘组成,其中7个外周装有木偶("司辰")。由于这些轮径都约为6至8英尺,其总重量当极可
观,所以轴的底部装有一尖帽("篡")并支撑在一个铁臼形端轴承("铁枢臼")里[2]。司辰轮的

————————————

① 轮上的全部水斗,每刻旋转一周,各充水一次,一个时辰(两个小时)里约耗水一吨半水。
② 机械设计的型式,往往发生明显地巧合。试看斯特拉特福(Stratford)的水磨草图[见 Stower (1),p. 210],是 18
世纪谷物水磨的典型,就会吃惊地发现每个设计的细节似乎都是苏颂设计的重复——立驱动轮,正交轴齿轮系和两个立
式传动轴:一个驱动吊车,另一个驱动磨石,但此两者并无关连。另一巧合是在 15 或 16 世纪在萨默塞特(Somerset)之邓
斯特(Dunster)处的鸽楼。它有重约 $\frac{1}{4}$ 吨的平台和梯子,装在约 16 英尺高的灰柱上,在一无润滑之轴承上迴转,木柱底端
有一铁锥,压在地板梁上约 1 英寸直径的铁销上。同苏颂钟塔的概念密切相关的是风车的立轴,这已由韦尔斯[Wlailes
(6)]讨论过了。

454

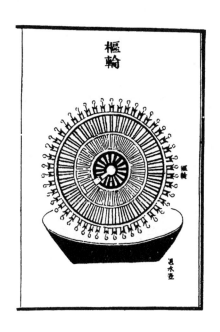

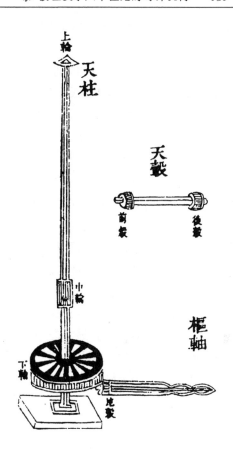

图 653　驱动轮("枢轮")和排水池("退水壶")图。采自《新仪象法要》卷下，第十五页。

图 654　主驱动轴("枢轴")和立传动轴("天柱")间正交轴齿轮系图。采自《新仪象法要》卷下，第十六页。从上到下的小字为插图说明。

作用有多种[1]，其偶像在木阁门口以不同颜色之服装出现。或贴有标明时辰的字卡，或鸣钟、鸣锣或击鼓以报时[2]。图 655 所示为苏颂的司辰轮之一。计时轴的任务不仅是驱动司辰轮，因为，计时轴的顶端，经过一个斜齿轮[3] 和一个中间小惰齿轮，与浑象的极轴上的一齿轮 456 相啮合（图 652）。这些齿轮的角度自然要同开封的纬度相适应。该书中还有若干时钟的改进纪录，可能始自 11 世纪末。其中有浑象的另一驱动方法、即顶端齿轮（"天轮"）驱动

---

① 例如在每刻，每个时辰的开始和中间以及不均匀之夜更等，均可报时。全部细节见 Needham, Wang & Price (1)。

② 这种司辰轮似可上溯至中国的 7 世纪（见本册 p.469），并一直流传了若干世纪，由现存的若干中古及文艺复兴时代的时钟可以看出。一具伊萨克·哈布雷赫特 (Isaac Habrecht) 制作的这种时钟图绘，见 Needham, Wang & Price (1), fig. 27. 关于哈布雷赫特家族详见 Bassermann-Jordan (1), pp. 89ff. 99. ff. 翁格雷尔 [Ungerer (1)] 曾提到欧洲有 15 具重要的纪念性时钟，都有一个或几个旋转偶像盘（7 个在德国，2 个在法国，英格兰、荷兰、瑞典、捷克斯洛伐克和意大利各 1 个）。

③ 这不是现代意义的伞齿轮，但也无法作更确切地描述，苏颂也不曾详述。根据伍德伯里 [Wood buiry (2)] 所述，伞齿轮首先创始于列奥纳多，流行于 16 世纪的工程师（贝松、拉梅利等）。但 1364 年的迪唐迪时钟中曾使用一小斜切齿轮。

浑象上的赤道齿环（"赤道牙"）（图 652a）[1]。可能是原来的设计中的齿轮组难于维护的缘故[2]。

现在再回到立式传动轴和它驱动的第二个部分。它的最上端为驱动浑仪提供动力，包括正交轴和斜交齿轮[3]。以一根短惰轴连接着。倾斜啮合是同一个叫做周日运动齿环（"天运环"）啮合的，此仪是环绕浑仪的中间层装配而成，不在赤道部位而是在接近南极与赤道平行的位置[4]。上述情况，原来设计也证明未能令人满意，并随着时间的推移，随时都做了改进。我们知道立式主传动轴是木制的，约长 20 英尺。它一定在不久之后就显出了机械性能的不稳定，在后期改进型中（大概在 1100 年），先是改短，终于完全废弃不用。此项设计如图 652a 中的插图所示。在第一次改进中，立式主传动轴除转动主计时齿轮外，别无他用。在第二次改进中，则以地轮（"地毂"）将主驱动轴直接同计时齿轮连结起来，因而不再需要其他传动轴了。在上述两种情形下，都是利用一条循环链（"天梯"）带动一个齿轮箱里的三个小齿轮（"毂"），将动力传到平台上面的浑仪（见图 410）。在最后的设计里，又缩短了循环链传动的距离从而更为有效。这项时钟的特色或许应该看成是当时（11 世纪）最杰出的。在公元前 3 世纪，拜占庭的菲隆曾在他所造的连弩中[5] 使用某种循环链，但没有曾经制造成功的证据，而且那个循环链肯定不是连续传送动力的。与苏颂的链传动最近似的，可以在中国文化发达地区被广泛采用的翻车[6] 上找到。这种装置的起源，我们已上溯到至少公元 2 世纪或许要到 1 世纪。当然它也是用于输送物料，而不是把动力从一个轴上传输

---

① 苏颂关于这两种球仪驱动形式的原图复制在 Needham, Wang & Price (1)，figs, 21, 28 和 Needham (38)，figs. 14, 15。

② 康布里奇提出了另外一种解释，似乎更合理。他认为：在某些钟塔里，赤道驱动实际上是在极轴驱动之外附加的，后者系驱动太阳模型绕浑象运行，而前者则为行星之运行。转换是靠适当的齿轮组来完成。《新仪象法要》（卷中，第二页）上说赤道齿环为 478 齿，就更有力地支持了这种意见。478 齿可能是 487 齿之误，因为 $487 \times \frac{3}{4} = 365 \frac{1}{4}$，是给出一个周年日数的最小整数[参见 Needham, Wang & Price (1)，p.36]。因此，推测必有转换齿轮组存在。同一数字（均为倒置）在苏颂书里出现多次，而且不论在哪里出现，总是在显示出恒星运动和时钟的太阳运动的同时存在。因为同一齿数在浑仪驱动的一处叙述里再次出现（《新仪象法要》卷上，第十七页），故可能浑仪亦有恒星驱动系连接到它的中间结构上。这方面的研究仍在进行中[参见 Combridge (2)]。

康布里奇还研究了计时轴上的转换机构，能将日时转换为星时的问题。上方五层具有司辰机构的轮子，当为指示均匀时辰和刻的。而第六和第七轮则报告日出、日没和不匀等的夜更等。他相信第八轮并不固定在计时轴上，而是以一定的年速在轴上自由旋转并由适当的转换齿轮驱动之，包括它本身的有 487 齿的齿轮[参见 Needham, Wang & Price (1)，p. 34]，第七轮有 586 齿，另有一个横轴，装有 10 齿的和 12 齿的小齿轮予以连接。其偶像和拨牙是装在一个径向臂上，这些径向的臂支于一点如扇页然，并由一圆形铁笼穿过第六、七两轮并沿着它们的正午到子夜的直径自由滑动来进行自动控制。在一年中任一季节里铁笼在导引槽里的位置由第八轮上面的水平偏心凸轮来决定。而凸轮上则有 61 双适当长度的"刻漏浮标杆"[参见 Needham, Wang & Price (1)，p. 39]。这样铁笼就以一年为周期缓缓地移进移出，并自动调正太阳出没的信号。这样一种装置在原著里并未叙述出来，这里只是推论，但此项假定可以澄清一些过去的疑点[参见 Combridge (2)]。

③ 在关于天文学的第二十章（本书第三卷，p. 352）里曾提到这个时期的浑仪有 3 层环。外环是六合仪，有子午线、地平线和赤道线；中间环是三辰仪，有二至圈、赤道和黄道；内环是四游仪，是装在两极上的斜环，上面装有望筒。

④ 重绘此图时，有意地将惰轴长度夸大了，立式主传动轴系在浑仪下方的中间柱内伸出。

⑤ 见 Beck (3) 和 Schramm (1)。详见本书第五卷军事技术章。

⑥ 见本册 p. 399。

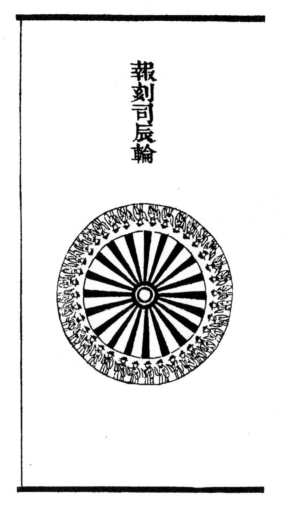

图 655　报刻司辰轮。采自《新仪象法要》卷下，第十二页，
共有 96 个偶像。图中只有 36 个。

到另一个轴上。因此，真正环链驱动的创始者，应归功于苏颂和他的助手们[①]。由于这一特点的重要性，特节录苏颂自己的一段话加以叙述如下[②]：

链传动（字面上是天梯）为 19.5 英尺长，其方法如下：带有链节的铁链联接成链环，悬挂在隐装于鳌云（正支撑浑仪的圆柱）之中的上链轮上，并通过主动轴上的下链轮。每当移动一个链节，周日运动齿环将移动一齿（"括"），使三辰仪旋转，随天运动。

〈天梯长一丈九尺五寸，其法以铁括联周匝，上以鳌云中天梯上毂挂之，下贯枢轴中天梯下毂。每　458
运一括，则动天运环一距，以转三辰仪，随天运动。〉

这里再简述其水力部分。存储在上储水箱（"天池"）里的水经虹吸管（"渴乌"）注入固定

---

① 参见第二十七章（b）（本册 p. 109）中的讨论。也许苏颂和韩公廉不是首先使用链条传动于天文钟的。如我们不久将看到的那样（p. 471），可能要上溯到他们的先辈之一，大约 978 年的张思训。

② 《新仪象法要》卷下，第二十六页；由作者译成英文。

水位的水箱（"平水壶"）①（图651），然后流到主动轮上的水斗里，每个水斗的容量为0.2立方英尺②。当每个水斗依次下降时，水斗里的水就陆续注入排水池（"退水壶"）里。显然，该时钟所设的位置，是得不到连续不断的供水水源的。唯一的办法是利用人力操作戽水轮（"升水轮"），将水分两级③提升到上储水箱里。戽水轮的轴承（图656）支持在叉形木柱（"权手柱"）上。

图656　上下戽水轮，储水箱和操作手柄（《新仪象法要》卷下，第十九页）。

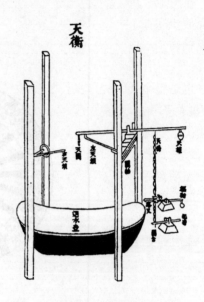

图657　天衡图——苏颂时钟的擒纵机构（《新仪象法要》卷下，第十八页）。小字标题由左至右，上行：右天锁；天关（上链）；左天锁；关轴；天条（长链条）；天权（上平衡配重）。下行：退水壶；格叉（下平衡杆的阻止叉，枢衡）；关舌（耦合舌）；枢权（主或下平衡配重）。

现在就来研究巴塞尔曼-约尔丹所谓的一切计时器的灵魂，即擒纵机构。苏颂的制图人
459　所绘制的也就只有所看到的图657，好在原书描述十分详尽清晰，因而有把握将图658复原

---

① 关于这个，见本书第三卷（pp.316ff.及以下）天文学那一章里有关中国刻漏史的研究。苏颂关于这些水箱的图见Needham, Wang & Price (1), fig.17。按苏颂的一般观点，透过缺口也可见到它们，见本书第三卷，图162。另见Needham, Wang & Price (1), fig.5; Needham (38), fig.6。

② 约相当于12磅水或一加仑稍多一点。

③ 大概工部每天要派人干这个活，因为水箱的储水量只够工作两小时的。

出来①。这个整体机构叫做"天衡"，作用是靠每个水斗都依次作用于两只秤杆或桥秤上。一个叫下秤杆（"枢衡"），利用一控制叉（"格叉"）阻止每个水斗在未充满水之前就下落②。于是基本原理至此已很明显：把恒定流率的水流，通过装在主动轮上的水斗做精确和自动的称量这样一种重复的程序，分割成相等的部分，以此订定出时间单位来。每次称量操作完成之后，轮子就被释放，由于在第四象限内已被充满水的各水斗（如图 651 所示）在轮上"3 点钟"和"6 点钟"之间）的合成重量的作用之下，能够使主动轮前进一格。释放步骤如下：当水的重量超过下秤杆之配重时，触动控制叉，而水斗在自由下落中绕其枢轴转动，并以它的突出针尖触动第二双杠杆"偶合舌"（"关舌"），此偶合舌以链条（"天条"）同上方另一个秤杆（"天衡"）连结，构成一个平行的联动杆系（"铁鹤膝"）③。上秤杆也是整个擒纵机构的名称）的右手端有一配重，在它的支点处有横轴，在轴颈轴承盖（"驼峰"，在两"铁颊"之间）里转动。当擒纵机构在静止时，它的左臂是较重的一端，其终端位于主动轮之上方。就是这一端装有"上链"（"天关"），这是一小段链条与右天锁 461 相联。当关舌被下落之水斗的突然冲击压下后关舌就把长链条和上秤杆的右端拉下，从而把左端扬起。在短链被拉直之瞬间，即将右天锁从它对顶着的轮辐上拉出。此关因而暂时开放，让轮辐通过天锁，直到下一个空水斗来到水柱喷射之下而次一轮轮辐逼进的时候，右天锁再次落下，左天锁也落回原位，抵在新轮辐之背后以防止反冲。这样，上秤杆的作用就极为重要，有如能量储存器，能够迅速把右天锁从重负荷的轮辐那

---

① 1961 年，邮政总局工程处（Engineering Department of the General Post Office）的康布里奇建造了一套擒纵机构的完美模型。以细砂作为产生动力的流体，其计时准确度达到每小时误差在正负 10 秒到 20 秒之内；并在同年 7 月间向牛津伍斯特学院（Worcester College，Oxford）的科学史学术讨论会（History of Science Colloquium）作了表演[Anon. (61)；参见本册图 659]。在模型建造期间，正如李约瑟、王和普赖斯[Needham，Wang & Price (1)，p. 58]曾经预料到的，发现有些特点是必须具备的，单从研究原著是领会不到的，而现在则知其并无相远之处。此后又增制了若干模型，从实验中获得了宝贵的结论，现已出版[Combridge (1)]。(a) 每个水斗（以圆筒形者较好）必须每个都装有配重，并能在横轴上自由摆动，横轴系装在主动轮的圆周上，其摆动被"逆止器"限制在一定范围内；(b) 下秤杆的控制叉与关舌间距离必须很小。后者经上秤杆作用于释放装置；(c) 上秤杆的左端一定要用一段短链条与右天锁之自由端连结[参见 Needham，Wang & Price (1)，pp. 33，57 ff.；在图 657 中，可以看到悬垂的链条]；(d) 两个天锁必须抵到轮辐的突出端部。两个天锁的作用，过去不明确，现在就十分明确了。在伯斯塔尔教授最初试制的模型中，把主动轮下部逼进水池子里，想藉以产生阻尼作用，但细砂驱动的模型则证明这是不必要的。在原著内也没有这方面的确切说明。从整个钟塔的已知尺寸来看，似乎没有此项措施。此种中国水轮联动式擒纵机构时钟在计时性能上是优于还是次于最早西方的立轴和摆杆式时钟，则是个很有趣的问题，也是不难找到答案的。沃德[Ward (2)]在一篇论文里，以半对数值座标，绘制出计时误差曲线，指出每日所差秒数由 1350 年的 1000 秒左右到 1962 年的 0.00001 秒。自康布里奇模型的性能判断，早在 1080 年间，其每日误差已在 100 秒以内。而沃德的曲线则显示，西方在 16 世纪发明了交叉节拍式擒纵机构之后才达到。

最近，按照与康布里奇模型不同的原理，另外复原了一套擒纵机构，并已由伯斯塔尔、兰斯代尔和埃里奥特[Burstall，Lansdale & Elliott (1)]发表。他们认为图 657 里的龙头，并非喷水口的装饰品（参见本书第三卷，pp. 320 ff.），而是另一轴上的切断凸轮，它的作用是使关舌与上秤杆短暂分离，在此项机巧的系统中，水斗固定在主动轮上，当擒纵机构一经起动之后，水立即流出水斗，我们不知道主动轮上的转矩是否足以转动此中国中古时期笨重的钟塔机械。

② 或者说是几乎充满，这一点很重要，因为虽然计时的主要部分与水流保持均匀恒定不变有关，就同从一个刻漏里流出的那样；但调整此秤杆上的配重，也可以使水斗在未充满水之前就下降，因此，可以利用机械方式，在某种限度内进行调整。

③ 这个技术名称来源于一种兵器——由军用连枷（铁链夹棒）演变而来，在图 374，曾列出了农用连枷（引自 1313 年的《农书》卷十四，第二八六页）和军用连枷，它是用链子把一块铁块连缀到手柄上构成的（根据 1044 年的《武经总要》卷十三，第十四页）。由于后者早在 3 世纪就叫做"铁鹤膝"，因而后代的人们就把这个名称借用于所有用链子连结的棒、杆工具了。详见 Needham，Wang & Price (1)，p. 56。

460

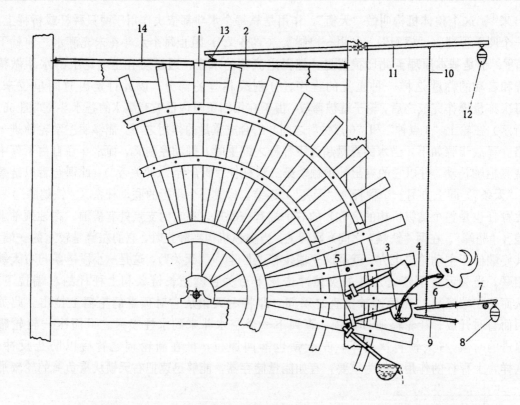

图 658 擒纵机构图[Combridge (1)]。(1),被挡住的轮辐;(2),左上锁("左天锁")(在本图中视为右方);
(3),水斗("受水壶"),正在由(4)向它注水;(4),由固定水位的水箱射来的水流;(5),小配重;(6),
控制叉("格叉"),由水斗上凸出的铁销子触脱,并形成(7)的近端;(7),下秤杆("枢衡")带有;(8),
下配重("枢权");(9),耦合舌("关舌")通过(10)长链条("天条")与(11)上秤杆("天衡")的远端相
连接,在它的远端装有(12)上部配重("天权"),在近端通过(13)短链条("天关")与下方之上锁(2)
相连;(14)右上锁("右天锁")在这里看成是左边。

　　水流正从龙口处喷射出来(参见图 657 和本册 p.504)。在每个 24 秒间隔的开始,主动轮的轮辐
(1)由于受右锁(2)的抵制而停止转动。当水(4)从固定水位水箱进入水斗(3)时,先要胜过水斗柄上
的配重(5),然后以水的余重压在下秤杆(7)左端的控制叉(6)上。当此超重又胜过配重(8)时,秤杆
(7)的左端迅速被压下,水斗支架就围绕其枢轴转动而迅速撞向关舌(9),使(9)突然下降。长链条
(10)从控制叉(6)的两叉之间自由通过,并被急剧拉下,再加上配重(12)的力量,上秤杆(11)之右端
被拉低,但在正常情况下,配重(12)是不足以实现这个动作的。在各杆移动时,满水的水斗的冲力瞬
间得到积累,然后上杆的短链(13)被拉紧并把右上锁(2)从轮辐的通路中突然拉开。此时,在右下象
限内满水的水斗的总重力的驱动下,主动轮得顺时针方向前进一格;而同时上秤杆的左端和右侧天
锁则由于自身的重量而又下落,因而挡住了下一个轮辐的通过;同时左侧天锁(14)既然在轮辐通过
时已被顶起,现在则又落回原位,以防止主动轮停止时所发生的任何反冲。随着联动机构的归复原
位,杠杆(6,7)和(9)又恢复到它们的原来的位置,以备下一循环中再被触动。所有上述之"滴答"过
程,实际上都是在一瞬之间完成的。

　　研究工作的进展和"关"字的合混,促使康布里奇[Combridge (2)]提出技术名词的改进:"关舌"
在这里叫"耦合舌","天关"改成"上链"。

里突然脱开①。如此周而复始,循环不已。

　　中国是将每日分为 12 个相等的时辰,共为 100 刻,所以每个时辰中含有 $8\frac{1}{3}$ 刻而不是

---

　　① 在右下象限水斗里全部可供产生转矩的水重约达 100 磅。整个钟塔的机械重约 20 吨,由此总重可以约略算出
它的总阻力,所以精密的动力调节和良好的润滑系统是需要的。

8 刻。刻又按 60 进位制分成"分"①。所以每个时辰里恰好有 20 个额外的分。每一个刻相当于现代时刻的 14 分 24 秒②。要使司辰机构按时辰和刻两套系列都能正确报出时辰和刻,则此机械的设计,必须将日夜分成 24 和 100 的两种等分,这两者的最小公倍数为 600。这就说明了为什么 3 个主齿轮恰巧都是这个齿数。单位周期因此是 2 分 24 秒,即一天的 $\frac{1}{600}$。恰如文献所说,主动轮每转动一次,相当于计时轮转动 6 齿③。最初曾以为每刻主动轮释放一次,可是很明显,两次连续释放之间的间隔不应超过其单位周期。更深入之研究才发现,④ 原书中"动"(movement)在这里的含意必定不是释放一步或一个"滴答"而是驱动轮旋转一周,即 36 次释放或滴答声而每一滴答为 24 秒。如此则计时齿轮每走过一齿,有 6 次释放,每刻有 36 次,每个时辰有 300 次,每天共 3600 次⑤。

462

由这一整套设计使人联想到 17 世纪后期习用的锚状擒纵机构,因为它的主动轮同时也是摆轮,掣子则交替着伸进轮周上间距等于或小于 90° 的两点上,而不是如冕状轮成 180° 之位置⑥。虽然使用链条和联动机构来解决问题颇有中古时期的笨重色彩,但其操作却是极其巧妙而精确,远远超出同时代欧洲发明能力之上。在中国人的水轮联动装置里,擒纵动作并非利用机械摇摆方式来达到,而是利用持续稳流的水充满一定大小的容器⑦,周期地发生作用的重力。此项擒纵机构,在未发现苏颂的著作前,技术史学家们是始终不知道的。它令人特别感兴趣的地方在于:它在液流测时和机械摆动测时之间,构成了一个中间环节或者叫"缺少了的"环节。这样使中国从古代刻漏,经过水车技术同机械时钟在发展道路上连结起来了。

苏颂的书中有一处谈到司辰轮之一,当它转动时"截"击一铃("金钲")来打更⑧,此种使木人发出声音的动作必然包括简单的弹簧设施,大概是竹制的。以后在下一个世纪里,薛季宣曾谓:

> 现代计时器("晷漏")有 4 种,即刻漏("铜壶"),(点燃着的香篆)香篆,日晷("圭表")和回转卡簧("辊弹")⑨。

① 可是仍有某些中国算法,把每刻定为 100 分;参见 Maspero(4),p. 211。

② 李约瑟、王铃和普赖斯(Needham,Wang & Price(1),p. 199)讨论了中国时制。

③ 《新仪象法要》卷下,第九页[Needham,Wang & Price (1),p. 36]。

④ Combridge (1)。

⑤ 因此,本书第三卷,p. 364 起须作修正。现在面对的运动应该是在平台上浑仪的中间环,于每一滴答声移动 0.1°,如此才能使它对旋转恒星座标系的天文计量更为准确。

⑥ 在循环中,"掣子"交替所占的时间极为短暂,仅发生在主动轮前进运动之际,大部分时间消耗在"掣子"插入后或水斗充水时用去的。但这是一般水力驱动之擒纵机构,以及以后一切擒纵机构所共有的特点,即运动时间远少于静止时间。如米歇尔[Michel(15)]所说:现代时钟,在每一秒内,轮子静止的时间占 $\frac{19}{20}$ 秒,所以,20 小时内,轮子只转一小时。时钟越精密,此比例还更小。所以机械时钟能经久运行而不磨损。苏颂的时钟从 1092 年直到 1126 年还在成功地运行着,并在迁移到北京后,至少又运行了几年。

⑦ 值得注意的是[Combridge (1)],主动轮转一周的时间,有 36 次滴答,实际上与水斗或配重的不规则性,或纯有效的旋转力矩等都是无关的,它几乎完全跟水流速度和秤杆上配重的调整有关。

⑧ "不等"的夜更数是 5 个,每更又分为 5"筹"。它们从日落以后 $12\frac{1}{2}$ 刻开始,日出前 $12\frac{1}{2}$ 刻结束。

⑨ 这段话是王应麟在他的科学百科全书《小学绀珠》里引用的。这部书约编于 1270 年,但直到 1299 年才刊印,卷一,第四十二页。薛季宣出生于 1125 或 1134 年,卒于 1173 年。在我们所能找到的薛季宣的著作里,未能确定上述引文的出处。

图版　二五六

图 659　中国水轮联动式擒纵机构的实验模型(用细沙驱动),为康布里奇于 1961 年所展示,
　　　　(Anon. 61)。右上方为储沙池。在主动轮上方为上秤杆和两个上锁,正抵在沙斗的支
　　　　轴上,可以明显看出来。右方,一个沙斗已将注满,即将抵于下秤杆的止权上;其正下
　　　　方为关舌触杆,以长链跟上秤杆相联,前者具有悬式配重,而后者则是骑跨式的配
　　　　重。具有尺寸的工作模型见 Combridge(1)。

最后的那个词似乎是罕见的。从苏颂本人的工程词汇里以及从有关中国中古时钟机构发展 463
的大部分其他著作里,都看不到这个词。这只能是指苏颂的报时机构上的木偶做它们每日
敲钟击鼓的弹簧①。苏颂的著作是有名的,因而当耶稣会士们来华时期,某些了解这项问题
的中国学者,都曾指出教士们的文艺复兴时期的时钟在中国并不是什么新东
西②。

至此,关于苏颂于1088年在开封皇宫中以木料建造的伟大天文钟塔水力机械时钟机构
的叙述,就告结束了。那时正是我们的《末日审判书》的时期和阿贝拉尔(Abelard)的青年时
期。两年以后,浑仪和浑象的金属部分,都完成了青铜铸造。编写解说文章当在1092年就已
经开始了,于1094年才进呈给皇帝。在文章的序言里,苏颂不仅详述时钟本身的原理,还列
举了以前各世纪曾经有过的同类机器,使这篇文章成为极详尽的史料。由此,以前不为人所
知的文献,得以公诸于世,成为有系统的中国时钟史的基础③。关于中国时钟史的梗概,下文
里将予以叙述,但首先让我们读一点苏颂的备忘录中的一段,因为它包含着很多重要的内
容。他写道④:

以前(即1086年诏令要求建造新时钟之后)当我正在物色助手时,遇到了韩公廉,
一位人事部的一般职员,他很熟悉《九章算术》⑤,常常利用几何学(直角三角形的方法)
去调查研究天体(运动的)的度数。经过思考,我也开始确信古人是使用《周髀(算经)》⑥
来研究天体的………

我于是对(韩公廉)讲了关于张衡、一行、梁令瓒的仪器和张思训的设计⑦。并询问
他是不是能够研究这项工作并准备做出类似的设计?韩公廉说如果依照数学规律和原
有的(剩下来的)机器作为基础("据算术,案器象"),那是能够做成功的。以后,他写了一 464
卷备忘录,题目是用几何学(直角三角形方法)验证浑仪时钟("九章勾股测验浑天书")。
而且还制成了一件该项机构并附有计时轮的木质模型("木样机轮")。经过对模型的研
究,我形成了这样的意见:虽然它还不能尽如古时的原理,但已经表现出非常精巧的思
路,特别是在利用水力驱动轮子方面,所以委托他去负责建造浑仪时钟是比较适当的。
我于是向皇帝陛下奏请先做一套(完整的)木质的预制模型呈献,然后委派一些官员对
之加以试验,如果计时(候天)是准确的,以后就可以用青铜铸造了。元祐二年八月十六
日(即1087年),奉诏准如臣之所请,并准予成立一个专门机构,派定官员,并预备一切
必要的原材料。

我于是推荐了原郑州原武县主簿、寿州州学教授王沇之负责监督制造并兼管材料

---

① 不要忘记计里鼓车是这些触脱机构的祖先之一(参见本册 pp.281ff.)。

② 参见本册 p.525。

③ 详见李约瑟、王铃和普赖斯的专题文章。

④ 《新仪象法要》卷上,第二页起,由作者译成英文。

⑤ 汉代最伟大的数学著作,完成于公元1世纪,但包括早至秦代(公元前3世纪)的材料。参见在数学各章中的讨
论,本书第三卷,pp.24,150。关于其中的最有趣的一项方法的研究,见 Wang & Needham (1)。

⑥ 最古老的中国数学著作,完成于公元前1世纪,但包括早至公元前4世纪甚至前6世纪的资料,参见本书第三
卷,数学和天文学各章,pp.19,199,256。译文见 Biot (4)。

⑦ 这几位的业绩,我们将在下面几页里作解释。

的收发工作;天文历法局的(南方地区)① 天文观察的主管周日严、同局的(西部地区)天文观察的主管于太古、(北方地区)的主管张仲宣和韩公廉则拟委以建设工程的监督。(我又进一步推荐)袁惟几、苗景和张端到管理单位作助手,监督("节级")刘仲景,加上学生候永和、于汤臣,测验日影、刻漏等等。(最后,我推荐)劳动管理室的工长尹清做此项工作的管理员。

　　元祐三年五月(1088 年),一个小型预制的模型完工了。在皇帝陛下的旨意下,进行了试验。后来木制、全尺寸的机器在闰十二月制成了。我(于是)请求皇帝陛下派一位宫廷官员到(天文与历法)局去解释(那些零部件给工人们听),他们准备将时钟移到进行展览的宫殿里去……② 十月份,我们曾呈请指示关于安装的事项,宫廷禁卫总监指定副官黄卿从(来处理这一切)。腊月初二再度请示关于安装时钟的确切的地点,皇帝陛下诏令装于宫里的集英殿。

　　〈臣昨访问得吏部守当官韩公廉,通九章算术,常以钩股法推考天度,臣切思古人言天,有周髀之术……

　　因说与张衡、一行、梁令瓒、张思训法式大纲,问其可以寻究依仿制造否?其人称,若据算术,案器象,亦可成就。既而撰到九章勾股测验浑天书一卷,并造到木样机轮一坐。臣观其器范,虽不尽如古人之说,然激水运轮,亦有巧思。若令造作,必有可取。遂具奏陈乞先创木样进呈,差官试验。如候天有准,即别造铜器。奉二年八月十六日诏,如臣所请。置局差官及专作材料等。遂奏差郑州原武县主簿充寿州州学教授王沇之充专监造作,兼司管句收支官物;太史局夏官正周日严,秋官正于太古,冬官正张仲宣等,与韩公廉同充制度官。局生袁惟几、苗景、张端,节级刘仲景,学生侯永和、于汤臣,测验晷景刻漏等。都作人员尹清部辖指画工作。

　　至三年五月先造成小样,有旨赴都堂呈验,自后造大木样,至十二月工毕,又奏乞差承受内臣一员赴局,预先指说前件仪法,准备内中进呈日宣问。十月入内,内侍省差到供奉官黄卿从。至闰十二月二日具剳子取禀安立去处,得旨置于集英殿。〉

由于整个过程的细节叙述得异常生动,这段关于中古时期任何文明中最伟大技术成就之一的组织工作的文章,确实值得赞赏。此外,还可从字里行间体会出某些重要之点。韩公廉是精于数学和机械的天才人物,但他却无用武之地,而是被苏颂在他主管的部门里的低级人员中发现的③。同中古时期制造工艺的一般概念相反,新天文钟不是用试凑法完成的,而是依据韩公廉所能运用的全部几何知识,事先在备忘录里完整规划出来的。这样当然令人易于明白,齿轮、链条传动和其他机件是怎样制造才好胜任连续而平稳驱动重达 10 到 20 吨的浑仪以及直径为 $4\frac{1}{2}$ 英尺的浑象的。还值得注意的是,先是制成小型木样,然后又做成正规大小的仪器来同 4 种刻漏④ 和星象仪参照校验;而且是在 4 年之后才将青铜部分铸造完成的。

　　苏颂在他的序言的最后一段里写道⑤:

　　这样,就我们已经看到的,(演示用的)浑仪("浑天仪"),青铜的观测用的浑仪("铜

465

<hr>

　　① 前面已经遇到过这样头衔的例子,尽管地方官员的实际中文述语体现春、夏、秋、冬这些词,而不专体现东南西北[参见 des Rotours (1),vol. 1,p. 213],但可以过过去地肯定,这些头衔与相应的天空区域有关[参见 de Saussure(16a,b)],各官员分别负责观察各该方面地区的正常或异常天象。

　　② 原文在此有一小空白。

　　③ 本书参见第三卷 pp. 152ff. 以及本册 p. 39 关于中古中国数学和天文学的社会环境的讨论。

　　④ 《新仪象法要》卷上,第五页。

　　⑤ 《新仪象法要》卷上,第五页。

候仪")和浑象("浑天象")①是彼此不相同的三件事物……(所以)如果我们仅仅使用一个名称,则它们(三个)仪器所有的奇妙功用,是无法在一个名称中体现出来的,而且既然我们所造的机器是综合了两项仪器,具有三种功能,它就应该具有更加一般化的名称如"浑天"[宇宙(引擎)]。臣等在伏候皇帝陛下玉旨,恩赐一适当名字给它。

〈又上论浑天仪、铜候仪、浑天象,三器不同,古人之说,亦有所未尽。……若但以一名命之,则不能尽其妙用也,今新制备二器而通三用,当总谓之浑天。恭俟圣鉴,以正其名也。〉

最后,苏颂签署了他的全部官衔,光禄大夫、守吏部尚书兼侍读、上护军、武功郡开国候等等。所谓两器当指机械的观测用浑仪和机械的浑象。所谓三用当指:用浑仪来进行(a)天文演示和(b)天象观测以及(c)不论天气② 如何都可从球上显示星座的位置以及其同附在球上的日、月、行星模型的相对关系,以为校验历法之用③。但是除了这些功能之外,还有利用精心安排的司辰机构发出可以见到或可以听到的报时讯号。因此,苏颂要求一个新名称是有重大的历史意义的。机械的天文仪器,正在濒临蜕变为一个纯计时器的边沿。无声的回响必然已经喊出:"一座时钟!"但是历史并未记载年青的皇帝对命名有什么好意见,其计时功能依然无名地延续下去,直到 500 年后,耶稣会士进入中国,带来他们的"自鸣钟",在统一的世界科学和技术名称无限扩展的年代里,获得此名为止。

(2) 北宋及其以前的时钟机构

466

机械时钟源于刻漏,现在已经讲清楚了。但其演进的过程,还有待于研究④。苏颂在跋文中写道⑤:

依照微臣的见解,过去各个朝代里的天文仪器都曾经有过多种系统和设计,彼此总是在一些次要的地方有所不同。但用水力推动机器的原理,则总是一致的。天体运转不息,而水流(与下降)也是不停的,这样,如果把水十分均匀地倒下去,那么(天体的和机器两者的)旋转运动的比较一定不会有差异和矛盾;因为不停是仿效不息的。

〈臣谨案历代天文之器,制范颇多,法亦小异;至于激水运机,其用则一。盖天者运行不息,水者注之不竭;以不竭逐不息之运,苟注挹均调,则参校旋转之势,无有差舛也。〉

这段话是对欧洲后来认为是宇宙公理的万有引力"定律"的很好赏识。苏颂接着对其时钟的先驱者作简略的叙述,先从公元 2 世纪张衡的机器始。作者的叙述,也将追随同一路径,以便利用其纲要中所依据的各原始文献。最方便的方法是一开始就逆序进行,即自 11 世纪始,追

---

① 上述三种仪器在中国发展的详情,见天文学一章中的讨论(本书第三卷,pp. 383, 343, 387),演示用浑仪是在中心装上一个地球模型,以代替观测用者在中心装的观测望筒。

② 这里有一个显而易见和磁罗盘相同的东西。有两项伟大的发明属于中国人,它使人在确定方向时不必依赖晴天。

③ 这方面的意义在天文学一章里(本书第三卷,p. 361)已有阐述,在本册(p. 487)里还要提到有关的程序。

④ 有时似乎见到一鳞半爪,却是通过镜子在黑暗中窥视的。一个世纪前,在宁波的一位耶稣会的医生玛高温[McGowan(4)]试图就中国市场情况向美国制钟者提供讯息,蒐集了也许是从《玉海》上找到的材料,翻译了出来,但是由于缺乏必要的根据,这些材料的说服力很小,然而它仍然在使用着[参见 Bedini(2)]。最近日本学者白鸟莌雄[Shiratori Kurakichi(4)]在研究中国—拜占庭关系时偶然发现钟机的历史资料,但他的技术知识不足以使他把遇到的资料正确地翻译过来。

⑤ 《新仪象法要》卷上,第三页。

溯远至 1 世纪,然后再由苏颂时期起沿着另一方向进行,并跟踪苏颂时钟的命运,叙述中国制钟工艺自 12 世纪起直到 16 世纪末耶稣会士来华止,所发生的重大事蹟。

　　首先要提出一个重要的机械问题。在苏颂时钟的描述中,并没有任何同盘面相似的东西。虽然带一个活动指针的固定盘面是随同 14 世纪首批欧洲机械时钟之发展而产生①,但旋转盘面早在希腊时期就已经使用了②。维特鲁威③约在公元前 30 年所描述的转盘水钟,就已经有一面青铜的盘,上有北半球各星座的平面投影,包括赤道和南回归线之间所能看到的星座。而南回归线就是盘的边缘。代表黄道的圆(黄道带)上有 365 个小孔,可以逐日把代表太阳的一个小销子插进小孔里。此盘系利用刻漏里的一个简单浮子使其转动。浮子系在一条绳子上,绳子的另一端系有配重,此绳又绕在水平轴上的鼓筒上,该水平轴的一端装着投影平面盘④。这种希腊式转盘水钟的盘,用一固定的铜丝网跟观察者隔开,有一根竖的铜线代表子午线,三条同心的铜丝圈代表赤道和南北两条回归线,回归线之间另有铜线表示黄道月份。通过所有的圆,有一个表示地平线的弧线,还有许多十字线把同心圆在地平线上下分别划分成 12 日间小时和 12 夜间小时。诺伊格鲍尔[Neugebauer(7)]和德拉克曼[Drachmann(6)]已证明这种装置是中古时期星盘的先驱。我们无须再从事这方面的讲述了,因为星盘在中国是从未见过或用过的。但是,在中国是否使用过任何类似的机械的平面天球盘呢?除了维特鲁威的叙述之外,还有来自罗马帝国时代的铜雕盘的片断残留下来⑤。但在中国还没有发现这类东西的痕迹,至少迄今为止,还没有此项发现⑥。可是有某些文字例证表明,简单的转盘时钟在中国并不是不知道的。例如,下面提到的一本书,编写的年代是 13 世纪,但它涉及到的却是 11 世纪早期就已经在使用的器具。

　　赵希鹄在他写的《洞天清录集》里,坚信古铜镜可以驱魔并有其他的一些效应,他写道:⑦

　　　范文正公(范仲淹)⑧家有古铜镜,其背面用球状的隆起物(有如棋子)代表十二个时辰⑨。当到了某一个时辰时(其中之一)就立即亮如满月⑩。整套设备旋转不止。还

---

① 这里又有了同中国方面的关联。磁罗盘不就是第一个用盘和磁针以读数的吗?它不是在 12 世纪末才首次为欧洲所知的吗?读者可再参见本书第二十六章(i)。

② 本册 p. 442 里已经提到了这个。

③ Vitruvius,ix,viii,8。

④ 迪尔斯[Diels(1),p.213]的复原图,转载于 Usher(1),p.97,2nd ed. p.145;参见 Price(1,4)。更好的复原图载于 Price(5)。

⑤ 以在萨尔茨堡发现并由本多夫、魏斯和雷姆(Benndorf,Weiss & Rehm)描述的为最著名;其时代约从公元 250 年起。另一个是由马克斯-韦尔利[Maxe-Werly (1)]报道的,来自孚日(Vosges)。参见 Kibifscher (1),pp.209ff.。在圣加伦(St. Gallen)的一个图书馆里,作者曾见到亚拉图(Aratus)稿本中关于转盘时钟第 9、第 10 世纪的画。参见 Maddison,Scott & Kent(1)。

⑥ 我们知道的唯一中国转盘时钟的图解(图 660),是邓玉函和王徵所著的《奇器图说》卷三(第五十三页)里的那个,这无疑乃抄自 1616 年威冉特乌斯的《新机器》一书,转盘时钟在 1627 年当作新事物加以解说,并不能作为更早以前还不曾知道它的证明。只能说是王徵和他的圈子里的人还不知道而已。参见本册 p.503。

⑦ 《说郛》卷十二,第二十九页,及《格知古微》卷五,第十一页均有引述,他约写于 1235 年。

⑧ 仁宗朝著名学者和重臣,曾在陕西延安做地方官,强烈反对佛教,传记见 Fischer (1)。

⑨ 参见本书第三卷,pp.304ff.;第四卷第一分册,p.327。

⑩ 这表示有某种灯透过盘孔放光。按时亮灯是许多阿拉伯自鸣水钟的特色[参见 Wiedemann & Hauser (4)],例如加扎里在 1206 年所描写的那些,也是按转盘时钟原理运转的。参见第七章 (h)(第一卷,pp.203ff.)中的图 33。那里提到一个大钟部分地保存在摩洛哥(Morocco)非斯城(Fez)的布安奈尼亚学院(madrasah of Bū 'Ināniya)里[见 Michel (9)]。将一连串灯相继点燃的方法可能来源于犹太人的灯节(Hanukah),一种迄今犹存的风习。

有另外一位学者家里另有一套装置,名叫"十二
时辰钟"。当时间经过时,它就自动响起("应时
自鸣"),这些古青铜器真是具有何等大的魔力
啊!

〈范文正公(范仲淹)家有古镜,背具十二时,如博棋
子,每至此时,则博棋中明如月,循环不休。又有士人,家
藏十二时钟,能应时自鸣,非古器之灵异乎!〉

显然,赵希鹄不是很了解机械;对于 1020 年所发生的
事,有的还有待于解释:第二段记载源自 10 世纪初,
并且涉及到早在 9 世纪初就已经使用的某种装置。陶
毅在他的《清异录》里写了另一面镜子①:

在唐代宫廷的宝库里,有一件周约 3 英尺的
黄盘,环绕圆盘四周有兽和别的物象。元和(公元
806—820 年)间,常被取出,按照一天时间的变
化,看它上面一些标志的变化。例如在辰(双)
时②,就有一条龙在装饰的花草间戏舞;但当盘子
转到巳(双)时③,一条蛇出现了;当午(双)时来④
到时,旋转着的盘子就出现一匹马⑤。所以它就叫
作"十二时盘"。这个器具(在朝代的末期)是流传
下来了,直到辽代的晚期(公元 907—923 年)还
保存在朱家⑥。

〈唐内库一盘,色正黄,围三尺,四周有物象,元和中
偶用,觉逐时物象变更。且如辰时,花草间皆戏龙。转巳则
为蛇,转午则成马矣。因号十二时盘,流传及朱梁犹在。〉

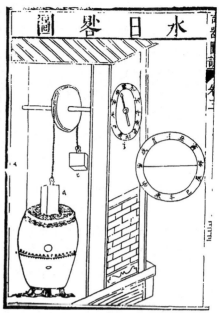

图 660　中国文献中惟一描绘希腊和阿拉伯文
化地区之转盘时钟图,载 1627 年邓玉
函和王徵所著《奇器图说》卷三,第五
十三页,此水日晷乃转录自 1616 年威
冉提乌斯所著《新机器》一书。此转盘
时钟的旋转和一切其他动作都靠浮子
的升降,浮子在刻漏中。更早期的盘面
也动,17 世纪才改成固定的。

可惜陶毅没有说明转动是否自动,但自动似乎是可能的。

另一更早期的记载,似乎是表明⑦ 计时报时机构的开始,偶像跟苏颂的一样,是在一个　469
水平的轮子上随轮环行。这是张鷟早在 8 世纪写的《朝野金载》里的一节,幸而在《太平广
记》⑧ 里保存了下来。

---

① 《清异录》卷二,第十八页。

② 上午 7—9 时。

③ 上午 9—11 时。

④ 上午 11 时到下午 1 时。

⑤ 这些龙、蛇、马是表示这三个连续的时辰的动物。

⑥ 由作者译成英文。该原著的简译见 Schlegel(5),p. 561 和 Chavannes(7),p. 65;因系简译,因而可能把与时钟有
关的部分丢掉了!

⑦ 在文字上要十分当心。当作者初读此文时,曾误以为是指某种指南车(参见本册 pp. 286ff.),困难在于没有上下
文可兹参照,因此,"车"是车呢还是某种有轮子的机器呢?辕当然是车辕了,"辰"可能是时辰的辰,但也可能是罗盘仪的
方位。如果是后者,则辰肯定应是 8 或 24,不应为 12,依此推断,认为所指系计时机构。

⑧ 《太平广记》卷二二六(第五条),第三页。由作者译成英文。参见 Edwards(1) vol. l,P. 77。

　　在如意年间(公元 692 年)，海州①呈献给武则天女皇②一位匠人，他制造了一双(为报)十二辰时的轮子(十二辰车)。当轮子转到正南位置时("迴辕正南")，午(南)门开启，一个马头偶像出现③，轮子(在时间流逝中)四方旋转，不发生丝毫的误差("四方迴转，不爽毫厘")。

　　〈则天如意中，海州进一匠，造十二辰车，迴转正南，则午门开，马头人出，四方迴转，不爽毫厘。〉
因为这项装置是在一行创造出第一个擒纵机构时钟之前数十年制造的(见本册 p. 473)，而所提到的动作都无须多大的动力来驱动，因而假定为沉降浮子机构是合乎情理的。在这不久前(约公元 500 年)，印度已经有了利用转盘时钟原理转动的天球仪，这是根据 15 世纪末叶帕拉梅斯瓦拉(Parameśvara)对于《圣使历数书》(Āryabhatiya)④ 所做的评注讲的。

　　但是沉降浮子的原理在中国文化领域里似乎从来都不占优势。这可能是因为从一开始，正如我们将看到的，就不只是要求转动平面天球盘，而且还要转动球形的天文仪器，而这些即使都是木制的，也都很笨重。因此动力的需要，就要藉助于水轮。实际上，在水磨初次出现后约一个世纪内，水轮就被用做天文仪器的动力了。我们要立即跟踪追究的是擒纵机构的首次出现。

　　苏颂之前在宋朝出现的最重要的时钟，是 10 世纪由张思训制造的。其中包括带水斗的主动轮提供动力的浑仪和浑象以及报时和击钟的偶像齿轮组。在有关描述中有 11 项技术名词同苏颂著作里的恰恰相同。张思训的时钟之所以特别有趣是由于在他的回路中使用水银470　而不是用水，从而可以保证在冬季的计时！但它毕竟是走在时代的前面了。正如苏颂所说⑤，在张死后不久，他的钟就发生了故障，竟没有人能够使它继续运行⑥。《宋史》有如下的记载⑦：

　　太平兴国初(976 年)，司天(天文)监的学生四川人张思训，发明了天文时钟("浑仪")并将设计上呈太宗皇帝，帝诏令皇家工场在宫里制造它。太平天国四年(公元 979 年)正月癸卯，天文时钟制成了。奉诏置于文明殿的东鼓楼下。

　　张思训的系统是这样的：他们先建了一个有三层房子的塔楼，(总的)高度在 10 英尺以上。在这塔楼当中，安装了他的全部设备，圆的(在上部的顶象征)天体，而(底层的方基础象征)地。在底层装有下轮("地轮")、下轴("地轴")和架构的基础("地足")。还有水平卧轮("横轮")，稳在旁边的(立)轮("侧轮")，还有斜轮("斜轮"，就是斜齿轮装

---

　　①　海州匠人是一位好人。他创造了平衡环和其他一些精巧的东西。

　　②　武后，名武曌(625—705 年)，她是中国的伊丽莎白一世，公元 684 年高宗死后，她取得统治权直至死去。参见 Fitzgerald(8)。

　　③　最初还以为是马头神(Hayagriva)[van Gulik(5)]，但它只是代表十二时辰午时的动物，并指向正南，如《小学绀珠》卷一(第二十三页)所述。

　　④　关于这个参考资料，作者要感谢经由普赖斯教授介绍的戴维·平格里(David Pingree)博士。这项仪器很可能是演示用的浑仪而非天球仪。参见 pp. 481,539。

　　⑤　《新仪象法要》卷上，第二页。

　　⑥　张思训是四川人。唐末和五代时期，在此富庶的西部地区，正有另一伟大发明在推广中，即雕版印刷术；柳玭讲，公元 883 年假日外出到成都郊外，常能浏览到印售的各种书刊[参见 Carfer(1),p. 60]。这些书大多数属于原始科学课题(如占梦、相宅、占星术、天文学和阴阳杂谈等)。当时该省似乎在技术方面也已经很有进展了。人们应该记得，四川早就是自流井盐田的原始工业区了。

　　⑦　《宋史》卷四十八，第三页起。《玉海》卷四，第二十九页起有同样记载，有几处记述更好。由作者译成英文。

置);有使它们就位的轴承("定身关")、一个中心偶合装置("中关")和一个小偶合装置
("小关")(即擒纵机构);使用一根主传动轴("天柱")。7 个偶像摇左面的铃,敲右面的
一口大钟,打中间的一面大鼓来明确地表明走过了的时刻。

　　每个昼夜(每 24 小时)机器旋转一整周,7 个亮点沿着黄道移动着它们的位置。另
有 12 个偶像在每个时辰到来时,一个接着一个地走出来,举着字牌,表示时间。昼夜的
长短则决定于(变换着的)刻的数目(流逝在白天或黑夜)。在机器的上层部分有顶头部
件("天顶")、上齿(轮或一些轮子)("天牙")、上部连接装置("天关",擒纵机构的另一部
分)、上部(反回弹)棘轮销("天指")、天(梯?)齿轮箱("天托")、上框架梁轴承("天束")
和上部连接链("天条")。还有(在一个天球上?)那 365 度,(显示)太阳、月亮和五个行星
的(运动);有(北极区)的紫微宫,有在行列中的二十八宿("宿")和大熊星座,连同赤道
黄道,那是表示寒暑的变化和消长是如何跟太阳精确的运动密切联系不可分的。

　　时钟的动力是水,是按照汉代的张衡,经过(唐代的)(公元 713—741 年)开元年间
的一行和梁令瓒传下来的方法。然而(时钟的)青铜和铁,时间一长就要生锈("铜铁渐
涩"),再也不能自动运转了。此外,当在冬季时,部分水结成冰,水的流量大减,机器失掉 471
了它的准确性,失去了在冷热之间应有的稳定性。因此,现在用水银代替了水,就再也不
会出现差错了。

　　太阳和月亮的影子也是高高地贴在高悬的(球体上),按照老办法,它们都靠人手
(每天)来驱动的,但现在已经成功地改成自动的了。这是十分令人惊奇的。(张)思训被
认为是唐代的制钟家,并被任命为特别负责浑仪(机器)的("司天浑仪丞")。

　　〈太平兴国中(一作初),司天监学生张思训(巴中人)自言能为浑仪,因献其式。上召尚方工官于禁
中,如式造之,四年(己卯岁)正月癸卯仪成(踰年而成)。机用精至,诏置文明殿(今之文德殿也)东南隅
漏室中。以思训为浑仪丞。

　　思训叙其制度云:浑仪者,法天象地数,有三层,有地轴,地轮,地足;亦有横轮、侧轮、斜轮、定关、
中关、小关、天柱。七直人,左撼铃,右扣钟,中击鼓,以定刻数。其七直一昼夜左旋,是日月木土火金水,
中有黄道天足十二神,报十二刻数,定昼夜长短。上有天顶、天牙、天关、天指、天托、天束、天条。布三百
六十五度,为日月五星,紫微宫及同天列宿并斗建,黄赤二道,太阳行度,定寒暑进退。

　　古之制作,运动以水,颇为疏略,寒暑无准。乃以水银代之,运动不差。旧制太阳昼行度皆以手运,
今所制取于自然。自东汉张衡始造,至开元中诏僧一行与梁令瓒造浑天仪,后铜铁渐涩,不能自转。〉

此文清楚地表明张思训的时钟同苏颂的极为相似,有相似的驱动装置和相似的擒纵机
构[①]。然而使用水银则是特别富于独创精神的,而且似乎肯定地有一组行星模型在自动运
转。虽然苏颂又将其改为手工操作(如转盘时钟之方式),而以后他的规范(参见本册 p.499)
也有利用齿轮驱动者,如同以后欧洲的太阳系仪和天象仪那样。其中特别值得注意的是这里
提到了齿轮箱,它似乎表明象苏颂一样在使用链条驱动[②]。果真如此的话,那么,张思训当领
先列奥纳多 500 多年。

　　从这里我们可以进而研究"唐代制钟人"。在 8 世纪就能造出优良擒纵机构时钟的那些

　　[①] 对于张思训时钟的另一种描述,来自一位目击者的笔下,载于袁褧的《枫窗小牍》(卷一,第一页),该书是 1202 年
以后印行的。译文见 Needham, Wang & Price (1),p.72。

　　[②] 然而,所采用的传动方式有可能是带驱动,因为苏颂说(《新仪象法要》卷一,第二页),在张思训死后"机绳断
坏"。或者机绳是一个单词,意指"机械绳",即链条。这还不能肯定。

人们,都是些谁呢? 其中的一位是一行和尚,他大概是当时最有学问和最有技术的天文学家和数学家;另一位是学者梁令瓒,跟后来的韩公廉相似,也是一位低级的官员①。记载中所使用的技术名词,再次显示了他们的机器同苏颂的时钟基本相似。

472   这项记载在唐代的正史②和大约公元750年韦述编写的《集贤注记》③里可以查到。一行的天文钟之要点是他引用托勒密型沿黄道装置的望筒,它便于研究黄道上或黄道附近的行星运动④。韦述写道⑤:

在开元十二年(724年),僧人一行在(丽正)书院⑥建造一具有黄道望筒的浑仪,完工之后,把它(呈献给皇帝)。这之前,他曾奉命去另行组织历法,他曾讲过观测有困难,因为没有工具来配黄道仪器。正在这时,梁令瓒造成一个小型木模型(正是所需要的那种东西的模型)呈献上来。皇帝命令一行进行研究。他回报说:那是高度精确的。于是实足尺寸的青铜的和铁的(球),就在书院的院子里费了两年的时间终于铸成了。当呈献给皇帝陛下后,皇帝给予特别高的评价并诏令(梁)令瓒和一行(进一步)研究李淳风的著作《法象志》。后来画出了详细的浑仪图。皇帝亲自写了铭文,用"八分"书法的楷书⑦刻在黄道圈上,铭文如下:

月亮在她的盈亏圆缺中永无失误,

她的二十八位侍从伴随着她永不偏离;

终于在地面上有了一面值得信赖的明镜,

向我们表示苍天永不拖拖拉拉,也不急急忙忙。

学士陆去泰奉旨题词,内容包括制造的年月和工匠的姓名,刻在仪器下面的盘上。观测部门用以进行观察,迄今仍然存在……

此后,皇帝又下令用青铜铸造另外的天文仪器,左卫长史梁令瓒,他的同僚右卫长史亘执珪负责分别规划各个部件,于是一个巨形的10英尺直径的(演示用)浑仪("天像")被铸造出来了。它显示二十八宿("宿"),赤道以及所有圆周上的度数,它的自动旋转是利用水力冲击一个水轮("注水激轮")来完成的。人们议论这件仪器时说张衡(2世纪)在他的《灵宪》所写的也不会超过这个。

---

① 用现代名词说,他只是卫戍部队上层机构里的一个文职人员,显然不能人尽其才。但他却留下一部名为《五星二十八宿神形图》的书。一直到1669年,此彩色原图仍保存在藏书家钱曾的收藏之中(参见本册 p.448);瞿凤起(1),第153页。另有一抄本保存在日本的大阪;见 Sirén(10),vol.1,pp.47ff.,pls,16,17。梁令瓒的图卷可能是一行的《二十八宿秘经要诀》的姊妹篇(《宋史》卷二〇六,第九页)。参见 TW1309,1311。

② 《新唐书》卷三十一,第一页起,和《旧唐书》卷三十五,第一页起;后者较好。《玉海》(卷四,第二十一页起)的传述较差。

③ 集贤院是同翰林院并行的宫廷学府。双方都有草拟诏书和校核文书的职责,但集贤院还收容各种专家,以备朝廷咨询。进入集贤院是由于任命而不经过考试选拔。因此非儒家的学者和专家也能被任命。见 des Rotours(1),vol.1,PP.17,19。

④ 见本书第三卷,pp.350ff.。这种装置,李淳风已经提出过,但它对以赤道为基础的中国天文学有违,故未被采用。以后的仪器也没有保留这种装置。

⑤ 《玉海》卷四,第二十四页——他本人的原著已散失。

⑥ 法令和敕令等都在这里草拟和校对。

⑦ 这是汉字书法中介乎印章篆体和隶书的一种字体。

现在,它被保存在东都(洛阳)的集贤院里,院内有观测台("仰观台"),是一行① 经常进行观测的场所。

《集贤注记》:开元十二年五月,沙门一行于书院造黄道游仪,成以进。一行初奉诏改修历经。以旧无黄道游仪,测候稍难。梁令瓒刻木作小样进呈,上令一行参考,以为精密,始就院更以铜铁为之。凡二年,功乃成。至是上之,上称善。使令瓒与一行考李淳风《法象志》,更造浑仪图。御制游仪铭,并八分书题于轮上,铭曰:

盈缩不倦,

列舍不忒,

制器垂象,

永鉴无惑

学士陆去泰奉敕题制造年月及工匠姓名于盘下,灵台用以测候,至今存焉。

十三年十月,院中造浑仪成,奉敕向敷政门外,以示百寮。一行改进游仪之后,上令铸铜为浑规之器。左卫长史梁令瓒,右骁卫长史亘执珪分擘规制,铸为天像,径一丈,具列宿赤道及周天度数。注水激轮,令其自转。议者以为张衡《灵宪》不能踰。令留东京集贤院内,院中有仰观台,即一行占候之所。)

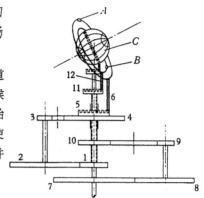

图 661　中古时期中国时钟(一行在 725 年制,张思训在 979 年制,王黼在 1124 年制)中"太阳系仪"运动可能的机构复原图。图内表示了日、月和天浑象的运动,方案是刘仙洲(6)拟的,既包括同心轴,也包括奇数齿齿轮,A 为日模型,B 为月模型,C 为演示浑仪或实心的浑象。齿轮 1—6,操作太阳,分别有下列齿数:12,60,6,72,12,73。齿轮 7—12,操作月亮,分别有下列齿数:127,73,6,15,6 和 114。

这段简略记载幸而在唐史中有所补充。在那里我们读到 723 年一行和梁令瓒与若干干练的技术人员("术士")另奉诏铸造新的青铜天文仪器的记载:

(其中之)一是造成圆天体的形状("圆天之象")②,上面有二十八宿("宿")的行列、赤道和天体圆周的度数。水流向(水斗),自动地旋转一双轮子("注水激轮,令其自转"),圆球体每个昼夜自动旋转一周。此外又有两双环(字面上是轮子),装在天(球)圆体的外

① 关于这位伟大的人物似乎需要讲几句。一行俗名张遂。他的宗教教派,可参见本书第十五章(f)(第二卷,pp. 425ff.)。他跟利玛窦一样,记忆力惊人。他精通印度(并由此间接到希腊)数学和天文学,也精于有关中国传统的知识领域,是当时最杰出的自然科学家。可惜,其著作多散失(除少数有疑问的论文外),仅存书名而已。迫切需要翻译他的全传及有关他的活动的现存文献。参见阮元的《畴人传》卷十四至十六。

② 此项说法,颇异异常。虽然 3 个半世纪后的苏颂,相信它本是一个浑象,但作者认为其描述更近于演示用浑仪;一半沉没于箱内,箱面代表地平。此与真正浑象的关系问题,可参见本书第三卷 pp.382ff.。这个仪器或许跟"盖天之状"及 36 幅月轨道与黄道偏差图中所用的软竹条尺有关(《新唐书》卷三十一,第五页;《畴人传》卷十六,第二〇一页)。参见本书第三卷,pp.357,392ff.。

面,把太阳和月亮用线穿在它上面,让这些沿着一条圆形轨道运行("令得运行")①。每天当天(球)向西运转一周时,太阳则在它的轨道上东行一度,而月亮则东移 $13\frac{7}{19}$ 度。当天球旋转了 29 转又多一点儿的时候,太阳与月亮相遇了。当它转够 365 圈时,太阳也就走完了它的全程。他们制成一双木箱,箱子的上部表面就代表地平面,因为仪器的一半是沉没在箱子里的。这样就便于最准确地定出晨夕的时间,月盈和月亏,是缓还是急。此外还有两个木偶站在平板上,一个面前有钟,另一个面前有鼓,钟被自动敲响以表示"时",鼓是自动敲响以表示刻。

所有这些动作,都是由放在箱子里的(机械)来完成的,靠的是轮子、轴("轮轴")、钩子、销子和联锁的杆子("钩键交错"),耦合装置与锁相互控制("关锁相持")(即擒纵机构)。

由于(时钟)显示出与天道能够很好地协调一致,当时人人称赞它的精巧,当它全部完工之后(公元 725 年)② 被命名为"水力驱动球形天体鸟瞰图"("水运浑天俯视图")或称"天球型水机",被安置在(宫里的)武成殿的前面让百官参观,参加殿试的举子们,都被要求写出新浑仪(时钟)赋③。

但是此后不久,青铜和铁的机件,就开始发生锈蚀,机器就再也不能自动运转了。于是被弃置到集贤院里不再使用。

〈铸铜为圆天之象,上具列宿赤道及周天度数。注水激轮,令其自转,一日一夜,天转一周。又别置二轮络在天外,缀以日月,令得运行。每天西转一匝,日东行一度,月行十三度十九分度之七,凡二十九转有余而日月会,三百六十五转而日行匝。仍置木柜以为地平,令仪半在地下,晦明朔望,迟速有准。又立二木人於地平之上,前置钟鼓以候辰刻,每一刻自然击鼓,每辰则自然撞钟。皆於柜中各施轮轴,钩键交错,关锁相持。既与天道合同,当时共称其妙。铸成,命之曰水运浑天俯视图,置於武成殿前以示百僚。无几而铜铁渐涩,不能自转,遂收置於集贤院,不复行用。〉

---

① 依照上文对张思训时钟的叙述(p.471),日、月模型运动的机械化,是由他首先完成的(979 年)。但这段文字也明确地表明是自动运转。还有,当时另一学者张说有更有力的证明。他说(《全唐文》卷二二三,第五页):"虽然日、月和球仪均同时运行,而迟速则各不相同,周而复始,循环不息。"由此可知,首先创始用机械驱动——"太阳"系统,以代替早期人工操作之系统者,是一行和梁令瓒而不是张思训;是 8 世纪而不是 10 世纪。以后约在 1124 年,王黼和他的同伴们制造了类似的仪器(参见本册 p.499)。刘仙洲(6)已经提出从一行到王黼关于太阳系仪机械转动的一个有趣的假想设计(图661)。此仪包括同心轴和许多奇数齿的齿轮。李约瑟,王铃和普赖斯[Needham, Wang & Price(1)]对一行时代,有如此复杂的设计,颇感怀疑,他们认为王黼甚或张思训则尚无可否。威德曼[Wiedemann(13)]和普赖斯[Price(1,4)]已经注意到阿拉伯和欧洲星盘上的奇数齿齿轮乃是史前时钟机构史中最重要的因素,关于此种齿轮组最古老的东西,只见之于文字,就是 1000 年左右比鲁尼[al-Bīrūni]的手稿;1221 年造的阿拉伯型的齿轮星盘,则在牛津(Oxford)保存着,而 1300 年的一个法国的制品则保存在伦敦。这时正好在基兹学院图书馆(Caius College Library)里有一篇文稿(230/116,pp.31ff.),讲切制齿轮的方法,这是圣奥尔本修道院(St,Allan's Abbey)在计时学家沃灵福德的理查德(Richard of Walingford)的指导下写出来的;见 Price(11)。有理由相信,苏颂在他的 1090 年的时钟中,至少使用了一个奇数齿的齿轮,即487 齿的齿轮(参见本册 p.456)。如果是这样,王黼和他的同伴们就不会遇到什么困难。但在 725 年能否把这样的齿轮制造精确还是个问题,无论如何,某种太阳系仪的运动总是有过的。刘仙洲所提有关一行的贡献可能是确实的,更增加了我们对一行的推崇和景仰。康布里奇(本册 p.456)提出了比刘仙洲(6,7)更为简单的太阳——恒星变换齿轮组,刘仙洲也出版了他的修订本[刘仙洲(7),第 109 页起]。

② 这个日期来自《玉海》卷四,第二十五页。

③ 作者插进了这一句是根据《玉海》卷四,第二十五页的材料。

　　这便是这种仪器详情。就我们所知,上面讲的是所有擒纵机构时钟之最早者①。其结构是简单明了的。所使用的技术名词,跟苏颂时钟所用的名词极其相似。而日、月模型的自动运行,虽然没有清楚说明,但肯定暗含无疑。所以这套机器至少含有太阳系仪或天象仪的某些特征②。

　　大约过了 1000 年之后,在 1793 年左右,马戛尔尼(Macartney)使团把一具西方的太阳系仪带到了中国来,此事知道的人并不很多。这第一座太阳中心系的现代型天象仪,是格雷厄姆和汤皮恩(Thomas Tompion)③ 在 1706 年左右为奥地利的欧仁大公(Eugene of Austria)④ 做的,德萨吉利埃(Desaguliers)事后曾叙述了当时的情况⑤。接着略加修改,就为奥雷里伯爵(Earl of Orrery)复制了一具,所以迄今这个仪器还沿用着伯爵的名字⑥。东印度公司在 1714 年订制了一具十分豪华的复制品。几年后哈里斯[John Harris(1)]对此曾有文记述。这是否一开始就是为中国预定的,尚不能肯定;可是英国在广州开设工厂,却是在下一年发生的事。无论如何,类似的一具仪器,在这个世纪终了前,献给了中国的宫廷。

　　斯当东讲⑦,1792 年两位中国学生从意大利的那不勒斯某学院前往英国,陪同马戛尔尼使团担任译员⑧,而且一开始就对要带的礼物提了建议。当即决定:不宜再呈送机械玩具和有复杂结构的具有偶像的时钟,因为这些东西那时通过乐钟(sing-song)贸易⑨ 一直向中国倾销已将近半个世纪了! 所以某些更有学术价值的东西会更好些。

　　[斯当东写道]天文作为一门科学,在中国极受重视,政府也极力倡导;那些最新和大加改进了的仪器可资协助其运行者,以及在当时摹拟天体运动最完善的器械,都是最受欢迎的。

于是,在约定的时候,丁威迪博士⑩和小珀蒂皮埃尔-博侯(Petitpierre-Boy)⑪先生就出现在北京的圆明圆的宫殿里,开箱取出除了太阳系仪以外的天球仪和地球仪,反射望远镜,大型聚光镜,太阳时钟和一具空气泵⑫。据里斯(Rees)⑬说,这具太阳系仪是由爱尔福特的哈恩

475

---

①　现在采取这个观点的理由是:叙述中所用的术语,均为后世所引用,而在更早的文献里却找不到。然而,康布里奇[Combridge(1,2)]提出,实际上水轮联动式擒纵机构诸要素应该回溯到张衡(参见本册 p.485),因此,从语言学上的判断尺度,不像看起来那样有决定意义。

②　关于这个钟的最近的和一些零碎的反响,常在 19 世纪的书籍中发现,例如 Planchon(1),p.247;还有如 Strickler(1)。一般他们都来源于宋君荣[Gaubil(2),P.85]的含混的叙述。萨顿[Sarton(1),vol.l,p.514]把它叫做"uranorama",但不确信它是依靠水力的。

③　见 Lloyd(4);Gabb & Taylor(1)。

④　参见 Taylor & Wilson(1)。

⑤　Desaguliers(1),1st ed.,vol.1,pp.430ff.;2nd ed.,vol.1,pp.448ff.。

⑥　参见 Orrery(1);Rice(1)。

⑦　Staunton(1),vol.1,p.42。

⑧　虽然这些神学院的学生最初的建议还是好的,但到达中国后,就显出不能胜任翻译工作,主要是因为他们对本国科学文化技术知识无知的缘故。这导致了我们将要在其他地方注意到的结果。

⑨　参见本册 p.522。

⑩　丁威迪的孙子[Proudfoot(1)]为他写的传记(1746—1815 年)很值得一读. 感谢克兰默—宾[J. Cranmer-Byng]使我们注意到它。丁威迪在马戛尔尼使团任天文专家后,他在孟加拉东印度公司任科学顾问,以及又在威廉堡(Fort William)学院任自然哲学教授。该学院是加尔各答大学(University of Calcutta)的前身。

⑪　关于小珀蒂皮埃尔-博侯(1769—约 1810 年)见 Chapuis,Loup & de Saussure(1),pp.45ff.。他是一位瑞士的制钟匠,先住在澳门,然后定居在马尼拉(Manila),娶了一位爪哇人,最后为海盗所杀。

⑫　见 Staunton(1),vol.1,p.492,vol.2,pp.165,267;Proudfoot(1),pp.45ff.。

⑬　载于 Chambers(1),9th ed. *sub voce*。

(P. M. Hahn of Erfurt)和德米利乌斯(A. de Mylius)① 做的,于 1791 年完成,是一件花费了几年工夫的工艺品,并且被认为是"手工制造出来的一件最精美的机件"②。这样,在中国文化中,对天文科学高度重视的传统,就在 18 世纪末,也影响到欧洲对中国的外交,一具西洋天文时钟机构的杰作就作为真正的贡物——即使这个词儿是公开放弃了,那也有几分不自觉的意向——到达了一行、张思训和苏颂生息的国土③。我们现在再回到 725 年作为先锋的太阳系仪。

476 　　关于太阳系仪的背景,我们必须着眼于前一位的统治者。李淳风所臣事的皇帝是太宗④。太宗从 626 年起统治了 1/4 世纪,是其鼎盛时期。由于他对历史、技术和军事技艺都很有兴趣,深知如何鼓励天文学家,对景教徒、道教道士和佛教僧侣都表示欢迎。他跟西方维持诚挚友好的外交关系远至拜占庭,例如在 643 年曾接见了安条克主教(Patriarch of Antioch)派来的使节。而这些使团很可能带来有关加沙(Gaza)和安条克等地所用自鸣水钟的情报⑤。当然,这只能起一种"激发性传播"作用⑥,因为没有理由想象当时拜占庭人的水钟原理会高出浮子沉降原理。然而,这种激发适时到来,促使中国的工程师们全力以赴,以便超越东罗马帝国水钟的自鸣报时机构的机械玩具⑦。实际上,由一行时钟的描述,似乎是在中国历史上第一次谈到时钟的擒纵机构操作的报时偶像。这里,他实际上已远远超过了他的希腊的同行们了,如果我们的推论是正确的,比浮子能提供多得多的动力的水轮,在中国早已经成为中国天文机械技术的特征的了。

　　一行时的皇帝是唐玄宗⑧,他是唐代皇帝中最不幸的一位。712 年登基,在位约 30 年。他是音乐、绘画和文学的爱好者和倡导者。所有唐代最伟大的诗人都很熟悉他。然而,在他的晚年,由于日益加剧的社会和经济的紧张,终于导致了粟特人在中国服役的将领安禄山的军事叛乱,从此唐朝就一蹶不振⑨。在叛乱中发生的重大事件之一是玄宗的宠妃⑩杨贵妃之死。一行的时钟还不可能为她而造,因为她是 738 年才进到宫里的,但她的出现,却引起了作者一种相当独特的思考。

---

　　① 参见 Zinner(8),p. 351。归功于哈恩,已为丁迪狄的传记所证实[Proudfoot(1),p. 26]。

　　② Proudfoot(1),*loc. cit* 一篇中文短篇(《掌故丛编》卷三,第二十二页起)以较温和的热情谈到了它。

　　③ 马戛尔尼使团带来天文仪器的中国画如图 662 所示。这是一幅绢画,保存在格林威治(Greenwich)的国立海事博物馆(National Maritime Museum)里,由于显然不熟悉进献的实物,画家只是描绘了 17 世纪来华的耶稣会士们所带来的仪器之一,这些仪器仍然保存在北京的古观象台(参见本书第三卷,pp. 451ff.)。画家还给使团的人们穿上带绉领的 16 世纪的服装。关于马戛尔尼使团来华时的中国背景,见 Crammer-Byng(1)。

　　④ 名叫李世民(597—649 年)。

　　⑤ 参见本书第一卷,pp. 186,193,204。见 Diels(2)。

　　⑥ 参见本书第一卷,p. 244。

　　⑦ 作者在上文里曾经提到活动在 692 年的海州匠人(p. 469)。但是并无文字记载谈他的装置是否会发出声音。作者也曾提到范仲淹时期的"十二时辰钟"(p. 468)。但这已经是 11 世纪 30 年代了,在一行时代很久以后了。因此,725 年的报时木人(至少就目前所知)是中国任何时钟当中最早一个发出声音的。我们将看到,一直上溯到 2 世纪,所有中国原始时钟(照描述看)都是无声的,并且唐代以前的各种刻漏也都如此,见本书第二十章(g)(第三卷,p. 319)。反之,在西方,气动装置却很普遍,老早就利用刻漏来吹管和吹哨子了。如在柏拉图(Plato)的闹钟中[Diels(1),p. 198;Enbank(1),p. 546]。参见 Athenaeus,Ⅳ,75ff.。虹吸和倾杯的这种用途在阿拉伯传统中一直持续不衰[参见 Wiedemann & Hauser(4)]。

　　⑧ 名叫李隆基(685—762 年)。

　　⑨ 见 Pulleyblank(1)。

　　⑩ 名叫杨玉环(卒于 756 年)。

伟大的中世纪史学家迪康热(du Cange)首先提出要以大修道院的修道士们意欲更精确地知道夜晚的时间这一愿望，来解释欧洲 14 世纪初对机械时钟突然发生了浓厚兴趣的原因。因为有了机械时钟，大教堂的修道士们，就能够更好地掌握他们唱赞美诗和晨祷的时间。不管这个解释是不是真的符合实际，但它无论如何是把重锤驱动立轴与摆杆式时钟的发明纳入社会内在原因的一种尝试，并找出它们被迅速采用的一种理由来。对于 8 世纪初水轮桥秤式擒纵机构时钟在中国的发明，当然也可以提出同样的问题。在当时的宫廷中——因为中古时期杰出工程的出现总是跟皇帝密切相关的——到底为什么要求更准确地知道夜晚的时间？甚至当天气恶劣、星座隐而不见时仍然要求有办法追踪它们的运动，到底是什么东西使之有这样的需要呢？诚然，水轮时钟的功用不仅限于计时和描绘星座；还有凭藉机械的球仪以做历法计算的校验的用途，这大概至少也是重要的决定性因素之一，但作者将在稍后予以讨论，在这里作者只是想着自动报时之钟锣，以及具有天象图的浑象的缓慢运转。

中国的皇帝是所谓天上的人物，是天子，比作北极星[1]。所有统治集团、官员、事务和时代都要以他为中心，围绕他来运转[2]。因此，自远古始，大量在宫廷服侍皇帝的妇女当然也要按照盛行于中国宫廷生活中的宇宙运行原则加以调配。这是十分自然的事。中国古籍里，对皇帝的后妃等级有明确的记载。虽然她们的称号在中国统一后的二千年期间并不统一[3]，但一般是：一后，三妃(夫人、和人或妃)，九嫔(嫔、嫔人)，二十七(世妇)美人，和八十一御妻(女御)、其总数为 121 人，正好是 365 的 1/3 的最近的整数(肯定不是无意的巧合)。在《周礼》[4]中这样的记载，大概可以叫做夜晚值勤制度。

> 《周礼》上说[5]：低级的(妇人)居先，高级者在后。女御共八十一人，分成九组，分享皇帝的寝处九夜。世妇二十七人，每组九人，占三夜。九嫔和三妃，每组各占一夜，皇后则单独占一夜。到每个月的第十五天，这个先后次序就轮完了一遍，接下去就逆序退回去，如此反复进行下去。

> 〈卑者宜先，尊者宜后。女御八十一人，当九夕。世妇二十七人，当三夕。九嫔九人当一夕，三夫人当一夕，后当一夕。亦十五日而遍，云自望后反之。〉

因此，很明显，越是最高级的越是最临近满月时才为皇帝所亲幸，此时阴势正盛，跟皇帝之阳配合，以便赋予这样受孕的胎儿以最大的好处。至于那些低级的妇女的任务则不过是以她们之阴去补皇帝之阳而已。9 世纪时，白行简抱怨说这些制度，都已陷于混乱了。他说[6]：

> 夜御的时候，九女一夜，而在满月的时候，皇后进御两宵——这是古之成法，而且女史还要以朱笔仔细地做出每件事的纪录……然而今天：粉黛三千争宠，一切都乱了……

> 〈然乃夜御之时，则九女一朝；月满之数，则正后两宵。此乃典修之法，在女史彤管所标。今则南内西宫，三千其数，逞容者俱来，争宠相妒。……〉

---

① 参见本书第三卷，pp. 230ff.，240，259ff.，Fig. 99。

② 见 Greel(3)，Granet(5)；Soothill(5)。参见本书第二卷，p. 287。

③ 主要参考《周礼》卷七，译文见 Biot(1)，vol. 1，pp. 143，154，156；《礼记》第四十四篇("昏义")，第四十二页；译文见 Legge(7)，vol. 2，p. 432；《前汉书》卷九十九下，第二十三页；译文见 Dubs(2)，vol. 3，p. 438。以上是汉代的；关于唐代的参见 des Rotours(1)，pp. 256ff.。嫔妃等级册是常见的东西；《趋朝事类》中就有，它是一本宋代的书(《说郛》卷三十四，第六页)。

④ 参见本册，pp. 11ff.。

⑤ 《周礼》卷七(第十二篇，第二十页)；译文见 van Gulik(3)，p. 92，Granet(6)，p. 26。它出现在古代郑玄的注释中，但未被毕瓯译出。

⑥ 《天地阴阳大乐赋》，第五十六页；译文见 van Gulik(3)。

图版 二五七

图 662 描绘 1793 年马戛尔尼使团进献天文仪器情景之中国绢画。现存于格林尼治国立海事博物馆。画家描绘出穿着伊丽莎白式绉领服装的外国人行列，他们肩负着同北京观象台上耶稣会士们监造和使用的一样的仪器前进着。天球仪同南怀仁(1673 年，参见本书第三卷，p. 388)的形式一样；小型仪器则如 1759 年编的《皇朝礼品图式》(卷三，第三十二页)中所描述，叫做三辰仪(参见本书第三卷，p. 351)。这幅画上的天球仪和浑仪都是按正确的比例尺画的，这暗示画家是知道这些实物的尺寸的。但他把它们都画得比以人像为准的比例尺寸加大了一倍。画面上没有时钟，但或许时钟是以正通过两株树后面的大笼表示的，并无疑有意要把当时盛行的“乐钟”贸易中的机械鸟装在里面[参见 Needham，Wang & Price(1)，fig. 55]。

绢画的右上角有题诗，并有如下红字标题：“吗嘎咴呢使臣和其他人到来时，从英吉利(英格兰)红发(人)的国王那里带来纪念物和贡物，(乾隆)皇帝亲自作诗。”

诗文如下：

从前葡萄牙曾来纳贡，
今天英吉利好意来访；
行程万里胜过竖亥、衡章，
宗功祖德早已四海传扬。
奇特事物不珍稀，
夸张言词不动容。
远方来客应敬重，
不惜百倍以回赠。
斯是聖主仁德风，
所以永葆国运昌隆！
(博都雅昔修职贡，
英吉利今效盖诚；
竖亥太章输近步，
祖功宋德遗迢瀛。
祝如常却心嘉笃，
不贵异听物诩精；
怀远薄来而厚往，
衷深保泰以持盈。)

诗中第 3 行引用典故，提到大禹的神话传说中的测量人员竖亥和太章，他们为禹步测地形的广袤(《淮南子》卷四，第二页)除此之外，诗句清楚地表达了皇帝的态度。中国另一次对欧洲早期工业时代所做出的同样反应，是致马戛尔尼使团的著名敕令。这样，最早机械时钟机构制作者的后裔，(中国人)对于欧洲声称应有优先权，就做了诗句上的公正之回答。

这里提到的女史,在《周礼》①中已有记载,正是她们的职责启示我们那是同时钟机构的发明
有关系。

皇位继承是重大的事件。中国皇室并不总是遵守长子承袭帝位的原则,所以,皇后的长
子并不一定就是帝位承继人②。某一位皇帝在位既久,他的继承者可以从很多皇子们中进行
选择;由于中国自很古以来就对占星之术极为重视,所以可以肯定,选择的条件之一,即候选
人在投胎时刻天上的星座位置的情况③。因此,保存下来的女史写下的纪录就极关重要了;
而且更需要一种仪器,不仅可以指示正确的时间,而且可以由太监在任何时刻都能读出星座
的位置来,例如:

太阳守(星)位于相(丞相)之西,这就是元帅和丞相之象,它要求国家作出迎击来犯
者的准备,准备武事④。

两个虚星(空虚之虚,第11宿)指的是负责祭祀祖先的官。他们管北方城市、庙宇和 479
一切有关祭祀的仪式,还主死丧吊喧等⑤。

〈太阳守在相西,大将大臣之象也,主成不虞,设武备。

虚二星,冢宰之官也,主北方邑居庙堂祭祀祝祷事,又主死丧哭泣。〉

无疑,这类有关的星宿在它们的运行中的任何朕兆,对王位继承者的选择当中,都会成为一
个重要因素,更不用说彗星、新星和其他特别异常的天象了。因此,详实之纪录就为宫廷所必
需。所以,对纪录仪器甚感兴趣就毫不足怪了。但所有这些事实,同西方修道士们对时计颇
感兴趣一样,仍然无法说明为什么为适应更精确机械计时要求的擒纵机构的发明,一定会发
生在这个时候?

在结束这些早期擒纵机构时钟的题目前,还要补充一些可能是为它们铺平道路的某些
发明。例如,我们已经发现了一行前一个世纪水平司辰轮的存在。根据以前的叙述,在没有
摇摆器(如立轴和摆杆或摆)的时候,乃利用桥秤或秤杆以构成水轮联动式擒纵机构,利用水
斗触脱之。为了了解这种装置是从什么地方引进来的,必须再看看上古和中古的中国刻漏
史⑥。

最古老的水钟是泄水型的,它无疑是远在公元前第1千纪甚至是前第2千纪从肥沃新

① 《周礼》卷七[Biot(1),vol.1,p.158]。阿克巴(Akbar)宫廷有相似的情况,见 Blochmann(1),p.44。
② 在理论上是只有皇后的儿子们才能作为皇位继承人的候选者,但这条规则的违反和遵守都是常有的事。参见,例如 Erkes(19),p.152。
③ 人们知道,在中国,有的人的年龄不是从生日那天算起而是从怀胎那天算起。从这个观点看,读一读马尔瓦济写于1115年的书里的一段是颇有意思的,那时苏颂的时钟正在原地运行着;"每当皇帝要进入他的后、妃的宫室并同她们独处的时候,占星官就要立即登上皇帝所在的宫室的屋顶上,仰观天象,为的是测定皇帝跟后、妃睡觉的最准确的时间"[Minorsky(4),p.27]。这似乎取自大约写于1050年的加尔迪齐(al-Ghardizi)的《扎因・阿赫巴尔》(Zain al-Akhbār),并依次基于阿布・阿卜杜拉・杰哈尼(Abū 'Abdallah al-Jaihāni)的已佚的《道里邦国志》(Kitāb al-Masālik w'al-Mamālik),该书作于10世纪初,即张思训时代之前不久。关于唐宋中国出生或生日的占星学的重要性,参见 Gernet(2),p.163,基于《癸辛杂识》(后集),第四十五页起,以及马可・波罗的观察。
④ 《晋书》卷十一,第九页。
⑤ 《晋书》卷十一,第十九页;两段均由作者译成英文,借助于 Ho Ping-Yü(1)。这种有关占星学的书是在一行时代前一个世纪多一点写的,虽然包括很多古老的资料。
⑥ 较详尽的叙述,见本书第二十章(g)(第一卷,pp.315ff.)and Needham, Wang & Price(1),pp.85ff.。

月地带的文化中心送到东亚的一件礼品①。但在公元前 200 年后,中国几乎全部以受水型代替之,并有一标志杆装在浮筒上,叫做"浮箭漏"②。到了汉代,已经很懂得当储水器内水位越往下跌落后,就使计时器大大减缓下来。若干世纪里都是采用两种补偿措施:首先是在储水器和受水器之间加装一至数个补偿水箱③,稍后,就在此系列中加装一溢流水箱或固定水位480 的水箱④。这些都是些最通行的刻漏,此外还有别种类型的,例如,装有某种衡器以称量水重的等等,只是对这些很少有人研究过它们。

称量刻漏至少包括两种型式,一种是把典型的中国杆秤(不等臂)⑤直接用于受水器。另一种是用秤称量最后一个补偿水箱的水量。前者可以省去浮子和标志杆,所以常常可以做成体积很小的可携带型的。有时以汞代水,以便测量很短的时间段⑥,这些叫做"停表"刻漏("马上刻漏")⑦。后者称量补偿水箱里的水需要一个较大的工具("水称刻漏"),在唐、宋时代曾普遍使用于公共场所和宫廷内。由于秤杆上刻有平衡重量的各个标准位置,这就允许对补偿水箱里的压水头作季节性的调节,并可控制和调节水流以配合不同长短的昼和夜。用这种装置,不需要溢流水箱,而且当刻漏需要加水时,看守人可以及时获得警报讯号。当读到这些关于刻漏的叙述⑧和其他有关问题时⑨,人们就会认识到负责设计这些的是隋朝两位伟大的技术家耿询和宇文恺⑩。换句话说,此项设计是恰在 610 年,即一行和梁令瓒的时钟之前的 110 年⑪。

这些事实之间的联系是很明显的。从系统地称量受水器走到同时既称量进水又称量出水器,并不是离得很远。这一演进跟着就会导向把这些双重作用的容器环绕一只轮子的周缘

---

① 《诗经》(大约在公元前 7 世纪)里谈到刻漏,虽不能肯定就是刻漏,但也不是完全不可能的。还有一个材料出自《史记》(卷六十四,第一页)。在公元前 6 世纪的一位将军和政治家司马穰苴(臣事于齐景公)的传记中,我们得知:在他等候在约会地点准备与另一首领庄贾会晤时,他"立日晷并使水钟滴水"。因齐景公是公元前 546—前 488 年当政,这是个珍贵的资料,他与孔子同时,对司马迁的记载,似乎没有理由表示怀疑。

② 对这些刻漏最完整研究的是马伯乐[Maspero (4)]。

③ 这是个好的累积调节法,后来受水器前的调节水箱多达五个[参见 de Saussune (29)]。在 2 世纪的早期,张衡在系列中至少装有一个补充水箱。孙绰在 360 年左右题过词的刻漏里至少也有一个(《太平御览》卷二,第十三页)。

④ 这种型式的最早描述来自殷夔的著作,参见 Maspero (4),p.193。沈括 1074 年(《梦溪笔谈》卷八)有很详尽的说明,参见 Maspero (4),p.188。

⑤ 见本书第四卷第一分册,pp.24ff.。

⑥ 当天文学家用于观测日、月食时;或当人们用于竞赛计时时。

⑦ 它们似乎是始于北魏道士李兰(公元 450 年左右),以后常有人提到他们,如 12 世纪的王普。因为这与秤臂的接近水平位置有关,它们在一般指针读数史上不是没有意义的。

⑧ 《玉海》卷十一,第十八页起;另见《宋史》卷七十六,第三页起,是大加压缩过的。全部译文见 Needham,Wang & Price(1)。

⑨ 《隋书》卷十九,第二十七页起;《玉海》卷十一,第十二页有抄录。全部译文见 Needham,Wang & Price(1)。

⑩ 宇文恺作为隋代的工程师,建筑家和工部尚书达 30 年。关于他造的大加帆车见本册 p.278。他修过很多灌溉工程,监修过隋的大运河[参见本书第二十八章(f)]。他还写了"明堂"(参见本书第二卷,p.287),并制作了明堂的木模型。关于耿询见本册 p.482。

⑪ 白鸟库吉[Shiratori (4),p.314 页]曾提到过商人苏莱曼(Sulaimān al-Tājir)讲过带重锤的时钟的事,苏莱曼于851 年或此前在中国见到它们装在中国城市的鼓楼或门楼上。阿拉伯学者,从 1718 年的勒诺多[Renaudot(1),p.25]到索瓦热[Sauvaget(2),p.15],令人惊讶地、谨慎地将这些解释为重锤驱动的机械时钟,而不太明白要做什么。但是,现在清楚,他看到的是大秤漏,并因它们装在各省城而不是京城或皇宫,所以,他的话特别有趣。

装起来的途径;实际上也是使受水斗和出水斗,在受控的安排下,先后有序地通过一具桥 481
秤①。由此可以看出,好象桥秤是直接由杆秤演变来的,而杆秤则是曾经悬吊某种刻漏的最
后一级补偿水箱的(而这种杆秤的臂有好几个世纪都在悬吊着这种补偿水箱)。在最古老的
滴漏水壶同我们现在带在手腕上的防震、防水、反磁、夜光镜面、24 小时运行的手表之间,要
把它们的演变过程判然分明地描绘出来,简直是不可能的。

(3) 中国时钟机构的史前史

我们现在可以这样说,所有擒纵机构之父母源于 8 世纪初。但我们正在描述着的时钟机
构史,在回溯的过程中,并不能到此为止。因为从 725 年回溯到耶稣纪元的开始,这期间还有
许多其他藉水力驱动缓慢旋转的天文球仪的例证。如果把擒纵机构定义为构成真正时钟机
构的精髓,则这些较早的装置并不完全是时钟,但它们不妨被看做是时钟的前辈。再者,这些
装置在性质上是纯天文的,没有发音报时部件。我们在这里将简略地加以介绍。

因为下沉的浮子的微弱动力,不足以使倾斜着的球仪转动,即使它们是木质的和相当轻
的②,其结构有可能是一个立式水轮,装有类似戽水车式的杯状水斗,无疑其构造比苏颂的
更为简单。此水轮的轴上可能装有脱扣凸耳或叫拨牙,与汉代流行的水碓的原理很相似。刻
漏滴进杯状水斗里的水将周期地蓄积到足够的时间后,其扭力即足以转动拨牙,克服叶形齿
轮的阻力。叶形齿轮要么本身就是赤道环,要么装于极轴线方向的轴上;不用说,这样一种结
构,计时性能必定是很差的。其误差之大,以致令人难以理解如何证实书上传给我们的那些
明确的断言③。或许联动式擒纵机构比我们敢于设想的还要古老④。

几乎从 2 到 8 世纪间的每一个世纪里,都可以找出若干实例来。6 世纪最著名的技术专 482
家之一是耿询,由于他制造了刻漏,作者曾提到过他⑤。他能言善辩,技艺超人,早年因参与
了(就我们所知)南方部落民族的反叛,被王世积将军所俘,后因其技艺高超而获释⑥。

> 很久之后,耿询遇见了他的老朋友高智宝。高智宝由于富有天体的知识而当上了
> 皇家的太史官。耿询就跟他学习天文和算术。(耿)询以后竟别出心裁地创制了一台不
> 以人力而用水力运转("不假人力,以水转之")的浑仪⑦。制成之后,安放在一密室
> 中,请高智宝站在室外观察时间(即由星仪观察到的恒星的位置所表示的时间)。结果
> (他的仪器)符合于(天上的情况)。如同虎符两半完全吻合一样。王世积得知后,奏

---

① 的确,"铁鹤膝"的链索或许是起源于一个人工操作的装置,藉以把受水器一个一个地送到进水水流的下面。如
果确是如此,它就是同后来出现的蒸汽机自动返程阀同样的奇迹。

② 中国文献经常谈到青铜仪器是如此转动的。如果这种技艺是在印度的话(参见本册 pp. 469,539),则必定使用某
些非常轻的木,竹结构。

③ 参见本册 pp. 483,485。

④ 见本册 p. 474 脚注。

⑤ 见本书第二十章(第三卷 p. 327),以及本册 p. 36,480。

⑥ 耿询传(《隋书》卷七十八,第七页起,以及《北史》卷八十九,第三十一页起)表明 6 世纪一个有技艺专长的人,其
一生是多么坎坷! 全部译文见 Needham,Wang & Price(1),这里仅作摘要。

⑦ 《续世说》卷六,第十一页和《玉海》卷四,第二十六页都引有这段文章。所用术语表示那是一个浑仪(参见
本书第三卷,p. 383),或许是一个固体球。

知皇帝高祖①，帝派耿询为官奴②，隶属于太史局。

〈久之，见其故人高智宝，以玄象直太史，询从之，受天文算术，询创意造浑天仪，不假人力，以水转之，施于暗室中，使智宝外候天时，合如符契。世积知而奏之。高祖配询为官奴，给使太史局。〉

这段记载系 590 年前后的情况，跟我们所知道的其他情况相似。一般都没有提到水轮，但是也没有提到浮子。机械的仪器总是设置在闭室内，有两位观察者，一在室内读出仪器的指示，另一位在外面将这些同太空之实际进行核对。在仪器的自动运转中，甚至都不曾提到过水，但推测它总会是由水力驱动的。

大约再早 70 年，著名道家医生、炼丹家和药物学家陶弘景（452—536 年），也制成类似的仪器。有关的记载③ 说他：

做了一件演示用浑仪（"浑天象"）3 英尺多高，地球位于中央。"天"转而"地"不动——整套浑仪都借机械使之运动（"以机动之"）。一切都恰恰符合（实际的）天体运动。

〈又尝造浑天象，高三尺许，地居中央，天转而地不动。以机动之，悉与天相会云。〉

不仅这样，他还写了《天仪说要》④ 这本书以志其详，但已经失传了。他的机动浑仪可能是在 520 年制作的。

483　　再早一个世纪，在刘宋朝代，钱乐之创制了类似的机具。钱乐之是一位天文学家。他可能是中国实心浑象的创始人。他的工作具有特殊的重要性，因为他是张衡（公元 78—139 年）的旧仪器修复后的接替者。

张衡所制浑仪，通过（三国的）魏（王朝）（公元 221—280 年）和（西）晋（朝）（公元 265—317 年）流传了下来。但中华（公元 317 年）败于（北方突厥和匈奴）人之手以后，甚至连（陆）绩（鼎盛于公元 220—245 年）和（王）蕃（公元 219—257 年）的较晚期的仪器，也都散失了⑤。

但是，在义熙十四年（公元 418 年），当（东）晋安帝仍然在位的时候，高祖（即武帝，刘宋第一位皇帝）（再次长驱北进），攻陷长安（旧都）并恢复了（张）衡的旧仪器⑥。虽然外形仍可辨识，但刻度尽失；一切表示恒星，太阳、月亮和行星的标记也都没有了⑦。

后来，在元嘉十三年（436 年），皇帝⑧诏令太史令钱乐之再铸造一台（演示用）浑仪，其直径略小于 6.08 英尺，而其圆周则略小于 18.26 英尺⑨。地球则固定在天体

---

① 名叫杨坚（540—604 年），是隋朝的第一代皇帝；他坚强有为，但不喜欢科学技术。耿询曾为第二代皇帝（炀帝）杨广（580—618 年）制作过很多极受欣赏的东西。他曾是上文（p.162 页）杨广奖励过的机械玩具的制作者。值得注意的是耿询还设想利用刻漏的水充入他的水力静力特技小船（参见本书第四卷第一分册，p.35），这是除了利用刻漏水升起浮子或将水放掉外的另一种用途。

② 参见 Wilbur (1), pp. 221ff.。

③ 《南史》卷七十六，第十一页；转载于《太平御览》卷二，第十页；节略见《梁书》卷五十一，第十七页。由作者译成英文。

④ 收录于《隋书·经籍志》（卷三十四，第十五页）。

⑤ 因为中国王朝退到长江以南的南京，张衡的仪器也就留在了长安（今陕西省西安）。

⑥ 这一段也见于《玉海》卷四，第十五页。更详细的叙述见《义熙起居注》（405—418 年）。该书现已失传，其佚文见于《太平御览》卷二，第十页。但年代不比《宋书》早多少。

⑦ 虽然有这样的措词，但仪器可以肯定是演示用浑仪。

⑧ 当时是文帝刘义隆（407—453 年），他是刘宋的第三位皇帝。

⑨ 这些数字表明 π 值极近于 3，奇怪的是当时已有更准确的 π 值，为什么不用呢（见本书第三卷，p.101）？

的中心①。且有黄道和赤道、南北二天极，周围绘有二十八宿（"宿"）和大熊星座和北极星。每度相当于0.5英寸。太阳、月亮、五星则用线串在黄道上。设置刻漏，利用漏水来驱动全套机器（"设立漏刻以水转仪"）②。（在仪器上所显示的）晨、昏时的恒星位置，都跟天体的实际运动完全符合（"与天相应"）③。

〈衡所造浑仪，传至魏晋，中华覆败，沈没戎虏。绩、蕃旧器，亦不复存，仪状虽举，不缀经星七曜。文帝元嘉十三年，诏太史令钱乐之更铸浑仪，径六尺八分少，周一丈八尺二寸六分少。地在天内。立黄赤二道，南北二极，规二十八宿、北斗、极星。五分为一度。置日、月、五星于黄道之上，置立刻漏，以水转仪。昏明中星，与天相应。〉

这是《宋书》④ 里的记载。钱乐之的仪器⑤ 沿用了很长时间，因为我们还知道⑥，甚至在一个多世纪之后的梁代（约为公元555年），仍受到司天监的爱护。隋灭陈后，将仪器送往西安，随后在605年又迁回洛阳的观象台。因此，几乎可以肯定，耿询和宇文恺是知道钱乐之的"早期时钟（pre-clock）"的，它几经变乱还保存了下来！大概当洛阳的集贤院成为一行和梁令瓒重大发明的场所时，它仍然可供他们研究之用。相距还不到两个历史阶段，"早期时钟"把张衡和一行等人联合起来了。 484

然而，还有一位中间人物是葛衡，在三国时代的吴国（公元222—280年）：

又有葛衡⑦，他熟悉天文知识，并能制造精巧器具。他装天文仪器（"浑天"），使地居于天象的中心⑧，天象又借机械来运转（"以机动之"）而地则保持静止状态不动。（它显示）带有刻度的日晷上的晷影与上空（天象的）运行相应一致（"以上应晷度"）。这正是钱乐之（也）在摹仿制的那个⑨。

〈有葛衡，字思真，明达天官，能为机巧，作浑天，使地居中，以机动之，天转而地止，以上应晷度。则乐之之所放述也。〉

现在作者已叙述到离东汉的张衡时代不到一个世纪了。因为，在完成天文仪器（天球仪或浑示用浑仪）的缓慢地连续旋转并接近高精度的恒速的一系列人物中，张衡是第一位。对本书的读者，张衡（公元78—142年）是一位大家所熟悉的人物；在第三卷里，几乎没有哪一章没有张衡的出现的（数学、天文学、制图学等等）⑩。更为重要的是他于132年在京都所建造的地震仪，这是世界上这类仪器的首创。这个装置，连同它的倒置摆，以后使用了好多个世纪。其设计极为精巧，所以他采用水力来驱动天文仪器是不会有什么问题的。

---

① 如前所述（本书第三卷，p.389），这是一个重大的进展。同样的想法，在欧洲晚到16世纪才出现，见Price(3)。模型该是放在极轴的一个销钉上，但不明白它是一个球还是一个方形平板。古代中国宇宙学者们对二者各有偏爱（参见第三卷，pp.211，217）。

② 注意这是仪器为铜制的情形之一，所以很重。

③ 注意所使用的哲学名词——"相应（resonance）"——参见本书第二卷，pp.285，304。

④ 《宋书》卷二十三，第八页；《隋书》卷十九，第十七页起；《开元占经》卷一，第二十三页；《玉海》卷四，第十八页。

⑤ 此外，他还做了一个木质的浑象。

⑥ 《隋书》与《玉海》正文。

⑦ 或许是炼丹家葛洪（280—360年）的亲属，或者是葛洪之叔葛玄（238—255年）道士的亲属。

⑧ 见本册p.483脚注。出自孙盛的《晋阳春秋》，《太平御览》卷二（第十页）有摘引；《三国志》卷六十三（第五页）裴松之的注中也有引述。

⑨ 这一段载于刚才引用过的《隋书》和《玉海》。

⑩ 参见本册pp.100,343,537。张衡的传记可见：Chang Yü-Chê(1,2)；孙文青(3,4)；李光璧和赖家度(1)；赖家度(2)。

这件事的两个最明确的史料出处,都是唐代的,系自现存古代文献资料中搜集来的。来源之一是《隋书》,是魏征等人在 656 年前后写的;另一个是《晋书》,是房玄龄在 635 年写的。这两部书都因天文和历法各卷写得好而又详尽,在正史中显得特别出色①。因为二者的内容可以互相参证,互为补充,所以一并加以引证。《隋书》内载②:

485

> ……太史令张衡再次(铸)造一件青铜仪器("铜浑仪"),比例是 0.4 英寸为一度,其圆周为 14.61 英尺。仪器置于密室中("于密室中"),并利用刻漏的水(字面为漏水)来运转("以漏水转之")。一位观测者在密室中注视着仪器并向另一位正在灵台上观天的观察者发出呼叫,告以某星何时正在上升,或行至中天,或正要下落,结果是一切都如同符节那样相互吻合。

> 〈太史令张衡更以铜制浑仪,以四分为一度,周天一丈四尺六寸一分。亦于密室中,以漏水转之。令司之者闭户而唱之,以告灵台之观天者。璇玑所加某星始见,某星已中,某星今没,皆如合符。〉

《晋书》记载如下③:

> 在顺帝时(公元 126—144 年),张衡又制浑象(或者更可能是一台演示用浑仪),它包含内外圈("内外规")④、南北天极、黄道和赤道、二十四节气、二十八宿(赤道太阴舍)以内(即以北)和以外(即以南)的恒星,以及日、月、五行星的轨道。仪器用刻漏的水以转动之("以漏水转之"),并置于殿上的(密)室内("于殿上室内")。随着拨柄("因其关戾")和瑞轮的转动("又转瑞轮"),(室内仪器上所显示的)天体的运动、升降,同实际天空中的天体相对应(相应)⑤("星中出没与天相应")。

> 〈至顺帝时,张衡又制浑仪,具内外规、南北极、黄赤道,列二十四气二十八宿,中外星官及日月五纬,以漏水转之,于殿上室内。星中出没与天相应,因其关戾,又转瑞轮。〉

这样,总的情况已十分清楚。操作程序是使两位观测者将机动浑仪的指示,同实际出现的天象进行比较。至于所使用的机械本身,则仅在最后一句里给出了线索⑥。

---

① 应注意这些唐代的记载不可能是一行时钟影响到张衡时代的设计思想,因为两部书都写在一行前一百年。
② 原文见《隋书》卷十九,第十四、十五页。第一句的表述在同卷第二页上也有记载,第一句和第二句的表述,又出现于同卷第七页。由作者译成英文。
③ 《晋书》卷十一,第五页,由作者译成英文,借助于 Ho Ping-Yü(1)。同卷的前面(第三页),《晋书》引用了葛洪的已佚著作(约 330 年),在词句上与《隋书》的最末二句几乎完全相同。这个证据比唐代更早[参见本书第三卷,p. 318]。
④ 这些大概是重复出现和隐没的赤纬线。
⑤ 再请注意这个有哲学意义的专门术语(参见本书第二卷,p. 304)。
⑥ "轮"字的出现很值得注意。这是同张衡的装置有关的著作中有轮字出现的唯一的一篇。叫做"瑞"轮,如我们就要解释的,或许是表示制历技术有了大的进步。但如果"瑞"字是"端"字之误,从而可以读做"端轮",则更富有意义。作者把"关戾"译成"脱扣凸耳或拨牙"是大胆的猜测,还要加以验证。这一定是个专门术语,但从词典上查不到。"关"这个字,从 6 到 10 世纪和以后,总是用于我们所知道的机械擒纵机构的连杆机构。但是把那个确切词义挪到现在论述的早年时代,就感犹豫了。"关戾"还出现于 890 年韩志和的自动飞行机的描写。那里是指用于体内的机构(《杜阳杂编》卷中,第八页);参见本册 p. 163。但是在《宋史》(卷一四九,第十五、十七页)关于吴德仁在 1107 年所做的指南车和记里鼓车的文内,有更确切的含义,那只能是一个凸出的耳状物,实际上为一个、两个或三个小齿轮上的齿销。因另一名词"铁拨子"与它可以交替互换使用,更可以得到证明。关于这些机械的详情可参见本册 pp. 292,284。有些相似的词句,在别处也曾遇到,尽管他们的正字法略不同。例如周去非在他的 1178 年的书《岭外代答》里,"关捩"就是指银鱼形的可动的止挡,置入竹管内,是少数民族宴席上饮酒用的(参见本书第三卷,p. 314)。另一种形式"关栎",是指用于灯笼内平衡环的联锁支承的一个名词(参见本册 p. 235)。但它又出现于吴德仁机械车的记载里,即岳珂写的《愧郯录》(卷十三,第四、五页),这里很明显,"关栎"只是"关戾"的另一种写法。总之,此二字合起来的意思就是——连接、推动和克服阻力以插入某件——即包括整个脱扣凸耳或拨牙之功能。此处之功能,乃在足量之水聚积于轮上水斗之一,使轴克服仪器的阻力而转动时,要使齿轮或轮每次推进一齿。

以上所引证的主要资料①都是来自张衡以后的 2—5 世纪②,似犹有所不足。但是,他的成就的同时代的见证确实有,有 4 项可以提出来。第一,后来至少有两位作家直接引述过张 486 衡本人的著作,当时张的著作应当还是存在的。因而苏颂在他的备忘录(1092 年)③里写道:"张衡在他的《浑天》里说,置一具仪器于密室中,以漏水转之……"再早,约在公元 750 年,韦述记述记述一行时钟的时候,谈到当人们议论到它的时候都说,张衡在《灵宪》一书所述者,当无出其右者④。张衡的两部书完成于 118 年,现今只剩有零星片段,且不包括仪器的描述,但可以肯定的,该两书直到唐末仍在通用⑤,而且其中之一很可能延续到北宋灭亡(1126 年)为止,因而苏颂能够读到它。

此外,唐代作家还保留有关于张衡刻漏技术的两个片段材料。我们已经给出过它们⑥,这里不再重复,因为它们的内容并不是目前论述的重点。第一个片段见于徐坚(公元 700 年)写的《初学记》⑦;它只简单描写了带有补助水箱的受水型刻漏。第二个片段见于李善(公元 660 年)写的《文选》的评注⑧中,提到司辰机构的渊源,在流入水箱的盖上铸有小塑像,它们以左手导引指示杆,以右手指向指示杆上的刻度。重要的是徐坚和李善两位都是从一本似乎是叫做《漏水转浑天仪制》的书里摘引的。这个名称可能是张衡的《浑仪》或《浑仪图注》(117 年)里某一章的或其中一个附录的标题。无论如何,这些伟大的文献搜集家在引用文献 487 资料时⑨,是注意了保存这个标题的。所以,制造成功这种机器,乃是出自张衡自己的声明而不是后人加给他的。

第四项证据是至关重要的,因为虽然不曾提到机构的本身,却透露出设计的整个原理和程序。这是东汉伪经书之一的《尚书纬考灵耀》里面的一段⑩,它的最可能的年代约与张衡同时,译文如下⑪:

> 如果(演示用)浑仪("璇玑")表示出中天,而(所指的)恒星却还未到中天,(太阳的视位置已经正确地表示出来),这叫做"急"。当"急"出现时,则太阳超过它的度数,而月亮则尚未达到它所应在的"宿"。如果恒星已到中天而浑仪尚未达到该点,(太阳的视位置已经正确地表示出来),这叫做"舒"。当发生"舒"时,太阳未能达到它应该达到的度数,而月亮则超出它的正常位置而进入到下一个宿。但是,如果恒星与浑仪同时到达中天,这叫做"调"。此时则风调雨顺,植物繁生,五谷丰登,万事昌

---

① 包括引自葛洪的话。

② 西方前苏格拉底哲学家(公元前 6—前 4 世纪)的观点,我们知道很多似乎出自公元 4 世纪早期基督教会领袖的作家的引用语,而欧洲的正统派学者们均予以接受而毫不犹豫!

③ 《新仪象法要》卷上,第三页。

④ 参见本册 p. 470。

⑤ 见《隋书·经籍志》(卷三十四,第十五页);《旧唐书》卷四十七,第五页;《新唐书》卷五十九,第十二页。

⑥ 在本书第二十章(g)里(第三卷,p. 320)。

⑦ 《初学记》卷二十五,第二、三页。

⑧ 《文选》卷五十六,第十三页。评注是关于陆倕在 507 年写的《新刻漏铭》的。

⑨ 例如,1267 年王应麟辑录于《玉海》卷四,第九页;卷十一,第七页。在 19 世纪,马国翰辑录于《玉函山房辑佚书》卷七十六,第六十八页;严可钧辑录于《全上古三代秦汉三国六朝文》(后汉部分)卷五十五,第九页。

⑩ 关于这些,见本书第十四章(f)(第二卷,pp. 380ff.)。

⑪ 《隋书》卷十九,第十三页。在本书第二十章(g)里已经讨论过(第三卷,p. 361)。由译者译成英文,借助于 Masper-so(4)。

盛[①]。

〈璇玑中而星未中为急,急则日过其度,月不及其宿。璇玑未中而星中为舒,舒则日不及其度,月过
其宿。璇玑中而星中为调,调则风雨时,庶草蕃芜而五谷登,万事康也。〉

苏颂在他的备忘录结尾时引用了这段话,将他的评论同上面的文章加以比较,是很有意思
的[②]。

由此可以得出结论:用天文仪器进行天文观测的人,不仅是在形成正确的历法使好
的政府得以将其政令(即农业社会的管理)继续推行下去,而且还能(在某种意义上)预
示(国家的)灾祥,并研究形成得失(的理由)。

〈由是言之,观璇玑者,不独视天时而布政令,抑欲察灾祥而省得失也。〉

这样,他对一般人们把中古中国天文学家的活动认为只具有预言性质的看法,做了合理的阐
述。他说,不是占星家的预言,而是正确的历法科学能够使国家繁荣。

至于把一个仪器装在室内而另一个则装在观测台上的神秘布置,这里也找到了解答。张
衡时代的制历天文学家们最关心的一方面是各星指示位置之误差,另一方面是日、月等指示
488 位置间之误差(例如:时差,月的摄动等)。如果照我们已引证的各项资料[③],使人感到在仪器
中极有可能有代表日、月和星辰等的小东西,以某种方式装在仪象上,而且还容许在那上面
自由移动(例如穿在线上的珠子)。那么,室内的计算人员就会按照现行历法的预告调整日、
月、星辰等的位置。然后由计算人员说出什么正应该发生,而由观测天象者予以校验,必要时
予以纠正,这样就校准了历算的公式,校准了历法。《晋书》中有两处提到,室内的计算人员一
般总是先发言。

当苏颂在 1088 年建造钟塔时,顶层里的浑象和露天平台上的浑仪(虽然是机动的,却仍
然是观测用的),完全同早期张衡所建立的法则极为一致。尽管计时部分现在是设在底层,但
苏颂仍保留了先前几世纪内的图解模式。因为苏颂告诉我们:

有表示日、月、五星的各样颜色的珠子穿在丝线上,线的各端用钩环挂在南北轴上。
按照七曜盈亏、疾迟,留逆及其一切运动,让珠子各个处在它们的相应的位置上[④],它们
就随着天象的运动而昼夜旋转。监视珠子的观测者验证这些珠子所表明的某曜的位置
是否同平台上所观察到和测到的位置相符合。如果没有差异,则历算公式被认为是正确
的。如有差异,则历算就要调整[⑤]。

〈又以五色珠为日、月五星,贯以丝绳,两末以钩环挂于南北轴。依七曜盈缩、迟疾、留逆、移徙,令
常在见在躔次之内。昼夜随天而旋。使人于其旁验星在之次,与台上测验相应,以不差为准。〉

这样整个体系就是利用图解方法以测定星辰运动之中的任何误差。其基本的规律虽不可计
量,但却是一切历法的依据。

这项程序的阐明给我们提供了另一个机会来研究"前期时钟"(如果可以这样称呼张衡

---

① 有关此文的另一后期记载(《古微书》卷二,第二页),其意义适与此相反,其"急"和"舒"乃指星而不是
演示用或计算用的仪器,这就使马伯乐[Maspero(4)]误认为整个装置是占星学的。反之,其历法上的目的很明显。我
们感谢普赖斯博士阐明了它。

② 《新仪象法要》卷上,第五页。

③ 《宋史》卷四十八,第三十六页起有关张思训部分;《旧唐书》卷三十五,第一页起;《宋书》卷二十三,第八页起和
《隋书》卷十九,第十七页起关于钱乐之部分。

④ 人工设定。

⑤ 《新仪象法要》卷上,第四页。

的装置的话）和擒纵机构时钟发明的社会背景。如前所述[1]，颁布官历是中国皇帝最重要的一件大事。约在公元前 3 世纪中国首次统一起直到 19 世纪清朝末年止，共颁布过近百种历法。每种都有三、两个字的命名，详列颁布日期和编纂者的姓名等。但在西方语文中[2]，还缺少这方面的系统的资料，以利于综合和分析史料：哪些只是校订旧表，改换年号；哪些是确有计算新法，改用了新的常数和造了新表？另一个问题是，时钟的发明同新历法颁布的频率之间，有没有什么联系？这些发明跟所谓"历法危机"的时期有关系 489 吗？

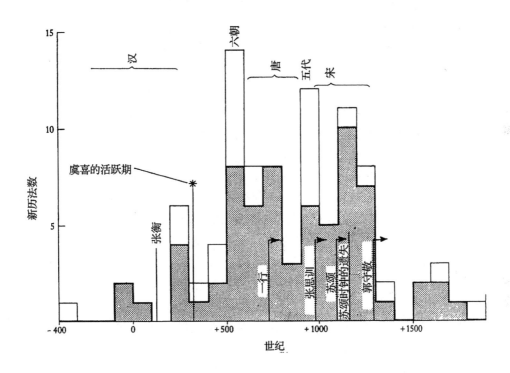

图 663　制历同擒纵机构发明的关系图。公元前 400—公元 1900 年间每一世纪所颁新历数目图。数据见
　　　朱文鑫（1），说明见正文。

初步的回答是并不困难的。朱文鑫（1）曾将公元前 4 世纪到 19 世纪每世纪内之新历法数目绘制出来[3]，如图 663。可以看出在 6 世纪曾出现过高峰值，采用新历不下 14 种之多，但是需要订正。有的所谓新历，只是换了个名字的新历；有的则只是为了新朝代的建立而采用的，因为每一朝代的更替，总是照例要改颁历法的，但这类新历，都不是从天文方面的要求来的。我们的目的是研究真正天文方面的活动，所以必须将上述情况从数字中剔除出去。这样修正之后，就得到一列较矮的柱体。即使这样，也不能肯定它就是我们所需要

① 本书第二十章（c）（第三卷，pp. 189ff.）。
② 有丰富的文献资料，大多数是中文和日文的，在本书第三卷，pp. 390ff. 已经提到过了。
③ 参见普赖斯［Price（6）］为了表明 900—1900 年间伊斯兰世界和基督教世界生产星盘的生产率所做的类似的图，或齐纳［Zinner（5）］对 1446—1630 年间印行的天文书籍种类的分析。

490 的指数。因为,同一朝代内皇帝更替时,或同一皇帝在位期间的改元,也都要颁布新历的。但是校正后的纵坐标,可以当作是天文活动的概略标志,因为一般在短期内改变历法,不至于也不便于经常发生,所以可以假定改历常是由于天文的讨论或争论而引起的①。

图 663 显示的是两个高峰值(6—8 世纪和 9—13 世纪),继之是明显的跌落。显然的解释是:问题的提出是在汉代,到了清代,问题的大部分已经获得解决。张衡的发明出现在准备阶段的汉代,当时只有很少的几部历法,但是应该记住他正在推行一项要再继续多年才会产生效果的技术。另一方面,一行确切无疑地使用擒纵机构正是在六朝和唐代"历法危机"和制历活动突然兴起的后期出现的。后来的伟大的时钟都是产生在与宋代类似的时期。

用同一资料,自 200 到 1300 年,以 25 年为周期,重新绘制(图 664),各个阶段就显得更为清楚。有一个相对平静的时期,一直延续到公元 500 年,但从那以后(除去新皇帝的频繁改历),至少每 25 年就有一次新历法,有一时期竟多达 4 种之多。前二、三世纪曾经是用浑仪一类仪器积极进行天文计量的时期②。同时,外来的佛教也正开始产生影响,当然也包括天文方面的概念。但这个时期的治历活动,是属于情况不明阶段,还有待于进一步研究③。无论如何,外来影响所引起的"危机"在唐代日甚一日。在 8 世纪初,对其他历法——印度的、波斯的、粟特人的——的优劣,在京都长安曾有过激烈的辩论④。而这时正是一行和梁令瓒,似乎是为了满足更精确计时器的紧迫需要而发明了他们的水轮联动式擒纵机构。

临近唐末,一切复归平静,但随着宋朝的建立,差误就一定要再次突出出来⑤。我们发现张思训(975 年)的时钟是同每 25 年内至少产生 3 种历法的情况相一致的。而在 925—1225 年间,在每 25 年中都至少有一种新历法产生,所以苏颂的钟的应时而生(1088 年)就是很自然的。在 1175—1200 年间的 25 年竟出现 6 次更改历法的纪录,几乎可以肯定是由于宋都在 1126 年被金人攻陷后对天文学所造成的危害的反映。对此,作者还要做更详尽的叙述。在 13 世纪末叶,治历活动又突然活跃起来,这是由于阿拉伯历法的传入,其影响跟早期印度和粟特人历法传入时相同,最后到了明朝的沉寂和清初耶稣会士的到来,出现了世界天文学走向 492 统一的局面。

看来是两个并行的因素同时存在:皇室私生活⑥的要求和历法计算上的需要。张衡在公元 120 年前后的发明,是从滋长着的许多怀疑引出来的,而基于同一原因导致依巴谷(Hipparchus)于公元前 134 年发现了岁差和虞喜于公元 320 年表述了相同的主张。到了公元 700 年,时间的精确计量成为一个十分紧迫的问题,农业文化占统治地位的社会的需要,以及天文科学自身的内在发展,导致一行找到了他的答案。这确实是一个奇怪的结论:像这样深深扎根于西方机械工业文明的时钟,竟会是从东方农民对历法的需求而创始的,但也应该谈谈其他同样值得重视的看法。在本书内曾不断提到中国天文学是以极和赤道系为基础而建立

---

① 我们知道这常常是如此——如在一行的时代。

② 本书见第三卷表 31,以及伴随的讨论。

③ 关于优秀的数学家和天文学家如信都芳、甄鸾、刘孝孙、张孟宾等人的工作,见本书第三卷,pp. 116,205,358,394。

④ 这正是印度天文数学家的三个家族,其中包括瞿昙悉达迁来长安的时候(见本书第三卷,p. 202)。在此时期,佛教学者中也不都是观点一致的。瞿昙悉达和中国的凡俗天文家南宫说就反对一行。

⑤ 也许五代时期的开国历鼓舞了历算家。

⑥ 参见本册 p. 477。

新历法数目

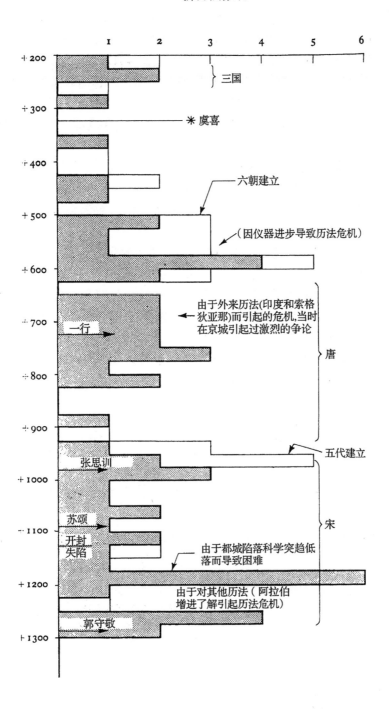

——每 25 年期间新历法总数（仅仅更名者除外）。

——除了标志新朝代开始的历法以外的新历法

图 664　制历同擒纵机构发明的关系；公元 200—1300 年间每 25 年所颁新历数目的绘图。数据来自朱文鑫
（1），原图。说明见正文。

起来的，而希腊的天文学则以黄道和行星系为主①，各有其优点和功绩。如果说依巴谷在虞喜前4个半世纪就能表述岁差的事实，这是由于他是在测量和比较黄道坐标上的恒星位置，所以很容易发现它们跟二分点之间距离的变化。但是如果说张衡以机械方法运转天文仪器493是在文艺复兴的欧洲产生时钟驱动的概念以前15个世纪②，如果说在这方面，一行以其说明详尽而成功的机械计时器都未受到高度的重视，这都是由于中国的天文家总是用赤道坐标，因此是以赤纬线进行思考的。一切星球沿着这些轨道运行，但黄道纬度和经度只是人造的抽象系统，是几何学上的废墟。沿着这片荒野上的线永远也见不到有什么东西在移动。多恩(Donne)说得好：

　　　　有子午线和纬线，人们将它们织成了网；

　　　　然后将网抛上了天，它将永远为人所有③ ……

所以在中国，组织浑象或演示用浑仪的旋转，如果方案是有用的话④，是完全自然的一种想法。不容易的只是如何做的问题。

　　在结束本节前，作者再用几句话来对比一下我们所认为的张衡为解决其问题所采用方法的相应背景。为了控制住刻漏的滴水浪费，有一个办法就是求助于水车设计者的技艺。在公元2世纪的中国，其制造工艺无疑是简陋的，但是在前一个世纪里，水碓业已广泛使用⑤。虽然中国的水轮在后期多是卧式的，但立式的"维特鲁威"型的则一直存在着⑥；而且在用于水碓上时，以立式更为合适。还有，水排在公元1世纪时已在中国通用。如果中国的立式水轮确是由筒车⑦演变来的，则其演变过程在张衡时代以前很久就已经完成了。因而，张衡的主要创造就在于安排定量的水不断地流入水斗，而不是以强力水流冲激轮叶。轴上的脱扣凸

---

① 见本书第二十章(第三卷，pp.229,266ff.)。

② 如本书第三卷 pp.362,366 里所讲的，在欧洲观测用仪器的自动旋转，首先是由胡克于1670年提出，8年后才由卡西尼(J. D. Cassini)在一个浑仪上完成。直到1824年才用时钟机构驱动赤道望远镜，它是由夫琅和弗(Joseph Fraunhofer)制造的。演示用仪器的自动旋转出现虽较早，但不早于16世纪；参见 H. Werner(1)，Crommelin(5)。最初的一个是华内洛·托里亚诺(Juanelo Torriano)在1540年代为西班牙的查理五世做的[参见 Morales(1)]，但是我们对它知道的很少。在米歇尔[Michel(16)]关于天象仪的前身的文章里，他讲了约在1580年小克里斯托弗·希斯勒(Christopher Schissler)所做的机动天球仪，显示太阳在黄道上的运动。据冯·贝特莱[von Bertele(2,6)]的调查资料，现存最早期之欧洲时钟驱动演示浑仪似乎是1572年由乔赛亚斯·哈布雷赫特(Josias Habrecht)所制造(图665)。在此期间，比尔吉曾制造4到5具极精美的仪器，他是第谷和开普勒在布拉格的足智多谋的同行[见 von Bertele (1,3)]。大多数再早的仪器，如爱德华·赖特1613年左右所制的，自然是以地心系为主的，现存最古老的日心系仪器似乎是冯·贝特莱[von Bertele (2)]所述，无名氏于1651年制造的哥特奥普(Gottorp)地球仪(图666)。另一件哥特奥普仪器[现保存在列宁格勒(Leningrad)]，是一个直径为11英尺的巨球，外为地仪而内为天仪，内部还装有观测者的座位。这从中国故事的角度来看特别有趣，因为它也是由水轮驱动的，我们很想知道它的建造者奥莱阿里乌斯(Olearius)约在1660年为它装备了什么样的擒纵机构(如果有的话)，但不幸的是一切纪录都已散失。贝特洛的设计(图667)是18世纪后期实际作法的典型[参见本书第三卷，图177，和 von Bertele(2)，figs.23a,b,27a]，但基本上仍然是根据1000年前一行钟的同一原理做的。

③ *An Anatomie of the World*；*the First Anniversary*(1611年)。

④ 所以，在传统上，一般把机械驱动天文仪器的发明归功于希腊人是多么荒谬的事。米歇尔[Michel(16)]在讨论此项发展的限制因素时称："为了达到把天体力学分解为圆周运动的逻辑组合，这要等待具有'透视空间'本领的希腊人的几何天才"。他所想的当为托勒密理论及其复杂性，但实际上希腊人之成就也不过是利用沉降浮子转动圆盘而已，甚至安提-库武刺的天象仪(如有动力)或阿基米德的天象仪(见本书 p.534)也不会超出上述的范围，无疑希腊人是成功的理论家，但就整体而言，不能比美中国人，中国人是更好的实际装置的制造者。

⑤ 参见本册 pp.390ff.。

⑥ 参见本册 pp.405ff.。

⑦ 参见本册 pp.356ff.。

图版 二五八

图 665 哈布雷赫特于 1572 年在斯特拉斯堡(Strasburg)所制的时钟机构驱动的浑仪。这可能是现存这种欧洲仪器中最古老的[参见 von Bertele(2)]。浑仪系地心式,借右侧齿盒内可调节齿轮组操作一极轴驱动装置以旋转之。备有按地方纬度以正确调整浑仪的装置。地球仪是固定在中心(参见本书第三卷图 179 的朝鲜仪器,年代差不多),并且绕北极的盘指示出恒星日以及月之盈亏。基座上的度盘面,跟 1361 年的多恩钟的盘面一样,指示天文位置。地球直径为 $6\frac{1}{4}$ 英寸;存放地点:哥本哈根(Copenhagen)的罗森堡城堡(Rosenborg Castle)。

图版　二五九

图 666　哥白尼地球仪，一无名氏于 1651 年为吕贝克(Lübeck)的
主教所制，以后为哥特奥普的公爵所有。这是现存的欧洲
太阳中心仪中最古老的。瓶形外壳的圆盖每年绕竖轴旋
转一周，竖轴伸出圆盖之上，装着代表太阳的小镀金球。
距中心一定距离的地方另有一个圆盘。通过该盘中心竖
起一个轴，轴上装着一个较大的地球，球外有几个圆环环
绕。当地球被带着做周年运动时，又绕自身之轴每天自转
一周。在它的左边，可看到一托架，上边装着月球，表演月
相和会合周期。同时，地球和月球模型，在它们分别绕太
阳和地球做圆周运动时，又借助于椭圆轮和凸轮的作用
或升或降，显示出太阳和月亮对地球轨道任一点的倾角
变化。圆盖的直径为 2 英尺。存放地点：丹麦腓特烈堡国
家历史博物馆(Frederiksberg Castle National Museum)。

图版 二六〇

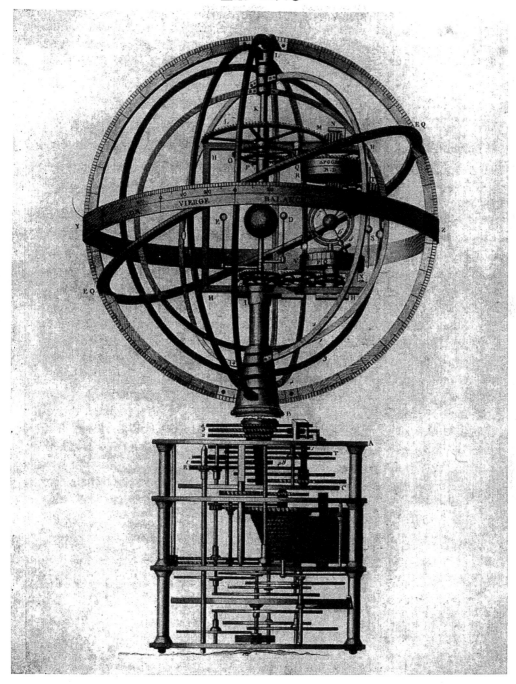

图 667 18世纪后期贝特洛[Berthoud(1)]设计的日心演示浑仪。参见 1759 年编的《皇朝礼品图式》中所载耶稣会士传入的例子(本书第三卷,图 177)。黄道位于水平位置,行星模型在黄道平面内旋转。

耳也是操作它四周的舂米水碓的。此外,他的创造还有使它每次都推动齿环或齿轮前进一齿[1],或许推动叶形齿,并由棘爪来控制[2]。他的安排似乎并没有超出汉代技术能力的地方[3]。脱扣凸耳是他们自己的[4],虽然应用它做单齿小齿轮,则是起源于亚历山大里亚人。读者可以同前一世纪的赫伦的路程计轴上[5]的钉栓作比较,而不必去同他的吹管风车轴上的栓钉作比较[6]。当时亚历山大里亚的工程师们同中国汉代的工程师们之间有过什么联系仍是一个谜[7]。可能同前面讲过的徒劳无益的情形一样,中国的记里鼓车是同时代的产物,而且它还改造为带有一齿、二齿和三齿的小齿轮[8]。

张衡的简单机器,当水缓缓地流入某水斗里的一段过程中,是静止不动的。注水达到足量时,水重就胜过齿轮和浑仪的阻力,于是凸耳就使齿轮转动一齿,然后抵住次齿而静止下来。虽然有关记载都说是"合如符契",但我们应估计到这个装置的计时性能是很差的[9]。因为这在很大程度上决定于机械的间隙和阻力、每个水斗的精确尺寸、极轴轴承的性质以及类似的因素。很可能只是艰难地维持着正常的运转,而后起的从事制造同类仪器的天文家们,都曾探索改进的途径,但直到一行才达到了目的。或者他们的机械运转良好,大大超出我们的想像。无论如何,也不能把张衡的器械绝对地排除在冯·贝特莱的时钟定义之外。就我们所知,将一个有动力推动的机器的运动进程,切割成等时间段,以获得缓慢和规律的运动的问题,是在任何亚历山大里亚人的设计里都没有解决的。假如说张衡自己也未能解决它的话,他也已经打开了通向最后解决它的途径的大门。

(4) 从苏子容到利玛窦;时钟及其制造者

作者现在照预定的计划回到讨论的焦点,即苏颂(苏子容)在1088年建造的大时钟,然后再从那里开始追踪以后的发展,直到利玛窦和他的耶稣会士时钟专家们来到的时代。这几乎正好是500年的光景,而且,跟以往的一切想像相反,在这期间时钟制造在中国迄未间断,制钟者也在不同的时间和不同的地方,取得了不同的成果。

首先,最明显的问题是苏颂的钟塔和其内部的机械的命运如何?幸好在这方面有较为丰富的资料,而且也值得仔细地作出回答,因为这对北宋末年时钟制造取得政治上的重要性能给予意外的启示。苏颂"合台"的青铜部件[10],无疑是在翰林学士许将监督下,试用一段时间

---

[1] 表明中国汉代具有广泛的齿轮知识的见证,参见本册 pp. 85ff.。
[2] 参见本册图 391a,b,及 pp. 86ff.。
[3] 人们应该还记得在张衡去世后不到一个世纪,工程师马钧所造的极其精巧的傀儡剧场(参见本册 p. 158)。动力是水轮,并且一定会有很多凸耳。
[4] 参见本册 pp. 82,381。
[5] B & M, pp. 514ff. 取自 *Dioptra*, ch. 34。参见本册 p. 285。
[6] Wooderoft(1), p. 108, 取自 *Pneumatica*, ch. 77。参见 p. 556。
[7] 参见本书第一卷, p. 197。
[8] 王振铎(3);刘仙洲(6)。后者注意到记里鼓车里的击鼓偶像对后来时钟司辰机构可能的影响,也不能忽视指南车上的指向偶像(本册 p. 286)。
[9] 然而,总是有这种可能,即对张衡机器的表现和性能的描述,是老老实实的和没有夸张的。参见本册 p. 474。刘仙洲[(7),第98页起]。用减速齿轮机构,对此提供了新的解答(参见 p. 512)。
[10] 浑仪和浑象。

后,在 1090 年或略早奉旨铸造的。由于许将的授意,从而使苏颂建造了一套全新的辅助机械,这可能是最早能容人进入的最早的"天象仪"。

有一段文章值得引述①。

元祐四年三月(1089 年)(苏颂的浑仪钟塔的)木样制成了② ——这是前所未有的。翰林院学士许将等受命检验。(正式试验以后)已卯日,他们讲:"已经将(浑仪时钟)同拂晓、黄昏以及天体运行作了比较,都是完全符合的,于是就下了诏令铸造它(就是浑仪和浑象)为青铜的。命名为元祐浑仪钟。"

过了一些时候,(许)将等人又说:"一向被叫做浑仪的东西,它有一个圆球外形,从而可以让赤道星座的位置,用刻度标注在它的圆周上。里面有同心环和望筒,可用以观测天象。[这样,我们就在这里有两种仪器,浑仪和浑象,不过它们可以被制成一个单一的仪器。]③现在我们所建立的包括两个不同的东西,[转动的]④浑仪和[转动的]④浑象,前者用以观测天体运行的真实度数,后者则置于密室中,本身表演天球的旋转,并校核浑仪所观测到的结果。如果两个仪器合而为一,浑象将成为浑仪的(一个部分),它们将一起正确地(显示)天体运动,完成它们双方的任务。[这也将是对本朝(天文)装备的一项贡献。]④ 因此我们请求下令制造(这种)浑仪。"于是决定这样作。

(苏)颂是深明此道的,因为他家里就藏有这样的一个小模型(浑象或浑仪),于是他请(韩)公廉做(必要的)精心计算,几年后仪器终于制成了。它比一个人要高些,因而人可以进去坐在里面⑤,它的结构像一个(带有竹篾的)灯笼或鸟笼("篝","笼"),并且(丝的或纸的)壁上,按恒星位置穿有许多小孔,它藉一个轮子来进行转动("激轮旋转之势"),从而晓前、昏后⑥的任一时刻的恒星中天位置,都能通过那些小孔观察到。天文学家和历法的学者们都聚集来参观它的运转并为之惊叹不已,因为以前从未有过⑦。 496

〈元祐四年三月八日,翰林学士许将等言,详定元祐浑天仪象所,先被旨制造水运浑仪木样,如试验候天不差,即别造铜器。今臣等昼夜校验,与天道已参合不差。诏以铜造。仍以元祐浑天仪象为名。

其后将等又言:"前所谓浑天仪者,其外形圆,即可遍布星度;其内有玑、有衡,即可仰窥天象。若浑天仪,则兼二器有之同为一器。……今所建浑仪象,别为二器,而浑仪占测天度之真数,又以浑象置之密室,自为天运,与仪参合。若并为一器,即象为仪,以同正天度,则浑天仪象两得之矣。此亦本朝备具

---

① 这段引文在不同的文献中词句略有不同,见:《宋会要稿》第五十三册,"运历二",第十三、十四页,特别是第二十三页(资料来源可能几乎是同时代的),以及《玉海》(1267 年)卷四,第四十六页。引文的第二段是从《宋史》(卷八十、第二十五页起)的正文略加压缩而来的。第三段是从朱弁(即见下文的)《曲洧旧闻》(卷八,第十页起)摘引来的。李约瑟、王铃和普赖斯[Needham, Wang & Price(1), pp. 115ff., 117],他们只知道后两种著作中的正文,因而他们误解了许将的建议(误认为只是要求一个没有时钟驱动的单独作为观测用的浑仪)。并且不全相信朱弁关于大空球的故事(还臆断为道听途说或记忆错误)。当把《玉海》和《宋会要稿》的记载同后两种记述相互参校时,结果就搞清楚了,朱弁所述关于苏颂所做的,其实正是许将所要求的。

② 参见本册 p. 464。

③ 用方括号括的文字,《宋史》中未载。

④ 方括弧里的文字,《玉海》中没有。

⑤ 按王振铎(9),将引文"人居其中"的居读如踞。

⑥ 当然是在一年之内的任何特定的时间。

⑦ 《宋史》继续写道(第二十五页):"元祐七年四月(1092 年)苏颂奉诏撰写浑天仪象铭",即"天象仪球"。"六月浑天仪象钟塔成"。

典礼之一法也。乞更作浑天仪。"从之。

　　颂因其家所藏小样,而悟于心,令公廉布算数年而器成。大如人体,人居其中,有如笼象。因星凿窍如星,以备激轮旋转之势。中星昏晓,应时皆见于窍中。星官历翁,聚观骇叹！盖古未尝有也。〉

所以依照许将的建议而制的辅助仪器,按观测者可以进到里面研究人造天空的意义来说,而不是按行星运动可以机械地表演出来的意义来说,它是一个天象仪。虽然所用的语言与常用于水轮驱动的语言相似,如"激"字就有这个意思,可是没有"水"字。所以天象仪可能本来是用手来调整到任一需要的角度,如同王振铎(9)所倡议的复制模型那样,让观测者坐在主极轴的悬椅上。苏颂为满足许将的要求,无疑是加装了子午环和地平环,而其他各大圆都会充分地在天球的表面上被标志出来①。因此,1092 年标志着苏颂造诣的顶峰,两年后完成了他的著作,然后又享七载天年。

　　不久,苏颂和韩公廉的杰作,就受到当时派系倾轧和战乱的威协。从 1062 年代起直到 1126 年京城陷落,社会生活因保守派和革新派之间的激烈斗争而遭到破坏。这里,作者不准备去详述造成分裂的那些争端,虽然或许可以这么说,后者主张不惜一切代价来加强中国社会的官僚政治的特性,并因此受到旧式封建地主、士绅、商人和小业主们的一致反对②。如前所述③,苏颂虽然还不是保守派中的积极成员,但由于他与保守派人的关系,也被视为保守派成员。因此,与 1094 年革新派重掌朝政时,就有毁掉苏颂钟塔的议论,朱弁在他的《曲洧旧闻》(1140 年左右)里写了这件事④:

497　　　　绍圣初(1094 年)蔡卞(尚书右丞)⑤ 提出这应该毁掉,因为它是属于前(元祐)时期的故物,在当时晁美叔做秘书少监⑥,因为他对苏颂仪器的精密和制造的优美,十分欣赏,就同蔡卞力争,但不成功。于是,他又求助于林子中,林子中又向章惇(宰相)⑦说情,才避免了时钟被毁的厄运。但是当蔡京和蔡卞兄弟俩⑧执掌朝政后,就没有谁再敢于出来为苏颂的时钟讲话了,真可惜!

　　　　〈至绍圣初,蔡卞以其出于元祐,议欲毁之。时晁美叔为秘书少监,惜其精密,力争之,不听。乃求林子中为助,子中为言于章惇,得不废。及蔡京兄弟用事,无一人敢与此器为地矣。吁可惜哉!〉

当然,当时的观念总以为每当改朝换代之际,必须"除旧布新",而那时的政治家们则很少能够懂得实际科学知识要经历缓慢的成长过程⑨。但事实上该时钟并未遭到破坏,并一直在不停地运行着,直到 1126 年金人攻陷京城为止。

_____

　　① 在几页前(p. 492)作者曾提到哥特奥普的奥莱阿里乌斯在 1660 年所造类似的"天象仪"球。虽然它是以水力驱动而苏颂的还未必是那样的,但从文中得知,如果他想这样做的话,那也不会有困难。简直难以想象在哥特奥普"天象仪"球之前 600 年,已经有他的先驱者了。

　　② 参见本书第六章(h)(第一卷,p. 138)。说明见 Fitzgerald(1),pp. 391ff.,但所有用西方文字所写的这段历史都不能令人满意。然而,读了会有所俾益的文献是 Williamson(1),Ferguson(4,7)与 de Bary(1)。

　　③ 本册 p. 446。

　　④ 《曲洧旧闻》卷八,第十页。由作者译成英文。

　　⑤ 1054—1112 年,革新派的领导成员之一,王安石的女婿。

　　⑥ 即晁端彦(生于 1035 年),书香世家的杰出代表。

　　⑦ 1031—1101 年,诗人苏东坡之友,以后成为革新派领导人之一。

　　⑧ 蔡京(1046—1126 年),蔡卞之兄,兄弟二人在 1101 年共执朝政。苏颂死于这一年,关于他的时钟的命运,他一定有所预感的吧。

　　⑨ 齐尔塞尔[Zilsel(4)]认为,欧洲文艺复兴前,科学要连续不断地发展的概念在世界上是稀有的,而且这个概念以后倒是来自手艺人而不是来自读书人。

在回到北宋时钟的政治方面以前,让我们一直追随苏颂时钟的命运到最后。在这带来灾难的一年里,京都(开封)两次被围。九月京都被攻陷,两位皇帝(徽宗和钦宗)都被押解到了北方的北京当了俘虏,在以后的一段时间里,太子和皇族以及宫廷权贵们在后方流亡,从一个地方迁移到另一个地方,直到 1129 年才最后定下来以杭州为新都。这就是 140 年后为马可•波罗所看到和誉为“众城之花”的城市。但是,此项巨变对宋朝的技术优势的打击是极为沉重的。其最重要的事是在围困开封城时,金人在不时的和谈中,常勒索工匠和熟练工人以及他们的家属作为贡物这件事。他们向开封索要各种工匠,包括金匠、银匠、铁匠、纺织工和裁缝工甚至道士[1]。所以,当京城陷落时,实际上所有从事制钟的技匠和维护的技术人员等都已经随着金人迁往北方。也许他们还是伴随着已被解体的钟塔一同前去的呢。因为《金史》有如下的记载[2]:

> 金(朝)攻取汴(京)(即开封)以后,所有天文仪器都用双轮马车装载着运到燕(现在的北京或泛指东北区域)。天的(齿)轮(“天轮”)、赤道齿环(“赤道牙”)、计时齿轮(“距拨 498 轮”)、浑象(“悬象”)、钟、鼓和司刻报时机构(“钟鼓司辰刻报”)、上部储水箱(“天池”)、水斗、排水池和水箱(“水壶”),等等,均已被损或多年后已废弃。只有青铜浑仪还保存在(金)太史局观测的(“候台”)上。但由于汴(京)距燕 1000 多里,(极)的高度已大有不同,所以必须将(南)极枢轴支点下移 4 度[3]。
>
> 明昌六年(1195 年)八月,一次可怕的暴风雨袭来,在风雨雷电的袭击下,浑仪连同它的龙柱,鳌云柱[4]和水跌均遭雷击,候台的石工基座被劈裂倾倒,浑仪因而坠落地上,受到损坏。皇帝[5]命令主管官员去修复,于是就又安放在台上。
>
> 贞祐期间(1214—1216 年)(金廷和人民在勃兴的蒙古势力压迫下),渡过(黄)河南(逃)。有的提议说浑仪应该熔化掉去做别的东西,但皇帝[6]不忍毁坏它,另一方面,它又是个庞然大物,车载也困难,终于委弃在原地而去……
>
> 〈金既取汴,皆輦致于燕。天轮、赤道牙、距拨轮、悬象、钟鼓司辰刻报、天池、水壶等器,久皆弃毁,惟铜浑仪置之太史局候台。但自汴至燕,相去一千余里,地势高下不同。望简中取极星稍差,移下四度才得窥之。
>
> 明昌六年秋八月,风雨大作,雷电震击,龙起浑仪鳌云水跌下。台忽中裂而摧,浑仪仆落台下,旋命有司营葺之,复置台上。
>
> 贞祐南渡,以浑仪镕铸成物,不忍毁拆。若全体以运,则艰于輦载,遂委而去。〉

这样,重 15 吨的苏颂浑仪最后终于在征战胜利之初就落入蒙古人之手,当他们在 1264 年建都北京时,浑仪还可以供天文官员们使用,不过在那时它已久经折磨,不能再操作自如了[7]。当时蒙古人已经全部控制了当时中国的最优秀和最伟大的科学家。郭守敬在做出他的赤道仪装置(“简仪”或赤道基座黄赤道转换仪)[8]的发明之前,必定早已熟悉苏颂的浑仪。郭守敬

---

① 《宋史纪事本末》卷五十六。这项资料,以前曾间接提到过(p.20),我们应该感谢吴世昌博士。

② 《金史》卷二十二,第三十二页起,由作者译成英文。较长的摘录译文见 Needham, Wang & Price(1),pp.131ff.。

③ 北京的纬度实际上恰好比开封高 5 度。

④ 这就是苏颂将驱动轴穿过它的中心柱(参见 p.457)。

⑤ 章宗,名完颜璟(1189—1208 年在位)。

⑥ 宣宗,名完颜珣(1213—1224 年在位)。这一决定,是他的荣誉。

⑦ 《元史》卷四十八,第一页。

⑧ 见本书第二十章(第三卷,p.370)。

本人,除了从事别的事业外,又是一位时钟制造家。所以,作者也将要谈到他。但首先还是谈谈北京末年那一段混乱的时期。

历史学家和汉学家们对这个时期的事已经写过不少,但却很少有人注意到北宋是在时钟繁荣的热潮中终结的。《宋史》告诉我们[①],1124 年王黼(特进少宰)曾奏称:

> 崇宁元年(1102 年),在京城我偶尔遇到一位云游四方的学者("方外之士"),自称姓王,并赠与道书一卷("素经"),书中详尽论述天文仪器("玑衡")的制造[②]。随后我就呈请皇帝令应奉司制造模型来试验该书所讲的内容,在两个月内,他们做出了模型……
>
> 〈臣崇宁元年邂逅方外之士于京师,自云王其姓,面出素书一,道玑衡之制甚详。此尝请令应奉司造小样验之,逾二月,乃成璿玑,……〉

王黼接着描述了这个仪器,似乎是一具演示用浑仪或浑象,具有一般有用的特征[③],而刻度则十分精细。它又是同复杂的天象仪机械组合在一起的。后者不仅自动显示日、月的位置,而且还能显示月的盈亏,以及行星的上升、中天和下落,以不同的速度正转或逆转,原文继称:

> 一玉衡机构("玉衡")(即擒纵机构)树立在幕后(屏外),支撑着和阻止着("持扼")主水斗("枢斗"),水往下倾注,转动轮子("注水激轮")。下边有一个嵌齿轮("机轮")有43 个齿(牙)。还有钩、键和联锁杆,互相交错("钩键交错相持")。每个(轮子)推动着下一个轮子转动,而并不依靠任何人力。最快的轮子每天转过 2928 齿,而最慢的则 5 天内才转过 1 齿。轮速差别如此之大,可是却全部依靠一个驱动机构来驱动。就其精密度来说,它可以同造物者来比拟。至于其余的,则和(好久以前)一行所做的并无两样。但旧设计采用的都是以铜、铁制造的,锈蚀使机器不能自动运转。现在的设计则是以硬木取代了铜铁,其美如玉……
>
> 〈玉衡植于屏外,持扼枢斗,注水激轮。其下为机轮,四十有三。钩键交错相持,次第运转,不假人力。多者日行二千九百二十八齿,少者五日行一齿。疾徐相远如此,而同发于一机。其密殆与造物者侔焉。自余悉如唐一行之制,然一行旧制,机关皆用铜铁为之,涩即不能自运。今制改以坚木。若美玉之类……〉

这段记述虽然十分简略,却不啻是宋代时钟的最佳说明书。而使用硬木则是特别惊人的特点[④]。王黼继续描述在其他方面优于唐代先驱者的特点,特别是关于报时和击时之机件为

---

① 《宋史》卷八十,第二十五页起;该节的全部译文见 Needham, Wang & Price (1),pp.119ff.。

② 这是除苏颂和阮泰发的著作 (p.450)之外,宋代有关时钟机构的第三本书。

③ 附加物,如表示昆仑山(宇宙山、印度神话中的妙高山)的某种饰物;明显反映佛教—道教影响的附加物。

④ 由于早期铁制塔钟很盛行,一般还不知道欧洲在近世纪曾广泛使用木材来制作钟的部件。甚至最著名的制钟家如约翰和詹姆斯·哈里森(John & James Harrison)都做过很多这样的钟,其中之一制于 1715 年,迄今仍在伦敦科学博物馆里照常地运行着;记述见 Lloyd(3),(10),p.104,pls.127,128。劳埃德[Lloyd(5)]中称,哈里森系木匠世家。木材是用以降低摩擦并免于用油润滑,以瘿疤木(即黑檀,一种天然油木)做轴。以栎木圆盘为轮,齿则沿纹切成,每 2 至 5 个为一组,以螺钉拧到轮的边缘上去。1956 年春作者在巴塞尔的格罗维莱(Grauwiler)商店里见到一座 17 世纪的带立轴和摆杆式擒纵机构的农家用钟,除了重锤、犁子、冕状轮的牙和灯笼形小齿轮的金属针外其余全是木制的。这种木制钟的记叙经常能发现——象黑林(Black Fovest)杜鹃钟和奥地利,Kaftan(1);法国,Planchon(2);新英格兰(New England),Morrell (1)。鉴于中国水轮驱动的时钟,溅水必多,故宜选用轻而防腐的材料为宜。

然,这包括按时吐出珠子到铜莲瓣里的"烛龙"[①]和一寿星偶像。他最后建议设专司来制造几 500
套这样的机器,一套置于明堂[②],一套设在观象台,另外三套置于别处。要特制一套轻便型
的,以备御驾出巡时之用。他还说为了流传给后世,他已经写好了一本关于这一切的书[③]。最
后奉准建造,让王黼[④]负责,梁师成副之[⑤]。但仅仅两年之后,京城就陷于重围之中,估计所有
的半成品、设计和工匠等,均被金兵俘获并送往北方,但王黼已经去世,他没有来得及目视这
一切。

　　王黼的长篇奏议中,有一点很奇特。虽然他的奏议是在苏颂时钟建成后才 30 年提出来
的,而且这个声名卓著的时钟还在正常地运行着。对此却一字未提,估计这是出自政治上的
原因:苏颂的时钟同儒家保守派有关——而王黼则属于道家革新派。

　　蔡氏兄弟在 1094 年首次掌握政权时,年轻的皇帝哲宗还可以自主过问朝政,罢免了那
些争吵不休、本身又已分裂了的保守派成员,立即组成了"考察组",检查现有的天文仪器,包
括苏颂的钟在内。因而它的存在正是从那以后受到了威胁。徽宗继位后的 1101 年,革新派
继续执政[⑥],当时形势对于跟他们有关系的道士们是有利的。但就我们所知,他们没有充分
认识和利用这种有利的形势是失算的。因为道教人士一开始就反对封建的官僚社会,他们卷 501
入了整整儿个世纪里一切的颠覆活动[⑦]。同时他们又是各种原始科学和技术知识以及实践
的促进者和管理者,诸如药用植物学和矿物学、天文学、炼丹术和其他工程技术[⑧]。宋朝的革
新派是摆脱掉传统的儒家思想而同道教的科学与技术结成同盟的官员学者[⑨],意义重大的
是王安石把数学和医学列入到殿试的科目之内,以后又有蔡京在 1104 年予以仿效。

　　徽宗即位之初,道教的各类专家都在宫廷里受到了欢迎[⑩]。1104 年,与张思训同为四川

---

　　①　此项发音方式与拜古庭和阿拉伯文化地区自鸣水钟所用者相似。《旧唐书》(卷一九八,第十六页)上起关于安条
克的叙述,包括这一系统的说明[参见 Hirth(1),pp. 53,213]。这是公元 945 年以前写的,而由以后的史书抄录下来的(见
本书第一卷,pp. 193,203)。我们曾提到拜占庭的使团(公元 643 年、667 年、719 年和 720 年)可能影响一行,参见威德曼和
豪泽[Wiedemann & Hausser(4)]所叙述的较近代的阿拉伯水钟,仍保留着投珠方式。波斯王在 807 年赠给查理大帝的那
个钟很明显属于这一类[Eginhard's *Annals*, in *Mon. Germ. Histor.* (ed. Pertz),*Scriptorum*,vol. 1,p. 194]。那个东方的帝
王恰恰是哈伦·拉西德(Hārūn al-Rashid)[参见 Sarton(1),vol. 1,p. 527]。关于"烛龙",详见《魏略》卷六,第十六页。
　　②　中国皇帝的太庙(参见本书第二卷,p. 287)。详见 Granet (5);Soothill(5);Creel(3)。
　　③　这是宋代的第 4 本关于时钟机构的书吗? 参见本册 p. 449,和 p. 498。
　　④　王黼是中国科技史上最奇特的人物之一。他是著名的考古学家,他为徽宗皇帝编写的馆阁秘藏文物目录完成于
1111 年,命名为《博古图录》或《宣和博古图录》。它详列皇宫所收藏的青铜器、石器、碑铭和其他各种珍品古玩等。他同时
又是一位地理学家和制图学家。因为他似曾增订过王曾的《九域图志》;参见《宋史》卷二〇四,第五页。然而,谁要把王黼
看成是一位呆板的书生,可就大错了。他跟很多道教名流来往,并熟知他们的某些艺术,但这并不妨碍他在朝廷里的冒险
和大胆的事业追求。他从一个下级官员做起,最后升到很高的官级。徽宗末年,他主张与金议和,并以赋税聚敛了 600 万
贯,买下边界五、六座空城献给皇帝,伪称是收复的失地,最后在导致京城陷落的混乱期间,被钦宗所杀,那是 1126 年的
事。
　　⑤　当我们初次读到有关这些时钟的文章时,梁师成的名字并不陌生。在名人录中也占有一席地位,他是著名的工
程师和建筑师,曾为徽宗建造动植物园、喷泉湖泊等,但他的最后结局则不详。
　　⑥　除了 1107—1112 年间,当时有彗星"示警"和太白星昼现[参见 Dubs(2),vol. 3,pp. 349ff.],曾使保守派短期恢
复执政外。
　　⑦　参见本书第十章(第二卷,pp. 138,155)。
　　⑧　参见本书第十章(第二卷,pp. 34,57,130,161)。
　　⑨　印刷术的推广和别的原因,助长了次于贵族阶级的新兴中等文人知识阶层的兴起,他们更城市化,不再依附于
地主绅士家族;参见 Kracke(2,3)。
　　⑩　这里的气氛同 5 个世纪后布拉格鲁道夫二世(Rudolf Ⅱ)宫廷中的气氛,有明显相似之处。

省人的术士魏汉津受命铸造铜或铁的九鼎[1]，是针对古代传说中的大禹铸九鼎而提出的。在鼎的表面上铸上大宋帝国各省的地图[2]。在该世纪初，一位湖南药商的儿子朱勔，受蔡京之命，到全国各地为宫廷征购或募集"各种珍贵物品，强迫人民捐出古玩字画、铜器、玉器、宝石和饰物，以及任何有助于装饰皇宫或满足宫廷奢欲的一切东西"。至少历史家关于他的行径就是这么写的[3]。毫无疑问，朱勔本人从中捞到了好处，但从字里行间，对这种彻底的搜括，感到有一些道士的气味在里面，宫廷里的道士们无疑在关怀各种稀有药物、珍奇宝石、技术机密[4]和各种天然产品，而且王黼还准备把每件东西都登记编目呢！

1112 年有两位著名的道家进入宫廷，在皇帝左右工作达数年之久。王老志是蔡京的密友，也是王黼的朋友[5]。后来接替他的是王仔昔，亦以善卜闻名，而且具有多方面的技能；也就是在幻术与科学尚难分清时代的某种人物。我们被告知[6]王仔昔曾建造了一具"圆象"，无疑是一具浑象，皇帝则将其藏于一特别宫殿里。由此，我们可以推测他可能就是 1102 年把讲时钟的书赠送给王黼的那位"王先生"。在这期间，道士们的道观也受到皇室的优遇。1114 年蔡京建议[7]兴建新明堂，一处方湖和一所宫廷道观，这个计划的第一部分在 1115 年就完成了。一年后，来了另一位有名的道士名叫林灵素，其专长似乎是祈雨和道家文献书目的研究。从此，道家的经典也开始纳入皇家图书馆里，并任命专人负责管理。最后一位是风水道士刘混康，他能藉磁罗盘的帮助，使宫里的妃嫔们的育男率显著增高。

但是由这批文人专家组成的侍从们，纵使遇上一位军事家的皇帝，亦无法协助朝廷组织庞大的武装以抗金兵。随着北方各省的丢失，京都的沦陷和两位皇帝的被俘，道家和革新派的合作也就随之而终结。如果这项合作得以持续下去的话，必将对中国社会发生深刻的影响。无论如何，上面提到过的一些希奇事实，虽然离时钟机构史远了些，却使我们察觉到存在着两派对立的钟表工匠，一派同保守派联合，另一派则同革新派联合。韩公廉必曾拥有他自己的一批手艺人，正如王黼（或许还有王仔昔）也有他自己的一批一样。大概在计划和建造大时钟方面，两个对立的政派也是互相对立的。但是，通常以为的在 1600 年代，时钟在中国仍是绝对新颖的事物，确是一个意想不到的结论。

我们现已澄清苏颂时钟建立时的某些社会背景，并跟踪着它的遭遇直至蒙古统治时期。这把我们引到北方的金国，以后的大元帝国。下一个问题是，在南方，在宋廷撤退到的长江以南地区，情况又怎么样呢？

天文学和工程科学遭到了如此严重的打击，以致在很长一段时间内，皇家天文台的需要都得不到满足。1133 年，天文家如丁师仁、李公谨等怀念地谈论着"旧都的四大著名浑仪"[8]，并同李继宗一起制造了原型的木质模型，但根本没有考虑铸成青铜的事[9]。袁惟几、苏颂的

① 《宋史》卷四六二，第十页。
② 参见本书第二十二章(b)（第三卷，p.503）。
③ 这段话出于 Ferguson(4)。参见 G466。
④ 如本册 p.292 中所述，1107 年吴德仁进献制造指南车的说明书（现存）。
⑤ 他预言王黼始得意，最后身败名裂（《宋史》卷四六二，第十一页）。
⑥ 《宋史》卷四六二，第十二页。
⑦ 《宋史》卷四七二，第六页。
⑧ 《宋史》卷八十一，第十三页起；《玉海》卷四，第四十七页起；《小学绀珠》卷一，第十页。《齐东野语》卷十五，第五页。开封有不少于 4 个天文观测所这个事实本身就是很有趣的。上列各段的完整译文见 Needham, Wang & Price(1)。
⑨ 当时经历的许多困难，可能是由于那些高级工匠的离散或死亡之故。

学生和合作者①,在1136年前后着手铸造一个小浑仪,但未成功②。当时确有对天文钟的迫　503
切需要,因为在1144年,已逃到南方的苏颂的儿子苏携,奉诏检查家藏文献资料,但找不到
可以据以制造另一浑仪的设计文件③。于是,铸造两具非机动的浑仪的任务就交给了一位宫
廷的侍从邵谔。他制造的浑仪虽然说不上如何出色,却是可用的④。特别值得注意的是,大理
学家⑤朱熹(1130—1200年)对时钟机构驱动突然发生了兴趣并尽力试图重建其机构,但也
未能成功。在《宋史》里可以读到⑥:

> 至于水力驱动系统("水运之法")以及浑象,这些均不可复得(同浑仪一起使用)。后
> 来,朱熹家里有一具浑仪⑦,他尽力钻研水力驱动的结构(以便再现这种水运装置),但
> 未能成功。虽然苏颂的某些著作还在,但大抵是讲浑象的细节,而没有任何加工尺寸的
> 记载,所以苏颂的系统就难以恢复了。

> 〈若水运之法,与夫浑象,则不复设。其后朱熹家有浑仪,颇考水运制度,卒不可得。苏颂之书虽在,
> 大抵于浑象以为详,而其尺寸多不载,是以难遽复云。〉

朱熹对时钟的动力驱动问题,采取了如此积极的态度去研究,以及最后被证明无能重新制成
它,这两件事就都成为对理学的重大批判。

擒纵机构的奥秘至此暂告失传,南宋的技术人员们又退回到早期的简单浮子式转盘时
钟原理去了。曾民瞻(曾南仲)是12世纪早期一位杰出的科学家,发明了双针赤道日晷⑧,制
造了水时钟,正是在水时钟的描述里透露出上述情况。在1176年左右,他的儿子或者是孙子
曾敏行在《独醒杂志》有这样的记载⑨:

> 豫章(即江西省)的水钟和日晷是曾南仲发明的。曾少年时就已通晓天文学。他在
> 宣和初年(1119年)登进士第,并被任命为南昌县尉。当龙图阁副学士孙公在那里为帅　504
> 并得知曾南仲时,曾南仲受到了器重和敬爱。因此当曾南仲建议按照新法制造日晷和水
> 钟时,这位孙帅就非常高兴,立即授权曾南仲招募工匠,从事制作。

> 于是用金属铸出容器,把木箭杆刻上(刻度)。主容器之后设置4个水盆和一个储水
> 器⑩。主容器(即注入水的受水器)的水来源于盆(即补偿水箱),而盆的水又取给于储水
> 器。水是从虹吸管一端的青铜龙头的嘴里喷吐而出。在指示杆的旁边站着两个木偶。左
> 边的管白天的刻和夜里的点,它前面有一块铁板,每一刻、一点就击板报时。右边的管白
> 天的时辰和夜间的更。它前面有铜钲,每次到了时候即行击钲报辰、更。

> (曾南仲)又造了两个木盘("木图"),上面有图。其一置于支架上,利用太阳照射的
> 影子以读取时数。另外一个以水使之旋转("用水转之")来摹拟天象运行("以法天运")。

① 参见本册 p.447 和 p.464。
② 《齐东野语》卷十五,第五页。
③ 《宋史》卷八十一,第十五页起;《玉海》卷四,第四十八页。参见《宋史》卷四十八,第十八页起。
④ 《宋史》卷八十一,第十五页起;及《齐东野语》卷十五,第五页;另见《宋史》卷四十八,第十八页。
⑤ 见本书第二卷,第十六章(d)、(e)、(f)以及索引参考文献。
⑥ 《宋史》卷四十八,第十九页,由作者译成英文。
⑦ 这对中古时期的中国在天文研究上,并不只是局限于官方人士和专业界,是一个有趣的见证。例如朱弁就写过:
"苏颂因家所藏小尺寸模型浑仪而逐渐领悟它们的原理……"(《曲洧旧闻》卷八,第十页)。参见 p.495。
⑧ 见本书第二十章(g)(第三卷,p.308)。
⑨ 《独醒杂志》卷二,第十一页,由作者译成英文。
⑩ 参见本册 p.479 所作的综述。

仪器非常精巧,方法极其有效,超越了以往见到过的任何制品。

(曾)南仲习惯于在夜晚观察天象。他能够说出星座的运动,能指出某星在某夜将经过某度。在严寒的冬天,当十分寒冷时,他常常躺在床上,透过屋顶上掀去瓦片的地方,观察天象。有一次他睡着了,寒霜直接落到他的身上,由于受寒而病逝。可惜他的学识没有传下来。只是他的儿子对他的水钟和日晷的一般构造设计,略知一点儿而已。现在这种水钟仍然在江乡和其他各县制造着。

〈豫章晷漏乃曾乃仲所造,南仲自少年通天文之学,宣和初登进士第,授南昌县尉,时龙图孙公为帅,深加爱重,南仲因请更定晷漏,帅大喜。命南仲召匠制之。遂范金为壶,刻木为箭,壶后置四盆一斛,壶之水资于盆,盆之水资于斛,其注水则为铜蚪,张口而吐之。箭之旁为二木偶,左者昼司刻,夜司点。其前设铁板,每一刻一点则击板以告。右者昼司辰,夜司更。其前设铜钲,每一辰一更则鸣钲以告。又为二木图,其一用木荐之以测日景,其一用水转之以法天运。制器甚精,为法甚密,皆前所未有。南仲夜观乾象,每预言其迁移躔次,尝言有某星某夜当过某分。时穷冬盛寒,仰卧床上,彻其屋瓦以观之,偶睡著霜下,遂为寒气所侵而死。其学惜无传焉。独晷漏之制,其子尝闻其大概。今江乡诸县亦有令造之者。南仲名民瞻,庐陵睦埤人也。〉

曾南仲约殁于 1150 年,朱熹的热心研究则在 1170 年左右。但是,正如我们已经注意到的(本册 p.448),苏颂的书是在 1172 年全部在南方[1]重新发现并由施元之首次刻印的,可能是朱熹的鼓励导致这个结果。无论如何,发现关于苏颂时钟制造工艺的详细叙述是载在《金史》里,而不是出在《宋史》里,这是对南宋时事的一件有趣的评论。因为宋、金两朝的历史都是由脱脱(蒙古人)和欧阳玄两位在 1340 年前后编写的,明显的推断是:有关技术的资料是保存在北方金人的档案里而不是在南方宋室的档案里。

从现在起,作者将再回到蒙古时期,回到几页前提到过的郭守敬那里去。早在 1262 年,在忽必烈汗建都北京以前,郭守敬就已经为他做过一个"宝山时钟"("宝山漏"),也许装在上都[2]。在《元史》[3]里,可以看到有关大明殿照明时钟("灯漏")的详细叙述,虽然没有指名为他所造,但却是在关于他的发明的长篇叙述中间出现的,所以,几乎可以肯定就是郭守敬造的。由于所描述的内容几乎全是关于报时机构的,这里就不谈了[4],只是注意到其中有跟苏颂的卧式轮相似的东西就是了。全部机构设在柜内,以水驱动("其机发隐于柜中以水激之");虽然不曾提到水轮,但不可能得到别的动力。一个特异之点是关于所装设的龙:当龙在追逐上下移动之"云珠"时[5],它会"张口转睛";通过这些设施能够"表示水流的平稳,决不仅是装饰品"。这一点很难理解,但毫无疑义的是,郭守敬制造的时钟尽管较为精细,但仍然是因袭一行和苏颂的老传统。令人感兴趣的和新的东西是司辰机构[6]变成了重点,已完全凌驾于天文部件之上了。在 13 世纪末期的中国,虽然还没有给时钟以它自己独有名称,但时钟却已经几乎完全摆脱了天文世界。这是很有意义的一点,因为在 1310 年左右,欧洲也发生了同

---

[1] 是在江苏的吴兴。

[2] 《元史》卷五,第二页。

[3] 《元史》卷四十八,第七页。

[4] 全部译文见 Needham, Wang & Price(1)。

[5] 关于此项主题在天文学上的象征,见本书第二十章(第三卷,p.252)。

[6] 关于司辰机构的描述,有明显的阿拉伯风尚。当我们忆及郭守敬同扎马鲁丁(Jamāl al-Dīn)有过接触(本书第三卷,pp.372ff.),这种影响是预料中的。其设计同加扎里的相似(参见本书第一卷,图 33)。两种设计都有黄道带隐现的信号、亮灯和投珠等动作。

样的情况。大明灯漏的确切年代不能肯定①，但不会离1276年很远。那一年正是郭守敬开始负责以最好和最新的仪器动手恢复北京天文台及其设备的一年。

这些仪器里面有一套是使用水力和时钟机构驱动的，曾经在天文观测中使用多年。更令人感兴趣的是，这套仪器不仅仅是个别的耶稣会士见到过并做了记录，它还是张衡传统中的后期代表作，又是其一系列作品中首先受到欧洲观察家审查的第一具②。在《元史》③里对它的标准描述是：一个直径6尺的青铜浑象，上面有通常的刻度，月轨道是由竹环表示的，并能按需要与黄道相交。仪器的一半没入箱型柜里，"柜里有隐藏的齿轮，齿轮由机器推动以转动浑象（'机运轮牙隐于柜中'）"。不能完全排除重力驱动的可能，不过它对中国传统习惯是那么陌生，因而水轮是更为可能的。

506

1600年春，当利玛窦第二次访问南京时，他同钦天监的某些官员们交了朋友，他们来拜访他并同他讨论他从文艺复兴的欧洲带来的新科学知识。从他的日记里可以听听他自己的话④：

　　神父（利玛窦）得有机会参观皇帝的数学仪器，它们是安装在市内一座高山上⑤的旷地上，四周有美丽的古老建筑环绕着。这里有某些天文学家每晚值班上岗观察天象，不管是流星还是彗星，都要向皇帝详细报告。这些仪器全是青铜铸造的，铸造精细，装饰华丽。如此巨大和美好，神父在欧洲就不曾见到过比这更好的东西。此仪器稳定地矗立着耐住了250年⑥的大气腐蚀，雨和雪的侵袭。

　　有4件主要的仪器[浑象、浑仪、巨型日晷和简仪（赤道基座黄赤道转换仪）]⑦。第一件是一个铜球，上面逐度分别标出所有纬度线和子午线⑧，球体庞大，三人伸臂还不能环抱住它。它被置于青铜的立方形的箱式台座里，箱有小门，人可以由此入内，进行机构的操作⑨。但是球上没有雕刻任何东西，既无星座也无地上的特征，所以，它像一件半成品。或者是有意如此，以便既可以当浑象也可以当地球仪用⑩。

---

①　关于此事的另一种说法，即齐履谦写的《知太史院事郭公行状》（关于郭的讣告）只说是"世祖朝"，那就只能是在1280～1294年。见《元文类》卷五十，第一页起。

②　值得注意的是，时钟机构驱动装置发展的若干世纪里，却仅仅有屈指可数的几位关键人物！利玛窦见过郭守敬的浑象，而郭守敬在13世纪肯定知道200年前苏颂的浑仪。有理由想象，苏颂同他的合作者们在11世纪如果不曾见到过8世纪的一行和梁令瓒的设计，也会看到过10世纪张思训的设计。而依此类推，一行和梁令瓒必定熟悉590年耿询所做的仪器，如果不晓得钱乐之的残存仪器的话，据了解，那些仪器一直延续到至少605年。最后，钱乐之在436年的时钟机构，是从张衡的残存机械中得到启发的。所以，从张衡到利玛窦，中间仅有6位人物（或者说4位），却跨越了15个世纪。奇怪的保守主义也可以从天文常数的传递中觉察到，苏颂在11世纪还在用张衡使用过的π值和年度长度值。详尽阐述见Needham，Wang & Price(1)，p. 78；Combridge(2)。

③　《元史》卷四十八，第五页，译文见Needham，Wang & Price(1)，p. 137；借助于Wylie(5)，Sci. sect. p. 12。

④　编者为德礼贤[d'Elia(2)，vol. 2，pp. 56ff.]，他插进了些汉字。

⑤　大概是北极阁山。

⑥　350才是更接近的估计。

⑦　浑仪和赤道基座黄道仪现保存在南京紫金山天文台（参见本书第三卷，p. 367）。

⑧　郭守敬的平行线肯定是同赤道平行的赤纬圈，不是西方意义的同黄纬并列的纬线。

⑨　加拉格尔[Gallagher(1)，p. 330]在把金尼阁重写的利玛窦日记译成英文时，把这个短语的意思误解为浑仪必须在箱内以手旋转。但原来的意思是人工调整而不是人工运转。

⑩　没有雕刻标志可能意味着大气的腐蚀剥落远比利玛窦估计的严重的多。地球仪在中国的传统中不习见，虽然扎马鲁丁在1267年带来了一个，教士们在1623年又做过一个。见本书第二十九章(f)。

到 17 世纪末,利玛窦的后继者之一李明(Louis Lecomte)[①]看到过和描写了另一只球。但它很小(直径仅 3 英尺),它不会同上述的球属于同一仪器。当南怀仁[②]于 1674 年改装北京观象台时,他似乎并未毁坏自元代以来的任何旧仪器,但是后来的耶稣会士则确实毁过。尤其是纪理安(Bernard kilian stumpf)[③]在 1715 年(据称奉皇帝命),熔化了一些仪器来制造象限仪[④]。这很可能就是郭守敬球仪的末日——科学史上不可估量的损失。

507

现在我们就要回到原来的起点,即耶稣会士们和他们 17 世纪在中国的经历。但首先我们应该向千年传统的水力时钟机构告别。为此,我们还必须进入皇宫的内室。在那里,约在 14 世纪中叶,我们发现元朝的最后一位皇帝,同他那骁勇善骑,驰骋在沙漠战场上的战士型的祖先完全相反,正在自己动手,忙着[如同路易十六(LouisXVI)]制造时钟。从下面的一段引文,可以想见到他的工作风格[⑤]。

> 皇帝(顺帝)[⑥]自己(在他的工作间里,1354 年)造了一艘船,120 尺长,20 尺宽。配备水手 24 人,都穿上金衣,握着船篙,在前后宫之间的湖上游弋,(有机械的安排,因而)当龙眼闪动,龙嘴张开和龙爪挥舞时,(船头的)龙头和船尾的龙尾都能摆动[⑦]。

> 他自己又制造宫钟("宫漏"),6 至 7 尺高,宽是高的一半。一只木柜里置有很多能使水上下循环的水斗("壶")("运水上下")。柜上设有"西方极乐世界的三圣殿"[⑧],旁边有手捧辰、刻漏箭的玉女,到了时候,玉女就随浮子升起,其左右就出现两个金甲神,一个悬钟,一个悬钲。到了夜间,这些偶像自动打更,不差分毫[⑨]。当钟钲齐鸣时,两侧的狮子和凤凰都会跟着舞蹈和飞翔。柜子的东西两面有日、月宫,宫前有 6 位飞仙站立着。每当正午和子夜的时辰到来时,这些飞仙就一双双地度过度仙桥,走到三圣殿,以后再回到原位。

> 这一切精妙的设计超过了人们的想像,都说是前所未有的。

> 〈帝于内苑造龙船,委内官供奉少监塔思不苍监工,帝自制其样船,首尾长一百二十尺,广二十尺……上用水手二十四人,身衣紫衫金荔枝带,四带头巾于船两旁,下各执篙一,自后宫至前宫山下海子山下海子内往来游戏。行时,其龙首眼口爪尾皆动。

> 又自制宫漏,约高六七尺,广半之。造木为匮,阴藏诸壶,其中运水上下。匮上设西方三圣殿,匮腰立玉女捧时刻筹。时至辄浮水而上。左右列二甲神,一悬钟,一悬钲。夜则神人自能按更而击,无分毫差。当钟钲之鸣,狮凤在侧者皆翔舞。匮之西东,有日月宫。飞仙六人立宫前。遇子午时飞仙自能耦进,

---

① 1655—1728 年;他的情况见 Lecomte(1),p. 6(1697 年)。

② 1623—1688 年;参见本书第三卷,pp. 450ff. 。

③ 1655—1720 年;参见本书第三卷,pp. 380,452。

④ Pfister(1),p. 645。

⑤ 《元史》卷四十三,第十三页起;同样内容的载于《续通鉴纲目》卷二十七,第十一页起。由作者译成英文,借助于 Wieger(1),p. 1735(意译)。参见 H. Franke(1)。

⑥ 谥惠宗;名妥欢贴睦尔(1320—1370 年),元朝第 10 代也是末一位皇帝。虽然他在位 30 多年,蒙古帝国的社会和经济已陷入彻底的溃烂境地。

⑦ 参见巴努·穆萨兄弟书中同样的傀儡舟,他们 9 世纪在巴格达(Baghdad)是有名的[解释见 Feldhaus(2),p. 236]。

⑧ 无疑是指孔子、老子和释迦牟尼(Buddha)。

⑨ 这里包涵着很大的创造性,因为夜更"不等",随季节而变化,因此,在某种意义上说,皇帝的钟是走在 1736 年耶稣会士制钟家沙如玉(Valentin Chalier;1697—1747 年)为乾隆皇帝所制的钟的前面去了。沙如玉关于此钟的一封有趣的信,已由伯希和[Pelliot(39)]出版,译文见 Needham,Wang & Price(1),p. 149。

度仙桥达三圣殿,已而复退立如前。其精巧绝出,人谓前代所鲜有。)

即使这种看法有夸张和失实的地方,但不庸置疑。这种皇家司辰机构,虽然不外是踏袭一行和苏颂的传统,却还是给人以极深刻的印象。更为重要的是:这个时钟虽然可以肯定没有钟盘和时针,却实际上完全摆脱了原始天文机构部件的一切痕迹。可是,在变成一件纯计时机器时,却并未取得任何新名称,仅仅仍被叫做"漏",跟 2000 年前的最简单的刻漏一样。它当然远比原来的刻漏复杂多了,这是可以从"水斗"所暗示的水轮擒纵机构推想而知的。此钟同劳埃德[Lloyd(1)]所描写的意大利乔瓦尼·德唐迪在 1364 年所造的惊人的天文时钟几乎出现在同一个时代,是奇怪的巧合。这个意大利天文时钟把天文资料,完全用盘面和指针所标示的符号来表示,另有一些内容是藉刻在无端环链上的符号向旁观者显示的,因为欧洲的传统是不用旋转着的球体和球面的。顺帝的时钟虽然也丢掉了它们,可它还是从张衡的前期时钟那里一脉相承而来的;德唐迪的钟则是从当时新型的立轴擎子式擒纵机构得到了益处,如同还从中古计算器械得到了教益,但它也还是从希腊时代的转盘时钟的盘面和指针一条路线上演变而来的。

对此古老传统的最后打击,发生在 1368 年左右,即明朝的新军攻占北京,结束了蒙古人的统治之际。大概 20 年后,萧洵在他的《故宫遗录》里留下了关于元朝宫殿建筑和皇宫珍藏被明太祖诏令毁坏的惊人叙述[1]。萧洵本人是工部的一位负责官员,曾亲身参与其事,虽然他没有叙述带有精致司辰机构的水轮钟,却仔细地描写了有珠子在喷流中翻舞的龙泉、自动动作的老虎、喷出香雾的龙,以及有龙头的机械船队等。这一切东西的摧毁,虽然是可以理解的,因为新的统治者代表着人民对经济剥削的无比愤慨,并以此促使人们将矛头指向异族的暴君,然而终归是不幸的。本来可以较好地加以利用的大批财富,大都毁灭了——明朝,像以后的革命者那样,也是"不需要"制钟匠人的[2]。无疑,中国时钟技术的传统已经闷死在它本身的司辰机构中,并被绝望地判定为元宫的"废物"。但是它的毁灭(如果的确是在那个时候事实上被毁灭了的话)[3],却是历史上特别重要的一件事,因为这意味着当 250 年后耶稣会士来到中国时,已经没有什么东西可以向他们表示机械时钟在中国是早已存在过的了[4]。

还应该记得,耶稣会士们以为这类机械对中国人是全新的东西的信念,正是本文在开始时就提到的[5]。但是关于中国早先使用的计时方法,他们则是含糊其词的。有一段写在利玛窦回忆录序言中的话[6],已由金尼阁增补过:

---

① 在关于泉和自动机的论述中,已经提到过这个(本册 p.133)。

② 不要以为这位伟大的民族主义者的起义在一切方面都是反技术的。反之,有证据表明,他在战场上大批使用铁管炮(当时的新发明),并取得了胜利。

③ 正如即将看到的,它并未毁灭,而是经历着奇特而意外的孕育再生。

④ 再者,在明代,物理科学和技术的固有传统除少数如陶瓷工业等外,多现出衰落的趋势,其原因未明。因此,几乎无人能向耶稣会士解说中国的数学、天文学或其他科学。这些教士们自然要利用这种情况采取若干做法。对中国人他们就极力强调文艺复兴时期欧洲自然科学的优越性,因为他们希望借此说服中国人信服欧洲宗教的优越性。对欧洲人,他们就尽可能称赞中国的伦理和社会哲学,目的是提高耶稣会的威望,耶稣会正在使之转变的不是野蛮人,而是高度文明的人。中国人很快就发现了头一个基于推理法的论点,决定采纳"新的"而不是"西洋的",采纳其"哲学"但不是"神学"。欧洲人所受到的感染则远比教士们所企望的多得多,而中国的"没有超自然主义的道德"为自然神论和革命铺平了道路。最早来中国的教士们是一群富于同情心的人,他们活动的结果有重大的影响——但这些影响几乎同他们的初衷完全相反。历史的嘲弄就是如此。这里同我们有关的是中国的科学和技术传统,在西方被过份地低估了。

⑤ 本册 p.437。

⑥ D'Elia(2),vol.1,p.33。

他们（中国人）很少有什么测时仪器，他们所有的那些工具，不是用水测就是用火测。那些用水的就跟大刻漏一样，而那些用火的则是用某种香火，很像我们用以点燃枪炮的引火绒或慢性引信绳①。另有少数几种别的仪器，是用轮子以沙驱动如同以水驱动那样——但是这一切不过是我们的机械的影子，而在计时上一般都是不准确的。至于日晷，他们只知道以赤道为基准的那个，而不能根据位置②（即纬度）来正确设置它③。

我们于是不得不相信在利玛窦和金尼阁的时期，还有旧中国驱动轮时钟的残迹遗留着④。而使用沙子则似乎特别奇怪，因为沙漏一向被认为是从欧洲传到中国的，而且是很近期的事⑤。

510 然而，确实是使用沙子，而且沙箱还在⑥。明代时钟发展的情况，已由薮内清（4）和刘仙洲（6）的研究而得到了结果，我们也已经看到了，元朝末代皇帝的值得纪念的自鸣水钟，是如何随明朝民族运动所伴随的儒家节用思想复兴浪潮遭到毁灭的。所以读一读《明史》⑦中的下述一段，虽不惊人却很有趣：

太祖平定元人以后，司天监献上一座"水晶时钟"（"水晶刻漏"），其中有两个木偶像，可以依照经过的时刻自动地敲钟击鼓。但太祖则认为是无用的（奢侈品）而粉碎之。

〈明太祖平元，司天监进水晶刻漏，中设二木偶人，能按时自击钲鼓。太祖以其无益而碎之。〉

当时，如果说皇帝对于带有异民族统治者奢侈气味的东西都感到憎恶；但他似乎对于各省、各府州易于制造的轮钟却给予积极的鼓励。讲述这种新型时计设计的文章就载在《明史》的天文部分首卷里，但都是关于较后期的，且属偶然。同耶稣会士们结成朋友并与之合作的中国天文家们，则正在讨论如何制造观象台的新装备。

崇祯七年（1634年），李天经报称：徐光启说过，为了定时，古时已有壶漏，现在则有"轮钟"（仪器；即机械擒纵机构时钟）。两者都需要人来照看，因此不如从天体本身的运行来计时那么可靠。他于是请求制造3种仪器：日晷、星晷和望远镜。于是皇帝就命令他主管这件事⑧。

〈崇祯七年督修历法。右参政李天经言：辅泾（徐）光启言，定时之法，古有壶漏，近有轮钟，二者皆由人力迁就，不如求诸于日星，以天合天，乃为本法。特请制日晷、星晷、望远镜三器。臣奉命接管，敢先

---

① 李约瑟、王铃、普赖斯[Needham, Wang & Price(1), p.155]对此表示困惑，并且提出或许指的是医疗上用的火灸术，可是用艾条做针灸是中国特有的，直到1674年才由布肖夫(Buschoff)介绍给欧洲[参见Garrison(3), p.261]。正确的解释只能是用于燃炮孔的慢燃引信绳，现已由乔治敦(Georgetown)的耶稣会谢拜什(J. Sebes)大师和尼尔·通布利(Neil Twombly)大师提出；我们感激西尔维奥·贝迪尼(Silvio Bedini)先生将它传达给我们。关于用香测量时间，见本书第三卷，p.330。
② 这种叙述十分错误。这只能说明教士们初次来华，仅接触到少数未受良好教育的当地人，就以讹传讹。
③ De Christiance Expeditione (Augsburg, 1615), p.22.这篇由加拉格尔[Gallagher(1), p.23]译的译文大大背离了拉丁文。
④ 耶稣会教士们在研究科学史中是并不太好奇的。"不过是影子"的含义令人想起他们中的有些人对佛教和喇嘛教礼拜仪式所持的态度，这些往往同基督教的礼拜仪式十分相似，难道这些不是魔鬼的发明，真诚信仰的可怕模仿吗？
⑤ 王振铎(5)研究了这个问题，认为沙漏是在16世纪后期由葡萄牙和荷兰的船传入中国和日本的。详见本书第四卷第一分册，p.290，以及第二十九章(f)。
⑥ 在以沙代水时，中国时计技术家是在采用一种逸出速度与压头无关的介质，于是终于解决了以往死跟在刻漏制造者后面足有2000年的问题（参见本书第三卷，pp.317ff.）。我们感谢纽伊特教授(D. M. Newitt)提醒我们。
⑦ 《明史》卷二十五，第十五页；由作者译成英文。
⑧ 《明史》卷二十五，第十八页；由作者译成英文。

言其略。〉

《明史》又云[①]：

> 明年(1635年)(李)天经又请造沙漏。明初(1360—1380年)，詹希元以水漏在严冬季
> 节，水尽成冰，不能流动，故以沙代水，然沙行太疾，同天象的旋转不能一致。于是在带壶的
> (主驱动)轮之外，又加了4轮，每轮有36齿。后来，周述学觉得这个设计的孔口太小，沙粒
> 容易堵塞。于是又把系统改为(总共)有6轮。其中5轮，每轮有30个齿，同时略微扩大孔
> 口。而后，机器的旋转果然同天象运行完全符合一致了。李天经现在请求制造的，谅必就是
> 来自(詹、周)的这种设计。
>
> 〈明年，天经又请造沙漏。明初，詹希元以水漏至严冬水冻，辄不能行，故以沙代水。然沙行太疾，未
> 协天运，乃以斗轮之外，复加四轮，轮皆三十六齿。厥后周述学病其窍太小，而沙易埋，乃更制为六轮，
> 其五轮悉三十齿，而微裕其窍，运行始与晷协。天经所请，殆其遗制欤。〉

这样，我们遇到了一个新名字，原先是不知道的，但对于我们的故事却很重要，这就是约
1370年的詹希元。周述学，我们以前遇到过了[②]，他活跃于1530年和1558年之间，是一位有名
的数学家、天文学家和制图家。詹希元的时代可由《元史》的主编者、大史学家宋濂所写的一篇《五
轮沙漏铭序》[③]所证实。这是他在1381年逝世前为这种仪器之一而写的。文章对此种机构的描
写十分详尽，因而刘仙洲可以据以绘出如图668所示之工作图。有两件事很清楚。第一，这种沙
钟有一个水斗轮，它同苏颂的伟大的水轮时钟里的水斗轮极其相似，而且也装有类似的偶象机
构；其次，它有一个固定的盘面，在盘面上有指针在旋转。这种式样虽然是以后的一切时钟共有的
特征，但它出现在14世纪晚期的中国，却是十分希奇的。因为这也恰好是盘面在欧洲被一致采用
的时期。最简单的假设是双方各自独立地由古老的转盘时钟演变而来。正如前面(pp.467,503)
所述，该项时钟在中古时期，既在中国也在欧洲同时存在过。另外一项重要之点是，不论是在中国
还是在西方，时钟机构或其初型在天文功用和纯计时功用之间，已经完全分裂了。

关于明代沙漏时钟最难确定之点是：它们是否与一行或妥欢帖睦尔(顺帝)的水轮时钟一
样，用联动擒纵机构来操作？具备这项装置，对他们来说是很自然的事，但从宋濂的文章里 512
却得不到肯定的证明[④]。因此，可能詹希元之创作较宋濂所认识到的更为新颖。因为，他或许
是使用减速齿轮的时钟的发明人。计算证明，不论是照它的原型或其改造型，每个水斗只要
几秒钟就能被充满，加以如此庞大的齿轮组，就不可能再有主动轮疯走的情况。当然，在14
世纪甚至16世纪可能达到的技术水平，以及实际达到的精确程度，很可能会受到来自耶稣
会士们的苛刻挑剔。而重锤驱动的和发条驱动的时钟的到来，无疑是很大的收益；可是詹希
元的作品仍保有其重要性。减速齿轮的原理早已为亚历山大里亚人所知晓，在14世纪的欧
洲，把它用在计时机构里，也已经是普通的事。但是完全藉助减速齿轮以产生从原动机来的
缓慢运动的设想，则在同时代的欧洲人里面，似乎还未出现过。

---

① 《明史》卷二十五，第十九页；由作者译成英文。

② 参见本书第三卷，p.51。

③ 《五轮沙漏铭序》，保存在《明文奇赏》(机械部分，卷二，第五十三页起)里，它是《古文奇赏》中的一部分，陈仁锡编
(1581—1636年)。这篇文章的全部译文见 Needham, Wang & Price(1)。感谢刘仙洲博士赠送的抄件，因为在剑桥没有这个文
集。

④ 这里，作者很遗憾，同刘仙洲(6)有不同的看法。无论如何，他是确信不论是哪一种精确时计，明代沙钟必定具有
某种擒纵机构，这一点，康布里奇和另外几位都是赞同他的。另一方面，也许那些沙钟真的如利玛窦说的那样是很不准确
的(p.509)。

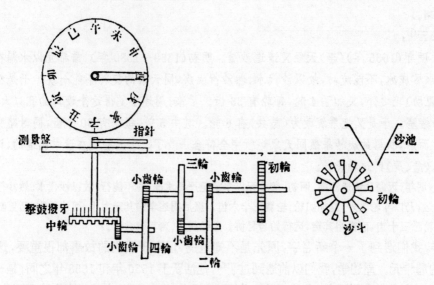

图 668 刘仙洲 (6) 重绘的詹希元沙驱动轮时钟机构图 (约制于 1370 年)。五轮包括：位于沙池下面、带沙斗的主动轮 ("初轮")；3 个大齿轮 (二、三、四轮)；和 1 个中轮，这个轮上装着发声信号装置拨牙 ("击鼓拨牙")，而轮则装在指针的轴上，指针在盘面 ("测景盘") 上环行。盘上可看到有 12 时辰的标记。4 个小齿轮与其他齿轮构成全套齿轮组。周述学以后所做的修改 (约 1545 年) 加进了一个第 4 大齿轮，因而变更了传速比。图上未表示出木偶，它们是由中轮操纵的。元、明之沙漏时钟是否具有传统形式的联动式擒纵机构，尚不能肯定。虽然刘仙洲相信它们确有这种机构，但他的图上省略了，未予画出，这里的办法是纯用减速齿轮装置以计时 [详细讨论见 Needham, Wang & Price (1), pp. 160ff.]。

宋濂对明代沙漏时钟史之记述如下：

以前在滦阳①，水常结冰，即使经常加热，仍然不能驱动水 (轮) 钟。因此，新安②的詹希元尽他的巧思，以沙代水。当他制成了他的原型时钟后，人人都称赞说：以前从来不曾听说过这样的东西。的确，它同郭守敬所造的 (约在 1276 年) 用钟鼓自动报时 (时辰) 的七宝灯漏钟③ 相比，并无逊色。

还有浦阳④的郑君永，他同詹希元同游京师，因而对詹希元的设计，知道得很详尽。回来后就造了一些这样的钟，并请我为之做铭，于是我就写了如下的铭文：

用水壶创刻漏乃我先贤，

涓涓细流不疾不缓测报时间；

严冬冰结水不流，

詹君用沙解决了困难。

沙不凝固也不泛滥。同步跟天！

郑君的仆偶们在鼓乐声喧，

今后再不愁热更不怕寒！

---

① 这是金鞑靼人的一个城市，在北京北方的河北省境内，也许曾是明初的行都。

② 这样名字的一个城镇，很早以来就以其磁罗盘而著名 (参见本书第四卷，第一分册，p. 294)。这大概是安徽省的新安而不是在广州南部的珠江三角洲。

③ 无疑，它与大明殿的灯漏相同。

④ 浦江上的一个城镇，浦江是杭州之南的钱塘江的一支流，浙南当时是小型钢铁冶炼业的中心。

好友们啊！善处刻漏，珍惜时间。

〈初滦阳水善冰，虽爨鼎沃汤，不能为漏。新安詹君希元，乃抽其精思，以沙代之。漏成，人以为古未
当闻。较之郭守敬七宝灯漏，钟鼓应时而自鸣者，殆将无愧乎。浦阳郑君永与希元游京师，因知其详，归
而制之。请余铭，铭曰：

　　　　挈壶建漏测以水，

　　　　用沙易之自詹始：

　　　　水泽腹坚沙弗止，

　　　　一日一周与天似。

　　　　郑君继之制益美，

　　　　请惜分阴视斯晷。〉

确实明代的沙漏时钟是值得我们密切注意的，它的盛行时期比较晚。所以从明陵的发掘中发 513
现实物决不是不可能的事[1]。

　　晚近水轮式时钟中水的作用被沙粒所代替的事再度出现，就把中西两大传统在这一件
仪器上汇合到一起了。在利玛窦死后的 20 年间，耶稣会士同中国学者之间的合作，已形成良
好的传统。最早在中国出现的立轴和摆杆式擒纵机构，正是双方合作的成果。在这件时钟里，
两种传统融合在一起，因为当欧洲型的机构在柜后前报匀等的时辰时，中国型的水斗轮系统
则在柜报告夜更。

　　王徵在 1627 年他的《诸器图说》[2] 里给出了图解(图 669)和简述，大概是为了表明它的
双重性质吧，因而叫做"轮壶"。一具约 $2\frac{1}{2}$ 英尺高的双层柜，在中间的格子里，可以看到一个
铁制的时钟机构，由一块铅制的重锤来驱动。在齿轮组的上方，还能看到摆杆，王徵的描述如
下：

　　　　此外另有十字形的装置，它有向左右伸出的拨齿(即掣子)。如果在中间没有拨齿的
阻滞作用，那么，(齿轮组的)一切齿轮，由通过它们而传输的运动，必将使齿轮飞快旋
转，是中间的拨齿(即掣子)使运动减慢，似乎是左推右阻。这是机构中最精巧的部分，是
"轮壶"的精华。虽然如此，一切都在仰仗着它，但却十分难于描写，也不容易画出来。

　　　　〈有一横杆状之器，另有十字分左分右之拨齿。盖诸轮递催，转行甚速，而拨齿于中，一似左推右
阻，故使之迟迟其行者。此微机也。轮壶之妙，全在于此。此难悉以笔楮，亦未可尽图绘。〉

因为中国的时钟，一般总是设有报时的偶像机构，所以在顶层的格子里装有带指针的巡行偶
像，由下方的时钟机构以链或带来驱动，依次揭示表明 12 时辰的字牌[3]。这个偶像又触脱一
个击鼓装置，使之擂起左侧格子里的鼓，而另外的安排则在其他时间响起右侧格子里的鼓和
铃。

---

① 1958 年的夏天作者在北京的时候，曾应邀参观了明朝万历皇帝墓(定陵)。这是当时进行的科学挖掘的第一个。
参见 Fang Yun(1)；Anon.(12)。

② 《诸器图说》第十二页起，由作者译成英文。

③ 这是约 510 年的加沙时钟里太阳神像的化身，它也是在做同样的事[参见 Diels(2)]。

515　　　　到此为止,一切都是纯西方的,是王徵的朋友,耶稣会士邓玉函学识的具体表现①。但在框子里面,或许在背后,还有个"更漏",有盛着铅弹的两个槽和两个筒以及其他的机械。此项含义隐晦的叙述,显然同前面讲的重锤驱动时钟不相称,也许是报不匀等的夜更的,王徵装用了明代型式的水斗轮钟,不是用沙子而是用小铅丸填满水斗②。不幸,他讲的太简略了,或许是因为这种机器对他的读者是太熟悉了的缘故吧。但是我们总希望知道它是有一个桥秤式的联动擒纵机构呢,还是在靠减速齿轮,以及他是采用什么方法来对每年不同季节里变化着的夜更周期,自动进行调节的。跟沙漏的情况一样,未来的考古发现将会把它展示给我们,这不是不可能的。

　　　　用沙轮驱动的时钟似乎是直到 17 世纪末才绝迹的。在 1660 年左右,云南省有一位知县吉坦然,曾为一佛寺建造了这样一种类型的时钟③。刘献廷的《广阳杂记》里(写于该世纪的最后 10 年内),有关于这项仪器的记述④:

　　　　通天塔实际上就是一座自鸣钟。它由(吉)坦然设计的,并按印度或突厥斯坦佛塔("西域浮屠")建造。塔共有 3 层,矗立在由银块来稳定的构架上。塔的底层内部有一个青铜轮,同别的轮子相互衔接而旋转,但从外面是看不见的。塔的中层正面开着一个门,露出跟筒一样圆的时辰鼓,时鼓周围分成 12 个时辰,用篆体字写上各时辰的名字。(这个时鼓)由下边的(主动)轮旋转,与天象的周日(视)动相一致。太阳旋转一周后,时鼓又回到原来的位置。每到一个时辰,总会有一张时辰卡片面向外面,能完全被看到。

　　　　还有一个木偶,砰地一声出现了,手持卡片来报刻,同时扣击中层顶部的钟,此外,在顶层还悬有一口青铜钟,是用机械叩击。每刻钟响一声;每个时辰响八声。在钟前面有护法神韦驮的象(由内部机械控制),他在左顾右盼,仿佛在观察周围进行着的一切
516 事情⑤。再往上就是塔顶了。全部设计都是前所未有的,它替代了莲花刻漏⑥ 以适时进行佛事。

　　　　我请坦然揭开全部机构,让我看看:大大小小的轮子多至 20 余个,都是用黄铜做的,但制造工艺粗糙,一切都是徒具形式。使用了不多时间就完全失灵了。

　　　〈通天塔即自鸣钟也。其式坦然创为之,形如西域浮屠,凡三层,置架上,下以银扑填之。塔之下层中藏铜轮,互相带动,外不得见。中层前开一门,有时盘,正圆如桶,分为十二项,篆书十二时牌,为下轮之所拨动,与天偕运。日一周于天,而盘亦反其故处矣。每至一时,则其时牌正向于外,人得见之。中藏一木童子,持报时牌自内涌出于中层之上,鸣钟一声而下。其上层悬铜钟一口,机发则鸣。每刻钟一鸣,

---

　　① 见本册 pp.170,211。这一协作引起明代沙漏在欧洲有无反应的问题。这要做专门研究,但是某些 18 世纪的计时技术专家对于用沙子或其它粒状材料驱动旋转的轮子,是有过很多论述的——有名的是佩雷·帕斯特(F. Perez Pastor)在一本 1770 年马德里出版的书里。照他的说法,线索似乎是通过 18 世纪初法国的奥扎南(Ozanam)上溯至 1655 年罗马的拉蒂(Francisco AM. Rafi)和 1654 年斯波莱托(Spolato)的马丁内利·多米尼科(Dominico Martinelli)。

　　② 这种解释按对铅丸大小不同的估计而定,如果真是结实的铅球,则王徵可能使用了和两个世纪前朝鲜国王世宗所用的约略相似的阿拉伯型自鸣刻漏(参见 p.517)。这还会说明为什么从藏在钟背面的机械中发出的声响。

　　③ 这种没有西方基督教渊源的,以及根本没有提到立轴和摆杆式擒纵机构的情况,就表明这个时钟不会有西方式的重锤驱动。

　　④《广阳杂记》卷三(第一四一页),由作者与鲁桂珍合译成英文。在别处(第一四〇页),刘献廷还写了关于吉坦然的传略。从传略看,吉坦然还是一位懂得药物和力学的一位很好的地方官,两处的文章都已被刘仙洲[(1,补充),第 138 页]引用了。

　　⑤ 关于韦驮见 Doré(1),vol.7,p.206。

　　⑥ 参见本书第三卷,pp.324ff.。

514

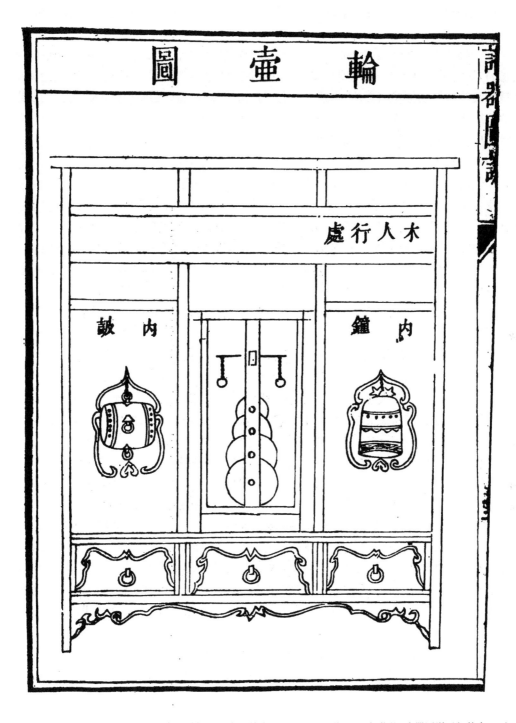

图 669 立轴和摆杆式擒纵机构在中国时钟设计中的首次出现。王徵在他1627年著的《诸器图说》里(第十二页起)所描述的"轮壶"。可以看出摆杆在柜子的中间格子里在一套齿轮组上面摆动,左室可以看到有一只鼓,右室可以看到有一只钟。一个移动的木偶沿着上面的一个长廊("木人行处")缓缓移动,依次指向时辰牌,并拨动击鼓机构。但奇妙的是,尽管在图上看不到,可在柜子的后面却装着中国时钟古代传统的典型机构,即"更漏",它用的是铅丸。很可能,是沙粒驱动型的水斗轮时钟,可能带联动擒纵机构,也可能有办法对全年"不等"时间段进行调整。

交一时则连鸣八声。钟之前有韦驮天尊象,合掌向外,左右巡视。更上则结顶矣。此式未之前见,宜供佛前,以代莲花漏。〉遗憾的是,关于原动力方面,刘献廷没有告诉我们更多的内容。但是带时辰牌的盆轮无论如何显然跟苏颂的偶像轮相似,同样是水平的。他未提及任何擒纵机构这件事,再次表示所使用的是减速齿轮。不管怎样,机器似乎运行得不很好,我们有一种正在目击一项伟大传统弥留时的感觉。进一步的研究一定会揭示出吉坦然机械的更多具体内容。

在这一节里,我们概括了大约 600 年的事。在跟踪苏颂伟大时钟命运的过程中,我们涉及到 12 世纪早期宋徽宗的奇特政治,既是宗教的又是行政的。我们看到苏颂钟的遗物如何落到蒙古统治者和 13 世纪像郭守敬那样优秀科学家的手里。郭守敬的水力天文仪器有的竟然流传下来,使得 16 世纪末的耶稣会士们得以研究它。我们发现元朝皇帝妥欢帖睦尔是一位名制钟家,显然他是中国以水作动力的最后一位,因为从明朝开始(约 1370 年),詹希元和别的人们就已经以沙箱来代替了。这种方法一直延用到耶稣会士时期,但到 17 世纪末,沙子和斗轮的方式,就被欧洲的标准方式所取代了。先是重锤,然后是发条。我们已经走了很长的一段路程,但还有未及提到的地方,那就是从 15 世纪起在明朝的发展情况。

(5)朝鲜太阳系仪、亚洲时钟和须弥山的机械化

前面曾提到明代匠人在元宫里"挥动斧锤以毁坏雕刻制品"的可悲事件。如果顺帝的某些技术工匠能够及时逃出的话,我们是能够猜出他们的去向的,因为几十年后,朝鲜的李朝王国在汉城正在从事同样的活动,宫廷的制钟匠人又重新工作起来了。这件事之所以值得注意,不仅在于它自身内涵的意义,而还在于它是水力计时仪器的最后出现的时代。

李朝第四代国王世宗(1419—1450 年在位),是一位十分干练的君主。他对王朝的治理,可以同伊斯兰教主哈里发·马蒙(Caliph al-Ma'mūn)[①] 或卡斯蒂利亚(Castile)王阿方索十世[②]的统治相比美。由于他是一位开明的和博学的统治者,他在 1446 年首创朝鲜文字母,这是一项伟大的成就[③]。但是他同时又很爱好科学和科学仪器,从而他自己能够亲自监督京都 517 天文台的全部重建工程,此项工程在李纯之和蒋英实[④] 共同主持下,从 1432 年起,花了 7 年时间才完成的。这里,我们更加感兴趣的是世宗的钟。据记载,当他还很年青的时候,他就跟他的父亲太宗一起做了刻漏。以后,在 1494 年,他命令制造一种"中国式"的时钟,但是从他的名字"更点器"来推测,这正是一种装有一系列的灯,能接连自动点燃,并能把球依次一个接一个地抛进铃钵里去以表示更筹的一种装置,有如阿拉伯的大自击刻漏一样[⑤]。这些自然不需要擒纵机构,不过是转盘浮子的原理而已。这项揣测又从朝鲜京城所建的一套纪念时钟

① 813—833 年在位;参见 Hitti(1),p. 310。

② 1252—1284 年在位;参见 Sarton(1),vol. 2,p. 834。

③ 参见 Yi Sangback(1);Ledyard(1)。

④ 李纯之是一位深受器重的著名天文学家,他是在治丧隐居期间受召承担这项工作的。蒋英实,原是"官奴",以后被提升为护军和工程大臣。

⑤ 参见本书第一卷,图 33,以及本册 pp. 468,534ff. 。

的说明中得到有力的支持,此项说明保存在《李朝实录》^①里,是很久以前就由鲁弗斯 (Rufus)^②发现了的,虽然他并未阐明它。所谓的"偶像时钟",是 1434 年世宗命令蒋英实制造的。有 3 个木制神像,敲钟以报时辰,在夜更之始则击鼓,每个夜更的五分之一("筹"或"点")则击钲。其机构详述如下:从两个受水型刻漏的蓄水器里,浮起两只浮标杆,一个用于昼和夜的时辰,另一个用于夜更;两只浮标杆,从固定在刻漏上方的竖立着的铜架子上,分别捅下来 12 个和 25 个小铜球^③。报时辰的小球依次落下时,通过一条导管来触动 12 个鸡蛋大的铁球;这些铁球然后在一槽内加速滑下,使一神像摇铃,同时触动一卧轮,上面有 12 个手执时牌的小神像,依照安排好的秩序,一个个地出现在窗口,依次报时。夜更铜球系统较为复杂:因为小铜球进入管道后,再通向两条通道,有两列等候着的铁球,5 个铁球触动鼓神像让它击鼓,然后再击钲报告更始;另外 25 个铁球则只鸣钲以报筹。巧妙地利用杠杆就足以实现所有这些任务。每次当小铜球顺序触脱一个大铁球后,那个球的出口处就必须立即自动关闭起来,使下一个球的通路无阻。一夜终了时,就把所有聚集在排水池里的球搜集起来,再放回 到原来的起点去,而刻漏的蓄水池里的水也应该在这个时候加以换新。这就是安装在"报漏阁"里的"自击漏"的情况。因此,1434 年的时钟,基本上是一台阿拉伯型的自击刻漏^④。但它装有一卧式轮和回转偶像,犹如前代的苏颂和后来的伊萨克·哈布雷赫特所用的一样,有人可能会惊讶于朝鲜人怎么会同阿拉伯文化领域发生关系呢^⑤? 如果说是出自中国转盘时钟的传统(曾民瞻的钟便是中国传统的一个例证。参见 p. 503),或许更加容易理解些。

3 年后,宫廷天文台的装备达到最高峰。《李朝实录》^⑥中有一段长而详尽的记载,叙述了 13 种类型近 40 件天文仪器,从小型的手提式磁罗盘定向日晷到约一个半世纪前郭守敬为元朝皇家天文台所创造和改进的"简仪"或"赤道基座黄赤道转换仪的翻版^⑦。由于有意识地建立在郭守敬制品的基础上并加以延伸,朝鲜天文学家们,著名的有李纯之、郑招、郑麟趾和李蔵^⑧,除制造像圭表和浑仪一类的古典仪器之外,还发明了本书迄未进过的各型仪器。其中有拉线日晷(scaphe sundials),即用拉直了的线或丝作日晷上的时针^⑨,自定方位的日晷

----

① 《李朝实录》世宗部分,卷六十五,从第一页起;影印本第 8 册,第 369 页起。记述大多出自金镔之手,他还协助天文台的再装置工作(参见下文)。鲁桂珍博士参予此项研究工作的合作。

② Rufus(2),p. 31。

③ 夜更和点筹的长度是依照不同的季节变化而变化的,这就必然要求浮标杆或铜球架子做周期的变更。

④ 威德曼和豪泽关于阿拉伯自击刻漏的书[Wiedemann & Hauser(4)]中,描述了球经管道下落以启动木偶。参见 pp. 25,125ff. ,153ff. ,217,239,249。

⑤ 当然有不少阿拉伯学者和工匠于 14 世纪在中国元朝服务,他们有的会远去到朝鲜。在水力工程方面的一个显著例子,参见本书第四卷第三分册,第二十八章(f)。马尔瓦济在 1115 年写道:"在中国的边远地方,有个叫新罗(Silā)的,不管是穆斯林还是谁,只要进去,就永远也不想离开,因为那里太美好了"[Minorsky(4),p. 27]。

⑥ 《李朝实录》卷七十七,第七页起,影印本第 8 册,第 549 页起。全部译文正在出版中(鲁桂珍、李约瑟等)。现有简短的说明,见 Rufus(2),pp. 30 ff. 。

⑦ 这自然包括赤道装置的发明——一个根本性的进展。见本书第三卷,pp. 367ff. ,371,和 Needham(33)。

⑧ 其中最杰出者是郑麟趾,他除了天文学家外,还有许多别的方面,曾任王朝的很高级的官职,是同高丽文字发明有关的著名作家,是以高丽文写诗的最早诗人,又是编写《高丽史》的最高指导者。郑招是管教育的高级官员;李蔵是管制造和技术工作的。

⑨ 这可能要重新估计我们的老印象,以为拉线日晷(A 型)是耶稣会士传到东方的(参见本书第三卷,p. 310)。这里,它似乎是从赤道日晷的指南针演变而来,它们叫"悬珠日晷"和"天平日晷"。

("定南日晷")以及赤道日晷同夜晷相结合的叫做日星定时仪[①]。

　　这里,最有意义的是这个事实:这些仪器中,有两件跟报漏阁中的自击漏不同,它们是使用水轮连杆式(link)擒纵机构的。因为他们使用了一些为我们所熟知的术语,所以可以断定无疑。用漆布做成的,径为 $3\frac{1}{2}$ 英尺的浑象,和用线穿的太阳模型(参见 pp. 471,448),有"由隐蔽的急流的水力驱动的精巧机械装置"[②]的用语。同样的说法也适用于另一钦敬阁里所装的偶像时钟。这里有一个人造的金太阳,从早晨到傍晚,在云雾中跨绕 7 英尺高的人造山峰运行,这山或许就代表神话里的须弥山。同时,一位玉女(仙女)用木杖敲铃以报时辰,与此同时,12 位战士中的 4 位,正进退在四季变换着的景色中。内部有"用轮子自动转动着的机构('内设机轮'),利用玉石(或别的硬质石)精雕成的(孔口)里流出来的(刻漏水箱里)的水来冲击它('用玉漏水击之')"[③]。这类词句使人毫不怀疑,在 1434 和 1438 年之间,朝鲜宫廷的天文学家和技术人员已经把时钟机械从典型的阿拉伯式的转换成典型的中国式的了,虽然后者在朝鲜国土上早已不是什么新的东西。我们在这里是不难看出一行、苏颂和顺帝的传统的。

　　如前所述,朝鲜人对科学和机械技术,似乎比中国的其他任何邻国的人都更感兴趣[④]。因此,朝鲜向我们提供极有趣的演示浑仪,就不是不可思议的事了,它虽然是 17 和 18 世纪的东西,在世宗以后 300 至 400 年,但仍能表明东亚天文时钟机构的 2000 年的传统[⑤]。从这件仪器中可以看出若干特征来;它的机械驱动装置操作着报时的和敲打的机构,也操作着浑仪本身的旋转。

　　这个仪器的照片已刊印在本书第三卷图 179(p. 390 的对面)[⑥]。它长约 4 英尺,高 3 英尺,宽 1 英尺 9 英寸;浑仪直径为 1 英尺 4 英寸,它里面的地球仪直径为 3 英寸,圆盘上刻有一天的时辰,装在一卧式轮子的臂上,可以从侧面的窗口向外展示。太阳模型则沿黄道运行,黄道上标有 24 个节气。月亮模型则沿着她的轨道环(白道)运行,白道上标有二十八宿。机构由两个落重来驱动:一个驱动计时器的轮和齿轮,这个计时器是由一个摆(和立轴与掣子式擒纵机构)来调节的;另一个驱动敲打装置。这部分装置通过连续释放铁球,让它们沿着一个槽子滚下以击钟,然后再利用"戽车"上的轮桨把它们提升起来,送回原处,以便再用。地球仪则显示出受到 16 世纪某些航海探险的影响。

　　这种高丽制品所表现的对古老传统承袭的忠实程度令人惊讶。我们看到(a)浑仪的中间各环,它的旋转,正像唐代的浑仪一样,也同 1088 年的时钟一样,是绕(b)极轴轴线上的一个轴驱动的,这是当年此种机动球仪普遍采用的形式。(c)浑仪外面有一个固定的地平环,自张

---

　　① 参见本书第三卷,pp. 307,338。对这项天文仪器的描述,大多出自天文学家金墩。

　　② "其激水机运之巧藏隐不见"。

　　③ 这里的措词跟《元史》(卷四十八,第七页)里关于郭守敬水轮时钟所用的词句极相似。参见 Needham, Wang & Price(1),p. 136。那里接着提出参考敧器,关于敧器,见本书第四卷第一分册,p. 34。我们相信这是一种古典词句,是指斗轮水斗的充水与倒空。《增补文献备考》的叙述(卷二,第三十页起)比《李朝实录》更为详尽。

　　④ 参见本书第三卷,p. 682。

　　⑤ 现保存在汉城国立博物馆里,并在继续研究中[金相运(1)Combridge,Ledyard,Lu,Maddison & Needham(1)]。仪器中有不少可能是 17 世纪的原物。

　　⑥ 引自 Rufus(2),p. 38,fig. 26;它当时(1936 年)保存在金性洙先生家里。它的复制品见 Rufus & Lee(1),和 Needham,Wang & Price (1),fig. 59。

衡时代以后所有中国的浑仪就都是这样的。另有(d)地球模型放在中心部位,与葛衡和刘基(3 世纪)的仪器相同,而现在则绘上(e)有各大洲,跟 1267 年扎马鲁丁从波斯带到北京交郭守敬研究的地球仪一样,而且(f)作为月球轨道的一个专环,跟 633 年李淳风和以后其他的设计中所用者相同。在机械的箱子里有金属球的周期释放装置,(g)令人想起 1434 年蒋英实的管路中有规律地滚落下来的那些球,或者是从王黼的(烛龙)(1120 年)的嘴里吐出的球或者还要早如 7 世纪安条克的秤漏,如 10 世纪《旧唐书》里所描写的那样。不仅如此,还有苏颂戽水车的后裔(h)准备将球再提升起来送回原位。最后(i)有一窗口,可以依次按时露出时盘,这是苏颂报时偶像轮的后裔,把这一整套仪器的复制品,连同必要的历史说明,在世界各科技历史的大博物馆里加以展览,必然会有极大的教益。

　　关于这项仪器的源渊,幸好还有一些历史资料,《增补文献备考》① 中有一些关于朝鲜科学和时钟制造的调查材料,虽然不很完备。世宗以后,天文科学一度趋向衰落②。一直到 17 世纪,宫廷对机械时计才又发生了兴趣,世宗在钦敬阁里装有玉女的水轮时钟,曾两次被焚毁,又两次重建,第一次是在 1554 年;另一次是 1614 年,当时是李冲进行修复的③。李冲同时还恢复了自击漏和报漏阁。

　　当 1657 年孝宗诏令洪处尹制造天文钟时,在这里的时钟制造就又展开了新的一页,孝宗的诏令起草人用古代语言称此钟为"璇玑玉衡"④。此仪初告成时效果并不好,于是在弘文馆⑤ 的请求下,崔攸之⑥ 担负起去完善它的任务,结果是达到了目的。这时钟具有水轮联动式擒纵机构是肯定的⑦。这时,宫廷里对浑仪时钟的爱好,日甚一日。在 1664 年显宗王朝时,两位技术专家李敏哲和宋以颖受命再另造两具。这两件制品之间,就存在着明显的差异,这是在 5 年后金锡胄所写的幸而被保存了下来的备忘录中,可以清楚地看出来的。李敏哲仍旧忠实于水轮驱动和擒纵机构("浑天仪水激之法")⑧,而宋以颖则采用了"西方齿轮",那就是

521

---

　　① 字义为"增补(朝鲜文明中)文化成就有关文献征信的全部备考"。首先于 1770 年编为《东国文献备考》,20 年后加以修订。《增补文献备考》卷二,第二十二页起;卷三,第一页起,同鲁桂珍博士合作研究和译出的。

　　② 在 1467 年,世祖诏令俞希益和金纽制造测量用的类似经纬仪的仪器("印地仪"),另外还要一个天文仪器,小型赤道环仪。直到 1494 年才由李克培在成宗朝制造出来。1526 年,所有当时存有的仪器,都在中宗的命令下,由李纯全部做了修理。1548 年还为明宗又添置了新的仪器。所有这些仪器当中,包括世宗时代天文台留下来的,有许多最后在 1592 年日本侵略朝鲜时在劫掠焚烧中被毁了,只有一具日晷定时仪幸存。以后,1601 年,李恒福制造了一具新浑仪和浑象。从此以后,就难于区分观测用浑仪和进入时钟里的浑仪了,但前者有一具似乎是 1669 年李敏哲和宋以颖所铸造的。1704 年安重泰和李н华又铸造了另一个。鲁弗斯[Rufus (2),pp. 22ff.]做了李朝天文学和时钟制造术(李朝从一开始就繁荣了这些学科)的一般叙述,不过书里有些细节有待修订。

　　③ 从那时起,它保存了多久,不得而知。但 1669 年宋俊吉曾请求恢复它,所以,在那以前它必然又一次被废弃。据信,其中有一个木人,连同李克培的赤道基座黄赤道转换仪(简仪),直到 1907 年还保存在汉城。

　　④ 参见本书第三卷,pp. 334ff. 及各处。

　　⑤ 建于 621 年的修文馆,5 年后命名为弘文馆,是另一个学者们集中的政府机构,和中国封建官僚主义产生的翰林院或集贤院相似(参见本册 pp. 471. ff)。弘文馆原是《四库全书》之家,它的学者除授课外,还批注校勘书籍。它最后隶属于皇家图书馆。据《新唐书》卷四十七[参见 des Rotours (1),vol. 1,pp. 169ff.],有趣地得知该院有图书管理人员、抄写、装订、制版、印刷和造纸人员。朝鲜类似的学院始自 1460 年左右,但在天文学与时钟方面似乎曾经发挥了同中国唐代集贤院相同的作用,因为我们常常可以听到它围绕皇家天文台所做的一些活动。

　　⑥ 他只是金堤一位县官,似乎没再提升。

　　⑦ "玑衡水激自运"。

　　⑧ "木箱盖上置一水箱,水经过刻漏壶管口逐渐注入箱内的小水斗,当它充满了水之后,就推动水轮旋转……"

说十之八九是重锤驱动或发条驱动的时钟机构和带有立轴与摆杆或者甚至是摆①。于是我
522 们又遇到了另一个转折点，正如郑招和他的伙伴们在1438年以水轮系统代替了蒋英实的转
盘自鸣刻漏，而现在则是宋以颖在1664年从水轮系统又过渡到现代型的时钟机构。

对于后来的发展，也只能跟踪到某种程度。我们获悉，1687年在一位新国王肃宗的统治
下，李敏哲受命修复宫廷里的时钟而获得成功②。后来，在1732年英祖朝，虽然一座重要的
西洋时钟早已于1723年作为中国大使的礼物，进入了汉城天文台，可是安重泰仍然受命修
理孝宗和肃宗朝已然建立并照常维护的浑仪时钟。英祖本人亲自撰写了一篇叫做《揆政阁
记》的文章，计时仪器就装设在这个阁内③。从此以后就再也听不到浑仪时钟了，大概是因为
没有天文部件的普通型式的时钟愈来愈普遍、愈来愈方便的缘故。然而，上面我们描述过的
那个精彩的仪器可能是宋以颖自制品的原物，或者是后来利用大部分原制部件重新装修而
成，或者是依照原设计由别的制钟技师在18世纪所复制。现在再回到中国方面来。

在17和18世纪里，耶稣会士在中国时钟制造上的优势地位的前后，就已经开展了普通
单帮商人经营"乐钟"④的行业。中国时钟制造的传统对欧洲的设计方面，有着比一般想像的
更为巨大的影响。一行和苏颂古老传统中的特色，被逐渐纳入欧洲设计供应"亚洲贸易"用的
商品里去，而在欧洲内部，复杂的钟盘和精巧的偶像机构也逐渐流行起来，称之为"中国风
格"。

523 苏颂的著作在中国再版，是1665年在钱曾的主持下进行的（参见本册 p. 448）。此后的
20年内，克里斯托夫·特雷夫勒（Christopher Treffler）或特雷克斯勒（Trechsler）⑤ 在奥格
斯堡（Augsberg）设计并建造了一套叫做"自动天球仪（Automaton Sphaeridicum）"的天文时
钟。10年后，意大利大制图家维琴佐·科罗内利（Vincenzo Coronelli）见到了它并在他的《世
界现势概要》（*Epitome Cosmographica*）⑥ 中加以记述。这个仪器高7英尺，装着一个自动天
球仪和表示年、月、日、时、分以及预告17年中日、月蚀的面盘和偶像。天球仪上方装着浑仪。
全套设计，连同它的十字形交叉的构架基座，以及天球仪和浑仪的相对位置，处处都酷似苏

① "宋以颖的浑仪时钟，在总的设计上跟前者大体相同，但不用水箱而采用西方时钟机构的齿轮，互相啮合，而且是按设计尺寸预制的……"

② "其设计如下：在一只大箱子里安装着出水管，打钟机构和停止机构。箱子的南边装有浑仪，包括六合和三辰仪，与原来的设计相同。装有各种环，减除了部分旧环，增加了一些新环。太阳和月亮各有自己的环道（为流动模型?），没有望筒，但在中心却配置着一个纸制地球模型，在上面绘有山脉和海洋，以显示（似乎是）平面的地球。出水管同浑仪旋转的机构相连结，浑仪则环绕南—北极轴转动。主轴的动力也在驱动上述各环。"原文接着描述击钟和显示时辰和刻的偶像。然后又说："水是盛在箱子顶上的水箱里，然后倾注进出水管里，使箱内外机械的一切动作和旋转，都由这一股水流的力来完成。"听起来，除了动力的来源不同而外，其他都同现在仍保存着的仪器的布置是很相似的。崔攸之和宋以颖的时钟是否同时修理了，还不清楚。

③ 这个文章应该全文译出并认真加以研究。该文未提及宋以颖的仪器，但提到了宋敏哲的钟，更奇怪的是它描述了一个转盘浮子机构，好像是有人重建了报漏阁的自击刻漏似的。

④ "sing-songs（乐钟）"一词是当时中国口岸行话中用于机械玩具和带精巧木偶机构的时钟的名称，见 Greenberg（1）；Chang Lien-Chang(1)。关于供应这些商品的考克斯-比尔（Cox & Beale）商行，见 Needham，Wang & Price (1)，p. 150。

⑤ 或许更确切些是他的兄弟约翰·菲利普（John Philipp）。贝迪尼[Bedini (1,4)]对特雷夫勒家族及他们的工作作出了令人钦佩的研究。另见 von Bertele(2)。

⑥ *Epitome Cosmographica*，p. 333；说明复制在 Stevenson(1)，vol. 2，pp. 94ff. 和 Needham，Wang & Price(1) fig. 56。关于科罗内利和他的书见 Armāo(1)，p. 189。

颂的钟塔,以致引起人们的这种想法:苏颂钟塔的若干资料,必定通过耶稣会士的渠道传到了欧洲,因而引起特雷夫勒在 1683 年做出了他的杰作[①]。

将近一个世纪后,从某项清单和目录中,可以瞥见当时提供给中国市场上的商品。詹姆斯·考克斯(James Cox)是伦敦的一位制钟匠和珠宝商,于 1774 年被迫出卖他的存货。在他的货单[②] 中有一个引人注目的"记时器",它同 1769 年由"海神号(Triton)"印度航线班轮运到广东而"一直都在皇宫中的那个是姊妹品"。仪高 16 英尺,是金制的并镶有宝石;它还具有许多古代亚洲时计的传统特色。除了机动的浑仪和天球仪外,还有偶像,按时按刻扣钟;还有吐珠的飞龙,把(真)珠吐到等待着接受它们的别的动物口里;还有 1 只大象,摇摆着鼻子和尾巴在平轮上行进[③]。整套机具可以被认出完全是苏颂和张衡的传统,但却是出自对该项传统毫无所知的人们之手。

有趣的是给东亚提供这类艺术品的不只是英国一家。高林兵卫[④] 复制过一件日本的钟图,是 1804 年从俄罗斯用船送到长崎呈献给日本天皇的。在装有时钟盘面的基座上有一只象,象背上驮着一个浑仪,这大概是机动的。另有一阁,阁顶上装有一架风轮[⑤],原因不明。早在 1725 年,俄罗斯大使伊立礼伯爵(Sava Vladislavitch)在他们携带的礼品中,就有类似的东西[⑥]。

叙述耶稣会士(和其他教士)如何为中国宫廷制钟工场调配工作人员达两个世纪之久的这项惊人事件[⑦],不是本书要研究的范围。但是还有一个问题却值得注意,即中国的学者们对耶稣会士们带来的时兴时钟机构作何评论呢? 对于它同中国历史文献上所记载的早先的发明的血缘关系,有所察觉吗?

回答是肯定的。在 17 世纪时就已经能够找到例证。方以智在 1664 年完成的科学和工程百科全书《物理小识》里,有"自动旋转机械"("运机")[⑧]的词条或条目。他一开始就提到了我们已经讲过的明代沙钟。

> 有某种自动旋转的机械,既不用水力,也不用风力。如果让一股小水流自高处水箱流出,(并射向斗轮的一侧,于是,当它装满要溢出的时候,另一侧)变得轻些,于是向上运动,从而转动机器。这些机器当中,有的是利用沙池,把沙子搜集到池子里,沙因自重

---

① 用时钟机构带动天文演示模型的概念,在欧洲自然是并不新颖的。那里已经有过 1556 年的菲利普·伊姆塞尔(Philipp Irmser)的"天文时钟(Planeten Prunkuhr)",装有球仪;1610 年的比尔吉的石晶钟,装有浑仪[参见 Lloyd(6)]。参见 Lloyd(9)。

② Cox(1,2)。参见 Lloyd(9)。

③ 详尽的叙述载在罕见的和佚名的那个 1769 年的小册子里[Cox,(3)]。开始时,那也是要为运往亚洲的某地而造的,它有土耳其和"鞑靼"的偶像,"鹦鹉鸟"和"水鸟"以及其他"估计运往某国而设计的珍禽异兽",有一个星和月牙来进行控制。

④ 高林兵卫(1),图 27 和第 50 页。

⑤ 用象的动机至少要回溯到 1200 年的加扎里,因为他的一份设计里,有一象,象夫击钲,另一骑者随轴转动,手指面盘上的标志。整套东西由大帐篷在上面覆盖着[Wiedemann & Hauser (4),p. 117]。

⑥ Cahen (1),p. 93。一座英制的自鸣时钟,能发出 12 个曲调,装在水晶球上,饰以彼得大帝(Peter the Great)的像,价值 700 卢布。

⑦ 有关这方面的简述可见 Needham,Wang & Price (1),大部分是根据伯希和[Pelliot (39)]的缩写,沙皮伊、洛普和德索绪尔[Chapuis,Loup & de Saussure (1)]的著作和费赖之[Pfister (1)]中的杂注写的。这题目值得专写一本书;在此期间,有博南特[Bonnant (1)]写的有趣的评论文章。

⑧ 《物理小识》卷八,第三十八页,由作者译成英文。这段文章似乎从来都不曾引起过注意。

而下流,形成原动力——于是机器被启动并持续运转下去。

〈不因流泉,不因风转,而自运者有机焉。悬桶而开小流,则渐轻而上,其机亦转。有积沙以压之而漏之者。此外则因乎始动而发。〉

然后,他接着提到 3 世纪时在四川的“木牛流马”[1],认为那是同一类型的东西[2]。然后,就又接着写下去:

于是纯铁齿(“锴钥”)转动 7 只轮子[3],准确地传输着力,那 12 个齿啮合在一起,而且大轮(大概是盘)同天象运动保持同步,谐合一致。

〈锴钥卷转,七轮交催,约处十二齿。大者同天度。〉

于是,他以为这一切都是张衡、一行和祖冲之所做过的那些东西。苏鹗不是曾记述过[4],在唐时有高丽人进献过一佛教饰物叫做万佛山,带有一群小偶像,都能跟着钟的声音而鞠躬吗?自然还谈到宋朝早期的张思训和他的精心制造的水银驱动的偶像机构。所有这一切都是诸如魏朴和马钧这样的人所了解的那些机械[5]。

525

现在还有孙孺理和孙大娘,他们有着仅方寸大小的钟表(“寸自鸣钟”)。工艺是杰出的。可是它究竟有什么真正惊人的内容呢?

〈孙孺理寸自鸣钟,乃讶之哉。(龙溪孙大娘称奇工。)〉

本册(p. 462)引证过的薛季瑄的一段,似乎是从 17 世纪到 19 世纪期间曾经比苏颂的书还更加广泛地为人所知悉,尽管苏颂的书在 1660 年被重新抄写过并在 1817 和 1844 年重印了。1270 年的“旋转而强烈的弹簧”甚至在诗句中亦有出现。阮文达在他的诗《红毛时辰表》中写道:“有人说这与苏颂书中所述的辊弹相同。”薛季瑄的那一段文章,也让王仁俊注意到了,他在 1895 年正从事于搜集中国古代发明的证据,以对抗西方在科学方面的极端自信、鄙视一切和夸张。他的书就是作者经常提到的《格致古微》,虽然不算是学术性的作品,可是其中确实搜集到很多极有价值的文献(有些引用得很正确)。在谈到刻漏的时候[6],他也援引了薛季瑄的文章,然后说:

西方自鸣时钟(“西洋自鸣钟”)导源于刻漏。《畴人传》上说,辊弹实际上和自鸣钟是同一的东西,而且在宋以前就已经有了。

〈西洋自鸣钟制出刻漏,《畴人传》云:辊弹即自鸣钟,宋以前有之。〉

这应该是 18 世纪末叶学者阮元(文达是他的谥号)的意见[7]。在另一个地方,王仁俊援引[8]另一位学者和官员约在 1885 年在叙述他出使俄罗斯时的记事中写道:

自鸣钟创于(中国)一僧人,但其方法在中国已失传[9]。西方人研究了它而且发展了精制的(计时)机器。至于蒸汽机,则它是真正创始于唐代僧人一行,他有办法能使青铜

---

[1] 见本册 pp. 260ff.。关于独轮车,总是同木牛流马联系在一起来谈的。

[2] 跟亚历山大里亚的赫伦傀儡剧场(参见本册 p. 442)或王徵的“自行车”(p. 218)一样。

[3] 到 1664 年,沙动轮钟变得比 1635 年时候的更加复杂了;参见本册 p. 510。

[4] 或许在他的《杜阳杂编》里,但作者未能查到这一段。但在《三国遗事》卷三(第一四一页)里有详细记载。时间是公元 764 年,动作是气动的(参见本册 p. 158)。感谢莱迪亚德先生(G. Ledyard)提供给作者这份参考资料。

[5] 马钧是三国和晋代的著名工程师,而魏朴则在别处还不曾遇到过。〉

[6] 《格致古微》卷一,第十一页。

[7] 关于此书参见本书第一卷 p. 50 和本册 p. 472。

[8] 《格致古微》卷五,第二十八页。引用的书是王之春写的《国朝柔远记》卷十九。较完整的摘录见本册 p. 599。

[9] 当 1946 年王铃博士首次来到剑桥时,引起我对这段文字的注意,但那时我们却无意认真对待它。

的轮子借助水的力量自动转动……①

〈自鸣钟创于僧人,而中国失其传,西人习之,遂精机器。火车本唐一行水激铜轮自转之法……〉

　　王仁俊或许在选择文献资料时是不经意的,因为阮元所写有关时钟机构的更为重要的文章,并不在《畴人传》里,而是在1823年刊印的诗和散文集《揅经室集》里,跟以前所讲过的加以比较,就显得格外明白透彻。阮元称②:

　　(现代)的时钟("自鸣钟")来自西方,但是其原理却是出自水钟("刻漏")。《小学绀 526珠》引用薛季瑄的话:有4种计时器("晷漏"),即刻漏,点燃着的香篆、日晷和辊弹(旋转和强烈的弹簧)③。现在元人所讲的辊弹,就是同自鸣钟一样的东西,宋以前就有了的,但其技术业已失传。西方器具的主要优点在于静力学(和力学)的科学("重学"),即重和轻的性质的知识与利用。而实际上一切精巧的机器都来源于此,而且依靠静力学(和力学)以为用。依靠这种科学的原理("理"),由轮子、螺丝构成的时钟,才发挥出它的作用。古老的水钟有储水器,当水滴漏时,水就慢慢地减少,在这个过程中就在驱动一只轮子——这不就是由于水的重吗?(现在的)时钟有一件铁的盘卷("卷")(即发条)④,钉进一个铜鼓里面,用力使它卷紧("置铜鼓之中捩之")⑤,然后它就势必呈现从这种被紧缩的状态下趋向扩张,而能量则随扩张而逐渐减少——这不就是使用了重力吗?

　　时钟有双鼓:一个用以指示时间⑥,一个用以击钟⑦。指示时间之轴("篦")(与鼓)连结,外侧缠绕以绳以驱动("夺")第二或'塔'轮。塔轮(均力圆锥轮)⑧形如平卧着的塔("卧塔"),有绳绕在它们上面。塔轮驱动第三或中心齿轮系轮("中心轮")。指时针("针")就跟这个齿轮在同一轴上。第三或中心齿轮驱动第四立式轮。而后者又依次驱动第五或有齿的(冕状)轮("齿轮")。假如这里没有(擒纵机构的掣子)去控制它,假如没有什么东西来节制齿声的频率,那么,则一切轮子的能量之和不能胜过鼓里的铁卷之力。于是显然要出现铁卷要快速展开的时候。于是有一个悬垂的重物("悬锤"即摆)来回摆动以控制速度。而冕状齿轮的齿,正好相应⑨于擒纵机构的掣子,以便当铁卷伸展的同时,自始至终有一种滞迟从第四轮传到第三轮、到第二轮。

　　打点机构的轴("篦")也和(一只鼓)以绳相连结,驱动第二或塔轮(均力圆锥轮),而后者又驱动一个第三或打点轮系的轮,后者的外轴与一打点齿("一捕捉子")相连接,而内侧则装着一只杠杆("代")来使打点的锤子动作。第三或打点系轮驱动一只第四或(鸟

---

① 王之春的心目中无疑在指明轮汽船,同时又把往复式蒸汽机同正在发展的蒸汽涡轮机混淆了。
② 《揅经室集》(本集)三集,卷五,由作者译成英文。
③ 参见本册 p.462。
④ 这并不是通用的时钟上的现代名词"发条",在19世纪早期,制钟匠使用颇为形象的名词"钢肠"[参见史树青(1)]。
⑤ 注意"捩"字在这篇技术解说文字里的再次出现;参见本册 p.485。
⑥ "行走的时钟齿轮组"。
⑦ "击钟的齿轮组"。
⑧ 均力圆锥轮是个圆锥形的鼓,上面有导绳槽,它利用轮子的直径逐渐增大,使旋转力矩增加以补偿发条在使用过程中涨力逐渐减弱的影响。它首先由阿莱曼努斯(Petrus Alemannus)在1477年做出图解和说明,并由列奥纳多绘草图。见 Lloyd(5),p.656,(8)。参见本册 pp.295,445。
⑨ 注意这里使用了本书第二卷 pp.304ff.论述过的一个哲学名词。

头)轮,后者又驱动一只第五小轮①,而这又依次驱动第六或风轮,如果没有风轮以缓解力量和滞迟旋转,则钟将响得太快。打点系鼓经过一定机构与指时轮连结。当时间来到时,则捕捉子动作,而铁拳立即扩张。如扩张得少,则打点数也少;如扩张得多,则打点数也多。当打点结束,捕捉子立即将余力锁住,以待再一次的正点时间。

另一种方法是用两个铅锤以代替铁卷,于是他们就不再用那两个鼓了。这当然也是从静力学(或力学)得到好处的。两只鼓和所有的轮子都组装在用螺丝连接着的两片铜板中间。运动完全靠旋转着的轮子提供动力。如果有谁去研究塔轮和铁卷,他也会看出来它们的效果也包含着螺丝的安排。但所有这一切都靠以重克轻——静力学。这是直接来自古老的水钟,决不是由西方人创始的。

〈自鸣钟来自西洋,其制出于古之刻漏。《小学绀珠》载薛季瑄云:晷漏有四:曰铜壶,曰香篆,曰圭表,曰辊弹。元谓辊弹即自鸣钟之制,宋以前本有之,失其传耳。西洋之制器也,其精者曰重学。重学者,以重轻为学术。凡奇器皆出乎此,而其佐重学以为用者,曰轮,曰螺,是以自鸣钟之理则重学也,其用则轮也,螺也。古漏壶盛水,因漏滴水,水乃渐减,遂以为轮之转运,是水由重而渐减为轻也。自鸣钟以铁为卷,置铜鼓之中,掠之使屈其力,力由屈求伸。亦由重而渐减为轻也。钟凡二鼓,一鼓以记时,一鼓以击钟。记时之箭,外缠绠,以夺第二塔轮之力。塔轮者,形如卧塔,所以受绠也。塔轮夺第三塔轮之力。记时之针,管乎中轮。中心轮夺第四直轮之力,直轮夺第五齿轮之力。若齿轮无物以节之,使齿声其数以渐退,则各轮之力不胜鼓中铁卷之力,若然立解,其绠顷刻已尽,而其卷亦骤伸矣。故有悬锤,往来摇动,藉以节之,与齿轮之齿相应,齿轮渐退,则四、三、二轮亦递退,绠渐解而卷渐伸也。

击钟之箭,外缠绠以夺第二塔轮之力,塔轮夺第三击轮之力。击轮者外管击齿,内树枚以动钟锤。第三击轮夺第四鸟头轮之力,第四鸟头轮夺第五小轮之力,第五小轮夺第六风轮之力。若无风轮使其力少重而滞于转,则其击钟也甚速无节矣。击钟之鼓,其机亦管乎时轮。时至则击齿卸而鼓中铁卷之力伸矣。伸少者击少,伸多者击多。击毕则齿碍而关其力,以待后时。

或以二铅锤代铁卷之力则无两鼓,其为重学也益明。两鼓各轮,皆合于二铜版,其合也皆螺钉之力,其转也皆轮之力,究其塔轮之铁卷,亦皆螺旋也。综其理皆重以减轻,故曰重学也。此制乃古刻漏之遗,非西洋所能创也。〉

这里,虽然阮元似乎一直是在叙述一具简单的 16 世纪型式的时钟②,我们还是第一次遇上中国型的弹簧和蜗形绳轮。更有趣的是他以无误的洞察力觉察到实用物理学在唐宋前辈们的发明中所起的作用。发展了理论物理学是文艺复兴的欧洲的巨大贡献,但是阮元相信机械时钟的基本发明则是在没有它的情况下做出来的,这是完全正确的。

几年后,另一位官员和学者梁章钜(他一直在浏览某些宋代文献),他得出相同的结论。他在其杂记《浪迹续谈》里写道③:

《枫窗小牍》④说:太平兴国年间(976—983 年)有四川人张思训,制造了一架跟以往的时钟完全不同的浑仪(时钟),进献(给皇帝)。它共有上下几层间隔,10 英尺多高,有 7 个体态优美的木人,它们能敲钟、击鼓以遵守时间,此外又有 12 个神像,手持时辰牌,依次出现。这一切同现在的自鸣钟完全相像。

现在,在我的家乡福州,有一座鼓楼,楼上过去曾设有十二时辰自动张贴时牌的设

---

① 作者似乎略去了行钟齿轮系中的某些小齿轮。

② 参见 Lloyd(5),pp. 651,656。

③ 《浪迹续谈》卷八,第五页,由作者译成英文。

④ 袁褧著,1202 年后不久完成的。全部译文见 Needham,Wang & Price (1),p. 72。参见本册 p. 470。

施。据传说这是元朝时期福宁的陈石堂制造的,它流传到清康熙朝(1662—1722 年),最 528
后被周栎园(周方伯)取走了。由此得知这些都是出自中国人之手,而这些精巧的技艺想
必是已经流传给外国人了。现在福建、广东和苏州以及其他各地的人们,都能制造像外
国人造的那样好的钟。的确,最近苏州府同知齐彦槐自己就制造了一架青铜浑象以显示
天象,并由地平内的时钟机构旋转之,它不仅报时报刻,而且还能显示星座的轨道,不差
毫厘。所以,虽然西方人也能造这些东西,但决不会比这更好!

《枫窗小牍》云:太平兴国中,蜀人张思训制上浑仪。其制与旧仪不同。为楼阁数层,高丈余。以木
偶为七直人,以直七政,自能撞钟击鼓。又有十二神,各直一时,至其时,即执辰牌循环而出。此全与今
之自鸣钟相似。吾乡福州鼓楼上,旧设十二辰牌,届时自能更换。相传此器是元时福宁陈石堂先生普
所制,流传至康熙间,为周栎园(方伯)取去,则亦中土人所造。巧捷之法,又岂必索之外洋人哉。今闽广
及苏州等处,皆能制自鸣钟,而齐梅麓太守彦槐,以精钢制天球全具,界以地平,中用钟表之法,自能报
时报刻,以测星象测候,不爽毫厘。则虽以西人为之,亦不过如此矣。〉

这里,我们有幸来认识另一位,他同郭守敬一样,在 14 世纪,建造了一套水轮联动式擒纵机
构的时钟。但要点仍然是梁章钜在张思训和陈石堂的制品中清楚地看出来的现代时钟机构
的前身。

至于齐彦槐的制品,由于史树青(1)新近的研究,我们有了充分的了解。齐彦槐确是一位
有成就的地方官员,并且在 19 世纪 20 年代,作为一位业余制钟家,他确实制出了优良的仪
器,其中至少有一件浑象(图 670)现在还保存着[1]。若干年之后,钱泳曾用较长的篇幅描写过
它[2]。跟戴震[3] 一样,齐彦槐对提水机械的改进发生了兴趣,特别是对阿基米德螺旋式水车,
对于它的构造,齐彦槐写了押韵的《龙尾车歌》。我们向他表示敬意,他是张衡、一行和苏颂一
脉相承的现代接班人,是无愧于前人的。

就这样,中国的传统学者们,在认识自然和控制自然的长篇史诗中(这里指的是在测量
时间的领域里),或许是无效地但却是勇敢地试图确立他们祖国的文化所起的作用,并控制
自然界事物。只有世界科学通史的专业才能阐明真象,并用明确的叙述以代替美妙的猜测和
无法证实的臆断。

日本人也以为机械时钟是在中国发明的。在写于 1685 年的书《日本永代藏》里,作者井
原西鹤谈到这件事,他说[4]:

中国人是沉着的人民,他们从来不会激动起来,甚至在谋生中也如此。……时钟是
中国发明的。年复一年,人们在思考着它,身旁就是时钟机构在夜以继日地滴答着,而当
他遗留下未完成的任务时,他的儿子就从容地继承下来,儿子之后,又有孙子。三代以
后,终于完成了发明,这个发明也就成为对全人类的福利。但这决不是致富之道……

不管是一行还是张思训,会从这种描述中认出他们自己来吗? 这是难于肯定的,但这段文字

---

① 关于同时期的欧洲同类制品以及相似的设计,见 von Bertele(2),fig. 24,该图绘出了德斯诺斯 Desnos 在巴黎制
作的一对浑象。

② 载于他的《履园丛话》卷十二。

③ 参见本书第二卷,p. 516。

④ 译文见 Sargent(1),p. 105。

图版 二六一

图 670 齐彦槐于 1830 年制的天文钟
[史树青(1)],其形式是具有隐
蔽机件的浑象。高 1 英尺 4 英
寸。大概比例尺,0.01 英尺＝1
度。现保存在安徽省博物馆内。

至少证明,当时的欧洲还不曾被认为是一切技术创造的发源地。这一点比一眼会看到的情况还要更为希奇,因为迄今为止,所有报导过的最古老的日本时钟一向都是陈旧的立轴和摆杆 529 式的,并且都知道欧洲的时钟制造工艺是 17 世纪初由荷兰人传到日本的[①]。井原西鹤所说的可能暗示着,日本在更早的时代,实际上早已经使用了中国明代或宋代型式的沙轮时钟或水轮时钟了。

太阳系仪和天象仪的设计,确实在日本经历了最奇怪的发展。制成时钟机构驱动的天球仪的第一个日本人无疑是中根元圭(1661—1733 年),他是日本近代天文学的奠基人之一[②]。本书曾经在较早的阶段里提及[③],在中根去世时,东印度公司已经订购了首创的"太阳系仪"的一个复制品,虽然它直到 18 世纪的最后 10 年才到达中国。在此期间,日本一定已经知道类似的仪器,因为 1810 年以后,日本已经开始仿制用时钟机构转动的某种奇怪的宇宙模型。乍看起来,这种仪器很像太阳系仪或天象仪的那种圆盘形状,但原则上却有很大区别,因为它们是根据所有中国宇宙论[④]中最古老的"盖天说"与连接天和地的中央山脉(昆仑山)的印度概念相联合的理论[⑤]。

这些模型与杰出的和尚——圆通(1750—1834 年)的活动是相联系的。本书在前面已经谈过[⑥],他是《佛国历象编》的作者,他在书中企图显示古代学说比现代科学世界观的优越性,借以替佛教做宣传[⑦]。他对于从落下闳到郭守敬的中国天文学非常熟悉,但是对他来说,这种天文学的各种最原始形式,都是当前的真理而不是历史的序言。1813 年,他用几种文字出版了他著的《须弥山仪铭并序和解》,在书中描述他的宇宙工作模型。该书的序言,常被复制在现仍存在的、描绘这个仪器的条幅上(图 671)。在模型上,形为穹窿的天在图上被表示为被压平的(也许有时装在玻璃内)。方而平的地则以妙高山或须弥山(昆仑山)为中心,山向上放宽以支持天。内部有 4 个大洲,其中之一是南赡部洲(Jambūdvīpa),四大洲之外有几个同心的环形大陆围绕着,各大陆之间有环形的大洋把它们隔开来。很清楚,这是本书在地理学一章内称为宗教宇宙志的东亚传说的最后代表[⑧],在许多方面跟欧洲中世纪早期的轮形地图和 T-O 地图相似类[⑨]。有理由认为,所有这些传说最初起源于巴比伦人,但是东亚的传 530 说(主要是佛教徒和道教徒的传说)中,必定有很大部分起源于可以回溯到乔达摩佛(Gautama Buddha)时代的古老印度宇宙论[⑩]。在 19 世纪早期的天体志里,仍有力地宣传这种学说,这简直是有点荒诞。

---

① 参见 Needham, Wang & Price (1),p.168。排斥外国人的全部政策,从 1641 年以后才实行。

② 参见 Hayashi(2),p.354。

③ 本册 p.474。

④ 参见本书第三卷,pp.210ff.。

⑤ 西尔维奥·贝迪尼先生把这些仪器的知识,通过德里克·普赖斯博士向作者们介绍,并允许复制所收藏的画卷的照片,在此表示感谢。中山茂先生和作者们合作研究圆通及其作品,在此一并表示感谢。

⑥ 见本书第三卷,p.457。他采用了"无外子"的哲学笔名。

⑦ 参见 Mikami(12);Muroga & Unno (1)。

⑧ 本书第三卷,pp.565ff.。

⑨ 本书第三卷,pp.528ff.。

⑩ 如海野一隆(2)曾经指出的,中央山脉(昆仑山)的概念本身,并不损坏旧世界古代地理学家的名誉,因为它只是承认西藏喜马拉雅山脉的存在。这个概念之所以古老,因为早至汉代已经用它来说明天体的运动或昼夜的更迭了(参见本书第三卷,图 218)。

图版 二六二

图671 用时钟机构驱动的天体模型和太阳系仪，由日本圆通和尚于1814年根据古老的"盖天说"（参见本书第三卷，pp. 210ff.）制作，或为他制的，他企图证实这个学说以反对现代科学的宇宙观。在古典印度和佛教徒阿毗达磨（*abhidharma*）的哲学中，地是方而平的，中央是昆仑山（妙高山）——联系天地的圣山。几个同心的环形大陆环绕着这个山，各大陆之间有环形的大洋把它们隔开来（参见本书第三卷，图242）。地面上的3条高架轨道，似乎代表赤道和日、月的轨道。图中显示当太阳在北背后时，世界的四分之一在黑暗中。本书第三卷图218已经根据6世纪的希腊基督教材料，显示了同样的概念；它似乎主要是印度的。模型左侧有一个小型的立轴和摆杆式时钟，它大概是用来转动各行星模型的。圆桶形外壳的各层显然是代表4种元素，它们似乎也是旋转的，也许由装在壳子里面的更强力的弹簧驱动机构操作。

在图 671 里的平地上面,可以看到一个赤道圈和两个似乎是黄道的圈,其中之一无疑是用以旋转太阳模型的,另一个是用以旋转月球模型的。周边上的 8 个蘑菇样的"伞"则表示象征四天宫的星座,它们是不能运动的。仪器的左侧,有一个具有立轴和摆杆式擒纵机构以及重锤驱动的时钟机构。不是所有画卷都显示这种机构[①],某些模型可以利用装在里面的发条来运动。图 671 的仪器大概有两种驱动:左侧小型的,转动太阳和月球的模型;而另一个装在圆鼓里面较强的则转动圆鼓的各层。在鼓的各层右侧,从上到下标着"地轮"、"金轮"、"水轮"和"风轮"字样,但是这些名词究竟代表行星还是元素(或者两者都代表),以及这些层的旋转对于上边的宇宙模型有怎样的影响,仍然是模糊的[②]。

序言的文字充满了古老的特征[③]。圆通不但用盖天说的经典著作《周髀算经》[④],也用《易经》[⑤]来替自己的学说找根据。他声称,所有他的布置是符合《阿毗达磨教训集》(*Abhidharma Sāstras*)的教导的。序言包括了一些天体和地面距离的幻想数字,如用"瑜缮那"(*yōjanas*)表示黄道的倾斜度。他说:

> 昼夜的长短是不相等的,这是因为 7 个围绕着的山脉具有不同的和变更的高度,好像当一个人站在台阶上向北看时,他会看到地面逐渐上升。(在天体模型里)人们也看见 4 个大洲都向外伸张,具有方、圆、三角和新月的形式,他们都表示最大幻影("摩耶",即 Māyā,宇宙)的形状。这里不可能把所有能说的都说完,但是他们可以在印度的(佛教徒的)历算著作里找到。这是和《周髀》关于数字和历法的说法完全一致的,也和《易经》里所提的阴阳的数字符合的。有时他们只暗示相符合,另一些地方则清楚地互相证实。人们怎样能不尊敬这些圣人的神圣美德呢?[⑥]

没有比这段文字更像《创世纪》(Genesis)开头几章的字面上的信仰了。

19 世纪初叶,圆通在日本似乎是很有影响的。其时由于和荷兰人的接触,出现了大批新知识,他的工作是反对这种新知识(*Rangaku*)洪流的民族主义者的反作用的一部分[⑦]。其他作者也在须弥山的旗帜下反击新知识,例如写出《须弥界约法历规》的佚名历法专家[Anon.(*13*)],和写出《须弥山图解》的佛教徒宇宙学家高井伴宽,后一书在 1809 年出版,具有这个圣山的想象性图画。

就这样,通过奇怪的角色的倒转,原来带到东亚为基督教传教宣传之目的服务的时钟机构,却替佛教徒宇宙论的正统观念帮忙。但是宗教干扰科学事业的时代很快就过去了。据说,圆通的《佛教历象编》出现后的次年,他受到第一流天文学者伊能忠敬的严厉批评。如果我们对于这些讨论知道得更多一些,也许会在其中找到与赫胥黎(T. H. Huxley)和威尔伯福斯

---

① 例如贝迪尼先生收藏品中的另一幅画卷,和莫迪[Mody(1)]曾经出版但未加说明的一个插图。

② 据说圆通的模型之一仍然保存在东京的科学博物馆内。如果属实,对于它的充分描述将是很有兴趣的。

③ 作者曾经和鲁桂珍博士合作写了一个译稿,但是圆通的作品采用了佛教天文学的专用术语,很难理解。

④ 参见本书第三卷,pp. 19ff. ,210ff. 。

⑤ 参见本书第二卷,pp. 304ff. 。

⑥ 由作者译成英文。关于"瑜缮那"(*yōjana*)的意义,见本书第四卷第一分册,p. 52。

⑦ 参见 Chesneaux & Needham (1);Kuwaki (1)。这个故事还没有在西方文字中充分叙述。圆通和镰田柳泓的《理学秘诀》(1815 年)及青地林宗的《气海观澜》(1825 年)等力量进行竞争。中国不是没有类似的反对新知识的运动(参见本书第三卷,pp. 454ff.),但是总的来说,中国人在科学态度上是更进步得多,更关心按照正确的历史观点来发掘和研究过去。

(Wilberforce)主教的著名论战在早期的类似。可是,在 1848 年有些人还怪诞地继续保存这种古老世界观点,复制更多的同样画卷①。1850 至 1852 年之间,田中久重在所制的一些精巧仪器中,把圆通式的平地模型和复杂的时钟联合起来了②。但是这时已接近这种逆流的结尾,因为 1854 年发生海军准将佩里(Perry)的归来和日本的开放,以及这种事对于世界科学合流所包含的一切意义。

现提供两件令人好笑的偶然情报,以结束这一小节。1809 年,上海人徐朝俊写了一本标题为《自鸣钟表图法》的制钟专书③。他在序言中说,他的家庭从事制造"欧洲式"时钟已历五世④。他也许是利玛窦的著名朋友徐光启的后代⑤。至少直到 19 世纪末叶,上海的制钟工人崇拜利玛窦为他们的保护神,尊称为"利玛窦菩萨"。如果苏颂,特别是僧一行有知,他们将怎样觉得好笑!

532

(6) 时钟机构和各文化间的关系

现在,只要把各个文化地区在机械时钟的发展过程中所起的作用,作一简单的总结,就可以把本节所讨论的资料组成有条理的整体。让我们检视表 59 所包括的路线图。

什么因素导致中国的第一个擒纵机构时钟呢? 走在一行(725 年)之前的主要传统,当然是从约 125 年张衡开始的一个接着一个的"前期时钟"。本书已经提出理由,说明这种时钟是用刻漏滴水转动水轮,通过装在水轮轴上的凸耳,间歇地拨动装在一个极轴上的齿轮的各齿,从而向计算用浑仪和浑象供给动力,使其缓慢地旋转⑥。张衡的贡献是把前人的浑仪环合并为赤道浑仪,并把它跟水磨和水碓的原理结合起来,组成这个装置。在他之前的一个世纪内,水磨和水碓已经在中国文化中广泛地推广了⑦。但是除这个来源外,一行还要感谢其他来源,如从马钧(约公元 300 年)起的工匠们和道士刻漏专家们(例如李兰,约公元 450 年),前者制成用小轮驱动的,装有人物形象的卧轮和其他机械玩具,后者则制成秤具来秤量用于计时的水。特别要提出耿询和宇文恺,他们在一连串机件的中间安排一个可以过秤的容器;也许从这个布置得到启发,发生这样的想法,即把固定在转轮上的一系列容器过秤的想

---

① 例如贝迪尼先生正在研究的一些大型多色木板画。
② 见高林兵卫(1),图 33,34A,B。
③ 以后在他著的《高厚蒙求》的第三部分内,把这篇专论包括进去,这已经在本书第三卷 p. 456 提及了。有一本类似的日本文献——《机巧图汇》,细川半藏赖直于 1796 年著,曾经由山口隆二(1)用缩微片复制,并有现代化译音。擒纵机构的现代名词是有趣的。中国制钟工人称调节钟表速度的机构为"擒纵器"或"卡子"。感谢刘仙洲教授的介绍。
④ 徐文璘、李文光(1)的论文,描述了一些现仍存在的徐朝俊所制的时钟。对于 1795 年完成的著名 18 世纪小说——《红楼梦》中所叙述的时钟,曾经进行了很多讨论。见陈定闳(1),方豪(2)和严敦杰(16)的论文。
⑤ 无论如何,接近 18 世纪末,有一些姓徐的著名制钟者,如徐翊瑛、徐翊淞兄弟以及徐翊淞之子徐玉。见曾昭燏(1)。
⑥ 如本册 p. 474 所指出的,水轮联动式擒纵机构回溯到张衡本人的可能性还不能被排除。
⑦ 凸耳构成一个齿的小齿轮,整个"棘轮机构"则与亚历山大里亚人(例如赫伦),和维特鲁威所描述的某些机器(例如路程计)极相类似,而与他们同时代或大致同时代的中国记里鼓车(本册 p. 282)所采用的机构则完全相同。

表 59　各文化地区在机械时钟机构的发展中所起的作用

欧洲　　巴比伦和古埃及　　中国

印度　　伊斯兰

有溢流槽的受水型刻漏
有补偿槽的受水型刻漏
6世纪中期

【中国】
受水型刻漏
秤漏
十二时辰制
公元前350年以环（石申等）

450 李兰
605 耿询 和宇文恺
1130年 由曾民瞻复兴
水运仪 世宗（朝鲜）例如（在朝鲜）约1435年
造钟之 1657年
天文钟 1813年（日本）时钟机构为佛教徒宇宙论服务
圆通

1世纪 水器和水碓
3世纪 马钧等 水轮操作的机械玩具
? 水日晷
浮子原理
692年 巨轮上的人物形象
第一个擒纵机构 一行和梁令瓒 725年
979年 张思训
第一条传动链 "第一个'宇宙机器'"
1088年 苏颂领导下
1124年 王黼
1267年 郭守敬（计时和天文功能分开）
1354年 妥欢帖睦尔
水轮 世珍（朝鲜）减速齿轮

125年张衡
250年葛衡
436年钱乐之
520年陶弘景
590年耿询

有水轮联动式擒纵机构的天文钟
小轮和凸耳轴转动的天文仪器

【印度】
激发性传播？

【伊斯兰】
公元900年 比鲁尼：星盘上的历算齿轮
1221年 阿布·贝克尔（Abū Bakr）的 齿轮星盘
1150年左右《添利耶的数书》和《男士求珠书》有关 计时器和水轮的记载和水动的设想
加扎里 1206年 有水流的钟，装有 只能作报时机构的预防水斗；以及水动的设想

【欧洲】
受水型刻漏
池水型刻漏
公元前350年阿基米德天象仪
公元前2世纪-公元1世纪等 拍船机械记录计
公元2世纪安法一废水轮的机器；历算内轮

公元2-3世纪 水日晷的历度和浮子原理
螺旋上升的 名向重锤式飞轮
标度盘
赫洛斯和其他 计算装置
星盘
12-13世纪 自鸣水钟
1190年罗罗盘传来
磁石和水动式 [彼特故斯·佩雷格里努斯（Petrus Peregrinus）和罗杰·培根]
1250年 维拉尔·德·奥内库尔
立轴和横杆式擒纵机构 带摆锤驱动
约1310年出现？

1271年 罗伯尔图斯 实特里库斯（计时和天文学功能分开）
1275年有捕蝇驱动的摩尔人的波式水钟
1583年以后
1644年 德布里亚科（de Caus）
1872年 恩布里亚科（Embriaco）
耶稣会士的机械钟
首迫的耶稣会士制钟者
科兹斯和山水
欧洲式钟机构 地放洲存正

1490年 发条和力圆锥轮
1641年
1657年 摆式擒纵机构
1680年 锚式擒纵机构
1715年 直进式擒纵机构

【巴比伦和古埃及】
受水型刻漏
公元前2000年继特吕

沙钟 1370年 盖希尼
直到约1670年

法。至于齿轮装置,本书已经提出证据,中国机械师已在几个世纪中进行了很多实验。

什么因素导致欧洲的第一个擒纵机构时钟(约1300年)呢?重锤驱动无疑是从希腊的水日晷和机械傀儡剧场的浮子演变而来,并且在13世纪确实以独立的形式出现,如阿方索时代的全集中的摩尔人的鼓式水钟所验证的[1]。至于利用齿轮装置模拟时间的测量,则传自远古。即使我们对于归功于阿基米德(约公元前250年)的天象仪[2]知道得很少,从希腊安提-库式剌的具有精巧齿轮组的古代遗物,已足够显示希腊(公元前1世纪)的技术能达到的非凡成就[3]。此外,我们从阿布·拉汗·比鲁尼约于1000年写的一本书[4]上得知,在阿拉伯世界里早已在计算用的星盘上应用历算齿轮,而且现仍存在这样装配的星盘的样品,其中值得注意的是存在牛津的[5],由依斯法罕(Ispahan)的穆罕默德·伊本·阿布·贝克尔于1221年制的一个。时钟的标度盘又可以被认为是星盘面的演变,再向上推到根源,就是水日晷的旋转盘面的演变[6]。至于报时机构的装置,则在拜占庭的自鸣水钟[7]和以后的阿拉伯水钟中已有很多先例。只有机械时钟的"灵魂",即擒纵机构本身,必须由1300年的关键发明者——不论他们是谁——来提供。当时擒纵机构所采取的实际形式——立轴和摆杆,合理的推断可能是从径向重锤式飞轮演变而来,这种飞轮自从希腊—罗马螺旋压力机的很早时代就已为人们所熟悉,不过原来的间歇旋转运动,现在通过擎子的作用转变为有规律的摆动而已。但这个基本想法究竟在多大程度上是首创的呢?中国擒纵机构在以前6个世纪中的发展,暗示着至少有一个扩散的激发性作用从东向西传播。

如果存在这种传播,为了对它获得一些见解,必须集中注意在1000至1300年之间的一段时间内,看看能不能从伊斯兰和印度文化地区内找到一些线索。值得注意的是,在较晚的阿拉伯著作中,可以找到跟张衡和他的后继者们所采用的在逻辑上相同的一些布置。例如,伊斯梅尔·伊本·拉扎兹·加扎里在1206年所著的关于自击漏的论文里描写过一个机构,按照威德曼和豪泽[8]的解释,是由一个翻斗和一个铰接的棘爪联接起来构成的,当翻斗每次

---

① 图647. Rico y Sinobas(1);Feldhaus(22)。参见Beckmann(1),vol.1,pp.349ff.,关于埃及的萨拉丁(Saladin)在1232年送给腓特烈二世(Frederick Ⅱ)皇帝的天文钟的叙述;各部件被"重锤快速转动"(ponderibus et rotis)。参见Achmeller(1)。

② 例如见,Cicero,*De Re Publica*,Ⅰ,xiv,21;Ovid,*Fasti*,Ⅵ,277。有关各段的大部分,曾由普赖斯[Price(8)]以翻译好的形式收集在一起。对于它研究的最好的是威德曼和豪泽[Wiedemann & Hauser(5)],但亦可见Drachmann(2),pp.36ff.。提到水力驱动的唯一地方出现在帕普斯的书中(*Opera*,ⅤⅢ,2),这个文献的编写时代是在张衡以后的那个世纪内。

③ Rediadis(1);在普赖斯的著作[Price(1)]中的其他参考文献和描述。现在,这被称为历法模拟计算机。内部证据确定它属于公元前82年,大概在公元前65年掉在海里。D. J de S. 普赖斯教授正在为它写一篇专论;在专论未发表之前,见Price(8,9)。

④ Wiedemann(13)。

⑤ Gunther(2),no.5。除了安提-库式剌的机器外,这几乎是区别于传送动力的齿轮装置的精密齿轮装置的最早的例子。

⑥ Drachmann(6);Neugebauer(7);Price(5)。

⑦ 例如普罗科匹乌斯约在公元510年所描写的在加沙的自鸣水钟[Diels(2)]。或,在波斯的萨珊王朝的,库斯鲁二世(khosroes Ⅱ)(公元590~628年在位)的计时宝座,关于它的描述见Christensen(1),p.461。推测所有这些钟都是从自鸣水钟的附属装备演变而来,维特鲁威(Vitruvius,ⅨⅤⅢ,5)约于公元前30年对这种水钟作了描述,也许是提西比乌斯于公元前200年设计的,参见Drachmann(2),pp.19ff.,(9)pp.192ff.。

⑧ 威德曼和豪泽[Wiedemann & Hauser(4),p.147]解释了《几何(即机械)装置的知识》,Ⅵ,6。关于这本书,参见Mieli(1),p.155;Sarton(1),vol.2,p.632。加扎里的活动期是从1180至1210年[Suter(1),no.344]。

装满了水而倾卸放空时,棘爪使棘轮向前旋转一个齿(图 672)[1]。棘轮通过一根绳和一个似 535
乎是水日晷的转盘联接。在伊萨克·德科于 1644 年出版的关于机械设备的书[2] 上,有非常
相似的布置,说明它不可思议的长期存在。恩布里亚科于 1872 年在罗马的平乔花园(Pincio
Gardens)内建造大钟时,确实仍然采用此原理(用两个更迭的翻斗和一个摆式擒纵机构)[3]。

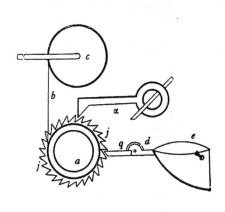

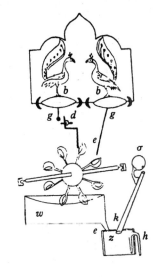

图 672　图上的机构出自加扎里关于自击漏的论文
(1206 年),根据 Wiedemann & Hauser (4)。
它与张衡在利用水力转动圆盘或圆球时所
采用的凸耳相类似。当斗(e)被恒定的水流
注满而倾卸时,它使铰接的杠杆(d)倾斜,通
过与其相连的杠杆(q)作用于棘齿(j,j),转
动棘轮(a),使其向前移动一个齿。棘爪(α)
防止棘轮倒转。棘轮旋转时,通过绳式链(b)
卷动鼓轮(c)。图上棘爪轴和鼓轮轴都与纸
的平面垂直。

图 673　加扎里论文内的另一设备——阿拉伯计时
机械的水轮,根据 Wiedemann & Hauser
(4)。被翻斗(未在图上显示)的排水周期地
转动的小型冲击式涡轮,即佩尔顿水轮
(Pelton Wheel),在旋转时拨动杠杆(d,e),
从而转动心轴(g,g),使孔雀形象(b,b)活
动。同时,从弃水池(w),流出的水注入水箱
(z)内,使管子(k,σ)发出声音,终于通过虹
吸管(h)溢出。图上水轮轴和纸的平面垂直。
在这里,像其他阿位伯自击漏一样,水轮是
击鸣机构的一部分,而不是行走机构的一部
分。

加扎里的时钟内也有水轮,这一事实跟较早的中国作法的关系,不可能没有联系。但是加扎
里的水轮似乎从来不是被连续水流驱动,作为连续旋转的计时齿轮组的原动力,它们只在翻

————————
　　[1]　当研究翻斗的祖先时,不要忘记本册前面(p.363)关于槽碓的叙述。
　　[2]　De Caus(1),pl.5 和伴随的文字,由李约瑟,王铃和普赖斯[Needham,Wang & Price (1),fig.45]复制。同书的另
一些地方,图示(pl.8)并描述一个在很晚时间的简单水日晷,这也由李约瑟等[Needham et al. (1),fig.33a]复制。
　　[3]　见 Ulngerer(1),p.372。这个设备有非常相似的祖先,这就是死于 1139 年的巴迪·阿斯图拉比(al-Badī 'al-
Asturlābī)发明的双斗系统[Suter(1),no.278];见 Wiedemann & Hauser (3);1699 年佩罗(Perrault)的时钟;以及特里瓦
尔德的鼓风机(参见本册 p.365)。

536

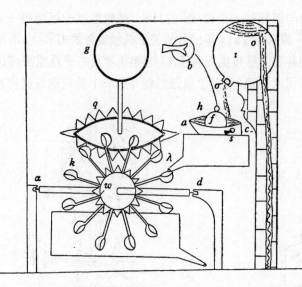

图 674　出自加扎里 1206 年的论文的第三个设计[根据 Wiedemann & Hauser (4)]。具有溢流口(o)的水箱(i)，以恒定的流量通过缟玛瑙孔(σ)向翻斗(a,s,c,h)注水。从漏斗(λ)周期地流出来的水，冲击装在小型佩尔顿水轮周边上的各水斗(k)。小水轮旁边有一个齿轮(w)，和水轮装在同轴(α,d)上，它和平面齿轮(q)啮合，转动报时机构的圆盘或圆球(g)。另有一个浮子(f)，通过绳或金属线和小鼓轮(b)联系，使更多的报时机构活动。图上的水轮轴与纸的平面垂直。水轮是击鸣机构的一部分，而不是行走机构的一部分。

斗卸空时间歇地投入不受控制的动作，通过拨牙杠杆(图 673)[①] 或中间齿轮(图 674)[②] 使孔雀和其他人物形象动作。这里我们的确看到，被水轮连续转动的齿轮装置，是对风琴供给恒定空气量的某些机器里的齿轮装置[③]。在这种机器中，由立式水轮通过直角齿轮装置驱动一个垂直轴，轴上第一个半月形凸轮，它在旋转时更迭地顶起两个阀门，使水流注入两个封闭的空间，当其中一个排出空气时，另一个吸出空气[④]。加扎里把这个布置归功于巴努·穆萨兄弟(9 世纪)[⑤] 和拜占庭人——木匠阿波洛尼乌斯，关于后者的情况知道得很少。但是这个机器不是计时设备。

直到现在的所有证据中，没有迹象指出中国的发展受到阿拉伯的任何影响[⑥]。从 8 世纪初期起，中国时钟在一条连续的路线上稳定地发展，似乎不像受到外来的影响。而阿拉伯的资料则确实指出，某些中国元件向西方传播。

写到这里，不得不暂时离开主题谈几句。人们简直不能想象，在最巧妙的现代科学器具中，还存在着这样多的中世纪的装置。例如，约 35 年前已经完善了的，但现在仍在使用的博

537

---

①　《机械装置的知识》Ⅵ，4(Wiedemann & Hauser，4，p. 105；145)。

②　《机械装置的知识》Ⅵ，2(Wiedemann & Hauser，p. 142)。本书第一卷对着 p. 451 的图 23 上，已经显示了加扎里的宏伟水钟之一的报时机构的外形。阿迈塞诺瓦[Ameisenowa(1)]提供证据，认为整个乐队代表"星球的音乐"。

③　见 Wiedemann & Hauser (3)。

④　这个方法的复杂性，与中国双动活塞风箱的巧妙的简单性，成强烈的对比(见本册 p. 135)。

⑤　Suter(1)，no. 43。

⑥　甚至加扎里所描述的最大的时钟，里德万·伊本·鲁斯泰姆·胡拉萨尼·萨阿提医生的父亲于 1168 年在大马士革(Damascus)所建的巴卜·贾伊龙(Bāb Jairūn)时钟[Suter(1)，no. 343]，以及哈利勒·伊木·阿布·贝克尔(Khalil ibn Abū Bakr)于 1325 年替鲁克恩·丁·伊本·尼扎姆·侯赛尼(Rukn al-Dīn ibn Nizām al-Husainī)在波斯的亚兹德(Yazd)建造的最精巧的水钟"时间和钟点的观象台"，都没有显示对中国发展的影响。萨阿提于 1203 年对于巴卜·贾伊龙钟写了一篇描述，它装备的报时机构和点灯设备比西方以前所知道的复杂得多，全部按水日晷浮子原理工作，并具有不时工作的拨脱机构。对于亚兹德水钟，萨伊利[Sayili(2)，pp. 236ff.]曾经从 16 世纪作家艾哈迈德·伊本·侯赛因(Ahmad ibn Husain)所写的亚兹德历史中翻译了一段极好的描述。参见 Sykes(2)，p. 421。14 世纪的自鸣水钟的遗迹，现仍在摩洛哥的非斯城存在着，并已经由普赖斯[Price (13)]做了研究。

伊斯(C. V. Boys)的连续记录煤气量热器(见图 675)[1],非但使人回忆起苏颂的水力驱动时钟,也包括了加扎里和阿方索的机械师们所熟悉的一些部件。这具量热器的设计不受煤气供应以外的任何因素的影响,它具有一个水轮驱动的时钟,水轮装在闭合回路的水系统内。这个水轮由锚和摆式擒纵机构调节,它具有 3 种功能:(a)驱动差动齿轮组,以控制通过大气静压表的煤气流量,齿轮组自动地输送连续的温度和大气压力的调整;(b)保证向量热器供给连续测量过的冷水量的周期;(c)驱动两个装记录纸的鼓轮和一个时钟。如同古老的阿拉伯设计一样,利用翻斗来测量水量,其布置是,当水斗不接受水时水注流向水轮。水轮上装一凸轮,凸轮每半分钟推动一根随动棒,使翻斗恢复到受水的位置。此外,煤气表的分段间隔室式鼓轮又是另一阿拉伯式的部件。除了闭合回路内的水轮外,联接水轮和温度-大气压积算器的链传动又使人联想到 11 世纪的中国设计。具有漂亮而简单的几何关系的圆盘-圆球-圆筒式积算器,虽然是整个结构中最有希腊风格的部分,却远远超过希腊人自己自曾经达到的水平。另一方面,借以改变水轮轴转速的差动齿轮,很可能起源于中国指南车中的部件(参见本册 pp. 296ff.)。查尔斯·博伊斯(Charles Boys)爵士是具有突出的创造才能的人物[2],因而整个器具可能是纯粹的再发明,但是,人们永远不能知道,他从过去的记录中受到什么暗示或启发。

在现代生产的机械中,交替倾卸的水斗仍在工作,如在拉(钢)丝厂内,就有一种自动机构,调转快速行进的白热钢条,使之通过各个导管。在钢条经过导管连接处时,钢条本身可作为连接件,但在它一旦通过以后,那段安装在直角杠杆上的运行导管,由于水斗里渐渐注满了水的重量而摆了过去,并把第二段钢条送到另外一边,与此同时水源自动地转向第二个水斗——即已放空的水斗注水。在第三根钢条到来之前,运行的程序就颠倒过来了[3]。

托马斯·布朗爵士在有系统地指责一些粗俗的错误中(1646 年),跟圣杰罗姆(St Jerome)的当时代表者进行关于他正在研究的机械钟的争论,因为他很知道这个器具的起源是比较近的。同时,它的现代性使他觉得很奇怪,他想,更进一步的创造性会不会制出自己会走的时钟。他写道:

538

> 近年发明了标度盘和玻璃管水位表之后,新的发明以及由旋转运动(trochilick)式轮子的技巧组成的时钟跟着出现,有些是靠重件来保持运动,有些是没有重件而仍能工作的。正如一个时代教导另一个时代,时间导致一切事物的毁灭,也使一切事物完善,这些时钟比较它们以前的任何计时设备,确实是更通用和更便利了……我觉得非常惊奇,古代的计时术怎么会没有发现这种技巧,设计能运动的鸽子的阿契塔(Architas)或阿基米德的螺旋学(Helicosophie)怎样会不走到这条路上来呢。在许多事情上,也在这个特别的事情上,现代确实是远远超过古代,现代的创造性是如此的胆大,不但计时的精密度达到比分更细,并且企图达到永恒运动,和设计(如果材料能满足设计的要求)能旋

① 关于这个仪器的最好描述见 Hyde & Mills(1),pp. 195ff. 。参见 Boys(1,2)。克劳德·G·海德(Claud G·Hyde)少校赠给作者在这里复制的照片,并在沃克斯霍尔(Vauxhaull)向作者展示此仪器,在此志谢。在英国燃料电力部煤气标准处(Gas Standards Branch of the Ministry of Fuel and Power)工作的 K·A·辛格(K. A. Singer)先生认出博伊斯量热器里的古代元件,并唤起作者们的注意,也一并感谢。

② 见佩吉特[Paget(1)]所写的简短传记。

③ Jones & Horton(1),vol. 1,pp. 413ff. 。

转得比典型运动更完美,并超越时间本身的原动机。[①]

由此可见,在托马斯爵士的脑子里,动力驱动的时钟机构和永动的设想之间是有联系的。这个情况怎样才会发生呢?

539 　　12 和 13 世纪阿拉伯作品的一个古怪特点,是对于永动机的可能性的信念。不久以后,如萨顿已经指出的[②],这种梦也开始(第一次)吸引欧洲学者-工匠们的幻想[③]。施梅勒[Schmeller(1)]曾经研究过约 1200 年的一组手稿[④],其中包括加扎里的《机械装置的知识》(kitāb)的一部分正文,这本书图示了一些永动设备,所表现的形式有时是戽水车(但既不受水,也不供水),有时是具有各种不漏水的间隔室的鼓轮[⑤]。更稀奇的是,在《苏利耶历数书》,以及在婆什迦罗(Bhāskara)约于 1150 年写的《顶上珠手册》两本书上也有相似的描述[⑥]。如果前一书的文字(第 13 章)是真的,它就属于 5 世纪的,但是,它久已被认为是约在婆什迦罗时代作了窜改的[⑦]。婆什迦罗的各永动机,主要是像戽水车的轮子,轮子上有若干装有水银的密封斗("水银穴")[⑧]。《苏利耶历数书》正文上首先描述演示浑仪,并说它可以沉在一壳体内用来表示水平面[⑨]。这本书继续写道:[⑩]

　　16. ……利用水可以查明时间的循环。

　　17. 人们可以制一个和水银结合的球形仪器——这是一个奥秘,如果描述明白,它是可以被世人所广泛了解的。

　　18. 因此,让这个最完美的圆球按照老师的指导制作。在相继的年代,被失掉的构造方法根据太阳(神的)指示恢复。

　　19. 按照神的恩赐,又启示给某人或另一人……所以,人们应制作仪表以查明时间。

　　20. 在单独一个人的时候,应向这个惊人的仪器加水银。用指时针、棒、弧、轮和各种测影的设备。

　　21. 按照老师的指导,勤奋者将获得时间的知识。

　　22. 利用水仪表、容器、孔雀、人、猴子[⑪] 以及串接的容器,人们可以正确地测定时间。

　　23. 在这些仪器内,利用了水银穴、水、绳、缆、油和水、水银和沙——这些应用也是困难的。

----

① *Pseudodoxia Epidemica*,Bk,v,ch.18(Sayle ed.,vol.2,p.251)。

② Sarton(1),vol.2,p.764。

③ 见德克斯[Dircks(2)]关于这个题目的极好的历史著作。

④ 例如 Leiden Cod. 499,nos.1414,1415;Gotha,Pertsch. cat. no. 1348;Oxford Cod. 954。

⑤ 复制在 Needham,Wang & Price (1),fig. 65,66。

⑥ Ed. Wilkinson & Bapu Deva Sastri;ch.11,pp.227ff.。

⑦ 见 Burgess ed.,pp.282,298。《苏利耶历数书》的唯一可靠的古老部分,是包括在《五大历数全书汇编》(*Pañca Siddhāntikā*)的那部分。

⑧ 或放在周边的槽内。有一个机器也像水轮那样装有水斗,推测是用以开动机器的。

⑨ 根据我们对于较早的中国作法的知识(本册 p.449 和本书第三卷 p.386),注意这个水平面的意义。

⑩ Burgess ed.,pp.305ff.。

⑪ 无疑是像加扎里所用的人物形象。

虽然，这里所包括的东西，比较约在公元500年的《圣使历数书》(*Āryabhatiya*)①里明显地描述的，用以转动天球仪的简单水日晷钟设备，要多一些。那本书上说："人们应当利用水银、油和水，使一个各边都做得同样圆和同样重的，用轻木材制成的圆球，按正规的时间运动。"帕拉梅斯瓦拉在15世纪晚期作的注解上说明，浮子是注满水银的葫芦，它随着刻漏内水位的降低而降低。刻漏每24小时放空一次，天象仪随着旋转一周。油是用来润滑轴承的。水日晷的原理传播到印度并不使人惊奇，但是这还在较简单的时代。真正有启发的传播是可能制成永动机这一观念的传播，它一定是在12世纪从印度到达阿拉伯，与"印度人"的数字和数位在一起，在同一时代内向西方旅行②。到14世纪，印度人和阿拉伯人的永动水银轮开始披着拉丁的外衣出现③。因此，在纯粹印度的无限循环变化的世界观里——劫(*kalpas*)和大劫(*mahākalpas*)互相交替，自我满足，轮回不息的世界观里，去找印度人对于永动机信念的最初起源或倾向性，这很可能不是幻想的。对于印度教徒和道教徒来说，宇宙本身就是一个永动机。

就这样，印度提供了浑仪、计时水轮和永动设备之间的不容置疑的结合。甚至张思训的水银驱动也包括在这个结合之中。从某些梵文书上，人们得到一个强烈的印象，作者正在企图用掩饰的语言来描述中国型的水轮钟，或者他仅含糊地知道这些钟怎样工作。确实，人们开始有这样的想法，关于永动设备的思潮的刺激，可能来自站在像苏颂的钟楼前面，并对它的有规律动作感到惊异的印度和尚或阿拉伯商人④。

永动机(*perpetuum mobile*)开始在欧洲出现，是在奥恩库尔特(1237年)的笔记本⑤内，但更重要得多的是在佩特汝斯·佩瑞格里努斯(1269年)的巨大著作《关于磁石或永动轮的通信》(*Epistola……de Magnete*)⑥里，其所以更重要是因为在那本书内永动机的概念中又增加了天然磁石和它的性能⑦。既然，如本书已经说明的(第四卷第一分册，p.246)，欧洲在接近1190年开始知道磁罗盘，并且它无疑是从中国文化地区传播去的，那么，最明显的结论是：传递发明者(不论是谁)非但谈到磁石，也谈到由无休止的轮子驱动的、永远在运动的浑

---

① Golapāda，22。我们不知道这个器具究竟是什么，它同样有可能是演示用的浑仪。这个引证是戴维·平格里博士提出的。参见本册pp.469，481。

② 如林恩·怀特[Lynn White(7)，p.131]曾经敏锐地指出的。参见本书第三卷，pp.10ff.，15ff.，146。对于印度数字和数位的第一次完全叙述，是在莱奥纳尔多·皮萨诺[Leonards Pisano(Fibonacci)]在1202年写的《算盘书》(*Liber Abaci*)上。

③ 作者们从佚名作家约于1340年写的关于自然哲学的论文[Thorndike(1)，vol.3，p.578]中知道的。

④ 特别是因为水的循环是闭合的，看不见进入的水流，也没有排水的水渠。缺乏机械知识的中国旁观者，很可能告诉参观者，这是魔术。林恩·怀特[Lynn White(7)，p.130]对于这个推测表示怀疑，因为他也许简直没认识到中国和印度之间在唐宋时代的接触程度(参见本书第一卷，pp.208ff.，214ff.)。

⑤ 参见Sylvanus Thompson(4)；Dircks(2)，vol.2，pp.1ff.。

⑥ Ⅰ，10和特别是Ⅱ，3。皮埃尔·德马里古(Pievre de Maricourt)，或称异乡人彼得(Peter the Stranger)，写给他的朋友西热·德富科库尔(Siger de Foucaucourt)的这本简短但重要的小册子，恰在1520年之前第一次付印，但错误地归功雷蒙·勒尔(Ramon Lull)。具有手稿价值的权威性版本，则是由阿基利斯·加瑟(Achilles Gasser)于1558年在奥格斯堡出版的第二版。它的标题是《关于磁石或永动轮的通信》(*Epistola de Magnete seu Rota Perpetua Motus*)。基兹学院手稿(Caius Coll. MS.174/95)具有这本书的拉丁序言的抄本，并有不知名者对于读书的英译本。一个14世纪后叶的手稿，已以影印本出版[Anon.(46)]，而关键性的拉丁版则是黑尔曼[Hellmann(6)]的版本。可用的英文译本有：Thompson(5)；Mertens(1)；Chapman & Harradon(1)。

⑦ 再看一看本册p.229就可以了解，还有另一中国的发明在这个时代出现在欧洲，这就是平衡环。但它不是整套想法的一部分，在晚得多的时候才同磁罗盘发生联系。

图版 二六三

图 675 在现代设备中继续利用中世纪机械和计时机构的一个例子——现在仍在使用的查尔斯·博伊斯的连续记录煤气量热器[英国燃料和动力部提供的照片,经克劳德·G·海德少校和 K·A·辛格先生的同意登载]。这个仪表在水汽饱和以及标准条件的温度和压强下,按英热单位/立方英尺记录煤气的热值。持续燃烧的煤气所发出的燃烧热,在热交换器内传给持续流动的水,由两个可

膨胀的温度计测量。这样引起的运动,在纸带上记录。

　　一个像苏颂的时钟(1090 年)内所用的水轮,供给大多数部件的动力并调解其动作的时间,这个水轮由恒定水位的水箱供水,但装备了摆和锚式擒纵机构。这个水轮通过一条像张思训所用的传动链(978 年)转动表轴。一个使人回忆阿方索的机械师们(约 1275 年)所用的分段间隔室式鼓轮,装在表轴上,与轴同心,它构成这个量热器的本体。煤气通过变阻器式的窄条阀(strip-valve)进入鼓轮,使其旋转,这个阀自动调节煤气的流量以保持鼓轮和轴的转速相同,从而补偿煤气压强的微小改变。鼓轮的转速也被装在水轮和量热器之间的轴上的周转减速齿轮所控制。这个差动齿轮组是燕肃(1027 年)及其他人的指南车机构的后裔,它是被装在环形水银封口里的空气泡的升降操作的,这种升降是随着压强和温度偏离标准条件而发生的。空气泡的运动通过圆球-圆盘-圆筒式积算器来输送,并被记录在记录表上。在标准情况下,被支持在一个叉向的磨光磷铜球,静止在圆盘的中心,但是当它被温度-气压计转移到一边或另一边时,它就按与偏差程度成比例的转速旋转,因而,起着伞齿轮的作用,转动圆筒,并且通过周转减速齿轮改变鼓轮的转动。同时,供给水轮用水的水箱,也向一个翻斗供水,这个水斗基本上和加扎里(1206 年)所描述的相同。水斗每半分钟向热交换器供给一定量的冷水,它在倾卸后被装在水轮轴上的凸轮和随动棒机构自动地回复到受水的位置。闭合回路的水循环,是由利用煤气的小型热风机和泵保持的,只有煤气是从外面供应,因此这个仪器不受失去水压的影响,也不需要电流。

　　查尔斯·博伊斯爵士是否知道他所利用的某些机械装置的古老程度,这仍然是不确定的问题。但是,这些装置在现代发明家的思想库中存在着是有趣的。人们还知道,更古老的用摆调节的水轮钟,例如在阿伯丁郡(Aberdeenshire)的丁内特(Dinnet)的钟。

　　　　图上从左到右:(a)装在有玻璃盖容器内的煤气表鼓轮;(b)上边,温度-气压积算器和记录表;下边,空气钟;(c)水轮,上侧有供水管,下侧有弃水箱,后侧是使水斗回复原位的凸轮随动棒;(d)上侧是翻斗;当中是热交换器;下侧是水轮轴(时钟轴),引向盘面、擒纵机构以及量热器记录表的驱动设备(看不见)。

仪[①]。当然,可以认为,永动的想法是从天体本身表现的周日旋转自然地发生出来的,而天然磁石的两极性,无疑地容易和宇宙运动联系起来,但是这种巧合仍然似乎是很偶然的。泰勒[Taylor(6)]写道,佩瑞格里努斯把天然磁石设想为天球的模型或小宇宙,前者的每部分和后者的每部分各相对应,并认为,如果正确地保持它的平衡,它会自发地跟着旋转的苍天共鸣地旋转。因此,他建议造一个有自由旋转轴的浑仪,在它上面放置完善成形和平衡的天然磁石。一旦把轴提高到与天轴完全相对应的位置,并且耐心地用手开动仪器,直等到它获得与天体对应的运动,天文学家就会拥有既充作永远计时的设备,又供给一切需要的天体数据的仪器[②]。罗杰·培根曾经三次提及这个仪器[③]。在 1250 年之前,他刚观察了佩特汝斯·佩瑞格里努斯的工作之后,写道[④]:"一个忠实和杰出的实验者正在努力从这样的物质,和利用

---

① 德里克·普赖斯博士是注意到这一点的第一个人。参见李约瑟、王铃和普赖斯[Needham,Wang & Price (1),pp. 192ff. 和 Price(8),pp.108ff.]的讨论。林恩·怀特[Lynn White(5)]提醒我们,非但在印度-阿拉伯数字的传播方面[参见 Smith(1),vol. 1,p. 215,vol. 2,pp. 72,74;Smith & Karpinshi(1);以及本书第三卷,p.15],也在其他领域方面[参见 Thorndike(1),vol.2,pp. 236 ff.],印度在这些世纪内对欧洲的影响是很明显的。

② "……把磁石布置在子午圈上,轻轻地固定在磁石两极的枢轴上,使它可以按照浑仪的方式运动,它的两极随着您所在地区的天极的升降而升降。现在,如果磁石按照天体的运动而运动,您可以因为获得一个秘密奇迹而欢欣。但是,如果不是这样,应当认为是由于您缺乏技巧,而不是由于自然的缺陷……无论如何,利用这个仪器您可以摆脱各种时钟,因为您在任何需要的钟点,可以知道星位和占星家追寻的天体的一切其他情况。"*Epistola de Magnete* I,10,译文见 Thompson(5)。

③ 见于 *De Secretis*,*Opus Majus*,*Opus Minus*

④ *De Secretis*。

图版 二六四

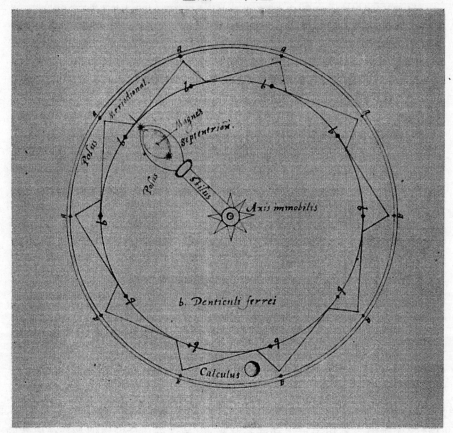

图 676 佩特汝斯·佩瑞格里努斯(1269年)建议的磁性永动轮,在1558年奥格斯堡版的书
(*Epistola de Magnete seu Rota Perpetua*)里的一个著名简图,由佚名英译者在不久以后
复制的(Caius MS. 174/95)。固定在静止轴(*axis immobilis*)上的臂(*stilus*)带着一个永久
磁石(*magenes*),轮子的全部周边都有铁齿或钉(*denticuli ferrei*)。佩瑞格里努斯设想,放
置一个重件可能有助于轮子的运动,他也许打算让重件作为指针,使轮子周期地停止在
恰恰是正确的地方。他说:"当一个齿走近(磁石的)北极时,它由于轮子的惯性而走过
去,而当接近南极时,则被排斥而不是被吸引……因此,这个齿会经常地被吸引,也经常
地被排斥。……被关闭在持续旋转的轮子的两个齿之间(的重物)自然趋向地心……因
而帮助各轮齿的运动,防止他们在转到和磁石同一直线时停下来。"

　　很难想像,佩瑞格里努斯怎样想象他的机器会工作的,但是精通圆梦者不会不在这
个永动轮中看到现代利用施加电动势于电枢上的电动机的轮廓。

这样的方法,制作一个浑仪,使之自然按照天体的周日运动旋转。"到 1267 年,他揭露出[①],这种物质就是天然磁石,虽然还没有取得成功[②]。制成的仪器将会超过一切其它天文仪器,它的价值等于国王的财富。4 年之后,出现罗柏尔图斯·安格利库斯的叙述(已在本册 p. 442 引述了),它指出:在佩瑞格里努斯的计划实现之前,人们已在尝试采用重力驱动。显然,如果有一个中国科学代表团于 1250 年访问欧洲,就可以省掉许多麻烦。

在现代科学中,轻视永动的一系列追求者已经成为普遍现象,19 世纪仍在设计永动机的人确实足够使人腻烦的,但是林恩·怀特[Lynn White(5,7)]对于这个问题的看法很有贡献。他指出,根据历史条件正确地观察,永动的想法有启发性的价值。早在 1235 年,奥弗涅的威廉(William of Auvergne)(以后曾任巴黎主教)曾经在他的《论受造物的宇宙》(De 542 Universo Creaturarum)一书上,利用磁现象来解释天球仪的永动[③]。也许这启发了佩瑞格里努斯。继他之后,又有许多人坚持认为,一个天然磁石一经正确地设置之后,会不停地和自动地旋转。1514 年,梅格雷(Meygret)提出,既然天然磁石是在天体的直接作用之下旋转着,一般反对永动的理由就不能成立。的确,虽然永动的想法是来源于它的时代的错误假定,但是,如果人们把这种想法看成是利用天体的周日旋转充作地球上能源的尝试,它似乎是明显合理的。直到 19 世纪,磁场才参加对人类有用的能量变换;而在第一个陀螺罗盘和人造卫星时代之前,人类是不能直接利用太阳系的万有引力的。1562 年,泰斯尼耶(Taisnier)描述和图示了他希望能提供"磁性的"永动的一个设备[④]。在以后几个世纪内,无数相似的方案被提出来。他们的意义都不大,重要的是佩瑞格里努斯对于威廉·吉尔伯特的影响。在 16 世纪末,吉尔伯特[如齐尔塞尔(Zilsel,3)曾经指出的]很倾向于相信佩瑞格里努斯是基本上正确的,因为他自己对于球形天然磁石或"地球模拟磁铁"(地球模型)的实验,引导他设想地球本身是一个大磁石,正是由于这个性能而发生周日旋转。虽然这个想法的真实性不能被验证,它对于哥白尼宇宙论的经典反对意见,起了有效的削弱作用[⑤],对于这种宇宙论,吉尔伯特确实是捍卫的。甚至更重要的是,磁吸引力无形地扩展到空间的例子,通过吉尔伯特和开普勒的研究,直接通向牛顿(Newton)关于万有引力的概念[⑥]。由此可见,被采用的印度对于永动的可能性的信念,与被传播的中国对于磁极性的知识相结合,对于现代科学思想在它的最紧要的一个早期阶段内,发生了很深的影响(参见图 677)。

这些确实也影响了技术。林恩·怀特[Lynn White (7)]在其值得纪念的著作里,对于机

---

① *Opus Minus*。

② 佩瑞格里努斯所建议的,根据磁性来取得永动的设备,不止自动小宇宙浑仪一种。在《关于磁石或永动轮的通信》(Ⅱ,3)内,他描述一个轮子,由于固定在轮的周边上的各铁齿,与装在静止臂上的天然磁石之间的交替的吸引和推斥,它应当不断旋转。不像对自动小宇宙浑仪那样,他用一个著名的简图来说明这个想法。本书根据在基兹原稿(Caius MS. 174/95)里找到的细致绘成的图,复制在图 676 上,原图是威廉·吉尔伯特(William Gilbert)在世时画的。其他译本也常有些插图,例如 Klemm(1),p. 92。

③ 参见 Duhem(3),vol. 3,p. 259;Sarton(1),vol. 2,p. 588;Thorndike(1),vol. 2,pp. 338ff.。这恰恰是奥恩库尔在工作的时候,虽然他的永动机(*perpetuum mobile*)不是磁性的。威廉对于魔术和科学的区别并不比淮南子知道得更清楚,但是他是按照自己方式的怀疑论者,他不相信魔术符咒能够停止水磨的旋转[Thorndike,(1),vol. 2,p. 351]。参见本书 p. 202。动力技术的世界前景正在抬头。

④ 参见 Dircks(2),vol. 1,pp. 6,18ff.,vol. 2,pp. 33 ff.;Thorndike(1),vol. 5,pp. 580ff.。

⑤ 参见 Wolf(1),pp. 293ff.。

⑥ 参见本书第四卷第一分册,pp. 60,236,334;Butterfield(1),pp. 56,79,126ff.;Needham(45)。

图版 二六五

图 677 欧洲中世纪人通过太空向外窥视各固体天球的旋转机械,16 世纪的德国木刻画[Zinner,(9)]。天和地的边缘之间的空隙,是民间传说宇宙论的古代主题(参见本书第三卷,p.215)。欧洲人从托勒密时代(2 世纪)至文艺复兴,一直相信宇宙是由许多以地球为中心的同心固体水晶球构成的,这张图使我们回忆起三股古代亚洲的知识和信念是怎样帮助解除这种理论束缚的。关于磁的极性和方向性的中国知识在 12 世纪末向西传播[亚历山大·尼卡姆(Alexander Neckam)的时代,参见本书第四卷第一分册,pp.245ff.],由佩特汝斯·佩瑞格里努斯(1269 年)部分地描述,引起了威廉·吉尔伯特(约 1590 年)的实验。印度人对于永动可能性的信念,约在 1200 年通过伊斯兰世界到达欧洲,导致了地球本身是持续旋转的球形磁体的概念。就这样,哥白尼的假说从意外的方面得到支持,吉尔伯特明确地赞成它。非但地球,而且太阳、月球和各行星都应该被认为是"磁性体","磁功效从磁性体的各侧从球状向四面涌出来。"因而导致了开普勒用磁性来说明各行星运动的努力,并根据吸引的比拟而导致了牛顿万有引力的概念。到牛顿时代,第三股知识——中国天文学和宇宙论的传统概念在欧洲发生了很大的影响,按照这个概念,各行星和恒星是不知性质的发光体,在无限的空间里静止地浮着或以不同的速度运动着(参见本书第三卷,pp.438ff.)。

械钟的哲学和社会历史的其他特点,唤起了注意。在 14 世纪中,动力学作为一门新科学在欧洲兴起,使人们抛弃了亚里士多德的运动理论(即持续推动力的理论)和它的动力性能(即被输送的惯性)的假定①,这门新科学与机械钟同时出现,这并非巧合。虽然在基督教世界里,"天象仪(machina mundi)这个名词似乎可以回溯到大法官丢尼修(Dionysius),但是采用"宇宙好似是上帝最和谐地开动的大钟"这一隐喻② 的,不是 18 世纪的自然神论者,而是新的中世纪物理学的先驱者之一——尼吉拉斯·奥雷姆(Nicholas d'Oresme;卒于 1382 年)。543就这样,复杂的天体均匀性和特殊的暂时干涉,会显出造物者的智慧和权力,所以修道院和大教堂里的神迹剧必须让位于天文钟。如林恩·怀特所说的,在这些给人深刻印象的东西里,既没有虔敬的骗术(如在古希腊的神殿里),也没有威慑的神秘(如在拜占庭的宫殿里),只有对机械的潜力和灵巧的坦率赞美(他可能还会补充,如在中国的学院里和宫廷里)。当自由城市的自由民开始用这种仪器来装饰市政大厅时,西方文化和一切其他文化的分歧,就真正有意义地表现出来,但这是另一个故事③。

> [林恩·怀特写道:在西方]到了 13 世纪,很多活泼的头脑,非但被前几代人的技术成就所激励,也被永动的鬼火所指引,开始概括机械动力的概念。他们便把宇宙看成可以按照人们的意愿抽取和利用的巨大能源储蓄库。他们追求动力的热忱达到幻想的程度。但是没有这种幻想,没有这种高翔的想象力。西方世界的动力技术不可能获得发展④。

我们也很清楚,没有中国和印度的自然主义者的比较早的发现和思索,很可能就没有这种幻想和动力。从这个背景出现的,不止是罗杰·培根和异乡人彼得,而且也是弗朗西斯·培根。世界还未认识的是,他们实际上都像道教徒那样说话,重复汉唐的言语:

> 人的能力能征服自然,像在冬天打雷,在夏天造冰,使死尸走路,使枯树开花,把鬼关在豆中,使画中的门打开,使偶像说话……⑤。

> 〈人之力有可以夺天地造化者,如冬起雷,夏造冰,死尸能行,枯木能华,豆中摄鬼,杯中钓鱼,画门可开,土鬼可语……〉

又说:

> 有最高智慧的人指挥自然,而不被自然所指挥⑥。

> 〈圣人裁物,不为物使。〉

对于 12 和 13 世纪欧洲的技术思想,虽然有许多可以说的,有点丢人的事实仍然是,对于那时候使用的、大多数装在修道院和大教堂内的钟的真实性质,成为我们无知的遮羞布。但是豪格雷夫-格雷厄姆[Howgrave-Graham(1)]曾经辨别出 1284 年以后的一组记录,它们暗示着,在这个时代里一个新发明的出现,或某个已存在的设备异常的流行或发展。这些纪念性时钟,几乎肯定不是由重锤驱动的。例如威尔士诗人达维斯·阿普·格威利姆(Dafydd ap Gwilym,1343—1400 年)谈及英格兰西部在韦尔斯(Wells)的大教堂的时钟时,用奇怪的

---

① 参见本书第四卷第一分册,pp. 57 ff.;Dugas (1,2);Clagett(1,2)。

② 见 Thorndike(1),vol. 3,p. 405,vol. 4,p. 169。

③ 参见本书第七卷中关于东西方科技史的社会和经济背景的叙述。在第七卷出版之前,见本书第三卷 pp. 154 ff.。

④ Lynn,White(7),p. 133。

⑤ 本书第二卷,p. 444,出自《关尹子》第七篇,第二页。另见本册的 p. X lii。

⑥ 本书第二卷,p. 60,出自《管子》第三十七篇,第八页。

图版 二六六

图 678 13 世纪欧洲寺院里的水轮驱动的齿轮钟,圣经手稿(博德利图书
馆,2706,fol. 183v.)里的插图。图中所绘的事件是,在希西家
(Hezekiah)国王患病时;按照先知以赛亚(Isaiah)的话,在时钟上把
太阳拉回来 10°(2 Kings Ⅹ Ⅹ.5-11 和 Isaiah Ⅹ Ⅹ Ⅹ Ⅴ iii.8)。上帝
被这个公元前 8 世纪国王的美德和悲哀所感动,给他增寿 15 年,
并允诺把他从亚述人手里拯救回来。先知说:"这将是上帝给你的
标识,表示他将实践他的诺言。看吧! 我要把已落在亚哈斯(Ahaz)
的日晷上的度数影子拉回来 10°。这就表示太阳本身回转来 10°。"
修士约在 1285 年描写的时钟机构是难以理解的,似乎有一水轮,
还有喷水口、金属线、绳和铃。因此,此图暗示,欧洲在未采用重锤
驱动齿轮钟之前,已经采用中国水轮联动式擒纵机构时钟
[Drover,(1)]。虽然修士所解释的圣经上说,所拨的计时器具是日
晷,但是图上显示的一点不像日晷。

名词写着：它里面有"孔口"，又有轮子、重锤、绳、锤，以及"头"和"舌"，这些字眼奇怪地使人联 544
想苏颂的"关舌"。迟至 1353 年，温莎城堡(Windsor Castle)的大钟楼的"时钟里有一个蓄水
箱"，这个时钟是由一个著名制钟匠(*magister horologii*)和两个伦巴德人(Lombards)替爱德
华三世装置的①。德罗弗[Drover(1)]研究了约 1285 年的一件不寻常的手稿②，其中有一幅图
(图 678)显然表示一个水轮时钟。轮子清楚地使人联想到苏颂钟的主动轮。可以看到水从兽头
注入下边的弃水池内，也有较难理解的其他物品，包括一排的 5 个铃③。德罗弗也分析了某些
玄妙时钟(*horologia*)的记载。例如，布拉克伦德(Brakelond)的乔斯林(Jocelyn)的《编年史》
(*Chronicle*)记载着④，1198 年东英吉利的贝里圣埃德蒙兹(Bury St Edmunds)大隐修道院教
堂发生火灾时，修士们跑到时钟处取水。曾经由谢里登[Sheridan(1)]研究的，比利时维莱
(Villers)修道院里的 1268 年铭刻，也明确地指出一个水钟。可是，德国科隆(Cologne)在 1235
年有一条金属工匠居住的"钟表街"⑤。因此，问题是，欧洲在 12 世纪晚期和 13 世纪早期的时
钟是不是水钟。我们必须希望，更多的发现可以把问题搞得更清楚。如果水轮钟的存在是可以
证明的，这就暗示着，传播发生在十字军时代，似乎跟风车的发明同时发生(见本册 pp.
564ff.)，而不是在马可·波罗和佩特汝斯·佩瑞格里努斯的更晚的时代⑥。那么，立轴和摆杆
的发明者约有一世纪左右的时间来考验他们对于古老的水力机械擒纵机构的改进。但是这样
设想似乎是更容易些，即：传播仅是激发性的，已经在别处成功地解决这个问题的坚定信念引
导欧洲学者-工匠们自己用不同的方法加以解决⑦。我们确实是不知道。

　　无论如何，不论是中国的擒纵机构本身传到欧洲，或只是作为传说传到欧洲，一行的伟 545

---

① Brown(1)。

② Oxford Bodl. Cod. 270b。

③ 在奥尔维耶托(Orvieto)大教堂正面，有一幅约 1320 年的图巴尔-凯恩(Tubal-cain)的浮雕，表示另一个时钟，它也
有一排铃，其位置与图 678 中的铃的位置奇怪地相同。这个钟与一组正交轴齿轮和可以设想为重力驱动的装置相结合；见 J.
White(1)。可与吉勒[Gille(12)],pt. 2,fig. 12]所复制的，凯塞手稿的一个插图比较。林恩·怀特[Lynn White(7),p. 120]建
议，博德利图书馆的希西家时钟图代表一个阿方索间隔室鼓轮系统。我们不很同意他的想法。但是这个钟究竟怎样工作的，
每个人仍然有不同的猜测。

④ Butler ed. ,p.106。

⑤ Bassermann-Jordan(1),p. 17。

⑥ 人们可以回忆，这两个时代跟西方接受希腊和阿拉伯天文知识的两个焦点大致重合，这两个焦点是 1087 年托莱多
天文表(Toledan Tables)的翻译和 1274 年阿方索天文表(Alfonsine Tables)的翻译。这些表的辅助文字全集，使仪象恢复到
中世纪欧洲的情形。

⑦ 在考虑这种传播或激发的性质和方式时，最好想起其他多少可以确定的和发生在相差不远的时代的发明。如果我
们可以选择 1300 至 1320 年作为第一个工作的机械时钟在欧洲出现的焦点，我们可以回忆起 1325 年同样是火药出现的焦
点，而火药的老家是 10 世纪的中国。这个说法的证据将在本书第三十章内提供。接近 1380 年，欧洲的第一个高炉开始生产
生铁，但是这个技术已经从公元前 4 世纪起在中国发展，到宋代已经达到完美的水平。这个说法的证据，也将在第三十(d)
第四节里提供[较简短的综述见 Needham(31,32)]。接近 1375 年，也是在德国莱茵河以西的地区内，第一批欧洲的雕版印
刷出现，这项技术在中国从 9 世纪起已经很流行[参见 Carter(1)]。欧洲第一条大型弓形拱桥约在 1340 年建成，时间上更接
近时钟机构的发明，但是中国第一个这种结构已经在 7 世纪出现[见本书第二十八章(e)中的讨论]。由此可见，14 世纪是欧
洲人采用久已在中国文化地区知道和应用的若干重要技术的时代。人们可以确实相信，欧洲人以前不知道这些技术究竟来
自何处，但是若坚持它们都是新的和独立的发现，那就是要求得过分了。接近 12 世纪末，也有一个很相似的采用新技术的潮
流，在 1190 年前后几十年内，欧洲人开始懂得和应用磁罗盘、船尾舵和风车。这两个时代也是以大量传入东方的天文学和宇
宙论知识为重要特点的时代，这是奇怪的和相当惊人的。因为欧洲人约在 1200 年就知道托莱多天文表及其辅助文字，而阿
方索天文表和其相应的文字说明则更快地受到欣赏，在 1300 年以后很短的时间内就发生了影响。几乎不能避免地要做出下
面的结论：把时钟机构和它所包括的一切，放在第二个进口技术浪潮中的一幅图景内，是完全适合的。

大贡献,是在时钟的机械部分引进真正精密计时原理,以别于时钟的刻漏部分。这在开始时作用并不大,因为,很清楚,在中国的时钟里,保持计时的正确性主要是依靠水流的恒定。擒纵机构能介入发生作用,只是改变桥秤的重量,使水斗在还没有装满水时就坠下来。这就是为什么我们必须看到在纯粹水动力的刻漏和纯粹机械时钟之间所缺少的联系。在14世纪早期,欧洲各种发明出现之后,立轴和摆杆式擒纵机构担任了计时的较大部分的任务,但还没有包括全部任务,因为悬挂在鼓轮上的重量的任何重大改变,会影响时钟的快慢[①]。直等到17世纪发明了钟摆,擒纵机构才接近真正的等时性机构。如果人们考虑到在文艺复兴以前,人类技术就其整体来说是慢悠悠地成长的,则等时性机构的完善过程花了2000年就不觉得惊人了。但是中国人的贡献是必需的。承认这种贡献[②],使我们以后对于像下列常见到的说法,可以按照它们的真实价值来估计。吕布克[Lübke(1)]写道:"中国人从来没有在时钟制造技术方面做出可以和欧洲人比较的发现。(在紫禁城中收集的这样大量的)各种时钟当然跟古老中国的测时技术没有关系。"普朗雄[Planchon(1)]以高度的(虽然是无意识的)讽刺说:"中国人从来没有制出名副其实的时钟机构,在这个领域里,他们只是蹩脚的仿造者"。

在本节的开头已经提出,时钟机构对于促进近代科学发展的世界观有深远的影响。但是也正确地强调钟表匠行业对于文艺复兴时代欧洲科学仪器制造者成长的重要性[③]。这些工匠对于科学,正如水磨匠对于工业一样,是创造性和工艺技巧的丰富源泉。水磨匠在整个中世纪中已存在,而制钟匠则从14世纪才出现。他们的存在确实是文艺复兴时代理论和应用科学的重要根源之一,因为机器和仪器一有需要并设计出来时,这些工匠都已作好了准备,作为机器和仪器制造者的供应源泉。现在已很清楚,中国以前也有在技巧和创造性方面至少同样卓越的工匠。因此,如果中国没有文艺复兴和近代科学技术的发展,则工匠的存在这一条件本身显然是不充分的。虽然中国的制钟工业,在耶稣会士的时代以前,似乎从来没有成为大量生产的工业(如像欧洲在15和16世纪那样)[④],但是多种多样的水轮装置和提水机械已在全国范围内广泛地推广。因此,熟练的水磨匠的多方面活动也是不够的[⑤]。可是,贝尔纳说[⑥]:"正是由于水磨匠的劳动,才引起第一个真正的欧洲的发明——时钟的发明……"。虽然根据这里所说明的情况,这个句子的第二部分不能得到支持,但是第一部分显示了异常的见识,指出我们对于中世纪的工程师们应当表示感激。

(k) 立式和卧式装置;东方和西方的旋转书架

在前面各节里,我们对于立装轮与卧装轮两者之间在技术史上应该明确的区别,已经很

---

① 参见 von Bertele(1)。

② 所有的西方学者也许不见得都容易地同意这种看法。有些人强调,欧洲的摆动式擒纵机构是惟一真正的、惟一重要的擒纵机构。伍德伯里在评论普赖斯[Price(8)]时已经这样说。

③ 例如,贝尔纳[Bernal(1),p.235]在他的纪念比尔德演讲集(Beard Lectures)里。

④ 马克斯[Marx(1),pp.334ff.]提出钟表制造作为混成的手工制造业——工厂生产兴起前的一种机器工业——的经典例子,可见这个行业对于工业的一般发展的重要性。威廉·配第(William Petty)也利用表来说明手工制造业的分工。

⑤ 关于导致近代科学技术在欧洲兴起的因素这个重大问题,已在本书第三卷 pp.154ff. 里提出一些初步想法。在最后一卷(第四十六章起)内,将进行更充分的讨论。

⑥ Bernal(1)p.234。

清楚地了解了①。至于筒车和维特鲁威动力轮,还有它们的亲属船磨和桨轮,在时间上和地域分布上都与卧式动力轮有所不同②。在我们现在必须要查考的资料中,就某些藏书室中用手来摇动的轮来说,也就是由新的动力,即风,来驱动的轮来说,我们将要看到卧式轮又是中国、的确也是全中亚和伊朗所具有的特征;而与此相反,维特鲁威式的装置则是在西方在继续产生着它的影响③。

从现代技术的观点来看,旋转书架④或许并不是很吸引人的东西,因为它已经不再能进一步引导出什么新的东西来,尽管它在其鼎盛时期,作为各大佛教寺院中种种肃穆玄秘的陈设之一,确实深邃地陶冶教诲了许多中国的儒家学者不轻易受自己的感情怂动而离经背道。547但对于我们来说,它的意义则在于它充分地表现出西方的工程师偏爱立式的、而中国的工程师则喜爱卧式的这一事实。在另外一点上它也是有意义的,这就是它提供与本册(p.219)提到的链式挖掘机相并行的另一个事例:耶稣会士们把它当着什么新东西而介绍给他们的中国朋友,而这种机具早在将近1000年以前在中国就已经是所熟知了的。

1627年出版的《奇器图说》图示了一具旋转书架⑤(图679),借助于它,学者不必从座位上移动就能够查阅许多书籍,简单的齿轮装置保证了随着构架的转动而书册则仍然维持着向上方直立。翟理斯⑥和费尔德豪斯⑦都察觉到这是一个欧洲装置的仿绘图,前者非难中国人是把一件"纯属西方的发明——旋转书桌"毫无根据地认为是中国人的发明⑧;而后者则较为积极并又正确地指出了它的原件出现在拉梅利的著作(1588年)⑨里;图680。因此,这是又一件把西方的智慧和技巧传到东方去的事例。

尽管如此,正如富路德[Goodrich(7)]所说,在中国,甚至就在与邓玉函合著《奇器图说》的王徵本人的家乡就有旋转书架的原物(参见本册表58),因此,人们不能不迫切想知道,是不是它们不曾在某种程度上是欧洲装置的先导。从6世纪以后,在佛教寺院里建立大(有时非常大)书架,借以把全部佛经或佛像收藏在其中,置放在适宜的屉格里,这曾经是惯习。在多少世纪的长期过程中,它们可能一度有过的不管是什么样的实际效用,已经在不知不觉中褪色而隐没了,而它们的主要意义也转变成了宗教仪典,冀望得到善果的人们就能够转动整

---

① 立轴绞盘和卧轴绞车之间的区别会具有什么社会意义,关于这一点,正当我在写这一段的时候,在一则新闻之中出现了,称有人以疑惧的眼光看待某一国家的拖网鱼船,因为船上装的是绞盘而不是绞车,像是些军舰。

② 很明显,不论是立式的或是卧式的水激轮,都有各自的缺点;前者往往要用正交轴齿轮啮合;而后者则要有一个很强的下部轴承,因为必须要由它来负担全部重量。

③ 应当注意,我们恪守这样的定义:"立式"装置就是一种带有竖立的转轮和水平的轴的装置;而"卧式"装置则是一种带有水平的转轮和竖立的轴的装置。

④ 在这个议题上的学者大大受惠于富路德的著作[Goodrich(7)],他对这个议题写了一篇详尽的论文,此处就从中获得裨益。

⑤ 《奇器图说》卷三,第五十二页。

⑥ Giles(5),vol.1,p.108。

⑦ Feldhause(2),p.70。这两位学者都只见到《图书集成》中的复制品("考工典")卷二四九,第四十八页)。

⑧ 还未曾有谁能够判明这项发明权的创始者,而翟理斯却提出了异议。

⑨ Ramelli(1),p.317,pl.188。在中国的摹绘的图里,在转动器具上的书已被改绘成中式的书,但是图中后部书架上的那些书仍然保持竖立放着,正是这一点引起了翟理斯的怀疑。

548

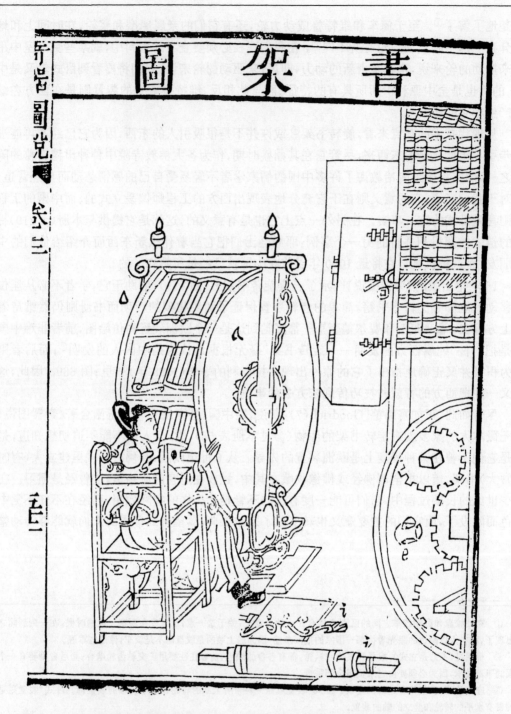

图 679 1627 年出版的《奇器图说》(卷三,第五十二页)的旋转书架图。虽然旋转书架中的书是竖行中国式的,
但后部书架上的书则是欧洲式的装订。

图版　二六七

图 680　邓玉函和王徵所用插图的来源，它是 1588 年拉梅利的工程论著中描绘的旋转书架图。一种简单的齿轮装置保持接连的书托随书架被转动而处于相同的角度。从这幅图里可以看出图 679 的中国制图者错绘了齿轮系统。

图版 二六八

图 681 命运之轮,是出自皮特拉克的《论处祸福之道》(*De Remediis utriusque Fortunae libri duo*)的第一次现代语言(捷克文)译本的木刻扉页,1501 年在布拉格印刷。当诗人在上面写作时,有 6 个人攀在一个带有摇手柄的轮上。这一构思可能起源于维特鲁威鼓轮式脚踏机。摇手柄早在 12 世纪开始出现在这些"命运之轮"上,这就是说,迟于磨轮和手摇风琴,但先于弩和井上辘轳[参见本册 pp. 111ff. 和 Lynn White(7),p. 110]。不过,轮在宗教思想和哲学思想方面的象征意义,在亚洲远比在欧洲重要得多。

个构架,来借此而参演佛祖和菩萨们"法轮常转"这样一种象征活动①。

根据南条文雄②的记述,南条是最早注意到这种轮藏或即"旋转书橱"的人之一,轮藏的传说发明人是傅翕,时在544年,而他和他的两个儿子的塑像总是出现在它们之上。但是,这一名望并不十分可靠,因为当时有关他的传记并没有记述这一发明,而第一次记述这件事的是迟至1056年。不过,可以相当可靠的认为它的实际应用大约开始于6世纪,不论它是否确由傅翕创制。傅翕是当时的著名学者,以他的调和论倾向而著称③。有关旋转书橱的文字参考材料始于823年,这是西安碑林中一块石碑上的日期,它镌有关于在城外约5里处一座寺院中立有这种机器的铭文。在9和10世纪里还有其他的记载④,不过,在11世纪中证据才变得真正丰富,这或许是由于在此不久之前(971—983年)印刷佛经的缘故。叶梦得约在1100年写道⑤:

> 当我年轻的时候,我看到过几具四方的旋转书橱。近来,在所有的大小城镇里,甚至在遥远的山寨和小村庄里,在10座庙宇中的六七座里,人们都能够听到转动中的书橱的轮子发出的声音。

> 〈吾少时,见四方为转轮藏者无几。比年以来,所在大都邑,下至穷山深谷,号为兰若十而六七吹蠡伐鼓,音声相闻。〉

在宋代有9处实例特别著名,继元代一度中断之后,我们又有14个明代关于这类构造的建筑的描述,其中最晚的是在1650年,虽迟于《奇器图说》中的图示许多年,但却完全没有注意到它们。

实际上,佛教的旋转书橱都是卧式的,在技术上和卧式水轮一样。当今仍存在的一处⑥,曾由梁思成(1)详加描述。从他那里我们得到图682和图683,表现出八角转动书橱安放在寺院里的方法及其外观。这一实例是河北省正定县隆兴寺中的转轮藏,尽管寺本身的历史可以追溯到586年,但转轮藏可能只始于宋代,并历经以后的整修。我们还从宋代李诫的《营造法式》(1103年)这部关于建筑学的巨著中看到同等有趣的图示和描述。其中有两处⑦ 论及

---

① 若探索轮在比较宗教学中的象征意义,会使我们偏离议题过远;读者可以参见其他著作,例如 Simpson(1);d'Alviella(1);Przyluski(4)等。虽说轮作为一种象征在欧洲远不像在亚洲那样被重视,但"幸运之轮(Wheel of Fovtune)"或许很可能就是从罗马的鼓轮式脚踏机演袭而成的,参见图681,它来自皮特拉克(Petrarch)著作的一种早期版本。参见 Feldhaus(20),p.282。我们已经见到了(p.361),在古代印度就把戽水车当作今生和来世的轮回的形象或模型,这,就像道教的轮回再现的教义(参见本书第二卷,p.75),都是就时间而言的。但是就空间来说也有一个轮,即环宇转轮,它的毂是须弥山(参见 p.529),于是公正和善良的环宇之王被称作宇宙太平之王,(cakravartī-rāja),即"转轮王"[参见 Zimmer(2),pp.127.ff.]。在佛教中也一样,佛陀"使佛法之轮常转"。因此,在今天印度的国旗上还有这个图案。

② Nanjio(1)P.ⅩⅩⅤ。

③ 参见本书第二卷,pp.409ff.。

④ 富路德[Goodrich(7)]都做了细致的论述。这里我们只需提一下日本和尚圆仁在840年在五台山见到的实例[参见 Reischauer(2),p.247;(3),p.196]。

⑤ 《建康集》卷四,第六页;译文见 Goodrich(7)。

⑥ 当然还存在着很多其他实例连同外国旅行者们众多亲眼所见的事例,都由富路德[Goodrich(7)]收集。对五台山上塔院寺中的一个好实例的亲眼所见的记述见于 Boerschmann(9)。它的轴长41英尺,八角形的橱高出置放它的大殿地面以上近34英尺。由4个人在一间地下室里推动辐向转臂来使它转动。橱分18层,共有144个格匣,用来储放佛像和经书。

⑦ 参见《营造法式》卷十一,第一页起;卷二十三,第一页起。

550

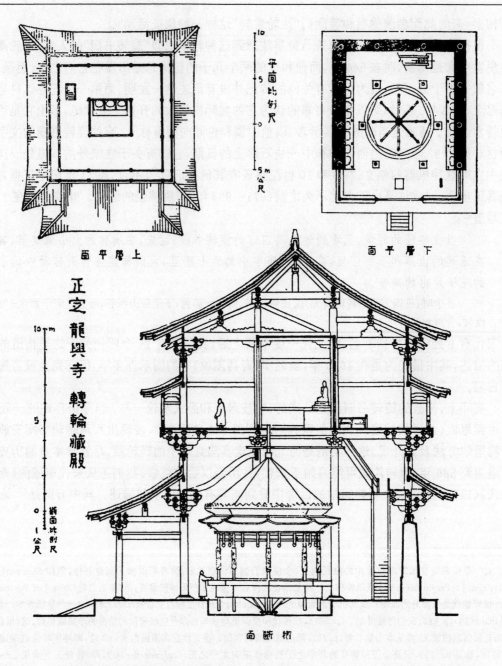

图 682 按比例绘制的河北省正定隆兴寺的转轮藏大殿图[梁思成,(1)]。上左,上层平面;上右,下层平面;下,横断面。

图版　二六九

图 683　用来收藏佛教徒著作集——《大藏经》——的转轮藏之一。这是河北省正定隆兴寺中有雕饰的八角书橱的细部构造照片［梁思成，(1)］。虽然这座寺建于 586 年，也正是这类书架的原始出现年代，而这个现存的转轮藏的初建时间大概不早于 12 世纪。

"转轮经藏"并附有一幅插图(图 684)①。它的高度是 20 英尺,直径是 16 英尺,恰恰和一些现存的实物大小近似②,但其他实例确实要大得多,北京雍和宫的祈祷圆柱③ 高近 70 英尺。有一些得靠 10 个人的力量才能转动。

552 针对佛教徒们的用途来说,当然,拉梅利的齿轮装置本不是必要的,但是这不能就说齿轮装置并不用于其他用途,譬如说获取转动中的机械增益。关于这一点,在 16 世纪杨慎的《丹铅总录》④ 中,有一个或许不那么明显的信息,它提到了"牡轮和牝轮"以相反的方向转动;还有长沙附近的开福寺的经库,在 1119 年就有 5 个轮子全部在一起转动⑤。另外还有一桩有趣的事,就是偶而会见到曾经使用过某种形式的制动器,就像苏州南禅寺的转动书库那种情况⑥,该寺建于 836 年。这表明书库的用途在于治学,而不在于敬奉,但是人们想要知道使用的是什么样的制动器,因为弧形制动带在欧洲只是在列奥纳多时期才第一次出现⑦。

供藏经用的书库,不管怎么说,在中古时代的中国并不是仅有的平向转动的器具,在考虑其起源时,有某些小的器具则是我们不能完全不顾的。可以想一想旋转坐位和其他一些家具,还有活字印刷最早采用的那些活字盘。转椅出现得很早,约在 345 年后赵朝著名的匈奴人石虎统治时期,石虎是工程师们和发明家们的一位真正的恩主⑧。陆翙的《邺中记》中有饶有趣味的一段,向我们表现在猎苑中的这位配有机械的牧猎者⑨:

> 石虎年轻的时候,喜欢出外去打猎。但是后来因为身体长得过重而不宜骑马。他遣人给他造了一辆猎车("猎辇"),形状像现今人拉的御用车,但是实际上是由 20 个人抬着(像一付担架)。它有一个安装得能够在转轴上机械地旋转的坐位,在顶上有一个曲形顶盖,能够(相应地)以任何方向旋转。这样,当他对飞禽或走兽瞄准的时候,坐位就随着他转动自己的身体而转动,而总是面对着它们。他是一位优秀的射手,从不虚发。"

> 〈石虎少好游猎。后体转壮大,不复乘马。作猎辇使二十人担之,如今之步辇上安帏徊曲盖。当坐处施转关床,若射鸟兽,宜有所向,关随身而转。虎善射,矢不虚发矣。〉

欧洲并不是没有类似的设备,但是大多都晚了许久⑩。1680 年鲁珀特亲王(Prince Rupert)为打猎设计了一辆带有一个旋转坐位的车,肯定地他一点不了解他已经有了一位匈奴人先驱者。有一个其典据并不确实的传说,是说罗马皇帝康茂德(公元 180—192 年)有一辆装有转椅的战车,"从而乘者能够把自己的背转向太阳或者迎风取凉"。除此之外,那种常见的办公用的转椅是文艺复兴时期的产物,15 世纪始于威尼斯,一百年后在德国盛行起来,名为"卢瑟椅(Luther chair)。"卡尔帕乔(Carpaccio)所绘的圣杰罗姆像中(1505 年)就有一个,是托

---

① 参见《营造法式》卷三十二,第二十一页。

② 参见 Goodrich(7),p.150。

③ 参见 Cumming(1),p.394。这是中国最有名的喇嘛寺。

④ 《丹铅总录》卷十五,第九页。

⑤ 富路德[Goodrich(7),p.141]提供的资料。

⑥ 参见 Levi & Chavannes(2)。著名的白居易当任刺史时是其施主。

⑦ Usher(1),lst ed. p.130, znd ed. p.174;Beck(1),fig. 421。

⑧ 参见本册 p.159 和 p.256。

⑨ 《邺中记》第八页,亦见于《太平御览》卷七七四,第七页,但是内容较差。

⑩ 参见 Feldhause(1),col. 1100。而今洛伊[Loewe(3)]据汉代的条形简文,而且的确又据《墨子》,甚至表明中国古代的要塞常常备有能够转动的弩炮和旋转的弩塔;参见本书第三十章(h)。

551

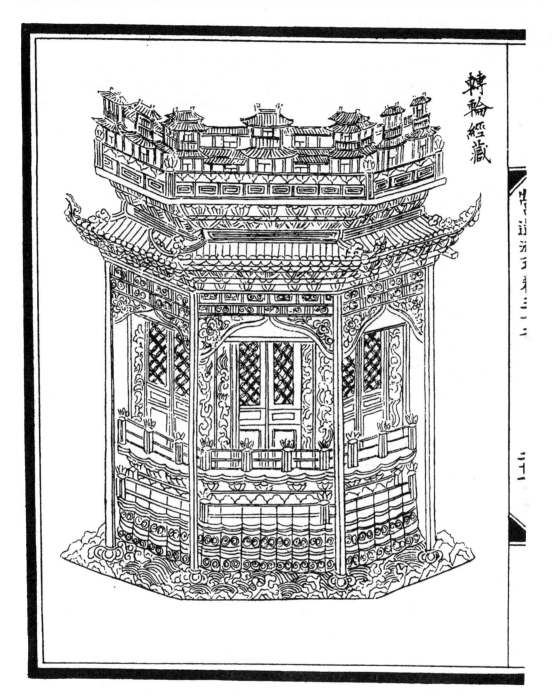

图 684　储藏佛经的转轮藏的图样，采自 1103 年李诫的《营造法式》（卷三十二，第二十一页）。

马斯·杰斐逊(Thomas Jefferson)所属有的一个 18 世纪的实例,现保存在费城①。这些,没有哪一个会与中国的旋转书架有什么关系,但是与石虎时期及以后的猎辇或许密切关连。

也还有某些床头书架("欹架"或"懒架")也转动的线索,例如宋代的《事物纪原》一书中就提到这些②,其中把他们的发明归于 3 世纪早期。但是,肯定能够转动的则是活字板韵轮,也就是活动式的有系统地储置活字的轮状匣箱,是由它的发明者毕昇约在 1045 年所首创。1313 年的《农书》③ 中所载的那张著名的图,我们把它复录在这里(图 685)。不过,对于这件检排字者们使用的器物中最先出现的一种的必要说明,自然得推迟到第三十二章中去谈。一如对于自身带有平转装置的椅子一样④。

正如富路德所提出的,旋转书架这一创制的最初原因大概是与纪元以后头几个世纪里

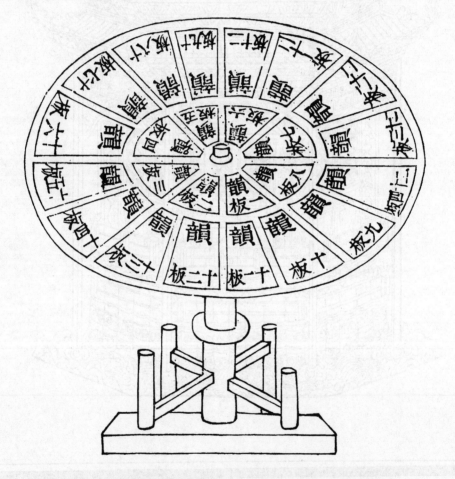

图 685 约在 1045 年毕昇发明的分类存放活字的轮形旋转活字盘("活字板韵轮"),采自王祯的《农书》(1313 年)卷二十二,第二十二页。所有的安按韵分储在 24 个格内,8 个在里圈,16 个在外圈,这样就能够容易地转送到检字者的手边。

---

① 参见 Giedion(1),pp. 289ff. 。
② 《事物纪原》卷四十,第七页。
③ 《农书》卷二十二,第二十二页。
④ 还有偶像司辰轮;参见本册 p.455。

中国的佛教徒们所负担的沉重翻译工作有密切关系。轮式或者圆柱式的藏书方法从来没有在印度[①] 或者中亚出现过，也没有在中国的儒生或道教徒中出现过。富路德说，没有谁能在读过那些年代的故事之后，而不为成百的学者和缮写者在翻译佛经的劳动上所表现的自我牺牲精神和谦恭的精神所感动，而一个能够便利地使之转动的中央书橱，就能够让出大殿的四侧，以安放工作人员的桌子。然而可能从它一开始，这种旋转就是宗教象征的一种形式，它和得到一种便利一样重要。这与回环诵经仪式以及喇嘛教的祈祷轮有明显的联系[②]。但是对它们的讨论要涉及到第三种巨大的原始技术上的能源，即风力的发现和应用问题，这正是议程上的下一个课题。

把关于旋转书架的这些简短说明的内容加以扼要概括，不管怎么说，它在中国的起源约比拉梅利的设计传到那里的时间要早 1000 年，这一点是清楚的。于是就得把问题重新提出来，会不会是这些欧洲文艺复兴时期的思想从去过东亚的旅行者们的报导中受到了什么启示。

至少现在还存有一件阿拉伯资料。在 1420 年，帖木儿（Tīmūr）的儿子沙哈鲁（Shāh Rukh）派遣了一个使团去朝觐明朝皇帝，在画师盖耶速丁（Ghiyāth al-Dīn-i Naqqāsh）所撰写的记事中，描写了在甘肃省甘州的一座"亭子"，我们现在能够真切地领会到它的具体情形[③]。

> 在另一座寺院里有一座八角亭子，从顶到底有 15 层。每层都有一些按照中国格调用漆雕装饰起来的住室，附有前厅和走廊。……在亭子的下面，你可以看到一些鬼妖的雕像，在他们的肩上托着亭子。……它全部是用打磨光的木材制成的，并且又是经过镀金的，其美妙竟像是真金的。亭下有一个地窖。一根铁轴装在亭子的中心，从亭子的底部穿到顶部。轴的下端可以在一块铁板中转动，而上端倚托在大殿屋顶里的坚固支撑上，亭子就装在这间大殿里。像这样，只消一个人在地窖里用不大的一点力气就能够使这么一个大的亭子旋转。世界上所有的木匠、铁匠和漆匠到这里来，都会学到一些他们本行的东西。

这说不定就是这种构思传播到西方的渠道。但是，除非有谁能够在西方的图书馆里找到关于旋转书架的证据，或者关于它们的图样并附有日期，在此之前，我们的问题就依然尚未得到解决[④]。像这样一种构思能够得到渠道向西方传输，是经历了很长一段时间的。拉梅利的转动书架是立式的，而从傅翕以来所有中国的转动书架都是卧式的，这一事实就朴素地形成为两种工程技术传统的特征。

555

---

① 迄今我们所知道的就是这样。但是我们必不可忘记在印度有供王室姬妃玩耍的"旋转木马"（*rathadolā*），这是约在 1050 年波阇王子在他的工程著作中有所描述的［见 Raghavan(1)］。这种机器可能装有与旋转书橱很相似的那些轴承和齿轮装置。

② 旋转书架根本上在于学术方面的起因，或许能说明为什么在中国一直没有把水力用到它们身上去的原因。可是卧式水轮在西藏确曾用于转动祈祷圆柱，因为辛普森［Simpson(1)，pp.11,19,20］；埃默里［Emery & Emery(1)］等就曾见到并草绘出来几处实例。

③ 译文见 Rehatsek(1)；Quatremère(3)，后者引述见 Yule(2)，vol.1，p.277，参见本册 p.179。

④ 应当有人调查研究欧洲中世纪为沉重的羊皮纸书籍而使用的平转书桌或者教堂中的读经台的发展问题。吉迪翁［Giedion(1)，pp.285ff.］对这个问题有所陈述，并且绘出了 1485 年的这种书桌。不过，这个问题还需要更多的研究。

（1）　原动力及其应用（Ⅲ），风力；东方和西方的风车

乔斯林、德·布拉克伦德（Jocelyn de Brakelond）的《编年史》记载东英格兰的贝里圣埃德蒙兹大隐修道院的大事，并构成最著名的修道院年鉴之一。其中记述赫伯特教长（Dean Herbert）在 1191 年是怎样地建造了一座与修道院的磨坊相抗衡的不合法的风车，而后在修道院院长萨姆森（Samson）的命令下被拆除[①]。人们已认为[②] 这就是在西欧出现一座风车的最早的可靠实例。不过，林恩·怀特［Lynn White(3)］搜集到了稍稍要早一些的 5 个确凿记载[③]。不管怎么说，从这以后的风车确实迅速地扩展开来，在 13 世纪遍及西方各国都用起它来。然而，没有大约始于 1270 年以前的图示留存下来，这个年代就是所谓"风车诗篇"的年代。这个诗篇或许就是在坎特伯雷（Canterbury）写作的[④]。在著名的诺福克郡金斯林（King's Lynn，Norfolk）的青铜雕刻年代（1349 年）以后，有关的记载涌现[⑤]。西方的立式风车，从一开始就是一种反转的，或即风激的推进器，而且，虽然从根本上讲无疑它是一种经验产物，是据阿基米德螺旋式水车的形象演变而来的，而不是从维特鲁威水车演变而来的。所以，它纯属西方的产物，但是它却涉及到一个新的机械方面的问题，就是它的主驱动轴（"风轴"）的方位应能使翼片（或者"轮子"）处于与风的方向成直角的位置[⑥]。曾经出现过两种截然不同的型式，一种是绕一根永久固立在地上（或地里）的中柱或即枢轴而旋转的较为小一些的风车车房（"柱式风车"）；另一种是较为大一些的，是用砖石砌成的域（"塔式风车"），顶是可以活动的盖[⑦]，承托着翼片和轴。所有早期的风车都属于柱式的，支撑在 4 个对角布置的斜腿上（"四撑杆"）；例如，其中之一，由一位无名氏胡斯派工程师绘成图画（1430 年）[⑧]。

这些风车很突出地出现于欧洲，又提出一个很大的谜。在西方的古代文物中我们只能找到一个先驱，即在亚历山大里亚的赫伦著的《气体力学》一书（1 世纪）中记述的所谓的"风翼管"（ἀνεμου ̓ ριον）[⑨]，但是没有人真正知道它是什么东西。根据 16 世纪以来的传统解释，这种器具装一个立式风车驱动一根带有一些凸耳的轴，凸耳操纵装在乐器上的一个活塞空气

556

---

①　"Herbertus decanus levavit molendinum ad ventum super Hauberdun"；Rolls ed.，vol.1，p.263，Butler tr.，p.59。这部编年史在有了卡莱尔（Carlyle）的译本以后就大大地普及了。

②　见 Bloch(2)；Bennett & Elton(1)，vol.2，pp.224ff.；Usher(1)；Howitz(11)；Vowles(1,2)，及其他。

③　在诺曼底和普罗旺斯的风车，时间是 1180 年［Delisle(1)，p.514，(2)；Giraud(1)，vol.2，p.208］；在约克郡和萨福克（Suffolk）的，是 1185 和 1187 年［Lees(1)，pp.131,135，CⅪVi］；以及十字军的叙利亚（Crusader Syria）的，是 1190 年［Ambroise，Hubert 译本 3227 行及以后］。翟理斯［Giles(4,11)］更断言阿尔勒的风车，是 1162 年。总的情况见 Delisle(2)和 Ponomarev(1)，但是后者的研究方法在我看来是不妥当的。

④　见 Wailes(3)，p.149，(4)。

⑤　参见 Wailes(1)，p.3，(4)，pp.190 ff.。

⑥　这里我们不想多说，因为这个问题已经在前面 p.301 中讨论过了。

⑦　学者们以前称其为"转台"。

⑧　Beck(1)，p.27。关于欧洲风车的后期历史，见 Bennett & Elton(1)，vol.2；Wailes(1,3,4,5)。风磨匠在工业化的早期所起作用的重要性，已经多次指出过（参见本册 p.545）。

⑨　*Pneumatica*，Ⅰ，43；W.Schmidt ed.(2)，p.205，fig.44；第 77 章，见 Woodcroft(1)，p.108。福布斯［Forbes(19)，p.614］复制的施密特的插图是较好的一个。我们很感谢哥本哈根的德拉克曼博士，在他们的专题论文［Drachmann(8)］问世之前，对这个困难的问题给了我们非常有益的指导。

泵。在这件事上,幸而有一件反映原来图样的古代或者是中世纪的手稿遗存下来了①,它与希腊文原著中常见的基准字母是一致的,从这幅图里我们可以看出所添加的惟一的东西是那件乐器。标题所说的全部内容是"怎样制做一件在有风吹动的时候吹响一只管子的器具"。赫伦描述风轮的转盘带有"就像称为风信鸡或即风向标(anemuria)上的那些东西一样的叶板";这个古代图样展示出约有28个这类叶板环绕大的轮毂而设置得相互靠得很近。不论是对卧式安装,或者是对任何一种护墙,在原著的论述里都没有提示,所以,除非装置的方式的确仅仅是仿照立式水轮的桨片,否则我们几乎不得不认为立式转轮上的翼片是成螺旋状斜装的。原著,不管怎么说,确实清楚地指出风轮可以旋转到最适合风来吹动它的位置;而这是在文艺复兴后的复制品(很符合赫伦的话)中靠4只凸耳作用于气泵杠杆末端的一个平板而形成的灵活性。

这种器具或玩具在希腊语世界里并没有引起过可以觉察到的反响,也没有别的作者提到它,因而曾经有过把它看成是后来补上去的而完全否定的倾向②。但不会是这样一种情况,因为三种希腊文修订本③中的每一种都有这一段文字,这本书也从来没有到过阿拉伯语区。而且就在我们必须承认赫伦的风动机确属真实之时,也没有理由认为它有什么超过手中拿的玩具之处,或是它已引导得出什么进一步的东西④。风力应用的真正起源看来是在别的地区,尽管赫伦其人此后在西方的一个具有求实精神的时期或许曾经长期被人们所记忆。

风车的历史,确实是始于伊斯兰文化,而且是在伊朗。根据阿里·塔巴里('Ali al-Tabarī,850年)所讲的一个故事,后来又经伊本·阿里·麦斯欧迪(Ibn 'Ali al-Mas'ūdī,约947年)⑤和其他作者重述过,说是第二个正统哈里发,欧麦尔·伊本·哈塔卜('Umar ibn al-Kha ṭṭ āb)在664年被一个被俘的波斯工匠阿布·卢卢阿(Abū Lu'lu'a)所暗杀,这个工匠自称能建造由风力来推动的磨坊,他以往负担承重的课税而很悲惨⑥。较为确实一些的是巴努·穆萨兄弟(公元850—870年)的著作中对于风车的记

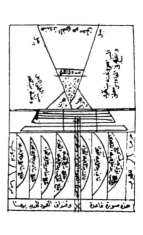

图 686　风车草图,采自1300年底迈什基的宇宙学著作[原稿存于莱顿(Leiden)和柏林,摘自(Horwitz)(11)]。它的卧式转体和叶片在下层,而磨石在上层。

558

①　Schmidt ed.(2),p.Ⅺ,fig.44a。所有有这张图的各书好像都是这一张。
②　因此,福布斯[Forbes(19),p.165)]怀着强烈的怀疑(特别是在讲到在欧洲的发展的问题时)说,赫伦的风车图"必须认为是熟悉风车的基督教徒或者穆斯林的写作者们的译释而予以排除。"
③　包括公元6世纪以前的假的赫伦。
④　参见霍维茨[Horwitz(11)]和沃尔斯[Vowles(1,2)]的介绍。德拉克曼博士提出,很可能爱琴海地区(the Aegean)的风车是直接从赫伦那里演袭而来的。它们是矮的塔,有8只或12只转臂立装在轴上,每只转臂带有一张三角帆。这种形式的风车向西远到伊比利亚半岛的海岸都可以看到。如果它们真的可以追溯到古希腊时代,奇怪的是公元第一千纪的文献却一点也没有提到它们。插图见于Baroja(2),Stillwell(1)和Cobbett(1)。
⑤　译文见 de Meynard & de Courteille (1),vol,4,pp.226ff.;Wiedemann(7);Jacob(1),p.89。
⑥　参见 Jacob(2),p.60;W.Muir(1),p.187;Lynn Whife(7),p.86。

述①。而一个世纪之后,又有几位可信赖的作者讲到锡斯坦的一些奇异的风车[例如,阿布·伊斯哈克·伊斯泰赫里(Abū Ishāq al-Isfakhri)和阿布·卡西姆·伊本·哈乌贾尔(Abū al-Qāsim ibn Hauqal)]②。锡斯坦是一个干旱的沙漠地区,以不间断地刮着强风而闻名。它位于波斯与阿富汗(Afghanistan)和俾路支(Baluchistan)接壤的地区,也是赫尔曼德河(Helmand River)流入它的内陆湖的地区。1300 年,阿布·阿卜杜拉·安萨里·苏菲·底迈什基(Abū 'Abdallāh al-Ansārī al-Sūfī al-Dimashgī)③ 在他的《宇宙志》(Nukhbat al-Dahr)一书中,对这些风车有很详细的叙述。从这本书可以清楚地看出伊朗的风车是卧式的,并且被围在护墙里,因此,风只能从一侧进入,就像涡轮的方式。而且磨石却是处在上层,而叶片或翼倒是在下层(参见图 686)④。比这稍早一些,百科全书编者阿布·叶海亚·盖茨维尼(Abū Yahyā al-Qazwīnī)也曾对锡斯坦的风车作过详细的叙述⑤。它们直到今天仍在转磨,并有很多现代的旅游者参观过它们⑥(参见图 687)。不过,在保存着它们的护墙的同时,有时还要再加屏幕墙,它们的转轮已经大大加大了,形成高大的竖立着的转轮,而磨石则已装到下面去了。

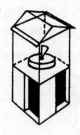

透视图   平面图

第一位看到中国风车的欧洲人是尼乌霍夫(Jan Nieuhoff),他是在和一位荷兰使节于 1656 年沿着大运河向北去北京旅行的时候⑦,在江苏省宝应见到这些风车的。他提供的图(图 688)可以和一帧现代的照片相对照(图 689)⑧,这种风车目前仍在长江以北沿整个中国东海岸广泛地使用着,特别是在天津附近的塘沽和大沽一带,主要是充作靠正交轴齿轮装置操纵的翻车的原动力。翻车是设在众多利用海水制盐的盐田里。我们感谢陈立(1)的著作,那是一篇关于这种风车的近期研究,其中包括工艺细节。它们的构造是十分有趣的,因为它们的叶片,亦即承受风压力的帆面并不是从中心轴向外辐射,而实际上是把真正的平底帆船

① 见 Wiedemann(6)。

② 摘引于 Barbier de Meynard(1),p.301。参见阿卜杜拉·伊德里西('Abdallāh al-Idrisī)的《罗吉尔书》(Kitāb al-Rujārī;1154 年);Jaubert(1),pp.442ff. 。

③ 见 Meili(1),p.275。译文见 Mehren(1),p.246。

④ 来自底迈基什的原稿,现存于莱顿和柏林,经霍维茨[Horwitz(1)]复抄。

⑤ 见 Mieli(1),p.150。

⑥ 例如 Tate(1),vol.3,p.251;kennion(1),pl.6;le Strange(3),pp.337,409,411;Maillart(1),p.120 和 p.86;Bagnold(1),pp.144ff. ;Sykes(2),p.397。

⑦ 参见 Petech(4)。

⑧ King(3),fig.177。

的横帆①安装在 8 根立柱上,这些立柱形成一个鼓状骨架②的周边。还述说了一首当地的谜谣,这有助于我们了解它们的构造。

> 谁是八面大将军,
>
> 屹立强风利齿中?
>
> 它有八柱随风转,
>
> 头带帽来脚立针,
>
> 如你心意两头转,
>
> 随愿到处水来去③。

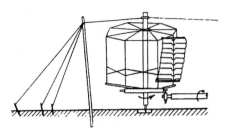

看一看陈立的简图(插图),我们就明白所说的"帽子"是中心轴的上轴承,而"针"则是中心轴用以在下部转动的枢轴或即轴头。但是,可以看出,这种全套装置的创造性在于它完全免除了在波斯所使用的护墙这一事实。它所以能够这样做,是因为风车的翼采用中国平底帆船的前后索具的缘故。从本页的简图就可以了解。处在 A 的位置时,翼迎风紧紧地被"缭"绳("篷揽绳")拉着,但是当它转到 C 的位置时,翼立即被吹向外方("转头迎风"),及至回到风眼 E 的位置时,翼则自由地挂着而不产生阻力,到了 G 的位置,缭绳再度拉紧,使翼准备好承受全部风力。陈立发现一周之中大大超过 180°的范围作用着有效风压,因为处在 D 的位置,当它即将"进入顺风"之时,翼仍做一定的功④。这种整体装置,构成一个具有巨大利益和实用价值的发明,因为现今就有成千上万具这样的简单机械在工作着⑤。 559

　　不幸的是关于这种或者任何其他形式的风车的中文资料非常的少,虽然或许能从风车所在省份的地方志中找到一些,可是这种搜集工作还未进行⑥。在尼乌霍夫那次旅行的几十

---

① 每个为 6×10 英尺,有效面积为 480 平方英尺。见本书第二十九章(g),中国帆篷总论。

② 直径 15 英尺。

③ 由作者译成英文。

④ 它在就要转到圆周之半(G 点)的位置以前也能开始工作,而且在已经出现转头迎风之后在 C 的位置上仍然继续工作一短暂时间。

⑤ 在它们的基础上发展出现的现代设计,见于 Anon.(30 第 72 页起。图 690 示 1958 年北京农业创造发明展览会中正在进行的实验。

⑥ 巴瑟[Bathe(1),p.4]认可这一点,而林恩·怀特[Lynn White (7),p.86]却散布过一种传说,在中国的大运河上曾经使用风车,借助置放在斜坡道上的滚子把船只从一个高程拖到另一个高程。但是这个传说的依据是不充分的。它只出现在《行业手册》一书的某些版本里(1837 年,1842 年)。这本书是手艺和职业的行业指南,在 19 世纪里它以多种形式出版[参见 Anon.(62—5)],值得对它进行专门研究。这一段内容,就我们已见到的而论,只在看到"工程师"这一项职业时才出现。在惠托克及其合作者[Whittock et al.(1),p.194]的书里就是这种情况,我们读到:"中国在她的习尚中,对于技艺是鄙视的,虽说如此,却鼓励兴建河渠;而河渠所提供的便利,协助为她的商品构成一个灵便的交通运输系统。中国,本着发挥人的意志力量这种愿望,更多的则是来自于技巧,已经使她的国家河渠纵横交错。从广州(原文如此)到北京的运河的长度超过了 800 英里,而且是约在 700 年前凿成的。它没有船闸、隧洞或渡槽,被山峦或其他障碍物阻拦时,就依靠滚动跨越,又时而靠斜坡道。这种滚动跨越是由能在心轴上轻易地转动的若干圆柱形滚筒组成,而且有的时候由风车来驱使运动。这样,同一种机械就能服务于双重目的,一个是转磨,再一个是拖船。以这种方式他们把船只从山一侧的运河里拖到另一侧的运河里。"我们没有碰到过中国书籍或者图画能够证实风车的这种用法。另外,这段叙述看来是相当含混的,这样说的确是怀疑甚过不客气。把帆船拖过两面斜坡道或称双坡道这种常用的方法[这个问题将在本书第二十八章(f)中再谈]是使用多只"绞盘";参见李明的 17 世纪的叙述[Le Comte(1),pp.104ff.]。后来的一个描述,见 Barrow(1),p.52;一幅著名的版图见 Davis(1),vol.1,p.138;一幅近期的照片见 Cressey(1),fig.138。但是人们不能排除取得进一步证据的可能性,特别是因为 17 世纪在荷兰至少有一部水车曾经用于把小船拖过两面斜坡道,而两面斜坡道本身在荷兰可以追溯到 12 世纪,参见 Tew(1)。

560

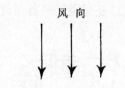

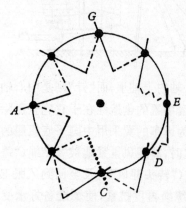

年以前,宋应星在他所著的《天工开物》[1] 一书中,曾记载了这种风车在扬郡和其他地区普遍使用[2],这就能把我们带回到 17 世纪开头的时代。但是,迄今能够找到的唯一真正重要的资料,是关于新疆边境的,它出现在《庶斋老学丛谈》中,这是在元代或晚宋时代由盛如梓所著的一本书。他说[3]:

> 在"湛然居士"的个人文集中,有十首关于河中府的诗。其中的一首描写了那个地方的风景……并且说:"冲风磨旧麦,悬碓杵新粳"。那里的西方人使用风磨,就象南方人使用的水磨一样。在他们捣谷时,他们使杵槌垂直地悬吊着。"

〈《湛然居士集》有河中府诗十首。寻思干城西辽称河中府,咏其风景云:……冲风磨旧麦,悬碓杵新粳。西人用风磨,如南方水磨,春则悬杵。〉

所说的"湛然居士"不是别人,而是耶律楚材[4]。他是金和元朝的大政治家,又是天文学家和工程师的赞助人,因而这段话必然谈的是 1219 年,当时他访问突厥斯坦。而且那个河中府就是我们称作撒马尔罕的地方。当我们了解到这些时,对于中国的北方人在 13 世纪中必定已经熟悉波斯的风车也就不会再有什么疑问了。因此,西辽国(Qarā-Khitāi,1124—1211 年)几乎可以肯定是这种传播的中枢[5]。另外还有一点有意义的是:耶律楚材明确地指出了西方的和中国的碓在装置上的不同(前者像春磨,而后者像铁工用的杵锤),关于这个问题我们已经有机会在前面谈过[6]。

波斯文化区的风车,大约二百年后中国的其他访问者做过更全面的叙述。在《池北偶谈》中,王士禎说道[7]:

> 在名为哈烈(Herat)和撒马尔罕的西方国家中有很多风磨。(砖)墙筑成房屋的形状,顶上朝着 4 个方向开门,门外还可以增设屏墙用以捕风。(下面)室内立有一根木轴,轴的上部装有翼(称"迎风板"),下部装有由轴驱动的磨石。不论风从那一方吹来,立轴总是运转,而且吹得越厉害,做的活就越多。这正如耶律文正在他的诗中所提到的,诗中说……"

〈西域哈烈、撒马儿罕诸国多风磨。其制,筑垣墙为屋,高处四面开门,门外设屏墙迎风。室中立木为表,木上周围置设板,乘风。下置磨石,风来随表旋动。不拘东西南北,俱能运转,风大而多故也。耶律文正诗……〉

---

① 《天工开物》卷一,第六页;第一版,第九页。

② 即江苏省的滨海地区。

③ 《庶斋老学丛谈》卷一,第五页,由作者译成英文。

④ 1190—1244 年;参见本书第一卷,p.140。

⑤ 参见 Wittfogel & Fêng(1),p.661。它随后即陷落于蒙古人。有许多其他传播也应归功于西辽人;参见本书第一卷 p.133,第三卷 p.118,p.457,和第四卷第一分册 p.332。

⑥ 见本册 p.184,p.394。

⑦ 《池北偶谈》卷三十二,第十页。这部著作的时间始于 1691 年。

图版 二七〇

图 687　在锡斯坦的卧式风车,见 Vowles(1)。这里的转轮是高的,伸展在护墙和屏墙之中,而石磨则是装在下面的室内。

图 688　中国卧式风车的第一幅欧洲图画,采自尼乌霍夫在 1656 年写的关于荷兰的一名使节的叙
述。所在地方是江苏省的宝应。

他接着引述上面我们刚刚提到的两行诗句。不过,随后他又说:

> (那些地方的人)还有一(种吊着的布幔)风扇。(在风磨的旁边)在天篷的下面,他们高悬起一块布幔,布幔的下缘装有很多头发,正面有一根牵绳(随着风磨的旋转)自动地拉(和摆动)它。就这样,当有风的时候,他们就无需用手去拉它。见陈诚的《西域录》。

> 〈又有风扇。于帐房中高悬布幔,下多用头发。当面设绳索牵动,自然有风,不用挥扇也。见陈诚《西域录》。〉

无疑这里使用了一种简单的凸耳和杠杆组合起来操作附属的机构。更有趣的是这一参考材料,而且的确也就是那段原话,很容易地在《西域番国志》中找到,这是由陈诚纂写的一部记叙短著①。陈诚和他的一位副使李暹一起,在 1414 年为"宣扬国威"的一次外交使命(就像更加著名的郑和下西洋的那次一样②),而访问了撒马尔罕和哈烈以及其他地方。他们深穿到嘉峪关以西 12000 多里③,并且合写了一部现今仍然保存着的旅途日记《西域行程记》。据此我们就得知,可能是在什么时候第二次把风车的设计带到东方。

　　因此,最可能的设想好像是卧式风车是由中亚的、契丹的或阿拉伯－波斯的商人从陆路传入中国的,或者是由阿拉伯－印度的水手或商人经过港口传入中国的④,时间是在宋代或

① 《西域番国志》,第七、八页。这本书还指出那里的水磨是与"在中国的水磨很相同"。这能不是指卧式水轮吗?
② 参见本书第一卷 p.143,第三卷 p.556ff.。
③ 参见本书第一卷 p.143,p.169 和图 14。
④ 这正是伊德里西(al-idrīsī)在 1154 年说到,在马来亚附近的一些岛上有风车在磨谷物这一叙述的意义所在[译文见 Ferrand(1),vol.1,pp.172,194;参见 Gerini(1),p.535]。或许是阿拉伯人在那里把它们架设起来的。霍维茨[Horwitz(11)]对现今在苏门答腊(Sumatra)、西里伯斯岛(the Celebes)等地见到的各种用途的小型风车作了详细叙述,这些小型风车或许就是从那些风车演变而来的。

图版　二七一

图 689　在河北省大沽盐田里正带动着一部翻车的典型中国卧式风车
　　　　[King,(3)]。这种有撑杆带篱片的纵篷在圆周上转到一定的地
　　　　方就出现转头迎风,而当它们转到风眼时就不产生阻力(见 p.
　　　　599 插图)。

图 690   一具带动水泵的风车的现代设计。它是以传统的转头迎风式风车为基础的,但构造更
紧凑且又经济(原照片采自 1958 年北京的农业机械展览)。

者元代的什么时候①。这种传播很可能只不过是说用一个卧式转子就能够利用风力这样一
个信息而已就在这个基础上,中国的船舶技师为他们在盐业中的朋友们动手制造出来像我
们现有的有纵翼的风车。这至少说明了为什么风车的分布停留在沿海一带;而在内地,至少
是远离大河的地方,就没有熟练的制翼工匠②。

到了 16 世纪,波斯的卧式风车在欧洲已经变得人所熟知。以它们为基础而做出的种种
设计,大量地绘制在威冉提乌斯的工程著作中(1615 年,但可能写于 1595 年前后)③。很有讽
刺意味的是其中两幅图画④ 很快地又在 1627 年出版的耶稣会士的《奇器图说》一书中(图
691)回到了东方,尽管中国人或许很早以来就先已使用着一种更为实用得多的型式。另外,
有一种型式渗入到新大陆,并且在西印度群岛(the West lndies)上供带动轧蔗机使用,例
如,在圣基茨岛(St Kitts),1696 年拉巴(Labat)曾在那里见到过(图 692)。这必定是从伊比
利亚文化区,原本又是由穆斯林西班牙演变而来的西行的传播⑤。转头迎风式翼取代护墙的
原则在 16 世纪也传播得很远很快,这是因为里维乌斯(G. H. Rivius)在他的关于建筑工程

---

① 风磨的进入不会再早一些,由这样一个事实或许可以说明,这就是它从来也没有得到一个专用的名词,甚至连
一个专用的名词词组也没有,而只是始终被简单地称作风车,与旋转式扬谷扇相混淆(参见本册 p. 118),这个名词肯定要
古老得多。

② 或许还应当记住中国有些地方显然是无风区,特别是四川省。

③ 贝松在 1578 年也做出一种设计,参见 Wailes(4)。在欧洲最早的出现,就我们所知,是在大约 1445 年马里亚诺、
雅各布、塔科拉的原稿中[参见 Uccelli(1),p. 10,fig. 28;Lynn White(5,7)]。它们从来没有成功地胜过长期使用的立式风
车,尽管对于它们各自的优点曾经有过大量的争论。在 1659 年,戴克斯[d'Acres(1)]是对"卧式帆翼"风车的一位极大蔑
视者。马林[Marin(1)]对在利古里亚地区高山(Ligurian alps)的一个现存的实例作了描述。

④ 见表 58 中 No. 37 和 38。参见 Beck(1),p. 517,figs. 788,789。

⑤ 伊本·阿布杜勒·蒙·伊姆·希姆亚里(Ibn 'Abd al-Mun 'im al-Himyarī)于 1262 年写的《传记》(Kitāb al-
Rawd)一书中提到在穆斯林统治区内的塔拉戈纳(Tarragona)的风车"是先前时代的人们建立的"。见 Lévi-Proven çal
(1),p. 153。

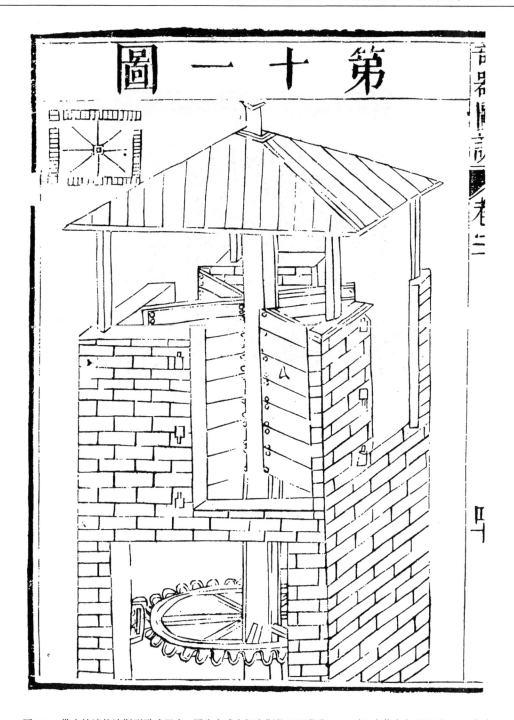

图 691 带有护墙的波斯型卧式风车。因为在威冉提乌斯的工程著作(1615 年)中载有它,所以在 1627 年出版的《奇器图说》(卷三,第四十页)中把它作为一种新设计而提出。

图版 二七二

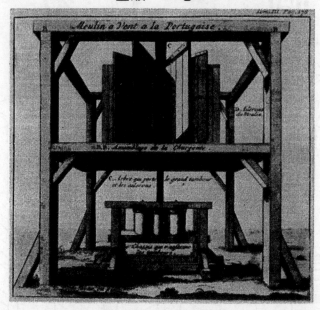

图 692　西印度群岛制糖用的卧式风车（参见图 459）。它是 1696 年
　　　　拉巴的著作中的一幅图。它与锡斯坦的风车在设计上是相
　　　　同的，这必定是来自穆斯林西班牙的传播。

的书中包括了这样一种设计①,该书于 1547 年在纽伦堡出版。这种思想又迅速地为威冉提乌斯所吸收,而对他的翼以不同的方式予以铰接,或者使它们在一侧永远开敞,而使另一侧成流线形②;又是这位勤劳的邓玉函把它们作为出自于善于创造的西方的首创新事物而介绍给他的中国读者(图 693 和 694)③。像这样一种不那么光采的反介绍,就是我们已经说过的④那些多此一举的事情之一。而且就在这个国家已经使用"滨海"型风车的那些地区,仍继续像先前一样地制造着这种风车,并未曾丝毫注意到威冉提乌斯的设计⑤。最后,有些比尼乌霍夫的叙述更为详细的关于中国式风车的记载,可能在 18 世纪曾经传到了欧洲,因为贝内特和埃尔顿提起过一些新发明⑥,当时在欧洲取得了专利权以制造卧式风车的只使其棱 564 边迎风的旋转翼。不过,这种形式的风车在欧洲从没有怎样采用过。

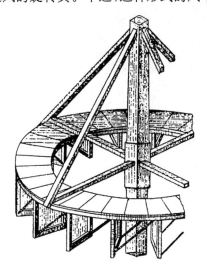

图 693 威冉提乌斯的风车带有垂悬的转头迎风的翼片,复绘在《奇器图说》中(卷三,第三十九页)。图为贝克[Beck(1)]所重绘。

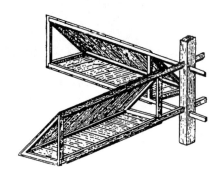

图 694 威冉提乌斯的流线型"风标"的翼片,其设计是在回转中的风阻最小。它也抄绘在《奇器图说》中(卷三,第三十七和三十八页)。图为贝克所绘[Beck(1)]。

---

① Bk. 3. p. 41,见 Beck(1),p. 184,fig. 204。这的确是一次很快的传播,无疑是和葡萄牙的旅行者与中国人的最初接触有关。早在 1509 年他们在马六甲(Malacca)曾和中国帆船的船长和水手们相遇,而从 1517 年以后,也就是不幸的比利(Tomé Pires)出使的年代,葡萄牙的船只正在访问中国的港口,并在沿海经商,虽然这在 1522 年以后是非法的。参见本书第二卷 p. 525 和第二十九章(e)。

② 它有些像现代的风速计。这种原理在东南亚很早就知道了,关于这一点,下面我们即刻就会看到。如果乌切利[Uccelli(1)],p. 10,fig. 27]复制的霍恩特维尔城堡(Hohentwiel castle)1641 年的古画值得相信的话,那么,在 17 世纪中就有一些这种型式的卧式风车在使用着。而且当今还可以在世界上某些地方见到它们,明显的是在加拿大的魁北克(Quebec)省,在那里它们被用于泵水[见 Bathe(1);de la Rue(1),pl. ⅩⅢa]。

③ 见《奇器图说》,第三十三到三十六图和第四〇图;见表 58。

④ 参见本册 p. 223。可是劳弗[Laufer(3),p. 19]却以某种奇怪的推论方法总结认为:《奇器图说》的说明"证明"中国在这以前是不知道风车的。

⑤ 可是,现今的一些试验性设计是和威冉提乌斯的设计相似的。图 696 是甘肃省安西附近古丝绸之路路旁正在架设的一具风速计式的提水风车。

⑥ Bennett & Elton(1),vol. 2,p. 326;参见 Bathe(1)。斯蒂芬·胡珀(Stephen Hooper)是大约从 1785 年以后的一位卧式风车的主要积极倡导者,并且制造了几处成功的实例[见 Wailes(3)pp. 84ff. ,pls. Ⅵ,Ⅶ]。

图版 二七三

图 695 江苏和浙江特有的斜式风车(照片来自图片出版社)。虽然
这些风车装着典型的中国式篷片挂条式的帆翼,而且,如
图所示,它正在带动翻车灌田,但它们或许是从 17 世纪的
荷兰始源演变而来,后者装有西方式的翼片,带动直接装
在风轴上的阿基米德螺旋式水车。

　　然而，耶稣会士的影响或许还以另一种方式在中国留下了痕迹。在中国某些东部省份，使用一种构造奇妙的风车来利用风力提水，它的转抽既不是安装成直立的，也不是水平的，而是倾斜的(图 695)。这在上海和杭州之间最为常见①。在荷兰就有十分相似的小型风车自 16 世纪以来迄今还在使用，它们的轴与阿基米德螺旋式水车的斜轴相接；如同从范豪滕[van Houten(1)]② 提供的照片中可以见到的状态。因此，最为可能的是斜式风车是作为一种紧凑的设备的一部分而在 17 世纪里被介绍到中国，在这一设备中包含有阿基米德螺旋式水车③。就在后者尔后并没有能够取代斜式风车的期间，由于对翻车配备以合宜的传动装置，以致斜式风车在一定的地区继续在使用。

　　现在可以提出两个相联系的问题，尽管它们还不能得到解答。第一个是 12 世纪欧洲立

图 696　现代中国设计的试验性流线型"风速计"式的提水风车，正在甘肃省安西附近古丝绸
之路旁安装中(原照摄于 1958 年)。

式风车的起源问题；第二个是 7 世纪波斯卧式风车的起源问题。对于前者来说，沃尔斯[Vowles(1)]曾经提出过一个经过详尽研究的论据，表示这种思想的传播存在着这样一种途径，即由斯堪的纳维亚半岛的和俄罗斯的商人，沿着波罗的海—东方(Baltic—Orient)这一路线从波斯向北向西传播。没有肯定的证据来反对这一观点。不过，在像这类情况之中，人们理应先于在西欧就已在俄罗斯和斯堪的纳维亚半岛见到风车，可是这并没有得到证实。实际上，更加可能的是穆斯林西班牙是一个中间媒介地区。

　　但是，不论这种思想可能是从哪条路线传输的，西方的风车从它一开始就与波斯的很不相同，必然有一种高度创造性的新东西融于其中。从东方输入的信息，可能只不过是说那里的人发现风轮是可行的和有用的；在此基础上，北欧的工匠按他们自己的见解就把它们创制出来了。的确，还有一种由来已久的传说，是说风车的构思是第一次十字军战士们带回来的

---

　　① 来自与皮里博士(皇家学会会员)的私人通讯，1952 年。参见张含英[Chang Han—Ying(1)]关于安徽的叙述。

　　② 在德·贝利多尔[de Béidor(1)，vol. 2. pl. 2]的著作中叙述并图示了一具大体相同的机具。

　　③ 从本书第十七章(d)和本册 p. 122,528 可以想到在 18 世纪的后半叶戴震曾对这种装置写过一篇文著(《嬴族车记》)。在《农政全书》收编的《泰西水法》里，它是重要的组成。

图版 二七四

图 697 格雷维尔·巴瑟(Greville Bathe)的"巨型",或叫"去见鬼"式的风车模型,约在 1870 年在堪萨斯和内布拉斯加(Nebraska)平原上广泛利用(照片是雷克斯·韦尔斯先生赠的)。这种风车,虽然是立式的,就西方风车(不像维特鲁威水轮)的原理来说,是一种少见的例外,因为西方风车历来总是把它们的主轴与流体的流线平行安装的。

(1090～1170 年)[①]。照这种说法就进一步提出一个问题——那些见解究竟是什么?是一些什么样的特殊技术影响引导最早的西方风磨匠们采用立式装置的解决办法? 只是说欧洲的风车是从立式的维特鲁威水轮演变而来的也未免太简单了，因为从一开始它的主轴就是与流线相平行而装置的(完全和后者的主轴装置不同)[②]。实际上，西方的风车必须面向风，总是反向的"螺旋桨"[③]。但是它们的实际祖先很难说就是连续螺旋，或是阿基米德螺旋式水车，因为它们的翼片多少世纪以来完全是平面的，尽管理所当然的是与它们的转动圆的面成一定的角度置放的(传统地成 17°)[④]，并且是装在风轴的前端的[⑤]。于是它们就像中国的走马灯或竹蜻蜓的叶片[⑥] 那样，形成与一个连续曲线螺旋相正切的一些平面。那么，惟一具有合理可能性而能够给予 12 世纪中叶所需的启示的那种欧洲机器，则是(似非而是的)卧式水车。从过去两个世纪里很多有关这些的传统实例的叙述中，我们至少了解到有许多实例(例如在挪威、设得兰群岛和法罗群岛)，它们的叶片是略微斜着插的，借以获取当水落击在它们身上时水的全部力量[⑦]。在其他地方[从土耳其和塞尔维亚(Serbia)到爱尔兰]使用过羹匙形的或者勺形的叶片，它们又是接近于与一连续地螺旋相正切的面[⑧]。说这些装有斜装叶片的形式可以追溯到 12 世纪，所缺乏的只是证明而已。如果这能够得到证实，对那个还必须留存为臆测的问题，我们就能够有相当理由地相信：西方的风车是这样一些人的办法，他们既了

---

① 参见 Bennett & Elton(1)，vol. 2，p. 230；Lopez(1)，p. 613。安布鲁瓦兹(Ambroise)说，德国的十字军战士们在 1190 年建造了"第一具先前在叙利亚已经建造过的风车"，但是这并非就说这种构思就不是来自其他穆斯林地区。在西欧，迟至 1408 年还把一具风车叫作"土耳其风车"("moulin turquois à vent")[Delisle(2)]。这和本书第三卷 p. 370，378 中讨论过的"简仪"的情况相类似[参见 Sayili(2)，p. 385]。

② 其唯一的例外出现在 19 世纪后期美国的奇异古怪的所谓"巨型"风车。它象下半部隐蔽在外壳里的水车(图 697)。据说这种装置便宜且又有效，但从来没有推广开来。

③ 早期由经验发现，最好的布置是使风轴向上倾斜一些(10°到 15°)，以此来使它的重量来均衡那些翼片的重量，并且帮助翼片不碰到下面的房屋。

④ 这与一个螺旋的"螺距"相似。这个数字是刚过 1700 年之后焦西(Jousse)的论著中提出的，而韦尔斯先生告诉我们，在尚存的 18 世纪构造物中，明显的是在马萨诸塞州的那些，证实了这一点。可是拉梅利在 1588 年所绘的著名图纸里所表示的这个角度像是不大于 10°左右[参见 Wailes(5)，p. 91；Vowles & Vowels(1)，p. 125]。然而，约在 1740 年德·贝利多尔[de Bélidor(1)，vol. p1，2 和 p. 38]像是推荐大得多的角度——约 35°。在 18 世纪中，对风车的翼片给它们扭了一下(是"风干的")，这样，安置的角度就沿它们的长轴而变化。像这种方式，它们就更加接近于成为一个连续螺旋体的一个一个的节段。由经验发现的最有效的形状是根部的扭角大约为+22°，端约为-3°；风洞试验已证实了磨匠们的经验。通过调整其构造，使翼片的布帆不产生拍动，或许就能够获得最好的形状。作为其图解见韦尔斯的著作[Wailes(1)，fig. 41]和卷首插图。

⑤ 风车的翼，不是像平常的概念那样装在什么轮子上或轮毂上。它们的主要部件(如果是辐射式的，有"鞭"；如果是直径向的，有"干")是这些：先是直接榫穿风轴的方头，接着来的是生铁件，插进装在风轴端头的盒状"宽平头"或"简套头"里，或者固定在装在它上面的生铁"十字头"上，参见 Wailes(1)，p. 22。

⑥ 参见本书第四卷第一分册 p. 123 和本册 p. 583。很可能 12 世纪的欧洲工匠们并不知道这些器具。

⑦ 参见本册 p. 369。评论见 Curwen(4)和 Wilson(2，4)，原始的叙述见 Landt(1)；Hibbert(1)等。迄今我们据个人的观察，旅行者们的叙述，以及对农业百科全书的研究，可以判断，中国的卧式水车的转轮叶片不是斜装的(参见图 625)。诚然，现在在中国能看到扭装叶片的水轮(图 624)，但它们究竟流传相沿有多久，这是可疑的。

⑧ 参见本册 p. 369。另见 Curwen(4)；A. T. Lucas(1)和 Wilson(2，4)，为见原始说明，尤其需参见 McAdam(1)。在所有的水轮形式中，相对比的扭角，或即"斜度"，当然更像是 70°。

解立式水车，又了解卧式水车[1]，并且确信不知怎么回事萨拉森人(Saracens)先已成功地驾驭了风力。最后，不论怎样也不能不提到亚历山大里亚的传统；尽管赫伦的"风翼管"只不过是一种玩具风轮，但赫伯特教长的风车却是重复了它的直立型式。中世纪的欧洲风车比起任何其他型式是一个显著的进步，因为它保证了转子面的全部面积始终接受风的压力，既没有那一部分被护墙遮掩，而且在转动循环中也没有不能转头迎风的部分。

最后就是关于自 7 世纪以来波斯风车的起源问题。当然沃尔斯强调亚历山大里亚的机械师们的阿拉伯文译本。人们还可以设想(福布斯就是这样)[2]，是有卧式水车的直接影响，不论它是来自于本都王国的(Pontic)老家或者是来自于中国老家。但是，处在像伊朗这样的多风的一隅，又因为它又邻近西藏，或许我们有理由怀疑完全是另外一个起源，这就是蒙古-西藏文化中引出风力驱动的转经筒(轮)的那个传统。霍维茨[Horwitz(11)]已经提出过这种可能性，并且与我们已经研究过的旋转书架有联系[3]。在西藏，转经筒普遍是由卧式水轮来转动的，这一点，也已经谈论过了[4]。不过，风力的使用也曾经有许多旅行者报导过[5]。尽管他们的报导经常很不准确，但他们提供的情报显示出几种不同的形式。首先是帕拉斯(Pallas)于 18 世纪后期所见到的，他是在阿斯特拉罕(Astrakhan)以北的咸海(the Aral)、伏尔加(the Volga)和萨尔帕湖(Lake Sarpa)之间地区居住的霍肖特族(khoshot)、卡尔梅克人(Kalmuk)和吉尔吉斯人(Kirghiz)中见到的。这件事是极其有意义的，因为在他们的可汗的墓上和周围(图 698)一般都有 5 个小的风车法轮，像现代的风速计似的在探查着全世界[6]。柔克义[Rockhill(3)]约在 1890 年曾在柴达木盆地的一个蒙古族居民区——上寨，研究过十分相似的器具(参见图 699)。在这些流线型杯状叶片的型式之外，霍维茨[Horwtz(1)]和劳弗[Laufer(19)]曾对保存在西方博物馆[7] 里的带有弯曲风叶的西藏祈祷鼓做过描述(图700)。这两种型式都是卧转的，利用从侧向来的风力，并体现流线化的原理。而第三钟型式与螺旋的联系更为密切，它利用了上升气流的效能。古伯察神父(Abbé Huc)在 1844 年他的旅途中观察到许多装在蒙古包顶上的祈祷鼓，被热气的上升气流推动而旋转[8]。后来的旅行者们屡屡地证实了他的观察[9]。这种情形立刻使我们想到活动剧画表演玩具，或即走马灯之

---

① 倘若这是西方风车起源的正确见解的话，则当英国的几处塔式风车装备了"环状翼片"之时，全轮驱动就在 19 世纪中曾经有过显著的复兴[参见 Wailes(1)，p. 33. fig. 69. (3)，p. 99，pl. XVI，和 F. C. Johansen，p. 185 中的附录]。这种装置在现今的普通风力泵上仍然有力地发挥着作用。另外还有一件有趣的事，俄罗斯的柱式风车是磨石放在主驱动轴的上面，"实际上，就是在高轴上面的水磨，以风车的翼片替了其水轮"[Wailes(4)，p. 624，(5)，p. 98]。这种形式可以看作是介乎水磨和发展了的风磨之间的一种中间形式。参见本册 p. 564。

② Forbes(19)，p. 617。

③ 本册 pp. 546ff. 。

④ 见本册 p. 405；参见 Sarat Chandra Das(1)，p. 28；Cunningham(1)，p. 375；Rockhill(3)，p. 232，(4)，p. 363；waddell(2)，p. 149；和 Simpson(1)，pp. 11，17，19。

⑤ 著名的是 Bonvalot(1)，vol. 2，p. 143；Rockhill(3)，p. 147；waddell(2)，p. 149。

⑥ Pallas(1)，vol. 1. p. XiV，p1. 6；vol. 2，pp. 304，305，pl. 16。这里我们可以找到特鲁普关于水轮起源的见解的一个反应；参见本册 pp. 406ff. 。在哥本哈根的国立博物馆关于东亚人种的收藏中，可以见到一件来自察哈尔蒙族区的实物。

⑦ 这些东西的直系后代，我们每天都可以在萨沃纽斯 S 型转子(Savonius S-rotor)中见到。这类转子提供了搬运汽车和铁路冷藏车顶上常有的那种旋转通风器。

⑧ Huc(1)，vol. 1，p. 202。

⑨ 例如 Gilmour(1)，p. 165；Rockhill(4)，p. 363。

图版 二七五

图 698 帕拉斯在 1776 年所见到的祈祷旗和四杯"风速计"式转经轮。它们设在阿斯特拉罕附近的霍肖特族、卡尔梅克人和吉尔吉斯人的可汗墓上及其周围。

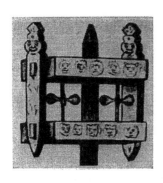

图 699 1890 年在柴达木盆地蒙古族居民点——上加所见到的四杯"风速计"式转经轮的另一实例[Rockhill(3)]。

图 700 装在一种特殊型式的西藏风动祈祷鼓里的萨沃纽斯 S 型转子,是一件锡制实物(现存于维也纳民族学博物馆)。参见 Horwitz(11)和 Laufer(19)。

类,对它们的早期型式我们可以追溯到唐代,甚至还可以追溯到秦代和汉代①,而且它还预兆着我们现在就要论述的、甚至更为奇异的发明——竹蜻蜓②。

　　这么说,或许锡斯坦的风车最初就是受到了西藏或者蒙古的启示吧? 这里的困难在于:为了自动地反复出现盛名的佛祖遗训而设计的转经筒并不像是先于在其间佛教赢得了西藏的赤松德赞(K'ri-srong-lde-brtsan)在位时代(公元 755~797 年)③就已经有了。常说是法显在 400 年他朝圣途中在中亚见到转经轮的,这纯粹是以一种错误的翻译为根据的,而且另外也没有其他佛教游者提到过它们④。当然这并不证明中亚人在佛教出现之前就不使用有宗教意义的风动器具。用幡旗迎风中飘动,借以吸引神明垂注,这肯定地是非常古老的事,大概比转经轮要古老得多,而且大概还是亚洲北部和中部所有的萨满教系所通见的⑤。而在纪年表的另一边,我们必须想到:尽管关于波斯风车,最老的参考材料像是可以把时间推溯到 644 年,而只是在 9 和 10 世纪的阿拉伯文献中风车才显得更为突出。到这个时候,那向莲座上的佛祖虔拜或许才推演成对受苦受难的芸芸众生善施以善意的技术影响。总起来说,必须蒙古-西藏的萨满教和佛教这一根源至少看作和较常说的希腊-阿拉伯根源同等可能⑥。

　　因此,中国的风车是它自己特有的一种贡献,我们可以肯定的说,它来自于伊朗的典型的亚洲卧式风车,但是它却如此巧妙地吸收了取自航海技术的一些机构装置,以至使它几乎成为一种新的发明。在另一方面,欧洲的立式风车,同样是独创的,尽管它们或许也是由于来自伊朗的激发,但看来更像是从赫伦的风翼管以及立式和卧式水轮演进而来的⑦。波斯卧式风车的起源问题,就此刻而言,应该说还是没有得到解决的,但是看来像是它们与蒙古-西藏风动祈祷器具所具有的关系就像它们与卧式水轮或者古亚历山大里亚的风动玩具所具有的

---

① 参见本书第四卷第一分册,p.123。
② 参见本册 p.583。
③ 在 630 年以前,即在伟大的文化促进者松赞干布在位期间(公元 617－650 年),宗教对西藏简直没有产生什么影响。直到 11 世纪喇嘛教才完全创立,而转经轮也许是到这个时候才出现。
④ 不少人直到 1956 年仍被这种说法所蒙蔽,例如 Cunningham(1),p.375;Horwitz(11),p.99;和 Forbes(19),p.615(文中甚至于还说它们是风力驱动的转经轮)。法显在 416 年写成的《佛国记》卷五中讲到一个叫竭叉的小国,位于喜马拉雅山地区的某处[可能是拉达克(Ladak)或者卡什噶尔(Kashgar)],在结尾时他说道:"这些地方的僧侣们所具有的优良的法规和传统是不可胜述的("沙门法用转转胜不可具记")"。它的最早的译者雷米萨[Rémusat(1)]于 1836 年在这一点上弄错了,把这句话译成"僧侣们遵守法规,使用轮"。在他以后的那些人,毕尔[Beal(1)]在 1869 年和理雅各[Legge(4)]在 1886 年,讲出了正确的意义,正如以后由柔克义[Rockhill(3)],p.334、辛普森[Simpson(1)],p.34、富路德[Goodrich(7)],p.154]和其他作者所指出的。所有现代的译者,例如李荣熙[Li Yung-Hsi(1)]也持这种见解。坎宁安(Cunningham)还借助于某些印度-西徐亚人的钱币来作为他认为转经轮是极为古老悠久的确证,不过,人们或许会赞同柔克义的意见,即:拿在手中的像权仗似的东西几乎可以是任何东西,说它是转经轮也不是不可以的。如上已述,一时之错以至历经 100 个春秋都没能得到纠正。同样遗憾,转经轮的起源之谜,依然留存而有待我们去解决。
⑤ 我自己在内地与西藏交界地区常见到它们。
⑥ 在这一点上林恩·怀特[Lynn White(5)]持同样见解。后来经过细致的研究[(7),pp.86,116],他提出在欧洲的卧式风车是由 14 和 15 世纪意大利的中亚奴隶们直接传播的(参见本册 pp.92,125,和本书第一卷,p.189)。
⑦ 这不是说它与航海技术从来就没有什么联系。西班牙和葡萄牙沿海的风车长久以来使用的布帆翼很像地中海使用的三角帆,图见 Mengeringhausen & Mengeringhausen(1);Forbes(19);Baroja(2)。但是堂吉诃德(Don Quixote)曾与之战斗过的内地各省的风车,酷似法国的塔式风车。1960 年我有机会就地考察了不少葡萄牙的小型风车,特别是在圣布拉什-迪阿尔波特尔(São Braz de Alportel)和圣地亚哥-迪卡塞姆(Santiago de Cacem)。它们所用的帆翼真的就是三角帆带有一个很小的转头迎风的边缘,这一事实给我留下深刻的印象。它们朝向外缘鼓胀,形成必要的蜷曲面结构。8 根臂杆在它们的边缘上用绳牵或铅丝连结起来,交错地在 4 处插入风轴。

那样关系。

（m）航空工程的史前时期

在前一节里，我们已经谈论了轮或者转子，按照我们的术语，可以把它们叫作"风激的"，这就是说，把轮或者风车的翼片设计得能够利用风力来做工作。在再前面一些的各节里，我们还看到中国古代和中世纪已经熟知的"激风的"轮或者风扇，不论是用于扬谷去糠，或者用于在夏季为宫殿降温①。尽管这些应用并不涉及任何飞行器的运动（这是激风转子在今天的最重大用途之一）。下面我们即将看到，不仅飞机推进器的某些先驱在中国就有，而且其中之一在现代空气动力学思想的发展中还起过关键的作用。此外还有，这一新科学在19世纪的兴起，基本上依靠了对于一种器具的研究，这种器具在16世纪以前是欧洲所不了解的，而它又是部分地起源于中国人，这就是风筝。当然，风筝的伸展着的翼并不是像飞机机翼有一定形状的翼面②，但是它们之间的最主要区别在于这一事实，就是，风筝的升起是风的不规则的气流促使的，而飞机机翼的升起则是它的推进器机械地促使的。今天的飞机驾驶员们把飞机叫"风筝"，也许根本不意识这一俚语名词就历史而论是多么地恰当③。

"列子能够御风。他可以沉着而熟练地连续浮游15天再返回来……"④ 这两句话（摘自《逍遥游》一节）我们是不应忘记的。的确，正是它们对现今的回顾为我们提供了正当的出发点⑤。因为，纵使道教徒把"乘风而行"和"涉太虚而游'的意念提高到了哲学的高度，但是这种意念本身产生于原始的亚洲萨满教，这是道教徒的教义的根基之一。正如已多次论述的，不论是中亚和北亚的最属典型的仪式⑥，也不论更远地区不那么典型的杂耍表演⑦，萨满教

569

---

① 本册 pp. 118,134,151。

② 至少是不标准的。可是有些中国的风筝令人惊奇地制成带有弯曲的翼面（见图705）。图示实例见 Chanute(1)，Tissandier(5)和 Gibbs-Smith(4)，p.36，但是没有注明日期。若能知道这种技术的起源在中国历史中追溯多久，那会是很有意义的。参见 Wei Yuan-Tai(1)。

③ 在第一次世界大战之前的年月里，一些先驱飞行者，特别是科迪(S. F. Cody)，对他们的试验飞机，习惯地使用"动力风筝"这个名词。1907年科迪在他的一架经过改进的载人风筝上安装了一具12马力的发动机（参见本册 p.590），并做了未载驾驶员的放飞。1910年的法尔芒(Farman)飞机常常叫作"箱型风筝"飞行机，尽管那个时候分格式的构造正在被迅速地放弃。不过这种构造，在1908年的瓦赞-法尔芒(Voisin-Farman)双翼机上，和在1905年的瓦赞-阿奇迪肯(Voisin-Archdeacon)漂浮滑翔机上曾经很显赫过。在这两者上，主要机翼被立向的隔件分成风筝式的格子，而且后面还有类似的尾翼。参见 Gibbs-Smith(1)，pp.57,73 和 pls. Ⅷ(e)及 Ⅸ(d)。

④ 《庄子》第一篇；参见本书第二卷 p.66。

⑤ 在这里可以提起前面关于中国对航空科学发展所作贡献的论述。翟理斯的笔记[Giles(9)]已被劳弗[Laufer(4)]的杰出贡献所替代，而劳弗的主要缺点是对传说材料过于当真的倾向。与此平行的关于西方的论述，有 Feldhaus(14)和 Hennig(2)。航空史本身现今已形成为一个巨大的文库，下面将要引用其中一些有用的史料，包括 Brown(1)、Hodgson(2)和 Davy(1)。能够见到的最好的研究成果或许要算迪昂[Duhem(1,2)]的著作，但是它只写到蒙戈尔费埃(Montgolfier)轻气球时期。由此，值得庆幸的是现在有吉布斯-史密斯[Gibbs-Smith(1)]的书做了补充，对于他的研究，我们高兴地能得到一份有关本节的原稿的复制件，他的卓越的工作主要地在于把从蒙戈尔费埃时期以来的史实接续下去。至于这以后，读者或许会发现手边有一些直到相当近期的关于航空科学的介绍是有益的，譬如像 Surgeoner(1)或者 Sutton(1)。许多插图见于 Dollfus & Bouché(1)。

⑥ 关于这个材料的最新提要是伊利亚德[Eliade(3)]的有趣的书。关于布里亚特蒙古人(Buriat Mongols)、通古斯人(Tungus)、雅库特人(Yakuts)、奥斯加克人(Ostjaks)等民族，见 pp. 175,211ff.。

⑦ 关于南美洲印第安人，见 Métraux(1)。

关于附身和入定的仪式,几乎都不变的包含有一种穿经上苍或即诸天的虚幻之游,也就是升天,或幻飞①。因此,这个主题在战国和汉代的诗篇中频频出现②。在中国的道教中也经常提到附身之飞;所谓"仙",也就是得道者和长生不死者,在汉代把他们描绘如有羽毛的或穿着羽服的③;就像我们在众多道教传记中所见,皇帝和炼丹术士们死后是要升天的④;而延至现今时代,对于道教徒们的一个文言名词就叫作"羽客"。佛教的进入中国只加强了飞行生灵这一传统意念,因为印度神话中的乾闼婆(gandharvas)和仙女们(asparas)⑤,经过希腊-巴克特里亚中心,在外形上受到这个中心的改变,振翅飞翔到东方而成为"飞天",就在敦煌的魏代壁画里,她们形成了全部中国艺术中的一些最优雅而又最美妙的表现⑥。人们几乎可以在千佛洞的每一窟中见到她们,图701就是其中的一例。与此同时,在东半球的另一端,与之平行的另一条发展路线产生了希伯来和基督教传统中的天使们,推测大概还产生了中世纪传说中骑着扫把的巫婆⑦。我们可以认为整个事物起源于古美索不达米亚和古埃及的有翅能飞的恶魔的幻想⑧。这与当前的讨论仅有的联系,在于它把一些念头注进人们的头脑,这些念头(举例来说)就是飞车和它们的制造者。

(1) 传说资料

关于自身推进的在空中行驶的车,与由有翅膀的兽挽拉的飞车,以及代达罗斯和伊卡罗斯(Icarus)式的无其他帮助的人的飞行不一样,在中国可以追溯很长一段时间,而且是与一位叫奇肱的神话般的外国人或民族相联系的。在《山海经》的内容中(它可能代表西汉的思想),这种人像是生有三只眼睛的阴阳人,但并没有提到他们的飞行器⑨。可是这种飞行器却意外地出现在两部3世纪的同时人——张华和皇甫谧的著作中。张华在他的《博物志》中说道⑩:

---

① Eliade(3),p. 415。

② 随后就要提出例证。有时在一面铜镜上我们见到一对学者乘坐一辆由鸟或龙牵挽的飞车穿越太虚——布林[Bulling(8),pl. 66]著作中的图画可作为一例,她鉴定其时期是紧靠公元70年前后。

③ 参见本书第二卷 p. 141。一个关于羽化的仙女们嫁给了尘世农夫们的典型故事,见《玄中记》(6世纪),《玉函山房辑佚书》卷七十六,第八页。

④ Laufer(4),p. 27;de Harlez(4);L. Giles(6);Kaltenmark(2),pp. 15,23,125,127。

⑤ 参见 Eliade(3),pp. 362ff. 。

⑥ 读者可以参见长广敏雄(1)关于这个问题的杰出的论文。

⑦ 参见 Laufer(4),p. 9。看来,基督教界的魔鬼只是从13世纪中叶以后才有蝙蝠状膜翼,早一些的西方绘画给它们画上有落下来的天使般的鸟翼。巴尔特吕塞蒂斯[Baltrušaitis(1),pp. 151ff.]曾提出论证,指出这一发展是由于中国的影响。在欧洲后期的飞魔与早期中国道教和佛教的魔鬼之间在绘像上确有酷似之处。

⑧ 无疑,心理学家对于它们的起源会有可说的。

⑨ 《山海经》卷七,第三页。

⑩ 《博物志》卷二,第一页,译文见 Giles(9),经作者修改。

图版 二七六

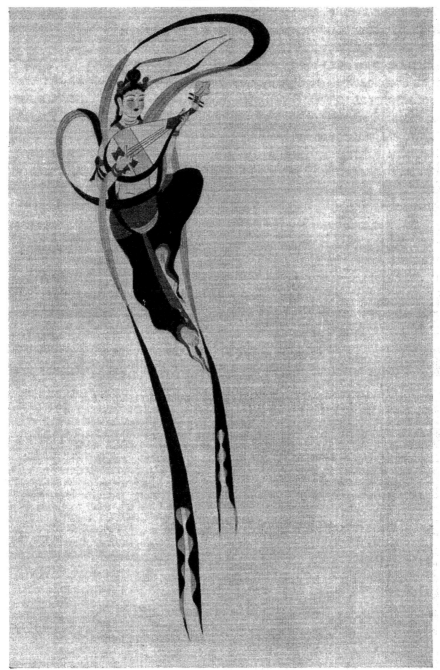

图 701 飞行的神话和幻想，敦煌千佛洞中画的无数佛教飞天壁画之一，取自第 44 窟的一幅唐代代表作，由史韦湘（Shih Wei-Hsiang，译音）临摹。飘飘然，她弹着琵琶（参本书第四卷第一分册，p.130）恭庆佛祖得道。当时他参悟了四谛和八正道的正觉，

"乐哉斯尘世，不知何所自，　茫茫荒原上，欢歌轻飘逝，
无形菩提声，释迦尤先知，　提婆高空呼，大道成于兹。"
引自（*Light of Asia*, p.110）

奇肱国人善于制造用来杀鸟的机械器具("拭杠")。他们还能制造飞车,靠顺风能飞很远的距离。在汤帝①时代,一阵西风把这样一辆飞车带到远至豫州。于是汤帝差人把这辆飞车拆散了,不让他自己的百姓看见它。10 年之后,来了一阵东风(足够强劲),于是把飞车重新装了起来,来访者也就被送回他们自己的国家,他们的国家处于玉门关以外 40 000 里②。

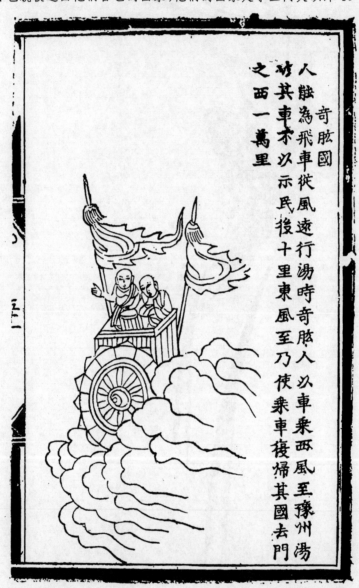

图 702　最早刻印的神话中奇肱人的飞车图,是百科全书《异域图记》中的一页,
约编著于 1430 年,于 1489 年首次刊印。它的题词与本书引用《博物志》
的记载大体相同。看到的一只车轮是有齿的;是不是画家把它想象成为
一个立式风轮那样迎着风?

---

① 传说的商朝的创建者,因此在公元前第 2 千纪的中叶。

② 玉门关在古丝绸之路上。

〈奇肱民善为拭杠,以杀百禽。能为飞车,从风远行。汤时西风至,吹其车至豫州,汤破其车,不以祝民。十年东风至,乃复作车遣返。而其国去玉门关四万里。〉

完全相同的故事出现在皇甫谧的《帝王世纪》中,但是他把奇肱当作一个人而不是当作一个民族[1]。从这以后,故事一再重复,例如在 5 世纪沈约关于竹书的注释中[2],以及在 6 世纪的《金楼子》[3]和《述异记》[4]中,当然有些差异[5]。远在宋代之前,它就已经变成为文学著作中的常谈了。

与奇肱的故事有关的图画流传附带有一些有趣的事。我们现有的最早的飞车图是在珍贵的百科全书《异域图志》中,它编纂于 1392 年以后某时,刊印于 1489 年[6]。它的形象是一辆长方形的战车,有两名乘者和一只奇异的轮子(图 702),轮子显著是带齿的。翟理斯[Giles(9)]和劳弗[Laufer(4)](根据绘画总图)认为这个轮子是有意与车子穿经滚滚云层的方向成直角[7] 安装的,如果这个解释是正确的话,那么,它就是勾画出了一具推进器。如若我们只知道这一幅画[8],那么,像这样的一种判断或许不会是很令人信服的,但是有一幅不同的图画出现在《山海经》[9] 某些版本中,它表现出绘画者明显可察的意图是要绘成有螺旋叶片的转子(图 703)[10]。我们将在后面的几页里提出论证,说明早在 4 世纪,直升陀螺或即“中国陀螺”用于动力飞行的可能性就已经被意识到了。因此,绘制奇肱人的车子的某些中世纪画家们,是能够想象出这样的转子用于水平运动的可行性。举这样一个例子或许是有意义的:陶弘景在 5 世纪后提到一部“飞轮车”,东海王(道教神仙之一)就乘坐它周游访问[11]。

图 703　另一幅奇肱人的飞车画图,取自《山海经广注》(公元前 2 世纪或更早一些的文本,17 世纪的注释)。图中题词一开头相当接近于《山海经》(卷七、第三页及其后),称:“奇肱国的人个个都只有一只胳臂和三只眼,而且还都是半阳半阴。他们能造飞车,能追风而行很远的距离。他们的国土在‘一臂’(一臂人之国)以北。奇肱人的技能真是精巧,借助研究风而发明并创造飞轮,靠飞轮,他们能叱咤风云。他们在汤帝时来访问了我们”。在这幅图里画家们画了飞车有两只轮子,但都像是意在表现有螺旋叶片的转子。

571

572

---

① 第三个早期的出处是金代的《括地图》,引述于《玉海》卷七十八,第二十页。

② 见《竹书纪年》卷一,第二十一页。

③ 《金楼子》第五篇,第二十二页。

④ 《述异记》卷二,第十三页。

⑤ 又见于《玄中记》,在《太平御览》卷七五二,第三页中引用(为马国翰所遗漏)。

⑥ 见 Moule(4);Sarton(1),vol. 3,p. 1627;参见本书第三卷,p. 513。

⑦ 从旗帜的方向来说,或许看来更为可能的是把这只轮子想象成为一对飞行车轮或者一对桨轮中的一个。

⑧ 在《图书集成·编异典》卷四十五中有它的最后形式。迪昂[Duhem(2),fig. 2]和其他人的著作中的图,都是从那里复制的。这里画了两只轮子。

⑨ 显著的是 1667 年出版由吴任臣编著的《山海经广注》。巴赞[Bazin(1)]、迪昂[Duhem(2)]和其他作者曾复制过。

⑩ 其他版本只有一个普通的战车和套在牛轭中的一条龙。

⑪ 见《真诰》(TT1004)。

图版　二二七a

图 704a　千佛洞壁画中的一幅鸟拉的飞车,羲与和两人是充作太阳的御者(参见本书第三卷,p.188)。它是第 285 窟中的一幅西魏时期的画,约为 545 年。由贺喜良(Ho Hsi-Liang,译音)和范文藻(Fan Wên-Tsao,译音)临摹。

图版 二七七 b

图 704b 在海关放风筝（Allon & Wright）。

由鸟、犬、或龙拉的飞行车则是另一种传统。它开始于汉代①，为佛教徒所积极采纳，敦煌的壁画中（魏代和唐代）就有几幅实例②，参见图704a。这同样也是印度的一个主题③，可能与金翅鸟（Garuda）之类的神话中的"神们的车"的概念有密切关系，也又与在西方的神话中，例如厄同（Phaethon）中出现的太阳神和行星神的战车有关系。它的起源可能又是在巴比伦，如伊坦纳（Etana）神话所暗示的④。

573　那些作为神话开始的东西，随着时间的推进自然而然地演变而进入诗歌。在本书天文学那一章里⑤，我们已经有机会提到很多作者写的关于穿越天空到月亮去或到太阳去的幻想飞行的叙述，这些作者既有古代的，也有现代的。与萨莫萨塔（Samosata）的卢奇安（Lucian，约在公元 160 年）所谈述相类同的有张衡（公元 135 年）在他的《思玄赋》⑥中所作的叙述，的确也还有更早的屈原在他的伟大的著作《离骚》⑦（公元前 295 年）中的叙述，尽管他们是虚玄的，而屈原则是寓意的。

（2）奇巧的工匠

现在我们必须从作家和画家转到奇巧的工匠，而最后，毕竟还是有人实实在在地做出了一些事来。木鸢的发明，在不同的古书里都归功于墨翟（墨家学说的创始人，卒于公元前 380年）⑧，以及与他同时的鲁国著名工程师公输般⑨。他们的木鸢是否具有鸟的形状这还不清楚。"鸢"这个字一直是指我们叫作 kite 的那种鸟（学名为 *Milvus lineatus* 和有关的类种）⑩，在用于飞行的器具时，常常定性加上形容词"纸"字。著于公元前 255 年的《韩非子》一书中说⑪：

> 墨子制造了一具木鸢，花了 3 年的时间才完成。它的确能飞，但是试飞了一天之后就坠毁了。他的门徒们说："师傅是多么的巧啊，竟能叫一具木鸢飞翔！"但是墨子却回答说："还不及像制造一只牛轭键销（'锐'）那样巧。他们只需用一小段木材，长仅八寸，用

---

① 除了刚刚提到过的布林［Bulling(8)］之外，还有沙畹［Chavannes(9)］也复制了公元 87 年的一幅浮雕像（鸟拉车），还有原田淑人和驹井爱［Harada & komai(1)］提供了一幅云车的图画，说是出自金朝画家顾恺之之手。

② 特别是在 296～311 窟，其中第 305 窟中有一幅重要的图画。

③ 见 Laufer(4)，pp. 44ff.。

④ Laufer(4)，pp. 58ff.。正当张华和皇甫谧在中国写著关于奇肱人的飞车的时候，名为伪卡利斯忒涅斯（Pseudo-Callisthenes）的亚历山大大帝的故事全集也即将在亚历山大里亚和拜占庭完成，这是一个奇妙的巧合。在这本叫作《亚历山大故事》(Alexander-Romance)的书中，许多有技术意义的情节之一，是关于这位大帝王乘坐在一辆由两只或多只大鸟，或者是鹰头狮身的怪兽拉的车中，而驾云腾空。这个故事 9 世纪以后在西欧变得很流行，并且常常在建筑物的正墙上，或教堂喝诗班的坐席上见到，例如林肯城（Lincoln）的唱诗班的席位上就有。进一步的参考材料见 Cary(1)，pp. 9ff.，38,59,134ff. ，和 296ff. ；Millet(1)；Anderson(1)。

⑤ 本书第三卷，p. 440。

⑥ 《全上古三代秦汉三国六朝文》（后汉部分）卷五十二，第一页，又见《文选》卷十五，第一页［译文见 von Zach(6)，vol. 1，p. 217］。

⑦ B. K. Lim(1)，pp. 92ff.，更好的有 Hawkes(1)，pp. 28ff.。

⑧ 参见本书第二卷，p. 165ff.。

⑨ 参见本册 p. 43。

⑩ R314。

⑪ 《韩非子》卷十一（第三十二篇），第二页，由作者译成英文，借助于 Liao Wên-Kuei(1)，vol. 2，p. 34。

不着干一天的工夫,可是它能拉 30 石的重量①,走得很远,承受很大的力量,并且可用很多年。而我已经干了 3 年来制造这个木鸢,只用了一天就毁了。"惠子② 听到了这件事,说:"墨子确实是有天才的,不过,大概他对于制造车辊键销比对于制造木鸢了解得要多。"

〈墨子为木鸢,三年而成,蜚一日而败。弟子曰:先生之巧,至能使木鸢飞。墨子曰:吾不如车辊者巧也,用咫尺之木,不费一朝之事,而引三十石之任致远,力多,久于岁数。今我为鸢,三年成,蜚一日而败。惠子闻之曰:墨子大巧,巧为辊,拙为鸢。〉

这最后的一句话,可以看作是对墨翟的功利主义的讽刺。在《墨子》这本书本身里面③,也有一段极为近似的叙述,其中说公输般曾用竹子和木头做了一只鸟,它在天空飞了 3 天不曾落下来。那时墨子也参与了一次关于功利主义的类似的谈论。从这以后,人人都知道这些故事,在《抱朴子》中重述了这些故事,葛洪在讲到(约在 300 年)那些制做人工的东西竟然像真的一样的人们时,提到公输般的"木鸢之翩翩"④;这在 6 世纪的《述异记》(增订本)⑤,12 世纪的《续博物志》⑥,以及明代的《鸿书》⑦中,都曾重述过。在上述第三种书中毫无疑问地认为墨翟和公输般所制造的就是风筝,就象宋国儿童们所放的一样,而第四种书则重复了或许是一个传说的故事(虽然别的关于这方面的叙述还没有找到),是说公输般在围攻宋国的战役中把载人的木风筝放飞到宋城的上空,这或者是为了侦察,或者是为射手们创造有利的位置。倘若认为这未必能发生在公元前 4 世纪,可是我们马上又会见到,风筝在军事上的应用在中国历史上可以追溯到很早很早的时候⑧。

有意思的是看到王充曾尽力否定墨翟和公输般的传说。约在 83 年,这位大怀疑论者在他的《论衡》一书中曾写道⑨:

儒家的书谈论关于公输般和墨翟的了不起的技巧,说他们用木头刻出鸢,飞了 3 天没有落下来。说他们制造的木鸢能够飞是十分可能的,但是说它们 3 天不落下来必然是夸大了。如果那样一件东西,具有鸟的形状,它怎么能够飞 3 天而不休息呢?如果它真的能飞,又为什么只飞 3 天呢?也许它真的配备有某种机械装置,借助于此它被推入运动,而且接着就飞起来,从而它不下落;如果是这种情况,故事就应当说它连续地飞,而不应该说只飞了 3 天。也还有另外一个传说,说是公输般由于他的技能,却失去了自己的母亲。他为她做了一辆木车和几头木马,还有一个木制赶车人。到准备好了的时候,他母亲就坐到里边。车很快地跑掉了,再没有回来,就这样,他就失去了她。因为木鸢的机械装置也造得(假定)同样的好,那么,它本也应该能继续地飞而不停止。但是如果这种机械装置能够工作,而又只不过一小会儿,那么,木鸢就不能保持飞翔超过 3 天,因此,木车也就应当在 3 天的路程里在路上停一下,而不应该带着这位母亲不知去向。这

① 相当于近 2 吨的重量,参见本册 p.313 相类似的一段话。
② 他是一位名家,参见本书第二卷 pp.189ff.。
③ 见《墨子》第四十九篇,第九页[译文见 Mei Yi-Pao(1),p.256]。见本册 p.313。
④ 《抱朴子内篇》卷八,第十页。
⑤ 《述异记》卷二,第六页。
⑥ 《续博物志》卷十,第七页。
⑦ 刘仲达著,引文见吴南薰(1),第 168 页。
⑧ 而且,更加令人惊奇的是还用上了载人的风筝。
⑨ 《论衡》第二十六篇,译文见 Forke(4),vol.1,p.498;经莱斯利和作者本人修改。

两个故事(实际上是互相矛盾的)必然是有失于真实的。

〈儒书称鲁班、墨子之巧,刻木为鸢,飞之三日而不集。夫言其以木为鸢飞之,可也;言其三日不集,增之也。

夫刻木为鸢以象鸢形,安能飞而不集乎?既能飞翔,安能至于三日?如审有机关,一飞遂翔,不可复下,则当言遂飞,不当言三日。犹世传言曰:'鲁班巧,亡其母也'。言巧工为母作木车马、木人御者,机关备具,载母其上,一驱不还,遂失其母。如木鸢机关备具,与木马等,则遂飞不集。机关为须臾间,不能远过三日,则木车等亦宜三日止于道路,无为径去以失其母。二者必失实者矣。〉

因此,王充尽管其语气是强词夺理,但并不是不相信人工飞行这件事的可能性。

在这个问题上,另外的一个尝试似乎应当归功于一位比王充年轻的同代人,大天文学家和工程师张衡(78—139年)。在这方面我们具有的主要材料来自张隐的《文士传》一书。[①]在《太平御览》[②]中曾两次引用了这段话,说张衡制做了一只木鸟,有翼和羽翮,在它的肚里有一具机械,使它能够飞几里远("肠中有施机能飞数里")。我们倾向于认为墨翟和公输般的器具是风筝,或许粗具鸟形;而张衡的发明则可能包含着直升陀螺的螺旋桨,尽管他为这一目的而能够得到的唯一的原动力只能是弹簧。至于飞行距离的说法,我们当然也就不必过于认真了。在张衡自己的著作中,也有关于这种机器的内容。在他的《应间》[③]一文中,他说(126年):

> 某些卑鄙的儒士们常常在皇上面前说我的坏话,但是我决不为这些事情而烦恼,要么就去学他们的那种(官场奸诈的)"独特技俩"。连结起来的轮子尚且可以制造成自行转动,所以即使是一件木刻的东西也可以做得让它一直独自在空中飞翔("木雕犹能独飞")。垂下翅膀,我已经回到了自己的家里,为什么我就不该调整调整我的机件使它们处于工作状态(从而我可以飞得比以前更高呢)?"

〈故尝见谤于鄙儒。深历浅揭,随时为义,曾何贪于支离,而习其孤技邪?参轮可以自转,木雕犹能独飞,已垂翅而还故栖,盍亦调其机而铦诸?〉

这里,他像是要讲他自己在机械方面的兴趣,却是用它们来比喻他去官以后的处境[④]。

就所有已经谈论过的而论,西方的主要类似的东西是塔兰托的阿契塔(Archytas of Tarentum)的"飞鸽",他或多或少是一个毕达哥拉斯的信徒[⑤],他的鼎盛期是在公元前380年的前后,成为墨翟和公输般的同时代人。不幸的是,关于他的先于格利乌斯(Aulus Gellius)的模型飞行器很少有材料,格利乌斯是张衡和张隐的同代人,他引用了一位年长者

575

---

① 如果他就是生活在约170到190年间的张隐,则他的材料应该很可能是正确的,但是在隋朝以前的书目中并没有提到这本书。

② 《太平御览》卷七五二,第二页;卷九一四,第八页。

③ 《全上古三代秦汉三国六朝文》(后汉部分)卷五十四,第八页;又见《后汉书》卷八十七,第三页,附有注释。由作者译成英文。

④ 另一些关于木制飞鸟的材料还见于同文(第十页)。要记得前面已经提到过已逸失了的张衡的著作——《飞鸟图》,这一著作的时间是114年。在本书地理学一章中(第三卷,pp.538,576),我们曾研究过这一著作与绘制地图有关系的可能性,虽然绘制地图这个词不确切,真实的议题可能是历法科学。第三种可能性就是我们要解释"飞鸟机构图"这个题名。这是个什么东西,关于这个问题则不应该忘记扑翼式(搧动翼飞行器)。列奥纳多所迷恋的模式曾一直持续到上个世纪80年代的李林达尔(Lilienthal),而且它的许多样机曾经成功地飞过[参见Gibbs-Smith(1),pp.19,21]。但是,不到机翼的复杂程度接近于鸟本身的翅膀,它大概永远也不会有多大用处[见Gibbs-Smith(1),pp.267ff.]。

⑤ 关于他的一般情况见Freeman(1),p.234;Sarton(1),vol.1,p.116;Neuburger(1),p.231。

阿里雷特斯的法沃 里努斯[1]（Favorinus of Arelates；鼎盛于 150 年）的报导，说他靠内部储纳的某种膨胀气而行[2]。根据其他材料[3]，说是装有一个重铊和滑轮，而这个物件能够飞，可是下落之后就不能再升起来。这或是意味使用了一种起飞的机械装置，起飞以后，样机就借助于所施加的某种能源（像提到的压缩空气或蒸汽），而滑翔飞行前进。这种发明看起来倒更像亚历山大里亚时代的样子，而不像阿契塔时期的样子。从中古时代中国在火药火箭上的专长出发[4]（而喷气推进原理看来竟然像是由希腊渊源所隐示，而不是由中国渊源所隐示），这显然是奇怪的。不过，所有伟大的亚历山大里亚机械师们都与气动装置有关联——提西比乌斯与泵[5]，赫伦与流体静力学系统、风琴、蒸汽喷射和风力[6]，以及提西比乌斯和菲隆[7]与包含有使用压缩空气的弩炮[8] 等。 576

　　因此，可以想见格利乌斯的叙述可能谈的是一种带有滑翔机翼的轻型模型，由一个重力把它从一个斜的平台上发射出去，并且装有一只汽舱，汽舱带有一个向后指的细小出口，通过它能够射出一股喷汽，就像赫伦的汽转球里的那样[9]。如若不然，该模型或许是悬挂在一根装在"旋臂"上的杆上，就在它的末端上被驱动旋转[10]。照这样说，如果在这些臆测之中还有什么东西的话，那倒是墨翟、公输般和张衡在 2 世纪结束以前或许就已经实验过了现代航空科学的两个重大组成部件，就是风筝的翼和螺旋桨[11]；而阿契塔或者亚历山大里亚时代的人们则或许已经利用了喷气原理。

<h2 style="text-align:center">（3）风筝及其起源</h2>

　　现在我们来更加仔细地考察一下关于中国在飞行方面的故事的主要物质基础，这就是木、竹和纸做的风筝。它在亚洲的应用像是极其古老的，因为人类学家已发现它分布广泛，向中国的南方和东方辐射，穿经印度支那、印度尼西亚、美拉尼西亚（Melanesia）和波利尼西亚（Polynesia）[Chadwick(1)]。在这一地区的某些地方，放风筝是作为一种与神和神话中的英雄相结合的宗教活动来进行的。风筝，对于妇女常常是禁忌的，又常常带有像弦和管之类的附件，像在中国那样，在空中发出乐声或者嗡嗡的声音[12]。在一种钓鱼的方法上发现它有一

---

①　关于他的情况见 B & M, p.578。

②　*Noctes Atticae*, Ⅹ,12, i Ⅹ ff.。

③　参见 Laufer(4), p.64。

④　甚至于还有带翼的火箭，我们将在本书第三十章中看到。

⑤　参见，例如，Sarton(1), vol.1, p.184；Drachmann(2,9)。

⑥　Sarton(1), vol.1, p.208；Drachmann(2,9)。

⑦　Sarton(1), vol.1, p.195。

⑧　在气动弩炮（aerotonon）里，拉绳是系在杠杆上，各杠杆成直角地连在一组紧密地套在青铜气缸中的活塞上。拉绳的动作就压缩了气缸中的空气，而这样，靠扣动扳机，保证了拉绳回到原拉，以及箭或者其他抛掷物的发射。但是还没有证据能证明这种器械决不是一种军事上的新奇之物，甚至根本从来未曾制造过它。参见 Schramm(1)；Beck(3)；Neuburger(1), p.224。

⑨　迪昂[Duhem(1), p.125]同意这些一般结论。

⑩　这属于吉布斯-史密斯先生的见解。

⑪　关于他们在自动机械方面努力的哲学背景和意义，已经提过了，参见本书第二卷 p.53ff.。关于以后中国在飞行模型方面的工作已在本册 p.163 谈过。

⑫　见本册 p.578。

种重要的实际用途,就是用它来把鱼钩和鱼饵移走,移得远远的离开船和人的不吉利的影子①。在中国还用风筝来做一种游戏②。

至于风筝的起源,韦利[Waley(15)]提出或许它是由一种古代中国的射箭方法演变而来的,箭上带有一根绳子,把它向里拽,就能把箭和猎获物都收回来,就像"夷"这个字所表现的那样③。拉格伦[Raglan(1)]不肯接受这种说法,理由是放风筝不存在站着不动,并把一件577 实实在在的东西向着自己拉这种事的,而是拖它,使它从地面升起④;而且,如果是一种打猎的方法先已成为这个故事的开端,那么风筝与宗教的牵联或许就较难于解释了。他自己提出牛吼器才是风筝的祖先,牛吼器系在绳子的末端,扯着绳子打转,它就发出大的嗡嗡的声音,而且这种东西仍然作为一个重要的宗教仪式用的物件而存在于当今许多原始文化区中。然而风筝的起源在亚洲历史中如此之久远,以至所有这类见解可能都只是臆测而已。

我们或许已经见到过一幅古代中国的风筝图但并未注意到它,它是在公元前 4 世纪的辉县的一盏碗上(参见本书第四卷第一分册图 299 的左下角)。

我们完全可以把墨翟和公输般的器具作为风筝的最早出处,尽管劳弗不肯这样做。宋代的学者们,知名的如高承⑤和周达观⑥(13 世纪),记述过一个故事,说汉代的将军韩信(卒于公元前 196 年)把一只风筝放飞到一座皇宫的上空,以测量他的工兵非得开挖的一条地道的距离,通过这条地道,他的军队才能进入其中。他们用的名词是"纸鸢",尽管纸是在他所处时代以后 3 个世纪才有的,而且这个故事迄今还没有在任何同时代的出处中找到,不过,为它找到某些根据还不是不可能的。在唐代的书《独异志》中,我们见到下面的一段话⑦:

> 在梁武帝的太清朝(547 到 549 年),侯景反叛,围困台城(南京),把它与远近忠于皇家的军队都隔断了。简文(就是萧纲,后称帝一年,550 年)和太子(萧)大器决定用很多风筝("缚鸢")放到天空去把这个紧急事变传告给远处的军队将领们。侯景的属下对他说,那是在施展妖术,要不就是正在发送情报,并且命令箭手们射风筝。起初它们像是全都要坠落下来,但随后它们就变成鸟飞走并逝去。

> 〈梁武帝太清三年,侯景反,围台城。远近不通。简文与太子大器为计,缚鸢飞空,告急于外。侯景谋臣谓景曰:此必厌胜术,不然即事达人。令左右射之,及坠皆化为禽鸟飞去,不知所在。〉

这大概是说用风筝放信号,而信件则是由信鸽送出的⑧。此后在 781 年,唐朝的忠将张伾在临洺被困,他用风筝放信号,把他的危境通知他的属将,而这座城池最终得以解围⑨。13 世

---

① 这种印度尼西亚-美拉尼西亚的做法曾由鲍尔弗[Balfour(2)]、阿内尔[Anell(1)]和普利施克[Plischke(1)]写为专题论文;又见 Montandon(1),p.244。

② 靠近风筝部位的一段绳子上粘上碎玻璃或碎磁器,玩的人各自寻找机会使自己的风筝处于对手的上风,这样来把对方的牵绳割断,而断了绳的风筝就晃晃悠悠地飘落到地上。这是一种秋天的娱乐活动。见 Laufer(4),p.32;Wei Yuan-Tai(1)。参见本册图 704b。

③ 我们将在本书后面第二十八章(e)见到关于这个方法在技术史上的一个意想不到的,但却又是可取的功能。

④ 再者,要使它真的能够升起来,那么,箭上装的羽毛就嫌太小了。中国农民的系在绳子一端的草帽更像是风筝的祖先。

⑤ 《事物纪原》卷八,第二十七页。

⑥ 《诚斋杂记》(约在 1295 年),儒莲[St Julien(4)]和安德森首先注意到这份参考材料。引用在《格致镜原》卷六十,第八页。

⑦ 《独异志》卷二,第四页;也引用于《格致镜原》中,由作者译成英文。

⑧ 见本书后面第三十章。

⑨ 参见《旧唐书》卷一八七下,第十三页(列传)。

纪,在金朝鞑靼人和蒙古人之间的战争中也使用了风筝。在 1232 年那一次著名的夺取开封之战中,当女真金朝的军队被窝阔台的军队围困在他们的京城中时①,

> 被围困者放起纸鸢,上面带着文告,当这些风筝飞临北(即蒙古)线上空时,把拉绳割断(致使风筝坠落在那里的被俘的金兵之中)。这些文告鼓励他们(起来造反并逃跑)。 578 见到这事的人说:"只在几天之前,金(将领们)用红色纸灯(作为信号用),而现在他们使用起纸鸢来了。如果将军们想用这些办法来打败敌军的话,那他们就会发现这是很困难的"。

> 〈又放纸鸢,置文书其上,至北营则断之,以诱被俘者。识者谓:前日纸灯,今日纸鸢,宰相以此退敌难矣。〉

这样,我们有了一个早期的"传单空袭"的实例,因为这些文告只不过是策动被俘金兵起来战斗,杀回到他们自己一边的宣传品而已②。这些事例或许已足以表明风筝在中国有过的连续不断的军事上的应用;并且这或许对于与墨翟的原始联系也多给予一些似乎是真实的成分,关于墨翟的门生们在军事技术上的兴趣,本书在其他地方曾不止一次地着重提到过③。

放风筝作为一种消遣游戏也可以追溯到很早以前,这非常明显了。人们从魏代以来的敦煌壁画中可以看到这种景象④。文字叙述出现在 10 世纪的书里,例如《钓矶立谈》⑤,更常见于宋代和明代⑥。虽然风筝上装有风鸣琴的做法可能始自唐代或更早一些,它与 10 世纪一位著名制风筝工匠⑦ 李业的名字有密切的联系。那些用竹子做的带有一根细竹弦的叫作风筝或风琴;那些用 7 根丝弦装在一个瓢形架上的叫作鹞琴⑧。关于这方面的材料宋代是非常之多的⑨。在同一类的习俗中有用竹子、葫芦或牛角做的哨子("鸽铃"),把它们装在鸽子的尾巴上⑩。这在宋代肯定是有的,并且不像是唐代以后才开始出现的⑪。

---

① 《金史》卷一一三,第十八页,由作者译成英文。

② 《通鉴纲目》中略有改动的引述(第三部分,卷十九,第五十页),是一个多世纪以前儒莲为雷诺和法韦[Reinaud & Favé(2),p.288]的著作而把它译出的。他错误地理解风筝上书有文字的意义,以为它们是妖术咒符,并且还把中国人在鸦片战争中对妖术咒符的轻信比作类似的情况,自以为是的加作注脚。但是有一个与它无关的而且又是同时代的出处,即刘祁写于 1235 年的《归潜志》,其中提供了一个较详细的描述(卷十一,第四页),把事情说得十分清楚,说那些文告是号召俘房们逃归,并且说如果他们能"夺走矢石间"而逃回来,就都要受到擢升。这就又一次说明汉学家们把中国的清清楚楚的事情变成了荒谬之谈。至于费尔德豪斯[Feldhaus(1),col.654]在他的书中,是把这次围攻中的两件事弄混了,即错误地把灯和风筝放到蒙古人的热气球龙旗范畴中去了(参见本册 p.597)。

③ 本书第二卷,p.165ff.;及本书第三十章。

④ 著名的是在第 332 和 148 窟中,两者均为唐代作品;后者的年代是 698 年。

⑤ 《钓矶立谈》第三十八页。

⑥ 《武林旧事》卷六,第一页;《蠡海记》第四页。

⑦ 见《五代史记》卷三十,第十一页。

⑧ Moule(10),pp.105,111;另可参见徐家珍(1)的专题文章。

⑨ 例如:《独醒杂记》(1176 年)卷一,第九页,或在范成大约在 1180 年写的一部诗集中(《石湖词》第十三页)的一处参据。周密著的《武林旧事》(约在 1270 年)列出风筝的风鸣琴在南宋时杭州出售,并且提到两个人的名字,周三和吕偏头,他俩以制做它们而著称(卷六,第十五、三十页)。在明代陈沂著的《询刍录》中也有论谈。参见吴南熏(1),第 168 页。

⑩ Moule(10),p.67。我从个人的经验知道,这些东西能够以悦耳的声音充溢于中国一个市镇的上空,我清楚地记得人们在贵州安顺城的巷子里常常听到的那种奇异的空中音乐,在中国的其他地方也能听到。进一步参见 Laufer(4).p,72,(26);Bodde(12),p.22;Wang Shih-Hsiang(1)。

⑪ 慕阿德对年代的估计是太慎重了;他本来是可以高兴地发现他所在的杭州在南宋时代就有鸽哨出售,因为在《武林旧事》(卷六,第十五页)的特种货物中的确列举了它们(称作鹁鸽铃)。

579　　　　一只风筝受三种力量的组合而飘浮在风中；它们是：它的自重，空气的抗力和牵绳的均衡拉力。依据风的强度，风筝在以牵绳为半径的一个大的圆圈里活动，风兴时就上升；风息时就下落到一个竖立的位置，处于这样一个位置就不再能保持飘浮的状态。这时，放风筝的人可以扯紧牵绳并跑动，让风筝的翼面之下有足够的气流来保持风筝在风静之时浮于空中，恰似人工气流把真正有动力的飞机升起来一样。在 18 世纪里，伟大的欧洲数学家中有人致力于风筝的理论研究[例如牛顿、德萨吉利埃、达朗伯(d'Alembert)、欧拉(Euler)][1]。可是就在中国有风筝的若干世纪里，先已经采用了几种有意义的改进，譬如添加第二根牵绳，用以根据风力的大小来控制风击的角度[2]。风筝的翼面也曾制成（如我们已见到的）凸凹面[3]，但遗憾的是我们还不知道这种做法是否始于 18 世纪末期以前，在那个时候欧洲有了首批弯曲机翼的构思[4]。图 705 展示一只典型中国的有弯曲翼的风筝。这里有一个问题是不容忽略的，就是风筝、飞机和加帆车之间的历史关系。后者在中国的起源，我们已经有过叙述[5]；而风筝几乎可以看作是从风帆车上分离出来的风帆[6]。在各个时期，确实下过不少功夫去用风筝拖拉陆地上的车辆，不是没有成效的，最著名的是波科克(Pocock)在 1827 年的尝试[7]。

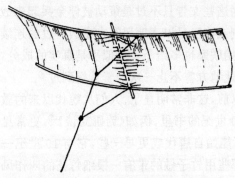

图 705　中国弯曲翼的风筝[采自 Tissandier(5)]。

580

（4）直升陀螺；葛洪和凯利的"罡风"与"旋动扇"

　　　　现在我们接近到这个论题的最重要部分，即考察中国古代和中世纪飞行器械作为现代空气动力学和航空巨大发展的部分基础所起到的作用。直到 16 世纪末早期的旅行者们把风筝带回到欧洲以前，欧洲是不知道它的，这个事实已经充分为人们所了解。劳弗说过："它是作为一项中国的创造物，而不是作为一项古典遗产的继承而首次出现的"[8]。这并不是说在伊斯兰世界里也不知道风筝；大概在 9 世纪就在贾希兹(Abū 'Uthmān al-Jāhiz)描述儿童

① Duhem(1)，p，199。

② Duhem(1)，p，195。

③ 见 Chanute(1)，特别是经吉布斯-史密斯[Gibbs-Smith(4)，fig.11，p，36]所复制的蒂桑迪耶[Tissandier(5)]著作中的插图。"单翼"风筝一般宽度不小于 3 英尺，长度常为 11 英尺。两端像树叶一样弯起，而鸟形的风筝也许还有长的硬尾。从蒂桑迪耶[Tissandier(6)]的研究来判断，在日本根据同样的原理来制做风筝。参见 Wei Yuan-Tai(1)；le Cornu(1)；Needham(42)。

④ 见本册 p.581。

⑤ 见本册 p.274。

⑥ Duhem(1)，p.180。波尔塔不是把它叫作一个"飞帆"吗？

⑦ Duhem(1)，p.193；Gibbs-Smith(1)，pp.12，162。他曾经在布里斯托尔(Bristol)至莫尔伯勒(Marlborough)之间的路上有过一次成功的尝试。

⑧ Laufer(4)，p.37。普利施克[Plischke(2)]在他后来对这件事做的细致的再一次考察中也是这么说的。

们放起"用中国的纸板和纸做成的"风筝的时候①,它在那里或许已经不是什么新东西了。但是欧洲对风筝的最早叙述是出现在波尔塔(Giambattista della Porta)1589 年的《自然的魔力》(*Magia Naturalis*)②一书中。几十年以后,在英国曾用风筝把烟火放到空中,约翰·贝特在他的《自然与技术的奥秘》(*Mysteryes of Nature and Art*)一书(1634 年)中就把它说成是为了这一目的的③。基歇尔是耶稣会士,他与中国的耶稣会士的关系密切,他自己写作关于中国的情况,在他的《光亮与阴暗大术》(*Ars Magna Lucis et Umbra*,1646 年)一书中也提到风筝,并且说在他那个时代,在罗马制造的风筝之大足以把一个人提升起来。

　　所有这些都与 19 世纪的发展有着重大关系。对于风筝的研究,的确在一定的时候通过试验证实了它们把操纵者载升入空的能力。但是更为重要的却在另一方面,是国为这种研究与探索适宜的滑翔机和飞机的机翼有着密切关系。1804 年,乔治·凯利(George Cayley)爵士制造了一架成功的模型飞机,装有平的风筝和一具尾部升降舵,由两片以直角相交的平面风筝而构成④。这是"历史上第一架真正的飞机"⑤。在同一年里,他还利用装在旋转臂上的平面进行他的空气阻力、入射角以及其他空气动力现象等基础物理试验⑥。但是对于鸟翼的研 581究也一直并行地进行着,而凯利本人早在 1799 年就已体会到"对空气的阻力施加动力,以使一个面能够负担起一定的重量",这是根本的问题。他清楚地看到,任何飞机必须有一个主要的承重翼⑦,还得要有一个尾部装置来操作控制;这是我们从他所雕刻的一个带有日期的银质奖章上,又从同时代的图纸中了解到的⑧。他的居于先驱地位的设计,已经把这些特点结合在一起了,被认为是"现代型飞机史上最早的实例"。不仅如此,其中还包含有飞机翼面的

　　① 出于一本关于动物的书(*Kitāb al-Hayawān*)中;见 Laufer(4),p. 37;Hitti(1),P. 382。

　　② BK. 20,ch. 10(英文版,1658 年,p. 409),一个"飞帆"。在 16 世纪的叙述中,并非都能够轻易地把真正的风筝从龙形热气球中区分出来,而龙形热气球较早地已经流行了(参见本册 p. 597),但是约翰·施米德拉普(Johann Schmidlap,1560 年)和约翰·马西修斯(JohannMathesius, 1562 年)所讲的大概都是龙形热气球而不是风筝。很快地尾随于波尔塔之后的是雅各布·韦克尔(Jacob Wecker, 1592 年)和丹尼尔·施文特尔(Daniel Schwenter, 1636 年)。后者讲到哨子,哨子能够像烟火似的装在风筝上,这明显的是一种亚洲的(如果不是中国所特有的)特征。

　　③ 贝特提出一幅放风筝的图画,复制在 Duhem(2),fig. 65 Gibbs-Smith(1),pl. 1 (a)。但是欧洲所有的第一个形象是海伦纽斯(Hellenius, 1618 年)的那一个,存于荷兰米德尔堡(Middelburg)的一件雕刻之中。如普利施克[Plischke (2)]所指出的,风筝首先出现于荷兰和英国这一事实表明了它是由荷兰和英国商人们带到欧洲的;如果说这项传播是通过葡萄牙人之手的话,那么,我们就可以料想它会早半个世纪就已经出现了。波尔塔和贝特都没有使用"kite"这个词,吉布斯—史密斯[Gibbs-Smith(1),p. 163]对此觉得迷惑不解,因为从所有其他可能的鸟名中本来是可以选出这个词来的。而事实上,英文名字"kite"恰恰就是古老的中国名词的直接译名。在其他欧洲语言中所用的词,例如龙(*Drache*)、飞鹿(*Cerf-volant*)等等,可能也是从中国人常常把他们的风筝做成的不同动物形状推演出来的。所以,名词术语相当清楚地指出中国是这种传播的根源。

　　④ 见 Cayley(1),p. 26。关于他的传记(1733—1857 年)见 Hodgson(1,3)和 Pritchard(1)。不要把他和剑桥大学的数学家阿瑟·凯利(Arthur Cayley,1821—1895 年)混淆起来。

　　⑤ 参见 Gibbs-Smith(1),pp. 10,162,190 和 pl. 11(b),(8);Needham(42).

　　⑥ 见 Cayiey(1),PP. 22 ff. 和卷首插图。

　　⑦ 就是说,按一般的说法,一架单翼飞机严格地只有两只翼,即左翼和右翼;而一架双翼机则有两组翼。

　　⑧ Gibbs-Smith(1),pp. 10,189 和扉页。在这个问题上,凯利一直落后于某些富有想象力的作家,著名的如布雷通讷的雷蒂夫(Restif de la Bretonne,1781 年)。

发现①。虽然凯利知道弯曲翼上举较好,但并没有感觉到非得把它装到他的十足尺寸的飞机上去不可,因为在他的模型滑翔机上,他依赖于气流本身产生一个曲面,其作用就像它作用于他的布制的翼的情况一样,在这些翼上只沿着前后缘装有桁杆。不过,他的好多图纸很清楚地表现有翘曲。此后,在50年中,这样一个信念增强了,即人们必须模仿鸟翼的断面② 而不是去模仿风筝的平展的纸翼,于是就引出一具有不同的上下剖面的双翼面的翼③。用这种方式就获得了流线型的断面,它把凸起的上翼面的优点与近乎平的下翼面的优点结合到一起了,前者靠加快气流的速度而产生一种向上的吸力,以减轻空气的压力;而后者则避免凹面的紊流,并靠减缓气流速度而挤压空气④。在以后的若干年中,凯利独自把翼面理论进一步地带进一些成功的模型机(1818、1849 和 1853 年),以及十足尺寸的载人单翼滑翔机(1849 和 1853 年)中去,不过,即使这样,而不论在它们的机翼上,或是在它们的升降舵机尾上,都还继续呈现出平翼风筝的痕迹⑤。在此以前的许多年中,他靠把两翼设置成二面角而早已熟练地把握住侧向稳定,又靠装上去的机尾平面而把握住纵向稳定。在19世纪下半叶里,用模型飞行器械做试验的人,大多数都为他们的机翼而采用了一种或他种弯曲的翼面形式⑥。

582　　　但是中国的纸鸢对于飞机的设计到此还是没有产生它的充分影响,因为在1893年澳大利亚劳伦斯·哈格雷夫(Lawrence Hargrave)发明了具有较大的稳定性和上升力的箱型风筝⑦,它一般是两只小格子用桁臂连接而形成串列的框架。正是这种形式在本世纪的头10年里启发了大多数双翼机的制造者⑧。所以,虽然平翼风筝对于滑翔机的设计总之还并不是唯一有影响的事物,但是对这一时期的一些飞机使用"动力风筝"这个名称,而且它还遗存在今天常用语言之中,则还是有足够根据的⑨。在凯利时期以后的年代里,对于适宜的原动力的研究在持续地前进着⑩,从而最终牵绳,还有供落飞的坡降能够由飞机自身之中所发出的能所取代。为此,螺旋桨或者推进器的发明是一个绝对必具的条件,马上我们就要转入研究它的起源在何处。

① 这里的一个关键之处在于,凯利或者任何其他18或19世纪的先驱者们是否知道,有一些中国的风筝是弯曲翼的。中国的风筝制作者无疑一直受到专注于模仿动物特别是鸟类形态的引导,而创造这种发明的[参见 Wei Yuan-Tai(1)],而并不是出于公式化了的空气动力学方面的考虑。这种影响如果真正能够形成的话,那会有很大意义,由此进而对早期飞行术方面的文献去作一番研究,不论文献是手抄的或是印刷的,也许是很值得去做的。有许多人曾做过大型弯曲翼风筝的试验,例如马约[Maillot(1)]。
② 参见 Cayley(1),p.52。
③ 在这件事上像是应该要由亨森(Henson,1842年)享其荣誉,随后是佩诺(Pénaud ,1876年)和其他许多人。
④ 参见 Surgeoner(1),vol.1,pp.32ff.;Gibbs-Smith(1),pp.,256ff.,363ff.。这里,我们有了一个关于飞机机翼以怎样的方式非常真实地既体现了鸟翼又体现纸鸢平翼的很好实例。后来的一些发展,在布鲁克斯[Brooks(1)]的书中绘有草图。
⑤ 见 Cayley(2,3)和 Gibbs—Smith(1),pp.,10,109.ff.和 pl.11(d)。凯利的原设计现在已被吉布斯-史密斯[Gibbs-Smith(6)]发现。
⑥ 例如亨森(Henson,1847年)、韦纳姆(Wenham,1866年)和利连索尔(Lilienthal,1891年)。
⑦ 参见 Gibbs-Smith(1),pp.30,73,162,318 和 pl.v(c);Needhem(42)。
⑧ 参见本册 p.568 脚注。
⑨ 参见 Vivian & Marsh(1),P.190。迟至1910年,对于飞行原理的解说,一般都是从风筝谈起,例如费里斯[Ferris(1)]就是这样。沙尼特[Chanute(1)]的书最全面地阐述了风筝对于滑翔机设计的影响。
⑩ 他自己在1807年就试验过使用火药的发动机[Cayley(1),P.42]。

不过,在研究这个问题之前,让我们在时间上跳回大约 15 个世纪,停一下来注意由伟大的道学家和炼丹家葛洪在 320 年写的一段话。这是非常值得注意的一段话,几乎可以说是关于空气动力学的一段话。以下就是我们从《抱朴子》一书中看到的[①]:

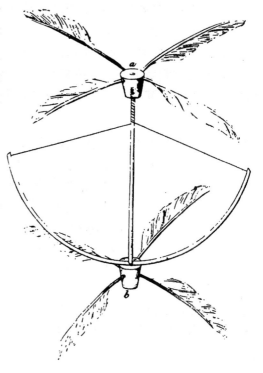

图 706　这是洛努瓦和比恩韦尼在 1784 年以及凯利在 1792 年研究的"竹蜻蜓"或即中国陀螺(凯利绘于 1809 年)。一个弓钻簧转动两个羽毛螺旋桨(a,b),它把陀螺带到高高的空中。

583

> 　　有人问抱朴子关于登上危险的高度并飞驰进入无垠的太空的方法,抱朴子说……[②]"有人用枣树的树心制造了飞车,用系在旋转叶片上的牛皮(带)以此来使机器运动("还剑以引其机")[③]。也有人想制作 5 条蛇、6 条龙、3 头牛来对付"罡风"[④],并且乘在它的上面,不停留,一直上升达到 40 里的高度[⑤]。那个地方叫作太清(最纯净的空域)。那里的"气"是极其刚强的,以至可以胜过人(的力气)。像老师[⑥]所说的:"鸢(鸟)飞翔盘旋升了又升,到后来只需把它的两翼伸展开来,而不必再拍动空气,借以自行前进。这是因为它开始在"罡风"("剽气")之上滑翔(原字为:乘)的缘故。以龙为例,当它们开始上升时,它们以云为梯而上升,及至它们达到了 40 里的高度后,它们就急速前进而无需费力(原字为:自行)(滑翔)"。这段话出自仙人,并传给凡人,但是凡人未必能理解它。

> 〈或问登峻涉险远行不极之道,抱朴子曰:……或用枣心木为飞车,以牛革结还剑以引其机,或存念作五蛇、六龙、三牛交罡而乘之,上升四十里,名为太清。太清之中,其气甚剽,能胜人也。师言:鸢飞转高,则但直舒两翅,了不复扇摇之,而自进者,渐乘罡气故也。龙初升,阶云其上,行至四十里,则自行矣。此言出于仙人,而留传于世俗耳,实非凡人所知也。〉

对于 4 世纪初期来说,这的确是一段令人吃惊的叙述。如果有什么希腊的类似叙述堪与相比的话,人们是会高兴地去了解这样的材料的。无疑,葛洪关于飞行所提出的第一个方案是直

---

①　《抱朴子内篇》卷十五,第十二页及以后;《道藏》本,第十三页及以后;引述于《太平御览》卷十五,第四页(节略)。由作者译成英文。

②　葛洪在回答时的头几句话是关于药物的使用,这类药物能使身轻力强,并且他还讲了一点关于高跷的话。

③　有的书用"环"字,即布置成圈,但是在技术意义上没有什么大的不同。

④　这个词也可以译为"急风"(rushing wind)或者"暴风"(violent wind),或者换言之,"风从天上极高处来,从大熊星座的斗勺四星而来"。重要的是要注意到速度这个概念是暗含在"罡风"这个词中的。

⑤　葛洪所提到的距离相当于 65000 英尺。今天的气象气球一般都能达到这个高度,而载人的气球曾经到达过 100000 英尺。同温层飞行的活动高度约为 40000 英尺。当然,火箭达到的则远远超过了葛洪的毫无束缚的幻想,不过,这一节可是在人造卫星和宇宙飞船时代诞生之前写的。

⑥　是指的庄子吗?

升陀螺;所谓"旋转叶片"很难意味别的什么东西,特别是在与一条带子或者一根条带结合在一起的情况下。这种玩具在 18 世纪的欧洲叫作"中国陀螺"[1],尽管它好像在中世纪的晚期就已为西方人所熟悉[2]。在 1784 年它引起了法国的洛努瓦(Launoy)和比恩韦尼(Bienvenu)的注意[3],他们制做了一个弓钻装置,推动两个相反转动的用丝裹着的框架组成的推进器(图 706)[4]。1792 年,它激励了乔治·凯利爵士进行关于后来他叫作"旋动扇"或者"飞升器"的最早试验,他可以真正地被称为现代航空之父。这是他自己在 1809 年投给《尼科尔森杂志》(*Nicholson's Journal*)[5] 的文章告诉我们的,并且他也用过一个弓钻簧带动两个羽毛螺旋桨,由桨使陀螺装置升入空中[6]。普通的"中国陀螺"简单地只是一个带有以一个角度安装的辐射状叶片的立轴,拉动先已绕在轴干上的弦绳,给它一个强有力的转动,由此就有了葛洪的使用皮带的说明。在中国,它的最普通的名字之一是"竹蜻蜓"[7]。图 707 是一幅凯利自己画的草图,是他在 1853 年送给一位法国工程师迪皮伊-德尔古(Dupuis-Delcourt)[8] 的那张图,说是这种原来的玩具可以上升超不过 20 英尺或 25 英尺,而经过他改进了的模型可以"升入空中达 90 英尺"[9]。此后,这就成了直升飞机陀螺转子的直系祖先,也成了飞机推进器的教父。

直升陀螺在它的起源问题上与我们已在物理学一章(本书第四卷第一分册 p.123)中讨论过的走马灯有联系,也与我们在几页之前(p.566)提到的由烟罩气流推动的蒙古转经轮有联系,这是没有什么可怀疑的。另有一种用来转动烤肉铁叉的类似的卧式叶轮,在欧洲的大

---

① 这种玩具在中国的最早出现是一个很不清楚的问题。应当在描绘小商贩向儿童出售玩具那类关于世俗习惯的中国画中去寻查(参见本册 p.586)。

② 吉布斯-史密斯[Gibbs-Smith(1)]使人信服地引证了勒芒的古代主教派教会博物馆(Musée de l'ancien Eveché)中约在 1460 年的一幅画以及维多利亚和艾伯特博物馆中一件 16 世纪的染色玻璃画。费尔德豪斯[Feldhause(20),p.285, fig.191]又指出一幅约在 1560 年由彼得·勃鲁盖尔(Pieter Breughel)长老所绘的画中的一个不寻常的直升陀螺,至少有 3 个叠装的螺旋桨,现保存在维也纳的艺术史博物馆(Kunsthistorische Museum)中。吉布斯-史密斯[Gibbs-Smith(1)]同意中国陀螺的起源是在列奥纳多时代之前。

③ 极不像是他们知道列奥纳多·达·芬奇的螺旋状旋翼直升机的设计;见 Duhem(1),pp.279ff.,(2).fig.426; Ucelli di Nemi(3),no.3;Feldhaus(18),p.149;Beck(1),p.351,等等。

④ 参见 Duhem(1),P.282.(2),p.232,fig.156(a);Gibbs-Smith(1),p.171ff.。

⑤ Cayley(2),见 Hubbard & Ledeboer(1),vol.1。

⑥ 参见 Duhem(1),p.282,(2),p.232,fig.156(b);Gibbs-Smith(1),p.189,pl.11(a)。

⑦ 许多中国科学界的朋友,例如昆虫学家朱弘复博士和我们的同事鲁桂珍博士都清楚记得孩提时候玩它们的景象。关于一个典型的 19 世纪欧洲型竹蜻蜓,它用佩诺的橡皮发动器为动力,见 Tatin(1)。

⑧ 为了在一个新的航空刊物上发表。

⑨ 见 Hubbard & Ledeboer(1),vol.1,p.x 背面;Hodgson(2),fig.135.凯利的更为奇特的设计之一,是为一个"可变飞机"做的,就是一架带有用以垂直上升的直升螺旋桨的飞机,当已经抵达规定的高度时,它们就并合而形成机翼;水平方向的运动就是由两个普通的推进器来实现的(1843 年);参见 Gibbs-Smith(1),pp.11,143,190,193ff.和 pls.11(e),XI(f).直到 102 年之后,这类垂直起飞的飞机才成功地制造出来,著名的是麦克唐奈[McDonnell XV(1)]和费尔雷·罗托戴恩(Fairey Rotodyne)的飞机。

图版　二七八

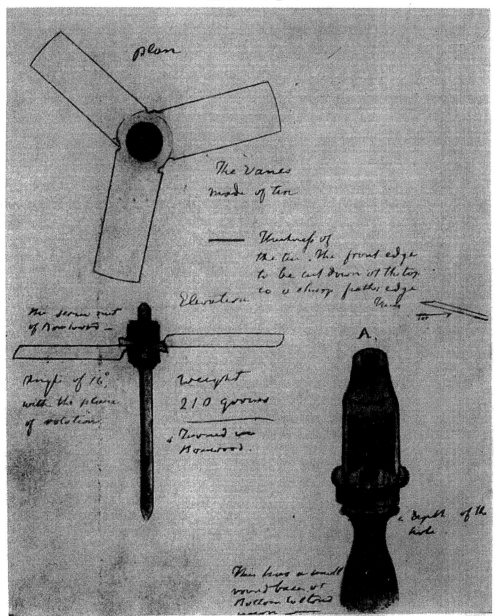

图 707　凯利在 1853 年送给迪皮伊-德尔古的一页图纸,展示一个经过改进了的中国陀螺。它可以升空超过
　　　　90 英尺。采自 Hubbard & Ledeboer(1). 这是直升旋翼的直系祖先,也是飞机推进器的教父。

585. 厨房里常见①,显然是东亚所不了解的。所有这些,本质上都是带叶的转轮,它们都与平行于它们的轴的气流作相对运动,中国陀螺是激风的,因为它靠弦绳来使它运动,而走马灯和转经轮则是风激的,因为它们依靠热气的上升气流来运动。但是由于飞机的推进器必须立式安装,它不仅要带来动力移动(如同航海螺旋桨推动轮船那样),而且要靠驱动机翼前进,从而提供必需的气流上举力,以保证飞行机器本身凌空的特性,这一情况,像是出自于欧洲人而不是中国的工程传统。在本书中我们已反复地指出中国的技术人员喜欢用卧式装置,而西方人则喜欢用立式装置。

对于立式风车在飞机推进器的产生中所起的作用,吉布斯-史密斯曾给予了特殊的重视②。在洛努瓦和凯利所做的实际工作之前大约 20 年,一位不著名的法国数学家亚历克西·波克通[Alexis Paucton(1)]使列奥纳多关于直升螺旋桨的设想复燃(这十分像是独立作出的)③,但在他自己提出的飞行器或者"飞龙(ptérophore)"上,他添加了一个用于水平方向运动的螺旋桨——两者都属于连续式的阿基米德型的或者是船用螺旋桨的变种(1768年)④。值得注意的是,他自命他的那本书是对"风车原理"的一个贡献。但是似乎瓦莱(Vallet)才是第一位力图实际使用一具立式激风的螺旋桨的。那是 1784 年,他试图用一具手摇推进器来推动河舟,但无效果⑤。可是在同一年里,出现了布朗夏尔(Blanchard)和谢尔登(Sheldon)的成功之举,他们于切尔西城(Chelsea)在一个气球上装设了单只手摇推进器,而使它飞升起来,最有意义的是把它称作一架"手推车(moulinet)"⑥。当然,它所产生的效果是微不足道的,可是后来布朗夏尔指出,总会有一天蒸汽动力会被用来驱动它的。也是在1784 年,默尼耶(Meusnier)⑦ 提出了在一个细长气球上,应该成串装上三具推进器。这个主

---

① 列奥纳多在 1485 年草绘了其中的一种;见 Duhem(2),fig. 42a;Beck(1),fig. 605;Uccelli(1),fig. 37。像我们在本册 p. 124 中提到的,这是一种很巧妙的自动器,因为火越热,烤肉铁叉转动越快。在 16 世纪中常有关于它的描述[参见 Beck(1),fig. 375;Uccelli(1),figs. 38,40]。1629 年布兰卡[Branca(1),pl. 2]提出利用出自熔铁炉的上升气流借助减速齿轮来带动一个小型滚轧机,但是他使用的是立式桨轮,而不是走马灯的叶轮。与此相反,在他的著名的风激的(Aeolian)春磨(pl. 25)中却有一个卧式转轮,但是仍然是一个桨轮"涡轮",而不是一个叶轮。在这个时候风轮肯定还是"很渺茫"的。布兰卡的插图常被复制[例如,Ucce lli(1),figs. 41,42;Schmithals & Klemm(1),fig. 46;Vowels & Vowels(1),p. 126]。林恩·怀特[Lynn White (5,7)]很重视烤箱的叶轮与轮船的螺旋桨和飞机的推进器之间的联系。他倾向于把它列入欧洲在 15 世纪所采用的中国内地-西藏的一组发明物中去,把它与卧式风车(本册 p. 567)以及球-链式飞轮装置(本册 p. 91)联系起来,而且还与像"死的舞蹈"这一类文化上仿效其他民族的文艺产物联系起来[参见 Baltrušaitis(1)]。如果吉布斯-史密斯[Gibbs-Smith(7)]的论证是正确的,那么,直升陀螺也就应当加在清单上。林恩·怀特进一步提出这样的有意义的见解,认为这种"集群传播"可能和奴隶交易有联系,如奴隶交易在中世纪曾经把成千上万的鞑靼族家庭仆人卖到意大利,而这到 15 世纪中叶达到了高峰[参见本书第一卷,p. 189;详细的资料见 Lynn White(5)]。在本册 p. 544 和本书第三十章(d),我们对一个"12 世纪集群传播"和一个"14 世纪集群传播"作出解释。这两者比起这次 15 世纪的更为重要,但是林恩·怀特提醒我们,其中第二和第三次传播是起因于,至少一部分是起因于异乎寻常的社会流动。

② Gibbs-smith(1),pp. 3,5,170ff. 。

③ 他的设想很明显的是从阿基米德螺旋式水车演变而来的。

④ 见 Duhem(1),pp. 280ff. 。波克通也建议过使用用于轮船的推进器。

⑤ Gibbs-Smith(1),pp. 8,170ff. 。

⑥ Gibbs-Smith(1),pp. 170,336ff.;插图见于 Gibbs-Smith(3)。瓦莱也试验过把一具推进器装在一只气球的吊篮上。1784 年是某种奇迹之年,因为我们已经看到了,洛努瓦和比恩韦尼是在同一时间进行直升陀螺的工作的。此外,就在前一年,已先看到了蒙戈尔费埃创制的第一个实用的气球。

⑦ 他本来就不可能有一个适当一些的姓。

意预先提出了可驾驶的飞艇①。但是这个主意一直到1843年,在蒙克·梅森(Monck Mason)用发条作动力的模型飞艇上的推进器使它飞行了伦敦大厦的长度之 前,花费了很长的时间去创制它②。虽然十足尺寸的飞艇在下一个10年的末期才变得实际可能③,也就是在同一年里,另外的一项创造发明对于以后甚至有更加重要的意义,这就是亨森为一辆"空中蒸汽车"所做的设计,这个设计把推进螺旋装置装到了固定翼飞机上去④。

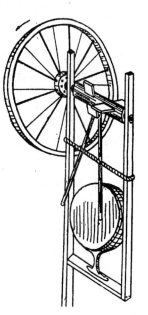

586

但是,在中国先于此已经做到了(在风激的水平上)把直升转子从空间位置转换为飞机推进器的位置。刘侗在17世纪初期写著的《帝京景物略》⑤一书中说,在赛风筝被禁止之后,制做出具有多种色彩的风轮("风车")⑥,把它们迎风竖立起来的时候,或是拿在手里迅速地摇动的时候,就转动起来,它们的红绿颜色就显得迷惑难辨。这些风轮的臂杆当然是立着装的⑦,臂杆也被用于(是与赫伦的奇妙谐和)充当突柄来做工作,靠压下一根杠杆而击鼓(见插图)。就像直升陀螺和走马灯之类有成组翼片或成组叶片的螺旋状的东西,螺丝和蜗杆就属于这类智慧的结晶,正如我们已经见到过的(本册 p.124)基本上是外来的东西,竟然是起源于中国,这初看起来,是有引起惊诧的余地的。显然,叶片以一个斜的角度来安装,借以构成与一根蜗杆的曲线相正切的一些平面,从而促使运动或接受运动,这并不涉及一个螺旋所具有的连续弯曲的形式这一创造发明⑧。

再者,中国的技术早已以一种完全不同的方式,为那些立式安装的旋转鸣器准备好了手段,使这些鸣器总有那么一天会把飞机的机翼划破长空发送上天。在前面(pp.150ff.),我们已经看到中古时期的中国技术人员在制造旋转风扇方面是何等的先进,显著的有农用扬谷风扇,而且也还有供宫殿厅堂使用的空气调节扇。所有这些都是立式安装的,而推进器有朝一日也会是如此形式,尽管它们造成的是辐向流而不是轴向流,中国的旋转鼓风器比之欧洲的要领先约15个世纪。

---

① 见 Uccelli(1),p.893,fig.16;Duhem(2),p.224,fig.151;Gibbs-Smith(1).p.171(3).

② Gibbs-Smith(1),p.337(3).

③ 著名的是1852年吉法德(Giffard)的飞艇。

④ 这个给人深刻印象的设计常被复制;见 Brooks(2),fig,214;Schmithal 和 Klemm(1),fig.120;Gibbs-Smith(1),pl.11(e);Needham(42)。

⑤ 摘引自刘仙洲(1),第68页起。

⑥ 注意这个词含义上的模糊不清;参见本册 p561 的脚注。

⑦ 在风中作响的"玩具风车",这在东南亚是相当普遍的,譬如在巴厘岛[参见 Bateson & Mead(1)]。其他这类玩具能够在海罗尼默斯·博斯(Heironymus Bosch,1500年)的画中见到;参见 Gibbs-Smifh(1),p.171。确定玩具风车在中国首次出现的时间是重要的。这个问题或许可以通过研究一些中国古代的画家们喜欢画的主题之一来解决,这就是叫卖儿童玩具的小贩。在这个问题上的一个初步调查发现,在科恩[Cohn(2),pl.77]复制的苏汉臣(约1115—1170年)的画里并没有这类材料。但是也还有由王振鹏画的另外一幅画,其年代是1310年,其中至少有两个,也许是四个,两个看起来像是小的立装风速计式的,一个像是纸叠式的。这幅画见于 Sirén(10),vol.6,pl.47。

⑧ 澳大利亚土著的奇异发明——飞旋标也不涉及连续弯曲形式的创造发明,尽管它与直升旋翼转子和陀螺仪有密切的联系[参见 Duhem(1),pp.269ff.]。当然,在一个一般技术还处于很原始水平的文化之中,有这样的缺欠是较容易理解的。

　　或许在中国的玩具制造者们着手把刘伯的风轮装在儿童们的风筝上之时,就出现了最不寻常的前期型式。在本世纪的早期,这些东西在南京是很普通的①。就在这种风激转轮仅仅为了娱乐而在弯曲的翼上旋转之时,恰恰也就是飞机正在诞生之时。而飞机却具有着一切既能做好事同时又能做坏事的潜力,这个事实或许就近乎象征出文明所寓存的截然相反的观念②。

　　现在让我们回过头来谈谈葛洪。如果我们对于中国持久地把风筝做成各种动物形状的传统没有很好的了解的话,那么,他关于一系列不同种类的动物所讲过的话就会是难以理解的③。我不怀疑他所指的是载人风筝,而且尽管我们还没有关于是葛洪或者哪一位同时代人制造过那样大的器具的证据,但是也的确并没有什么东西能够阻碍这样做。对于精于放风筝的人们来说,这种可能性是明显的④。事有凑巧,我们确实就有一份葛洪本人所处时代以后不久的、恰恰就是关于这类事的不寻常的记载。

　　这一背景是一个短命朝代的一位残暴而又专横的皇帝在位的时代,就是北齐的文宣帝——高洋的时代,550—559年他在位。虽然我们没有必要去相信我们听到的关于他的暴行,但无疑在他在位的年代里,仁义的儒家政治是被鄙弃了的。他的较奇特的惩治罪犯的手段之一是,驱迫他的犯人们去做危险的飞行试验。所以,在《隋书》关于法律史的一卷中,我们看到以下的叙述⑤:

　　　　有一次皇帝来到金凤台⑥接受佛戒。他命令把许多判处死刑的犯人带来,给他们装上大的竹苫("篾篨")当作翅膀,并命令他们(从台顶上)飞下来。这叫作"放生"。⑦。所有的犯人都摔死了,但是这位皇帝却欢快且狂笑地盯视着这种惨象⑧。

　　　　〈帝尝幸金凤台,受佛戒,多召死囚,编篾篨为翅,命之飞下,谓之放生。坠皆致死,帝视以为欢笑。〉

这绝不是中国历史上的第一次,以前就做过拍动翅膀式的或即扑翼飞行试验。早在1世纪的初始,就有过一次模仿鸟类动作的确实可靠的尝试,尽管这位尝试者的姓名并没有留传下来⑨。在公元19年,新朝唯一的一位皇帝王莽遭到西北疆域的游牧部族斗士的袭扰,他召集了所有自称是奇术法师的人,并使他们经受实地考察。

---

　　① 根据鲁桂珍博士的个人回忆。我们即将看到它们也许曾经激发了中国的艺术家们在小说中所描绘的在空中云游的那些设想。

　　② 在写过这几行以后不久,我高兴地发现吴南薰[(1)第169]的一段叙述,说是在中国风筝从用于军事方面的目的开始,可是最后以成为一种儿童的玩具而告终。把这个问题当作一个社会学方面论述的题目是有很多可以讲的。

　　③ 查德威克[Chadwick(1)]和其他作者所复制关于18世纪中国放风筝的图片展现出这种情况。一些近代实例的描绘见 Wei Yuan-Tai(1)。参见本册图704b。

　　④ 曾经有过这样的说法,在中国中古时期的画里有载人的风筝[见 Duhem(1),p.201],但是这个问题我们还未能证实。

　　⑤ 《隋书》卷二十五,第十页,译文见 Balazs(2),p.56,由作者译成英文。

　　⑥ 这是都城(邺,邻近现今的临漳县,位于黄河以北)西北的三个台之一,它是其中最高的,高约100英尺。

　　⑦ 为求善果,把捕获的鸟和鱼放掉是佛教的一种普行。但是在佛教之前也这样做,如《列子》所载述,而它的时期则还不能定下来[参见 Bodde(19)]。

　　⑧ 《资治通鉴》卷一六七(第五一八页)的注释中说,哪一个罪犯若成功地落地而不死,就被赦免。我们已经遇到另一种把犯人用于试验的实例(本书第二卷,p.441),那是约在400年为了试验炼丹术的药剂。我们将在本书第三十三章中再谈这个问题;同时见 Ho Ping-Yü& Needham(4)。

　　⑨ 这一事件已被提到过,参见本书第一卷,p.110。

有一个人说他能够一天飞行1000里,侦察出匈奴(的活动)。(王)莽立即对他进行了考验。他取(好像)大鸟翅膀的前部充作他的两翼("大鸟翮为两翼"),他的头和身子全都覆以羽毛[①],而且所有的羽毛都用(某种)环和钮互相连结起来[②]。他飞行了几百步的一段距离,随后就坠落到地上。(王)莽见到这些办法是用不得的,但是却想借这些人(创始者们)谋取声势,就在等待部队出发之际,谕以应该给他们的军职并且赐以车马[③]。

〈或言能飞,一日千里,可窥匈奴。莽辄试之。取大鸟翮为两翼,头与身皆着毛,通引环钮。飞数百步坠。莽知其不可用,苟欲获其名,皆拜为理军,赐以车马待发。〉

于是,这一尝试就在一条把关于代达罗斯的传说与梅尔魏因(Meerwein)[④]甚至还与李林达尔连接起来的长链中形成一个早期的由中国人构成的环节。葛洪肯定地已经知道这一尝试。要在拍动翅膀的"跳塔者",一如航空学方面的现代历史学者们喜欢这样称呼他们的,与最终成功飞行的滑翔者之间作出鲜明的区别会使人感到相当困难。这是因为前者中的一些人(无疑是意外的)在着陆得生之前,已经滑行了足够长的距离。所以,虽然最早的真正滑翔机飞行是在1852年和1853年凯利的乘者们的那些飞行,但这种念头却有很古老的起源。说到底,鸟类自身除在它们飞升之中拍动它们的双翼之外,又凭借不动作的平面而滑翔。因此,我们必须把王莽的那些先驱者们,连同高洋幕后的能人们,都放到蛮勇的鸟人那条线上去[⑤],那条经过11世纪的撒克逊(Saxon)修道士埃塞梅尔(Aethelmaer)[⑥]到17世纪和18世纪的无数试验者[⑦],在这些人当中,梅尔魏因是最聪明者之一。而竭力研究扑翼机的那个热情的青年时期也就以蒙戈尔费埃轻气球时期而告终。至于它还有没有什么前途,又有谁能知道呢?

但是在那位残暴的皇帝在559年的行动中,还有一些比起原始地模仿鸟类更为有意义的东西。《资治通鉴》举出另一则同时代的官方材料说[⑧]:

高洋驱使拓跋黄头(元黄头)和另外一些囚犯,各乘上纸猫头鹰(以此为形的风筝)从金凤台上起飞("各乘纸鸱以飞")。元黄头是唯一成功地飞到紫陌的一个人,他在那里落地。但是尔后他被解送给御史中丞毕义云,而御史中丞把他给饿死了。

〈使元黄头与诸囚自金凤台各乘纸鸱以飞,元黄头独能至紫陌乃坠;仍付御史中丞毕义云饿杀之。〉

原文在这里叙述的是拓跋氏家族和元氏家族的覆灭,他们是北魏、东魏和西魏几个朝代的统治家族。在这一年中,也就是这一暴君统治的最后一年,曾经有过一次对这两个家族活

---

① 或许有什么魔术在其中;参见本册 p.569 和本书第二卷 p.141 曾提到过的羽化长生的人。我们可以确信王莽的发明家是一个道教徒。

② 还用了铰链和枢轴。

③ 见《前汉书》卷九十九下,第五十六页,由作者译成英文,借助于 Dubs(2),vol-3,p.382。我们必须感谢刘仙洲教授,因为他再次引起我们对这段话的注意。

④ 梅尔魏因是巴登(Baden)亲王的建筑师,在1781年制造并试验了一具飞行器;见 Duhem(1),p.231,(2),p.204,fig.(3);Gibbs-Smith(1),pp.311ff.。它是一架真正的滑翔机,驾驶者伏卧在伸长的卵形翼之下,翼有尖的尾端和向上的凸面。为承载一个人所需要的面积是经过正确计算的,而该单翼机的两个半翼形成的上反的角只能作较小的变动。这正是拍动翼让位于可以调整但基本上固定的机翼的时候。

⑤ 参见 Duhem(1),pp.110,150,167,210,222,229,231;Hodgson(2);Gibbs—Smith(1),pp.3 ff.,6ff.,12。

⑥ 更被人了解为马姆斯伯里(Malmesbury)的艾尔默[Eilmer 或误称为奥利弗(Oliver)];他在1066年已是一位老人。参见 Sarton(1),vol.1,,p.720;Lynn White(6)。

⑦ 例如 Guidotti(1628年),Besnier(1678rh),de Bacqueville(1742年)等等。

⑧ 参见《资治通鉴》卷一六七(第五一八九页),译文见 Balazs(8),p.132,由作者译成英文。

图版 二七九

图 708　1909 年兰斯航空会议上一列风筝载着一位军事观察员——巴塞尔中尉(Lt. Bassel)升空
[Vivian & Marsh(1)]。

着的不下 721 人的大屠杀。而元黄头本人就是魏朝的一个太子①。对于我们来说,理所当然,技术方面是主要的兴趣所在,而且十分值得注意的是在这些试验中使用了风筝。这位皇子成功地"乘罡风"飞行了很长的距离,因为称作紫陌的皇家道路是在城西北 5 里(约 2.5 公里)。此外,这些情况表明,所进行的并不是很简单的一位暴虐的皇帝拿犯人作游戏,因为风筝的牵绳非得要由人在地上用很高的技巧来操纵不可,还要有使风筝尽可能地飞得久、飞得远的意向才行。

这样,我们就有了一个在葛洪所处时代的三两个世纪里的关于载人风筝较为详尽的描绘,而其他的可能还仍然埋藏在文献之中。到了马可·波罗在中国的时候(约在 1285 年),载人风筝已经在普遍使用,根据他的叙述②,作为一种占卜的手段,出海远航的船长们凭借载人风筝可以知道他们打算进行的航行会是顺利的或是不顺利。

因此,我们要告诉你[他说],当那条船非得要出海远航的时候,他们是怎样来证明航行是福或是祸的。船上的人要有一个条笆,它是用柳条编成的格栅,在这个框架的每个角上和每一边上各系一根绳子,这样就共有 8 根绳子,把它们的另一端都结在一起绑在一根长缆上。然后他们找个傻子或者是个醉汉来,把他捆在笆上,因为没有任何头脑正常的人或者神志清醒的人愿意把自己置于那般危险的境地。这是当一阵强风劲吹的时候才这么干的。然后把框架迎风竖起来,就在人们拉着那根长缆的时候,风就把它吹起来并带上天去。而如果就在条笆在空中顺着风的方向而倚斜的时候,他们就把缆绳稍稍拉紧一点,这样就使它又竖直起来,在这之后他们又把缆绳放出来一些,条笆也就升高一些。而如果它再次倚斜,他们就再一次拉紧缆绳,直到条笆又竖直起来并爬升,随后又一次放出一些缆绳。于是照这样进行下去,只要缆绳有足够的长度,条笆就能升得很高,以至看不出它来。他们是这样来占卜的,如果这个条笆迳直地升到空中去,他们说,为之而做这一试验的那条船就会有一次既快且又顺利的航行,凭这一点,所有的商人们要争相跑来以求搭乘这条船飘海远航。但是如果条笆升不起来,那么,为之而进行试验的那条船也就没有谁愿意去搭乘,因为他们说它完成不了它的航行,而且必定会遭遇许多灾祸。这样一来,那条船在这一年里只好停泊在港中。

的确这是在传说中的 13 世纪在刺桐城和广州会见到的奇观之一。

现代航空方面的奇迹,把风筝遗弃到连它们曾经提供足够的上举力把人送到空中去,都统统给忘得一干二净的地步③。然而这一发展在航空史上,已经起到了它的作用。从大约 1825 年波科克时代以来,曾经进行过许多这一类的试验性尝试[西蒙兹(Simmonds)、毕瓯、科德纳(Cordner)、怀斯(Wise)和其他人]④。但是直到 1894 年巴登-鲍威尔(B. F. S. Baden-

590

---

① 参见 TH,p. 1235。

② Moule & Pelliot ed. , vol. 1,pp. 356 ff. 。这个叙述只是在"佚名"的抄本('Z' MS)译文中保存下来,它是最完整的叙述之一。1960 年冬天发现这段话的时候我很高兴,我并不知道林恩·怀特[Lynn White(6)]先已见到过这份材料,但我的解释能有他的确证则是件好事。正如他所说的,可能由于这本原著很少流传,以至在欧洲近 3 个世纪没有把这种载人风筝的想法追踪下去。只是从 1589 年以后,波尔塔才在他的《自然的魔力》一书的"飞帆"一节中提到了它。

③ 这里无需多谈中国风筝为本杰明·富兰克林(Benjiamin Franklin)所从事的现代科学作出的重大贡献。本杰明·富兰克林于 1752 年用莱顿瓶验证了闪电的电流。在这之前 3 年,亚历山大·威尔逊(Alexander Wilson)曾用一组风筝把一些温度计带到 3000 英尺的高空,以测定云的温度[见 Pledze,(1),p. 317]。

④ 有关叙述载于 Hodgson(2);Vivian & Marsh(1), p. 56; Duhem (1), p. 201;Gibbs-Smith(1),pp. 12,16,46,162。

Powell)的成就出来以前,并没有获得完全的成功①。在这个问题上澳大利亚人哈格雷夫在上世纪 90 年代的发明是一个转折点,他(我们在本册 p.582 已见到过)创制了由矩形小格构成的箱式风筝,就是在这个基础上产生了双翼飞机的先驱者之一②。到 1906 年,已经能够用一列风筝把一个人上送到 2600 英尺高的空中停留一个小时③。这件事的意义是巨大的。仅仅在几年之前,亚历亚大·格雷厄姆·贝尔(Alexander Graham Bell)曾经写过:"一个制造得宜的飞行机器是应当像一副风筝那样飞行的,反过来说,一副制造得宜的风筝,在由它自己的推进器驱动之下,是应当能够像一具飞行机器般地来供使用。"

　　最后,葛洪所说的"罡风"到底是什么?从他举出鸟类滑翔和翱飞的例子来看,显然,并没有别的东西,只不过是"空气举升"的属性而已,这就是斜的翼面受到一股气流的力量,不论气流是天然的或者是人为的,而飘浮或上升。不应忘记,我们在前面天文学一章中已经遇到过道教徒的"罡风"(本书第三卷,p.222ff.),在那里它是作为行星或者星体运动的自然起因而出现的。也是在那里,还曾指出有人曾观察到从冶金炉的喷嘴孔口喷出的气流的强大力量。但是当葛洪描写到关于大鹏鸟的翼腾驾于下面的密聚的风("积厚")之上时,就像在他之前的庄周的确已经做过那样,很明确地把这一概念用到滑翔飞行上去④。葛洪最后把飞行的东西由于"以云为阶"而上升的思想归功于庄周。这句话,如其所述,暗示着现代滑翔机驾驶员们已经熟知怎样去利用上升气流的存在,而可能不仅仅是一个有诗意的隐喻而已。关于这些云的一些现象,或许已经从烟雾,尤其是从道教徒们喜欢常去的高山巅峰上的轻雾和絮云的浮游中观察到⑤。说到这里,就结束我们对关于航空的以前的发展情况,最值得重视的(确实是预言性的)古老材料之一的研究,而这也是任何文献都可能提到的。

(5) 空气动力学的诞生

　　现在让我们把所有前面已经谈论过的有关航空科学和实践的发展试作正确的观察。暂时先把空气静力器具(轻气球确是 18 世纪气体化学的一个产物)和喷气推进的发展过程放在一边(因为我们必须把中国发明火箭放在别处,在本书第三章来谈)。这样,我们就可以把注意力集中在机翼或翼型和螺旋桨上。人们的注意力(至少是在西方)最初是被吸聚在鸟翼的拍动上,而它的滑翔性能则被忽视了;因此,列奥纳多的主要兴趣,像我们已经见到过的,就是在靠拍动亦即以扑翼原理为根据的飞行器上⑥。阿方索·博雷利(Alfanso Borelli)在他写于 1681 年的《动物的运动》(De Motu Animalium)一书中的决定性贡献,在于阐明了这样一个道理:靠人的肌肉作没有外力帮助的带翼飞行。这种飞行使用的是在当时所能够获得的

---

① Gibbs-Smith(1),pp.34,162。科迪从 1901 年尔后,做了重大的改进。

② 参见 Gibbs-Smith(1),pp.337ff.。

③ Vivian & Marsh(1),p.189。图 708 表示了 1909 年兰斯(Rheims)会议时一列风筝载着一位军事观察员起飞。对此,参见 Gibbs-Smith(1),p.247;Broke-Smith(1)。

④ 见本书第二卷,p.81。总之,这些占卜家曾经很长时期一直在观察鸟类的飞行(参见本书第二卷,p.56)。但是,在西方也有人一直在这样做过。

⑤ 参见科特(Cotte)在 1785 年观测之所见,即有些云层或许会以与在地面上的风向计所指示的方向完全不同的方向运动[见 Duhem(1),p.188]。关于大气中的下风波又见 Scorer(1)。

⑥ 参见本册 p.575,583,和 Hart(1,2,4)。

材料。而对此提供原动力,从解剖学和生理学出发来看,都是做不到的。所以这件事到此也就停止下来了。不过,拍动机翼这个观念却是非常顽强的。最初的关于动力飞行的概念仍然是由它们而设想出来的①,而且最初从推进作用中把浮托作用分离出来②,也是这样形成的。那是乔治·凯利在19世纪开端,他完全冲破了旧的思想束缚,而成为李林达尔和赖特兄弟(Wrights)的前驱者,而未成为埃塞梅尔和列奥纳多的后继者③。就我们从凯利的著作中所了解的④,他是第一位用物理方法分析大气的空气动力特性的人,第一位为重于空气的飞行奠定科学原理的人,第一位用系留飞机试验各种入射角的人⑤,第一位制造带有方向舵和升降舵的模型和十足尺寸滑翔机,并且自由放飞的检验它们的人,第一位讨论在一股气流中一个面的流线型化和"压力中心"的人,第一位认识到曲面翼能比平面翼提供较好的上举力,并且认识到在它的上面存在着低压区的人,第一位提出采用多层重叠机翼的人,又是第一位说明飞机的上举力随相对气流速度的平方乘以密度而变化的人。所有这些都是在1799到1810年仅仅10年间完成的。当我们铭记他的种种研究的时候,如前所述从中国陀螺上升成螺旋桨方面;促进内燃机的出现方面,以及为把动力用于气球的实用和理论的创议等方面,对这位先驱者,怎样评价他的伟大,甚至再高一些也是不为过的。正是由于这些,可以驾驶的飞艇,从1784年由默尼耶和其他人只勾划出轮廓,到1852年由吉法德变成现实,接着也就把它上面的那些推进器用到重于空气的飞行机器承担更加沉重的任务中去。

　　诚然凯利并不是第一位看出中国陀螺重要性的人,因为洛努瓦和比恩韦尼在1784年就已经用它做过试验,而波克通甚至于还要早些,他在1768年就已经建议使用直升转子和立式螺旋桨推进器。尽管凯利本人是从最根本的原理做起的,但是他在历史上却居于一个奇特的焦点地位,这就是西方的立式装置和中国的卧式装置的结合点,这两者对于现代航空工程都有贡献。但是根据直升旋翼原理飞行的第一架模型飞机(就现代的意义说),是1842年菲利普斯(W. H. Phillips)的那架模型。也正是在这一年中,亨森开始为一项设计获取专利,这项设计基本上与一架现代双引擎的单翼飞机相似(如我们已经见到的,p.585)⑥。第一架"现代"有动力的模型飞机就是由亨森和斯特林费洛(Stringfellow)在同一个10年之中按照这个设计制造的,但是它几乎不能支持它自己,只能做缓慢下落的动力滑行。这就是到1857年,第一架能够靠它自己的动力起飞,自由自在地飞一段距离而后安全着陆的模型飞机制造出来之前的情况。而做出这个成就的是迪唐普勒(Félix du Temple de la Croix),他先采用发条动力,后来改用蒸汽⑦。在他的工作之后,又做过很多用不同模型进行的试验,通过这些试

---

　　① 约翰·威尔金斯在1648年他的《数学的魔力》一书中提出使用蒸汽机,BK 2, chs. 6—8。
　　② 蒂托·利维奥·布拉蒂尼(Tito Livio Burattini)是在波兰国王下任职的一位威尼斯的工程师,1647年他在华沙制造了一架模型飞机,它有4个固定的滑翔翼,也还有另外几个用来拍动。参见 Duhem(1), pp. 161ff.。
　　③ 我们这里提到列奥纳多·达·芬奇是推论的,因为可以肯定他的计划对于19世纪后期之前的航空发展不会产生影响,见 Gibbs-Smith(1), pp. 187 ff.。
　　④ 由霍奇森编[Hodgson(1)]的。关于他的成就的总结见 Gibbs-Smith(1), pp. 10, 189. (8)。
　　⑤ 他为此而用的"旋转臂"是一个18世纪的装置,罗宾斯(Robins)曾经用过它来研究弹道学(1746年),而斯米顿(Smeaton)也曾经用它来研究风车的帆翼(1759年)。
　　⑥ Gibbs-Smith(1), p.13;菲利普斯的模型是蒸汽驱动的,叶片是由来自它们端部的喷气来转动的——这是现代实践的一个了不起的先驱者。
　　⑦ Gibbs-Smith(1), pp. 15, 314ff.;在1874年,迪唐普勒的十足尺寸的蒸汽动力飞机只在从一个斜坡滑下来从而飞了一个短距离上获得成功。

验,就有了可能去研究失速之类的重要现象①。关于翼型的设计,基于机翼的上表面必须是凸起的这一认识,经过韦纳姆(Wenham,1866年)、佩诺(1876年)和其他人的研究而向前推进了。到这个世纪的最后几十年中,已见到用十足尺寸的滑翔机所做的广泛的实地工作②。最后在1903年,出现了由赖特兄弟所做的第一次成功的十足尺寸飞机的飞行。他们使用的是内燃机,而且是一个在所有基本方面都与今天的飞机相一致的飞机③。这架飞机把两种装置结合到一起了,就是激风的螺旋转子以及葛洪早在16个世纪以前就讲过了的风筝的翼。风筝与风车结了亲④。

593

这是个关键性的结合。虽然这种想法已经隐含于凯利的著作中,但在19世纪的头10年中它依然(用一个特别恰当的说法)是"空中楼阁"。只是在1842—1843年间亨森的著名设计里、在亨森与斯特林费洛(1847年)还有迪唐普勒(1857年)的模型里才具体化。如果说中国的幻想飞行也加入了这个决定性的时期的话,那的确应该是有意义的,而与其有关的事实也就非常值得考察。迪昂⑤和于阿尔⑥两人都曾指出,大体上就是在这个时候出现的一部中国小说曾用图画表示了幻想的飞行机器,这些机器把推进器的叶片和象双翼飞机那样的风筝的翼片结合到一起。这部小说从他们的叙述上来鉴别是困难的⑦,但事实上它就是李汝珍(1763—1830年)在1810年和1820年间写的《镜花缘》⑧。8年之后出版,1832年重印,其时,谢叶梅为它添加了108幅插图,就是在这些图中的两幅里绘有飞车。第一幅(为第六十六回插的图,见图709)展现在浮云之中的一辆飞车,有开敞的遮蔽物充作天篷,它有4个车轮,像是供陆地行驶的。但是,在它们之间,每边各有一个带螺旋叶片的转子,其位置就像在一条轮船上的桨轮的位置。第二幅(为第九十四回插的图,见图710)更加有趣,因为它展示3辆飞车,每辆都有4个螺旋叶片转子代替通常的陆用车轮,而最为奇特的是就在每个这种推进

① 随着一只机翼的角被增大,举力系数从"无举力角"的零值增加到最大值(约16°)。在这个角度上"失速"出现,而飞机停止飞行,剧烈滚动,并且进入下坠打旋的状态。产生这种现象的起因是气流从机翼的上表面脱离,造成靠近机翼后缘处的紊流,从而产生电力,举力突然降低,它的作用线向后移动。其结果是产生向前倾和无法控制的俯冲的趋势,而且因为失速常是先在一翼出现,所以造成滚动。为着陆,必需有低的速度,在机翼后缘的可以放低的活动副翼能增大此时的举力。汉德利-佩奇(Handley-Page)发现在机翼上嵌进翼缝(现今常常是沿机翼的前缘只设一条翼缝,在它的前方有一只近似翼剖面形状的前缘缝翼),就可以把失速角提高到26°或者更大一些。其道理是离开前缘缝翼的平顺气流防止气流从翼的上表面脱离和随之会发生的举力的减小。这个设施的巨大实用价值在于它能够促成较大的举力系数,从而促成大为减缓的着陆速度。虽然失速中出现的紊流是附带产生的,仍然有理由相信,有缝机翼这一了不起的发明可能是由于中国船舶的带孔舵的提示所引起的。这个问题将在本书第二十九章(h)中论述[来自与特尔弗(E. V. Telfer)教授的私人通讯]。可是弗雷德里克·汉德利-佩奇(Frederick Handley-Page)爵士告诉我,他现在已记不起有这样的一种启示。

② 奥托·李林达尔、皮尔彻(P. S. Pilcher)、沙尼特及其他人,他们的功绩在吉布斯-史密斯[Gibbs-Smith(1),pp. 28ff.]著作中有详细的叙述。

③ Gibbs-Smith(1). pp. 35ff.,224ff.;Brooks(2).

④ 吉布斯-史密斯[Gibbs-Smith(2)]是这样讲的。

⑤ Duhem(1),pp. 12,268,(2),p. 200—204。

⑥ Huard(2),p. 29。

⑦ 他们给这本书的名字是《雪中花》(Une Fleur dans la Neige),他们中的一个人把作者的名字写成为"Jin Ho Yuen"。我感谢于阿尔博士、范德卢恩(P. van der Loon)先生和西里尔·伯奇(Cyril Burch)先生帮助我弄清楚这个谜。真正的书名谈的是虚幻的美人,而这部小说具有久远的社会意义,因为它所谈论的是像妇女谋求摆脱束缚之类的问题,尽管表面上是对一些幻想的冒险和一些奇异国家的叙述。见Hummel(2),p. 473;Lu Hsün (1),pp. 329ff.;Adkins(1)。提到飞车的各回是第六十六、七十、八十二、八十五、八十六、九十一、九十四和九十五回。

⑧ 在古恒[Courant(3)]的目录中为4228到4231号;译本参见Davidson(1),p. 3。

器之间,有一个大齿轮,看来像是把它们与某一能源连接起来。这清楚地表明在画家的头脑里有由机械带动的激风轮(不是风激的)的思想。迪昂说①,这些装置的长方形躯体和在它们上面的同样的天篷,就像是一架双翼飞机的那些上举面,这或许说得过份了一些。毕竟,在那个时候,在中国或任何其他地区,即使对箱型风筝都还不了解。不过,有些大概是那里已经熟悉了的东西或许曾经是有意义的,就是那些儿童们玩的装有玩具风轮的风筝,风轮随风筝的飞扬而转动②,不论他的思想是不是从这些玩具推演出来的,但看来谢叶梅确实想到了那些以某种方式乘风而做工作的转轮,而不只是单纯的被风转动而已。至此,关于中国文明在航空方面的传统贡献就告结束。

(6) 东方和西方的降落伞

594

这一章还剩下来的是比较次要但并不是没有意义的问题。由于降落伞极为简单,人们会设想降落伞这个概念就像海锚,在许多文明之中会是十分古老的。可是费尔德豪斯并没有找到在欧洲有比列奥纳多约在 1500 年在《大手稿》中的描述还要早的例子③,其后不久的是(可能是完全独自写作的)浮斯图斯·威冉提乌斯的"飞人"(Homo volans,约 1595 年,第一次出版于 1615 年 pl. 38)。历史学家们怀疑在布朗夏尔之前是否有人曾经实地实验过,也许蒙戈尔费埃约在 1778 年用过它在动物身上做试验,几年之后又有勒诺尔芒(Lenormand)以及加纳兰(Garnerin)两人用它亲自做降落试验④。

然而,在中国却有古老得多的材料。在公元前 90 年完成的《史记》一书中,司马迁讲到了一个关于传说中的皇帝——舜的故事⑤。他的父亲瞽叟要杀他,发现他在一个谷仓的顶上,就放火烧谷仓。但是舜把好多大的圆锥形草幅系结在一起,拿着它从仓顶上跳下来而安全脱险。8 世纪,《史记》的注释者司马贞在降落伞原理这个意义上,对这件事有很清楚的理解。他说,那些草帽起到了一只鸟的大翅膀的作用,使他身轻并把他安全地带到地上⑥。另一个晚得多但要具体得多的材料,出现在岳珂在 1214 年所写的《桯史》⑦ 中。岳珂是大将军岳飞的孙子,书中叙述他还是个青年人的时候在广州的所见,当时是在 1192 年,他父亲是那里的知州官。他先对在那里形成的阿拉伯商人们的外围社会风俗习惯作了有趣的描述,之后,就讲到了他们的清真寺和一个"耸入云霄的灰色尖塔顶,望之如一支犀利的银笔。塔内有一具供报时人上下的螺旋状梯,每隔数十蹬就有一个向外瞭望的圆孔,通过这些孔,阿拉伯人能够观察并祈祷他们的商船只在春天的到来。岳珂接着说⑧:

---

① Duhem(2),p. 200。

② 参见本册 p. 586。

③ Leonardo(1),col. 279;(18),p. 141。参见 Uccelli di Nemi(3),no. 84。

④ Hodgson(2);Gibbs-Smith (1),pp. 165ff. 。

⑤ 参见《史记》卷一,第二十二,译文见 Chavannes(1),vol. 1,p. 74。

⑥ 和司马贞同时代的印度人也叙述了一个靠雨伞从一座塔上跳下来的故事;*Prabhavakacarita* IX,87－89,参见 Raghavan(1)。这个故事是关于佛经的注释者师子贤的两个侄子的事,至于师子贤,我们在讨论提水机械时已提到过他(本册 p. 361)。

⑦ 桑原[Kuwabara(1),pt. 2,p. 30]注意到了这段话。

⑧ 《桯史》卷十一,第六页。由作者与鲁桂珍译成英文。

图版 二八〇

图 709 李汝珍在 1815 年前后写的一部小说《镜花缘》的插图,勾划出实用的飞车的轮廓。这
些插图是谢叶梅为 1832 年的版本配置的。此图是第六十六回的一幅图,展示一辆飞
车具有 4 个陆用车轮并且有两个螺旋叶片的转子组装在它们之间,分在两侧。图上的
题词是:"借飞车国王访储子,放黄榜太后考闺才。"

图版二八一

图710 《镜花缘》中的另一幅插图，载于第九十四回，图示3辆飞车，每辆车上有4个螺旋叶片的转子，以代替一般陆用车轮，并且和齿轮咬合，齿轮像是连接着一种暗藏的动力机构。谢叶梅绘于1832年。图中的题词是："文艳王奉命归故里，女学士思亲入仙山"。这是一个真正的空港。

在最顶上有一只巨大的金鸡,而不是常见的(佛教塔顶上的)相轮,可是它现在缺了一条腿。广州的人常说:这个缺陷在前任官雷滚的时候就有了(约在 1180 年),当时来了某一个盗贼把它窃走,没有留下任何痕迹。他们说,一天在市场上有一个穷人卖纯金制的什么东西。在有人拿起来并且问他是怎么得到的时候,他说:"外国人总是很审慎的,他们的住地谁也进不去,可是我在一根梁上躲了 3 夜,并且进到塔里,白天就吃一些干粮来充饥。到了夜间,我用一把钢(锯)把它割下来,又把它藏到我的衣服里,可是比一条腿再多我就拿不了啦。"他们又问他是怎样逃出来的。对这个问题,他回答说:"我是拿着两把去了把的雨伞跳下来的。在我跳进空中以后,大风把它们完全张开,就像我的翅膀似的,就这样,我落到了地上而一点边没受伤。"虽然窃贼只偷去了一条腿,可是直到现在他们始终没有能够把它修复。

〈绝顶有金鸡,甚钜,以代相轮,今亡其一足。闻诸广人,始前一政雷朝宗鞯时,为盗所取,迹捕无有。会市有窦人,鬻精金,执而讯之,良是。问其所以致,曰:獠家索严,人莫闯其藩。予栖梁上,三宿而至塔,裹趣粮隐于颠。昼伏夜缘,以钢铁为错,断而怀之。重不可多致,故止得其一足。又问其所以下,曰:予之登也,挟二雨盖,去其柄。既得之,伺天大风,鼓以为翼,乃在平地,无伤也。盗虽得而其足卒不能补以至今。〉

也许这个盗贼曾经听到说书人讲过舜和他父亲的故事;不管怎么说,他自己的话竟然能够保存下来,这是很难得的[①]。所有这些迹象,必然意味着这种概念在中国是流行的。不过,对空气阻力作用于一叶张开的布篷这类事的观察是简单不过的,很可能很多地区都会出现。的确,它只不过是追随船帆的应用而产生的。如果说,降落伞的原理在中国没有像它后来在欧洲那样地得到发展,这是因为它是飞行术本身的天然附属物,而飞行术则是文艺复兴以后技术的一个典型事物。

然而意外地是我们有不寻常的确凿证据来证明,这种发明事实上至少曾经一度由东方传播到西方。德拉卢伯尔(Simon de la Loubère)是路易十四(Louis XIV)派驻暹罗的使节,1687 年和 1688 年他在暹罗,在他的《历史关系》(*Historical Relation*)一书中叙述了中国和暹罗杂技演员们的事迹,他说[②]:

几年前,那里死了一个人。他从一个环圈上跳了下来,只用两把伞来支承他自己,伞把紧紧地系在他的腰带上,风带着他任凭飘荡,有时触到地,有时落在树上或者房上,也有时掉到河里。他使暹罗国王特别的欢快,以至于这位君主封他为一位大侯爵,留他寄寓在宫中,并且赐给他一个大的封号,或者就像人们所说的,一个大的族姓。

现在迪昂的研究[③]已经揭示了在下一个世纪中勒诺尔芒读过这一段话,他被这段话所激励,1783 年做了从树顶和屋顶跳下来的实际试验,都十分成功[④]。也正是勒诺尔芒,给降落伞取了个现今使用的名称,并把它推荐给蒙戈尔费埃。蒙戈尔费埃充分地理解到它的重要性,这就引出了加纳兰在 1797 年从气球上降落下来这件事。像如此清楚可见的一条传续线路的实例是不多的。

---

① 如果竟有读者怀疑他的技巧的可能性的话,那么,凯尔吕斯[Kerlus(1)]所收集的类似材料可能会证明是有说服力的。像这样的事情也是容易检验的。

② Simon de la Loubère(1),p.47。

③ Duhem(1),pp.237,248,263,(2),pp.232ff.,,Huard(2),p.,29。

④ 可以肯定勒诺尔芒并不知道列奥纳多的建议,他是受关于暹罗的故事激发的,也几乎可以肯定他也不知道韦兰齐奥(Veranzio)的计划。

(7) 东方和西方的气球

气球可以说在外形方面和降落伞是有关系的,因为把降落伞的通气孔尽量收束起来就变为气球。但是在物理方面,它们则是完全不同的,这是因为:一种是一个纺织物曲面的下降受到空气这个介质的阻滞而延缓;而另一种则是它的上升是由于下面包藏着的轻于空气的介质而促成。像我们所已经指出过的,气球,或即浮空器,也就是"装在口袋里的云雾",乃是 596 18 世纪欧洲气体化学的产物[①]。实在令人惊奇的是:最早的两次人为的飞行都是在 1783 年同一年中实现的,一次是由罗齐埃(Pilâtre de Rozier)和达尔朗德(Maquis d'Arlandes)在一个蒙戈尔费埃热气球上实现的,随后的一次是在下一个月中由查理(J. A. C. Charles)和他的机械工罗伯特(Robert)乘一个氢气球实现的。这两种方式中较简单的一种所用的只不过是热气球而已,它的首创可能比这要早得多,而且实际上是以模型状态进行的。

在 17 世纪的欧洲,复活节的狂欢者们有一种有趣的戏法,是使空的蛋壳升入空中,文字上称作"在它们自己的水汽作用下"上升。这在很多书里都有记载,例如雅克·德丰特尼(Jacques de Fonteny)1616 年的诗《复活节的彩蛋》(*L'Oeuf de Pasques*)中就说它是一种传统的风俗[②]。作法很简单,只需要小小一点技巧,就是通过一个小孔把鸡蛋倒空,把蛋壳弄得干干净净的,滴入适量的露水(纯净的水),再用蜡把小孔封起来。然后在炎日的曝晒下,鸡蛋就会开始不安地动起来,变轻,接着升起到空中,飘一会儿才落下来[③]。这种戏法在欧洲究竟有多么古老,我们并不清楚。但是,当我们在迪昂的书里读到它时,我们感到十分惊讶,因为我们早已从中国的一本书中发现过一种类似的轻于空气的飞行机器的模型,它并不是 17 世纪的,而是公元前 2 世纪的。这本书就是《淮南万毕术》,一本关于古老道教工艺的概要,我们有必要在本书中时常提到它[④]。刘安的这本关于秘术的书,如果现今有的并不完全像他本人所以为的那样的话,那就必定是一部汉代的编著。这本书以其惯用的扼要方式说:"借助于燃着的火绒能使鸡蛋在空中飞行"。书里还有一条古代的评注解释说:"取一个鸡蛋,把壳里的蛋清蛋黄去掉,然后(在孔内)燃起一块小的艾绒[⑤],借以产生一个强的气流,鸡蛋将自行上升到空中并飞去[⑥]。"因此,刘安的方法更近似于蒙戈尔费埃兄弟的方法,而不是更近似于用水汽使鸡蛋升起来的方法,因为,并没有什么别的东西,只不过是使用了热空气而已。这本书的发现,对于空气静力学飞行史前中国和欧洲的关系带来了很不相同的势态。

在我们写本章第一稿的时候,我们怀疑过中国在这方面有过什么作用没有,但是现在我们倾向于认为:汉代的传统从来未曾失掉。有几个不同的理由可以认为,很可能中国就是热气球的故乡。当着世界上还没有任何地方有纸的时候,中国从汉代以来就有了纸,而且古典 597

① 参见 Duhem(1),pp. 332,369,370ff. ,418ff. ,437,442ff. ;Gibbs-Smith(4),pp. 53 ff. , 64ff. ,74ff. 。

② 文字参考材料载于 Duhem(1),p. 401。插图载于 Fludd(2),p. 186。

③ 露水蒸发所形成的水汽迫使空气由蛋壳上的孔隙排出,最后当蜡熔化时,则通过小孔排出。蛋壳里的热蒸汽在经过相同的通道自身消散以前,有刚好足够的浮力把蛋壳举到空中一个短暂的时间。

④ 参见本书第二十六章(第四卷第一分册,pp. 69,91,279,316),第三十、三十三、三十四、四十和四十四章。关于该书的参考书目见 Kaltenmark(2),p. 32。关于它在中国和在欧洲文学上的比较地位,见 Ho Ping-Yü & Needham(2)。

⑤ 一般用于制造线香和灸球(参见本书第一卷,图 29)。

⑥ 见《太平御览》卷七三六,第八页和卷九二八,第六页,由作者译成英文。

的球形纸灯笼的产生,势必已经激励了这方面的实验。当它们的上口过小,而发出的光和热又异乎寻常地强烈时,它们必定有的时候曾经表现出上升和无需支承地飘浮的趋势。热气球作为中国文化区的一种古代游戏,要找到它在民间留存的例证,的确是不困难的。例如,古拉特(Goullart)就为云南省丽江地区有这种季节性风俗提供了一个形象的描绘①。他告诉我们,在 7 月里,就是雨季临来前的一个月,水稻已经种上了,人们没有很多活计要做,于是在晚上跳舞之外,青年们和纳西族的姑娘们放起用粗油纸糊在竹框上〈而制成的热气球,这些热气球的底下有成束点燃的松木片,〉能浮升进入夜空。有的气球在烧着并在很远地方掉下来之前,于远处飘荡,像红色的星星似的,延续有好几分钟。迪昂(又是他),报导了柬埔寨的类似消遣活动②。我们还需要有中古时期的记载资料用以填补连续性上的空缺。不过,进一步的查找或许能够把它们发掘出来。汉代的证据和种族方面的证据合在一起,就使一个由来已久的中国传统初看起来是证据确凿的。而且,要说云南省西北部的土著人(也是农民),竟会从法国的蒙戈尔费埃热气球而推演出他们的活动来,这的确也是很不可能的③。

甚至于还可以极力强调在蒙古人侵欧洲的时期把本来是中国人的一种活动带进入欧洲人的见闻。已经从东欧的一些编年史中④收集到许多证据,证明在 1241 年的利格尼茨(Lieg-nitz)战役中,用了形状像龙的热气球放信号,或用作军旗,很多作者也视为可信而接受这一观点⑤。肯定地,有许多 15 世纪早期的军事技术方面的著作,譬如康拉德·凯塞的《军事堡垒》原稿中就有展现骑兵们手持系在绳子端头的、像是在空中飞舞的龙般的东西⑥。他说,它们包藏有油灯,还有可燃物质,能起一种向外喷火的作用。要对这些描述和图画作出评价是相当困难的,因为从某些方面来看,让人联想到的是风筝,而不是热气球,这个问题也还需要进一步的研究。不过,我们倾向于认为,其中包含着一个相当重要的空气静力学的要素⑦。姑且不论这些东西究竟是些什么,但它们像是已经一直延续到 16 世纪,因为有一份关于查理五世在 1530 年进入慕尼黑的记载材料中,附有一幅同时代的木刻,证实有一个类似的飞荡或浮游着的吐火的龙的形象⑧。

在这些东西中,如果有一些前面有一个孔,而后面也有一个孔的话,那它们或许就是风向袋的祖先。在这个问题上又一次存在东亚的背景。因为蒂桑迪耶[Tissandier(6)]在叙述日本的一些风筝,提到并且描绘了一条巨大而中空的纸鱼,它有一个张着大口的嘴,而在尾部也有一个小孔。它是用于作装饰的,也充作一种灵敏的风向标或风信计。由于它是在 1886 年写作的,这就不会有来自西方航空技术的反影响在起作用,而且如果在日本见到了风向袋,

① Goullart(1),p.178。魏德新(Wei Tê-Hsin,译音)先生记得福建省有同样的活动。

② Duhem(1),p.409。

③ 这件事提供了一个与在本册 p.233 见到的卡丹平衡环很相似的情况。近两个世纪里,西藏边区制造的置于转轴座环中的常平灯,更可能是从 2 世纪丁缓开始的中国传统演变而来的,而不像是从意大利的杰罗姆·卡丹演变而来的。

④ 见 Hennig(1);Feldhaus(8,15,20)。

⑤ 见 Feldhause(1),cols.653ff.;Forbes(4a);Plischke(2)。大型纸灯笼常见于中国军事行动的记载,如 1232 年蒙古人围攻开封之役(《通鉴纲目》,第三部分,卷十九,第五十页,参见本册 p.577),但是我们还没有见到任何关于它们在空中飘浮的记述。

⑥ 见 Berthelot(5);Feldhaus(1),同上处,以及其他著作。

⑦ 迪昂[例如 Duhem(1),pp.404,411,412]对这种说法是怀疑的,但还是复制了那些插图,见 Duhem(2),pp.36ff.,figs.17,18。参见罗马人和帕提亚人的龙旗[Feldhaus(1),col.198]。

⑧ Bassermann-Jordan(1),pp.64ff.。

那么几乎可以肯定在中国更早地就已经有它了。

这些现象也许与萨克森的阿尔贝特(Albert of Saxony,1316—1390年)的设想有某些 598 关系[1],他设想物体也许能在气圈和火圈之间的面上飘浮,正像它们在水与空气之间的面上飘浮一样。是不是他已经知道蒙古的热气龙旗了呢?不管怎样,他的见解在1658年激励了耶稣会士卡斯珀·肖特,这个人是第一个提到空气静力飞行的可能性的人[2]。肖特也讨论过德丰特尼以及其他人谈到的飞蛋问题。后来在1709年出现了巴西的古斯芒神父(Fr Gusmāo)的种种活动。他成功地用一个模型热气球烧着了葡萄牙国王接见厅的窗帘[3]。在这之后不得不又经过正好80年的时间,人类才真正进入空中。就这样,经过追踪一条微妙的,只是忽明忽暗和十分捉摸不定的线索,我们又回到先前以不那么确凿的证据而常持有的见解上来,这就是中国在气球和飞船的前期的历史中确实起过重要的作用。

就迄今我们所知道的,中国传说中并没有进行过像蒙戈尔费埃那样的规模且又大胆的空气静力学方面的试验[4]。但是,中国的学者们曾以极大的兴趣对待18世纪80年代由法国传来的消息,这件事或许可以证明存在有某些传说。在耶稣会士钱德明[J. J. Amiot(4)]的那些最为细腻的信件中,有一封是在1784年11月15日(恰恰是第一次巴黎飞行之后一周年)从北京发出的,其中叙述了人文学者们所表现出来的兴致,说他们打算借助于蒙戈尔费埃的事迹来重新考虑那些被视为荒诞无稽而长期遗弃了的古老传说。钱德明并不是对中国古代圣贤说坏话的人,但他本人怀疑是不是黄帝或者神农并不知道有某些轻于空气的流体,而这种流体是在他们之后久已被人们遗忘了的。"这个想法",他接着说,"我提出来是为了摆出它的价值"。但是,使人兴奋的事还不仅仅发生在京城。一位南方人王大海在1783年至1790年间曾到国外东印度群岛旅行,他的旅途记事收集在他的《海岛逸志摘略》一书中,次年作序出版。在这本书里,他对这种新的气球(或"天船")作了说明,当然,是第二手的[5]: 599

这只船既短且小,像一座圆顶的凉亭,能容纳10人。附有一对风箱,亦即空气泵;工艺精巧,形状像一个球仪;几个人奋力操作,于是船就飞起,高高地升入天空。在空中,它凭借风而飘浮,但如果他们想要它航行,就张起帆,并且利用象限仪来测量距离。当他们到达目的地时,他们就收起风帆,让船下降。据说,这些飞船曾被阳光烧着而毁坏,在船

---

① 参见 Sarton(1),vol. 3. pp. 1428ff. 。

② Duhem(1). pp. 334ff. ,339。

③ 古斯芒神父的叙事诗,或称悲喜剧,是一个非常错综迷离的故事,可以见于 Duhem(1). pp. 417ff. ,或 Gibbs—Smith(4),pp. 53ff. ,(5)。

④ 有一个很奇特的故事,通常是随听随忘的,但是它或许能证明有某些目前还不了解的根据。翟理斯[Giles(9)]告诉我们,有一位名叫贝松(Besson)的神父在1694年曾经写过:1306年在"佛建"("Fo Kien",译音)皇帝即位的时候,有一个气球从北京城飞升起来。但是那一年并没有一个新的帝王统治开始,也没有哪一位皇帝叫那个称号。在费赖之[Pfister(1)]的中国教区耶稣会传教团的百科全书中,没有那个名叫贝松的神父,有一位叫约瑟夫·贝松(Joseph Besson,1607—1691)的,但是他是在叙利亚的一位传教士,所以,这个谣传可能就是他搞出来的。关于这种气球,一些珍贵的18世纪中国艺术风格的版画把它绘成带有9只吊篮的伸长的飞艇,在通俗读物中也继续出现。参见 Duhem(1),pp. 85,376,403,409,但是,甚他也没有能对这个谜提出答案,费尔德豪斯[Feldhaus(2),p. 54]也是如此。

⑤ 《海岛逸志摘略》卷五,译文见 Anon. (37)p. 55。我们说这是第二手材料,是因为亚洲在1800年以前非常不可能见到过任何蒙戈尔费埃气球。可能最早的是1884年法国人侵略越南[东京(Tonkin)]时使用的那些[参见 Lê Thánh-Khôi (1),p. 378]。蒂桑迪耶[Tissandier(1)]刊印过几幅有意义的当时的中国图画,画中绘有这些侦察气球。法国的气球队创建于1877年。同一作者还对应1888年李鸿章的请求而由法国教官训练的中国气球队提供了详细情况。这就是今天中国空军的萌芽。在1900年的战争中曾再次动用法国的气球侦察员,他们关于北京的一本像册还保存着[Anon. (43)]。

中进行冒险活动的人们也被烧死,因此,人们不敢继续使用它们。

〈甚船短小,或如亭,可容十人。内置风柜,极其精巧,如浑天仪。用数人极力鼓之,便能飞腾至极高之处。自有天风习习。欲往何处,则扬帆用量天尺ви之。至其处乃收帆,听其坠下。相传曾有被日火烧毁并曝死者,所以不敢频用也。〉

结合再一次谈论处在同一条线上的代达罗斯和伊卡罗斯,这段话听起来像是对一个氢气球的重述。但是,它证实了中国的学者们和旅行者们在人类征服大气和空间这一广阔的领域中所表现的活跃的兴趣,他们是了解自己的过去的。

(n) 结 论

大约是在 1911 年,一位老先生正在北京街头散步,他的注意力被一架从头上飞过的飞机吸引住了,可是他却十分泰然地说了一句:"啊! 有人在风筝上!"[1]。中国人对近代技术的反应并不就此而止,有相当多的作者,尽管还缺乏全面综合判断的能力,这种判断能力只有透彻熟悉东西方两方面的材料才能获得,然而,他们并没有因此而不能把出现西方但却是起源于东方的技术继续下去。举例来说,王之春写道[2]:

实用的技艺和技术起源于先人。例如,几何学为冉子所发明(冉求是孔子的弟子之一)。可是,后来中国人把他的著作遗失了,而西方人却学习了他的书,于是他们就精于数学。同样,自鸣钟是一个(中国的)僧人发明的,可是这种方法在中国失传了。西方人学了它,并且创造出精细的(计时)机器。说到蒸汽机,它确是创始于唐朝的(僧人)一行,他有一种借助水流冲击铜轮自动旋转的方法,西人所增加的只不过是使用了蒸汽和改变了它的名称。至于火器,它们起源于虞允文时期的采石之战(宋代),当时他凭借某种名为霹雳(炮)[3] 的火器的帮助而击败敌军。由此可见,西方人的奇巧技艺全是以(中国)古代发明的遗物为根据的,他们怎么会比中国人更聪明呢?

〈总之,制器尚象利用,本出于前民。几何作于冉子,而中国失其书,西人习之,遂精算术。自鸣钟创于僧人,而中国失其传,西人习之,遂精其器。火车本唐一行水激铜轮自转之法,加以火蒸汽运,名曰汽车。火炮本虞允文采石之战以火败敌,名为霹雳。凡西人之技,皆古人之绪余,西人岂真巧于华人哉?〉

王之春的反应(约在 1885 年),无疑会被认为是沙文主义的。在那个时候,像这样的陈述传到所谓"盖世的绅士们"的耳朵里时,会被一笑而置之。然而,严肃的历史进程已把摆锤拨到了另一侧。而且,现今又为这样的尽管或许曾经是夸大了的主张,呈现出比起当时所表现的坚实得多的依据。不论是谁,只要把本章前面各页读完,就会承认天平上所表现出来的鲜明技术优势,直到约 1400 年,是在中国一边。

历史学家们正在认识这一点。当德诺埃特[des Noëttes(3)]编制他的中世纪成就表时,他明确地指出其中许多项是来自东亚。卡尔·斯蒂芬森写道,我们再也不能接受关于意大利文艺复兴的那个简便公式了。在这个公式中把所有重大的科学和技术进步,统统认为产生于对希腊和拉丁古典成就的再发现。应该说,是它们所依靠的是中世纪的工匠们的熟练技艺,以及这些人从亚

---

[1] 关于这个故事,我们感谢前齐鲁大学的英格尔(Ingle)夫人。

[2] 载于王之春的《国朝柔远记》卷十九,这是一部他出使俄罗斯的记事书;摘引在《格致古微》卷五,第二十八页,由作者译成英文,参见本册 p.525。

[3] 见本册 p. 421 及本书第五卷第一分册(第三十章)。这次战争发生在 1161 年。

洲人那里得到的激发。林恩·怀特写道,中世纪的技术不只是包含从罗马-希腊世界继承下来的、又经过西欧人的天才智慧而加以改进的械具;它还包含从北方尚未开化的民族、拜占庭和近东,以及远东演变而来的至为重要的因素。奥德里库尔[Haudricaurt(1)]就更加精确一些,他说:"技术史还仍然处于它的童年时期,尽管如此,人们却可以断言,欧洲的惊人的工业发展,是以它以前的亚洲新奇事物——在古代是印度-伊朗的;在中世纪是中国的——接连不断的传入为条件的。此外费夫尔[Febvre(2)]则说:"欧洲是亚洲的一个十字路口"①。

　　欧洲人认为他们仍然有很多东西要从中国人那里学习,这一认识到来之迟,或许会令人感到诧异。格林伯格[Greenberg(1)]是从经济史的观点认识到这个问题的。他指出,"直到机器生产的时代,当技术上的优势使西方有能力把整个世界塑造成为一个单一经济体的时候,东方在大多数工业技艺方面更为先进"。随后,他以许多迄今尚未公布的政府档案为根据,指出当西方急切地要得到茶叶、丝绸、纺织品、磁器、漆器等等诸如此类的东西时,欧洲却没有任何东西是中国人在那个时候(18 世纪后期和 19 世纪早期)想要交换的②,他借说明这种情况来揭示鸦片战争的起因。东印度公司乞灵于毒品交易以求西方的金银免于被汲尽。在那个岁月,中国人 601 的"专门技术"的声望是那样的高,以至于儒莲[St Julien(4)]在 1847 年写道:

　　　　可以这样设想,为了满足技艺上的需要和致力于文明进步的服务,欧洲人的天才若完全依靠他们自己,还需要若干世纪并经过长期不断地试验和努力之后,才会取得大量有用或有利的发明。而这些发明,中国人在他们以前就已经取得了,但是被埋藏在他们的书籍中。除了一个慷慨和明智的政府肯承担起经费,或者在政府的主持下,把记载并清楚地描写适合我们社会情况和需要的科学和工业过程的那些文献翻译出来,这些发明将仍然埋藏在书中而不被人们知道③。

人们不可以贬低他的话,把它全然看成是一位汉学家为追求经费支持而讲的话。因为,在那以后的半个世纪,里昂的丝绸工业界仍然组织了大型代表团④,去学习中国有养蚕业的各省

---

　　① 另可参见 Lopez(1);Chatley(23);Middleton Smith(1);Bodde(13);Huard(2)。有的时候对中世纪技术创新的赏识带有相当过分的强调。克龙比的著作[Crombie(1)]就是这样(如其 pp. 16ff.),他是如此炽热地颂扬欧洲中世纪的科学成就,以至于在列举各种发明的时候,他竟没能附带的指出其中大部分完全不是欧洲创制的。但是在此以外,他的确部分地对此作了更正,见 Crombie(2)。

　　② 这个事实,在乾隆皇帝 1793 年对马戛尔尼使团所颁的著名谕旨中有很经典的表述,新近经克兰默-宾[Cranmer-Byng(1),p. 139]译出。谕旨中说:我们"从不贵奇巧,并无需尔国制办物件"。这与格林伯格的看法是基本一致的;参见 Lattimore(7)以及 Gallagher & Prucell(1)。珀塞尔把这一谕旨的话,看成是理解贯穿整个 18 世纪的中西方关系的锁钥(p. 580),并且还强调指出一个反向的事实,这就是中国的传统工业支持了重要的出口销售。中国的苎麻、蚕丝和其它纺织品通过马尼拉流入墨哥;缅甸和东南亚从中国得到大量的铁器;还有大量的中国磁器销售至婆罗洲(Borneo)以及印度尼西亚全境。的确,中国的经商移民所成就的显赫经营也招致多次严酷的迫害,特别重大的有 1740 年在荷属印度尼西亚,以及 1709、1755和 1763 年在西班牙属地菲律宾(见 Gallagher & Purcell,pp. 587,591)。

　　③ 这个信念在当时是非常普遍的。第二年见到龙多[Rondot(1)]的关于中国制造业的评论问世。两年以后,上海的教会出版社发表了选自 1639 年的《农政全书》中关于养蚕方面的摘要的译文[Anon.(39)],附有 19 世纪早期中国的图说(参见本册 pp. 2,107,382)。跟着在 1856 年,出现了儒莲[Julian(7)]关于中国磁器的历史和制造方面的研究,以及出现了儒莲和商毕昂[Julien & Champion(1)]根据中国资料而对古代和现代的工业所作的概论。

　　④ 见 Anon. (23)。同样地,迟至 1896 年,布莱克本商会(Blackburn Chamber of Commerce)还派遣一个代表团去中国;参见 Bourne, Neville & Bell (1)。虽然多数后来的代表团的主要兴趣在于开放通商(甚至于或许在于划分"势力范围"或者其他方式的分割),但是他们的问题与对当地工业技术的研究有着密切关系。1884 年,蒂桑迪耶[Tissandier(7)]才写道:"远东的制作进程是怎样又一次使我们的化学家们难堪!漆器、中国墨、朱砂的制作,铜锣的冶金术和制作,某种纸和许多清漆的制作,在中国和日本仍然在实践,而所采用的制作进程,我们直到现在仍在寻求,但未有成效。"

的传统工艺。

至于有关传播的详细情况，就现阶级有可能系统表述的情况来说，读者可参见本册 p. 222ff，544，584。中国所唯一没有的重要机械基础件是连续螺旋。但是，即便对于这个不足之处来说，蹬踏板和踩踏板（它们是欧洲所不熟悉的）这一重大发展，也是个不算小的弥补。有些技术，例如水轮，在东、西两种文明中有着平行的发展。我们想到的也许是最为特殊的一个感想，即：就在中国（考虑有些东西可能由于书籍的遗失而没有流传下来）显示不出什么东西能够与亚历山大里亚人（提西比乌斯、菲隆、赫伦）对机械学和气体力学的系统论述相媲美的时候，那些人却正生活在这样一种文明之中，既不能利用马的力量来拉超过半吨重的东西，而且仍然停留于普遍地使用原始的立式织机。的确，有人认为东方技术所具有的较为先进的特性被希腊人模糊地认识到了，甚至还曾把柏拉图的对话文《克里底亚篇》(*Critias*)中关于阿特兰提斯岛(Atlantis)的寓言都提了出来[1]，说这个岛上的人是非常优秀的灌溉渠和桥梁的建筑师和建造者，而这个岛与亚洲的文明有关。如果真是这样，那就很可能是与美索不达米亚有关而不是与更远的东方有关，因为在写那本书的时候（约在公元前 360 年，墨翟死后不久），中国在技术上的优势还没有象它在几个世纪以后那样处于领先的地位。可是公元前 6 和前 5 世纪，中国已经建造了规模很大的公共工程[2]。

最后的几句话就让它们来自伊斯兰地区吧；因为阿拉伯人有充分的资格来充当欧洲和中国的工程师们的公正裁判者。从西班牙派到帖木儿(Tamerlance，1336—1404 年)的大使克拉维霍(Ruy Gonzales Clavijo)那里，我们听到在撒马尔罕的说法："中国的手艺人被称为最巧的，远远超过其他各国的手艺人；话是这样讲的：只有他们有两只眼睛，而法兰克人(Franks)可能的确只有一只，而穆斯林们只不过是一个瞎子民族"[3]。贾希兹（卒于 869 年）的说法可能较真实一些，也较好一些——"智慧降临到三样东西上；法兰克人的头脑，中国人的双手和阿拉伯人的舌头"[4]。

（左侧页边数字）602

---

① Jowett(1)，vol. 3，pp. 429ff.，519ff.。

② 参见 Chi Chhao-Ting(1)，p. 66。

③ 引自 Olschki(4)，p. 98；Yule(2)，vol. 1，pp. 174，264。我们不知道谁创出了这么个传说，也不知道它起自何地，但是它曾经一次又一次地被重述。阿布·曼苏尔·萨阿利比(Abū Mansūr Tha'ālibi)约写于 1031 年，报道了它，马尔瓦齐(Sharaf al - Zamān Tāhir al- Marwazi)在刚刚不到一个世纪以后也这样做了，写了以下的话："中国人是手工业方面最巧的人——没有另外哪一个国家能赶上他们。鲁姆人(Rūm，在罗马帝国的东部)也是能干的，但是他们达不到中国人的水平。后者说，所有的人在技艺方面都是瞎子，而鲁姆人除外，他们是独眼，知道事情，但只是一半"。[参见 Minorsky(4)，pp. 14，65]。在贾拉勒·丁·鲁米(Jalāl al-Dīn Rīmī，卒于 1273 年)的《迈斯奈维》(*Mathnawi*)一书中，有一个奇怪的伊斯兰泛神论者的神秘寓言，涉及到一位苏丹的宫廷中希腊人和中国人之间的一次绘画竞赛(1，11. 3467 ff.，Nicholson tr . vol. 2，p. 189)。以后在 1307 年，亚美尼亚王子海索恩(Haython)所写的《东方历史之花》(*Fleurs des Histoires d'Orient*)里又有关于瞎子的名言(Bk. 1，ch. 1；Yule，同上 p. 258)，不久后，又经约翰·曼德维尔爵士(Sir John Mandeville，约 1362 年)从什么地方抄了下来，第 23 章(Letts ed. ，vol. 1，p. 151)。在克拉维霍以后，又见于尼科洛·孔蒂(Nicolò Conti，约 1440 年；Yule，同上，p. 175)和约萨法特·巴尔巴罗(Josafat Barbaro，约 1470 年；Yule，同上，p. 178)的书中。它对中国工匠的评价，为很多旅行者所附和，举例来说，1793 年马戛尔尼使团的手艺人们，如丁威迪[Dinwiddie(1)，p. 49]和巴罗[Barrow (1)，p. 306]的著作就是这样；参见 Cranmer-Byng(2)，p. 264。

④ Hitti(1)，pp. 90，382，引述 *Majmū'at Rasāil*, pp. 41ff.。；参见 al-Jalil(1)，pp. 109ff.。

补　遗[①]

1964 年的夏季和秋季,我与鲁桂珍博士和李大斐博士(英国皇家学会会员)一起,在中国科学院作了三个月的客座研究。对这一友谊和合作研究的显著标志,我们非常感谢中国科学院院长郭沫若阁下,哲学社会科学学部委员侯外庐先生和科学史研究室研究员钱宝琮先生。在这次访华期间获得的一些新发现,从不同角度增强了本卷前面一些章节中的观点,这里借用一点篇幅对此做些非常扼要的介绍。

工匠和手艺人(pp. 10ff. ,34ff. ,42ff. ;图 353、355)

有关工匠和手艺人姓名及成就的碑铭记载,现正不断出现,当人们去搜寻这些资料时,将会有更多的发现。在南京东面的巨刹栖霞寺中有大量年代始自 489 年的南齐时的佛龛。其中一座小佛龛中有一个手握凿子并举着锤子的石匠的塑像,顶上有铭刻"作石人田"。有一幅照片可供利用。寺内南唐时期(930—960 年)所建舍利塔中刻有三处题名:"丁延规作石"、"匠人徐知谦"、"作石人王文载"。

北魏时期的颈圈挽具(p. 322 及图 561)

我们将 477—499 年定为最早的马颈圈挽具画像的近似年代,依赖于由敦煌石窟壁画(参见图 556)中并不完整的描绘所作的推论。但其基本的正确性得到了事实明确的支持:位于山西北部大同市以西差不多 20 英里的云岗石窟的第 10 号窟中,有一件形象清晰的颈圈挽具雕刻品——一个像马似的动物正引拽着一具腾飞的战车,战车上载有一个带有光环的圣者。颈圈的垫料一摸便知,并可从照片中看到。在像马似的动物后面,可以辨认出一头大象,它显然也是牵引战车的动力,但不清楚它是怎样与战车连系的。相应的雕塑大约有 1 英尺长。该窟的年代可推定在北魏时期,即大约在 477 年(466 年与 486 年之间,最晚的可能年代为 494 年)。相邻的第 11 号窟中有一 483 年的铭刻。

参考文献:罗哲文,《云岗石窟》(文物出版社,北京,1957 年),第 8 页、图 30(说明文字中的第 9 号窟应改作第 10 号窟)和图 34。

另见:水野清一、长广敏雄,《云岗石窟》(人文科学研究所,京都,1950—1956 年),共 16 卷(分为 31 个分册);第 7 卷(图版),图版 15B、24、25;第 7 卷(文字),第 43、106 页(仅有大象被提到)。

最早的纺车(p. 104 及图 405)

图 405 的说明已不再恰当,因为沈阳辽宁省博物馆(当为故宫博物院——译者)藏有一幅王居正的画卷,画中描绘了一架使用中的纺车,画的年代可确定在 1035 年前后。一位坐着的抱孩子的妇女,用偏心柱式的摇柄摇动纺车,而纺纱的工作则由一位老年妇女来做,她在成纱时是远离纺车轮的。纺车的传动绳弦,绕过两支纺锭,画得十分清晰,而纺车轮则安装在三脚支架上所立的一根垂直立柱上。这显然是一种古代的形式,不仅早于能解放双手的踏板式装置,而且也早于能让操作者一只手转动纺车轮、另一只手纺纱的方式。这一发现有力地证实了关于中国卷纬车和纺车古代式样的一般论点(pp. 105ff.)。

---

① 胡维佳译、何绍庚校。

参考文献:天秀,"一幅宋代绘画——纺车图",《文物》,1961年2期,第44页,附复制图。

手磨连杆和"水排"(pp. 116, 383 ff. 及图 413)

手磨连杆显然是在旋转运动和直线往复运动相互转换的标准方法中所看到的,曲柄、连杆和活塞杆这种完整组件的一个重要的祖先。手磨连杆看上去可能相当古老,但我们却不能根据书中的插图,推断其年代早于1210年。可是,南京博物院藏有一具精美的手磨连杆和摇把的模型,该模型是最近从南京近郊邓府山的一座南朝时期(420~589年之间)的墓葬出土的。有一幅这具模型(约长9英寸)的照片可供利用。这就强化了我们的观点:这种运动转换的标准方法是中国在漫长的历史背景中的一项发展成果。

我总认为,具体应用这种标准方法的最古老的机械,即"水排"本身,一定还在中国某个边远的地区运转着。尽管我们还从未发现过它,我们却很高兴地在山西汾阳附近的贾家庄公社看到了一个恰如图461所示的,用一摇臂辊连接机构建构的面粉筛,并以电动机作为动力源而充分地使用着。有一幅照片可供利用。

连接杆连接两个或更多的摇柄的情况,我们已在传统的中国踏车式桨轮船中注意到(图637),但是将之归于晚近的西方影响。由于我们在景德镇发现了这种连接杆由制绳工用于手工操作,所以,外来的现代影响似乎不太可能。

独轮车(pp. 263 ff. 及图 509)

独轮车是一项西汉后期或东汉早期(公元前1世纪或公元1世纪)而不是三国时期(公元3世纪)的发明,对此,刘仙洲和史树青曾独立地提出与我们的证据相类似的证据。此外,江苏省文物管理委员会还发表了出自徐州附近茅村一座约公元100年的石室墓中的一件柱楣浮雕,该浮雕非常清晰地显示出了一架独轮车,车上还坐着一个人。

参考文献:刘仙洲,"我国独轮车的创始时期应上推到西汉晚年",《文物》,1964年(no.6),1。

史树青,"有关汉代独轮车的几个问题",《文物》,1964年(no.6),6。

Anon.(*55*),《江苏徐州汉画像石》(科学出版社,北京,1959年),图版14:图14。

风轮(pp. 570 ff. 及图 702、703)

描绘带有螺旋叶片转子的飞车的图像画法传统,似乎远比想象的来得悠久。江苏省文物管理委员会已经发表了出自铜山附近洪楼的浮雕(约公元100年),这些浮雕表现了三辆带有螺旋桨式轮子的两轮或四轮飞车,车子由周围环绕着星座的神鱼、神龙和神鹿牵引。因为提供的是活动力,故这些车不是自动的,但轮子的画法则强烈地表明:螺旋状的风轮在汉代就已作为一种玩具而众所周知。参见我们在本册相关部分(pp. 119 ff. , 124, 564 ff. , 583 ff. , 586)对螺旋和蜗杆形状的讨论。

参考文献:Anon.(*55*),《江苏徐州汉画像石》(科学出版社,北京,1959年),图版41:图52;图版45:图57。

参 考 文 献*

缩略语表

A　1800 年以前的中文和日文书籍

B　1800 年以后的中文和日文书籍和论文

C　西文书籍和论文

说 明

1. 参考文献 A, 现以书名的汉语拼音为序排列。

2. 参考文献 B, 现以作者姓名的汉语拼音为序排列。

3. A 和 B 收录的文献, 均附有原著列出的英文译名。其中出现的汉字拼音, 属本书作者所采用的拼音系统。其具体拼写方法, 请参阅本书第一卷第二章(pp.23ff.)和第五卷第一分册书末的拉丁拼音对照表。

4. 参考文献 C, 系按原著排印。

5. 在 B 中, 作者姓名后面的该作者论著序号, 均为斜体阿位伯数码; 在 C 中, 作者姓名后面的该作者论著序号, 均为正体阿拉伯数码。由于本卷未引用有关作者的全部论著, 因此, 这些序号不一定从(1)开始, 也不一定是连续的。

6. 在缩略语表中, 对于用缩略语表示的中文书刊等, 尽可能附列其中文原名, 以供参阅。

7. 关于参考文献的详细说明, 见于本书第一卷第二章(pp.20ff.)。

---

*　胡维佳、陆岭据原著编译。

缩略语表

See also p. xxxvii

AA	Artibus Asiae	AEST	Annales del'Est (Fae des Lettres, Univ. Nancy)
AAA	Archaeologia	AGHST	Agricultural History (Washington, D.C.)
AAE	Archivio p. Anthropol. e. Etnol.		
AAN	American Anthropologist	AGMN	Archiv. f. d. Gesch. d. Me- dizin u. d. Natur- wissenschaften (Sudho-ff's)
AAS	Arts asiatiques (continuat- ion of Revue des Arts Asiatiques)		
A/AIHS	Archives Internationales d'Histoire des Sciences (continuation of Arc- heion)	AGMNT	Archiv. f. d. Gesch. d. Ma- th. , d. Naturwiss. u. d. Technik (cont. as QSGNM)
AB	Art Bulletin (New York) 《仏教芸術》(东京)	AGMW	Abhandlungen z. Gesch- ichte d. Math. Wis- senschaft
ABA	Ars Buddhica (Tokyo)		
ABAW/PH	Abhandlungen d. bayr. Akad. Wiss. München (Phil. -Hist. Klasse)	AGNT	Archiv f. d. Gesch. d. Na- turwiss. u. d. Technik (cont. as AGMNT)
ABORI	Annals of the Bhandark- ar Oriental Research Institute (Poona)	AH	Asian Horizon
		AHAW/PH	Abhandlungen d. Heide- lberger Akad. Wiss. (Phil. -Hist. Klasse)
ACA	Acta Archaeologica (Cop- enhagen)	AHES	Annales d'Hist. Econ. et Sociale
ACLS	American Council of Le- arned Societies	AHES/AHS	Annales d'Hist. Sociale
ACP	Annales de Chimie et Phy- sique	AHES/MHS	Mélanges d'Hist. Sociale
		AHOR	Antiquarian Horology
ACSS	Annual of the China So- ciety of Singapore	AHR	American Historical Re- view
ADI	Anzeiger f. d. Drahtind- ustrie	AHSNM	Acta Historica Scientiarum Naturalium et Medici- nalium (ediditBiblio- theca Universitatis Hauniensis, Copen- hagen)
ADVS	Advancement of Science (British Assoc. London)		

AJ	Asiatic Journal and Monthly Register for British and Foreign India, China and Australia
AJSC	American Journal of Science and Arts(Silliman's)
AKML	Abhandlungen f. d. Kunde des Morgenlandes
AL	Annuaire du Bureau des Longitudes(Paris)
AM	Asia Major
AMA	American Antiquity
AMK	Alte u. Moderne Kunst (Österr. Zeitschr. f. Kunst; Kunsthandwerk u. Wohnkultur)
AN	Anthropos
ANM	Annales des Mines
ANS	Annals of Science
ANTJ	Antiquaries Journal
AO	Acta Orientalia
APAW/PH	Abhandlungen d. preuss. Akad. Wiss. Berlin (Phil.-Hist. Klasse)
AP/HJ	Historical Journal, National Peiping Academy 《北平研究院史学集刊》
AQ	Antiquity
AQC	Antique Collector
ARAB	Arabica
ARAE	Archaeologiai Ertesitö(Budapest)
ARASI	Annual Report of the Archaeol. Survey of India
ARJ	Archaeological Journal
ARLC/DO	Annual Reports of the Librarian of Congress (Division of Orientalia)
ARO	Archiv Orientalni(Prague)

ARSI	Annual Reports of the Smithsonian Institution
ARUSNM	Annual Reports of the U. S. National Museum
AS/BIHP	Bulletin of the Institute of History and Philology, Academia Sinica 《中央研究院历史语言研究所集刊》
AS/CJA	Chinese Journal of Archaeology (Academia Sinica) 《中国考古学杂志》
ASAE	Annales du Service des Antiquités de l' Égypte
ASEA	Asiatische Studien; Etudes Asiatiques
ASGB	Aeronautical Society of Great Britain
ASPN	Archives des Sciences Physiques et Naturelles (Geneva)
ASRAB	Annales de la Soc.(Roy.) d'Archéol.(Brussels)
ASURG	Annals of Surgery
ASWSP	Archiv. f. Sozialwissenschaft u. Sozialpolitik
AT	Atlantis
AX	Ambix
BABEL	Babel; Revue Internationale de la Traduction
BAFAS	Bulletin de l'Assoc. Française pour l' Avancement des Sciences
BAVH	Bulletin des Amis du Vieux Hué(Indo-China)
BBSHS	Bulletin of the British Society for the History of Science
BCS	Bulletin of Chinese Studies(Chhêngtu) 《中国文化研究汇刊》(成都)

BEFEO	*Bulletin de l' École Française de l'Extrême Orient* (Hanoi)
BFMRS	*Biographical Memoirs of Fellows of the Royal Society*
BGSC	*Bulletin of the Chinese Geological Survey*
BGTI	*Beiträge z. Gesch. d. Technik u. Industrie* (cont. as *Technik Geschichte*—see *BGTI/TG*)
BGTI/TG	*Technik Geschichte*
BI/LRPC	*Bulletin d'Information de la Légation de la République Pop. de Chine* (Berne)
BIHM	*Bulletin of the (Johns Hopkins) Institute of the History of Medicine* (continued as *Bulletin of the History of Medicine*)
BLSOAS	*Bulletin of the London School of Oriental and African Studies*
BM	*Bibliotheca Mathematica*
BMFEA	*Bulletin of the Museum of Far Eastern Antiquities* (Stockholm)
BMFJ	*Bulletin de la Maison Franco Japonaise* (Tokyo)
BMRAH	*Bulletin des Musées Royaux d'Art et d'Histoire* (Brussels)
BNAWCC	*Bulletin of the Nat. Assoc. Watch and Clock Collectors* (U.S.A.)
BNGBB	*Berichte d. naturforsch. Gesellschaft Bamberg*
BNI	*Bijdragen tot de taalland -en volken-kunde v. Nederlandsch Indië*
BNYAM	*Bulletin of the New York Academy of Medicine*
BRGK	*Berichte d. Römisch-Germanischen Kommission* (d. deutsches Archäol. Inst.)
BRO	*Brotéria* (Lisbon)
BSAF	*Bulletin de la Société Astronomique de France*
BSEIC	*Bulletin de la Société des Études Indochinoises*
BSEIN	*Bulletin de la Soc. d'Encouragement pour l' Industrie Nationale*
BSG	*Bulletin de la Société de Géographie* (continued as *La Géographie*)
BSISS	*Bulletin de la Société Internationale des Sciences Sociales*
BSNAF	*Bulletin de la Société Nationale des Antiquaires de France*
BSRCA	*Bulletin of the Society for Research in [the History of] Chinese Architecture* 《中国营造学社汇刊》
BTG	*Blätter f. Technikgeschichte* (Vienna)
BUA	*Bulletin de l' Université de l' Aurore* (Shanghai)
BUM	*Burlington Magazine*
BUSNM	*Bulletin of the U.S. National Museum*
BVB	*Bayerische Vorgeschichtsblätter*
BVSAW/PH	*Berichteü. d. Verhandl. d. Sächs. Akad. Wiss.* (Leipzig)
CAF	*Congrès Archéologiques de France*
CAMR	*Cambridge Review*

CAR	Catholic Review	CP	Classical Philology
CEN	Centaurus	CQ	Classical Quarterly
CET	Ciel et Terre	CR	China Review (Hongkong and Shanghai)
CHER	Chhing-Hua Engineering Reports (Kung Chhêng Hsüeh Pao) 《国立清华大学工程学报》	CRAAF	Comptes Rendus hebdomadaires de l'Académie d'Agriculture de France
CHESJ	Chhing-Hua Engineering Society Journal (Kung Chhêng Hsüeh Hui Hui Khan) 《国立清华大学工程学会会刊》	CRAS	Comptes Rendus hebdomadaires de l'Acad. des Sciences (Paris)
		CREC	China Reconstructs
CHI	Cambridge History of India	CRRR	Chinese Repository
		CTE	China Trade and Engineering
CHIM	Chimica (Italy)	CUL	Cambridge University Library
CHJ	Chhing-Hua Hsüeh Pao (Chhing-Hua (Ts'ing-Hua) University Journal of Chinese Studies) 《清华学报》	CUP	Cambridge University Press
		D	Discovery
		DAE	Daedalus (Journ. Amer. Acad. Arts and Sciences)
CHJ/T	Chhing-Hua (Ts'ing-Hua) Journal of Chinese Studies (New Series, publ. Thaiwan) 《清华学报》(台湾)	DEI	De Ingenieur ('s-Gravenhage)
		DHT	Documents pour l'histoire des Techniques (Cahiers du Centre de Documentation d'Hist. des Tech.；Conservatoire Nat. des Arts et Métiers, Paris)
CIBA/T	Ciba Review (Textile Technology)		
CJ	China Journal of Science and Arts		
CLHP	Chin-Ling Hsüeh Pao (Nanking University semi-annual Journal) 《金陵学报》(南京大学半年刊)	DI	Die Islam
		DKM	Die Katholischen Missionen (Bonn)
		DNAT	Die Natur (Halle a/d Saale)
CLIT	Chinese Literature	DNATU	Die Natuur (Amsterdam)
CLTC	Chen Li Tsa Chih (Truth Miscellany) 《真理杂志》	DP	Dissertationes Pannonicae ex Instituto Numismatico et Archaeologico Universitatis de Petro Pázmány Nominatae Budapestinensis Provenientes
CME	Chartered Mechanical Engineer		
CMIS	Chinese Miscellany		
CON	Connoisseur		

DTP	Revista de Dialectologia y Tradiciones Populares (Madrid)
DUZ	Deutsche Uhrmacher Zeitung
EAN	Edgar Allen News
EDJ	Edinburgh Journal (Chambers')
EHOR	Eastern Horizon (Hongkong)
EHR	Economic History Review
EMJ	Engineering and Mining Journal
EN	Engineer
END	Endeavour
ENG	Engineering
ENPJ	Edinburgh New Philos. Journ.
EPJ	Edinburgh Philosophical Journal
ERE	Encyclopaedia of Religion and Ethics
ETH	Ethnos
EWD	Electrical World (New York)
FEQ	Far Eastern Quarterly (continued as Journal of Asian Studies)
FI	France-Illustration
FK	Földrajzi Közlemények (Hungarian Journal of Geography)
FL	Folklore
FLV	Folk-Liv
FMNHP/AS	Field Museum of Natural History (Chicago) Publications, Anthropological Series
GB	Globus
GBA	Gazette des Beaux Arts
GC	Génie Civil
GERM	Germania
GGM	Geographica (Magazine)

GJ	Geographical Journal
GR	Geographical Review
GRO	Geografia Revuo (Esperanto; Beograd)
GRSCI	Graphic Science
GTIG	Geschichtsblätter f. Technik, Industrie u. Gewerbe
GWU	Geschichte in Wissenschaft u. Unterricht (Zeitschr. d. Ver bandes d. Geschichtslehrer Deutschlands)
H	History
HCCC	Huang Chhing Ching Chieh (Yen Chieh, ed.) 《皇清经解(严杰编)》
HE	Hesperia (Journ. Amer. Sch. Class. Stud. Athens)
HH	Han Hiue (Han Hsüeh); Bulletin du Centre d'E tudes Sinolo giques de Pékin 《汉学》(北平中法汉学研究所)
HJAS	Harvard Journal of Asiatic Studies
HMSO	Her Majesty's Stationery Office
HORJ	Horological Journal
HP	Hespéris (Archives Berbères et Bulletin de l'Institut des Hautes Études Marocaines)
I	L'Ingegnere
IAE	Internationales Archiv f. Ethnographie
IAQ	Indian Antiquary
IAUT	Revista del Instituto de Antropologia de la Universidad Nacional de Tucuman

IB	Ingeniør og Bygningsvaesen (Copenhagen)	JHS	Journal of Hellenic Studies
ICS	L'Italia che Scrive	JIN	Journal of the Institute of Navigation (U. K.)
ILN	Illustrated London News	JISI	Journal of the Iron and Steel Institute(U. K.)
IM	Imago Mundi; Yearbook of Early Cartography	JJHS	Japanese Journal of the History of Science (Kagakushi Kenkyū)《科学史研究》
ISIS	Isis		
ISL	Islam		
JA	Journal Asiatique		
JAFL	Journal of American Folklore	JKHSW	Jahrbuch d. Kunsthistorischen Sammlungen in Wien
JAN	Janus		
JAOS	Journal of the American Oriental Society	JNPCA	Journal of Natural Philos., Chem. and the Arts (Nicholson's), (later united with PMG)
JAS	Journal of Asian Studies (continuation of Far Eastern Quarterly, FEQ)		
JBAA	Journal of the British Archaeological Association	JOSHK	Journal of Oriental Studies (Hongkong Univ.)《东方文化》(香港大学)
JCE	Journal of Chemical Education	JPIME	Journal and Proceedings, Institution of Mechanical Engineers
JCUS	Journal of Cuneiform Studies		
JEH	Journal of Economic History	JRAES	Journal of the Royal Aeronautical Society (formerly Aeronautical Journal)
JESHO	Journal of the Economic and Social History of the Orient		
JCJRI	Journal of the Gangana-tha Jha Research Institute	JRAI	Journal of the Royal Anthropological Institute
JGLGA	Jahrbuch d. Gesellschaft f. löthringen Geschichte u. Altertumskunde	JRAS	Journal of the Royal Asiatic Society
		JRAS/C	Journal of the Ceylon Branch of the Royal Asiatic Society
JHI	Journal of the History of Ideas		
JHMAS	Journal of the History of Medicine and Allied Sciences	JRAS/KB	Journal (or Transactions) of the Korea Branch of the Royal Asiatic Society
JHOAI	Jahreshefte d. österreich. Arch äol. Institut (Vienna)	JRAS/NCB	Journal (or Transactions) of the North China Branch of the Royal Asiatic Society

JRCAS	Journal of the Royal Central Asian Society
JRSA	Journal of the Royal Society of Arts
JRSAI	Journal of the Royal Society of Antiquaries of Ireland
JS	Journal des Sçavans (1665 — 1778) and Journal des Savants (1816—)
JSHB	Journal Suisse d'Horlogérie et Bijouterie (later J. Suisse d'Horlog.)
JWCBRS	Journal of the Westcnina Border Reseavch Society
JWCI	Journal of the Warburg and Courtauld Institutes
JWH	Journal of World History (UNESCO)
KDVS/AKM	Kgl. Danske Videnskabernes Selskab (Archaeol. Kunsthist. Medd.)
KDVS/HFM	Kgl. Danske Videnskabernes Selskab (Hist.-Filol. Medd.)
KHS	Kho Hsüeh (Science) 《科学》
KHTP	Kho Hsüeh Thung Pao (Science Correspondent)
KK	Kokka 《国华》
KKTH	Khao Ku Thung Hsün (Archaeological Correspondent) 《考古通讯》
KMJP	Kuang Ming Jih Pao 《光明日报》
KSHP	Kuo Sui Hsüeh Pao 《国粹学报》
KVHAAH	Kungl. Vitterhets Historie och Antikvitets Akademiens Handlingar (Oslo)
LFI	La Fonderia Italiana
LN	La Nature
LRCW	Locomotive, Railway Carriage and Wagon Review
LSH	La Suisse Horlogère
LSYC	Li Shih Yen Chiu (Peking)(Journal of Historical Research) 《历史研究》(北京)
MA	Man
MAI/NEM	Mémoires de l'Académie des Inscriptions et Belles-Lettres, Paris (Notices et Extraits des MSS.)
MANU	Manuscripta
MAS	Mémoires de l'Académie des Sciences (Paris)
MC	Métaux et Civilisations (continued as Techniques et Civilisations)
MC/TC	Techniques et Civilisations (formerly Métaux et Civilisations)
MCB	Mélanges Chinois et Bouddhiques
MCHSAMUC	Memoires concernant l' Histoire, les Sciences, les Arts, les Moeurs et les Usages, des Chinois, parles Missionnaires de Pékin (Paris 1776—)
MDGNVO	Mitteilungen d. deutsch. Gesellsch. f. Natur. u. Volkskunde Ostasiens

MDIK	*Mitteilungen d. deutsch-en Inst. f. ägypt. Alter-tumskunde in Kairo*	*MSOS*	*Mitteilungen d. Seminar f. orientalischen Spra-chen*(Berlin)
MENG	*Mechanical Engineering* (New York)	*MSTRM*	*Mainstream*(New York)
		MT	*Metallurgia*
MF	*Mercure de France*	*MW*	*Middle Way* (*Journal of the Buddhist Society*, U. K.*)*
MGNM	*Mitteilungen a. d. germ-anisches National-Mu-seum*		
MGSC	*Memoirs of the Chinese Geological Survev* 《地质专报》（中央地质调查所）	*N*	*Nature*
		NALC	*Nova Acta*; *Abhandl. d. Kaiserl. Leop. -Carol. Deutsch. Akad. Naturf.* (Halle)
MH	*Medical History*	*NATV*	*Naturens Verden* (Copen-hagen)
MIARA	*Machines et Inventions ap-proúvées par l'Acad-émie* (des Sciences de Paris)	*NAVC*	*Naval Chronicle*
		NAW	*Nieuwe Archief voor Wi-skunde*
MIT	Massachusetts Institute of Technology	*NBAC*	*Nuovo Bull. di Archeolo-gia Cristiana*(Rome)
MLN	*Modern Language Notes*	*NCR*	*New China Review*
MMG	*Mechanics'Magazine*	*NGM*	*National Geographic Ma-gazine*
MMI	*Mariner's Mirror*		
MN	*Monumenta Nipponica*	*NGWG/PH*	*Nachrichten v. d. k. Gesellsch.* (*Akademie*) *d. Wiss. z. Göttingen* (Phil. -Hist. Klasse)
MP	*Il Marco Polo*		
MRAI/DS	*Mémoires presentés par divers savants à l'Ac-adémie Royale des In-scriptions et Belles-Let-tres*(Paris)	*NJKA*	*Neue Jahrbücher f. d. klass. Altertum*,*Geschi-chte*,*deutsch. Literatur u. f. Pädagogik*
MRASP	*Mémoires de l'Académie Royale des Sciences* (Paris)	*NKKZ*	*Nihon Kagaku Koten Zen- sho* (Collection of works concerning the History of Sci-ence and Technol-ogy in Japan)《日本科学古典全书》
MRDTB	*Memoirs of the Research Dept. of Tōyō Bunko* (Tokyo)		
MS	*Monumenta Serica*		
MSAF	*Mémoires de la Société* (*Nat.*)*des Antiquaires de France*	*NO*	*New Orient* (Prague)
		NQ	*Notes and Queries*
MSFO	*Mémoires de la Soc. Fin-no Ougrienne*	*NQCJ*	*Notes and Queries on Chi-na and Japan*

NRRS	Notes and Records of the Royal Society	PMJP	Mitteilungen aus Justus Perthes'Geographische Anstalt(Petermann's)
NS	New Scientist		
NSN	New Statesman and Nation (London)	PNHB	Peking Natural History Bulletin
NUK	Natur u. Kultur (München)	PO	Poona Orientalist
		POPA	Popular Astronomy
NV	The Navy	POPS	Popular Science (U. S. A.)
OAR	Ostasiatische Rundschau		
OAS	Ostasiatische Studien	PPHS	Proceedings of the Prehistoric Society
OAV	Orientalistisches Archiv (Leipzig)	PPS	Proceedings of the Physical Society
OAZ	Ostasiatische Zeitschrift		
OB	Orientalistische Bibliographie	PRH	Praehistoria(Prague)
		PRIA	Procedings of the Royal Irish Academy
OC	Open Court		
OE	Oriens Extremus (Hamburg)	PRS	Proceedings of the Royal Society (before division into series A and B)
OLL	Ostasiatischer Lloyd		
OLZ	Orientalische Literatur-Zeitung	PRSA	Proceedings of the Royal Society(Ser. A)
OR	Oriens	PRSM	Proceedings of the Royal Society of Medicine
ORA	Oriental Art		
ORT	Orient	PSA	Proceedings of the Society of Antiquaries
OSIS	Osiris		
OUP	Oxford University Press	PSAS	Proceedings of the Society of Antiquaries of Scotland
PA	Pacific Affairs		
PC	People's China		
PET	Petroleum	PTRS	Philosophical Transactions of the Royal Society
PFL	Pennsylvania Folklife		
PHFC	Proceedings of the Hampshire Field Club and Archaeol. Soc.	QSGNM	Quellen u. Studien z. Gesch. d. Naturwiss. u. d. Medizin (continuation of Archiv f. Gesch. d. Math. , d. Naturwiss. u. d. Technik, formerly Archiv f. d. Gesch. d. Naturwiss. u. d. Technik)
PHY	Physis(Florence)		
PIGE	Proc. Inst. Gas Engineers (U. K.)		
PIME	Proceedings of the Institute of Mechanical Engineers(U. K.)		
PKR	Peking Review	RA	Revue Archéologique
PL	Philologus, Zeitschrift f. d. klass. Altertums	RBA	Revue de Botanique Appliquée

RBMQR	Rotol and British Messier Quarterly Review	SDPVT	Sbornik pro Dějiny Přirodnich Věd a Techniky (Acta Historiae Rerum Naturalium necnon Technicarum) (Prague)
RBS	Revue Bibliographique de Sinologie	SE	Stahl und Eisen
RDI	Rivista d'Ingegneria	SH	Shih Huo (Journal Hist. of Economics)
REJ	Royal Engineers Journal		《食货》
RG	Revista de Guimarães	SIS	Sino-Indian Studies (Santiniketan)
RGHE	Revue de Géographie Humaine et d'Ethnologie	SL	Shui Li (Hydraulic Engineering)
RHS	Revue d'Histoire des Sciences (Centre Internationale de Synthèse, Paris)		《水利》
		SLAVA	Slavia Antiqua (Poznan)
RHSID	Revue d'Histoire de la Sidérurgie (Nancy)	SN	Scientific News
RPLAH	Revue de Philol. Litt. et Hist. Ancienne	SN	Shirin (Journal of History) (Kyōto)
			《史林》(京都)
RQS	Revue des Questions Scientifiques (Brussels)	SO	Sociologia (Brazil)
RR	Review of Religion	SP	Speculum
RRIL	Rendiconti d. R. Istituto Lombardo	SPAW	Sitzungsberichte d. preuss. Akad. d. Wissenschaft
RSH	Revue de Synthèse Historique	SPCK	Society for the Promotion of Christian Knowledge
RSO	Rivista di Studi Orientali	SPMSE	Sitzungsberichte d. physik. med. Soc. Erlangen
RTS	Religious Tract Society	SPRDS	Scientific Proceedings of the Royal Dublin Society
RUB	Revue de l'Univ. de Bruxeues sioner of Patents		
RUSCP	Reportsof the U. S. Commis	SR	Sperry Review
S	Sinologica (Basel)	SSC	Bulletin Annuel de la Société Suisse de Chronométrie
SA	Sinica (originally Chinesische Blätter f. Wissenschaft u. Kunst)	SSE	Studia Serica (West China Union University Literary and Historical Journal)
SAE	Saeculum		
SAM	Scientific American		
SAN	Shell Aviation News		
SB	Shizen to Bunka 《自然と文化》	SWAW/PH	Sitzungsberichte d. k. Akad. d. Wissenschaften Wien (Vienna) (Phil.-Hist. Klasse)
SBE	Sacred Books of the East series		

SWYK	Shuo Wên Yüeh Khan (Philological Monthly) 《说文月刊》	TGAS	Transactions of the Glasgow Archaeological Society
SYR	Syria	TH	Thien Hsia Monthly (Shanghai) 《天下》(上海)
T	Technica (Bull. du Comité Belge de Bijouterie et de l'Horlogérie)		
		TIIC	Transactions of the Indian Institute of Culture (Basavangudi, Bahgalore)
TAP	Annals of Philosophy (Thomson's)		
TAPS	Transactions of the American Philosophical Society (cf. MAPS)	TIMC	Time Magazine
		TIYT	Trudy Instituta Istorii Yestestvoznania i Tekhniki
TAS/J	Transactions of the Asiatic Society of Japan		
TASCE	Transactions of the American Society of Civil Engineers	TJSL	Transactions (and Proceedings) of the Japan Society of London
		TK	Tōyōshi Kenkyū (Researcher in Oriental History) 《东洋史研究》
TBK	Tōyō Bunka Kenkyūjo Kiyō (Memoirs of the Institute of Oriental Culture, Univ. of Tokyo) 《东洋文化研究所纪要》(东京大学)		
		TM	Terrestrial Magnetism and Atmospheric Electricity (continued as Journ. Geophysical Research)
TBS	Tōyō no Bunka to Shakai (Oriental Culture and Society) 《东洋の文化と社会》		
		TNS	Transactions of the Newcomen Society
TCKM	Thung Chien Kang Mu (Chu Hsi et al. ed.) 《通鉴纲目》(朱熹等编)	TP	T'oung Pao (Archivesconcernant l'Histoire, les Langues, la Géographie, l'Ethnographie et les Arts de l'Asie Orientale Leiden) 《通报》(莱顿)
TCULT	Technology and Culture		
TFTC	Tung Fang Tsa Chih (Eastern Miscellany) 《东方杂志》		
		TR	Technology Review
TG/K	Tōhō Gakuhō, Kyōto (Kyoto Journal of Oriental Studies) 《东方学报》(京都)	TRDG	Tenri Daigaku Gakuhō (Bulletin of Tenri University) 《天理大学学报》
		TWHP	Thien Wên Hsüeh Pao (Acta Astronomica Sinica) 《天文学报》
TG/T	Tōhō Gakuhō, Tōkyō (Tokyo Journal of Oriental Studies) 《东方学报》(东京)		

TŸG   *Tōyō Gakuhō* (*Reports of the Oriental Society of Tokyo*) 《东洋学报》

UJA   *Ulster Journal of Archaeology*

UMK   *Uhrmacherkunst* (*Verbandszeitung d. deutsch. Uhrmacher*)

VAG   *Vierteljahrsschrift d. astronomischen Gesellschaft*

VDI   Verein d. deutschen Ingenieure

VS   *Variétés Sinologiques*

WCC   *Bulletin of the Nat Assoc. Watch and Clock Collectors* (U. S. A.)

WEAR   *Wear* (a journal of friction and lubrication studies)

WHJP   *Wuhan University Daily* 《武汉日报》

WP   *Water Power*

WWTK   *Wên Wu Tshan Khao Tzu Liao* (*Reference Materials for History and Archaeology*) 《文物参考资料》

YAHS   *Yenching Shih Hsüeh Nien Pao* (*Yenching University Annual of Historical Studies*) 《史学年报》(燕京大学)

YCHP   *Yenching Hsüeh Pao* (*Yenching University Journal of Chinese Studies*) 《燕京学报》

Z   *Zalmoxis; Revue des Etudes Religieuses*

ZAES   *Zeitschrift f. Aegyptische Sprache u. Altertumskunde*

ZAGA   *Zeitschrift f. Agrargeschichte u. Agrarsoziologie*

ZDMG   *Zeitschrift d. deutsch. Morgenländischen Gesel-lschaft*

ZDVTS   *Z Dej in Vied a Techniky na Slovensku* (Bratislava)

ZGT   *Zeitschrift. f. d. gesamte Turbinenwesen*

ZHWK   *Zeitschrift f. historische Wappenkunde* (continued as *Zeitschr. f. hist. Wappenund Kostumkunde*)

ZMP   *Zeitschrift f. Math. u. Physik*

ZOIAV   *Zeitschrift d. österr. Ingenieur u. Architekten Vereines*

ZTF   *Zeitschrift f. techn. Fortschritt*

ZVDI   *Zeitschrift d. Vereines deutsch. Ingenieure*

A. 1800 年以前的中文书籍

安阳县志
Local History and Topography of Anyang
  District (Henan)
清,1693 年
马国正等
1738 年陈锡辂增补
1819 年贵泰增补

白虎通德论
Comprehensive Discussions at the White
  Tiger Lodge
东汉,约 80 年
班固
译本:Tsêng Chu-Sên (1)

白孔六帖
  见《六帖》

百川学海
The Hundred Rivers Sea of Learning[a col-
  lection of separate books; the first
  tshung-shu]
宋,12 世纪后期或 13 世纪初期
左圭辑

稗海
The Sea of Wild Weeds[a *tshungshu*
  collection of 74 books]
明
商濬编

抱朴子
Book of the Preservation-of-Solidarity Mas-
  ter
晋,4 世纪早期
葛洪
部分译文:Feifel (1, 2); Wu & Davis (2);
  等

TT/1171—1173

北齐书
History of the Northern Chhi Dynasty
  [+550 to +577]
唐,640 年
李德林及其子李百药
少数几卷的译文:Pfizmaier (60)
节译索引:Frankel (1)

北史
History of the Northern Dynasties [Nan
  Pei Chhao period,+386 to +581]
唐,约 670 年
李延寿
节译索引:Frankel (1)

北堂书钞
Book Records of the Northern Hall [encyc-
  lopaedia]
唐,约 630 年
虞世南

北行日录
Diary of a Journey to the North
宋,1169 年
楼钥

北周书
  见《周书》

本草图经
The Illustrated Pharmacopoeia
宋,约 1070 年(1062 年进呈)
苏颂
现仅作为引文存于《图经衍义本草》
  (*TT*/761)及后来的本草著作中

本草衍义

The Meaning of the Pharmacopoeia
Elucidated

宋，1116 年

寇宗奭

也部分地包含在《图经衍义本草》(TT/
761)中，并为后来的本草著作引用

便用学海群玉

Seas of Knowledge and Mines of Jade；
Encyclopaedia for Convenient Use

明，1607 年

编者不详

武纬子辑

表异录

Notices of Strange Things

明

王志坚

泊宅编

Papers from the Anchored Dwelling

宋，约 1117 年

方勺

博古图录

见《宣和博古图》

博物志

Record of the Investigation of Things
(参见《续博物志》)

晋，约 290 年(始撰于 270 年前后)

张华

步天歌

Song of the March of the Heavens [astro-
nomical]

隋，6 世纪末

王希明

译本：Soothill (5)

参同契

The Kinship of the Three；or，The Accor-

dance(of the Book of Changes) with the
Phenomena of Composite Things

东汉，142 年

魏伯阳

阴长生注

译本：Wu & Davis (10)

TT/990

参同契发挥

Elucidations of the *Kinship of the Three*
[alchemy]

元，1284 年

俞琰

TT/996

参同契分章注解

The *Kinship of the Three* divided into Cha-
pters，with Commentary and Analysis

元，约 1330 年

陈致虚(上阳子)

《道藏辑要》第 93 本

参同契考异

A Study of the *Kinship of the Three*

宋，1197 年

朱熹(原托名邹䜣)

TT/992

蚕书

Book of Sericulture

宋，约 1090 年

秦观

长春真人西游记

The Western Journey of the Taoist
(Chhiu) Chhang-Chhun

元，1228 年

李志常

朝野佥载

Stories of Court Life and Rustic Life[or，
Anecdotes from Court and Countryside]

唐，8 世纪，但在宋代已经大量改编

张骘

陈书

History of the Chhen Dynasty [+556 to
　+580]
唐,630 年
姚思廉与其父姚察
部分译文:Pfizmaier (59);节译索引:Fra-
　nkel (1)

诚斋杂记

Miscellanea of the Sincerity Studio
宋,约 1295 年
周达观

池北偶谈

Chance Conversations North of the Fish-
　pond
清,1691 年
王士祯

冲虚真经

见《列子》

畴人传

Biographies of Mathematicians and As-
　tronomers
清,1799 年
阮元
罗士琳、诸可宝和黄钟骏有续编
收入《皇清经解》卷一五九起

初学记

Entry into Learning [encyclopaedia]
唐,700 年
徐坚

杵臼经

见:翁广平(1)

楚辞

Elegies of Chhu (State) [or, Songs of the
　South]

周,约公元前 300 年(汉代有增益)
屈原(以及贾谊、严忌、宋玉、淮南小山等)
部分译文:Waley (23);译本:Hawkes (1)

楚辞补注

Supplementary Annotations to the *Elegies
　of Chhu*
宋,约 1140 年
洪兴祖撰

吹剑录外集

The Chhui Chien Miscellany
宋,约 1260 年
俞文豹

春秋

Spring and Autumn Annals [i. e. Records of
　Springs and Autumns]
周,鲁国公元前 722—前 481 年的编年史
作者不详
参见《左传》、《公羊传》、《穀梁传》
见:Wu Khang (1); Wu Shih-Chhang (1);
　van der Loon (1)
译本:Couvreur (1); Legge (11)

春秋繁露

String of Pearls on the *Spring and Autumn
　Annals*
西汉,约公元前 135 年
董仲舒
见:Wu Khang (1)
部分译文:Wieger (2); Hughes (1);
　d'Hormon (ed.)
《通检丛刊》之四

辍耕录

[也作《南村辍耕录》]
Talks (at South Village)while the Plough is
　Resting
元,1366 年
陶宗仪

大清历朝实录

Veritable Records of the Chhing Dynasty
清,1644 年起
据崇谟阁藏本影印,长春,1937 年

大元毡罽工物记
Record of the Government Weaving Mills
元
作者不详
辑自《元经世大典》

丹铅总录
Red Lead Record
明,1542 年
杨慎

道藏
The Taoist Patrology [containing 1464
Taoist works]
历代作品,但最初汇辑于唐,约在 730
年;后于 870 年重辑并于 1019 年编定。初
刊于宋(1110—1117 年)。金(1186—1191
年)、元(1244 年)及明(1445 年、1598 年和
1607 年)也曾刊印
作者众多
索引:Wieger (6),见伯希和对其的评述;翁
独健所编索引(《引得》第 25 号)

道德经
Canon of the Tao and its Virtue
周,公元前 300 年以前
传为李耳(老子)撰
译本:Waley (4); Chhu Ta-Kao (2);Lin
Yu-Tang (1); Wieger (7); Duyvendak
(18);及其他多种译本

帝京景物略
Descriptions of Things and Customs at the
Imperial Capital (Nanking)
明,约 1638 年
刘侗

帝王世纪
Stories of the Ancient Monarchs

三国或晋,约 270 年
皇甫谧

钓矶立谈
Talks at Fisherman's Rock
五代(南唐)和宋,约始撰于 935 年
史虚白

鼎澧逸民
Recollections of Tingchow
宋,约 1150 年
作者不详
参见:朱希祖(2)

东国文献备考
见《增补文献备考》

东京梦华录
Dreams of the Glories of the Eastern Capital
(Khaifêng)
南宋,1148 年(涉及止于 1126 年北宋
京城陷落及 1135 年迁至杭州的两个十年
时期),初刊于 1187 年
孟元老

东坡全集(七集)
The Complete (or Seven) Collections of
(Su) Tung-Pho [i. e. Collected Works]
宋,直至 1101 年,但后来合集在一起
苏东坡

东坡志林
Journal and Miscellany of (Su) Tung-Pho
[compiled while in exile in Hainan]
宋,1097—1101 年
苏东坡

东轩笔录
Jottings from the Eastern Side—Hall
宋,11 世纪末
魏泰

洞天清录(一作《洞天清禄集》)

Clarifications of Strange Things [Taoist]

宋,约 1240 年

赵希鹄

独醒杂志

Miscellaneous Records of the Lone Watcher

宋,1176 年

曾敏行

独异志

Things Uniquely Strange

唐

李冗

杜阳杂编

The Tu-yang Miscellany

唐,9 世纪末

苏鹗

尔雅

Literary Expositor [dictionary]

周代材料,编定于秦或西汉

编者不详

郭璞于 300 年前后增补并注

《引得特刊》第 18 号

法显行传

　　见《佛国记》

范文正公文集

Collected Works of Fan Chung-Yen

宋,约 1060 年

范仲淹

方言

Dictionary of Local Expressions

西汉,约公元前 15 年(但后人作过不少改

　　动)

扬雄

方言疏证

Correct Text of the *Dictionary of Local*
　　Expressions, with Annotations and Am-

plifications

清,1777 年

戴震

防海辑要

　　见:俞昌会(1)

风俗通义

The Meaning of Popular Traditions and
　　Customs

东汉,175 年

应劭

《通检丛刊》之三

枫窗小牍

Maple-Tree Window Memories

宋,12 世纪后期

袁褧

由另一作者在 1202 年后不久续成

封氏闻见记

Things Seen and Heard by Mr Fêng

唐,8 世纪后期

封演

参见:des Rotours (2), p. 104

佛国记

　　[又名《法显传》或《法显行传》]

Records of Buddhist Countries [also called
　　Travels of Fa-Hsien]

晋,416 年

法显(僧人)

佛国历象编

　　见:圆通(1)

傅子

Book of Master Fu

晋,3 世纪

傅玄

高厚蒙求

后以《高厚蒙求摘略》流传

Important Information on the Universe
　　[astronomy and celestial and terrestrial
　　cartography]
清,约 1799 年;1807—1829 年重刊,1842 年
排印
徐朝俊

高僧传
　　Biographies of Outstanding (Buddhist)
　　　Monks [especially those noted for learn-
　　　ing and philosophical eminence]
梁,519 年和 554 年之间
慧皎
TW/2059

格古要论
　　Handbook of Archaeology
明,1387 年;增补版,1459 年
曹昭

格致古微
　　见:王仁俊(*1*)

格致镜原
　　Mirror of Scientific and Technological Ori-
　　　gins
清,1735 年
陈元龙

耕织图
　　Pictures of Tilling and Weaving
宋,原图为手绘,1145 年,或许当时已有了最
　　早的木刻刊本;1210 年刻石,其时可能仍
　　用木刻版刊印
楼璹
福兰格[Franke (11)]发表的图是出于 1462
　　年和 1739 年刊本的;伯希和[Pelliot (24)]
　　发表的一组图是基于 1237 年的一种版本
　　的。原图今已不存,但和上面提到的那些
　　配有楼璹诗句的刊本不会有太大的差别。
　　清代的第一个刊本刊行于 1696 年

耕织图诗

Poems for the *Pictures of Tilling and Weav-*
　　ing
宋,约 1145 年
楼璹

工部厂库须知
　　What should be known (to officials) about
　　　the Factories, Workshops and Storehous-
　　　es of the Ministry of Works
明,1615 年
何士晋

工师雕斲正式鲁班木经匠家镜
　　The Timberwork Manual and Artisans'
　　　Mirror of Lu Pan, Patron of all Carvers,
　　　Joiners and Wood-Workers
年代不详,内含传统的并肯定有部分属于中
　　世纪的材料
有 1870 年及若干其他年代的翻刻本
原题作者为司正午容
章严和周言编

古今事物原始
　　Beginnings of Things, Old and New
明
徐炬

古今注
　　Commentary on Things Old and New
晋,约 300 年
崔豹
见:des Rotours (1), p. xcviii

古微书
　　Old Mysterious Books [a collection of the
　　　apocryphal Chhan-Wei treatises]
年代未定,部分撰于西汉
(明)孙毂编

古文奇赏
　　Collection of the Best Essays of Former
　　　Times
明,约 1630 年

陈仁锡编

古玉图

Illustrated Description of Ancient Jade Objects

元,1341 年

朱德润

古乐府

Treasury of Ancient Songs

隋以前的作品集

最初的作者和汇集者不详

元,左克明编辑并初刻,约 1345 年

故宫遗录

Description of the Palaces (of the Yuan Emperors)

明,1368 年

萧洵

管子

The Book of Master Kuan

周和西汉。也许主要是在稷下学宫编成的
（公元前 4 世纪晚期）,其中有部分来自较
早的材料

传为管仲撰

部分译文:Haloun (2, 5); Than Po-Fu *et al.* (1)

广东新语

New Talks about Kuangtung Province

清,约 1690 年

屈大均

广弘明集

Further Collection of Essays on Buddhism
（参见《弘明集》）

唐,约 660 年

道宣

广雅

Enlargement of the *Erh Ya*; *Literary Expositor* [dictionary]

三国(魏),230 年

张揖

广雅疏证

Correct Text of the *Enlargement of the Erh Ya*, with Annotations and Amplifications

清,1796 年

王念孙

广阳杂记

Collected Miscellanea of Master Kuang-Yang (Liu Hsien-Thing)

清,约 1695 年

刘献廷

广韵

Enlargement of the *Chhieh Yün*; *Dictionary of the Sounds of Characters*

宋
（由晚唐及宋代学者完成,本书今名定于
1011 年）

陆法言等

归潜志

On Returning to a Life of Obscurity

金,1235 年

刘祁

龟溪集

Poems from Tortoise Valley

宋,约 1130 年

沈与求

鬼谷子

Book of the Devil Valley Master

周,公元前 4 世纪(也许有部分内容是汉或
更晚些时期的)

作者不详,可能是苏秦或其他一些纵横家
人物

国朝柔远记

见:王之春(*1*)

国语

    Discourses on the (ancient feudal) States

    晚周、秦和西汉,包含出于古代记录的早期
      材料

    作者不详

海岛逸志摘略

    Brief Selection of Lost Records of the Isles
      of the Sea [or, a Desultory Account of
      the Malayan Archipelago]

    清,1738—1790 年间;序,1791 年

    王大海

    译本:Anon. (37)

海国图志

    见:魏源和林则徐(1)

韩非子

    The Book of Master Han Fei

    周,公元前 3 世纪早期

    韩非

    译本:Liao Wên-Kuei (1)

汉魏丛书

    Collection of Books of the Han and Wei Dy-
      nasties [最初仅收 38 种,后增至 96 种]

    明,1592 年

    屠隆编

和汉三才图会

    The Chinese and Japanese Universal Ency-
      clopaedia (based on the *San Tshai Thu
      Hui*)

    日本,1712 年

    寺岛良安

和事始

    The Origins of Affairs in Japan

    日本,1696 年

    贝原益轩

河工器具图说

    见:麟庆(2)

鹖冠子

    Book of the Pheasant-Cap Master

    一部内容很杂的书,编定于 629 年,如在敦
      煌发现的一种抄本所表明的那样。其中很
      多部分当出于周代(公元前 4 世纪),且大
      部分不晚于汉代(2 世纪),但也混入了一
      些后来的作品,包括一篇已成为正文的 4
      或 5 世纪的注释,这约占全书的七分之一
      [Haloun (5), p. 88]。书中还含有一篇已
      佚的"兵法书"

    传为鹖冠子著

    TT/1161

弘明集

    Collected Essays on Buddhism (参见《广弘
      明集》)

    南齐,约 500 年

    僧祐

红楼梦

    The Dream of the Red Chamber [novel]

    清,1792 年

    前八十回,曹沾(卒于 1763 年)撰;后四十回,
      高鹗续

    译本:Wang Chi-Chen (1)

洪范五行传

    Discourse on the Hung Fan chapter of the
      Historical Classic in relation to the Five
      Elements

    西汉,约公元前 10 年

    刘向

鸿书

    Book of the Wild Geese

    明

    刘仲达

鸿雪因缘图记

    见:麟庆(1)

后汉书

History of the Later Han Dynasty［＋25 to
　＋220］
刘宋,450 年
范晔
其中"志"系司马彪(卒于 305 年)撰
仅少数几卷有译文:Chavannes (6,16);Pf-
　izmaier (52, 53)
《引得》第 41 号

后周书
　见《周书》

华城城役仪轨
Records and Machines of the Hwasŏng Co-
　nstruction Service［for the Emergency
　Capital at Suwŏn］
朝鲜,1792 年,1796 年交稿,1801 年刊印
丁若镛
见:Chevalier (1); Henderson (1)

华阳国志
Record of the country South of Mount Hua
　［historical geography of Szechuan down
　to ＋138］
晋,347 年
常璩

画墁集
Painted Walls
宋,约 1110 年
张舜民

淮南鸿烈解
　见《淮南子》
《淮南(王)万毕术》
［或即《枕中鸿宝苑秘书》和各种异本］
The Ten Thousand Infallible Arts of (the
　Prince of) Huai-Nan［Taoist alchemical
　and technical recipes］
西汉,公元前 2 世纪
已无完本,仅在《太平御览》卷 736 及别处存
　有佚文
有叶德辉《观古堂所著书》和孙冯翼《问经堂

丛书》辑佚本
传为刘安撰
见:Kaltenmark (2), p.32
"枕中"、"鸿宝"、"万毕"和"苑秘"可能原为
　《淮南王书》中的篇名,由它们构成了"中
　篇"(也可能是"外书"),而现存的《淮南子》
　则是其"内书"

淮南子
［即《淮南鸿烈解》］
The Book of (the Prince of) Huai-Nan
　［compendium of natural philosophy］
西汉,约公元前 120 年
刘安(淮南王)聚集学者集体撰写
部分译文:Morgan (1); Erkes (1);Hug-
　hes (1); Chatley (1); Wieger (2); Wal-
　lacker (1)
《通检丛刊》之五
TT/1170

皇清经解
Collection of (more than 180) Monographs
　on Classical Subjects written during the
　Chhing Dynasty
见:严杰(*1*)

浑天
The Celestial Sphere (Instrument)
见《浑仪》

浑天象说(注)
Discourse on Uranographic Models
三国,约 260 年
王蕃
收录在《全上古三代秦汉三国六朝文》
　(三国),卷七十二,第一页起

浑仪
［即《浑天》］
On the Armillary Sphere
东汉,117 年
张衡
玉函山房辑佚书卷七十六有辑本

浑仪图注

The Armillary Sphere，With Illustratio-
ns and Commentary

见《浑天》

機巧圖彙

Illustrated Treatise on Horological (lit. Me-
chanical) Ingenuity

日本，1796 年

細川半藏賴直

摹本，文字部分附有现代译文，载于山口隆
二(1)

急就篇(章)

Dictionary for Urgent Use

西汉，公元前 48—前 32 年

史游

13 世纪王应麟补注

集韵

Complete Dictionary of the Sounds of
Characters

宋，1037 年

丁度等撰

可能由司马光于 1067 年编定

记杨么本末

The History of (the Rebellion of)
Yang Yao from Beginning to End

宋，约 1140 年

李龟年

仅存残篇

建康集

Record of Nanking Affairs

宋，约 1110 年

叶梦得

建炎以来系年要录

A Chronicle of the Most Important Events
since the Chien-Yen Reign-Period
(+1127 to +1130) [of the Southern

Sung]

宋，约 1220 年

李心传

剑南诗稿

Collected Poems from Szechuan (the cou-
ntry south of Chien-Mên-Kuan)

宋，约 1170 年

陆游

金楼子

Book of the Golden Hall Master

梁，约 550 年

萧绎(梁元帝)

金石索

见：冯云鹏和冯云鹓(1)

金史

History of the Chin (Jurchen) Dynasty
[+1115 to +1234]

元，约 1345 年

脱脱和欧阳玄

《引得》第 35 号

晋起居注

Daily Court Records of the Emperors of the
Chin Dynasty

隋以前

刘道会

晋书

History of the Chin Dynasty [+265 to
+419]

唐，635 年

房玄龄

部分译文：Pfizmaier (54—57)；《天文志》
译文：Ho Ping-Yü(1)；节译索引：Frankel
(1)

晋诸公赞

Eulogia of Distinguished Men of the Chin
Dynasty

隋以前
傅畅

经世大典
见《元经世大典》

荆楚岁时记
Annual Folk Customs of the States of Ching
    and Chhu [i. e. of the districts corre-
    sponding to those ancient States; Hupei,
    Hunan and Chiangsi]
可能为梁,约550年,但或许其中部分为隋,
    约610年
宗懔
见:des Rotours (1), p. cii

镜花缘
见:李汝珍(1)

镜镜诊痴
见:郑复光(1)

九章算经
见《九章算术》

九章算术
Nine Chapters on the Mathematical Art
东汉,1世纪(包含西汉或许还有秦的许多
    材料)
作者不详

旧唐书
Old History of the Thang Dynasty [+618
    to +906]
五代(后晋),945年
刘昫
参见 des Rotours(2),p. 64
节译索引:Frankel(1)

旧五代史
Old History of the Five Dynasties [+907
    to +959]
宋,974年

薛居正
节译索引:Frankel(1)

康熙字典
Imperial Dictionary of the Khang-Hsi
    reign-period
清,1716年
张玉书编

考工创物小记
见:程瑶田(2)

考工记
The Artificers' Record [a section of
    the Chou Li]
周和汉,也许是由齐国的原始官方文书
    汇集而成,约公元前140年
汇编者不详
译本:E. Biot (1)
参见:郭沫若(1);Yang Lien-Shêng (7)

考工记车制图解
见:阮元(2)

考工记图
Illustrations for the Artificers' Record (of
    the Chou Li) (with a critical archaeologi-
    cal analysis)
清,1746年
戴震
收录于《皇清经解》卷五六三、五六四;上海,
    1955年重印
见:近藤光男(1)

考工析疑
An Examination of Doubtful Matters in the
    Artificers' Record (of the Chou Li)
清,1748年
方苞

课农小抄案说
Proposals for Agricultural Improvements
朝鲜,1799年

朴趾源

暌车志

A Cartload of Queer Phenomena [The *Khu-
ei kua* section in the I *Ching* has a refer-
ence to a 'wagon full of ghosts', and this
is also a constellation]

宋

郭象

愧郯录

Thinking of Confucius Asking Questions
at Than

宋,1210—1220 年

岳珂

来鹤亭诗集

Collected Poems from the Pavilion where
the Cranes Come

元,14 世纪

吕诚

浪迹续谈

见:梁章钜(*2*)

老学庵笔记

Notes from the Hall of Learned Old Age

宋,约 1190 年

陆游

离骚

Elegy on Encountering Sorrow [ode]

周(楚),约公元前 295 年

屈原

译本:Hawkes (1)

蠡海集

The Beetle and the Sea [title taken from
the proverb that the beetle's eye view can-
not encompass the wide sea - a biological
book]

明,14 世纪后期

王逵

礼记

[即《小戴礼记》]

Record of Rites [compiled by Tai the Yo-
unger]

(参见《大戴礼记》)

相传成书于西汉,约公元前 70—前 50 年;但
实际上成书于东汉,即公元 80 年至 105 年
间,尽管书中一些年代最早的段落可能出
于《论语》的时代(约公元前 465—前 450
年)

传为戴圣编纂

实系曹褒编纂

译本:Legge (7);Couvreur (3);R. Wil-
helm(6)

《引得》第 27 号

礼记注疏

Record of Rites, with assembled Commen-
taries

正文出于西汉,注疏系历代学者所撰

阮元编纂(1816 年)

李朝实录

Veritable Records of the Yi Dynasty[Chosŏn
kingdom, Korea]

朝鲜,1392—1910 年

官方编辑

理学秘訣

见:镰田柳泓(*1*)

立世阿毗昙论

Lokasthiti Abhidharma Śāstra; Philosophi-
cal Treatise on the Preservation of the
World [astronomical]

印度;汉译,558 年

作者不详

梁书

History of the Liang Dynasty [+502 to
+556]

唐,629 年

姚察及其子姚思廉

节译索引：Frankel (1)

辽史

History of the Liao (Chhi-tan) Dynasty
[+916 to +1125]

元，约 1350 年

脱脱和欧阳玄

部分译文：Wittfogel, Fêng Chia-Shêng
et al. (1)

《引得》第 35 号

列女传

Lives of Celebrated Women

年代不定，主要部分可能撰于汉代

传为刘向撰

列仙传

Lives of Famous Hsien（参见《神仙传》）

晋，3 世纪或 4 世纪，尽管书中有某些部分
始于公元前 35 年前后和 167 年之后不久

传为刘向撰

译本：Kaltenmark (2)

列子

[即《冲虚真经》]

The Book of Master Lieh

周及西汉，公元前 5 世纪至前 1 世纪。由各
色来源的佚文与许多新材料串接而成，约
380 年

传为列御寇撰

译本：R. Wilhelm (4)；L. Giles (4)；Wie-
ger (7)；Graham (6)

TT/663

灵台秘苑

The Secret Garden of the Observatory[as-
tronomy, including a star list, and State
astrology]

北周，约 580 年

宋代王安礼重修，明代可能有较多增益；有
两种不同的传本系于本书名及撰修者

庾季才

灵宪

The Spiritual Constitution (or Mysterious
Organisation) of the Universe [cosmolog-
ical and astronomical]

东汉，118 年

张衡

收录于《玉函山房辑佚书》卷七十六

岭表录异

Southern Ways of Men and Things [on the
special characteristics and natural history
of Kuangtung]

唐，约 895 年

刘恂

岭外代答

Information on What is Beyond the Passes
(lit. a book in lieu of individual replies to
questions from friends)

宋，1178 年

周去非

留青日札

Diary on Bamboo Tablets

明，1579 年

田艺衡

六帖

The Six Cards [encyclopaedia]

唐，约 800 年

白居易

宋代孔传续

龙尾车歌

见：齐彦槐(1)

漏水转浑天仪制

Method for making an Armillary Sphere
revolve by means of water from a Clepsy-
dra

或许只是《浑仪》的一部分；附于《玉函
山房辑佚书》卷七十六所录《浑仪》

后汉,117 年

张衡

鲁班经

The Carpenter's Classic, or Manual of
Lu Pan (Kungshu Phan)

年代不详

作者不详

鲁班经

见《工师雕斲正式鲁班木经匠家镜》

录异记

Strange Matters

宋,10 世纪

杜光庭

吕氏春秋

Master Lü's Spring and Autumn Annals
[compendium of natural philosophy]

周(秦),公元前 239 年

吕不韦聚集学者集体编撰

译本:R. Wilhelm (3)

《通检丛刊》之二

论衡

Discourses Weighed in the Balance

东汉,公元 82 年或 83 年

王充

译本:Forke (4);参见:Leslie (3)

《通检丛刊》之一

论语

Conversations and Discourses (of Confuci-
us) [perhaps Discussed Sayings, Norma-
tive Sayings, or Selected Sayings];
Analects

周(鲁),约公元前 465 年至前 450 年

孔子弟子编辑(第十六、十七、十八和二十篇
是后来窜入的)

译本:Legge(2);Lyall (2); Waley (5);
Ku Hung-Ming (1)

《引得特刊》第 16 号

蠃族车记

Record of the Class of Helical Machines

清,18 世纪后期

戴震

洛阳伽蓝记

Description of the Buddhist Temples and
Monasteries at Loyang

北魏,约 547 年

杨衒之

美人赋

Ode on Beautiful Women

西汉,约公元前 140 年

司马相如

孟子

The Book of Master Mêng (Mencius)

周,约公元前 290 年

孟轲

译本:Legge (3); Lyall (1)

《引得特刊》第 17 号

梦华录

见《东京梦华录》

梦梁录

The Past seems a Dream [description of
the capital, Hangchow]

宋,1275 年

吴自牧

梦溪笔谈

Dream Pool Essays

宋,1086 年;最后一次续补,1091 年

沈括

校本:胡道静(1);参见:Holzman (1)

棉花图

Pictures of Cotton Growing and Weaving

清,1765 年

方观承

闽部疏

Records of Fukien

明,约 1580 年

王世懋

名义考

Studies of Names and Things

明

周祈

明史

History of the Ming Dynasty [+1368 to
+1643]

清,1646 年始修,1736 年定稿,1739 年刊行

张廷玉等

明文在

Extant Literature of the Ming Dynasty

清

薛熙

墨经

见《墨子》

墨庄漫录

Recollections from the Literary Cottage

宋,约 1131 年

张邦基

墨子(包括《墨经》)

The Book of Master Mo

周,公元前 4 世纪

墨翟(及其弟子)

译本:Mei Yi-Pao (1); Forke (3)

《引得特刊》第 21 号

TT/1162

木经

见《工师雕斲正式鲁班木经匠家镜》

穆天子传

Account of the Travels of the Emperor Mu

周,公元前 245 年以前;281 年发现于魏安厘
王墓

作者不详

译本:Eitel (1); Chêng Tê-Khun (2)

南村辍耕录

见《辍耕录》

南华真经

见《庄子》

南齐书

History of the Southern Chhi Dynasty
[+479 to +501]

梁,520 年

萧子显

节译索引:Frankel (1)

南史

History of the Southern Dynasties[Nan Pei
Chhao period, +420 to +589]

唐,约 670 年

李延寿

节译索引:Frankel (1)

南越笔记

Memoirs of the South

清,1780 年

李调元

农桑辑要

Fundamentals of Agriculture and Sericu-
lture [Imperially Commissioned]

元,1273 年

王磐序

农桑衣食撮要

Essential of Agriculture, Sericulture,Food
and Clothing

元,1314 年(1330 年重刊)

鲁明善(维吾尔族)

农书

Treatise on Agriculture

元,1313 年

王祯

农学纂要

见:傅增湘(1)

农政全书

Complete Treatise on Agriculture

明,撰于 1625—1628 年;1639 年刊行

徐光启

陈子龙编定

农具便利论

见:大藏永常(1)

佩文韵府

Encyclopaedia of Phrases and Allusions
　　arranged according to Rhyme

清,1711 年

张玉书等编

蓬窗类纪

Classified Records of the Weed-Grown
　　Window

明,1527 年

黄暐

蒲元别传

Biography of Phu Yuan (the celebrated
　　iron-master and swordsmith of Shu)

三国(蜀)约 255 年

传为姜维撰

仅在《太平御览》和《全上古三代秦汉三国六
　　朝文》等中存有佚文

齐东野语

Rustic Talks in Eastern Chhi

宋,约 1290 年

周密

齐民要术

Important Arts for the People's Welfare

[lit. Equality]

北魏及东魏或西魏,533 年和 544 年之
　　间

贾思勰

见:des Rotours (1), p. c; Shih Shêng-Han
　　(1)

奇器目略

Enumeration of Strange Machines

清,1683 年

戴榕

奇器图说

[即《远西奇器图说录最》]

Diagrams and Explanations of Wonderful
　　Machines

明,1627 年

邓玉函和王徵

气海观澜

见:青地林宗(1)

千百年眼

Glimpses of a Thousand Years of History

明,16 世纪

张燧

前汉书

History of the Former Han Dynasty[—206
　　to +24]

东汉(始于公元 65 年前后),约 100 年

班固,死后(公元 92 年)由其妹班昭续撰

部分译文:Dubs (2), Pfizmaier (32—34, 37
　　—51), Wylie (2, 3, 10), Swann (1)

《引得》第 36 号

钦定古今图书集成

见《图书集成》

钦定授时通考

见《授时通考》

钦定书经图说

The Historical Classic with Illustrations

清(诏令编绘,1905 年)

孙家鼐等

钦定四库全书

见《四库全书》

钦定续文献通考

Imperially Commissioned Continuation of
the *Comprehensive Study of* (*the History
of Civilisation* (参见《文献通考》和
《续文献通考》)

清,1747 年纂修,1772 年(1784 年)刊行

齐召南、嵇璜等编纂

此书与王圻《续文献通考》并行于世,而
非取代

钦定周官义疏

见《周官义疏》

青箱杂记

Miscellaneous Records on Green Bamboo
Tablets

宋,11 世纪早期

吴处厚

清异录

Records of the Unworldly and the Strange

五代,约 950 年

陶穀

曲洧旧闻

Talk about Bygone Things Beside the Win-
ding Wei (River in Honan)

宋,约 1130 年

朱弁

趋朝事类

Systematic Guide to Court Etiquette

宋

作者不详

全唐文

见:董浩(*1*)

热河日记

Diary of a Mission to Je-Ho [a Korean emb-
assy to congratulate the Chhien-Lung em-
peror on his seventieth birthday]

朝鲜,1780 年

朴趾源

日本纪

Chronicles of Japan [from the earliest times
to +697]

日本,720 年

作者不详

译本:Aston (1)

日本永代藏

The Japanese Family Storehouse; or, the
Millionaire's Gospel Modernised [dis-
courses on commercial life]

日本,1685 年

井原西简

译本:G. W. Sargent (1)

肉刑论

Discourse on Mutilative Punishments

东汉,约 200 年

孔融

儒林公议

Public-Spirited Sayings of Confucian
Scholars

宋

田况

入蜀记

Journey into Szechuan

宋,1170 年

陆游

三才图会

Universal Encyclopaedia

明,1609 年

王圻

三辅黄图

Illustrated Description of the Three Cities
of the Metropolitan Area (Chhang-an,
Fêng-i and Fu-fêng)

晋,3 世纪后期,或许东汉

传为苗昌言撰

三国遗事

Remains of the Three Kingdoms

朝鲜,约 1280 年

一然(僧人)

三国志

History of the Three Kingdoms [+220
to +280]

晋,约 290 年

陈寿

《引得》第 33 号

节译索引:Frankel (1)

三国志演义

The Romance of the Three Kingdoms
[novel]

元,约 1370 年,已知最早的刊本为 1494
年本

罗贯中

毛宗岗在 1690 年前后作了修订和相当
大的改动

译本:Brewitt-Taylor (1)

三农纪

Records of the Three Departments of
Agriculture

清,1760 年

张宗法

山海经

Classic of the Mountains and Rivers

周及西汉

作者不详

部分译文:de Rosny (1)

《通检丛刊》之九

山居新话

Conversations in the Mountain Retreat on
Recent Events

元,1360 年

杨瑀

译本:H. Franke (2)

山堂肆考

Books seen in the Mountain Hall Li brary

明,1595 年

彭大翼

尚书大传

Great Commentary on the *Shang Shu*
chapters of the *Historical Classic*

西汉,公元前 2 世纪

伏胜

尚书纬考灵曜

Apocryphal Treatise on the *Shang Shu*
chapters of the *Historical Classic*; Investi-
gation of the Mysterious Brightnesses

西汉,公元前 1 世纪

作者不详

辑本收于《古微书》卷一、二

绍兴府志

Local History and Topography of Shao-
hsing (Chekiang)

清,1719 年

俞卿修编纂

诗经

Book of Odes [ancient folksongs]

周,公元前 9—前 5 世纪

作者和编者不详

译本:Legge (8); Waley (1); Karlgren
(14)

十二砚斋随笔

见:汪鋆(*1*)

石湖词

Songs of the Lakeside Poet

宋,约 1180 年

范成大

石林燕语

Informal Conversations of (Yeh) Shih-
 Lin (Yeh Mêng-Tê)

宋,1136 年

叶梦得

见:des Rotours(1),p. cix

拾遗记

Memoirs on Neglected Matters

晋,约 370 年

王嘉

参见:Eichhorn (5)

史记

Historical Records [or perhaps better: Me-
 moirs of the Historiographer (Royal);
 down to −99]

西汉,约前 90 年(初刊于 1000 年前后)

司马迁及其父司马谈

参见:Burton Watson (2). 部分译文:Chav-
 annes (1);Burton Watson (1);Pfizmaier
 (13 − 36);Hirth (2);Wu Khang (1);
 Swann (1)等

《引得》第 40 号

世本

Book of Origins [imperial genealogies,
 family names, and legendary inventors]

西汉(收有周代材料)

(东汉)宋衷编

世说新语

New Discourses on the Talk of theTimes
 [notes of minor incidents from Han to
 Chin] 参见《续世说》

刘宋,5 世纪

刘义庆

(梁)刘峻注

事物纪原

Records of the Origins of Affairs and
 Things

宋,约 1085 年

高承

释名

Explanation of Names [dictionary]

后汉,约 100 年

刘熙

释橐龠

Philological Study of Bags and Bellows

清,18 世纪

黄以周

授时通考

Complete Investigation of the Works and
 Days [Imperially Commissioned; a trea-
 tise on agriculture, horticulture and all
 related technologies]

清,1742 年

鄂尔泰、张廷玉、蒋溥等编

书经

Historical Classic [or, Book of Documents]

今文 29 篇主要为周代作品(少量的片断可
 能是商代作品);古文 21 篇是梅赜利用真
 的古代残篇造的"伪作"(约 323 年)。前者
 中有 13 篇被认为是公元前 10 世纪的,10
 篇为公元前 8 世纪的,6 篇不早于公元前 5
 世纪。某些学者只承认 16 或 17 篇为孔子
 之前的作品

作者不详

见:Wu Shih-Chhang (1);Creel (4)

译本:Medhurst (1);Legge (1,10);Kar-
 lgren (12)

书叙指南

The Literary South-Pointer [guide to style
 in letter-writing, and to technical terms]

宋,1126 年

任广

蜀道驿程记

Record of the Post Stages on the Szechuan
　　Circuit

清,1672 年

王士禛

蜀锦谱

Monograph on the Silk Brocade Industry
　　of Szechuan

元,14 世纪

费著

蜀书

见《三国志》

述异记

Records of Strange Things

梁,6 世纪早期

任昉

见:des Rotours (1), p. ci

述征记

Records of Military Expeditions

晋,3 或 4 世纪

郭缘生

庶物异名疏

Disquisition on Strange Names for Common
　　Things

明,1637 年

陈懋仁

庶斋老学丛谈

Collected Talks of the Learned Old Man
　　of the Shu Studio

宋后期或元

盛如梓

水部式

Ordinances of the Department of Waterways

唐,737 年

作者不详

敦煌写本,P/2507,法国巴黎国家图书馆

译文:Twitchett (2)

水经

The Waterways Classic [geographical acc-
　　ount of rivers and canals]

旧题撰于西汉,但可能撰于三国

传为桑钦撰

水经注

Commentary on the *Waterways Classic*[ge-
　　ographical account greatly extended]

北魏,5 世纪末期或 6 世纪初期

郦道元

说郛

Florilegium of (Unofficial) Literature

元,约 1368 年

陶宗仪编

见:Ching Phei-Yuan (1)

说文

见《说文解字》

说文解字

Analytical Dictionary of Characters

东汉,121 年

许慎

说苑

Garden of Discourses

汉,约公元前 20 年

刘向

思玄赋

Thought the Transcender [ode on an
　　imaginary journey beyond the sun]

东汉,135 年

张衡

四川盐法志

见：罗文彬等（1）

四库全书

Complete Library of the Four Categories
(of Literature)［清代的钦定抄本丛书］

一部由乾隆帝 1772 年勅令编纂的规模庞大
的抄本丛书。雇用了以纪昀为总纂官的大
约 360 位学者，历时十年，校定了 3461 种
被认为是最著名和最有价值的著作，另有
6793 种不太重要的著作，只在存目中评
述，而未收编在这部丛书中。完整抄录的
每套丛书均超过 36,000 本。7 套抄本中尚
有 3 套保存在中国，并有一套选本作为丛
书刊行

见：Mayers (1)；Têng & Biggerstaff (1),
pp. 27 ff.

四库全书简明目录

Abridged Analytical Catalogue of the *Compl-
ete Library of the Four Categories (of Lit-
erature)* (made by imperial order)

清，1782 年

此书有两种版本：(a)纪昀编，其中包括几乎
所有《提要》中提到的书；(b)于敏中编，只
包括抄录入《四库全书》的书的条目

四库全书总目提要

Analytical Catalogue of the *Complete Libr-
ary of the Four Categories (of Literature)*
(made by imperial order)

清，1782 年

纪昀编

索引：杨家骆(1)；Yü & Gillis (1)

《引得》第 7 号

四洲志

见：林则徐(1)

宋会要稿

Drafts for the *History of the Administr-
ative Statutes of the Sung Dynasty*

宋

徐松辑(1809 年)

辑自《永乐大典》

宋史

History of the Sung Dynasty ［+960 to
+1279］

元，约 1345 年

脱脱、欧阳玄

《引得》第 34 号

宋史纪事本末

The Rise and Fall of the Sung Dynasty

明

冯琦、陈邦瞻

宋书

History of the (Liu) Sung Dynasty
［+420 to +478］

南齐，500 年

沈约

部分卷的译文：Pfizmaier (58)

节译索引：Frankel (1)

搜神记

Reports on Spiritual Manifestations

晋，约 348 年

干宝

部分译文：Bodde (9)

苏魏公文集

Collected Works of Su Sung

宋

苏颂

苏州府志

Local History and Topography of Suchow
［Chiangsu］

清，1748 年

雅尔哈善编

隋书

History of the Sui Dynasty ［+581 to +617］

唐，636 年(纪、传)；656 年(志，包括经籍志)

魏徵等

部分译文:Pfizmaier (61—65); Balazs (7,
8); Ware (1)
节译索引:Frankel (1)

孙子算经
Master Sun's Mathematical Manual
三国,晋或刘宋
孙子(名不详)

太平广记
Miscellaneous Records collected in the Thai-
Phing reign-period
宋,981 年
李昉编辑

太平玉览
Thai-Phing reign-period Imperial Ency-
clopaedia (lit. the Emperor's Daily Read-
ings)
宋,983 年
李昉编纂
部分卷的译文:Pfizmaier (84—106)
《引得》第 23 号

泰西水法
Hydraulic Machinery of the West
明,1612 年
熊三拔、徐光启

唐会要
History of the Administrative Statutes
of the Thang Dynasty
宋,961 年
王溥
参见:des Rotours (2), p. 92

唐六典
Institutes of the Thang Dynasty (lit. Admi-
nistrative Regulations of the Six Min-
istries of the Thang)
唐,738 或 739 年
李林甫编
参见:des Rotours (2), p. 99

唐书
见《旧唐书》和《新唐书》

唐语林
Miscellanea of the Thang Dynasty
宋,约辑于 1107 年
王谠
参见:des Rotours (2), p. 109

陶冶图说
见《陶冶图说》

陶业图
见《陶冶图说》

陶冶图说
[即《陶业图》和《陶冶图说》]
Illustrations of the Pottery Industry,
with Explanations
清,1743 年
唐英
译本:Julien (7), pp. 115 ff.; Bushell
(4), pp. 7 ff.; Sayer (1), pp. 4 ff.

天工开物
The Exploitation of the Works of Nature
明,1637 年
宋应星

天竺灵签
Holy Lections from Indian Sources
宋,1208—1224 年
作者不详

铁围山丛谈
Collected Conversations at Iron-Fence
Mountain
宋,约 1115 年
蔡絛

铁山必要记事
Record of the Essentials of Iron Technology

日本,1684 年

下原重仲

重印于《日本科学古典全书》,第 10 卷

桯史

Lacquer Table History [notes jotted down on a lacquer table each day by the author after his day's work as an official, and then copied by a secretary before being erased and leaving the table free for further use]

宋,1214 年

岳珂

见:des Rotours (1), p. cxi.

通鉴纲目

Short View of the *Comprehensive Mirror (of History, for Aid in Government)* [《资治通鉴》的缩编本]

宋,(始编于 1172 年),1189 年朱熹(及其门人)后来有续编:《通鉴纲目续编》和《通鉴纲目三编》

附有各家评注等的定本约刊于 1630 年,陈仁锡编

部分译文:Wieger (1)

通鉴纲目三编

Continuation of the *Short View of the Comprehensive Mirror (of History, for Aid in Government)* [covering the Ming period]

清,1746 年

沈德潜、齐召南编

通鉴纲目续编

Continuation of the *Short View of the Comprehensive Mirror (of History, for Aid in Government)* [covering the Sung and Yuan periods]

明,1476 年,1500 年刊行

商辂编

通鉴前编

History of Ancient China (down to the point at which the *Comprehensive Mirror of History* begins)

金,约 1275 年

金履祥

通俗文

Commonly Used Synonyms

东汉,180 年

服虔

《玉函山房辑佚书》卷六十一

通艺录

Records of Old Arts and Techniques

清,18 世纪末

程瑶田

通志

Historical Collections

宋,约 1150 年

郑樵

参见:des Rotours (2), p. 85

通志略

Compendium of Information

《通志》的一部分,见上条

图经本草

见《本草图经》

本书名原属于唐代(约 658 年)编写,但至 11 世纪已失传的一部著作。宋颂所编的《本草图经》即用来替代该书。《图经本草》一名常被用于苏颂的著作,但这是误用

图经衍义本草

The Illustrated and Elucidated Pharmacopoeia

大体上是《本草衍义》和《本草图经》的一种合刊本,但附有许多增补的引文

宋,约 1120 年

寇宗奭

TT/761

图书集成

Imperial Encyclopaedia

清,1726 年

陈梦雷等编

索引:L. Giles (2)

万毕书

见《淮南(王)万毕术》

王隐晋书

Wang Yin's History of the Chin Dynasty

隋以前

王隐

纬略

Compendium of Non-Classical Matters

宋,12 世纪(末)

高似孙

魏略

Memorable Things of the Wei Kingdom
  (San Kuo)

三国(魏)或晋,3 或 4 世纪

鱼豢

魏氏春秋(一作《魏世春秋》)

Spring and Autumn Annals of the (San
  Kuo) Wei Dynasty

晋,约 360 年

孙盛

魏书

见《三国志》

魏书

History of the (Northern) Wei Dynasty
  [+386 to +550, including the Eastern
  Wei successor State]

北齐,554 年,修订于 572 年

魏收

见:Ware(3)

一卷的译文:Ware (1, 4)

节译索引:Frankel (1)

魏武春秋

即《魏氏春秋》(见另条)

文赋

Rhapsody on the Art of Letters

晋,302 年

陆机

参见:Hughes (7)

文士传

Records of the Scholars

晋

张隐

文献备考

见《增补文献备考》

文献通考

Comprehensive Study of (the History of)
  Civilisation (lit. Complete Study of the
  Documentary Evidence of Cultural
  Achievements (in Chinese Civilisation))

宋,始撰年代可能早至 1270 年,并于 1317
  年前完成,1322 年刊行

马端临

参见:des Rotours (2), p. 87

部分卷的译文:Julien (2); St Denys (1)

文选

General Anthology of Prose and Verse

梁,530 年

(梁太子)萧统编

译本:von Zach (6)

吴书

见《三国志》

吴越春秋

Spring and Autumn Annals of the States of
  Wu and Yüeh

东汉

赵晔

五代史记

    见《新五代史》

武备志

    Treatise on Armament Technology

    明,1628 年

    茅元仪

武经总要

    Collection of the most important Military

      Techniques [compiled by Imperial Order]

    宋,1040 年(1044 年)

    曾公亮主编

武林旧事

    Institutions and Customs of the Old Capital

      (Hangchow)

    宋,约 1270 年(只涉及约自 1165 年起的事

      件)

    周密

物理小识

    Small Encyclopaedia of the Principles of

      Thing

    清,1664 年

    方以智

    参见:侯外庐(3,4)

西湖志

    History of the West Lake Region (Hang-

      chow)

    清,1734 年

    李鹗编

西京杂记

    Miscellaneous Records of the Western Capi-

      tal

    梁或陈,6 世纪中期

    传为(西汉)刘歆或(晋)葛洪撰,但可能系吴

      均所撰

西学凡

A Sketch of European Science and Learning

    [written to give an idea of the contents of

    the 7000 books which Nicholas Trigault

    had brought back for the Pei-Thang Li-

    brary]

明,1623 年

艾儒略(Giulio Aleni)

西游记

    见《长春真人西游记》

西游录

    Record of a Journey to the West

    元,1225 年

    耶律楚材

西域番国志

    Records of the Strange Countries of the

      West

    明,约 1417 年

    陈诚

西域行程记

    Diary of a Diplomatic Mission to the Wes-

      tern Countries (Samarqand, Herat, etc.)

    明,1414 年

    陈诚和李暹

西征记

    Narrative of the Western Expedition(of Liu

      Yü against the H/Chhin State of Yao Hs-

      ing

    晋或刘宋,约 420 年

    戴祚

贤奕编

    Leisurely Notes

    明

    刘元卿

咸淳临安志

    Hsien-Shun reign-period Topographical

      Records of the Hangchow District

宋,1274 年

潜说友

小学绀珠

Useful Observations on Elementary Know-
　　ledge

宋,约 1270 年,但至 1299 年才刊行

王应麟

斜川集

Collected Poems of (Su) Hsieh-Chhuan
　　(Su Kuo)

宋

苏过

新刻漏铭

Inscription for a New Clepsydra

梁,507 年

陆倕

新论

New Discussions

东汉,约 20 年

桓谭

参见:Pokora (9)

新唐书

New History of the Thang Dynasty [+618
　　to +906]

宋,1061 年

欧阳修和宋祁

参见:des Rotours (2), p. 56

部分译文:des Rotours(1,2);Pfizmaier
　　(66)。若干相关章节的译文索引,见:
　　Frankel (1)

《引得》第 16 号

新五代史

New History of the Five Dynasties [+907
　　to +959]

宋,约 1070 年

欧阳修

若干相关章节的译文索引,见:Frankel (1)

新仪象法要

New Design for an Astronomical Clock[lit.
　　Essentials of a New Device (for Making
　　an) Armillary Sphere and a Celestial
　　Globe (revolve)] [including a chain of
　　gears for keeping time and striking the
　　hours, the motive power being a water-
　　wheel checked by an escapement]

宋,1094 年

苏颂

须弥界约法历观

见:Anon. (13)

须弥山解图

见:高井伴宽(1)

须弥山仪铭并序和解

见:圆通(2)

续博物志

Supplement to the Record of the Inves-
　　tigation of Things (参见《博物志》)

宋,12 世纪中期

李石

续高僧传

Further Biographies of Eminent (Buddhist)
　　Monks (参见《高僧传》和《宋高僧传》)

唐,660 年

道宣

TW/2060

续世说

Continuation of the *New Discourses on the
　　Talk of the Times* (参见《世说新语》)

宋,约 1157 年

孔平仲

续通鉴纲目

见《通鉴纲目续编》和《通鉴纲目三编》

续文献通考

　　Continuation of the *Comprehensive Study*
　　　of (*the History of*) *Civilisation* (参见《文
　　　献通考》和《钦定续文献通考》)
　　明,1586 年完稿,1603 年刊印
　　王圻编
　　此书涵盖辽、金、元、明四朝,并增补了自
　　1224 年起的南宋末期的一些新材料

宣和博古图

　　[即《博古图录》]
　　Hsüan-Ho reign-period Illustrated Record
　　　of Ancient Objects [catalogue of the ar-
　　　chaeological museum of the emperor Hui
　　　Tsung]
　　宋,1111—1125 年
　　王黼等

玄图

　　Delineations of the Great Mystery (the
　　　Universe) [fragment only]
　　东汉,107 年
　　张衡
　　仅以引文形式存于《太平御览》及别处

玄中记

　　Mysterious Matters
　　年代不详,宋以前,也许在 6 世纪
　　郭氏
　　《玉函山房辑佚书》卷七十六,第二十八页起

璇玑遗述

　　Records of Ancient Arts and Techniques
　　　(lit. of the Circumpolar Constellation
　　　Template)
　　清
　　揭暄

询刍录

　　Enquiries and Suggestions (concerning
　　　Popular Customs and Usages)
　　明
　　陈沂

荀子

　　The Book of Master Hsün
　　周,约公元前 240 年
　　荀卿
　　译本:Dubs (7)

盐铁论

　　Discourses on Salt and Iron [record of the
　　　debate of −81 on State control of com-
　　　merce and industry]
　　西汉,约公元前 80 年
　　桓宽
　　部分译文:Gale(1); Gale, Boodbery & Lin
　　　(1)

揅经室集

　　见:阮元(3)

演炮图说

　　见:丁拱辰(1)

演禽斗数三世相书

　　Book of Physiognomical, Astrological and
　　　Ornithomantic Divination according to the
　　　Three Schools
　　传为唐代作品,初刊于宋代,13 世纪后期
　　旧题袁天纲撰

砚北杂志

　　Miscellaneous Notes from North of Yen
　　辽
　　陆友仁

燕岩集

　　Collected Writings of (Pak) Yŏn-am(Pak
　　　Chiwŏn)
　　朝鲜,1770 年起,编于 1901 年
　　朴趾源

邺中记

　　Record of Affairs at the Capital of the
　　　Later Chao Dynasty

晋
陆翙

猗觉寮杂记

Miscellaneous Records from the I-Chao
    Cottage
宋,约 1200 年
朱翌

异域图志

Illustrated Record of Strange Countries
明,约 1420 年(撰于 1392 年至 1430 年间);
    1489 年刊印
编者不详,也许是朱权
参见:Moule (4);Sarton (1),vol. 3, p.
    1627
剑桥大学图书馆藏有该刊本

异苑

Garden of Strange Things
刘宋,约 460 年
刘敬叔

易经

The Classic of Changes [Book ofChanges]
周,西汉时有增益
编纂者不详
见:李镜池(1, 2),Wu Shih-Chhang (1)
译本:R. Wilhelm (2);Legge(9);de Harlez
(1)
《引得特刊》第 10 号

意林

Forest of Ideas [philosophical encyclo-
    paedia]
唐
马总
TT/1244

应间

Essay on the Use of Leisure in Retire-
    ment
东汉,126 年

张衡

营造法式

Treatise on Architectural Methods
宋,1097 年;1103 年刊行;1145 年重刊
李诫

永乐大典

Great Encyclopaedia if the Yung-Lo
    reign-period [only in manuscript]
计有 22,877 卷,分为 11,095 本,今仅
    存约 370 本
明,1407 年
解缙编
见:袁同礼(1)

酉阳杂俎

Miscellany of the Yu-yang Mountain
    (Cave) [in S.E. Szechuan]
唐,863 年
段成式
见:des Rotours (1), p. civ

於陵子

Book of Master Yü Ling
相传为周代作品,公元前 4 或前 5 世纪
陈仲子

玉海

Ocean of Jade [encyclopaedia]
宋,1267 年(初刊于元,1351 年)
王应麟
参见:des Rotours (2), p. 96

玉篇

Jade Page Dictionary
梁,543 年
顾野王
唐代孙强增字并编辑(674 年)

渊鉴类函

The Deep Mirror of Classified Knowledge
    [literary encyclopaedia; a conflation of

Thang encyclopaedias]

清,1710 年

张英等辑

元代画塑记

Record of the Government Atelier of
　　Painting and Sculpture

元

作者不详

辑自《元经世大典》

元和郡县图志

Yuan-Ho reign-period General Ge-
　　ography

唐,814 年

李吉甫

参见:des Rotours (2), p. 102

元经世大典

Institutions of the Yuan Dynasty

元,1329—1331 年

文廷式(1916 年)部分重编

参见:Hummel (2), p. 855

元史

History of the Yuan (Mongol) Dynasty
　　[+1206 to +1367]

明,约 1370 年

宋濂等

《引得》第 35 号

元文类

Classified Collection of Yuan Literature

元,约 1350 年

苏天爵编

远西奇器图说录最

Collected Diagrams and Explanations of
　　Wonderful Machines from the Far West

见《奇器图说》

乐书

Book of Acoustics and Music

北魏,约 525 年;或东魏,约 540 年

信都芳

《玉函山房辑佚书》卷三十一,第十九页起

乐书要录

Record of the Essentials in the Books on
　　Music (and Acoustics)

唐,约 670 年

武皇后(后以"武则天"闻名),或许撰于唐高
　　宗仍在位之时

非完本,仅因吉备真备于 716—735 年间的抄
　　录而使本书得以保存下来

乐书注图法

Commentary and Illustrations for the
　　Book of Acoustics and Music

北魏,约 525 年;或东魏,约 540 年

信都芳

有部分存于《乐书要录》卷六,第十八页起

粤剑编

A Description of Kuangtung [travel diary]

明,1601 年后不久

王临亨

增补文献备考

Complete Serviceable Study of (the History
　　of Korean) Civilisation [lit. Complete
　　Serviceable Study of the Documentary
　　Evidence of Cultural Achievements (in
　　Korean Civilisation), with Additions and
　　Supplements]

《东国文献备考》的增补本

朝鲜,1770 年;1790 年经李万运修订,1907
　　年最后一次修订

战国策

Records of the Warring States

秦

作者不详

掌故丛编

Collected Historical Documents

清，撰于不同时期

故宫博物院编，北京，1928—1930 年

真诰

True Reports

梁，6 世纪早期（但其中包含早至 365 年的
材料）

陶弘景

枕中鸿宝苑秘书

The Infinite Treasure of the Garden of
Secrets；（Confidential）Pillow-Book（of
the Prince of Huai-Nan）

见《淮南王万毕术》

参见：Kaltenmark（2），p. 32

正字通

Dictionary of Characters

明，1627 年

张自烈

芝田录

The Field of Magic Mushrooms

唐或唐以前

丁用晦

志雅堂杂钞

Miscellaneous Records of the 'Striving
for Elegance' Library

宋，约 1270 年

周密

中华古今注

Commentary on Things Old and New in
China

五代（后唐），923—926 年

马缟

见：des Rotours（1），p. xcix.

中兴小纪

Brief Records of Chung-hsing（mod. Chia-
ng-ling on the Yangtze in Hupei）

宋，约 1150 年

熊克

种艺必用

Everyman's Guide to Agriculture（lit. What
one must Know and Do in the Art of
Crop-Raising）

宋，约 1250 年

吴怿（或吴欑）

张福补遗

收于《永乐大典》卷十三、一九四

胡道静编辑

周髀算经

The Arithmetical Classic of the Gnomon
and the Circular Paths（of Heaven）

周、秦和汉。约于公元前 1 世纪编定，但其中
必定有部分是属于战国晚期（公元前 4 世
纪）的，有些甚至会早到孔子之前

作者不详

周官义疏

Collected Commentaries and Text of the *Re-*
cord of the Institutions（lit. Rites）of
（the）Chou（Dynasty）（imperially com-
missioned）

清，1748 年

方苞等编

周礼

Record of the Institutions（lit. Rites）of
（the）Chou（Dynasty）［descriptions of
all government official posts and their du-
ties］

西汉，可能有一些来自晚周的材料

编者不详

译本：E. Biot（1）

周礼疑义举要

Discussion of the Most Important Doubtful
Matters in the *Record of the Institutions*
（lit. Rites）of（the）Chou（dynasty）

清，1791 年

江永

周礼正义

Amended Text of the *Record of the Institutions (lit. Rites) of (the) Chou (Dynasty)* with Discussions (including the H/Han commentary of Chêng Hsüan 郑玄)

西汉,可能含有一些来自晚周的材料

编者不详

孙诒让(1899 年)撰

周书

History of the (Northern) Chou Dynasty [+557 to +581]

唐,625 年

令狐德棻

节译索引:Frankel (1)

周易

见《易经》

周易参同契考异

见《参同契考异》

朱子全书

Collected Works of Master Chu (His)

宋(编于明),1713 年初刊

朱熹

(清)李光地编

部分译文:Bruce (1); le Gall (1)

朱子语类

Classified Conversations of Master Chu (Hsi)

宋,约 1270 年

朱熹

(宋)黎靖德编

诸器图说

Diagrams and Explanations of a number of Machines [mainly of his own invention or adaptation]

明,1627 年

王徵

竹书纪年

The Bamboo Books [annals, fragments of a chronicle of the State of Wei, from high antiquity to −298]

周,公元前 295 年及以前,这些部分系真本 [281 年发现于魏安厘王(公元前 276−前 245 年在位)墓中]

作者不详

见:van der Loon (1)

译本:E. Biot (3)

这些真本部分由朱右曾和王国维辑成;见: 范祥雍(1)

庄子

(即《南华真经》)

The book of Master Chuang

周,约公元前 290 年

《庄周》

译本:Legge (5); Fêng Yu-Lan (5); Lin Yü-Thang (1)

引得特刊第 20 号

庄子补正

The Text of Chuang Tzu, Annotated and Corrected

见:刘文典(1)

资治通鉴

Comprehensive Mirror (or History) for Aid in Government [−403 to+959]

宋,1065 年始撰,1084 年完成

司马光

参见:des Rotours(2); p. 74; Pulleyblank (7)

部分卷的译文:Fang Chih-Thung (1)

梓人遗制

Traditions of the Joiners' Craft

元,1263 年

薛景石

存于《永乐大典》卷一八二四五

朱启钤、刘敦桢校释

自鸣钟表图法

　　见:徐朝俊(*2*)

左传

　　Master Tsochhiu's Tradition (or Enlargeme
　　nt) of the *Chhun Chhiu* (*Spring and Au-
　　tumn Annals*) [dealing with the period —
　　722 to —453]

　　晚周,据公元前 430 至前 250 年间列国的古
　　代记录和口头传说编成,但有秦汉儒家学
　　者(特别是刘歆)的增益和窜改。系春秋三
　　传中最重要者,另二传为《公羊传》和《穀
　　梁传》,但与之不同的是,《左传》可能原即
　　为独立的史书

传为左邱明撰

　　见:Karlgren (8); Maspero (1); Chhi Ssu-
　　Ho (1); Wu Khang (1); Wu Shih-Chhang
　　(1); van der Loon (1); Eberhard, Müller &
　　Henseling

　　译本:Couvreur (1); Legge (11);
　　　　　Pfizmaier (1—12)

　　索引:Fraser & Lockhart (1)

左传补注

　　Commentary on *Master Tsochhiu's Enla-*
　　rgement of the Chhun Chhiu

　　清,1718 年

　　惠栋

B. 1800 年以后的中文和日文书籍和论文

Anon.（*4*）

《辉县发掘报告》

Report of the Excavations at Hui-hsien

中国科学院考古研究所编著

科学出版社，北京，1956 年

Anon.（*10*）

《敦煌壁画集》

Album of Coloured Reproductions of the fre-
sco-paintings at the Tunhuang cave-tem-
ples

文物出版社，北京，1957 年

Anon.（*11*）

《长沙发掘报告》

Report on the Excavations (of Tombs of the
Chhu State, of the Warring States period,
and of the Han Dynasties) at Chhangsha

中国科学院考古研究所编著

科学出版社，北京，1957 年

Anon.（*12*）

《地下宫殿——定陵》

A Palace underground ——the TingLing
(Tomb of the Wan-Li emperor of the
Ming)

文物出版社，北京，1958 年

Anon.（*13*）

《须弥界约法历规》

Mount Sumeru Calendar Calculations

日本，约 1820 年

Anon.（*14*）（编）

《中国的奴隶制与封建之分期问题论文选集》

Selected Essays on the Question of the Perio-
disation of Slavery and Feudalism in China

三联书店，北京，1956 年

Anon.（*16*）

《洛阳十六工区曹魏墓清理》

A Tomb of the (San Kuo) Wei period in the
16th District at Loyang [iron tubular con-
necting joints for carriage canopies]

《考古通讯》，1958 年 (no. 7)，51

Anon.（*17*）

《寿县蔡侯墓出土遗物》

Objects Excavated from the Tomb of the Duke
of Tshai at Shou-hsien

科学出版社，北京，1956 年

Anon.（*18*）

《全国农具展览会推荐展品》

Catalogue of Recommended Designs at the
National Exhibition of Agricultural Machin-
ery

北京，1958 年

Anon.（*19*）

《中国历史博物馆预展说明》

Guide to the Pre-View of the Exhibition at
(the opening of) the (Peking) Museum of
Chinese History (with abridged English
translation inserted)

文物出版社，北京，1959 年

Anon.（*20*）

《洛阳中州路》

Antiquities (of the Neolithic, Chou and Han
periods) discovered during the Rebuilding of
Chungchow Street at Loyang

科学出版社，北京，1959 年

Anon.（*21*）

《石刻选集》

A Selection of Stone Carvings (from all
periods)

文物出版社，北京，1957 年

Anon.（*22*）

《四川汉画像砖选集》

A Selection of Bricks with Stamped Reliefs
　　from Szechuan

文物出版社，北京，1957 年

Anon.（*27*）

《上村岭虢国墓地》

The Cemetery （and Princely Tombs） of the
　　State of（Northern）Kuo at Shang-tshun-ling
　　（near Shen-hsien in the Sanmên Gorge Dam
　　Area of the Yellow River）

中国科学院考古研究所编著

科学出版社，北京，1959 年（黄河水库考古
队报告之三）

Anon.（*29*）

中国历史博物馆

The （New） National Museum of History
　　（at Peking）

《文物》，1959 年（no. 10），11

Anon.（*30*）

《改良提水工具》

Improved Techniques in Water-Raising
　　Machinery

水利电力出版社，北京，1958 年

Anon.（*37*）

《中国建筑》

Chinese Architecture （and Bridge bui-
　　lding）［album］

中国科学院士木建筑研究所、清华大学
建筑系合编

文物出版社，北京，1957 年

Anon.（*43*）

《新中国的考古收获》

Successes of Archaeology in New China

文物出版社，北京，1961 年

第 135 页上有这本论文集的 22 个作者

的姓名

Anon.（*44*）

陕西长安洪庆村秦汉墓第二次发掘简记

Preliminary Report of the Second Series of
　　Excavations of Chhin and Han Tombs at
　　Hung-chhing-tshun near Sian in Shensi［in-
　　cluding details of late C/Han bronze Gear-
　　wheels］

《考古》，1959 年（no. 12），662

Anon.（*45*）

南阳汉代铁工厂发掘简报

Preliminary Report of the Excavation of a
　　Han Iron-works at Nanyang［including de-
　　tails of iron gearwheels of the C/Han
　　period］

《文物》，1960 年（no. 1）

Anon.（*46*）

福建崇安城村汉城遗址试掘

Trial Excavations of the Remains of a Han
　　City at Chhung-an City Village in Fukien
　　［including a discovery of iron gearwheels of
　　the late C/Han period］

《考古》，1960 年（no. 10），1

Anon.（*48*）

《楚文物展览图录》

Album of Antiquities from the State of
　　Chhu （Exhibition）

北京，1954 年

阿英（*1*）

《中国连环图画史话》

A History of Chinese Book Illustration

中国古典艺术出版社，北京，1957 年

濱田耕作（Hamada Kosaku）、梅原末治
（Umehara Sueji）

《慶州金冠塚と其遺寶》

A Royal Sepulture, 'Kinkan-Tsuka' or
　　'Gold-Crown Tomb', at Kyongju, korea,

and its Treasures

朝鲜总督府古迹调查特别报告，第三册，
　　1924 年

正文 2 卷，图版 1 卷

岑仲勉 (1)

　　误传的中国古王城与其水力利用（附山丹大佛
　　　古迹）

　　Medieval Mistakes about the Capital of Chi-
　　　na [Sandabil] and the Use of Water-Power
　　　there (with an appendix on the Remains of
　　　the Great Buddha (Temple) at Shantan)

　　《东方杂志》，1945 年，**41** (no. 17)，39

長廣敏雄 (Nagahiro Toshio) (1)

　　《飛天の藝術》

　　A Study of Hiten [Fei Thien] or Flying
　　　Angels

　　朝日新闻社，东京，1949 年

長澤規矩也 (Nagasawa Kikuya (1)

　　《支那學術文藝史》

　　History of Chinese Scholarship and Lit-
　　　erature

　　东京，1938 年

　　译本：Nagasawa (1)，Feifel 译

常任侠 (1)

　　《汉代绘画选集》

　　Selection of Reproductions of Han Drawings
　　　and Paintings and Paintings (including
　　　Stone Reliefs, Moulded Bricks, Lacquer,
　　　etc.)

　　朝花美术出版社，北京，1955 年

[常书鸿] (1) (编)

　　《敦煌莫高窟》

　　(The Cave-Temples at) Mo-Kao-khu [Chhien
　　　-fo-tung] near Tunhuang

　　甘肃人民出版社，兰州，1957 年

[常书鸿] (2) (编)

　　《中国敦煌艺术展》

Catalogue of the Tokyo Exhibition of Tun-
　　huang (Chhien-fo-tung Cave-Temples) Art

东京，1958 年

畅文斋 (1)

　　山西永济县薛家崖发现的一批铜器

　　On a group of Bronze Objects (of Chhin or
　　　Former Han period) discovered at Hsueh-chia-
　　　yai near Yung-chi Hsien in Shansi (Province)
　　　[gear-wheels, ball-bearings (?), etc.]

　　《文物参考资料》，1955 年 (no. 8)，40

畅文斋 (2)

　　我对几件出土器物的认识

　　On the Identification of Various Objects
　　　excavated from Tombs [tubular connecting
　　　joints for carriage canopies, etc.]

　　《文物参考资料》，1958 年 (no. 8)，39

陈定闳 (1)

　　关于《红楼梦》中之钟及其他

　　On the Clocks in the novel *Dream of the
　　　Red Chamber* and related matters

　　《东方杂志》，1945 年，**40** (no. 21)，42

陈公柔 (1)

　　士丧礼既夕礼中所记载的丧葬制度

　　On the Funeral Institutions recorded in the
　　　I Li (Personal Conduct Ritual) [archaeologi-
　　　cal evidence that they correspond to the
　　　practices of the early Warring States
　　　period]

　　《考古学报》，1956 年，**4**，67

陈公柔等 (2)

　　洛阳涧滨东周城址发掘报告

　　Report on the Excavations of an Eastern [Lat-
　　　er] Chou City at Chien-pin near Loyang

　　《考古学报》，1959 年 (no. 2)，15

陈立 (1)

　　为什么风力没有在华北普遍利用？渤海海滨
　　　风车调查报告

Why has the Windmill not been more widely used in North China? A Report on the Construction of the Windmills (of the Salterns) used on the coast of the Gulf of Chihli (near Tientsin)

《科学通报》，1951 年，**2**（no. 3），266

陈嵘（1）

《中国树木分类学》

Illustrated Manual of the Systematic Botany of Chinese Trees and Shrubs

中华农学会丛书

南京，1937 年

陈诗启（1）

明代的工匠制度

Regulations concerning Artisans in Ming Times

《历史研究》，1955 年（no. 6），61

摘要：*RBS*，1955，**1**，no. 155

程溯洛（2）

中国水车历史底发展

An Account of the History and Development of the Chinese Square-Pallet Chain-Pump

载于李光璧、陈君晔（1）（见另条），第 170 页

北京，1955 年

程溯洛（3）

中国种植棉花小史

A Brief History of the Cultivation of Cotton in China

载于李光璧、陈君晔（1）（见另条），第 216 页

北京，1955 年

程瑶田（2）

《考工创物小记》

Brief Notes on the Specifications (for the Manufacture of Objects) in the *Artificers' Record* (of the *Chou Li*)

北京，约 1805 年

收入《皇清经解》，卷 536—539

村松贞次郎（Muramatsu Teijiro）（1）

最近のタタラ事情

The 'Tatara' Method of Iron-Smelting in Recent Times

《科学史研究》，1953 年（no. 26），30

大藏永常（Okura Nagatsune）（1）

《農具便利論》

Advantageous Specifications for Agricultural Tools and Machinery

日本，1822 年

收入《日本科学古典全书》，第 11 卷

德川齐昭编（Tokugawa Nariaki）（1）

《雲霓機纂》

On Pumping Machinery

日本，1836 年

收入《日本科学古典全书》，第 11 卷

邓白（1）（编）

《永乐宫壁画》

Album of (Twenty) Coloured Plates selected from the Frescoes of the Yung-Lo (Taoist) Temple (in Shansi), c. +1350

上海人民美术出版社，上海，1959 年

邓广铭（1）

《岳飞传》

Biography of Yo Fei (great Sung general)

三联书店，北京，1955 年

狄平子（1）

Collection of Drawings [Inscribed Bronzes and Stones, Moulded Bricks, etc.] of the Han period

《汉画》（第一辑）（说不准是否先前还有其它的这类画集发表过）

上海（可能由一个古董商印行），19??

丁拱辰（1）

《演炮图说》；

Illustrated Treatise on Gunnery [and

many aspects of engineering]
泉州，1841 年；重刊，1843 年

丁文江（*1*）
《宋应星》
Biography of Sung Ying-Hsing (author of
the *Exploitation of the Works of Nature*)
收入《喜詠轩丛书》，陶湘编
1929 年

董诰等（*1*）（编）
《全唐文》
Collected Literature of the Thang Dynasty
1814 年
参见：des Rotours（2），p. 97

段拭（*1*）
《汉画》
Painting and Bas-Reliefs in the Han Period
中国古典艺术出版社，北京，1958 年

段拭（*2*）
江苏铜山洪楼东汉墓出土纺织画像石
A Stone Relief of the Later Han Dynasty with
a Weaving Scene, from Hunglou near
Thung-shan in Chiangsu Province
《文物》，1962 年（no. 3），31

段文杰（*1*）（编）
《榆林窟》
The Frescoes of Yu-lin-khu [i. e. Wanfo-
hsia, a series of cave-temples in Kansu]
敦煌文物研究所，中国古典艺术出版
社，北京，1957 年

敦礼臣（*1*）
《燕京岁时记》
Annual Customs and Festivals of Peking
北京，1900 年
译本：Bodde（12）

范祥雍（*1*）
《古本竹书纪年辑校订补》

Revised Edition of the Genuine Fragments of
the *Bamboo Books* [annals], (correcting and
Supplementing the earlier reconstructions
of Chu Yu-Tsêng and Wang Kuo-Wei)
新知识出版社，上海，1956 年
摘要：*RBS*，1959，**2**，no. 60

范行准（*1*）
《中国预防医学思想史》
History of the Conceptions of Hygiene and
Preventive Medicine in China
人民卫生出版社，北京，1953 年，1954 年

方豪（*1*）
蒸汽机与火车轮船发明于中国
The Invention of the Steam Engine, the Loc-
omotive and the Paddle-Boat in China
《东方杂志》，1943 年，**39**（no. 3），45

方豪（*2*）
红楼梦新考
A New Study of the novel *Dream of the Red
Chamber*
《说文月刊》，1943 年，**4**，921

冯云鹏、冯云鹓
《金石索》
Collection of Carvings, Reliefs and Inscrip-
tions
（这是近代发表的第一部汉代墓室砖石浮雕图
谱）
1821 年

傅健（*1*）
陕西郿县渠堰之调查
An Enquiry into the Canals and Dams of Mei-
hsien（south of the Wei River）in Shensi
Province
《水利》，1934 年，**7**，239

傅增湘（*1*）
《农学纂要》
Essentials of Agricultural Science

1901 年

高井伴寛 (Takai Bankan)（1）
《須彌山圖解》
Illustrated Explanation of Mount Su-
meru ［religious cosmography］
日本，1809 年

高林兵衞 (Takabayashi Hyoe)（1）
《時計發達史》
A History of Time-Measurement
东洋出版社，东京，1924 年

高楠順次郎 (Takakusu Junjiro)、渡邊海旭
(Watanabe Kaigyoku)（1）（编）
《大正新修大藏經》
The Chines Buddhist Tripitaka
东京，1924 年至 1929 年，55 卷
两人编有目录，《法宝义林》附册，日佛
会馆，东京，1931 年

高至喜、刘廉银等（1）
长沙市东北郊古墓葬发掘简报
Short Report on the Excavations of Tombs
(of Warring States and Later Periods)in the
North-eastern Suburbs of Chhangsha
《考古》，1959 年（no. 12），649

古島敏雄 (Furushima Toshio)（1）
《日本農業技術史》
History of Agricultural Technology in Japan
2 卷，东京，1959 年

郭沫若（1）
《十批判书》
Ten Critical Essays
群益出版社，重庆，1945 年

郭沫若（2）
《古代社会之研究》
Studies in Ancient Chinese Society
上海，约 1927 年

郭沫若（6）
《奴隶制时代》
On the Period of Slave-Owning Society
(in Ancient China)
人民出版社，北京，1954 年

海野一隆 (Unno Kazutaka)（2）
崑崙四水説の地理思想史的考察
A Study of the Legend of Mount Khun-Lun
and its Four Rivers in relation to the Histo-
ry of Geographical Thought
《史林》，1958 年，**41**，379

海野一隆（3）
中國佛教にわけろ世界區分説
The Geographical Partition of the World in
Chinese Buddhism ［wheel-maps centered on
Khun-Lun Shan＝Mt Meru］
载于《田中秀作教授古稀記念地理學論文集》，
p. 106
京都，1956 年

何寄梅、芮光庭（1）
《工具的故事》
The Story of Tools and Machines
北京书店，北京和上海，1954 年

侯外庐（3）
方以智——中国的百科全书派大哲学家
Fang I-Chih——China's Great Encycl-
opaedist Philosopher
《历史研究》，1957 年（no. 6），1；1957 年
(no. 7)，1

胡道静（1）
《梦溪笔谈校证》
Complete Annotated and Collated Edition of
the *Dream Pool Essays*（of Shen Kua,
＋1086）
2 卷
上海出版公司，上海，1956 年
评论：Nguyen Tran-Huan, *RBS*, 1957,
10，182

黄节（2）
王徵传
Life of Wang Chêng
《国粹学报》，1907年，**3**，no. 6，第7页

吉田光邦（Yoshida Mitsukuni）（1）
天工開物について
On the *Thien Kung Khai Wu* (Exploitation of
the Works of Nature)，［a ＋17th-century
technological treatise］
《科学史研究》，1951年，**18**，12

吉田光邦（3）
周禮考工記一考察・
Notes on some Aspects of Technology in the
'Artificers'Record'of the *Chou Li*
《东方学报》（京都），1959年，**30**，167

加藤繁（Kato Shigeshi）（1）
《支那經濟史考證》
Studies in Chinese Economic History
2册
东洋文库，东京，1952年，1953年

江绍元（1）
《中国古代旅行之研究》
Le Voyage dans la Chine Ancienne
商务印书馆，上海，1934年
由范仁（Fan Jen）译成法文
法中文化出版委员会，1937年

姜亮夫（1）
《敦煌——伟大的文化宝藏》
(The Chhien-fo-tung Cave-Temples near)
　Tunhung——a Great National Treasure
古典文学出版社，上海，1956年
摘要：J. Gernet，*RBS*，1959，**2**，no. 26

蒋逸人（1）
关于宋代以王小波、李顺及张徐等为首的农
　民起义的几个问题
The Question (of the Nature of) the Peasant

Uprising led by Wang Hsiao-po，Li Shun &.
Chang Yü in the Sung Dynasty
《历史研究》，1958年（no. 5），47

金相運（Chŏn Sagun）（1）
璇璣玉衡（天文时计）につじこ
On a Clockwork Armillary Sphere ［of the
Yi Dynasty］
《科学史研究》，1962年（2nd ser.），**1**
　(no. 3)，137

近藤光男（Kondo Mitsuo）（1）
載震の考工記圖について
On Tai Chen and his *Khao Kung Chi Thu*
《东方学报》（东京），1955，11，1
摘要：*RBS*，1955，**1**，no. 452

酒井忠夫（Sakai Tadao）（1）
明代の日用類書と庶民教育
The 'Daily Use Encyclopaedias' (Jih Yung
Lei Shu) of the Ming Dynasty and the Edu-
cation of the Common People
载于《近世中國教育史研究》，第155页
林友春编
东京，1958年

鞠清远（1）
汉代的官府工业
Government Industry in the Han Period
《食货》，1934年，**1**（no. 1），1

鞠清远（2）
《元代系官匠户研究》
A Study of the Government Artisans of the
Yuan Dynasty
《食货》，1935年，**1**（no. 9），367
译文：Sun &. de Francis (1)，p. 234

瞿凤起（1）（编）
《虞山钱遵王藏书目录汇编》
Classified Conflation of the (Three) Bibli-
ographies of the (early Chhing) Bibliophile
Chhien Tsêng

古典文学出版社，北京，1958 年

康有为（1）
《大同书》
Book of the Great Togetherness [an Utopia]
构思及开始起草于 1884 年和 1885 年；初刊
（部
分），上海，1913 年；旧金山，1929 年；全
书初版，中华书局，上海，1935 年；重印，
北京，1956 年
节译本：Thompson (1)

赖家度（1）
天工开物及其著者——宋应星
The *Exploitation of the Works of Nature*
and its Author；Sung Ying-Hsing
载于李光璧、钱君晔（1）（见另条），第 338
页
北京，1955 年

赖家度（2）
《张衡》
Chang Hêng；a Biography
上海人民出版社，上海，1956 年

劳榦（3）
北魏洛阳城图的复原
Reconstruction of the Plan of [the Capital]
Loyang, as it was during the Northern Wei
period [according to the *Lo-yang Chhieh
Lan Chi*]
《中央研究院历史语言研究所集刊》，1948 年，
20，299

劳榦（4）
两汉户籍与地理之关系
Population and Geography in the Two Han
Dynasties
《中央研究院历史语言研究所集刊》，1935
年，**5**，(no. 2)，179
译文：Sun & de Francis (1), p. 83

劳榦（5）

《居延汉简考释》
A Study of the Han Bamboo Tablets from
Chü-yen (Edsin Gol)
北京，1949 年

李崇州（1）
古代科学发明水力冶铁鼓风机 "水排"
及其复原
Reconstruction of the 'Water-powered Reci-
procator'or Hydraulic Blowing Engine for
Iron-works，an ancient discovery in applied
science
《文物》，1959 年 (no. 5)，45

李崇州（2）
世界上最早的水力纺绩车——"水转大纺车"
The World's Oldest Water-Powered Spinning
Machinery-the 'Great Water-Driven Spin-
ning Machine' (described by Wang Chên in
the *Nung Shu* of +1313)
《文物》，1959 年 (no. 12)，29

李光璧、赖家度（1）
汉代的伟大科学家——张衡
A Great Scientist of the Han Dynasty；Chang
Hêng(astronomer，mathematician，seismolo-
gist，etc.)
载于李光璧、钱君晔（1）（见另条），第 249
页
北京，1955 年

李光璧、钱君晔（1）（编）
《中国科学技术发明和科学技术人物论集》
Essays on Chinese Discoveries and Inventions
in Science and Technology, and on the Men
who made them
三联书店，北京，1955 年

李光麟（Yi Kwangnin）（1）
《李朝水利史研究》
History of Irrigation during the (Korean)
Yi Dynasty
韩国研究图书馆，汉城，1961 年

（韩国研究丛书，第八辑）

李汝珍（1）

《镜花缘》

Flowers in a Mirror [novel]

1828 年、1832 年及之后多次重刊；1923 年
的标点本附有胡适的引言

见：Hummel（2），p. 473

李文信（1）

让考古科学在祖国社会主义建设高潮中壮大

The Relation of Archaeology to the Streng-
thening of the Socialist Movement in China

《文物》，1956 年（no. 3）

李俨（2）

《中国古代科学家》

(Twenty-nine) Chinese Scientists of Former
Times [biographical essays by twenty-four
scholars]

科学出版社，北京，1959 年

鎌田柳泓（Kamata Ryuko）（1）

理學秘訣

Elements of Physics

日本，1815 年

收入《日本科学古典全书》，第 6 卷

梁思成（1）

正定调查纪略

The Ancient Architecture at Chêngting
(Hopei)；[on the revolving library at the
Lung-hsing Temple at Chêngting]

《中国营造学社汇刊》，1933 年，**4**（no.
2），1

梁章钜（1）

《浪跡丛谈》

Impressions Collected during Official Travels

约 1843 年

梁章钜（2）

《浪跡续谈》

Further Impressions Collected During
Official Travels

约 1846 年

林巳奈夫（Hayashi Minao）（1）

中國先秦时代の馬車

Chariots and Horses in the Shang and
Chou Periods

《东方学报》（京都），1959 年，**29**，155

林巳奈夫（2）

周禮考工記の車制

Chariot Construction in the *Artificers'
Record* of the *Chou Li*

《东方学报》（京都），1959 年，**30**，275

林则徐（1）

《四洲志》

Information on the Four Continents
[especially on the West]

约 1840 年

魏源、林则徐（1）（见另条）的主要资料
来源之一

麟庆（1）

《鸿雪因缘图记》

Illustrated Record of Memories of the Events
which had to Happen in My Life

1849 年

参见：Hummel（2），p. 507

麟庆（2）

《河工器具图说》

Illustrations and Explanations of the Techn-
iques of Water Conservancy and Civil Engi-
neering

1836 年

参见：Hummel（2），p. 507

鈴木治（Suzuki Osamu）（1）

和鸞考

A Study of the Ancient Chariot or Harness
Bells *ho* and *luan*

《天理大学学报》，1957 年，**8**（no. 3），
65

摘要：*RBS*，1962，**3**，no. 477

刘海粟（*1*）

《名画大观》

Album of Celebrated Paintings

4 册

中华书局，上海，1935 年

刘文典（*1*）

《庄子补正》

Emended Text of *The Book of Master Chuang*

商务印书馆，上海，1947 年

刘仙洲（*1*）

中国机械工程史料

Materials for the History of Engineering
in China

《国立清华大学工程学会会刊》，1935 年，
3；4（no. 2），27。重刊，清华大学出版社，
北平，1935 年

增补，《国立清华大学工程学报》，1948 年，3，
135

刘仙洲（*2*）

王徵与我国第一部机械工程学

Wang Chêng and the First Book on [Modern]
Mechanical Engineering in China

《国立清华大学工程学报》，1943 年，**1**；
《真理杂志》，1943 年，**1**（no. 2），215

刘仙洲（*3*）

中国在热机历史上的地位

The Position of China in the History of
Heat Engines

《东方杂志》，1943 年，**39**（no. 18），35

刘仙洲（*4*）

中国在原动力方面的发明

Chinese Inventions in Power-Source Eng-
ineering

《机械工程学报》，1953 年，**1**（no. 1），
3

刘仙洲（*5*）

中国在传动机件方面的发明

Chinese Inventions in Power Transmission

《机械工程学报》，1954 年，**2**（no. 1），
1；附录，1954 年，**2**（no. 2），219

刘仙洲（*6*）

中国在计时器方面的发明

Chinese Inventions in Horological En-
gineering

《机械工程学报》，1956 年，4，1；《天文
学报》，1956 年，4（no. 2），219

英译：Liu Hsien-Chou (1), in Actes du
VIIIe Congrès Internat. d'Hist. Des Sci.,
Florence，1956，vol. 1，p. 219

刘仙洲（*7*）

《中国机械工程发明史》

A History of Chinese Engineering Inventions

科学出版社，北京，1962 年

评论：王叔云，《光明日报》，1962 年 6 月
20 日

刘颖（*1*）

指南车新释

New Suggestions about the South-Pointing
Carriage [Lanchester (1) 的译文及评论]

《武汉日报》（科技副刊），1947 年 2 月 19 和
26 日

刘永成（*1*）

解释几个有关行会碑文

Notes concerning Handicraft Guilds on Stone
Inscriptions found in Suchow and its Vicini-
ty [Chhing period]

《历史研究》，1958 年（no. 9），63

刘永成（*2*）

对苏州织造经制记碑文的看法

A Stone Inscription on Management in the
Silk-Weaving Industry in Suchow [+1647]

《历史研究》, 1958 年 (no. 4), 87

刘永成 (*3*)
乾隆苏州元长吴三县议定纸坊条议章程碑
Notes on the Regulations for Paper-Mills
　　agreed by the Three Districts of Yuan
　　(-ho), Chhang (-chou) and Wu during the
　　Chhien-Lung reign-period [+ 1736 to +
　　1795]
《历史研究》, 1958 年 (no. 2), 85

刘志远 (*1*) (编)
《四川省博物馆研究图录》
Illustrated Studies on the (Reliefs, Bricks,
　　and other Objects in the) Szechuan Provin-
　　cial Museums (Chungking and Chhêngtu)
古典艺术出版社, 北京, 1958 年

罗荣邦 (*1*)
中国之车轮船
(The History of) the Paddle-Wheel Boat in
　　China
《清华学报》(台湾), 1960 年, **2** (no.
　　1), 213
英译: Lo Jung-Pang (3)

罗文彬等 (*1*)
《四川盐法志》
Memorials of the Salt Industry of Szechuan
Compiled officially at the request of the
　　Governor-General of the province, Ting
　　Pao-Chen
1882 年

罗振玉 (*3*)
雪堂所藏古器物图说
Illustrated Description of Ancient Objects
　　Preserved in the Snow Studio
约 1910 年

马得志、周永珍、张云鹏 (*1*)
一九五三年安阳大司空村发掘报告
Report on the Excavations at Ta-Ssu-Khung

Tshun (Village) near Anyang, 1953
《考古学报》, 1955 年, **9**, 25

马国翰 (*1*) (编)
《玉函山房辑佚书》
The Jade-Box Mountain Studio Collection
　　of (Reconstituted) Lost Books
1853 年

梅原末治 (Umehara Sueji) (*2*)
米國フリヤ美術館所藏の象嵌狩獵文
　　銅洗
An Inlaid Hunting Motif on a Chinese bronze
　　vessel preserved in the Freer Gallery of Art
载于《桑原博士還曆記念東洋史論叢》
东京, 1934 年

梅原末治、小場恒吉 (Oba Tsunekichi)、榧本龜次
　郎 (Kayamoto Kamejiro)
《樂浪王光墓》
The Tomb of Wang Kuang at Lo-lang, Korea
古迹调查报告, no. 2
朝鲜古迹研究会
汉城, 1935 年, 2 册

孟浩、陈慧、刘来城 (*1*)
河北武安午汲古城发掘记
An Account of Excavations at the old City of
　　Wu-chi at Wu-an in Hopei [including details
　　of iron gearwheels of H/Han date]
《考古通讯》, 1957 年 (no. 4), 43

米澤嘉圃 (Yonezawa Yoshio) (*1*)
漢代に於ける宮廷作畫機構の發達
On the Development of the Organisation of
　　Drawloom Weaving in Palace Workshops
　　during the Han Dynasty
《国華》, 1938 年, nos. 571, 574—577
摘要: *MS*, 1942, **7**, 364

米澤嘉圃 (*2*)
魏晉南北朝时代の尚方
The Imperial Workshops in the Wei, Chin

and Northern and Southern Dynasty periods
《东方学报》（东京），1939 年，**10**，303
摘要：*MS*，1942，7，364

内田吟風 (Uchida Gimpu)（*1*）
上代蒙古に於ける車輌交通
Vehicles in Ancient Mongolia
《东洋史研究》，1940 年，**5**，24

潘絜兹（*1*）
敦煌莫高窟艺术
The Art of the Cave-Temples at Mokao-khu
[Chhien-fo-tung] near Tunhuang
上海人民出版社，上海，1957 年

彭泽益（*1*）（编）
《中国近代手工业史资料（1840—1949）》
Materials for the Study of the Chinese Art-
isanattte and the Growth of Industrial Pro-
duction between 1840 and 1949
4 卷
三联书店，北京，1957 年
摘要：*RBS*，1962，**3**，no. 343

齐思和（*1*）
黄帝之制器故事
Stories of the Inventions of Hung Ti [and
his Ministers]
《史学年报》，1934 年，**2**（no. 1），21

齐彦槐（*1*）
《龙尾车歌》
Mnemonic Rhyming Manual on the Archime-
dean Screw
约 1820 年

钱临照（*1*）
释墨经中光学力学诸条
Expositions of the Optics and Mechan-
ics in the Mohist Canons
载于《李石曾先生六十岁纪念论文集》
北平研究院，昆明，1940 年

钱伟长（*1*）
《我国历史上的科学发明》
Scientific Discoveries and Inventions
in Chinese History
中国青年出版社，北京，1953 年；第二版，1954
年

钱泳（*1*）
《履园丛话》
Collected Garden Stroll Conversations
1870 年

橋本增吉 (Hashimoto Masukichi)（*2*）
《支那古代曆法史研究》
Ü ber die astronomische Zeiteinteilung
im alten China
东京，1943 年
（《东洋文库论丛》第 29 号）

橋本增吉（*3*）
指南車考
An Investigation of the South-Point-
ing Carriage
《东洋学报》，1918 年，**8**，249，325；1924
年，**14**，412；1925 年，**15**，219

青地林宗 (Aoji Rinso)（*1*）
《氣海觀瀾》
A Survey of the Ocean of Pneuma [as-
tronomy and meteorological physics]
日本，1825 年；增补，1851 年
收入《日本科学古典全书》，第 6 卷

全汉昇（*2*）
清季的江南制造局
The Chiang-nan (Kiangnan) Arsenal at
the End of the Chhing Dynasty
《中央研究院历史语言研究所集刊》（台北
版），1951 年，第二十三本，第 145 页

仁井田陞 (Niida Noboru)（*1*）
元明時代の村の規約と小作證書など
（日用百科全書の類二十種の中かう）

Village Rules and Tenant Bills of the Yuan and Ming Periods as seen in Twenty Ordinary (Popular) Encyclopaedias of the Time
《东洋文化研究所纪要》，1956 年，**8**，123

容庚（*1*）
《汉武梁祠画像考释》
Investigations on the Carved Reliefs of the Wu Liang Tomb-shrines of the [Later] Han Dynasty
2 卷
燕京大学考古学社
北京，1936 年

容庚（*2*）
《金文编》
Bronze Forms of Characters
北京，1925 年；增订，1959 年

阮元（*1*）
见《畴人传》

阮元（*2*）
《考工记车制图解》
Illustrated Analysis of Vehicle Construction in the *Artificers' Record* (of the *Chou Li*)
北京，约 1820 年
收入《皇清经解》卷 1055、1056

阮元（*3*）
《揅经室集》
Collected Writings from the Yen-Ching Studio
本集，1823 年；续集，1830 年；外集，1844 年

桑原骘藏（Kuwabara Jitsuzo）（*1*）
《宋末の提举市舶西域人蒲寿庚の事蹟》
On Phu Shou-Kêng, a man of the Western Regions, who was Superintendent of Merchant Shipping at Chhüanchow to wards the end of the Sung Dynasty
上海，1923 年，岩波书店，东京，1935 年
评论：P. Pelliot，*TP*，1927，**25**，205
中文译本：《蒲寿庚考》，陈裕菁译（中华书局，北京，1954 年）

沙式庵、陆伊湄、魏默深（*1*）
《蚕桑合编》
Collected Notes on Sericulture
1843 年；重刊 1845 年
参见：Liu Ho & Roux (1)，p. 23

山口隆二（Yamaguchi Ryuji）（*1*）
《日本の時計；德川時代の和時計の研究》
Time-Measurement in Japan；Studies on the Clocks of the Tokugawa Period
日本评论社，东京，1942 年

商承祚（*1*）
《长沙出土楚漆器图录》
Album of Plates and Description of Lacquer Objects from the State of Chhu excavated at Chhangsha (Hunan)
上海出版公司，上海，1955 年

上田舒（Ueda Noburu）（*1*）
東亞にぞける鋸の系譜
Ancient and Traditional Saws of China and Japan
《考古学杂志》，1957 年，**42**，169
摘要：*RBS*，1962，**3**，no. 941

邵力子（*1*）
纪念王徵逝世三百周年
In Memory of the 300th Anniversary of the Death of Wang Chêng
《真理杂志》，1944 年，**1**（no. 2），210

沈秉成（*1*）
《蚕桑辑要》
Essentials of Sericulture
1869 年

史树青（*1*）

齐彦槐所制的天文钟

On the Astronomical Clock Constructed by
Chhi Yen-huai
《文物参考资料》，1958 年（no. 7），37

史树青（2）

古代科技事物四考

Four Notes on Ancient Scientific Tech nolo-
gy：（a）Ceramic objects for medical heat-
treatment；（b）Mercury silvering of bronze
mirrors；（c）Cardan Suspension perfume
burners；（d）Dyeing stoves
《文物》，1962 年（no. 3），47

水野清一（Mizuno Seiichi）（1）

敦煌石窟ノト

Notes on the Tunhuang Cave-Temples
（Chhien-fo-tung）
佛教艺术，1958 年，34，8

司正午荣（1）

见《工师雕斲正式鲁班木经匠家镜》

宋伯胤、黎忠义（1）

从汉画像石探索汉代织机构造

The Looms （and other Textile Machinery）
of the Han Period as revealed by （recently
discovered） Han Stone Reliefs
《文物》，1962 年（no. 3），25

薮内清（Yabuuchi Kiyoshi）（4）

中國の時計

［Ancient］Chinese Time-Keepers
《科学史研究》，1951 年（no. 19），19

薮内清（11）（编）

《天工開物の研究》

A Study of the Thien Kung Khai Wu （The
Exploitation of the Works of Naturre， ＋
1637）
东京，1953 年
由苏芗雨等将 11 篇专题论文译成中文；
中华丛书，台北和香港，1956 年

孙次舟（1）

嵩县唐墓所出铁剪、铜尺及墓志之考释

Study of a Pair of Iron Scissors and a Copper
Measuring-Rod from a Thang Tomb at
Sunghsien （Honan）
《中国文化研究汇刊》，1941 年，1，61
摘要：《汉学》，1949 年，2，389

孙楷第（1）

《近代戏曲原出宋傀儡戏影戏考》

A Study of the Origins of Modern Opera
from Sung Puppet-Plays and Shadow-Plays
辅仁大学，北京，1950 年

孙文青（3）

张衡年谱

Chronological Biography of Chang
Hêng
《金陵学报》，1933 年，3，331

孙文青（4）

《张衡年谱》

Life of Chang Hêng ［enlargement of （3）］
商务印书馆，上海，1935 年；第 2 版，重庆，
1944 年；第 3 版（修订本），上海 1956 年

孙诒让（3）

见《周礼正义》

谭旦冏（1）

《中华民间工艺图说》

An Illustrated Account of the Industrial
Arts as traditionally practised among the
Chinese People
中华丛书，台北和香港，1956 年

唐兰（1）（编）

《五省出土重要文物展览图录》

Album of the Exhibition of Important Arc-
haeological Objects excavated in Five
Provinces （Shensi，Chiangsu，Jehol，Anhui
and Shansi）
文物出版社，北京，1958 年

唐云明 (1)

保定东壁旧城调查

A Study of the Old City beside the Eastern
Wall of Paoting [including details of iron
gearwheels of H/Han date]

《文物》，1959 年（no. 9），82

天野元之助 (Amano Motonosuke) (1)

中國のうすの歷史

On the History of Mortars and Mills in
China

《自然と文化》，1952 年，3，21

汪鋆 (1)

《十二砚斋随笔》

Miscellaneous Notes from the Twelve-Inkst
-one Studio

约 1885 年

王方中 (1)

宋代民营手工业的社会经济性质

Private Handicraft Industry during the
Sung Dynasty

《历史研究》，1959 年（no. 2），39

王家琦 (1)

水转连磨、水排和秧马

On Water-powered Multiple Geared Mills,
Water-powered Reciprocators (Hydraulic
Metallurgical Blowing-Engines), and Rice-
planting Boats

《文物参考资料》，1958 年，(no. 7)，34

王琎 (2)（编）

《中国古代金属化学及金丹术》

Alchemy and the Development of Metallurgi-
cal Chemistry in Ancient and Medieval Chi-
na [collected essays]

中国科学图书仪器公司，上海，1955 年

王念孙 (2)

见《广雅疏证》

王仁俊 (1)

格致古微

Scientific Traces in Olden Times

1896 年

王苏、邢琳、王刘 (1)

我国在钢铁冶炼工业上的伟大创造

The Great Contributions of China to
the Technology of Iron and Steel

《文物》，1959 年（no. 1），26

王先谦 (1)（编）

《皇清经解续编》

Continuation of the Collection of Monographs
on Classical Subjects written during the
Chhing Dynasty

1988 年

见：严杰 (1)

王先廉 (2)（编）

《庄子集解》

Collected Commentaries on the Book of Mas-
ter Chuang

1909 年

王振铎 (1)

汉张衡候风地动仪造法之推测

A Conjecture as to the Construction of the
Seismograph of Chang Hêng in the Han Dy-
nasty

《燕京学报》，1936 年，20，577

王振铎 (3)

指南车记里鼓车之考证及模制

Investigations and Reproduction in Model
Form of the South-Pointing Carriage and
the Hodometer (Li-Measuring Drum Car-
riage)

《史学集刊》，1937 年，3，1

王振铎 (5)

司南指南针与罗经盘（下）

Discovery and Application of Magnetic Phe-

nomena in China，Ⅲ （Origin and Develop-
ment of the Chinese Compass Dial）

《中国考古学报》，1951 年，**5**，101

王振铎 （*7*）

揭开了我国 "天文钟" 的秘密

The Secret of Our （Medieval） 'Astronomical
Clocks'revealed

《文物参考资料》，1958 年，（no. 9），5

王振铎 （*8*）

中国最早的假天仪

The Earliest Chinese Planetarium

《文物》，1962 年 （no. 3），11

王振铎 （*9*）

汉代冶铁鼓风机的复原

On the Reconstruction of the Metallurgical
Iron-Casting Bellows of the Han period

《文物》，1959 年 （no. 5），43

王之春 （*1*）

《国朝柔远记》

Record of the Pacification of a Far Country
［his ambassadorship to Russia］

约 1885 年

王仲荦 （*1*）

《关于中国奴隶社会的瓦解及封建关系的形
成问题》

The Question of the Breakdown of Slave
Society in China and the Formation of the
Feudal Relationship

湖北人民出版社，武汉，1957 年

魏源、林则徐 （*1*）

《海国图志》

Illustrated Record of the Maritime ［Occi-
dental］ Nations

1844 年；第一次增补，1847 年；第二次增补，
1852 年

有关该书的作者问题，见：Chhen Chhi-Thien
（1）

翁广平 （*1*）

《杵臼经》

Manual of Pounding Techniques

约 1830 年

吴承洛 （*1*）

中西科学艺术文化历史编年对照

Comparative Tables of Scientific Technolog-
ical and Scholarly Achievements in China
and Europe

《科学》，1925 年，**10**，1

吴承洛 （*2*）

《中国度量衡史》

History of Chinese Metrology ［weights and
measures］

商务印书馆，上海，1937 年；修订版，
上海，1957 年

吴南薰 （*1*）

《中国物理学史》

A History of Physics in China （preliminary
draft，based on courses of lectures）

武汉大学物理系印行，武汉，1954 年

吴其濬 （*1*）

《植物名实图考》

Illustrated Investigation of the Names
and Natures of Plants

1848 年

吴汝祚、胡谦盈 （*1*）

宝鸡和西安附近考古发掘简报

Preliminary Report of Archaeological Exca-
vations near Paochi and Sian ［including
bronze gearwheels of the late C/Han period
found at Hung-chhing-tshun］

《考古通讯》，1955 年 （no. 2），33

吴毓江 （*1*）（编）

《墨子校注》

The Collected Commentaries on the *Book of*

Master Mo (including the Mohist Canon)
独立出版社，重庆，1944 年

小泉顯夫 (Koizumi Akio) (1)
《樂浪彩篋冢》
The Tomb of the Painted Basket, [and two
other tombs] of Lo-lang
古迹调查报告，no. 1
朝鲜古迹研究会，汉城，1934 年
（附英文提要）

谢稚柳 (1)
《敦煌艺术叙录》
Catalogue of the Subjects of the Frescoes
of (the Chhien-fo-tung Cave-Temples near)
Tunhuang
上海出版公司，上海，1955 年

徐朝俊 (1)
见《高厚蒙求》

徐朝俊 (2)
《自鸣钟表图法（说）》
Illustrated Account of the Manufacture
of Mechanical Clocks
上海，1809 年
北京图书馆藏有该年代的手稿复制件

徐家珍 (1)
风筝小记
A Note on Aeolian Whistles (attached to
Kites)
《文物》，1959 年 (no. 2)，27

徐文璘、李文光 (1)
谈清代的钟表制造
On the Design of Some Chinese Clocks of
the Chhing period
《文物》，1959 年 (no. 2)，34

严敦杰 (16)
跋红楼梦新考内西洋时刻与中国时刻之比较
A Comparison of Chinese and Western Horary

Systems by way of a Postscript to [Fang
Hao's] 'New Study of the novel Dream of
the Red Chamber'
《东方杂志》，**40** (no. 16)，27

严杰 (1)
《皇清经解》
Collection of [more than 180] Monographs
on Classical Subjects written during the
Chhing Dynasty
1829 年；补刊（"庚申补刊"），1860 年
参见：王先谦 (1)

严可均 (1) (编)
《全上古三代秦汉三国六朝文》
Complete Collection of Prose Literature
(including Fragments) from Remote Antiq-
uity through the Chhin and Han Dynasties,
the Three Kingdoms and the Six Dynasties
1836 年编成，1887—1893 年刊行

阎磊等 (1)
陕西长安洪庆村秦汉墓第二次发掘简记
Short Catalogue of Objects found in the Se-
cond Excavation of Chhin and Han Tombs
at Hung-chhing-tshun near Sian
《考古》，1959 年 (no. 12)，662

燕羽 (1)
《中国历史上的科技人物》
Lives of [twenty-two] Scientists and Techno-
logists eminent in Chinese History [includ-
ing e. g. Chang Hêng, Tsu Chhung-Chih,
Yü，Yün-Wên and Yüwên Khai]
群联出版社，上海，1951 年

燕羽 (4)
中国古代关于深井钻掘机械的发明
The Invention of Deep Drilling Technique
for Wells and Boreholes in Ancient China
载于李光璧、陈君晔 (1)（见另条），第
186 页
北京，1955 年

杨宽（1）

中国古代冶铁鼓风炉和水力冶铁鼓风炉的发明

On the Blast Furnaces used for making Cast Iron in Ancient China, and the Invention of Hydraulic Blowing-Engines for them

载于李光璧、陈君晔（1）（见另条），第 71 页

北京，1955 年

杨宽（4）

《中国历代尺度考》

A study of the Chines Foot-Measure through the Ages

商务印书馆，上海，1938 年；修订并增补，1955 年

杨宽（6）

《中国古代冶铁技术的发明和发展》

The Origins, Inventions, and Development of Iron [and Steel] Technology in Ancient and Medieval China

上海人民出版社，上海，1956 年

杨宽（9）

关于水力冶铁鼓风机"水排"复原的讨论

Queries on the Reconstruction of the (Vertical Water-Wheel) Hydraulic Blowing-Engines in Ironworks (of the Sung and Yuan Periods)

《文物》，1959 年（no. 7），48

杨联陞（1）

东汉的豪族

The Great Families of the Eastern Han

《清华学报》，1936 年，**11**（no. 4），1007

译文：Sun & de Francis（1），p. 103

杨仁恺、董严明（1）（编）

《辽宁省博物馆藏画集》

Album of Pictures illustrating the Collection of Paintings in the Liaoning Provincial Museum

文物出版社，北京，1962 年

杨中一（1）

唐代的贱民

The Lowest Ranks of Society in the Thang Dynasty period

《食货》，1935 年，**1**（no. 4），124

译文：Sun & de Francis（1），p. 185

杨中一（2）

部曲沿革略考

A Study of the Evolution of the Status of 'Dependent Retainers'

《食货》，1935 年，1（no. 3），97

译文：Sun & de Francis（1），p. 142

叶浅予

《敦煌壁画》

The Wall-Paintings at Tunhuang (the Chhien-fo-tung Cave-Temples)

朝花美术出版社，北京，1957 年

叶照涵（1）

汉代石刻冶铁鼓风炉图

A Han Relief showing a Blast Furnace for making Cast Iron

《文物》，1959 年（no. 1），2 和 20

俞昌会（1）

《防海辑要》

Essentials of Coast Defence

1822 年

原田淑人（Harada Yoshito）、驹井和愛（Komai Kazuchika）（1）

《支那古器圖考》

Chinese Antiquities (Pt. 1, Arms and Armour; Pt. 2 Vessels [ships] and Vehicles)

东方文化学院，东京，1937 年

圓通（Entsū）（1）

《佛國曆象編》

On the Astronomy and Calendrical Science

of Buddha' Country〔actually India and Chi-
na〕
京都，1810 年，1815 年

圆通（2）

《須彌山儀銘并序和解》

Inscription for the Mt Sumeru Instrument
〔cosmographical model〕and Japanese
Translation of the Preface
日本，1813 年

曾昭燏（1）（编）

关于我国造钟历史的三个材料

Three Contributions to the History of
the Clockmaking Industry in China
南京博物院，1958 年（油印本）
（配合当年在上海和南京举办的钟表史展
览而发行的资料）

曾昭燏、蒋宝庚、黎忠义（1）

《沂南古画像石墓发掘报告》

Report on the Excavation of an Ancient
〔Han〕Tomb with Sculptured Reliefs at I-
nan〔in Shantung〕(c. +193)
南京博物院、山东省文物管理处、文化部
文物管理局，上海，1956 年

增井經夫（Masai Tsuneo）（1）

支那の水車

On Water-mills in China (including the
Hydraulic Blowing Engine)
载于《東洋史集説》
加藤博士還曆記念
东京，1938 年

张大千（1）

《敦煌莫高窟壁画》

Copy Paintings of the Frescoes of the Mo-
Kao-Khu (Chhien-fo-tung) Cave-Temples
near Tunhuang〔album〕
北京，1947 年

张德光（1）

山西绛县裴家堡古墓清理简报

Brief Report on the Old tombs (of J/Chin
Dynasty period, +12th cent.) at Phei-chia-
pao near Chiang-hsien in Shansi (province)
《考古通讯》，1955 年，1 (no. 4)，58

张荫麟（1）

明清之际西学术入中国考略

History of the Penetration of Western Sci-
ence and Technology into China in the late
Ming and early Chhing Periods
《清华学报》，1924 年，1 (no. 1)，38

张荫麟（2）

中国历史上之"奇器"及其作者

Scientific Inventions and Inventors in Chi-
nese History
《燕京学报》，1928 年，1 (no. 3)，359
重刊于张荫麟（8），第 64 页起

张荫麟（4）

纪元后二世纪间我国第一位大科学家
——张衡

Chang Hêng; Our first Great Scientist
(+2nd century)
《东方杂志》，1925 年，21 (no. 23)，89
重刊于张荫麟（8），第 323 页起

张荫麟（5）（译）

宋燕肃吴德仁指南车造法考

Investigation of the Method of Construction
of the South-Pointing Carriage used by the
Sung engineers Yen Su and Wu Tê-Jen〔tr.
of Moule (7)〕
《清华学报》，1925 年，2 (no. 1)

张荫麟（6）

宋卢道隆吴德仁记里鼓车造法

The Method of Construction of the Hodome-
ter used by the Sung engineers Lu Tao-
Lung and Wu Tê-Jen
《清华学报》，1926 年，2 (no. 2)，635
重刊于张荫麟，（8），第 124 页起

张荫麟（7）

宋初四川王小波李顺之乱（一失败之均产运
动）

The Revolt of Wang Hsiao-po and Li Shun
in Szechuan［+993 to +995］；an unsuccess-
ful Communist Movement

《清华学报》，1937 年，**12**（no. 2），315
重刊于张荫麟（8），第 146 页起

张荫麟（8）

《张荫麟文集》

Collected Works of Chang Yin-Lin［post-
humous］

伦伟良编

附王焕镳、张其昀和谢幼伟的介绍性文章
中华丛书，台北和香港，1956 年

张自牧（1）

《瀛海论》

Discourse on the Boundless Sea（i. e. Natu-
re）［该论试图说明，许多文艺复兴时期之后
的科学发现，在古代和中世纪时期的中国已
有其先声］

约 1885 年

章鸿钊（1）

《石雅》

Lapidarium Sinicum；a Study of the Rocks，
Fossils and Minerals as Known in Chinese
Literature

中央地质调查所，北平：第 1 版，1921 年；第
2 版，1927 年

《地质专报》（ser. B）no. 2（附英文提
要）

评论：P. Demiéville，*BEFEO*，1924，
24，276

章鸿钊（3）

中国用锌的起源

Origins and Development of Zinc Techno-
logy in China

《科学》，1923 年，**8**（no. 3）；转载于王琎

（2），第 21 页

郑复光（1）

《镜镜詅痴》

Treatise on Optics by an Untalented Sch-
olar

附：《火轮船图说》

On Steam Paddle-boat Machinery，附图
1846 年撰序，1847 年刊行

郑天挺（1）

关于徐一夔“织工对”

On Hsü I-Khuei's Conversations with the
Weavers

《历史研究》，1958 年（no. 1），65

郑振铎（3）（编）

《宋张择端〈清明上河图〉卷》

［Album of］Reproductions of the Painting
'Going up the River to the Capital at the
Spring Festival'Finished by Chang Tsê-Tu-
an in +1126，with Introduction

《文物精华》，第一集，文物出版社，北京，
1959 年

重泽俊郎（Shigezawa Toshirō）（1）

周禮の思想史的考察

A Study of the Leading Ideas（on State，
Society and Industry）in the *Record of Insti-
tutions of the Chou Dynasty*

《東洋の文化と社会》，1955 年，**4**，42；
1956 年，**5**，31

周清澍（1）

我国古代伟大的科学家——祖冲之

A Great Chinese Scientist；Tus Chhung-
Chih（mathematician，engineer，etc. ）

载于李光璧、陈君晔（1）（见另条），第
270 页

北京，1955 年

周藤吉之（Sudō Yoshiyuki）（2）

南宋の農書とその性格；特に王禎「農書」

の成立と關聯して

Chinese Books on Farming in the
　　Southern Sung; with special reference to
　　the Compilation of the 'Treatise on
　　Agriculture' by Wang Chên
　　《东洋文化研究所纪要》, 1958 年, **14**, 133

朱启钤梁启雄 (*1—6*)
　　哲匠录
Biographies of [Chinese] Engineers, Archi-
　　tects, Technologists and Master-Crafts-men
　　《中国营造学社汇刊》, 1932 年, **3** (no.
　　1), 123; 1932 年, **3** (no. 2), 125; 1932
　　年, **3** (no. 3), 91; 1933 年, **4** (no.
　　1), 82; 1933 年, **4** (no. 2), 60; 1934 年,
　　4 (nos. 3, 4), 219

朱启钤、梁启雄、刘儒林 (*1*)
　　哲匠录 (续)
Biographies of [Chinese] Engineers, Archit-
　　ects, Technologists and Master-Crafts-men
　　(continued)
　　《中国营造学社汇刊》, 1934 年, **5** (no. 2),
　　74

朱启钤、刘敦桢 (*1—2*)
　　哲匠录 (续, 补遗)
Biographies of [Chinese] Engineers, Archit-
　　ects, Technologists and Master-Crafts-men
　　(continued)
　　《中国营造学社汇刊》, 1935 年, **6** (no. 2),
　　114; 1936 年, **6** (no. 3), 148

朱启钤、刘敦桢 (*3*) (校释)
　　《梓人遗制》
The 'Traditions of the Joiner's Craft' (a short
　　treatise by Hsüeh Ching-Shih of the Yuan
　　Dynasty (+1263), preserved in ch. 18, 245
　　of the *Yung-Lo Ta Tien*)
　　《中国营造学社汇刊》, 1932 年, **3** (no. 4)
　　135

朱文鑫 (*1*)
　　《历法通志》
History of Chinese Calendrical Science
　　商务印书馆, 上海, 1934 年

朱希祖 (*2*)

C. 西文书籍和论文

ABEL, CLARKE (1). *Narrative of a Journey to the Interior of China....* Longman, London, 1818.

D'ACRES, R. (1). *The Art of Water Drawing* (water raising machinery). Brome, London, 1659 and 1660. (Facsimile reproduction, Extra Publication no. 2 of the Newcomen Society, Heffer, Cambridge, 1930.)

ADKINS, E. C. S. (1). '*Ching Hua Yuan*; China's *Gulliver's Travels*.' *ACSS*, 1954, 34.

AFET INAN (1). *Aperçu Général sur l'Histoire Économique de l'Empire Turc-Ottoman.* Maarif Matbaasi, Istanbul, 1941. (Publ. de la Soc. d'Hist. Turque, Ser. VII, no. 6.)

AGRICOLA, GEORGIUS (GEORGE BAUER) (1). *De Re Metallica.* Basel, 1556. See Hoover & Hoover. Account of the engineering in *De Re Metallica* in Beck (1), ch. 8.

ALBERTI, L. B. (1). *De Re Aedificatoria.* Rembolt & Hornken, Paris, 1512. Ital. tr. *I Dieci libri di Architettura.* Venice, 1546. Fr. tr. Paris, 1553. Eng. tr. London, 1726. See Olschki (5).

ALLEY, REWI (6) (tr.). *Tu Fu; Selected Poems.* Foreign Languages Press, Peking, 1962. (Selection by Fêng Chih.)

ALLEY, REWI (8). 'Thangshan and the Eastern [Manchu Dynasty Imperial] Tombs [near Chi-hsien in Hopei].' *EHOR*, 1963, **2** (no. 12), 39.

D'ALVIELLA, GOBLET (1). 'Moulins à Prières, Roues Magiques, et Circumambulations.' *RUB*, 1897. Also art. 'Prayer-Wheels.' *ERE*, vol. 10, 394, 500.

AMEISENOWA, Z. (1). 'Some Neglected Representations of the Harmony of the Universe.' *GBA*, 1958, 349. (Commemoration Volume for Hans Tietze.)

AMELLI, A. M. (1) (ed). *Miniature Sacre e Profane dell'Anno 1023 illustranti l'Enciclopedia Medioevale de Rabano Mauro.* Montecassino, 1896.

AMIOT, J. J. M. See de Rochemonteix, P. C. (1).

AMIOT, J. J. M. (4). Letter on barometric pressure, static electricity and magnetism, and stories of flying men or spirits ('aérambules') in Chinese Literature, 15 Nov. 1784. *MCHSAMUC*, 1786, **11**, 569.

ANDERSON, L. C. (1). 'Kites in China.' *NCR*, 1921, **3**, 73.

ANDERSON, M. D. (1). *The Choir-Stalls of Lincoln Minster.* Friends of Lincoln Cathedral, Lincoln, 1951.

ANDERSON, R. H. (1). 'The Technical Ancestry of Grain-Milling Devices.' *MENG*, 1935, **57**, 611; *AGHST*, 1938, **12**, 256.

ANDERSSON, J. G. (3). 'An Early Chinese Culture.' *BGSC*, 1923, **5**, 1.

ANDRADE, E. N. DA C. (1). 'Robert Hooke' (Wilkins Lecture). *PRSA*, 1950, **201**, 439. (The quotation concerning fossils is taken from the advance notice, Dec. 1949.) Also *N*, 1953, **171**, 365.

ANDRADE, E. N. DA C. (3). 'The Early History of the Vacuum Pump.' *END*, 1957, **16** (no. 61), 29.

ANDREWS, C. R. (1). *The Story of Wortley Ironworks; a Record of Eight Centuries of Yorkshire Industry.* S. Yorkshire Times, Mexborough, 1950.

ANELL, B. (1). *Contribution to the History of Fishing in the Southern Seas.* Almquist & Wiksell, Stockholm, 1955.

ANON. (5). Illustration (+1616) of a paddle-wheel boat winding itself upstream on a towrope attached to a fixed point, with commentary. *GTIG*, 1927, **11**, 293.

ANON. (6). 'Plan for ascending Rapids in Rivers.' *MMG*, 1825, **3**, 225.

ANON. (8). 'Leon Foucault [and the gyroscope].' *SR*, 1951, **3**, 16.

ANON. (11). *A Gallery of Japanese and Chinese Paintings.* Kokka, Tokyo, 1908.

ANON. (13). *Streyd-Buch von Pixen, Kriegsrüstung, Sturmzeuch und Feuerwerckh* (artillerist's manual). MS. Kaiserhaus, Vienna cod. 5135, early +15th century. See Sarton (1), vol. 3, p. 1551.

ANON. (14). Technical drawings of military engineering by the Anonymous Engineer of the Hussite Wars, *c.* 1430. MSS. Cod. Lat. 197, Hofbibliothek, Munich; 328 Weimar. See Sarton (1), vol. 3, p. 1551.

ANON. (15). *Das Mittelalterliche Hausbuch.* Album of an arquebus-maker, *c.* 1480, containing various engineering drawings. MS. Wolfsee Castle. Ed. A. von Essenwein, Frankfurt 1887; H .T. Bossert & W. F. Storck, Leipzig, 1912; Joh. Graf. v. Waldburg-Wolfegg, Munich, 1957. See Sarton (1), vol. 3, p. 1553.

ANON. (18). 'Miller of Dalswinton anticipated by the Chinese' (on Yang Yao's paddle-boat in the Sung). *CR*, 1882, **11**, 201; *NQCJ*, **26**, 128.

ANON. (23). *La Mission Lyonnaise d'Exploration Commerciale en Chine, 1895–1897.* Chambre de Commerce, Lyon, 1898.

ANON. (30). (Antiquus Idiota, ps.) 'Sui and Ancient Chinese Swords.' *CJ*, 1928, **8**, 299.

ANON. (32) (ed.). *New China* (album of photographs). Foreign Languages Press, Peking, 1953.

ANON. (36) (ed.). 'Changing Japan seen through the Camera.' Album of photographs, with foreword by G. Alsot. Asahi Shimbun, Tokyo & Osaka, 1933.

ANON. (37) (tr.). 'The Chinaman Abroad; or, a Desultory Account of the Malayan Archipelago, particularly of Java, by Ong-Tae-Hae' (Wang Ta-Hai's *Hai Tao I Chih Chai Lüeh* of +1791). *CMIS*, 1849 (no. 2), 1.

ANON. (38). *Handy Technical Dictionary in Eight Languages* (English, French, German, Italian, Polish, Portuguese, Russian and Spanish). Disce Publications, and K.L.R. Publishers, London, 1952.

ANON. (39). 'Dissertation on the Silk Manufacture and the Cultivation of the Mulberry; translated from the Works of Tseu-Kwang-K'he [Hsü Kuang-Chhi], called also Paul Siu, a Colao, or Minister of State in China.' (Translation of excerpts of chs. 31 to 34 of the *Nung Chêng Chhüan Shu* of +1639). *CMIS*, 1849 (no. 3); also sep. pub.; Mission Press, Shanghai, 1849.

ANON. (40). *Humane Industry; or, a History of Most Manual Arts, deducing the Original, Progress, and Improvement of them; furnished with Variety of Instances and Examples, shewing forth the Excellency of Humane Wit.* Herringman, London, 1661.

ANON. (41). *An Outline History of China.* Foreign Languages Press, Peking, 1958.

ANON. (42). *Hsiao's Record of the Imperial Palaces at Khanbaliq.* No place, no date, but pr. in China.

ANON. (43). *La Chine à Terre et en Ballon; Reproduction de Photographies des officiers du Génie du Corps Expéditionnaire, 1900–1901* (album). Berger-Levrault, Paris n.d. (1902?).

ANON. (44). 'Les Roues élévatoires dans les Mines de Cuivre.' *LN*, 1884, **12** (pt. 2), 344.

ANON. (45). *Silk; Replies from Commissioners of Customs to the Inspector-General's Circular no. 103, Second Series; to which is added 'Manchurian Tussore Silk' by N. Shaw.* Shanghai, 1917. (China, Maritime Customs, II, Special series, no. 3.)

ANON. (46). *The Epistle of Petrus Peregrinus on the Magnet, reproduced from a MS written by an English hand about +1390.* Quaritch, London, 1900.

ANON. (49). *The Rice Manufactury in China; from the Originals brought from China.* (Album of 24 copper-plate engravings, with engraved title-page, drawn by A.H.) Bowles, Bowles & Sayer, London, c. +1780. (Copied from the *Kêng Chih Thu* in one of its Chhing editions, Khang-Hsi rather than Chhien-Lung, all plates reversed.)

ANON. (52). 'Le Martinet — Esquisse d'une Morphologie du Martinet; les Origines du Moulin à Fer; Trois Documents, etc.' *RHSID*, 1960, **1** (no. 3), 7.

ANON. (59). *Labour and Struggle; Glimpses of Chinese History.* Museum of Chinese History, Peking. (Supplement to *CREC*, Apr. 1960.)

ANON. (60). 'A Canal through the Mountains' (the utilisation of the water of the Thao River in Southern Kansu). *PKR*, 1958 (no. 24), 17.

ANON. (61). 'A Model of Su Sung's Escapement.' *HORJ*, 1961, 481. 'Heavenly Clockwork—a Sequel' (by B.L.H.). *AHOR*, 1962, 297.

ANON. (62). *Book of Trades; or, Library of the Useful Arts.* 3 vols. Tabart, London, 1804, 1811.

ANON. (63). *Book of English Trades, and Library of Useful Arts.* Rivington, London, 1835.

ANON. (64). *Book of Trades; or, Circle of the Useful Arts.* Griffin, Glasgow, 1835; 10th ed. Griffin, London, 1852.

ANON. (65). *Book of Trades.* SPCK, London, n.d. (1862).

ANON. (71). 'The Economy of the Chinese illustrated by a Notice of the Tinkers, with a description of the Bellows.' *CRRR*, 1836, **4**, 37.

ANON. (72). *Water-Conservancy in New China* (album of photographs with bilingual captions and text). For the Ministry of Water-Conservancy; People's Art Pub. Ho., Shanghai, 1956.

ANTHIAUME, A. (2). *Le Navire, sa Propulsion en France, et principalement chez les Normands.* Dumont, Paris, 1924.

ARAGO, D. F. (2). 'Notice historique sur les Machines à Vapeur.' *AL*, 1829, repr. 1830 and 1837, 221 (230). Repr. in *Œuvres*, vol. 5, pp. 1 ff. Gide & Baudry, Paris; Weigel, Leipzig, 1855.

ARLINGTON, L. C. (2). *The Chinese Drama from the Earliest Times until Today....* Kelly & Walsh, Shanghai, 1930.

ARMÃO, E. (1). *Vincenzo Coronelli, Cenni sull'Uomo e la sua Vita, Catalogo Ragionato delle sue Opere, Lettere....* Bibliopolis, Florence, 1944. (Biblioteca di Bibliografia Italiana, no. 17.)

D'ARNAL, E. SCIPION, ABBÉ (1). *Mémoire sur les Moulins à Feu établis à Nîmes.* Nîmes, 1783.

ARNE, T. J. (1). 'Skandinavisches Holzkammergräber aus der Wikingerzeit in der Ukraine.' *ACA*, 1931, **2**, 285.

ARNOLD, BROTHER. See Mertens, J. C. (1).

ARNOLD, Sir EDWIN (1). *The Light of Asia; or, the Great Renunciation, being the Life and Teaching of Gautama [Buddha], (as told by an Indian Buddhist)*. London, 1879, frequently reprinted.

ARNOLD, Sir EDWIN (2). *Seas and Lands*. Longmans Green, London, 1894.

ASTON, W. G. (tr.) (1). *'Nihongi', Chronicles of Japan from the Earliest Times to +697*. Kegan Paul, London, 1896; repr. Allen & Unwin, London, 1956.

ATKINSON, F. (1). 'The Horse as a Source of Rotary Power.' *TNS*, 1962, **33**, 31.

AUDEMARD, L. (5). *Les Jonques Chinoises; IV, Description des Jonques*. Museum voor Land- en Volkenkunde & Maritiem Museum Prins Hendrik, Rotterdam, 1962.

AUDIN, MARIUS (1). *Les Vieux Moulins du Rhône* (ship-mills at Lyon). Lyon, n.d. See also *Le Confluent du Rhône et de la Saône; les Emplacements qu'il a occupés depuis les périodes géologiques jusqu'à nos jours, les Transformations qu'il a subies, et ses derniers Avatars*. Cumin & Masson, Lyon, 1919.

AVITSUR, S. (1). *On the History of the Exploitation of Water-Power in Eretz Israel*. Avehsalom Institute for Homeland Studies, Tel-Aviv, 1960.

BACCHELLI, R. (1). *Il Mulino del Po*. Eng. tr. F. Frenaye. Hutchinson, London, 1952.

BADDELEY, J. F. (2). *Russia, Mongolia, China; being some Record of the Relations between them from the Beginning of the +17th century to the Death of the Tsar Alexei Mikhailovitch (+1602 to +1676), rendered mainly in the form of Narratives dictated or written by the Envoys sent by the Russian Tsars or their Voevodas in Siberia to the Kalmuk and Mongol Khans and Princes, and to the Emperors of China; with Introductions Historical and Geographical, also a series of Maps showing the Progress of Geographical Knowledge in regard to Northern Asia during the +16th, +17th and early +18th Centuries; the Texts taken more especially from Manuscripts in the Moscow Foreign Office Archives....* 2 vols. Macmillan, London, 1919.

BAGNOLD, R. (1). *Libyan Sands*. Hodder & Stoughton, London, 1935.

BAGROW, L. (1). 'Ortelii Catalogus Cartographorum.' *PMJP*, 1929, Ergänzungsband **43**, no. 199; 1930, Ergänzungsband **45**, no. 210.

BAILEY, K. C. (1). *The Elder Pliny's Chapters on Chemical Subjects*. 2 vols. Arnold, London, 1929 and 1932.

BAILLIE, G. H. (1). *Clocks and Watches; an historical Bibliography*. NAG Press, London, 1951.

BAILLIE, G. H. (2). *Watches*. Methuen, London, 1929.

BALAZS, E. (=S.) (5). 'Beiträge z. Wirtschaftsgeschichte d. T'ang-Zeit.' *MSOS*, 1931, **24**, 1; 1932, **25**, 93; 1933, **26**, 166; ref. F. Otte, *OAZ*, 1933, **9** (**19**), 40.

BALAZS, E. (=S.) (7) (tr.). 'Le Traité Économique du *Souei-Chou* [*Sui Shu*].' *TP*, 1953, **42**, 113. Sep. pub. as *Études sur la Société et l'Économie de la Chine Médiévale*, no. 1. Brill, Leiden, 1953.

BALAZS, E. (=S.) (8). 'Le Traité Juridique du *Souei-Chou* [*Sui Shu*].' *TP*, 1954, **42**, 113. Sep. pub. as *Études sur la Société et l'Économie de la Chine Médiévale*, no. 2. Brill, Leiden, 1954. (Bibliothèque de l'Inst. des Hautes Études Chinoises, no. 9.)

BALFOUR, H. (1). 'The Fire Piston.' Art. in *Anthropological Essays presented to Edw. Burnett Tylor in honour of his 70th Birthday*, 1907.

BALFOUR, H. (2). 'Kite-Fishing.' In *Essays and Studies presented to William Ridgeway...on his 60th Birthday*. Ed. E. C. Quiggin, Cambridge, 1913. Pp. 583 ff.

BALL, E. B. (1). 'The Influence of the Mechanical Mind on the Development of Irrigation throughout the Ages.' *JPIME*, 1940, **142**, 407.

BALTRUŠAITIS, J. (1). *Le Moyen Âge Fantastique; Antiquités et Exotismes dans l'Art Gothique*. Colin, Paris, 1955.

BARBOTIN, A. (1). *Les Industries de l'Indochine française; Notions élémentaires de Sciences appliquées*. Impr. d'Extrême-Orient, Hanoi, 1917.

BARDE, R. (3). 'Les Éléments et les Nombres.' Unpublished MS.

BARNETT, R. D. & WATSON, W. (1). 'The World's Oldest Persian Carpet, preserved for 2400 Years in perpetual ice in Central Siberia; astonishing new Discoveries from the Scythian Tombs of Pazirik.' *ILN*, 1953, **223**, 69.

BAROJA, J. CARO (1). 'Sobre la Historia de la Noria de Tiro [i.e. Sāqīya].' *DTP*, 1955, **11**, 15–79.

BAROJA, J. CARO (2). 'Disertación sobre los Molinos de Viento.' *DTP*, 1952, **8**, 212.

BAROJA, J. CARO (3). 'Norias, Azudas, Aceñas.' *DTP*, 1954, **10**, 29–160.

BAROJA, J. CARO (4). 'Sobre Maquinarias de Tradición Antigua y Medieval.' *DTP*, 1956, **12**, 114.

BAROJA, J. CARO (5). 'En la Campiño de Córdoba (Observaciones de 1949).' Oil-mills and presses. *DTP*, 1956, **12**, 270.

BAROJA, J. CARO (6). 'Sobre Cigüeñales [crank-winches] y otros Ingenios para elevar Agua.' *RG*, 1955, **56**, 25.

BARROW, John (1). *Travels in China*. London, 1804. German tr. 1804; French tr. 1805; Dutch tr. 1809.

BARRY, P. (1). 'The Magic Boat.' *JAFL*, 1915, **28**, 195.

DE BARY, W. T. (1). 'A Re-appraisal of Neo-Confucianism.' *AAN*, 1953, **55** (no. 5), pt. 2, 81. (American Anthropological Association Memoirs, no. 75.)

VON BASSERMANN-JORDAN, E. (1). *Alte Uhren und ihre Meister.* Diebener, Leipzig, 1926.

VON BASSERMANN-JORDAN, E. (2). *Die Geschichte d. Rädeuhr unter bes. Berücksichtigung d. Uhren d. bayrischen National-Museums.* Keller, Frankfurt-am-Main, 1905.

VON BASSERMANN-JORDAN, E. (3) (ed.). *Die Geschichte d. Zeitmessung u. d. Uhren.* de Gruyter, Berlin & Leipzig, 1920–5. Only three parts published: L. Borchardt, *Die Altägyptische Zeitmessung,* 1920; K. Schoy, *Gnomonik d. Araber,* 1923; J. Drecker, *Theorie d. Sonnenuhren,* 1925.

VON BASSERMANN-JORDAN, E. (4). *Uhren.* 4th ed. completely revised by H. von Bertele. Klinkhardt & Biermann, Braunschweig, 1961. (Bibliothek f. Kunst- u. Antiquitäten-freunde, no. 7.)

BATE, JOHN (1). *The Mysteryes of Nature and Art: conteined in foure severall Tretises, the first of Water Workes, the second of Fyer Workes, the third of Drawing, Colouring, Painting and Engraving, the fourth of Divers Experiments, as wel serviceable as delightful; partly collected, and partly of the author's peculiar practice and invention.* Harper, Mab, Jackson & Church, London, 1634, 1635. Bibliography in John Ferguson (2).

BATESON, G. & MEAD, M. (1). *Balinese Character, a Photographic Analysis.* Special Publications of the New York Academy of Sciences, 1942, no. 2.

BATHE, G. (1). *Horizontal Windmills.* Pr. pr. Philadelphia, 1948.

DE BAVIER, E. (1). *La Sériculture, le Commerce des Soies et des Graines, et l'Industrie de la Soie, au Japon.* Georg, Lyon, 1874; Dumolard, Milan, 1874; Baillière & Tindall, London, 1874.

BAYER, GOTTLIEB SIEGFRIED (1). *De Horis Sinicis et Cyclo Horario Commentationes, accedit eiusdem Auctoris Parergon Sinicum de Calendariis Sinicis, ubi etiam quaedam in Doctrina Temporum Sinica emendantur.* Academy of Sciences, St Petersburg, 1735.

BAZIN, M. (1). 'Notice du *Chan Hai King* [*Shan Hai Ching*]; Cosmographie Fabuleuse attribuée au Grand Yu.' *JA*, 1839 (3e sér.), **8**, 354.

BAZIN, M. (2). 'Le Siècle des Youen [Yuan], ou Tableau Historique de la Littérature Chinoise depuis l'Avènement des Empereurs Mongols jusqu'à la Restauration des Ming.' *JA*, 1850 (4e sér.), **15**, 1 & 101.

BEAL, S. (1) (tr.). *Travels of Fah-Hian [Fa-Hsien] and Sung-Yün, Buddhist Pilgrims from China to India (+400 and +518).* Trübner, London, 1869. Incorporated in Beal (2).

BEAL, S. (2) (tr.). *Si Yu Ki [Hsi Yü Chi], Buddhist Records of the Western World, transl. from the Chinese of Hiuen Tsiang [Hsüan-Chuang].* 2 vols. Trübner, London, 1884. 2nd ed. 1906. Repr. Susil Gupta, Calcutta, 1957, 4 vols., as *Chinese Accounts of India, translated from the Chinese of Hiuen Tsiang.*

BEAL, S. (3) (tr.). *The Life of Hiuen Tsiang [Hsüan-Chuang] by the Shaman [Śramana] Hwui Li [Hui-Li], with an Introduction containing an account of the Works of I-Tsing [I-Ching].* Trübner, London, 1888; Kegan Paul, London, 1911.

BEATON, C. (1). *Chinese Album* (photographs). Batsford, London, 1945.

BEAUFOY, MARK (1). *Nautical and Hydraulic Experiments, with numerous scientific Miscellanies.* Pr. pr. London, 1834. 3 vols. announced but C.U.L. has only the first.

BEAUFOY, [MARK], Col. (2). 'On the Spiral Oar; Observations on the Spiral as a Motive Power to impel ships through the Water, with Remarks when applied to measure the Velocity of Water and Wind.' *TAP*, 1818, **12**, 246.

BECATTI, G. (1). *Scavi di Ostia.* 4 vols. Libreria dello Stato, Rome, 1960.

BECK, T. (1). *Beiträge z. Geschichte d. Maschinenbaues.* Springer, Berlin, 1900.

BECK, T. (2). 'Herons (des älteren) Mechanik.' *BGTI*, 1909, **1**, 84.

BECK, T. (3). 'Der altgriechische u. altrömische Geschützbau nach Heron dem älteren, Philon, Vitruv und Ammianus Marcellinus.' *BGTI*, 1911, **3**, 163.

BECK, T. (4). 'Herons (des älteren) Automatentheater.' *BGTI*, 1909, **1**, 182.

BECK, T. (5). 'Philon von Byzanz (etwa 260–200 v. Chr.).' *BGTI*, 1910, **2**, 64.

BECKER, C. O. & TITLEY, A. (1). 'The Valve Gear of Newcomen's Engine.' *TNS*, 1930, **10**, 6.

BECKMANN, J. (1). *A History of Inventions, Discoveries and Origins.* 1st German ed., 5 vols., 1786 to 1805. 4th ed., 2 vols. tr. by W. Johnston, Bohn, London, 1846. Enlarged ed., 2 vols. Bell & Daldy, London, 1872. Bibl. in John Ferguson (2).

BEDINI, S. (1). 'Johann Philipp Treffler, Clockmaker of Augsburg.' *BNAWCC*, 1956, **7**, 361, 415, 481.

BEDINI, S. (2). 'Chinese Mechanical Clocks.' *BNAWCC*, 1956, **7** (no. 4), 211.

BEDINI, S. (3). 'The Compartmented Cylindrical Clepsydra.' *TCULT*, 1962, **3**, 115.

BEDINI, S. (4). 'Agent for the Archduke; another chapter in the Story of Johann Philipp Treffler, Clockmaker of Augsburg.' *PHY*, 1961, **3**, 137.

BEHRENS, G. (1). 'Die sogennante Mithras-Symbole.' *GERM*, 1939, **23**, 56.

DE BÉLIDOR, B. F. (1). *Architecture Hydraulique; ou l'Art de Conduire, d'Elever et de Ménager les Eaux, pour les différens Besoins de la Vie.* 4 vols. Jombert, Paris, 1737-53.

BELL, ALEXANDER GRAHAM (1). 'The Tetrahedral Principle in Kite Structure.' *NGM*, 1903, **14**, 219. 'Aerial Locomotion.' *NGM*, 1907, **18**, 1. See also Grosvenor, G. H. (1).

BELL OF ANTERMONY, JOHN (1). *Travels from St Petersburg in Russia to Diverse Parts of Asia.* Vol. 1, *A Journey to Ispahan in Persia, 1715 to 1718; Part of a Journey to Pekin in China, through Siberia, 1719 to 1721.* Vol. 2, *Continuation of the Journey between Mosco and Pekin; to which is added, a translation of the Journal of Mr de Lange, Resident of Russia at the Court of Pekin, 1721 and 1722,* etc., etc. Foulis, Glasgow, 1763.

BELLINI, A. (1). *Gerolamo Cardano e il suo Tempo (sec. XVI).* Hoeppli, Milan, 1947.

BENNDORF, O., WEISS, E. & REHM, A. 'Zur Salzburger Bronzescheibe mit Sternbildern.' *JHOAI*, 1903, **6**, 32.

BENNETT, R. & ELTON, J. (1). *History of Corn Milling.* 4 vols. Simpkin Marshall, London, 1898. (i, *Headstones, Slave and Cattle Mills;* ii, *Watermills and Windmills;* iii, *Feudal Laws and Customs of Mills;* iv, *Some Famous Feudal Mills.*)

BENOIT, F. (1). 'L'Usine de Meunerie Hydraulique de Barbegal (Arles) à l'Époque Romaine.' *AHES/AHS*, 1939, **1**, 183; *RA*, 1940 (6e sér.), **15**, 18.

BENOIT, F. (3). 'Moulins à Graines et à Olives de la Méditerranée; Essai de Stratigraphie.' In *Travaux du 1er Congrès International de Folklore* (Paris, 1937). Arbault, Tours, 1938. (Pub. du Département et du Musée des Arts et Traditions Populaires.)

BERG, G. (1). *Sledges and Wheeled Vehicles.* Stockholm, 1935. (Nordiska Museets Handlingar, no. 4.)

BERG, G. (2). 'Den Svenska Sadesharpan och dem Kinesiska' (on the coming of the rotary winnowing-fan from China to Europe). Art. in *Nordiskt Folkminne; Studien tillagnade C. W. von Sydow.* Stockholm, 1928.

BERLIN, I. (1). *Two Concepts of Liberty.* OUP, Oxford, 1959.

BERNAL, J. D. (1). *Science in History.* Watts, London, 1954. (Beard Lectures at Ruskin College, Oxford.)

BERNARD, W. D. (1). *Narrative of the Voyages and Services of the 'Nemesis' from 1840 to 1843, and of the Combined Naval and Military Operations in China; comprising a complete account of the Colony of Hongkong, and Remarks on the Character of the Chinese, from the Notes of Cdr. W. H. Hall R.N., with personal observations.* 2 vols. Colburn, London, 1844.

BERNARD-MAÎTRE, H (1). *Matteo Ricci's Scientific Contribution to China,* tr. by E. T. C. Werner. Vetch, Peiping, 1935. Orig. pub. as *L'Apport Scientifique du Père Matthieu Ricci à la Chine,* Hsienhsien, Tientsin, 1935 (rev. Chang Yü-Chê, *TH*, 1936, **3**, 538).

BERNARD-MAÎTRE, H. (9). 'Deux Chinois du 18e siècle à l'École des Physiocrates Français.' *BUA*, 1949 (3e sér), **10**, 151.

BERNARD-MAÎTRE, H. (11). 'Ferdinand Verbiest, Continuateur de l'Œuvre Scientifique d'Adam Schall.' *MS*, 1940, **5**, 103.

BERNARD-MAÎTRE, H. (17). 'La Première Académie des Lincei et la Chine.' *MP*, 1941, 65.

BERNARD-MAÎTRE, H. (18). 'Les Adaptations Chinoises d'Ouvrages Européens; Bibliographie chronologique depuis la venue des Portugais à Canton jusqu'à la Mission Française de Pékin.' *MS*, 1945, **10**, 1-57, 309-88.

VON BERTELE, H. (1). 'Precision Time-Keeping in the pre-Huygens Era.' *HORJ*, 1953, **95**, 794. Germ. tr. *BTG*, 1954. Fr. tr. *JSHB*, 1954 (no. 9-10), 391, (no. 11-12) 463, 1955 (no. 3-4), 167.

VON BERTELE, H. (2). 'Clockwork Globes and Orreries.' *HORJ*, 1958, **100**, 800. Sep. pub. Antiq. Horol. Soc. London, 1958.

VON BERTELE, H. (3). 'Nuevos Documentos sobre la Obra de un Relojero Suizo Genial Jost Burgi, "el Segundo Arquímedes", +1552 to +1632.' *JSHB* (Spanish edition), 1956 (no. 11-12); 1957 (no. 1-2).

VON BERTELE, H. (4). 'The Origin of the Differential Gear and its Connection with Equation Clocks.' *TNS*, 1960, **30**, 145. (Paper read Oct. 1956.)

VON BERTELE, H. (5). 'Zur Geschichte der Äquationsuhren-Entwicklung.' *BTG*, 1956, **19**, 78.

VON BERTELE, H. (6). 'Globes and Spheres; Globen und Sphären; Globes et Sphères.' *Swiss Watch & Jewelry Journal*, Scriptar, Lausanne, 1961. (First part of a lecture at the Royal Society of Arts, before the British Horological Institute and the Antiquarian Horol. Soc. 28 Nov. 1957.)

VON BERTELE, H. (7). 'Das "Rädergebäude" des David a San Cajetano.' *AMK*, 1957, **2** (nos. 7-8), 23.

VON BERTELE, H. (8). 'Jost Burgis Beitrag zur Formentwicklung der Uhren.' *JKHSW*, 1955, **51**, 160.

VON BERTELE, H. (9). 'Jost Burgi's Pupils and Followers.' *CON*, 1955, **135**, 96.

VON BERTELE, H. (10). 'The Development of Equation Clocks; a phase in the History of Hand-setting Procedure.' *LSH*, 1959 (no. 3), 39 (no. 4), 15; 1960 (no. 1), 17 (no. 4), 37; 1961 (no. 1), 25.

VON BERTELE, H. See von Bassermann-Jordan (4).

BERTHELOT, M. (4). 'Pour l'Histoire des Arts Mécaniques et de l'Artillerie vers la Fin du Moyen Âge (1).' *ACP*, 1891 (6e sér.), **24**, 433. (Descr. of Latin MS. Munich, no. 197, the Anonymous Hussite engineer (German), *c.* +1430; of Ital. MS. Munich, no. 197, Marianus Jacobus Taccola of Siena, *c.* +1440; of *De Machinis*, Marcianus, no. XIX, 5, *c.* +1449; and of *De Re Militari*, Paris, no. 7239: Paulus Sanctinus, *c.* +1450, the MS. from Istanbul.)

BERTHELOT, M. (5). 'Histoire des Machines de Guerre et des Arts Mécaniques au Moyen Âge; (II) Le Livre d'un Ingénieur Militaire à la Fin du 14ème siècle.' *ACP*, 1900 (7e sér.), **19**, 289. (Descr. of MS. *Bellifortis*, Göttingen, no. 63, Phil., K. Kyeser +1395 to +1405; and of Paris MS., no. 11015, Latin, Guido da Vigevano, *c.* +1335.)

BERTHELOT, M. (6). 'Le Livre d'un Ingénieur Militaire à la Fin du 14ème Siècle.' *JS*, 1900; 1 and 85. (Konrad Kyeser and his *Bellifortis*.)

BERTHELOT, M. (7). 'Sur le Traité *De Rebus Bellicis* qui accompagne le *Notitia Dignitatum* dans les Manuscrits.' *JS*, 1900, 171.

BERTHELOT, M. (8). 'Les Manuscrits de Léonard da Vinci et les Machines de Guerre.' *JS*, 1902, 116. (Argument that L. da Vinci knew the drawings in the +4th-century Anonymous *De Rebus Bellicis*, and also many inventions and drawings of them by the +14th- and early +15th-century military engineers.)

BERTHELOT, M. (10). *La Chimie au Moyen Âge;* vol. 1, *Essai sur la Transmission de la Science Antique au Moyen Âge* (Latin texts). Impr. Nat. Paris, 1893.

BERTHELOT, M. (11). 'Sur le suspension dit de Cardan.' *CRAS*, 1890, **III**, 940.

BERTHOUD, F. (1). *Histoire de la Mésure du Temps par les Horloges.* 2 vols. Impr. de la République, Paris, An 10 (1802).

BERTUCCIOLI, G. (1). 'Un Sinologo Scomparso; Giovanni Vacca, 1872–1953.' *ICS*, 1953, **36** (no 4/5), 1.

BESSNITZER, U. (1). *Der Gezewg mit seiner Zugehörunge* (on weapons and machines), 1489. MS. Cod. Palat. Germ. 130, Univ. Heidelberg. See Sarton (1), vol. 3, p. 1553.

BESSON, JACQUES, (1). *Théatre des Instruments Mathématiques.* Lyon, 1578 (written before 1569). Latin ed. Lyon, 1582. Account in Beck (1), ch. 10. An earlier version, *Instrumentorum et Machinarum quas Jacobus Bessonus...excogitavit*, is dated 1569 but bears no indication of locality, perhaps Orléans, as the author died there in that year.

BESSON, JACQUES (2). *Le Cosmolabe, ou Instrument Universel concernant toutes Observations qui peuvent faire les Sciences Mathématiques, tant au Ciel, en la Terre, comme en la Mer.* de Roville, Paris, 1567.

DE BÉTANCOURT, AUGUSTIN (1). *Essai sur la Composition des Machines*, tr. from Spanish by Lanz. Paris, 1808. Engl. tr. *Analytical Essay on the Construction of Machines.* London, 1810.

BEYER, J. M. (1). *Theatrum Machinarum Molarium; Schauplatz der Mühlenbaukunst.* Leipzig, 1735; Dresden, 1767.

BIED-CHARRETON, R. (1). 'L'Utilisation de l'Énergie Hydraulique; ses Origines, ses Grandes Étapes.' *RHS*, 1955, **8**, 53.

BIGLAND, E. (1). *Journey to Egypt.* Jarrolds, London, 1948.

BILFINGER, G. (2). *Die Babylonische Doppelstunde; eine chronologische Untersuchung.* Wildt, Stuttgart, 1888.

BINYON, L. (1). *Chinese Paintings in English Collections.* Van Oest, Paris & Brussels, 1927. (Eng. tr. of the French text in Ars Asiatica series, no. 9.)

BIOT, E. (1) (tr.). *Le Tcheou-Li ou Rites des Tcheou* [*Chou*]. 3 vols. Imp. Nat., Paris, 1851. (Photographically reproduced Wêntienko, Peiping, 1930.)

BIOT, E. (4) (tr.). 'Traduction et Examen d'un ancien Ouvrage intitulé *Tcheou-Pei*, littéralement "Style ou signal dans une circonférence".' *JA*, 1841 (3e sér.), **11**, 593; 1842 (3e sér.), **13**, 198 (emendations). (Commentary by J. B. Biot, *JS*, 1842, 449.)

BIOT, E. (17). 'Notice sur Quelques Procédés Industriels connus en Chine au XVIe siècle.' *JA*, 1835 (2e sér.), **16**, 130.

BIOT, E. (20). 'Mémoire sur la Condition des Esclaves et des Serviteurs gagés en Chine.' *JA*, 1837 (3e sér.), **3**, 246.

BIRCH, T. (1). *History of the Royal Society of London.* Millar, London, 1756.

BIRINGUCCIO, VANUCCIO (1). *Pirotechnia.* Venice, 1540, 1559. Eng. tr. C. S. Smith & M. T. Gnudi, Amer. Inst. Mining Engineers, New York, 1942. Account in Beck (1), ch. 7. See Sarton (1), vol. 3, pp. 1554, 1555. Bibliography in John Ferguson (2).

BISHOP, C. W. (1). 'Chronology of Ancient China.' *JAOS*, 1932, **52**, 232.

BISHOP, C. W. (2). 'Beginnings of Civilisation in Eastern Asia.' *AQ*, 1940, **14**, 301; *JAOS*, 1939, Suppl. no. 4, p. 35.

BLOCH, J. (1). *La Formation de la Langue Marathe.* Champion, Paris, 1920. (Bib. de l'École des Hautes Études Orientales, no. 215.)

BLOCH, MARC. See Febvre, L. (5).

BLOCH, MARC (2). 'Avènement et Conquêtes du Moulin à Eau.' *AHES*, 1935, **7**, 538.

BLOCH, MARC (3). 'Les Inventions Médiaevales.' *AHES*, 1935, **7**, 634; 1936, **8**, 513.

BLOCH, MARC (4). 'Les Techniques, l'Histoire, et la Vie; Note sur un Grand Problème d'Influences' (introduction to Haudricourt, 4). *AHES*, 1936, **8**, 513.

BLOCH, MARC (5). 'Technique et Évolution Sociale; à propos de l'Histoire de l'Attelage et de celle de l'Esclavage.' *RSH*, 1926, **41**, 91. Criticism of des Noëttes (1) who replied (5). Bloch's reply *RSH*, 1927, **43**, 87.

BLOCHMANN, H. F. (1) (tr.). *The 'Ā'īn-i Akbarī' (Administration of the Mogul Emperor Akbar) of Abū'l Fażl 'Allāmī*. Rouse, Calcutta, 1873. (Bibliotheca Indica, NS, nos. 149, 158, 163, 194, 227, 247 and 287.)

BLÜMNER, H. (1). *Technologie und Terminologie der Gewerbe und Künste bei Griechern und Römern*. 4 vols. Teubner, Leipzig & Berlin, 1912.

BOAS, M. (1). 'Heron's *Pneumatica*; a Study of its Transmission and Influence.' *ISIS*, 1949, **40**, 38.

BÖCKLER, G. A. (1). *Theatrum Machinarum Novum*. Schmitz & Fürst, Nuremberg, 1662, 1673, 1686. See Beck (1), ch. 23.

BODDE, D. (9). 'Some Chinese Tales of the Supernatural; Kan Pao and his *Sou Shen Chi*.' *HJAS*, 1942, **6**, 338.

BODDE, D. (10). 'Again Some Chinese Tales of the Supernatural; Further Remarks on Kan Pao and his *Sou Shen Chi*.' *JAOS*, 1942, **62**, 305.

BODDE, D. (12). *Annual Customs and Festivals in Peking, as recorded in the 'Yenching Sui Shih Chi'* [by Tun Li-Chhen]. Vetch, Peiping, 1936. (Revs. J. J. L. Duyvendak, *TP*, 1937, **33**, 102; A Waley, *FL*, 1936, **47**, 402.)

BODDE, D. (13). *China's Gifts to the West*. Amer. Council on Education, Washington, 1942. (Asiatic Studies in American Education, no. 1.)

BODDE, D. (17). 'The Chinese Cosmic Magic known as "Watching for the Ethers".' Art. in *Studia Serica Bernhard Karlgren Dedicata*. Ed. E. Glahn. Copenhagen, 1959. P. 14.

BODDE, D. (19). '*Lieh Tzu* and the Doves; a Problem of Dating.' *AM*, 1960, **7**, 25.

BOECKLER, G. A. See Böckler, G. A.

BOEHLING, H. B. H. (1). 'Chinesische Stampfbauten' (making of pisé-de-terre walls). *S*, 1951, **3**, 16.

BOERSCHMANN, E. (9). 'Die grosse Gebetmühle im Kloster Ta-Yüan-Si [Tha Yuan Ssu] auf dem Wu-Tai-Schan.' *SA* (Forke Festschrift Sonderausgabe), 1937, 35.

BOLTON, L. (1). *Time Measurement*. Bell, London, 1924.

BONAPARTE, NAPOLEON (1) (ed.). *Description de l'Égypte, ou Receuil des Observations et des Recherches qui ont été faites en Égypte pendant l'Expédition de l'Armée Française*. 9 vols., with Atlas in 2 vols. Paris 1809–22.

BONI, B. (1). 'Sull'origine italiana delle Trombe idroeoliche.' *LFI*, 1958, **7** (no. 5), 161.

BONI, B. (2). 'Aldo Mieli, 1879–1950.' *CHIM*, 1956 (no. 2).

BONNANT, G. (1). 'The Introduction of Western Horology into China.' *LSH* (Internat. ed.), 1960 **75** (no. 1), 28. Sep. pub., Geneva, 1960.

BONVALOT, G. (1). *Across Thibet*. 2 vols. Tr. C. B. Pitman. Cassell, London, 1891.

Book of Trades

    c. +1310 (Ypres MS.). See Gutmann (1).

    1804, 1811. See Anon. (62).

    1835. See Anon. (63).

    1835, 1852. See Anon. (64).

    1837, 1842. See Whittock, N. *et al.* (1).

    1862. See Anon. (65).

BORCHARDT, L. (2). *Das Grabdenkmal des Königs Ne-User-Re*. Hinrichs, Liepzig, 1907.

BORCHARDT, L. (3). 'Schiffahrt auf dem Lande.' *ASAE*, 1939, **39**, 377.

BORN, W. (1). 'Man's Labour throughout the Year' (in relation to the crafts and the signs of the zodiac). *CIBA/T*, 1939 (no. 22), 771.

BORN, W. (2). 'Craftsmen as Children of the Planets.' *CIBA/T*, 1939 (no. 22), 779.

BORN, W. (3). 'The Spinning-Wheel.' *CIBA/T*, 1939, **3** (no. 28), 982.

BOSSERT, H. T. & STORCK, W. F. (1). *Das mittelälterliches Hausbuch*... (Anon.15). Seemann, Leipzig, 1912.

BOURNE, F. S. A., NEVILLE, A. H. & BELL, H. (1). *Report of the Mission to China of the Blackburn Chamber of Commerce, 1896–97*. Ed. W. H. Burnett. 2 vols. Blackburn, 1898.

BOURNE, J. (1). *A Treatise on the Screw Propeller, Screw Vessels, and Screw Engines*. London, 1867.

BOWDEN, F. P. (1). *Recent Studies of Metallic Friction* (Thomas Hawksley Lecture, Institution of Mechanical Engineers). Preprint; London, 1954.

BOWDEN, F. P. & YOFFE, A. D. (1). *The Initiation and Growth of Explosion in Liquids and Solids*. Cambridge, 1952. (Cambridge Monographs on Physics.)

Boxer, C. R. (1) (ed.). *South China in the Sixteenth Century; being the Narratives of Galeote Pereira, Fr. Gaspar da Cruz, O.P., and Fr. Martin de Rada, O.E.S.A. (1550-1575).* Hakluyt Society, London, 1953. (Hakluyt Society Pubs. 2nd series, no. 106.)

Boyer, M. N. (1). 'Mediaeval Suspended Carriages.' *SP*, 1959, **34**, 359.

Boyer, M. N. (2). 'Mediaeval Pivoted Axles.' *TCULT*, 1960, **1**, 128.

Boys, C. V. (1). 'A Recording and Integrating Gas Calorimeter.' *PIGE*, 1922.

Boys, C. V. (2). 'My Recent Progress in Gas Calorimetry.' *PPS*, 1936, **48**, 881.

van Braam Houckgeest, A. E. (1). *An Authentic Account of the Embassy of the Dutch East-India Company to the Court of the Emperor of China in the years 1794 and 1795 (subsequent to that of the Earl of Macartney), containing a Description of Several Parts of the Chinese Empire unknown to Europeans; taken from the Journal of André Everard van Braam, Chief of the Direction of that Company, and Second in the Embassy.* Tr. L. E. Moreau de St Méry. 2 vols., map, but no index and no plates; Phillips, London, 1798. French ed. 2 vols., with map, index and several plates; Philadelphia, 1797. The two volumes of the English edition correspond to vol. 1 of the French edition only.

de Brakelond, Jocelyn (1). *Memorials of St Edmund's Abbey.* Ed. T. Arnold. Rolls Series, London, 1890. See also Butler, H. E.

Branca, Giovanni (1). *Le Machine.* Rome, 1629. Account in Beck (1), ch. 24.

Braun, G. & Hogenberg, F. (1). *Civitates Orbis Terrarum.* . . . 1577 to 1588.

Breasted, J. H. (1). *The Conquest of Civilisation.* Harper, New York, 1926.

Bretschneider, E. (1). *Botanicon Sinicum; Notes on Chinese Botany from Native and Western sources.* 3 vols. Trübner, London, 1882 (printed in Japan). (Repr. from *JRAS/NCB*, 1881, **16**.)

Bretschneider, E. (2). *Mediaeval Researches from Eastern Asiatic Sources; Fragments towards the Knowledge of the Geography and History of Central and Western Asia from the Thirteenth to the Seventeenth Century.* 2 vols. Trübner, London, 1888.

Brett, G. (1). 'A Byzantine Water-Mill.' *AQ*, 1939, **13**, 354.

Brett, G. (2). 'The Automata in the Byzantine "Throne of Solomon".' *SP*, 1954, **29**, 477.

Breusing, A. (1). *Die nautischen Instrumente bis zur Erfindung des Spiegelsextanten.* Bremen, 1890.

Brewer, F. W. (1). 'Notes on the History of the Engine Crank and its Application to Locomotives.' *LRCW*, 1932, **38**, 373.

Brewitt-Taylor, C. H. (1) (tr.). *'San Kuo', or the Romance of the Three Kingdoms.* Kelly & Walsh, Shanghai, 1926. Reissued as *Lo Kuan-Chung's 'Romance of the Three Kingdoms', 'San Kuo Chih Yen I'.* Tuttle, Rutland, Vermont, and Tokyo, 1959.

Brinckmann, J. (1). *Kunst und Handwerk in Japan.* Wagner, Berlin, 1889.

Brittain, R. (1). *Rivers, Man and Myths.* Doubleday, New York, 1958; Longmans, London, 1958.

Britten, F. J. (1). *Old Clocks and Watches, and their Makers.* 6th ed. Spon, London, 1932. New ed. edited G. H. Baillie, C. Chitton & C. A. Ilbert, 1954.

Brøgger, A. W. & Schetelig, H. (2). *Osebergfundet.* 4 vols. Univ. Oldsaksamling, Oslo, 1928.

Broke-Smith, Brig. P. W. L. (1). 'The History of Early British Military Aeronautics.' *REJ*, 1952, **66**, 1, 105, 208. Sep. pub. pr. pr.

Bromehead, C. E. N. (6). 'The Early History of Water Supply.' *GJ*, 1942, **99**, 142 and 183.

Bromehead, C. E. N. (7). 'Ancient Mining Processes as illustrated by a Japanese Scroll [c. +1640].' *AQ*, 1942, **16**, 193.

Brøndsted, J. (1). 'Danish Inhumation Graves of the Viking Age.' *ACA*, 1936, **7**, 81.

Brøndsted, J. (2). *Early English Ornament; the Sources, Development and Relation to Foreign Styles of pre-Norman Ornamental Art in England.* Hachette, London, 1924; Levin & Munksgaard, Copenhagen, 1924.

Brooks, P. W. (1). 'The Development of the Aeroplane' (Cantor Lecture). *JRSA*, 1959, **107**, 97.

Brooks, P. W. (2). 'Aeronautics [in the late Nineteenth Century].' Art. in *A History of Technology.* Ed. C. Singer *et al.* Vol. 5, p. 391. Oxford, 1958.

Brown, C. L. M. (1). *The Conquest of the Air; an Historical Survey.* Oxford, 1927.

Brown, R. A. (1). 'King Edward's Clocks' (King Edward III of England; Windsor, Westminster, Queensborough and Langley, +1351 to +1377). *ANTJ*, 1959, **39**, 283.

Brunet, P. & Mieli, A. (1). *L'Histoire des Sciences (Antiquité).* Payot, Paris, 1935.

Brunot, L. (1). 'Le Moulin à Manège à Rabat-Salé.' In *Memorial Henri Basset; Nouvelles Études Nord-Africaines et Orientales*, p. 91. (Pub. de l'Institut des Hautes Études Marocaines.) Geuthner, Paris, 1928.

de Bry, Theodor (1). *Indiae Orientalis.* Frankfurt, 1599. Part of *Collectiones Peregrinationum in Indiam Orientalem et Occidentalem*, 1590 to 1634.

Buffet, B. & Evrard, R. (1). *L'Eau Potable à travers les Âges.* Solédi, Liége, 1950.

Bullett, Gerald & Tsui Chi (1). *The Golden Year of Fan Chhêng-Ta.* Cambridge, 1946.

BULLING, A. (1). 'Descriptive Representations in the Art of the Chhin and Han Period.' Inaug. Diss., Cambridge, 1949.

BULLING, A. (4). '[Umbrella Motifs in the] Decoration of Chou and Han [Metal] Mirrors.' Communication to the 23rd International Congress of Orientalists. Cambridge, Sept. 1954.

BULLING, A. (6). 'The Meaning of China's most Ancient Art; an Interpretation of Pottery Patterns from Kansu (Ma-chhang and Pan-shan) and their Development in the Shang, Chou and Han periods.' Brill, Leiden, 1952 (Revs. H. G. Creel, *AA*, 1953, **16**, 320; J. Needham, *A/AIHS*, 1954, **7**, 71).

BULLING, A. (7). 'The Decoration of Some Mirrors of the Chou and Han Periods.' *AA*, 1955, **18**, 20.

BULLING, A. (8). *The Decoration of Mirrors of the Han Period; a Chronology.* Artibus Asiae, Ascona, 1960 (*AA*, Suppl. no. 20). (Rev. S. Cammann, *JAOS*, 1961, **81**, 331.)

BULLING, A. (10). 'A Bronze Cart [of Chou or Han].' *ORA*, 1955 (n.s.), **1**, 127.

BURFORD, A. (1). 'Heavy Transport in Classical Antiquity.' *EHR*, 1960 (2nd. ser.), **13**, 1.

BURGESS, E. (1) (tr.). *Sūrya Siddhānta; translation of a Textbook of Hindu Astronomy, with notes and an appendix.* Ed. P. Gangooly, introd. by P. Sengupta. Calcutta, 1860. (Reprinted 1935.)

BURKITT, M. C. (1). *The Old Stone Age.* Cambridge (2nd ed.), 1949.

BURKITT, M. C. (2). *Our Early [Neolithic] Ancestors.* Cambridge, 1926.

BURKITT, M. C. (3). *Prehistory.* Cambridge, 1925.

BURLINGAME, R. (1). *March of the Iron Men; a Social History of Union through Invention.* Scribner, New York, 1939.

BURLINGAME, R. (2). *Engines of Democracy; Inventions and Society in Mature America.* Scribner, New York, 1940.

BURLINGAME, R. (3). *Backgrounds of Power.* Scribner, New York, 1950.

BURSTALL, A. (1). *A History of Mechanical Engineering.* Faber & Faber, London, 1963.

BURSTALL, A. F. (2). 'Experimental Working Models of the Chinese Double-acting Piston Bellows and of a (simplified) Chinese Water-wheel Escapement.' In Needham (41), with illustrations.

BURSTALL, A. F., LANSDALE, W. E. & ELLIOTT, P. (1). 'A Working Model of the Mechanical Escapement in Su Sung's Astronomical Clock Tower.' *N*, 1963, **199**, 1242.

BURY, J. B. (1). *The Idea of Progress.* Macmillan, London, 1920.

BUSCHAN, G., BYHAN, A., VOLZ, W., HABERLANDT, A. & M., & HEINE-GELDERN, R. (1). *Illustrierte Völkerkunde.* 2 vols. in 3. Stuttgart, 1923.

BUSS, K. (1). *Studies in the Chinese Drama.* Four Seas, Boston, Mass., 1927 (lim. ed.). 2nd Ed., Cope & Smith, New York, 1930.

BUTLER, H. E. (1) (tr.). *The Chronicle of Jocelin of Brakelond.* Nelson, London, 1951.

BUTTER, F. J. (1). *Locks and Lockmaking.* Pitman, London, 1926.

BUTTERFIELD, H. (1). *The Origins of Modern Science, +1300 to 1800.* Bell, London, 1949.

CABLE, M. & FRENCH, F. (2). *China, her Life and her People.* Univ. of London Press, London, 1946.

CAHEN, G. (1). *Some Early Russo-Chinese Relations.* Tr. and ed. W. S. Ridge. National Review, Shanghai, 1914. Repr. Peking, 1940. Orig. ed. *Histoire des Relations de la Russie avec la Chine sous Pierre le Grand (+1689 à +1730).* 1912.

CALDERINI, A. (1). 'Macchine Idrofore secondo i Papiri Greci.' *RRIL*, 1920 (ser. II), **53**, 620.

CALZA, G. (1). *Ostia.* Libreria dello Stato, Rome, 1950. (Ministero della Pubblica Istruzione; Itinéraires des Musées et Monuments d'Italie.)

CAPOT-REY, R. (1). *Géographie de la Circulation sur les Continents.* Gallimard, Paris, 1946.

CARDAN, JEROME (1). *De Subtilitate.* Nuremberg, 1550 (ed. Sponius); Basel, 1560. Account in Beck (1), ch. 9. Bibliography in John Ferguson (2).

CARDAN, JEROME (2). *De Rerum Varietate*, Basle, 1557.

CARDWELL, D. S. L. (1). *Steam Power in the +18th Century; a Case Study in the Application of Science.* Sheed & Ward, London, 1963. (Newman History & Philosophy of Science Series, no. 12.)

CARLETON, M. A. (1). *Emmer; a Grain for Semi-arid Regions.* U.S. Dept. of Agriculture Farmers' Bulletin no. 139. Washington, D.C., 1901.

CARLYLE, THOMAS (1). *Past and Present* (contains the account of the Chronicles of the Abbey of Bury St Edmunds). London, 1843.

CARTER, T. F. (1). *The Invention of Printing in China and its Spread Westward.* Columbia Univ. Press, New York, 1925, revised ed. 1931. 2nd ed. revised by L. Carrington Goodrich. Ronald, New York, 1955.

CARUS-WILSON, E. M. (1). 'An Industrial Revolution of the 13th century' (the fulling mill in England). *EHR*, 1941, **11**, 39.

CARUS-WILSON, E. M. (2). 'The Woollen Industry [in the Middle Ages].' Ch. 6 in *Cambridge Economic History of Europe.* Ed. M. Postan & E. E. Rich. Cambridge, 1952. Vol. 2, p. 355.

CARY, G. (1). *The Medieval Alexander*. Ed. D. J. A. Ross. Cambridge, 1956. (A study of the origins and versions of the Alexander-Romance; important for medieval ideas on flying-machine and diving-bell or bathyscaphe.)

CARY, M. (1). 'Maës, qui et Titianus.' *CQ*, 1956, **6** (n.s.), 130.

CASH, J. A. (1). 'Behind the News in Rumania, Bessarabia and Bukovina.' *GGM*, 1936, **3**, 143; 1940, **10**, 143.

DE CAUS, ISAAC (1), Ingénieur et Architecte, Natif de Dieppe. *Nouvelle Invention de lever l'Eau plus Hault que sa Source, avec quelques Machines movantes par le moyen de l'eau et un discours de la conduite d'ycelle*. London, 1644. Eng. tr. by John Leak, Moxon, London, 1659.

DE CAUS, SOLOMON (1). *Les Raisons des Forces mouvantes avec diverses Machines et plusieurs Desseins de Grottes et de Fontaines*. Frankfurt, 1615. Account in Beck (1), ch. 21.

CAYLEY, Sir GEORGE (1). *Aeronautical and Miscellaneous Notebook, c. 1799–1826*. Ed. J. E. Hodgson. Heffer, Cambridge, 1933. (Newcomen Society Extra Publications, no. 3.)

CAYLEY, Sir GEORGE (2). *On Aerial Navigation*. Collected (but abridged) papers from *JNPCA*, 1809, **24**, 164 and 1810, **25**. Ed. Hubbard & Ledeboer, ASGB, London, 1910. (Aeronautical Classics series, no. 1.)

CAYLEY, Sir GEORGE (3). 'Retrospect of the Progress of Aerial Navigation, and Demonstration of the Principles by which it must be governed.' *MMG*, 1843, **38**, 263.

CHADWICK, N. K. (1). 'The Kite; a Study in Polynesian Tradition.' *JRAI*, 1931, **61**, 457.

CHAKRAVARTI, P. C. (1). 'The Art of War in Ancient India.' Univ. of Dacca Press, Ramna, Dacca, 1941. (Univ. of Dacca Bulletin, no. 21.)

CHALMERS, T. W. (1). *The Gyroscopic Compass*. Constable, London, 1920.

CHAMBERLAIN, B. H. (1). *Things Japanese*. Murray, London. 2nd ed. 1891; 3rd ed. 1898.

CHAMBERS, EPHRAIM (1). *Cyclopaedia; or, An Universal Dictionary of Arts and Sciences*. 2 vols. London, 1728; 2nd ed. 1738. Italian tr. Venice, 1749. 7th ed. 1752 with suppl. by G. L. Scott; 8th ed., 5 vols., 1788 reorganised by Abraham Rees; enlarged 1819.

CHAMBERS, Sir WM. (1). *Designs of Chinese Buildings, Furniture, Dresses, Machines and Utensils; to which is annexed, A Description of their Temples, Houses, Gardens, etc.* London, 1757.

CHANG HAN-YING (1). 'New View of Water Conservancy.' *CREC*, 1959, **8** (no. 8), 2.

CHANG LIEN-CHANG (1). 'The [Chinese] Clock and Watch Industry.' *CREC*, 1962, **11** (no. 2), 31.

CHANG YÜ-CHÊ (1). 'Chang Hêng, a Chinese Contemporary of Ptolemy.' *POPA*, 1945, **53**, 1.

CHANG YÜ-CHÊ (2). 'Chang Hêng, Astronomer.' *PC*, 1956 (no. 1), 31.

CHANUTE, O. (1). *Progress in Flying Machines*. New York, 1894, 1899.

CHAO WAN-LI (1). 'The Yung-Lo Encyclopaedia.' *CLIT*, 1959 (no. 6), 142.

CHAPIN, H. B. (1). 'Kyongju, ancient Capital of Silla' and 'Korea in Pictures.' *AH*, 1948, **1** (no. 4), 36.

CHAPMAN, S. & HARRADON, H. D. (1). 'Archaeologica Geomagnetica; Some Early Contributions to the History of Geomagnetism; I, The Letter of Petrus Peregrinus de Maricourt to Sygerus de Foucancourt, soldier, concerning the Magnet (+1269).' *TM*, 1943, **48**, 1, 3.

CHAPUIS, A. (1). 'Relations de l'Horlogerie Suisse avec la Chine; la Montre Chinoise.' In Chapuis, Loup & de Saussure q.v.

CHAPUIS, A. (2). 'Les Jeux d'Eau et les Automates Hydrauliques du Parc d'Hellbrunn près Salzburg.' *LSH*, 1952, **67** (no. 4), 39.

CHAPUIS, A. & DROZ, E. (1). *Les Automates; Figures Artificielles d'Hommes et Animaux; Histoire et Technique*. Neuchâtel, 1950.

CHAPUIS, A. & GELIS, E. (1). *Le Monde des Automates; Étude Historique et Technique*. 2 vols. Priv. publ., Paris, 1928.

CHAPUIS, A., LÔUP, G. & DE SAUSSURE, L. (1). *La Montre 'Chinoise'*. Attinger, Neuchâtel, n.d. (1919) (rev. P. Pelliot, *TP*, 1921, **20**, 61).

CHATLEY, H. (2). 'The Development of Mechanisms in Ancient China.' *TNS*, 1942, **22**, 117. (Long abstr. without illustr., *ENG*, 1942, **153**, 175.)

CHATLEY, H. (23). *The Origin and Diffusion of Chinese Culture*. China Soc. London, Oct. 1947.

CHATLEY, H. (36). 'Far Eastern Engineering.' *TNS*, 1954, **29**, 151. With discussion by J. Needham, A. Stowers, A. W. Skempton, S. B. Hamilton *et al*.

CHAVANNES, E. (1). *Les Mémoires Historiques de Se-Ma Ts'ien [Ssuma Chhien]*. 5 vols. Leroux, Paris, 1895–1905. (Photographically reproduced, in China, without imprint and undated.)
    1895   vol. 1 tr. *Shih Chi*, chs. 1, 2, 3, 4.
    1897   vol. 2 tr. *Shih Chi*, chs. 5, 6, 7, 8, 9, 10, 11, 12.
    1898   vol. 3 (i) tr. *Shih Chi*, chs. 13, 14, 15, 16, 17, 18, 19, 20, 21, 22.
            vol. 3 (ii) tr. *Shih Chi*, chs. 23, 24, 25, 26, 27, 28, 29, 30.
    1901   vol. 4 tr. *Shih Chi*, chs. 31, 32, 33, 34, 35, 36, 37, 38, 39, 40, 41, 42.
    1905   vol. 5 tr. *Shih Chi*, chs. 43, 44, 45, 46, 47.

CHAVANNES, E. (7). 'Le Cycle Turc des Douze Animaux.' *TP*, 1906, **7**, 51.

CHAVANNES, E. (9). *Mission Archéologique dans la Chine Septentrionale*. 2 vols. and portfolios of plates. Leroux, Paris, 1909–15. (Publ. de l'École Franç. d'Extr. Orient, no. 13.)

CHAVANNES, E. (11). *La Sculpture sur Pierre en Chine aux Temps des deux dynasties Han*. Leroux, Paris, 1893.

CHEN, GIDEON. See Chhen Chhi-Thien.

CHÊNG CHEN-TO. See Průsek (3).

CHÊNG TÊ-KHUN (2) (tr.). *Travels of the Emperor Mu*. JRAS/NCB, 1933, **64**, 124; 1934, **65**, 128.

CHÊNG TÊ-KHUN (4). 'An Introduction to Chinese Civilisation' (mainly prehistory). ORT, 1950: Aug. p. 28, 'Early Inhabitants'; Sept. p. 28, 'The Beginnings of Culture'; Oct. p. 29, 'The Building of Culture'.

CHÊNG TÊ-KHUN (5) (ed.). *Illustrated Catalogue of an Exhibition of Chinese Paintings from the Mu-Fei Collection* (held in connection with the 23rd International Congress of Orientalists). Fitzwilliam Museum, Cambridge, 1954.

CHÊNG TÊ-KHUN (9). *Archaeology in China*: vol. 1, *Prehistoric China*; vol. 2, *Shang China*; vol. 3, *Chou China*; vol. 4, *Han China*. Heffer, Cambridge, 1958– .

CHERRY, E. C. (1). 'A History of the Theory of Information.' In *Symposium on Information Theory*. Min. of Supply, London, 1950 (mimeographed), p. 22.

CHERRY, E. C., HICK, W. E. & McKAY, D. M. (1). Symposium on Cybernetics. ADVS, 1954, **10**, 393; N, 1953, **172**, 648.

CHERRY, T. M. (1). 'Anthony George Maldon Michell, 1870–1959.' BMFRS, 1962, **8**, 91.

CHESNEAUX, J. & NEEDHAM, J. (1). 'Les Sciences en Extrême-Orient du 16ème au 18ème Siècle.' In *Histoire Générale des Sciences*, vol. **2**, p. 681. Ed. R. Taton. Presses Universitaires de France, Paris, 1958.

CHESTNUT, H. & MAYER, R. W. (1). *Servomechanisms and Regulating System Design*. Wiley, New York, 1951; Chapman & Hall, London, 1951 (General Electric monograph series, no. 1). (Rev. J. Greig, N, 1953, **172**, 91.)

CHEVALIER, H. (1). *Cérémonial de l'Achèvement des Travaux de Hoa-Syeng (Corée)*, 1800, *traduction et resumé* (an illustrated Korean work on city fortifications described). TP, 1898, **9**, 394.

CHEVALIER, H. (2). 'La Charrue en Asie.' GC, 1899, **36**, 26; 1901, **38**, 346.

CHHEN CHHI-THIEN (1). *Lin Tsê-Hsü; Pioneer Promoter of the Adoption of Western Means of Maritime Defence in China*. Dept. of Economics, Yenching Univ., Vetch (French Bookstore), Peiping, 1934. ([Studies in] Modern Industrial Technique in China, no. 1.)

CHHEN CHHI-THIEN (2). *Tsêng Kuo-Fan; Pioneer Promoter of the Steamship in China*. Dept. of Economics, Yenching Univ., Vetch (French Bookstore), Peiping, 1935. ([Studies in] Modern Industrial Technique in China, no. 2.)

CHHEN CHHI-THIEN (3). *Tso Tsung-Thang; Pioneer Promoter of the Modern Dockyard and the Woollen Mill in China*. Dept. of Economics, Yenching Univ., Vetch (French Bookstore), Peiping, 1938. ([Studies in] Modern Industrial Technique in China, no. 3.)

CHHEN PO-SAN (1). 'Cable-tow Traction for Farm Tools.' PKR, 1959 (no. 8), 23.

CHHEN TSU-LUNG (1). 'Table de Concordance des Numérotages des Grottes de Touen-Hoang [Tunhuang].' JA, 1962, **250**, 257.

CHHU TA-KAO (2) (tr.). *Tao Tê Ching, a new translation*. Buddhist Lodge, London, 1937.

CHI CHHAO-TING (1). *Key Economic Areas in Chinese History, as revealed in the Development of Public Works for Water-Control*. Allen & Unwin, London, 1936.

CHIANG FÊNG-WEI (1) (ed.). *Gems of Chinese Literature*. Progress Press, Chungking, 1942.

CHIANG KANG-HU (1). *On Chinese Studies*. Com. Press, Shanghai, 1934. (On printing, p. 252; agriculture and farm implements, pp. 295, 304; dentistry, p. 331.)

CHIANG SHAO-YUAN (1). *Le Voyage dans la Chine Ancienne, considéré principalement sous son Aspect Magique et Religieux*. Commission Mixte des Œuvres Franco-Chinoises (Office de Publications), Shanghai, 1937. Transl. from Chinese by Fan Jen.

CHILDE, V. GORDON (1). *The Bronze Age*. Cambridge, 1930.

CHILDE, V. GORDON (9). 'Rotary Querns on the Continent and in the Mediterranean Basin.' AQ, 1943, **17**, 19.

CHILDE, V. GORDON (10). 'The First Waggons and Carts—from the Tigris to the Severn.' PPHS, 1951, 177.

CHILDE, V. GORDON (11). 'Rotary Motion [down to −1000].' Art. in *History of Technology*, vol. 1, p. 187. Ed. C. Singer, E. J. Holmyard & A. R. Hall. Oxford, 1954.

CHILDE, V. GORDON (13). 'A Prehistorian's Interpretation of Diffusion.' In *Independence, Convergence and Borrowing, in Institutions, Thought and Art*, p. 3. Harvard Tercentenary Publication, Harvard Univ. Press, Cambridge, Mass., 1937.

CHILDE, V. GORDON (16). 'Wheeled Vehicles [in Early Times to the Fall of the Ancient Empires].' Art. in *A History of Technology*, ed. C. Singer et al., vol. 1, p. 716. Oxford, 1954.

CHRISTENSEN, A. (1). *l'Iran sous les Sassanides*. Levin & Munksgaard, Copenhagen, and Geuthner, Paris, 1936 (2nd ed. 1942, Copenhagen only). (Ann. Mus. Guimet, Bibl. d'Études, no. 48.)

CHURCHILL, A. & CHURCHILL, J. (1) (ed.). *A Collection of Voyages and Travels....* Churchill, London, 1704; 2nd ed. 1732–52.

[CIBOT, P. M.] (4). 'Du Kong-Pou [Kung Pu], ou du Tribunal des Ouvrages Publics.' *MCHSAMUC*, 1782, **8**, 278.

CLARK, GRAHAME (1). 'Water in Antiquity.' *AQ*, 1944, **18**, 1.

CLARK, H. O. (1). 'Notes on Horse-Mills.' *TNS*, 1928, **8**, 33.

CLAVIJO, RUY GONZALES (1). *Embassy to Tamerlane*. London, 1928.

CLERK-MAXWELL, J. (1). 'On the Motion of Governor-Balls in Steam Engines.' *PRS*, 1868, **16**, 270.

CLINE, W. (1). *Mining and Metallurgy in Negro Africa*. Banta, Menasha, Wisconsin, 1937 (mimeographed). (General Studies in Anthropology, no. 5, Iron.)

CLUTTON, C. (1). 'The First Mechanical Escapement?' *AHOR*, 1962, **3**, 332.

COALES, J. (1). 'The Historical and Scientific Background of Automation.' *ENG*, 1956, **182**, 363.

COBBETT, L. (1). 'Mediterranean Windmills.' *AQ*, 1939, **13**, 458.

COGHLAN, H. H. (2). 'The Prehistory of the Hammer.' *TNS*, 1946, **25**, 181.

COHN, W. (2). *Chinese Painting*. Phaidon, London, 1948; 2nd ed. 1951.

COLANI, M. (5). 'Ethnographie Comparée; V, Pièces et Coutumes Extrême-Orientale ou Indonésienne en Indochine.' *BEFEO*, 1938, **38**, 212.

COLANI, M. (6). 'Ethnographie Comparée; VI, Pièces paraissant être d'Origine Indochinoise.' *BEFEO*, 1938, **38**, 225. 'VII, Documents ethnographiques divers.' *BEFEO*, 1938, **38**, 233.

COLIN, G. S. (1). 'La Noria Marocaine et les Machines Hydrauliques dans le Monde Arabe.' *HP*, 1932, **14**, 22.

COLLADON, M. & CHAMPIONNIÈRE, M. (1). 'Note sur les Machines à Vapeur de Savery.' *ACP*, 1835, **59**, 24.

COMBRIDGE, J. H. (1). 'The Celestial Balance; a Practical Reconstruction' *HORJ*, 1962, **104**, 82. Repr. Antiq. Horol. Soc., London, 1962.

COMBRIDGE, J. H. (2). 'The Chinese Water-Balance Escapement.' *N*, 1964, **204**, 1175

COMBRIDGE, J. H. (3). 'The Chinese Water-Clock.' *HORJ*, 1963, **105**, 347.

CONRADIS, H. (1). 'Alte Baggermaschinen.' *BGTI/TG*, 1937, **26**, 51.

DE CONTI, NICOLÒ (1). In *The Most Noble and Famous Travels of Marco Polo, together with the Travels of Nicolò de Conti, edited from the Elizabethan translation of J. Frampton (1579), etc.*, by N. M. Penzer. Argonaut, London, 1929. Bibliography by Cordier (5).

CONWAY, H. G. (1). 'Some Notes on the Origins of Mechanical Servo-Mechanisms.' *TNS*, 1954, **29**, 55.

CONZE, E. (6). 'Marginal Notes to the *Abhisamayālaṅkāra*.' *SIS*, 1957, **5** (no. 3), 1.

CONZE, E. (7). 'Recent Progress in Buddhist Studies.' *MW*, 1959, **34** (no. 1), 6.

COOK, R. M. (1). *Greek Painted Pottery*. Methuen, London, 1960.

COOMARASWAMY, A. K. (2). 'The Treatise of al-Jazarī on Automata [+1206]; Leaves from a MS. of the *Kitāb fī Ma'arifat al-Ḥiyal al-Handasīya* in the Museum of Fine Arts, Boston, and elsewhere.' Mus. of Fine Arts, Boston, 1924. (Communications to the Trustees, no. 6.)

COOMARASWAMY, A. K. (4). 'The Persian Wheel [Noria].' *JAOS*, 1931, **51**, 283.

COOMARASWAMY, A. K. (5). *Mediaeval Sinhalese Art*. 2nd ed. Pantheon, New York, 1956.

CORDIER, H. (1). *Histoire Générale de la Chine*. 4 vols. Geuthner, Paris, 1920.

CORDIER, H. (5). 'Deux Voyageurs dans l'Extrême-Orient au 15e et 16e Siècles.' *TP*, 1899, **10**, 380 (de Conti and Varthema; bibliographical only).

CORDIER, H. (8). *Essai d'une Bibliographie des Ouvrages publiés en Chine par les Européens au 17e et au 18e siècle*. Leroux, Paris, 1883.

LE CORNU, J. (1). *Les Cerfs-Volants*. Nony, Paris, 1902.

CORONELLI, VINCENZO (1). *Epitome Cosmographica*. Poletti, Venice, 1693.

COULING, S. (1). *Encyclopaedia Sinica*. Kelly & Walsh, Shanghai; Oxford and London, 1917.

COURANT, M. (3). *Catalogue des Livres Chinois, Coréens, Japonais, etc. dans le Bibliothèque Nationale, Département des Manuscrits*. Leroux, Paris, 1900–12.

COUVREUR, F. S. (1) (tr.). '*Tch'ouen Ts'iou*' [*Chhun Chhiu*] et '*Tso Tchouan*' [*Tso Chuan*]; *Texte Chinois avec Traduction Française*. 3 vols. Mission Press, Hochienfu, 1914.

COUVREUR, F. S. (2). *Dictionnaire Classique de la Langue Chinoise*. Mission Press, Hsienhsien, 1890 (photographically reproduced Vetch, Peiping, 1947).

COX, JAMES (1). *A Descriptive Catalogue of the several Superb and Magnificent Pieces of Mechanism and Jewellery exhibited in Mr Cox's Museum at Spring Gardens, Charing Cross*. Cox, London, 1772.

COX, JAMES (2). *A Descriptive Inventory of the several Exquisite and Magnificent Pieces of Mechanism and Jewellery comprised in the Schedule annexed to an Act of Parliament made in the 13th year of*

H.M. King George III, for enabling Mr James Cox of the City of London, Jeweller, to dispose of his Museum by way of Lottery. Cox, London, 1774.

[Cox, James] (3). *A Description of a Most Magnificent Piece of Mechanism and Art.* London, 1769.

Cranmer-Byng, J. L. (1). 'Lord Macartney's Embassy to Peking in +1793 from Official Chinese Documents.' *JOSHK*, 1958, **4**, 117.

Cranmer-Byng, J. L. (2) (ed.). *An Embassy to China; being the Journal kept by Lord Macartney during his Embassy to the Emperor Chhien-Lung, +1793 and +1794.* Longmans, London, 1962. Macartney (1, 2); Gillan (1).

Crawford, H. S. (1). *Handbook of Carved Ornament from Irish Monuments of the Christian Period.* Royal Society of Antiquaries of Ireland, Dublin, 1926.

C[rawford], O. G. S. (1). 'A Primitive Threshing-Machine' (the *tribulum*). *AQ*, 1935, **9**, 335.

Creel, H. G. (3). *Sinism; a Study of the Evolution of the Chinese World-View.* Open Court, Chicago, 1929. (Rectifications of this by the author will be found in (4), p. 86.)

Creel, H. G. (4). *Confucius; the Man and the Myth.* Day, New York, 1949; Kegan Paul, London, 1951. Reviewed D. Bodde, *JAOS*, 1950, **70**, 199.

Critobulos of Imbros (1). *De Rebus gestis Mechemetis* (on gun-founding), c. 1467. See Sarton (1), vol. 3, p. 1553.

Crombie, A. C. (1). *Robert Grosseteste and the Origins of Experimental Science.* Oxford, 1953.

Crombie, A. C. (2). *Augustine to Galileo; the History of Science, +400 to +1650.* Falcon, London, 1952.

Crommelin, C. A. (1). 'Les Horloges Publiques ou de Clocher et l'application du Pendule à ces Horloges.' *JSHB*, 1952 (no. 5/6).

Crommelin, C. A. (2). 'The Clocks of Christian Huygens.' *END*, 1950, **9**, 64.

Crommelin, C. A. (3). 'La Contribution de la Hollande à l'Horlogerie.' *SSC*, 1949, **2**, 1. (Mainly on the clocks of Huygens.)

Crommelin, C. A. (4). *Descriptive Catalogue of the Huygens Collection in the Rijksmuseum voor de Geschiedenis der Natuurwetenschappen.* Nat. Mus. of the Hist. of Sci. Leiden, 1949.

Crommelin, C. A. (5). 'Planetaria, a Historical Survey.' *AHOR*, 1955, **1**, 70.

Crommelin, C. A. (6). *Huygens' Pendulum Experiments, Successful and Unsuccessful.* Lecture to a joint meeting of the Antiquarian Horological Society and the British Horol. Institute, Dec. 1956. Repr. from H. Alan Lloyd (6). (Antiq. Horol. Soc. Pubs. no. 2.)

Crone, E., Dijksterhuis, E. J. & Forbes, R. J. (1) (ed.). *The Principal Works of Simon Stevin.* Amsterdam, 1955–.

Croon, L. (1). 'Technische Kulturdenkmale in Niedersachsen.' *BGTI/TG*, 1933, **22**, 138.

Crossley-Holland, P. C. (2). 'Non-Western Music.' Ch. 1 in *The Pelican History of Music*, ed. A. Robertson & D. Stevens. Vol. 1, *Ancient Forms to Polyphony*. Penguin, London, 1960.

Crowther, J. G. (1). *The Social Relations of Science.* Macmillan, London, 1941.

Crozet-Fourneyron, M. (1). *L'Invention de la Turbine.* Paris, 1925.

Cuming, H. S. (1). 'The History of Keys.' *JBAA*, 1856, **12**, 117.

Cumming, C. F. G. (1). *Wanderings in China.* London, 1888.

Cummins, J. S. (1) (ed. & tr.). *The Travels and Controversies of Friar Domingo de Navarrete (+1618 to +1686).* 2 vols. Cambridge, 1962. (Hakluyt Society, 2nd series, nos. 118, 119.)

Cunningham, A. (1). *Ladak; Physical, Statistical and Historical, with Notices of the Surrounding Countries.* Allen, London, 1854.

Cunynghame, Sir H. H. (1). *Time and Clocks.* Constable, London, 1906.

Curwen, E. C. (1). 'Implements and their Wooden Handles.' *AQ*, 1947, **21**, 155.

Curwen, E. C. (2). 'Querns.' *AQ*, 1937, **11**, 133.

Curwen, E. C. (3). 'More about Querns.' *AQ*, 1941, **15**, 15.

Curwen, E. C. (4). 'The Problem of Early Water[-wheel] Mills.' *AQ*, 1944, **18**, 130.

Curwen, E. C. (5). 'A Vertical Water-Mill near Salonika.' *AQ*, 1945, **19**, 211.

Curwen, E. C. (6). *Plough and Pasture.* Cobbett, London, 1946. (Past and Present, Studies in the History of Civilisation, no. 4.) Re-issued in Curwen & Hatt (1).

Curwen, E. C. & Hatt, G. (1). *Plough and Pasture; the Early History of Farming*: Pt. I, *Prehistoric Farming of Europe and the Near East*; Pt. II, *Farming of Non-European Peoples.* Schuman, New York, 1953. (Life of Science Library, no. 27.)

Cuvier, G., Baron (1). *Réflexions sur la Marche des Sciences et sur leur Rapport avec la Société.* Paris, 1816.

D'Acres. See d'Acres.

Dalman, G. (1). *Arbeit und Sitte in Palästina.*
　Vol. 1: *Jahreslauf und Tageslauf* (in two parts).
　Vol. 2: *Der Ackerbau.*
　Vol. 3: *Von der Ernte zum Mehl (Ernten, Dreschen, Worfeln, Sieben, Verwahren, Mahlen).*

Vol. 4: *Brot, Öl und Wein.*

Vol. 5: *Webstoff, Spinnen, Weben, Kleidung.*

Bertelsmann, Gütensloh, 1928– . (Schriften d. deutschen Palästina-Institut, nos. 3, 5, 6, 7, 8; Beiträge z. Forderung christlicher Theologie, ser. 2, Sammlung wissenschaftlichen Monographien, nos. 14, 17, 27, 29, 33, 36.)

DANIELL, T. & DANIELL, W. (1). *Oriental Scenery.* London, 1814.

DAREMBERG, C. & SAGLIO, E. (1). *Dictionnaire des Antiquités Grecques et Romains.* Hachette, Paris, 1875.

DARMSTÄDTER, L. (1) (with the collaboration of R. du Bois-Reymond & C. Schäfer). *Handbuch zur Geschichte d. Naturwissenschaften u. d. Technik.* Springer, Berlin, 1908.

DAS, SARAT CHANDRA (1). *Journey to Lhasa and Central Tibet,* ed. W. W. Rockhill. Murray, London, 1902.

DAUBER, A. (1). 'Römische Holzfunde aus Pforzheim.' *GERM,* 1944, **28,** 227.

DAUMAS, M. (1). 'Les Instruments Scientifiques aux 17e et 18e Siècles.' Presses Univ. de France, Paris, 1953.

DAUMAS, M. (3). 'Le Brevet du Pyréolophore des Frères Niepce (1806).' *DHT,* 1961, **1,** 23.

DAVEY, H. (1) (with appendices by W. G. Norris, Sir Frederick Bramwell, H. W. Pearson, J. H. Crabtree, W. E. Hipkins, Messrs Thornewill & Warham, W. B. Collis & H. S. Dunn). 'The Newcomen Engine.' *PIME,* 1903, 655.

DAVID, Sir PERCIVAL (1). 'The Magic Fountain in Chinese Ceramic Art; an Exercise in Illustrational Representation.' *BMFEA,* 1952, **24,** 1.

DAVID, Sir PERCIVAL (2). 'The *Thao Shuo* and "Illustrations of Pottery Manufacture"; a critical study and a review reviewed.' *AA,* 1949, **12,** 165.

DAVIDS, T. W. RHYS, Mrs (Mrs C. A. F. RHYS DAVIDS). See Foley, C. A.

DAVIDSON, MARTHA (1). *A List of Published Translations from the Chinese into English, French and German.* Pt. I. *Literature exclusive of Poetry.* Edwards, for Amer. Council of Learned Societies, Ann Arbor, Michigan, 1952.

DAVIDSON, M., SAUL, G. C., WELLS, J. A. & GLENNY, A. P. (1). *The Gyroscope and its Applications.* Hutchinson, London, n.d. (1946).

DAVIS, J. F. (1). *The Chinese; a General Description of China and its Inhabitants.* 1st ed. 1836, 2 vols. Knight, London, 1844, 3 vols. 1847, 2 vols. French tr. by A. Pichard, Paris, 1837, 2 vols. Germ. trs. by M. Wesenfeld, Magdeburg, 1843, 2 vols., and by M. Drugulin, Stuttgart, 1847, 4 vols.

DAVIS, J. F. (3). *China during the War and since the Peace.* 2 vols. Longman, London, 1852.

DAVIS, TENNEY L. & WARE, J. R. (1). 'Early Chinese Military Pyrotechnics' (analysis of *Wu Pei Chih,* chs. 119 to 134). *JCE,* 1947, **24,** 522.

DAVISON, C. ST. C. (1). *Historic Books on Machines.* HMSO (Science Museum), London, 1953. (Book Exhibitions, no. 2.)

DAVISON, C. ST. C. (3). 'Bearings since the Stone Age.' *ENG,* 1957, **183,** 2.

DAVISON, C. ST. C. (4). 'Wear Prevention in Early History.' *WEAR,* 1957, **1,** 155.

DAVISON, C. ST C. (5). 'A Short History of Gears from Archimedes to the Present Day.' *ENG,* 1956, **181,** 132.

DAVISON, C. ST C. (6). 'The Internal Combustion Engine; some Early Stages in its Development.' *ENG,* 1956, **182,** 258.

DAVISON, C. ST C. (8). 'The Evolution of the Workshop Micrometer.' *EN,* 1960, 196 (29 July).

DAVISON, C. ST C. (9). 'Transporting Sixty-ton Statues in Early Assyria and Egypt.' *TCULT,* 1961, **2,** 11.

DAVISON, C. ST C. (10). 'Geared Power Transmission.' *CME,* 1962, **9,** 140.

DAVY, M. J. B. (1). *Aeronautics; Heavier-than-Air Aircraft. A brief Outline of the History and Development of Mechanical Flight with reference to the National Aeronautical Collection.* Pt. I, *Historical Survey.* HMSO (Science Museum), London, 1949. (Pt. II is the Catalogue.)

DEERR, N. (1). *The History of Sugar.* 2 vols. Chapman & Hall, London, 1949. Crit. rev. J. R. Partington, *A/AIHS,* 1950, **3,** 964.

DEERR, N. (2). 'The Evolution of the Sugar-Cane Mill.' *TNS,* 1940, **21,** 1; 'The Early Use of Steam-Power in the Cane-Sugar Industry.' *TNS,* 1940, **21,** 11.

DEFFONTAINES, P. (1). 'Note sur la Répartition des Types de Voitures.' In *Mélanges de Géographie et d'Orientalisme offerts à E. F. Gautier.* Arbault, Tours, 1932.

DEFFONTAINES, P. (2). 'Sur la Répartition Geographique des Voitures à Deux Roues et à Quatre Roues.' In *Travaux du 1er Congrès International de Folklore, Paris, 1937.* Arbault, Tours, 1938, p. 117. (Pub. du. Département et du Musée National des Arts et Traditions Populaires.)

DEGENHART, B. (1). [*Antonio*] *Pisanello.* Schroll, Vienna; Chiantore, Turin, 1941.

D[EHERGNE], J. (3). 'Bibliographie de Quelques Industries Chinoises; Techniques Artisanales et Histoire Ancienne.' *BUA,* 1949 (3e sér.), **10,** 198. (1. General Works; 2. Textiles; 3. Metallurgy, Weapons, Gunpowder; 4. Paper and Printing; 5. Ceramics.)

DELAPORTE, Y. (1). *Les Vitraux de la Cathédrale de Chartres*. 1 vol. and 3 vols. of plates. Houvet, Chartres, 1926.

DELISLE, L. (1). *Études sur la Condition de la Classe Agricole et l'État de l'Agriculture en Normandie au Moyen Âge*. Paris, 1851.

DELISLE, L. (2). 'On the Origin of Windmills in Normandy and England.' *JBAA*, 1851, **6**, 403.

DEONNA, W. (1). 'Le Mobilier Délien.' In *Exploration Archéologique de Délos*, ed. T. Homolle *et al*. de Boccard, Paris, 1938, vol. 18.

DESAGULIERS, J. T. (1). *A Course of Experimental Philosophy*, 2 vols. Innys, Longman, Shewell & Hitch, London, 1734; 2nd ed. Innys, Longman, Shewell & Hitch with Senex, London, 1745.

VON DEWALL, MAGDALENE (1). *Pferd und Wagen im frühen China; Aufschlüsse zur Kulturgeschichte aus der 'Shih Ching' Dichtung und Bodenfunden der Shang- und frühen Chou-Zeit*. Saarbrücken, 1962. (Saarbrücker Beiträge z. Altertumskunde, no. 1.)

DEWING, H. B. (tr.) (1). *Procopius' 'History of the Wars'*. Heinemann, London, 1919–54. (Loeb Classical Library.)

DIBNER, B. (2) (ed.). *The 'New Discoveries [Nova Reperta]'; the Sciences, Inventions and Discoveries of the Middle Ages and the Renaissance as represented in 24 Engravings issued in the early 1580's by Stradanus [Jan van der Straet]*. Album of 19 plates and one title-page, also containing the 3 plates and one title-page of *America Retectio*. Burndy Library, Norwalk, Conn., 1953.

DICK, T. L. (1). 'On a Spiral Oar.' *TAP*, 1818, **11**, 438.

DICKINSON, H. W. See Singer, C. (12).

DICKINSON, H. W. (1). 'The Origin and Manufacture of Wood Screws.' *TNS*, 1942, **22**, 79.

DICKINSON, H. W. (2). 'John Wilkinson [engineer].' *BGTI*, 1911, **3**, 215.

DICKINSON, H. W. (3). 'A Condensed History of Rope-Making.' *TNS*, 1942, **23**, 71.

DICKINSON, H. W. (4). *A Short History of the Steam-Engine*. Cambridge, 1939. 2nd. edn. ed. A. E. Musson, Cass, London, 1963.

DICKINSON, H. W. (5). 'James White and his *New Century of Inventions*.' *TNS*, 1950, **27**, 175.

DICKINSON, H. W. (6). 'The Steam-Engine to 1830.' Art. in *A History of Technology*, ed. C. Singer *et al.*, vol. 3, p. 168. Oxford, 1958.

DICKINSON, H. W. (7). 'James Watt, Craftsman and Engineer.' Cambridge, 1936.

DICKINSON, H. W. & STRAKER, E. (1). 'The Shetland Water-Mill.' *TNS*, 1933, **13**, 89.

DICKINSON, H. W. & TITLEY, A. (1). *Richard Trevithick, the Engineer and the Man*. Cambridge, 1934.

DICKMANN, H. (4). *Aus der Geschichte der deutschen Eisen- und Stahlerzeugung*. Stahleisen MBH, Düsseldorf, 1959. (Monographien ü Stahlverwendung, no. 1.)

DIDEROT, D. (2) (ed.) (with d'Alembert, J.). *Encyclopédie ou Dictionnaire raisonné des Sciences, des Arts et des Métiers, par une Société des Gens de Lettres*, 17 vols. Briasson, David, le Breton & Durand Paris, 1753 to 1765. Supplement, ed. Panckoucke, 4 vols. Rey, Amsterdam, 1776–7. General index, 2 vols., 1780.

DIDEROT, D. (3) (ed.). (with d'Alembert, J.). *Recueil de Planches sur les Sciences, les Arts libéraux et les Arts mécaniques, avec leur Explication*, 12 vols. Briasson, David, le Breton & Durand, Paris, 1763 to 1777. The illustrations for the Encyclopaedia, making in all a set of 35 vols. A selection of 485 plates republished with introduction and notes by C. C. Gillispie, Dover, New York; Constable, London, 1959.

DIEBOLD, JOHN (1). *Automation; the Advent of the Automatic Factory*. New York, 1952.

DIELS, H. (1). *Antike Technik*. Teubner, Leipzig and Berlin, 1914; enlarged 2nd ed., 1920. (rev. B. Laufer, *AAN*, 1917, **19**, 71).

DIELS, H. (2). 'Über die von Prokop beschriebene Kunstuhr von Gaza; mit einem Anhang enthaltende Text und Übersetzung d. ἔκφρασις ὡρολόγιου des Prokopios von Gaza.' *APAW/PH*, 1917 (no. 7).

DIELS, H. & SCHRAMM, E. (1) (ed. & tr.). 'Herons Belopoiika.' *APAW/PH*, 1918 (no. 2).

DIELS, H. & SCHRAMM, E. (2) (ed. & tr.). 'Philons Belopoiika [Bk. IV of the *Mechanica*].' *APAW/PH*, 1918 (no. 16).

DIELS-FREEMAN: FREEMAN, K. (1). *Ancilla to the Pre-Socratic Philosophers; a complete translation of the Fragments in Diels' 'Fragmente der Vorsokratiker'*. Blackwell, Oxford, 1948.

DIJKSTERHUIS, E. J. (1). *Simon Stevin*. The Hague, 1943.

DIONISI, F. (1). *Les Navires de Nemi*. Galilei, Rome, 1941.

DIRCKS, H. (1). *The Life, Times, and Scientific Labours of the Second Marquis of Worcester, to which is added a Reprint of his 'Century of Inventions' (+1663), with a Commentary thereon*. Quaritch, London, 1865.

DIRCKS, H. (2). *Perpetuum Mobile; or, a History of the Search for Self-Motive Power from the 13th to the 19th century*. Spon, London. Vol. 1, 1861; vol. 2, 1870.

DITTMANN, K. H. (1). 'Der Segelwagen von Medīnet Mādi.' *MDIK*, 1941, **10**, 60.

DOBRZENSKY, J. J. V. (1). *Nova, et amaenior, de Admirando Fontium Genio, Philosophia*. Ferrara, 1657 or 1659.

DODWELL, C. R. (1) (ed. & tr.). *Theophilus 'De Diversis Artibus'*. Nelson, London, 1961.

DOLLFUS, C. & BOUCHÉ, H. (1). *Histoire de l'Aéronautique; Texte et Documentation*. l'Illustration, Paris, 1932; repr. 1938, 1942.

DOOLITTLE, J. (1). *A Vocabulary and Handbook of the Chinese Language*. Fuchow, 1872.

DORÉ, H. (1). *Recherches sur les Superstitions en Chine*. 15 vols. T'u-Se-Wei Press, Shanghai, 1914–29

　Pt. I, vol. 1, pp. 1–146: 'Superstitious' practices, birth, marriage and death customs (*VS*, no. 32).
　Pt. I, vol. 2, pp. 147–216: talismans, exorcisms and charms (*VS*, no. 33).
　Pt. I, vol. 3, pp. 217–322: divination methods (*VS*, no. 34).
　Pt. I, vol. 4, pp. 323–488: seasonal festivals and miscellaneous magic (*VS*, no. 35).
　Pt. I, vol. 5, sep. pagination: analysis of Taoist talismans (*VS*, no. 36).
　Pt. II, vol. 6, pp. 1–196: Pantheon (*VS*, no. 39).
　Pt. II, vol. 7, pp. 197–298: Pantheon (*VS*, no. 41).
　Pt. II, vol. 8, pp. 299–462: Pantheon (*VS*, no. 42).
　Pt. II, vol. 9, pp. 463–680: Pantheon, Taoist (*VS*, no. 44).
　Pt. II, vol. 10, pp. 681–859: Taoist celestial bureaucracy (*VS*, no. 45).
　Pt. II, vol. 11, pp. 860–1052: city-gods, field-gods, trade-gods (*VS*, no. 46).
　Pt. II, vol. 12, pp. 1053–1286: miscellaneous spirits, stellar deities (*VS*, no. 48).
　Pt. III, vol. 13, pp. 1–263: popular Confucianism, sages of the Wên miao (*VS*, no. 49).
　Pt. III, vol. 14, pp. 264–606: popular Confucianism, historical figures (*VS*, no. 51).
　Pt. III, vol. 15, sep. pagination: popular Buddhism, life of Gautama (*VS*, no. 57).

VON DRACH, A. (1). *Die zu Marburg im Mathematisch-Physikalischen Institut befindliche Globusuhr Wilhelms IV von Hessen als Kunstwerk und astronomisches Instrument*. Elwert, Marburg, 1894.

DRACHMANN, A. G. (1). 'Hero's and Pseudo-Hero's Adjustable Siphons.' *JHS*, 1932, **52**, 116.

DRACHMANN, A. G. (2). 'Ktesibios, Philon and Heron; a Study in Ancient Pneumatics.' *AHSNM*, 1948, **4**, 1–197.

DRACHMANN, A. G. (3). 'Heron and Ptolemaios.' *CEN*, 1950, **1**, 117.

DRACHMANN, A. G. (5). 'On the alleged Second Ktesibios.' *CEN*, 1951, **2**, 1.

DRACHMANN, A. G. (6). 'The Plane Astrolabe and the Anaphoric Clock.' *CEN*, 1954, **3**, 183.

DRACHMANN, A. G. (7). 'Ancient Oil Mills and Presses.' *KDVS/AKM*, 1932, **1** (no. 1). Sep. publ. Levin & Munksgaard, Copenhagen, 1932.

DRACHMANN, A. G. (8). 'Heron's Windmill.' *CEN*, 1961, **7**, 145.

DRACHMANN, A. G. (9). *The Mechanical Technology of Greek and Roman Antiquity; a Study of the Literary Sources*. Munksgaard, Copenhagen, 1963.

DROVER, C. B. (1). 'A Mediaeval Monastic Water-Clock.' *AHOR*, 1954, **1**, 54.

DROWER, M. S. (1). 'Water-Supply, Irrigation and Agriculture [from Early Times to the End of the Ancient Empires].' Art in *A History of Technology*, ed. C. Singer *et al.* Oxford, 1954, vol. 1, p. 520.

DUBERTRET, L. & WEULERSSE, J. (1). *Manuel de Géographie; Syrie, Liban et Proche Orient: I, La Péninsule Arabique*. Imp. Cath. Beirut, 1940.

DUBS, H. H. (2) (tr., with the assistance of Phan Lo-Chi and Jen Thai). '*History of the Former Han Dynasty*', by Pan Ku; *a Critical Translation with Annotations*. 3 vols. Waverly, Baltimore, 1938–.

DUBS, H. H. (8) (tr.). *The Works of Hsün Tzu*. Probsthain, London, 1928.

DUCASSÉ, P. (1). *Histoire des Techniques*. Presses Univ. de France, Paris, 1945.

DUGAS, R. (1). *Histoire de la Mécanique*. Griffon (La Baconnière), Neuchâtel, 1950. Crit. rev. P. Costabel, *A/AIHS*, 1951, **4**, 783.

DUGAS, R. (2). *La Mécanique au XVIIème Siècle; des Antécédents Scholastiques à la Pensée Classique*. Griffon, Neuchâtel, 1954. Crit. rev. C. Truesdell, *ISIS*, 1956, **47**, 449.

DUGGAN, A. (1). *King of Pontus; the story of Mithridates Eupator who alone challenged the Might of Rome*. Coward & McCann, New York, 1959.

DUHEM, J. (1). *Histoire des Idées Aéronautiques avant Montgolfier*. Inaug. Diss., Paris. Sorlot, Paris, 1943.

DUHEM, J. (2). *Musée Aéronautique avant Montgolfier*. Sorlot, Paris, 1943. (This is essentially the volume of plates accompanying Duhem (1), but it contains lengthy notes on each illustration.)

DUHEM, P. (1). *Études sur Léonard de Vinci*. 3 vols. Hermann, Paris.
　Vols. 1, 2: 'Ceux qu'il a Lus et Ceux qui l'ont Lu.' 1906, 1909.
　Vol. 3: 'Les Précurseurs Parisiens de Galilée.' 1913.
　Pt. 1: Albert of Saxony, Bernardino Baldi, Themon, Cardan, Palissy, etc.
　Pt. 2: Nicholas of Cusa, Albertus Magnus, Vincent of Beauvais, Ristoro d'Arezzo, etc.
　Pt. 3: Buridan, Soto, Nicholas d'Oresme, etc.

DUHEM, P. (3). *Le Système du Monde; Histoire des Doctrines Cosmologiques de Platon à Copernic*. 5 vols. Paris, 1913–17.

DUNBAR, G. S. (1). 'Henry Chapman Mercer [1856 to 1930], Pennsylvania Folklife Pioneer [and Rudolf P. Hommel, 1887 to 1950].' *PFL*, 1961, **12** (no. 2), 48.

DUNKERLEY, S. (1). *Mechanism*. Longmans Green, London, 1905.

DUYVENDAK, J. J. L. (12). 'The Last Dutch Embassy to the Chinese Court' (+1794 to +1795). *TP*, 1938, **34**, 1, 223; 1939, **35**, 329.

DUYVENDAK, J. J. L. (14). 'Simon Stevin's "Sailing-Chariot"' (and its Chinese antecedents). *TP*, 1942, **36**, 401.

DUYVENDAK, J. J. L. (18) (tr.). '*Tao Tê Ching*', the Book of the Way and its Virtue. Murray, London, 1954 (Wisdom of the East series). Crit. revs. P. Demiéville, *TP*, 1954, **43**, 95; D. Bodde, *JAOS*, 1954, **74**, 211.

DVOŘÁK, A. (1). 'Knížecí Pohřby na Vozech ze starši Doby Železné.' *PRH*, 1938, **1** (1).

EBERHARD, W. (21). *Conquerors and Rulers; Social Forces in Mediaeval China* (theory of gentry society). Brill, Leiden, 1952. Crit. E. Balazs, *ASEA*, 1953, **7**, 162; E. G. Pulleyblank, *BLSOAS*, 1953, **15**, 588.

ECKE, G. V. (2). 'Wandlungen des Faltstuhls; Bemerkungen z. Geschichte d. Eurasischen Stuhlform.' *MS*, 1944, **9**, 34.

ECKMAN, J. (1). 'Jerome Cardan.' *BIHM*, 1946, suppl. no. 7.

EDDÉ, J. (1). *Géographie; Liban-Syrie*. Imp. Cath., Beirut, 1941.

EDWARDS, E. D. (1). *Chinese Prose Literature of the Thang Period*. 2 vols. Probsthain, London, 1937.

EGGERS, G. (1). 'Wasserversorgungstechnik im Altertum.' *BGTI/TG*, 1936, **25**, 1.

EICHHORN, W. (4). 'Zur Vorgeschichte des Aufstandes von Wang Hsiao-Po und Li Shun in Szechuan (+993 bis +995).' *ZDMG*, 1955, **105**, 192.

EICHHORN, W. (5). 'Wang Chia's *Shih I Chi*.' *ZDMG*, 1952, **102** (N.F. **27**), 130.

EKHOLM, G. F. (1). 'Wheeled Toys in Mexico.' *AMA*, 1946, **11**, 222.

D'ELIA, PASQUALE (2) (ed.). *Fonti Ricciane; Storia dell'Introduzione del Cristianesimo in Cina*. 3 vols. Libreria dello Stato, Rome, 1942–9. Cf. Trigault (1); Ricci (1).

ELIADE, MIRCEA (3). *Le Chamanisme, et les Techniques Archaïques de l'Extase*. Payot, Paris, 1951.

EMERSON, W. (1). *The Principles of Mechanics, explaining and demonstrating the general Laws of Motion, the Laws of Gravity...Projectiles...Pendulums...Strength and Stress of Timber, etc.* Robinson, London, 1758, 1773, 1782.

EMERY, H. C. & EMERY, C. [or EMORY] (1). 'Stages from Choni to Sung-Pan.' *CJ*, 1924, **2**, 539; 1925, **3**, 25.

ENSHOFF, P. D. (1). 'Pater Ricci's Uhren.' *DKM*, 1937, **65**, 190. 'Hatte China die ungleichen Stunden?' Typescript paper in the Jäger Collection.

ERAS, V. J. M. (1). *Locks [and Keys]*. Dordrecht.

ERCKER, L. (1). *Beschreibung allerfurnemisten Mineralischen Erzt und Berckwercks arten....* Prague, 1574, with ten later editions. See Sisco & Smith (2).

ERKES, E. (12). 'Das chinesische Theater vor d. Thang-Zeit.' *AM*, 1935, **10**, 229.

ERKES, E. (19). *Geschichte Chinas, von den Anfängen bis zum Eindringen des ausländischen Kapitals*. Akademie-Verlag, Berlin, 1956.

ERKES, E. (20). 'Ursprung und Bedeutung der Sklaverei in China.' *AA*, 1937, **6**, 294.

ERKES, E. (21). 'Das Problem der Sklaverei in China.' *BVSAW/PH*, 1954, **100** (no. 1).

ESPÉRANDIEU, E. (1). *Souvenir du Musée Lapidaire de Narbonne*. Commission Archéologique, Narbonne, n.d.

ESPÉRANDIEU, E. (2). *Receuil Général des Bas-Reliefs, Statues et Bustes de la Gaule Romaine*. Imp. Nat. Paris, 1908, 1913.

ESPINAS, A. (1). *Les Origines de la Technologie*. Alcan, Paris, 1897.

VON ESSENWEIN, A. (1). *Mittelälterliches Hausbuch; Bilderhandschrift des 15 Jahrh...* (Anon. 15). Keller, Frankfurt-am-Main, 1887.

ESTERER, M. (1). *Chinas natürliche Ordnung und die Maschine*. Cotta, Stuttgart and Berlin, 1929. (Wege d. Technik series.)

EUDE, E. (1). *Histoire documentaire de la Mécanique Française, d'après le Musée Centennal de la Mécanique à l'Exposition Universelle de 1900*. Dunod, Paris, 1902.

EVLIYA CHELEBI (1). *Narrative of Travels in Europe, Asia and Africa, in the +17th century, by Evliya Effendi*, tr. J. von Hammer. 3 vols. London, 1846–50.

ÉVRARD, R. (2). *Forges Anciennes* (a study of martinet hammers in Belgium and Luxembourg). Editions Solédi, Liége, 1956.

EWBANK, T. (1). *A Descriptive and Historical Account of Hydraulic and other Machines for Raising Water, Ancient and Modern....* Scribner, New York, 1842. (Best ed. the 16th, 1870.)

VON EYBE ZUM HARTENSTEIN, L. (the younger) (1). *Kriegsbuch*. 1500. MS. 1390, Univ. Erlangen. See Sarton (1), vol. 3, p. 1564.

FAIRBANK, WILMA (1). 'A Structural Key to Han Mural Art.' *HJAS*, 1942, **7**, 52.

FANE, Sir Francis (1). *The Sacrifice, a Tragedy*. London, 1686.

FANG YÜN (1). 'Ming Tomb Discoveries.' *PKR*, 1958, **1** (no. 32), 17.

FAREY, J. (1). *A Treatise on the Steam Engine, Historical, Practical and Descriptive*. Longman, Rees, Orme, Brown & Green, London, 1827.

DE FARIA Y SOUSA, MANUEL (1). *Imperio de la China y Cultura Evangelica en el por los Religiosos de la Compañia de Jesus....* Officina Herreriana, Lisbon, 1731.

FARRINGTON, G. H. (1). *Fundamentals of Automatic Control*. Chapman & Hall, London, 1951. (Crit. J. Greig, *N*, 1953, **172**, 91.)

FAVIER, A. (1). *Pékin; Histoire et Description*. Peking, 1897. For Soc. de St Augustin, Desclée & de Brouwer, Lille, 1900.

FEBVRE, L. (2). 'Civilisation, Moteurs et Mouvements.' *AHES/MHS*, 1942, **2**, 56. Discussion of Haudricourt (1).

FEBVRE, L. (5). 'Marc Bloch fusillé.' *AHES/MHS*, 1944, **6**, 5. 'De l'Histoire au Martyre; Marc Bloch, 1886 à 1944.' *AHES/MHS*, 1945, **7**, 1.

FELDHAUS, F. M. (1). *Die Technik der Vorzeit, der Geschichtlichen Zeit, und der Naturvölker* (encyclopaedia). Engelmann, Leipzig and Berlin, 1914.

FELDHAUS, F. M. (2). *Die Technik d. Antike u. d. Mittelalter*. Athenaion, Potsdam, 1931. (Crit. H. T. Horwitz, *ZHWK*, 1933, **13** (N.F. **4**), 170.)

FELDHAUS, F. M. (3). *Die Säge, ein Rückblick auf vier Jahrtausende*. Dominicus, Berlin, 1921.

FELDHAUS, F. M. (4). *Die geschichtlichen Entwicklung d. Zahnrades*. Stolzenberg, Berlin-Reinickendorf, 1911.

FELDHAUS, F. M. (5). *Zur Geschichte d. Drahtseilschwebebahnen*. Zillessen, Berlin-Friedenau, 1911. (Monogr. z. Gesch. d. Technik, no. 1.)

FELDHAUS, F. M. (6). *Geschichte d. Kugel-, Walzen- und Rollenlager*. Fichtel & Sachs, Schweinfurth, 1914.

FELDHAUS, F. M. (7). *Buch der Erfindungen*. Oestergaard, Berlin, 1908. Short version of Feldhaus (2).

FELDHAUS, F. M. (8). *Ruhmesblätter d. Technik von der Urerfindungen bis zur Gegenwart*. 2 vols. Brandstetter, Leipzig, 1924. Similar to Feldhaus (9).

FELDHAUS, F. M. (9). *Kulturgeschichte d. Technik*. 2 vols. Salle, Berlin, 1928. Superseded by Feldhaus (2).

F[ELDHAUS], F. M. (10). 'Gebläse in China.' *GTIG*, 1927, **11**, 310.

FELDHAUS, F. M. (11). 'Technisher Inhalt der chinesischen Encyclopädie von +1609.' *GTIG*, 1915, **2**, 56.

FELDHAUS, F. M. (12). 'Die europäischen Maschinen im alten China.' *ZTF*, 1916, no. 7, 177.

FELDHAUS, F. M. (13). 'Darstellungen d. ersten Feldmühle.' *GTIG*, 1917, **4**, 28.

FELDHAUS, F. M. (14). *Altmeister des Segelfluges*. Schultz, Berlin-Lichterfelde, 1927.

FELDHAUS, F. M. (15). 'Erdöl in der Luftschiff-fahrt.' *PET*, 1952, **5**, 633.

FELDHAUS, F. M. (18). *Leonardo der Techniker u. Erfinder*. Diederichs, Jena, 1913.

FELDHAUS, F. M. (19). 'Ü. Zweck u. Entstehungszeit d. sog. Püstriche.' *MGNM*, 1908, 140.

FELDHAUS, F. M. (20). *Die Maschine im Leben der Völker; ein Überblick von der Urzeit bis zur Renaissance*. Birkhäuser, Basel and Stuttgart, 1954.

FELDHAUS, F. M. (21). 'Über den Ursprung von Federzug und Schnecke.' *DUZ*, 1930, **54**, 720.

FELDHAUS, F. M. (22). 'Die Uhren des Königs Alfons X von Spanien.' *DUZ*, 1930, **54**, 608.

FELDHAUS, F. M. (23). *Geschichte d. Ölgewinnung*. Festschr. d. Verbandes d. deutschen Ölmühlen, 1925.

FELDHAUS, F. M. (24). *Geschichte des technischen Zeichnens*, 2nd ed. rev. and enlarged with the assistance of E. Schruff. Kuhlmann AG, Wilhelmshafen, 1959. Crit. rev. R. S. Hartenberg, *TCULT*, 1961, **2**, 45. Also appeared serially in Eng. tr. in *GRSCI*, 1960–.

FELDHAUS, F. M. (25). 'Beiträge z. älteren Geschichte der Turbinen.' *ZGT*, 1908, **5**, 569.

FELDHAUS, F. M. (26). 'Beiträge z. Geschichte des Drahtziehens.' *ADI*, 1910, 137, 159 & 181.

FELDHAUS, F. M., BIEDENKAPP, G., KOLLMANN, J., LUX, J. U. & REITZ, A. (1). *Der Ingenieur, seine kulturelle, gesellschaftliche und sociale Bedeutung, mit einem historischen Überblick ü. des Ingenieurwesen*. Franck, Stuttgart, 1910.

FELDHAUS, F. M. & DEGEN, A. (1). 'Villard aus Honnecourt, ein Technikus d. 13 Jahrhunderts.' *ZOIAV*, 1906, **58** (no. 30), 429.

FERCKEL, C. (1). 'On the *De Secretis Mulierum*.' *AGMN*, 1914, **7**, 47.

FERGUSON, JOHN (2). *Bibliographical Notes on Histories of Inventions and Books of Secrets*. 2 vols. Glasgow, 1898; repr. Holland Press, London, 1959. (Papers collected from *TGAS*.)

FERGUSON, J. C. (2). *Survey of Chinese Art*. Commercial Press, Shanghai, 1940.

FERGUSON, J. C. (3). (a) 'The Chinese Foot Measure.' *MS*, 1941, **6**, 357. (b) *Chou Dynasty Foot Measure*. Privately printed, Peiping, 1933. (See also a note on a graduated rule of c. +1117, 'A Jade Foot Measure', *TH*, 1937, **4**, 391.)

FERGUSON, J. C. (4). 'The Southern Migration of the Sung Dynasty.' *JRAS/NCB*, 1924, **55**, 14.

FERGUSON, J. C. (6). 'Transportation in Early China.' *CJ*, 1929, **10**, 227.

FERGUSON, J. C. (7). 'Political Parties of the Northern Sung Dynasty.' *JRAS/NCB*, 1927, **58**, 35.

FERRAND, G. (1). *Relations de Voyages et Textes Géographiques Arabes, Persans et Turcs relatifs à l'Extrême Orient, du 8ᵉ au 18ᵉ siècles, traduits, revus et annotés etc.* 2 vols. Leroux, Paris, 1913.

FERRIS, R. (1). *How it Flies; or, the Conquest of the Air; the History of Man's Endeavours to Fly and of the Inventions by which he has succeeded.* Nelson, New York, 1910.

FIRTH, C. M. & QUIBELL, J. E. (1). *The Step Pyramid [of Saqqarah].* Service des Antiquités de l'Égypte, Cairo, 1935.

FISCHER, E. (1). 'Sind die Rümanen ein Balkanvolk?' *OAV*, 1910, **1**, 70 (72).

FISCHER, H. (1). 'Beiträge z. Geschichte d. Werkzeugmaschinen, I' (boring tools and machines). *BGTI*, 1912, **4**, 274.

FISCHER, H. (2). 'Beiträge z. Geschichte d. Werkzeugmaschinen, II' (lathes). *BGTI*, 1913, **5**, 73.

FISCHER, H. (3). 'Beiträge z. Geschichte d. Werkzeugmaschinen, III' (hammers and triphammers). *BGTI*, 1915, **6**, 1.

FISCHER, H. (4). 'Beiträge z. Geschichte d. Holzbearbeitungsmaschinen.' *BGTI*, 1911, **3**, 61.

FISCHER, OTTO (1). *Die Kunst Indiens, Chinas und Japans.* Propylaea, Berlin, 1928.

FITZGERALD, C. P. (1). *China; a Short Cultural History.* Cresset Press, London, 1935.

FITZGERALD, C. P. (8). *The Empress Wu.* Cresset Press, London, 1956.

FITZGERALD, KEANE (1). 'An Attempt to improve the Manner of working the Ventilators [of Mines] by the Help of the Fire-Engine [i.e. Newcomen's atmospheric steam-engine].' *PTRS*, 1758, **50**, 727.

FLAVIGNY, R. C. (1). *Le Dessin de l'Asie Occidentale Ancienne et les Conventions qui le régissent.* Maisonneuve, Paris, 1940.

FLEMING, A. P. M. & BROCKLEHURST, H. J. (1). *A History of Engineering.* Black, London, 1925.

FLINDERS PETRIE, W. M. See Petrie, W. M. Flinders.

FLUDD, ROBERT (2). *Utriusque Cosmi Majoris scilicet et Minoris Metaphysica, Physica atque Technica Historia.* Galler, Oppenheim, 1617. A subsequent title-page, heading a later part (1618), generally bound with the first, reads *Naturae Simia seu Technica Macrocosmi Historia.*

FOLEY, C. A. (Mrs T. W. Rhys Davids) (1). 'On Buddha's instruction to Ānanda to make a Mandala like a water-wheel to show the cycle of rebirths'; a comment to Waddell (3). *JRAS*, 1894 (N.S.), **26**, 389.

FOLEY, C. A. (Mrs T. W. Rhys Davids) (2). 'Economic Conditions according to Early Buddhist Literature.' *CHI*, vol. 1, ch. 8.

DA FONTANA, GIOVANNI (1). *Bellicorum instrumentorum liber cum figuris et ficticiis literis conscriptus.* MS. Cod. icon. 242 Hofbibliothek, München, 1410–20. See Sarton (1), vol. 3, p. 1551.

FORBES, R. J. (1). *Bibliographia Antiqua; Philosophia Naturalis.* Nederl. Inst. v. h. Nabije Oosten, Leiden.

   Vol. I. Mining and Geology. 1940.

   Vol. II. Metallurgy. 1942.

   Vol. III. Building Materials, 1944.

   Vol. IV. Pottery, Faience, Glass, Glazes, Beads. 1944.

   Vol. V. Paints, Pigments, Varnishes, Inks and their Applications. 1949.

   Vol. VI. Leather Manufacture and Applications. 1949.

   Vol. VII. Fibrous Materials, Preparation and Industries. 1949.

   Vol. VIII. Paper, Papyrus and other Writing Materials. 1949.

   Vol. IX. Man and Nature. 1949.

   Vol. X. Science and Technology. 1950.

   Suppl. I. General. 1952.

FORBES, R. J. (2). *Man the Maker; a History of Technology and Engineering.* Schuman, New York, 1950. (Crit. rev. H. W. Dickinson & B. Gille, *A/AIHS*, 1951, **4**, 551.)

[FORBES, R. J.] (4a). *Histoire des Bitumes, des Époques les plus Reculées jusqu'à l'an 1800.* Shell, Leiden, n.d.

FORBES, R. J. (5). 'The Ancients and the Machine.' *A/AIHS*, 1949, **2**, 919.

FORBES, R. J. (8). 'Metallurgy [in the Mediterranean Civilisations and the Middle Ages].' In *A History of Technology*, ed. C. Singer *et al.*, vol. 2, p. 41. Oxford, 1956.

FORBES, R. J. (10). *Studies in Ancient Technology.* Vol. 1, *Bitumen and Petroleum in Antiquity; The Origin of Alchemy; Water Supply.* Brill, Leiden, 1955. (Crit. Lynn White, *ISIS*, 1957, **48**, 77.)

FORBES, R. J. (11). *Studies in Ancient Technology.* Vol. 2, *Irrigation and Drainage; Power; Land Transport and Road-Building; The Coming of the Camel.* Brill, Leiden, 1955. (Crit. Lynn White, *ISIS*, 1957, **48**, 77.)

FORBES, R. J. (12). *Studies in Ancient Technology*. Vol. 3, *Cosmetics and Perfumes in Antiquity; Food, Alcoholic Beverages, Vinegar; Food in Classical Antiquity; Fermented Beverages, −500 to +1500; Crushing; Salts, Preservation Processes, Mummification; Paints, Pigments, Inks and Varnishes*. Brill, Leiden, 1955. (Crit. Lynn White, *ISIS*, 1957, **48**, 77.)

FORBES, R. J. (13). *Studies in Ancient Technology*. Vol. 4, *Fibres and Fabrics of Antiquity; Washing, Bleaching, Fulling and Felting; Dyes and Dyeing; Spinning; Sewing, Basketry and Weaving; Looms; Weavers*. Brill, Leiden, 1956. (Crit. Lynn White, *MANU*, 1958, **2**, 50.)

FORBES, R. J. (14). *Studies in Ancient Technology*. Vol. 5, *Leather in Antiquity; Sugar and its Substitutes in Antiquity; Glass*. Brill, Leiden, 1957.

FORBES, R. J. (15). *Studies in Ancient Technology*. Vol. 6, *Heat and Heating; Refrigeration, the art of cooling and producing cold; Lights and Lamps*. Brill, Leiden, 1958.

FORBES, R. J. (17). 'Hydraulic Engineering and Sanitation [in the Mediterranean Civilisations and the Middle Ages].' Art. in *A History of Technology*, ed. C. Singer et al., vol. 2, p. 663. Oxford, 1956.

FORBES, R. J. (18). 'Food and Drink [from the Renaissance to the Industrial Revolution].' Art. in *A History of Technology*, ed. C. Singer et al., vol. 3, p. 1. Oxford, 1957.

FORBES, R. J. (19). 'Power [in the Mediterranean Civilisations and the Middle Ages].' Art. in *A History of Technology*, ed. C. Singer et al., vol. 2, p. 589. Oxford, 1956.

FORBES, R. J. (21). *More Studies in Early Petroleum History*. Brill, Leiden, 1959.

FORBES, R. J. (23). 'Een Oud-Egyptisch Voorganger van Simon Stevin.' *DNATU*, 1941, **61**, 160.

FORBES, R. J. (24). 'The Sailing Chariot.' Art. in *The Principal Works of Simon Stevin*, vol. 5, 1963. See Crone et al. (1).

FORESTIER, G. (1). *La Roue*. Berger-Levrault, Paris and Nancy, 1900.

FORKE, A. (3) (tr.). *Me Ti [Mo Ti] des Sozialethikers und seine Schüler philosophische Werke*. Berlin, 1922. (*MSOS*, Beibände, **23–25**.)

FORKE, A. (4) (tr.). '*Lun-Hêng*', *Philosophical Essays of Wang Chhung*. Vol. 1, 1907. Kelly & Walsh, Shanghai; Luzac, London; Harrassowitz, Leipzig. Vol. 2, 1911 (with the addition of Reimer, Berlin). Photolitho re-issue, Paragon, New York, 1962. (*MSOS*, Beibände, **10** and **14**.) Crit. P. Pelliot, *JA*, 1912 (10e sér.), **20**, 156.

FORKE, A. (9). *Geschichte d. neueren chinesischen Philosophie* (i.e. from the beginning of the Sung to modern times). de Gruyter, Hamburg, 1938. (Hansische Univ. Abhdl. a. d. Geb. d. Auslandskunde, no. 46 (ser. B, no. 25).)

FORKE, A. (12). *Geschichte d. mittelälterlichen chinesischen Philosophie* (i.e. from the beginning of the Former Han to the end of the Wu Tai). de Gruyter, Hamburg, 1934. (Hamburg. Univ. Abhdl. a. d. Geb. d. Auslandskunde, no. 41 (ser. B, no. 21).)

FORKE, A. (13). *Geschichte d. alten chinesischen Philosophie* (i.e. from antiquity to the beginning of the Former Han). de Gruyter, Hamburg, 1927. (Hamburg. Univ. Abhdl. a. d. Geb. d. Auslandskunde, no. 25 (ser. B, no. 14).)

FORKE, A. (15). 'On Some Implements mentioned by Wang Chhung' (1. Fans, 2. Chopsticks, 3. Burning Glasses and Moon Mirrors). Appendix III to Forke (4).

FORKE, A. (16). 'Von Peking nach Ch'ang-An und Loyang.' *MSOS*, 1898, **1**, 1.

FORKE, A. (17). 'Der Festungskrieg im alten China.' *OAZ*, 1919, **8**, 103. (Repr. from Forke (3), pp. 99 ff.)

FORSTER, L. (1). 'Translation; an Introduction.' Art. in *Aspects of Translation*, ed. A. H. Smith, p. 1. Secker & Warburg, London, 1958. (University College, London, Communication Research Centre; Studies in Communication, no. 2.)

FORTI, UMBERTO (1). *Storia della Tecnica Italiana alle Origini della Vita Moderna*. Sansoni, Florence, 1940.

FORTI, UMBERTO (2). *Storia della Tecnica dal Medioevo al Rinascimiento*. Sansoni, Florence, 1957.

FORTUNE, R. (1). *Two Visits to the Tea Countries of China, and the British Tea Plantations in the Himalayas, with a Narrative of Adventures, and a Full Description of the Culture of the Tea Plant, the Agriculture, Horticulture and Botany of China*. 2 vols. Murray, London, 1853.

FORTUNE, R. (2). *Three Years' Wanderings in the Northern Provinces of China, including a Visit to the Tea, Silk and Cotton Countries; with an Account of the Agriculture and Horticulture of the Chinese, New Plants, etc.* Murray, London, 1847. Abridged as vol. 1 of Fortune (1).

FOUGÈRES, G. (1). Review of the first version of L. des Noëttes (1). *JS*, 1924, **109**, 321.

Fox, C. (1). 'Sleds, Carts and Waggons.' *AQ*, 1931, **5**, 185.

Fox, G. E. & HOPE, W. H. ST JOHN (1). 'Excavations on the Site of the Roman City of Silchester in Hampshire in 1900.' *AAA*, 1901, **57**, 247.

Fox, LANE. See Pitt-Rivers.

FRANCK, H. A. (1). *Roving through Southern China*. Century, New York, 1925.

FRANKE, H. (1). 'Some Remarks on the Interpretation of Chinese Dynastic Histories' (with special reference to the Yuan). *OR*, 1950, **3**, 113.

FRANKE, H. (2) (tr.). 'Beiträge z. Kulturgeschichte Chinas unter der Mongolenherrschaft' (complete translation and annotation of the *Shan Chü Hsin Hua* by Yang Yü, +1360). *AKML*, 1956, **32**, 1–160 (rev. J. Průsek, *ARO*, 1959, **27**, 476).

FRANKE, H. (3). 'Volksaufstände in d. Geschichte Chinas.' *GWI*, 1951, **1**, 31.

FRANKE, H. (13). 'Neuere Arbeiten zur Soziologie Chinas.' *SAE*, 1951, **2**, 306.

FRANKE, H. (15). 'Kulturgeschichtliches über die chinesische Tusche.' *ABAW/PH*, 1962, N.F. **54**, 1–158.

FRANKE, O. (11) (intr. & tr.). *Kêng Tschi T'u [Kêng Chih Thu]; Ackerbau und Seidegewinnung in China, ein kaiserliches Lehr- und Mahn-Buch.* Friederichsen, Hamburg, 1913. (Abhandl. d. Hamburgischen Kolonialinstituts, vol. 11; Ser. B, Völkerkunde, Kulturgesch. u. Sprachen, vol. 8.)

FRANKE, W. (2). 'Die Han-Zeitlichen Felsengräber bei Chiating (West Szechuan).' *SSE*, 1948, **7**, 19.

FRANKEL, H. H. (1). *Catalogue of Translations from the Chinese Dynastic Histories for the Period +220 to +960.* Univ. Calif. Press, Berkeley and Los Angeles, 1957. (Inst. Internat. Studies, Univ. of California, East Asia Studies, Chinese Dynastic Histories Translations, Suppl. no. 1.)

FRANKLIN, BENJAMIN (1). 'Maritime Observations' (a letter to Mr Alphonsus le Roy dated Aug. 1785). *TAPS*, 1786, **2**, 294 (p. 301); abstracted in *NAVC*, 1803, **9**, 32.

FRASER, E. D. H. & LOCKHART, J. H. S. (1). *Index to the 'Tso Chuan'.* Oxford, 1930.

FREEMAN, J. R. (1). 'Flood Problems in China.' *TASCE*, 1922, **85**, 1405.

FREEMAN, K. (1). See Diels-Freeman.

FREEMAN, K. (2). *The Pre-Socratic Philosophers, a companion to Diels, 'Fragmente der Vorsokratiker'.* Blackwell, Oxford, 1946.

FRÉMONT, C. See Sauvage, E. (1).

FRÉMONT, C. (1). *Études Expérimentales de Technologie Industrielle, No. 10: Évolution des Méthodes et des Appareils employés pour l'Essai des Matériaux de Construction, d'après les Documents du Temps* (Renaissance onwards). (Internat. Congr. Strength of Materials, Paris, 1900.) Dunod, Paris, 1900.

FRÉMONT, C. (2). *Études Expérimentales de Technologie Industrielle, No. 15: Évolution de la Fonderie de Cuivre, d'après les Documents du Temps.* Renouard, Paris, 1903.

FRÉMONT, C. (3). *Études Expérimentales de Technologie Industrielle: No. 37; Machine à Mesurer le Rendement des Vis; Origines de la Vis et des Engrenages.* For École Nat. Sup. des Mines, Dunod & Piriat, Paris, 1910. Completed in Frémont (19)

FRÉMONT, C. (4). *Études Expérimentales de Technologie Industrielle, No. 40: Le Clou.* BSEIN, 1912 and sep. Paris, 1912.

FRÉMONT, C. (5). *Études Expérimentales de Technologie Industrielle, No. 44: Origine et Évolution des Outils.* BSEIN, 1913 and sep. Paris, 1913. (Brace and bit, potters' wheel, lathe, rolling-mill, etc.)

FRÉMONT, C. (6). *Études Expérimentales de Technologie Industrielle, No. 45: Origine et Évolution des Outils Préhistoriques.* Paris, 1913. Completed in Frémont (20).

FRÉMONT, C. (7). *Études Expérimentales de Technologie Industrielle, No. 47: Origine de l'Horloge à Poids.* Paris, 1915. (Incl. springs and spiral springs; pendulums.)

FRÉMONT, C. (8). *Études Expérimentales de Technologie Industrielle, No. 48: Le Balancier à Vis pour Estampage.* Paris, 1916. (Worm press for coining and printing.)

FRÉMONT, C. (9). *Études Expérimentales de Technologie Industrielle, No. 49: La Lime.* Paris, 1916. Completed in Frémont (23).

FRÉMONT, C. (10). *Études Expérimentales de Technologie Industrielle, No. 50: Origines et Évolution de la Soufflerie.* Paris, 1917. Cf. Frémont (14).

FRÉMONT, C. (11). *Études Expérimentales de Technologie Industrielle, No. 54: Origine et Évolution du Tuyau.* Paris, 1920. Cf. Frémont (14).

FRÉMONT, C. (12). *Études Expérimentales de Technologie Industrielle, No. 57: Origine de la Poulie, du Treuil, de l'Engrenage, de la Roue de Voiture, etc.; Étude sur le Frottement des Cordes et sur les Palans.* BSEIN, 1921 and sep. Paris, 1921.

FRÉMONT, C. (13). *Études Expérimentales de Technologie Industrielle, No. 64: Le Marteau, le Choc, le Marteau Pneumatique.* Paris, 1923. (Hammers and vibrators.)

FRÉMONT, C. (14). *Études Expérimentales de Technologie Industrielle, No. 66: La Forge Maréchale.* Paris, 1923.

FRÉMONT, C. (15). *Études Expérimentales de Technologie Industrielle, No. 67: Origine et Début de l'Évolution de la Chaudière à Vapeur.* Paris, 1923. (From the still.)

FRÉMONT, C. (16). *Études Expérimentales de Technologie Industrielle, No. 68: Origine et Évolution des Pompes Centrifuges.* Paris, 1923.

FRÉMONT, C. (17). *Études Expérimentales de Technologie Industrielle, No. 70: La Serrure, Origine et Évolution.* Paris, 1924.

FRÉMONT, C. (18). *Études Expérimentales de Technologie Industrielle, No. 72: l'Essai de Traction des Métaux.* Paris, 1927.

FRÉMONT, C. (19). *Études Expérimentales de Technologie Industrielle, No. 75: La Vis.* Paris, 1928.

FRÉMONT, C. (20). *Études Expérimentales de Technologie Industrielle, No. 76: Les Outils, leur Origine, leur Évolution.* Paris, 1928. (Mostly prehistoric: scraper, chisel, hatchet, gouge, bore, etc.)

FRÉMONT, C. (21). *Études Expérimentales de Technologie Industrielle, No. 77: La Scie.* Paris, 1928.

FRÉMONT, C. (22). *Études Expérimentales de Technologie Industrielle, No. 81: Le Cisaillement et le Poinçonnage des Métaux.* Paris, 1929.

FRÉMONT, C. (23). *Études Expérimentales de Technologie Industrielle, No. 82: La Lime.* Paris, 1930.

FRÉMONT, C. (24). *Études Expérimentales de Technologie Industrielle, No. 27: Origine du Laminoir* (rolling-mill). Paris, 1907.

FRIESE, H. (1). 'Zum Aufsteig von Handwerkern ins Beamtentum während der Ming-Zeit.' *OE*, 1959, **6**, 160.

FRUMKIN, G. (1). 'Archéologie Soviétique en Asie.' *ASEA*, 1957, **11**, 73.

FUCHS, W. (8). 'Zum *Kêng Chih Thu* der Mandju-Zeit und die japanische Ausgabe von 1808.' *OAS*, 1959, 67. An enlarged version of 'Rare Chhing Editions of the *Kêng Chih Thu*'. *SSE*, 1947, **6**, 149.

FURON, R. (1). *Manuel de Préhistoire Générale.* Payot, Paris, 1943.

FUSSELL, G. E. (1). *The Farmer's Tools, 1500 to 1900; the History of British Farm Implements, Tools and Machinery before the Tractor came.* Melrose, London, 1952.

GABB, G. H. & TAYLOR, F. SHERWOOD (1). 'An Early Orrery by Thomas Tompion and George Graham, recently acquired by the Museum of the History of Science, Oxford.' *CON*, 1948 (Sept.), 24 & 55.

GABOR, D. (1). 'Communication Theory, Past, Present and Prospective.' In *Symposium on Information Theory*, p. 2. Min. of Supply, London, 1950 (mimeographed).

GABRIELI, G. (1). *Giovanni Schreck Linceo, Gesuita e Missionario in Cina e le sue Lettere dall'Asia.* Rome, 1937.

GALE, E. M. (1) (tr.). *Discourses on Salt and Iron ('Yen Thieh Lun'), a Debate on State Control of Commerce and Industry in Ancient China, chapters 1–19.* Brill, Leiden, 1931. (Sinica Leidensia, no. 2.) (Crit. P. Pelliot, *TP*, 1932, **29**, 127.)

GALE, E. M., BOODBERG, P. A. & LIN, T. C. (1) (tr.). 'Discourses on Salt and Iron (*Yen Thieh Lun*), Chapters 20–28.' *JRAS/NCB*, 1934, **65**, 73.

GALLAGHER, J. & PURCELL, V. (1). 'Economic Relations in Africa and the Far East [from 1713 to 1763].' Ch. 24 in *The New Cambridge Modern History*: Vol. 7, *The Old Régime*, ed. J. O. Lindsay, p. 566.

GALLAGHER, L. J. (1) (tr.). *China in the 16th Century; the Journals of Matthew Ricci, 1583–1610.* Random House, New York, 1953. (A complete translation, preceded by inadequate bibliographical details, of Nicholas Trigault's *De Christiana Expeditione apud Sinas* (1615). Based on an earlier publication: *The China that Was; China as discovered by the Jesuits at the close of the 16th Century: from the Latin of Nicholas Trigault.* Milwaukee, 1942.) Identifications of Chinese names in Yang Lien-Shêng (4). (Crit. J. R. Ware, *ISIS*, 1954, **45**, 395.)

GALLOWAY, R. L. (1). *The Steam-Engine and its Inventors; a Historical Sketch.* Macmillan, London, 1881.

GALLUS, S. & HORVÁTH, T. (1). 'Un Peuple Cavalier pré-Scythique en Hongrie; Trouvailles archéologiques du premier Âge du Fer et leurs Relations avec l'Eurasie' (−8th to −7th centuries). 2 vols. *DP*, 1939 (ser. 2), no. 9.

GARRISON, F. H. (1). 'History of Drainage, Irrigation, Sewage-Disposal, and Water-Supply.' *BNYAM*, 1929, **5**, 887.

GARRISON, F. H. (3). *An Introduction to the History of Medicine.* Saunders, Philadelphia, 1913; 4th ed. 1929.

GASSENDI, P. (1). *The Mirror of True Nobility and Gentry, being the Life of N. C. Fabricius, Lord of Peiresk.* Tr. W. Rand. London, 1657.

GAUBIL, A. (2). *Histoire Abrégée de l'Astronomie Chinoise.* (With Appendices 1, Des Cycles des Chinois; 2, Dissertation sur l'Éclipse Solaire rapportée dans le *Chou-King* [*Shu Ching*]; 3, Dissertation sur l'Éclipse du Soleil rapporteé dans le *Chi-King* [*Shih Ching*]; 4, Dissertation sur la première Éclipse du Soleil rapportée dans le *Tchun-Tsieou* [*Chhun Chhiu*]; 5, Dissertation sur l'Éclipse du Soleil, observée en Chine l'an trente-et-unième de Jésus-Christ; 6, Pour l'Intelligence de la Table du *Yue-Ling* [*Yüeh Ling*]; 7, Sur les Koua; 8, Sur le Lo-Chou (recognition of Lo Shu as magic square).) In *Observations Mathématiques, Astronomiques, Géographiques, Chronologiques et Physiques, tirées des anciens Livres Chinois ou faites nouvellement aux Indes, à la Chine, et ailleurs, par les Pères de la Compagnie de Jésus*, ed. E. Souciet. Rollin, Paris, 1732, vol. 2.

GEIL, W. E. (3). *The Great Wall of China.* Murray, London, 1909.

DE GENSSANE, M. (1). *Traité de la Fonte des Mines par le Feu du Charbon de Terre.* Paris, 1770.

DE GENSSANE, M. (2). 'Machine pour Eléver l'Eau par le Moyen du Feu, simplifiée par M. de G...' (an automatised Savery steam pumping system using a form of 'cataract' or tipping bucket). *MIARA*, 1744, **7**, 227.

GERINI, G. E. (1). *Researches on Ptolemy's Geography of Eastern Asia (Further India and Indo-Malay Peninsula)*. Royal Asiatic Society and Royal Geographical Society, London, 1909. (Asiatic Society Monographs, no. 1.)

GERLAND, E. & TRAUMÜLLER, F. (1). *Geschichte d. physikalischen Experimentierkunst*. Engelmann, Leipzig, 1899.

GERNET, J. (1). *Les Aspects Économiques du Bouddhisme dans la Société Chinoise du 5ᵉ au 10ᵉ siècles*. Maisonneuve, Paris, 1956. (Publications de l'École Française d'Extrême-Orient, Hanoi & Saigon.) (Revs. D. C. Twitchett, *BLSOAS*, 1957, **19**, 526; A. F. Wright, *JAS*, 1957, **16**, 408.)

GERNET, J. (2). *La Vie Quotidienne en Chine à la Veille de l'Invasion Mongole (+1250 à +1276)*. Hachette, Paris, 1959.

GERSHEVITCH, I. (1). 'Sissoo at Susa.' *BLSOAS*, 1957, **19**, 317.

GHIRSHMAN, R. (3). 'Tchoga-Zanbil près Suse; Rapport Préliminaire de la 6ᵉ Campagne.' *AAS*, 1957, **4**, 113.

GIACOMELLI, R. (1). 'I Modelli delle Macchine Volanti di Leonardo da Vinci.' *I*, 1931, **5** (no. 2).

GIBBS, C. D. I. (1). 'The River-Life of Canton.' *NV*, 1930, p. 73.

GIBBS-SMITH, C. H. (1). *The Aeroplane; an Historical Survey of its Origins and Development*. HMSO for Science Museum, London, 1960.

GIBBS-SMITH, C. H. (2). 'The Birth of the Aeroplane' (Cantor Lecture). *JRSA*, 1959, **107**, 78.

GIBBS-SMITH, C. H. (3). 'The Origins of the Aircraft Propeller.' *RBMQR*, 1959, April, June & September.

GIBBS-SMITH, C. H. (4). *A History of Flying*. Batsford, London, 1953.

GIBBS-SMITH, C. H. (5). 'The Work of Fr. Gusmão.' *JRSA*, 1949, **97**, 822.

GIBBS-SMITH, C. H. (6). 'The First Manned Aeroplane' (Sir George Cayley's kite-shaped glider of 1853; its nature and appearance). *The Times*, 13 June 1960, p. 11. (The announcement refers to a paper in *MMG* for 15 Sept. 1852, and reproduces its drawings.)

GIBBS-SMITH, C. H. (7). 'Origins of the Helicopter.' *NS*, 1962, **14**, 229.

GIBBS-SMITH, C. H. (8). 'Sir George Cayley, "Father of Aerial Navigation" (1773 to 1857).' *NRRS*, 1962, **17**, 36.

GIBBS-SMITH, C. H. (9). 'Note on Leonardo's Helicopter Model.' In Hart (4) as Appendix.

GIBBS-SMITH, C. H. See Hart, I. B. (4).

GIBSON, H. E. (4). 'Communications in China during the Shang Period.' *CJ*, 1937, **26**, 228.

GIEDION, S. (1). *Mechanisation takes Command; a Contribution to anonymous History*. Oxford, 1948.

GIGLIOLI, E. H. (1). 'Chinese querns.' *AAE*, 1898, **28**, 376.

GILES, H. A. (1). *A Chinese Biographical Dictionary*. 2 vols. Kelly & Walsh, Shanghai, 1898; Quaritch, London, 1898. Supplementary Index by J. V. Gillis & Yü Ping-Yüeh, Peiping, 1936. Account must be taken of the numerous emendations published by von Zach (4) and Pelliot (34), but many mistakes remain. Cf. Pelliot (35).

GILES, H. A. (5). *Adversaria Sinica*:
1st series, no. 1, pp. 1–25. Kelly & Walsh, Shanghai, 1905.
          no. 2, pp. 27–54. Kelly & Walsh, Shanghai, 1906.
          no. 3, pp. 55–86. Kelly & Walsh, Shanghai, 1906.
          no. 4, pp. 87–118. Kelly & Walsh, Shanghai, 1906.
          no. 5, pp. 119–144. Kelly & Walsh, Shanghai, 1906.
          no. 6, pp. 145–188. Kelly & Walsh, Shanghai, 1908.
          no. 7, pp. 189–228. Kelly & Walsh, Shanghai, 1909.
          no. 8, pp. 229–276. Kelly & Walsh, Shanghai, 1910.
          no. 9, pp. 277–324. Kelly & Walsh, Shanghai, 1911.
          no. 10, pp. 326–396. Kelly & Walsh, Shanghai, 1913.
          no. 11, pp. 397–438 (with index). Kelly & Walsh, Shanghai, 1914.
2nd series no. 1, pp. 1–60. Kelly & Walsh, Shanghai, 1915.

GILES, H. A. (9). 'Spuren d. Luftfahrt im alten China.' *GTIG*, 1917, **4**, 79. (A translation by A. Schück of Giles (5), 1st ser., pp. 229 ff., with comments by F. M. Feldhaus.)

GILES, H. A. (12). *Gems of Chinese Literature; Prose*. 2nd ed. Kelly & Walsh, Shanghai, 1923. (i) For texts see Lockhart (1); (ii) Abridged edition, without acknowledgement of authorship but with the inclusion of the Chinese texts of the pieces selected, ed. Chiang Fêng-Wei (1), Chungking, 1942.

GILES, L. See Yetts, W. P. (18).

GILES, L. (6). *A Gallery of Chinese Immortals ('hsien'), selected biographies translated from Chinese sources (Lieh Hsien Chuan, Shen Hsien Chuan, etc.)*. Murray, London, 1948.

GILFILLAN, S. C. (2). *The Sociology of Invention*. Follett, Chicago, 1935.

GILLE, B. (1). 'Notes d'Histoire de la Technique Métallurgique; I, Les Progrès du Moyen Âge; Le Moulin à Fer et le Haut Fourneau.' *MC*, 1946, **1**, 89.

GILLE, B. (2). 'La Naissance du Système Bielle-Manivelle.' *MC/TC*, 1952, **2**, 42.

GILLE, B. (3). 'Léonard de Vinci et son Temps.' *MC/TC*, 1952, **2**, 69.

GILLE, B. (4). 'Le Machinisme au Moyen Âge.' *A/AIHS*, 1953, **6**, 281.

GILLE, B. (5). 'Contributions à une Histoire de la Civilisation Technique; I, L'Antiquité Classique. *MC/TC*, 1953, **2**, 109.

GILLE, B. (6). 'Contributions à une Histoire de la Civilisation Technique; II, L'évolution des Techniques au 16e siècle. *MC/TC*, 1953, **2**, 119.

GILLE, B. (7). 'Le Moulin à Eau, une révolution technique médiévale.' *MC/TC*, 1954, **3**, 1.

GILLE, B. (9). *La Technique Sidérurgique et son Évolution; Catalogue de l'Exposition du Musée Historique Lorrain à l'occasion du Colloque International 'Le Fer à travers les Âges'*. Palais Ducal, Nancy, 1955.

GILLE, B. (10). 'Études sur les Métallurgies Primitives; l'ancienne Métallurgie du Fer à Madagascar.' *MC/TC*, 1955, **4**, 144.

GILLE, B. (11). 'Les Développements Technologiques en Europe de +1100 à +1400.' *JWH*, 1956, **1**, 63.

GILLE, B. (12). 'Études sur les Manuscrits d'Ingénieurs du +15e siècle.' *MC/TC*, 1956, **5**, 77, 216.

GILLE, B. (13). 'Les Problèmes Techniques au +17e siècle.' *MC/TC*, 1954, **3**, 177.

GILLE, B. (14). 'Machines [in the Mediterranean Civilisations and the Middle Ages].' Art. in *A History of Technology*, ed. C. Singer et al., vol. 2, p. 629. Oxford, 1956.

GILMOUR, J. (1). *Among the Mongols*. RTS, London, 1892.

GINGELL, W. R. (1) (tr.). *The Ceremonial Usages of the Ancient Chinese, B.C. 1121, as described in the 'Institutes of the Chou Dynasty strung as Pearls'*. A translation of the abridgement *Chou Li Kuan Chu*. London, 1852. (Preface written at Fuchow, 1849.)

GINZEL, F. K. (1). *Handbuch d. mathematischen und technischen Chronologie, das Zeitrechnungswesen d. Völker*. 3 vols. Hinrichs, Leipzig, 1906.

GINZROT, J. C. (1). *Die Wagen und Fahrwerke d. Griechen u. Römer und anderer altern Völker, nebst d. Bespannung, Zäumung u. Verzierung ihrer Zug-, Reit-, und Last-Thiere*. 2 vols. Lentner, Munich, 1817.

GIQUEL, P. (1). 'Mechanical and Nautical Terms in French, Chinese and English.' In Doolittle, J. (1), vol. **2**, p. 634.

GIQUEL, P. (2). *The Foochow Arsenal and its Results, from the commencement in 1867 to the end of the Foreign Directorate, on the 16th Feb. 1874*, tr. from French by H. Lang. Shanghai Evening Courier, Shanghai, 1874.

GIRAUD, C. (1). *Essai sur l'Histoire du Droit français au Moyen-Âge*. 2 vols. Paris, 1846.

GODE, P. K. (3). 'Carriage Manufacture in the Vedic Period [in India] and in Ancient China.' *ABORI*, 1947, **27**, 288. Repr. in *Studies in Indian Cultural History*, vol. 2 (Gode Studies, vol. 5), p. 129.

GODE, P. K. (4). 'The Indian Bullock-Cart; its Prehistoric and Vedic Ancestors' *PO*, 1941, **5**, 144. Repr. in *Studies in Indian Cultural History*, vol. 2 (Gode studies, vol. 5), p. 123.

GOMPERTZ, MAURICE (1). *The Master Craftsmen; the Story of the Evolution of Implements*. Nelson, London, 1933.

GOODRICH, L. CARRINGTON (1). *Short History of the Chinese People*. Harper, New York, 1943.

GOODRICH, L. CARRINGTON (7). 'The Revolving Book-Case in China.' *HJAS*, 1942, **7**, 130.

GOODRICH, L. CARRINGTON & FÊNG CHIA-SHÊNG (1). 'The Early Development of Firearms in China.' *ISIS*, 1946, **36**, 114, with important addendum *ISIS*, 1946, **36**, 250.

GOTO, S. (1). 'Le Goût Scientifique de Khang-Hsi, Empereur de Chine.' *BMFJ*, 1933, **4**, 117.

GOUDIE, G. (1). 'On the Horizontal Water-Mills of Shetland.' *PSAS*, 1886, **20**, 257.

GOULLART, P. (1). *Forgotten Kingdom* (the Lichiang districts of Yunnan). Murray, London, 1955.

GOWLAND, W. (1). 'Copper and its Alloys in Prehistoric Times.' *JRAI*, 1906, **36**, 11.

GOWLAND, W. (5). 'The Early Metallurgy of Copper, Tin and Iron in Europe as illustrated by ancient Remains, and primitive Processes surviving in Japan.' *AAA*, 1899, **56**, 267.

GRAND, R. (1). 'La Force Motrice Animale à travers les Âges et son Influence sur l'Évolution Sociale.' *BSISS*, 1926.

GRAND, R. (2). 'Utilisation de la Force Motrice Animale; Vues sur l'Origine de l'Attelage Moderne.' *CRAAF*, 1947, **33**, 706. Abstr. *BSNAF*, 1947, 259.

GRANET, M. (1). *Danses et Légendes de la Chine Ancienne*. 2 vols. Alcan, Paris, 1926.

GRANET, M. (2). *Fêtes et Chansons Anciennes de la Chine*. Alcan, Paris, 1926; 2nd ed. Leroux, Paris, 1929.

GRANET, M. (4). *La Religion des Chinois*. Gauthier-Villars, Paris, 1922.

GRANET, M. (5). *La Pensée Chinoise*. Albin Michel, Paris, 1934. (Évol. de l'Hum. series, no. 25 bis.)

GRANET, M. (6). *Études Sociologiques sur la Chine*. Presses Univ. de France, Paris, 1953.

GRANGER, F. (ed. & tr.) (1). *Vitruvius on Architecture.* 2 vols. Heinemann, London, 1934. (Loeb Classics edn.)

GRAY, A. (1). *A Treatise on Gyrostatics and Rotational Motion.* Macmillan, London, 1918.

GRAY, B. & VINCENT, J. B. (1). *Buddhist Cave-Paintings at Tunhuang.* Faber & Faber, London, 1959.

GRAY, J. H. (1). *China, a History of the Laws, Manners and Customs of the People.* 2 vols., ed. W. G. Gregor. Macmillan, London, 1878.

GREENBERG, M. (1). *British Trade and the Opening of China, 1800–1842.* Cambridge, 1951.

GRIERSON, Sir G. A. (1). *Bihar Peasant Life.* Patna, 1888; reprinted Bihar Govt., Patna, 1926.

GROFF, G. W. & LAU, T. C. (1). 'Landscaped Kuangsi; China's Province of Pictorial Art.' *NGM,* 1937, **72**, 700.

GROSLIER G. (1). *Recherches sur les Cambodgiens.* Challamel, Paris, 1921.

GROSVENOR, G. H. (1). 'Dr [Alexander Graham] Bell's Man-Lifting Kite.' *NGM,* 1908, **19**, 35.

GROUSSET, R. (5). *Histoire de la Chine.* Fayard, Paris, 1942.

GROUSSET, R. (6). *The Rise and Splendour of the Chinese Empire.* Tr. A. Watson-Gandy & T. Gordon. Bles, London, 1952.

GUATELLI, R. A. (1). Models of Leonardo da Vinci's machines. *TIM,* 1939, 29 May; 1951, **58**, 15 Oct., 29.

GUIDOBALDO (Guido Ubaldo del Monte) (1). *Mechanicorum Liber.* Pisa, 1577.

GUILLEMINET, P. (1). 'Une Industrie Annamite; les Norias de Quảng-Ngải.' *BAVH,* 1926, **13** (no. 2), 97–216.

VAN GULIK, R. H. (3). '*Pi Hsi Thu Khao'; Erotic Colour-Prints of the Ming Period, with an Essay on Chinese Sex Life from the Han to the Chhing Dynasty (−206 to +1644).* 3 vols in case. Privately printed, Tokyo, 1951 (50 copies only, distributed to the most important Libraries of the World). (Crit. W. L. Hsü, *MN,* 1952, **8**, 455; H. Franke, *ZDMG,* 1956, (N.F.) **30**, 380.)

VAN GULIK, R. H. (5). 'Hayagrīva; the Mantrayānic Aspect of the Horse-Cult in China and Japan.' *IAE,* 1935, **33** (Suppl.).

VAN GULIK, R. H. (7). *Siddham; an Essay on the History of Sanskrit Studies in China and Japan.* Internat. Acad. Indian Culture, Nagpur, 1956. (Sarasvati-Vihara series, no. 36.)

VAN GULIK, R. H. (8). *Sexual Life in Ancient China; a Preliminary Survey of Chinese Sex and Society from ca. −1500 to +1644.* Brill, Leiden, 1961.

GUNDA, B. (1). 'l'Importance anthropo-géographique du Contact des Éleveurs de Renne et Éleveurs de Cheval.' *FK,* 1940, **67**, 308.

GUNTHER, R. T. (2). *The Astrolabes of the World.* 2 vols. Oxford, 1932.

GUTMANN, A. L. (1). 'Cloth-Making in Flanders.' *CIBA/T,* 1938, **2** (no. 14), 466.

GUTSCHE, F. (1). 'Die Entwicklung d. Schiffsschraube.' *BGTI/TG,* 1937, **26**, 37.

GYLLENSVÄRD, Bo (1). *Chinese Gold and Silver[-Work] in the Carl Kempe Collection.* Stockholm, 1953; Smithsonian Institution, Washington, D.C., 1954.

GYLLENSVÄRD, Bo (2). 'Thang Gold and Silver.' *BMFEA,* 1957, **29**, 1–230.

GYULA, L. (1). 'Beiträge z. Volkskunde der Avaren, III' (in German and Magyar). *ARAE,* 1942 (3rd ser.), **3**, 334 & 341.

HADDAD, SAMI I. & KHAIRALLAH, AMIN A. (1). 'A Forgotten Chapter in the History of the Circulation of the Blood.' *ASURG,* 1936, **104**, 1.

HADDON, A. C. (1). *The Study of Man.* Murray, London, 1908.

HADDON, A. C. (2). 'The Evolution of the Cart.' In Haddon (1), p. 161.

HADDON, A. C. (3). 'The Origin of the Irish Jaunting-Car.' In Haddon (1), p. 200.

HAHN, P. M. & DE MYLIUS, A. (1). *Description of a Planetarium, or Astronomical Machine, which exhibits the most remarkable Phaenomena, Motions, and Revolutions of the Universe.* London, 1791.

HAHNLOSER, H. R. (1) (ed.). *The Album of Villard de Honnecourt.* Schroll, Vienna, 1935.

HALDANE, J. S. & HENDERSON, YANDELL (1). 'The Rate of Work done with an Egyptian Shadouf.' *N,* 1926, **118**, 308.

DU HALDE, J. B. (1). *Description Géographique, Historique, Chronologique, Politique et Physique de l'Empire de la Chine et de la Tartarie Chinoise.* 4 vols. Paris, 1735, 1739; The Hague, 1736. Eng. tr. R. Brookes, London, 1736, 1741. Germ. tr. Rostock, 1748.

HALL, A. R. (2). 'A Note on Military Pyrotechnics [in the Middle Ages].' Art. in *A History of Technology,* ed. C. Singer et al., vol. 2, p. 374. Oxford, 1956.

HALL, A. R. (3). *The Military Inventions of Guido de Vigevano.* Proc. VIIIth International Congress of the History of Science, p. 966. Florence, 1956.

HALL, A. R. (4). 'More on Mediaeval Pivoted Axles.' *TCULT,* 1961, **2**, 17.

HALL, A. R. (5). 'Military Technology [from the Renaissance to the Industrial Revolution].' Art. in *A History of Technology,* ed. C. Singer et al., vol. 3, p. 347. Oxford, 1957.

HALL, A. R. (6). 'Military Technology [in the Mediterranean Civilisations and the Middle Ages].' Art. in *A History of Technology*, ed. C. Singer *et al.*, vol. 2, p. 695. Oxford, 1956.

HALL, J. W. (1). 'The Making and Rolling of Iron.' *TNS*, 1928, **8**, 40.

HAMILTON, S. B. (2). 'Bridges [from the Renaissance to the Industrial Revolution].' Art. in *A History of Technology*, ed. C. Singer *et al.*, vol. 3, p. 417. Oxford, 1957.

HANDLEY-PAGE, F. (1). 'The Handley-Page [Slotted] Wing [for Aircraft].' *JRAES*, 1921, **25**, 263.

HARADA, YOSHITO & KOMAI, KAZUCHIKA (1). *Chinese Antiquities*. Pt. 1, *Arms and Armour*; Pt. 2, *Vessels [Ships] and Vehicles*. Academy of Oriental Culture, Tokyo Institute, Tokyo, 1937.

HARCOURT-SMITH, S. (1). *A Catalogue of various Clocks, Watches, Automata and other miscellaneous objects of European workmanship, dating from the 18th and early 19th centuries, in the Palace Museum and the Wu Ying Tien, Peking*. Palace Museum, Peiping, 1933.

VON HARINGER, J. & BOREL, V. (1). 'Über mechanische Spielereien.' *AT*, 1947, **19**, 96.

DE HARLEZ, C. (4) (tr.). *Livres des Esprits et des Immortels* (transl. of *Shen Hsien Chuan*). Hayez, Brussels, 1893.

HARRIS, JOHN (1). *Astronomical Dialogues*. London, 1719.

HARRIS, JOHN (2). *Lexicon Technicum; or, an Universal English Dictionary of Arts and Sciences*. London, 1704–10. Bibliography in John Ferguson (2).

HARRIS, L. E. (2). 'Some Factors in the Early Development of the Centrifugal Pump, 1689 to 1851.' *TNS*, 1952, **28**, 187.

HARRISON, H. S. (1). 'The Origin of the Driving-Belt.' *MA*, 1947, **47**, 114.

HARRISON, H. S. (2). 'Opportunism and the Factors of Invention.' *AAN*, 1930, **32**, 106.

HARRISON, H. S. (3). 'Discovery, Invention and Diffusion [from Early Times to the Fall of the Ancient Empires].' Art. in *A History of Technology*, ed. C. Singer *et al.*, vol. 1, p. 58. Oxford, 1954.

HART, I. B. (1). 'Leonardo da Vinci as a Pioneer of Aviation.' *JRAES*, 1923, **27**, 244. 'Leonardo da Vinci's MS. on the Flight of Birds.' *JRAES*, 1923, **27**, 289.

HART, I. B. (2). *The Mechanical Investigations of Leonardo da Vinci*. Chapman & Hall, London; Open Court, Chicago, 1925.

HART, I. B. (3). 'The Scientific Basis for Leonardo da Vinci's Work in Technology.' *TNS*, 1953, **28**, 105.

HART, I. B. (4). *The World of Leonardo da Vinci, Man of Science, Engineer, and Dreamer of Flight* (with a note on Leonardo's Helicopter Model, by C. H. Gibbs-Smith). McDonald, London, 1961. Rev. K. T. Steinitz, *TCULT*, 1963, **4**, 84.

HAUDRICOURT, A. G. (1). 'Les Moteurs Animés en Agriculture; Esquisse de l'Histoire de leur Emploi à travers les Âges.' *RBA*, 1940, **20**, 759.

HAUDRICOURT, A. G. (2). 'Contribution à l'Étude du Moteur Humain.' *AHES/AHS*, 1940, **2**, 131.

HAUDRICOURT, A. G. (3). 'Contribution à la Géographie et à l'Ethnologie de la Voiture.' *RGHE*, 1948, **1**, 54. (Contains the theory of the relationship of the camel packsaddle to the collar harness of the horse.)

HAUDRICOURT, A. G. (4). 'De l'Origine de l'Attelage Moderne.' *AHES*, 1936, **8**, 515.

HAUDRICOURT, A. G. (6). 'L'Origine de la Duga.' *AHES/AHS*, 1940, **2**, 34.

HAUDRICOURT, A. G. (7). 'Lumières sur l'Attelage Moderne.' *AHES/AHS*, 1945, **8**, 117.

HAUDRICOURT, A. G. (8). 'Relations entre Gestes Habituels, Forme des Vêtements et Manière de Porter les Charges.' *RGHE*, 1949, **2**, 58.

HAUDRICOURT, A. G. (10). 'Les Premières Étapes de l'Utilisation de l'Énergie Naturelle.' Art. in *Les Origines de la Civilisation Technique*, vol. 1 of *Histoire Générale des Techniques*, ed. M. Daumas. Presses Univ. de France, Paris, 1962.

HAUDRICOURT, A. G. & DELAMARRE, M. J. B. (1). *L'Homme et la Charrue à travers le Monde*. Gallimard. Paris, 1955.

HAUSER, F. (1). *Über das 'Kitāb al-Ḥiyal', das Werk über die sinnreichen Anordnungen der Banū Musā*. Mencke, Erlangen, 1922. (Abhdl. z. Gesch. d. Naturwiss. u. d. Med. no. 1.)

DE HAUTEFEUILLE, JEAN (1). *Pendule Perpetuelle, avec un nouveau Balancier, et la Manière d'élever l'Eau par le moyen de la Poudre à Canon*. Paris, 1678.

HAWKES, D. (1) (tr.). *'Chhu Tzhu'; the Songs of the South—an Ancient Chinese Anthology*. Oxford, 1959. (Rev. J. Needham, *NSN*, 18 July 1959.)

HAWTHORNE, J. G. & SMITH, C. S. (1) (ed. & tr.). *'On Diverse Arts', the Treatise of Theophilus*. Univ. of Chicago Press, Chicago, 1963.

HAYASHI, TSURUICHI (2). 'Brief History of Japanese Mathematics.' *NAW*, 1905, **6**, 296 (65 pp.); 1907, **7**, 105 (58 pp.). (Crit. Y. Mikami, *NAW*, 1911, **9**, 373.)

HAZARD, B. H., HOYT, J., KIM HA-TAI, SMITH, W. W. & MARCUS, R. (1). *Korean Studies Guide*. Univ. of Calif. Press, Berkeley and Los Angeles, 1954.

HEATH, Sir THOMAS (6). *A History of Greek Mathematics*. 2 vols. Oxford, 1921.

HEDDE, I. (1). '*Kang Tchi Tou [Kêng Chih Thu]*'; *Description de l'Agriculture et du Tissage en Chine.* Bouchard-Huzard, Paris, 1850.

HEIBERG, J. L. (1). 'Geschichte d. Mathematik u. Naturwissenschaften im Altertum.' Art. in *Handbuch d. Altertumswissenschaft*, vol. 5 (1), 2. Beck, Munich, 1925.

HEIDRICH, E. (1). *Alt Niederländische Malerei.* Diederichs, Jena, 1910.

HEJZLAR, J. (1). 'The Return of a Legendary Work of Art; the most famous Scroll in the Peking Palace Museum, "On the River during the Spring Festival" by Chang Tsê-Tuan (+1125).' *NO*, 1962, 3 (no. 1), 17.

HELLMANN, G. (6) (ed.). *Rara Magnetica, +1269 to +1599.* Berlin, 1898. (Neudrucke von Schriften und Karten über Meteorologie und Erdmagnetismus, no. 10.)

HENDERSON, G. (1). 'Chŏng Ta-San; a Study in Korea's Intellectual History.' *JAS*, 1957, 16, 377.

HENNIG, R. (1). 'Beiträge z. Frühgeschichte d. Aeronautik.' *BGTI*, 1918, 8, 100.

HENNIG, R. (2). 'Zur Vorgeschichte d. Luftfahrt.' *BGTI*, 1928, 18, 87.

HENTZE, C. (4). *Chinese Tomb Figures; a Study in the Beliefs and Folklore of Ancient China.* Goldston, London, 1928.

HERON OF ALEXANDRIA (1). *Spiritalium Liber.* Urbino, 1575. *Mechanici*, Venice, 1572.

HERRIGEL, E. (1). *Zen in the Art of Archery.* Tr. from German by R. F. C. Hull with introdn. by D. T. Suzuki. Routledge & Kegan Paul, London, 1953.

HERRMANN, A. (1). *Historical and Commercial Atlas of China.* Harvard-Yenching Institute, Cambridge, Mass., 1935.

VAN DER HEYDEN, A. A. M. & SCULLARD, H. H. (1). *Atlas of the Classical World.* Nelson, London, 1959.

HEYLYN, P. (1). *Microscosmos; or, a Little Description of the Great World.* Lichfield & Short, Oxford, 1621.

HIBBERT-WARE, S. (1). *A Description of the Shetland Islands.* Edinburgh, 1822.

HILDBURGH, W. L. (1). 'Aeolipiles as Fire-Blowers.' *AAA*, 1951, 94, 27.

HILDEBRAND, J. R. (1). 'The World's Greatest Overland Explorer' (Marco Polo). *NGM*, 1928, 54, 505 (544).

HILKEN, T. J. N. (1). 'The Rev. Robert Willis, Engineer and Archaeologist (1800 to 1875).' Unpublished paper.

DE LA HIRE, J. N. (1). 'Mémoire pour la Construction d'une Pompe qui fournit continuellement de l'Eau dans le Reservoir.' *MRASP*, 1716, 322.

HIRTH, F. (1). *China and the Roman Orient.* Kelly & Walsh, Shanghai; G. Hirth, Leipzig and Munich, 1885. (Photographically reproduced in China with no imprint, 1939.)

HIRTH, F. (9). *Über fremde Einflüsse in der chinesischen Kunst.* G. Hirth, Munich and Leipzig, 1896.

HIRTH, F. (12). 'Scraps from a Collector's Notebook.' *TP*, 1905, 6, 373 (biographies of Chinese painters and archaeologists). Subsequently reprinted in book form, Stechert, New York, 1924.

HISCOX, G. D. (1). *Mechanical Movements, Powers, Devices and Appliances used in Constructive and Operative Machinery and the Mechanical Arts...* (an illustrated glossary). Henley, New York, 1899.

HISCOX, G. D. (2). *Mechanical Appliances, Mechanical Movements, and Novelties of Construction.* Henley, New York, 1923.

HITTI, P. K. (1). *History of the Arabs.* 4th ed. Macmillan, London, 1949; 6th ed. 1956.

HO PENG-YOKE. See Ho Ping-Yü.

HO PING-YÜ (1). *The Astronomical Chapters of the 'Chin Shu'.* Inaug. Diss., Singapore, 1957.

HO PING-YÜ & NEEDHAM, JOSEPH (2). 'Theories of Categories in Early Mediaeval Chinese Alchemy' (with transl. of the *Tshan Thung Chhi Wu Hsiang Lei Pi Yao*, c. +7th cent.). *JWCI*, 1959, 22, 173.

HO PING-YÜ & NEEDHAM, JOSEPH (3). 'The Laboratory Equipment of the Early Mediaeval Chinese Alchemists.' *AX*, 1959, 7, 57.

HO PING-YÜ & NEEDHAM, JOSEPH (4). 'Elixir Poisoning in Mediaeval China.' *JAN*, 1959, 48, 221.

HO SHAN (1). 'New Inventions in Irrigation Pumps [Gas Explosion Pumps invented by Tai Kuei-Jui, Phêng Ting-I and others].' *PKR*, 1958, 1 (no. 23), 14.

HOCK, G. (1). 'Ein Beitrag zur vorgeschichtlichen Technik.' Art. in *Schumacher Festschrift*, p. 80. Wilckens, Mainz, 1930; also in Deonna (1), pp. 125, 126.

HODGEN, M. T. (1). 'Domesday Water-Mills.' *AQ*, 1939, 13, 261.

HODGSON, J. E. (1). 'Notes on Sir George Cayley as a Pioneer of Aeronautics.' *TNS*, 1922, 3, 69.

HODGSON, J. E. (2). *The History of Aeronautics in Great Britain from the Earliest Times to the latter half of the Nineteenth Century.* Oxford, 1924.

HODGSON, J. E. (3). Introduction to Cayley (1). *Aeronautical and Miscellaneous Notebook* (c. 1799–1826) *of Sir George Cayley, with an Appendix comprising a List of the Cayley Papers.* Heffer, Cambridge, 1933. (Newcomen Society Extra Publication no. 3.)

HOLMQVIST, W. (1). 'Germanic Art during the +1st Millennium.' *KVHAAH*, 1955, 90, 1–89.

HOLTZAPFEL, C. & HOLTZAPFEL, J. J. (1). *Turning and Mechanical Manipulations.* Holtzapfel, London, 1852–94.
I   Materials (C.H.), 1852.
II   Cutting Tools (C.H.), 1856.
III Abrasive and Miscellaneous Processes (C.H. rev. J.J.H.), 1894.
IV   Hand, or Simple, Turning (J.J.H.), 1881.
V   Ornamental, or Complex, Turning (J.J.H.), 1884.
HOMMEL, R. P. See Dunbar, G. S. (1).
HOMMEL, R. P. (1). *China at Work; an illustrated Record of the Primitive Industries of China's Masses, whose Life is Toil, and thus an Account of Chinese Civilisation.* Bucks County Historical Society, Doylestown, Pa., 1937; John Day, New York, 1937.
DE HONNECOURT, VILLARD. See Lassus & Darcel; Hahnloser.
HOOPER, W. (1). *Rational Recreations, in which the Principles of Numbers and Natural Philosophy are clearly and copiously elucidated, by a Series of easy, entertaining and interesting Experiments, among which are all those commonly performed with the Cards.* 4 vols. Davis, London, 1774, 1787.
HOOVER, H. C. & HOOVER, L. H. (1) (tr.). *Georgius Agricola 'De Re Metallica', translated from the 1st Latin edition of 1556, with biographical introduction, annotations and appendices upon the development of mining methods, metallurgical processes, geology, mineralogy and mining law from the earliest times to the 16th century.* 1st ed. Mining Magazine, London, 1912; 2nd ed. Dover, New York, 1950.
HOPE, W. H. ST J. & FOX, G. (1). 'Excavations on the Site of the Roman City of Silchester' (water-pumps). *AAA*, 1896, **55**, 215 (232).
HOPKINS, A. A. (1). *The Lure of the Lock.* New York, 1928.
HOPKINS, E. W. (1). 'The Social and Military Position of the Ruling Class in India, as represented by the Sanskrit Epic.' *JAOS*, 1889, **13**, 57–372 (with index) (military techniques, pp. 181–329).
HOPKINS, L. C. See Yetts, W. P. (12).
HOPKINS, L. C. (11). 'Pictographic Reconnaissances, VII.' *JRAS*, 1926, 461.
HÖRLE, J. (1). Articles *trapetum* and *tudicula*. In Pauly-Wissowa, vol. VI A, pt. ii, pp. 2187 ff.; vol. VII A, pt. 1, p. 774.
HORNER, J. (1). *The Linen Trade of Europe during the Spinning-Wheel Period.* McCaw, Belfast, 1920.
HORVÁTH, ÁRPÁD (1). 'A Tüzesgép' ([A History of] the Steam Engine), (in Magyar). Táncsics Könyvkiadó, Budapest, 1963.
HORWITZ, H. T. (1). 'Ein Beitrag zu den Beziehungen zwischen ostasiatischer und europäischer Technik.' *ZOIAV*, 1913, **65**, 390.
HORWITZ, H. T. (2). 'Ü. ein neueres deutschen Reichspatent (1912) und eine Konstruction v. Heron v. Alexandrien.' *AGNT*, 1917, **8**, 134.
HORWITZ, H. T. (3). 'Technische Darstellungen aus alten Miniaturwerken.' *BGTI*, 1920, **10**, 175.
HORWITZ, H. T. (4). 'Die Entwicklung der Drehbewegung' (history of the crank). *BGTI*, 1920, **10**, 177.
HORWITZ, H. T. (5). 'Die Drehbewegung in ihrer Bedeutung f. d. Entwicklung d. materiellen Kultur' (history of the crank). *AN*, 1933, **28**, 721; 1934, **29**, 99.
HORWITZ, H. T. (6). 'Beiträge z. aussereuropäischen u. vorgeschichtlichen Technik.' *BGTI*, 1916, **7**, 169.
HORWITZ, H. T. (7). 'Beiträge z. Geschichte d. aussereuropäischen Technik.' *BGTI*, 1926, **16**, 290.
HORWITZ, H. T. (9). 'Zur Geschichte des Schaufelradtriebes.' *ZOIAV*, 1930, **82**, 309, 356.
HORWITZ, H. T. (10). 'Giuliano di San Gallo' (+1445 to +1516, his illustrated MS.). *BGTI*, 1926, **16**, 200.
HORWITZ, H. T. (11). 'Über das Aufkommen, die erste Entwicklung und die Verbreitung von Windrädern.' *BGTI/TG*, 1933, **22**, 93.
HOSIE, A. (4). *Three Years in Western Szechuan; a Narrative of Three Journeys in Szechuan, Kweichow and Yunnan.* Philip, London, 1890.
HOUCKGEEST, A. E. VAN BRAAM. See van Braam Houckgeest.
HOUGH, W. (1). 'Fire as an Agent in Human Culture.' *BUSNM*, 1926, no. 139.
VAN HOUTEN, J. H. (1). 'Protection contre la Mer et Assèchements en Hollande.' *MC/TC*, 1953, **2**, 133.
DE HOUTHULST, WILLY COPPENS (1). 'Le Sport du Char à Voile.' *FI*, 1950, **6** (no. 250), 117. Cf. R. Miller, *POPS*, May 1950, 132.
HOWGRAVE-GRAHAM, R. P. (1). 'Some Clocks and Jacks, with Notes on the History of Horology.' *AAA*, 1927, **77**, 257.
HOWGRAVE-GRAHAM, R. P. (2). 'New Light on Ancient Turret-Clocks.' *TNS*, 1955, **29**, 137.
HSIA NAI (1). 'New Archaeological Discoveries.' *CREC*, 1952, **1** (no. 4), 13.
HSÜ CHI-HÊNG (1). 'The Man who built the first Chinese Railway [Chan Thien-Yu].' *CREC*, 1955, **4** (no. 7), 26.

HUARD, P. (2). 'Sciences et Techniques de l'Eurasie.' *BSEIC*, 1950, **25** (no. 2), 1. This paper, though correcting a number of errors in Huard (1), still contains many mistakes and should be used only with care; nevertheless it is valuable on account of several original points.

HUARD, P. & DURAND, M. (1). *Connaissance du Việt-Nam.* École Française d'Extr. Orient, Hanoi, 1954; Imprimerie Nationale, Paris, 1954.

HUBBARD, T. O'B. & LEDEBOER, J. H. (1). *Aeronautical Classics, edited for the Council of the Aeronautical Society of Great Britain.* ASGB, London, 1910–11.
   I   *Aerial Navigation*, by Sir George Cayley (1809).
   II *Aerial Locomotion*, by F. H. Wenham (1866).
   III *The Art of Flying*, by T. Walker (1810).
   IV *The Aerial Ship*, by Francesco Lana (1670).
   V *Gliding*, by P. S. Pilcher (1897); and *The Aeronautical work of John Stringfellow* (b. 1799).
   VI *The Flight of Birds*, by Alfonso Borelli (1680).

HUBERT, M. J. (1) (tr.). *Ambroise's 'Estoire de la Guerre Sainte'.* New York, 1941.

HUC, R. E. (1). *Souvenirs d'un Voyage dans la Tartarie et le Thibet pendant les Années 1844, 1845 & 1846* [with J. Gabet], revised ed., 2 vols. Lazaristes, Peiping, 1924. Abridged ed. *Souvenirs d'un Voyage dans la Tartarie, le Thibet et la Chine...*, ed. H. d'Ardenne de Tizac, 2 vols. Plon, Paris, 1925. Eng. transl., by W. Hazlitt, *Travels in Tartary, Thibet and China during the years 1844 to 1846.* Nat. Ill. Lib. London, n.d. (1851–2). Also ed. P. Pelliot, 2 vols. Kegan Paul, London, 1928.

HUC, R. E. (2). *The Chinese Empire; forming a Sequel to 'Recollections of a Journey through Tartary and Thibet'.* 2 vols. Longmans, London, 1855, 1859.

HUDSON, D. S. (1). 'Some Archaic Mining Apparatus.' *MT*, 1947, **35**, 157.

HUDSON, G. F. (1). *Europe and China; A Survey of their Relations from the Earliest Times to 1800.* Arnold, London, 1931 (rev. E. H. Minns, *AQ*, 1933, **7**, 104).

HUGHES, A. J. (1). *History of Air Navigation.* Allen & Unwin, London, 1946.

HUGHES, E. R. (1). *Chinese Philosophy in Classical Times.* Dent, London, 1942. (Everyman Library, no. 973.)

HUGHES, E. R. (7) (tr.). *The Art of Letters, Lu Chi's 'Wên Fu', A.D. 302; a Translation and Comparative Study.* Pantheon, New York, 1951. (Bollingen Series, no. 29.)

HUGHES, E. R. (9). *Two Chinese Poets [Pan Ku and Chang Hêng]; Vignettes of Han Life and Thought.* Princeton Univ. Press, Princeton, N.J., 1960.

HULLS, JONATHAN (1). *New Machine for propelling Ships.* Privately printed, London, 1737.

HULLS, L. G. (1). 'The Possible Influence of Early Eighteenth Century Scientific Literature on Jonathan Hulls, a Pioneer of Steam Navigation.' *BBSHS*, 1951, **1**, 105.

HUMMEL, A. W. (2) (ed.). *Eminent Chinese of the Chhing Period.* 2 vols. Library of Congress, Washington, 1944.

HUMMEL, S. (1). *Tibetisches Kunsthandwerk in Metall.* Harrassowitz, Leipzig, 1954.

HUNTINGFORD, G. W. B. (1). 'Prehistoric Ox-Yoking.' *AQ*, 1934, **8**, 456.

HUNTLEY, F. L. (1). 'Milton, Mendoza and the Chinese Land-Ship.' *MLN*, 1954, **69**, 404.

HUSSITE ENGINEER, the anonymous. See Anon. (14).

HYDE, C. G. & MILLS, F. E. (1). *Gas Calorimetry.* Benn, London, 1932.

IDELER, L. (1). *Über die Zeitrechnung d. Chinesen.* SPAW, 1837, 199. Sep. publ. Berlin, 1839.

JABERG, K. & JUD, J. (1). *Sprach- und Sach-Atlas Italiens und d. Südschweiz.* Bern, 1934.

JACOB, G. (1). *Arabisches Beduinenleben.* Berlin, 1897.

JACOB, G. (2). *Der Einfluss d. Morgenlandes auf das Abendland, vornehmlich während des Mittelalters.* Hanover, 1924.

JACOBEIT, W. (1). 'Zur Rekonstruktion der Anschirrweise am Pforzheimer Joch.' *GERM*, 1952, **30**, 205.

JACOBEIT, W. (2). 'Zur Geschichte der Pferdespannung.' *ZAGA*, 1954, **2**, 17.

JACOBI, H. (1). Art. on milling in *Der obergermanisch-rätische Limes des Römerreiches.* Abt. B, vol. 2 (1), no. 11 (Lieferung 56). Also in *Saalburg Jahrbuch*, vol. 3, pp. 21, 75 ff., 85, 92, figs. 41, 42, 46 & pl. 17.

JACOBI, HERMANN (2). *Ausgewählte Erzählungen in Mahārāshṭrī....* Leipzig, 1886. Eng. tr. J. J. Meyer, *Hindu Tales.* London, 1909.

JÄGER, F. (2). 'Das Buch von den wunderbaren Maschinen [Chhi Chhi Thu Shuo and Chu Chhi Thu Shuo]; ein Kapitel aus der Geschichte der abendländisch-chinesischen Kulturbeziehungen.' *AM* (N.F.), 1944, **1**, 78.

JÄGER, F. (4). 'Der angebliche Steindruck des Kêng-Tschi-T'u [Kêng Chih Thu] von Jahre +1210.' *OAZ*, 1933, **9** (19), 1.

ABD AL-JALIL, J. M. (1). *Brève Histoire de la Littérature Arabe.* Maisonneuve, Paris, 1943; 2nd ed. 1947.

JANSE, O. R. T. (2). 'Tubes et Boutons Cruciformes trouvés en Eurasie.' *BMFEA*, 1932, **4**, 187.

JAUBERT, P. A. (1) (tr.). *Géographie d'Edrisi* (the *Kitāb al-Rujārī* of al-Idrīsī, +1154). Imp. Roy. Paris, 1836. (Recueil de Voyages et de Mémoires publié par la Société de Géographie, no. 5.)

JENKINS, RHYS (1). 'The Oliver [treadle-operated sprung tilthammer for forges]; Iron-Making in the Fourteenth Century.' *TNS*, 1931, **12**, 9.

JENKINS, RHYS (2) (ed.). *R. d'Acres' 'Art of Water-Drawing', published by Henry Brome, at the Gun in Ivie Lane, London, 1659 and 1660*. Newcomen Society (Heffer), Cambridge, 1930. (Newcomen Society Extra Pubs. no. 2.)

JESPERSEN, A. (1). *A Preliminary Analysis of the Development of the Gearing in Watermills*. Privately printed, Virum, Denmark, 1953.

JESPERSEN, A. (2). *The Lady Isabella Waterwheel of the Great Laxey Mining Company, Isle of Man, 1854-1954; a Chapter in the History of Early British Engineering*. Privately printed, Virum, Denmark, 1954.

JOHANNSEN, O. (1). 'Die erste Anwendung der Wasserkraft im Hüttenwesen.' *SE*, 1916, **36**, 1226.

JOHANNSEN, O. (2). *Geschichte des Eisens*, 2nd ed. Verlag Stahleisen MBH, Düsseldorf, 1925. See Johannsen (14).

JOHANNSEN, O. (9). 'Filarete's Angaben über Eisenhütten; ein Beitrag z. Geschichte des Hochöfens und das Eisengusses in 15 Jahrh.' *SE*, 1911, **31**, 1960 & 2027. (On the *Trattato di Architettura* of Antonio Averlino Filarete, *c.* +1462.)

JOHANNSEN, O. (14). *Geschichte des Eisens*. 3rd ed. Verlag Stahleisen MBH, Düsseldorf, 1953. (Johannsen (2) completely rewritten and tripled in size.)

JOMARD, M. (1). Description of shādūf batteries in Egypt. In Bonaparte (1); *Grande Description de l'Égypte* (État Moderne section), vol. 2. Memoirs, pt. 2.

JONES, F. D. (1). *Ingenious Mechanisms*. Industrial Press, New York, 1930. See Jones & Horton (1).

JONES, F. D. & HORTON, H. L. (1). *Ingenious Mechanisms for Designers and Inventors; Mechanisms and mechanical Movements selected from Automatic Machines and various other forms of Mechanical Apparatus as outstanding examples of Ingenious Design, embodying Ideas or Principles applicable in designing Machines or Devices requiring Automatic Features or Mechanical Control*. 3 vols. Industrial Press, New York, 1951-2. Machinery Pub. Co., Brighton, 1951-2.

JOPE, E. M. (1). 'Vehicles and Harness [in the Mediterranean Civilisations and the Middle Ages].' Art. in *A History of Technology*, ed. C. Singer *et al.*, vol. 2, p. 537. Oxford, 1956.

JOPE, E. M. (2). 'Agricultural Implements [in the Mediterranean Civilisations and the Middle Ages].' Art. in *A History of Technology*, ed. C. Singer *et al.*, vol. 2, p. 81. Oxford, 1956.

JOWETT, B. (1) (tr.). *The Dialogues of Plato*. Oxford, 1892.

JULIEN, STANISLAS (4). 'Notes sur l'Emploi Militaire des Cerfs-Volants, et sur les Bateaux et Vaisseaux en Fer et en Cuivre, tirées des Livres Chinois.' *CRAS*, 1847, **24**, 1070.

JULIEN, STANISLAS (7) (tr.). *Histoire et Fabrication de la Porcelaine Chinoise* (partial transl. of the *Ching Tê Chen Thao Lu* with notes and additions by A. Salvétat, Chemist, and an appended memoir on Japanese Porcelain tr. by J. Hoffmann from the Japanese). Mallet-Bachelier, Paris, 1856.

JULIEN, STANISLAS (8). Translations from *TCKM* relative to +13th-century sieges in China (in Reinaud & Favé, 2). *JA*, 1849 (4ᵉ sér.), **14**, 284 ff.

JULIEN, STANISLAS & CHAMPION, P. (1). *Industries Anciennes et Modernes de l'Empire Chinois, d'après des Notices traduites du Chinois. . . .* (Paraphrased précis accounts based largely on *Thien Kung Khai Wu*.) Lacroix, Paris, 1869.

KAEMPFER, ENGELBERT (1). *Amoenitatum Exoticarum Fasciculi V; quibus Continentur Variae Relationes, Observationes et Descriptiones Rerum Persicarum et Ulterioris Asiae, multa attentione, in peregrinationibus per universum orientem, collectae. . . .* Meyer, Lemgoviae, 1712.

KAFTAN, R. (1). *Illustrierter Führer durch das Uhren-Museum der Stadt Wien. . .Geschichte d. Rädeuhr*. Deutscher Verlag f. Jugend u. Volk, Vienna, 1929.

KALTENMARK, M. (2) (tr.). *Le 'Lie Sien Tchouan' [Lieh Hsien Chuan]; Biographies Légendaires des Immortels Taoistes de l'Antiquité*. Centre d'Études Sinologiques Franco-Chinois (Univ. Paris), Peking, 1953. (Crit. P. Demiéville, *TP*, 1954, **43**, 104.)

KÄMMERER, E. A. (1). *Trades and Crafts of Old Japan*. Tuttle, Tokyo, 1961. Reproduction of an early Tokugawa album of 50 plates.

KAMMERER, O. (1). 'Die Entwicklung der Zahnräder.' *BGTI*, 1912, **4**, 242.

KAPP, ERNST (1). *Grundlinien einer Philosophie d. Technik*. Braunschweig, 1877.

KARLGREN, B. (1). *Grammata Serica; Script and Phonetics in Chinese and Sino-Japanese*. *BMFEA*, 1940, **12**, 1. (Photographically reproduced as separate volume, Peiping, 1941.) Revised edition, *Grammata Serica Recensa*, Stockholm, 1957.

KARLGREN, B. (12) (tr.). 'The Book of Documents' (*Shu Ching*). *BMFEA*, 1950, **22**, 1.

KARLGREN, B. (13). 'Weapons and Tools of the Yin [Shang] Dynasty.' *BMFEA*, 1945, **17**, 101.

KARLGREN, B. (14) (tr.). *The Book of Odes; Chinese Text, Transcription and Translation*. Museum of Far Eastern Antiquities, Stockholm, 1950. (A reprint of text and translation only from his papers in *BMFEA*, 16 and 17; the glosses will be found in 14, 16, and 18.)

KATO, SHIGESHI (1). *Studies in Chinese Economic History*. (English summaries of *Shina Keizai-shi Kōshō*. 2 vols. Toyo Bunko Pubs. Ser. A, nos. 33 and 34; in pamphlet form.) Toyo Bunko, Tokyo, 1953.

KENNION, R. L. (1). *By Mountain, Lake and Plain*. London, 1911.

KERLUS, G. (1). 'Curiosités physiologiques; les Sauteurs.' *LN*, 1884, 12 (pt. 2), 213, 282.

KEUTGEN, F. (1). *Urkunden zur städtischen Verfassungsgeschichte*. Berlin, 1901.

KIANG KANG-HU. See Chiang Kang-Hu.

KIERMAN, F. A. (1). *Four Late Warring States Biographies [from the 'Shih Chi']*. Harrassowitz, Wiesbaden, 1962. (Far Eastern & Russian Instit., Univ. of Washington, Seattle, Studies on Asia.)

KING, F. H. (2). *Irrigation in Humid Climates*. U.S. Dept. of Ag. Farmers' Bull. no. 46. Govt. Printg. Off., Washington, 1896.

KING, F. H. (3). *Farmers of Forty Centuries; or, Permanent Agriculture in China, Korea and Japan*. Cape, London, 1927.

KIRCHER, A. (3). *Magnes, sive de Arte Magnetica*. Rome, 1641.

KLAPROTH, J. (1). *Lettre à M. le Baron A. de Humboldt, sur l'Invention de la Boussole*. Dondey-Dupré, Paris, 1834. Germ. tr. A. Wittstein, Leipzig, 1884; résumés, P. de Larenaudière, *BSG*, 1834, Oct.; Anon. *AJ*, 1834 (2nd ser.), 15, 105.

KLEBS, L. (1). 'Die Reliefs des alten Reiches (2980–2475 v. Chr.); Material zur ägyptischen Kulturgeschichte.' *AHAW/PH*, 1915, no. 3.

KLEBS, L. (2). 'Die Reliefs und Malereien des mittleren Reiches (7–17 Dynastie, c. 2475–1580 v. Chr.); Material zur ägyptischen Kulturgeschichte.' *AHAW/PH*, 1922, no. 6.

KLEBS, L. (3). 'Die Reliefs und Malereien des neuen Reiches (18–20 Dynastie, c. 1580–1100 v. Chr.); Material zur ägyptischen Kulturgeschichte.' Pt. I. 'Szenen aus dem Leben des Volkes.' *AHAW/PH*, 1934, no. 9.

KLEIN, A. W. (1). *Kinematics of Machinery*. McGraw Hill, New York, 1917.

KLEINGUNTHER, A. (1). Πρωτος Ευρετης (Greek lists of inventors, and technic deities). *PL*, 1933, Suppl. 26, 26.

KLEMM, F. (1). *Technik; eine Geschichte ihrer Probleme*. Alber, Freiburg and München, 1954. (Orbis Academicus series, ed. F. Wagner & R. Brodführer.) Engl. tr. by Dorothea W. Singer, *A History of Western Technology*. Allen & Unwin, London, 1959.

KLINDT-JENSEN, O. (1). 'Foreign Influences in Denmark's Early Iron Age.' *ACA*, 1950, 20, 1–231 (claim for roller-bearings on a –1st-century cart). See correspondence between J. T. Emmerton and C. St C. Davison in *ENG*, 1957, 183, 292, 326.

KOEHNE, C. (1). 'Die Mühle im Rechte d. Völker.' *BGTI*, 1913, 5, 27.

KONEN, H. (1). *Physikalischen Plaudereien; Gegenwartsprobleme und ihre technische Bedeutung*. Buchgemeinde, Bonn, 1941.

KOOP, A. J. (1). *Early Chinese Bronzes*. Benn, London, 1924.

KOSSACK, G. (1). *Zur Hallstattzeit in Bayern*. *BVB*, 1954 (no. 20), 1.

KRACKE, E. A. (1). *Civil Service in Early Sung China (+960 to +1067), with particular emphasis on the development of controlled sponsorship to foster administrative responsibility*. Harvard Univ. Press, Cambridge, Mass., 1953 (Harvard-Yenching Institute Monograph Series, no. 13) (revs. L. Petech, *RSO*, 1954, 29, 278; J. Průsek, *OLZ*, 1955, 50, 158).

KRACKE, E. A. (2). 'Sung Society; Change within Tradition.' *FEQ*, 1954, 14, 479.

KRACKE, E. A. (3). 'Family versus Merit in Chinese Civil Service Examinations under the Empire' (analysis of the lists of successful candidates in +1148 and +1256). *HJAS*, 1947, 10, 103.

KRACKE, E. A. (4). *Translation of Sung Civil Service Titles*. École Prat. des Hautes Études, Paris, 1957. (Matériaux pour le Manuel de l'Histoire des Song; Sung Project, no. 2.)

KRAMRISCH, S. (1). *The Art of India; Traditions of Indian Sculpture, Painting and Architecture*. Phaidon, London, 1955.

KRAUSE, E. (1). 'Die Schraube, eine Eskimo Erfindung?' *GB*, 1901, 79, 8 & 125.

KROEBER, A. L. (1). *Anthropology*. Harcourt Brace, New York, 1948.

KUBITSCHEK, W. (1). 'Grundriss d. Antiken Zeitrechnung.' Beck, Munich, 1928. (Handbuch d. Altertumswissenchaft, ed. W. Otto, Abt. I, Teil 7.)

KUDRAVTSEV, P. S. (1). *Istoria Physiki* (in Russian). 2 vols. Ministry of Education, Moscow, 1956.

KUDRAVTSEV, P. S. & KONFEDERATOV, I. R. (1). *Istoria Physiki i Tekhniki*. Ministry of Education, Moscow, 1960.

KUNST, J. (5). *Music in Java*. 2 vols. The Hague, 1949.

KUWABARA, JITSUZO (1). 'On Phu Shou-Kêng, a man of the Western Regions, who was the Superintendent of the Trading Ships' Office in Chhüan-Chou towards the end of the Sung Dynasty, together with a general sketch of the Trade of the Arabs in China during the Thang and Sung eras.' *MRDTB*, 1928, **2**, 1; 1935, **7**, 1 (revs. P. Pelliot, *TP*, 1929, **26**, 364; S. E[lisséev], *HJAS*, 1936, **1**, 265). Chinese translation by Chhen Yü-Ching, Chunghua, Peking, 1954.

KUWAKI, AYAO (1). 'The Physical Sciences in Japan, from the time of the first contact with the Occident until the time of the Meiji Restoration.' In *Scientific Japan, Past and Present*. Ed. Shinjo Shinzo, p. 243. IIIrd Pan-Pacific Science Congress, Tokyo, 1926.

KYESER, KONRAD (1). *Bellifortis* (the earliest of the +15th-century illustrated handbooks of military engineering, begun +1396, completed +1410). MS. Göttingen Cod. Phil. 63 and others. See Sarton (1) vol. 3, p. 1550; Berthelot (5), (6).

LABAT, J. B. (1). *Nouveau Voyage aux Isles de l'Amerique*. Paris, 1722.

LAESSØE, J. (1). 'Reflections on Modern and Ancient Oriental Water-works.' *JCUS*, 1953, **7**, 5.

LAMOTTE, E. (1) (tr.). *Mahāprajñāpāramitā Sūtra; Le Traité [Mādhyamika] de la Grande Vertu de Sagesse, de Nāgārjuna*. 3 vols. Louvain, 1944 (rev. P. Demiéville, *JA*, 1950, **238**, 375.)

LANCHESTER, G. (1). *The Yellow Emperor's South-Pointing Chariot* (with a note by A. C. Moule). China Society, London, 1947. Chinese tr. and rev. by Liu Ying, q.v.

LANDT, JØRGEN (1). *A Description of the Feroe Islands*. Tr. from Danish, London, 1810.

LANE, E. W. (1). *An Account of the Manners and Customs of the Modern Egyptians (1833 to 1835)*. Ward Lock, London, 3rd ed. 1842; repr. 1890.

LANE, R. H. (1). 'Waggons and their Ancestors.' *AQ*, 1935, **9**, 140.

LANE-FOX. See Pitt-Rivers.

LANG, O. (1). *Chinese Family and Society*. Yale Univ. Press, New Haven, Conn. 1946.

LAOUST, E. (1). *Mots et Choses Berbères; Notes de Linguistique et d'Ethnographie (Dialectes du Maroc)*. Paris, 1920.

LARDNER, DIONYSIUS (1). *The Steam Engine Explained and Illustrated; with an Account of its Invention and Progressive Improvement, and its Application to Navigation and Railways; including also a Memoir of Watt*. 7th ed. Taylor & Walton, London, 1840.

LASINIO, C. (1). *Pitturi del Campo Santo di Pisa*. Florence, 1813.

LASSUS, J. B. A. & DARCEL, A. (1) (ed.). *The Album of Villard de Honnecourt*. Paris, 1858. Facsimile additions by J. Quicherat, and Eng. tr. by R. Willis. London, 1859.

LATHAM, B. (1). *Timber, its Development and Distribution; an Historical Survey*. Harrap, London, 1957 (rev. R. J. Forbes, *A/AIHS*, 1958, **11**, 97).

LATTIMORE, O. (7). 'The Industrial Impact on China, 1800 to 1950.' Art. in *Proc. 1st Internat. Conference of Economic History, Stockholm, 1960*, p. 103. Mouton, The Hague, 1960.

LAUFER, B. (1). *Sino-Iranica; Chinese Contributions to the History of Civilisation in Ancient Iran*. *FMNHP/AS*, 1919, **15**, no. 3 (Pub. no. 201) (rev. and crit. Chang Hung-Chao, *MGSC*, 1925 (ser. B), no. 5).

LAUFER, B. (3). *Chinese Pottery of the Han Dynasty*. (Pub. of the East Asiatic Cttee. of the Amer. Mus. Nat. Hist.) Brill, Leiden, 1909. (Photolitho re-issue, Tientsin, 1940.)

LAUFER, B. (4). 'The Prehistory of Aviation.' *FMNHP/AS*, 1928, **18**, no. 1 (Pub. no. 253). Cf. 'Mitt. u. d. angeblicher Kenntnis d. Luftschiff-fahrt bei d. alten Chinesen.' *OLL*, 1904, **17**; *OB*, 1904, no. 1489, p. 78; also *OC*, 1931, **45**, 493.

LAUFER, B. (8). *Jade; a Study in Chinese Archaeology and Religion*. *FMNHP/AS*, 1912, **10**, 1–370. Repub. in book form. Perkins, Westwood & Hawley, South Pasadena, 1946 (rev. P. Pelliot, *TP*, 1912, **13**, 434).

LAUFER, B. (10). 'The Beginnings of Porcelain in China.' *FMNHP/AS*, 1917, **15**, no. 2 (Pub. no. 192) (includes description of +2nd-century cast-iron funerary cooking-stove).

LAUFER, B. (19). 'The Noria or Persian Wheel.' Art. in *Oriental Studies in honour of Cursetji Erachji Pavry*, ed. A. V. W. Jackson, p. 238. Oxford, 1933.

LAUFER, B. (20). 'The Eskimo Screw as a Culture-Historical Problem.' *AAN*, 1915, **17**, 396.

LAUFER, B. (21). 'The Recovery of a Lost Book' (the Japanese version of the +1462 edition of the *Kêng Chih Thu*). *TP*, 1912, **13**, 97.

LAUFER, B. (22). 'The Swing in China.' *MSFO*, 1934, **67**, 212.

LAUFER, B. (23). 'Cardan's Suspension in China.' In *Anthropological Essays presented to Wm Henry Holmes in honour of his 70th Birthday*, ed. F. W. Hodge, p. 288. Washington, 1916.

LAUFER, B. (24). 'The Early History of Felt.' *AAN*, 1930, **32**, 1.

LAUFER, B. (25). 'The Bird-Chariot in China and Europe.' In *Anthropological Papers written in honour of Franz Boas and presented to him on the 25th anniversary of his doctorate*, ed. B. Laufer, pp. 410 ff. Stechert, New York, 1926.

LAUFER, B (26). 'Chinese Pigeon Whistles.' *SAM*, 1908, 394.

LAUNOY, M. & BIENVENU, M. (1). *Instruction sur la nouvelle Machine inventée par Messieurs Launoy et Bienvenu, avec laquelle un Corps monte dans l'Atmosphère et est susceptible d'être dirigé.* Paris, 1784.

LAYARD, A. H. (1). *Discoveries among the Ruins of Nineveh and Babylon.* London, 1845.

Lê THÁNH-KHÔI (1). *Le Viet-Nam; Histoire et Civilisation.* Éditions de Minuit, Paris, 1955.

LECHLER, G. (1). 'The Origin of the Driving-Belt.' *MA*, 1947, **47**, 52.

LECOMTE, LOUIS (1). *Nouveaux Mémoires sur l'État présent de la Chine.* Anisson, Paris, 1696. (Eng. tr. *Memoirs and Observations Topographical, Physical, Mathematical, Mechanical, Natural, Civil and Ecclesiastical, made in a late journey through the Empire of China, and published in several letters, particularly upon the Chinese Pottery and Varnishing, the Silk and other Manufactures, the Pearl Fishing, the History of Plants and Animals, etc. translated from the Paris edition, etc.* 2nd ed. London, 1698. Germ. tr. Frankfurt, 1699–1700.)

LEDEBUR, A. (2). 'Über den japanischen Eisenhüttenbetrieb.' *SE*, 1901, **21**, 842.

LEDYARD, G. (1). *The Invention of the Korean Alphabet by King Yi Sejong (r. +1419 to +1450).* In preparation.

LEE. See Li.

LEE SANG-BECK. See Yi Sangbaek.

LEEMANS, W. F. (1). 'Some Marginal Remarks on Ancient Technology' (essay-review of Forbes 10, 11, 12, 13, 14, 15). *JESHO*, 1960, **3**, 217.

LEES, B. A. (1). *Records of the Templars.* London, 1935.

LEGER, A. (1). *Les Travaux Publics aux Temps des Romains.* Paris, 1875.

LEGGE, J. See Ride, Lindsay (1).

LEGGE, J. (1) (tr.). *The Texts of Confucianism, translated*: Pt. I. *The 'Shu Ching', the religious portions of the 'Shih Ching', the 'Hsiao Ching'.* Oxford, 1879. (*SBE*, no. 3; reprinted in various eds. Com. Press, Shanghai.) For the full version of the *Shu Ching* see Legge (10).

LEGGE, J. (2) (tr.). *The Chinese Classics, etc.*: Vol. 1. *Confucian Analects, The Great Learning, and the Doctrine of the Mean.* Legge, Hongkong, 1861; Trübner, London, 1861. Photolitho re-issue, Hongkong Univ., Hongkong, 1960.

LEGGE, J. (3) (tr.). *The Chinese Classics, etc.*: Vol. 2. *The Works of Mencius.* Legge, Hongkong, 1861; Trübner, London, 1861. Photolitho re-issue, with Notes by A. Waley in supplementary volume, Hongkong Univ., Hongkong, 1960.

LEGGE, J. (4) (tr.). *A Record of Buddhistic Kingdoms; being an account by the Chinese monk Fa-Hsien of his Travels in India and Ceylon (+399 to +414) in search of the Buddhist Books of Discipline.* Oxford, 1886.

LEGGE, J. (5) (tr.). *The Texts of Taoism.* (Contains (a) Tao Tê Ching, (b) Chuang Tzu, (c) Thai Shang Kan Ying Phien, (d) Chhing Ching Ching, (e) Yin Fu Ching, (f) Jih Yung Ching.) 2 vols. Oxford, 1891; photolitho reprint, 1927. (*SBE*, nos. 39 and 40.)

LEGGE, J. (7) (tr.). *The Texts of Confucianism*: Pt. III. *The 'Li Chi'.* 2 vols. Oxford, 1885; reprint, 1926. (*SBE*, nos. 27 and 28.)

LEGGE, J. (8) (tr.). *The Chinese Classics, etc.*: Vol. 4, Pts. 1 and 2. *'Shih Ching'; The Book of Poetry.* 1. The First Part of the *Shih Ching*; or, the Lessons from the States; and the Prolegomena. 2. The Second, Third and Fourth Parts of the *Shih Ching*; or the Minor Odes of the Kingdom, the Greater Odes of the Kingdom; the Sacrificial Odes and Praise-Songs; and the Indexes. Lane Crawford, Hongkong, 1871; Trübner, London, 1871. Repr., without notes, Com. Press, Shanghai, n.d. Photolitho re-issue, Hongkong Univ., Hongkong, 1960.

LEGGE, J. (9) (tr.). *The Texts of Confucianism.* Pt. II. *The 'Yi King' [I Ching].* Oxford, 1882, 1899. (*SBE*, no. 16.)

LEGGE, J. (10) (tr.). *The Chinese Classics, etc.*: Vol. 3, Pts. 1 and 2. *The 'Shoo King' (Shu Ching).* Legge, Hongkong, 1865; Trübner, London, 1865. Photolitho re-issue, Hongkong Univ., Hongkong, 1960.

LEGGE, J. (11). *The Chinese Classics, etc.*: Vol. 5, Pts. 1 and 2. *The 'Ch'un Ts'ew' with the 'Tso Chuen' (Chhun Chhiu and Tso Chuan).* Lane Crawford, Hongkong, 1872; Trübner, London, 1872. Photolitho re-issue, Hongkong Univ., Hongkong, 1960.

LEHMANN, J. (1). *Rudolf Diesel and Burmeister and Wain.* Copenhagen, 1938.

LEHMANN, K. (1). 'The Dome of Heaven.' *AB*, 1945, **27**, 1.

LEIX, A . (1). 'Mediaeval Dye Markets in Europe.' *CIBA/T*, 1938 (no. 10), 324.

LEJARD, A. (1). *Le Cheval dans l'Art.* Gründ, Paris, 1948.

LEONARD, J. N. (1). *Tools of Tomorrow.* New York, 1935.

LEONHARDI, F. G. (1). *Beschreibung zweyer chinesische Maschinen z. Bewässerung ihrer Garten.* Leipzig, 1798.

LEROI-GOURHAN, ANDRÉ (1). *Évolution et Techniques.* Vol. 1. *L'Homme et la Matière*, 1943; Vol. 2. *Milieu et Techniques*, 1945. Albin Michel, Paris.

LEROI-GOURHAN, ANDRÉ (2). 'Les Armes' (classification of shock and projectile weapons). In *Encyclopédie Française*, 1936, vol. 7, pp. 7·12–1 ff.

LESER, P. (1). *Entstehung und Verbreitung des Pfluges.* Aschendorff, Münster, 1931. (Anthropos Bibliothek, no. 3.)

LESER, P. (2). 'Westöstlichen Landwirtschaft; Kulturbeziehungen zwischen Europa, dem vord. Orient u. d. Fern-Osten, aufgezeigt an landwirtschaftlichen Geräten und Arbeitsvorgängen.' In *P. W. Schmidt Festschrift*, ed. W. Koppers, pp. 416 ff. Vienna, 1928.

LETTS, M. (1) (ed. & tr.). *Mandeville's 'Travels'; Texts and Translations.* 2 vols. Hakluyt Society, London 1953. (Pubs. 2nd series, nos. 101, 102.)

LEUPOLD, J. (1). *Theatrum Machinarum Generale.* Leipzig, 1724. *Theatrum Machinarum Molarium.* Deer, Leipzig, 1735.

LÉVI, S. & CHAVANNES, E. (2). 'Quelques Titres Énigmatiques dans la Hiérarchie Ecclésiastique du Bouddhisme Indien.' *JA*, 1915 (11ᵉ sér.), 6, 307.

LÉVI-PROVENÇAL, E. (1) (tr.). *La Péninsule Ibérique au Moyen-Âge* (translation of the *Kitāb al-Rawḍ* of Ibn 'Abd al-Mun'im al-Ḥimyarī, +1262). Brill, Leiden, 1938.

LI CHUN (1). 'A Pair of Skinny Horses.' *CREC*, 1960, 9 (no. 1), 36.

LI JEN-I (LI JEN-YI) (1). 'The Chinese Clock-Making Industry.' *HORJ*, 1963, 105, 329; followed by letter from J. H. Cambridge, p. 347.

LI SHU-HUA (1). 'Origine de la Boussole, I. Le Char Montre-Sud.' *ISIS*, 1954, 45, 78. Engl. tr., slightly enlarged, and with Chinese characters added. *CHJ/T*, 1956, 1 (no. 1), 63. Sep. pub. in Chinese and English, I-Wên Pub. Co., Thaipei, 1959.

LI SHUN-CHHING (Lee Shun-Ching) (1). *Forest Botany of China.* Com. Press, Shanghai, 1935.

LI YUNG-HSI (1) (tr.). *'A Record of the Buddhist Countries,' by Fa-Hsien.* Chinese Buddhist Association, Peking, 1957.

LIAO WÊN-KUEI (1) (tr.). *The Complete Works of Han Fei Tzu, a Classic of Chinese Legalism.* 2 vols. Probsthain, London, 1939, 1959.

LILLEY, S. (3). *Men, Machines and History.* Cobbett, London, 1948.

LIM BOON-KÊNG. See Lin Wên-Chhing.

LIN WÊN-CHHING (1) (tr.). *The 'Li Sao'; an Elegy on Encountering Sorrows, by Chhü Yüan of the State of Chhu* (ca. *338 to 288 B.C.*). . . . Com. Press, Shanghai, 1935.

LIN YÜ-THANG (1) (tr.). *The Wisdom of Lao Tzu [and Chuang Tzu], translated, edited, and with an introduction and notes.* Random House, New York, 1948.

LIN YÜ-THANG (5). *The Gay Genius; Life and Times of Su Tung-Pho.* Heinemann, London, 1948.

LINDET, L. (1). 'Les Origines du Moulin à Grains.' *RA*, 1899 (3ᵉ sér.), 35, 413; 1900, 36, 17

LINDROTH, S. (1). *Gruvbrytning och Kopparhantering vid Stora Kopparberget intill 1800-talets Början* (in Swedish). 2 vols. Almqvist & Wiksell, Upsala, 1955. (Skrifter utgivn av Storakopparbergs Bergslags Aktiebolag—a corporation founded in +1288.) A résumé of this work, with map, appeared in *Sweden Illustrated*, 1954.

VAN LINSCHOTEN, JAN HUYGHEN (1). *Itinerario, Voyage ofte Schipvaert van J. H. van L. naer oost ofte Portugaels Indien* (+1579 to +1592). Amsterdam, 1596, 1598; ed. Kern, The Hague, 1910. Repr. Warnsinck-Delprat, 5 vols., The Hague, 1955. Eng. tr. by W. Phillip, *John Huighen Van Linschoten his discours of Voyages into ye Easte and West Indies.* Wolfe, London, 1598. Ed. A. C. Burnell & P. A. Tiele, London, 1885. (Hakluyt Soc. Pub., 1st ser., nos. 70, 71.) (Information about the Chinese coast dating from *c.* +1550 to +1588 collected at Goa *c.* +1583 to +1589.)

LIPSCHUTZ, A. (1). *'Ayil y Ayllu.'* Art. in *Miscellanea Paul Rivet*, p. 339. Mexico City, 1958.

VON LIPPMANN, E. O. (4). *Geschichte des Zuckers, seiner Darstellung und Verwendung, seit den ältesten Zeiten bis zum Beginne der Rübenzuckerfabrikation; ein Beitrag zur Kulturgeschichte.* Hesse, Leipzig, 1890.

LITTMANN, E. (1). 'Die Sāqiya.' *ZAES*, 1940, 76, 45.

LIU HO & ROUX, C. (1). *Aperçu Bibliographique sur les anciens Traités Chinois de Botanique, d'Agriculture, de Sériculture et de Fungiculture.* Bosc & Riou, Lyons, 1927.

LIU HSIEN-CHOU (1). *On Chinese Inventions of Time-Keeping Apparatus.* Actes du VIIIᵉ Congrès International d'Histoire des Sciences, Florence, 1956, p. 329. (Eng. tr. of Liu Hsien-Chou, 6.)

LLOYD, H. ALAN (1). *Giovanni de Dondi's Horological Masterpiece of +1364.* Privately printed, no place, no date (London, 1954).

LLOYD, H. ALAN (2). 'The Anchor Escapement.' *HORJ*, 1952 (Suppl.), April.

LLOYD, H. ALAN (3). 'John Harrison, 1693–1776.' *LSH*, 1953, Oct.

LLOYD, H. ALAN (4). 'George Graham, Horologist and Astronomer.' *HORJ*, 1951, 93, 708.

LLOYD, H. ALAN (5). 'Mechanical Time-Keepers [+1500 to +1750].' Art. in *A History of Technology*, ed. C. Singer, E. J. Holmyard & A. R. Hall. Vol. 3, p. 648. Oxford, 1957.

LLOYD, H. ALAN (6) (pref. & ed.). *Catalogue of the Tercentenary Exhibition of the Pendulum Clock of Christiaan Huygens* (at the Science Museum, South Kensington, London, 1956, 1957). (Pubs. Antiq. Horol. Soc. no. 2.) London, 1956.

LLOYD, H. ALAN (7). 'Notes on very early English Equation Clocks.' *HORJ*, 1943, 85, 314.

LLOYD, H. ALAN (8). 'The Origin of the Fusee.' *ANTJ*, 1951, **31**, 188.

LLOYD, H. ALAN (9). 'English Clocks for the Chinese Market.' *AQC*, 1951, **22** (no. 1), 25.

LLOYD, H. ALAN (10). *Some Outstanding Clocks over Seven Hundred Years*. Leonard Hill, London, 1960.

Lo JUNG-PANG (3). 'China's Paddle-Wheel Boats; the Mechanised Craft used in the Opium War and their Historical Background.' *CHJ/T*, 1960 (N.S.), **2** (no. 1), 189. Abridged Chinese tr. Lo Jung-Pang (1).

LOCKHART, J. H. S. (1). '*Han Wên Tshui Chen*'; the Texts of the Translations made by H. A. Giles in '*Gems of Chinese Literature*'. Shanghai, 1927.

LOCKHART, W. (1). 'The Medical Missionary in China; a Narrative of Twenty Years' Experience.' Hurst & Blackett, London, 1861.

LOEWE, M. (3). 'The Han Documents from Chü-yen.' Inaug. Diss. London, 1963.

LOPEZ, R. S. (1). 'Les Influences Orientales et l'Éveil Économique de l'Occident.' *JWH*, 1954, **1**, 594.

LORIMER, H. L. (1). 'The Country Cart of Ancient Greece.' *JHS*, 1903, **23**, 132.

LORIMER, E. O. (1). 'Primitive Wheelbarrows.' *AQ*, 1936, **10**, 463. Cf. 'The Burusho of Hunza.' *AQ*, 1938, **12**, 5.

LORINI, BUONAIUTO (1). *Delle Fortificationi*. Venice, 1597. Account in Beck (1), ch. 12.

DE LOTURE, R. & HAFFNER, L. (1). *La Navigation à travers les Âges; Évolution de la Technique Nautique et de ses Applications*. Payot, Paris, 1952.

DE LA LOUBÈRE, S. (1). *A New Historical Relation of the Kingdom of Siam by Monsieur de la Loubère, Envoy-Extraordinary from the French King to the King of Siam, in the years 1687 and 1688, wherein a full and curious Account is given of the Chinese Way of Arithmetick and Mathematick Learning*. Tr. A. P., Gen[t?] R.S.S. [i.e. F.R.S.]. Horne Saunders & Bennet, London, 1693 (from the Fr. ed., Paris, 1691).

LOUIS, H. (1). 'A Chinese System of Gold Milling.' *EMJ*, 1891, 640.

LOUIS, H. (2). 'A Chinese System of Gold Mining.' *EMJ*, 1892, 629.

LOVEGROVE, H. (1). 'Junks of the Canton River and the West River System.' *MMI*, 1932, **18**, 241.

LU GWEI-DJEN, SALAMAN, R. A. & NEEDHAM, JOSEPH (1). 'The Wheelwright's Art in Ancient China; I, The Invention of "Dishing".' *PHY*, 1959, **1**, 103.

LU GWEI-DJEN, SALAMAN, R. A. & NEEDHAM, JOSEPH (2). 'The Wheelwright's Art in Ancient China; II, Scenes in the Workshop.' *PHY*, 1959, **1**, 196.

LU HSÜN (1). *A Brief History of Chinese Fiction*, tr. Yang Hsien-Yi & Gladys Yang. Foreign Languages Press, Peking, 1959.

LÜBKE, A. (1). 'Altchinesische Uhren.' *DUZ*, 1931, **55**, 197. 'Chinesische Zeitmesskunde.' *NUK*, 1931, **28**, 45; *UMK*, 1936, **61**, 324; *OAR*, 1930, **11**, 586.

LÜBKE, A. (2). *Der Himmel der Chinesen*. Voigtländer, Leipzig, c. 1935.

LUCAS, A. (1). *Ancient Egyptian Materials and Industries*. Arnold, London (3rd ed.), 1948.

LUCAS, A. T. (1). 'The Horizontal Water-Mill in Ireland.' *JRSAI*, 1953, **83**, 1.

McADAM, R. (1) 'A Mill-Wheel found in the Bog of Moycraig, near Ballymoney, Co. Antrim.' *UJA*, 1856, **4**, 6.

McCURDY, E. (1). *The Notebooks of Leonardo da Vinci, Arranged, Rendered into English, and Introduced by....* 2 vols. Cape, London, 1938.

McCURDY, G. G. (1). *Human Origins*. 2 vols. New York, 1924.

McDONALD, MALCOLM & LOKE WAN-THO (1). *Angkor*. Cape, London, 1958.

McGOWAN, D. J. See Wang Chi-Min (2), biography no. 5.

McGOWAN, D. J. (1). 'Methods of Keeping Time known among the Chinese.' *CRRR*, 1891, **20**, 426. (Reprinted *ARSI*, 1891 (1893), 607.)

McGOWAN, D. J. (4). 'On Chinese Horology, with Suggestions on the Form of Clocks adapted for the Chinese Market.' *RUSCP*, 1851 (1852), **32**, 335. (Reprinted *AJSC*, 1852 (2nd ser.), **13**, 241; *EDJ*, 1853.)

McGREGOR, J. (1). 'On the Paddle-Wheel and Screw Propeller, from the Earliest Times.' *JRSA*, 1858, **6**, 335.

McGUIRE, J. D. (1). 'A Study of the Primitive Methods of Drilling.' *ARUSNM*, 1894, 625.

McMILLAN, R. H. (1). *An Introduction to the Theory of Control in Mechanical Engineering*. Cambridge, 1951 (rev. J. Greig, *N*, 1953, **172**, 91).

McNISH, A. G. & TUCKERMAN, B. (1). 'The Vehicular Odograph.' *TM*, 1947, **52**, 39.

MA CHI (1). 'Making new Farm Implements.' *CREC*, 1954, **3** (no. 1), 30.

MACARTNEY, GEORGE (Lord Macartney) (1). *Journal kept during his Embassy to the Chhien-Lung Emperor (+1793 and +1794)*, ed. J. L. Cranmer-Byng (2). Longmans, London, 1962.

MACARTNEY, GEORGE (Lord Macartney) (2). *Observations on China*, ed. J. L. Cranmer-Byng (2). Longmans, London, 1962.

MACEK, J. (1). *The Hussite Movement in Bohemia.* Orbis, Prague, 1958.

MADDISON, F. (1). 'A +15th-Century Spherical Astrolabe.' *PHY*, 1962, **4**, 101.

MADDISON, F., SCOTT, B. & KENT, A. (1). 'An Early Medieval Water-Clock' (a Catalan monastic anaphoric horologe with weight-driven striking mechanism, *ca.* +1000). *AHOR*, 1962, **3** (no. 12).

MAGAILLANS. See Magalhaens.

DE MAGALHAENS, GABRIEL (1). *A New History of China, containing a Description of the Most Considerable Particulars of that Vast Empire.* Newborough, London, 1688. Tr. from *Nouvelle Relation de la Chine.* Barbin, Paris, 1688. The work was written in 1668.

MAHR, O. (1). 'Zur Geschichte des Wagenrades.' *BGTI/TG*, 1934, **23**, 51.

MAILLART, ELLA (1). *The Cruel Way.* London, 1947.

[MAILLOT, M.] (1). 'Le Cerf-Volant; Théorie du Cerf-Volant—un Cerf-Volant gigantesque.' *LN*, 1886, **14** (pt. 2), 269.

MANDEVILLE, Sir JOHN (+1362). See Letts, M. (1).

MANKER, E. (1). *De Svenska Fjällapparna.* STF, Stockholm, 1947. (Handböcker om det Svenska Fjället, no. 4.)

DE MANOURY D'ECTOT, MARQUIS (1). 'Rapport sur une Nouvelle Machine à Feu presentée à l'Académie et executée aux Abattoirs de Grenelle.' *ACP*, 1821, **18**, 133.

MARÉCHAL, J. (1). *Histoire de la Métallurgie du Fer dans la Vallée de la Vesdre.* Éditions Wallonie, 1942.

MARÉCHAL, J. (2). 'Évolution de la Fabrication de la Fonte en Europe et ses Relations avec la Méthode Wallonne d'Affinage.' *MC/TC*, 1955, **4**, 129. Abridged in *Actes du Colloque International 'Le Fer à travers les Âges'*, Nancy, Oct. 1955, p. 517. (*AEST*, 1956, Mémoire no. 16.)

MARESTIER, J. B. (1). *Mémoire sur les Bateaux à Vapeur des États-Unis.* Paris, 1824.

MARGOULIÉS, G. (3). *Anthologie Raisonnée de la Littérature Chinoise.* Payot, Paris, 1948.

MARIANO, JACOPO. See Taccola.

DE MARICOURT, PIERRE. See Peregrinus, Petrus.

MARIN, G. (1). 'Horizontala Ventmuelilo (Ligurio).' *GRO*, 1963, **5** (no. 5), 14.

MARKHAM, S. D. (1). *The Horse in Greek Art.* Johns Hopkins Univ. Press, Baltimore, 1943. (Johns Hopkins Univ. Studies in Archaeol. no. 35.)

MARQUART, J. (1). *Osteuropäische und Ostasiatische Streifzüge.* Leipzig, 1903. (Das Itinerar des Mis'ar ben al-Muhalhil nach der chinesischen Hauptstadt, pp. 74 ff.)

MARSHALL, Sir JOHN (2). Excavations at Mohenjo-Daro. *ARASI*, 1926–7.

MARSHALL, Sir JOHN (3). 'Monuments of Ancient India.' *CHI*, vol. 1, ch. 26.

MARTIN, F. (1). *Sibirische Sammlung.* Stockholm, 1897.

DE LA MARTINIÈRE, BRETON (1). *China, its Customs, Arts, Manufactures, etc. edited principally from the Originals in the Cabinet of the late Mons. Bertin* [+1719 to +1792], *with Observations Explanatory, Historical and Literary...* (tr. from the French). 3rd ed., Stockdale, London, 1812, 1813; repr. 1824.

MARX, E. (1). 'Bericht u. ein Dokument mittelälterliche Technik' (Scanderbeg's *Ingenieurkunst u. Wunderbuch,* +16th). *BGTI*, 1926, **16**, 317.

MARYON, H. & PLENDERLEITH, H. J. (1). 'Fine Metal-Work [in Early Times before the Fall of the Ancient Empires].' In *A History of Technology*, ed. C. Singer *et al.*, vol. 1, p. 623. Oxford, 1954.

MASON, O. T. (1). 'Primitive Travel and Transportation.' *ARUSNM*, 1894, 237.

MASON, O. T. (2). *The Origins of Invention; a study of Industry among Primitive Peoples.* Scott, London, 1895.

MASPERO, H. See Merlin, A. (1).

MASPERO, H. (4). 'Les Instruments Astronomiques des Chinois au temps des Han.' *MCB*, 1939, **6**, 183.

MASSA, J. M. (1). 'La Brouette.' *MC/TC*, 1952, **2**, 93.

MASSON-OURSEL, P. (2). 'La Noria, prototype du Saṃsāra.' In *Mélanges R. Linossier*, vol. 2, p. 419. 1932.

MATSCHOSS, C. (1). 'Die Maschinen d. deutsch. Bergs- und Hüttenwesens vor 100 Jahren.' *BGTI*, 1909, **1**, 1.

MATSCHOSS, C. & KUTZBACH, K. (1). *Geschichte des Zahnrades.* VDI-Verlag, Berlin, 1940 (*nebst Bemerkungen zur Entwicklung der Verzahnung*, by K. Kutzbach). (Published to celebrate the 25th anniversary of the Zahnradfabrik Friedrichshafen Aktiengesellschaft, and distributed by that firm.)

MAXE-WERLY, L. (1). 'Notes sur des Objets antiques découverts à Gondrecourt (Meuse) et à Grant (Vosges).' *MSAF*, 1887, **48**, 170.

MAYENCE, F. (1). 'La Troisième Campagne de Fouilles à Apamée' (the +2nd century noria in mosaic). *BMRAH*, 1933 (3ᵉ sér.), **5**, 1.

MAYERS, W. F. (1). *Chinese Reader's Manual.* Presbyterian Press, Shanghai, 1874; reprinted, 1924.

MAYERS, W. F. (2). 'Bibliography of the Chinese Imperial Collections of Literature' (i.e. *Yung-Lo Ta Tien; Thu Shu Chi Chhêng; Yuan Chien Lei Han; Phei Wên Yuan Fu; Phien Tzu Lei Pien; Ssu Khu Chhüan Shu*). *CR*, 1878, **6**, 213, 285.

MAYOR, R. J. G. (2). 'Slaves and Slavery [in Ancient Greece].' In *A Companion to Greek Studies*, ed. L. Whibley, pp. 416, 420. Cambridge, 1905.

MEDHURST, W. H. (1) (tr.). *The 'Shoo King' [Shu Ching], or Historical Classic* (Ch. and Eng.). Mission Press, Shanghai, 1846.

MEDHURST, W. H. (2). 'The Fire-Piston in Yunnan.' *CR*, 1876, **5**, 202.

MEHREN, A. F. (1). *Manuel de la Cosmographie du Moyen Âge, trad. de l'Arabe 'Nokhbet ed-Dahr fi Adjaib-il-birr wal-Bah'r' de Shems ed-Din Abou Abdallah Mohammed de Damas....* Copenhagen, 1847.

MEI YI-PAO (1) (tr.). *The Ethical and Political Works of Mo Tzu.* Probsthain, London, 1929.

VON MEMMINGEN, ABRAHAM (attrib.) (1). *Feuerwerksbuch.* Written c. 1422, pr. Augsburg, 1529. See Sarton (1), vol. 3, p. 1551.

DE MENDOZA, JUAN GONZALES (1). *Historia de las Cosas mas notables, Ritos y Costumbres del Gran Reyno de la China, sabidas assi por los libros de los mesmos Chinas, como por relacion de religiosos y oltras personas que an estado en el dicho Reyno.* Rome, 1585 (in Spanish). Eng. tr. Robert Parke, *The Historie of the Great & Mightie Kingdome of China and the Situation thereof; Togither with the Great Riches, Huge Cittes, Politike Gouuernement and Rare Inventions in the same* [undertaken 'at the earnest request and encouragement of my worshipfull friend Master Richard Hakluyt, late of Oxforde']. London, 1588 (1589). Reprinted in Spanish, Medina del Campo, 1595, Madrid, 1944; Antwerp, 1596 and 1655; Ital. tr. Venice (3 editions), 1586; Fr. tr. Paris, 1588, 1589 and 1600; Germ. and Latin tr. Frankfurt, 1589. New ed. G. T. Staunton, London 1853. (Hakluyt Soc. Pubs. 1st ser., nos. 14, 15.)

MENGERINGHAUSEN, J. & MENGERINGHAUSEN, M. (1). 'Technische Kulturdenkmale in Ausland.' *BGTI/TG*, 1933, **22**, 137.

MERCER, H. C. See DUNBAR, G. S. (1).

MERCER, H. C. (1). *Ancient Carpenter's Tools illustrated and explained, together with the Implements of the Lumberman, Joiner, and Cabinet-Maker, in use in the Eighteenth Century.* Bucks County Historical Society, Doylestown, Pennsylvania, 1929.

MERCKEL, C. (1). *Die Ingenieur-Technik im Altertum.* Springer, Berlin, 1899.

MERCZ, MARTIN (1). 'Kunst aus Büchsen zu schiessen' (gunnery). 1471. MS. Liechtenstein. See Sarton (1), vol. 3, p. 1553.

MERLIN, A. (1). *Notice sur la Vie et les Travaux de Monsieur Henri Maspero [1883 à 1945], Membre de l'Académie.* Institut de France, Académie des Inscriptions et Belles-Lettres, Séance Publique Annuelle, 23 Nov. 1951.

[MERTENS, J. C.] (Brother Arnold) (1) (tr.). 'The Letter of Petrus Peregrinus on the Magnet.' *EWD*, 1904, **43** (no. 13), 598; and sep. with an introduction by M. F. O'Reilly (Brother Potamian), New York, 1904.

MÉTRAUX, A. (1). 'Le Chamanisme chez les Indiens du Gran Chaco,' *SO*, 1944, **7**, 3: Le Chamanisme chez les Indiens de l'Amérique du Sud Tropicale,' 208; 'Le Chamanisme Araucan,' *IAUT*, 1942, **2**, 309.

MEYER, E. (1). 'Zur Geschichte d. Anwendungen der Festigkeitslehre im Maschinenbau....' *BGTI*, 1909, **1**, 108.

MEYERHOF, M. (1). 'Ibn al-Nafīs und seine Theorie d. Lungenkreislaufs.' *QSGNM*, 1935, **4**, 37.

MEYERHOF, M. (2). 'Ibn al-Nafīs (+13th century) and his Theory of the Lesser Circulation.' *ISIS*, 1935, **23**, 100.

MEYGRET, AMADEUS (1). 'Questiones...in Libros de Coelo et Mundo Aristotelis. Paris, 1514.

DE MEYNARD, C. BARBIER (1). *Dictionnaire Géographique, Historique et Littéraire de la Perse et des Contrées Adjacentes....* Imp. Imp. Paris, 1861.

DE MEYNARD, C. BARBIER & DE COURTEILLE, P. (1) (tr.). *Les Prairies d'Or* (the *Murūj al-Dhabab* of al-Mas'ūdī, +947). 9 vols. Paris, 1861-77.

MICHEL, H. (9). 'Un Service de l'Heure Millénaire.' *CET*, 1952, **68**, 1.

MICHEL, H. (15). 'A propos des premières Montres; Over de eerste Horloges.' *T*, 1956, March, 129.

MICHEL, H. (16). 'Les Ancêtres du Planetarium.' *CET*, 1955, **71** (no. 3-4), 1.

MICHELL, T. (1). *Russian Pictures drawn with Pen and Pencil.* Murray, London, 1889.

MIELI, ALDO. See Boni, B. (2).

MIELI, ALDO (1). *La Science Arabe, et son Rôle dans l'Évolution Scientifique Mondiale.* Brill, Leiden, 1938.

MIGEON, G. (1). *Manuel d'Art Mussulman; Arts plastiques et industriels.* 2 vols. Paris, 1927.

MIKAMI, Y. (1). *The Development of Mathematics in China and Japan.* Teubner, Leipzig, 1913 (Abhdl. z. Gesch. d. math. Wissenschaften mit Einschluss ihrer Anwendungen, no. 30.) Photo-litho re-issue, Chelsea, New York, n.d. (1961). Revs. H. Bosmans, *RQS*, 1913, **74**, 64; J. Needham, *OLZ*, 1962.

MIKAMI, Y. (12). 'A Japanese Buddhist View of European Astronomy' (the *Bukkoku Rekishō-hen* of Entsū, +1810). *NAW*, 1912, **10**, 233.

MILESCU, NICOLAIE (SPĂTARUL) (1). *Descrierea Chinei* (in Rumanian, originally written in Russian, *c.* 1676), with preface by C. Bărbulescu. Ed. Stat pentru Lit. şi Artă, Bucarest, 1958. This work in 58 chs. is, with the exception of chs. 3, 4, 5, 10 and 20, essentially a Russian translation and adaptation of Martin Martini's text accompanying the maps in his *Atlas Sinensis* (Amsterdam, 1655). Milescu prepared it in the course of his diplomatic mission (1675 to 1677) as the Ambassador of the Tsar of Russia to the Emperor of China. See Baddeley (2).

MILESCU, NICOLAIE (SPĂTARUL) (2). *Jurnal de Călătorie în China* (in Rumanian, originally written in Russian, 1677, as the report to the Tsar from his Ambassador to the Chinese Emperor), with preface by C. Bărbulescu. Ed. Stat pentru Lit şi Artă, Bucarest, 1956; repr. with a new preface by C. Bărbulescu, Ed. pentru Lit, Bucarest, 1962. Eng. tr. Baddeley (2), vol. 2, pp. 242 ff.

MILHAM, W. I. (1). *Time and Timekeepers; History, Construction, Care, and Accuracy, of Clocks and Watches.* Macmillan, New York, 1923.

MILLAR, E. G. (1). *The Luttrell Psalter* [*East Anglian, c. +1340*]. British Museum, London, 1932.

MILLET, G. (1). 'L'Ascension d'Alexandre.' *SYR*, 1923, **4**, 85.

MILNE, J. S. (1). *Surgical Instruments in Greek and Roman Times.* Oxford, 1907.

MINAKATA, K. (3). 'Flying Machines in the Far East.' *NQ*, 1909 (10th ser.), **11**, 425.

MINORSKY, V. F. (4) (ed. & tr.). *Sharaf al-Zamān Ṭāhir al-Marwazī on China, the Turks and India* (*c.* +1120). Royal Asiatic Soc. London, 1942 (Forlong Fund series, no. 22).

MINORSKY, V. F. (5). *Abū Dulaf Misʿar ibn Muhalhil's Travels in Iran.* Univ. Press, Cairo, 1955.

MITTELÄLTERLICHES HAUSBUCH. See Anon. (15).

MODY, N. H. N. (1). *A Collection of Japanese Clocks.* (Lim. ed.) Kegan Paul, London & Kobe, 1933; Tokyo, 1932.

MOINET, L. (1). *Nouveau Traité générale astronomique et civil d'Horlogerie théorique et pratique....* Paris, 1848 and 1875.

MOLENAAR, A. (1). *Water Lifting Devices for Irrigation.* FAO, Rome, 1956. (Agricultural Development Paper, no. 60.)

MOLES, ANTOINE (1). *Histoire des Charpentiers.* Gründ, Paris, 1949.

MØLLER-CHRISTENSEN, V. (1). *The History of the Forceps; an Investigation on the Occurrence, Evolution and Use of the Forceps from Prehistoric Times to the Present Day.* Levin & Munksgaard, Copenhagen, 1938; Oxford University Press, London, 1938.

MÖNCH, P. (1). 'Buch der Stryt und Buchssen' (military engineering). 1496. MS. Cod. Palat. Germ. 126, Univ. Heidelberg. See Sarton (1), vol. 3, p. 1554.

MONTANDON, G. (1). *L'Ologénèse Culturelle; Traité d'Ethnologie Cyclo-Culturelle et d'Ergologie Systématique.* Payot, Paris, 1934.

MONTANUS, A. (1). *Atlas Chinensis; being a Second Part of a Relation of Remarkable Passages in two Embassies from the East India Company of the United Provinces to the Viceroy Singlamong and General Taising Lipovi, and to Konchi* [*Khang-Hsi*], *Emperor of China and East Tartary...,* tr. J. Ogilby. Johnson, London, 1671.

DAL MONTE, GUIDOBALDO. See Guidobaldo (e Marchionibus Montis).

MONTELL, G. (3). 'The *Kêng Chih Thu* (Illustrations of Tilling and Weaving).' *ETH*, 1940 (nos. 3-4), **5**, 165.

MORALES, A. (1). *Las Antigüedades de las Ciudades de España.* Alcalá, 1575.

MORDEN, W. J. (1). 'By Coolie and Caravan across Central Asia.' *NGM*, 1927, **52**, 369.

MORETTI, G. (1). *Il Museo delle Nave Romane di Nemi.* Libreria dello Stato, Rome, 1940.

MORGAN, E. (1) (tr.). *Tao the Great Luminant; Essays from 'Huai Nan Tzu', with introductory articles, notes and analyses.* Kelly & Walsh, Shanghai, n.d. (1933?).

MORGAN, M. H. (1). *Vitruvius; the Ten Books on Architecture.* Harvard Univ. Press, Cambridge, Mass., 1914.

MORGENSTIERNE, G. (1). 'Iranian Notes.' *AO*, 1922, **1**, 245.

MORITZ, L. A. (1). *Grain-Mills and Flour in Classical Antiquity.* Oxford, 1958.

MORITZ, L. A. (2). ʼΑλφιτα, a Note.' *CQ*, 1949, **43**, 113.

MORITZ, L. A. (3). 'Husked and "Naked" Grain.' *CQ*, 1955, **49** (N.S. **5**), 129.

MORITZ, L. A. (4). 'Corn.' *CQ*, 1955, **49** (N.S. **5**), 135.

MORLEY, HENRY (1) (ed.). *Ideal Commonwealths.* London, 1885 (includes Thomasso Campanella's 'City of the Sun').

MORRELL, R. (1). 'Talks on [Wooden] Clocks.' *WCC*, 1951, **4**, 437.

MOSELEY, H. (1). *Mechanical Principles of Engineering and Architecture.* Brown, Green & Longmans, London, 1855 (2nd ed.).

MOULE, A. C. (3). 'The Bore on the Ch'ien-T'ang River in China.' *TP*, 1923, **22**, 135 (includes much material on tides and tidal theory).

MOULE, A. C. (4). 'An Introduction to the *I Yü Thu Chih*.' *TP*, 1930, **27**, 179.

MOULE, A. C. (5). 'The Wonder of the Capital' (the Sung books *Tu Chhêng Chi Shêng* and *Mêng Liang Lu* about Hangchow). *NCR*, 1921, **3**, 12, 356.

MOULE, A. C. (7). 'The Chinese South-Pointing Carriage.' *TP*, 1924, **23**, 83. Chinese tr. by Chang Yin-Lin (5).

MOULE, A. C. (8). 'Carriages in Marco Polo's Quinsay.' *TP*, 1925, **24**, 66.

MOULE, A. C. (10). 'A List of the Musical and other Sound-producing Instruments of the Chinese. *JRAS/NCB*, 1908, **39**, 1–162.

MOULE, A. C. (15). *Quinsai, with other Notes on Marco Polo*. Cambridge, 1957.

MOULE, A. C. & PELLIOT, P. (1) (tr. and annot.). *Marco Polo (+1254 to 1325); The Description of the World*. 2 vols. Routledge, London, 1938. Further notes by P. Pelliot (posthumously pub.). 2 vols. Impr. Nat. Paris, 1960.

MOULE, A. C. & YETTS, W. P. (1). *The Rulers of China, −221 to +1949; Chronological Tables compiled by A. C. Moule, with an Introductory Section on the Earlier Rulers, ca. −2100 to −249 by W. P. Yetts*. Routledge & Kegan Paul, London, 1957.

MUIR, Sir WILLIAM (1). *The Caliphate; its Rise, Decline and Fall*. Grant, Edinburgh, 1915. Revised ed. T. H. Weir, 1924.

MUKHOPADHYAYA, G. (1). *The Surgical Instruments of the Hindus, with a Comparative Study of the Surgical Instruments of the Greek, Roman, Arab and Modern European Surgeons*. 2 vols. Calcutta Univ., Calcutta, 1913.

MULTHAUF, R. P. (4). 'Mine Pumping in Agricola's Time and Later.' *BUSNM*, 1959 (no. 218), 113. (Contributions from the Museum of History & Technol, no. 7.)

MUMFORD, LEWIS (1). *Technics and Civilisation*. Routledge, London, 1934.

MUMFORD, LEWIS (2). *The Culture of Cities*. Secker & Warburg, London, 1938; often reprinted.

MUMFORD, LEWIS (3). *The Condition of Man*. Secker & Warburg, London, 1944.

MUMFORD, LEWIS (4). 'An Appraisal of Lewis Mumford's *Technics and Civilisation* (1934).' *DAE*, 1959, **88**, 527.

MUNRO, R. (1). *Lake-Dwellings of Europe*. Cassell, London, 1890.

MUNSHI, K. M. (1). *The Saga of Indian Sculpture*. Bharatiya Vidya Bhavan, Bombay, 1957.

MUROGA, NOBUO & UNNO, TAZUTAKA (1). 'The Buddhist World-Map in Japan and its Contact with European Maps.' *IM*, 1962, **16**, 49.

MUS, P. (1). 'La Notion de Temps Réversible dans la Mythologie Bouddhique.' AEPHE/SSR, 1939, 1.

NAGASAWA, K. (1). *Geschichte der chinesischen Literatur, und ihrer gedanklichen Grundlage*. Transl. from the Japanese by E. Feifel. Fu-jen Univ. Press, Peiping, 1945.

NAGEL, E., BROWN, G. S., RIDENOUR, L. N. *et al.* (1). 'Automatic Control, Control Systems, Automatic Chemical Plant, Role of the Computer, Information Theory, etc.' *SAM*, 1952, **187** (no. 3), 44 ff.

NAGLER, J. (1). 'Die Erste "Curieuse Feuer-Maschine" in Österreich; eine Grossleistung von Joseph Emanuel Fischer von Erlach.' *AMK*, 1957, **2** (no. 7–8), 26.

NANJIO, B. (1). *A Catalogue of the Chinese Translations of the Buddhist Tripiṭaka*. Oxford, 1883. (See Ross, E. D.)

van NATRUS, L., POLLY, J., van VUUREN, C. & LINPERCH, P. *Groot Volkomen Mollenbock*. Amsterdam, 1736.

DE NAVARRETE, DOMINGO. See Cummins (1).

NEDULOHA, A. (1). 'Kulturgeschichte des technischen Zeichnens.' *BTG*, 1957, **19**; 1958, **20**; 1959, **21**. Sep. pub. Springer, Vienna, 1960. Crit. L. R. Shelby, *TCULT*, 1963, **4**, 217.

NEEDHAM, JOSEPH (2). *A History of Embryology*. Cambridge, 1934. Revised ed. Cambridge, 1959; Abelard-Schuman, New York, 1959.

NEEDHAM, JOSEPH (16). 'Central Asia and the History of Science and Technology.' *JRCAS*, 1949, **36**, 135.

NEEDHAM, JOSEPH (17). *Science and Society in Ancient China*. Watts, London, 1947. (Conway Memorial Lecture, South Place Ethical Society.) Revised ed. *MSTRM*, 1960, **13** (no. 7), 7.

NEEDHAM, JOSEPH (20). 'Science in Chungking.' *N*, 1943, **152**, 64. 'The Chungking Industrial and Mining Exhibition'. *N*, 1944, **153**, 672. Reprinted in Needham & Needham (1).

NEEDHAM, JOSEPH (21). 'Science in Western Szechuan, I. Physico-Chemical Sciences and Technology.' *N*, 1943, **152**, 343. Reprinted in Needham & Needham (1).

NEEDHAM, JOSEPH (23). 'Science and Technology in the North West of China.' *N*, 1944, **153**, 238. Reprinted in Needham & Needham (1).

NEEDHAM, JOSEPH (25). 'Science and Technology in China's Far South East.' *N*, 1946, **157**, 175. Reprinted in Needham & Needham (1).

NEEDHAM, JOSEPH (31). 'Remarks on the History of Iron and Steel Technology in China' (with French translation; 'Remarques relatives à l'Histoire de la Sidérurgie Chinoise'). In *Actes du Colloque International 'Le Fer à travers les Âges'*, pp. 93, 103. Nancy, Oct. 1955. (*AEST*, 1956, Mémoire no. 16.)

NEEDHAM, JOSEPH (32). *The Development of Iron and Steel Technology in China*. Newcomen Soc. London, 1958. (Second Biennial Dickinson Memorial Lecture, Newcomen Society.) Repr. Heffer, Cambridge, 1964. French tr. (unrevised, with omissions and additions in the illustrations), *RHSID*, 1961, **2**, 187, 235, 1962, **3**, 1, 61, and sep. pub.

NEEDHAM, JOSEPH (33). 'The Peking Observatory in A.D. 1280 and the Development of the Equatorial Mounting.' Art. in *Vistas of Astronomy* (Stratton Presentation Volume), ed. A. Beer, vol. 1, p. 67. Pergamon, London, 1955.

NEEDHAM, JOSEPH (34). 'The Translation of Old Chinese Scientific and Technical Texts.' Art. in *Aspects of Translation*, ed. A. H. Smith, p. 65. Secker & Warburg, London, 1958 (Studies in Communication, no. 2); and *BABEL*, 1958, **4** (no. 1), 8.

NEEDHAM, JOSEPH (38). 'The Missing Link in Horological History; a Chinese Contribution.' *PRSA*, 1959, **250**, 147. (Wilkins Lecture, Royal Society.) Abstract, with illustrations, in *NS*, 1958, **10**.

NEEDHAM, JOSEPH (41). *Classical Chinese Contributions to Mechanical Engineering*. Univ. of Durham, Newcastle, 1961. (Earl Grey Lecture.)

NEEDHAM, JOSEPH (42). 'Aeronautics in Ancient China.' *SAN*, 1961 (no. 279), 2; (no. 280), 15.

NEEDHAM, JOSEPH (45). 'Poverties and Triumphs of the Chinese Scientific Tradition.' Art. in *Scientific Change*, ed. A. C. Crombie; Heinemann, London, 1963. Symposium on the History of Science, Oxford, 1961.

NEEDHAM, JOSEPH (46). 'An Archaeological Study-Tour in China, 1958.' *AQ*, 1959, **33**, 113.

NEEDHAM, JOSEPH (47). 'Science and China's Influence on the West.' Art. in *The Legacy of China*, ed. R. Dawson, p. 234. Oxford, 1964.

NEEDHAM, JOSEPH (48). 'The Prenatal History of the Steam-Engine.' (Newcomen Centenary Lecture.) *TNS*, 1964.

NEEDHAM, JOSEPH. See Chesneaux, J. & Needham J.

NEEDHAM, JOSEPH & LU GWEI-DJEN (1). 'Hygiene and Preventive Medicine in Ancient China'. *JHMAS*, 1962, **17**, 429. Abridgement in *HEJ*, 1959, **17**, 170.

NEEDHAM, JOSEPH & LU GWEI-DJEN (2). 'Efficient Equine Harness; the Chinese Inventions.' *PHY*, 1960, **2**, 121.

NEEDHAM, JOSEPH, WANG LING & PRICE, DEREK J. DE S. (1). *Heavenly Clockwork; the Great Astronomical Clocks of Medieval China*. Cambridge, 1960. (Antiquarian Horological Society Monographs, no. 1.) Prelim. pub. *AHOR*, 1956, **1**, 153.

NEEDHAM, JOSEPH, WANG LING & PRICE, DEREK J. DE S. (2). 'Chinese Astronomical Clockwork.' *N*, 1956, **177**, 600. Chinese tr. by Hsi Tsê-Tsung, *KHTP*, 1956 (no. 6), 100.

NEEDHAM, JOSEPH, WANG LING & PRICE, DEREK J. DE S. (3). 'Chinese Astronomical Clockwork.' *Actes du VIII⁰ Congrès International d'Histoire des Sciences*, p. 325. Florence, 1956.

NEHER, R. (1). 'Anonymus De Rebus Bellicis.' Inaug. Diss., Tübingen, 1911.

NETTO, C. (1). 'Ü. japanisches Berg- u. Hütten-Wesen.' *MDGNVO*, 1879, **2**, 368.

NEUBURGER, A. (1). *The Technical Arts and Sciences of the Ancients*. Tr. from the Germ. ed., *Die Technik des Altertums*, Voigtländer, Leipzig, 1919, by H. L. Brose. Methuen, London, 1930 (with a drastically abbreviated index and the total omission of the bibliographies appended to each chapter, the general bibliography, and the table of sources of the illustrations).

NEUGEBAUER, O. (6). 'Über eine Methode zur Distanzbestimmung Alexandria-Rom bei Heron.' *KDVS/HFM*, 1939, **26**, no. 2 (p. 21) and no. 7.

NEUGEBAUER, O. (7). 'The Early History of the Astrolabe.' *ISIS*, 1949, **40**, 240.

NEVILLE, R. C. (1). 'Description of a remarkable Deposit of Roman Antiquities of Iron discovered at Great Chesterford in Essex, in 1854.' *ARJ*, 1856, **13**, 1.

NEWBOULD, G. T. (1). 'The Atmospheric Engine at Parkgate.' *TNS*, 1935, **15**, 225.

NICHOLS, F. H. (1). *Through Hidden Shensi*. New York, 1902.

NICHOLSON, R. A. (2) (tr.). *The 'Mathnawī' of Jalāl al-Dīn Rūmī*. 8 vols. Brill, Leiden, 1925; Luzac, London, 1925 (Gibbs Memorial series, N.S., no. 4).

NICOLAISEN, N. A. MØLLER (1). *Tycho Brahes Papirmølle [+1589] paa Hven*. Gyldendal, Copenhagen, 1946.

NIEUHOFF, J. (1). *L'Ambassade [1655–1657] de la Compagnie Orientale des Provinces Unies vers l'Empereur de la Chine, ou Grand Cam de Tartarie, faite par les Sieurs Pierre de Goyer & Jacob de Keyser; Illustrée d'une tres-exacte Description des Villes, Bourgs, Villages, Ports de Mers, et autres Lieux plus considerables de la Chine; Enrichie d'un grand nombre de Tailles douces, le tout receuilli par Mr Jean Nieuhoff. . .* (title of Pt. II: *Description Generale de l'Empire de la Chine, ou il est traité succinctement du Gouvernement, de la Religion, des Mœurs, des Sciences et Arts des Chinois, comme aussi des Animaux, des Poissons, des Arbres et Plantes, qui ornent leurs Campagnes et leurs Rivieres; y joint un court Recit des dernieres Guerres qu'ils ont eu contre les Tartares*). de Meurs, Leiden, 1665.

NIEUWHOFF. See Nieuhoff.

DES NOËTTES, R. J. E. C. LEFEBVRE (1). *L'Attelage et le Cheval de Selle à travers les Âges; Contribution à l'Histoire de l'Esclavage.* Picard, Paris, 1931. 2 vols. (1 vol. text, 1 vol. plates). (The definitive version of *La Force Animale à travers les Âges.* Berger-Levrault, Nancy, 1924.) Abstracts *LN*, 1927 (pt. 1).

DES NOËTTES, R. J. E. C. LEFEBVRE (3). 'La "Nuit" du Moyen Âge et son Inventaire.' *MF*, 1932, **235**, 572.

DES NOËTTES, R. J. E. C. LEFEBVRE (5). 'La Force Motrice Animale et le Rôle des Inventions Techniques.' *RSH*, 1927, **43**, 83.

DES NOËTTES, R. J. E. C. LEFEBVRE (6). 'La Conquête de la Force Motrice Animale et la Question de l'Esclavage.' *BAFAS*, 1927, **56** (no. 70), 25.

DES NOËTTES, R. J. E. C. LEFEBVRE (7). 'L'Esclavage antique devant l'Histoire.' *MF*, 1933, **241**, 567.

DES NOËTTES, R. J. E. C. LEFEBVRE (10). 'Le Char de Vaison.' *CAF*, 1923, **86**, 375.

NOIRÉ, L. (1). *Das Werkzeug u. seine Bedeutung f. d. Entwicklungsgeschichte d. Menschheit.* Diemer. Mainz, 1880.

NOLTHENIUS, A. T. (1). 'Les Moulins à Main au Moyen-Âge.' *MC/TC*, 1955, **4**, 149.

NOLTHENIUS, A. T. (2). 'Schipmolens.' *DEI*, 1955, **67**, 420.

NORBURY, J. (1). 'A Note on Knitting and Knitted Fabrics [before the Industrial Revolution].' Art. in *A History of Technology*, ed. C. Singer et al., vol. 3, p. 181. Oxford, 1957.

NORDEN, F. L. (1). *Voyage d'Égypte et de Nubie.* Impr. de la Maison Royale des Orphelins, Copenhagen, 1755.

O'MALLEY, C. D. (1). 'A Latin Translation (+1547) of Ibn al-Nafīs, related to the Problem of the Circulation of the Blood.' *JHMAS*, 1957, **12**, 248. Abstract in *Actes du VIIIᵉ Congrès International d'Histoire des Sciences*, p. 716. Florence, 1956.

O'REILLY, J. P. (1). 'Some Further Notes on Ancient Horizontal Water-Mills, Native and Foreign. *PRIA*, 1902, **24**, Sect. C, 55.

OLAUS MAGNUS (1). Abp. of Upsala. *Historia de Gentibus Septentrionalibus, earumque diversis Statibus, Conditionibus....* Rome, 1555; Antwerp, 1558; Basel, 1567. Abridgement by C. S. Graphaeus, Antwerp, c. 1565. Eng. tr., Streater, Mosely & Sawbridge, London, 1658.

OLIVER, R. P. (1). 'A Note on the *De Rebus Bellicis*.' *CP*, 1955, **50**, 113 (on the interpretation of the steel-spring arcuballistae described by the Anonymus of +370).

OLSCHKI, L. (4). *Guillaume Boucher; a French Artist at the Court of the Khans.* Johns Hopkins Univ. Press, Baltimore, 1946 (rev. H. Franke, *OR*, 1950, **3**, 135).

OLSCHKI, L. (5). *Geschichte d. neusprachlichen wissenschaftlichen Literatur, I. Die Literatur d. Technik u. d. angewandte Wissenschaften vom Mittelalter bis zur Renaissance.* Winter, Heidelberg, 1918; Olschki, Florence, 1919.

OLSCHKI, L. (7). *The Myth of Felt.* Univ. of California Press, Los Angeles, Calif., 1949.

OMAN, C. W. C. (1). *A History of the Art of War in the Middle Ages.* 1st ed. 1 vol. 1898; 2nd ed. 2 vols. 1924 (much enlarged); vol. 1, +378 to +1278; vol. 2, +1278 to +1485. Methuen, London (the original publication had been a prize essay printed at Oxford in 1885; this was reprinted in 1953 by the Cornell Univ. Press, Ithaca, N.Y., with editorial notes and additions by J. H. Beeler).

ORANGE, J. (1). *The Chater Collection; Pictures relating to China, Hongkong, Macao, 1655 to 1860, with Historical and Descriptive Letterpress....'* Butterworth, London, 1924.

ORE, OYSTEIN (1). *Cardano, the Gambling Scholar.* Princeton Univ. Press, Princeton, N.J., 1953.

ORMEROD, H. A. & CARY, M. (1). 'Rome and the East.' In *CAH*, vol. 9, p. 350.

ORRERY, the Countess of Cork and, (1) (ed.). *The Orrery Papers.* 2 vols. Duckworth, London, 1903.

DA ORTA, GARCIA (1). *Coloquios dos Simples e Drogas he cousas medicinais da India compostos pello Doutor Garcia da Orta.* de Endem, Goa, 1563. Latin epitome by Charles de l'Escluze, Plantin, Antwerp, 1567. Eng. tr. *Colloquies on the Simples and Drugs of India,* with the annotations of the Conde de Ficalho, 1895, by Sir Clements Markham. Sotheran, London, 1913.

OSGOOD, C. (1). *The Koreans and their Culture.* Ronald, New York, 1951.

OUCHTERLONY, J. (1). *The Chinese War; an Account of all the Operations of the British Forces from its Commencement to the Treaty of Nanking.* Saunders & Otley, London, 1844.

PAGEL, W. (8). 'J. B. van Helmont's *De Tempore*, and Biological Time.' *OSIS*, 1949, **8**, 346.

PAGET, Sir RICHARD (1). 'Sir Charles Boys' (C. V. Boys; obituary). *PPS*, 1944, **56**, 397.

PAGLIARO, A. (1). 'Pahlavī *katas*, "canale", Gr. Καδος.' *RSO*, 1937, **17**, 72.

PAK, C. See Read, B. E. & Pak Kyebyŏng.

PALLAS, P. S. (1). *Sammlungen historischen Nachrichten ü. d. mongolischen Völkerschaften.* St Petersburg, 1776. Fleischer, Frankfurt and Leipzig, 1779.

PANCIROLI, GUIDO (1). *Rerum Memorabilium sive Deperditarum pars prior (et secundus) Commentariis illustrata et locis prope innumeris postremum aucta ab Henrico Salmuth.* Amberg, 1599 and 1607;

Schonvetter Vid. et Haered. Frankfurt, 1617, 1646, 1660. Eng. tr. *The History of many Memorable Things lost, which were in Use among the Ancients; and an Account of many Excellent Things found, now in Use among the Moderns, both Natural and Artificial...now done into English....To this English edition is added, first, a Supplement to the Chapter of Printing, shewing the Time of its Beginning, and the first Book printed in each City before the Year 1500. Secondly, what the Moderns have found, the Ancients never knew; extracted from Dr Sprat's History of the Royal Society, the Writings of the Honourable Mr Boyle, the Royal-Academy at Paris, etc.* London, 1715, 1727. French tr. Lyon, 1608. Bibliography in John Ferguson (2).

PANIKKAR, K. M. (1). *Asia and Western Dominance.* Allen & Unwin, London, 1953.

PAPINOT, E. (1). *Historical and Geographical Dictionary of Japan.* Overbeck, Ann Arbor, Mich. 1948. Photographically reproduced from the original edition, Kelly & Walsh, Yokohama, 1910. Eng. tr. of the French original, Sanseidō, Tokyo, and Kelly & Walsh, Yokohama, 1906.

PARANAVITANA, S. (1). 'The Magul Uyana of Ancient Anurādhapura' (royal parks and gardens). *JRAS/C*, 1944, **36**, 194.

PARIS, J. A. (1). *Philosophy in Sport made Science in Earnest: being an Attempt to illustrate the first principles of Natural Philosophy by the aid of popular Toys and Sports of Youth.* Illustrated by George Cruickshank. London, 1827; 6th ed. 1846.

PARSON, A. W. (1). 'A Roman Water-Mill in the Athenian Agora.' *HE*, 1936, **5**, 70.

PARSONS, J. B. (1). 'The Culmination of a Chinese Peasant Rebellion; Chang Hsien-Chung in Szechuan, +1644 to +1646.' *JAS*, 1957, **16**, 387.

PARSONS, W. B. (1). *An American Engineer in China.* McClure-Philips, New York, 1900.

PARSONS, W. B. (2). *Engineers and Engineering in the Renaissance.* Williams & Wilkins, Baltimore, 1939.

PARTINGTON, J. R. (5). *A History of Greek Fire and Gunpowder.* Heffer, Cambridge, 1960.

PASTOR, F. PEREZ (1). *Tratado de los Reloxes Elementares, o el Modo de Hacer Reloxes con el Agua, la Tierra, el Ayre, y el Fuego; y en que, con la mayor facilidad, y poquisima Costa, se aprende á añadirles los mas prodigiosos Movimientos de los Astros, y Planetas, como de diversas Figuras, el Canto de las Aves, y otras Invenciones....* Lozano, Madrid, 1770.

PATTERSON, R. (1). 'Spinning and Weaving [in the Mediterranean Civilisations and the Middle Ages].' Art. in *A History of Technology*, ed. C. Singer et al., vol. 2, p. 191. Oxford, 1956.

PAUCTON, M. (1). *Théorie de la Vis d'Archimède, de laquelle on déduit celle des Moulins, conçue d'une Nouvelle Manière* (a helicopter suggested). Butard, Paris, 1768.

PAULINYI, Á. (1). *Príspevok k Technologickému Vývinu Hroneckých Železiarni v Prvej Polovici 19 Storočia (Beitrag zur Gesch. d. technischen Entwicklung der Rohnitzer Eisenwerke in der ersten Hälfte des 19 Jahrhunderts)* (in Czech with German summary). *SDPVT*, 1962, **7**, 159.

PELHAM, R. A. (1). *Fulling Mills; a Study in the Application of Water-Power to the Woollen Industry.* Society for the Protection of Ancient Buildings, London, n.d. (1955). (Wind and Watermill Section, S.P.A.B. booklet no. 5.)

PELLAT, C. (1). 'Jāḥiẓiana; I, Le *Kitāb al-Tabaṣṣur bi-l-Tijāra* (De la Clairvoyance en Matière Commerciale) attribué à Jāḥiẓ.' *ARAB*, 1954, **1**, 153.

PELLIOT, P. (24). 'À Propos du *Kêng Tche T'ou [Kêng Chih Thu].*' In *Mémoires concernant l'Asie Orientale*, ed. Senart, Barth, Chavannes & Cordier, vol. 1. Leroux, Paris, 1913.

PELLIOT, P. (25). *Les Grottes de Touen-Hoang [Tunhuang]; Peintures et Sculptures Bouddhiques des Époques des Wei, des T'ang et des Song [Sung].* Mission Pelliot en Asie Centrale, 6 portfolios of plates. Paris, 1920-24.

PELLIOT, P. (26). Note on Liang Yuan Ti and his writings. *TP*, 1912, **13**, 402, n. 3.

PELLIOT, P. (27). *Les Influences Européennes sur l'Art Chinois au 17e et au 18e siècle.* Imp. Nat., Paris, 1948. (Conférence faite au Musée Guimet, Feb. 1927.)

PELLIOT, P. (39). 'L'Horlogerie en Chine' (a review of Chapuis, Loup & de Saussure, q.v.). *TP*, 1921, **20**, 61.

PELLIOT, P. (46). Notes on stirrups and other horse-trappings in China in a review of the first version of Lefebvre des Noëttes (1). *TP*, 1926, **24**, 256.

PENZER, N. M. (1) (ed.). *The Most Noble and Famous Travels of Marco Polo; together with the Travels of Nicolo de Conti, edited from the Elizabethan translation of J. Frampton (1579), etc.* Argonaut, London, 1929.

PERCY, J. (2). *Metallurgy; Iron and Steel.* Murray, London, 1864.

PEREGRINUS, PETRUS (Pierre de Maricourt) (1). *Epistola de Magnete seu Rota Perpetua Motus.* 1269. First pr. by Achilles Gasser, Augsburg, 1558 (a MS. copy of this, with Engl. tr. by an unknown hand, is in Gonv. and Caius Coll. MS. 174/95). Second pr. in Taisnier (1). See Thompson, S. P. (5); Hellmann, G. (6); Anon. (46); [Mertens, J. C.] (1); Chapman & Harradon (1).

PEREME, A. (1). *Recherches historiques et archéologiques sur la Ville d'Issoudun.* Paris, 1847.

PERRAULT, CLAUDE (tr.) (1). *Abregé des Dix Livres d'Architecture de Vitruve.* Paris, 1674, 1684; Amsterdam, 1681 (1691).

PERRAULT, CLAUDE (2). 'Horloge à Pendule qui va par le Moyen de l'Eau, inventée par M. P....'
  MIARA, 1699, **1**, 39, 41.
PERRONET, J. R. (1). *Description des Projets et de la Construction des Ponts de Neuilli, de Mantes, d'Orléans,
  etc.* Paris, 1788.
PETECH, L. (4). 'L'Ambasciata Olandese del 1655/1657 nei Documenti Cinesi.' *RSO*, 1950, **25**, 77.
PETERSEN, H. (1). *Vognfundene i Dejbjerg Praestegaardsmose ved Ringkjøping.* Copenhagen, 1888.
PETRIE, W. M. FLINDERS (1). *Tools and Weapons, illustrated by the Egyptian Collections in University
  College, London, and 2000 outlines from other Sources.* Constable, London, 1917.
PETRIE, W. M. FLINDERS (2). *Arts and Crafts of Ancient Egypt.* Edinburgh, 1910.
PETRIE, W. M. FLINDERS (3). *Six Temples at Thebes.* Quaritch, London, 1897.
PETRIE, W. M. FLINDERS (4). *The Wisdom of the Egyptians.* London, 1940.
PFISTER, L. (1). *Notices Biographiques et Bibliographiques sur les Jésuites de l'Ancienne Mission de Chine
  (+1552 to 1773).* 2 vols. Mission Press, Shanghai, 1932 (*VS*, no. 59).
PFIZMAIER, A. (91) (tr.). 'Denkwürdigkeiten v. chinesischen Werkzeugen und Geräthen.' *SWAW/PH*,
  1872, **72**, 247, 265, 272, 275, 295, 308, 313, 315. (Tr. chs. 701 (screens), 702 (fans), 703 (whisks,
  sceptres, censers, etc.), 707 (pillows), 711 (boxes and baskets), 713 (chests), 714 (combs and
  brushes), 717 (mirrors), *Thai-Phing Yü Lan.*)
PFIZMAIER, A. (92) (tr.). 'Kunstfertigkeiten u. Künste d. alten Chinesen.' *SWAW/PH*, 1871, **69**,
  147, 164, 178, 202, 208. (Tr. chs. 736, 737 (magic), 750, 751 (painting) and 752 (inventions and
  automata), *Thai-Phing Yü Lan.*)
PFIZMAIER, A. (93) (tr.). 'Zur Geschichte d. Erfindung u. d. Gebrauches d. chinesischen Schrift-
  gattungen.' *SWAW/PH*, 1872, **70**, 10, 28, 46. (Tr. chs. 747, 748, 749, *Thai-Phing Yü Lan.*)
PHAN ÊN-LIN (ed.) (1). *Scenic Beauties in Southwest China* (album of photographs). China Travel
  Service, Shanghai, 1939.
PHILIPSON, J. (1). *Harness; as it has been, as it is, and as it should be...with Remarks on Traction and the
  Use of the Cape Cart.* Reid, Newcastle-on-Tyne, 1882.
PIGGOTT, S. (1). 'A Tripartite Disc Wheel from Blair Drummond, Perthshire.' *PSAS*, 1957, **90**,
  238.
PILJA, DUŠAN (1). *The District of Jajce; a Review of the Old and the New in Bosnia and Hercegovina.*
  Narodna Prosvjeta, Sarajevo, 1959.
PINOT, V. (2). *Documents Inédits relatifs à la Connaissance de la Chine en France de 1685 à 1740.*
  Geuthner, Paris, 1932.
PIOTROVSKY, B. B. (1). 'Ourartou.' Art. in *Ourartou, Neapolis des Scythes, Kharezm*, ed. C. Virolleaud,
  p. 13. Maisonneuvve, Paris, 1954.
PIPPARD, A. J. S. & BAKER, J. F. (1). *Analysis of Engineering Structures.* Arnold, London, 1936.
PITT-RIVERS, A. H. LANE-FOX (1). *On the Development and Distribution of Primitive Locks and Keys.*
  Chatto & Windus, London, 1883.
PLANCHON, M. (1). *L'Horloge; son Histoire rétrospective, pittoresque et artistique.* Laurens, Paris, 1899;
  2nd ed. 1912.
PLANCHON, M. (2). *Catalogue; Rapport, Horlogerie.* Classe 96 of the Musée Retrospectif, Exposition
  Universelle Internationale. Paris, 1900.
PLEDGE, H. T. (1). *Science since +1500.* HMSO, London, 1939.
PLISCHKE, H. (1). *Der Fischdrachen* (fishing-kite). Leipzig, 1922.
PLISCHKE, H. (2). 'Alter und Herkunft des europäischen Flächendrachens' (kite). *NGWG/PH* (Mittl.
  u. neueren Gesch.), 1936, **2**, 1.
POGGENDORFF, J. C. (1). *Geschichte d. Physik.* Barth, Leipzig, 1879.
DE POIROT, LOUIS (1) (tr.). '[Préface ou Introduction], [by the Yung-Chêng Emperor, his successor]
  [aux] Instructions Sublimes et Familières de Cheng-Tzu-Quogen-Hoang-Ti [Shêng Tsu Jen
  Huang Ti, i.e. the Khang-Hsi Emperor].' *MHSAMUC*, 1783, **9**, 65–281. (Ital. tr. by Louis
  de Poirot, S.J., from the Manchu text, done into French by Mme la Comtesse de M**.)
POKORA, T. (9). 'The Life of Huan Than.' *ARO*, 1963, **31**, 1.
POLE, W. (1). *A Treatise on the Cornish Pumping Engine.* London, 1844.
PONOMAREV, N. A. (1). 'On the Times and Places of the Appearance of the First Windmills' (in
  Russian). Contribution to symposium: *Istoria Mashinost-Roenia* (History of Machine Con-
  struction). *TIYT*, 1960, **29**, 352. (MS. Engl. tr. by A. L. Nasvytis & J. D. Stanitz.)
PONOMAREV, N. A. (2). *The History of Flour- and Grain-Milling Technology.* Acad. Sci. USSR,
  Moscow, 1955.
PORSILD, M. P. (1). 'The Screw Principle in Eskimo Technique.' *AAN*, 1915, **17**, 1.
DELLA PORTA, J. B. (Giambattista) (2). *Pneumaticorum Libri III.* Naples, 1601. Ital. tr. *I Tre Libri de'
  Spiritali.* Naples, 1606.
POUDEROYEN, A. (1). 'Les Polders aux Pays-Bas, leur assèchement, leur drainage; les Moulins de
  Pompage, d'Industrie, et les moulins à boue.' *MC/TC*, 1953, **2**, 142; 1954, **3**, 16, 39.

POULSEN, P. (1). 'Der Stand der Forschung ü. d. Kultur d. Wikingerzeit.' *BRGK*, 1932, **22**, 182.

[POWELL, THOMAS] (1). *Humane Industry; or, a History of most Manual Arts, deducing the Original, Progress, and Improvement of them; furnished with Variety of Instances and Examples, shewing forth the Excellency of Humane Wit.* Herringman, London, 1661. Bibliography in John Ferguson (2).

PRAUS, A. A. (1). 'Mechanical Principles involved in Primitive Tools and those of the Machine Age.' *ISIS*, 1948, **38**, 157.

PRICE, D. J. DE S. (1) 'Clockwork before the Clock.' *HORJ*, 1955, **97**, 810; 1956, **98**, 31.

PRICE, D. J. DE S. (2) (ed.). *The 'Equatorie of the Planetis' [probably written by Geoffrey Chaucer].* With a linguistic analysis by R. M. Wilson. Cambridge, 1955 (rev. H. Spencer-Jones, *JIN*, 1955, **8**, 344).

PRICE, D. J. DE S. (3). 'A Collection of Armillary Spheres and other Antique Scientific Instruments.' *ANS*, 1954, **10**, 172.

PRICE, D. J. DE S. (4). 'The Prehistory of the Clock.' *D*, 1956, **17**, 153.

PRICE, D. J. DE S. (5). 'Precision Instruments: to +1500.' Art. in *A History of Technology*, ed. C. Singer, E. J. Holmyard & A. R. Hall, vol. 3, p. 582. 1957.

PRICE, D. J. DE S. (6). 'An International Check-list of Astrolabes.' *A/AIHS*, 1955, **8**, 243 & 363.

PRICE, D. J. DE S. (8). 'On the Origin of Clockwork, Perpetual Motion Devices, and the [Magnetic] Compass.' *BUSNM*, 1959 (no. 218), 81. (Contributions from the Museum of History & Technol. no. 6.) Crit. R. S. Woodbury, *TCULT*, 1960, **1**, 270.

PRICE, D. J. DE S. (9). 'An Ancient Greek Computer' (the Anti-Kythera calendrical analogue computing machine). *SAM*, 1959, **200** (no. 6), 60.

PRICE, D. J. DE S. (10). 'Leonardo da Vinci and the Clock of Giovanni de Dondi.' *AHOR*, 1958. **2**, 127, 222.

PRICE, D. J. DE S. (11). 'Two Mediaeval Texts on Astronomical Clocks.' *AHOR*, 1956, **1** (no. 10), 156.

PRICE, D. J. DE S. (13). 'Mechanical Water-Clocks of the +14th Century at Fez, Morocco.' Communication to the Xth Internat. Congress of the History of Science, Ithaca, N.Y. 1962. Abstracts vol., p. 64.

PRICE, F. G. H. (1). 'Note on a Curious [Terra-cotta] Model of an Archimedean Screw, probably of the Late Ptolemaic Period, found in Lower Egypt.' *PSA*, 1897 (2nd ser.), **16**, 277.

PRITCHARD, J. L. (1). *Sir George Cayley, the Inventor of the Aeroplane.* Parrish, London, 1961. Rev. J. C. Hunsaker, *TCULT*, 1963, **4**, 88.

PROCOPIUS (1). *De Bello Gothico.* See Dewing, H. B. (1), vols. 3, 4, 5.

PROFUMO, A. (1). Note on a late Roman painting of a water-mill. *NBAC*, 1917, **23**, 108.

PROU, V. (1). 'Les Théâtres d'Automates en Grèce au 2ᵉ siècle avant l'Ère Chrétienne, d'après les Αυτοματοποιικα d'Héron d'Alexandrie.' *MRAI/DS*, 1884 (1ᵉ sér.), **9**, 117.

PROUDFOOT, W. J. (1). *Biographical Memoir of James Dinwiddie, LL.D., Astronomer in the British Embassy to China (1792–4), afterwards Professor of Natural Philosophy in the College of Fort William, Bengal; embracing some account of his Travels in China and Residence in India, compiled from his Notes and Correspondence by his grandson....* Howell, Liverpool, 1868.

PRŮŠEK, J. (3). 'Chêng Chen-To; in memoriam.' *ARO*, 1959, **27**, 177.

PRZYŁUSKI, J. (4). 'Le Culte de l'Étendard chez les Scythes et dans l'Inde.' *Z*, 1938, **1**, 13.

PRZYŁUSKI, J. (7). 'La Roue de la Vie à Ajanta.' *JA*, 1920 (11ᵉ sér.), **16**, 313.

PULLEYBLANK, E. G. (1). *The Background of the Rebellion of An Lu-Shan.* Oxford, 1954. (London Oriental Series, no. 4.)

PULLEYBLANK, E. G. (2). 'The Date of the Staël-Holstein Scroll.' *AM*, 1954, (N.S.) **4**, 90.

PULLEYBLANK, E. G. (6). 'The Origins and Nature of Chattel Slavery in China.' *JESHO*, 1958, **1**, 185.

PURVIS, F. P. (1). 'Ship Construction in Japan.' *TAS/J*, 1919, **47**, 1; 'Japanese Ships of the Past and Present.' *TJSL*, 1925, **23**, 51.

QUATREMÈRE, E. M. (3) (tr.). 'Notice de l'Ouvrage Persan qui a pour Titre *Matla Assaadeïn oumadjma-albahreïn*, et qui contient l'Histoire des deux Sultans Schah-rokh et Abou-Saïd. (The account by Ghiyâth al-Dîn-i Naqqâsh of the embassy from Shâh Rukh to the Ming emperor.) *MAI/NEM*, 1843, **14**, pt 1, 1–514 (387).

RAGHAVAN, V. (1). 'Yantras or Mechanical Contrivances in Ancient India.' *TIIC*, 1952 (no. 10) 1–31.

RAGHAVAN, V. (2). 'Gleanings from Somadeva Sūri's *Yaśastilaka Campu*.' *JGJRI*, 1944, **1**, 378, 467.

RAGLAN, LORD (1). *How Came Civilisation?* Methuen, London, 1939.

RAISTRICK, A. (1). *Dynasty of Iron Founders; the Darbys and Coalbrookdale.* Longmans Green, London, 1953.

RAMBAUT, A. (1). 'Note on some Japanese Clocks lately purchased for the Science and Art Museum.' *SPRDS*, 1889, (N.S.) **6**, 332.

RAMELLI, AGOSTINO (1). *Le Diversi e Artificiose Machine del Capitano A.R.* Paris, 1588. Account in Beck (1), ch. 11.

RAMSEY, A. R. J. (1). 'The Thermostat; an Outline of its History.' *TNS*, 1946, **25**, 53.

RANKINE, W. J. McQ. (1). *A Manual of the Steam Engine and other Prime Movers*. Griffin & Bohn, London, 1861.

READ, BERNARD E. (1) (with LIU JU-CHHIANG). *Chinese Medicinal Plants from the 'Pên Ts'ao Kang Mu' A.D. 1596...a Botanical, Chemical and Pharmacological Reference List.* (Publication of the Peking Nat. Hist. Bull.). French Bookstore, Peiping, 1936 (chs. 12–37 of *Pên Tshao Kang Mu*) (rev. W. T. Swingle, *ARLC/DO*, 1937, 191).

READ, BERNARD E. (2) (with LI YÜ-THIEN). *Chinese Materia Medica; Animal Drugs.*

		Serial nos.	Corresp. with chaps. of *Pên Tshao Kang Mu*
Pt. I	Domestic Animals	322–349	50
II	Wild Animals	350–387	51 *A* and *B*
III	Rodentia	388–399	51 *B*
IV	Monkeys and Supernatural Beings	400–407	51 *B*
V	Man as a Medicine	408–444	52

PNHB, 1931, **5** (no. 4), 37–80; **6** (no. 1), 1–102. (Sep. issued, French Bookstore, Peiping, 1931.)

READ, BERNARD E. (3) (with LI YÜ-THIEN). *Chinese Materia Medica; Avian Drugs.*

	Serial nos.	Corresp.
Pt. VI Birds	245–321	47, 48, 49

PNHB, 1932, **6** (no. 4), 1–101. (Sep. issued, French Bookstore, Peiping, 1932.)

READ, BERNARD E. (4) (with LI YÜ-THIEN). *Chinese Materia Medica; Dragon and Snake Drugs.*

	Serial nos.	Corresp.
Pt. VII Reptiles	102–127	43

PNHB, 1934, **8** (no. 4), 297–357. (Sep. issued, French Bookstore, Peiping, 1934.)

READ, BERNARD E. (5) (with YU CHING-MEI). *Chinese Materia Medica; Turtle and Shellfish Drugs.*

	Serial nos.	Corresp.
Pt. VIII Reptiles and Invertebrates	199–244	45, 46

PNHB (Suppl.), 1939, 1–136. (Sep. issued, French Bookstore, Peiping, 1937.)

READ, BERNARD E. (6) (with YU CHING-MEI). *Chinese Materia Medica; Fish Drugs.*

	Serial nos.	Corresp.
Pt. IX Fishes (incl. some amphibia, octopoda and crustacea)	128–198	44

PNHB (Suppl.), 1939. (Sep. issued, French Bookstore, Peiping, n.d. prob. 1939.)

READ, BERNARD E. (7) (with YU CHING-MEI). *Chinese Materia Medica; Insect Drugs.*

	Serial nos.	Corresp.
Pt. X Insects (incl. arachnidae etc.)	1–101	39, 40, 41, 42

PNHB (Suppl.), 1941. (Sep. issued, Lynn, Peiping, 1941).

READ, BERNARD E. (8). *Famine Foods listed in the 'Chiu Huang Pên Tshao'*. Lester Institute, Shanghai, 1946.

READ, BERNARD E. & PAK C. (PAK KYEBYŎNG) (1). *A Compendium of Minerals and Stones used in Chinese Medicine, from the 'Pên Ts'ao Kang Mu'*. *PNHB*, 1928, **3** (no. 2), i–vii, 1–120. (Revised and enlarged, issued separately, French Bookstore, Peiping, 1936 (2nd ed.).) Serial nos. 1–135, corresp. with chs. of *Pên Tshao Kang Mu*, 8, 9, 10, 11.

REDIADIS, P. (1). Account of the Anti-Kythera machine (+2nd century). In J. N. Svoronos (or Sboronos), *Das Athener Nationalmuseum*. 3 vols. text, 3 vols. plates. Beck & Barth, Athens, 1908–37. Textband 1, *Die Funde von Anti-Kythera....* Greek ed. *To en Athēnais Ethnikōn Mouseion*, Beck & Barth, Athens, 1903–11.

REHATSEK, E. (1) (tr.). 'An Embassy to Khata or China A.D. 1419; from the Appendix to the *Ruzat al-Safa* of Muhammed Khavend Shah or Mirkhond, translated from the Persian....' *IAQ*, 1873, 75, (the embassy from Shāh Rukh, son of Tīmūr, to the Ming emperor; narrative written by Ghiyāth al-Dīn-i Naqqāsh).

REHM, A. & SCHRAMM, E. (1) (ed. & tr.). 'Biton's Bau von Belagerungsmaschinen und Geschützen (griechisch und deutsch).' *ABAW/PH*, 1929 (N.F.), no. 2.

REICHEL, E. (1). 'Aus der Geschichte d. Wasserkraftmaschinen' (ship-mills on the Danube). *BGTI*, 1928, **18**, 57.

REIN, J. J. (1). *Industries of Japan; together with an Account of its Agriculture, Forestry, Arts and Commerce.* Hodder & Stoughton, London, 1889.

REINACH, S. (2). 'Un Homme à Projets du Bas-Empire.' *RA*, 1922 (5e sér.), **16**, 205 (text, translation and commentary of the Anonymus *De Rebus Bellicis, c.* +370).

REINACH, T. (1). *Mithridate Eupator, Roi de Pont.* Paris, 1890.

REINAUD, J. T. & FAVÉ, I. (2). 'Du Feu Grégeois, des Feux de Guerre, et des Origines de la Poudre à Canon chez les Arabes, les Persans et les Chinois.' *JA*, 1849 (4e sér.), **14**, 257.

REISCHAUER, E. O. (1). 'Notes on Thang Dynasty Sea-Routes.' *HJAS*, 1940, **5**, 142.

REISCHAUER, E. O. (2) (tr.). *Ennin's Diary; the Record of a Pilgrimage to China in Search of the Law* (the *Nittō Guhō Junrei Gyōki*). Ronald Press, New York, 1955.

REISCHAUER, E. O. (3). *Ennin's Travels in Thang China.* Ronald Press, New York, 1955.

REISMÜLLER, G. (1). 'Europäische und chinesische Technik.' *GTIG*, 1914, **1**, 2.

RÉMUSAT, J. P. A. (1) (tr.). '*Foe Koue Ki [Fo Kuo Chi]*, ou *Relation des Royaumes Bouddhiques; Voyage dans la Tartarie, dans l'Afghanistan et dans l'Inde, exécuté, à la Fin du 4e siècle, par Chy Fa-Hian [Shih Fa-Hsien].* Impr. Roy. Paris, 1836. Eng. tr. *The Pilgrimage of Fa-Hian [Fa-Hsien]; from the French edition of the 'Foe Koue Ki' of Rémusat, Klaproth and Landresse, with additional notes and illustrations.* Calcutta, 1848. (Fa-Hsien's *Fo Kuo Chi*.)

[RENAUDOT, EUSEBIUS] (1) (tr.). *Anciennes Relations des Indes et de la Chine de deux Voyageurs Mahometans, qui y allèrent dans le Neuvième Siècle, traduites d'Arabe, avec des Remarques sur les principaux Endroits de ces Relations.* (With four Appendices, as follows: (i) Eclaircissement touchant la Prédication de la Religion Chrestienne à la Chine; (ii) Eclaircissement touchant l'Entrée des Mahometans dans la Chine; (iii) Eclaircissement touchant les Juifs qui ont esté trouvez à la Chine; (iv) Eclaircissement sur les Sciences des Chinois.) Coignard, Paris, 1718. Eng. tr. London, 1733. The title of Renaudot's book, which was presented partly to counter the claims of the pro-Chinese party in religious and learned circles (the Jesuits, Golius, Vossius etc., see Pinot (1), pp. 109, 160, 229, 237), was misleading. The two documents translated were: (*a*) The account of Sulaimān al-Tājir (Sulaiman the Merchant), written by an anonymous author in +851, (*b*) The completion *Silsilat al-Tawārīkh* of +920 by Abū Zayd al-Ḥasan al-Shīrāfī, based on the account of Ibn Wahb al-Baṣri, who was in China in +876 (see Mieli (1), pp. 13, 79, 81, 115, 302; al-Jalil (1), p. 138; Hitti (1), pp. 343, 383; Yule (2), vol. 1, pp. 125–33). Cf. Reinaud (1); Sauvaget (2).

RENOU, L. & FILLIOZAT, J. (1). *L'Inde Classique; Manuel des Études Indiennes.* Vol. 1, with the collaboration of P. Meile, A. M. Esnoul & L. Silburn. Payot, Paris, 1947. Vol. 2, with the collaboration of P. Demiéville, O. Lacombe & P. Meile. École Française d'Extrême Orient, Hanoi, 1953; Impr. Nationale, Paris, 1953.

RETI, LADISLAO (1). *Francesco di Giorgio Martini's* (+1439 to +1502) *Treatise on Engineering (Trattato di Architettura), and its Plagiarists.* Communication to the Xth International Congress of the History of Science, Ithaca, N.Y., 1962. Abstracts Vol., p. 36. Full pub. *TCULT*, 1963, **4**, 287.

RETI, LADISLAO (2). 'Leonardo da Vinci nella Storia della Macchina a Vapore.' *RDI*, 1957, 21.

REULEAUX, F. (1). *Kinematics of Machinery; Outlines of a Theory of Machines* (tr. A. B. W. Kennedy from *Theoretische Kinematik*, Wieweg, Braunschweig, 1875). London, 1876. French. tr. by A. Debize: *Cinématique; Principes fondamentaux d'une Théorie générale des Machines.* Savy, Paris, 1877.

REVERCHON, M. (1). 'Leonardo's pendulum escapement.' *BSAF*, 1915, **29**, May.

RHEAD, W. G. (1). *History of the Fan.* London, 1910.

RHYS DAVIDS, T. W. & C. A. F. See Davids, T. W. Rhys and Foley, C. A.

RICE, H. C. (1). *The Rittenhouse Orrery; Princeton's Eighteenth-century Planetarium, 1767 to 1954.* Princeton, N.J., 1954.

VON RICHTHOFEN, F. (5). *Tagebücher aus China.* Berlin, 1907.

RICKETT, W. A. (1) (tr.). *The 'Kuan Tzu' Book.* Hongkong Univ. Press, Hong Kong, in the press.

RICO Y SINOBAS, M. (1). '*Libros del Saber de Astronomia' del Rey D. Alfonso X de Castilla.* Aguado, Madrid, 1864.

RIDE, LINDSAY (1). 'Biographical Note [on James Legge].' In the Additional Volume to the Hongkong University Press 1960 Photolitho re-issue of *The Chinese Classics.* Hongkong, 1960.

RIGAULT, HIPPOLYTE (1). *Histoire de la Querelle des Anciens et des Modernes.* Paris, 1856.

RIVIUS, G. H. (1). *Der fürnehmbsten, nothwendigsten, der ganzen Architektur angehörigen, mathematischen und mechanischen Kunst eigentlicher Bericht.* Nuremberg, 1547.

RIVIUS, G. H. (2). *Vitruvius Teutsch, Nemlichen des aller namhaftigsten und hocherfarnesten Römischen Architecti und Kunstreichen Werck oder Baumeisters Marci Vitruvii Pollionis Zehen Bucher von der Architektur und künstlichen Bauen....* Petreius, Nuremberg, 1548.

ROBERT, L. (1). 'Hellenica.' *RPLHA*, 1939, **13**, 97 (175).

ROBERTSON, J. DRUMMOND (1). *The Evolution of Clockwork, with a special section on the Clocks of Japan, and a Comprehensive Bibliography of Horology.* Cassell, London, 1931.

ROBINS, F. W. (1). *The Story of Water Supply.* Oxford, 1946.

DE ROCHAS D'AIGLUN, A. (1). *La Science des Philosophes et l'Art des Thaumaturges dans l'Antiquité.* Dorbon, Paris, 1912 (1st ed. 1882).

DE ROCHEMONTEIX, P. C. (1). *Joseph Amiot* (Jesuit missionary in China). Paris, 1915.

ROCHER, E. (1). *La Province Chinoise du Yunnan.* 2 vols. (incl. special chapter on metallurgy). Leroux, Paris, 1879, 1880.

ROCKHILL, W. W. (3). *The Land of the Lamas.* Longmans Green, London, 1891.

ROCKHILL, W. W. (4). 'A Journey in Mongolia and Tibet.' *GJ*, 1894, **3**, 357.

VON ROHR-SAUER, A. (1). *Des Abu Dulaf Bericht über seine Reise nach Turkestan, China und Indien.* Inaug. Diss., Bonn, 1939.

ROLT, L. T. C. (1). *Thomas Newcomen; the Prehistory of the Steam Engine.* David & Charles, Dawlish, 1963; McDonald, London, 1963.

LA RONCIÈRE, C. DE B. (1). *Histoire de la Marine Française.* 6 vols. Perrin (later Plon), Paris, 1899–1932.

RONDOT, N. (1) (ed.). *Étude Pratique du Commerce d'Exportation de la Chine; par I. Hedde, E. Renard, A. Haussmann & N. Rondot, revue et complétée par N. Rondot.* Challamel & Renard, Paris, 1848; Reynvaan, Canton, 1848; Sanier & Sauermondt, Batavia, 1848.

DE ROOS, H. (1). *The Thirsty Land; the story of the Central Valley Project.* Stanford Univ. Press, Palo Alto, Calif., 1948.

ROSEN, E. (1). *The Naming of the Telescope.* Schuman, New York, 1947.

ROSENAUER, N. & WILLIS, A. H. (1). *Kinematics of Mechanisms.* Assoc. Gen. Pub., Sydney, 1953 (rev. R. H. McMillan, *N*, 1954, **173**, 924).

ROSS, A. S. C. (1). *The Terfinnas and Beormas of Ohthere.* Univ. Leeds, Leeds, 1940. (Leeds Sch. of Engl. Lang. Texts & Monographs, no. 7.)

ROSS, J. F. S. (1). *The Gyroscopic Stabilisation of Land Vehicles.* Arnold, London, 1933.

ROSTOVTZEV, M. I. & ORMEROD, H. A. (1). 'Pontus and its Neighbours; the First Mithridatic War.' In *CAH*, vol. 9, 211.

DES ROTOURS, R. (1) (tr.). *Traité des Fonctionnaires et Traité de l'Armée, traduits de la Nouvelle Histoire des T'ang* (chs. 46–50). 2 vols. Brill, Leiden, 1948 (Bibl. de l'Inst. des Hautes Études Chinoises, no. 6) (rev. P. Demiéville, *JA*, 1950, **238**, 395).

ROULEAU, F. (1). 'The Auto was invented in China.' *CAR*, 1942, Nov.

ROWE, Capt. JACOB (1). *All Sorts of Wheel-Carriage, Improved; wherein it is plainly made appear, that a much less than the usual Draught of Horses, etc., will be requir'd in Waggons, Carts, Coaches, and all other Wheel Vehicles, as likewise all Water-Mills, Wind-Mills, and Horse-Mills; this Method being found good in Practice, by the Trial of a Coach and Cart already made, shews of what great Advantage it may be to all Farmers, Carriers, etc. etc., by saving them one half of the Expenses... according to the common Method; with Explanation of the Structure of a Coach and Cart, according to this Method....* Lyon, London, 1734.

ROWLAND, B. (1). 'Buddha and the Sun God.' *Z*, 1938, **1**, 69.

ROY, CLAUDE (1). *La Chine dans un Miroir.* Clairefontaine, Lausanne, 1953.

ROY, L. C. (1). 'The Roof of Eastern America.' *NGM*, 1936, **70**, 243 (263).

RUDENKO, S. I. (1). *Kultura Nasseleniya Gornogo Altaya v Skifskoye Vremya.* Academy of Sci. USSR, Moscow, 1953 (in Russian). (On the Pazirik finds.)

RUDOLPH, R. C. (4). 'A Second-century Chinese Illustration of Salt Mining.' *ISIS*, 1952, **43**, 39.

RUDOLPH, R. C. & WÊN YU (1). *Han Tomb Art of West China; a Collection of First and Second Century Reliefs.* Univ. of Calif. Press, Berkeley and Los Angeles, 1957 (rev. W. P. Yetts, *JRAS*, 1953, 72).

DE LA RUE, E. AUBERT (1). *L'Homme et le Vent.* Gallimard, Paris, 1940.

RUFUS, W. C. (2). 'Astronomy in Korea.' *JRAS/KB*, 1936, **26**, 1. Sep. pub. as *Korean Astronomy.* Literary Department, Chosen Christian College, Seoul (Eng. Pub. no. 3), 1936.

RUNDAKOV, G. (1). 'Note on Bamboo Constructions.' *BUA*, 1947 (3ᵉ sér.), **8**, 418.

RUSSO, F. (1). *Histoire des Sciences et des Techniques—Bibliographie.* Hermann, Paris, 1954. (Actualités Scientifiques et Industrielles, no. 1204.) Supplement (mimeographed) 1955.

ABD AL-SALAM, MAMOUN (1). *An Outline of the History of Agriculture in Egypt.* Govt. Press, Cairo, 1948.

SALZMAN, L. F. (1). *Building in England down to 1540.* Oxford, 1952.

SALZMAN, L. F. (2). *English Industries of the Middle Ages.* Oxford, 1923.

SANDFORD, H. A. (1). 'A +16th-Century Treadmill for raising Water.' *TNS*, 1924, **4**, 36.

SARGENT, G. W. (1) (tr.). *'The Japanese Family Storehouse; or, the Millionaire's Gospel Modernised', translated from the 'Nippon Eitai-gura' (+1685) of Ihara Saikaku, with an introduction and notes.* Cambridge, 1959. (Univ. of Cambridge Oriental Pubs. no. 3.)

SARRAUT, A. & ROBEQUIN, C. (1). *Indochine* (album of photographs). Didot, Paris, 1930.

SARREIRA, P. R. (1). 'Horas boas e Horas más para a Civilicão Chinesa.' *BRO*, 1943, **36**, 518.

SARTON, GEORGE (1). *Introduction to the History of Science*. Vol. 1, 1927; Vol. 2, 1931 (2 parts); Vol. 3, 1947 (2 parts). Williams & Wilkins, Baltimore. (Carnegie Institution Pub. no. 376.)

SAUNIER, C. (1). *Die Geschichte d. Zeitmesskunst*. 2 vols. Hübner, Bautzen, and Diebener, Leipzig, n.d. (1902–4). Tr. from the French by G. Speckhart.

SAUNIER, C. (2). *Traité des Échappements et des Engrenages*. Dufour, Mulat & Boulanger, Paris, 1855.

SAUNIER, C. (3). *Treatise on Modern Horology*. Tripplin, London, 1878–80. Tr. J. Tripplin & E. Rigg from the French ed. of 1861.

DE SAUNIER, L. BAUDRY (1). *Histoire de la Locomotion Terrestre*. Paris, 1936. 2nd ed. de Saunier, L. Baudry, Dollfus, C. & Geoffroy, E., *Histoire de la Locomotion Terrestre; la Locomotion Naturelle, l'Attelage, la Voiture, le Cyclisme, la Locomotion Mécanique, l'Automobile*. Paris, 1942.

DE SAUSSURE, L. (16a, b, c, d). 'Le Système Astronomique des Chinois.' *ASPN*, 1919 (5ᵉ sér. 1), **124**, 186, 561; 1920 (5ᵉ sér. **2**), **125**, 214, 325. (a) Introduction, (i) Description du Système, (ii) Preuves de l'Antiquité du Système; (b) (iii) Rôle Fondamental de l'Étoile Polaire, (iv) La Théorie des Cinq Éléments, (v) Changements Dynastiques et Réformes de la Doctrine; (c) (vi) Le Symbolisme Zoaire, (vii) Les Anciens Mois Turcs; (d) (viii) Le Calendrier, (ix) Le Cycle Sexagésimal et la Chronologie, (x) Les Erreurs de la Critique. Conclusion.

DE SAUSSURE, L. (26). (a) 'La Relation des Voyages du Roi Mou.' *JA*, 1921 (11ᵉ sér. **16**), **197**, 151; (11ᵉ sér. **17**), **198**, 247. (b) 'The Calendar of the *Muh T'ien Tsz Chuen* [*Mu Thien Tzu Chuan*].' *NCR*, 1920, **2**, 513. (Comments by P. Pelliot, *TP*, 1922, **21**, 98.)

DE SAUSSURE, L. (29). 'L'Horométrie et le Système Cosmologique des Chinois.' Introduction to A. Chapuis' *Relations de l'Horlogerie Suisse avec la Chine; la Montre 'Chinoise'*. Attinger, Neu-châtel, 1919.

SAUTEL, J. (1). *Vaison dans l'Antiquité*. 3 vols. Aubanel, Avignon, 1926.

SAUVAGE, E. (1). 'Charles Frémont 1855 à 1930'. *BSEIN*, 1931, **130**, 369.

SAUVAGET, J. (2) (tr.). *Relation de la Chine et de l'Inde, redigée en +851* (the *Akhbār al-Ṣin wa'l-Hind*). Belles Lettres, Paris, 1948. (Budé Association; Arab Series.)

SAUVAGET, J. (3) (tr.). *Historiens Arabes, pages choisies, traduites et presentés*. Maisonneuve, Paris, 1946. (Inst. d'Ét. Islamiques de l'Univ. de Paris; sér Initiation à l'Islam, no. 5.)

SAXL, F. (1). 'A Spiritual Encyclopaedia of the Later Middle Ages.' *JWCI*, 1942, **5**, 82.

SAXL, F. (2). *Lectures*. 2 vols. Warburg Institute, London, 1957.

SAYCE, R. U. (1). *Primitive Arts and Crafts*. Cambridge, 1933.

SAYILI, AYDIN (2). *The Observatory in Islam; and its Place in the general history of the [Astronomical] Observatory*. Türk Tarih Kurumu Basimevi, Ankara, 1960. (Publications of the Turkish Historical Society, ser. VII, no. 38.)

SCHAFER, E. H. (3). 'The Camel in China down to the Mongol Dynasty.' *S*, 1950, **2**, 165, 263.

SCHAFER, E. H. (7). 'The Development of Bathing Customs in Ancient and Mediaeval China, and the History of the Floriate Clear Palace.' *JAOS*, 1956, **76**, 57.

SCHAFER, E. H. (8). 'Rosewood, Dragon's-Blood, and Lac.' *JAOS*, 1957, **77**, 129.

SCHILOVSKY, P. P. (1). *The Gyroscope; its Practical Construction and Application....* Spon, London, 1924.

SCHIMANK, H. (1). 'Das Wort "Ingenieur"; Abkunft und Begriffswandel.' *ZVDI*, 1939, **83**, 325. Also *Der Ingenieur; Entwicklungsweg eines Berufes bis Ende des 19 Jahrhunderts*. Bund, Cologne, 1961.

SCHIØLER, TH. (1). 'Øsevaerket—en gammel Maskine, men hvor gammel?' (on the sāqīya). In Danish. *NATV*, 1962, 209.

SCHIØLER, TH. (2). 'Las Norias Ibicencas' (in Spanish; the sāqīyas of Ibiza). *DTP*, 1962, **18**, 480. 'Virkningsgraden af en Maurisk Noria på Ibiza (Efficiency of a Hispano-Moorish Sāqīya in Ibiza).' In Danish. *IB*, 1961, **56**, 261.

SCHIØLER, TH. (3). *An Annotated Bibliography of the Persian Wheel* [*i.e. the sāqīya*]. Privately circulated, 1963.

SCHLEGEL, G. (5). *Uranographie Chinoise, etc.* 2 vols. with star-maps in separate folder. Brill, Leiden, 1875. (Crit. J. Bertrand, *JS*, 1875, 557; S. Günther, *VAG*, 1877, **12**, 28. Reply by G. Schlegel, *BNI*, 1880 (4ᵉ volg.), **4**, 350.)

VON SCHLÖZER, K. (1). *Abu Dolef Misaris ben Mohalhel de Itinere Asiatico Commentarius*. Berlin, 1845.

SCHLUTTER, C. A. [SCHLÜTER] (1). *De la Fonte des Mines, des Fonderies, etc.*, tr. M. Hellot from the German. Pissot & Herissant, Paris, 1750–53.

SCHMELLER, H. (1). *Beiträge z. Geschichte d. Technik in der Antike und bei den Arabern*. Mencke, Erlangen, 1922. (Abhdl. z. Gesch. d. Naturwissenschaften und die Med. no. 6.)

SCHMIDT, M. C. P. (1). *Kulturhistorische Beiträge; II, Die Antike Wasseruhr*. Leipzig, 1912.

SCHMIDT, WILH. (1) (ed. & tr.). 'Liber Philonis *De Ingeniis Spiritualibus*.' In *Heronis Alexandrini Opera*, vol. 1, pp. 458 ff. Teubner, Leipzig 1899.

SCHMIDT, WILH. (2) (ed. & tr.). 'Heronis *Pneumatica*.' In *Heronis Alexandrini Opera*. Teubner, Leipzig, 1899.

SCHMITHALS, H. & KLEMM, F. (1). *Handwerk und Technik vergangener Jahrhunderte*. Wasmuth, Tübingen, 1958.

SCHNEIDER, RUDOLF (3) (ed.). *Anonymi 'De Rebus Bellicis' Liber; Text und Erläuterungen*. Weidmann, Berlin, 1908. 'Vom Büchlein *De Rebus Bellicis*.' *NJKA*, 1910, **25**, 327. Schneider's arguments for regarding this important text as +14th century rather than +4th are untenable; see Thompson & Flower (1) and R. P. Oliver (1).

SCHÖNBERGER, H. (1). *The Roman Camp at the Saalburg*. 4th ed. Zeuner, Bad Homburg, 1955.

SCHOTT, CASPAR (1). *Magiae Universalis Naturae et Artis*. Schonwetter, Bamberg, 1658, 1677.

SCHRAMM, C. C. (1). *Brücken*. Leipzig, 1735.

SCHRAMM, E. (1). *Griechisch-römische Geschütze; Bemerkungen zu der Rekonstruktion*. Scriba, Metz, 1910 (with plates almost identical with those in Diels & Schramm, 1, 2, 3), also *JGLGA*, 1904, **16**, 1, 142; 1906, **18**, 276; 1909, **21**, 86.

SCHROEDER, ALF (1). *Entwicklung der Schleiftechnik bis zur Mitte des 19-Jahrhunderts*. Petzold, Hoya-Weser, 1931.

SCHROEDER, ALBERT (1). *Đại Nam Hóa Tệ Đồ Lục; Annam, Études numismatiques*. Leroux, Paris, 1905.

SCHROEDER, E. (1). *Persian Miniatures in the Fogg Museum of Art*. Harvard Univ. Press, Cambridge, Mass., 1942.

SCHUBERT, H. R. (2). *History of the British Iron and Steel Industry from ca. -450 to +1775*. Routledge & Kegan Paul, London, 1957 (revs. C. Singer, *JISI*, 1958, **188**, 205; F. C. Thompson, *N*, 1958, **182**, 349).

SCHÜCK, [K. W.] A. (1). *Der Kompass*. 2 vols. Pr. pr. Hamburg, 1911, 1915. (The second volume, *Sagen von der Erfindung des Kompasses; Magnet, Calamita, Bussole, Kompass; Die Vorgänger des Kompasses*, contains a good deal on the Chinese material, in so far as it could be evaluated at the time, mainly a long account of 18th- and 19th-century European views about it. This had seen preliminary publication in *DNAT*, 1891, **40**, nos. 51 and 52.)

SCHUHL, P. M. (1). *Machinisme et Philosophie*. Presses Univ. de France, Paris, 1947.

SCHWARZ, A. (1). 'The Reel.' *CIBA/T*, 1947, **5** (no. 59), 2130.

SCORER, R. S. (1). 'Lee Waves in the Atmosphere.' *SAM*, 1961, **204** (no. 3), 124.

SCOTT, E. KILBURN (1). 'Early Cloth Fulling and its Machinery.' *TNS*, 1931, **12**, 31.

SCOTT, JOHN (1). *The Complete Text-book of Farm Engineering; comprising Practical Treatises on Draining and Embanking, Irrigation and Water-Supply, Farm Roads, Fences and Gates, Farm Buildings, Barn Implements and Machines, Field Implements and Machines, and Agricultural Surveying*. Crosby Lockwood, London, 1885.

SEATON, A. E. (1). *The Screw Propeller, and other Competing Instruments for Marine Propulsion*. Griffin, London, 1909.

SEGALEN, V., DE VOISINS, G. & LARTIGUE, J. (1). *Mission Archéologique en Chine, 1914 à 1917*. 1 vol. with 2 portfolios plates. (The text volume is entitled *L'Art Funéraire à l'Époque des Han*.) Geuthner, Paris, 1923-25 (plates), 1935 (text).

SÉVOZ, M. (1). On the Japanese Iron and Steel Industry, and the *tatara* bellows.' *ANM*, 1876, **6**, 345.

SHERIDAN, P. (1). 'Les Inscriptions sur Ardoise de l'Abbaye de Villers.' *ASRAB*, 1895, **9**, 359 & 454; 1896, **10**, 203 & 404.

SHIH SHÊNG-HAN (1). *A Preliminary Survey of the book 'Chhi Min Yao Shu'; an Agricultural Encyclopaedia of the +6th Century*. Science Press, Peking, 1958.

SHIRATORI, KURAKICHI (4). 'A New Attempt at the Solution of the Fu-Lin Problem [Antioch and Byzantium].' *MRDTB*, 1956, **15**, 156.

SHIRLEY, J. W. (1). 'The Scientific Experiments of Sir Walter Raleigh, the Wizard Earl, and the Three Magi in the Tower [of London], +1603 to +1617.' *AX*, 1951, **4**, 52.

SICARD, G. (1). *Les Moulins de Toulouse au Moyen Âge*. Colin, Paris, 1953.

SICKMAN, L. & SOPER, A. (1). *The Art and Architecture of China*. Penguin (Pelican), London, 1956 (rev. A. Lippe, *JAS*, 1956, **11**, 137).

SIDDHĀNTA ŚIROMAṆI. See Wilkinson, L. & Bapu Deva Sastri.

SIMPSON, W. (1). *The Buddhist Praying-Wheel; a Collection of Material bearing upon the Symbolism of the Wheel, and Circular Movements in Custom and Religious Ritual*. Macmillan, London, 1896.

SINGER, C. See Underwood, E. A. (1).

SINGER, C. (2). *A Short History of Science, to the Nineteenth Century*. Oxford, 1941. Cf. Singer (11).

SINGER, C. (10). 'East and West in Retrospect.' Art. in *A History of Technology*, ed. C. Singer *et al.*, vol. 2, p. 753. Oxford, 1956.

SINGER, C. (11). *A Short History of Scientific Ideas to 1900*. Oxford, 1959. A complete rewriting of Singer (2).

SINGER, C. (12). 'The Happy Scholar [Biography of H. W. Dickinson].' *TNS*, 1954, **29**, 125. (First Dickinson Memorial Lecture.)

SINGER, C., HOLMYARD, E. J., HALL, A. R. & WILLIAMS, T. I. (1) (ed.). *A History of Technology*. 5 vols. Oxford, 1954–8 (revs. M. I. Finley, *EHR*, 1959, **12**, 120; J. Needham, *CAMR*, 1957, 299; 1959, 227; E. J. Bickerman & G. Mattingly, *AJP*, 1956, **77**, 96, 1958, **79**, 317.

SINOR, D. (2). 'La Mort de Batu, et les Trompettes mues par le Vent chez Herberstein.' *JA*, 1941, **233**, 201.

SION, J. (2). 'Quelques Problèmes de Transports dans l'Antiquité; le point de vue d'un Géographe Méditerranéan.' *AHES*, 1935, **7**, 628.

SIRÉN, O. (1). (a) *Histoire des Arts Anciens de la Chine*. 3 vols. Van Oest, Brussels, 1930. (b) *A History of Early Chinese Art*. 4 vols. Benn, London, 1929. Vol. 1, Prehistoric and Pre-Han; vol. 2, Han; vol. 3, Sculpture; vol. 4, Architecture.

SIRÉN, O. (2). *Chinese Sculpture from the +5th to the +14th Century* (mostly Buddhist). 1 vol. text, 3 vols. plates. Benn, London, 1925.

SIRÉN, O. (6). *History of Early Chinese Painting*. 2 vols. Medici Society, London, 1933.

SIRÉN, O. (10). *Chinese Painting; Leading Masters and Principles*. Lund Humphries, London, 1956; Ronald, New York, 1956. 6 vols. Pt.I, The First Millennium, 3 vols., incl. one of plates: pt. II, The Later Centuries, 4 vols., incl. one of plates.

SISCO, A. G. & SMITH, C. S. (2) (tr.). *Lazarus Ercker's Treatise on Ores and Assaying (Prague, 1574)*, translated from the German edition of 1580. Univ. Chicago Press, Chicago, 1951.

SISSON, S. & GROSSMAN, J. D. (1). *The Anatomy of the Domestic Animals*. Saunders, Philadelphia and London, 1953.

SLAYTER, GAMES (1). 'Two-phase Materials.' *SAM*, 1962, **206** (no. 1), 124.

SMILES, S. (1). *Lives of the Engineers*. Murray, London, 1st. ed. 1857.
  Vol. 1. *Early Engineering; Vermuyden, Middelton, Perry, James Brindley*, 1874.
  Vol. 2 *Harbours, Lighthouses, Bridges; Smeaton and Rennie*, 1874.
  Vol. 3 *History of Roads; Metcalfe, Telford*, 1874.
  Vol. 4 *The Steam-Engine; Boulton and Watt*, 1874.
  Vol. 5 *The Locomotive; George and Robert Stephenson*, 1877.

SMITH, A. H. (1) (ed.). *A Guide to the Exhibition illustrating Greek and Roman Life*. British Museum Trustees, London, 1920.

SMITH, C. A. MIDDLETON (1). 'Chinese Creative Genius.' *CTE*, 1946, **1**, 920, 1007.

SMITH, D. E. (1). *History of Mathematics*. Vol. 1. *General Survey of the History of Elementary Mathematics*, 1923. Vol. 2. *Special Topics of Elementary Mathematics*, 1925. Ginn, New York.

SMITH, D. E. & KARPINSKI, L. C. (1). *The Hindu-Arabic Numerals*. Ginn, Boston, 1911.

SMITH, V. A. (1). *Oxford History of India, from the earliest times to 1911*. 2nd ed., ed. S. M. Edwardes. Oxford, 1923.

SOLLMANN, T. (1). *A Textbook of Pharmacology and some Allied Sciences*. Saunders, Philadelphia and London, 1901.

SOMERSET, EDWARD (MARQUIS OF WORCESTER). See Dircks (1). Bibliography in John Ferguson (2).

SOOTHILL, W. E. (5) (posthumous). *The Hall of Light; a Study of Early Chinese Kingship*. Lutterworth, London, 1951. (On the Ming Thang; also contains discussion of the *Pu Thien Ko* and translation of *Hsia Hsiao Chêng*.)

SOWERBY, A. DE C. (1). *Nature in Chinese Art* (with two appendices on the Shang pictographs by H. E. Gibson). Day, New York, 1940.

SOWERBY, A. DE C. (2). 'The Horse and other Beasts of Burden in China.' *CJ*, 1937, **26**, 282.

SOWERBY, A. DE C. (3). 'Wheeled Vehicles in China, Ancient and Modern.' *CJ*, 1937, **26**, 233.

SPARGO, J. W. (1). 'Une Spéculation sur l'Origine de la 'Selle des Ribaudes'; Étude Comparative de Folklore Juridique.' In *Travaux du 1ᵉʳ Congrès International de Folklore* (Paris, 1937). Arbault, Tours, 1938. (Pub. du Département et du Musée des Arts et Traditions Populaires.)

S[PEED], J. (1). *The Kingdome of China, newly augmented by I.S.* (map). London, 1626. Incorporated in *A Prospect of the Most Famous Parts of the World*. London, 1631, and continually reprinted till the end of the century.

SPENCER, A. J. & PASSMORE, J. B. (1). *Handbook of the Collections illustrating Agricultural Implements and Machinery....* Science Museum, South Kensington, London, 1930.

SPÖRRY, H. (1). 'Die Verwendung des Bambus in Japan.' *MDGNVO*, 1903, **9**, 119.

SPÖRRY, H. & SCHRÖTER, C. (1). *Die Verwendung des Bambus in Japan; und Katalog der Spörry'schen Bambus-sammlung*, with a botanical introduction by C. Schröter. Zürcher & Furrer, Zürich, 1903.

SPRATT, H. P. (1). 'The Pre-natal History of the Steamboat.' *TNS*, 1960, **30**, 13 (paper read Oct. 1955).

SPRATT, H. P. (2). *The Birth of the Steamboat*. Griffin, London, 1959 (revs. H. O. Hill, *MMI*, 1960, **46**, 159; A. W. Jones, *N*, 1959, **183**, 1626).

STAUNTON, Sir GEORGE LEONARD (1). *An Authentic Account of an Embassy from the King of Great Britain to the Emperor of China...taken chiefly from the Papers of H.E. the Earl of Macartney, K.B.*

etc..... 2 vols. Bulmer & Nicol, London, 1797; repr. 1798. Germ. tr., Berlin, 1798; French tr., Paris, 1804; Russian tr., St Petersburg, 1804. Abridged Engl. ed. 1 vol. Stockdale, London, 1797.

STAUNTON, SIR GEORGE THOMAS (1) (tr.). '*Ta Tsing Leu Lee*' [*Ta Chhing Lü Li*]; *being the fundamental Laws, and a selection from the supplementary Statutes, of the Penal Code of China.* Davies, London, 1810. French tr. Paris, 1812.

STAUNTON, Sir GEORGE THOMAS (2). *Notes on Proceedings and Occurrences during the British Embassy to Peking in 1816* [*Lord Amherst's*]. London, 1824.

STEEDS, W. (1). *Mechanism and the Kinematics of Machines.* Longmans Green, London, 1940.

STEENSBERG, A. (1). *Bondehuse og Vandemøller i Danmark gennem 2000 År; med et Bidrag af V. M. Mikkelsen,* also entitled *Farms and Watermills in Denmark during 2000 Years.* Copenhagen, 1952. (Nat. Mus. 3 Afd., Arkaeol. Landsby-undersøgelser, no. 1.)

STEINDORFF, G. & SEELE, K. C. (1). *When Egypt Ruled the East.* Univ. of Chicago Press, Chicago, 1942.

STEPHENSON, C. (1). 'In Praise of Mediaeval Tinkers.' *JEH*, 1948, **8**, 26.

STEVENSON, E. L. (1). *Terrestrial and Celestial Globes; their History and Construction....* 2 vols. Hispanic Soc. Amer. (Yale Univ. Press), New Haven, 1921.

STILLWELL, R. (1). 'Modern Aegean Windmills.' *NGM*, 1944, **85**, 610.

STOLPE, K. H. & ARNE, T. J. (1). *La Nécropole de Vendel.* Lagerström, Stockholm, 1927. (Kungl. Vitterhets Historie och Antikvitets Akademien Monografiserien, no. 17.)

STONE, L. H. (1). *The Chair in China.* Royal Ontario Museum of Archaeology, Toronto, 1952.

STORCK, J. & TEAGUE, W. D. (1). *Flour for Man's Bread; a History of Milling.* Univ. Minnesota Press, St Paul, Minn., 1952.

STOWERS, A. (1). 'Watermills, *ca.* +1500 to *ca.* +1850.' Art. in *A History of Technology*, ed. C. Singer *et al.*, vol. 4, p. 199. Oxford, 1958.

STOWERS, A. (2). 'Observations on the History of Water-Power.' *TNS*, 1960, **30**, 239.

DELLA STRADA, GIOVANNI. See Dibner (2).

DE STRADA, JACOBUS (1). *Künstliche Abriss allerhandt Wasserkünsten, auch Wind-, Ross- Handt- und Wasser-mühlen.* Frankfurt, 1617, 1618 and 1629. Account in Beck (1), ch. 23.

STRADANUS, JOHANNES. See Dibner (2).

VAN DER STRAET, JAN. See Dibner (2).

LE STRANGE, G. (3). *The Lands of the Eastern Caliphate; Mesopotamia, Persia and Central Asia from the Moslem Conquest to the Time of Timur.* Cambridge, 1930.

STRAUB, H. (1). *Die Geschichte d. Bauingenieurkunst; ein Überblick von der Antike bis in die Neuzeit.* Birkhäuser, Basel, 1949. Eng. tr. by E. Rockwell. *A History of Civil Engineering.* Leonard Hill, London, 1952.

STREYD-BUCH VON PIXEN, etc. See Anon. (13).

STRICKLER, E. T. (1). 'Japanese Clocks.' *WCC*, 1951, **4**, 418.

STUART, R. (1). *Historical and Descriptive Anecdotes of Steam Engines and of their Inventors and Improvers.* Wightman, London, 1829.

STURM, L. C. (1). *Vollständige Mühlen-Baukunst.* Wolff, Augsburg, 1718.

STURT, G. (1). *The Wheelwright's Shop.* Cambridge, 1942.

SUN ZEN E-TU & DE FRANCIS, J. (1). *Chinese Social History; Translations of Selected Studies.* Amer. Council of Learned Societies, Washington, D.C., 1956. (ACLS Studies in Chinese and Related Civilisations, no. 7.)

SURGEONER, D. H. (1). *Air Training* [*Manual*] *Series.* I, *First Principles of Flight;* II, *Aircraft Construction;* III, *Navigation and Meteorology;* IV, *Aero Engines;* V, *How to Fly.* Longmans Green, London, 1942.

SUTER, H. (1). *Die Mathematiker und Astronomen der Araber und ihre Werke.* Teubner, Leipzig, 1900. (Abhdl. z. Gesch. d. Math. Wiss. mit Einschluss ihrer Anwendungen, no. 10; supplement to *ZMP*, **45**.) Additions and corrections in *AGMW*, 1902, no. 14.

SUTTON, Sir OLIVER G. (1). *The Science of Flight.* Pelican, London, 1949. Rev. ed. 1955.

SWANN, E. (1). 'Some Fine Hampshire Fonts.' *PHFC*, 1914, **7** (no. 1), 45.

SWANN, NANCY L. (1) (tr.). *Food and Money in Ancient China; the Earliest Economic History of China to +25* (with tr. of [*Chhien*] *Han Shu*, ch. 24, and related texts, [*Chhien*] *Han Shu*, ch. 91 and *Shih Chi*, ch. 129). Princeton Univ. Press, Princeton, N.J., 1950 (revs. J. J. L. Duyvendak, *TP*, 1951, **40**, 210; C. M. Wilbur, *FEQ*, 1951, **10**, 320; Yang Lien-Shêng, *HJAS*, 1950, **13**, 524).

SWEET, H. (1) (ed.). *King Alfred's* '*Orosius*' (OE and Latin texts). Early English Text Soc., London, 1883.

SYKES, Sir PERCY (2). *Ten Thousand Miles in Persia; or, Eight Years in Iran.* Murray, London, 1902.

TACCOLA, JACOPO MARIANO. Collections of Technical Drawings in Hydraulic and other aspects of Engineering sometimes entitled *De Machinis* (*Libri Decem*), c. 1438–49. MSS. Cod. Lat. XIX, 5, San Marco, Venice; and Paris, BN 7239. See Sarton (1), vol. 3, p. 1552; Berthelot (4); Bonaparte & Favé (1), vol. 3, pl. III, pp. 43 ff.; Thorndike (9); Reinaud & Favé (1).

TAENZLER, W. (1). 'Der Wortschatz des Maschinenbaus im 16, 17 & 18 Jahrhundert.' Inaug. Diss. Bonn, 1952.

TAFRALI, O. (1). 'La Cité Pontique de Callatis; Recherches et Fouilles.' *RA*, 1925 (5ᵉ sér.), **21**, 238 (258).

TAISNIER, JOHANN (1). *Opusculum Perpetua Memoria Dignissimum de Natura Magnetis et eius Effectibus....* Cologne, 1562. (This book incorporates the *Epistola de Magnete seu Rota Perpetua Motus* of Petrus Peregrinus, +1269; see Sarton (1), vol. **2**, p. 1031.)

TAISNIER, JOHANN (2). *A very necessarie and profitable Booke concerning Navigation, compiled in Latin by Joannes Taisnierus, a public professor in Rome, Ferraria and other Universities in Italie of the Mathematicalles, named a Treatise of Continuall Motions; translated into English by Richard Eden.* Jugge, London, n.d. (1579).

TARTAGLIA, NICHOLAS (1). *Quesiti et Inventioni Diverse.* Venice, 1546.

TATE, G. P. (1). *Seistan; a Memoir on the History, Topography, Ruins and People of the Country.* Govt. Printing Office, Calcutta, 1910.

TATIN, V. (1). 'Navigation Aérienne; Appareils plus lourds que l'Air.' *LN*, 1884, **12** (pt. 2), 328.

TAYLOR, E. G. R. (6). 'The South-Pointing Needle.' *IM*, 1951, **8**, 1.

TAYLOR, E. G. R. (7). *The Mathematical Practitioners of Tudor and Stuart England.* Cambridge Univ. Press (for Inst. of Navigation), Cambridge, 1954; rev. D. J. de S. Price, *JIN*, 1955, **8**, 12.

TAYLOR, E. G. R. & RICHEY, M. W. (1). *The Geometrical Seaman; a Book of Early Nautical Instruments.* Hollis & Carter (for Inst. of Navigation), London, 1962.

TAYLOR, E. W. & WILSON, J. SIMMS (1). *At the Sign of the Orrery.* For Messrs Cooke, Troughton & Simms, pr. pr. York, n.d. (1945).

TEMKIN, O. (2). 'Was Servetus influenced by Ibn al-Nafîs?' *BIHM*, 1940, **8**, 731.

TÊNG SSU-YÜ & BIGGERSTAFF, K. (1). *An Annotated Bibliography of Selected Chinese Reference Works.* Harvard-Yenching Instit. Peiping, 1936. (Yenching Journ. Chin. Studies, monograph no. 12.)

TEW, D. H. (1). 'Canal Lifts and Inclines, with particular reference to those in the British Isles.' *TNS*, 1951, **28**, 35.

THEOBALD, W. (1) (ed.). '*Diversarum Artium Schedula*' *Theophili Presbyteri* (late +11th century). V.D.I., Berlin, 1933.

THÉRY, R. (1). 'Jouffroy d'Abbans et les Origines de la Navigation à Vapeur.' *MC/TC*, 1952, **2**, 42.

THOMPSON, E. A. & FLOWER, B. *A Roman Reformer and Inventor; being a New Text of the Treatise 'De Rebus Bellicis', with a translation...introduction...and Latin index....* Oxford, 1952. (This text is now generally conceded to have been written by a Latin of Illyria in the close neighbourhood of +370; see Schneider (3), Berthelot (7), Reinach (2), Neher (1) and Oliver (1).)

THOMPSON, L. G. (1) (tr.). '*Ta Thung Shu*'; the *One-World Philosophy of Khang Yu-Wei.* Allen & Unwin, London, 1958. (Crit. rev. T. Pokora, *ARO*, 1961, **29**, 169.)

THOMPSON, SILVANUS P. (2) (tr.). *William Gilbert of Colchester, Physician of London, 'On the Magnet, Magnetick Bodies also, and on the great magnet the Earth; a new Physiology, demonstrated by many arguments and experiments'.* Chiswick Press, London, 1900. (Lim. ed.) Facsimile reproduction, ed. Derek J. de S. Price. Basic Books, New York, 1958.

THOMPSON, SILVANUS P. (4). *Petrus Peregrinus de Maricourt and his 'Epistola de Magnete'.* *PBA*, 1906, **2**, 377.

THOMPSON, SILVANUS P. (5) (tr.). *The Epistle of Petrus Peregrinus of Maricourt to Sygerus of Foucaucourt, Soldier, concerning the Magnet.* Whittingham (Chiswick Press), London, 1902. (Lim. ed.)

THOMSON, J. O. (1). *History of Ancient Geography.* Cambridge, 1948.

THOMSON, R. H. G. (1). 'The Mediaeval Artisan.' Art. in *A History of Technology*, ed. C. Singer *et al.*, vol. 2, p. 383. Oxford, 1956.

THORNDIKE, L. (1). *A History of Magic and Experimental Science.* 8 vols. Columbia Univ. Press, New York: vols. 1 and 2, 1923; 3 and 4, 1934; 5 and 6, 1941; 7 and 8, 1958 (rev. W. Pagel, *BIHM*, 1959, **33**, 84).

THORNDIKE, L. (7). 'The Invention of the Mechanical Clock about +1271.' *SP*, 1941, **16**, 242.

THORNDIKE, L. (9). 'Marianus Jacobus Taccola' [*De Machinis*]. *A/AIHS*, 1955, **8**, 7.

THURSTON, R. H. (1). *A History of the Growth of the Steam-Engine* (1878). Centennial edition, with a supplementary chapter by W. N. Barnard. Cornell Univ. Press, Ithaca, N.Y., 1939.

THWING, LEROY L. (1). 'Automobile Ancestry.' *TR*, 1939, **41**, Feb.

TISDALE, A. (2). 'The Enchantment of the Old Order' (the silk and rice industries in China). *GR*, 1919, **7**, 11.

TISSANDIER, G. (1). (*a*) 'Les Ballons en Chine.' *LN*, 1884, **12**, (pt. 2), 287. (*b*) 'Les Aérostats Captifs de l'Armée française.' *LN*, 1885, **13** (pt. 1), 196. (*c*) 'Les Aérostats de la Mission française en Chine.' *LN*, 1888, **16** (pt. 1), 186.

TISSANDIER, G. (2). 'Pompe sans Piston, ou Pompe Chinoise.' *LN*, 1885, **13** (pt. 2), 111.

TISSANDIER, G. (3). 'Vélocipède Nautique.' *LN*, 1885, **13** (pt. 2), 17.

TISSANDIER, G. (4). 'La Mécanique des Chinois.' *LN*, 1889, **17** (pt. 1), 152.

TISSANDIER, G. (5). 'Cerfs-Volants Chinois.' *LN*, 1888, **16** (pt. 1), 44. Engl. tr. with illustrations; Anon. *SN*, 1888 (N.S.) **1**, 99.

T[ISSANDIER], G. (6). 'Les Cerfs-Volants Japonais.' *LN*, 1886, **14** (pt. 2), 332.

TISSANDIER, G. (7). 'La Chimie dans l'Extrême-Orient; Feux d'Artifices [Chinois et] Japonais.' *LN*, 1884, **12** (pt. 1), 267.

DE TIZAC, H. D'ARDENNE (1). *Les Hautes Époques de l'Art Chinois d'après les Collections du Musée Cernuschi*. Nilsson, Paris, n.d.

TJAN TJOE-SOM. See Tsêng Chu-Sên.

TOOLEY, R. V. (1). *Maps and Map-Makers*. Batsford, London, 1949.

TORR, C. (1). *Ancient Ships*. Cambridge, 1894.

TORRANCE, T. (1). 'Burial Customs in Szechuan', *JRAS/NCB*, 1910, **41**, 57; 'Notes on the Cave Tombs and Ancient Burial Mounds of Western Szechuan', *JWCBRS*, 1930, **4**, 88.

TREDGOLD, T. (1). *The Steam-Engine, comprising an Account of its Invention and progressive Improvement; with an Investigation of its Principles, and the Proportions of its Parts for Efficiency and Strength; detailing also its application to Navigation, Mining, impelling Machines, etc., and the Results collected in numerous Tables for Practical Use*. Taylor, London, 1827.

TREUE, W. (1). *Kulturgeschichte der Schraube von der Antike bis zum 18ten Jahrhundert*. For Kellermann, Kamax Works, Osterode a/Harz. Bruckmann, Munich, n.d. (1955).

TRIEWALD, MÅRTEN (1). *A Short Description of the Fire and Air Machine at the Dannemora Mines*. Tr. by Are Waerland from the Swedish edition, Schneider, Stockholm, 1734; Heffer, Cambridge, 1928. (Extra Publications of the Newcomen Society, no. 1.)

TRIGAULT, NICHOLAS (1). *De Christiana Expeditione apud Sinas*. Vienna, 1615; Augsburg, 1615. Fr. tr.: *Histoire de l'Expédition Chrétienne au Royaume de la Chine, entrepris par les PP. de la Compagnie de Jésus, comprise en cinq livres...tirée des Commentaires du P. Matthieu Riccius, etc*. Lyon, 1616; Lille, 1617; Paris, 1618. Eng. tr. (partial): *A Discourse of the Kingdome of China, taken out of Ricius and Trigautius*. In *Purchas his Pilgrimes*. London, 1625, vol. 3, p. 380. Eng. tr. (full): see Gallagher (1). Trigault's book was based on Ricci's *I Commentarj della Cina* which it follows very closely, even verbally, by chapter and paragraph, introducing some changes and amplifications, however. Ricci's book remained unprinted until 1911, when it was edited by Venturi (1) with Ricci's letters; it has since been more elaborately and sumptuously edited alone by d'Elia (2).

TRIPPNER, J. (1). 'Das "Röstmehl" bei den Ackerbauern in Chhinghai, China.' *AN*, 1957, **52**, 603.

TROUP, J. (1). 'On a possible Origin of the Water-wheel.' *TAS/J*, 1894, **22**, 109.

TSÊNG CHU-SÊN (TJAN TJOE-SOM) (1). '*Po Hu T'ung*'; *The Comprehensive Discussions in the White Tiger Hall; a Contribution to the History of Classical Studies in the Han Period*. 2 vols. Brill, Leiden, 1949, 1952. (Sinica Leidensia, vol. 6.)

TSERETHELI, G. (1). *The Urartuan Monuments in the Georgian Museum at Tbilissi*. Tiflis, 1939. (In Russian and Armenian.)

TSIEN, H. S. (1). *Engineering Cybernetics*. McGraw-Hill, London, 1954.

TUSTIN, A. (1). (*a*) 'Automatic Control Systems.' *N*, 1950, **166**, 845. (*b*) 'Feedback.' *SAM*, 1952, **187** (no. 3), 48.

TWITCHETT, D. C. (2). 'The Fragment of the Thang "Ordinances of the Department of Waterways" [+737] discovered at Tunhuang.' *AM*, 1957, **6**, 23.

TWITCHETT, D. C. (3). 'The Monasteries and China's Economy in Mediaeval Times' (a review of J. Gernet, 1). *BLSOAS*, 1957, **19**, 526.

UCCELLI, A. (1) (ed.) (with the collaboration of G. SOMIGLI, G. STROBINO, E. CLAUSETTI, G. ALBENGA, I. GISMONDI, G. CANESTRINI, E. GIANNI & R. GIACOMELLI). *Storia della Tecnica dal Medio Evo ai nostri Giorni*. Hoeppli, Milan, 1945.

UCCELLI, A. (2). *Leonardo da Vinci, I Libri di Meccanica; nella Riconstruzione Ordinata di Arturo Uccelli*. Hoeppli, Milan, 1940.

UCCELLI, A. (3). *Enciclopedia Storica delle Scienze e delle loro Applicazioni*. Hoeppli, Milan, n.d. (1941). Vol. 1, *Le Scienze Fisiche e Mathematiche*.

UCELLI DI NEMI, G. (1). 'Il Contributo Dato dalla Impresa di Nemi alla Conoscenza della Scienza e della Tecnica di Roma.' Art. in *Nuovi Orientamenti della Scienza*. XLI Reunione della Società Italiana per il Progresso delle Scienze, Rome, 1942.

UCELLI DI NEMI, G. (2). *Le Nave di Nemi*. Libreria dello Stato, Rome, 1940.

[UCELLI DI NEMI, G.] (3) (ed.). *Le Gallerie di Leonardo da Vinci nel Museo Nazionale della Scienza e della Tecnica [Milano]*. Museo Naz. d. Sci. e. d. Tecn., Milan, 1956.

[UCELLI DI NEMI, G.] (4) (ed.). *Mostra Storica dei Mezzi di Trasporto*. Museo Naz. d. Sci. e. d. Tecn., Milan, 1954.

UNDERWOOD, E. ASHWORTH (1). 'Charles Singer, 1876 to 1960.' *MH*, 1960, **4**, 353; *PRSM*, 1962, **55**, 853.

UNGERER, A. (1). *Les Horloges Astronomiques et Monumentales les plus remarquables de l'Antiquité jusqu'à nos Jours* (preface by A. Esclangon). Ungerer pr. pr., Strasbourg, 1931.

UNGERER, A. (2). *Les Horloges d'Édifices, leur Construction, leur Montage, leur Entretien.* Gauthier-Villars, Paris, 1926.

URE, A. (1). *A Dictionary of Arts, Manufactures and Mines.* 1st ed., 2 vols., London, 1839. 5th ed., 3 vols., Longmans Green, London, 1860.

USHER, A. P. (1). *A History of Mechanical Inventions.* McGraw-Hill, New York, 1929. 2nd ed. revised, Harvard Univ. Press, Cambridge, Mass., 1954 (rev. Lynn White, *ISIS*, 1955, **46**, 290).

USHER, A. P. (2). 'Machines and Mechanisms [from the Renaissance to the Industrial Revolution].' Art. in *A History of Technology*, ed. C. Singer et al., vol. 3, p. 324. Oxford, 1957.

VACCA, G. See Bertuccioli, G. (1).

VACCA, G. (1). (a) 'Some Points on the History of Science in China.' *JRAS/NCB*, 1930, **61**, 10. (b) 'Sur l'Histoire de la Science Chinoise.' *A/AIHS*, 1948, **1**, 354.

VALTURIO, ROBERTO (1). *De Re Militari. c.* 1460. Pr. Verona, 1472 (the earliest engineering work of this period to appear in print). Ed. Paolo Ramusio, Verona, 1483. Paris, 1534. See Sarton (1), vol. 3, p. 1552.

VARLO, C. (1). *Reflections upon Friction, with a Plan of the new Machine for taking it off, in Wheel-carriages, Windlasses of Ships, etc.; together with Metal proper for the Machine, and full Directions for making it; to which is annexed, Stonhenge, one of the wonders of the world, unriddled.* Pr. pr. London, 1772.

VATS, M. S. (1). 'Explorations at Harappa.' *ARASI*, 1930 (for 1926–7), 97.

DE VAUCANSON, J. (1). 'Nouvelle Construction d'une Machine propre à Moirer les Étoffes de Soie.' *MAS*, 1769 (1772), Hist. 109, Mém. 5.

DE VAUCANSON, J. (2). (a) 'Construction d'un nouveau Tour à filer la Soie des Cocons.' *MAS*, 1749 (1753), Mém. 142. (b) 'Second Mémoire sur la Filature des Soies.' *MAS*, 1770 (1773), Hist. 107, Mém. 436. (c) 'Troisième Mémoire sur la Filature des Soies.' *MAS*, 1773 (1777), Hist. 74, Mém. 445.

DE VAUCANSON, J. (3). 'Sur le Choix de l'Emplacement et sur la Forme qu'il faut donner au Batiment d'une Fabrique d'Organsin à l'Usage des nouveaux Moulins que j'ai imaginés à cet Effet.' *MAS*, 1776 (1779), Hist. 46, Mém. 156.

DE VAUX, CARRA (1) (tr.). 'Les Mécaniques ou l'Elevateur de Héron d'Alexandrie publiés pour la première fois sur la version Arabe de Qustā ibn Lūqā et trad. en français.' *JA*, 1893 (9e sér.), **1**, 386; **2**, 152, 193, 420.

DE VAUX, CARRA (2). 'Le Livre des Appareils Pneumatiques et des Machines Hydrauliques de Philon de Byzance d'après les versions Arabes d'Oxford et de Constantinople.' *MAI/NEM*, 1903, **38**, 27.

DE VAUX, CARRA (3). 'Notice sur Deux MSS. Arabes.' *JA*, 1891 (8e sér.), **17**, 287.

VAVILOV, N. I. (1). 'The Problem of the Origin of the World's Agriculture in the Light of the Latest Investigations.' In *Science at the Cross-Roads*. Papers read to the 2nd International Congress of the History of Science and Technology. Kniga, London, 1931.

VAVILOV, N. I. (2). *The Origin, Variation, Immunity and Breeding of Cultivated Plants; Selected Writings.* Chronica Botanica, Waltham, Mass., 1950. (Chronica Botanica International Collection, vol. 13.)

VERANTIUS. See Veranzio.

VERANZIO, F. (1). *Machinae Novae Fausti Verantii Siceni, cum Declaratione Latina, Italica, Hispanica, Gallica et Germanica* (written c. 1595). Florence, 1615; Venice, 1617. Account in Beck (1), ch. 22.

VERGIL, POLYDORE. *De Rerum Inventoribus.* Chr. de Pensis, Venice, 1499; Paris, 1513; Basel, 1540; Leiden, 1546, and many later editions. Engl. tr. by T. Langley, *An Abridgement of the notable Worke of Polidore Vergile, conteygnyng the Devisers and first finders out as well of Artes, Ministeries, as of Rites and Ceremonies, commonly used in the Churche.* Grafton, London, 1546; repr. 1551. Again repr. *An Abridgement of the Works of the most Learned Polidore Virgil, being an History of the Inventors, and Original Beginning of all Antiquities, Arts, Mysteries, Sciences, Ordinances, Orders, Rites and Ceremonies, both Civil and Religious—also, of all Sects and Schisms. A work very useful for Divines, Historians, and all manner of Artificers. Compendiously gathered, by T(homas) Langley.* Streater, London, 1659. Bibliography in John Ferguson (2).

VIERENDEEL, A. (1). *Esquisse d'une Histoire de la Technique.* 2 vols. Vromant, Brussels, 1921.

DA VIGEVANO, GUIDO (1). *Tesaurus regis Francie acquisicionis Terre Sancte de ultra mare, nec non sanitatis corporis eius et vite ipsius prolongacionis ac etiam cum custodia propter venenum.* MS. 11015 Fonds Latin, Bib. Nat. Paris, and others, +1335. See Sarton (1), vol. 3, pp. 846, 1550; Berthelot (5); Hall (3). (Contains a treatise on military engineering.)

VILLARD DE HONNECOURT. See Lassus & Darcel (1); Hahnloser (1).

VINCENT, I. V. (1). *The Sacred Oasis; The Caves of the Thousand Buddhas at Tunhuang.* Univ. of Chicago Press, 1953.

DA VINCI, LEONARDO. See McCurdy, E. (1).

DE VISSER, M. W. (1). 'Fire and Ignes Fatui in China and Japan.' *MSOS*, 1914, **17**, 97.

VITRUVIUS (MARCUS VITRUVIUS POLLIO). *De Architectura Libri Decem.* Ed. D. Barbari, Venice, 1567; ed. G. Philandri, Leiden, 1586, Amsterdam, 1649. For Engl. trs. see Morgan (1), Granger (1); French tr. Perrault (1); Germ. tr. Rivius (2).

VIVIAN, E. C. & MARSH, W. L. (1). *A History of Aeronautics.* Collins, London, 1921.

VODA, J. (1). Ohňové Stroje na Slovensku vo Vývoji Parných Strojov pred Wattom v 18 Storočí ('Fire Engines' in Slovakia and the Development of pre-Watt [Newcomen] Steam Engines in the +18th Century)' (in Slovak). *ZDVTS*, 1962, **1**, 201, 251.

VOLPICELLI, Z. (3). 'The Ancient Use of Wheels for the Propulsion of Vessels by the Chinese.' *JRAS/NCB*, 1891, **26**, 127.

VOSS, ISAAC (1). *Variarum Observationum Liber.* Scott, London, 1685. (Contains, *inter alia, De Artibus et Scientiis Sinarum*, p. 69; *De Origine et Progressu Pulveris Bellici apud Europaeos*, p. 86; *De Triremium et Liburnicarum Constructione*, p. 95.)

VOWLES, H. P. (1). 'An Enquiry into the Origins of the Windmill.' *TNS*, 1930, **11**, 1.

VOWLES, H. P. (2). 'The Early Evolution of Power Engineering.' *ISIS*, 1932, **17**, 412.

VOWLES, H. P. & VOWLES, M. W. (1). *The Quest for Power, from Prehistoric Times to the Present Day.* Chapman & Hall, London, 1931.

DE WAARD, C. (1). *L'Expérience Barométrique; ses Antécédents et ses Applications.* Imp. Nouv. Thouars, 1936. Rev. in *ISIS*, **26**, 212.

WADDELL, L. A. (1). *Lhasa and its Mysteries.* Murray, London, 1905.

WADDELL, L. A. (2). *The Buddhism of Tibet, or Lamaism; with its Mystic Cults, Symbolism and Mythology, and its Relation to Indian Buddhism.* 2nd ed. 1934. Repr. Heffer, Cambridge, 1958.

WADDELL, L. A. (3). 'Buddha's Secret, from a +6th-century Pictorial Commentary and Tibetan Tradition.' *JRAS*, 1894 (N.S.) **26**, 367.

WAGNER, W. (1). *Die Chinesische Landwirtschaft.* Parey, Berlin, 1926.

WAILES, R. (1). *Windmills in England.* *AREV*, special number, Sept. 1945. Sep. pub. (enlarged) Architectural Press, London, 1948. See also Wailes' comments in the discussion of Vowles (1).

WAILES, R. (2). 'Windmill Winding Gear.' *TNS*, 1946, **25**, 27.

WAILES, R. (3). *The English Windmill.* Routledge & Kegan Paul, London, 1954.

WAILES, R. (4). 'A Note on Windmills [in the Middle Ages].' Art. in *A History of Technology*, ed. C. Singer *et al.*, vol. 2, p. 623. Oxford, 1956.

WAILES, R. (5). 'Windmills [from the Renaissance to the Industrial Revolution].' Art. in *A History of Technology*, ed. C. Singer *et al.*, vol. 3, p. 89. Oxford, 1957.

WAILES, R. (6). 'Upright Shafts in Windmills.' *TNS*, 1960, **30**, 93.

WAILES, R. (7). 'Norfolk Windmills; II, Drainage and Pumping Mills including those of Suffolk.' *TNS*, 1960, **30**, 157.

WAILES, R. (8). 'James Watt—Instrument Maker.' *CME*, 1962, **9**, 136.

WAKARELSKI, C. (1). 'Brunnen u. Wasserleitungen in Bulgaria.' *FLV*, 1939, **3**, 1.

VON WALDBURG-WOLFEGG, JOHANNES GRAF (1) (ed.). *Das Mittelalterliche Hausbuch* [+1480]. Prestel, Munich, 1957. (Bibliothek d. Germ. Nat. Mus. Nürnberg zur deutschen Kunst- und Kulturgesch. no. 8.)

WALEY, A. (1) (tr.). *The Book of Songs.* Allen & Unwin, London, 1937.

WALEY, A. (4) (tr.). *The Way and its Power; a study of the 'Tao Tê Ching' and its Place in Chinese Thought.* Allen & Unwin, London, 1934. (Crit. Wu Ching-Hsiung, *TH*, 1935, **1**, 225.)

WALEY, A. (5) (tr.). *The Analects of Confucius.* Allen & Unwin, London, 1938.

WALEY, A. (8). 'The Book of Changes'. *BMFEA*, 1934, **5**, 121.

WALEY, A. (10). *The Travels of an Alchemist* (Chhiu Chhang-Chhun's journey to the court of Chingiz Khan). Routledge, London, 1931. (Broadway Travellers series.)

WALEY, A. (13). *The Poetry and Career of Li Po (701 to 762 A.D.).* Allen & Unwin, London, 1950.

WALEY, A. (15). Suggestion concerning the origin of the kite, in reviewing Bodde (12). *FL*, 1936, **47**, 402.

WALEY, A. (18). *An Index of Chinese Artists, represented in the Sub-Department of Oriental Prints and Drawings in the British Museum.* BM, London, 1922.

WALEY, A. (19). *An Introduction to the Study of Chinese Painting.* Benn, London, 1923. Repr. 1958.

WALEY, A. (20). 'A Chinese Picture' (Chang Tsê-Tuan's 'Going up the River to Kaifêng at the Spring Festival', c. +1126). *BUM*, 1917, **30**, 3.

WALTER, W. G. (1). (a) 'An Imitation of Life' (automata with two receptors (light and touch), two valves, and two motors (movement and steering)). *SAM*, 1950, **182** (no. 5), 42. (b) 'A Machine that Learns.' *SAM*, 1951, **183** (no. 8), 60. (c) 'Possible Features of Brain Function and their Imitation.' In *Symposium on Information Theory*, p. 134. Min. of Supply, London, 1950 (mimeographed).

WANG CHI-CHEN (1) (tr.). *Dream of the Red Chamber*, with preface by A. Waley. Routledge, London, 1929; Doubleday Doran, New York, 1929. Translation of ch. 1 of the *Hung Lou Mêng* novel and adaptation of the rest.

WANG CHI-MIN (2). *Lancet and Cross* (biographies of fifty Western physicians in 19th-century China). Council for Christian Medical Work, Shanghai, 1950.

WANG I-THUNG (1). 'Slaves and other Comparable Social Groups during the Northern Dynasties (+386 to +618).' *HJAS*, 1953, **16**, 293.

WANG LING (1). 'On the Invention and Use of Gunpowder and Firearms in China.' *ISIS*, 1947, **37**, 160.

WANG LING & NEEDHAM, JOSEPH (1). 'Horner's Method in Chinese Mathematics; its Origins in the Root-Extraction Procedures of the Han Dynasty.' *TP*, 1955, **43**, 345.

WANG SHIH-HSIANG (1). 'Pigeon Whistles; an Aerial Orchestra.' *CREC*, 1963, **12** (no. 11), 42.

WANG YI-THUNG. See Wang I-Thung.

WARD, B. E. (1). 'The Straight Chinese "Yuloh".' *MMI*, 1954, **40**, 321.

WARD, F. A. B. (1). *Time Measurement*. Pt. 1. *Historical Review*. (Handbook of the Collections at the Science Museum, South Kensington.) HMSO, London, 1937.

WARD, F. A. B. (2). 'How Timekeeping Mechanisms became Accurate.' *CME*, 1961, **8**, 604.

WARD, W. H. (1). *The Seal Cylinders of Western Asia*. Washington, D.C., 1910.

WARD, W. H. (2). *Cylinders and other Ancient Oriental Seals in the Library of J. Pierpont Morgan*. Pr. pr. New York, 1909, 1920.

WARDLE, H. N. (1). 'Die Eskimos und die Schraube.' *GB*, 1901, **80**, 226.

WATERS, W. G. (1). *Jerome Cardan, a Biographical Study*. London, 1898.

WATSON, BURTON (1) (tr.). '*Records of the Grand Historian of China*', translated from the '*Shih Chi*' of Ssuma Chhien. 2 vols. Columbia Univ. Press, New York, 1961.

WATSON, BURTON (2). *Ssuma Chhien, Grand Historian of China*. Columbia Univ. Press, New York, 1958.

WATSON, W. (1). *Archaeology in China*. Parrish, London 1960. (An account of an exhibition of archaeological discoveries organised by the Chinese People's Association for Cultural Relations with Foreign Countries and the Britain–China Friendship Association, 1958.) Cf. Watson & Willetts (1).

WATSON, W. (2). *China before the Han Dynasty*. Thames & Hudson, London, 1961. (Ancient Peoples and Places, no. 23.)

WATSON, W. & WILLETTS, W. (1). *Archaeology in Modern China; Descriptive Catalogue of the Sites and Photographs [shown at the Chinese Archaeological Exhibition, London, Oxford, etc.]* (mimeographed). Britain–China Friendship Association, London, 1959.

WEI YUAN-TAI (1). 'Chinese Kites; their Infinite Variety.' *CREC*, 1958, **7** (no. 3), 17.

WERNER, E. T. C. (3). *Chinese Weapons*. Royal Asiatic Society (North China Branch), Shanghai, 1932.

WERNER, H. (1). *From the Aratus Globe to the Zeiss Planetarium*. Stuttgart, 1957.

WESCHER, H. (1). 'The Development of the Trade-Routes over the Central Alps.' *CIBA/T*, 1947 (no. 62), 2250.

WESCHER, H. (2). 'Swiss Merchants in Textiles and Leather in the Middle Ages.' *CIBA/T*, 1947 (no. 62), 2277.

WESTCOTT, G. F. (1). *Pumping Machinery*. Pt. 1. *Historical Notes*. (Handbook of the Collections, Science Museum, South Kensington.) HMSO, London, 1932.

WEULERSSE, J. (1). *L'Oronte*. Instit. Français de Damas, Tours, 1940.

WEULERSSE, J. (2). *Le Pays des Alaouites*. Instit. Français de Damas, Tours, 1940.

WEULERSSE, J. (3). *Paysans de Syrie et du Proche-Orient*. Gallimard, Paris, 1946.

WHEELER, Sir R. E. M. (5). *The Indus Civilisation*. Cambridge, 1953. (Supplementary Volume of Cambridge History of India.)

WHITE, JAMES (1). *A New Century of Inventions*. Manchester, 1822.

WHITE, JOHN (1). 'The Reliefs on the Façade of the Duomo at Orvieto.' *JWCI*, 1959, **22**, 254.

WHITE, LYNN (1). 'Technology and Invention in the Middle Ages.' *SP*, 1940, **15**, 141. Partly reprinted in *The Pirenne Thesis; Analysis, Criticism and Revision*, ed. A. F. Havighurst, p. 79. Heath, Boston, 1958 (Problems in European Civilisation series).

WHITE, LYNN (2). 'Natural Science and Naturalistic Art in the Middle Ages.' *AHR*, 1946, **52**, 421.

WHITE, LYNN (3). Review of the second edition of Usher (1). *ISIS*, 1955, **46**, 290.

WHITE, LYNN (4). 'Technology in the Middle Ages' (a review of *A History of Technology*, vol. 2 ed. C. Singer et al.). *TCULT*, 1960, **1**, 339. Revised from *SP*, 1958, **33**, 130.

WHITE, LYNN (5). 'Tibet, India and Malaya as Sources of Western Mediaeval Technology.' *AHR*, 1960, **65**, 515.

WHITE, LYNN (6). 'Eilmer of Malmesbury, an Eleventh-century Aviator; a Case Study of Technological Innovation, its Context and Tradition.' *TCULT*, 1961, **2**, 97.

WHITE, LYNN (7). *Mediaeval Technology and Social Change.* Oxford, 1962. Revs. Lynn Thorndike, *AHR*, 1962, **58**, 93; A. R. Bridbury, *EHR*, 1962, **15**, 371; R. H. Hilton & P. H. Sawyer, *PP*, 1963 (no. 24), 90; J. Needham, *ISIS*, 1964.

WHITE, LYNN (8). 'What accelerated Technological Progress in the Western Middle Ages?' Art. in *The Structure of Scientific Change*, ed. A. C. Crombie. London, 1963. Symposium on the History of Science, Oxford, 1961.

WHITE, LYNN (9). 'The Act of Invention; Causes, Contexts, Continuities and Consequences.' *TCULT*, 1962, **3**, 486.

WHITE, W. C. (1), Bp. of Honan. *Tombs of Old Loyang; a record of the Construction and Contents of a group of Royal Tombs at Chin-Ts'un, Honan, probably dating −550.* Kelly & Walsh, Shanghai, 1934.

WHITTOCK, N., BENNETT, J., BADCOCK, J., NEWTON, C. et al. (1). *The Complete Book of Trades; or, the Parents' Guide and Youths' Instructor; forming a popular Encyclopaedia of Trades, Manufactures, and Commerce, as at present pursued in England, with a more particular Regard to its State in and near the Metropolis; including a Copious Table of every Trade, Profession, Occupation and Calling, however divided and subdivided; together with the Apprentice Fee usually given with each, and an Estimate of the Sums required for commencing Business; by several hands, viz....* Tegg, London, 1837, 1842.

WIEDEMANN, E. (6). 'Über Schiffsmühlen in d. muslimischen Welt.' *GTIG*, 1917, **4**, 25.

WIEDEMANN, E. (7). 'Beiträge z. Gesch. d. Naturwiss.; VI, Zur Mechanik und Technik bei d. Arabern.' *SPMSE*, 1906, **38**, 1.

WIEDEMANN, E. (13). 'Ein Instrument das die Bewegung von Sonne und Mond darstellt, nach al-Bīrūnī.' *DI*, 1913, **4**, 5.

WIEDEMANN, E. & HAUSER, F. (1). 'Über Vorrichtungen zum Heben von Wasser in der Islamischen Welt.' *BGTI*, 1918, **8**, 121.

WIEDEMANN, E. & HAUSER, F. (2). 'Über Trinkgefässe u. Tafelaufsätze nach al-Jazarī und den Benu Musa.' *ISL*, 1918, **8**, 55 & 628.

WIEDEMANN, E. & HAUSER, F. (3). 'Byzantinische und arabische akustische Instrumente.' *AGNT*, 1918, **8**, 140.

WIEDEMANN, E. & HAUSER, F. (4). 'Über die Uhren im Bereich d. islamischen Kultur.' *NALC*, 1915, **100**, no. 5. Addendum *SPMSE*, 1915, **47**, 125.

WIEDEMANN, E. & HAUSER, F. (5). *Die Uhr des Archimedes und zwei andere Vorrichtungen.* Ehrhardt Karras, Halle, 1918.

WIEGER, L. (1). *Textes Historiques.* 2 vols. (Ch. and Fr.) Mission Press, Hsienhsien, 1929.

WIEGER, L. (2). *Textes Philosophiques.* (Ch. and Fr.) Mission Press, Hsienhsien, 1930.

WIEGER, L. (3). *La Chine à travers les Âges; Précis, Index Biographique et Index Bibliographique.* Mission Press, Hsienhsien, 1924. Eng. tr. E. T. C. Werner.

WIEGER, L. (4). *Histoire des Croyances Religieuses et des Opinions Philosophiques en Chine depuis l'origine jusqu'à nos jours.* Mission Press, Hsienhsien, 1917.

WIEGER, L. (6). *Taoisme.* Vol. 1. *Bibliographie Générale*: (1) Le Canon (Patrologie); (2) Les Index Officiels et Privés. Mission Press, Hsienhsien, 1911. (Crit. P. Pelliot, *JA*, 1912 (10ᵉ sér.), **20**, 141.)

WIEGER, L. (7). *Taoisme.* Vol. 2. *Les Pères du Système Taoiste* (tr. selections of Lao Tzu, Chuang Tzu, Lieh Tzu). Mission Press, Hsienhsien, 1913.

WIENER, N. (1). (*a*) *Cybernetics; or Control and Communication in the Animal and the Machine.* Wiley, New York, 1948. (*b*) 'Cybernetics...Processes common to nervous systems and mathematical machines.' *SAM*, 1948, **179** (no. 5), 14.

WILBUR, C. M. (1). 'Slavery in China during the Former Han Dynasty (−206 to +25).' *FMNHP/AS*, 1943, **34**, 1–490 (Pub. no. 525).

WILBUR, C. M. (3). 'Industrial Slavery in China during the Former Han Dynasty.' *JEH*, 1943, **3**, 56.

WILHELM, RICHARD (2) (tr.). *'I Ging' [I Ching]; Das Buch der Wandlungen.* 2 vols. (3 books, pagination of 1 and 2 continuous in first volume). Diederichs, Jena, 1924. (Eng. tr. C. F. Baynes (2 vols.). Bollingen-Pantheon, New York, 1950.)

WILHELM, RICHARD (3) (tr.). *Frühling u. Herbst d. Lü Bu-We* (the Lü Shih Chhun Chhiu). Diederichs, Jena, 1928.

WILHELM, RICHARD (6) (tr.). *'Li Gi', das Buch der Sitte des älteren und jungeren Dai* (i.e. both Li Chi and Ta Tai Li Chi) Diederichs, Jena, 1930.

WILKINS, JOHN (2). *Mathematical Magick*. Gellibrand, London, 1648. Repr. 1680, and Baldwin, London, 1691, and in the *Mathematical and Philosophical Works*. Nicholson, London, 1708.

WILKINSON, J. G. (1). *A Popular Account of the Ancient Egyptians*. 2 vols. Murray, London, 1854.

WILKINSON, L. & BAPU DEVA SASTRI (tr. & ed.). The '*Siddhānta Śiromaṇi of Bhāskara* (c. +1150). Calcutta, 1861. (Bibliotheca Indica, N.S. nos. 1, 13, 28.)

WILLARD, J. F. (1). (a) 'Inland Transportation in England during the Fourteenth Century.' *SP*, 1926, 1, 361. (b) 'The Use of Carts in the Fourteenth Century.' *H*, 1932, 17, 246.

WILLETTS, W. Y. (2). 'Murals and Sculptures; newly revealed Chinese Buddhist Treasures from Mai-chi Shan....' *ILN*, 1954, 234, 236.

WILLIAMS, M. (1). *Word-Hoard; Passages from Old English Literature from the +6th to the +11th Centuries*. Sheed & Ward, New York, 1940.

WILLIAMS, M. O. (1). 'Syria and Lebanon.' *NGM*, 1946, 90, 729.

WILLIAMS, S. WELLS (1). *The Middle Kingdom; A Survey of the Geography, Government, Education, Social Life, Arts, Religion, etc. of the Chinese Empire and its Inhabitants*. 2 vols. Wiley, New York, 1848; later eds. 1861, 1900; London, 1883.

WILLIAMSON, A. (1). *Journeys in North China*. London, 1870.

WILLIAMSON, H. R. (1). *Wang An-Shih; Chinese Statesman and Educationalist of the Sung Dynasty*. 2 vols. Probsthain, London, 1935, 1937.

WILLIAMSON, K. (1). 'Horizontal Water-Mills of the Faroe Islands.' *AQ*, 1946, 20, 83.

WILLIS, ROBERT. See Hilken, T. J. N. (1).

WILLIS, ROBERT (1). *Principles of Mechanism*. Parker, London; Deighton, Cambridge, 1841. 2nd ed. Longmans Green, London, 1870.

WILSON, GEORGE (1). 'On the Early History of the Air-Pump in England.' *ENPJ*, 1849, April.

WILSON, P. N. (1). *Watermills; an Introduction*. Times Printing Co., Mexborough, 1956. (Society for the Protection of Ancient Buildings, Booklet series, no. 1.) Also in *EAN*, 1956.

WILSON, P. N. (2). 'The Origins of Water Power, with special reference to its Use and Economic Importance in England from Saxon times to +1750.' *WP*, 1952, 308.

WILSON, P. N. (3). 'The Water-Wheels of John Smeaton.' *TNS*, 1960, 30, 25.

WILSON, P. N. (4). *Watermills with Horizontal Wheels*. Wilson, Kendal, 1960. (Society for the Protection of Ancient Buildings, Wind and Watermill Section, Booklet series, no. 7.)

WINLOCK, H. E. (1). *The Rise and Fall of the [Egyptian] Middle Kingdom in Thebes*. Macmillan, New York, 1947.

WINLOCK, H. E. & CRUM, W. E. (1). *The Monastery of Epiphanius [+7th century] at Thebes [Egypt]*. Metropolitan Museum of Art Egyptian Expedition, Publns. nos. 3 and 4. New York, 1926.

WINS, A. (1). *L'Horloge à travers les Âges*. Duquesne, Mons, 1924. (Mém. et Pub. de la Soc. Sci. Arts & Lettres de Hainaut, no. 67.)

WINSLOW, E. M. (1). *A Libation to the Gods; the Story of the Roman Aqueducts*. Hodder & Stoughton, London, 1963.

WITTFOGEL, K. A. (4). *Wirtschaft und Gesellschaft Chinas; Versuch der wissenschaftlichen Analyse einer grossen asiatischen Agrargesellschaft—Erster Teil, Produktivkräfte, Produktions- und Zirkulations-prozess*. Hirchfeld, Leipzig, 1931. (Schriften d. Instit. f. Sozialforschung a. d. Univ. Frankfurt a. M., III (1).)

WITTFOGEL, K. A. (5). 'Probleme d. chinesischen Wirtschaftsgeschichte.' *ASWSP*, 1927, 57, 289.

WITTFOGEL, K. A., FÊNG CHIA-SHÊNG et al. (1). 'History of Chinese Society (Liao), +907 to +1125.' *TAPS*, 1948, 36, 1–650 (revs. P. Demiéville, *TP*, 1950, 39, 347; E. Balazs, *PA*, 1950, 23, 318).

WITTFOGEL, K. A. & FÊNG CHIA-SHÊNG (2). 'Religion under the Liao Dynasty (+907 to +1125).' *RR*, 1948, 13, 355.

WITTMANN, K. (1). *Die Entwicklung der Drehbank*. V.D.I. Berlin, 1941.

WOIDT, H. (1). *Chinese Handicrafts; a Picture Book*. Pr. pr. Peiping, 1944; repr. Cathay, Hongkong, 1951.

WOLF, A. (1) (with the co-operation of F. Dannemann & A. Armitage). *A History of Science, Technology and Philosophy in the 16th and 17th Centuries*. Allen & Unwin, London, 1935. 2nd ed., revised by D. McKie, London, 1950.

WOLF, A. (2). *A History of Science, Technology and Philosophy in the 18th Century*. Allen & Unwin, London, 1938. 2nd ed., revised by D. McKie, London, 1952.

WOLF, R. (1). *Handbuch d. Astronomie, ihrer Geschichte und Litteratur*. 2 vols. Schulthess, Zürich, 1890.

WOLF, R. (2). *Geschichte d. Astronomie*. Oldenbourg, Munich, 1877.

WOODBURY, R. S. (1). (a) *History of the Gear-Cutting Machine*. M.I.T., Cambridge, Mass., 1958. (Technology Monographs, Historical series, no. 1.) (b) 'The First Gear-Cutting Machine'. Communication to the IXth International Congress of the History of Science, Barcelona, 1959. Abstract in *Guiones de las Communicaciones*, p. 123.

WOODBURY, R. S. (2). 'The First Epicycloidal Gear-Teeth.' *ISIS*, 1958, 49, 375.

WOODBURY, R. S. (3). *History of the Grinding Machine*. M.I.T., Cambridge, Mass., 1959. (Technology Monographs, Historical Series, no. 2.)

WOODBURY, R. S. (4). *History of the Lathe, to 1850; a Study in the Growth of a Technical Element of an Industrial Economy*. Soc. for the History of Technology, Cleveland, Ohio, 1961. (Soc. Hist. Technol. Monograph Ser. no. 1.)

WOODBURY, R. S. (5). 'The Origins of the Lathe.' *SAM*, 1963, **208** (no. 4), 132.

WOODCROFT, B. (1) (tr.). *The 'Pneumatics' of Heron of Alexandria*. Whittingham, London, 1851.

WOOLLEY, L. (2). *The Development of Sumerian Art*. Faber & Faber, London, 1935.

WORCESTER, MARQUIS OF (EDWARD SOMERSET). See Dircks (1). Bibliography in John Ferguson (2).

WORCESTER, G. R. G. (1). *Junks and Sampans of the Upper Yangtze*. Inspectorate-General of Customs, Shanghai, 1940. (China Maritime Customs Pub., ser. III, Miscellaneous, no. 51.)

WORCESTER, G. R. G. (2). *Notes on the Crooked-Bow and Crooked-Stem Junks of Szechuan*. Inspectorate-General of Customs, Shanghai, 1941. (China Maritime Customs Pub., ser. III, Miscellaneous, no. 52.)

WORCESTER, G. R. G. (3). *The Junks and Sampans of the Yangtze; a study in Chinese Nautical Research*. Vol. 1. *Introduction, and Craft of the Estuary and Shanghai Area*. Vol. 2. *The Craft of the Lower and Middle Yangtze and Tributaries*. Inspectorate-General of Customs, Shanghai, 1947, 1948. (China Maritime Customs Pub., ser. III, Miscellaneous, nos. 53, 54) (rev. D. W. Waters, *MMI*, 1948, **34**, 134).

WORCESTER, G. R. G. (4). 'The Chinese War-Junk.' *MMI*, 1948, **34**, 16.

WORCESTER, G. R. G. (6). 'The Coming of the Chinese Steamer.' *MMI*, 1952, **38**, 132.

WORCESTER, G. R. G. (11). 'The First Naval Expedition on the Yangtze River, 1842.' *MMI*, 1950, **36**, 2.

W[ORLIDGE], J[OHN], Gent. (1). *Systema Agriculturae; the Mystery of Husbandry Discovered*. London, 1669, 1675.

WRIGHT, EDWARD (1). *Certaine Errors in Navigation*. London, 1610.

WRIGHT, F. A. (1). *The Works of Liudprand of Cremona; 'Antapodosis', 'Liber de Rebus Gestis Ottonis', 'Relatio de Legatione Constantinopolitana'*. Routledge, London, 1930.

WRIGHT, T. (1). 'On some Antiquities recently found at Cirencester, the Roman Corinium.' *JBAA*, 1863, **19**, 100.

WU TSO-JEN (1). 'Les Grottes de Mai-chi Shan.' *BI/LRPC*, 1955 (no. 41), 7.

WYLIE, A. (1). *Notes on Chinese Literature*. 1st ed. Shanghai, 1867. Ed. here used: Vetch, Peiping, 1939 (photographed from the Shanghai 1922 ed.).

WYLIE, A. (5). *Chinese Researches*. Shanghai, 1897. (Photographically reproduced, Wêntienko, Peiping, 1936.)

WYLIE, A. (12). '[Glossary of Chinese] Terms used in Mechanics, with special reference to the Steam Engine.' In Doolittle, J. (1), vol. 2, p. 175.

YANAGI, S. (1). *Folk-Crafts in Japan*. Tr. S. Sakabe. Kokusai Bunka Shinkokai, Tokyo, 1936.

YANG, KEY P. & HENDERSON, G. (1). 'An Outline History of Korean Confucianism.' *JAS*, 1959, **18**, 81 & 259.

YANG LIEN-SHÊNG (5). 'Notes on the Economic History of the Chin Dynasty.' *HJAS*, 1945, **9**, 107. (With tr. of *Chin Shu*, ch. 26.) Repr. in Yang Lien-Shêng (9), p. 119, with additions and corrections.

YANG LIEN-SHÊNG (6). Review of Yabuuchi Kiyoshi's edition of the *Thien Kung Khai Wu (Tenkō Kaibutsu no Kenkyū)* Tokyo, 1953. *HJAS*, 1954, **17**, 307.

YANG LIEN-SHÊNG (7). 'Notes on N. L. Swann's "Food and Money in Ancient China".' *HJAS*, 1950, **13**, 524. Repr. in Yang Lien-Shêng (9), p. 85, with additions and corrections.

YANG LIEN-SHÊNG (9). *Studies in Chinese Institutional History*. Harvard Univ. Press, Cambridge, Mass., 1961. (Harvard-Yenching Institute Studies, no. 20.)

YDE-ANDERSEN, D. (1). *To Hodometre fra Renaissancen*. Nationalmuseets Arbejdsmark (Copenhagen), 1952, p. 72.

YETTS, W. P. (8). 'A Chinese Treatise on Architecture.' *BLSOAS*, 1927, **4**, 473.

YETTS, W. P. (12). Biographical Notice of L. C. Hopkins. *JRAS*, 1953, 91.

YETTS, W. P. (18). 'In Memoriam Lionel Giles, 1875 to 1958.' *JOSHK*, 1957, **4**, 249.

YI SANGBAEK (LEE SANG-BECK) (1). *The Origin of the Korean Alphabet, 'Hangŭl', according to New Historical Evidence, with Korean text, Hangŭl ŭi Kiwŏn*. Nat. Mus. of Korea, Seoul, 1957. (Pub. Nat. Mus. Kor., Ser. A, no. 3.)

YOUNG, ARTHUR (1). *A Six-Months' Tour in the North of England*. London, 1770.

YULE, SIR HENRY (2). *Cathay and the Way Thither; being a Collection of Mediaeval Notices of China*. Hakluyt Society Pubs. (2nd ser.), London, 1913–15. (1st ed. 1866). Revised by H. Cordier. 4 vols. Vol. 1 (no. 38), *Introduction; Preliminary Essay on the Intercourse between China and the Western*

Nations previous to the Discovery of the Cape Route. Vol. 2 (no. 33), *Odoric of Pordenone.* Vol. 3 (no. 37), *John of Monte Corvino and others.* Vol. 4 (no. 41), *Ibn Baṭṭuṭah and Benedict of Goes.* (Photographically reproduced, Peiping, 1942.)

VON ZACH, E. (6). *Die Chinesische Anthologie; Übersetzungen aus dem 'Wên Hsüan'.* 2 vols. Ed. I. M. Fang. Harvard Univ. Press, Cambridge, Mass., 1958. (Harvard-Yenching Studies, no. 18.)

ZAK, J. (1). 'Parties en Corne du Harnais de Cheval.' *SLAVA,* 1952, **3**, 201.

ZEISING, HEINRICH (1). *Theatrum Machinarum.* Leipzig, 1613; later ed. 1708. Account in Beck (1), ch. 18.

ZERVOS, C. (1). *L'Art en Grèce.* Cahiers d'Art, Paris; Zwemmer, London, 1936.

ZEUNER, F. E. (1). 'The Cultivation of Plants [from Early Times to the Fall of the Ancient Empires].' Art. in *A History of Technology,* ed. C. Singer *et al.,* vol. 1, p. 353. Oxford, 1954.

ZILSEL, E. (3). 'The Origin of William Gilbert's Scientific Method.' *JHI,* 1941, **2**, 1.

ZILSEL, E. (4). 'The Genesis of the Concept of Scientific Progress.' *JHI,* 1945, **6**, 325.

ZIMMER, G. F. (1). 'The +16th Century Chain-Pump at Hampton Court.' *TNS,* 1931, **11**, 55.

ZIMMER, G. F. (2) 'The Early History of Mechanical Handling Devices.' *TNS,* 1922, **2**, 1.

ZIMMER, G. F. (3). 'A Chain-Pump Dredger of the +16th Century.' *TNS,* 1924, **4**, 32.

ZIMMER, G. F. (4). 'The Chain of Pots in the +6th or +7th Century.' *TNS,* 1924, **4**, 30.

ZIMMER, H. (2). *Philosophies of India,* ed. J. Campbell. Bollingen, New York, 1951; Routledge & Kegan Paul, London, 1953. (Bollingen Series, no. 26.)

ZINNER, E. (4). *Aus der Frühzeit der Räderuhr; von der Gewichtsuhr zur Federzugsuhr.* Oldenbourg, Munich, 1954. (Deutsches Museum Abhandlungen und Berichte, 1954, **22**, no. 3.)

ZINNER, E. (5). *Geschichte und Bibliographie d. astronomischen Literatur in Deutschland z. Zeit d. Renaissance.* Hiersemann, Leipzig, 1941 (rev. E. Rosen, *ISIS,* 1946, **36**, 261).

ZINNER, E. (7). 'Die altesten Räderuhren und modernen Sonnenuhren; Forschungen über den Ursprung der modernen Wissenschaft.' *BNGBB,* 1939, **28**, 1–148.

ZINNER, E. (8). *Deutsche und Niederländische astronomische Instrumente des 11-18 Jahrhunderts.* Beck, Munich, 1956.

ZONCA, VITTORIO (1). *Novo Teatro di Machini e Edificii.* Bertelli, Padua, 1607 and 1621. Account in Beck (1), ch. 15.

ZUBER, A. (1). 'Techniques du Travail des Pierres dures dans l'ancienne Égypte.' *MC/TC,* 1956, **5**, 161 & 195.

VAN ZYL, J. (1). *Theatrum Machinarum Universale of Groot Algemeen Moolen-Boek, Behelzende de Beschryving en Afbeeldingen van allerhande Soorten van Moolens, der zelver Opstallen en Granden.* Schenck, Amsterdam, 1734, 1761.

补　遗

BEASLEY, W. G. & PULLEYBLANK, E. G. (1) (ed.). *Historians of China and Japan.* Oxford, 1961. (Historical Writing on the Peoples of Asia, Far East Seminar; Study Conference of the London School of Oriental Studies, 1956.)

DAUMAS, M. (2) (ed.). *Histoire de la Science; des Origines au XXe Siècle.* Gallimard, Paris, 1957. (Encyclopédie de la Pléiade series.)

DAWSON, H. CHRISTOPHER (1). *Progress and Religion; an Historical Enquiry.* Sheed & Ward, London, 1929.

GRAHAM, A. C. (6) (tr.). *The Book of Lieh Tzu.* Murray, London, 1960.

VAN DER LOON, P. (1). 'The Ancient Chinese Chronicles and the Growth of Historical Ideals.' Art. in *Historians of China and Japan,* ed. W. G. Beasley & E. G. Pulleyblank, Oxford, 1961, p. 24.

PULLEYBLANK, E. G. (7). 'Chinese Historical Criticism; Liu Chih-Chi and Ssuma Kuang.' Art. in *Historians of China and Japan,* ed. W. G. Beasley & E. G. Pulleyblank, Oxford, 1961, p. 135.

WALLACKER, B. E. (1) (tr.). *The 'Huai Nan Tzu' Book [Ch.] 11; Behaviour, Culture and the Cosmos.* Amer. Oriental Soc., New Haven, Conn., 1962. (Amer. Oriental Ser., no. 48.)

WRIGHT, A. F. (5). 'On Teleological Assumptions in the History of Science.' *AHR,* 1957, **62**, 918.

索 引[*]

---

* 胡维佳、张柏春、陆岭、杨丽凡据原著索引编译。

A

F

G

J

K

L

M

N

O

P

Q

S

撒马尔罕 20，21，337，403*，560，561，602
萨阿提（al—Sā'ātī；约1205年）443*
萨顿，乔治（Sarton，George）(1)，4，67*，
　100，229*，231，439，539
萨尔堡 53*，192
萨克罗博斯科，约翰尼斯（Sacrobosco，Johannes）见"霍利伍德的哈利法克斯"
萨拉森人 565—566
萨满教 157，567，569
萨莫科夫（保加利亚）379*
萨斯奎汉纳河 413
塞尔维亚 565
塞明顿（Symington，Wm.；工程师，1787
　年）414
塞浦路斯 238
塞萨洛尼基 368
赛尔苏斯（Celsus）144
《三才图会》101，120—121，170，176，213，
　289—290
《三辅皇图》131
三国（时期）85，131，158，282，286，
　313，325
三国时期的砖 324
《三国志》158，260，346，370
三元洞（道观）131*
"三圆盘"车轮 见"轮"
伞 70—71，594ff.
伞齿轮 68，83，89，456*
桑原骘藏（Kuwabara，J.）(1)，423
缲车 见"缫丝机"
缫丝机（缫车）2*，107，116，170，224，301，
　382，423，图409
沙哈鲁（Shāh Rukh；帖木儿帝国君主，1420
　年）554
沙漏 509
沙如玉（Chalier，Valentin；耶稣会士，钟表专家，
　1697—1747年）507*
沙特尔大教堂 106，258*
沙畹（Chavannes，E.）80*，80*，572*
沙钟（沙漏）见"时钟"

筛粉机（面罗、水打罗）180，205—208，411，
　图627（b）
山丹 321*，359，402
山东 20，274
山东车 82
《山海经》326，570，572
《山居新话》63，71—72
山西 30，369
山羊车 323
陕西 270
扇 150ff.
　空气调节扇 151，362，568，586
　手摇扇 150
　术语 151
　旋转风扇 33，36，91，150ff.，224，586
　扬谷扇（飏扇、扇车）xliv，118—119，
　151ff.，
　　155，170，180，224，560，568，586
"扇尾齿轮"301—302
商（朝代）53，59，73，182，246，306ff.
商代车马坑 307
上都 71—72
上海 564
上海-吴淞轻便铁路 389
"上天赏赐"见"天禄"
"尚方"见"皇家工场"
《尚方故事》282，288
《尚书大传》288
《尚书纬考灵曜》487
勺式桔槔 见"桔槔"
少府监 19
邵谔（宫廷侍从，约1144年）503
绍约河之战 272*
社会环境与工程成就 66
砷 172
神话
　巴比伦神话 572
　西方的神话 572
　印度神话 569，572
神农（神话中的农学家）598

W

Z